KDS 14 20 국가건설기준

철근콘크리트 구조

이 정 윤

Reinforced Concrete Structures

도서출판 동화

머리말

근대적인 철근콘크리트 구조설계기술이 개발된 이후에 철근콘크리트 구조물은 비약적으로 증가하였다. 우리나라에서도 20세기 초에 처음으로 철근콘크리트 구조물이 건설된 이후에 수많은 철근콘크리트 구조물이 건설되었으며, 최근에는 국내외에 우리 기술에 의한 초고층 철근콘크리트 건물과 초장대 철근콘크리트 교량이 건설되고 있다. 아울러 이러한 현대적인 구조물에 적용할 수 있는 구조설계기술이 개발되고 있다.

철근과 콘크리트의 재료적인 성질은 그 동안 지속적으로 개량되었다. 초기에는 20 MPa 전후에 지나지 않았던 콘크리트의 압축강도가 현재는 100 MPa 이상으로 증가하여 현장에서 적용되고 있다. 또한 콘크리트의 종류에 있어서도 내구성과 작업성을 향상시킨 고유동콘크리트, 인장강도와 연성을 향상시킨 섬유보강콘크리트, 환경 친화적인 재료나 기술이 적용된 친환경콘크리트 등과 같은 다양한 종류의 콘크리트가 개발되어 적용되고 있다. 보강재의 경우에도 고강도 철근이 개발되어 주철근이나 횡구속철근으로 활용되고 있으며, 내부식성이 뛰어난 섬유보강재가 사용되고 있다.

콘크리트와 철근의 재료적 성질이 개선됨에 따라서 철근콘크리트 구조물에 대한 구조설계기술도 변경되고 있다. 지금까지 우리나라에서 사용되고 있는 철근콘크리트 구조물의 설계기준은 미국빌딩코드(ACI building code)에 근거하여 작성되었지만, 최근에는 우리 기술을 이용한 콘크리트 구조설계기준 제정에 많은 노력이 이루어지고 있다.

이와 같이 콘크리트와 보강재의 재료적 성질이 개선되고 구조설계기술이 발전되고 있지만, 철근콘크리트 구조물을 건설함에 있어 여러 문제점이 발생하고 있다. 특히 원자재 가격이 상승함으로 강재, 골재, 시멘트, 일부 혼화제의 가격이 급증하거나 수급이 어렵고, 그 동안 건설된 많은 철근콘크리트 구조물을 해체하는 과정에서 발생하는 산업폐기물 처리와 노후화된 구조물의 유지관리 및 보수·보강에 어려움을 겪고 있다.

이 책에서는 철근콘크리트 구조물의 설계법과 기본 해석을 다루었다. 철근콘크리트 구조설계기준이 3년에서 6년 수기로 개정되고 있으므로 최근에 개정된 철근콘크리트 구조설계기준에 근거한 설계법을 소개하여 구조기술자의 이해를 도울 수 있도록 노력하였다. 이 책이 다루고 있는 주요 내용을 요약하면 다음과 같다.

첫째, 구조설계 기술자가 현재 사용되고 있는 구조설계기준에 의하여 철근콘크리트 구조물을 설계할 수 있도록 재료적 성질, 구조설계법을 설명하였으며, 휨모멘트, 전단력, 비틀림 모멘트, 축력, 정착과 이음, 사용성에 대한 부재 설계법을 기술하였다. 또한, 다양한 예제를 제시하여 구조설계 기술자가 철근콘크리트 구조 설계의 근본 내용을 이해할 수 있도록 노력하였다.

둘째, 구조설계기준에 사용되고 있는 설계식이 어떠한 배경에서 제정되었는지 설명하였다. 설계식의 기본이 되고 있는 기존 연구와 해석법을 설명함으로써 구조설계자가 설계기준의 배경을 이해하고, 이를 이용하여 다양한 문제에 대처할 수 있도록 하였다.

셋째, 최신 개발된 구조설계기술을 설명하였다. 고강도 재료에 대한 성질, 재료 메커니즘을 활용한 휨, 전단, 비틀림 설계법, 응력교란구역에 활용되고 있는 스트럿 - 타이 모델에 대한 설계법 등을 구체적으로 기술하여 구조설계자가 최근에 개발된 구조설계법을 이해할 수 있도록 노력하였다.

이러한 저자의 의도와는 다르게 이 책은 여전히 부족한 점이 많으며, 여러 차례에 걸쳐서 수정했음에도 불구하고 발견하지 못한 오자 등이 있다. 미흡한 부분에 대해서는 지속적으로 개선할 예정이다.

이 책이 출판되기까지 많은 분들의 도움을 받았다. 부록, 그림, 표 등을 작성하는데 도움을 준 성균관대학교 대학원 콘크리트공학연구실 대학원생 황현복, 박종욱, 이장희, 우재현, 권구정, 최한별 군, 박지선, 김민옥, 문초화, 차상아, 강지은 양과 축력 - 휨모멘트 상관곡선을 작성해준 성균관대학교 철근콘크리트 구조반 학생 김기찬, 전우식, 양병혁, 최성희 군에게 고마움을 전한다. 또한 편집 시간이 부족함에 개의치 않고 꼼꼼하게 검토해주신 도서출판 동화기술 편집진 여러 분들에게 깊은 감사를 드린다.

이 책을 집필함에 함께 고민하고 격려하며 원고를 검토해준 아내와 인내심을 갖고 관심과 기대를 보여준 두 아들 인겸, 혜겸과 첫 번째 출판의 기쁨을 함께하고 싶다. 끝으로 끝없는 이해와 사랑으로 돌보아 주신 저자의 부모님에게 이 책을 바치는 바이다.

2011.3 저자

개정판을 내면서

철근콘크리트 구조설계기술은 매년 새롭게 바뀌고 있다. 복합재료인 철근콘크리트는 탄성해석과 같이 이론적으로 설계식을 유도하는데 어려움이 있어 대부분 반경험적인 실험식에 근거한다. 따라서 재료의 강도나 성분이 변화하거나 새롭게 공법이 개발될 경우에 기준식이 개정된다. 또한 기존에 파악하지 못한 새로운 이론이 제안될 경우에도 기준식이 개정되어 약 3년에서 5년을 주기로 콘크리트 구조설계기준이 바뀌고 있다.

이 책은 **2012년에 개정된 콘크리트 구조설계기준**에 근거하여 다음과 같은 내용이 보완되었다.

첫째, 개정된 하중계수의 반영

둘째, 개정된 철근의 허용항복강도와 관련된 규정의 반영, 주철근의 허용항복강도가 기존의 550 MPa에서 600 MPa까지 높아졌고, 스터럽의 허용항복강도도 400 MPa에서 500 MPa까지 높아짐으로 이와 관련된 규정의 반영

셋째, 경량콘크리트의 인장강도를 반영하여 전단, 비틀림, 처짐 평가식을 비롯한 콘크리트 인장강도와 관련된 식들의 개정

넷째, 개정된 2방향전단내력 평가식과 불균형모멘트 설계식의 반영

다섯째, 개정된 정착길이와 관련된 규정의 반영

여섯째, 개정된 내진설계와 관련된 규정의 반영

일곱째, 크리프와 건조수축과 관련된 예제의 보완 및 내진설계에 관련한 내용 추가

이 밖에도 콘크리트 구조설계기준(2012)에서는 용어, 재료물성 평가식, 철근상세, 확대머리, 스트럿 - 타이 모델 등과 관련된 내용이 개정되었다. 개정판에서는 콘크리트 구조설계기준(2012)에 근거하여 초판의 내용을 수정하였다. 개정판을 출판하면서 예제 검토에 도움을 준 성균관대학교 대학원 콘크리트공학연구실 대학원생 김대훈 군과 도서출판 동화기술 편집진 여러분들에게 고마움을 전한다.

2013. 2 저자

3판을 내면서

철근콘크리트 구조설계기준은 관련 기술의 변경에 맞추어 약 3년에서 5년을 주기로 변경되고 있다.

이 책은 **2022년에 개정된 KDS 14 20 국가건설기준-2022(Korea Design Standard) 콘크리트 구조설계기준**에 근거하여 다음과 같은 내용이 보완되었다.

첫째, 휨과 압축을 받는 부재의 극한변형률이 기존 0.003에서 콘크리트 압축강도에 따라서 달라지는 값으로 변경되었고, 이를 반영하여 모든 예제를 수정하였다.

둘째, 휨과 압축을 받는 부재의 등가응력분포가 포물선-직선형 등가응력분포와 등가 직사각형 압축응력블록으로 계산할 수 있도록 개정되었으며, 이를 반영하여 예제를 수정하였다.

셋째, 최대 전단철근비, 2방향전단 내력 평가식, 불균형모멘트 설계식, 벽체전단철근의 항복강도 제한이 개정되었으며, 이를 반영하였다.

넷째, 내진설계와 관련된 기준이 개정되었으며, 이를 반영하여 내진설계 관련식과 예제를 수정하였다.

다섯째, 확대머리철근의 정착식이 개정되었으며, 관련된 개정안을 반영하였다.

여섯째, 휨균열발생강도 평가식이 개정되었으며, 이를 반영하여 예제를 수정하였다.

3판에서는 기존 내용을 재검토하고 수정하였으며 고강도철근의 영향, 횡구속 콘크리트의 효과 등에 대한 내용이 개정되었다. 3판을 출판하면서 예제 검토에 도움을 준 성균관대학교 대학원생 신동익 군, 강유민 양, 김나영 양 및 도서출판 동화기술 편집진 여러분들에게 고마움을 전한다.

2021.9 저자

차 례

Chapter 1 일반 사항 21

1.1 개 요 22
1.2 철근과 콘크리트가 함께 사용되는 이유 25

Chapter 2 콘크리트와 보강재의 재료적 특성 29

2.1 일반 사항 30
2.2 콘크리트의 구성 재료 31
2.3 콘크리트의 배합 및 배합강도 35
2.4 콘크리트의 압축강도 38
2.5 콘크리트의 인장강도 60
2.6 크리프와 건조수축 62
2.7 강 재 78
2.8 인장경화효과 84

Chapter 3 구조설계법과 하중 89

3.1 일반 사항 90
3.2 구조설계의 순서 91
3.3 구조설계법의 종류 93
3.4 철근콘크리트 구조물의 구조설계법 99
3.5 하중의 종류 105

Chapter 4 보의 휨파괴와 기본 설계 사항 113

4.1 일반 사항 114
4.2 휨해석과 설계의 기본 가정과 조건 115

4.3 철근콘크리트 보의 휨설계 118
4.4 보의 저항모멘트 122
4.5 등가응력분포 126
4.6 등가응력분포를 사용한 콘크리트 보의 저항모멘트 130

Chapter 5 보의 휨해석과 설계 135

5.1 일반 사항 136
5.2 휨파괴의 종류와 강도감소계수 136
5.3 최소 철근비와 최대 철근비 141
5.4 단철근 직사각형보의 해석 145
5.5 복철근 직사각형보의 해석 152
5.6 T형보의 해석 164
5.7 보의 휨설계 177
5.8 휨모멘트 재분배 189

Chapter 6 부재의 사용성 201

6.1 일반 사항 202
6.2 처 짐 202
6.3 균 열 219
6.4 피 로 229

Chapter 7 전단 설계 235

7.1 일반 사항 236
7.2 전단거동과 전단파괴의 종류 237
7.3 탄성해석법과 전단파괴의 일반 사항 240
7.4 전단보강이 없는 부재의 전단저항 244
7.5 전단보강이 있는 부재의 전단저항 252
7.6 전단 설계 266
7.7 전단마찰 설계 283

Chapter 8 비틀림모멘트 설계 291

8.1 일반 사항 292
8.2 비틀림거동과 비틀림파괴의 종류 294
8.3 콘크리트에 의한 비틀림내력 297
8.4 비틀림철근에 의한 비틀림내력 301
8.5 비틀림모멘트 구조설계기준 307

Chapter 9 응력교란영역의 설계 327

9.1 일반 사항 328
9.2 스트럿-타이 모델 330
9.3 깊은보의 설계 346
9.4 브래킷과 내민 받침의 설계 361

Chapter 10 정착과 이음 381

10.1 일반 사항 382
10.2 부착응력 383
10.3 정착길이 387
10.4 철근의 정착과 절단 399
10.5 철근의 이음 407

Chapter 11 기둥의 설계 415

11.1 일반 사항 416
11.2 기둥 해석과 설계의 기본 사항 417
11.3 축력과 휨에 대한 설계 435
11.4 원형 기둥의 설계 456
11.5 2축 휨응력을 받는 기둥의 설계 467
11.6 기둥의 좌굴 469
11.7 장주의 확대휨모멘트 477
11.8 장주의 설계 485

Chapter 12 슬래브의 설계 503

12.1 일반 사항 504
12.2 슬래브 해석과 설계의 기본 사항 507
12.3 2방향 슬래브의 설계 - 직접설계법 515
12.4 2방향 슬래브의 설계 - 등가골조법 537
12.5 1방향 슬래브의 설계 555
12.6 슬래브의 전단 설계 560

Chapter 13 기초의 설계 583

13.1 일반 사항 584
13.2 기초 설계의 기본 사항 585
13.3 독립기초의 설계 588
13.4 연속기초의 설계 600
13.5 복합기초의 설계 603
13.6 말뚝기초의 설계 616

Chapter 14 벽체의 설계 625

14.1 일반 사항 626
14.2 벽체 해석과 설계의 기본 사항 627
14.3 수직하중을 저항하는 벽체 설계법 628
14.4 수평하중을 저항하는 벽체 설계법 632

Chapter 15 옹벽의 설계 647

15.1 일반 사항 648
15.2 옹벽에 작용하는 토압 649
15.3 옹벽 안정성의 검토 655
15.4 옹벽 부재의 설계 663

Chapter 16 **내진설계** **673**

16.1 일반 사항 674
16.2 등가정적해석법의 적용 675
16.3 철근콘크리트 구조물의 내진 상세 690

Chapter 17 **부 록** **741**

부록 1 단위 환산표 742
부록 2 설계하중 744
부록 3 기둥의 설계 757
부록 4 슬래브의 설계 770

◆ **참고문헌** **774**
◆ **연습문제 풀이** **783**
◆ **찾아보기** **791**

부 호

a ① 등가응력블록의 깊이
② 전단경간(모멘트가 최대가 되는 위치에서 모멘트가 영(0)인 구간까지의 거리)

A_c 콘크리트 단면의 단면적

A_{cp} 비틀림 설계를 위한 보의 단면적

A_f 휨철근의 단면적

A_g 부재의 전 단면적

A_l 길이방향 비틀림철근의 총 단면적

$A_{l,\min}$ 부재축방향(종방향) 비틀림철근의 최소 면적

A_o 폐쇄형 비틀림철근 중심이 감싸고 있는 콘크리트의 유효면적

A_{oh} 폐쇄형스터럽에 둘러싸인 보의 단면적

A_s 인장철근의 단면적

A_s' 압축철근의 단면적

A_{sf} 플랜지 양쪽 날개부분 콘크리트의 압축내력에 대응하는 인장철근의 단면적

A_{sw} 보의 웨브콘크리트의 압축내력에 대응하는 인장철근의 단면적

A_t 폐쇄형 비틀림철근 한 가닥의 단면적

A_{tr} 정착된 철근을 따라서 쪼개질 가능성이 있는 면을 가로질러 배근된 간격 s 이내에 있는 횡방향철근의 전체 단면적

A_v 전단보강스터럽의 단면적

A_{vf} 전단마찰철근의 단면적

A_{vh} 휨인장철근과 평행한 수평전단철근의 단면적

b 단면의 폭

b_1 휨모멘트를 저항하는 위험단면과 직각되는 방향의 폭

b_2 휨모멘트를 저항하는 위험단면 방향의 폭

b_o 슬래브의 주변 길이

b_w 단면 복부의 폭

c ① 중립축의 깊이 ② 철근 간격 또는 피복두께에 관련된 계수

c_1 기둥 단면의 가로방향의 길이

c_2　① 휨모멘트를 결정하는 경간에 직각방향으로 측정한 기둥, 기둥머리, 브래킷의 폭
　　② 기둥 단면의 세로방향의 길이

C　① 압축력　② 보의 비틀림상수

C_c　콘크리트에 의한 압축력

C_d　콘크리트 압축대의 압축력

C_f　플랜지 양쪽 날개부분 콘크리트의 압축력

C_m　등가균일휨모멘트 보정계수

C_s　① 압축철근에 의한 압축력　② 지진응답계수

C_w　웨브의 압축력

d　압축연단에서 인장측 철근의 중심까지의 거리(단면의 유효높이)

d_b　① 철근 단면의 안쪽간의 거리　② 주철근의 지름

d_s　스터럽의 지름

d_t　압축연단에서 인장연단에 가장 가까운 철근 단면적의 중심까지의 거리

D　① 고정하중　② 원형 단면의 지름

D_b　기초의 자중

D_s　상재하중

E　지진하중

E_b　보의 탄성계수

E_c　① 콘크리트의 탄성계수　② 기둥의 탄성계수

E_{ci}　콘크리트의 초기 접선탄성계수

E_{cs}　슬래브의 콘크리트 탄성계수

E_s　철근의 탄성계수

E_{tc}　콘크리트의 인장탄성계수

f　① 연직응력　② 휨응력

f_1　주인장응력

f_1^c　콘크리트의 주인장응력

f_2　주압축응력

f_2^c　콘크리트의 주압축응력

f_{28}　콘크리트의 28일 압축강도

f_c　콘크리트의 응력

f_{cc}'　콘크리트 3축 압축강도

f_{ce}　콘크리트 스트럿의 유효압축강도

f_{ck}　콘크리트의 압축강도(최대 응력)

$f_{ck,c}$　횡구속 콘크리트의 압축강도

f_{cm}	콘크리트 평균압축강도
f_{cr}	콘크리트의 인장강도
f_{cu}	콘크리트 스트럿의 유효압축강도
f_l	① 횡구속압　② 부재축방향(l 방향)의 직응력
f_{ls}	l 방향에 배근된 철근의 응력
f_r	휨인장강도
f_s	① 철근의 응력 ② 사용 하중 상태에서 인장 연단에 가장 가까이 배근된 철근의 응력
$f_{s,ave}$	철근의 평균응력
f_{se}	긴장재의 응력손실 후의 유효응력
f_{sp}	콘크리트의 쪼갬인장강도
$f_s{}'$	압축철근의 응력
f_t	부재축과 직각되는 방향(t 방향)의 직응력
f_{ts}	t 방향에 배근된 철근의 응력
$f_{t,ave}$	콘크리트의 평균인장응력
f_x	부재축방향 응력
f_y	부재축에 대한 직각방향 응력
f_{yl}	길이방향 비틀림철근의 항복강도
f_{yt}	① 스터럽은 항복강도　② 폐쇄형 비틀림철근의 항복강도
F_n	스트럿, 타이, 또는 절점영역의 공칭강도
F_{nn}	절점영역의 공칭강도
F_{ns}	콘크리트 스트럿의 공칭압축강도
F_u	계수하중에 의하여 스트럿, 타이, 또는 절점영역의 한 면에 작용하는 힘
G	전단탄성계수
h	① 부재 단면의 높이　② 좌굴이 고려되는 방향의 기둥의 전체 폭 ③ 슬래브의 두께　④ 벽두께
h_f	플랜지의 두께
h_w	전단벽의 수직 길이
H	옹벽의 수직 높이
H_o	실제 옹벽의 수직 높이
I	단면2차모멘트
I_b	보의 단면2차모멘트
I_c	기둥의 단면2차모멘트
I_{cr}	균열단면2차모멘트

I_e	유효단면2차모멘트
I_E	구조물의 중요도계수
I_{e1}, I_{e2}	보의 양단에서의 I_e의 값
$I_{e,con}$	보의 연속되는 단부에서의 값.
I_{em}	보의 중앙부에서의 I_e의 값
I_g	전단면적에 대한 단면2차모멘트(전단면2차모멘트)
I_p	단면극2차모멘트
I_{se}	도심에 대한 철근의 단면2차모멘트
I_x	x축에 대한 단면2차모멘트
I_y	y축에 대한 단면2차모멘트
jd	압축력과 인장력의 합력의 중심간 거리
J_c	단면극2차모멘트와 유사하게 가정된 위험단면의 특성
k_b	1방향 슬래브의 모멘트계수
k_c	기둥의 휨강성 계수
k_s	1방향 슬래브의 전단력계수
K	① 휨강성 ② 토압계수
K_A	주동토압계수
K_c	기둥의 휨강성
K_{ec}	등가기둥의 유효휨강성
K_P	수동토압계수
K_s	골조의 횡강성
K_t	기둥 양옆에 붙은 보 또는 슬래브의 비틀림강성의 합
K_{tr}	횡방향철근 지수
l	부재의 중심간 거리
l_1	① 모멘트가 산정되는 방향의 기둥 중심간 거리 ② 기초의 가로방향의 길이
l_2	① 모멘트가 산정되는 방향과 수직되는 방향으로 측정한 지지부 중심간 거리 ② 기초의 세로방향의 길이
l_a	외부하중에 저항하기 위하여 철근을 절단할 곳에서 연장되는 철근의 여분의 길이
l_b	보의 접합부의 중심에서 중심까지의 길이
l_c	기둥의 접합부의 중심에서 중심까지의 길이
l_d	인장철근 또는 압축철근의 정착길이
l_{db}	기본정착길이
l_{dh}	표준갈고리가 있는 갈고리철근의 정착길이

l_{dt} 인장력을 받는 확대머리 이형철근의 정착길이
l_n 부재의 순간격
L 활하중
M ① 휨모멘트 ② 고정단모멘트 계수
M_1 탄성해석에 의하여 계산된 기둥의 단부 모멘트 값 중 적은 값
M_2 탄성해석에 의하여 계산된 기둥의 단부 모멘트 값 중 큰 값
M_1, M_2 부재 단부의 휨모멘트
M_{1ns}, M_{2ns} 계수연직하중이 작용할 때에 횡변형이 구속된 골조해석에서 구한 기둥의 단부 모멘트
M_{1s}, M_{2s} 연직하중이 작용하지 않고 횡하중만 작용하는 상태에서의 단부 모멘트
M_a 단면2차모멘트가 계산되는 부분에서의 최대 모멘트
M_{cen} 옹벽 기초판의 중심에 대한 수직하중과 수평하중에 의한 휨모멘트
M_{cr} 휨균열모멘트
M_i $P\Delta$ 효과를 고려한 최종 모멘트
M_m 부재 중앙부의 휨모멘트
M_n 단면 저항휨모멘트
M_o ① 수평하중에 의한 1차모멘트 ② 토압에 의한 전도모멘트
M_r 옹벽과 흙의 저항모멘트(안정모멘트)
M_u 계수휨모멘트(소요휨모멘트)
n ① 탄성계수의 비
② 콘크리트 등가 직사각형 압축응력블록의 크기를 나타내는 계수
③ 균열면에 존재하는 스터럽의 수
④ 쪼개질 가능성이 있는 면을 따라 정착되거나 이어지는 철근수
N_u 계수축력(소요축력)
N_{uc} 크리프, 건조수축이나 온도 변화에 의하여 발생하는 인장력
p_{cp} 보의 둘레길이
p_h 전단흐름의 둘레길이
P ① 가력 하중 ② 토압
P_c 좌굴하중
P_u ① 계수축하중 ② 계수지압력
q 전단흐름
q_1 최대 접지압
q_2 최소 접지압
q_a 허용지내력
q_e 유효허용지내력
q_o 토압, 흙의 무게, 기초판의 자중에 의한 침하응력

q_r	침하에 대한 저항력(허용지내력 q_a와 동일)
q_u	기초설계용 토압
Q	① 안정성지수(stability index) ② 단면1차모멘트
Q_i	외부 하중
r	① 단면 중심에서 전단흐름까지의 거리 ② 단면2차반경
R	① 원통의 반지름 ② 반응수정계수
R_a	말뚝의 허용지내력
R_n	공칭내력
R_u	말뚝의 반력
s	① 인장 연단에 가장 가까이 배근되는 철근의 중심 간격 ② 스터럽의 간격 ③ 폐쇄형 비틀림철근의 간격 ④ 정착길이 l_d 구간 내에 있는 횡방향철근의 최대 중심간격 ⑤ 상재 하중
s_h	① 깊은보의 수평철근 간격 ② 벽체의 수평철근 간격
s_v	벽체의 수직철근 간격
S	적설하중
S_a	설계스펙트럼가속도
S_{D1}	주기 1초에서의 설계스펙트럼가속도
S_{DS}	단주기 설계스펙트럼가속도
t	단면의 두께
t_a	기둥상부의 슬래브의 중심에서 상부 슬래브 밑면, 지판 밑변 또는 기둥머리 밑면까지의 거리
t_b	기둥하부의 슬래브의 중심에서 하부 슬래브 윗면까지의 거리
T	① 인장력 ② 비틀림모멘트
T_{cr}	균열비틀림모멘트
T_{cu}	순수비틀림만이 작용한 경우의 비틀림내력
T_f	C_f에 대응하는 인장력
T_n	공칭비틀림모멘트
T_s	① 사인장균열을 가로지르는 모든 스터럽의 인장합력 ② 비틀림철근에 의한 비틀림내력
T_u	계수비틀림모멘트(소요비틀림모멘트)
T_w	C_w에 대응하는 인장력
u	부착응력
v	전단응력
v_{lt}	$l-t$ 방향의 전단응력
V	① 전단력 ② 횡하중

V_c	콘크리트에 의한 공칭전단강도
V_n	공칭전단강도
V_s	스터럽에 의한 전단강도
V_u	계수전단강도(소요전단강도)
w	전체 하중
w_a	내구성, 사용성(누수) 및 미관에 관련하여 허용된 균열폭
w_c	콘크리트의 단위 질량
w_d	설계 균열폭으로서 지속하중이 작용할 때 계산된 균열폭
w_m	평균 균열폭
w_t	타이의 유효폭
w_x	x방향의 하중
w_y	y방향의 하중
W	① 풍하중 ② 구조물의 전체 유효무게
W/C	물/시멘트 비율
x	단면의 짧은 변의 길이
x_o	폐쇄형 비틀림철근의 짧은 변 중심간의 길이
y	① 단면의 중립축으로부터 떨어진 거리 ② 단면의 긴 변의 길이 ③ 처짐
y_a	기둥의 2차 처짐
y_o	① 폐쇄형 비틀림철근의 긴 변 중심간의 길이 ② 원래의 하중(휨모멘트(M_0))에 의하여 발생하는 기둥의 처짐
y_t	단면의 중립축에서 인장연단까지의 거리
y'	처짐각
y''	곡률
Z	단면계수
α	① 하중계수 ② 압축합력의 크기(면적)와 관련된 계수, 콘크리트의 실제 응력면적과 콘크리트의 최대 응력을 기준으로 한 직사각형 응력면적의 비 ③ 스터럽의 방향과 부재축이 이루는 각도 ④ 철근의 위치계수 ⑤ 보와 슬래브의 상대강성비
α_f	전단마찰철근과 전단면사이의 각도
α_m	슬래브의 4변의 평균 상대강성비
α_s	기둥위치계수
β	① 압축합력의 작용위치(도심점)와 관련된 계수, 중립축의 깊이에 대한 압축합력의 작용위치의 비

	② 에폭시 도막계수 ③ 슬래브 긴 변의 순 경간 / 슬래브 짧은 변의 순 경간 ④ 기초판 긴 변의 짧은 변에 대한 비
β_1	콘크리트 단면의 압축연단에서 부터 등가응력블록의 깊이와 중립축 깊이의 비
β_c	기둥의 단변에 대한 기둥 장변과의 비
β_{dns}	지속하중에 의한 콘크리트의 크리프의 영향을 나타내는 계수(고정하중에 의한 최대 모멘트의 계수와 전체하중에 의한 최대 모멘트에 대한 비의 절대값)
β_n	절점영역의 콘크리트 유효압축강도에 대한 타이의 정착이 미치는 영향을 고려한 계수
β_s	콘크리트 스트럿의 강도감소계수
γ	① 철근의 크기계수 ② 흙의 무게
γ_{lt}	l과 t방향의 전단변형률
η	콘크리트 직사각형 등가 압축응력블록의 크기를 나타내는 계수, 콘크리트의 실제 응력면적과 콘크리트의 최대 응력을 기준으로 한 직사각형 응력면적의 비
δ_1, δ_2	두 건물의 수평변위
δ_b	횡구속골조의 휨모멘트 확대계수(bending moment magnifier)
δ_s	비횡구속골조의 모멘트 확대계수
Δ_o	1차 횡방향처짐
Δ_a	기둥 중앙점의 2차 처짐
Δ_D	고정하중에 대한 순간처짐
Δ_L	활하중에 대한 순간처짐
Δ_{LS}	지속되는 활하중에 대한 처짐
Δ_{LT}	장기처짐
Δ_0	원래의 하중(휨모멘트(M_0))에 의하여 발생하는 기둥 중앙점의 처짐
Δ_{sus}	지속되는 하중에 대한 처짐($=\Delta_D+\Delta_{LS}$)
ε_1	콘크리트의 주인장응력의 방향(제1방향)의 평균변형률
ε_2	콘크리트의 주압축응력 방향(제2방향)의 평균변형률
$\varepsilon_{a,\min}$	보의 설계가 가능한 최외단 인장철근의 인장변형률
$\varepsilon_{a,t}$	휨부재이 변하구간단면과 인장지배단면의 경계가 되는 최외단 인장철근의 인장변형률
ε_c	콘크리트의 변형률
ε_{cm}	균열간격 내의 평균 콘크리트변형률
ε_{co}	콘크리트의 압축강도에 상응하는 변형률
$\varepsilon_{co,c}$	횡구속 콘크리트의 압축강도에 상응하는 변형률
ε_{cr}	콘크리트의 인장강도에 상응하는 변형률
ε_{cu}	콘크리트의 극한변형률, 압축연단의 콘크리트 변형률
$\varepsilon_{cu,c}$	횡구속 콘크리트의 극한변형률

ε_l	l 방향의 철근 평균변형률
ε_s	철근의 단면 중심에서의 변형률
$\varepsilon_{s,ave}$	철근의 평균변형률
ε_{sm}	균열간격 내의 평균 철근변형률
$\varepsilon_s{}'$	압축철근의 변형률
ε_t	① 인장연단에 가장 가까운 철근의 단면 중심에서의 변형률, 최외단 인장철근의 인장변형률 ② t 방향의 철근 평균변형률
$\varepsilon_{t,ave}$	콘크리트의 평균인장변형률
ε_y	철근의 항복변형률
θ	① 주응력의 각도 ② 콘크리트 압축대와 부재축이 이루는 각도 또는 균열의 각도 ③ 비틀림 각 φ의 변화율, 즉, 단위 길이에 대한 비틀림회전각($\theta = d\varphi/dx$)
λ	경량콘크리트 계수
$\lambda_\triangle$	장기 추가처짐의 지속하중에 대한 계수
μ	마찰계수
ν	콘크리트의 유효압축강도계수
ξ	지속하중의 시간경과 계수
ρ	① 철근비 ② 인장철근비
ρ_h	벽체의 수평철근비
ρ_l	① l에 배근된 철근의 철근비 ② 길이방향 비틀림철근의 철근비 ③ 벽체의 수직철근비
$\rho_{\min}$	주인장철근의 최소 철근비
$\rho_{\max}$	주인장철근의 최대 철근비
ρ_t	① t 방향에 배근된 철근의 철근비 ② 폐쇄형 비틀림철근의 철근비
ρ_w	주인장철근비
ρ'	압축철근비
φ	비틀림회전각
ϕ	① 강도감소계수 ② 흙의 내부마찰각
ϕM_n	설계휨모멘트
ψ_A, ψ_B	기둥 양단의 강성비
$\sum o$	철근의 둘레길이

Chapter 01

일반 사항

1.1 개 요
1.2 철근과 콘크리트가 함께 사용되는 이유

1.1 개 요

철근콘크리트는 건축구조물과 토목구조물의 주요한 구조재료로 사용되고 있다. 철근콘크리트는 철근과 콘크리트라는 이질적인 재료가 혼합된 복합구조재료이다. 콘크리트는 시멘트, 물, 골재가 혼합되어 경화(硬化)한 후에 외부에서 작용하는 압축력을 주로 저항하며, 철근은 콘크리트를 대신하여 주로 인장력을 저항한다. 철근콘크리트 구조는 경제성, 내구성, 내화성, 조형성 등이 뛰어나 건축구조물과 토목구조물에 널리 사용되고 있다.

철근콘크리트 구조의 역사적 배경

기원전 7세기 이전부터 페니키안(Phoenician) 이집트 등지에서 석회, 점토, 물을 혼합한 벽돌이 사용되었다. 그 후 로마인들은 돌, 석회, 화산재를 혼합한 콘크리트를 제조하여 여러 공공구조물을 건설하였다. 오늘날은 골재를 시멘트에 섞어서 콘크리트를 제조하지만 로마인들은 골재와 시멘트를 일정한 층으로 배치하여 콘크리트를 제조하였다. 로마제국이 멸망한 후에 콘크리트 제조기술은 일시적으로 사라졌지만, 1200년경 중세에 다시 새로운 콘크리트 제조기술이 발전되었다.

근대적인 콘크리트 제조기술은 1756년 영국의 기술자 John Smeaton에 의하여 개발되었다. 그 후 Joseph Aspdin에 의하여 포틀랜드시멘트가 개발되어(1824년), 미국 위스콘신(Wisconsin)에 Milton House와 같은 콘크리트 건물이 건설되었다(1844년).

철근에 의하여 보강된 철근콘크리트는 1850년 프랑스 건설가 Jean-Louis Lambot에 의하여 철근콘크리트 보트에 처음으로 사용되었고, 1861년 프랑스의 정원사 F. Joseph Monier가 화분 받침대에 양방향으로 철망을 배근한 철근콘크리트를 사용하였다. Monier는 콘크리트에 철근을 배근하여 철근콘크리트에 대한 특허를 취득하였지만, 철근을 콘크리트의 어느 곳에 배근해야 구조적으로 안정한지에 대해서는 명확하게 파악하지 못했다. 이후에 철근콘크리트는 William Boutland Wilkinson, Gustav Adolph Wayes, J. Bauschinger 등에 의하여 발전되었다.

우리나라에서는 1910년 부산세관 본청사가 최초로 철근콘크리트 구조로 건설되었으며, 일제 강점기인 1912년에 한국은행 본점, 1925년에 서울역이 건설되었다. 해방이후 근대화가 시작된 1965년 이후에 다수의 철근콘크리트 건물이 건설되었으며, 2000년대까지의 고도 경제성장기간 동안 시멘트 및 철근 생산시설이 확장되어 연간 6,000만 톤 이상의 시멘트와 연간 1,200만 톤 이상의 철근을 생산할 수 있게 되었다. 2000년 초반 세계 5위의 시멘트 소비국이었던 우리나라는 경제 발전과 함께 시멘트 생산량이 다소 감소하여 2013년에 약 4,500만 톤을 생산하였다. 최근에는 콘크리트의 고강도화 및 고성능화 분야에서 비약적인 발전이 이루어져 기존에 쓰이던 압축강도 20～30 MPa의 콘크리트 대신 80～100 MPa의 고강도 콘크리트가 현장에 적용되고 있다. 2015년 국내에서 신축, 증축, 개축, 용도변경으로 착공된 철근콘크리트 구조물은 연면적 기준으로 전체 구조물의 약 78퍼센트를 차지하고 있으며, 수많은 초고층 건물, 초장대 교량, 대형구조물이 철근콘크리트로 건설되고 있다.

철근콘크리트 구조의 장·단점

19세기 후반에 개발된 철근콘크리트가 현재까지 주요한 건설재료로 사용되고 있는 이유는 다음과 같은 여러 가지 장점을 갖고 있기 때문이다.

① 경제성

콘크리트는 강재(鋼材)에 비하여 비교적 쉽게 구할 수 있는 경제적인 재료이다. 경제성은 건설 지역, 경제 상황, 공사 기간 등에 의하여 변할 수 있으나, 전체적으로 판단할 때 콘크리트는 강재에 비하여 경제적인 재료라 할 수 있다.

② 내구성(耐久性)

콘크리트의 내구성은 사용하는 재료와 배합에 의해 영향을 받는다. 콘크리트는 내구성이 뛰어나며, 녹슬지 않고 알칼리에 강한 특성을 갖고 있다.

③ 내화성(耐火性)

화재가 발생할 경우에 구조재료는 사용자가 대피할 때까지 강도(强度)가 감소되지 않고 외력에 저항할 수 있어야 한다. 강재나 목재가 고온에 노출되면 단시간 내에 강도가 감소되어 화재에 취약하지만, 콘크리트는 화재 시에 약 1～3시간 정도까지 견딜 수 있어 내화성이 뛰어나다.

④ 조형성(造形性)

콘크리트는 경화되기 전에 겔(gel)과 같은 상태이므로 설계자는 거푸집을 사용하여 조형성이 뛰어난 콘크리트 구조물을 제조할 수 있다.

⑤ 유지관리

콘크리트 구조물은 강재나 목재에 비하여 유지관리가 용이하다. 강도가 낮고 물-시멘트 비가 커서 치밀하지 않은 콘크리트는 표면이 더러워지기 쉽지만, 물과 공기함유량이 적고 조직이 치밀하게 채워진 콘크리트는 유지관리가 용이하다

⑥ 진동저항성과 차음성

콘크리트는 큰 강성(强性)을 갖고 있기 때문에 진동에 저항하는 능력이 우수하며 처짐이 적다. 또한 차음성이 뛰어나 주거용 건물에 적합하다.

이러한 장점과 함께 콘크리트는 다음과 같은 취약점을 갖고 있다.

① **낮은 인장강도**

콘크리트의 대표적 약점 중의 하나는 인장강도가 낮다는 점이다. 콘크리트의 인장강도는 압축강도의 약 10퍼센트에 지나지 않아 인장력을 받는 구조부재로 사용하기 위해서는 강재를 보강하여 사용해야 한다.

② **균열**

인장강도가 낮은 콘크리트는 쉽게 균열이 발생한다. 균열은 철근콘크리트 구조물의 사용성을 저하시키고 내력을 감소시킨다. 콘크리트에는 내적 요인과 외적 요인에 의해 균열이 발생한다. 균열의 원인과 종류에 대해서는 이 책의 6장에서 상세하게 설명한다.

③ **건조수축과 크리프**

콘크리트는 시간이 경과함에 따라서 점차적으로 진전되는 건조수축변형과 크리프변형에 의하여 균열이 발생하거나, 처짐이 증가한다. 건조수축과 크리프에 대해서는 이 책의 2장에서 상세하게 설명한다.

④ **거푸집과 지주의 필요성**

시멘트, 골재와 물이 혼합되어 제조되는 콘크리트가 강도를 발휘하기 위해서는 일정한 기간이 필요하며, 이때까지 콘크리트의 자중(自重)은 거푸집과 지주에 의하여 지지되어야 한다. 거푸집과 지주의 설치는 시공 기간을 지연시킬 수 있으며, 공사비를 증가시킨다.

⑤ **무거운 자중**

비중과 강도를 고려할 경우에 콘크리트는 강재에 비하여 자중이 무겁다. 콘크리트의 비중은 철근의 약 30퍼센트지만 강도는 강재의 약 10퍼센트이므로 철근콘크리트 구조물은 고정하중이 증가하여 단면의 크기가 증가할 수 있다. 하지만 최근에는 고강도 콘크리트가 개발되어 콘크리트 부재의 단면이 점점 작아지는 추세이다.

위에서 설명된 콘크리트의 특성을 요약하여 정리하면 [표 1.1]과 같다.

표 1.1 철근콘크리트 구조의 특성

장 점	단 점
경제성	낮은 인장강도
내구성(耐久性)	균열의 발생
내화성(耐火性)	건조수축과 크리프
조형성(造形性)	거푸집과 지주의 필요성
유지관리가 용이	무거운 자중(自重)
진동저항성과 차음성	

1.2 철근과 콘크리트가 함께 사용되는 이유

근대적 콘크리트가 1756년에 처음 개발되었을 때 콘크리트는 건축구조물과 토목구조물에 제한적으로 사용되었다. 그러나 이러한 콘크리트가 철근과 함께 합성재료가 된 이후에 철근콘크리트는 건설구조물의 주요한 구조재료로 널리 사용되게 되었다. 이는 철근과 콘크리트가 상호 보완적인 역할을 하기 때문이다. 철근과 콘크리트가 함께 쓰이는 이유를 정리하면 다음과 같다.

강도(强度)

콘크리트는 시멘트, 물, 골재가 혼합된 합성재료로 압축강도에 강하지만 인장강도에는 약한 단점을 갖고 있다. 이러한 콘크리트의 약점을 보완하기 위하여 인장에 강한 재료, 즉 강재가 사용되었다. [그림 1.1(a)]와 같이 철근이 들어있지 않은 콘크리트를 양쪽에서 잡아당길 경우에 콘크리트는 변형률이 약 0.0001 정도 늘어난 후, 중앙부에 균열이 발생하며 급작스럽게 파괴된다. 그러나 [그림 1.1(b)]와 같이 철근을 콘크리트에 집어넣은 후에 잡아당기면 균열이 발생한 후에도 외력은 계속하여 증가한다. 이는 균열이 발생한 후에 더 이상 외력에 저항할 수 없는 콘크리트를 대신하여 철근이 외부 인장력에 저항하기 때문이다. 철근콘크리트 부재는 철근이 항복한 이후에도 변형률은 계속하여 증가한다. 한편, 강재는 비중에 비하여 강도가 높아서 단면의 크기가 작기 때문에 세장비(細長比, slenderness ratio)가 큰 경우가 많다. 세장비가 큰 강재가 압축력을 받을 경우에 좌굴하기 쉽지만 콘크리트와 함께 사용될 경우에는 콘크리트에 의하여 철근이

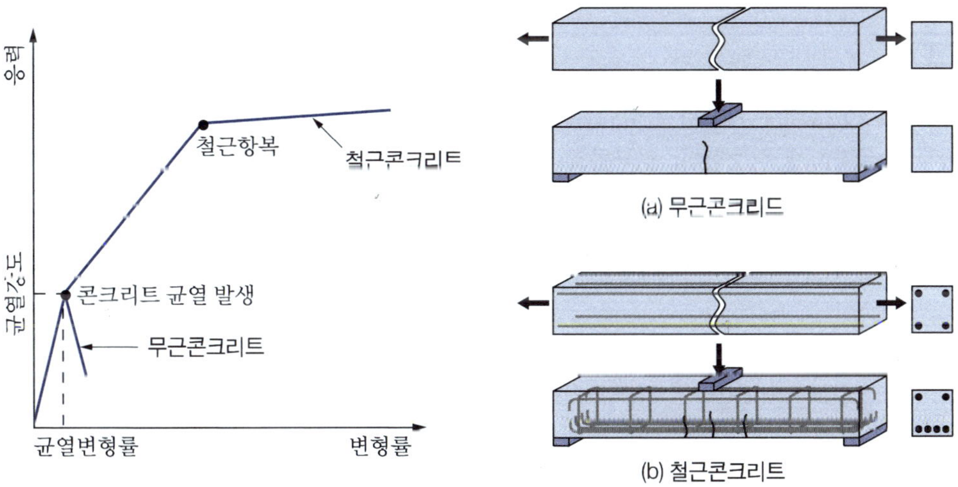

그림 1.1 무근콘크리트와 철근콘크리트의 응력 – 변형률 곡선

보호되어 단면적이 증가하는 것과 동일한 효과가 발생한다. 결과적으로 세장비가 감소하여 좌굴 하중이 증가한다.

열팽창계수

여러 가지 재료가 복합적으로 사용되어 구조부재를 이룰 경우에는 구성 재료의 열팽창계수가 비슷해야 한다. 만일 열팽창계수가 다른 재료가 함께 사용된다면 어느 한 재료가 팽창 또는 수축하여 접합면에 균열이 발생할 수 있다. 콘크리트의 열팽창계수는 콘크리트의 품질에 따라서 다소 차이가 있다. 보통콘크리트의 경우 열팽창계수는 $(1.2 \sim 1.5) \times 10^{-5}/℃$, 경량골재 콘크리트의 경우 $(0.5 \sim 1.4) \times 10^{-5}/℃$ 이다. 철근의 열팽창계수는 약 $1.0 \times 10^{-5}/℃$ 로 두 재료의 열팽창계수가 유사하기 때문에 임의의 온도에 대하여 동일하게 팽창하거나 수축하여 두 재료를 함께 사용할 수 있다.

부착성

외부의 하중은 콘크리트를 통하여 철근에 전달된다. 철근이 콘크리트에 완전히 밀착되지 않고, 쉽게 미끄러지거나 뽑힐 경우에는 콘크리트에서 철근으로 힘이 원활하게 전달될 수 없다. 현재 사용되고 있는 철근에는 리브나 마디가 있어 콘크리트와 일체화 되어 힘의 전달이 원활하다. 철근의 종류와 형상에 대해서는 이 책의 2장에서 설명하고, 콘크리트와 철근의 부착성능에 대해서는 10장에서 설명한다.

내구성

철근과 같은 강재가 외부의 환경에 직접 노출될 경우에 부식하기 쉽고, 고온에 노출될 경우에는 강도가 급격하게 감소한다. 철근콘크리트 구조는 철근이 피복콘크리트 안에 묻혀 있기 때문에 철근의 부식을 방지할 수 있고, 화재가 발생했을 경우에 콘크리트가 철근을 보호하여 철근의 강도 감소를 억제할 수 있다.

Chapter 1 연습문제

1.1 철근콘크리트 구조의 장·단점을 설명하라.

1.2 철근과 콘크리트 두 재료가 함께 합성재료로 쓰이는 이유를 4가지 이상 설명하라.

Chapter

02

콘크리트와 보강재의 재료적 특성

2.1 일반 사항

2.2 콘크리트의 구성 재료

2.3 콘크리트의 배합 및 배합강도

2.4 콘크리트의 압축강도

2.5 콘크리트의 인장강도

2.6 크리프와 건조수축

2.7 강 재

2.8 인장경화효과

2.1 일반 사항

철근콘크리트는 보강재와 콘크리트로 이루어진 합성재료이다. 콘크리트는 시멘트, 골재, 물, 혼화재로 구성되어 있어 재료 배합에 따라서 성질이 달라진다. 콘크리트를 구성하는 중요한 성분 중의 하나인 시멘트는 물과 화학적으로 결합하여 골재를 연결시키는 접착재의 역할을 한다. 시멘트는 구성 성분과 제조과정의 차이에 따라서 1종에서 5종까지 다양한 종류의 제품이 생산되고 있다. 골재는 하천이나 산림 또는 바다 등에 있는 모래 또는 자갈 등을 말하며, 콘크리트 체적의 약 70퍼센트를 차지한다. 골재는 크기, 생산 방법, 비중에 따라서 성질이 달라진다. 산업화에 따른 구조물의 증가로 골재의 사용량이 점점 증가하여, 최근에는 강바닥에서 골재를 채취하기는 어렵고 쇄석을 사용하거나 수입산 골재, 재생골재 등의 사용이 늘어나고 있다. 콘크리트에 첨가되는 혼화재는 작업성을 향상시키고 콘크리트의 압축강도 증대, 강도의 조기 발현 등을 위하여 사용된다. 최근에는 콘크리트의 품질을 개선하기 위하여 다양한 종류의 혼화재가 개발되고 있다.

시멘트, 골재, 물, 혼화재가 화학적인 반응을 일으켜 경화한 콘크리트는 일정한 강도를 갖는 합성재료가 되어 외부 하중을 저항한다. 합성재료인 콘크리트는 구성 재료의 성질이 균질하지 않기 때문에 압축강도, 인장강도, 전단강도 등이 동일하지 않고 방향성을 갖는다. 따라서 콘크리트는 압축력에는 강하지만 인장력이나 전단력에는 상대적으로 약한 특성이 있으며, 강도와 내구성 등은 시멘트의 성질, 골재의 품질, 혼화재, 재료배합 등에 따라서 달라진다. 또한 콘크리트는 시간이 경과함에 따라서 재료적인 성질이 변하는 특성을 갖고 있다. 시간과 관련된 대표적인 콘크리트 특성에는 건조수축과 크리프현상이 있다. 건조수축과 크리프현상에 의하여 콘크리트의 탄성계수가 감소하거나 인장응력이 발생하여 콘크리트에 균열이 발생하거나 처짐이 증가한다.

철근은 콘크리트의 대표적 인장보강재이며 강도, 단면적 및 제조 방법 등에 따라서 성질이 다르다. 철근은 콘크리트와는 다르게 균질한 재료이기 때문에 압축강도, 인장강도, 전단강도 등이 거의 동일하다. 철근의 응력과 변형률 곡선은 강도에 따라서 달라지며, 강도가 증가할수록 연성이 감소하는 특성이 있다. 부식(腐蝕)하기 쉬운 환경에서는 일반적인 철근을 사용하지 않고 에폭시도막철근과 아연도금철근 등과 같이 부식에 강한 철근이 사용되기도 한다. 최근에는 원자재 가격이 상승하여 철근의 제조 원가도 상승하고 있으며, 고강도 철근의 개발과 적용을 위한 연구개발이 활발하게 이루어지고 있다. 철근을 대신하여 섬유보강재(fiber reinforced polymer bar)가 사용되는 경우도 있지만 아직까지 많이 사용되고 있지는 않다. 2장에서는 콘크리트를 구성하고 있는 여러 재료의 성질과 콘크리트와 철근의 재료특성에 대하여 설명한다.

2.2 콘크리트의 구성 재료

2.2.1 시멘트

시멘트의 주성분은 석회질원료에서 만들어진 산화칼슘(CaO), 점토질원료에서 만들어진 실리카(SiO_2)와 산화알루미늄(Al_2O_3)이며, 그 밖에 소량의 산화철(Fe_2O_3), 마그네시아(MgO), 아황산(SO_3), 알칼리(K_2O+Na_2O) 등이 포함된다. 시멘트의 생산 과정은 다음과 같다.

① 석회질원료, 규산질원료, 산화철원료를 혼합 분쇄
② 분쇄된 재료를 1500℃ 이상의 고온의 소성로(kiln)에서 소성하여 클링커(clinker)를 생산
③ 클링커에 응결지연제인 석고를 첨가하여 미분말로 분쇄

시멘트가 함유하고 있는 성분의 양적 비율을 조절하여 다양한 제품을 만들 수 있다. 현재 생산되는 시멘트의 종류는 [표 2.1]과 같이 5종류이다. 이 중에서 가장 널리 쓰이는 시멘트는 1종 보통시멘트이며, 2종 중용열시멘트와 4종 저열시멘트는 수화열이 적게 발생되어야 하는 초대형

표 2.1 시멘트의 종류, 특성 및 용도

종류	품 명	특 성	용 도
1종	보통시멘트	- 일반적인 건축·토목구조물의 건설용으로 가장 많이 사용 - 시멘트라 함은 일반적으로 1종 보통 포틀랜드시멘트를 말함	일반 건축공사, 토목공사
2종	중용열 시멘트	- 시멘트의 수화열을 줄이기 위하여 규산3칼슘(C_3S)과 알루민산삼석회(C_3A) 성분을 감소시킴 - 장기 강도를 발현하는 규산2칼슘(C_2S) 량이 많음 - 중간 수준의 수화열 발생 - 건조수축이 적고 내구성 우수	초대형 콘크리트 구조물, 댐공사 등의 매스(mass)콘크리트 공사, 도로포장, 활주로 공사, 터널 공사
3종	조강시멘트	- 조기강도의 발현성이 우수한 C_3S의 함량을 높임 - 물과 접촉하는 면적을 많게 하기 위하여 시멘트 입자를 미쇄하게 분쇄 - 수화속도가 빨라 단기간에 고강도 발현 - 저온 강도 발현 및 수밀성 우수	긴급 공사, 겨울 한냉지 공사, 각종 구조물 및 콘크리트 2차 제품 제조에 사용됨.
4종	저열시멘트	- C_2S의 함유량 40% 이상 - 수하열이 중용열시멘트 보다 낮음 - 고강도, 고유동 콘크리트 제조가 용이함	LNG 지하저장탱크, 고층 건축물, 대형 건축물, 기초 및 지하 구조물
5종	내황산염 시멘트	- 황산에 약한 C_3A 함유량을 줄임 - 황산 저항성능이 우수 - 화학적으로 안정적이며, 강도 발현도 우수	황산염 토양지대 구조물 공사, 공장폐수시설 공사, 항만공사, 원자로 공사

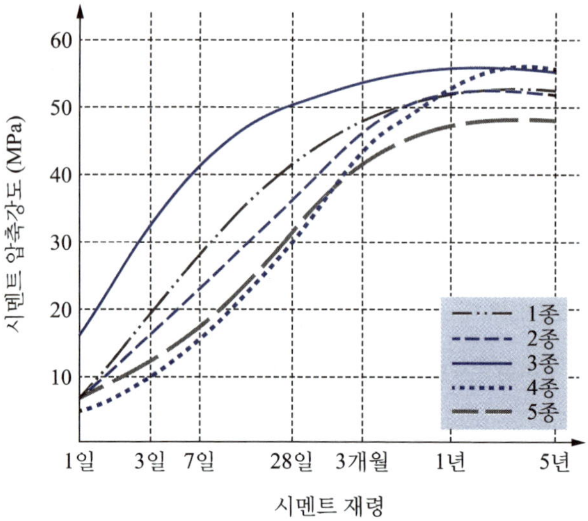

그림 2.1 시간에 따라 변화하는 시멘트 강도(Gonnerman and Lerch, 1951)

구조물이나 댐 공사 등에 주로 사용된다. 3종 조강시멘트는 도로공사와 같이 콘크리트가 빠른 기간에 일정의 강도에 도달해야 하는 공사에 주로 사용된다. 이 외에도 특수한 목적에 따라서 각종 혼화재를 혼합하여 제조한 고로슬래그시멘트, 플라이애쉬시멘트, 포틀랜드포졸란 시멘트, 팽창시멘트, 백색포틀랜드시멘트, 초미립자시멘트, 초속경시멘트, 알루미나시멘트 등이 생산되고 있다.

[그림 2.1]은 시멘트의 종류와 압축강도의 관계를 나타낸다. 그림에서 y축은 타설 후에 시간에 따라 변화하는 콘크리트의 압축강도를 나타내며, x축은 타설 후의 시간을 나타낸다. 그림에서 시멘트의 강도는 시멘트의 종류에 따라서 달라짐을 알 수 있다. 1종 보통시멘트의 경우에는 타설 3일 후에는 28일 강도의 약 45퍼센트, 7일 후에는 약 67퍼센트에 도달함을 알 수 있다. 그러나 3종 조강시멘트의 경우에는 타설 3일 후에 28일 강도의 약 67퍼센트에 도달하여 다른 시멘트에 비하여 빨리 강도가 높아짐을 알 수 있다. 그러나 시간이 지남에 따라서 3종 시멘트의 강도 증가율은 점점 낮아져서 28일이 경과한 후에는 일반 시멘트의 강도와 거의 유사하다.

2.2.2 골재

골재란 모르타르 또는 콘크리트를 제조하기 위하여 시멘트와 물에 혼합하는 모래, 자갈, 기타 이와 비슷한 재료를 말한다. 골재는 콘크리트 체적의 60퍼센트에서 80퍼센트를 차지하며 콘크리트 성질에 중요한 영향을 미치므로 물리적, 화학적 작용이 안정적이어야 한다. 또한 골재는 알맞은 입도(粒度)를 갖고, 석편, 유기 불순물, 염화물 등을 함유해서는 안 된다. 골재는 크기, 생산 방법, 비중 등에 따라서 다음과 같이 세 가지로 구분할 수 있다.

① 크기에 따른 구분

- 잔 골재(fine aggregate) : 표준체에 규정된 10 mm체를 전부 통과하고 5 mm체를 거의 다 통과하며 0.08 mm체에 거의 남는 골재. 입경 5 mm 이하의 골재
- 굵은 골재(coarse aggregate) : 중량비로 5 mm체에 85% 이상 남는 골재. 입경 5 mm 이상인 골재

② 생산 방법에 따른 구분

- 천연 골재 : 자연 작용에 의해 만들어진 골재로서 강모래, 강자갈, 바다모래, 바다사갈, 육상모래, 육상자갈, 산모래, 산자갈 등의 골재
- 인공 골재 : 암석을 파쇄(破碎)하여 인공적으로 만든 골재, 부순 돌 및 부순 모래
- 재생 골재 : 산업 폐기물, 철거 구조물을 이용하여 생산한 골재, 주로 비구조용 부재에 사용됨

③ 비중에 따른 구분

- 보통 골재(비중 : 2.50~2.65, 표준비중 : 2.60) : 보통의 토목, 건축구조물에 이용되는 일반적인 골재
- 경량 골재(비중 : 2.50 이하) : 콘크리트의 중량을 감소시킬 목적으로 이용되는 중량이 가벼운 골재
- 중량 골재(비중 : 2.70 이상) : 방사선 차폐(遮蔽) 효과를 높이기 위한 자철 골재와 같이 중량이 무거운 골재

2.2.3 혼화재

콘크리트의 작업성을 향상시키거나, 콘크리트 강도의 증진 또는 강도의 조기 발현, 응결 시간의 조절, 내구성이나 수밀성 개선 등과 같이 콘크리트의 성질을 개선하기 위하여 혼화재(admixture)가 사용된다. 혼화재는 사용되는 용도가 다양하며, 경우에 따라서는 콘크리트에 부작용을 유발하므로 공사에 적합한 혼화재를 선정하여 사용해야 한다.

우리나라에서는 혼화재료를 사용량에 따라 혼화제(混和劑)와 혼화재(混和材)로 분류한다. 혼화제(混和劑)는 AE제, 감수제(減水劑), 지연제, 촉진제 등과 같이 시멘트 중량의 1퍼센트 전후를 첨가하는 것을 말하고, 혼화재(混和材)는 고로슬래그 미분말, 플라이애쉬 등과 같이 시멘트

중량의 5퍼센트 이상을 첨가하는 것을 말한다. [콘크리트표준시방서]에 규정된 혼화재와 혼화제를 용도별로 구분하여 정리하면 다음과 같다.

혼화재(混和材)

① **포졸란 작용** – 플라이애쉬, 규조토, 화산회, 규산 백토
② **잠재수경성** – 고로슬래그 미분말
③ **팽창 유발** – 팽창재
④ **강도 증진** – 규산질 미분말
⑤ **착색 유발** – 착색재
⑥ **기타** – 고강도용 혼화재, 폴리머, 증량재(增量材)

혼화제(混和劑)

① **워커빌리티(workability, 시공연도, 작업성)와 내동해성(耐凍害性)을 개선시키는 혼화제** – AE제, AE감수제
② **워커빌리티를 향상시켜 소요되는 단위 수량(콘크리트 단위체적에 포함된 물의 양)이나 단위 시멘트량(콘크리트 단위체적에 포함된 시멘트의 양)을 감소시키는 혼화제** – 감수제, AE감수제
③ **배합이나 경화 후에 콘크리트 품질이 변하지 않도록 하고 유동성을 개선시키는 혼화제** – 유동화제
④ **감수(減水) 효과로 콘크리트 강도를 증대시키는 혼화제** – 고성능감수제
⑤ **응결, 경화 시간을 조절하는 혼화제** – 촉진제, 지연제, 급결제, 초지연제
⑥ **방수 효과를 증대 시키는 혼화제** – 방수제
⑦ **기포에 의해 콘크리트 충전성(充塡性, 메우고 채우는 성질)을 개선하거나 중량을 조절하는 혼화제** – 기포제, 발포제
⑧ **염화물에 의한 철근의 부식을 억제하는 혼화제** - 방청제
⑨ **유동성을 개선하고 적당한 팽창성을 주어 콘크리트 충전성과 강도를 개선하는 혼화제** – 프리팩트콘크리트용 혼화제, 고강도 프리팩트콘크리트용 혼화제, 공극 충전 모르타르용 혼화제
⑩ **소요되는 단위수량을 감소시켜 내동해성을 개선시키는 혼화제** – 고성능 AE감수제
⑪ **콘크리트의 점성(粘性, viscosity)을 증대시켜 수중(水中)에서 재료가 분리되는 것을 억제시키는 혼화제** – 수중불분리성 혼화제
⑫ **응집 작용에 의해 재료가 분리되는 것을 억제시키는 혼화제** – 수중콘크리트용 혼화제, 펌

프압송조제(壓送助劑)

⑬ **기타 혼화제** – 보수제(保水劑), 방동제(防凍劑), 건조수축 감소제, 수화열 억제제, 분진 방지제(粉塵防止劑) 등

2.2.4 물

물은 일정 품질기준에 적합한 지하수, 공업용수나 상수도물을 주로 사용하며, 기름, 산, 유기 불순물, 혼탁물 등 콘크리트나 강재의 품질에 나쁜 영향을 미치는 물질을 함유해서는 안 된다. 혼합수를 사용하고자 할 경우에는 먼저 수질시험을 실시하여 유해물의 함유량을 조사해야 한다. 혼합수에는 콘크리트의 응결경화, 강도 발현(强度 發現, 강도에 도달하게 함), 체적 변화, 워커빌리티 등에 나쁜 영향을 미치거나 강재를 녹슬게 하는 물질이 일정량 이상 함유되지 않아야 한다. 해수(海水)는 강재를 부식시킬 염려가 있으므로 철근콘크리트, 프리스트레스트 콘크리트, 철골철근콘크리트 및 가외(加外)철근이 배치된 무근콘크리트에 사용해서는 안 된다.

재료 배합비의 한 예로 압축강도가 20～30 MPa인 콘크리트를 제조하기 위해서 원재료가 차지하는 절대용적을 비율로 표시하면, 공기 1～3%, 물 16～22%, 시멘트 9～15%, 잔골재 20～33%, 굵은 골재 35～48%, 기타 혼화재 0～3%이다.

2.3 콘크리트의 배합 및 배합강도

콘크리트는 필요한 강도와 내구성을 유지하며, 작업에 적합한 워커빌리티(workability, 시공연도, 작업성)를 갖도록 배합해야 한다. 여기서 워커빌리티란 콘크리트가 거푸집의 구석구석까지 충분히 채워질 수 있는 콘크리트의 유연성을 의미하며, 콘크리트를 타설할 때의 작업의 용이성과 밀접한 관계가 있다. 워커빌리티는 일반적으로 콘크리트의 슬럼프 값(slump value)에 의해 평가한다. 슬럼프 값이란 [그림 2.2]와 같이 굳지 않은 콘크리트를 일정한 규격(KS F 2402)의 슬럼프콘(slump cone, 하부 직경 200 mm, 상부 직경 100 mm, 높이 300 mm)에 붓고 규격에 맞게 다진 후에 콘을 수직방향으로 제거했을 때 콘크리트가 무너지는 높이를 의미한다. 무너지는 값, 즉 슬럼프 값이 클수록 콘크리트가 부드럽고 잘 퍼져서 작업성이 좋다. 최근에는 슬럼프 값과 함께 흐름도 실험(flow test) 값을 이용하여 워커빌리티를 검토한다. 흐름도 실험값이란 콘크리트를 슬럼프콘 안에서 다진 후에, 슬럼프콘을 제거했을 때 콘 안에 있는 콘크리트가 옆으로 퍼져나가게 되는데, 이 때 측정되는 콘크리트의 퍼진 넓이의 값을 말한다([그림 2.2(b)] 참조).

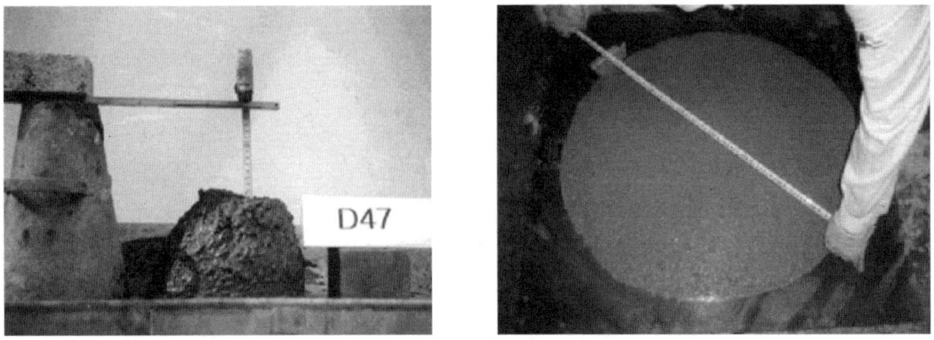

(a) 슬럼프 측정 실험 (b) 플로우 측정 실험

그림 2.2 슬럼프 측정 실험과 플로우 측정 실험

흐름도 값이 크면 콘크리트가 잘 퍼져서 작업성이 좋다.

물은 콘크리트의 강도와 워커빌리티에 중대한 영향을 미치므로 콘크리트의 물-시멘트 비는 콘크리트의 강도와 내구성을 고려하여 결정해야 한다. 물(단위수량)은 작업이 가능한 범위 내에서 적게 사용하는 것이 좋으며, 굵은 골재의 최대 치수, 골재의 입도와 입형(粒形), 혼화 재료의 종류, 콘크리트의 공기량 등에 따라 적절하게 조절해야 한다. 콘크리트의 단위수량이 증가하면 일반적으로 콘크리트의 강도는 감소하고, 워커빌리티는 향상된다. 콘크리트의 강도와 워커빌리티를 일정 값 이상으로 유지한 채 단위수량을 감소시키기 위해서 AE제, 감수제, 고성능 AE감수제 등과 같은 혼화제가 사용된다.

굵은 골재의 최대 치수는 부재의 최소 치수의 1/5, 피복두께나 철근의 최소 수평 순간격, 최소 수직 순간격의 3/4을 초과해서는 안 된다.

구조설계를 위해서 설계자는 콘크리트의 압축강도, 슬럼프 값 등이 필요하며, 목표로 하는 콘크리트 품질에 맞추어 구성 재료의 비율을 정하는 것을 콘크리트 배합이라 한다. 여기서 배합 시에 목표로 하는 콘크리트 압축강도를 소요평균배합강도(f_{cr}, required average compressive strength, 또는 평균배합강도, 배합강도)라 한다. 콘크리트는 구성 재료의 비율과 양생 조건 등에 따라 압축강도가 민감하게 영향을 받기 때문에 배합강도(f_{cr})는 설계기준압축강도(f_{ck})보다 커야 한다. 콘크리트 구조설계기준에서는 f_{cr}을 f_{ck}의 크기와 표준공시체 시험횟수에 따라 다음과 같이 구분한다.

① 압축강도 연속시험횟수가 30회 이상인 경우

$$f_{ck} \leq 35\ \text{MPa일 때,} \quad f_{cr} = \max.\begin{cases} f_{ck} + 1.34s \\ (f_{ck} - 3.5) + 2.33s \end{cases} \tag{2.1a}$$

$$f_{ck} > 35\ \text{MPa일 때,} \quad f_{cr} = \max.\begin{cases} f_{ck} + 1.34s \\ 0.9f_{ck} + 2.33s \end{cases} \tag{2.1b}$$

여기서, s : 시험체의 표준편차(MPa)이며, $s=\sqrt{\sum(x_i-\overline{x})^2/(n-1)}$, x_i : 공시체 각각의 압축강도시험 값, $\overline{x}$: n개 강도 시험결과의 평균값, n : 연속시험횟수이다.

② 압축강도 연속시험횟수가 15~29회인 경우
식(2.1a)와 식(2.1b)의 표준편차(s)에 [표 2.2]의 보정계수를 곱하여 계산한다.

표 2.2 표준편차 보정계수

시험횟수	표준편차(s)의 보정계수
14회 이하	식(2.1c) 사용
15회	1.16
20회	1.08
25회	1.03
30회 이상	1.00

15회와 30회 사이의 보정계수는 직선보간한다.

③ 압축강도 연속시험횟수가 14회 이하이거나 기록이 없는 경우
식(2.1c)에 의해 배합강도(f_{cr})를 계산한다.

$$f_{cr}=\begin{cases} f_{ck}+7 & (f_{ck}<21\text{ MPa인 경우}) \\ f_{ck}+8.5 & (21\text{ MPa}\le f_{ck}\le 35\text{ MPa인 경우}) \\ 1.1f_{ck}+5 & (f_{ck}>35\text{ MPa인 경우}) \end{cases} \tag{2.1c}$$

이와 같이 f_{cr}을 압축강도 연속시험횟수에 따라 구분하는 이유는 시험횟수에 따라 표준편차가 민감하게 변동하며, 시험횟수가 작을 경우 표준편차를 신뢰하기 어렵기 때문이다.

예제 2-1

콘크리트 설계기준압축강도(f_{ck})가 27 MPa인 구조물을 제작하기 위하여 콘크리트를 배합하였다. [예제 표 2-1-1]은 연속해서 실시한 20회 강도시험 결과이다. 배합강도(f_{cr})가 적절한지 검토하라.

예제 표 2-1-1 콘크리트 압축강도

시험횟수	강도 (MPa)			시험횟수	강도 (MPa)		
1	24.2	26.8	32.0	11	29.5	30.5	33.2
2	32.7	30.9	28.3	12	26.8	33.2	28.5
3	25.7	31.2	32.2	13	28.5	30.2	29.4
4	27.5	29.8	31.9	14	28.7	29.8	31.2
5	26.8	32.5	31.4	15	26.7	29.8	26.5
6	27.3	26.5	34.5	16	34.3	27.9	28.9
7	31.1	30.5	33.5	17	31.5	28.8	29.8
8	31.2	27.5	29.8	18	27.6	31.4	31.2
9	28.8	30.4	33.1	19	28.4	29.4	28.9
10	30.4	28.5	29.5	20	26.9	31.2	29.8

풀이

20회 시험횟수에서의 강도 평균값($\bar{x}$)을 구한 후에 s를 계산한다.

$$\bar{x} = 29.75 \text{ MPa}$$

$$s = \sqrt{\frac{\sum(x_i - \bar{x})^2}{n-1}} = \sqrt{\frac{\sum(x_i - 29.75)^2}{20-1}} = 1.79$$

연속시험횟수가 20회이므로 [표 2.2]의 보정계수 1.08을 식(2.1a)의 표준편차(s)에 곱한 후, 배합강도(f_{cr})를 계산한다.

$$f_{cr} = \max.\begin{cases} f_{ck} + 1.34s \\ (f_{ck} - 3.5) + 2.33s \end{cases}$$

$$= \max.\begin{cases} 27 + 1.34 \times (1.79 \times 1.08) = 29.59 \text{ MPa} \\ (27 - 3.5) + 2.33(1.79 \times 1.08) = 28.00 \text{ MPa} \end{cases} = 29.59 \text{ MPa}$$

20회 시험횟수에서의 강도 평균값($\bar{x}$)이 29.75 MPa이며, 이 값은 요구되는 평균배합강도(f_{cr})인 29.59 MPa보다 크므로 배합이 적절하다.

2.4 콘크리트의 압축강도

2.4.1 콘크리트 응력–변형률 곡선의 특징

콘크리트의 강도는 압축강도, 인장강도, 휨강도, 전단강도, 지압강도, 강재와의 부착강도 등이 있다. 이 중에서 콘크리트 압축강도는 시험 방법이 수월하고 콘크리트 품질을 비교적 정확하게 알 수 있으므로 구조설계의 기준이 된다.

콘크리트 압축강도시험과 공시체 제조방법은 각각 KS F 2405와 KS F 2403에 따른다. 콘크리트 압축강도는 일반적으로 다음과 같은 방법에 의하여 결정된다.

① 표준 양생한 콘크리트 공시체(供試體, 일정한 규격으로 만든 재질 시험에 쓰이는 시험체)의 재령(材齡, 콘크리트를 만든 후에 경과한 기간) 28일에 측정한 시험값을 기준으로 한다.

② 공시체는 지름 150 mm, 높이 300 mm인 원주형 몰드(mold)를 사용한다([그림 2.3] 참조).

③ 콘크리트의 압축응력과 압축변형률은 가력판의 중앙과 시험체의 중심을 일치시킨 후에 매초 0.15～0.35 MPa/sec의 하중을 지속적으로 가하여 측정된 시험값을 사용한다.

콘크리트의 압축강도시험용 시료는 배합된 콘크리트를 무작위로 선정하며 수일간 연속하여 콘크리트를 타설할 경우에 ① 하루에 1회(3개의 공시체 강도) 이상, ② 콘크리트 120 m^3당 1회 이상(KDS 14 20 국가건설기준), ③ 슬래브나 벽체의 표면적 500 m^2마다 1회 이상, ④ 배합이 변경될 때마다 1회 이상 채취하여야 한다. 다만 콘크리트의 양이 적어 ①~④에 따라 행한 시험빈도수가 5회보다 적을 경우에는 무작위로 선택한 5배치에 대해서 압축강도를 측정하거나, 각 배치에 대하여 실시해야 한다. 또한 콘크리트의 전체량이 40 m^3 이하인 경우에는 책임구조기술자의 판단으로 압축강도 측정을 생략할 수 있다. 콘크리트의 압축응력 - 변형률 특성과 고강도 콘크리트의 특성은 다음과 같다.

압축응력 – 변형률 곡선

[그림 2.3]은 공시체실험에서 계측된 보통강도 콘크리트의 압축응력 - 압축변형률 관계를 나타낸다. 보통강도 콘크리트의 압축응력곡선은 다음의 특성이 있다.

① **초기균열단계($f_c \approx 0.0f_{ck} \sim 0.3f_{ck}$)** : 하중이 가해진 후에 최대 압축응력(f_{ck})의 약 30퍼센트까지 압축응력과 변형률 관계가 거의 선형을 유지하게 되는데 이 구간을 초기균열단계 구간이라 한다. 이 구간에서는 건조수축이나 수화열 등에 의하여 콘크리트에 미세균열이 발생하지만, 이와 같은 균열들은 콘크리트의 압축응력과 변형률에 거의 영향을 주지 못한다.

② **모르타르균열단계($f_c \approx 0.3f_{ck} \sim 0.75f_{ck}$)** : 하중이 최대 압축응력($f_{ck}$)의 약 30퍼센트를 넘었을 때 콘크리트 내부에 있는 공극(空隙)이나 미세 균열에 응력이 집중한다. 집중된 응력이 일정 한계 이상이 되었을 때 콘크리트 내부에서 국부(局部) 모르타르균열이 발생한다. 내부 균열이 발생함에 따라서 압축응력과 변형률 관계는 비선형으로 변화하며, 이 구간을 모르타르균열단계 구간이라 한다.

③ **균열파급단계($f_c \sim 0.75f_{ck} \sim 1.0f_{ck}$)** : 하중이 최대 압축응력($f_{ck}$)의 약 75퍼센트를 넘었을 때 콘크리트에 발생하는 균열의 수가 증가하게 되고, 균열과 균열들이 연결되어 변형이 증가한다. 콘크리트의 압축응력과 변형률 곡선의 접선계수가 작아지며, 변형이 증가하여 곡선은 비선형을 이루게 된다. 하중이 가해지는 축방향 압축변형률(ε_c)에 비해 푸아송(Poisson)비와 관련된 횡방향변형률(ε_3)의 증가가 커지게 되어 체적변형률($\varepsilon_v = \varepsilon_c + 2\varepsilon_3$)의 방향이 압축에서 인장측으로 반전(反轉)한다([그림 2.3(b)] 참조). 또한 압축응력은 최대 응력에 도달한 이후에 급격하게 감소한다.

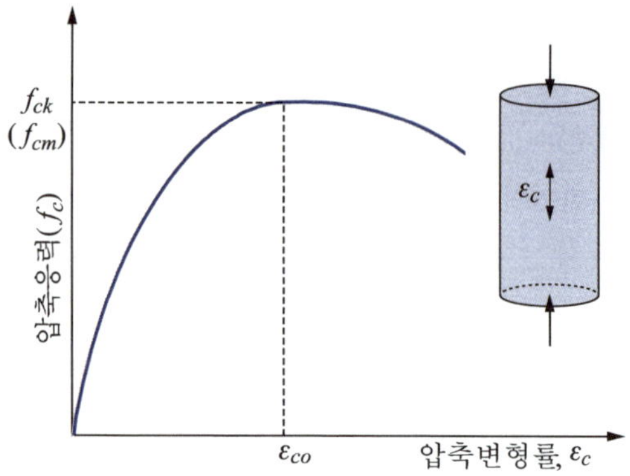

(a) 압축응력 – 변형률 곡선

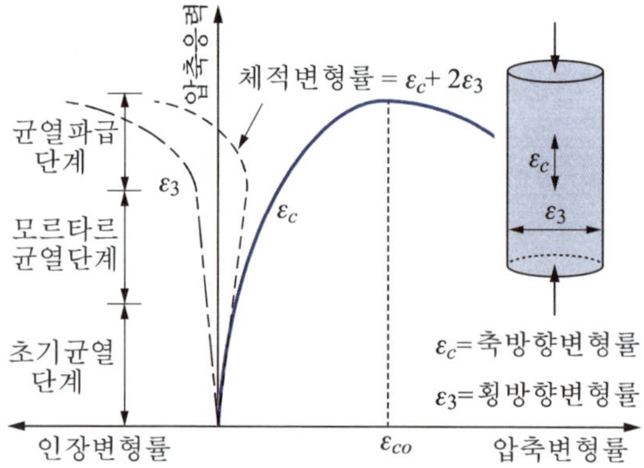

(b) 단계별 압축응력 – 변형률 곡선

(c) 가력장치

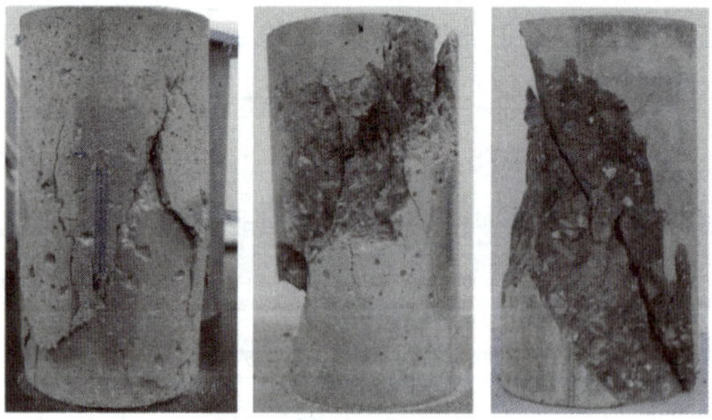

(d) 압축파괴 사진

그림 2.3 콘크리트의 압축응력 – 변형률 곡선

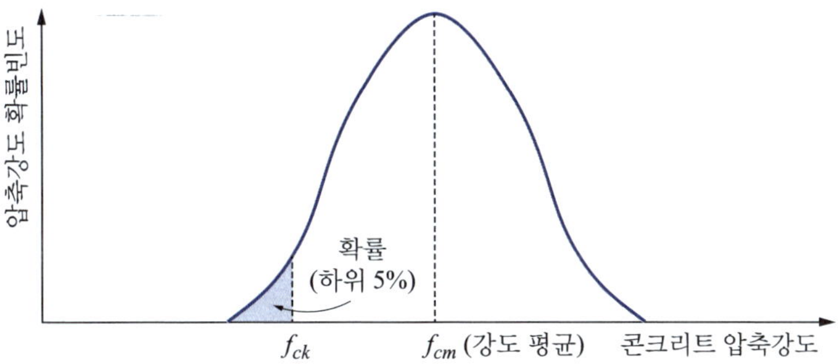

그림 2.4 콘크리트의 설계기준압축강도

동일한 배합으로 만들어진 콘크리트의 경우에도 실험을 해보면 압축강도가 동일하지 않고 차이가 발생한다. 따라서 KDS 14 20 국가건설기준-2022(Korean Design Standard)에서는 충분한 안전율을 확보하기 위하여 여러 개의 콘크리트 공시체를 시험한 후에 [그림 2.4]와 같이 측정된 콘크리트 압축강도 평균값(f_{cm})의 하위 5%를 콘크리트 설계기준압축강도(f_{ck})로 하며 f_{ck}를 기준으로 콘크리트 구조물을 설계한다. 다만 하위 5%의 f_{ck}를 측정하기 위해서는 많은 수의 표준공시체 시험이 필요하므로 콘크리트 구조설계기준에서는 다음 두 조건을 모두 만족하는 경우 f_{ck}를 인정하고 있다. 여기서 시험횟수 1번은 3개의 표준공시체 시험을 의미한다.

① 3번의 표준공시체 연속강도 시험에서 측정한 평균값(f_{cm})이 f_{ck} 이상

② $f_{cm} \leqq 35$ MPa인 경우, 각각의 개별 표준공시체 강도 시험값이 $f_{ck} - 3.5$ MPa 이상,
$f_{cm} > 35$ MPa인 경우, 각각의 개별 표준공시체 강도 시험값이 $0.9 f_{ck}$ 이상

예를 들어 [예제 표 2-1-1]의 배합강도를 표준공시체의 강도로 가정해 보자. 전체 20회 실험 중에서 18회, 19회, 20회의 시험이 3회 시험일 경우에 압축강도 평균값(f_{cm})이 30.1 MPa(18회), 28.9 MPa(19회), 29.3 MPa(20회)로 $f_{ck} = 27$ MPa 이상이므로 ①의 조건을 만족하며, 18 ~ 20회에서 실시한 9개의 개별 공시체의 시험값이 모두 $f_{ck} - 3.5 = 23.5$ MPa 이상이므로 ②의 조건도 만족하고 있다.

보통강도 콘크리트의 압축응력과 변형률 곡선은 일반적으로 식(2.2)의 포물선 식에 의하여 계산한다.

$$f_c = f_{ck}\left[1-\left(1-\frac{\varepsilon_c}{\varepsilon_{co}}\right)^n\right] \tag{2.2}$$

여기서, f_c : 콘크리트의 응력, ε_c : 콘크리트의 변형률, f_{ck} : 콘크리트 설계기준압축강도(최대응력), n : 상승 곡선부의 형상을 나타내는 계수이며 식(2.6)으로 계산, ε_{co} : 콘크리트의 압축강

도에 상응하는 변형률이다. 보통강도 콘크리트의 압축변형률 ε_{co}은 대략 0.002 정도이다.

콘크리트의 압축응력과 변형률 곡선은 [그림 2.3(a)]와 같이 포물선을 이루기 때문에 곡선의 접선계수는 응력-변형률 값에 따라서 달라진다. 따라서 설계에서는 콘크리트의 응력이 "0"인 원점과 콘크리트 압축강도(f_{ck})의 40퍼센트가 되는 응력점($0.4f_{ck}$)을 직선으로 연결하고 이 기울기를 콘크리트의 탄성계수(E_c)로 하고 있다. 이러한 탄성계수를 할선탄성계수(割線彈性係數, secant modulus of elasticity)라 한다.

$w_c = 1,450 \sim 2,500\ \mathrm{kg/m^3}$인 경우

$$E_c = 0.077\, w_c^{1.5} \times \sqrt[3]{f_{cm}} \qquad \text{(MPa)} \tag{2.3a}$$

여기서, w_c는 콘크리트의 단위질량이다. 보통중량골재를 사용한 콘크리트의 단위질량은 $w_c = 2,300\ \mathrm{kg/m^3}$이다. 따라서 보통콘크리트의 경우에 식(2.3a)에 단위질량을 대입하여 식(2.3b)를 구할 수 있다.

$w_c = 2,300\ \mathrm{kg/m^3}$인 경우

$$E_c = 8,500\sqrt[3]{f_{cm}} \qquad \text{(MPa)} \tag{2.3b}$$

식(2.3a, b)에서 f_{cm}은 콘크리트의 평균압축강도이며 식(2.4)에 의하여 계산한다. 콘크리트 탄성계수(E_c)를 계산할 때는 설계기준압축강도(f_{ck})를 사용하지 않고 평균압축강도(f_{cm})를 사용한다. 구조설계에서는 안전율을 확보하기 위하여 설계기준압축강도(f_{ck})를 [그림 2.4]와 같이 측정된 공시체 압축강도의 하위 5%에 해당하는 값으로 한다. 식(2.3a, b)는 안전율이 고려된 탄성계수 평가식으로 만일 평균압축강도(f_{cm}) 대신에 설계기준압축강도(f_{ck})를 사용할 경우에 식(2.3a, b)에는 계산식 자체의 안전율과 f_{ck}의 안전율이 이중으로 포함될 수 있으므로 식(2.3a, b)에서는 f_{ck}를 사용하지 않고 평균값 f_{cm}을 사용하여 E_c를 계산한다.

$$f_{cm} = f_{ck} + \Delta f \qquad \text{(MPa)} \tag{2.4}$$

여기서, Δf는 f_{ck}가 40 MPa 이하이면 4 MPa, 60 MPa 이상이면 6 MPa이며 그 사이는 직선보간으로 구한다.

콘크리트의 푸아송비(Poisson's ratio)는 콘크리트의 응력에 따라서 달라진다. 탄성범위 내에서의 콘크리트의 푸아송비는 0.15～0.20 정도가 되며, 0.17을 평균값으로 사용한다.

고강도 콘크리트

수년전까지만 해도 현장에서 사용되는 콘크리트의 압축강도는 대략 24 MPa전후였지만 최근에는 콘크리트의 압축강도가 증가하여, 80 MPa 이상의 고강도 콘크리트가 현장에서 사용되고 있다. 고강도 콘크리트를 제조하기 위해서는 다음과 같이 세 가지 점에 대하여 고려해야 한다.

① **시멘트풀(cement paste) 강도의 증가** : 콘크리트에서 시멘트와 물은 골재를 연결시키는 접착재의 역할을 한다. 콘크리트의 강도를 증대시키기 위해서는 시멘트풀의 강도를 증대시켜야 하며, 시멘트풀의 강도를 증대시키기 위해서는 물-시멘트의 비를 감소시켜야 한다. [그림 2.5]는 물-시멘트 비와 시멘트 강도의 관계를 나타낸다. 그림에서 물-시멘트 비가 약 20퍼센트일 때 시멘트풀의 강도는 약 130 MPa의 최댓값에 도달하고, 물-시멘트 비가 약 50퍼센트일 때 시멘트풀의 강도는 약 60 MPa까지 감소함을 알 수 있다. 즉, 콘크리트를 제조하기 위하여 물과 시멘트가 화학적인 반응을 일으키기 위한 최소 물-시멘트 비는 약 20퍼센트이며, 이때 시멘트풀의 강도는 최대가 된다. 그러나 이와 같이 물-시멘트 비를 작게 할 경우에는 워커빌리티가 나빠질 수 있다. 따라서 워커빌리티를 일정값 이상으로 유지한 채 단위수량을 감소시키기 위해서 AE제, 감수제, 고성능 AE감수제 등과 같은 혼화재를 사용해야 한다.

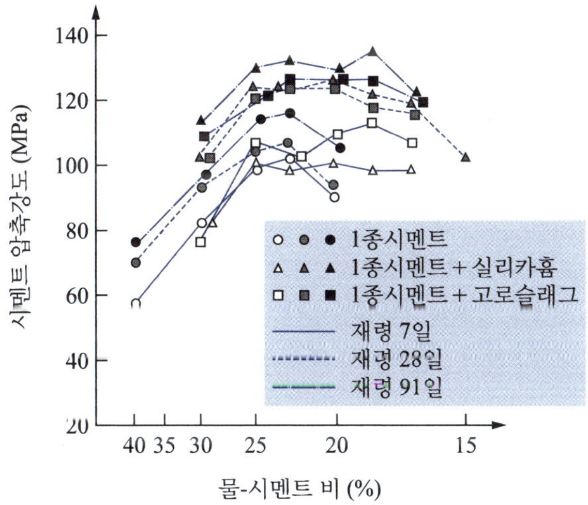

그림 2.5 물-시멘트 비율과 시멘트 압축강도 곡선(Aoyama, 2001)

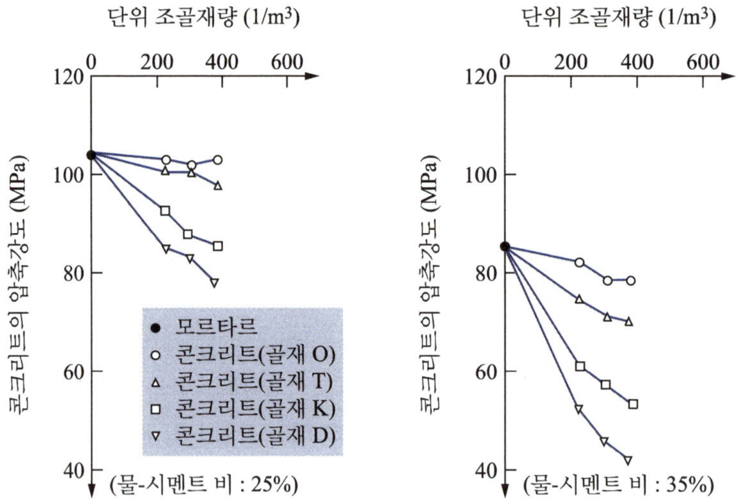

그림 2.6 단위 조골재량 및 골재 종류와 콘크리트 압축강도의 관계(Aoyama, 2001)

② **골재 강도의 증가** : 골재의 강도는 골재의 종류에 따라서 달라지기는 하지만 골재의 압축강도는 일반적으로 약 50～80 MPa 정도이다. 따라서 압축강도가 50 MPa 이하인 보통강도 콘크리트의 경우에는 골재가 파괴되기 보다는 시멘트풀이 파괴되는 경우가 많다. 그러나 시멘트풀의 강도가 80 MPa을 넘을 경우에 시멘트풀의 강도가 골재의 강도보다 높아 골재가 파괴되어 압축강도가 더 이상 증가하지 않는 경우가 발생하므로 초고강도 콘크리트를 제조하기 위해서는 강도가 높은 골재를 선별하여 사용해야 한다. [그림 2.6]은 O, T, K, D의 네 종류 골재와 콘크리트 압축강도의 관계를 나타낸다. 골재의 종류에 따라서 콘크리트의 압축강도는 약 35～50 MPa 정도 차이가 날 수 있으며, 이러한 차이는 물 - 시멘트의 비율이 커질수록 증가한다.

③ **골재와 시멘트풀 사이의 부착력 증가** : 콘크리트의 강도는 시멘트풀과 골재 사이의 전이영역(transition zone)과 밀접한 관련이 있다. 전이 영역의 강도를 증대시키기 위해서는 물 - 시멘트 비의 감소와 함께 적절한 혼화재를 사용해야 한다.

[그림 2.7]은 압축강도에 따라서 달라지는 콘크리트의 압축응력 - 변형률 곡선을 나타낸다. 고강도 콘크리트의 압축응력 - 변형률 곡선의 특성을 살펴보면 다음과 같다.

① **탄성계수의 증가** : 콘크리트의 압축강도가 증가하면 콘크리트의 탄성계수도 증가한다. 실험에 의하면 재료 성질에 따라서 편차가 있기는 하지만 탄성계수는 식(2.3)과 같이 강도의 세제곱근에 비례하여 증가한다.

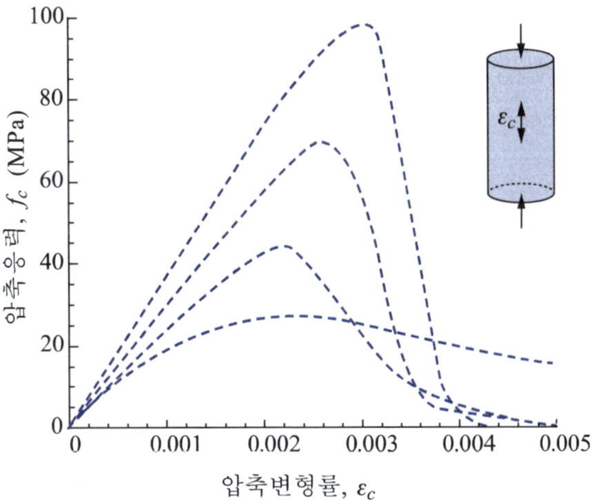

그림 2.7 고강도 콘크리트의 압축응력 - 변형률 곡선(Collins and Mitchell, 1991)

② **압축강도에 상응(相應)하는 변형률이 증가** : 보통강도 콘크리트의 압축변형률 ε_{co}은 대략 0.002 정도이다. 압축강도가 증가함에 따라서 압축변형률은 다소 증가한다. 그러나 증가의 폭은 작아서 100 MPa의 고강도 콘크리트의 압축변형률 ε_{co}은 약 0.0025 ~ 0.003 정도이다.

③ **압축응력 - 변형률 곡선의 변화** : 보통강도 콘크리트의 압축응력 - 변형률 관계 곡선은 포물선에 가깝지만 고강도 콘크리트의 압축응력 - 변형률 곡선은 선형에 가깝다. 따라서 동일한 응력점에서 고강도 콘크리트의 압축응력 - 변형률 곡선 내부의 면적은 보통강도 콘크리트의 압축응력 - 변형률 곡선 내부의 면적보다 작다.

④ **취성적(脆性, brittle) 파괴** : 고강도 콘크리트는 압축강도에 도달한 이후에 응력이 급격하게 감소하여 보통강도 콘크리트보다 취성적으로 파괴된다.

2.4.2 콘크리트 압축응력 - 변형률 곡선과 강도에 대한 영향요소

설계에서는 재령이 28일인 콘크리트 표준공시체에 일정한 속도의 1축 압축력을 가력하여 측정된 강도를 사용하고 있다. 그러나 콘크리트의 압축강도는 다음과 같이 다양한 요인에 의하여 변화하므로 설계에서는 이러한 변화를 충분히 반영해야 한다.

① **공시체의 크기, 높이 비율, 형상** : KS F 2405에서 규정하고 있는 표준공시체는 직경이 150 mm이며 높이가 300 mm인 원주형 공시체다. 콘크리트 공시체의 직경이 달라지거나 직경과 높이의 비율이 달라질 경우에 콘크리트의 압축강도는 달라진다. [표 2.3]은 콘크리트의 직경과 압축강도의 차이를 나타낸다. 표에서 직경 100 mm 공시체를 사용할 경우에

콘크리트의 압축강도는 표준공시체(직경 150 mm) 시험에 의해 측정한 강도보다 약 3퍼센트 증가하므로 0.97을 곱해 보정해야 한다.

표준공시체의 직경(D)과 높이(H)의 비율은 1 : 2로 하고 있다. 콘크리트의 압축강도는 [표 2.3]과 같이 H/D의 비율이 낮을수록 강도가 증가하여 $H/D=1.0$인 경우에 압축강도는 표준공시체의 약 1.12배가 되므로 0.89를 곱해 보정해야 한다.

또한 공시체의 단면 형상에 따라서 콘크리트 압축강도는 변화한다. 우리나라를 비롯한 아시아 지역 국가와 북미 지역에서는 주로 원주형 공시체를 사용하나, 유럽에서는 입방체 공시체를 사용한다. 원주형 공시체의 압축강도는 입방체 공시체의 약 80퍼센트이다.

② **재하(在荷)속도** : 공시체의 표준 재하속도는 0.15～0.35 MPa/sec이다. [그림 2.13]과 같이 공시체의 재하속도가 증가하면 압축강도와 탄성계수는 증가하고 압축강도에 상응하는 변형률(ε_o)은 감소한다. 실험에 의하면 변형률 0.01/sec로 가력 하였을 경우 압축강도는 표준시험에 비하여 약 17퍼센트 증가한다. 일반적인 구조물은 장기간에 걸쳐서 하중이 작용하므로 콘크리트 강도는 표준시험에서 계산된 압축강도보다 낮으며 연성은 증가한다.

③ **타설 시의 온도와 양생(養生) 조건** : 콘크리트의 양생(養生, curing)이란 콘크리트가 목표한 강도에 도달하고 균열과 같은 결함이 적게 발생하도록 콘크리트를 타설한 이후에 관리하는 것을 말한다. 콘크리트를 양생하기 위해서는 콘크리트 타설시의 온도가 섭씨 5도 이하가 되어서는 안 된다. 타설시의 온도가 5도 이상인 경우에도 타설시의 온도가 낮을 경우에 콘크리트의 초기강도가 감소하므로 거푸집과 지주 존치기간에 이를 반영해야 한다. 타설시 및 타설 이후에 고온(35도 이상)이 지속될 경우에 콘크리트의 초기강도는 높아지지만 장기강도는 낮아진다. 습윤한 상태의 양생에 비하여 건조된 상태의 양생은 콘크리트의 압축강도를 약 50퍼센트까지 감소시킬 수 있으므로 주의해서 양생해야 한다. 가장 이상적인 양생은 콘크리트 타설 후에 습윤 양생을 계속하는 것으로 습윤 양생을 계속하면 콘크리트의 압축강도는 재령과 함께 일정값까지 증가한다.

표 2.3 콘크리트 공시체의 크기에 따른 강도 환산

공시체의 치수와 압축강도의 관계	
공시체의 치수(mm)	표준공시체 강도 환산
$\Phi 100\times 200$	0.97
$\Phi 150\times 300$	1.00
$\Phi 250\times 500$	1.05

직경(D)과 높이(H)의 비	
H/D	$H/D=2$인 공시체로 강도 환산
2.0	1.00
1.50	0.96
1.00	0.89

2.4.3 다축 응력을 받는 콘크리트의 강도

콘크리트의 1축 압축강도는 압축강도를 측정하기 위한 시험방법이 수월하고 콘크리트 품질을 비교적 정확하게 알 수 있으므로 구조설계의 기본이 된다. 그러나 실제 구조물이 1축 압축응력을 받는 경우는 드물며 대부분 2축 이상의 다축 응력을 받는다. 따라서 보다 합리적인 구조설계를 위해서는 1축 압축강도와 다축(multi-axes) 강도의 차이점을 이해해야 한다. [그림 2.8]의 등분포하중을 받는 단순보는 중립축을 중심으로 인장응력과 압축응력이 발생하게 되며, 지점에서부터 떨어진 위치에 따라 휨모멘트와 전단력의 크기가 달라진다. 지점으로부터 일정한 거리만큼 떨어진 위치의 주응력과 주응력 각도를 계산하면, [그림 2.8]과 같이 중립축 아래쪽 요소(d, e)에서는 인장응력이 발생하지만, 중립축 위쪽 요소(a, b)에서는 압축응력이 발생한다. 주압축응력의 각도(θ)는 요소(d, e)에서는 부재축을 기준으로 45도 이하가 되지만, 중립축 위의 요소(a, b)에서는 45도 이상이 된다. 한편, 중립축의 위치인 요소(c)에서는 순수전단응력이 작용하며, 주압축응력의 각도는 45도가 된다. 실험에서 관찰된 콘크리트에 발생하는 균열의 각도와 주압축응력의

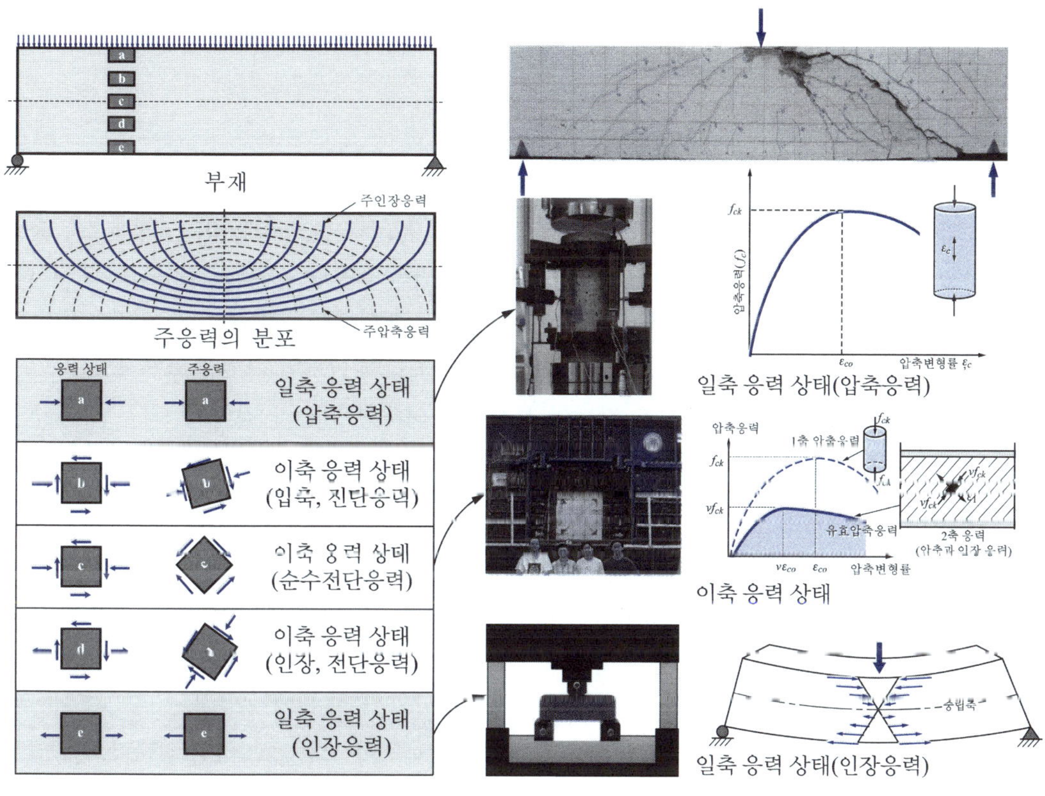

그림 2.8 철근콘크리트 단면 응력분포의 분류

각도를 비교하면 거의 유사함을 알 수 있다. 즉, 균열은 주인장응력과 직각되는 방향인 주압축응력방향으로 발생한다. 이와 같이 철근콘크리트 부재의 단면에 발생하는 응력은 위치에 따라서 달라지며 응력상태에 따라 단면을 구분하면 다음과 같이 크게 3가지로 구분할 수 있다.

① **1축 압축응력 요소** : [그림 2.8]의 요소(a)와 같이 주압축철근이 위치하는 압축연단 근처이다. 이 요소에서는 1축 압축강도 실험 결과인 [그림 2.3]의 콘크리트 공시체의 압축응력-변형률 곡선을 이용하여 설계할 수 있다.

② **2축 응력 요소** : [그림 2.8]의 요소(b, c, d)와 같이 압축응력과 인장응력이 동시에 작용하는 요소이다. 인장응력의 영향으로 콘크리트의 압축강도가 급격하게 감소한다. 이 요소에서는 1축 압축강도 실험 결과인 [그림 2.3]의 압축응력-변형률 곡선을 직접 적용할 수 없으며 다음 단락에서 설명하는 콘크리트의 유효압축응력-변형률 곡선을 적용해야 한다([그림 2.10] 참조).

③ **1축 인장응력 요소** : [그림 2.8]의 요소(e)와 같이 주인장철근이 위치하는 인장연단 근처이다. 이 요소에서는 1축 휨인장강도를 이용하여 설계할 수 있다([그림 2.19] 참조).

이와 같이 다축 응력을 받는 콘크리트의 응력과 변형률을 상세하게 살펴보면 다음과 같다.

2축 응력과 2축 변형률

철근콘크리트 부재의 지점이나 접합부에는 2축 압축응력이 작용하며, 기둥이나 보의 복부에는 1축 압축과 1축 인장응력이 동시에 작용한다. [그림 2.9(a)]는 콘크리트 정육면체에 2축 응력이 작용했을 때의 콘크리트의 강도비를 나타낸다. 1사분면은 2축 압축응력이 작용하며 2, 4사분면에는 1축 압축과 1축 인장응력이 동시에 작용하고 있다. 또한 3사분면에는 2축 인장응력이 작용한다. 2축 응력을 받는 콘크리트 강도를 1축 압축강도(f_{ck})로 나누어 그림에 표시하였다. 그림에 나타난 2축 응력을 받는 콘크리트 강도의 특성을 요약하면 다음과 같다.

① 2축 압축응력이 작용할 때 콘크리트의 압축강도는 1축 압축강도에 비하여 증가한다. 양 방향의 압축응력이 1 : 0.52의 비율로 작용할 경우에 2축 압축강도는 1축 압축강도에 비하여 최대 27퍼센트까지 증가한다. 양 방향의 압축응력이 1 : 1의 비율로 작용할 경우에 압축강도는 1축 압축강도에 비하여 약 16퍼센트 증가한다([그림 2.9(a)]의 1사분면).

② 2축 인장응력이 작용할 경우에 콘크리트 인장강도는 1축 인장강도와 거의 유사하다([그림 2.9(a)]의 3사분면).

③ 압축응력과 인장응력이 동시에 작용할 경우에 인장응력이 소폭 증가하면 압축강도는 급격하게 감소한다([그림 2.9(a)]의 2, 4사분면).

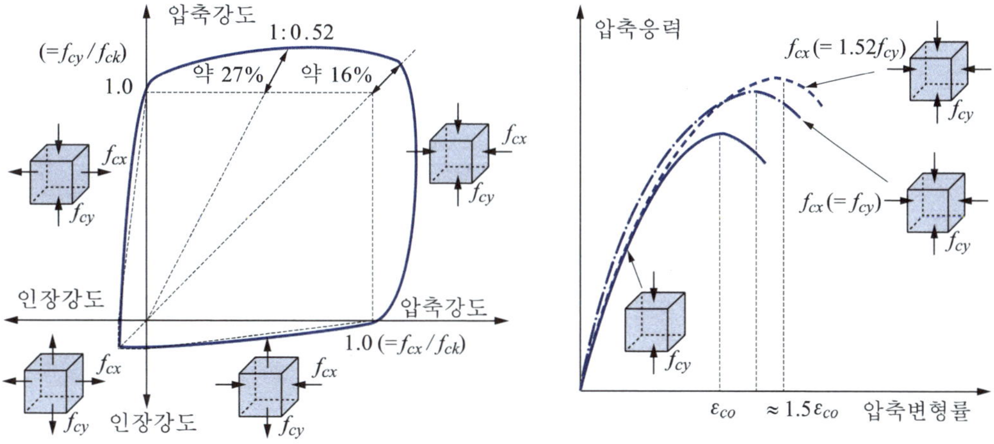

(a) 강도의 비율 (b) 압축 응력 − 변형률 곡선

그림 2.9 2축 응력을 받는 콘크리트의 강도 비율과 응력 − 변형률 곡선(Kupfer 등 1969)

[그림 2.9(b)]는 2축 응력을 받는 정육면체 콘크리트의 변형률을 나타낸다. 2축 압축응력이 작용할 때 콘크리트의 변형률도 증가한다. 정육면체 콘크리트의 양 방향에 1 : 0.52의 비율로 압축력이 작용할 경우에 ε_{co}(압축강도에 상응하는 변형률)은 1축 응력이 작용하는 경우의 변형률에 비하여 약 50퍼센트까지 증가한다. 양 방향에 1 : 1의 비율로 압축력이 작용할 경우에 ε_{co}는 1축 응력이 작용하는 경우의 변형률에 비하여 약 25퍼센트 증가한다.

유효압축강도와 변형률

콘크리트가 2축 압축응력을 받으면 콘크리트의 압축응력이 상승하는 것과 대조적으로, 콘크리트가 1축 압축응력과 함께 1축 인장응력을 받으면 콘크리트의 압축강도는 급격하게 감소한다([그림 2.9(a)]의 2, 4사분면 참조). [그림 2.8]의 요소(b, c, d)와 같이 보나 기둥의 복부콘크리트에는 대부분 압축응력과 인장응력이 동시에 작용하며, 이와 같은 응력은 부재의 전단강도나 비틀림강도를 감소시킬 수 있다. 다만 요소(b, c, d)는 단면의 중립축 근처에 위치하기 때문에 휨강도에는 큰 영향을 주지 않는다.

[그림 2.10]은 1축 압축응력 - 압축변형률 관계와 2축(압축과 인장)응력을 받을 때의 콘크리트의 압축응력 - 압축변형률 관계를 나타낸다. 콘크리트가 압축응력과 인장응력을 동시에 받을 경우에 콘크리트의 압축강도와 압축강도에 상응하는 변형률(ε_{co})은 급격하게 감소한다. 이와 같이 인장과 압축응력이 동시에 작용할 경우의 콘크리트 압축강도와 압축변형률을 유효압축강도(υf_{ck})와 유효압축변형률($\upsilon\varepsilon_{co}$)이라 한다. 유효압축강도와 유효압축변형률은 콘크리트에 작용하는 인장응력(또는 인장변형률)이 증가하면 감소한다. 유효압축강도에 대하여 지금까지 발표된

주요한 평가식은 [표 2.4]와 같다.

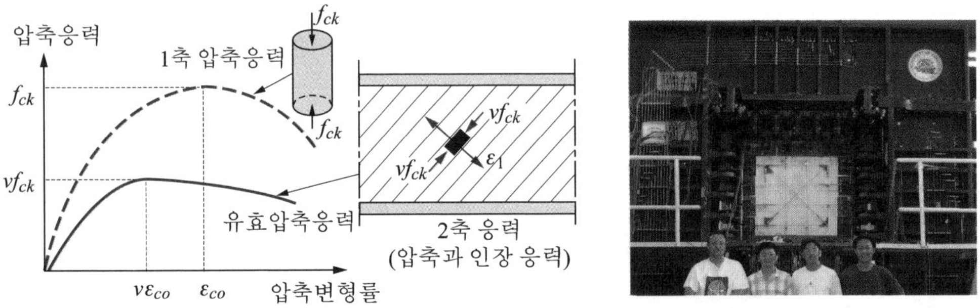

(a) 압축응력 – 압축변형률 곡선

(b) 유효압축강도 시험기(Univ. of Houston)

그림 2.10 콘크리트의 유효압축응력 – 압축변형률 관계와 측정 시험기

표 2.4 콘크리트 유효압축강도

사 례	콘크리트의 유효압축강도
KDS 14 20(국가건설기준)	$v = 0.75$ (일정한 양의 복부철근이 있는 경우) $v = 0.60\lambda$ (일정한 양의 복부철근이 없는 경우)
유럽기준(EC2-04)	$v = 0.6\left(1 - \dfrac{f_{ck}(\mathrm{MPa})}{250}\right)$
Collins 등의 제안식	$v = \dfrac{1}{0.8 + 170\varepsilon_1}$ (여기서, ε_1은 콘크리트의 주인장변형률)
Hsu 등의 제안식	$v = \dfrac{5.8}{\sqrt{f_{ck}}} \dfrac{1}{\sqrt{1+400\varepsilon_1}}$, $\left(\dfrac{5.8}{\sqrt{f_{ck}}} \leq 0.9\right)$

3축 압축응력과 변형률

3축 압축응력을 받는 콘크리트의 압축강도와 변형률은 1축 압축응력을 받는 콘크리트의 압축강도와 변형률에 비하여 증가한다. 재료가 3축 압축응력을 받을 경우에 이론상으로는 압축강도가 무한대에 가깝게 된다. 그러나 콘크리트 내부에는 공극이나 불순물에 의한 무수한 결함이 존재하여 일정값 이상까지는 증가하지 않는다.

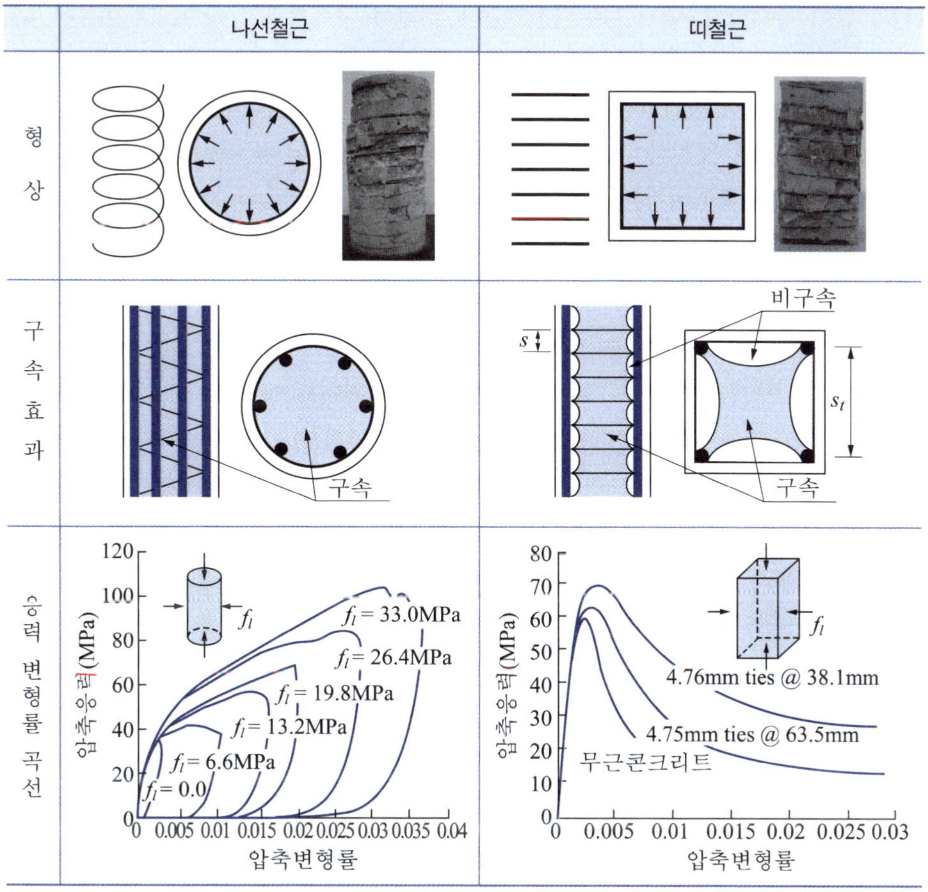

그림 2.11 콘크리트의 구속효과

해양 구조물이나 양방향에 보가 있는 보-기둥 접합부에 작용하는 3축 응력을 보다 적극적으로 활용하기 위하여 횡방향구속철근(횡구속철근, 횡방향철근)을 활용한다. 횡구속철근이란 부재축과 직각방향(축력이 작용하는 방향과 수직되는 방향)으로 배근된 띠철근 또는 나선철근을 말하며, [그림 2.11]과 같이 주철근을 감싸며 주철근 내부에 있는 콘크리트의 횡방향변형을 억제한다. 횡구속철근을 부재에 배근하여 콘크리트를 구속(confinement)할 경우에, 횡구속철근은 콘크리트의 응력-변형률 곡선이 균열파급단계($f_c \approx 0.75 f_{ck} \sim 1.0 f_{ck}$, [그림 2.3] 참조)에 도달하여 횡방향으로 쪼개지려고 하는 콘크리트를 구속하여 콘크리트가 3축 응력을 받게 한다. 따라서 횡방향으로 구속된 콘크리트의 압축응력과 변형률은 증가한다.

[그림 2.11]은 나선철근과 띠철근으로 구속된 콘크리트의 응력-변형률 곡선과 구속효과를 나타낸다. 나선철근은 감싸고 있는 콘크리트의 전체 단면적을 구속할 수 있기 때문에 띠철근에 비하여 구속효과가 크다. 따라서 나선철근에 의하여 구속된 콘크리트의 압축강도와 변형률은 [그

림 2.11]과 같이 증대한다. 띠철근은 나선철근에 비하여 구속효과가 작다. 그 이유는 띠철근은 감싸고 있는 콘크리트 면적을 전부 구속하지 못하고 모서리 부분을 중심으로 중앙부 콘크리트만을 구속하기 때문이다. 즉, [그림 2.11]에서 음영 부분이 구속 면적이 되며, 띠철근은 4변 부분의 콘크리트를 구속하지 못한다. 따라서 띠철근에 의하여 구속된 콘크리트의 압축강도와 변형률은 [그림 2.11]과 같이 증가하기는 하지만, 나선철근에 의하여 구속된 콘크리트의 압축강도와 변형률만큼 증가하지는 못한다.

콘크리트에 작용하는 횡구속효과는 다음의 여러 요인에 의하여 영향을 받는다.

① 횡구속철근의 체적비가 증가하면 횡구속효과가 증가한다. 여기서 횡구속철근의 체적비는 배근된 횡구속철근의 양과 구속된 콘크리트 체적의 비를 말한다.

② 횡구속철근의 항복강도가 증가하면 횡구속효과가 증가한다. 그러나 횡구속철근의 항복강도가 일정값 이상(나선형철근의 경우 700 MPa, 띠철근의 경우 600 MPa)에 도달한 이후에는 철근의 항복강도가 증가하여도 횡구속효과에 의한 강도 상승은 작다.

③ 횡구속철근의 부재축방향 간격([그림 2.11]의 s)이 감소하면 구속되는 콘크리트 면적이 증가하여 횡구속효과가 증가한다.

④ 동일한 콘크리트 단면에서 횡구속철근이 구속하고 있는 주철근간의 간격([그림 2.11]의 s_t)이 감소하면 횡구속효과가 증가한다.

2.4.4 단면 설계를 위한 콘크리트의 압축응력 - 변형률 곡선

표준공시체 응력 - 변형률 곡선과 실제 응력 - 변형률 곡선의 차이

[그림 2.3]에서 설명한 표준공시체의 1축 직접 압축실험은 비교적 쉽게 콘크리트의 압축강도를 측정할 수 있기 때문에 콘크리트 구조물 단면 설계의 기본 재료 특성으로 활용된다. 그러나 직접 압축실험 결과는 실제 구조물의 콘크리트가 받는 응력과 차이가 있으므로 직접 압축실험 결과를 보완해서 사용해야 한다. 또한 콘크리트의 압축응력 - 변형률 곡선은 포물선을 이루고 있기 때문에 계산이 복잡해 질 수 있으므로 이를 단순화할 필요가 있다. 이 단락에서는 표준공시체의 1축 직접 압축실험 결과와 구조물이 받는 실제 응력의 차이를 설명한 후, 단면 설계를 위하여 단순화된 콘크리트 압축응력 - 변형률 곡선을 설명하고자 한다.

① **직접 압축응력과 휨압축응력의 차이** : 탄성체에 대한 재료역학적 관점에서 살펴보면 부재축에 직접 작용하는 직접응력과 휨압축응력은 차이가 없으며 두 응력을 더해서 직응력을 계산한다. 그러나 단면에 작용하는 변형률의 분포가 다를 경우에 구조물의 거동은 이론적 계산과 차이가 발생하며, 특히 콘크리트와 같이 이방성 복합재료이며 탄성구간이 작은 경

우에는 다음과 같이 직접 압축응력과 휨압축응력에 의하여 발생하는 구조 거동에 차이가 발생한다.

- 직접 압축응력 : [그림 2.12(a)]와 같이 표준공시체에 직접 1축 압축력을 가하면 콘크리트 단면에 거의 동일한 크기의 변형이 동시에 발생하며 압축변형률(ε_{co})이 약 0.002에 도달하였을 때 콘크리트가 파괴한다. ε_{co}은 콘크리트의 압축강도가 증가하면 약간씩 증가해서 [그림 2.7]에서 설명하여 듯이 콘크리트 압축강도가 100 MPa일 때 ε_{co}은 약 0.003에 접근한다.
- 휨압축응력 : [그림 2.12(b)]는 2개의 가력장치를 이용하여 중립축이 항상 aa면이 되도록 하고, 단면 전체가 휨압축응력을 받도록 하는 휨압축실험 장치를 이용하여 측정한 휨압축응력 - 변형률 관계이다. 이 경우에는 단면 전체에 거의 동일한 변형이 발생하는 직접 압축하중과 다르게 단면 중립축(aa면)에서의 변형률은 "0"이지만 중립축에서 멀어지면 변형률이 선형적으로 증가한다. 단면의 변형이 일정하지 않을 경우에 중립축에서 가장 멀리 떨어진 부분의 콘크리트 변형률이 0.002에 도달하여도 부재가 파괴하지 않고 휨모멘트가 계속해서 증가한다. 이것은 직접 압축을 받을 경우에는 콘크리트의 전 단면이 동일한 압축변형률을 받아 단면 전체가 동시에 파괴점 0.002의 변형률에 도달하여 즉시 응력이 감소/파괴되지만([그림 2.12(a)] 참조), 휨압축을 받을 경우에는 비록 중립축에서 가장 먼 곳에 있는 압축연단(bb면)의 변형률이 0.002를 초과하여 부분적 파괴상태에 이르더라도 압축연단 아래의 콘크리트의 변형률은 0.002보다 작아 비파괴상태를 유지하며, 힘의 재분배가 발생하여 부재의 휨모멘트가 증가하기 때문이다. 실험에 의하면 휨

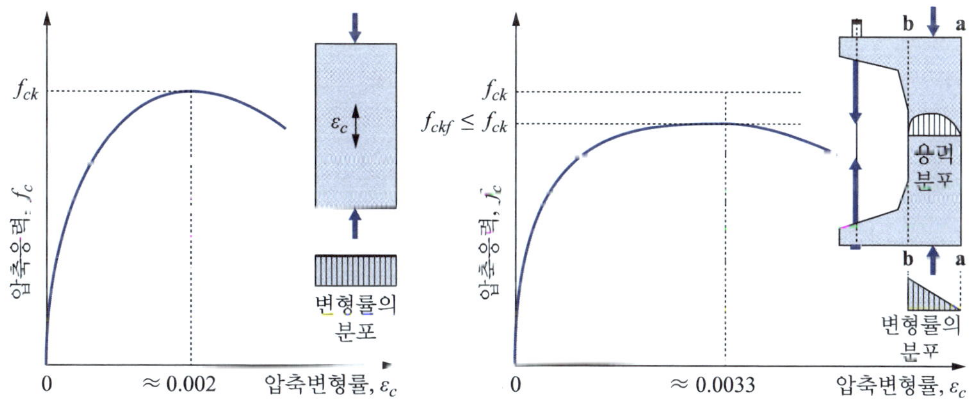

(a) 직접 압축하중 (b) 휨압축하중

그림 2.12 직접 압축응력과 휨압축응력의 차이

모멘트를 받는 부재는 콘크리트의 압축강도가 40 MPa 이하인 경우에는 압축연단(bb면)의 변형률이 약 0.0033일 때 최대 휨모멘트에 도달하였다. 휨압축을 받는 부재의 압축강도(f_{ckf})는 직접압축강도(f_{ck})에 비하여 낮으며 두 값의 차이는 콘크리트의 압축강도가 증가할수록 더 크게 발생하였다.

② **단기가력과 장기가력에 의한 차이** : [그림 2.3]에서 설명한 표준공시체의 1축 압축실험은 약 2~3분(매초 0.15~0.35 MPa/sec)의 하중을 지속적으로 가하여 측정된 결과이다. 그러나 실제 구조물은 구조물 사용 수명 중의 몇 십년동안 지속적으로 하중이 작용하는 경우가 대부분이다. 하중이 오랜 시간 동안 지속적으로 작용할 경우에 콘크리트의 압축응력-변형률 곡선은 [그림 2.13]과 같이 표준공시체에 의하여 측정한 압축응력-변형률 곡선의 특성에 비하여 강도가 감소하고 변형률이 증가한다. [그림 2.13]에서 0.001의 변형률에 도달하는데 100일 동안 지속적으로 하중을 가력(0.001/100일)하였을 때의 콘크리트의 압축강도는 동일한 변형률을 1분 동안에 가력하여 도달(0.001/1분)한 표준공시체의 압축강도보다 약 6퍼센트 낮다는 것을 알 수 있다. 그러나 최대 응력에 도달하였을 때의 변형률(ε_{co})은 가력 시간이 증가할수록 증가하여 0.001/100일로 가력한 실험체의 최대 하중시의 변형률은 0.003~0.004로 0.001/1분으로 가력한 실험체의 약 0.002보다 크다. 실제 구조물에 작용하는 하중은 구조물 사용 수명 동안에 지속적으로 작용하는 하중이므로 표준공시체를 이용하여 단기간에 측정한 콘크리트의 압축강도(f_{ck})보다 낮은 강도와 큰 변형률을 사용해야 한다.

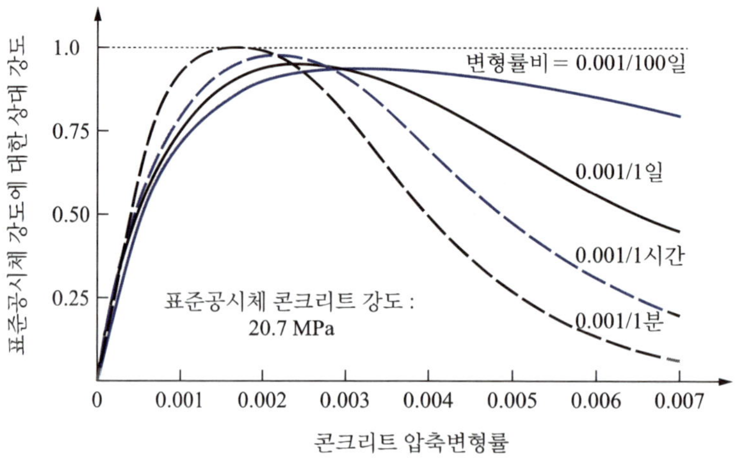

그림 2.13 가력 속도에 의한 직접 압축강도의 차이(Rusch, 1960)

③ **횡구속효과에 의한 차이** : [그림 2.11]에서 콘크리트가 횡방향철근에 의하여 구속될 경우에 콘크리트의 압축강도(f_{ck})와 압축강도에 상응하는 변형률(ε_{co})은 증가한다. 횡구속효과는 철근의 종류(나선철근 또는 띠철근), 철근의 체적비와 간격, 철근의 항복강도, 콘크리트의 압축강도, 주철근비 등에 의하여 영향을 받는다. KDS 14 20 국가건설기준-2022에서는 횡구속효과를 기둥의 횡구속철근의 배근 간격 및 횡구속에 의하여 증가하는 콘크리트의 압축강도와 압축변형률에 반영하였다.

설계를 위한 콘크리트의 압축응력 – 변형률 곡선

앞에서 설명한 두 가지 주요 이유(직접압축과 휨압축의 차이, 장기하중 효과)에 의하여 표준공시체를 이용하여 측정한 콘크리트의 압축응력 - 변형률 곡선과 실제구조물에 발생하는 콘크리트의 압축응력 - 변형률 곡선에는 차이가 발생하므로 구조설계기준에서는 [그림 2.14]와 같이 표준공시체에서 측정한 1축 직접 압축응력 - 변형률 곡선을 조정하여 사용한다. 변경된 콘크리트의 응력 - 변형률 곡선의 특성은 다음과 같다.

① **곡선의 단순화** : 표준공시체의 응력 - 변형률 곡선과 휨압축응력 - 변형률 곡선의 차이를 반영하여 콘크리트의 압축응력 - 변형률 곡선을 두 구간으로 구분하여 단순화한다.

$$f_c = 0.85 f_{ck}\left[1-\left(1-\frac{\varepsilon_c}{\varepsilon_{co}}\right)^n\right] \qquad \text{구간 } 0 \leq \varepsilon_c \leq \varepsilon_{co} \tag{2.5a}$$

$$f_c = 0.85 f_{ck} \qquad \text{구간 } \varepsilon_{co} < \varepsilon_c \leq \varepsilon_{cu} \tag{2.5b}$$

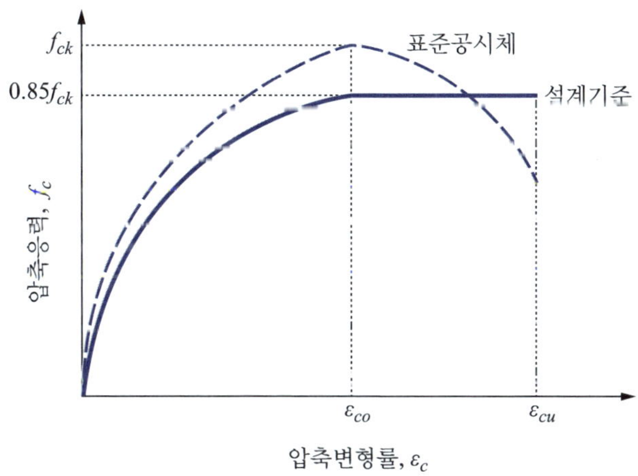

그림 2.14 콘크리트 설계 응력 – 변형률 관계 개념도

여기서, f_c : 콘크리트 응력, f_{ck} : 콘크리트의 압축강도, ε_c : 콘크리트 변형률, ε_{co} : 콘크리트가 최대 응력에 도달했을 때의 변형률, ε_{cu} : 콘크리트 극한변형률, n : 콘크리트 등가 직사각형 압축응력블록의 크기를 나타내는 계수이며 식(2.6) 또는 [표 2.5]를 이용하여 계산한다.

$$n = 1.2 + 1.5\left(\frac{100 - f_{ck}}{60}\right)^4 \leq 2.0 \tag{2.6}$$

② **압축강도** : 콘크리트의 압축강도는 재하속도 등과 관련된 장기거동 효과 및 휨압축과 1축 직접압축강도의 차이 등과 관련된 불리한 하중 작용을 고려하여 표준공시체에서 측정한 압축강도(f_{ck})의 85퍼센트($0.85f_{ck}$)를 사용한다.

③ **최대 응력시의 변형률과 극한변형률** : 콘크리트의 최대 변형률은 콘크리트의 압축강도와 밀접한 관계가 있다. 직접압축을 받는 콘크리트의 최대 응력시의 변형률(ε_{co})은 [그림 2.7]과 같이 압축강도가 증가하면 증가하지만, 휨압축을 받는 콘크리트의 극한변형률(ε_{cu})은 압축강도가 증가하면 감소한다. KDS 14 20 국가건설기준-2022에서는 ε_{co}와 ε_{cu}를 [표 2.5] 또는 식(2.7)과 식(2.8)을 이용하여 계산한다. 콘크리트 압축강도가 40 MPa 이하인 경우 n, ε_{co}, ε_{cu}를 각각 2.0, 0.002, 0.0033로 한다. 콘크리트 압축강도가 40 MPa을 초과하는 경우, ε_{co}의 값은 0.0001씩 증가하지만, ε_{cu}의 값은 0.0001씩 감소한다. f_{ck}가 90 MPa을 초과하는 경우에는 성능실험을 통한 조사연구에 의하여 콘크리트 압축연단의 극한변형률을 선정하고 근거를 명시하여야 한다.

$$\varepsilon_{co} = 0.002 + \left(\frac{f_{ck} - 40}{100,000}\right) \geq 0.002 \tag{2.7}$$

$$\varepsilon_{cu} = 0.0033 - \left(\frac{f_{ck} - 40}{100,000}\right) \leq 0.0033 \tag{2.8}$$

표 2.5 콘크리트 설계 압축응력-변형률 곡선의 계수 값

f_{ck} (MPa)	≤40	50	60	70	80	90
n	2.0	1.92	1.50	1.29	1.22	1.20
ε_{co}	0.002	0.0021	0.0022	0.0023	0.0024	0.0025
ε_{cu}	0.0033	0.0032	0.0031	0.003	0.0029	0.0028
α	0.80	0.78	0.72	0.67	0.63	0.59
β	0.40	0.40	0.38	0.37	0.36	0.35
η	1.00	0.97	0.95	0.91	0.87	0.84
β_1	0.80	0.80	0.76	0.74	0.72	0.70

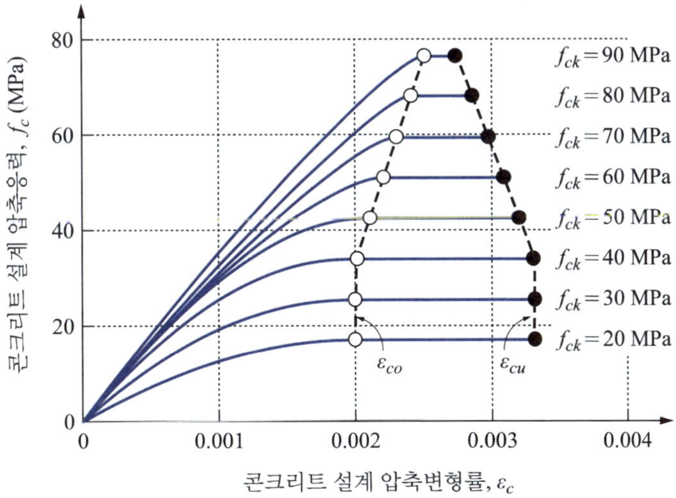

그림 2.15 콘크리트 설계 압축응력 – 변형률 관계(이재훈, 2015)

콘크리트의 변형률 특성을 반영하고 식(2.5)~식(2.8)의 관계를 적용하여 콘크리트의 압축응력-변형률 곡선을 작성하면 [그림 2.15]와 같다. [그림 2.15]는 ε_{co}와 ε_{cu}를 기준으로 작성한 것이며 설계에서 사용하는 콘크리트의 압축강도는 f_{ck}의 85퍼센트이다.

④ **횡구속효과에 의한 영향** : 횡방향철근으로 구속된 휨부재와 압축부재는 횡구속효과를 고려한 응력-변형률 관계를 사용하여 단면의 강도와 변형 성능을 검증할 수 있으며 별도로 조사된 상세한 자료가 없는 경우, 식(2.9)~식(2.11)로 계산된 콘크리트의 압축강도와 변형률의 포물선-직선 형상의 응력-변형률 관계를 사용할 수 있다. 식(2.9)~식(2.11)을 이용하여 횡구속된 콘크리트의 설계 응력-변형률 관계를 작성하면 [그림 2.16]과 같다. 횡구속된 콘크리트의 경우에도 장기하중의 영향과 직접압축과 휨압축의 영향을 고려해서 최대 압축강도를 횡구속 콘크리트 압축강도($f_{ck,c}$)의 85퍼센트인 $0.85f_{ck,c}$를 사용한다. 또한 곡선을 두 구간으로 구분하여 콘크리트의 압축변형률이 $\varepsilon_{co,c}$에 도달할 때까지는 포물선 형태를 이루지만 그 이후에 극한변형률($\varepsilon_{cu,c}$)에 도달할 때까지는 직선형을 유지한다.

$$f_{ck,c} = f_{ck} + 3.7f_{c2} \tag{2.9}$$

$$\varepsilon_{co,c} = \varepsilon_{co}\left(\frac{f_{ck,c}}{f_{ck}}\right)^2 \tag{2.10}$$

$$\varepsilon_{cu,c} = \varepsilon_{cu} + \frac{0.2f_{c2}}{f_{ck}} \tag{2.11}$$

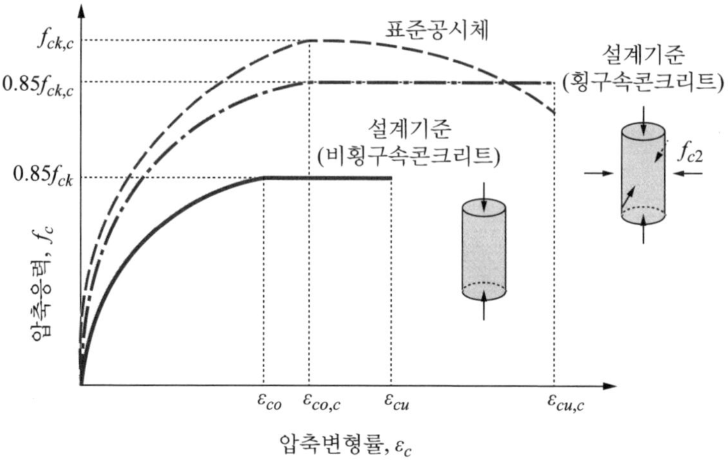

그림 2.16 횡구속 콘크리트 설계 응력－변형률 관계 개념도

여기서, f_{c2}는 극한한계상태에서 구속에 의해서 발생하는 횡방향 유효 압축응력으로 원형 후프나 나선철근으로 횡구속된 경우에는 식(2.12a)를 사용하며, 사각형띠철근으로 횡구속된 경우에는 식(2.12b)를 이용하여 계산한다. 횡방향 유효 압축응력은 [그림 2.11]에서 설명하였듯이 나선철근이 띠철근에 비하여 구속효과가 좋으며, 횡구속철근의 체적비, 항복강도, 수직 간격, 수평 간격 등에 영향을 받는다.

$$f_{c2} = \frac{1}{2}\rho_s f_{yh}\left(1-\frac{s}{d_s}\right) = \frac{2A_{sp}f_{yh}}{s\,d_c}\left(1-\frac{s}{d_c}\right) \quad \text{(원형나선철근)} \quad (2.12a)$$

$$f_{c2} = \rho_{r\min} f_{yh}\left(1-\frac{s}{b_{cl}}\right)\left(1-\frac{s}{b_{cs}}\right)\left(1-\frac{\Sigma b_i^2/6}{b_{cl}b_{cs}}\right) \quad \text{(사각형띠철근)} \quad (2.12b)$$

여기서, ρ_s : 콘크리트 심부체적에 대한 횡구속 철근의 체적비, $\rho_s = (4A_{sp})/(s\,d_c)$([그림 2.17] 참조), f_{yh} : 횡구속 철근의 설계기준항복강도이며 KDS 14 20 국가건설기준에서는 나선형철근의 경우 700 MPa, 띠철근의 경우 600 MPa로 제한, s : 부재의 축방향으로 측정한 횡구속 철근의 간격([그림 2.11] 참조), d_c : 원형 단면의 횡구속 철근 외측표면을 기준으로 한 콘크리트 심부의 단면 치수([그림 2.17] 참조), A_{sp} : 원형 단면의 횡구속 철근 한 개의 단면적, $\rho_{r\min}$: 긴 변 방향과 짧은 변 방향으로 계산한 사각형 횡구속 띠철근의 체적비(ρ_{rl}과 ρ_{rs}) 중 작은 값, $\rho_{rl} = A_{shl}/(s\,b_{cs})$, $\rho_{rs} = A_{shs}/(s\,b_{cl})$, A_{shl} : 긴 변 방향으로 배치된 사각형 횡구속 띠철근의 총 단면적, A_{shs} : 짧은 변 방향으로 배치된 사각형 횡구속 띠철근의 총 단면적, $b_{c\min}$: 사각형 횡구속 띠철근 외측표면을 기준으로 한

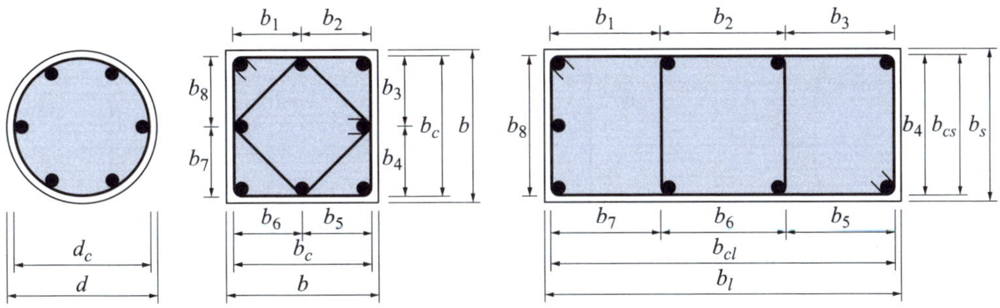

그림 2.17 횡구속된 콘크리트 단면

콘크리트 심부의 단면 치수 중에서 작은 값, $b_{c\max}$: 사각형 횡구속 띠철근 외측표면을 기준으로 한 콘크리트 심부의 단면 치수 중에서 큰 값, b_i : 후프띠철근의 모서리나 보강띠철근의 갈고리로 구속된 축방향 철근 사이의 중심 간격(mm)으로 [그림 2.17]에서 단면 둘레의 변을 따라 존재하는 모든 b_i를 계산에 포함한다.

등가응력분포

4장에서 상세하게 설명하는 정모멘트를 받아 휨파괴하는 철근콘크리트 보는 파괴 시에 중립축의 상부측이 압축응력을 받게 된다. 콘크리트의 압축응력 분포는 [그림 2.12]의 1축 직접압축응력 - 변형률 곡선이나 휨압축응력 - 변형률 곡선 시험 결과와 동일하게 포물선 형태를 나타내게 된다([그림 2.18(a)]). 콘크리트가 받는 압축력은 응력에 면적을 곱한 값이다. 응력이 포물선 형태일 경우에 이 곡선 내부를 적분하여 콘크리트가 받는 압축력의 합을 구해야 하며 이러한 적분 과정은 번거롭다. 따라서 설계에서는 합력의 크기가 동일하고 합력의 도심점이 동일하다는 조건에 의하여 포물선의 콘크리트 응력 - 변형률 곡선을 다음의 두 가지 종류로 단순화하여 사용한다.

① **포물선 – 직선형 등가응력분포** : 포물선 형태의 곡선을 부분적으로 단순화하여 [그림 2.18(b)]와 같이 포물선 - 직선형의 등가응력분포를 사용한다. 콘크리트에 작용하는 압축응력의 최댓값은 장기하중의 영향과 휨압축과 1축 직접압축강도의 차이와 관련된 불리한 하중 작용을 고려하여 $0.85f_{ck}$를 사용한다. 합력의 작용위치는 중립축의 깊이(c)에 대하여 β의 비율로 압축연단에서 떨어진 위치로 나타내며, 응력분포의 각 변수 및 계수는 [표 2.5]의 값을 사용한다. 포물선 - 직선형 등가응력분포의 작성법과 계수 α와 β값의 변화에 대해서는 4.5절에서 상세하게 설명한다.

② **등가 직사각형 압축응력분포** : 포물선 형태의 곡선을 [콘크리트구조기준-2012]에서 사용했던 것과 동일하게 [그림 2-14(c)]와 같이 등가 압축응력블록으로 단순화하여 사용할 수 있다. 이 때 사용하는 계수 η와 β_1의 값은 [표 2.5]와 같다. 중립축의 깊이(c)에 계수 β_1를

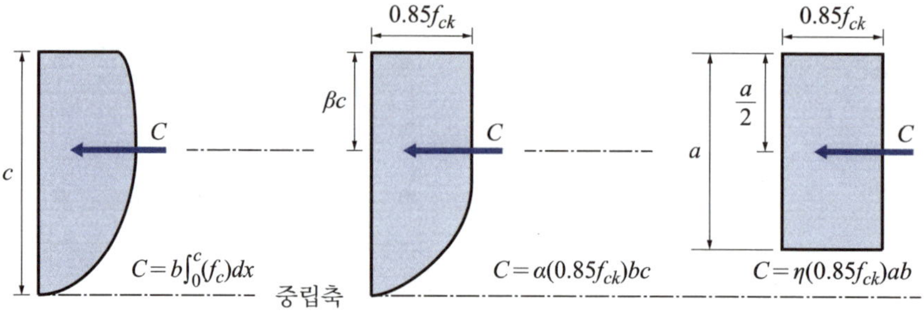

(a) 포물선형 (b) 포물선 - 직선형 (c) 직사각형

그림 2.18 콘크리트 등가응력분포

곱하여 등가 압축응력블록의 깊이(a)를 계산할 수 있다.

$$a = \beta_1 c \tag{2.13}$$

또한 11장에서 설명하는 기둥 단면의 응력 분포는 중심축하중에 의하여 단면 전체에 일정한 압축응력이 발생하는 경우와 편심하중에 의하여 단면의 위치에 따라서 압축응력이 달라지며 중립축이 단면의 내부 또는 외부에 존재하는 포물선형 응력분포가 나타나는 경우가 있다. 중립축이 단면 외부에 있는 경우의 포물선-직선형 등가응력분포의 계수 α와 β값은 중립축이 단면 안에 있는 경우의 α와 β값과 다르며 [표 2.5]의 α와 β값을 사용할 수 없다. 이 경우에는 단면에 발생하는 변형률에 따라 각 위치에서 압축응력을 계산하고, 이렇게 계산한 압축응력분포를 이용하여 단면의 휨강도를 계산하여야 한다. 이 계산법은 복잡할 수 있으므로 이러한 계산과정을 대신하여 단순한 방법으로 해석하고자 할 때에는 식(2.13)의 등가 직사각형 압축응력블록을 적용할 수 있다. 이에 대해서는 11장에서 상세하게 설명할 것이다.

2.5 콘크리트의 인장강도

콘크리트의 인장강도는 압축강도에 비하여 작지만 전단, 비틀림, 부착강도에 영향을 준다. 인장강도는 쪼갬인장과 휨인장강도로 구분할 수 있다. 콘크리트 시험체를 직접 잡아 당겨 인장강도를 측정할 경우에 시험체와 그립(grip) 사이에 미끌림이 발생하여 인장강도를 직접 측정하기 어렵다. 따라서 쪼갬인장시험에 의하여 얻어진 쪼갬인장강도(splitting tensile strength)를 콘크리트의 인장강도로 하고 있다. 특히, 전단과 비틀림 내력에 영향을 주는 부재 복부콘크리트, 횡하중이 크게 작용하는 접합부나 지점 부근, 프리스트레스트 콘크리트 부재의 긴장력이 가해지는 부재 단부에서는 압축력에 의한 쪼갬균열이 발생할 수 있으므로 주의해야 한다.

쪼갬인장강도는 [그림 2.19(a)]와 같이 콘크리트의 압축강도를 측정하기 위하여 사용하는 원주형 공시체를 옆으로 뉘어 놓고, 수직방향으로 압력을 가해서 측정한다(시험 방법 KS F 2423). 시험체를 수직으로 가력할 경우에 가력점 근처에서는 큰 압축응력이 작용하지만 시험체의 중간부분에는 [그림 2.19(a)]와 같이 일정한 크기의 인장응력이 작용한다. 압축강도에 비하여 인장강도가 낮은 콘크리트는 인장측에서 먼저 파괴되어 강도를 측정할 수 있으며, 이러한 인장강도를 쪼갬인장강도라 한다. 쪼갬인장강도는 압축강도용 공시체를 이용하여 비교적 용이하게 측정할 수 있으며, 식(2.14)에 의하여 계산한다.

$$f_{sp} = \frac{2P}{\pi \cdot d \cdot l} \tag{2.14a}$$

$$f_{sp} = 0.57\sqrt{f_{ck}} \tag{2.14b}$$

여기서, f_{sp} : 쪼갬인장강도, P : 가력 하중, d : 시험체의 직경, l : 시험체의 길이이다. 경량콘크리트 쪼갬인장강도는 보통중량콘크리트의 쪼갬인장강도보다 작으며 식(2.14c)를 이용하여 계산한다.

$$f_{sp} = \lambda(0.57\sqrt{f_{ck}}) \tag{2.14c}$$

여기서, λ : 경량콘크리트 계수이며 $\lambda = 0.75$ (f_{sp}값이 규정되어 있지 않으며 전 경량콘크리트의 경우), $\lambda = 0.85$ (f_{sp}값이 규정되어 있지 않으며 모래 경량콘크리트의 경우), $\lambda = f_{sp}/(0.56\sqrt{f_{ck}}) \leqq 1.0$ (f_{sp}값이 규정되어 있는 경우)

인장강도의 또 다른 종류인 휨인장강도(modulus of rupture)는 [그림 2.19(b)]와 같이 휨모멘트를 받는 부재에 발생하는 인장응력에 저항하는 강도를 의미한다(시험방법 KS F 2408). 부재가 휨모멘트를 받을 때 중립축이 형성되고 단면의 일부에 인장응력이 발생한다. 압축에 비하여 인장강도가 낮은 콘크리트는 인장응력을 받는 부분에 균열이 발생하기 쉽다. 이와 같이 휨모멘트가 유발하는 인장강도를 휨인장강도(f_r)라 하며 휨인장강도는 부재의 처짐, 휨부재의 최소 철근비, 균열모멘트 등에 영향을 준다. 휨인장강도(f_r)는 쪼갬인장강도보다 약 11퍼센트 크며, 식(2.15)에 의하여 계산한다.

$$f_r = 0.63\lambda\sqrt{f_{ck}} \tag{2.15}$$

여기서, λ : 경량콘크리트 계수이며 식(2.14c)의 값과 동일하다. 보통중량콘크리트의 경우에는 $\lambda = 1$을 사용한다.

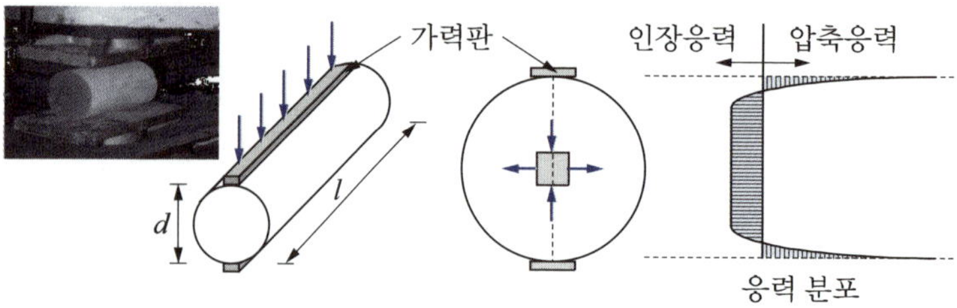

(a) 쪼갬인장강도 시험 방법과 응력의 분포

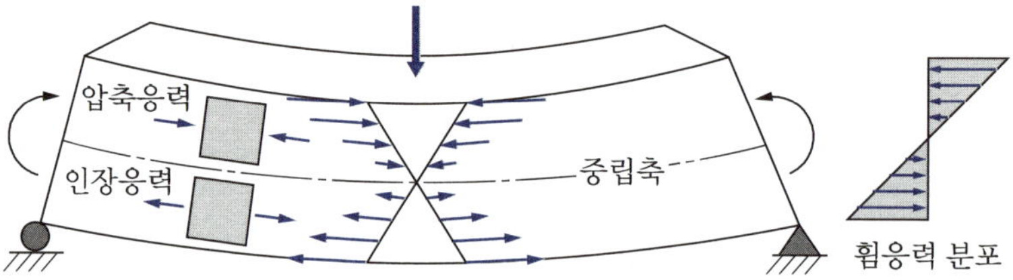

(b) 휨인장강도와 휨응력의 분포

그림 2.19 쪼갬인장강도와 휨인장강도

2.6 크리프와 건조수축

2.6.1 크리프(creep)

크리프는 콘크리트가 갖고 있는 불리한 특성 중의 하나이다. 크리프는 경화된 콘크리트에 지속적으로 압축하중이 작용할 때 시간이 경과함에 따라서 진행되는 시간 종속적인 변형률(time dependent strain)을 말한다. 크리프는 콘크리트의 압축변형률을 증대시켜 콘크리트의 탄성계수를 작게 한다. 콘크리트의 탄성계수가 작아지면, 결과적으로 부재의 처짐이 증가한다.

콘크리트의 크리프변형 곡선은 [그림 2.20]의 특성을 갖고 있다. 이 곡선의 구간별 변형률 특성을 정리하여 설명하면 다음과 같다.

① **탄성변형** : 콘크리트 구조물에 압축력이 작용하면(시간 t_o) [그림 2.20]과 같이 순간적으로 탄성변형률이 발생한다.

② **크리프변형** : 내부의 재료 입자가 치밀하게 분포된 강재는 압축력이 지속될 경우에도 초기 탄성변형률을 그대로 유지하지만, 압축력을 지속적으로 받는 콘크리트의 경우에 압축응력을 전달하는 콘크리트 내부 겔입자 사이의 흡착수층이 얇게 되려는 현상 때문에 시간이 지남에 따라서 변형률이 추가로 발생하게 된다. 이를 크리프변형이라 한다([그림 2.20]의

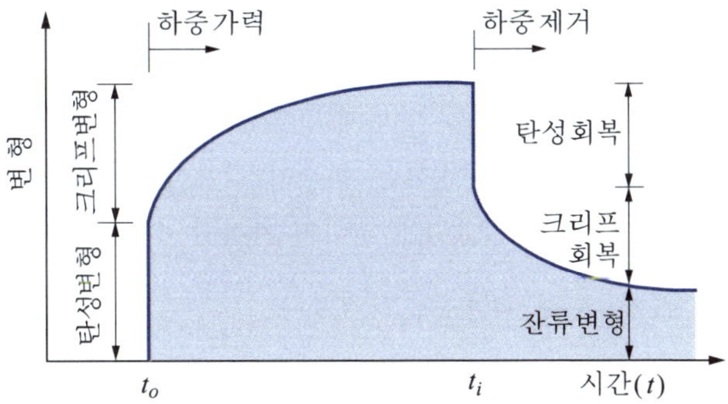

그림 2.20 크리프변형률

시간 $t_o \sim t_i$ 구간). 콘크리트를 타설하고 시간이 많이 경과되지 않은 기간에는 크리프변형률의 증가 비율이 크지만, 타설한 후의 시간이 길어지면 크리프변형률의 증가 비율은 감소한다. 크리프변형률의 증가 비율을 구체적으로 살펴보면 재하(在荷) 후, 처음 28일 동안에 전체 크리프변형률의 1/2 정도, 3~4개월 동안에 전체 크리프변형률의 3/4 이상, 5년 동안에는 전체 변형률의 95퍼센트 이상 진행하고 그 이후에는 미미하게 증가한다.

③ **탄성회복** : 콘크리트에 작용하는 압축하중을 제거하면 압축하중에 의하여 발생한 탄성변형률이 회복된다(그림의 시간 t_i 시점).

④ **크리프회복** : 압축하중을 제거하면, 그 동안 발생했던 콘크리트의 크리프변형률이 점점 회복된다. 그러나 크리프변형은 시간이 경과한 후에도 완전하게 회복되지 않고 콘크리트에는 잔류변형률이 남게 된다(그림의 시간 t_i 이후).

콘크리트의 크리프에 영향을 미치는 요소는 다음과 같다.

① 콘크리트에 가해지는 압축력이 커지면 크리프변형률은 증가한다. 압축력을 받지 않을 경우에 크리프변형률은 거의 발생하지 않으며, 압축력이 지속적으로 가해지지 않는 경우에도 크리프변형률은 크지 않다.
② 압축력의 지속 시간이 증가하면 크리프변형률은 증가한다.
③ 물-시멘트 비와 단위시멘트량이 클수록 크리프변형률은 증가한다.
④ 대기 중의 습도가 증가하면 크리프변형률은 감소한다.
⑤ 단위골재량이 증가할수록 크리프변형률은 감소한다.
⑥ 다짐이 불충분하면 크리프변형률은 증가한다.
⑦ 단면의 치수가 클수록 크리프변형률은 감소한다.
⑧ 콘크리트 강도가 증가하면 일반적으로 물-시멘트 비가 감소하며 크리프변형률은 감소한다.

크리프변형률 평가식

KDS 14 20 국가건설기준에서는 다음 방법에 의해 크리프변형률을 계산하고 있다. [그림 2.20]에서 콘크리트에 발생하는 전체 변형률은 하중이 작용하는 순간의 순간변형(탄성변형)과 크리프에 의한 장기변형의 합으로 식(2.16)에 의하여 계산할 수 있다.

$$\varepsilon_{c\sigma}(t,\, t') = \varepsilon_{ce}(t') + \varepsilon_{cc}(t,\, t') \tag{2.16}$$

여기서, $\varepsilon_{c\sigma}(t,\, t')$: 콘크리트 재령 t'(일)에서 $f_c(t')$의 응력이 가해졌을 때, 시간 t(일)에서의 탄성변형률과 크리프를 포함한 전체 변형률, $\varepsilon_{ce}(t')$: 콘크리트 재령 t'(일)에서 $f_c(t')$의 응력이 가해졌을 때의 탄성변형률, $\varepsilon_{cc}(t,\, t')$: 콘크리트 재령 t'(일)에서 $f_c(t')$의 응력이 가해졌을 때 시간 t(일)에서의 크리프변형률이다.

Davis-Glanville의 법칙에 의하면 크리프변형률(ε_{cc})은 탄성변형률(ε_{ce})에 비례하며, 그 비례상수를 크리프계수(creep coefficient, $\phi(t,\, t')$)라 한다.

$$\varepsilon_{cc}(t') = \phi(t,\, t') \times \varepsilon_{ce}(t,\, t') \tag{2.17}$$

식(2.17)을 식(2.16)에 대입하고 후크의 법칙(Hooke's law)을 이용하면 식(2.18)을 유도할 수 있다.

$$\varepsilon_{c\sigma}(t,\, t') = f_c(t')\left[\frac{1}{E_{ci}(t')} + \frac{\phi(t,\, t')}{E_{ci}}\right] \tag{2.18}$$

여기서, E_{ci} : 콘크리트의 초기 접선탄성계수(식(2.21)에 의하여 계산), $E_{ci}(t')$: 콘크리트 재령 t'(일)에서 콘크리트의 초기 접선탄성계수이다(식(2.22)에 의하여 계산). KDS 14 20 국가건설기준에서는 식(2.18)에 의하여 콘크리트의 크리프변형률을 계산하고 있으며, 이 식은 유럽에서 사용되고 있는 CEB-FIP 1990 Model Code에 근거한 것이다.

식(2.18)의 크리프계수($\phi(t,\, t')$)는 식(2.19)에 의하여 계산할 수 있다. 식(2.19)는 양생온도가 20℃이고, 하중이 작용하는 동안에 기온이 20℃인 압축크리프 실험에서 유도된 식이다. 이 식에는 설계기준강도, 부재의 크기, 부재가 노출된 면의 평균 상대습도, 재하할 때의 재령, 재하기간, 시멘트 종류 등의 영향이 포함되어 있다. 크리프에 대한 실험은 KS F 2453을 따라야 한다.

$$\phi(t,\, t') = \phi_o\, \beta_c\,(t - t') \tag{2.19}$$

여기서, 콘크리트의 개념 크리프계수

$$\phi_o = \phi_{RH}\, \beta(f_{cm})\, \beta(t') \tag{2.20a}$$

개념 부재치수

$$h = 2A_c/u \tag{2.20b}$$

외기의 상대습도와 부재 두께가 크리프에 미치는 영향계수

$$\phi_{RH} = 1 + \frac{1 - 0.01RH}{0.10\sqrt[3]{h}} \tag{2.20c}$$

콘크리트 강도가 크리프에 미치는 영향함수

$$\beta(f_{cm}) = \frac{16.8}{\sqrt{f_{cm}}} \tag{2.20d}$$

지속하중이 가해지는 시간 t'가 크리프에 미치는 영향함수

$$\beta(t') = \frac{1}{0.1 + (t')^{0.2}} \tag{2.20e}$$

재하기간이 크리프에 미치는 영향함수

$$\beta_c(t - t') = \left[\frac{(t - t')}{\beta_H + (t - t')}\right]^{0.3} \tag{2.20f}$$

외기의 상대습도와 부재의 두께에 따른 계수

$$\beta_H = 1.5[1 + (0.012RH)^{18}]h + 250 \leq 1{,}500 \ (\text{일}) \tag{2.20g}$$

여기서, A_c : 부재의 단면적, u : 단면적 A_c의 둘레 중에서 수분이 외기로 확산되는 둘레 길이, RH : 상대 습도(%)이다.

식(2.18)의 크리프변형을 계산할 때의 콘크리트의 탄성계수는 초기 접선탄성계수를 사용해야 한다. 또한 이때의 콘크리트의 압축강도는 28일 평균압축강도(f_{cm})를 사용해야 한다. 이는 식(2.3)의 콘크리트의 탄성계수(E_c)를 계산할 때의 이유와 동일하게 f_{ck}를 초기 접선탄성계수 계산에 사용할 경우에 초기 접선탄성계수 계산식에는 이중으로 안전율이 포함될 수 있기 때문이다. 따라서 크리프, 건조수축, 콘크리트의 탄성계수를 계산할 때는 실험값의 평균압축강도(f_{cm})를 사용한다.

콘크리트의 초기 접선탄성계수

$$E_{ci} = 1.18E_c \tag{2.21}$$

콘크리트 재령 t'(일)에서 콘크리트의 초기 접선탄성계수

$$E_{ci}(t) = \sqrt{\beta_{cc}(t)}\ E_{ci} \tag{2.22}$$

콘크리트의 28일 평균압축강도

$$f_{cm} = f_{ck} + \Delta f \tag{2.23}$$

여기서, Δf는 f_{ck}가 40 MPa 이하이면 4 MPa, 60 MPa 이상이면 6 MPa이며 그 사이는 직선보간으로 구한다.

시간에 따른 콘크리트의 강도발현

$$f_{cm}(t) = \beta_{cc}(t)\, f_{cm} \tag{2.24}$$

시간에 따라 변화하는 콘크리트의 강도발현($f_{cm}(t)$)은 시멘트 종류와 양생온도에 영향을 받는다.

시간에 따라 변화하는 콘크리트의 강도발현속도

$$\beta_{cc}(t) = \exp\left[\beta_{sc}\left(1 - \sqrt{\frac{28}{t}}\right)\right] \tag{2.25}$$

시멘트의 종류에 따른 상수

$$\begin{aligned}
\beta_{sc} &= 0.35 \quad \text{(1종 시멘트 습윤 양생)} \\
&= 0.15 \quad \text{(1종 시멘트 증기 양생)} \\
&= 0.25 \quad \text{(3종 시멘트 습윤 양생)} \\
&= 0.12 \quad \text{(3종 시멘트 증기 양생)} \\
&= 0.40 \quad \text{(2종 시멘트)}
\end{aligned}$$

식(2.25)의 콘크리트의 강도발현속도($\beta_{cc}(t)$)는 유럽에서 사용하는 CEB-FIP기준과 다소 상이하다. 이는 유럽과 우리나라가 사용하는 시멘트 성분이 다르기 때문이다.

크리프 보정계수

콘크리트의 크리프는 시간, 하중, 상대습도, 시멘트의 종류, 단위시멘트의 양, 부재의 크기, 온도, 골재의 종류, 혼화제 등 다양한 종류의 영향을 받는다. 실험에서 이러한 영향을 모두 반영하여 크리프변형률을 구하는 것은 어렵기 때문에 식(2.19)의 크리프계수는 양생온도가 20℃이고, 하중이 작용하는 동안의 기온이 20℃인 압축크리프 실험에서 유도되었다. 따라서 식(2.19)를 유도한 실험조건과 다른 조건에 놓여있는 콘크리트의 크리프변형률을 계산할 경우에는 식(2.19)에서 계산한 크리프계수를 보정해야 한다.

① 양생온도 및 시멘트 종류에 대한 보정계수

콘크리트를 양생하는 동안 온도의 변화가 있거나 양생온도가 20℃가 아닌 대기에 노출된 경우에는 식(2.20f)에 사용되는 콘크리트 재령(t')을 온도와 시멘트 종류를 고려한 식(2.26)에 의해 보정해야 한다. 이는 시멘트 종류에 따라서 수화열이 달라지며 콘크리트 크리프는 재령보다는 해당 재령에서의 수화열에 더 크게 영향을 받기 때문이다. 식(2.26)의 보정계수는 식(2.20f)에 사용되지만, 식(2.20e)의 지속하중이 가해지는 시간 t'에는 사용되지 않는다.

$$t' = t_T'\left[\frac{9}{2+(t_T')^{1.2}}+1\right]^{\alpha} \geq 0.5 \quad \text{(일)} \tag{2.26}$$

$$t_T' = \sum_{i=1}^{n}\Delta t_i \exp\left(-\frac{4,000}{273+T(\Delta t_i)}+13.65\right) \quad \text{(일)} \tag{2.27}$$

여기서, 시멘트의 종류에 따른 상수

$$\alpha = -1\text{(2종 시멘트)},\ \alpha = 0\text{(1종, 5종 시멘트)},\ \alpha = 1\text{(3종 시멘트)}$$

$T(\Delta t_i)$는 Δt_i일 동안 지속된 온도(℃), Δt_i는 일정한 온도가 지속된 기간(일), n은 일정한 온도를 유지한 각 단계의 수이다.

② 작용응력의 크기에 대한 보정계수

식(2.20a)의 콘크리트의 개념 크리프계수(ϕ_o)는 재령에 따라 변하는 선형 점탄성재료로 가정하지만 실제로 콘크리트의 크리프는 콘크리트에 발생하는 미세균열에 의하여 비선형거동을 한다. 이와 같은 비선형거동은 작용응력 $|f_c(t')| > 0.4f_{cm}(t')$ 이상이 되며 일정한 크기의 응력이 가해질 때에도 나타날 뿐만 아니라, $|f_c(t')| \leq 0.4f_{cm}(t')$ 이하의 낮지만 변화하는 응력에 대해서 나타날 수 있다.

작용응력 $f_c(t')$가 $0.4f_{cm}(t') < |f_c(t')| < 0.6f_{cm}(t')$인 경우, 식(2.20a)의 콘크리트의 개념 크리프계수(ϕ_o)를 크리프의 비선형성을 고려한 개념 크리프계수($\phi_{o,k}$)로 대체한다.

$$\phi_{o,k} = \phi_o \exp\left[1.5\left(\frac{|f_c(t')|}{f_{cm}(t')}-0.4\right)\right] \tag{2.28}$$

여기서, $f_{cm}(t')$은 식(2.24)에 의하여 계산한다.

③ 온도변화에 대한 보정계수

지속하중이 작용하는 동안 온도가 5℃에서 80℃까지 변화할 때 식(2.19)를 식(2.29)로 대체해야 한다. 또한 개념 크리프계수(ϕ_o)를 계산하기 위하여 필요한 식(2.20c)의 외기 상대습도와 부재 두께가 크리프에 미치는 영향계수(ϕ_{RH})를 식(2.30)으로 대체해야 하고, 식(2.20g)의 외기 상대습도와 부재 두께에 대한 계수(β_H)를 식(2.31)로 대체해야 한다.

$$\phi(t, t') = \beta_c(t-t')\phi_o + 0.0004(T-20)^2 \tag{2.29}$$

$$\phi_{RH, T} = \phi_T + (\phi_{RH} - 1.0)\phi_T^{1.2} \tag{2.30}$$

$$\beta_{H, T} = \exp\left[\frac{1,500}{273+T} - 5.12\right]\beta_H \tag{2.31}$$

여기서, $\phi_T = \exp[0.015(T-20)]$이다.

2.6.2 건조수축(drying shrinkage)

건조수축(乾燥收縮)이란 수화된 시멘트에 흡착되었던 수분이 증발하여 콘크리트에 생기는 체적 변형을 말한다. 콘크리트를 제조하기 위해서는 시멘트와 물이 화학적으로 반응해야 한다. 시멘트와 물의 화학적 반응은 물-시멘트의 비율이 약 20퍼센트일 때도 가능하지만 작업을 용이하게 하기 위하여(workability 향상을 위하여) 일반적으로 50퍼센트 가깝게 물-시멘트 비율을 높여 콘크리트를 배합한다. 이 경우에 화학적 반응을 하고 남은 물, 여분수가 시간이 지남에 따라서 증발하게 됨으로써 콘크리트의 체적이 감소하게 되며 이를 건조수축변형이라 한다. 건조수축에 의하여 콘크리트 체적이 감소할 경우에 철근이나 인접한 부재가 콘크리트의 수축을 방해하여 콘크리트에는 인장응력이 발생하게 되며, 이로 인하여 균열이 발생할 수 있다.

[그림 2.21]은 무근(無筋)콘크리트(또는 수축을 방해하는 구속조건이 없는 경우)와 철근(鐵筋)콘크리트(또는 수축을 방해하는 구속조건이 있는 경우)의 건조수축변형률을 나타낸다. 무근콘크리트에는 건조수축에 의하여 발생하는 체적 감소를 방해하는 요인이 없다. 따라서 무근콘크리트에는 건조수축에 의하여 ε_{sh-t}의 체적 감소가 발생한다. 그러나 [그림 2.21]의 우측 그림과 같이 콘크리트에 철근이 배근될 경우에 철근이 콘크리트의 변형을 방해한다. 즉, 건주수축에 의하여 ε_{sh-t}만큼 축소해야 하는 콘크리트가 건조수축변형이 없는 철근에 의해 ε_{sh-t}만큼 축소하지 못하고 ε_{sh-s}만큼만 축소할 때 콘크리트에는 축소하지 못한 $\varepsilon_{sh-c}(=\varepsilon_{sh-t} - \varepsilon_{sh-s})$의 인장변형률이 발생하게 된다. 축소하지 못한 인장변형률 ε_{sh-c}는 콘크리트에 인장응력을 유발하고, 결과적으로 콘크리트 부재에 균열을 발생시킨다. 건조수축에 의한 콘크리트 변형률은 약 0.0004~0.0009로 알려져 있다.

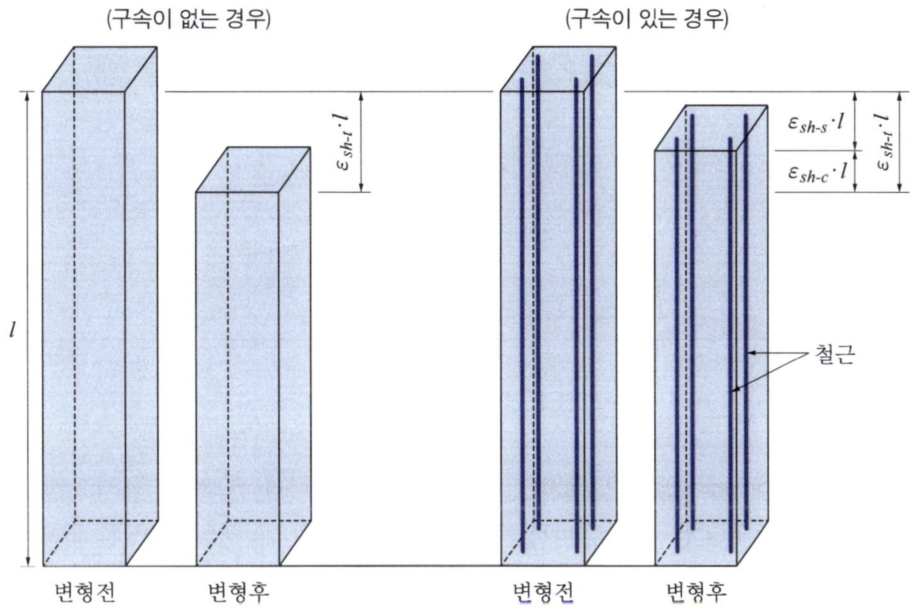

그림 2.21 구속된 부재와 구속되지 않은 부재의 건조수축변형률

건조수축은 [그림 2.22]와 같이 콘크리트가 경화하는 초기에는 크게 발생하지만, 시간이 경과함에 따라 발생률이 서서히 감소한다(그림의 시간 $t_o \sim t_i$ 구간). 건조한 콘크리트에 다시 물이 채워질 경우에 콘크리트는 체적을 회복하지만, 크리프변형과 유사하게 시간이 많이 경과한 이후에도 콘크리트에 잔류변형이 남게 된다(그림의 시간 t_i 이후). 콘크리트의 건조수축에 영향을 미치는 요소는 다음과 같다.

① 물 - 시멘트 비가 클수록 건조수축변형률은 증가한다.
② 대기 중에 습도가 증가하면 건조수축변형률은 감소한다.
③ 단위골재량이 증가할수록 건조수축변형률은 감소한다.
④ 콘크리트의 강도가 증가하면 일반적으로 물 - 시멘트 비가 감소하며 건조수축변형률은 감소한다.
⑤ 단위시멘트량이 부족하면 콘크리트의 강도가 낮아지며, 건조수축이 증가한다.
⑥ 골재의 강도가 낮거나 토분 등이 섞여 있으면 건조수축이 증가한다.
⑦ 다짐이 불충분하면 콘크리트 안의 수분이나 공기가 갇히게 되어 경화된 콘크리트가 수밀하지 못해서 강도가 낮아지고 건조수축이 증가한다.
⑧ 콘크리트의 양생 과정에서 필요한 수분이 공급되지 못하면 강도가 낮아지며 건조수축이 증가한다.

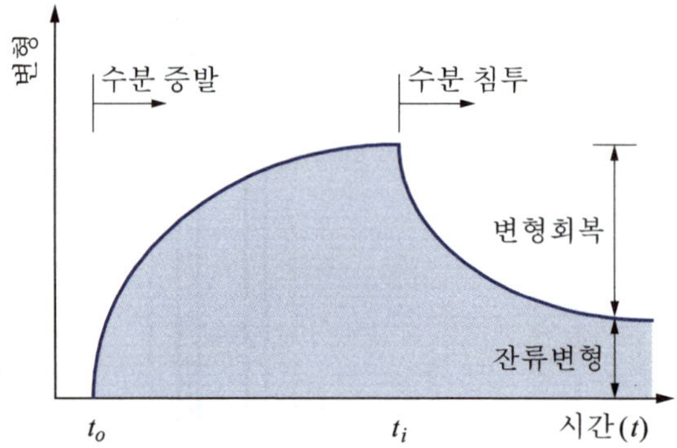

그림 2.22 건조수축변형률

건조수축은 콘크리트에 균열을 발생시킬 수 있으므로 가능하면 건조수축을 최소한으로 억제할 필요가 있다. 건조수축량을 최소화하기 위해서는 단위수량과 공극량을 줄이고, 단위골재량을 증대시키며 적절하게 양생해야 한다.

수축변형률 평가식

콘크리트에 발생하는 건조수축 변형량은 대기의 평균상대습도와 부재 크기 등을 고려하여 식 (2.32)에 의하여 계산할 수 있다. KDS 140 20 01에서는 자기수축과 건조수축을 더한 총 수축변형률을 계산하고 있다. 수축변형률은 크리프변형률 계산과 동일하게 양생온도가 20℃이고, 하중이 작용하는 동안의 기온이 20℃인 실험에서 유도된 식이다.

$$\varepsilon_{sh}(t,\, t_s) = \varepsilon_{sho}\, \beta_s(t - t_s) \tag{2.32}$$

여기서, 콘크리트의 개념 수축계수

$$\varepsilon_{sho} = \varepsilon_s(f_{cm})\beta_{RH} \tag{2.33a}$$

$$\varepsilon_s(f_{cm}) = \left[160 + 10\beta_{sc}\left(9 - \frac{f_{cm}}{10}\right)\right] \times 10^{-6} \tag{2.33b}$$

외기습도에 따른 크리프와 수축에 미치는 영향계수

$$\beta_{RH} = -1.55[1 - (0.01RH)^3] \quad (40\% \leq RH < 99\%) \tag{2.33c}$$

$$\beta_{RH} = 0.25 \qquad\qquad (RH \geq 99\%)$$

기간에 대한 수축변형률 함수

$$\beta_s(t-t_s) = \sqrt{\frac{t-t_s}{0.035h^2+(t-t_s)}} \tag{2.33d}$$

시멘트의 종류에 따른 수축상수

$\beta_{sc}=4$(2종 시멘트), $\beta_{sc}=5$(1종, 5종 시멘트), $\beta_{sc}=8$(3종 시멘트)

t : 콘크리트의 재령, t_s : 콘크리트가 외기 중에 노출되었을 때의 재령이다.

수축 보정계수

크리프와 마찬가지로 수축은 시간, 상대습도, 시멘트의 종류, 단위시멘트의 양, 부재의 크기, 온도, 골재의 종류, 혼화제 등 다양한 요소의 영향을 받는다. 이러한 영향을 모두 반영한 경우에 수축변형률 평가식은 너무 복잡해질 수 있으므로 설계시에서는 식(2.32)와 같이 양생온도가 20℃로 고정되고, 하중이 작용하는 동안의 기온이 20℃로 고정된 실험에서 유도된 식을 사용한다. 다만, 외기의 온도가 20℃가 아닌 경우 식(2.33c)의 영향계수(β_{RH})와 식(2.33d)의 함수($\beta_s(t-t_s)$)를 이용하여 식(2.34)와 식(2.35)를 보정한다.

$$\beta_{RH,T} = \left[1+\left(\frac{8}{103-RH}\right)\left(\frac{T-20}{40}\right)\right]\beta_{RH} \tag{2.34}$$

$$\beta_s(t-t_s) = \sqrt{\frac{t-t_s}{0.035h^2\exp[-0.06(T-20)]+(t-t_s)}} \tag{2.35}$$

예제 2-2

단면이 400 mm × 400 mm이며 길이가 4 m인 철근콘크리트 기둥에 8 D25 철근이 배근되어 있다. 시간이 경과함에 따라서 변화하는 전체 변형률(탄성변형률과 크리프변형률)을 계산하라. 콘크리트의 압축강도 $f_{ck}=27$ MPa, 재령 28일부터 콘크리트가 받는 응력 $f_c(t')=0.55f_{ck}$, 부재가 놓인 위치에서의 평균 상대습도는 72.2%, 1종시멘트를 사용하며 7일 동안 습윤 양생. 양생 온도와 지속되는 기간의 평균 온도는 15℃. 콘크리트 재하는 타설 후 28일에 한다.

(1) 콘크리트 타설 28일 경과 후
(2) 콘크리트 타설 1년 경과 후
(3) 콘크리트 타설 5년 경과 후

풀이

전체 변형률은 식(2.16)의 하중이 작용하는 순간의 순간 변형($\varepsilon_{ce}(t')$)과 크리프에 의한 변형($\varepsilon_{cc}(t, t')$)의 합이며, Davis-Glanville의 법칙과 후크의 법칙을 이용하여 식(2.18)에 의하여 계산할 수 있다.

$$\varepsilon_{c\sigma}(t, t') = f_c(t')\left[\frac{1}{E_{ci}(t')} + \frac{\phi(t, t')}{E_{ci}}\right] \tag{a}$$

식(a)를 이용하여 계산한 세 가지 기간에서의 탄성변형률과 크리프변형률은 [예제 표 2-2-1]에 정리되어 있다.

예제 표 2-2-1 전체 변형률(탄성변형률+크리프변형률)

최종 계수	부분 계수	28일	1년	5년	본문 식	예제 식
E_{ci}	f_{cm}	31	31	31	(2.23)	
	E_{ci}	31,508	31,508	31,508	(2.21)	(b)
$E_{ci}(t')$	$\beta_{cc}(t)$	0.96	0.96	0.96	(2.25)	
	$E_{ci}(t)$	30,816	30,816	30,816	(2.22)	(c)
$\phi(t, t')$	h	200	200	200	(2.20b)	
	ϕ_{RH}	1.48	1.48	1.48	(2.20c)	
	$\beta(f_{cm})$	3.02	3.02	3.02	(2.20d)	
	$\beta(t')$	0.49	0.49	0.49	(2.20e)	
	$\beta_c(t-t')$	0	0.74	0.92	(2.20f)	
	β_H	573	573	573	(2.20g)	
	ϕ_o	2.19	2.19	2.19	(2.20a)	
	$\phi(t, t')$	0	1.62	2.01	(2.19)	(d)
$\varepsilon_{c\sigma}(t, t')$	$\varepsilon_{c\sigma}(t, t')$	0.000471	0.001235	0.001421	(2.18)	(a), (e)
t'	t_T'	22.05	22.05	22.05	(2.27)	
	t'	22.05	22.05	22.05	(2.26)	
	$\beta(t')$	0.51	0.51	0.51	(2.20e)	(f)
$\phi_{o,k}$	$f_{cu}(t')$	29.65	29.65	29.65	(2.24)	
	$\phi_{o,k}$	2.66	2.66	2.66	(2.28)	(h)
$\phi(t, t')$	ϕ_T	0.93	0.93	0.93		
	$\beta_{H,T}$	625.92	625.92	625.92	(2.31)	(i)
	$\beta_c(t-t')$	0.25	0.73	0.91	(2.20f)	(k)
	$\phi_{RH,T}$	1.37	1.37	1.37	(2.30)	(j)
	ϕ_o	2.11	2.11	2.11	(2.20a)	(l)
	$\phi_{o,k}$	2.46	2.46	2.46	(2.28)	(m)
	$\phi(t, t')$	0.62	1.81	2.25	(2.28)	(n)
$\varepsilon_{c\sigma}(t, t')$	$\varepsilon_{c\sigma}(t, t')$	0.00077	0.001322	0.001531		(o)

예제에서 콘크리트 타설 1년 경과 후의 전체 변형률을 다음과 같이 계산하였다.

콘크리트의 초기 접선탄성계수(E_{ci}) :

$$E_c = 8{,}500\sqrt[3]{f_{cm}} = 8{,}500\sqrt[3]{31} = 26{,}702 \text{ MPa}$$
$$f_{cm} = f_{ck} + 4 = 27 + 4 = 31 \text{ MPa}$$
$$E_{ci} = 1.18E_c$$
$$E_{ci} = 1.18 \times 26{,}702 = 31{,}508 \text{ MPa} \qquad \text{(b)}$$

콘크리트 재령 t'(일)에서 콘크리트의 초기 접선탄성계수($E_{ci}(t')$) : $\beta_{cc}(t)$ 계산 시의 시간 t는 콘크리트 강도 발현까지 소요되는 시간이므로 28일이다.

$$E_{ci}(t) = \sqrt{\beta_{cc}(t)}\ E_{ci}$$
$$\beta_{sc} = 0.35 \text{ (1종 시멘트 습윤 양생)}$$
$$\beta_{cc}(t) = \exp\left[\beta_{sc}\left(1 - \sqrt{\frac{28}{t}}\right)\right] = \exp\left[0.35\left(1 - \sqrt{\frac{28}{28}}\right)\right] = 1$$
$$E_{ci}(t) = \sqrt{\beta_{cc}(t)}\ E_{ci} = \sqrt{1} \times 31{,}508 = 31{,}508 \text{ MPa} \qquad \text{(c)}$$

크리프계수($\phi(t, t')$)

$$\phi(t, t') = \phi_o \beta_c(t - t')$$
$$h = 2A_c/u = 2 \times \frac{400 \times 400}{4 \times 400} = 200$$
$$\phi_{RH} = 1 + \frac{1 - 0.01RH}{0.1\sqrt[3]{h}} = 1 + \frac{1 - 0.01 \times 72.2}{0.1\sqrt[3]{200}} = 1.48$$
$$\beta(f_{cm}) = \frac{16.8}{\sqrt{f_{cm}}} = \frac{16.8}{\sqrt{31}} = 3.02$$
$$\beta(t') = \frac{1}{0.1 + (t')^{0.2}} = \frac{1}{0.1 + (28)^{0.2}} = 0.49$$
$$\beta_H = 1.5[1 + (0.012RH)^{18}]h + 250 \leq 1{,}500 \text{ (일)}$$
$$\beta_H = 1.5[1 + (0.012 \times 72.2)^{18}]200 + 250 = 573$$
$$\beta_c(t - t') = \left[\frac{(t - t')}{\beta_H + (t - t')}\right]^{0.3} = \left[\frac{(365 - 28)}{573 + (365 - 28)}\right]^{0.3} = 0.74$$
$$\phi_o = \phi_{RH}\beta(f_{cm})\beta(t') = 1.48 \times 3.02 \times 0.49 = 2.19$$
$$\phi(t, t') = \phi_o\beta_c(t - t') = 2.19 \times 0.74 = 1.62 \qquad \text{(d)}$$

그러므로 순간 변형($\varepsilon_{ce}(t')$)과 크리프에 의한 변형($\varepsilon_{cc}(t, t')$)의 합을 계산할 수 있다.

$$\varepsilon_{c\sigma}(t, t') = f_c(t')\left[\frac{1}{E_{ci}(t')} + \frac{\phi(t, t')}{E_{ci}}\right]$$

$$\varepsilon_{c\sigma}(t, t') = 0.55 \times 27\left[\frac{1}{31{,}508} + \frac{1.62}{31{,}508}\right] = 0.001235 \tag{e}$$

콘크리트의 크리프는 시간, 하중, 상대습도, 시멘트의 종류, 단위시멘트의 양, 부재의 크기, 온도, 골재의 종류, 혼화제 등 다양한 종류의 영향을 받는다.

(1) 양생온도 및 시멘트 종류에 대한 보정계수

콘크리트를 양생하는 동안 양생온도가 15℃이므로 식(2.20f)의 하중을 가할 때의 콘크리트 재령 (t') 28일을 온도와 시멘트 종류를 고려하여 식(2.26)과 같이 보정해야 한다.

$$\begin{aligned} t_T' &= \sum_{i=1}^{n} \Delta t_i \exp\left(-\frac{4{,}000}{273 + T(\Delta t_i)} + 13.65\right) \\ &= 28 \times \exp\left(-\frac{4{,}000}{273+15} + 13.65\right) = 22.05 \\ t' &= t_T'\left[\frac{9}{2 + (t_T')^{1.2}} + 1\right]^{\alpha} \geq 0.5 \\ &= 22.05\left[\frac{9}{2 + (22.05)^{1.2}} + 1\right]^{0} = 22.05 \geq 0.5 \end{aligned} \tag{f}$$

여기서 시멘트의 종류에 대한 상수 $\alpha = 0$(1종, 5종 시멘트)
식(f)의 보정계수를 식(2.20e)에 대입하여 지속하중이 가해지는 시간 t'가 크리프에 미치는 영향함수 $\beta(t')$를 보정하여 계산한다.

$$\beta(t') = \frac{1}{0.1 + (t')^{0.2}} = \frac{1}{0.1 + (22.05)^{0.2}} = 0.51 \tag{g}$$

(2) 작용응력의 크기에 대한 보정계수

작용응력 $f_c(t')$이 $f_c(t') = 0.55 f_{ck} = 14.85$ MPa이며, 이 값은 $0.4 f_{cm}(t') < |f_c(t')| < 0.6 f_{cm}(t')$ 범위 안에 있다. 그러므로 식(2.20a)의 콘크리트 개념 크리프계수(ϕ_o)를 식(2.28)의 크리프계수($\phi_{o,k}$)로 대체한다. 이 때 $f_{cm}(t')$은 식(2.24)에서 계산한다.

$$\begin{aligned} \beta_{cc}(t) &= \exp\left[\beta_{sc}\left(1 - \sqrt{\frac{28}{t}}\right)\right] = \exp\left[0.35\left(1 - \sqrt{\frac{28}{22.05}}\right)\right] = 0.96 \\ f_{cm}(t) &= \beta_{cc}(t) \times f_{cm} = 0.96 \times 31 = 29.65 \text{ MPa} \\ \phi_o &= \phi_{RH}\beta(f_{cm})\beta(t') = 1.48 \times 3.02 \times 0.51 = 2.28 \\ \phi_{o,k} &= \phi_o \exp\left[1.5\left(\frac{|f_c(t')|}{f_{cm}(t')} - 0.4\right)\right] = 2.28 \times \exp\left[1.5\left(\frac{14.85}{29.65} - 0.4\right)\right] \\ &= 2.66 \end{aligned} \tag{h}$$

(3) 온도변화에 대한 보정계수

지속하중이 작용하는 동안 온도가 5℃에서 80℃까지 변화하므로 식(2.19)를 식(2.29)로 대체해야 한다. 또한 콘크리트의 개념 크리프계수(ϕ_o)를 계산하기 위하여 필요한 식(2.20c)의 영향계수(ϕ_{RH})를 식(2.30)으로 대체하고, 식(2.20g)의 계수(β_H)를 식(2.31)로 대체해야 한다.

$$\phi_T = \exp[0.015(T-20)] = \exp[0.015(15-20)] = 0.93$$

$$\beta_{H,T} = \exp\left[\frac{1{,}500}{273+T} - 5.12\right]\beta_H = \exp\left[\frac{1{,}500}{273+15} - 5.12\right]573 = 625.92 \quad \text{(i)}$$

$$\phi_{RH,T} = \phi_T + (\phi_{RH} - 1.0)\phi_T^{1.2} = 0.93 + (1.48 - 1.0) \times 0.93^{1.2} = 1.37 \quad \text{(j)}$$

식(i)의 보정계수를 식(2.20f) $\beta_c(t-t')$에 대입하여 재하기간이 크리프에 미치는 영향함수를 보정한다.

$$\beta_c(t-t') = \left[\frac{(t-t')}{\beta_H + (t-t')}\right]^{0.3} = \left[\frac{(365-28)}{625.92 + (365-28)}\right]^{0.3} = 0.73 \quad \text{(k)}$$

식(j)의 보정계수를 식(2.20a)에 대입하여 콘크리트의 개념 크리프계수(ϕ_o)를 보정한다.

$$\phi_o = \phi_{RH}\beta(f_{cm})\,\beta(t') = 1.37 \times 3.02 \times 0.51 = 2.11 \quad \text{(l)}$$

식(l)의 보정계수를 작용응력의 크기에 대한 보정계수에 다시 한 번 대입하여 콘크리트의 개념 크리프계수($\phi_{o,k}$)를 계산한다.

$$\phi_{o,k} = \phi_o \exp\left[1.5\left(\frac{|f_c(t')|}{f_{cm}(t')} - 0.4\right)\right] = 2.11 \times \exp\left[1.5\left(\frac{14.85}{29.65} - 0.4\right)\right] = 2.46 \quad \text{(m)}$$

식(k)와 식(m)의 결과를 식(2.29)에 대입하여 식(2.18)의 크리프계수($\phi(t, t')$)를 보정한다.

$$\phi(t, t') = \beta_c(t-t')\phi_o + 0.0004(T-20)^2 = 0.73 \times 2.46 + 0.0004(15-20)^2 = 1.81 \quad \text{(n)}$$

순간 변형($\varepsilon_{ce}(t')$)과 크리프에 의한 변형($\varepsilon_{cc}(t, t')$)의 합을 계산할 수 있다.

$$E_{ci}(t) = \sqrt{\beta_{cc}(t)}\,E_{ci} = \sqrt{0.956} \times 31{,}508 = 30{,}816\ \text{MPa}$$

$$\varepsilon_{c\sigma}(t, t') = f_c(t')\left[\frac{1}{E_{ci}(t')} + \frac{\phi(t, t')}{E_{ci}}\right] = 0.55 \times 27\left[\frac{1}{30{,}816} + \frac{1.81}{31{,}508}\right] = 0.001322 \quad \text{(o)}$$

예제 2-3

[예제 2-2]와 동일한 조건에서 수축변형률을 계산하라. 콘크리트가 외기 중에 노출되었을 때의 재령 (t_s)은 7일이다.

(1) 콘크리트 타설 28일 경과 후
(2) 콘크리트 타설 1년 경과 후
(3) 콘크리트 타설 5년 경과 후

풀이

콘크리트에 발생하는 수축변형량은 식(2.32)에 의하여 계산할 수 있다. 식(2.32)는 양생온도가 20℃이고, 하중이 작용하는 동안의 기온이 20℃인 실험에서 유도된 식이다.

$$\varepsilon_{sh}(t,\ t_s) = \varepsilon_{sho}\,\beta_s(t-t_s) \tag{a}$$

식(a)를 이용하여 계산한 세 기간의 수축변형률을 [예제 표 2-3-1]에 정리하였다.

예제 표 2-3-1 수축변형률

최종 계수	부분 계수	28일	1년	5년	본문 식	예제 식
$\varepsilon_{sh}(t,\ t_s)$	f_{cm}	31	31	31	(2.23)	
	h	200	200	200	(2.20b)	
	$\varepsilon_s(f_{cm})$	0.000455	0.000455	0.000455	(2.33b)	
	β_{BH}	−0.967	−0.967	−0.967	(2.33c)	
	ε_{sho}	−0.00044	−0.00044	−0.00044	(2.33a)	(b)
	$\beta_s(t-t_s)$	0.12	0.45	0.75	(2.33d)	(c)
	$\varepsilon_{sh}(t,\ t_s)$	−0.000053	−0.000198	−0.00033	(2.32)	
$\beta_{BH,T}$	$\beta_{BH,T}$	−0.967	−0.967	−0.967	(2.34)	(d)
	ε_{sho}	−0.000425	−0.000425	−0.000425	(2.33a)	(f)
$\beta_s(t-t_s)$	$\beta_s(t-t_s)$	0.10	0.40	0.70		(e)
$\varepsilon_{sh}(t,\ t_s)$	$\varepsilon_{sh}(t,\ t_s)$	−0.000045	−0.00017	−0.000297	(2.32)	

세 가지 기간 중에서 콘크리트 타설 1년 경과 후의 수축변형률을 다음과 같이 계산하였다.

콘크리트의 개념 수축계수(ε_{sho}) :

$$f_{cm} = f_{ck} + 4 = 27 + 4 = 31\ \text{MPa}$$

$$\varepsilon_s(f_{cm}) = \left[160 + 10\beta_{sc}\left(9 - \frac{f_{cm}}{10}\right)\right] \times 10^{-6}$$

$$= \left[160 + 10 \times 5\left(9 - \frac{31}{10}\right)\right] \times 10^{-6} = 0.000455$$

$$\beta_{BH} = -1.55[1-(RH/100)^3] = -1.55[1-(72.2/100)^3] = -0.967$$

$$\varepsilon_{sho} = \varepsilon_s(f_{cm})\beta_{RH} = 0.000455 \times (-0.967) = -0.00044 \quad \text{(b)}$$

$$h = 2A_c/u = 2 \times \frac{400 \times 400}{4 \times 400} = 200$$

$$\beta_s(t-t_s) = \sqrt{\frac{t-t_s}{0.035h^2 + (t-t_s)}} = \sqrt{\frac{365-7}{0.035 \times 200^2 + (365-7)}}$$

$$= 0.45 \quad \text{(c)}$$

$$\varepsilon_{sh}(t, t_s) = \varepsilon_{sho}\,\beta_s(t-t_s) = (-0.00044) \times 0.45 = -0.0001979$$

여기서 시멘트의 종류에 대한 수축상수 $\beta_{sc} = 5$(1종, 5종 시멘트)

외기의 온도가 20℃가 아닌 경우 식(2.33c)의 영향계수(β_{RH})와 식(2.33d)의 수축변형률 함수 ($\beta_s(t-t_s)$)는 각각 식(2.34)과 식(2.35)에 의해 보정해야 한다.

$$\beta_{RH,T} = \left[1 + \left(\frac{8}{103-RH}\right)\left(\frac{T-20}{40}\right)\right]\beta_{RH}$$

$$= \left[1 + \left(\frac{8}{103-72.2}\right)\left(\frac{15-20}{40}\right)\right](-0.967) = -0.935 \quad \text{(d)}$$

$$\beta_s(t-t_s) = \sqrt{\frac{t-t_s}{0.035h^2 \exp[-0.06(T-20)] + (t-t_s)}}$$

$$= \sqrt{\frac{365-7}{0.035 \times 200^2 \exp[-0.06(15-20)] + (365-7)}}$$

$$= 0.40 \quad \text{(e)}$$

식(d)의 보정계수를 식(2.33a)에 대입하여 콘크리트 개념 수축계수 ε_{sho}을 보정한다.

$$\varepsilon_{sho} = \varepsilon_s(f_{cm})\beta_{RH} = 0.000455 \times (-0.935) = -0.000426 \quad \text{(f)}$$

식(c)와 식(f)의 결과를 식(a)에 대입하여 수축변형량을 보정한다.

$$\varepsilon_{sh}(t, t_s) = \varepsilon_{sho}\,\beta_s(t-t_s) = -0.000426 \times 0.40 = -0.00017$$

2.7 강 재

콘크리트의 인장강도는 압축강도의 1/10～1/15배로 매우 낮다. 따라서 인장을 받는 부재에는 보강이 필요하며 콘크리트의 보강용 재료로는 강재가 주로 사용된다. 강재는 열팽창계수가 1.0×10^{-5}/℃로 콘크리트의 열팽창계수($(1.2\sim1.5)\times10^{-5}$/℃)와 유사하다. 또한 부착성능이 우수하기 때문에 콘크리트와 일체화하여 다른 보강 재료보다 쉽게 힘을 전달할 수 있다.

2.7.1 철근

철근은 콘크리트 인장보강재로 사용되는 봉강으로 열간압연으로 제조되며 형태에 따라 원형철근(圓形鐵筋, round steel bars)과 이형철근(異形鐵筋, deformed steel bars)으로 나누어진다(KS D 3504 규정). 원형철근은 표면이 매끄러운 봉강으로 가공하기 쉬우나 콘크리트와 부착성이

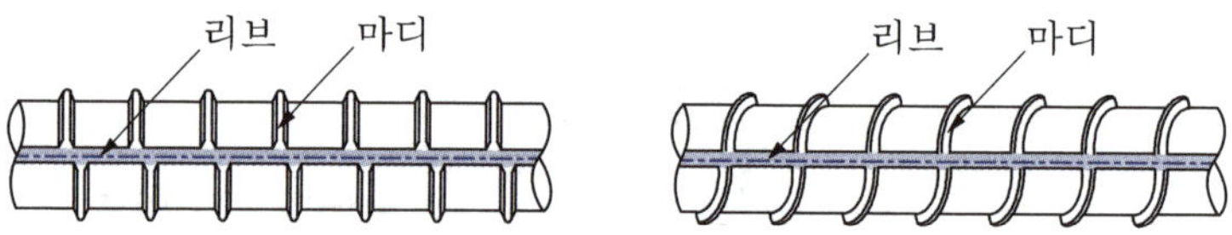

그림 2.23 이형철근의 형태

표 2.6 이형철근의 치수

호칭명	단위무게 (kN/m)	공칭지름 (mm)	공칭단면적 (mm^2)	공칭둘레 (mm)	마디의 평균 최대 간격치(mm)
D6	2.49	6.35	31.6	20	4.4
D10	5.60	9.53	71.3	30	6.7
D13	9.95	12.7	126.7	40	8.9
D16	15.6	15.9	198.6	50	11.1
D19	22.5	19.1	286.7	60	13.4
D22	30.4	22.2	387.1	70	15.5
D25	39.8	25.4	506.7	80	17.8
D29	50.4	28.6	642.4	90	20.0
D32	62.3	31.8	794.2	100	22.3
D35	75.1	34.9	956.6	110	24.4
D38	89.5	38.1	1,140	120	26.7
D41	105.0	41.3	1,340	130	28.9
D51	159.0	50.8	2,027	160	35.6
D57	203.0	57.3	2,579	180	40.1

떨어져 구조용으로는 현재 거의 사용되고 있지 않다. 이형철근은 [그림 2.23]과 같이 부착강도를 높이기 위하여 원형 단면의 둘레에 돌기가 있도록 제조된 철근으로 길이방향의 돌기를 리브라 하고, 단면방향의 돌기를 마디라고 한다. 이형철근 마디의 간격과 높이는 응력집중에 의한 돌기 주변의 부분압축파괴와 전단파괴를 최소화할 수 있도록 되어 있다. 현재 생산되고 있는 이형철근의 치수는 [표 2.6]과 같다.

철근의 역학적 성질은 주로 인장시험과 굽힘시험 등에 의하여 조사한다. 인장시험이란 철근을 규격에 맞추어 절단한 후에 철근의 양 끝에 인장력을 가하여 응력과 변형을 측정하는 시험을 말한다. 인장시험에 의하여 측정된 철근의 응력 - 변형률 곡선은 [그림 2.24]와 같다.

철근의 응력 – 변형률 곡선의 특징

보통강도 철근의 인장응력 - 변형률 곡선은 [그림 2.24]와 같이 3가지 구간으로 구별할 수 있다.

① **선형탄성구간**(linear elastic region) : [그림 2.24]의 OA구간으로 응력과 변형률이 선형적으로 증가하며, 후크의 법칙(Hooke's law)을 적용할 수 있다. 이 구간의 철근 응력과 변형률 관계는 식(2.36a)로 계산한다.

$\varepsilon_s < \varepsilon_y$일 때,

$$f_s = E_s \varepsilon_s \tag{2.36a}$$

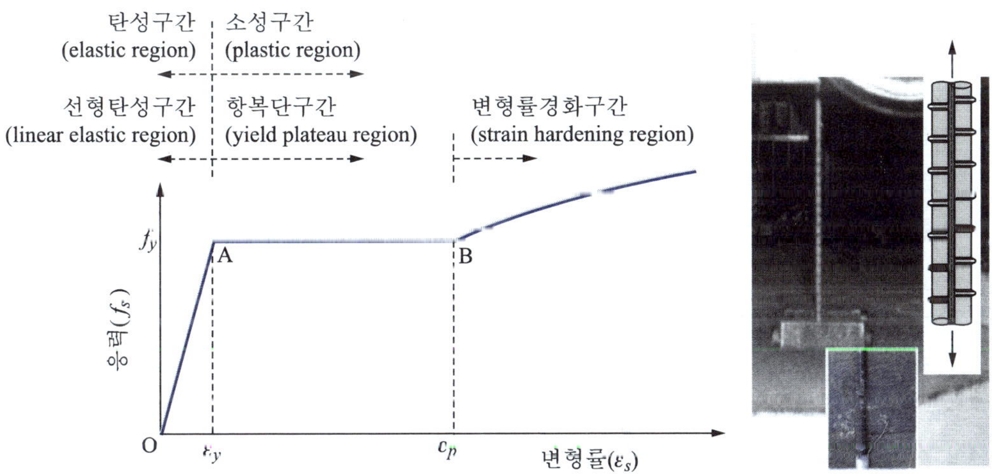

(a) 철근의 응력 – 변형률 곡선 (b) 실험 사진

그림 2.24 철근의 응력 – 변형률 곡선과 인장시험 사진

여기서, f_s : 철근의 응력, ε_s : 철근의 변형률, ε_y : 철근의 항복변형률이다. E_s는 철근의 탄성계수이며 다음 값을 사용한다.

$$E_s = 2.0 \times 10^5 \qquad \text{(MPa)}$$

② **항복단구간(yield plateau region)** : [그림 2.24]의 AB구간으로 인장 항복 후 응력의 증가 없이 변형률만 증가하는 구간이다.

$\varepsilon_y \leqq \varepsilon_s < \varepsilon_p$일 때,

$$f_s = f_y \tag{2.36b}$$

여기서, f_y는 철근의 항복강도이다.

③ **변형률경화구간(strain-hardening region)** : [그림 2.24]의 B점을 넘은 구간으로 변형률의 증가와 함께 응력이 다시 증가하는 구간이다. 변형률경화구간에서 접선계수는 E_s의 약 2.5퍼센트이다.

고강도 철근의 응력 - 변형률 곡선의 특징

[그림 2.25]는 항복강도가 다른 세 가지 종류의 철근의 응력 - 변형률 곡선을 나타낸다. 고강도 철근의 응력 - 변형률 곡선의 특징을 요약하면 다음과 같다.

① **탄성계수 E_s가 일정** : 콘크리트와 다르게 탄성범위 내에서 고강도 철근의 탄성계수는 [그림 2.25(a)]와 같이 철근의 항복강도가 증가하여도 일정하다. 따라서 고강도 철근의 항복변형률(ε_y)은 철근의 항복강도에 비례하여 증가한다.

② **항복단구간이 감소** : 철근의 항복강도가 증가하면 항복단구간이 점점 감소한다([그림 2.25(a)] 참조). 보통강도 철근은 항복강도에 도달한 이후에 항복단구간(응력의 증가 없이 변형률만이 증가하는 구간)이 길지만, 고강도 철근은 항복강도에 도달한 이후에 응력이 바로 증가하며, 항복단구간이 짧다.

③ **항복점이 뚜렷하지 않음** : [그림 2.25(a)]와 같이 보통강도 철근의 항복점은 뚜렷하게 나타나지만, 열처리를 한 고강도 철근의 항복점은 뚜렷하게 보이지 않고 인장강도에 이르기까지 완만하게 변화한다. 이렇게 항복점이 뚜렷하지 않을 경우에 철근의 항복강도는 [그림 2.25(b)]와 같이 탄성기울기와 평행하게 선을 그어 철근의 응력이 영(0)에 도달할 때([그림 2.25(b)의 A점)의 변형률(이를 잔류변형률이라 함)을 이용하여 계산한다. 이렇게 철근의 잔류변형률이 0.2퍼센트일 때, 응력을 제하(除荷)하기 시작하는 점의 응력을 고강도 철근의 항복강도로 정하는 방법을 0.2% 오프셋법(offset method)이라 한다.

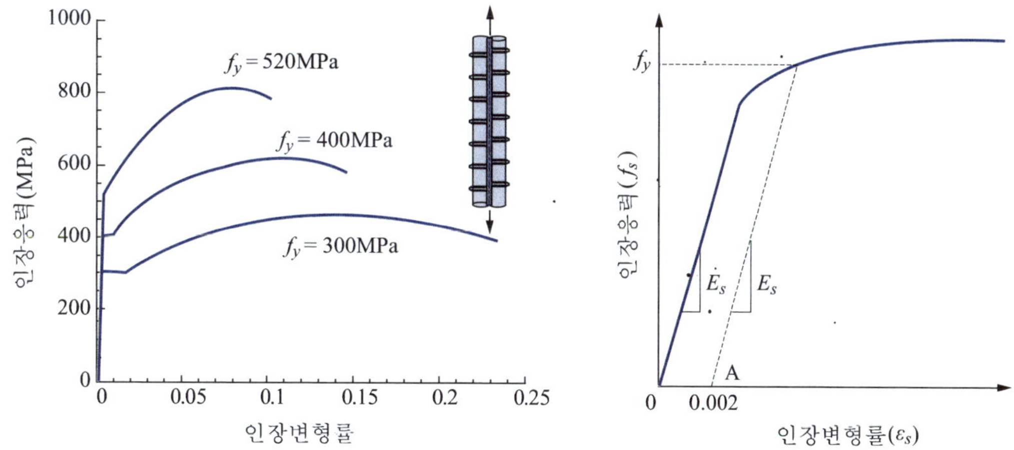

(a) 강도변화에 따른 곡선의 변화 (b) 고강도 철근의 항복강도

그림 2.25 고강도 철근의 응력 – 변형률 곡선

철근은 항복강도와 사용용도를 기준으로 구분되며, KS D 3504에서는 [표 2.7]과 같이 이형 철근을 일반용 철근, 용접용 철근, 특수 내진용 철근으로 구분한다. 표에서 연신율(延伸率)이란 철근이 끊어질 때의 변형률을 말하며 철근의 연신율은 철근의 항복강도가 증가할수록 감소한다. 철근을 고온으로 용접할 경우에 철근의 기계적 성질이 변하여 취성적인 파괴를 일으킬 수 있으므로 용접용 철근에는 탄소, 규소, 망간, 질소, 탄소당량이 추가로 포함된다. 특수 내진용 철근은 일반용 철근에 비하여 다음의 두 가지 특징이 있다.

① **항복강도의 범위** : 항복강도의 범위가 일반용 철근의 항복강도 범위보다 좁다. 이는 철근의 공칭항복강도와 공장에서 생산되는 철근의 실제 항복강도에 너무 큰 차이가 발생하면 성능기초설계에서 각 부재의 내력을 정확하게 산정할 수가 없기 때문이다.

② **인장강도와 항복강도의 차이** : 인장강도가 항복강도보다 1.25배 이상 크다. 인장강도와 항복강도의 차이는 부재가 최대 내력에 도달한 이후의 강도 감소 및 부재의 소성힌지 길이와 관련이 있다. 인장강도와 항복강도의 차이가 클수록 소성힌지영역 길이는 증가하여 철근의 변형률이 한 곳에서 집중적으로 증가하지 않고, 구조물의 변형이 상대적으로 감소한다.

특수 내진용 철근에 대해서는 이 책의 16장 내진설계에서 보다 상세하게 설명할 것이다.

표 2.7 철근의 종류와 성질

철근 형태	종류 기호	항복강도(MPa)	인장강도(MPa)	인장 시험편	연신율(%)
일반용 철근	SD 300	300～400	항복강도의 1.15배 이상	2호에 준한 것	16 이상
				3호에 준한 것	18 이상
	SD 400	400～520	항복강도의 1.15배 이상	2호에 준한 것	16 이상
				3호에 준한 것	18 이상
	SD 500	500～650	항복강도의 1.08배 이상	2호에 준한 것	12 이상
				3호에 준한 것	14 이상
	SD 600	600～780	항복강도의 1.08배 이상	2호에 준한 것	10 이상
				3호에 준한 것	
	SD 700	700～910	항복강도의 1.08배 이상	2호에 준한 것	10 이상
				3호에 준한 것	
용접용 철근	SD 400 W	400～520	항복강도의 1.15배 이상	2호에 준한 것	16 이상
				3호에 준한 것	18 이상
	SD 500 W	500～650	항복강도의 1.15배 이상	2호에 준한 것	12 이상
				3호에 준한 것	14 이상
특수 내진용 철근	SD 400 S	400～520	항복강도의 1.25배 이상	2호에 준한 것	16 이상
				3호에 준한 것	18 이상
	SD 500 S	500～620	항복강도의 1.25배 이상	2호에 준한 것	12 이상
				3호에 준한 것	14 이상
	SD 600 S	600～720	항복강도의 1.25배 이상	2호에 준한 것	10 이상
				3호에 준한 것	

연신율의 경우 [표 2.6]에 규정된 D32를 초과하는 굵은 철근의 경우에는 호칭명이 "3"을 증가할 때마다 연신율의 해당 값에서 2를 감한다. 다만 감하는 최대 한도는 4이다.

2.7.2 용접철망

용접철망이란 철선을 장방형으로 직교시켜 그 교차점을 전기저항용접으로 접합한 격자형의 철망을 말한다. 용접철망은 벽체나 슬래브 등과 같이 장방형으로 일정하게 배근되는 구조물에 많이 사용된다. 구조용으로 사용되는 용접철망의 지름은 4.0 mm 이상이 되어야 한다.

용접철망에 사용된 철선은 냉간신선(cold drawn) 공정을 통하여 항복강도가 400 MPa 이상이지만 뚜렷한 항복점이 없고 연신율이 3～8퍼센트로 매우 낮다(일반 이형철근의 연신율 10～18%). 이는 냉간신선 공정에서 철선을 가늘게 하면 연신율이 감소하기 때문이다. 용접철망은 고강도 철근과 유사하게 항복점이 뚜렷하게 나타나지 않으므로 0.2% 오프셋법(offset method)을 이용하여 항복강도를 정한다.

용접철망을 사용할 경우에 가공과 조립에 필요한 인력을 절감할 수 있고, 철근을 선조립(先組立, 철근을 미리 조립하는 작업)하여 공사기간을 단축할 수 있으며, 배근을 정확하게 할 수 있다. 또한 직경이 작은 철근을 좁은 간격으로 배근하여 균열의 수와 폭을 작게 할 수 있다. 그러나 현재 생산되고 있는 용접철망의 망눈 치수에는 제한이 많고, 구부림과 절단 등의 가공에서 재료의 손실이 많다. 또한, 연신율이 작기 때문에 부재가 취성파괴할 위험성이 있으므로 주요 부재나 큰 연성을 필요로 하는 부위에 용접철망을 사용할 경우에는 특별한 주의가 필요하다.

2.7.3 단면 설계를 위한 철근의 압축응력 – 변형률 곡선

보통강도 철근의 응력 - 변형률 곡선은 [그림 2.24]와 같이 선형탄성구간, 항복단구간, 변형률경화구간으로 구분되며, 고강도 철근의 경우에는 항복단구간이 짧아지기 때문에 선형탄성구간에서 변형률경화구간으로 직접 이동할 수 있다. KDS 14 20 국가건설기준에서는 철근의 항복강도를 철근의 설계기준항복강도(specified yield strength of reinforcing bars)로 정하며 철근의 응력 - 변형률 곡선을 [그림 2.26]과 같이 2구간으로 단순화하여 사용한다. KDS 14 20 국가건설기준에서 사용하는 [그림 2.26]의 철근의 응력 - 변형률 곡선의 특징을 정리하면 다음과 같다.

① 철근의 응력 - 변형률 곡선의 구간은 OA의 탄성구간과 A점 이후의 소성구간으로 구분하며, 변형률경화구간은 무시한다. 따라서 $\varepsilon_s < \varepsilon_y$일 때 $f_s = E_s \varepsilon_s$이며, $\varepsilon_y \leq \varepsilon_s$일 때 $f_s = f_y$이다.

② 점 A의 f_y를 철근의 설계기준항복강도로 규정하여 이 값을 이용하여 설계한다. 철근 파단 시의 강도인 [그림 2.18]의 C점의 철근인장강도(f_{su})는 설계에 간접적으로 반영된다.

③ 내진설계에서는 인장강도와 항복강도의 차이가 중요하므로 내진용 철근에서는 f_{su}/f_y의 비율이 1.25배 이상이 되도록 추가 규정을 두고 있다.

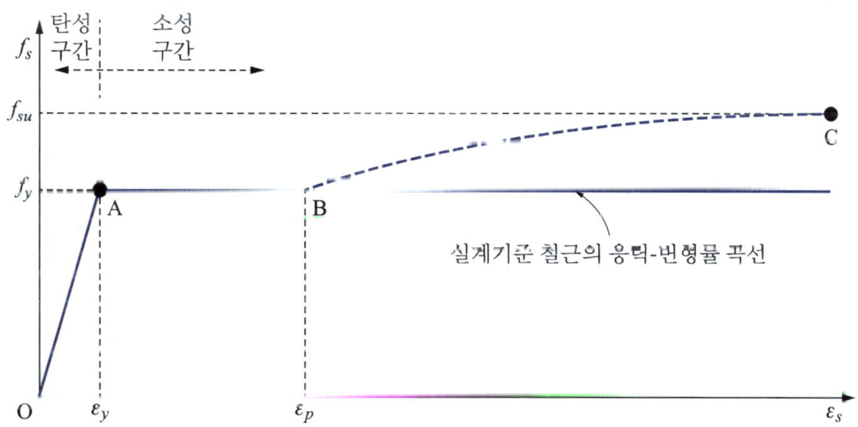

그림 2.26 KDS 14 20 국가건설기준의 철근 응력 – 변형률 곡선

KDS 14 20 국가건설기준에서는 철근의 설계기준항복강도(f_y)의 상한값을 부재력에 따라서 [표 2.8]과 같이 다르게 제한하고 있다. 이와 같이 f_y의 상한값을 제한하는 주요 이유는 철근의 항복에 의한 부재의 연성파괴를 유도하고, 균열과 처짐이 지나치게 증가하는 것을 방지하며, 철근 가공성능을 확보하기 위함이다.

표 2.8 철근 설계기준항복강도의 상한값(긴장재 제외)

철근 종류	항복강도 상한값 (MPa)	철근 종류	세부 적용	항복강도 상한값 (MPa)
주철근	600	전단철근	벽체를 제외한 보, 기둥, 슬래브 등의 부재	500
나선철근	700		벽체	600
띠철근	600		용접이형철망형 전단철근	600
확대머리 이형철근	400		2방향 전단보강재	400
비틀림철근	500		편심전단 설계용 전단철근	400
전단마찰철근	500			

2.8 인장경화효과

콘크리트에 묻혀 있는 철근의 응력-변형률 곡선은 콘크리트에 묻혀 있지 않은 철근(bare steel bars)의 응력-변형률 곡선([그림 2.24]와 [그림 2.25])과 다소 다르다.

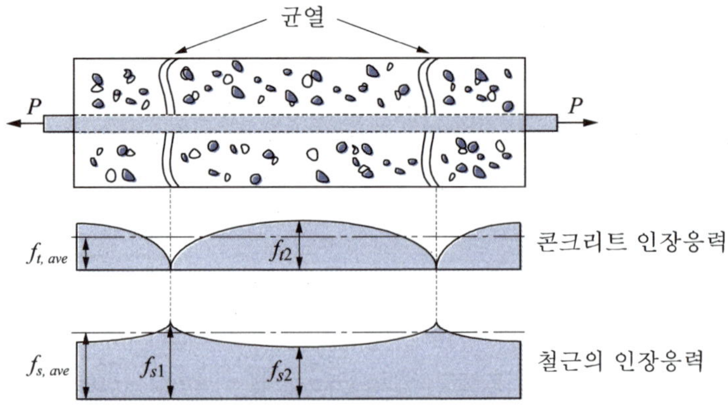

그림 2.27 콘크리트에 묻혀 있는 철근과 콘크리트의 응력

[그림 2.27]에서 콘크리트에 매립된 철근에 인장력이 가해져 외부 하중(P)의 값이 콘크리트의 인장강도를 넘으면 균열이 발생하게 된다. 균열이 발생한 부분에서는 철근이 외부 하중에 저항하지만 균열 중간부분에서는 철근과 콘크리트가 동시에 외부 하중에 저항하므로 각각의 위치에서 힘의 평형은 식(2.37a), 식(2.37b)와 같다.

$$\text{(균열 사이면)} \quad P = A_s f_{s2} + A_c f_{t2} \tag{2.37a}$$

$$\text{(균열면)} \quad P = A_s f_{s1} \tag{2.37b}$$

여기서, A_s : 철근의 단면적, f_{s1}과 f_{s2} : 균열 사이면과 균열면에서의 철근 응력, A_c : 콘크리트의 단면적, f_{t2} : 균열 사이면의 콘크리트 인장응력이다.

콘크리트 안에 묻혀 있는 철근의 응력은 [그림 2.27]의 균열면에서 최대가 되며, 균열 중간에서는 최소가 된다. 반면에 콘크리트의 응력은 균열면에서 "0"이지만, 균열 사이의 중간면에서는 최대가 된다. 이와 같이 부재에 걸쳐서 변화는 철근과 콘크리트 응력과 변형률의 평균값을 각각 평균응력($f_{s,ave}$와 $f_{t,ave}$)과 평균변형률($\varepsilon_{s,ave}$와 $\varepsilon_{t,ave}$)이라 한다.

콘크리트에 묻혀 있는 철근과 콘크리트의 평균응력 - 평균변형률을 표시하면 [그림 2.28]과 같다. [그림 2.28(a)]의 점선은 콘크리트에 묻혀 있지 않는 철근(bare steel bars)의 응력 - 변형률 관계를 나타내며, 실선은 콘크리트에 묻혀 있는 철근(steel bars in concrete)의 평균응력 - 평균변형률 관계를 나타낸다. 철근의 평균응력 - 평균변형률 곡선의 특징은 다음과 같다.

① 콘크리트에 묻혀 있는 철근의 평균항복강도(f_{sn})는 콘크리트에 묻혀 있지 않는 철근의 항복강도(f_y)보다 작으며, 그 차이는 철근비가 감소할수록 증가하여 철근비 0.0035의 경우에 f_{sn}는 f_y의 약 54퍼센트에 지나지 않았다. Hsu 등(1993)의 실험 결과에 의하면 철근의 평균항복강도(f_{sn})와 항복강도(f_y)의 관계는 식(2.38)과 같다.

$$f_{sn} = \left[0.91 - \frac{2}{\rho}\left(\frac{f_{cr}}{f_y}\right)^{1.5}\right] f_y \tag{2.38}$$

여기서, ρ : 철근비, f_{cr} : 콘크리트의 인장강도이다.

② 철근이 항복한 이후에 항복단구간은 뚜렷이 나타나지 않으며, 변형률이 증가함에 따라서 평균응력이 일정한 기울기로 증가한다.

콘크리트의 평균인장응력 - 평균인장변형률은 [그림 2.28(b)]와 같다. 콘크리트의 인장응력은 철근이 없는 경우에는 균열이 발생한 순간에 영(0)이 되지만 철근을 감싸고 있는 콘크리트의 평균인장응력은 균열이 발생한 이후에 급격하게 감소한다. Hsu 등(1993)의 실험 결과에 의하면 콘크리트의 평균인장응력($f_{t,ave}$)과 평균인장변형률($\varepsilon_{t,ave}$)의 관계는 식(2.39a, b)와 같다.

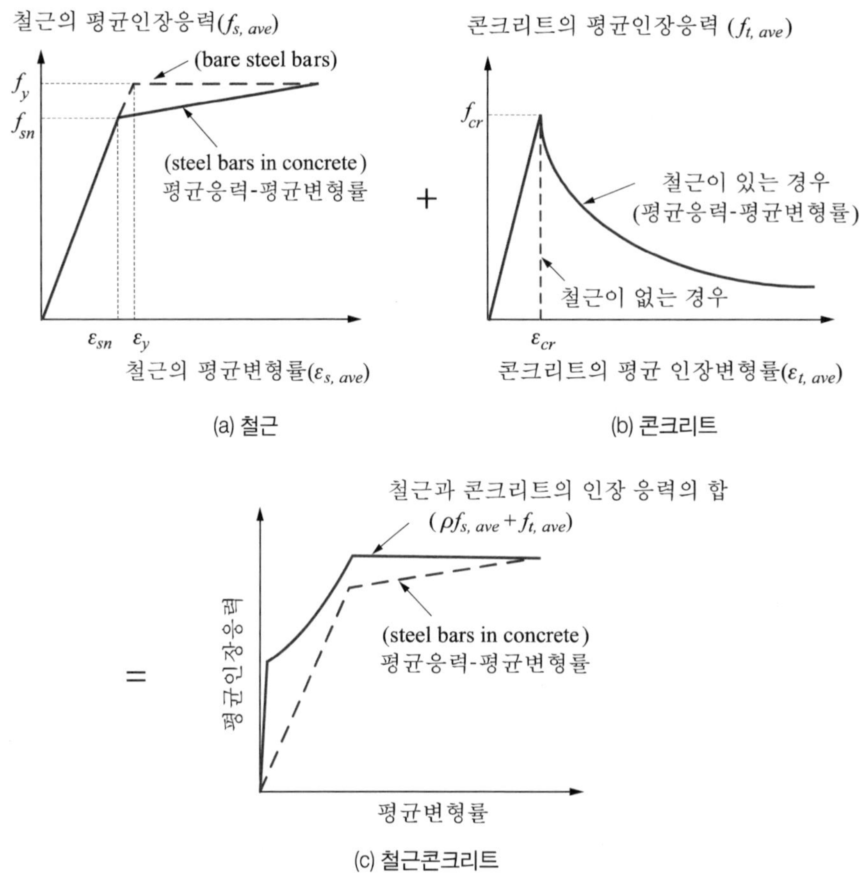

그림 2.28 철근, 콘크리트, 철근콘크리트의 응력 – 변형률 관계

$$\varepsilon_{t,ave} \leqq \varepsilon_{cr} \qquad f_{t,ave} = E_{tc}\,\varepsilon_{t,ave} \tag{2.39a}$$

$$\varepsilon_{t,ave} > \varepsilon_{cr} \qquad f_{t,ave} = f_{cr}\left(\frac{\varepsilon_{cr}}{\varepsilon_{t,ave}}\right)^{0.4} \tag{2.39b}$$

여기서, f_{cr} : 콘크리트의 인장강도이며 $f_{cr} = 0.311\sqrt{f_{ck}}$ 를 사용, ε_{cr} : 콘크리트의 인장강도에 상응하는 변형률로 0.00008, E_{tc} : 콘크리트의 인장탄성계수로 $E_{tc} = 3{,}902.4\sqrt{f_{ck}}$ (MPa)를 사용하여 계산한다.

[그림 2.28(c)]는 철근의 평균응력에 콘크리트의 평균인장을 더한 값이다. 두 재료의 인장응력을 더할 경우에 철근과 콘크리트의 부착작용에 의한 인장경화효과(tension stiffening effect)에 의해 보통철근과 상이한 응력 - 변형률 관계를 나타낸다. [그림 2.28(c)]에서 균열이 발생하기 이전에는 콘크리트의 인장응력이 크므로 철근콘크리트가 저항하는 인장응력도 크지만, 균열이 발생한 이후에는 콘크리트의 인장응력이 점차 감소함을 알 수 있다.

Chapter 2 연습문제

2.1 [표 2.1]에 제시된 시멘트 외에 혼합 시멘트나 특수 시멘트를 3종류 이상 열거하고 특성과 용도를 설명하라.

2.2 설계기준압축강도(f_{ck})가 24 MPa인 콘크리트를 1일 600 m^3 타설할 예정이다. 콘크리트 압축강도 시험은 5회(600/120 = 5) 실시해야 한다. 직경 100 mm 공시체를 이용하여 측정한 압축강도 시험값은 [연습 표 2.1]과 같다. 측정한 시험값이 설계기준압축강도(f_{ck})에 적합한지 평가하라.

연습 표 2.1 콘크리트 압축강도

시험횟수	강도 (MPa)		
1	25.2	26.8	27.4
2	28.6	27.5	27.8
3	24.5	24.9	29.4
4	26.8	29.8	26.4
5	26.8	26.4	24.9

2.3 고강도 콘크리트와 고강도 철근의 특성을 설명하라.

2.4 쪼갬인장강도와 휨인장강도의 차이에 대하여 설명하고, 쪼갬인장강도와 휨인장강도가 발생하는 부재의 위치를 각각 2곳 이상 열거하라.

2.5 콘크리트의 인장경화효과에 대하여 설명하라.

2.6 단면이 400 mm×400 mm이며 길이가 3 m인 철근콘크리트 기둥 부재가 건조수축에 의하여 균열이 발생하지 않기 위하여 허용 가능한 철근의 양을 계산하라. 또한 이 경우에 철근이 받는 압축응력을 계산하라.
이 기둥은 다른 부재로 구속되어 있지 않으며, 부재축방향 철근만이 콘크리트의 수축을 억제한다. 외적 구속이 없는 무근콘크리트의 건조 수축변형률은 $\varepsilon_{sh-t} = 0.0009$이며 콘크리트의 압축강도는 24 MPa, 인장강도는 3 MPa이다.

2.7 단면이 500 mm×500 mm이며 길이가 3 m인 철근콘크리트 기둥에 12-D25 철근이 배근되어 있다. 콘크리트 타설 1년 경과 후의 전체 변형률(탄성변형률과 크리프변형률)을 계산하라. 콘크리트의 압축강도 $f_{ck} = 24$ MPa, 재령 28일부터 콘크리트가 받는 응력 $f_c(t') = 0.55 f_{ck}$, 부재가 놓인 위치에서의 평균 상대습도는 72.2%, 1종시멘트를 사용하며 7일 동안 습윤 양생. 양생 온도와 지속되는 기간의 평균 온도는 18℃, 콘크리트 재하는 타설 후 28일에 한다.

2.8 [연습문제 2.7]과 동일한 조건에서 콘크리트 타설 1년 경과 후의 건조수축변형률을 계산하라. 콘크리트가 외기 중에 노출되었을 때의 재령(t_s)은 7일이다.

Chapter

03

구조설계법과 하중

3.1 일반 사항
3.2 구조설계의 순서
3.3 구조설계법의 종류
3.4 철근콘크리트 구조물의 구조설계법
3.5 하중의 종류

3.1 일반 사항

건설 구조물의 구조설계는 안전성과 사용성 그리고 경제성의 관점에서 이루어진다. 구조적으로 좋은 구조물이란 위의 세 가지 조건을 균형 있게 만족시키는 구조물이라 할 수 있다.

안전성

구조물의 안전성은 구조계획상 가장 중요한 항목이다. 구조설계자는 다양한 종류의 하중을 받는 구조물이 내부적으로 외력에 충분히 저항할 수 있도록 설계해야 하며, 외부 하중에 대하여 구조적으로 안전한지에 대한 검토를 우선적으로 실시해야 한다.

구조물에 작용하는 중력하중은 크게 구별하여 재료자체의 자중에 의한 고정하중과 사용 목적에 의하여 작용하는 활하중으로 구별할 수 있다. 중력하중은 건물의 수직방향으로 작용하므로 구조설계자는 수직하중에 대한 구조물의 안전성을 먼저 검토해야 한다.

구조물은 사용기간 중에 우발적으로 작용하는 지진이나 바람 등과 같은 하중에 대해서 일정 값 이상의 구조안전성을 확보할 수 있도록 설계되어야 한다. 구조물의 구조안전성은 구조물의 종류와 중요성, 하중의 규모와 발생빈도 등에 따라 달라질 수 있지만 어떤 경우에도 인명 피해가 발생하지 않도록 설계되어야 한다는 것이 최소 요구조건이라 할 수 있다. 예를 들면, 학교나 병원과 같이 많은 사람이 이용하고 또한 재해가 발생했을 때 피해자나 부상자의 수용 장소가 될 가능성이 있는 구조물의 경우에는 대형 지진이나 태풍에 대해서도 충분히 견딜 수 있도록 큰 구조안전성을 갖도록 설계해야 하지만, 창고와 같이 거주자가 거의 없는 구조물의 경우에는 낮은 구조안전성을 갖도록 설계하여 발생빈도가 극히 적은 대지진에 대해서까지 견딜 수 있도록 구조물을 설계할 필요는 없다. 이와 같이 구조안전성이 낮은 구조물에 대해서는 경제성을 고려하여 인명피해가 발생하지 않는 범위에서 구조물의 부분적인 파괴까지 허용하여 설계할 수 있다.

설계자는 지진이나 바람 이외에 가스 폭발이나 자동차, 또는 항공기의 충돌 등과 같이 구조물의 사용기간 중에 반드시 일어날 거라고 단정 지을 수 없는 우발하중에 대한 고려도 필요하다. 처음부터 우발하중의 크기를 예상해서 구조설계를 할 필요는 없지만, 구조시스템을 계획할 때에 우발하중에 의한 손상이 구조물의 일부 구간에서만 발생하도록 계획하고, 구조물 전체의 붕괴를 방지할 수 있도록 설계해야 하다. 또한, 화재가 발생했을 때 거주자가 시간적으로 충분한 여유를 갖고 피난할 수 있도록 설계해야 하고, 화재에 의해 인접한 다른 구조물에 위험을 초래하지 않도록 방화 성능과 내화 성능을 갖추도록 설계해야 한다.

사용성

구조물의 성능은 구조물의 종류와 주변 환경에 따라서 그 요구 내용이 달라진다. 구조물의 사용성(serviceability)이란 구조물에 발생하는 변형이나 진동 등에 의해 구조물이 그 기능을 유지하는 상태를 말하며, 사용성은 구조물의 성능과 밀접한 관계가 있다. 철근콘크리트 구조에는 균열이 발생하기 쉬우며, 균열을 통하여 유입되는 불순물에 의하여 철근이 부식되거나 구조물의 내력이 감소할 수 있다. 그러므로 균열폭을 일정 범위로 제한하여 사용성을 확보해야 한다. 또한 일상적인 사용 상태에서 반복하중을 받는 구조물은 피로(fatigue)파괴가 발생하지 않도록 설계해야 하고, 진동, 소음, 처짐 등으로 거주자가 사용상에 불편을 느끼지 않도록 설계해야 한다.

경제성

구조설계에 있어서 경제성은 중요한 항목이다. 구조물에 드는 경비에는 설계비용을 포함한 건설비, 유지관리비, 화재나 지진 등에 대비한 보험료, 피해를 입었을 때 들어가는 보수비, 철거비 등이 있다. 이들 종합 경비를 가능하면 적게 하는 것도 구조설계상의 중요한 항목 가운데 하나다. 위의 여러 경비 가운데서 비용이 가장 많이 들어가는 것은 건설비이다. 건설비는 구조설계의 [안전성] 및 [사용성]과 밀접한 관련이 있으며, 일반적으로 구조안전성이 높을수록 건설비가 상승한다. 그러나 건설비가 높은 구조물은 유지비, 보험료, 재해시의 보수비 등의 경비가 낮아지기 때문에 구조물의 전 사용기간에 사용되는 전체 경비를 고려하여 경제성을 평가해야 한다. 특히, 설계자는 구조물의 중요도와 사용 목적 등을 고려하여 합리적인 구조안전성과 사용성을 갖도록 구조물을 설계하여 경제성을 향상시켜야 한다.

3.2 구조설계의 순서

구조설계는 [그림 3.1]과 같이 3단계로 구분할 수 있다. 구조물의 구조 형태를 선정한 후에 재료와 부재의 크기를 가정하고, 부재력과 내력을 계산하여 구조도면과 구조계산서를 작성한다. 구조설계의 순서를 구체적으로 살펴보면 다음과 같다.

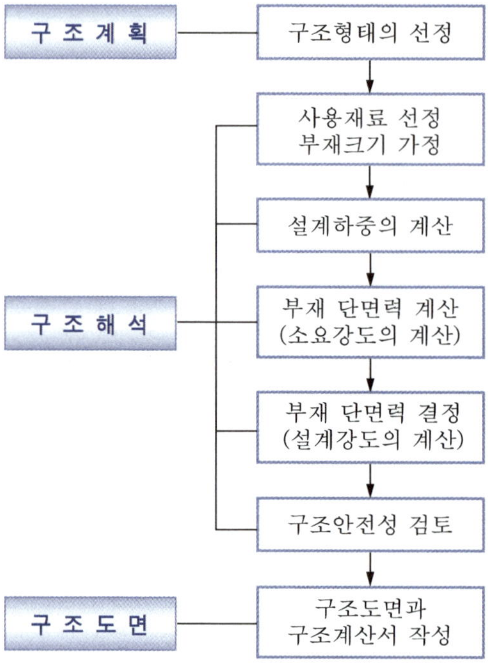

그림 3.1 구조설계의 순서

구조계획

구조계획이란 구조물의 구조형태를 결정하는 것을 말한다. 구조계획은 구조물의 성능이나 경제성과 깊은 관계가 있다. 구조설계자는 구조물의 평면계획과 입지조건 및 건설예산 등을 반영하여 가장 적합한 구조형태(모멘트골조, 벽식구조, 무량판구조, 아웃리거 등)를 결정해야 한다. 또한 기둥 및 보의 간격과 층고 등과 같이 구조물의 크기를 정하고, 기초의 종류(독립기초, 복합기초, 연속기초, 온통기초, 말뚝기초 등)를 결정해야 한다.

구조해석

구조설계의 제2단계인 구조해석 단계는 5단계로 구분할 수 있다.

① 1단계에서는 사용재료(철근콘크리트, 강재, 벽돌 등)를 결정하고 재료의 강도 및 부재의 단면크기를 가정해야 한다. 효율적으로 구조해석하기 위해서는 가장 합리적으로 재료 강도와 부재의 단면크기를 가정해야 하지만 경험이 부족한 구조기술자가 처음부터 최적의 값을 가정하기는 쉽지 않다. 이러한 경우에는 먼저 재료의 강도와 부재의 크기를 가정하고, 가정된 값을 구조안전성 검토 후에 수정해야 한다.

② 2단계에서는 부재의 단면크기를 가정한 후에 각 부재에 작용하는 설계하중을 계산한다. 구조설계자는 구조물의 높이와 형상 및 위치 등에 따라서 설계하중이 달라질 수 있으며, 이와 같은 설계하중은 구조해석결과에 큰 영향을 미친다는 것을 명심하고, 구조물에 작용하는 모든 하중 조건을 고려하여 설계하중을 계산해야 한다.

③ 3단계에서는 설계하중이 정해진 후에 각 부재가 받는 부재의 단면력(휨모멘트, 비틀림모멘트, 전단력, 축방향력 등)을 각 종 해석법(모멘트분배법, 응력법, 변위법 등)을 이용하여 계산해야 한다. 최근에는 상용 프로그램을 이용하여 부재력을 계산하는 경우가 많다.

④ 4단계에서는 계산된 부재 단면력(소요강도, 요구되는 강도)을 1단계에서 가정한 단면크기에 의한 부재 내력(설계강도)과 비교·검토한다. 소요강도(요구되는 강도)는 설계강도(내력)보다 작아야 하며 허용응력설계법, 강도설계법, 한계상태설계법 등의 설계법을 이용하여 두 강도를 비교, 검토해야 한다.

⑤ 5단계에서는 구조안전성을 검토한다. 구조안전성은 사용한계, 극한한계, 우발한계 등을 고려하여 이루어지며, 4단계에서 계산된 소요강도가 설계강도보다 큰 경우에는 1단계에서 가정된 재료의 강도 또는 부재의 크기를 조설해야 한다. 또한, 상노에 대한 검토와 함께 처짐과 균열 및 진동과 같은 사용성에 대한 검토가 이루어지고 철근의 배근 방법이 결정된다.

구조도면

구조계획과 구조해석이 이루어진 후에는 최종적으로는 구조계산서나 구조도면을 작성하여 구조설계작업을 마무리 한다.

3.3 구조설계법의 종류

구조설계법에는 구조안전성의 확보, 구조 요구성능에 적합한 재료의 선택, 구조부재 및 구조시스템의 설계와 검증을 위하여 필요한 기본개념이 포함되어 있다. 철근콘크리트 구조물의 구조설계는 1980년 중반까지는 재료의 탄성범위에 근거한 허용응력설계법이 주로 사용되었지만, 현재는 강도설계법과 허용응력설계법을 포함하는 한계상태설계법이 주로 사용되고 있다.

3.3.1 우리나라 철근콘크리트 구조기준의 변화

우리나라 철근콘크리트 구조물의 구조설계기준은 해외 기준을 참조하여 건축 분야와 토목 분야에서 각각 제정되었다. 토목 분야의 경우 1962년 대한토목학회에서 구조설계와 시공기술을 모두 포함한 [콘크리트표준시방서]를 제정하였다. 이 시방서의 철근콘크리트구조설계는 허용응력설계법을 기반으로 하였으며, 이 기준은 1968년, 1977년, 1983년, 1988년, 1996년에 개정되었다. 강도설계법은 1968년 개정판에서 부록으로 수록되었다가, 1983년 개정에서 주 설계법으로 채택되었다.

건축 분야에서는 1972년 대한건축학회에서 허용응력설계법에 의한 [철근콘크리트구조계산 규준]을 제정하였다. 이 규준은 1975년, 1977년 보완된 후에 1982년, 2000년 개정되었다. 대한건축학회는 강도설계법에 의한 [극한강도설계법에 의한 철근콘크리트 구조계산 규준 및 해설]을 1988년 제정하였으며 이 기준은 [건축구조기준]으로 발전하였다.

한편 1989년 한국콘크리트학회가 설립된 이후에 건축 분야와 토목 분야에서 철근콘크리트 구조설계기준을 통합하여 [콘크리트구조설계기준]을 1999년에 제정하였다. 1999년에 제정된 [콘크리트구조설계기준]은 2003년, 2007년, 2012년([콘크리트구조기준]으로 명칭 변경), 2017년([콘크리트구조 학회기준]으로 명칭 변경) 개정되었으며 이 기간 동안 국내의 연구 기술이 우리 기준에 다수 반영되었다. 또한 우리나라 KDS 14 20 국가건설기준-2022에서는 콘크리트구조 학회기준(2017)을 국가기준으로 반영하였다. 우리나라 철근콘크리트 구조기준의 주요 변경 내용을 정리하면 [표 3.1]과 같다.

3.3.2 허용응력설계법(allowable stress design method)

허용응력설계법은 재료의 역학적 특성을 완전한 탄성체 특성으로 가정하고 응력계산과 단면계산에 선형이론을 적용하여 부재내력을 계산하는 설계법이다. 계산된 재료응력은 구조안전성과 사용성을 고려하여 결정된 허용응력 이하가 되어야 한다. 이 방법은 오래 전부터 쓰여 온 구조설계법으로 1980년대 중반까지 미국과 우리나라의 철근콘크리트 구조설계기준에 적용되었지만 현재는 사용성에 대한 설계에서만 적용되고 있다.

철근콘크리트 구조는 철근과 콘크리트라는 성질이 서로 다른 소재를 조합한 복합구조이고, 콘크리트의 응력 - 변형률 곡선은 비선형이기 때문에 이론적 해석이 어렵다. 허용응력설계법에서는 이러한 문제를 해결하기 위하여 철근과 콘크리트를 완전한 탄성체로 가정하고, 철근과 콘크리트의 탄성계수비의 개념을 이용하여 해석을 간략화하였다.

표 3.1 우리나라 철근콘크리트 구조설계기준의 주요 변경(이재훈 등(2018)의 기사 요약)

년도	건축 분야	토목 분야	주요 내용
1962		콘크리트표준시방서(제정)	대한토목학회 허용응력설계법, 설계편과 시공편으로 구분
1968		콘크리트표준시방서(개정)	대한토목학회 허용응력설계법(주설계법), 강도설계법(부록)
1972	철근콘크리트 구조계산 규준(제정)		대한건축학회, 허용응력설계법
1975	철근콘크리트 구조계산 규준(보완)		대한건축학회, 허용응력설계법
1977		콘크리트표준시방서(개정)	대한토목학회, 허용응력설계법
1982	철근콘크리트 구조계산 규준(개정)*		대한건축학회, 허용응력설계법
1983		콘크리트표준시방서(개정)	대한토목학회 강도설계법(주설계법), 허용응력설계법(부록)
1988	극한강도설계법에 의한 철근콘크리트 구조계산 규준(제정)		대한건축학회, 강도설계법(주설계법)
1988		콘크리트표준시방서(개정)	대한토목학회 하중계수, 하중조합, 강도계수 보완
1992	건축구조기준		대한건축학회, 강도설계법
1994	건축구조기준(개정)**		대한건축학회, 강도설계법
1996		콘크리트표준시방서(개정)	대한토목학회 하중계수, 하중조합, 강도계수 보완
1999	콘크리트구조설계기준(제정)		한국콘크리트학회, ACI 318 기준 참조 건축과 토목 분야에서 콘크리트 기준 통합
2003	콘크리트표준시방서(제정) 콘크리트구조기준(개정)		한국콘크리트학회, SI기준으로 변경
2007	콘크리트구조설계기준(개정)		한국콘크리트학회, 국내 기술 반영
2012	콘크리트구조기준(개정)		한국콘크리트학회 콘크리트구조기준으로 명칭 변경, 고강도 철근 사용, 2방향전단 등 개정
2017	콘크리트구조 학회기준(개정)		한국콘크리트학회. 콘크리트구조 학회기준으로 명칭 변경, 포물선-직선형 응력분포 등 개정
2021	KDS(Korea Design Standard, 국가선설기준)		콘크리트구조 학회기준(2017)을 KDS로 재댁

* 2000년에 '허용응력설계법에 의한 철근콘크리트 구조계산기준 및 해설'로 개정됨.

** 건축구조기준은 2009년, 2016년 개정되었으며 콘크리트구조설계는 콘크리트구조기준에 근거함.

허용응력은 장기적으로 작용하는 하중에 대해서는 [그림 3.2]와 같이 콘크리트 허용압축응력을 콘크리트 28일 압축강도(f_{ck})의 약 1/3, 철근의 허용인장응력을 항복강도(f_y)의 약 2/3로 한다. 또한 지진이나 바람 등과 같이 단기하중에 대해서는 콘크리트 허용압축응력을 압축강도의 약 2/3, 철근의 허용인장응력을 항복강도로 하는 것이 일반적이다.

허용응력설계법은 선형이론을 적용하기 때문에 해석이 비교적 용이하다는 이점이 있지만, 비합리적 개념을 많이 포함하고 있다. 허용응력설계법의 특성과 문제점을 정리하면 다음과 같다.

① 콘크리트와 철근의 역학적 특성을 완전탄성으로 가정하고 응력 - 변형률 곡선 중에서 후크(Hooke)의 법칙이 성립하는 구간만을 설계에 반영한다([그림 3.2]의 음영 부분). 그러나 콘크리트는 [그림 3.2]와 같이 응력과 변형률이 비선형적 관계를 갖고 있다. 또한 낮은 하중에서 균열이 발생하며, 크리프와 건조수축의 영향 때문에 후크의 법칙을 적용하는 $f_{ck}/3$ 이하에서도 완전하게 탄성거동을 하지 않는다.

② 철근과 콘크리트는 완전하게 부착되어 있다고 가정한다. 그러나 콘크리트에 균열이 발생하고 부재의 변형이 커진 이후에 두 재료는 완전하게 부착되지 않는다.

③ 재료(콘크리트와 보강근)에만 안전율이 적용된다. 재료에만 안전율을 적용할 경우에 하중의 종류(고정하중, 활하중, 지진하중, 풍하중, 적설하중 등)가 다르게 작용하는 부재에 일정한 안전율이 적용되므로 각 하중에 적합한 안전율을 설정할 수 없고, 비경제적인 설계가 되기 쉽다.

④ 재료의 일부 응력을 사용하여 설계한다. 따라서 구조부재의 극한상태의 파괴강도를 정확하게 파악하기 어렵다. 최근 내진설계에 적용되는 성능설계의 경우 각각의 부재에 대한 정확한 내력 평가가 기본이 되어야 하지만 허용응력설계법의 경우는 부재의 내력을 정확하게 평가할 수 없으므로 적용하기가 어렵다.

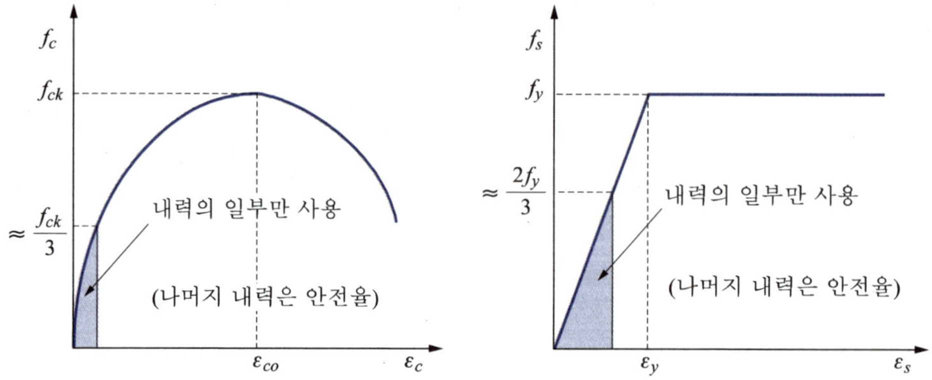

(a) 콘크리트의 응력 – 변형률 곡선 (b) 철근의 응력 – 변형률 곡선

그림 3.2 허용응력설계법과 재료의 응력 – 변형률 곡선 (장기 하중)

부재의 변형, 균열, 처짐, 진동 등과 같은 구조물의 사용성 한계는 후크의 법칙이 성립하는 재료의 초기응력상태와 밀접한 관계가 있으므로 현재 사용되고 있는 철근콘크리트 구조설계기준의 사용성 평가에 허용응력설계법이 사용되고 있다.

3.3.3 강도설계법(ultimate strength design method)

강도설계법은 허용응력설계법과 다르게 재료의 내력을 최대한 사용하는 설계법이다. 강도설계법에서는 [그림 3.3]의 음영부분으로 표시된 재료의 최대 응력을 설계에 반영한다. 허용응력설계에서는 재료강도의 일부분만을 사용하고 나머지 강도를 이용하여 안전율을 확보하지만, 강도설계법에서는 재료의 강도를 최대한 활용하면서 강도와 외력에 두 개의 안전율을 별도로 적용한다. 식(3.1)은 강도설계법의 기본 개념으로 내력과 외력에 각각 강도감소계수(ϕ, strength reduction factor)와 하중계수(α_i, load factor)를 곱하여, 강도감소계수를 고려한 내부 지항력(ϕR_n)이 하중계수를 고려한 외부 하중($\alpha_i Q_i$) 이상이 되도록 하고 있다.

$$\phi R_n \geq \alpha_i Q_i \tag{3.1}$$

여기서, ϕ : 강도감소계수($\phi \leq 1.0$), α_i : 하중계수($\alpha_i \geq 1.0$), R_n : 공칭내력(nominal strength), Q_i : 외부 하중, i : 고정하중, 활하중, 풍하중, 지진하중, 시간에 따른 하중 등과 같은 여러 하중의 종류를 나타낸다.

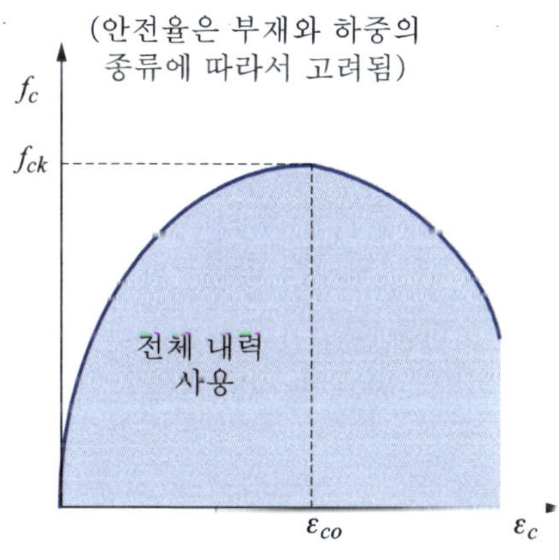

(a) 콘크리트의 응력 – 변형률 곡선

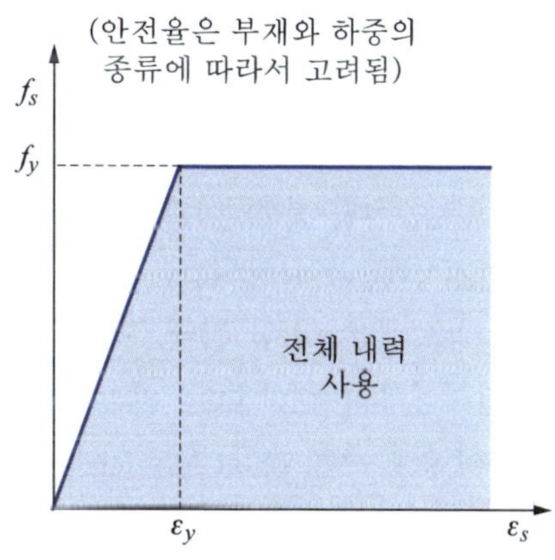

(b) 철근의 응력 – 변형률 곡선

그림 3.3 강도설계법과 재료의 응력 – 변형률 곡선

강도설계법은 철근콘크리트 구조설계기준의 전반에 적용되고 있으며, 강도설계법의 특성과 문제점을 정리하면 다음과 같다.

① 콘크리트와 철근의 전체 내력을 설계에 반영하므로 허용응력설계법에 비하여 경제적인 설계법이라 할 수 있다.
② 철근콘크리트 부재는 힘의 종류에 따라서 연성률을 포함한 파괴의 양상이 달라지며, 외력(하중)도 종류에 따라서 예측 가능 신뢰도가 달라질 수 있다. 강도설계법은 힘과 하중의 특성을 고려하고 부재와 하중의 종류에 따라서 식(3.1)과 같이 별개의 안전율을 적용하여 이들의 특성을 설계에 합리적으로 반영할 수 있다.
③ 강도설계법의 경우도 부재의 단면력을 구하는 응력계산은 탄성해석에 의한 경우가 많고, 소성변형을 고려하여 단면력을 구하는 경우는 드물다. 또한, 하중계수는 경험적으로 그 값을 결정하는 경우가 많아, 각국의 설계기준에 따라서 강도감소계수(ϕ)와 하중계수(α_i) 값이 다르다.

3.3.4 한계상태설계법(limit state design method)

한계상태설계법은 구조물 또는 부재가 건물의 사용기간 중에 발생할 수 있는 모든 한계상태를 고려한 후에 문제의 발생가능성을 일정 한계 이하로 두어 적절한 안전성을 확보하는 설계법이다. 여기에서 말하는 일정 한계는 구조안전성 이외에 초기 건설비, 유지비, 구조물의 기능이 손상되었을 때의 보수비 등의 총 경비도 감안하여 결정된다. 한계상태설계법은 다음과 같이 3가지 조건에 대한 한계를 정하고 있다.

① **극한한계상태(ultimate limit state)** : 구조물의 전체 또는 부분이 붕괴되어 하중 지지 능력을 잃는 상태. 전도, 미끄러짐, 휨인장파괴, 구조체의 불안정 등.
② **사용한계상태(serviceability limit state)** : 구조물이 붕괴되지는 않았으나 구조기능의 감소로 사용에 부적합한 상태. 과다 처짐, 과다 균열, 진동 등.
③ **특수한계상태(special limit state)** : 화재, 폭발, 테러와 같은 특수한 상태에서 발생할 수 있는 하중에 의한 손상 또는 파괴의 한계상태.

허용응력법과 강도설계법은 구조안전성과 밀접한 관계가 있는 허용응력의 크기와 하중계수를 경험적으로 채택하였다. 이에 반해 한계상태설계법은 사용재료의 품질과 시공정밀도의 차이 및 하중의 차이 등을 고려하여 확률론에 기초하여 구조물의 안전성을 결정한다. 실제 구조물의 경우, 사용재료의 품질과 시공정도에서 어느 정도의 차이는 불가피하기 때문에 구조물과 부재의 내력을 추정할 때는 각각의 차이에 대한 영향을 고려한 확률을 이용할 필요가 있다. 구조물에 작용하는 하중에 대해서도 작용하는 하중의 크기, 발생빈도 등의 확률을 이용할 필요가 있다.

2012년 유럽연합 Eurocode 2의 한계상태설계법에 기반을 둔 도로교설계기준이 제정되었다. Eurocode 2의 한계상태설계법은 설계법의 기본 해석과 안전계수 측면에서 KDS(국가건설기준)의 한계상태설계법과 차이가 있다. KDS(국가건설기준)에서는 하중계수와 부재 안전계수(강도감수계수)를 이용하여 설계하지만, Eurocode 2의 한계상태설계법에서는 하중계수와 철근과 콘크리트의 재료 안전계수(부분안전계수)를 이용하여 설계하며 KDS(국가건설기준)보다 다양한 한계상태를 두고 있다.

3.4 철근콘크리트 구조물의 구조설계법

3.4.1 설계 개념

앞 절에서 3가지 철근콘크리트 구조설계법을 소개하였다. 소개된 3가지 구조설계법 중에서 현재 우리나라 철근콘크리트 구조설계기준에서는 철근콘크리트 구조물의 한계를 극한한계와 사용한계로 구별한 후에 극한한계에 대해서는 소성이론에 근거한 강도설계법에 의하여 설계하며, 사용한계에 대해서는 재료를 완전탄성으로 가정한 허용응력설계에 근거하여 설계한다.

[그림 3.4]의 구조물에 작용하는 설계하중에 대하여 구조부재가 파괴됨이 없이 그 하중을 지지할 수 있도록 부재의 단면과 보강방법을 정해야 한다.

$$설계강도(\phi R_n) \geqq 계수강도(U) \tag{3.2}$$

식(3.2)에서 계수강도(U, 소요강도)는 외부에서 부재에 요구되는 하중으로 강도설계법에서는 하중효과($\alpha_i Q_i$)라 한다. 구조체에 작용하는 대표적인 하중에 대한 설계강도와 계수강도(소요강도, 하중효과)는 다음과 같다.

휨모멘트	$\phi M_n \geqq M_u$	(3.3a)
전단력	$\phi V_n \geqq V_u$	(3.3b)
축하중	$\phi P_n \geqq P_u$	(3.3c)
비틀림모멘트	$\phi T_n \geqq T_u$	(3.3d)

여기서, n : 공칭강도(휨모멘트, 전단력, 축하중, 비틀림모멘트 등), u : 하중계수를 고려한 휨모멘트, 전단력, 축하중, 비틀림모멘트 등의 계수강도(소요강도)를 나타낸다.

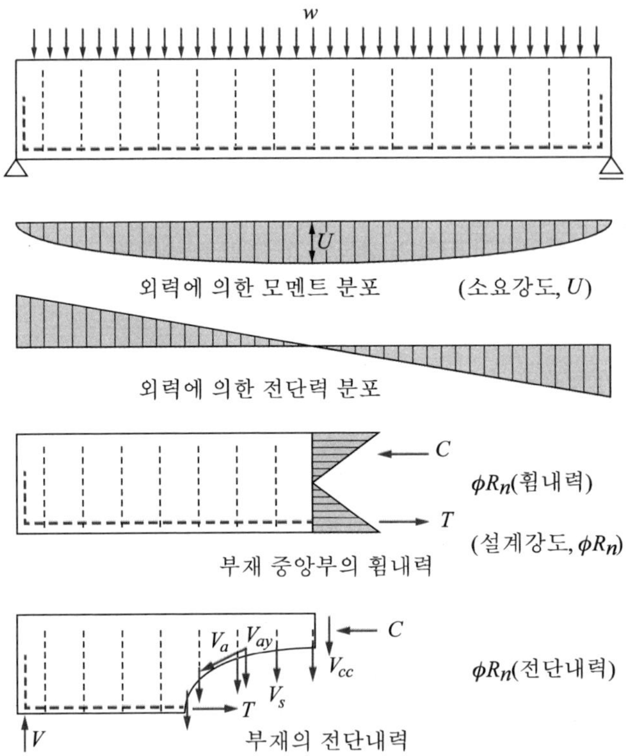

그림 3.4 외부 하중과 내부 저항력

강도감소계수(ϕ)

식(3.2)의 공칭강도(R_n)는 구조체가 이상적인 상태에서 이론적으로 계산되는 강도를 의미한다. 실제 구조체가 건설될 때에는 시공솜씨, 재료의 불균일성, 단면치수의 부족 등으로 이상적인 상태에서의 시공이 어려워 계획한 강도보다 낮을 가능성이 높다. 따라서 실제 구조설계에서는 다음과 같은 네 가지 이유에 근거하여 강도감소계수(ϕ)를 "1" 이하의 값으로 정한다.

① 재료강도와 부재치수의 변동 가능성
② 부정확한 설계 방정식에 대한 여유 확보
③ 주어진 하중 조건에 대한 부재의 연성능력과 신뢰도
④ 구조물에서 부재가 차지하는 부재의 중요도

KDS 14 20 국가건설기준-2022에서 규정하는 강도감소계수는 [표 3.2]와 같다.

표 3.2 강도감소계수

하중의 종류	세부 조건	강도감소계수
인장지배단면([그림 5.2] 참조)	-	0.85
변화구간단면([그림 5.2] 참조)	나선철근부재	$0.70+\dfrac{0.85-0.70}{0.005-\varepsilon_y}(\varepsilon_t-\varepsilon_y)$
	그 외의 철근콘크리트 부재	$0.65+\dfrac{0.85-0.65}{0.005-\varepsilon_y}(\varepsilon_t-\varepsilon_y)$
압축지배단면([그림 5.2] 참조)	나선철근부재	0.70
	그 외의 철근콘크리트 부재	0.65
전단력과 비틀림	-	0.75
콘크리트의 지압력(포스트텐션 정착부, 스트럿-타이 모델 제외)	-	0.65
포스트텐션 정착영역	-	0.85
스트럿-타이 모델(스트럿, 타이, 절점부 및 지압부)	-	0.75
긴장재 묻힘길이가 정착길이보다 작은 프리텐션 부재의 휨단면	부재의 단부에서 전달길이 단부까지	0.75
	전달길이 단부에서 정착길이 단부 사이	0.75에서 0.85까지 선형적으로 증가
무근콘크리트의 휨모멘트, 압축력, 전단력, 지압력	-	0.55

ε_y : 철근의 항복변형률, ε_t : 최외단 인장철근의 순인장변형률

하중계수(α)

식(3.2)의 하중효과(Q_i)는 통계학과 신뢰성에 근거하여 제시된 값으로 하중이 변경되거나, 구조해석시의 가정과 계산의 단순화로 실제 하중을 초과할 수 있다. 따라서 KDS 14 20 국가건설기준-2022에서는 하중계수(α)를 곱하여 다음과 같이 계수강도(U)를 계산한다.

① $U=1.4(D+F)$ (3.4a)

② $U=1.2(D+F+T)+1.6(L+\alpha_H H_v+H_h)+0.5(L_r \text{ 또는 } S \text{ 또는 } R)$ (3.4b)

③ $U=1.2D+1.6(L_r \text{ 또는 } S \text{ 또는 } R)+(1.0L \text{ 또는 } 0.65W)$ (3.4c)

④ $U=1.2D+1.3W+1.0L+0.5(L_r \text{ 또는 } S \text{ 또는 } R)$ (3.4d)

⑤ $U=1.2(D+H_v)+1.0E+1.0L+0.2S+(1.0H_h \text{ 또는 } 0.5H_h)$ (3.4e)

⑥ $U=1.2(D+R+T)+1.6(L+\alpha_H H_v)+0.8H_h+0.5(L_r \text{ 또는 } S \text{ 또는 } R)$ (3.4f)

⑦ $U=0.9(D+H_v)+1.3W+(1.6H_h \text{ 또는 } 0.8H_h)$ (3.4g)

⑧ $U=0.9(D+H_v)+1.0E+(1.0H_h \text{ 또는 } 0.5H_h)$ (3.4h)

여기서, D : 고정하중, L : 활하중, L_r : 지붕활하중, F : 유체의 중량과 압력에 의한 하중, H_v : 흙, 지하수 또는 기타 재료의 자중에 의한 수직방향 하중, H_h : 흙, 지하수 또는 기타 재료의 횡압력에 의한 수평방향 하중, T : 온도, 크리프, 건조수축 및 부동침하의 영향 등에 의해서 생기는 하중, S : 적설하중, R : 강우하중, W : 풍하중, E : 지진하중이다.

α_H는 토피(土皮)의 두께에 따른 수직방향 하중 H_v에 대한 보정계수로 식(3.5a, b)에 의하여 계산한다.

$$h \leqq 2\,\mathrm{m}\text{에 대하여} \qquad \alpha_H = 1.0 \tag{3.5a}$$

$$h > 2\,\mathrm{m}\text{에 대하여} \qquad \alpha_H = 1.05 - 0.025h \geqq 0.875 \tag{3.5b}$$

여기서, h : 부재의 전체 두께이다.

식(3.4)를 이용하여 계수강도(U)를 계산할 때, 차고, 공공집회 장소 및 활하중(L)이 5.0 $\mathrm{kN/m^2}$ 이상인 모든 장소를 제외하고 식(3.4c), (3.4d) 및 (3.4e)의 활하중(L)에 대한 하중계수를 0.5로 감소시킬 수 있다. 식(3.4e)와 식(3.4h)에서 H_h의 하중계수가 1.0 또는 0.5로 되어 있는 것과 식(3.4g)에서 1.6 또는 0.8로 되어 있는 것은 두 경우를 모두 고려하여 안전측의 설계가 되도록 하기 위한 것이다.

구조물에 충격의 영향이 있을 때에는 활하중(L)을 충격효과(I)를 포함한 $(L+I)$로 대체하여 식(3.4)에 적용해야 한다.

3.4.2 구조 안전성

실제 구조물의 경우, 사용재료의 품질과 시공정도에 어느 정도 차이가 나는 것은 불가피하므로 구조물과 부재의 내력 및 작용하중을 계산할 때는 각각의 차이에 대한 영향을 고려한 확률론적 방법이 사용된다. 사용재료의 품질과 시공정도의 차이 및 하중에 대한 상세한 통계 자료를 준비하고, 이들 자료를 이용하여 구조물이 파괴될 확률을 계산하여 설계에 반영한다. 현행 KDS 14 20 국가건설기준의 하중계수와 강도감소계수는 확률을 기초로 한 신뢰성해석에 근거하여 결정되었다.

[그림 3.5]는 외부 하중(Q)과 내부 저항력(R)의 분포도를 나타낸다. 내력과 외력은 재료강도의 차이, 설계도면과 실제부재 단면크기의 차이 및 식의 단순화를 위한 가정에 따라 달라질 수 있다. 그림에서 음영 부분은 외력이 내력을 초과하는 부분으로 이러한 상황에 놓인 구조물은 파괴될 수 있다. 이와 같은 파괴가능 영역(음영 부분)을 식(3.6)의 안전지수 β에 의하여 계산할 수 있다. 안전지수 β는 구조물에 발생할 수 있는 부재내력의 다양성과 과대 하중의 가능성을 고려하여 구조물에 작용하는 설계강도와 계수강도의 차이를 나타낸다.

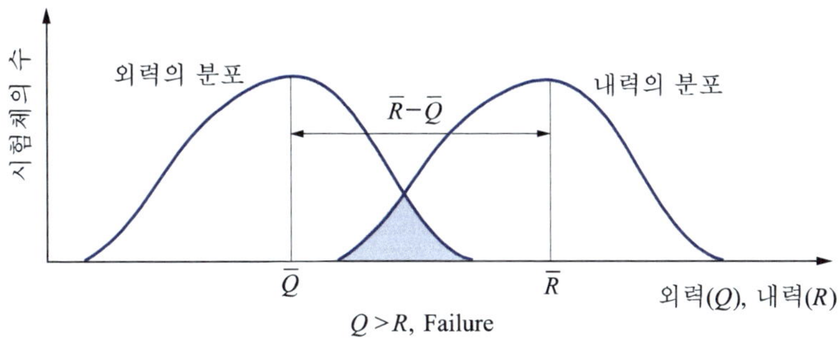

그림 3.5 외부 하중과 내부 저항력의 분포

$$\beta = \frac{\bar{R} - \bar{Q}}{\sqrt{f_R^{\ 2} + f_Q^{\ 2}}} \tag{3.6}$$

여기서, $\bar{R}$: 부재내력의 평균값, $\bar{Q}$: 실제하중의 평균값, f_R : 부재내력의 표준편차, f_Q : 실제하중의 표준편차이다.

식(3.6)에서 부재의 파괴가능성은 부재내력의 평균값($\bar{R}$)과 실제하중의 평균값($\bar{Q}$)의 차이가 증가하면 감소한다. 또한, 부재내력과 실제하중의 표준편차가 증가(변동계수가 감소)함에 따라 증가한다.

MecGregor(1976)에 의하면 안전지수(β)의 변화에 의하여 구조물이 파괴될 가능성은 [표 3.3]과 같으며, β가 3 이상일 때는 식(3.7)에 의하여 파괴가능성(P_f)의 근사값을 구할 수 있다.

표 3.3 파괴가능성(MecGregor, 1976)

β	파괴가능성, P_f
1.00	0.1587
1.28	0.1
1.64	0.05
2.00	0.0227
2.32	0.01
3.00	1.35×10^{-3}
3.10	1.0×10^{-3}
3.50	1.1×10^{-4}
4.00	3.2×10^{-5}
4.50	3.0×10^{-6}

$$P_f = 460e^{-0.43\beta} \tag{3.7}$$

MecGregor는 안전지수(β)를 식(3.1)의 강도감소계수(ϕ)와 하중계수(α_i)에 대하여 식(3.8)과 식(3.9)의 관계로 나타내었다.

$$\phi = \gamma_R e^{-\beta\lambda V_R} \tag{3.8}$$

$$\alpha = \gamma_Q e^{\beta\lambda V_Q} \tag{3.9}$$

여기서, γ_R : 강도의 평균값을 강도로 나눈 값, $\gamma_R = \overline{R}/R$,

γ : 분리 함수($\gamma = 0.707 \sim 1.0$),

V_R : 강도의 표준편차를 강도의 평균값으로 나눈 값, $V_R = f_R / \overline{R}$,

γ_Q : 하중의 평균값을 하중으로 나눈 값, $\gamma_Q = \overline{Q}/Q$,

V_Q : 하중의 표준편차를 강도의 평균값으로 나눈 값, $V_Q = f_Q / \overline{Q}$.

한편, Rusch 등의 조사에 의하면 다양한 활동에 의하여 한 개인이 연간 사망할 가능성은 다음과 같다.

자동차 경주 : 5×10^{-4}

등산 : 5×10^{-3}

광산에서의 일 : 7×10^{-4}

수영 : 1×10^{-4}

건물 붕괴 : 1×10^{-5}

따라서 건물수명을 약 30년으로 가정했을 경우, 건물붕괴에 의한 사망가능성은 3×10^{-4}이 되며, 이 값은 안전지수(β)가 3.45인 경우에 해당한다. 구조설계기준에서 사용되고 있는 강도감소계수(ϕ)와 하중계수(α_i)는 안전지수(β)와 밀접한 관계가 있다. 구조설계기준에서는 연성파괴를 일으킬 수 있는 하중에 대한 α_i와 ϕ_i의 값을 $\beta \approx 3 \sim 3.5$로 하여 산정하였다. 따라서 구조설계기준을 충실하게 준수하여 설계된 구조물이 극한 한계상태에 도달하여 파괴될 가능성은 약 1/100,000이 된다.

3.5 하중의 종류

건물에 작용하는 하중은 작용 원인에 따라서, 고정하중, 활하중, 풍하중, 지진하중, 적설하중, 강우하중, 토압 등과 같이 다양한 종류로 분류된다. KDS(국가건설기준)은 이와 같은 하중에 대한 조건을 상세하게 명시하고 있다. 3.5절에서는 대표적으로 작용하는 몇 가지 하중에 대한 내용을 요약하여 설명하고자 한다.

3.5.1 고정하중(dead load)

고정하중은 자중, 마감하중, 설비하중 등과 같이 건물의 존재 기간 중에 지속적으로 작용하며 이동하지 않는 고정된 하중을 말한다. 고정하중에는 구조체 자중 외에도 천장, 바닥 마감재료, 칸막이, 커튼월의 무게, 설비와 전기 시설에 의한 하중도 포함되며, 구조물에 작용하는 가장 기본적인 하중이다.

고정하중은 일반적으로 정적인 연직하중(중력하중)이며 불변하중이다. 고정하중은 설계하고자 하는 건축물의 실상에 맞게 적절하게 산정하는 것이 필요하며, KDS(국가건설기준)의 설계하중에서는 각 재료의 무게와 기본적인 마감 방법에 따라 달라지는 고정하중 값을 제시하고 있다([부표 2.1, 2.2, 2.3] 참조). 고정하중은 건축 재료의 밀도나 단위체적중량(혹은 단위면적중량)에 체적(혹은 면적)을 곱하여 산정한다. 정확한 마감상태나 구조부재의 크기가 정해지지 않은 상태에서 고정하중을 계산할 때에는 오차가 발생할 수 있다. 이러한 오차는 설계시의 요인과 시공시의 요인으로 구분된다. 설계시의 요인에는 밀도 값 등의 채용수치 설정값의 정밀도, 설계자의 계산 정밀도, 중량산출의 정밀도, 전산프로그램의 성능, 설정한 수치의 변동에 따른 불확정성 등이 있다. 시공 상의 요인에는 부재 길이, 높이, 면적 등 부재 수치의 오차, 사용된 재료의 밀도나 단위체적중량의 변동, 마감부재 상세의 변동, 시공할 때의 하중 증가 등이 있다.

3.5.2 활하중(live load)

활하중은 사용자, 기구, 저장품 등과 같이 건물을 사용할 때에 발생하는 하중을 말한다. 따라서 활하중은 구조물의 용도와 밀접하게 관련된 하중으로 구조물의 용도가 바뀌면 활하중도 변화할 수 있으며, 시간에 따라서도 변화할 수 있다. 활하중에 대한 구조물의 안전성을 확보하기 위해서는 시간에 따른 변화, 하중의 배치에 따른 변화, 화재와 같은 비상시의 변화 등을 고려하여 활하중을 규정해야 한다. 활하중은 등분포활하중과 집중활하중으로 구별할 수 있다.

등분포활하중은 일정한 면적 내에 고르게 작용하는 활하중을 말한다. 구조물의 용도에 따라서 다르게 적용되는 등분포활하중의 최솟값(기본 등분포활하중)은 [부표 2.4]와 같다. 다만 진동, 충격 등이 있어 기본 등분포활하중을 적용하기에 적합하지 않은 경우에는 구조물의 실제 상황에 맞추어 활하중의 크기를 증가시켜야 한다. 사무실 또는 유사한 용도의 건물에 가동성 경량칸막이 벽이 설치될 가능성이 있는 경우에는 칸막이벽 하중으로 최소한 1 kN/m^{2}을 기본 등분포활하중에 추가해야 한다. 다만 기본 활하중 값이 4 kN/m^2 이상일 경우에는 이를 제외할 수 있다.

집중활하중은 도서관의 서가나 주차장의 차량과 같이 건물에 집중적으로 작용하는 활하중을 말한다. 건축물의 용도별로 다르게 적용되는 최솟값(기본 집중활하중)은 [부표 2.5]와 같다. 집중활하중은 한 부재의 위치별 응력이 최대가 되는 곳에 적용해야 한다. 공장, 창고 건물의 지붕구조물의 하중을 계산할 때는 주요 구조부재 또는 트러스 하현재의 임의의 절점에 최소 10 kN의 집중하중을 고정하중에 추가하여 설계한다. 기타 용도의 지붕구조에는 최소 1 kN의 집중하중을 고정하중에 추가한다.

건물에 작용하는 활하중을 계산하기 위해서는 내부 적재물의 상태나 위치 등을 정확히 파악해야 한다. 설계 단계에서 전체 층에 작용하는 내부 적재물을 정확하게 파악하기가 어려우므로, 대부분의 설계에서는 바닥 전체면적에 일정하게 적재되어 있는 등분포하중을 사용한다. 하지만 실제로 가정한 등분포하중이 바닥 전체면적에 고르게 분포되는 경우는 드물다. 특히 고층건물의 전체 층의 바닥에 일정한 등분포하중이 작용할 확률은 매우 낮다. 만일 고층건물에 일정한 등분포하중이 작용한다고 가정하여 구조설계를 하면 하부 기둥이 받는 하중이 매우 커진다. 따라서 설계에서는 식(3.10)과 같이 영향면적에 따른 하중 감소계수(C)를 계산하고, 기둥, 기초, 큰 보 및 연속보의 영향면적이 36 m^{2}을 초과하는 경우에 기본 활하중 값에 이 값을 곱하여 활하중을 계산한다.

$$C = 0.3 + \frac{4.2}{\sqrt{A}} \tag{3.10}$$

여기서, C : 영향면적에 따른 감소계수, A : 영향면적(단, $A \geq 36\ \text{m}^2$)이다.

영향면적이란 연직하중 전달구조부재에 미치는 하중영향을 바닥면적으로 나타낸 것으로 기둥 또는 기초의 영향면적은 부하면적(구조부재가 분담하는 하중의 크기를 바닥면적으로 나타낸 것)의 4배, 큰 보 또는 작은 보의 경우에는 부하면적의 2배를 각각 적용한다. 상층부의 영향면적을 합한 누계영향면적으로 계산한다. 큰 보 또는 연속보의 경우에는 부하면적의 2배를 영향면적으로 한다. 그러나 활하중이 너무 감소되는 것을 방지하기 위하여 기둥 및 기초의 감소계수는 2층 이상의 건축물일 때는 0.4 이상, 단층 건물에서는 0.5 이상으로 해야 한다. 다만 활하중이 5 kN/m^2 이하인 공동집회 용도의 건물에 대해서는 활하중을 감소시킬 수 없다.

3.5.3 적설하중(snow load)

적설하중은 눈에 대한 하중으로 지붕의 최소 활하중보다 적설하중이 클 경우에 적설하중을 적용해야 한다. 지붕의 등분포 활하중의 최솟값은 1 kN/m^2 이상이기 때문에 다설(多雪) 지역이 아닌 경우 일반적으로 적설하중을 적용하지 않아도 된다. 적설하중은 장기간에 걸친 기상관측자료에 의하여 정해진 지상적설깊이 측정데이터를 활용하여 정한다.

적설하중은 지역, 건물의 규모, 지붕의 형상, 기온, 풍속, 풍향 등에 따라서 달라진다. 설계용 지붕적설하중은 지상적설하중의 기본값을 기준으로 하여 기본 지붕적설하중계수, 노출계수, 온도계수, 중요도계수 및 지붕의 형상계수와 기타 재하분포상태 등을 고려하여 산정한다. 지붕 적설하중의 기본값은 [부표 2.6]과 같이 재현기간 100년에 대한 지상 적설량의 수직 최소 깊이로부터 등가단위 적설중량평가식에 따라 추정하고 있다. 다만, 구조물의 용도 등에 따라서 재현기간 100년을 적용하지 않을 때는 소요 재현기간에 맞추어 환산한 지상적설하중 값을 사용할 수 있다.

적설하중은 지상적설하중, 평지붕적설하중, 경사지붕적설하중, 불균형적설하중, 국부적설하중으로 구분된다.

지상적설하중은 [부표 2.6]과 같이 재현기간 100년에 대한 지상적설량으로 지역적 기후와 지형에 따라서 달라진다. 우리나라의 최소 지상적설하중은 0.5 kN/m^{2}이며 최대 지상적설하중은 울릉도와 대관령지역으로 7 kN/m^{2}이다.

평지붕적설하중은 식(3.11)에 의하여 계산한다.

$$S_f = C_b \cdot C_e \cdot C_t \cdot I_s \cdot S_g \qquad (\mathrm{N/m^2}) \tag{3.11}$$

여기서, S_f : 평지붕적설하중이며 다음의 5가지 요인에 의하여 영향을 받는다.

① C_b는 기본 지붕적설하중계수이며 0.7을 일반적으로 사용한다.

② C_e는 노출계수이며 [부표 2.7]과 같이 주변 환경의 영향에 따라서 달라진다.

③ C_t는 온도계수이다.

④ I_s는 중요도계수이며 [부표 2.8]과 같이 건물의 중요도에 따라서 달라진다.

⑤ S_g는 [부표 2.6]에 표기된 재현기간 100년에 대한 지상적설량이다.

경사지붕적설하중은 식(3.11)에 지붕경사도계수(C_s)를 곱하여 계산한다.

3.5.4 풍하중(wind load)

풍하중은 바람에 대한 하중이다. 건축이나 토목 구조물의 바람에 의한 피해는 대부분 강풍(태풍, 계절풍, 전선풍, 돌풍, 선회풍 등)에 의해 발생한다. 따라서 풍하중은 기본적으로 강풍에 의한 피해를 방지하는데 목적이 있다. 구조물에 가해지는 바람의 세기가 증가하면 마감재가 파손되거나 심할 경우 구조물 자체가 전도될 수 있다.

풍하중은 등가정적 개념에서 구조물의 탄성거동을 전제로 하여 확률 통계적 수법에 의하여 정해진다. 풍하중은 구조골조용 풍하중, 지붕골조용 풍하중 및 외장재용 풍하중으로 구분하고 각각의 설계풍력, 설계풍압에 유효면적을 곱하여 산정한다. 설계풍력과 설계풍압은 설계속도압, 가스트(바람의 난류에 의하여 발생하는 구조물의 동적 거동성분)영향계수, 풍력계수 또는 풍압계수를 곱하여 산정한다. 다만 외장재의 설계풍압은 가스트영향계수와 내압, 외압계수를 함께 고려한 가스트외압계수, 가스트내압계수에 설계속도압을 곱하여 적용한다.

구조골조용 풍하중은 밀폐형 구조물(바람의 유통이 없도록 밀폐된 구조물), 개방형 구조물(외부가 개방되어 바람이 쉽게 유입될 수 있는 구조물) 및 기타구조물로 구분하며 식(3.12)에 의하여 계산한다.

$$W_f = p_f \cdot A \tag{3.12}$$

여기서, W_f : 구조골조용 풍하중이며, 구조골조용 설계풍력(p_f, 단위 N/m^2)에 유효수압면적(m^2)을 곱하여 계산한다. 구조골조용 설계풍력(p_f)은 다음 5가지 요인에 의하여 영향을 받는다.

① 지붕면의 평균 높이에 대한 설계속도압
② 지표면에서 임의 높이에 대한 설계속도압
③ 구조골조용 가스트영향계수
④ 풍상벽(바람이 불어와서 닿은 측의 벽면)의 외압계수
⑤ 풍하벽(바람이 불어와서 빠져나가는 측의 벽면)의 외압계수

지붕골조용 풍하중과 외장재용 풍하중도 구조골조용 풍하중과 비슷한 개념에서 설계한다.

풍하중은 구조물의 표면적에 비례하며 표면의 형태에 따라 달라지기 때문에 표면의 형태가 특수하거나 비정형적인 경우에 풍하중도 달라진다. 이러한 구조물에 대해서는 구조물의 동적거동평가가 필요하다. 다음의 경우에는 풍동실험 또는 적절한 해석방법을 사용하여 풍하중을 산정해야 한다.

① 풍방향 직각방향의 진동, 비틀림진동, 와류진동, 공기력 불안정진동 등이 예상되는 경우
② 장스팬 현수, 사장, 공기막지붕 등, 경량이며 강성이 낮아 공기력 불안전진동이 예상되는 지붕골조의 경우

③ 규모, 공법에 따른 진동으로 기준이 부적절한 외장재인 경우

동적해석에 사용하는 기본풍속은 지역에 따라서 달라지며 [부표 2.9]와 같다. 바람에 의한 동적영향을 평가하기 위한 상세한 설명은 KDS(국가건설기준)의 설계하중에 명시되어 있다.

3.5.5 지진하중(seismic load)

지진이 건물에 작용하는 영향은 건물 지반의 진동특성, 구조물의 동적특성, 구조물의 비선형 거동특성 등에 따라 달라지기 때문에 이와 같은 모든 영향을 정확하게 고려하여 지진하중을 계산하기는 어렵다. 따라서 설계에서는 지진의 영향을 등가의 정적하중으로 환산한 등가정적해석과 설계용 반응스펙트럼을 이용한 동적해석으로 구분하고 있다.

등가정적해석법

등가정적해석법(等價靜的解釋法, equivalent static analysis)이란 지진의 영향을 등가의 정적하중으로 환산한 후에 이를 이용하여 정적해석을 수행함으로써 구조물의 지진에 의한 거동을 예측하는 방법이다. 등가정적해석을 이용하면 지진하중 산정이 간편하며 정적해석법을 사용하기 때문에 계산이 편리하다. 그러나 첫 번째 진동모드 이외의 고차진동모드를 고려하기 어렵고, 구조물의 동적 특성을 정확하게 예측할 수 없다. 따라서 등가정적해석을 비정형구조물이나 고차진동모드의 영향이 커지는 고층 구조물 등의 내진설계를 적용하면 해석의 정확성이 떨어진다.

동적해석법

동적해석법(動的解釋法, dynamic analysis)은 각각의 진동모드별로 설계용 반응스펙트럼을 이용하여 지진해석을 수행하고, 그 결과를 적절한 방법으로 조합하여 구조물 전체의 지진거동을 해석하는 방법이다. 동적해석법을 이용하여 보다 정확한 해석결과가 필요할 경우에는 시간이력해석법을 사용하기도 한다. 동적해석법은 진동모드에 따른 지진하중의 변화를 평가할 수 있기 때문에 등가정적해석에 비하여 예측의 정확성은 높지만 지진하중 산정이 복잡하다.

여기서는 지진해석 중에서 비교적 간단한 등가정적해석법을 설명한다. 등가정적해석법에서는 지진하중을 계산하기 위하여 식(3.13)과 같은 밑면전단력(V, 구조체가 지면과 직접 접하는 지표면에 작용하는 설계용 총 전단력)을 사용한다.

$$V = \left(\frac{S_{DS} \cdot I_E}{R} \right) W \tag{3.13}$$

식(3.13)에서 밑면전단력에 영향을 미치는 4가지 요인은 다음과 같다.

① S_{DS} : 단주기 설계스펙트럼가속도

② I_E : 건물의 중요도계수, [부표 2.15]와 [부표 2.16]

③ R : 반응수정계수, [부표 2.24]

④ W : 구조물의 전체 유효무게

식(3.13)에서 계산된 지진응답계수 $(S_{D1} \cdot I_E)/(R \cdot W)$의 값은 0.01 이상이 되어야 한다. 여기서 S_{DS}는 단주기 설계스펙트럼가속도이며 [부표 2.17]에서 계산한다.

건물의 기본진동주기(T)는 고유치해석법에 의하여 산정하거나 식(3.14)의 약산식에 의하여 계산한다.

철근콘크리트 모멘트골조의 경우 $$T = 0.0466(h_n)^{0.9} \tag{3.14a}$$

철골 모멘트골조의 경우 $$T = 0.0724(h_n)^{0.8} \tag{3.14b}$$

콘크리트전단벽구조, 기타골조의 경우 $$T = 0.0488(h_n)^{0.75} \tag{3.14c}$$

여기서, h_n : 구조물 밑면에서 최상층까지의 건물의 높이(단위 : m). 다만, 철근콘크리트와 철골 모멘트 골조에서 건물의 높이가 12층 이하이고 층높이가 3 m 이상일 경우에는 기본진동주기를 식(3.14d)에 의하여 계산할 수 있다.

$$T = 0.1 \times \text{층수} \tag{3.14d}$$

식(3.13)에 의하여 계산한 밑면전단력은 각 층의 지진하중(횡하중)으로 배분된다. x층의 횡하중(F_x)은 식(3.15)와 같이 건물의 중량과 높이에 따라 달라진다.

$$F_x = \frac{w_x \cdot h_x^k}{\sum_{i=1}^{n} w_i \cdot h_i^k} \cdot V \tag{3.15}$$

여기서, w_x, w_i : 각각 x층과 i층에서의 건축물 중량, h_x, h_i : 건물의 밑면에서 각각 x층과 i층까지의 높이, k : 건물주기에 따른 분포계수로 식(3.16)과 같이 기본진동주기에 따라서 달라진다.

$$k = \begin{cases} 1.0 \\ 2.0 \end{cases} \qquad \begin{cases} T \leq 0.5 \\ T > 2.5 \end{cases} \tag{3.16}$$

건물주기가 0.5초와 2.5초일 경우에는 식(3.16)의 1.0과 2.0에 대한 직선보간을 이용하여 계산한다.

x층에 대한 층전단력은 식(3.17)에 의하여 계산한다.

$$V_x = \sum_{i=x}^{n} F_i \tag{3.17}$$

지진하중에 의한 수평 비틀림모멘트는 건물의 중심(重心, center of mass)과 강심(剛心, center of rigidity)간의 편심거리에 의한 비틀림모멘트(중심과 강심의 편심거리에 층전단력을 곱하여 계산)와 우발 비틀림모멘트(해석방향의 직각방향 평면치수의 5퍼센트에 해당하는 우발편심에 층전단력을 곱하여 계산)의 합으로 한다.

또한 지진하중에 의하여 인접한 건물의 수평변위가 증가하여 두 건물이 서로 부딪쳐 파괴할 수 있으므로 설계에서는 인접한 두 건물의 간격(d_T)을 식(3.18)에 의하여 제한하고 있다.

$$d_T = \sqrt{d_1^2 + d_2^2} \tag{3.18}$$

여기서, d_1과 d_2 : 두 건물의 수평변위이며 수평변위는 식(3.19)의 층간변위(임의의 층에서 기둥의 상부와 하부의 수평변위량의 차이)를 이용하여 계산한다.

식(3.19)는 x층의 수평변위(δ_x)를 계산하는 식이다.

$$\delta_x = \frac{C_d \, \delta_{xe}}{I_E} \tag{3.19}$$

여기서, C_d : 변위증폭계수이며 [부표 2.24]를 이용하여 정한다, δ_{xe} : 탄성해석에 의하여 계산한 x층의 수평변위이다.

지진하중을 이용한 내진설계는 이 책의 16장에서 상세하게 설명한다.

Chapter 3 연습문제

3.1 구조설계의 3가지 중요 요소를 설명하라.

3.2 구조설계의 순서를 3단계로 요약하여 정리하라.

3.3 허용응력설계법, 강도설계법, 한계상태설계법의 특징과 각 설계법의 차이점을 설명하라.

3.4 우리나라 KDS 14 20 국가건설기준의 콘크리트구조설계는 어떤 설계법에 기본을 두고 있는지 설명하라.

3.5 강도감소계수와 하중계수를 사용하는 이유를 설명하라.

3.6 강도감소계수와 하중계수가 하중에 따라서 값이 달라지는 이유를 설명하라.

3.7 구조설계기준을 충실하게 준수하여 설계된 구조물이 극한 한계상태에 도달하여 파괴될 가능성은 몇 퍼센트인가?

3.8 하중의 종류를 구별하여 설명하라.

Chapter

04

보의 휨파괴와 기본 설계 사항

4.1 일반 사항
4.2 휨해석과 설계의 기본 가정과 조건
4.3 철근콘크리트 보의 휨설계
4.4 보의 저항모멘트
4.5 등가응력분포
4.6 등가응력분포를 사용한 콘크리트 보의 저항모멘트

4.1 일반 사항

철근콘크리트 보는 [그림 4.1]과 같이 슬래브에 작용하는 고정하중과 활하중을 기둥에 전달하는 선형부재이다. 보는 지점의 종류에 따라 단순보, 연속보로 구분할 수 있으며, 철근 배근에 따라 단철근 직사각형보, 복철근 직사각형보로 구분한다. 또한, 압축력을 받는 슬래브와 일체화된 보를 T형보로 구별하여 직사각형보와 다르게 설계한다.

휨부재인 철근콘크리트 보에는 휨모멘트, 전단력, 비틀림모멘트 등이 작용하므로 설계에서는 다음과 같이 4가지 조건으로 구분하여 설계한다.

① **휨에 대한 설계** – 단면의 크기, 주철근 결정
외부 하중에 의한 휨모멘트를 내력모멘트에 의하여 저항할 수 있도록 보 단면의 크기와 주철근의 양을 정한다.

② **전단 및 비틀림에 대한 설계** – 단면의 크기 조절, 전단철근과 비틀림철근 결정
휨에 의하여 정해진 보 단면을 이용하여 콘크리트에 의한 전단내력을 검토하고, 필요할 경우 전단철근을 배근한다. 전단 설계와 유사한 개념으로 비틀림하중에 저항하기 위하여 필요한 비틀림철근을 배근한다.

③ **사용성에 대한 검토** – 처짐의 검토와 균열폭의 제한
콘크리트는 인장강도가 작아 균열이 발생하기 쉽다. 균열이 발생할 경우 콘크리트의 강성이 작아지므로 이에 대한 처짐의 검토와 균열폭의 제한이 필요하다. 또한 콘크리트의 탄성계수는 장기변형률(크리프변형률과 건조수축변형률)에 의하여 감소하므로 이를 고려하여 처짐을 계산해야 한다.

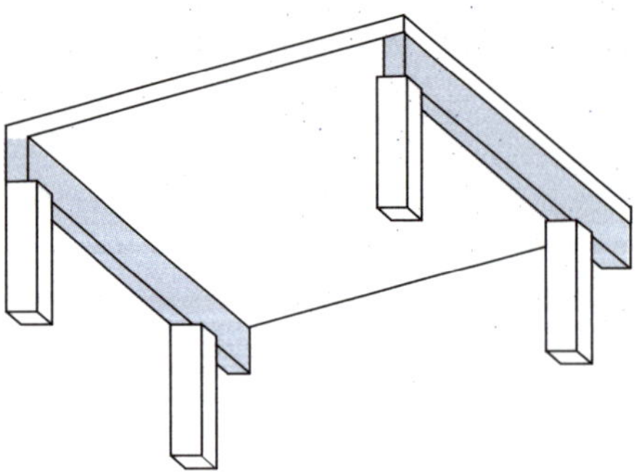

(a) 보

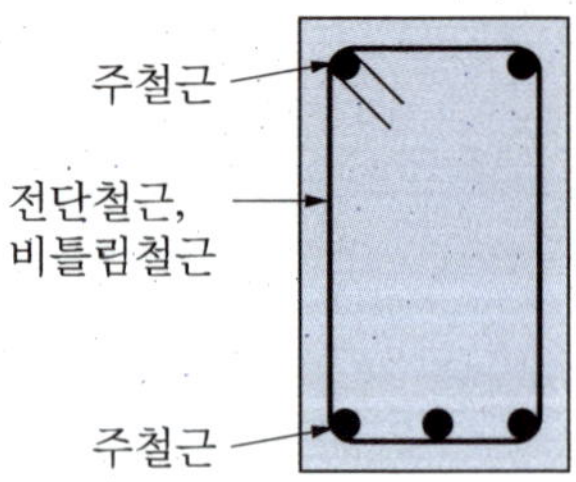

(b) 보 단면

그림 4.1 철근콘크리트 보와 단면

④ **정착과 이음에 대한 설계** – 철근콘크리트 구조물은 철근과 콘크리트로 이루어진 복합구조이다. 힘이 원활하게 전달되기 위해서는 철근과 콘크리트가 완전하게 부착되어 미끄러짐이 발생하지 않아야 한다. 설계에서는 철근의 정착길이와 이음길이를 제한하여 두 재료 간의 힘의 전달을 원활히 하고 정착부와 이음부에서 파괴가 발생하지 않도록 하고 있다.

4장에서는 위의 4가지 설계 중에서 보의 휨파괴 과정과 기본 설계사항을 설명하고, 전단 설계(7장), 비틀림 설계(8장), 사용성(6장), 정착과 이음(10장)에 대해서도 설명한다.

4.2 휨해석과 설계의 기본 가정과 조건

철근콘크리트 보의 휨해석과 설계는 재료메커니즘과 철근콘크리트 부재의 재료특성을 고려하여 다음과 같은 6가지 기본 가정 또는 기본 조건에 근거한다.

4.2.1 해석을 위한 가정과 조건

철근콘크리트 부재에서는 다음의 세 가지 가정 또는 조건을 기본으로 휨모멘트 해석을 수행한다.

① **평면유지의 가정**(Bernoulli hypothesis) : 변형 전에 부재축에 수직한 평면은 변형 후에도 부재축에 수직한 평면을 유지한다.
탄성해석의 휨해석에 근거한 평면유지의 가정을 철근콘크리트 부재의 휨해석에 적용한다. 평면유지의 가정에 의하여 부재축에 수직한 철근콘크리트 부재의 평면은 변형 후에도 부재축에 수직한 평면을 이루며, 인접하는 요소와 변형의 적합조건을 만족한다. 따라서 철근콘크리트 부재의 위의 단면의 축방향변형률은 중립축과의 거리에 비례하여 변화한다.
[그림 4.2]에서 철근콘크리트 보의 철근과 콘크리트에 변형률게이지를 부착한 후, 균열을 포함한 평균변형률을 측정하였다. 실험 결과에 의하면 철근과 콘크리트가 충분하게 부착되어 있는 경우 하중이 증가함에 따라 단면의 각 위치에서의 변형률은 중립축과의 거리에 선형적으로 비례하여 증가하였다. 그러나 평면유지의 가정은 깊은보와 같은 응력교란영역이나 균열 한 곳의 폭이 매우 커질 때에는 성립하지 않는다.

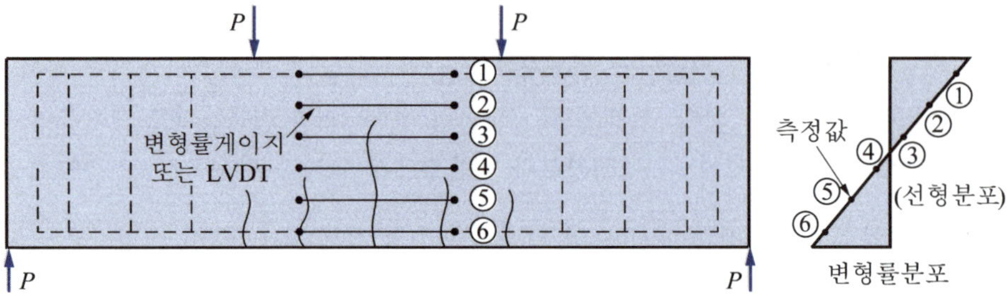

그림 4.2 철근콘크리트 보의 변형률 측정

② **콘크리트와 철근의 완전부착** : 단면이 동일한 위치에서 철근과 콘크리트의 변형률이 같다. 휨부재의 해석과 설계에서는 철근과 콘크리트의 완전부착을 가정한다. 따라서 부재에 작용하는 외력을 철근과 콘크리트가 일체가 되어 저항하며, 중립축에서 동일한 거리에 있는 철근과 콘크리트는 동일한 변형률을 갖는다. 즉, [그림 4.2]의 철근이 배근된 ①과 ⑥의 위치에서 콘크리트와 철근의 변형률이 같다.

③ **재료물성이 주어짐** : 재료 실험을 통하여 철근과 콘크리트의 응력-변형률 곡선이 측정되고, 이 곡선이 휨해석에 사용된다.
철근과 콘크리트의 응력-변형률 관계는 2장에서 설명한 재료 실험에 의하여 구할 수 있으며 이 결과를 휨해석에 반영한다. 구조설계에서는 설계의 단순화와 실제 하중조건을 반영하기 위하여 [그림 2.14]의 콘크리트의 응력-변형률 관계와 [그림 2.26]의 철근의 응력-변형률 관계를 사용한다.

4.2.2 설계를 위한 가정과 조건

철근콘크리트 부재의 휨모멘트 설계는 다음의 세 가지 가정이나 조건에 근거한다.

① **콘크리트의 인장강도는 무시한다.**
콘크리트의 인장강도는 압축강도의 약 10퍼센트에 지나지 않는다. 따라서 휨모멘트 설계에서는 콘크리트의 인장강도를 무시하고, 부재에 작용하는 모든 인장하중은 철근이 지지한다고 가정한다. 그러나 전단, 부착, 사용성 설계에서는 콘크리트의 인장강도가 중요한 역할을 하므로 무시해서는 안 된다.

② **휨과 압축을 받는 부재의 압축연단의 콘크리트 극한변형률(ε_{cu})을 가정한다.**
[표 4.1]과 같이 콘크리트의 설계기준압축강도(f_{ck})가 40 MPa 이하인 경우에는 0.0033으로 가정하며, 40 MPa을 초과할 경우에는 10 MPa의 강도가 증가할 때마다 0.0001씩 감소

시킨다. 2.4.4항에서 설명한 것과 같이 표준공시체를 이용한 1축 직접압축실험에 의하면 콘크리트 공시체는 콘크리트 압축변형률(ε_{co})이 약 0.002에 도달하였을 때 파괴한다([그림 2.12] 참조). 그러나 부재가 휨압축을 받을 경우에는 중립축에서 가장 멀리 떨어진 부분(이를 압축연단(extreme compression fiber)이라 함)의 콘크리트 변형률이 0.002에 도달하여도 부재가 파괴하지 않고 휨모멘트가 계속해서 증가한다([그림 4.3(a)] 참조). 이것은 직접압축을 받을 경우에는 콘크리트의 전 단면이 동일한 압축변형률을 받아 전 단면의 변형률이 0.002에 도달하지만, 휨압축을 받을 경우에는 힘의 재분배가 발생하여 압축연단 변형률이 0.002에 도달하여도 부재의 휨모멘트가 증가하기 때문이다. 휨파괴시의 콘크리트 압축연단의 변형률을 극한변형률(ε_{cu})이라 하며, ε_{cu}는 축하중과 콘크리트의 압축강도에 따라서 달라질 수 있다. KDS 14 20 국가건설기준-2022에서는 휨을 받는 철근콘크리트 보의 ε_{cu}을 콘크리트 압축강도가 40 MPa 이하인 경우에는 0.0033으로 하고 40 MPa을 초과하는 경우 식(4.1)과 [표 4.1]과 같이 감소시킨다. 식(4.1)을 이용하여 콘크리트의 설계 응력 - 변형률 곡선을 작성하면 [그림 4.3(b)]와 같다.

$$\varepsilon_{cu} = 0.0033 - \left(\frac{f_{ck} - 40}{100{,}000}\right) \leq 0.0033 \qquad \text{(식 (2.8)과 동일)} \qquad (4.1)$$

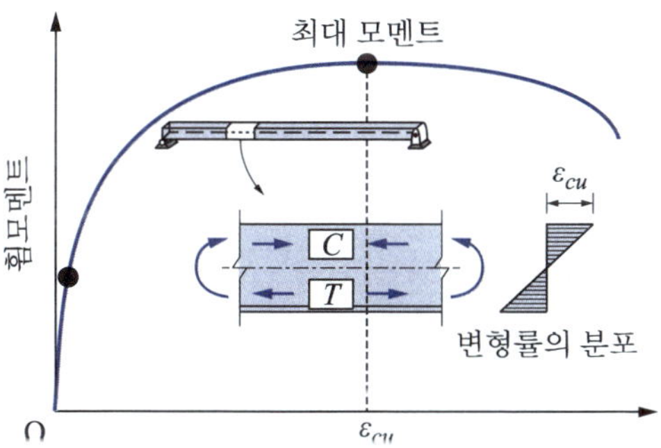

(a) 휨압축하중

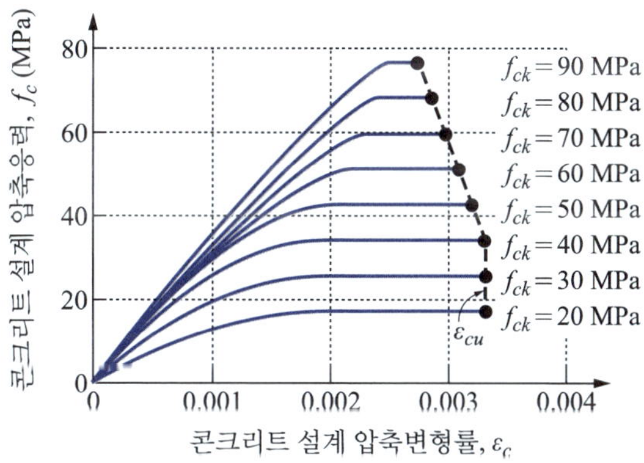

(b) 휨압축변형률

그림 4.3 콘크리트의 극한변형률

표 4.1 콘크리트 극한변형률(ε_{cu})의 값 ([표 2.5]의 일부)

f_{ck}(MPa)	≤40	50	60	70	80	90
ε_{cu}	0.0033	0.0032	0.0031	0.003	0.0029	0.0028

③ **콘크리트의 압축응력 - 변형률 관계는 실험결과에 따라 포물선 - 직사각형과 직사각형으로 가정할 수 있다.**

콘크리트의 압축응력 - 변형률 관계는 재료 실험을 통하여 알 수 있으므로 이를 설계에 직접 반영할 수 있다. 그러나 콘크리트의 압축응력 - 변형률 관계는 [그림 2.12]와 같이 비선형을 이루므로 이를 설계에 직접 반영할 경우에 계산이 복잡해진다. 따라서 철근콘크리트 휨설계에서는 설계의 단순화를 위하여 콘크리트의 압축응력 - 변형률 관계를 실험결과에 따라 포물선 - 직사각형 또는 직사각형으로 가정하여 설계한다. 이에 대해서는 4.5절 콘크리트의 등가응력분포에서 구체적으로 설명한다.

4.3 철근콘크리트 보의 휨설계

[그림 4.4(a)]의 하중계수(α_i)를 고려한 등분포하중(w_u)가 작용하는 철근콘크리트 단순보는 중앙점에서 최대 휨모멘트가 발생한다([그림 4.4(b)]). 외력에 의하여 발생하는 계수휨모멘트(M_u)는 철근과 콘크리트의 내력에 의한 설계휨모멘트(ϕM_n, [그림 4.4(c)])보다 작아야 한다.

$$\text{설계휨모멘트}(\phi M_n) \geq \text{계수휨모멘트}(M_u)$$

여기서, ϕ : 강도감소계수이다.

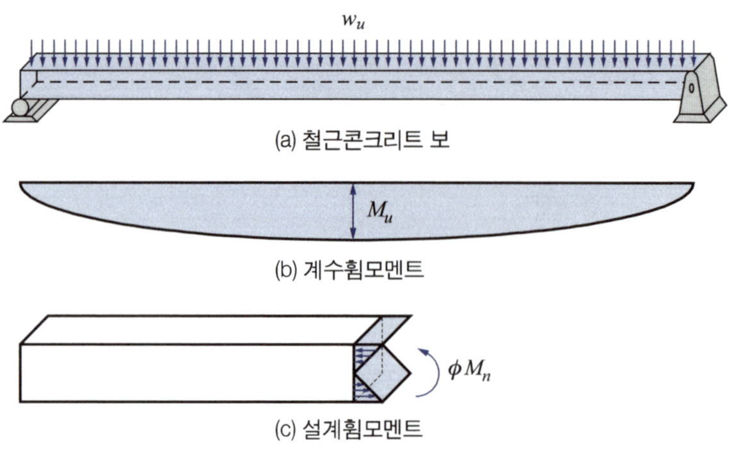

그림 4.4 철근콘크리트 보의 계수휨모멘트와 설계휨모멘트

4.3.1 철근콘크리트 보의 휨파괴 과정

[그림 4.5]는 휨모멘트를 받는 철근콘크리트 보의 변형률의 분포, 재료의 응력 - 변형률 관계 및 응력의 분포를 나타낸다. [그림 4.5(a)]의 철근콘크리트 보에 등분포하중(w_u)이 작용하면 콘크리트와 철근에 응력이 발생한다. 보 단면의 변형률분포는 평면유지의 가정에 의하여 [그림 4.5(c)]와 같이 중립축(압축응력과 인장응력의 경계축, 압축연단에서 거리 c만큼 떨어진 위치)을 중심으로 선형적으로 증가한다. [그림 4.5(c)]의 단면 각 위치의 변형률을 [그림 4.5(d)]의 재료의 응력 - 변형률 관계에 대입하여 [그림 4.5(e)]의 철근콘크리트 단면에 발생하는 응력분포를 구할 수 있다. 중립축 아래에서 콘크리트는 인장응력을 받게 되며, 콘크리트 변형률이 균열발생 변형률(ε_{cr})보다 크면 콘크리트 응력이 급격하게 감소한다. [그림 4.5]에서 f_c는 압축연단의 콘크리트 변형률(ε_c)에 상응하는 콘크리트의 응력, f_s'과 f_s는 압축철근과 인장철근의 변형률(ε_s'과 ε_s)에 상응하는 철근의 응력이다.

하중이 증가함에 따라서 보 단면의 응력 상태도 다양하게 변화한다. 콘크리트의 응력과 변형률은 비선형 관계이므로 단면의 변형률이 증가함에 따라서 응력도 비선형으로 변화한다. [그림 4.6]은 하중이 증가함에 따라서 변화하는 보 단면의 변형률과 응력의 변화이다. 여기서 콘크리트의 응력 변화는 다음의 몇 단계로 구분할 수 있다.

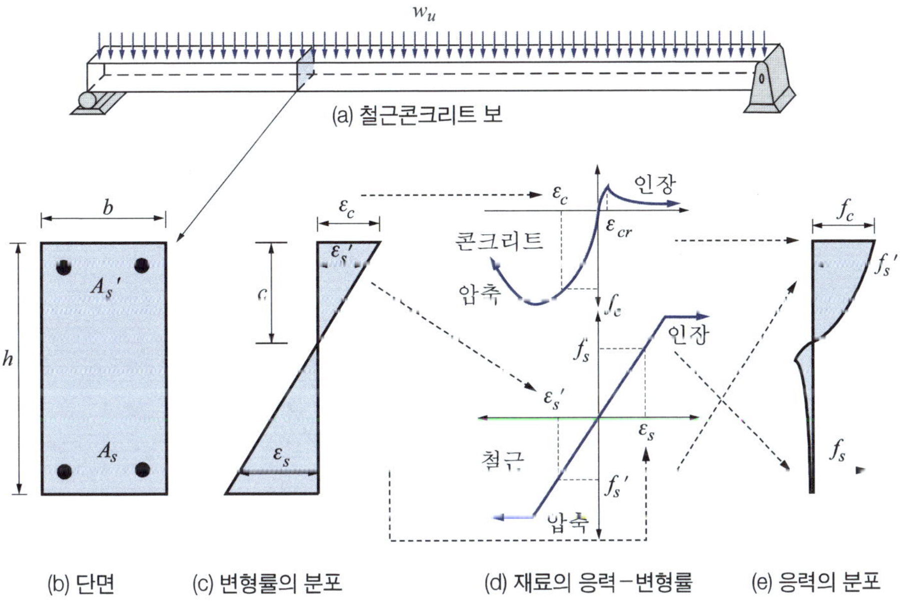

그림 4.5 단면의 변형률과 응력의 분포

① **균열발생 전** : 콘크리트 응력(f_{c1})이 콘크리트 휨균열강도(f_r)보다 작을 경우에 콘크리트의 응력분포는 거의 선형적인 분포를 나타낸다.

② **균열발생 이후** : 하중이 증가하여 변형률이 증가하면 콘크리트에 휨 인장균열이 발생한다. 균열발생 이후에 콘크리트 인장응력은 급격하게 감소한다.

③ **압축강도에 도달** : 압축연단의 변형률(ε_{c3})이 콘크리트 공시체의 압축변형률(ε_{co})에 도달하여 콘크리트 응력(f_{c3})이 압축강도(f_{ck})에 도달한다. 장기하중과 휨압축응력을 고려할 경우에 2.4.4항에서 설명한 것과 같이 콘크리트 강도는 $0.85f_{ck}$에 도달한다. 이 때 휨압축을 받는 콘크리트 보는 파괴되지 않고 힘의 재분배에 의하여 휨모멘트는 계속해서 증가한다.

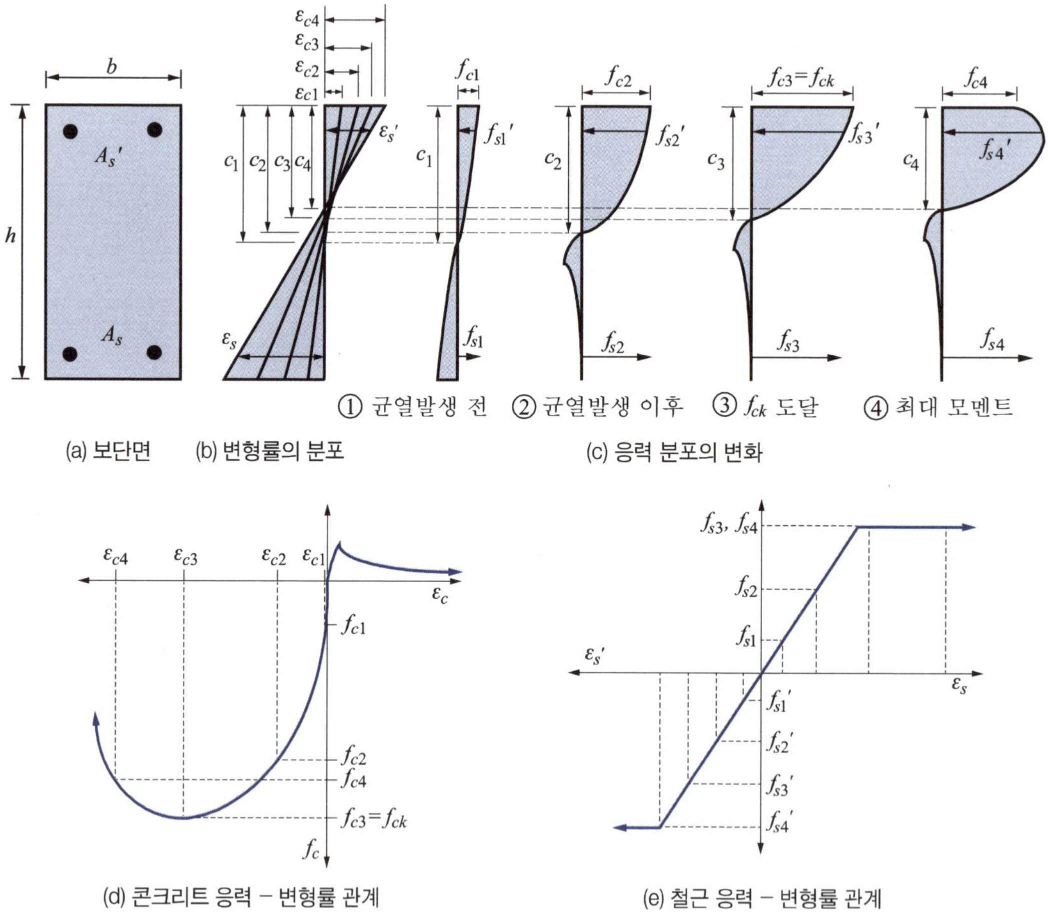

그림 4.6 철근콘크리트 보의 휨파괴 과정

④ **최대 모멘트 도달** : 압축연단의 변형률(ε_{c4})이 콘크리트 공시체의 압축변형률(ε_{co})을 초과하여 압축연단의 콘크리트 응력(f_{c4})이 압축강도(f_{ck})보다 작아진다. 그러나 힘의 재분배에 의하여 휨모멘트는 계속하여 증가하여 $\varepsilon_{c4} = \varepsilon_{cu} = 0.0033$($f_{ck} \leqq 40$ MPa)일 때 콘크리트가 압축파괴하며, 부재는 최대 모멘트(M_{max})에 도달한다.

하중이 증가할수록 보 단면의 중립축 높이(c)는 짧아진다. [그림 4.6]의 각 단계의 압축연단 변형률, 응력, 휨모멘트 관계를 정리하면 [표 4.2]와 같다.

표 4.2 압축연단의 콘크리트 변형률, 응력과 휨모멘트 관계

[그림 4.6]의 구간	압축연단 변형률	압축연단 응력	부재 모멘트
①	$\varepsilon_{c1} < \varepsilon_{co}$	$f_{c1} < f_{ck}$	$M_{c1} < M_{max}$
②	$\varepsilon_{c2} < \varepsilon_{co}$	$f_{c2} < f_{ck}$	$M_{c2} < M_{max}$
③	$\varepsilon_{c3} = \varepsilon_{co}$	$f_{c3} = f_{ck}$	$M_{c3} < M_{max}$
④	$\varepsilon_{c4} = \varepsilon_{cu}$	$f_{c4} < f_{ck}$	$M_{c4} = M_{max}$

4.3.2 철근콘크리트 보의 휨거동

휨부재의 설계는 연성파괴를 일으키는 인장파괴 설계가 바람직하다. [그림 4.7]은 인장파괴하는 철근콘크리트 단순보의 중앙부에 집중하중을 가했을 때의 휨모멘트 - 곡률 관계를 나타낸다. 철근콘크리트 보의 휨모멘트 - 곡률 관계는 다음의 3가지 단계로 구별한다.

① **휨균열 발생(OA구간)** : 하중이 작을 경우에 보에 휨균열이 발생하지 않고 철근콘크리트 보의 전단면이 하중을 지지한다. 이 구간에서는 보의 휨강성(EI)이 커서 하중이 증가하여도 곡률(또는 처짐)은 상대적으로 작게 증가한다. 보 하단부 인장연단(extreme tension fiber)의 응력(f_c)이 콘크리트 휨인장강도(f_r)에 도달하면 단면에 휨균열이 발생한다(A점).

② **주인장철근의 항복(AB구간)** : A점에서 휨균열이 발생한 이후에 철근콘크리트 보의 단면2차모멘트(I)는 급격히 감소한다. 따라서 AB구간의 곡률(또는 처짐)은 OA구간의 곡률보다 큰 비율로 증가한다. 하중이 증가하면 철근의 인장변형률이 증가하여 B점에서 인장철근이 항복한다.

③ **콘크리트의 압축파괴(BC구간)** : B점에서 인장철근이 항복한 후에 휨모멘트는 거의 일정한 크기를 유지한다. 보가 인장파괴할 경우에 B점에서 압축연단의 콘크리트 변형률은 아직 0.0033($f_{ck} \leqq 40$ MPa)에 도달하지 않은 상태이다. 보의 곡률은 압축연단의 콘크리트 변형률이 C점에서 극한변형률(ε_{cu})인 0.0033($f_{ck} \leqq 40$ MPa)에 도달할 때까지 계속해서 증가

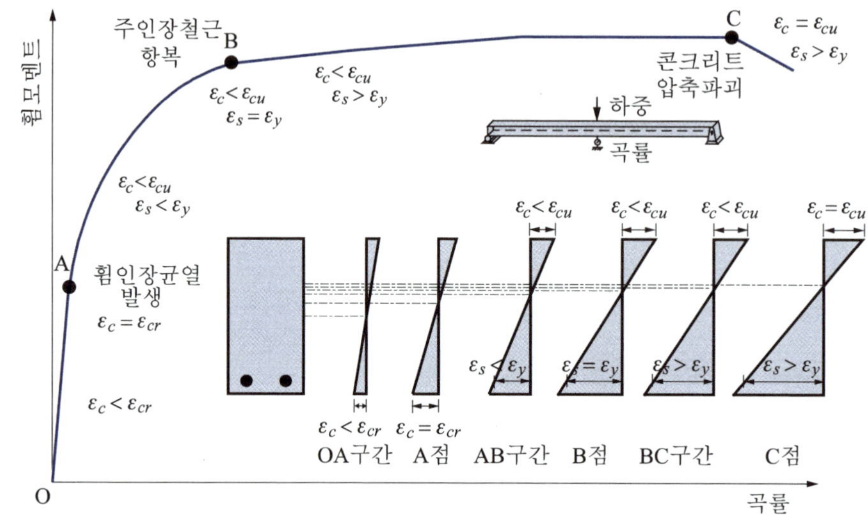

그림 4.7 인장파괴하는 철근콘크리트 보의 휨거동, $\varepsilon_{cu} = 0.0033$($f_{ck} \leqq 40$ MPa일 때)

하며 최종적으로 콘크리트가 압축파괴된다. C점의 휨모멘트는 B점의 휨모멘트보다 약 5퍼센트 정도 크다. 이는 B점에서 철근이 항복한 이후에도 중립축의 깊이(c)가 점점 줄어들어 휨모멘트 팔길이(jd, 압축력과 인장력의 중심간의 거리)가 증가하기 때문이다.

4.4 보의 저항모멘트

철근콘크리트 보의 휨해석은 힘의 평형조건, 변형의 적합조건 및 재료의 구성법칙의 재료메커니즘에 근거하여 이루어진다. [그림 4.8]에는 계수등분포하중(w_u)을 받는 철근콘크리트 보의 내부 변형률과 응력의 분포가 3차원과 2차원으로 표시되었다. 보가 정모멘트를 받을 경우에 단면의 변형률은 중립축을 중심으로 상부는 압축응력을 받으며 하부는 인장응력을 받게 된다. 보 단면의 콘크리트 응력은 [그림 4.8]과 같이 콘크리트의 압축응력-변형률 관계에 의하여 중립축에서 거리가 멀어짐에 따라 포물선 형태로 변화한다. 또한, 철근은 1축 축방향력(축인장력 또는 축압축력)을 받는다.

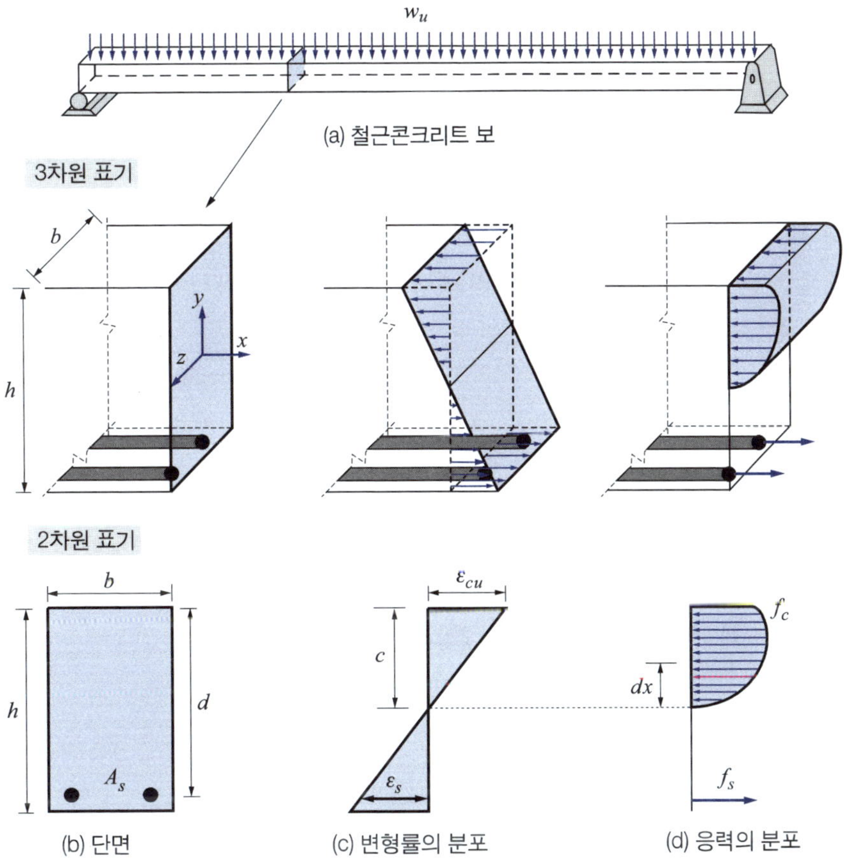

그림 4.8 단면, 변형률과 응력의 표기

4.4.1 힘의 평형조건

3차원 단면을 2차원으로 단순화할 경우에 힘은 부재축방향의 이동에 대한 평형(x방향으로 가정), 부재축과 직각방향의 이동에 대한 평형(y방향으로 가정)과 z방향의 회전에 대하여 평형을 이루어야 한다. 따라서 등분포하중(w_u)에 의하여 휨모멘트를 받는 철근콘크리트 보는 다음 세 가지 힘의 평형식을 만족해야 한다.

$$\sum F_x = 0$$

$$C = T \tag{4.2}$$

$\sum F_y = 0$

$$0 = 0 \tag{4.3}$$

$\sum M_z = 0$

$$M = C \cdot jd \qquad \text{또는} \qquad M = T \cdot jd \tag{4.4}$$

식(4.4)에서 jd는 합력 C와 T의 중심간 거리이다.

식(4.2)에서 C는 콘크리트에 의한 압축력의 합을 나타낸다. 휨해석에서 콘크리트의 인장력은 무시하므로 C는 식(4.5)를 이용하여 구할 수 있다.

$$C = b\int_0^c (f_c)\, dx \tag{4.5}$$

식(4.2)에서 T는 철근에 의한 인장력의 합이다.

$$T = \sum A_s \cdot f_s \tag{4.6}$$

그러므로 식(4.5)와 식(4.6)을 식(4.2)에 대입하여 식(4.7)을 구할 수 있다.

$$b\int_0^c (f_c)\, dx = \sum A_s \cdot f_s \tag{4.7}$$

평형조건에 대한 식(4.4)와 식(4.7)로부터 미지수는 M, f_c, f_s, c, jd로 5개이지만, 식은 2개(식(4.4)와 식(4.7))뿐임을 알 수 있다. 여기서 jd는 c를 이용하여 계산할 수 있다.

4.4.2 변형의 적합조건

보 해석에서 변형의 적합조건은 평면유지의 가정에 의하여 유도한다. 평면유지의 가정에 의하여 변형률은 중립축에서 멀어지면 선형적으로 증가하게 된다. 그러므로 [그림 4.8(c)]에서 식(4.8)을 유도할 수 있다.

$$\frac{c}{d} = \frac{\varepsilon_{cu}}{\varepsilon_{cu} + \varepsilon_s}$$

또는

$$\frac{c}{d-c} = \frac{\varepsilon_{cu}}{\varepsilon_s} \tag{4.8}$$

4.4.3 재료의 구성법칙(constitutive laws)

힘의 평형과 변형의 적합조건을 연결할 수 있는 재료의 구성법칙(응력 - 변형률 관계)에 대해서는 2장에서 언급하였다. 재료 실험에서 측정된 콘크리트와 철근의 응력 - 변형률 관계는 다음과 같다.

[콘크리트]

$$f_c = f(\varepsilon_c) \tag{4.9a}$$

식(2.2)를 이용할 경우

$$f_c = f_{ck}\left[1-\left(1-\frac{\varepsilon_c}{\varepsilon_{co}}\right)^n\right] \tag{4.9b}$$

[철근]

$\varepsilon_s < \varepsilon_y$의 경우

$$f_s = E_s \cdot \varepsilon_s \tag{4.10a}$$

$\varepsilon_s \geqq \varepsilon_y$의 경우

$$f_s = f_y \tag{4.10b}$$

표 4.3 재료메커니즘

힘의 평형	변형의 적합	재료의 응력 – 변형률	기 타
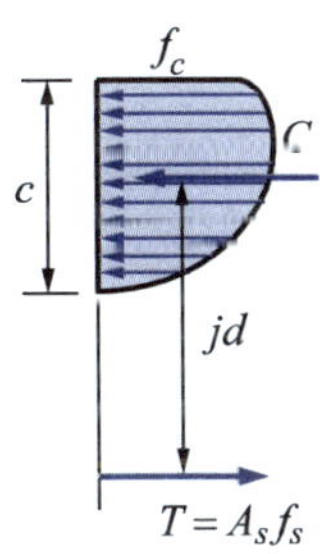	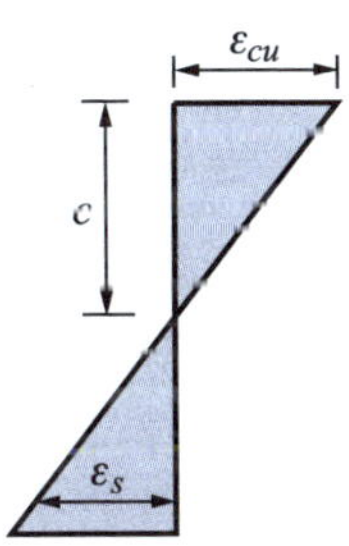	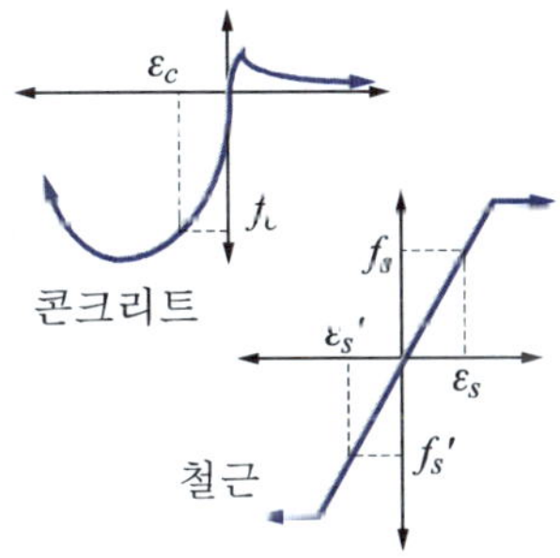	식의 수 (5), 미지수의 수 (7) 미지수 중에서 jd는 c를 이용하여 계산할 수 있음. 설계 시에 설계휨모멘트 M은 주어짐. 따라서 최종적으로 식이 5개이며 미지수도 5개로 해석이 가능함.
$b\int_0^c f_c\,dx = A_s f_s$ $M = T \cdot jd$	$\dfrac{c}{d} = \dfrac{\varepsilon_{cu}}{\varepsilon_{cu}+\varepsilon_s}$	$f_c = f(\varepsilon_c)$ $\varepsilon_s < \varepsilon_y$ $f_s = E_s \cdot \varepsilon_s$ $\varepsilon_s \geq \varepsilon_y$ $f_s = f_y$	

이상의 재료메커니즘을 정리하면 [표 4.3]과 같이 5개의 식(4.2, 4.4, 4.8, 4.9, 4.10)과 7개의 미지수(M, f_c, f_s, c, jd, ε_{cu}, ε_s)를 구해야 하지만, jd는 c를 통하여 계산이 가능하며, 설계에서는 모멘트 M이 주어짐으로써 5개의 식에서 5개의 미지수(f_c, f_s, c, ε_{cu}, ε_s)를 계산한다.

4.5 등가응력분포

4.5.1 등가응력분포의 정의

식(4.5)의 압축력 C를 계산하기 위해서는 [그림 4.8(d)]의 압축응력에 압축을 받는 콘크리트 면적을 곱하여 계산해야 한다. 그러나 콘크리트의 압축응력과 압축변형률 관계는 [그림 4.8(d)]와 같이 비선형을 이루므로 콘크리트의 압축응력과 압축변형률 관계의 면적을 모두 적분하지 않으면 안 된다. 콘크리트의 비선형 압축응력 분포를 적분하는 것은 계산이 번거롭고 시간이 많이 소요되므로 설계에서는 압축력 C와 모멘트 M을 구하는데 지장이 없는 범위에서 비선형 압축응력 분포를 계산하기 쉬운 포물선 - 직선형 곡선이나 직사각형으로 단순화한다. 이를 콘크리트의 "등가응력분포(equilibrium stress distribution)"라 한다. 콘크리트의 비선형 압축응력 분포를 등가응력분포로 단순화하기 위해서는 다음 사항을 준수해야 한다.

① **동일한 면적** : 등가응력분포를 만들기 위한 첫 번째 조건은 콘크리트의 실제 압축응력의 면적과 등가응력분포의 면적을 같게 하는 것이다. 만일 포물선을 이루는 실제 콘크리트 압축응력 면적이 등가응력분포와 차이가 있을 경우에는 계산된 압축력 C가 달라진다.

$$C_{\text{실제면적}} = C_{\text{등가응력분포}} \tag{4.11}$$

② **동일한 합력의 도심점** : 등가응력분포의 면적이 동일한 경우에도 실제 압축응력 면적과 등가응력분포 면적의 합력에 대한 도심의 위치가 다를 경우에는 단면의 저항모멘트가 달라진다. 단면 저항모멘트는 식(4.4)와 같이 압축력의 합과 인장력의 합의 거리(jd)에 따라 달라진다. 등가응력분포 면적의 합력에 대한 도심의 위치가 실제 압축응력 면적의 합력 도심과 다를 경우에는 jd의 값이 달라지며, 결과적으로 식(4.4)에 의하여 계산된 내부 저항모멘트의 값이 달라진다.

$$M_{\text{실제면적}} = M_{\text{등가응력분포}} \tag{4.12}$$

4.5.2 등가응력분포의 작성 방법

포물선 – 직선형 등가응력분포

[그림 4.9(a)]의 비선형인 콘크리트의 응력분포를 단순화하여 동일한 면적과 도심을 갖는 포물선 - 직선형 등가응력분포[그림 4.9(b)]로 변환하였다. 변환된 응력분포는 직사각형 응력분포의 면적을 기준으로 압축합력 C를 식(4.13)에 의하여 계산할 수 있다.

$$C = \alpha(0.85 f_{ck})bc \tag{4.13}$$

여기서, α : 압축합력의 크기(면적)와 관련된 계수, 콘크리트의 실제 응력면적과 콘크리트의 최대 응력을 기준으로 한 직사각형 응력면적의 비,

즉 $\alpha = \dfrac{\text{포물선 직선형 부분 면적}}{\text{직사각형 면적}}$ [그림 4.9(b) 참조]

β : 압축합력의 작용위치(도심점)와 관련된 계수, 중립축의 깊이에 대한 압축합력의 작용위치의 비

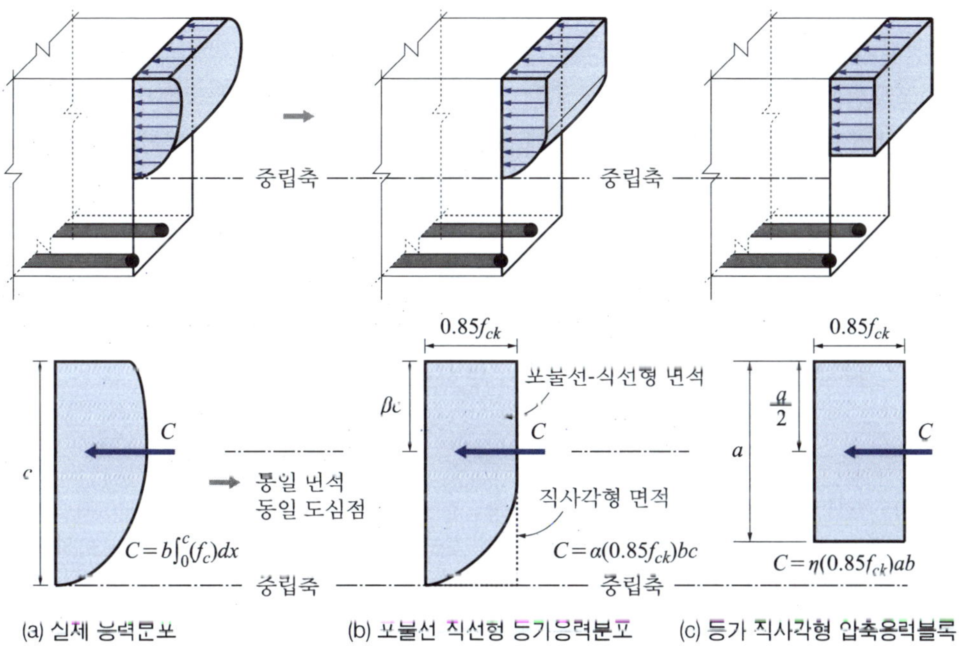

그림 4.9 등가응력분포

표 4.4 포물선 - 직선형 등가응력분포 계수 값 (사각형 단면에만 적용 가능)

f_{ck}(MPa)	≤40	50	60	70	80	90
α	0.80	0.78	0.72	0.67	0.63	0.59
β	0.40	0.40	0.38	0.37	0.36	0.35

콘크리트의 압축강도는 2.4.4항에서 설명한 것과 같이 직접압축강도에 비하여 휨압축강도가 작으며, 가력 시간이 길어질수록 표준공시체의 압축강도보다 실제 압축강도가 감소하는 실험 결과를 반영하여 표준공시체에서 측정한 콘크리트의 압축강도(f_{ck})보다 낮은 강도인 $0.85f_{ck}$를 사용한다. 식(4.13)의 계수 α와 β는 압축합력의 크기와 도심점과 관련된 계수이다. 계수 α는 응력분포를 가로 $0.85f_{ck}$, 세로 c의 직사각형 면적으로 계산할 경우에 직사각형 면적과 포물선-직선형 면적의 차이를 조절하는 계수이다. 계수 α값은 콘크리트의 압축강도(f_{ck})가 증가하면 [표 4.4]와 같이 감소한다. 그 이유는 2장의 [그림 2.3]에서 보통강도 콘크리트의 압축응력과 압축변형률 관계는 포물선에 가깝지만 고강도 콘크리트의 압축응력-변형률 관계는 삼각형에 가깝기 때문이다. 따라서 압축응력-변형률 관계가 포물선에 가까울 때는 직사각형 면적과 포물선-직선형 면적의 차이가 작아서 0.8에 근접하지만, 압축응력-변형률 관계가 삼각형에 가까워지면 직사각형 면적과 포물선-직선형 면적의 차이는 커져서 0.6에 근접하게 된다. 계수 β는 포물선-직선형 등가응력분포의 도심점과 관련된 계수이다. 보통강도 콘크리트의 압축응력-변형률 관계는 포물선과 유사하기 때문에 도심점은 약 $0.4c$에 근접하지만, 고강도 콘크리트의 압축응력-변형률 관계는 삼각형과 유사하기 때문에 도심점의 위치는 중립축에서 멀어져서 약 $0.35c$에 근접하게 된다. 실험에서 측정된 α와 β 값의 분포도는 상당히 넓으며 콘크리트의 압축강도가 증가할수록 감소한다. 콘크리트의 압축강도가 약 24 MPa일 때 α와 β는 각각 약 0.8과 0.4이지만, 압축강도가 약 80 MPa의 고강도 콘크리트일 때 각각 약 0.63과 0.36이다. 설계에서는 고강도 콘크리트에 대한 영향을 계수 α와 β을 이용하여 반영하였다.

포물선-직선형 등가응력분포를 사용하여 식(4.7)을 식(4.14)와 같이 바꿀 수 있다.

$$\alpha(0.85f_{ck})bc = A_s f_s \tag{4.14}$$

다만 [표 4.4]의 α와 β값은 단면이 일정하고 중립축이 단면 내부에 있을 경우에 적용할 수 있는 값이다. 따라서 이 값을 이용하여 직사각형 보의 휨설계를 할 수 있지만, T형보와 같이 단면의 크기가 변화하거나 중립축이 단면 밖에 있는 기둥의 경우에는 [표 4.4]의 α와 β값을 사용할 수 없으며, 이 경우에는 단면에 발생하는 변형률에 따라 각 위치에서 압축응력을 계산하여 단면의 휨강도를 계산하여야 한다.

등가 직사각형 압축응력블록

포물선-직선형 등가응력분포와 유사하게 비선형인 콘크리트의 응력 곡선을 [그림 4.9(c)]의 등가 직사각형 압축응력블록으로 단순화할 수 있다. 등가 직사각형 압축응력블록은 [콘크리트구조기준-2012]의 등가 압축응력블록과 동일한 개념이며 압축력의 합(C)은 식(4.15)에 의하여 계산한다.

$$C = \eta(0.85f_{ck})ab \tag{4.15}$$

여기서, η : 콘크리트 직사각형 등가 압축응력블록의 크기를 나타내는 계수, 콘크리트의 실제 응력면적과 콘크리트의 최대 응력을 기준으로 한 직사각형 응력면적의 비

β_1 : 콘크리트 직사각형 등가 압축응력블록의 깊이를 나타내는 계수

a : 등가 압축응력블록의 깊이

$$a = \beta_1 c \qquad \text{(식(2.13)과 동일)} \tag{4.16}$$

식(4.15)와 식(4.16)의 계수 η와 β_1은 압축합력의 크기와 도심점과 관련된 계수이며 식(4,13)의 α와 β와 유사하게 고강도 콘크리트에 대한 영향을 반영하고 있다. 계수 η와 β_1은 [표 4.5]에 표시된 값으로 콘크리트의 압축강도에 따라서 달라진다. 직사각형 등가응력분포를 사용하여 식(4.7)을 식(4.17)과 같이 바꿀 수 있다.

$$\eta(0.85f_{ck})ab = A_s f_s \tag{4.17}$$

등가 직사각형 압축응력분포에 사용되는 [표 4.5]의 η와 β_1은 포물선-직선형 등가응력분포의 계수 α와 β값의 적용 범위와 다르게 단면의 크기가 변화하거나 기둥과 같이 중립축이 단면 밖에 있을 경우에도 적용할 수 있다.

표 4.5 등가 직사각형 압축응력블록 계수 값(전 단면에 적용 가능)

f_{ck}(MPa)	≤40	50	60	70	80	90
η	1.00	0.97	0.95	0.91	0.87	0.84
β_1	0.80	0.80	0.76	0.74	0.72	0.70

4.6 등가응력분포를 사용한 콘크리트 보의 저항모멘트

등가 포물선-직선형 응력분포를 사용한 보의 휨모멘트 계산에 대한 식과 미지수를 [표 4.6]에 정리하였다. 4.4절에서 설명한 보의 저항모멘트는 등가응력분포를 사용하여 보다 간단하게 계산할 수 있다. 비선형인 콘크리트의 압축응력과 압축변형률 관계를 등가응력분포로 변환하여 힘의 평형조건 식(4.5)를 식(4.14)로 대체할 수 있으므로 미지수인 콘크리트 응력(f_c)과 재료의 구성법칙 식(4.9)를 사용하지 않아도 된다.

[표 4.6]에서 주어진 식은 모두 4개(힘의 평형식 2개, 접합방정식 1개, 재료구성식 1개)이며, 미지수는 6개(M, f_s, c, jd, ε_{cu}, ε_s)이다. 이 중에서 jd는 등가응력분포(βc)를 통하여 계산이 가능하다. 또한, 휨설계의 가정에서 최대 휨내력에 도달할 때의 압축연단의 변형률(ε_{cu})은 0.0033($f_{ck} \leqq 40$ MPa일 때)으로 가정하므로 미지수는 4개(M, f_s, c, ε_s)가 되어 4개의 식을 통하여 휨내력(M)을 계산한다.

표 4.6 철근콘크리트 부재의 휨설계를 위한 재료메커니즘

힘의 평형	변형의 적합	재료의 응력-변형률	기 타
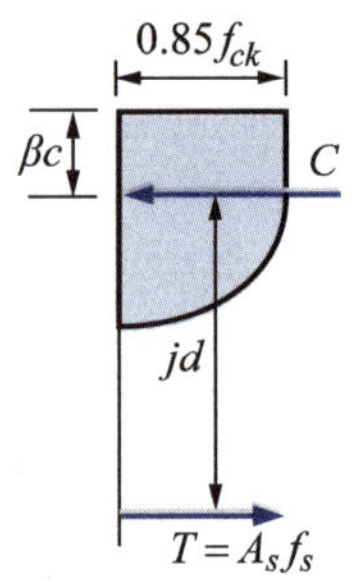	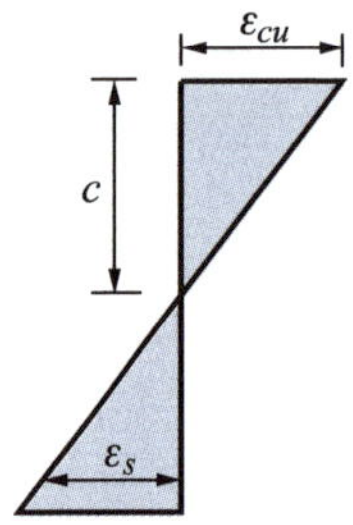	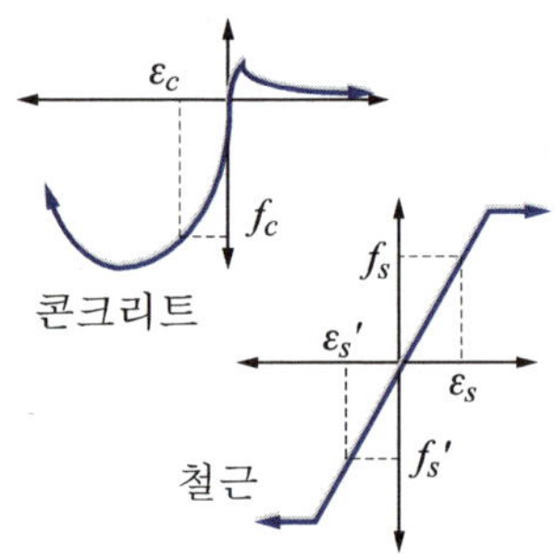	$jd = d - \beta c$ $\varepsilon_{cu} = 0.0033$ ($f_{ck} \leqq 40$ MPa일 때) 식의 수 (4), 미지수의 수 (4)
$\alpha(0.85 f_{ck}) bc = A_s f_s$ $M = T \cdot jd$	$\dfrac{c}{d} = \dfrac{\varepsilon_{cu}}{\varepsilon_{cu} + \varepsilon_s}$	$\varepsilon_s < \varepsilon_y$ $\quad f_s = E_s \cdot \varepsilon_s$ $\varepsilon_s \geq \varepsilon_y$ $\quad f_s = f_y$	

참고

휨파괴시의 콘크리트 압축연단의 변형률은 축하중과 콘크리트의 압축강도에 따라서 달라진다. [참고 표 4.1, 4.2, 4.3]은 주요 구조설계기준에서 사용하고 있는 압축연단의 변형률, 콘크리트 등가응력분포 계수이다.

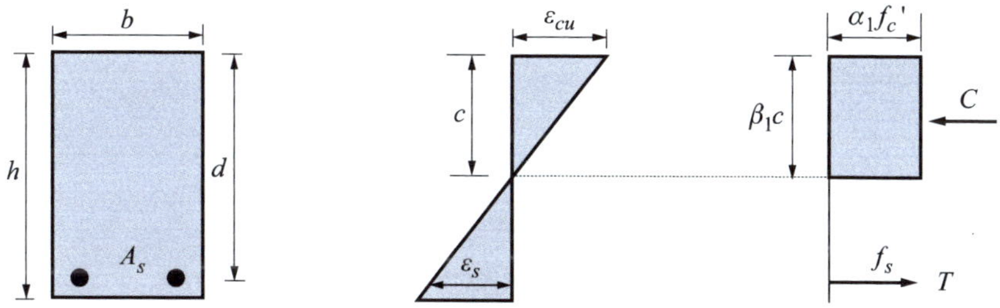

(a) 단면 (b) 변형률분포 (c) 응력분포

참고 그림 4.1 단면, 변형률분포와 응력분포

참고 표 4.1 압축연단의 콘크리트변형률

설계 기준	ε_{cu}
미국건물설계기준(ACI 318-19)	0.003
뉴질랜드설계기준(NZS 3101-95)	0.003
캐나다설계기준(CSA A23.3-14)	0.0035
유럽설계기준(Eurocode 2)	$f_{ck} \le 50$ MPa인 경우, 0.0035 50 MPa $< f_{ck} \le 90$ MPa인 경우, $0.0026 + 0.035\left(\frac{90-f_{ck}}{100}\right)^4$

참고 표 4.2 콘크리트 등가응력블록, α_1

설계 기준	α_1
미국건물설계기준(ACI 318-19)	0.85
뉴질랜드설계기준(NZS 3101-95)	$f_{ck} \leq 55$ MPa인 경우, 0.85 $f_{ck} > 55$ MPa인 경우, $0.85 - 0.004(f_{ck} - 55) \geq 0.75$
캐나다설계기준(CSA A23.3-14)	$0.85 - 0.0015 f_{ck} \geq 0.67$
유럽설계기준(Eurocode 2)	$f_{ck} \leq 50$ MPa인 경우, α_{cc}^{+} 50 MPa $< f_{ck} \leq 90$ MPa인 경우, $\alpha_{cc}^{+}\left(1.0 - \dfrac{f_{ck} - 50}{200}\right)$

α_{cc}^{+} : 장기하중과 하중 효과를 고려한 계수

참고 표 4.3 콘크리트 등가응력블록, β_1

설계 기준	β_1
미국건물설계기준(ACI 318-19)	$f_{ck} \leq 30$ MPa인 경우, 0.85 $f_{ck} > 30$ MPa인 경우, $0.85 - 0.007(f_{ck} - 28) \geq 0.65$
뉴질랜드설계기준(NZS 3101-95)	$f_{ck} \leq 30$ MPa인 경우, 0.85 $f_{ck} > 30$ MPa인 경우, $0.85 - 0.008(f_{ck} - 30) \geq 0.65$
캐나다설계기준(CSA A23.3-14)	$0.97 - 0.0025 f_c' \geq 0.67$
유럽설계기준(Eurocode 2)	$f_{ck} \leq 50$ MPa인 경우, 0.80 50 MPa $< f_{ck} \leq 90$ MPa인 경우, $0.80 - \dfrac{f_{ck} - 50}{400}$

Chapter 4 연습문제

4.1 철근콘크리트 부재의 휨모멘트 해석을 위한 세 가지를 가정과 조건에 대하여 설명하라.

4.2 철근콘크리트 부재의 휨모멘트 설계를 위한 세 가지를 가정과 조건에 대하여 설명하라.

4.3 철근콘크리트 휨부재의 휨인장파괴의 네 가지 단계에 대하여 설명하라.

4.4 인장파괴하는 철근콘크리트 부재의 휨모멘트 - 곡률관계를 세 가지 단계로 구분하여 설명하라.

4.5 철근콘크리트 보의 휨해석을 위한 힘의 평형조건, 변형의 적합조건 및 재료의 구성법칙의 재료메커니즘에 대하여 설명하라.

4.6 콘크리트 등가응력분포를 사용하는 이유에 대하여 설명하라.

4.7 콘크리트 등가응력분포를 만들기 위한 두 가지 조건에 대하여 설명하라.

4.8 콘크리트 등가응력분포를 만들기 위한 계수 α, β에 대하여 설명하라.

Chapter

05

보의 휨해석과 설계

5.1 일반 사항
5.2 휨파괴의 종류와 강도감소계수
5.3 최소 철근비와 최대 철근비
5.4 단철근 직사각형보의 해석
5.5 복철근 직사각형보의 해석
5.6 T형보의 해석
5.7 보의 휨설계
5.8 휨모멘트 재분배

5.1 일반 사항

철근콘크리트 보의 휨설계는 4장에서 설명한 해석과 설계에 대한 6가지 가정과 조건에 기본을 두고 이루어진다. 철근콘크리트의 휨설계는 보의 종류에 따라서 설계 방법이 약간 다르지만 기본적인 개념은 동일하다. 5장에서는 철근콘크리트 보를 단철근 직사각형보, 복철근 직사각형보 및 T형보로 구분한 후에, 휨해석과 휨설계의 관점에서 설명한다.

① **휨해석** : 보의 단면과 재료조건이 주어지며, 이를 이용하여 보의 설계휨모멘트와 계수휨모멘트(소요휨모멘트)를 계산한다.
② **휨설계** : 계수휨모멘트가 주어지며, 계수휨모멘트에 저항할 수 있는 보의 단면과 재료 강도를 결정하고, 필요한 철근량을 계산한다.

5장에서는 휨파괴의 종류를 설명하고, 휨설계를 위하여 필요한 최소 철근비, 최대 철근비 및 강도감소계수에 대하여 설명한다. 콘크리트의 등가응력분포를 포물선 - 직선형과 등가 직사각형 압축응력블록으로 구분하여 휨 내력을 계산한다. 또한 각 단면 형상에 대한 휨해석과 휨설계 방법을 도표와 수식을 이용하여 설명한다.

5.2 휨파괴의 종류와 강도감소계수

5.2.1 휨파괴의 종류

휨모멘트를 받는 철근콘크리트 부재는 콘크리트와 철근의 상대적 저항력의 차이에 따라서 파괴 양상이 달라진다. 철근이 많이 배근되어 철근의 저항력이 콘크리트의 저항력보다 큰 경우에는 철근이 항복하기 이전에 콘크리트가 먼저 압축파괴한다. 반면에 철근의 저항력이 콘크리트의 저항력보다 작은 경우에는 철근이 항복한 후에 콘크리트가 압축파괴한다. 재료의 파괴순서에 따라서 부재의 연성능력과 중립축의 위치가 달라진다. 휨모멘트를 받는 철근콘크리트 부재의 파괴를 네 가지로 구별하고 그 특징을 정리하면 다음과 같다([그림 5.1] 참조).

① **최소철근파괴**(minimum flexural reinforcement failure) : 주인장철근량이 매우 적게 배근된 경우. 부재에 휨균열이 발생함과 동시에 파괴되는 취성 파괴([그림 5.1]의 ①). 휨인장균열이 발생하기 이전에는 콘크리트와 철근이 함께 인장력을 저항하지만 휨균열이 발생

한 이후에는 콘크리트의 인장내력은 급격하게 감소하고, 철근이 외부의 인장력을 저항한다. 최소철근파괴는 부재에 매우 적은 철근이 배근되어 휨균열 발생시의 외력을 철근이 지지하지 못하고 휨균열이 발생함과 동시에 부재가 파괴되는 취성적인 파괴를 말한다.

② **인장파괴**(tension failure **또는** under reinforcement failure) : 철근비가 균형철근비보다 적은 경우. 철근이 항복한 이후에 압축연단 콘크리트의 변형률이 극한변형률(ε_{cu} = 0.0033($f_{ck} \leqq 40$ MPa일 때))에 도달하여 연성적으로 파괴된다([그림 5.1]의 ②). 철근이 비교적 적게 배근되기 때문에 철근의 변형률은 항복변형률 이상이 되며 중립축은 짧아진다($\varepsilon_c = \varepsilon_{cu}$, $\varepsilon_s > \varepsilon_y$, $f_s = f_y$).

③ **균형파괴**(balanced failure) : 철근비가 균형철근비와 같은 경우. 철근이 항복변형률에 도달함과 동시에 압축연단 콘크리트의 변형률이 극한변형률(ε_{cu})에 도달하여 취성적으로 파괴된다([그림 5.1]의 ③). 철근의 변형률은 항복변형률과 같으며 중립축은 인장파괴의 경우보다 길어진다($\varepsilon_c = \varepsilon_{cu}$, $\varepsilon_s = \varepsilon_y$, $f_s = f_y$).

④ **압축파괴**(compression failure **또는** over reinforcement failure) : 철근비가 균형철근비보다 많은 경우. 철근이 항복하기 이전에 압축연단 콘크리트의 변형률이 극한변형률(ε_{cu})에 도달하여 취성적으로 파괴된다([그림 5.1]의 ④). 철근이 많이 배근되기 때문에 철근의 변형률은 항복변형률보다 작아지므로 중립축은 길어진다($\varepsilon_c = \varepsilon_{cu}$, $\varepsilon_s < \varepsilon_y$, $f_s < f_y$).

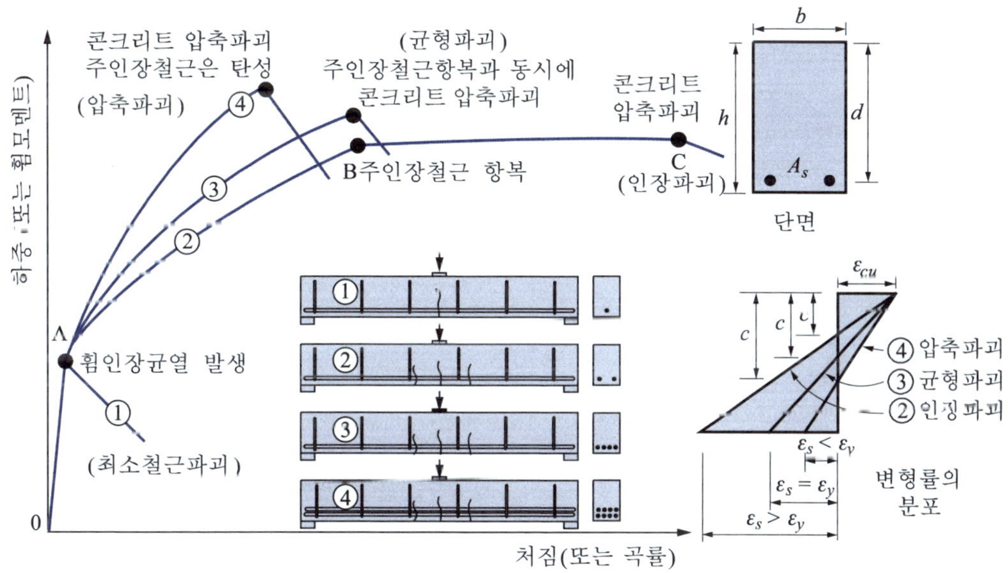

그림 5.1 휨파괴의 종류

이와 같이 재료의 구성 비율에 따라서 파괴 종류가 달라지며 [그림 5.1]의 네 가지 파괴 중에서 인장파괴는 주인장철근이 먼저 항복하고 콘크리트가 압축파괴되기 때문에 부재가 연성적으로 파괴되지만, 그 외의 파괴는 모두 취성적으로 파괴된다. 인장파괴를 일으키는 부재의 경우도 철근비가 균형철근비보다 적을수록 연성능력이 커지므로 보의 휨설계에서는 부재가 인장파괴하도록 유도하며 철근비는 균형철근비를 기준으로 규정 한도 이하가 되도록 제한하고 있다.

5.2.2 단면의 구분

휨설계에서는 압축, 균형, 인장파괴를 철근의 응력-변형률 곡선과 연성능력에 연계하여 [그림 5.2]의 세 가지 종류의 단면으로 구분한다. [그림 5.2(a)]에 사용되고 있는 기호를 정리하면 다음과 같다.

d : 압축연단에서 인장측 철근의 중심까지의 거리

d_t : 압축연단에서 인장연단에 가장 가까운 철근 단면적의 중심까지의 거리

ε_s : 인장측 철근의 중심에서의 변형률

ε_t : 인장연단에 가장 가까운 철근의 변형률, 최외단 인장철근의 인장변형률

설계에서는 [그림 5.2(a)]와 같이 압축연단의 변형률(ε_c)이 극한변형률($\varepsilon_{cu} = 0.0033(f_{ck} \leqq 40$ MPa일 때))에 도달하였을 때, 최외단 인장철근의 변형률(ε_t)이 도달한 값을 기준으로 단면을 다음 세 가지로 구분한다.

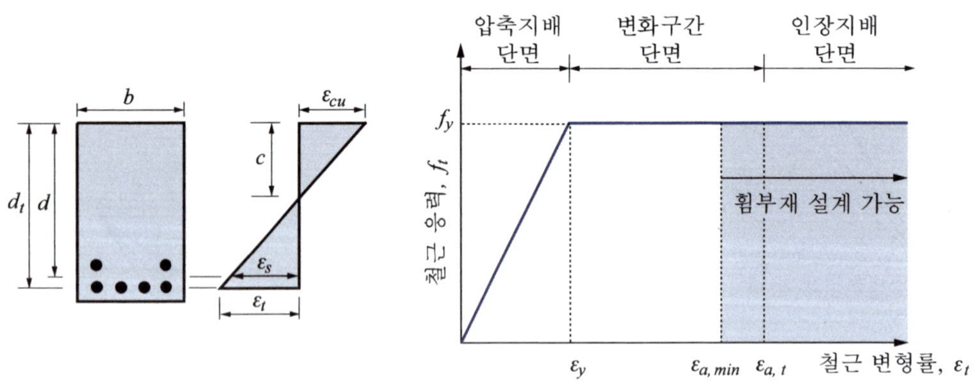

(a) 부재 단면과 변형률 분포

(b) 철근의 응력－변형률 관계에 의한 단면

그림 5.2 KDS 14 20 국가건설기준에서 규정하는 세 가지 단면

① **압축지배단면($\varepsilon_t < \varepsilon_y$, $f_s < f_y$)** : 주인장철근량이 많이 배근되어 철근이 항복하기 이전에 압축연단 콘크리트의 변형률이 극한변형률(ε_{cu})에 도달하여 취성적으로 파괴하는 경우이다. 5.2.1항에서 설명한 압축파괴하는 부재가 여기에 속한다.

② **변화구간단면($\varepsilon_y \leqq \varepsilon_t < \varepsilon_{a,t}$, $f_s = f_y$)** : 주인장철근이 균형파괴시의 철근보다 다소 적게 배근된 경우이다. 철근이 항복한 이후에 압축연단 콘크리트의 변형률이 극한변형률(ε_{cu})에 도달하여 파괴된다. 주인장철근의 양이 균형파괴시의 철근의 양보다 적기는 하지만 그 차이가 크지 않기 때문에 바깥쪽 철근의 변형률(ε_t)이 항복변형률(ε_y)보다 아주 크지는 않으며, 부재의 연성도 크지 않은 경우이다. ε_t의 변형률은 식(5.1)의 $\varepsilon_{a,t}$보다 작다. 5.2.1항에서 설명한 인장파괴하는 부재가 여기에 속하며 이 부재에는 균형파괴시의 철근보다 약간 적은 철근이 배근되어 연성이 크지 않다.

③ **인장지배단면($\varepsilon_t \geqq \varepsilon_{a,t}$, $f_s = f_y$)** : 주인장철근이 균형파괴시의 철근보다 적게 배근된 경우이다. 철근이 항복하여 ε_t가 $\varepsilon_{a,t}$ 이상 도달한 이후에 압축연단 콘크리트의 변형률이 극한변형률(ε_{cu})에 도달하여 연성적으로 파괴된다. 인장지배단면에서는 ε_t의 변형률은 식(5.1)의 $\varepsilon_{a,t}$ 이상이 되어야 한다. 5.2.1항에서 설명한 인장파괴하는 부재가 여기에 속하며 이 부재에는 균형파괴시의 철근보다 상당히 적은 철근이 배근되어 연성이 크다.

[그림 5.2]에서 $\varepsilon_{a,t}$는 항복강도가 400 MPa인 철근을 기준으로 하여 0.005와 $2.5\varepsilon_y$ 중에서 큰 값을 사용해야 한다.

$$\varepsilon_{a,t} = \max.(0.005,\ 2.5\varepsilon_y) \tag{5.1}$$

이와 같은 단면의 구분과 함께 보의 휨설계에서는 인장연단에 가장 가까운 철근의 변형률(ε_t)이 $\varepsilon_{a,\min}$ 이상이 되도록 규정하고 있다. 이는 철근의 양이 적을수록 철근의 변형률(ε_t)이 증가하고 중립축이 감소하여 부재가 연성적으로 파괴되기 때문이다. 만일 철근콘크리트 보 단면의 ε_t가 $\varepsilon_{a,\min}$보다 작다면 기준에서 정하는 설계 조건을 만족하지 못하여 설계할 수 없다. $\varepsilon_{a,\min}$는 항복강도가 400 MPa인 철근을 기준으로 하여 0.004와 $2.0\varepsilon_y$ 중에서 큰 값을 사용한다.

$$\varepsilon_t \geqq \varepsilon_{a,\min}$$

$$\varepsilon_{a,\min} = \max.(0.004,\ 2\varepsilon_y) \tag{5.2}$$

5.2.3 강도감소계수

강도설계법의 기본 개념은 식(5.3)과 같이 외력에 의하여 발생하는 계수휨모멘트(M_u)가 철근과 콘크리트의 내력에 의한 설계휨모멘트(ϕM_n) 이하가 되도록 하는 것이다.

$$설계휨모멘트(\phi M_n) \geq 계수휨모멘트(M_u) \tag{5.3}$$

식(5.3)의 강도감소계수(ϕ)는 설계 기준에서 요구하는 조건에 맞추어 계산되어야 한다. 설계에서는 최외단 인장철근의 변형률(ε_t)에 따라서 [그림 5.3]과 같이 단면을 3가지로 구분하고, 단면의 종류에 따라 강도감소계수(ϕ)를 다르게 계산한다. ε_t이 커서 연성이 확보되는 부재에 대해서는 설계안전율을 작게 해도 되기 때문에 안전율에 해당하는 강도감소계수를 크게 하지만, ε_t이 작은 부재는 연성이 작기 때문에 설계안전율을 크게(강도감소계수를 작게) 해야 한다. 이러한 관점에서 구조설계기준에서는 변형률이 $\varepsilon_{a,\min}$ 이상일 때 강도감소계수를 다음과 같이 구별하고 있다.

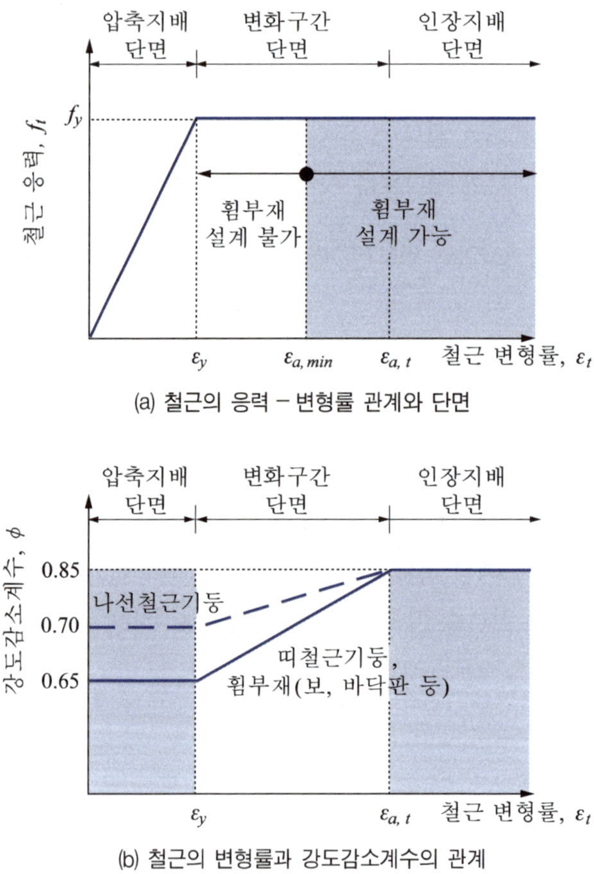

그림 5.3 휨부재의 강도감소계수

$\varepsilon_t < \varepsilon_{a,\min}$인 경우, 축력없이 휨모멘트만 받는 부재의 경우에 설계 불가

$\varepsilon_{a,\min} \leqq \varepsilon_t < \varepsilon_{a,t}$인 경우,

(띠철근 보강 부재) $$\phi = 0.65 + \frac{0.85 - 0.65}{\varepsilon_{a,t} - \varepsilon_y}(\varepsilon_t - \varepsilon_y) \quad (5.4a)$$

(나선철근 보강 부재) $$\phi = 0.70 + \frac{0.85 - 0.70}{\varepsilon_{a,t} - \varepsilon_y}(\varepsilon_t - \varepsilon_y) \quad (5.4b)$$

$\varepsilon_t \geqq \varepsilon_{a,t}$인 경우, $$\phi = 0.85 \quad (5.4c)$$

최외단 인장철근의 변형률(ε_t)이 식(5.2)의 $\varepsilon_{a,\min}$ 이하가 될 경우에 축력없이 휨모멘트만 받는 보에 대하여 설계할 수 없다. 그 이유는 $\varepsilon_t < \varepsilon_{a,\min}$이면 부재의 연성이 작기 때문이다. 그러나 축력과 휨모멘트가 동시에 작용하는 기둥의 경우에는 $\varepsilon_t < \varepsilon_{a,\min}$에서도 설계가 가능하며 그 이유 및 기둥에 대한 강도감소계수(ϕ)는 11.3.1항에서 상세하게 설명한다.

5.3 최소 철근비와 최대 철근비

철근콘크리트 부재의 거동은 철근과 콘크리트의 상대적 강도에 영향을 받기 때문에 설계에서는 이를 반영하기 위하여 철근비(ρ)를 사용한다. 철근비는 콘크리트의 유효면적과 철근면적의 비를 나타내며, 직사각형 단면의 철근비는 식(5.5)를 사용하여 계산한다.

$$\rho = \frac{A_s}{bd} \quad (5.5)$$

여기서, A_s : 철근의 단면적, b : 단면의 폭, d : 단면의 유효높이이다.

5.3.1 최소 철근비

철근콘크리트 부재에 휨균열이 발생하기 이전에는 외부의 인장력을 철근과 콘크리트가 동시에 저항한다. 그러나 휨균열이 발생한 이후에는 콘크리트의 인장내력이 급격하게 감소하므로 주로 철근이 외부 인장력을 저항한다. 그러나 철근콘크리트 부재에 배근된 주인장철근의 양이 매우 적은 경우에는 휨균열 발생시의 외력을 철근이 지지하지 못하고, 휨균열이 발생함과 동시에

철근이 항복하여 취성적으로 파괴될 수 있다(최소철근파괴 - [그림 5.1]의 ① 참조). 설계에서는 이러한 취성적인 최소철근파괴를 방지하기 위하여 주인장철근의 양을 어느 일정값 이상이 되도록 규정하고 있으며, 이 값을 최소 철근비($\rho_{\min}$)라 한다. 설계에서 사용되는 최소 철근비는 다음과 같이 유도할 수 있다.

휨균열이 발생하기 이전의 철근콘크리트 부재는 탄성해석이 가능하므로 휨응력은 식(5.6)에 의하여 계산할 수 있다.

$$f = \frac{M}{I} y_t \tag{5.6}$$

여기서, f : 휨응력, M : 휨모멘트, I : 단면2차모멘트, y_t : 중립축에서 인장연단까지의 거리이다.

휨균열이 발생할 경우에 식(5.6)의 f와 M은 각각 휨인장강도(f_r)와 휨균열모멘트(M_{cr})로 대체할 수 있다.

$$f_r = \frac{M_{cr}}{I} y_t \tag{5.7}$$

식(5.7)에서 보통중량콘크리트의 휨인장강도 $f_r = 0.63\lambda\sqrt{f_{ck}}$ 이다(식(2.15) 참조). 또한 콘크리트 단면에 균열이 발생하는 순간이므로 단면2차모멘트(I)는 전체 단면2차모멘트(I_g)를 사용한다. 식(5.7)을 M_{cr}값으로 변경하면 식(5.8)과 같다.

$$M_{cr} = \frac{f_r}{y_t} I_g \tag{5.8}$$

KDS 14 20 국가건설기준-2022에서는 [콘크리트구조기준-2012]를 개정하여 최소철근파괴를 방지하기 위하여 단면 저항모멘트(M_n)가 휨균열모멘트(M_{cr})의 1.2배 이상이 되도록 하였다.

$$\phi M_n \geq 1.2 M_{cr} \qquad \text{(최소철근파괴 방지)} \tag{5.9}$$

휨균열이 발생할 때의 단면 저항모멘트(M_n)는 식(5.10)에서 계산한다.

$$M_n = A_s f_y jd \tag{5.10}$$

여기서, A_s : 인장철근의 단면적, f_y : 인장철근의 설계기준항복강도, jd : 압축력과 인장력의 중심간 거리이다.

식(5.9)와 식(5.10)을 정리하고 최소 철근단면적($A_{s,\min}$)에 대하여 최소 철근비($\rho_{\min}$)를 유도하면 식(5.12)와 같다.

$$A_{s,\min} = 1.2\frac{f_r I_g}{\phi f_y j d y_t} \tag{5.11}$$

$$\rho_{\min} = 1.2\frac{f_r I_g}{\phi f_y j d y_t} \times \frac{1}{bd} \tag{5.12}$$

단면의 폭이 b이며 전체 높이가 h인 직사각형 단면에 대하여 철근의 영향을 무시할 경우에 전체 단면2차모멘트(I_g)와 y_t는 각각 $I_g = bh^3/12$, $y_t = h/2$이다. 또한, 일반적으로 직사각형 보의 경우 $d \approx 0.9h$이며, jd는 단면의 유효높이의 약 87.5%($jd \approx (7/8)d$)이므로 이를 식(5.12)에 대입하여 식(5.13)을 구할 수 있다.

$$\rho_{\min} = 0.178\frac{\lambda\sqrt{f_{ck}}}{\phi f_y} \qquad \text{(사각형 단면의 경우)} \tag{5.13}$$

식(5.13)에 의하여 계산된 보통중량 콘크리트의 압축강도와 철근의 항복강도에 따라서 달라지는 단철근 직사각형보에 대한 최소 철근비를 [표 5.1]에 정리하였다. 한편 T형보와 같이 플랜지의 폭이 웨브의 폭과 다른 경우에는 식(5.12)의 I_g와 y_t를 다르게 적용해야 한다. 또한 KDS 14 20 국가건설기준에서는 두께가 균일한 구조용 슬래브와 기초판의 휨철근의 최소 철근단면적($A_{s,\min}$)은 식(5.9)를 사용하지 않고 $\phi M_n > 4/3M_u$ 이상을 허용하고 있다. 이에 대해서는 13장에서 설명한다.

표 5.1 최소 철근비와 최대 철근비(단철근 직사각형보의 경우)

f_y (MPa)		f_{ck} (MPa)					
		21	24	27	30	40	50
300	$\rho_{\max}$	0.0216	0.0246	0.0277	0.0307	0.0410	0.0491
	$\rho_{\min}$	0.0032	0.0034	0.0036	0.0038	0.0044	0.0049
400	$\rho_{\max}$	0.0161	0.0184	0.0207	0.0231	0.0307	0.0368
	$\rho_{\min}$	0.0024	0.0026	0.0027	0.0029	0.0033	0.0037
500	$\rho_{\max}$	0.0114	0.0130	0.0146	0.0162	0.0216	0.0259
	$\rho_{\min}$	0.0019	0.0021	0.0022	0.0023	0.0026	0.0030
600	$\rho_{\max}$	0.0084	0.0097	0.0109	0.0121	0.0161	0.0192
	$\rho_{\min}$	0.0016	0.0017	0.0018	0.0019	0.0022	0.0025
700	$\rho_{\max}$	0.0065	0.0075	0.0084	0.0093	0.0124	0.0149
	$\rho_{\min}$	0.0014	0.0015	0.0016	0.0016	0.0019	0.0021

* 최소 철근비 계산 시에 $d = 0.9h$, $jd = 0.875d$, $\phi = 0.85$로 가정하였다. $\rho_{\max}$는 $d = d_t$일 때의 최대 철근비이며, d와 d_t가 다른 경우에는 이 값에 d_t/d를 곱해서 계산해야 한다.

5.3.2 최대 철근비

인장파괴하는 철근콘크리트 부재의 경우에도 철근비가 균형철근비에 근접할 경우에 부재의 연성이 작아진다. 설계에서는 부재의 연성파괴를 유도하기 위하여 식(5.2)와 같이 최외단 인장철근의 변형률(ε_t)이 $\varepsilon_{a,\min}(=\max.(0.004,\ 2\varepsilon_y))$ 이상이 되도록 규정하고 있다. 철근의 인장변형률(ε_t)이 $\varepsilon_{a,\min}$에 가깝게 갈수록 단면의 모멘트는 최대가 되며 연성은 최소가 되므로, 최대 철근비($\rho_{\max}$)는 $\varepsilon_{a,\min}$을 이용하여 다음과 같이 유도할 수 있다.

4.6절에서 설명한 힘의 평형식을 사용하여 콘크리트와 철근에 의한 압축력과 인장력을 계산한다.

$$C = T, \qquad \alpha(0.85f_{ck})bc = A_s f_s \tag{5.14}$$

부재가 인장파괴하므로 인장철근의 응력(f_s)은 항복강도(f_y)를 사용한다. 따라서 중립축의 깊이(c)를 식(5.15)를 이용하여 계산할 수 있다.

$$c = \frac{1}{\alpha}\frac{A_s f_y}{0.85f_{ck}b} \tag{5.15}$$

변형의 적합조건을 이용하여 최외단 인장철근의 변형률(ε_t)을 식(5.16)에 의하여 계산한다.

$$c : \varepsilon_{cu} = d_t : (\varepsilon_{cu} + \varepsilon_t)$$

$$\varepsilon_t = \varepsilon_{cu}\left(\frac{d_t}{c} - 1\right) \tag{5.16}$$

식(5.16)에 식(5.15)를 대입한 후에 철근비 $\rho = A_s/(bd)$로 정리하면 식(5.17)을 유도할 수 있다.

$$\varepsilon_t = \varepsilon_{cu}\left(\frac{\alpha(0.85f_{ck})d_t}{\rho f_y d} - 1\right) \tag{5.17}$$

[그림 5.1]에서 철근비가 작을수록 중립축의 깊이(c)가 감소하여 ε_t가 커지므로, 식(5.17)의 ε_t를 $\varepsilon_{a,\min}$으로 대체하면 식(5.18)에서 최대 철근비($\rho_{\max}$)를 계산할 수 있다.

$$\rho_{\max} = \frac{\varepsilon_{cu}}{\varepsilon_{a,\min} + \varepsilon_{cu}}\frac{\alpha(0.85f_{ck})}{f_y}\frac{d_t}{d} \tag{5.18}$$

식(5.11)와 식(5.18)을 이용하여 콘크리트의 압축강도와 철근의 항복강도에 따라서 달라지는 단철근 직사각형보의 최대 철근비를 계산하여 [표 5.1]에 정리하였다.

5.4 단철근 직사각형보의 해석

휨모멘트를 받는 철근콘크리트 부재의 단면은 중립축을 중심으로 인장응력을 받는 부분과 압축응력을 받는 부분으로 구분할 수 있다. 단철근 직사각형보란 인장응력을 받는 부분에만 철근을 배근하고 압축응력을 받는 부분에는 철근을 배근하지 않는 보이다. 단철근 직사각형보의 변형률, 응력 및 내력의 분포를 [그림 5.4]에 표시하였다. 단철근 직사각형보의 휨내력은 4장에서 설명한 재료메커니즘을 이용하여 다음 순서에 의하여 계산한다.

5.4.1 포물선 – 직선형 등가응력분포를 이용한 해석의 경우

① 부재가 인장파괴하며, 최외단 인장철근의 변형률(ε_t)이 휨부재 설계조건인 $\varepsilon_{a,\min}$ 이상인 것으로 가정한다. 따라서 부재가 최대 내력에 도달했을 때의 철근 응력(f_s)을 철근의 항복강도(f_y)로 대체할 수 있다.

② 힘의 평형조건(식(4.14))을 이용하여 중립축의 깊이(c)를 계산한다([그림 5.4(c)] 참조).

$$C = T$$

$$\alpha(0.85 f_{ck})bc = A_s f_s \tag{5.19a}$$

$$\alpha(0.85 f_{ck})bc = A_s f_y \tag{5.19b}$$

$$c = \frac{A_s f_y}{\alpha(0.85 f_{ck})b} \tag{5.20}$$

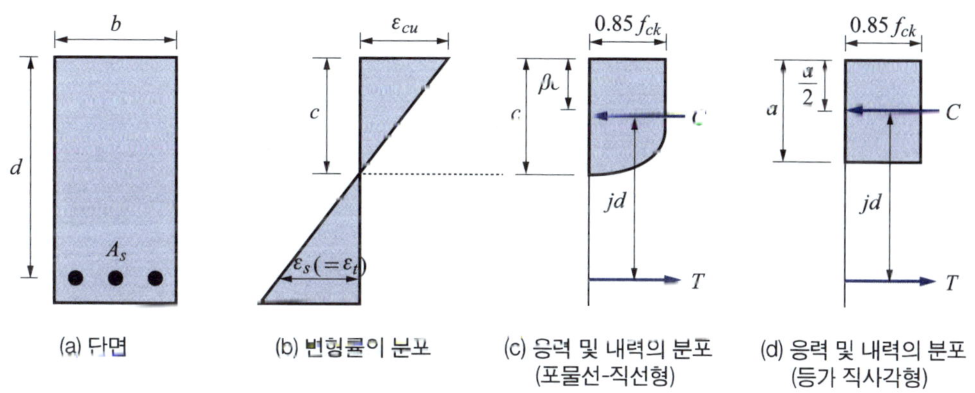

그림 5.4 단철근 직사각형보

③ 변형의 적합조건(식(4.8))을 사용하여 인장철근의 변형률을 계산하여 ①의 가정이 옳은지를 판단한다([그림 5.4(b)] 참조).

$$c : \varepsilon_{cu} = (d - c) : \varepsilon_s \tag{5.21}$$

$$\varepsilon_s = \left(\frac{d}{c} - 1\right)\varepsilon_{cu} \tag{5.22}$$

④ 인장파괴하여 ①의 가정이 맞을 경우($\varepsilon_s (= \varepsilon_t) \geq \varepsilon_{a,\min}$)에 휨모멘트($M_n$)를 계산할 수 있다. $\varepsilon_{a,\min}$는 식(5.2)를 이용하여 계산할 수 있다. 가정이 맞지 않을 경우에는 부재가 압축파괴하거나, $\varepsilon_t < \varepsilon_{a,\min}$으로 휨모멘트를 받는 철근콘크리트 보 설계에 적합하지 않다.

$$M_n = C \cdot jd = C \cdot (d - \beta c) \tag{5.23a}$$

또는

$$M_n = T \cdot jd = T \cdot (d - \beta c) \tag{5.23b}$$

⑤ 강도감소계수(ϕ)를 곱하여 설계휨모멘트(ϕM_n)를 계산한다.

$$M_u = \phi M_n \tag{5.24}$$

5.4.2 등가 직사각형 압축응력블록을 이용한 해석의 경우

포물선 - 직선형 등가응력분포를 이용하는 계산 방법과 기본적으로 동일하다. 다만 ② 단계에서 등가 압축응력블록의 깊이(a)와 중립축의 깊이(c)를 다음과 같이 계산한다.

② 힘의 평형조건(식(4.17))을 이용하여 등가 압축응력블록의 깊이(a)와 중립축의 깊이(c)를 계산한다([그림 5.4(d)] 참조).

$$C = T$$

$$\eta(0.85 f_{ck})\, ab = A_s f_y$$

$$a = \frac{A_s f_y}{\eta(0.85 f_{ck}) b} \tag{5.25}$$

$$c = \frac{a}{\beta_1} \tag{5.26}$$

③, ④, ⑤ 변형의 적합조건(식(4.8))을 사용하여 인장철근의 변형률을 계산하여 ①의 가정이 옳은지를 판단하고 휨설계 조건을 만족할 경우에 $M_u = \phi M_n$를 계산한다.

$$M_n = C \cdot jd = C \cdot \left(d - \frac{a}{2}\right) \tag{5.27a}$$

또는

$$M_n = T \cdot jd = T \cdot \left(d - \frac{a}{2}\right) \tag{5.27b}$$

예제 5-1

[예제 그림 5-1-1]의 단철근 직사각형보의 설계휨모멘트(ϕM_n)를 계산하라.

인장철근의 설계기준항복강도 $f_y = 400$ MPa

D25 철근 1개의 단면적 506.7 mm^2

(1) 콘크리트의 압축강도 $f_{ck} = 24$ MPa인 경우
(포물선 – 직선형 등가응력분포 이용)

(2) 콘크리트의 압축강도 $f_{ck} = 24$ MPa인 경우
(등가 직사각형 압축응력블록 이용)

(3) 콘크리트의 압축강도 $f_{ck} = 50$ MPa인 경우
(포물선 – 직선형 등가응력분포 이용)

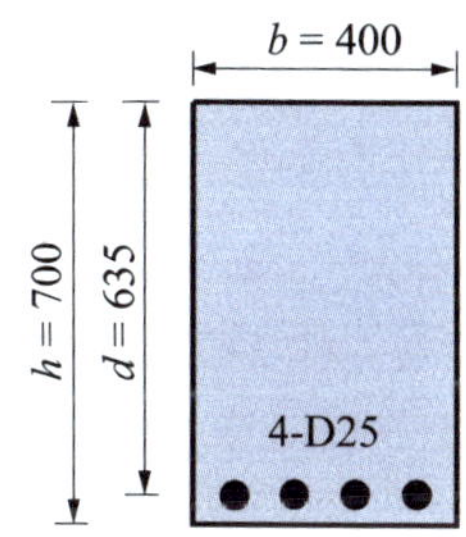

예제 그림 5-1-1

풀이

(1) 콘크리트의 압축강도 f_{ck} = 24 MPa인 경우 (포물선 - 직선형 등가응력분포 이용)

① 부재가 인장파괴하고 최외단 인장철근의 변형률(ε_t)이 휨부재 설계조건인 $\varepsilon_{a,\min}$ 이상인 것으로 가정한다. 따라서 철근의 응력(f_s)은 항복강도(f_y)를 사용한다.

② 힘의 평형조건(식(5.19)와 식(5.20))을 이용하여 중립축의 깊이(c)를 계산한다. 이 때 압축합력의 크기와 관련된 계수 α의 값은 [표 4.4]를 이용하며, 압축력의 합력(C)은 식(5.19)의 포물선 - 직선형 등가응력분포를 이용하여 계산한다.

$$\alpha(0.85 f_{ck}) bc = A_s f_s \tag{a}$$

$$c = \frac{A_s f_y}{\alpha(0.85 f_{ck}) b} = \frac{4 \times 506.7 \times 400}{0.8 \times 0.85 \times 24 \times 400} = 124.19 \text{ mm} \tag{b}$$

③ 변형의 적합조건(식(5.22))을 사용하여 인장철근의 변형률을 계산하여 ①의 가정이 옳은지를 판단한다. 극한변형률(ε_{cu})은 [표 4.1]에서 $f_{ck} \le 40$ MPa일 때 0.0033이다.

$$\varepsilon_s = \left(\frac{d}{c} - 1\right)\varepsilon_{cu} = \left(\frac{635.0}{124.19} - 1\right)0.0033 = 0.01357 \tag{c}$$

계산된 변형률 0.01357은 식(5.2)를 이용하여 계산한 $\varepsilon_{a,\min}(=0.004)$보다 크므로 휨부재 설계가 가능하다.

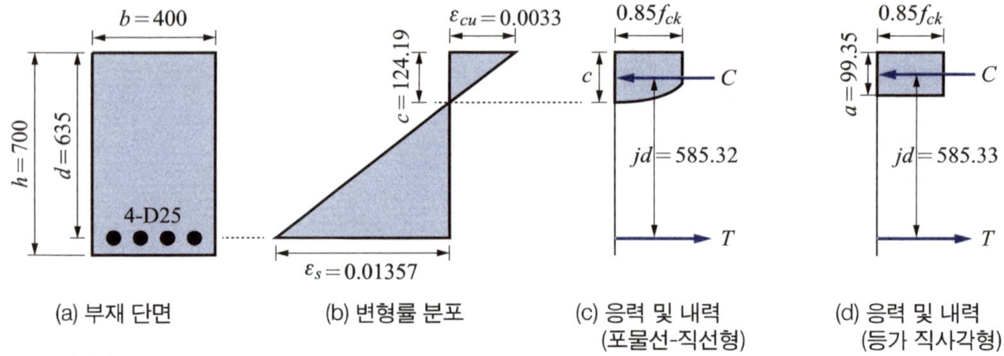

예제 그림 5-1-2 단철근 직사각형보 계산 결과 (f_{ck} = 24 MPa)

④ 가정이 맞으므로 식(5.23b)를 사용하여 휨모멘트(M_n)를 계산한다. 압축합력의 도심점과 관련된 계수 β는 [표 4.4]에서 $f_{ck} \leq 40$ MPa일 때 0.4이다.

$$\beta c = 0.4 \times 124.19 = 49.68 \text{ mm}$$

$$M_n = T \cdot jd = 4 \times 506.7 \times 400 \times (635 - 49.68) = 474.53 \text{ kN} \cdot \text{m} \tag{d}$$

⑤ 강도감소계수(ϕ)를 계산하여 설계휨모멘트(ϕM_n)를 계산한다. 식(c)의 철근의 변형률 0.01357은 $\varepsilon_{a,t}$(=0.005)보다 크므로 강도감소계수(ϕ)를 0.85로 하여 설계휨모멘트(ϕM_n)를 계산한다. 변형률분포와 응력을 [예제 그림 5-1-2]에 표시하였다.

$$\phi M_n = 0.85 \times 474.53 = 403.35 \text{ kN} \cdot \text{m} \tag{e}$$

(2) 콘크리트의 압축강도 f_{ck} = 24 MPa인 경우 (등가 직사각형 압축응력블록 이용)

① 부재가 인장파괴하며, ε_t가 $\varepsilon_{a,\min}$ 이상인 것으로 가정한다. 따라서 철근의 응력(f_s)은 항복강도(f_y)를 사용할 수 있다.

② 식(5.25)와 식(5.26)을 이용하여 등가 압축응력블록의 깊이(a)와 중립축의 깊이(c)를 계산한다. 계수 η와 β_1의 값은 [표 4.5]에서 각각 1.0과 0.8이다.

$$\eta(0.85 f_{ck}) ab = A_s f_s \tag{a}$$

$$a = \frac{A_s f_y}{\eta(0.85 f_{ck}) b} = \frac{4 \times 506.7 \times 400}{1.0 \times 0.85 \times 24 \times 400} = 99.35 \text{ mm} \tag{b}$$

$$c = \frac{a}{\beta_1} = \frac{99.35}{0.8} = 124.19 \text{ mm} \tag{c}$$

③ 식(5.22)을 사용하여 인장철근의 변형률을 계산하여 ①의 가정이 옳은지를 판단한다.

$$\varepsilon_s = \left(\frac{d}{c} - 1\right)\varepsilon_{cu} = \left(\frac{635.0}{124.19} - 1\right)0.0033 = 0.01357 \tag{d}$$

계산된 변형률 0.01357은 $\varepsilon_{a,\min}$보다 커서 휨부재 설계가 가능하다.

④ 가정이 맞으므로 식(5.27b)를 사용하여 휨모멘트(M_n)를 계산한다.

$$M_n = T \cdot jd = T \cdot \left(d - \frac{a}{2}\right) = 4 \times 506.7 \times 400 \times \left(635 - \frac{99.35}{2}\right)$$
$$= 474.53 \text{ kN} \cdot \text{m} \tag{e}$$

⑤ 식(d)에서 철근의 변형률은 0.01357이며, $\varepsilon_{a,t}(=0.005)$보다 크므로 강도감소계수($\phi$)를 0.85로 하여 설계휨모멘트($\phi M_n$)를 계산한다. 변형률분포와 응력은 [예제 그림 5-1-2(d)]와 같다.

$$\phi M_n = 0.85 \times 474.53 = 403.35 \text{ kN} \cdot \text{m} \tag{f}$$

(3) 콘크리트의 압축강도 f_{ck} = 50 MPa인 경우 (포물선 - 직선형 등가응력분포 이용)

① 부재가 인장파괴며, ε_t가 $\varepsilon_{a,\min}$ 이상인 것으로 가정한다. 따라서 철근의 응력(f_s)은 항복강도(f_y)를 사용한다.

② 중립축의 깊이(c)를 계산한다. 이 때 압축합력의 크기와 관련된 계수 α의 값은 [표 4.4]에서 $f_{ck} = 50$ MPa일 때 0.78이다.

$$\alpha(0.85 f_{ck}) bc = A_s f_s \tag{a}$$

$$c = \frac{A_s f_y}{\alpha(0.85 f_{ck}) b} = \frac{4 \times 506.7 \times 400}{0.78 \times 0.85 \times 50 \times 400} = 61.14 \text{ mm} \tag{b}$$

③ 식(5.22)을 사용하여 인장철근의 변형률을 계산하여 ①의 가정이 옳은지를 판단한다. 극한변형률(ε_{cu})은 [표 4.1]에서 $f_{ck} = 50$ MPa일 때 0.0032이다.

$$\varepsilon_s = \left(\frac{d}{c} - 1\right)\varepsilon_{cu} = \left(\frac{635.0}{61.14} - 1\right)0.0032 = 0.03004 \tag{c}$$

계산된 변형률 0.03004는 $\varepsilon_{a,\min}$보다 커서 휨부재 설계가 가능하다.

④ 가정이 맞으므로 식(5.23b)를 사용하여 휨모멘트(M_n)를 계산한다. 압축합력의 도심점과 관련된 계수 β는 [표 4.4]에서 $f_{ck} = 50$ MPa일 때 0.4이다.

$$\beta c = 0.4 \times 61.14 = 24.46 \text{ mm}$$
$$M_n = T \cdot jd = 4 \times 506.7 \times 400 \times (635 - 24.46) = 494.98 \text{ kN} \cdot \text{m} \tag{d}$$

⑤ 식(c)에서 철근의 변형률 $\varepsilon_s(=\varepsilon_t)$은 0.03004이며, $\varepsilon_{a,t}(=0.005)$보다 크므로 강도감소계수($\phi$)를 0.85로 하여 설계휨모멘트($\phi M_n$)를 계산한다. 변형률분포와 응력을 [예제 그림 5-1-3]에 나타냈다.

$$\phi M_n = 0.85 \times 494.98 = 420.73 \text{ kN} \cdot \text{m} \tag{e}$$

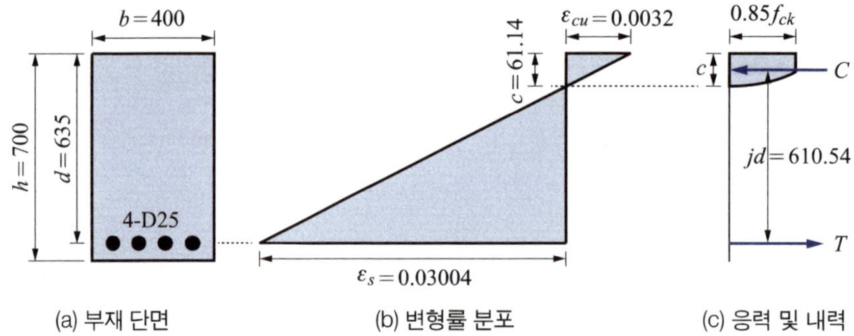

예제 그림 5-1-3 단철근 직사각형보 계산 결과 (f_{ck} =50 MPa)

[예제 그림 5-1-4]는 [예제 5-1]에서 사용한 단철근 직사각형보의 인장철근의 양(A_s)을 증가시켰을 때 계산되는 휨모멘트와 중립축의 깊이를 나타낸다. 휨모멘트는 $b \cdot d^2 \cdot f_{ck}$로 나누어져 무차원화 되었다. [예제 그림 5-1-4(a)]에서 인장철근이 항복하는 구간에서는 인장철근의 양이 증가함에 따라서 휨내력(M_n)이 거의 선형적으로 증가함을 알 수 있다. 그러나 인장철근이 항복하지 않는 구간에서는 철근의 양이 증가하여도 휨내력은 거의 일정하다. 이는 콘크리트에 의한 압축내력이 철근의 인장내력에 비해 상대적으로 약하기 때문에 철근이 모든 역량, 즉 항복강도(f_y)에 도달하지 않고도 식(5.19a)의 평형조건을 만족하여 휨내력이 콘크리트에 의해 결정되기 때문이다. 압축파괴 구간에서는 철근의 양이 증가하여도 철근이 항복하기 이전에 콘크리트가 압축파괴되어 휨내력(M_n)의 증가비율이 감소한다. 중립축의 깊이(c)는 인장철근이 항복하는 구간에서는 철근의 양이 증가함에 따라서 선형적으로 증가하지만, 철근이 항복하지 않는 구간에서는 증가 비율이 크게 감소함을 알 수 있다. 인장파괴 구간에서 휨내력(M_n)이 선형적으로 증가하지 않는 이유는 철근의 양이 증가함에 따라서 중립축의 깊이(c)가 증가하여 압축력과 인장력의 중심간의 거리(jd)가 감소하기 때문이다.

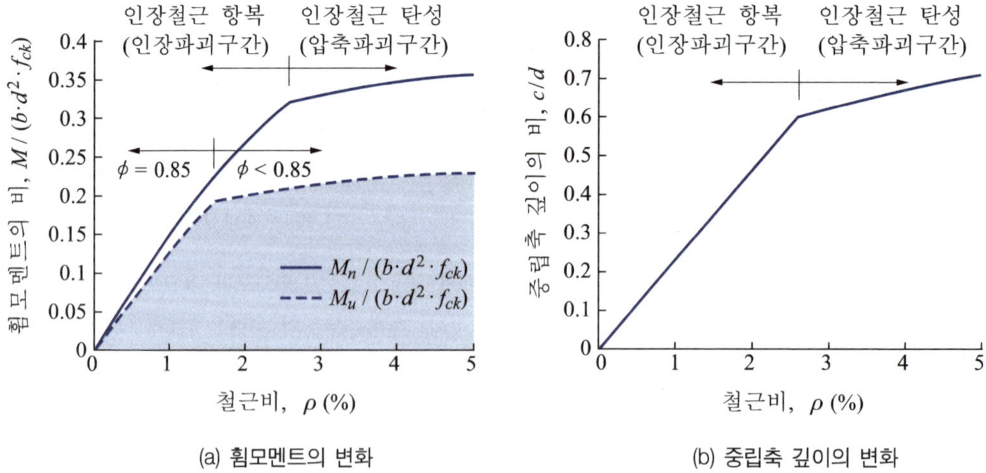

예제 그림 5-1-4 인장철근의 증가에 의한 휨내력과 중립축 길이의 변화

예제 5-2

[예제 그림 5-2-1]의 단철근 직사각형보가 휨내력에 도달할 때 철근의 인장변형률이 0.005이다. 총 인장철근량(A_s)과 설계휨모멘트(ϕM_n)를 계산하라.

콘크리트의 압축강도 $f_{ck} = 30$ MPa
인장철근의 설계기준항복강도 $f_y = 500$ MPa
이다.

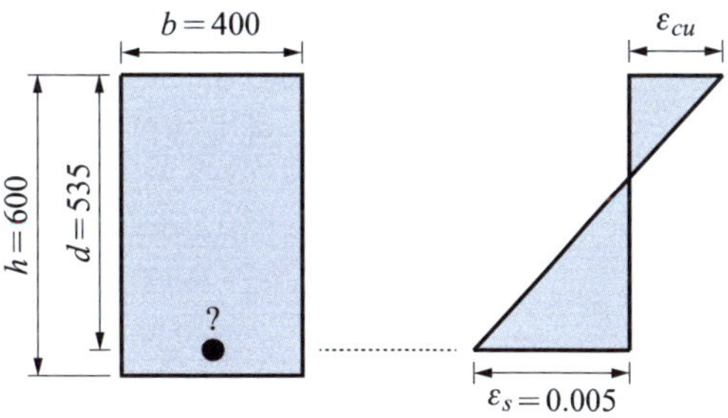

(a) 부재 단면 (b) 변형률 분포

예제 그림 5-2-1 단면과 변형률 분포

풀이

철근의 인장변형률을 알 수 있으므로 이를 이용하여 중립축의 위치를 구하고, 힘의 평형조건을 이용하여 총 인장철근량(A_s)과 설계휨모멘트(ϕM_n)를 계산할 수 있다.

① 최외단 인장철근의 변형률(ε_t)이 0.005이다. 이 값이 보의 휨설계에서 허용하는 인장철근의 변형률은 $\varepsilon_{a,\min}$에 도달하며 설계가 가능한지 검토한다. 철근의 항복강도 $f_y = 500$ MPa이므로 항복변형률은 500/200,000 = 0.0025이다.

$$\varepsilon_{a,\min} = \max.(0.004,\ 2\varepsilon_y) = \max.(0.004,\ 2 \times 0.0025) = 0.005$$

$\varepsilon_t = \varepsilon_{a,\min}$이므로 설계가 가능하다.

② 변형의 적합조건(식(5.22))을 이용하여 인장철근의 변형률이 0.005일 때의 중립축의 위치(c)를 계산한다. [표 4.1]에서 극한변형률(ε_{cu})은 0.0033이다.

$$\varepsilon_s = \left(\frac{d}{c} - 1\right)\varepsilon_{cu}$$

$$c = \frac{d}{\dfrac{\varepsilon_s}{\varepsilon_{cu}} + 1} = \frac{535}{\dfrac{0.005}{0.0033} + 1} = 212.71\ \mathrm{mm} \tag{a}$$

③ 힘의 평형조건(식(5.19))을 이용하여 총 인장철근량을 계산한다. 여기서 철근의 변형률은 0.005이므로 철근의 항복강도(f_y)를 이용하며, [표 4.4]에서 α는 0.8이다.

$$\alpha(0.85 f_{ck})bc = A_s f_s$$

$$A_s = \frac{\alpha(0.85 f_{ck})bc}{f_y} = \frac{0.8(0.85 \times 30) \times 400 \times 212.71}{500}$$

$$= 3{,}471.43\ \mathrm{mm}^2 \tag{b}$$

④ 휨모멘트(M_n)를 계산한다. [표 4.4]에서 β는 0.4이다.

$$M_n = T \cdot jd = 3{,}471.43 \times 500 \times (535 - 0.4 \times 212.71)$$
$$= 780.93 \text{ kN} \cdot \text{m} \tag{c}$$

⑤ 철근의 변형률은 0.005이므로 강도감소계수(ϕ)를 식(5.4a)를 이용하여 계산하고 설계휨모멘트(ϕM_n)를 계산한다. 이 단면의 변형률분포와 응력을 [예제 그림 5-2-2]에 표시하였다.

$$\phi = 0.65 + \frac{0.85 - 0.65}{\varepsilon_{a,t} - \varepsilon_y}(\varepsilon_t - \varepsilon_y)$$
$$\phi = 0.65 + \frac{0.85 - 0.65}{0.00625 - 0.0025}(0.005 - 0.0025) = 0.78$$
$$\phi M_n = 0.78 \times 780.93 = 609.13 \text{ kN} \cdot \text{m} \tag{d}$$

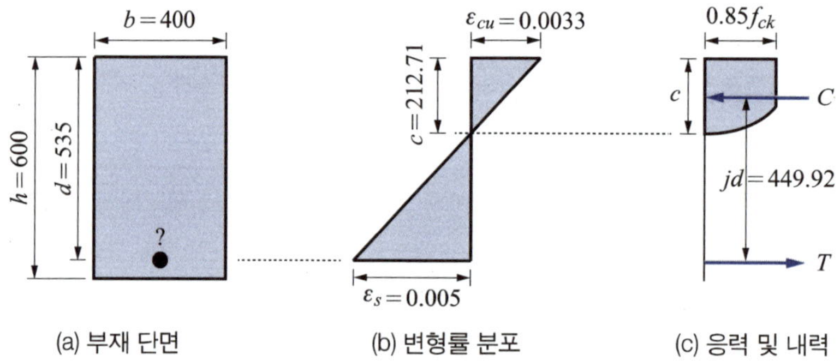

예제 그림 5-2-2 계산 결과

5.5 복철근 직사각형보의 해석

5.5.1 특성

복철근 직사각형보란 [그림 5.5]와 같이 휨모멘트를 받아 압축응력과 인장응력이 발생한 단면의 인장측과 압축측에 모두 주철근을 배근한 보를 말한다. 복철근 직사각형보는 단철근 직사각형보에 비하여 다음의 장점이 있다.

① **장기처짐의 감소** : 압축측에 철근이 배근될 경우에 콘크리트가 부담해야 할 일부의 압축력을 철근이 대신 저항하므로 크리프변형이나 건조수축변형이 감소한다($C = C_c + C_s$, [그림 5.5(c) 또는 5.5(d)] 참조). 크리프의 경우 2.6.1항에서 설명한 것과 같이 콘크리트에 지

속적으로 압축력이 작용할 때 발생하는 현상으로 압축철근이 콘크리트를 대신하여 외부 압축력의 일부를 부담하면 콘크리트가 저항해야 하는 압축력이 감소하여 크리프 변형률도 감소하게 된다. 크리프와 건조수축변형이 감소할 경우에 장기하중을 받는 콘크리트의 탄성계수 감소율이 작아져서 부재의 장기처짐이 감소한다.

② **연성의 증가** : 압축철근이 배근됨으로써 압축합력의 상대적 세기가 강해져 인장측 철근의 변형률이 증가한다. 부재가 최대 모멘트에 도달할 때, 압축연단 콘크리트 변형률이 일정한 상태에서 인장철근의 변형률이 증가할 경우에 중립축의 깊이가 감소하며 부재의 연성이 증가한다([그림 5.5(b)] 참조).

③ **단면적의 감소** : 압축철근이 배근됨으로써 부재의 파괴를 인장파괴로 유도할 수 있으며, 부재의 단면적을 감소시킬 수 있다.

④ **휨모멘트 방향의 변화에 대처** : 지진하중이나 풍하중과 같이 하중의 가력 방향이 달라질 경우에 압축철근이 인장철근의 역할을 대신할 수 있다.

⑤ **철근 조립의 편의** : 압축철근이 있을 경우에 전단철근을 사용하여 철근을 조립하는 것이 편리하다.

이와 같은 장점을 갖고 있는 복철근 직사각형보의 휨모멘트는 단철근 직사각형보와 비슷하게 재료메커니즘을 이용하여 계산한다.

힘의 평형조건

부재축방향에 대한 힘의 평형과 포물선-직선형 등가응력분포를 이용하여 다음 식을 유도한다([그림 5.5(c)] 참조).

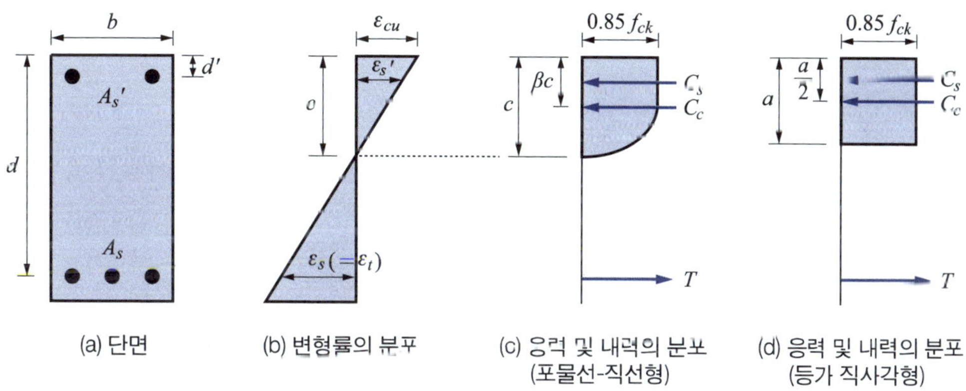

그림 5.5 복철근 직사각형보

$$C = T$$

$$C_c + C_s = T \tag{5.28}$$

$$\alpha(0.85 f_{ck}) bc + A_s' f_s' = A_s f_s \tag{5.29}$$

회전에 대한 평형을 이용하여 식(5.30)을 유도한다.

$$M_n = C_c(d - \beta c) + C_s(d - d') \tag{5.30}$$

여기서, C_c : 콘크리트에 의한 압축내력, C_s : 압축철근에 의한 압축내력, T : 인장철근에 의한 인장내력, A_s' : 압축철근의 단면적, A_s : 인장철근의 단면적, f_s' : 압축철근의 응력, f_s : 인장철근의 응력이다.

변형의 적합조건

평면유지의 가정에 의하여 중립축에서 떨어지는 거리가 멀어질수록 비례적으로 변형률이 증가하므로 압축철근과 인장철근의 변형률은 [그림 5.5(b)]를 이용하여 다음과 같이 계산한다.

압축철근의 변형률(ε_s')

$$\varepsilon_s' = \left(1 - \frac{d'}{c}\right)\varepsilon_{cu} \tag{5.31}$$

인장철근의 변형률(ε_s)

$$\varepsilon_s = \left(\frac{d}{c} - 1\right)\varepsilon_{cu} \tag{5.32}$$

재료의 구성법칙

압축철근과 인장철근의 응력 - 변형률 관계는 2장에서 설명한 설계를 위한 재료의 응력 - 변형률 곡선인 [그림 2.26]을 사용한다.

압축철근의 응력 - 변형률 관계

$$\varepsilon_s' < \varepsilon_y, \qquad f_s' = E_s \cdot \varepsilon_s' \tag{5.33a}$$

$$\varepsilon_s' \geq \varepsilon_y, \qquad f_s' = f_y \tag{5.33b}$$

인장철근의 응력 - 변형률 관계

$$\varepsilon_s < \varepsilon_y, \qquad f_s = E_s \cdot \varepsilon_s \tag{5.34a}$$

$$\varepsilon_s \geqq \varepsilon_y, \qquad f_s = f_y \tag{5.34b}$$

5.5.2 해석 방법

복철근 직사각형보의 휨모멘트는 포물선 - 직선형 등가응력분포 또는 등가 직사각형 압축응력 블록을 이용하여 다음 순서에 의하여 계산한다.

포물선 – 직선형 등가응력분포를 이용한 해석의 경우

① 부재의 인장철근 변형률(ε_t)이 휨부재 실세조선인 $\varepsilon_{a,\min}$ 이상이며, 압축철근이 항복한다고 가정한다. 따라서 부재가 최대 내력에 도달했을 때의 인장철근의 응력(f_s)과 압축철근(f_s')의 응력을 철근의 항복강도(f_y)로 대체하여 계산할 수 있다.

② 힘의 평형조건(식(5.29))를 이용하여 중립축의 깊이(c)를 계산한다.

$$c = \frac{(A_s - A_s')f_y}{\alpha(0.85 f_{ck})b} \tag{5.35}$$

③ 변형의 적합조건(식(5.31)과 식(5.32))를 이용하여 인장철근과 압축철근의 변형률을 계산하여 ①의 가정이 옳은지를 판단한다.

④-1 ε_t가 $\varepsilon_{a,\min}$보다 크며 압축철근이 항복하여 ①의 가정이 모두 맞을 경우에 식(5.36)을 이용하여 휨모멘트(M_n)를 계산한다.

$$M_n = (A_s - A_s')f_y \cdot (d - \beta c) + A_s' f_y \cdot (d - d') \tag{5.36}$$

④-2 인장파괴하지만 압축철근이 항복하지 않을 경우에는 ①의 가정이 잘못되었으므로 중립축의 깊이(c)를 다시 계산한다. 즉 $f_s = f_y$이지만, $f_s' < f_y$이므로 압축철근이 항복하기 이전인 탄성상태의 응력 - 변형률 관계식(5.33a)을 식(5.29)에 대입한다.

$$\alpha(0.85 f_{ck})bc + A_s' E_s \varepsilon_s' = A_s f_y \tag{5.37}$$

변형의 적합조건에서 계산한 식(5.31)을 식(5.37)에 대입하여 정리하면 중립축의 깊이(c)에 대한 2차식을 유도할 수 있다.

$$\alpha(0.85f_{ck})bc + A_s{}'E_s \cdot \varepsilon_{cu} - A_s{}'E_s\frac{d'}{c}\varepsilon_{cu} = A_s f_y$$

$$(\alpha 0.85 f_{ck} b)c^2 + (A_s{}'E_s\varepsilon_{cu} - A_s f_y)c - (A_s{}'E_s d'\varepsilon_{cu}) = 0 \tag{5.38}$$

계산된 c를 식(5.31)과 (5.33a)에 대입하여 압축철근의 변형률($\varepsilon_s{}'$)과 응력($f_s{}'$)을 다시 계산한다. 항복강도에 도달하지 않은 압축철근의 응력($f_s{}'$)을 식(5.39)에 대입하여 휨모멘트를 계산한다.

$$\varepsilon_s{}' = \left(1 - \frac{d'}{c}\right)\varepsilon_{cu}$$

$$f_s{}' = E_s \cdot \varepsilon_s{}'$$

$$M_n = \alpha(0.85f_{ck})bc \cdot (d - \beta c) + A_s{}'f_s{}' \cdot (d - d') \tag{5.39}$$

⑤ 식(5.2)를 이용하여 최외단 인장철근의 변형률(ε_t)이 $\varepsilon_{a,\min}$ 이상인지를 다시 검토하여 설계가능성을 확인하고, 강도감소계수(ϕ)를 계산하여 설계휨모멘트(ϕM_n)를 계산한다.

등가 직사각형 압축응력블록을 이용한 해석의 경우

포물선 - 직선형 등가응력분포를 이용하는 계산 방법과 기본적으로 동일하다. 다만 등가 압축응력블록의 깊이(a)와 휨모멘트(M_n)를 다음과 같이 다르게 계산한다.

② 힘의 평형조건(식(5.28))을 이용하여 등가 압축응력블록의 깊이(a)를 계산한다.

$$C_c + C_s = T$$

$$\eta(0.85\, f_{ck})\, ab + A_s{}'f_y = A_s\, f_y$$

$$a = \frac{(A_s - A_s{}')f_y}{\eta(0.85 f_{ck})b} \tag{5.40}$$

③ 인장철근과 압축철근의 변형률을 계산하여 ①의 가정이 옳은지를 판단한다.

④-1 인장파괴하며 압축철근이 항복하여 ①의 가정이 모두 맞을 경우에 휨모멘트(M_n)를 계산한다.

$$M_n = (A_s - A_s{}')f_y \cdot \left(d - \frac{a}{2}\right) + A_s{}'f_y \cdot (d - d') \tag{5.41}$$

④-2 인장파괴하지만 압축철근이 항복하지 않을 경우에는 ①의 가정이 잘못되었으므로 중립축의 깊이(a)를 다시 계산한다.

$$\eta(0.85f_{ck})ab + A_s{}'E_s\varepsilon_s{}' = A_sf_y \tag{5.42}$$

변형의 적합조건에서 계산한 식(5.31)을 식(5.42)에 대입하고, $c = a/\beta_1$을 대입하여 정리하면 중립축의 깊이(a)에 대한 2차식을 유도할 수 있다.

$$\eta(0.85f_{ck})ab + A_s{}'E_s \cdot \varepsilon_{cu} - A_s{}'E_s\frac{d'\beta_1}{a}\varepsilon_{cu} = A_sf_y$$

$$(\eta\,0.85f_{ck}b)a^2 + (A_s{}'E_s\varepsilon_{cu} - A_sf_y)a - (A_s{}'E_sd'\beta_1\varepsilon_{cu}) = 0 \tag{5.43}$$

항복강도에 도달하지 않은 압축철근의 응력($f_s{}'$)을 식(5.44)에 대입하여 휨모멘트를 계산한다.

$$M_n = \eta\,0.85f_{ck}ab \cdot \left(d - \frac{a}{2}\right) + A_s{}'f_s{}' \cdot (d - d') \tag{5.44}$$

예제 5-3

[예제 그림 5-3-1]의 복철근 직사각형보의 설계휨모멘트(ϕM_n)를 계산하라.

콘크리트의 압축강도 $f_{ck} = 30$ MPa
압축철근과 인장철근의 설계기준항복강도 $f_y = 400$ MPa
D25 철근 1개의 단면적은 506.7 mm^{2}이며, 인장철근은 2단으로 각각 4개씩 총 8개 배근되어 있다.

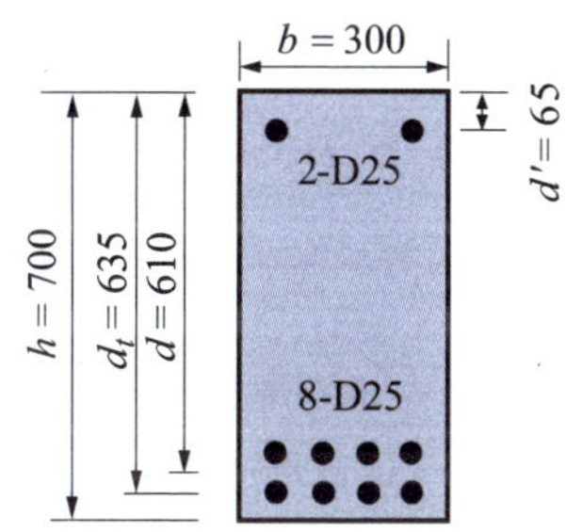

예제 그림 5-3-1 단면

(1) 2-D25의 압축철근을 사용할 경우 (포물선 - 직선형 등가응력분포 이용)
(2) 4-D25의 압축철근을 사용할 경우 (포물선 - 직선형 등가응력분포 이용)
(3) 4-D25의 압축철근을 사용할 경우 (등가 직사각형 압축응력블록 이용)

풀이

단면 조건에서 인장철근이 2단으로 균등하게 배근되어 있으므로 단면의 유효깊이(d)는 8개 철근의 중심거리인 610 mm이며, 인장 연단에 가장 가까운 철근의 위치인 d_t은 635 mm이다. 휨모멘트와 ε_t는 조건에 맞게 d와 d_t를 구별하여 계산해야 한다.

(1) 2-D25의 압축철근을 사용할 경우 (포물선 - 직선형 등가응력분포 이용)

① 부재의 인장철근의 변형률(ε_t)이 휨부재 설계조건인 $\varepsilon_{a,\min}$ 이상이며, 압축철근이 항복한다고 가정한다. 따라서 인장철근의 응력(f_s)과 압축철근($f_s{}'$)의 응력은 항복강도(f_y)가 된다.

② 힘의 평형조건(식(5.35))을 이용하여 중립축의 깊이(c)를 계산한다. 콘크리트 압축강도가 30 MPa이므로 [표 4.4]에서 α는 0.8이다.

$$\alpha(0.85f_{ck})bc + A_s'f_s' = A_sf_s$$

$$c = \frac{(A_s - A_s')f_y}{\alpha(0.85f_{ck})b} = \frac{(4{,}053.6 - 1{,}013.4)\times 400}{0.8(0.85\times 30)300} = 198.71\ \text{mm} \quad \text{(a)}$$

③ 변형의 적합조건(식(5.31)과 식(5.32))을 이용하여 인장철근과 압축철근의 변형률을 계산하여 ①의 가정이 옳은지를 판단한다. [표 4.1]에서 극한변형률(ε_{cu})은 0.0033이다.

$$\varepsilon_s' = \left(1 - \frac{d'}{c}\right)\varepsilon_{cu} = \left(1 - \frac{65.0}{198.71}\right)0.0033 = 0.00222 \quad \text{(b)}$$

$$\varepsilon_t = \left(\frac{d_t}{c} - 1\right)\varepsilon_{cu} = \left(\frac{635.0}{198.71} - 1\right)0.0033 = 0.00725 \quad \text{(c)}$$

④-1 ①에서 가정한 모든 가정이 맞으므로 식(5.36)을 이용하여 휨모멘트(M_n)를 계산한다. 즉 ε_s'의 변형률(=0.00222)은 압축철근의 항복변형률($\varepsilon_y = f_y/E_s = 0.002$)보다 크며, ε_t의 변형률(=0.00725)이 식(5.2)의 $\varepsilon_{a,\min}$(=0.004)보다 크다. 휨모멘트(M_n)를 계산할 때 8개로 배근된 인장철근의 중심위치인 단면의 유효깊이(d)를 이용하여 계산해야 한다. [표 4.4]에서 β는 0.4이다.

$$\begin{aligned} M_n &= (A_s - A_s')f_y\cdot(d - \beta c) + A_s'f_y\cdot(d - d') \\ &= (4{,}053.6 - 1{,}013.4)400\times(610 - 0.4\times 198.71) + 1{,}013.4\times 400\times(610 - 65) \\ &= 645.15 + 220.92 = 866.07\ \text{kN}\cdot\text{m} \quad \text{(d)} \end{aligned}$$

2단 배근이므로 2번째 단에 배근된 철근의 항복유무가 의심된다면 2번째 단의 철근 변형률을 계산해서 항복유무를 검토할 수 있다. 그러나 일반적인 단면 크기에서 ε_t가 $\varepsilon_{a,\min}$을 초과했을 때 2번째 단 철근이 항복하지 않을 가능성은 매우 낮다. 주어진 예제에서 2번째 단의 철근의 변형률은 다음과 같이 0.00642이며 이 값은 항복변형률 0.002를 초과하므로 M_n을 계산할 때 모든 인장철근의 항복강도를 사용할 수 있다.

$$\varepsilon_{s2} = \left(\frac{d_{s2}}{c} - 1\right)\varepsilon_{cu} = \left(\frac{585.0}{198.71} - 1\right)0.0033 = 0.00642 \quad \text{(e)}$$

⑤ 식(c)에서 계산한 철근의 변형률(ε_t)이 ε_t 이상이므로 강도감소계수(ϕ)를 0.85로 하여 설계휨모멘트(ϕM_n)를 계산한다. 변형률분포와 응력은 [예제 그림 5-3-2]에 표시하였다.

$$\phi M_n = 0.85\times 866.07 = 736.16\ \text{kN}\cdot\text{m} \quad \text{(f)}$$

(2) 4-D25의 압축철근을 사용할 경우 (포물선 - 직선형 등가응력분포 이용)

① ε_t이 $\varepsilon_{a,\min}$ 이상이며, 압축철근이 항복한다고 가정한다.

② 중립축의 깊이(c)를 계산한다.

$$\alpha(0.85f_{ck})bc + A_s{}'f_s{}' = A_sf_s$$

$$c = \frac{(A_s - A_s{}')f_y}{\alpha(0.85f_{ck})b} = \frac{(4{,}053.6 - 2{,}026.8)\times 400}{0.8(0.85\times 30)300} = 132.47\text{ mm} \quad \text{(a)}$$

③ 변형의 적합조건을 이용하여 인장철근과 압축철근의 변형률을 계산하여 ①의 가정이 옳은지를 판단한다.

$$\varepsilon_s{}' = \left(1 - \frac{d'}{c}\right)\varepsilon_{cu} = \left(1 - \frac{65.0}{132.47}\right)0.0033 = 0.00168 \quad \text{(b)}$$

④-2 압축철근이 항복하지 않으므로($f_s{}' < f_y$) 압축철근이 항복하기 이전의 식(5.38)을 이용하여 중립축의 깊이(c)를 계산한다.

$$(\alpha 0.85f_{ck}b)c^2 + (A_s{}'E_s\varepsilon_{cu} - A_sf_y)c - (A_s{}'E_sd'\varepsilon_{cu}) = 0$$

$$(6{,}120)c^2 + (1{,}337{,}688 - 1{,}621{,}440)c - 86{,}949{,}720 = 0 \quad \text{(c)}$$

그러므로 $c = 144.61\text{ mm}$

2차식에 의하여 계산된 정확한 $c = 144.61\text{ mm}$는 철근이 항복한다는 가정에서 계산한 (a)의 $c = 132.47\text{ mm}$와 차이가 있다. 따라서 정확한 $c = 144.61\text{ mm}$를 식(5.31)과 (5.33a)에 대입하여 압축철근의 변형률($\varepsilon_s{}'$)과 철근의 응력($f_s{}'$)을 다시 계산한다. 이 값을 식(5.39)에 대입하여 휨모멘트를 계산한다.

$$\varepsilon_s{}' = \left(1 - \frac{d'}{c}\right)\varepsilon_{cu} = \left(1 - \frac{65}{144.61}\right)0.0033 = 0.00182$$

$$f_s{}' = E_s \cdot \varepsilon_s{}' = 200{,}000 \times 0.00182 = 364.0\text{ MPa}$$

$$\beta c = 0.4 \times 144.61 = 57.84\text{ mm}$$

$$M_n = \alpha(0.85f_{ck})bc \cdot (d - \beta c) + A_s{}'f_s{}' \cdot (d - d')$$

$$= 0.8(0.85\times 30)\times 300\times 144.61\times(610 - 57.84) + 2{,}026.8\times 364\times(610 - 65)$$

$$= 488.67 + 402.08 = 890.75\text{ kN}\cdot\text{m} \quad \text{(d)}$$

⑤ 최외단 인장철근의 변형률(ε_t)이 $\varepsilon_{a,t}$(= 0.005) 이상이므로 강도감소계수(ϕ)를 0.85로 하여 설계 휨모멘트(ϕM_n)를 계산한다. 이 단면의 변형률분포와 응력을 [예제 그림 5-3-3(b)]에 표시하였다.

$$\varepsilon_s = \left(\frac{d}{c} - 1\right)\varepsilon_{cu} = \left(\frac{610.0}{144.61} - 1\right)0.0033 = 0.01062$$

$$\varepsilon_t = \left(\frac{d_t}{c} - 1\right)\varepsilon_{cu} = \left(\frac{635.0}{144.61} - 1\right)0.0033 = 0.01119$$

$$M_u = \phi M_n = 0.85 \times 890.75 = 757.14\text{ kN}\cdot\text{m} \quad \text{(e)}$$

(3) 4-D25의 압축철근을 사용할 경우 (등가 직선형 압축응력블록 이용)

① ε_t이 $\varepsilon_{a,\min}$ 이상이며, 압축철근이 항복한다고 가정한다.

② 압축응력블록의 깊이(a)를 식(5.40)에서 계산한다. 콘크리트 압축강도가 30 MPa이므로 [표 4.5]에서 η는 1.0이다.

$$\eta(0.85\,f_{ck})\,ab + A_s{}'f_y = A_s\,f_y$$

$$a = \frac{(A_s - A_s{}')f_y}{\eta(0.85 f_{ck})b} = \frac{(4{,}053.6 - 2{,}026.8)\times 400}{1\times(0.85\times 30)\times 300} = 105.98\text{ mm} \tag{a}$$

③ 중립축의 깊이 $c = a/\beta_1$을 계산하고, 변형의 적합조건을 이용하여 인장철근과 압축철근의 변형률을 계산하여 ①의 가정이 옳은지를 판단한다. 콘크리트 압축강도가 30 MPa이므로 [표 4.5]에서 β_1는 0.80이다.

$$c = \frac{a}{\beta_1} = \frac{105.98}{0.8} = 132.48\text{ mm}$$

$$\varepsilon_s{}' = \left(1 - \frac{d'}{c}\right)\varepsilon_{cu} = \left(1 - \frac{65.0}{132.48}\right)0.0033 = 0.00168 \tag{b}$$

④-2 압축철근이 항복하지 않으므로($f_s{}' < f_y$) 압축철근이 항복하기 이전의 식(5.43)을 이용하여 중립축의 깊이(c)를 계산한다.

$$(\eta\,0.85 f_{ck} b)a^2 + (A_s{}'E_s\varepsilon_{cu} - A_s f_y)a - (A_s{}'E_s d'\beta_1\varepsilon_{cu}) = 0$$

$$(7{,}650)a^2 + (1{,}337{,}688 - 1{,}621{,}440)a - 69{,}559{,}776 = 0 \tag{c}$$

$$a = 115.69\text{ mm}$$

그러므로 $c = 144.61\text{ mm}$

이 값은 포물선 - 직선형 등가응력분포 이용하여 계산한 값과 동일하다. 정확한 $c = 144.61\text{ mm}$를 식(5.31)과 (5.33a)에 대입하여 압축철근의 변형률($\varepsilon_s{}'$)과 철근의 응력($f_s{}'$)을 계산한다. 이 값을 식(5.44)에 대입하여 휨모멘트를 계산한다.

$$\varepsilon_s{}' = \left(1 - \frac{d'}{c}\right)\varepsilon_{cu} = \left(1 - \frac{65}{144.61}\right)0.0033 = 0.00182$$

$$f_s{}' = E_s \cdot \varepsilon_s{}' = 200{,}000 \times 0.00182 = 364.0\text{ MPa}$$

$$M_n = \eta\,0.85 f_{ck} ab \cdot \left(d - \frac{a}{2}\right) + A_s{}'f_s{}' \cdot (d - d')$$

$$= 1(0.85\times 30)\times 300 \times 115.69 \times \left(610 - \frac{115.69}{2}\right) + 2{,}026.8 \times 364 \times (610 - 65)$$

$$= 488.67 + 402.08 = 890.75\text{ kN}\cdot\text{m} \tag{d}$$

⑤ 설계휨모멘트(ϕM_n)를 계산한다. 변형률분포와 응력은 [예제 그림 5-3-3(b), (d)]와 같다.

$$M_u = \phi M_n = 0.85 \times 890.75 = 757.14\text{ kN}\cdot\text{m} \tag{e}$$

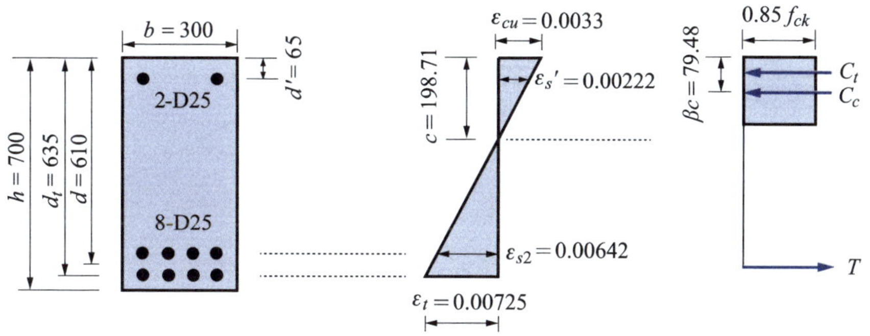

(a) 부재 단면 (b) 변형률 분포 (c) 응력 및 내력

예제 그림 5-3-2 압축철근 2-D25를 사용한 단면 계산 결과

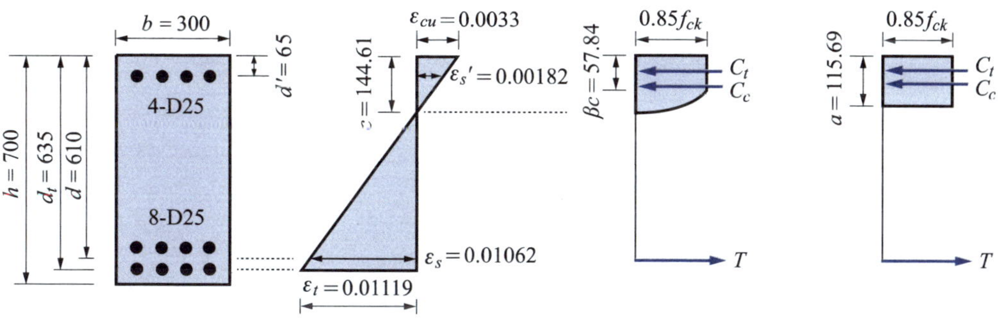

(a) 부재 단면 (b) 변형률 분포 (c) 응력 및 내력의 분포 (포물선-직선형) (d) 응력 및 내력의 분포 (등가 직사각형)

예제 그림 5-3-3 압축철근 4-D25를 사용한 단면 계산 결과

[예제 그림 5-3-4]는 [예제 5-3]에서 사용한 복철근 직사각형보의 압축철근의 양(A_s)을 증가시켰을 때 변화하는 휨모멘트와 중립축의 깊이를 나타낸다. 휨모멘트는 $b \cdot d^2 \cdot f_{ck}$로 나누어져 무차원화 되었다. [예제 그림 5-3-4(a)]에서 압축철근의 양을 인장철근의 80퍼센트까지 증가시켜도 휨내력(M_n)은 약 14퍼센트만 증가하며, 증가된 압축철근의 양에 비하여 휨내력은 크게 증가하지 않음을 알 수 있다. 또한 중립축의 깊이(c)는 압축철근이 항복하는 구간에서는 압축철근의 양이 증가함에 따라서 선형적으로 감소하지만, 압축철근이 항복하지 않는 구간에서는 비선형적으로 감소함을 알 수 있다. 따라서 압축철근을 사용하는 이유는 단면의 내력을 증대시키는 것보다는 부재의 처짐을 억제하고 연성능력을 증대시키는 것이 주목적이다.

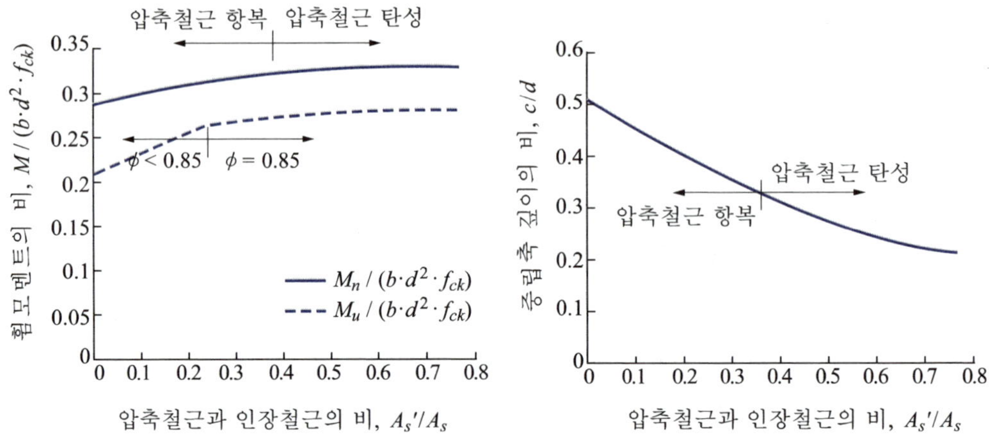

(a) 휨모멘트의 변화

(b) 중립축 깊이의 변화

예제 그림 5-3-4 압축철근의 증가에 의한 휨내력과 중립축 길이의 변화

예제 5-4

[예제 그림 5-4-1]의 복철근 직사각형보에 200 mm×200 mm의 단면이 절단되어 있다. 이 단면의 최대 인장철근량(A_s)과 최대 설계휨모멘트(ϕM_n)를 계산하라. 등가응력분포는 등가 직사각형 압축응력블록을 사용하라.

콘크리트의 압축강도 $f_{ck} = 30 \text{ MPa}$, 압축철근과 인장철근의 설계기준항복강도 $f_y = 400 \text{ MPa}$, 압축철근 2-D25, D25 철근 1개의 단면적은 506.7 mm^{2}이다.

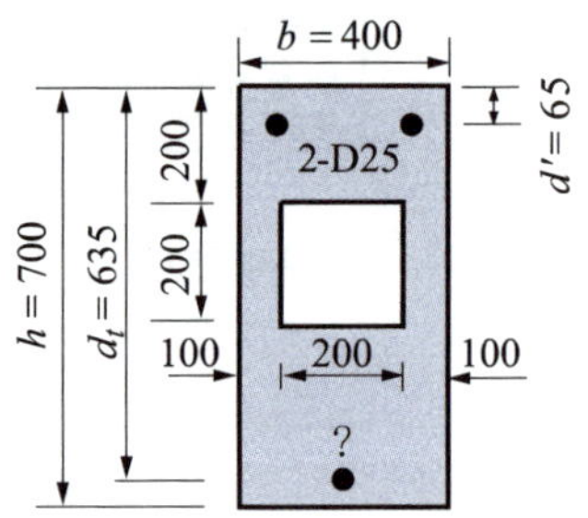

예제 그림 5-4-1 단면

풀이

포물선 - 직선형 등가응력분포는 응력의 분포가 일정하지 않기 때문에 크기가 변하는 단면에 [표 4.4]의 값을 적용하면 오차가 발생할 수 있다. 반면에 등가 직사각형 압축응력블록은 평균응력을 사용하기 때문에 T형 단면이나 삼각형 단면에 적용하여도 오차가 크지 않다. 따라서 이 예제와 같이 단면이 변하는 부재의 휨모멘트를 계산하기 위해서는 등가 직사각형 응력블록을 사용해야 한다. 예제는 설계기준의 허용 범위에서 부재가 도달할 수 있는 최대 설계휨모멘트 계산을 요구하고 있다. 최대 설계휨모멘트(ϕM_n)는 기준 휨설계에서 허용하는 최대 철근량을 부재에 배근하였을 때 계산되는 값이다. 기준이 허용하는 최대 철근량은 최외단 인장철근의 변형률(ε_t)이 $\varepsilon_{a,\min}$일 때의 철근량이다. 즉, 철근이 많이 배근되면 휨모멘트는 증가하지만 ε_t가 감소하여 부재 연성이 감소하게 되므로 기준에서는 철근량을 제한하여 부재 연성을 확보하고 있다.

① 변형의 적합조건(식(5.32))을 사용하여 최외단 인장철근의 변형률(ε_t)이 $\varepsilon_{a,\min}$일 때의 중립축

의 위치(c)와 등가 압축응력블록의 깊이(a)를 계산한다. [표 4.5]에서 $f_{ck}=30$ MPa일 때 직사각형 등가 압축응력블록의 β_1은 0.8이며, [표 4.1]에서 $\varepsilon_{cu}=0.0033$이다.

$$\varepsilon_{a,\min}=\max.(0.004,\ 2\varepsilon_y)=\max.(0.004,\ 2\times0.002)=0.004$$

$$\varepsilon_s=\left(\frac{d}{c}-1\right)\varepsilon_{cu}$$

$$c=\frac{d}{\dfrac{\varepsilon_s}{\varepsilon_{cu}}+1}=\frac{635}{\dfrac{0.004}{0.0033}+1}=287.05\text{ mm} \tag{a}$$

$$a=\beta_1\cdot c=0.8\times287.05=229.64\text{ mm} \tag{b}$$

② 변형의 적합조건(식(5.31))을 이용하여 압축철근의 변형률을 계산한다.

$$\varepsilon_s{}'=\left(1-\frac{d'}{c}\right)\varepsilon_{cu}=\left(1-\frac{65.0}{287.05}\right)0.0033=0.002553 \tag{c}$$

③ 힘의 평형조건(식(5.42))을 이용하여 최대 인장철근량을 계산한다. 여기서 압축철근과 인장철근은 모두 항복변형률 0.002 이상이므로 항복강도(f_y)를 이용한다. 압축력(C_c)을 계산할 때는 중공(中空) 부분의 면적을 제외한 보의 면적을 이용해야 한다. [표 4.5]에서 등가 직사각형 압축응력블록의 η는 1.0이다.

$$\eta(0.85f_{ck})ab+A_s{}'f_s{}'=A_sf_s$$

$$A_s=\frac{\eta(0.85f_{ck})ab+A_s{}'f_y}{f_y}$$

$$=\frac{1\times(0.85\times30)\times(200\times400+29.64\times200)+1{,}013.4\times400}{400}$$

$$=6{,}491.31\text{ mm}^2$$

④ 식(5.41)을 이용하여 휨모멘트(M_n)을 계산한다. 이 때 등가 압축응력블록의 깊이가 중공단면을 포함하고 있으므로 콘크리트 압축력의 도심점을 식(d)에 의하여 먼저 계산한다.

$$\bar{y}=\frac{200\times400\times100+29.64\times200\times(200+29.64/2)}{200\times400+29.64\times200}=107.92\text{ mm} \tag{d}$$

$$M_n=(A_s-A_s{}')f_y\cdot(d-\bar{y})+A_s{}'f_y\cdot(d-d')$$

$$=(6{,}491.31-1{,}013.4)\times400\times(635-107.92)+1{,}013.4\times400\times(635-65)$$

$$=1{,}154.92+231.06=1{,}385.98\text{ kN}\cdot\text{m} \tag{e}$$

⑤ 인장철근의 변형률(ε_t)은 0.004이므로 강도감소계수(ϕ)를 식(5.4a)를 이용하여 계산하고 설계 휨모멘트(ϕM_n)를 계산한다. 변형률분포와 응력을 [예제 그림 5-4-2]에 표시하였다.

$$\phi=0.65+\frac{0.85-0.65}{\varepsilon_{a,t}-\varepsilon_y}(\varepsilon_t-\varepsilon_y)$$

$$\phi = 0.65 + \frac{0.85-0.65}{0.005-0.002}(0.004-0.002) = 0.78$$

$$\phi M_n = 0.78 \times 1{,}385.98 = 1{,}081.06 \text{ kN} \cdot \text{m} \tag{f}$$

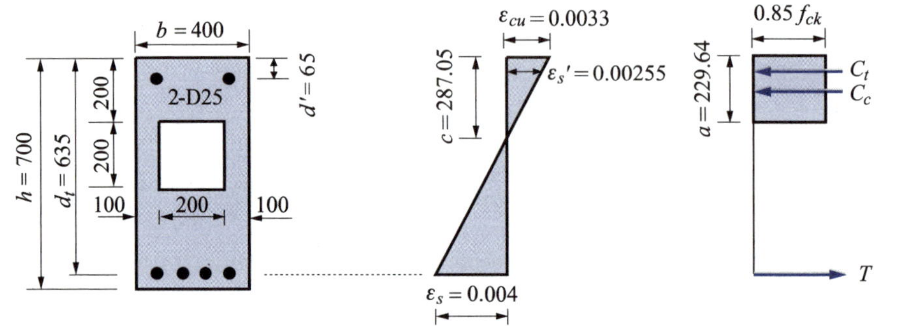

예제 그림 5-4-2 계산 결과

5.6 T형보의 해석

5.6.1 특성

철근콘크리트 구조물의 슬래브 하중은 보로 전달되며, 보는 기둥으로 하중을 전달한다. 시공시에 철근을 보와 슬래브가 일체가 되도록 배근하고, 콘크리트를 보와 바닥판에 동시에 부어 넣어서 타설할 수 있다. 이 경우에 슬래브의 콘크리트 일부가 보의 상부플랜지 역할을 하게 되며 이러한 보를 T형보라 한다. T형보는 보의 위치에 따라서 [그림 5.6(a)]와 같이 보의 한 쪽 방향에만 슬래브가 붙어 있는 외부 T형보와 양 방향에 슬래브가 있는 내부 T형보로 구분할 수 있다. 슬래브와 보가 T형보의 역할을 하기 위해서는 [그림 5.6(c)]의 보 중앙부(②-② 단면)와 같이 슬래브가 정모멘트를 받아 슬래브의 일부가 보의 압축콘크리트의 역할을 해야 한다. 슬래브가 부모멘트를 받을 경우에는 슬래브의 콘크리트에 인장응력이 발생하며 콘크리트는 인장력에 약하기 때문에 T형보의 역할을 할 수 없다([그림 5.6(c)] 보 양단부, ①-① 단면).

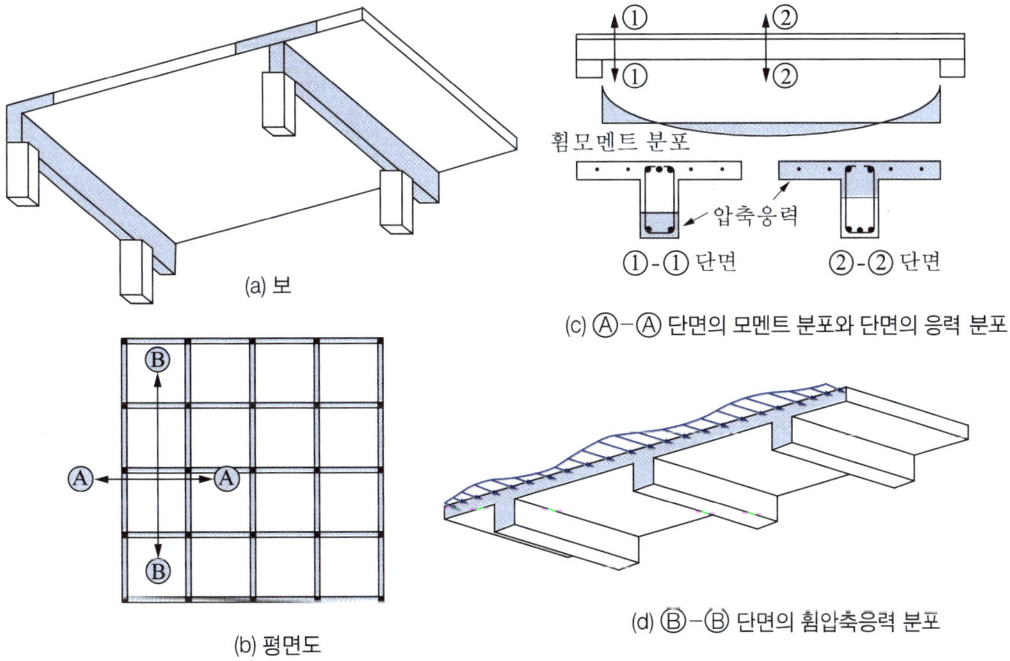

그림 5.6 T형보

5.6.2 T형보의 유효폭

T형보의 바닥판에 작용하는 휨압축력은 보와 보 사이에서 일정하게 작용하지 않으며, [그림 5.6(d)]와 같이 보단면의 중심에서는 휨압축력이 커지지만 보와 보의 중간 부근에서는 휨압축력이 작아진다. 설계에서는 보의 압축플랜지 역할을 할 수 있는 바닥판의 폭을 T형보의 유효폭이라 하고 탄성해석법에 근거하여 유효폭을 규정하고 있다. 탄성해석에 의하면 T형보의 유효폭은 하중의 형태, 지점의 종류, 보의 간격, 바닥판과 보의 상대적인 강성에 따라서 나타난다. 설계기준에서는 T형보의 유효폭을 내부 슬래브와 외부 슬래브에 따라 다음과 같이 규정한다.

보의 양쪽에 슬래브가 있는 경우 (3가지 값의 최솟값 선택)

① 보 경간의 1/4

② 슬래브 두께의 16배(h_f) + 보의 웨브 폭(b_w) : $16h_f + b_w$ ([그림 5.7(a)])

③ 양쪽 슬래브와 슬래브의 중심 거리

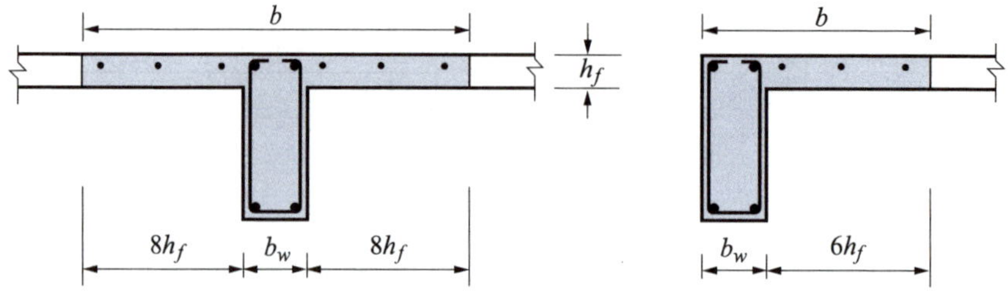

(a) 보의 양쪽에 슬래브가 있는 경우 (b) 보의 한쪽에만 슬래브가 있는 경우

그림 5.7 T형보의 유효폭

보의 한쪽에만 슬래브가 있는 경우 (3가지 값의 최솟값 선택)

① 보 경간의 1/12 + 보의 웨브 폭
② 슬래브 두께의 6배 + 보의 웨브 폭 : $6h_f + b_w$ ([그림 5.7(b)])
③ 부재의 내측으로부터 슬래브 중심까지의 거리 + 보의 웨브 폭

5.6.3 해석 방법

T형보의 해석에 포물선 - 직선형 등가응력분포를 적용할 수 있지만 플랜지에 작용하는 응력분포는 사각형에 가깝고 웨브에 작용하는 응력분포는 포물선에 가까워 [표 4.4]의 값을 적용할 경우에 오차가 발생한다. 따라서 T형보에 대해서는 평균응력을 사용하는 등가 직사각형 압축응력분포를 사용해야 한다. 등가 직사각형 압축응력블록 계수인 [표 4.5]의 값은 직사각형 단면에서 구해진 값이지만 이러한 값을 T형 단면이나 삼각형 단면에 적용하여도 오차는 크지 않다. 따라서 이 책에서는 등가 직사각형 압축응력블록을 이용하여 T형보를 해석하였다.

T형보의 휨모멘트는 등가 직사각형 압축응력블록의 위치에 따라 다음의 2가지 방법으로 계산할 수 있다.

등가 직사각형 압축응력블록의 깊이가 플랜지에 위치할 때, $a \leq h_f$

① 등가 직사각형 압축응력블록의 깊이(a)가 플랜지에 있다고 가정한다. 이 경우에는 [그림 5.8]과 같이 압축응력블록의 깊이가 플랜지보다 작으므로 보의 폭은 플랜지의 유효폭(b)이 되며 전 단면에 동일하게 응력이 작용한다. 따라서 단철근 직사각형보나 복철근 직사각형보와 동일한 방법으로 휨내력을 계산할 수 있다. 등가 직사각형 압축응력블록의 깊이(a)는 플랜지의 두께(h_f) 이하가 된다.

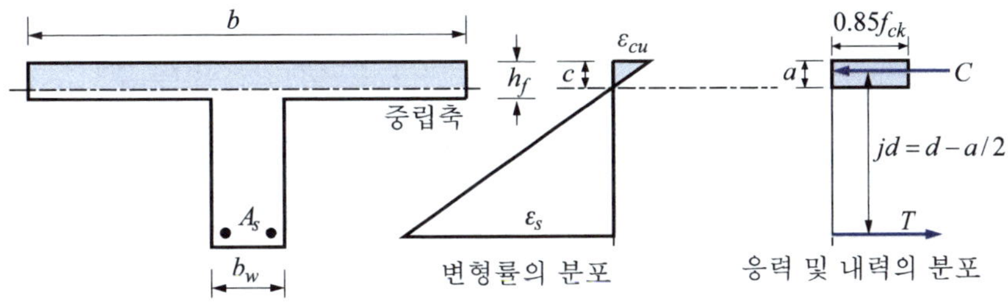

그림 5.8 등가 직사각형 압축응력블록의 깊이가 플랜지에 있는 T형보

② 부재의 인장철근 변형률(ε_t)을 휨부재 설계조건인 $\varepsilon_{a,\min}$ 이상으로 가정하여 부재가 최대 내력에 도달했을 때의 인장철근의 응력(f_s)을 대신하여 항복강도(f_y)를 이용한다.

③ 압축철근이 없을 경우에 힘의 평형조건(식(5.25))을 이용하여 등가 직사각형 압축응력블록의 깊이(a)를 계산하고 ①의 가정이 옳은지를 판단한다($a \leq h_f$). 이 때 T형보의 유효폭(b)을 이용하여 압축응력블록의 깊이(a)를 계산해야 한다.

$$\eta(0.85f_{ck})ab = A_s f_y$$

$$a = \frac{A_s f_y}{\eta(0.85f_{ck})b}$$

④ 변형의 적합조건(식(5.22))을 이용하여 인장철근의 변형률을 계산하여 ②의 가정이 옳은지를 판단한다.

$$\varepsilon_s = \left(\frac{d}{c} - 1\right)\varepsilon_{cu}$$

⑤ ε_t가 $\varepsilon_{a,\min}$ 이상이며, 등가 직사각형 압축응력블록의 깊이가 플랜지 두께 안에 위치해 가정 ①과 ②가 모두 맞을 경우에 휨모멘트(M_n)와 강도감소계수(ϕ)를 계산한다.

$$M_n = \eta(0.85f_{ck})ab \cdot \left(d - \frac{a}{2}\right)$$

등가 직사각형 압축응력블록의 깊이가 웨브에 위치할 때, $a > h_f$: 방법-1

등가 직사각형 압축응력블록이 깊이(a)가 플랜지의 두께(h_f)보다 클 경우에 단면의 폭은 [그림 5.9(a)]와 같이 플랜지부분과 웨브부분에서 달라진다. 이 경우에는 정확한 단면의 면적과 도심점을 계산한 후에 휨내력을 계산해야 한다.

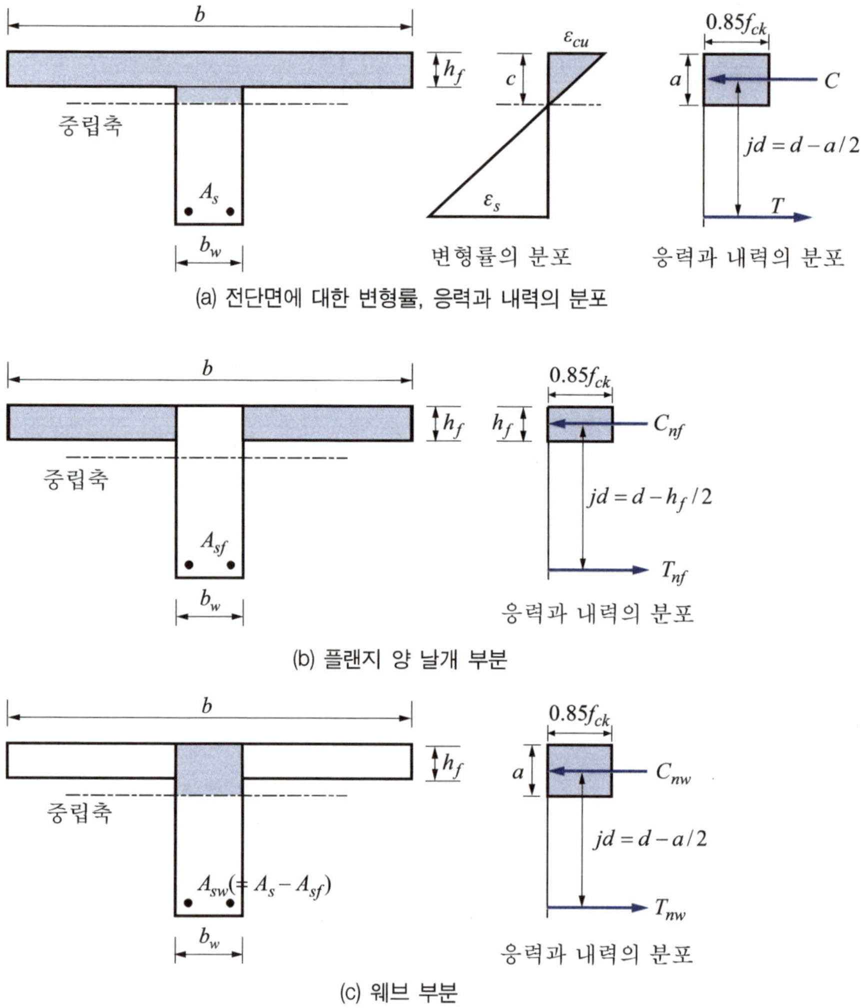

그림 5.9 등가 직사각형 압축응력블록의 깊이가 웨브에 있는 T형보(해석 방법 1)

①, ②, ③ 계산방법은 등가 직사각형 압축응력블록의 깊이가 플랜지 내에 있는 경우의 계산방법과 동일하다.

④ 계산 ③에 의한 결과에서 가정 ①이 맞지 않을 경우에는 다음 방법에 의하여 T형보의 휨내력을 계산해야 한다. 등가 직사각형 압축응력블록의 깊이(a)가 플랜지의 두께(h_f)보다 클 경우, 압축응력을 받는 플랜지부분과 웨브부분의 단면의 폭은 [그림 5.9]와 같이 동일하지 않다. 따라서 힘의 평형식을 계산할 때 T형보 단면을 플랜지의 양쪽 날개부분과 보의 웨브폭부분으로 분리하여 계산해야 한다. 이 때 인장철근의 전 단면적(A_s)도 분리된 콘크리트와 힘의 평형을 이루도록 식(5.45)와 같이 분리한다.

$$A_s = A_{sf} + A_{sw} \tag{5.45}$$

여기서, A_{sf} : 플랜지 양쪽 날개부분 콘크리트의 압축내력에 대응하는 인장철근의 단면적

A_{sw} : 보의 웨브콘크리트의 압축내력에 대응하는 인장철근의 단면적

⑤ [그림 5.9(b)]의 플랜지의 양쪽 날개부분 단면에 대한 힘의 평형조건을 이용하여 플랜지의 양쪽 날개부분 콘크리트에 힘의 평형을 이루는 철근의 단면적(A_{sf})을 식(5.46)에 의하여 계산한다.

$$C_f = T_f$$

$$\eta(0.85 f_{ck})(b - b_w)h_f = A_{sf} f_y$$

$$A_{sf} = \frac{\eta(0.85 f_{ck})(b - b_w)h_f}{f_y} \tag{5.46}$$

여기서, C_f : 플랜지 양쪽 날개부분 콘크리트의 압축내력

T_f : C_f에 대응하는 인장내력

⑥ [그림 5.9(c)]의 웨브단면에 대한 힘의 평형조건을 이용하여 등가 직사각형 압축응력블록의 깊이(a)를 식(5.47)에 의하여 계산한다.

$$C_w = T_w$$

$$\eta(0.85 f_{ck}) a b_w = (A_s - A_{sf}) f_y$$

$$a = \frac{(A_s - A_{sf}) f_y}{\eta(0.85 f_{ck}) b_w} \tag{5.47}$$

여기서, C_w : 웨브의 압축내력, T_w : C_w에 대응하는 인장내력

⑦ 변형의 적합조건(식(5.22))을 이용하여 인장철근의 변형률을 계산하고, ②의 가정이 옳은지 판단한다. 즉, 최외단 인장철근의 변형률(ε_t)이 $\varepsilon_{a,\min}$ 이상인지를 검토한다.

$$\varepsilon_s = \left(\frac{d}{c} - 1\right)\varepsilon_{cu}$$

⑧ 식(5.48)에서 두 개의 평형조건에서 모멘트를 계산한 후에 이를 합하며, 강도감소계수(ϕ)를 계산한다.

$$M_n = T_f\left(d - \frac{h_f}{2}\right) + T_w\left(d - \frac{a}{2}\right)$$

$$M_n = A_{sf} f_y\left(d - \frac{h_f}{2}\right) + (A_s - A_{sf}) f_y\left(d - \frac{a}{2}\right) \tag{5.48}$$

등가 직사각형 압축응력블록의 깊이가 웨브에 위치할 때, $a > h_f$: 방법-2

방법-1은 단면을 2개로 구분하여 계산해야 하므로 계산과정이 다소 번거롭다. 방법-2에서는 플랜지부분과 웨브부분의 면적과 도심점을 직접 계산한 후에 보의 휨내력을 계산한다.

①, ②, ③ 계산방법은 등가 직사각형 압축응력블록의 깊이가 플랜지 내에 있는 경우와 동일하다.

④ 계산 ③에 의한 결과에서 가정 ①이 맞지 않을 경우에 힘의 평형조건을 이용하여 압축응력블록의 깊이(a)를 직접 계산한다. [그림 5.10]에서 압축응력블록의 깊이(a)가 웨브콘크리트를 포함하고 있으므로, 변화하는 단면의 폭을 고려하여 식(5.49)에서 압축응력블록의 깊이(a)를 계산한다.

$$\eta(0.85f_{ck})(bh_f + b_w(a-h_f)) = A_s f_y$$

$$a = \frac{A_s f_y}{\eta(0.85f_{ck})b_w} - \frac{b}{b_w}h_f + h_f \tag{5.49}$$

⑤ [그림 5.10]에 표시된 압축력을 받는 콘크리트의 도심의 위치($\bar{y}$)를 식(5.50)으로 계산한다.

$$\bar{y} = \frac{A_f y_f + A_w y_w}{A_f + A_w}$$

$$\bar{y} = \frac{bh_f\dfrac{h_f}{2} + b_w(a-h_f)\left(h_f + \dfrac{a-h_f}{2}\right)}{bh_f + b_w(a-h_f)} \tag{5.50}$$

⑥ 변형의 적합조건(식(5.22))을 이용하여 인장철근의 변형률을 계산하여 ②의 가정이 옳은지 판단한다.

$$\varepsilon_s = \left(\frac{d}{c} - 1\right)\varepsilon_{cu}$$

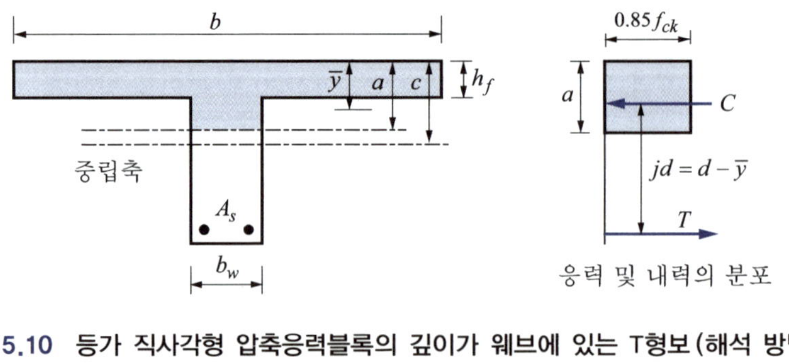

그림 5.10 등가 직사각형 압축응력블록의 깊이가 웨브에 있는 T형보(해석 방법 2)

⑦ 식(5.51)에서 두 개의 평형조건에서 모멘트를 계산한 후에 이를 합하며, 강도감소계수(ϕ)를 계산한다.

$$M_n = \eta(0.85f_{ck})bh_f\left(d - \frac{h_f}{2}\right) + \eta(0.85f_{ck})b_w(a-h_f)\left(d - h_f - \frac{a-h_f}{2}\right) \tag{5.51a}$$

또는 $$M_n = A_s f_y(d - \bar{y}) \tag{5.51b}$$

예제 5-5

[예제 그림 5-5-1]의 T형보의 설계휨모멘트(ϕM_n)를 계산하라.

콘크리트의 압축강도 $f_{ck} = 21\ \mathrm{MPa}$, 인장철근의 설계기준항복강도 $f_y = 500\ \mathrm{MPa}$, D25 철근 1개의 단면적은 506.7 mm^{2}이다.

(1) 4-D25의 인장철근이 사용될 경우
(2) 8-D25의 인장철근이 사용될 경우

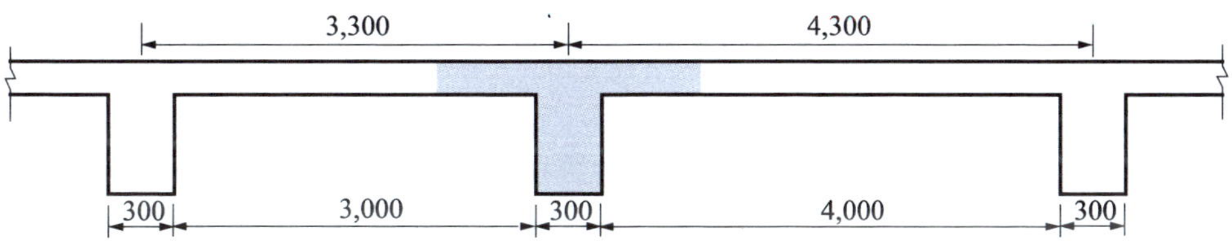

(a) [그림 5.6]의 B-B 단면의 보와 슬래브

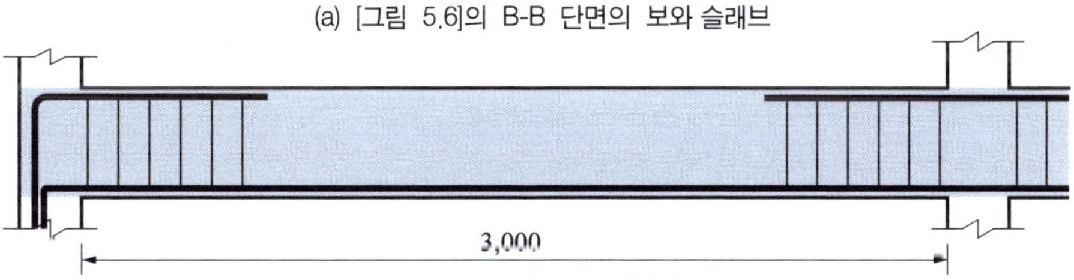

(b) [그림 5.6]의 A-A 단면의 보

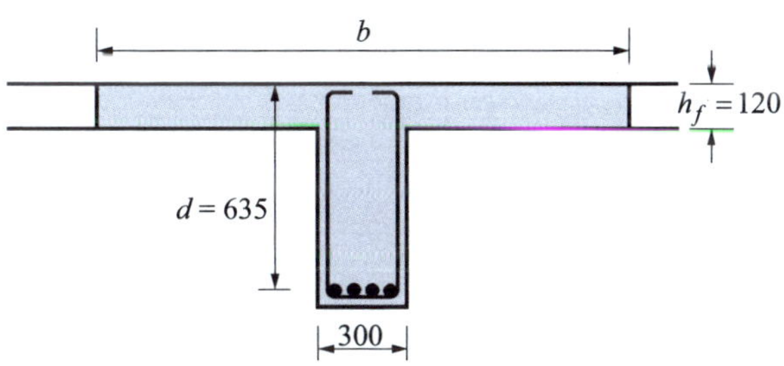

(c) T형보의 단면 크기

예제 그림 5-5-1 T형보(단위 : mm)

풀이

T형보의 설계휨모멘트를 계산하기 위해서는 우선 유효폭을 계산해야 한다. 보의 양쪽에 슬래브가 있는 경우에 T형보의 유효폭은 다음 3가지 값 중에서 최솟값을 선택한다.

– 보 경간의 1/4	3,000/4 = 750 mm
– 슬래브 두께의 16배(h_f) + 보의 웨브 폭(b_w)	16×120 + 300 = 2,220 mm
– 양쪽 슬래브와 슬래브의 중심 거리	3,000/2 + 300 + 4,000/2 = 3,800 mm

그러므로 T형보의 유효폭은 750 mm이다.

(1) 4-D25의 인장철근을 사용할 경우

① 등가 직사각형 압축응력블록의 깊이(a)가 플랜지에 있다고 가정한다.

② 부재의 인장철근의 변형률(ε_t)을 휨부재 설계조건인 $\varepsilon_{a,\min}$ 이상으로 가정한다.

③ 힘의 평형조건(식(5.25))을 이용하여 압축응력블록의 깊이(a)를 계산하고 ①의 가정이 옳은지를 판단한다($a \leq h_f$). 이 때 T형보의 유효폭(b)을 이용하여 압축응력블록의 깊이(a)를 계산해야 한다. 또한, 인장철근의 응력(f_s)은 항복강도(f_y)를 이용할 수 있다. [표 4.5]에서 등가 직사각형 압축응력블록의 η는 1.0이다.

$$a = \frac{A_s f_y}{\eta(0.85 f_{ck})b} = \frac{2{,}026.8 \times 500}{1 \times 0.85 \times 21 \times 750} = 75.7\ \mathrm{mm}$$

압축응력블록의 깊이(a)가 75.7 mm로 슬래브의 두께(h_f) 보다 작아 ①의 가정이 옳음을 알 수 있다.

④ 변형의 적합조건(식(5.22))을 이용하여 인장철근의 변형률을 계산하여 ②의 가정이 옳은지 판단한다. f_{ck} = 21 MPa이므로 [표 4.1]에서 $\varepsilon_{cu} = 0.0033$이며, [표 4.5]에서 β_1은 0.8이다.

$$c = a/\beta_1 = 75.7/0.8 = 94.63\ \mathrm{mm}$$

$$\varepsilon_s = \left(\frac{d}{c} - 1\right)\varepsilon_{cu} = \left(\frac{635.0}{94.63} - 1\right)0.0033 = 0.01884$$

인장철근의 변형률이 0.01884로 항복변형률($\varepsilon_y = f_y/E_s$) 0.0025보다 커서 ②의 가정이 옳음을 알 수 있다.

⑤ 가정①과 가정②가 모두 맞으므로 휨모멘트(M_n)와 설계휨모멘트(ϕM_n)를 계산한다. 해석 결과는 [예제 그림 5-5-4]에 표시되어 있다.

$$\begin{aligned} M_n &= \eta(0.85 f_{ck})ab \times \left(d - \frac{a}{2}\right) \\ &= 1 \times 0.85 \times 21 \times 75.7 \times 750 \times \left(635 - \frac{75.7}{2}\right) \\ &= 605.17\ \mathrm{kN \cdot m} \end{aligned}$$

$$M_u = \phi M_n = 0.85 \times 605.17 = 514.39\ \mathrm{kN \cdot m}$$

(2) 8-D25의 인장철근을 사용할 경우 (방법-1, 단면을 분리하여 계산)

①과 ②를 동일하게 가정한다.

③ 힘의 평형조건을 이용하여 압축응력블록의 깊이(a)를 계산하고 ①의 가정이 옳은지 판단한다 ($a \leqq h_f$).

$$a = \frac{A_s f_y}{\eta(0.85 f_{ck}) b} = \frac{4{,}053.6 \times 500}{1 \times (0.85 \times 21) \times 750} = 151.39\ \text{mm}$$

등가 압축응력블록의 깊이(a)가 151.39 mm로 슬래브의 두께(h_f) 보다 커서 ①의 가정이 옳지 않음을 알 수 있다.

④ [예제 그림 5-5-2]와 같이 플랜지의 양쪽 날개부분 단면에 대한 힘의 평형조건을 이용하여 플랜지의 양쪽 날개부분 콘크리트에 힘의 평형을 이루는 철근의 단면적(A_{sf})을 식(5.46)에 의하여 계산한다.

$$A_{sf} = \frac{\eta(0.85 f_{ck})(b - b_w) h_f}{f_y}$$
$$= \frac{1 \times (0.85 \times 21) \times (750 - 300) \times 120}{500} = 1{,}927.8\ \text{mm}^2$$

⑤ [예제 그림 5-5-2]와 같이 웨브단면에 대한 힘의 평형조건을 이용하여 압축응력블록의 깊이(a)를 식(5.47)에 의하여 계산한다.

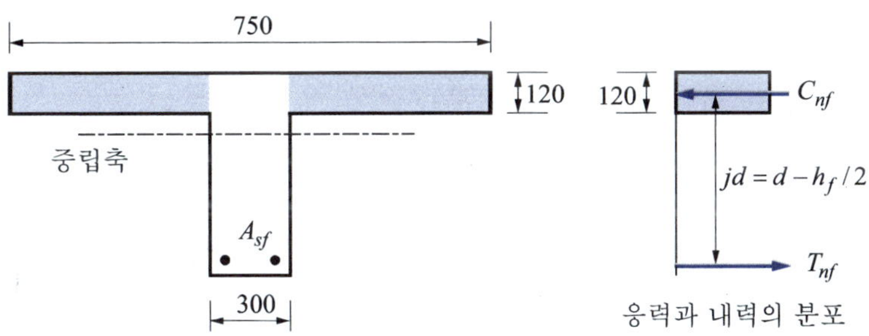

(a) 플랜지 양 날개 부분

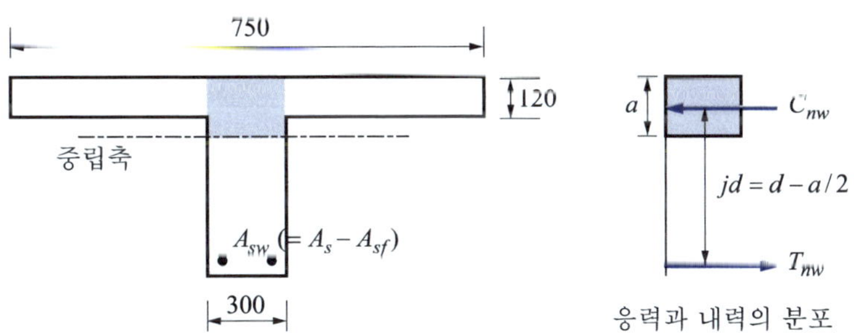

(b) 웨브 부분

예제 그림 5-5-2 단면을 분리하여 계산하는 경우 (단위 : mm)

$$a = \frac{(A_s - A_{sf})f_y}{\eta(0.85f_{ck})b_w} = \frac{(4{,}053.6 - 1{,}927.8) \times 500}{1 \times (0.85 \times 21) \times 300} = 198.49\ \mathrm{mm}$$

⑥ 변형의 적합조건(식(5.22))을 이용하여 인장철근의 변형률을 계산하고 ②의 가정이 옳은지 판단한다.

$$c = a/\beta_1 = 198.49/0.8 = 248.11\ \mathrm{mm}$$

$$\varepsilon_s = \left(\frac{d}{c} - 1\right)\varepsilon_{cu} = \left(\frac{635.0}{248.11} - 1\right) \times 0.0033 = 0.00515$$

⑦ 식(5.48)에서 두 개의 평형조건에서 모멘트를 계산한 후에 이를 합한다. 또한, 강도감소계수(ϕ)를 계산하고 설계휨모멘트(ϕM_n)를 계산한다. 해석 결과는 [예제 그림 5-5-4]에 표시되어 있다.

$$\begin{aligned} M_n &= A_{sf}f_y\left(d - \frac{h_f}{2}\right) + (A_s - A_{sf})f_y\left(d - \frac{a}{2}\right) \\ &= 1{,}927.8 \times 500\left(635 - \frac{120}{2}\right) + 2{,}125.8 \times 500\left(635 - \frac{198.49}{2}\right) \\ &= 1{,}123.7\ \mathrm{kN \cdot m} \end{aligned}$$

이 부재는 항복강도가 500 MPa인 철근을 사용하고 있으므로 식(5.1)에서 계산한 $\varepsilon_{a,t}$는 0.00625가 되며, 이 값은 인장철근이 도달한 변형률 0.00515보다 크다. 따라서 강도감소계수 ϕ는 식(5.4a)를 이용하여 계산해야 한다.

$$\varepsilon_{a,t} = \max.(0.005,\ 2.5\varepsilon_y) = \max.(0.005,\ 2.5 \times 0.0025) = 0.00625$$

$$\phi = 0.65 + \frac{0.85 - 0.65}{0.00625 - 0.0025}(0.00515 - 0.0025) = 0.79$$

$$M_u = \phi M_n = 0.79 \times 1{,}123.7 = 887.72\ \mathrm{kN \cdot m}$$

(3) 8-D25의 인장철근을 사용할 경우 (방법-2, 단면의 도심을 구하여 계산)

①, ②, ③ 계산 과정은 동일하며 힘의 평형조건(식(5.25))에서 계산한 $a = 151.39$ mm이다.

④ $a = 151.39$ mm로 슬래브의 두께(h_f) 보다 커서 가정 ①이 맞지 않다. [예제 그림 5-5-3]과 같이 변화하는 단면의 폭을 고려하여 식(5.49)를 이용하여 압축응력블록의 깊이(a)를 계산한다.

$$\begin{aligned} a &= \frac{A_s f_y}{0.85 f_{ck} b_w} - \frac{b}{b_w}h_f + h_f \\ &= \frac{4{,}053.6 \times 500}{0.85 \times 21 \times 300} - \frac{750}{300} \times 120 + 120 = 198.49\ \mathrm{mm} \end{aligned}$$

⑤ 압축력을 받는 콘크리트의 도심의 위치($\bar{y}$)를 식(5.50)을 이용하여 계산한다.

$$\bar{y} = \frac{bh_f\dfrac{h_f}{2} + b_w(a - h_f)\left(h_f + \dfrac{a - h_f}{2}\right)}{bh_f + b_w(a - h_f)}$$

$$= \frac{750 \times 120 \frac{120}{2} + 300(198.5 - 120)\left(120 + \frac{198.5 - 120}{2}\right)}{750 \times 120 + 300(198.5 - 120)} = 80.6 \text{ mm}$$

⑥ 변형의 적합조건(식(5.22))을 이용하여 인장철근의 변형률을 계산하면 $\varepsilon_s = 0.00515$이며, ②의 가정이 옳다.

⑦ 식(5.51b)에서 휨모멘트를 계산한다. 또한, 강도감소계수(ϕ)를 계산하고 설계휨모멘트(ϕM_n)를 계산한다. 해석 결과는 [예제 그림 5-5-4]에 표시되어 있다.

$$M_n = A_s f_y (d - \bar{y}) = 4{,}053.6 \times 500(635 - 80.6) = 1{,}123.7 \text{ kN} \cdot \text{m}$$
$$M_u = \phi M_n = 0.79 \times 1{,}123.7 = 887.72 \text{ kN} \cdot \text{m}$$

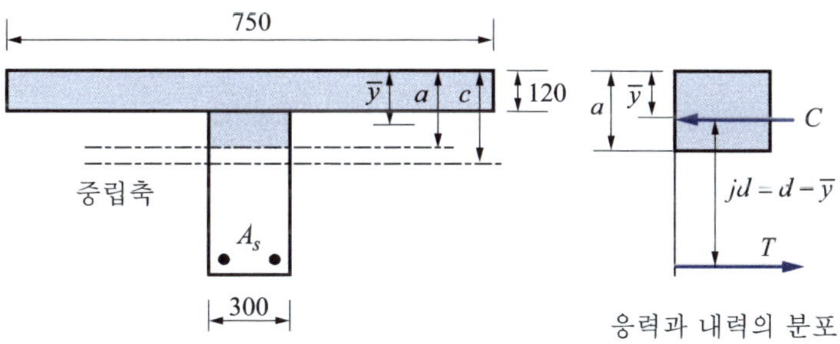

예제 그림 5-5-3 전체 단면을 계산하는 경우 (단위 : mm)

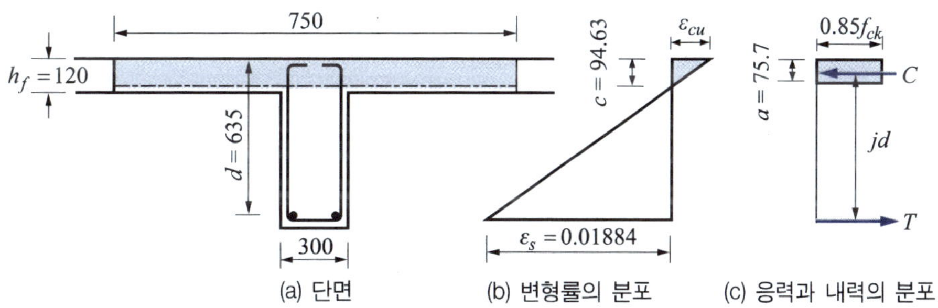

중립축이 플랜지에 있는 경우

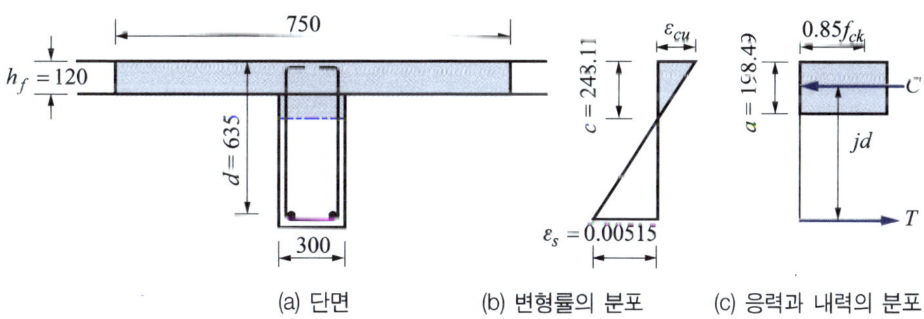

중립축이 웨브에 있는 경우

예제 그림 5-5-4 해석 결과

예제 5-6

[예제 그림 5-6-1]의 L자형보의 최대 인장철근량(A_s)과 최대 설계휨모멘트(ϕM_n)를 계산하라.

콘크리트의 압축강도 $f_{ck} = 24\,\text{MPa}$, 인장철근의 설계기준항복강도 $f_y = 400\,\text{MPa}$, D25 철근 1개의 단면적은 506.7 mm^2이다.

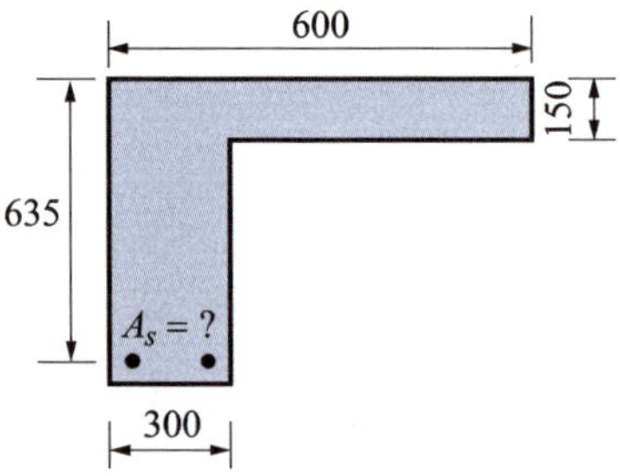

예제 그림 5-6-1 단면 (단위 : mm)

풀이

보의 휨설계에서 허용하는 최대 철근량을 배근하였을 때, 맨 바깥쪽 인장철근의 변형률은 $\varepsilon_{a,\min}$에 도달하며 이 때 부재의 설계휨모멘트(ϕM_n)는 최대가 된다.

① 변형의 적합조건을 이용하여 인장철근의 변형률이 $\varepsilon_{a,\min} = 0.004$일 때의 중립축의 위치($c$)와 압축응력블록의 깊이($a$)를 계산한다.

$$\varepsilon_s = \left(\frac{d}{c} - 1\right)\varepsilon_{cu}$$

$$c = \frac{d}{\dfrac{\varepsilon_s}{\varepsilon_{cu}} + 1} = \frac{635}{\dfrac{0.004}{0.0033} + 1} = 287.05\,\text{mm} \tag{a}$$

$$a = \beta_1 \cdot c = 0.8 \times 287.05 = 229.64\,\text{mm} \tag{b}$$

② 식(b)에서 등가 직사각형 압축응력블록의 깊이(a)가 플랜지 두께(h_f)보다 크므로, 힘의 평형조건(식(5.49))을 이용하여 최대 인장철근량을 계산한다. 여기서 인장철근은 항복변형률 0.002 이상이므로 항복강도(f_y)를 사용한다.

$$\eta(0.85 f_{ck})\left[bh_f + b_w(a - h_f)\right] = A_s f_y$$

$$A_s = \frac{\eta(0.85 f_{ck})\left[bh_f + b_w(a - h_f)\right]}{f_y}$$

$$= \frac{1 \times 0.85 \times 24 \times [600 \times 150 + 300 \times (231.3 - 150)]}{400} = 5{,}833.9\,\text{mm}^2$$

③ 압축력을 받는 콘크리트의 도심의 위치($\bar{y}$)를 계산한다.

$$\bar{y} = \frac{bh_f \dfrac{h_f}{2} + b_w(a - h_f)\left(h_f + \dfrac{a - h_f}{2}\right)}{bh_f + b_w(a - h_f)}$$

$$= \frac{600 \times 150 \dfrac{150}{2} + 300(231.3 - 150)\left(150 + \dfrac{231.3 - 150}{2}\right)}{600 \times 150 + 300(231.3 - 150)} = 99.7\,\text{mm}$$

④ 식(5.51b)에서 모멘트를 계산한다. 또한, 강도감소계수(ϕ)를 계산하고 설계휨모멘트(ϕM_n)를 계산한다. 해석 결과는 [예제 그림 5-6-2]에 표시되어 있다.

$$M_n = A_s f_y(d - \bar{y}) = 5{,}833.9 \times 400(635 - 99.7) = 1{,}249.2 \text{ kN} \cdot \text{m}$$

$$\phi = 0.65 + \frac{0.85 - 0.65}{\varepsilon_{a,t} - \varepsilon_y}(\varepsilon_t - \varepsilon_y)$$

$$= 0.65 + \frac{0.85 - 0.65}{0.005 - 0.002}(0.004 - 0.002) = 0.78$$

$$\phi M_n = 0.78 \times 1{,}249.2 = 974.4 \text{ kN} \cdot \text{m}$$

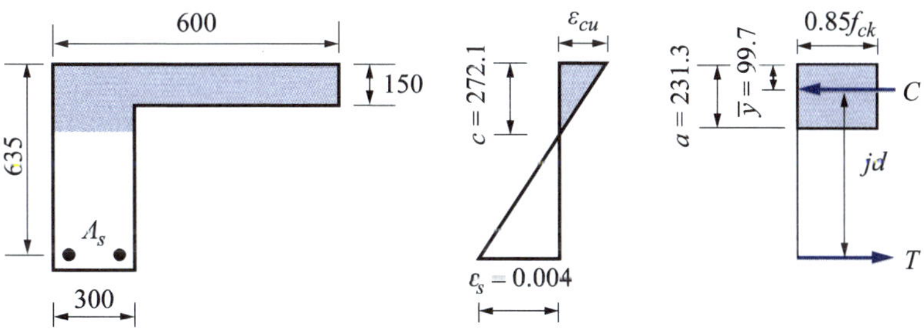

(a) 부재 단면 (b) 변형률의 분포 (c) 응력과 내력의 분포

예제 그림 5-6-2 해석 결과

5.7 보의 휨설계

철근콘크리트 보의 설계에서는 계수휨모멘트(M_u)가 주어지며, 계수휨모멘트에 저항할 수 있는 보의 단면과 재료 강도를 결정하고 필요한 철근량을 계산해야 한다. 철근콘크리트 보는 단면을 먼저 가정하고 철근비를 계산하는 방법(이하, 표를 이용하는 방법)과 철근비를 가정하고 단면을 계산하는 방법(이하, 수식방법)으로 구분되며 설계순서는 다음과 같다.

① **계수휨모멘트(M_u) 계산** : 외부 하중과 경계조건 등을 이용하여 철근콘크리트 보가 받는 계수휨모멘트를 계산한다. 가정된 보의 단면에 따라서 계수휨모멘트(M_u)값은 달라질 수 있다.

② **재료의 강도 선정** : 콘크리트와 철근의 재료 강도(f_{ck}와 f_y)를 선정한다.

③ **보의 단면 가정(수식방법에서는 철근비를 가정)** : 보의 단면을 적절하게 가정한다. 구조설

계 경험이 풍부한 기술자는 비교적 용이하게 단면을 가정할 수 있지만, 구조설계에 익숙하지 않은 기술자는 단면 가정이 어려울 수 있다. 보의 단면을 가정할 때, 휨모멘트를 증대시키고 처짐을 억제하기 위해서는 단면의 유효높이가 커야 한다. 따라서 단면의 폭(b)과 유효높이(d)의 비율을 $1:1.5 \sim 1:2.5$로 하는 경우가 많다.

④ **철근의 양 계산(수식방법에서는 보의 단면적을 계산)** : 가정한 단면의 크기를 근거로 계수 휨모멘트에 저항할 수 있는 철근량을 수식방법 또는 도식적인 방법을 이용하여 계산한다. 계산된 철근의 양이 최소 철근양보다 많고 최대 철근양보다 적은지 검토한다.

⑤ **피복두께와 배근방법 결정**

피복두께

철근의 바깥쪽 표면에서부터 단면의 외측까지의 콘크리트를 피복콘크리트 또는 커버콘크리트라 한다. 피복콘크리트의 두께는 철근의 내화성 확보, 중성화에 의한 철근 부식방지를 목적으로 결정되며 철근콘크리트 보의 피복두께는 [그림 5.11]과 같이 전단철근의 바깥쪽 표면에서 일반적으로 40 mm 이상이 되도록 한다. 프리스트레스트하지 않은 현장치기 콘크리트의 최소 피복두께 규정을 상세하게 살펴보면 다음과 같다.

- 수중에 치는 콘크리트 100 mm
- 흙에 접하여 콘크리트를 친 후 영구히 흙에 묻혀 있는 콘크리트 75 mm
- 흙에 접하거나 옥외의 공기에 직접 노출된 콘크리트
  ① D19 이상의 철근 사용 50 mm
  ② D16 이하의 철근, 지름 16 mm 이하의 철선 사용 40 mm
- 옥외의 공기나 흙에 직접 노출되지 않은 콘크리트
  ① 슬래브, 벽체, 장선
  D35를 초과하는 철근 사용 40 mm
  D35 이하인 철근 사용 20 mm
  ② 보, 기둥 40 mm
  콘크리트의 설계기준 압축강도(f_{ck})가 40 MPa 이상인 경우 규정된 값에서 10 mm 감소 가능
  ③ 쉘, 절판 부재 20 mm

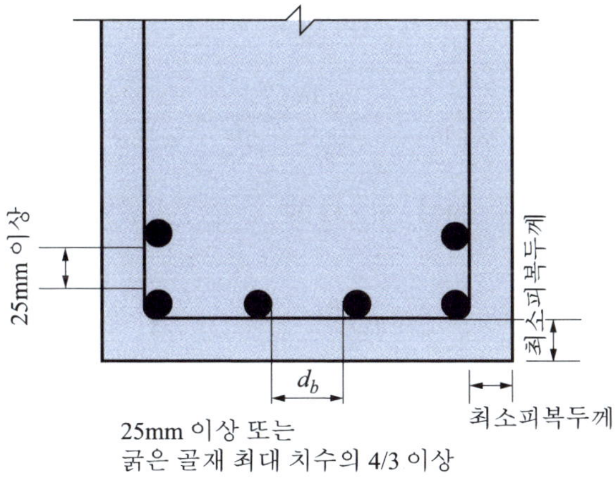

그림 5.11 피복두께와 철근의 간격

주철근의 종류와 배근

설계기준에서는 주철근은 지름 12 mm 이상 또는 D13 이상의 철근을 사용해야 한다고 규정하고 있다. 철근의 간격은 [그림 5.11]과 같이 철근 단면의 안쪽간의 거리(d_b)를 기준으로 하며 d_b는 콘크리트의 충진성능을 고려하여 25 mm 이상 또는 굵은 골재 최대 치수의 4/3 이상이며 철근 직경 이상이 되어야 한다. 또한, 철근이 2단 이상으로 배근될 경우에 상하 철근 단면의 안쪽 거리는 25 mm 이상이 되어야 한다.

5.7.1 단철근 직사각형보의 설계

수식설계법

단철근 직사각형보는 다음의 설계순서에 의하여 수식방법으로 설계할 수 있다.

① **계수휨모멘트(M_u) 계산**

② **재료의 강도(f_{ck}와 f_y) 선정**

③ **적절한 철근비(ρ) 가정**

[표 5.1]을 이용하여 최소 철근비와 최대 철근비 범위 안에 있는 철근비를 가정한다.

④ **보의 단면적 계산**

단철근 직사각형보의 압축과 인장에 대한 힘의 평형조건(식(5.19))을 이용하여 중립축의 깊이(c)를 계산한 후에 철근비($A_s = \rho bd$)를 대입하면 식(5.52)를 유도할 수 있다.

$$c = \frac{A_s f_y}{\alpha(0.85 f_{ck})b} = \frac{\rho b d f_y}{\alpha(0.85 f_{ck})b} = \frac{\rho d f_y}{\alpha(0.85 f_{ck})} \tag{5.52}$$

식(5.52)를 식(5.23b)에 대입하여 식(5.53)과 같이 공칭휨모멘트(M_n)평가식을 유도한다.

$$M_n = T \cdot jd = A_s f_y \cdot (d - \beta c) = \rho f_y \left(1 - \frac{\beta}{\alpha}\frac{\rho f_y}{0.85 f_{ck}}\right) b d^2 \tag{5.53}$$

식(5.53)을 bd^2으로 나누고 $M_u \leq \phi M_n$ 관계를 이용하여 식(5.54)를 유도한다.

$$\frac{M_u}{bd^2} = \phi \rho f_y \left(1 - \frac{\beta}{\alpha}\frac{\rho f_y}{0.85 f_{ck}}\right) \tag{5.54}$$

식(5.54)의 우측항을 R_u로 정의한 후에 보의 폭과 유효높이를 계산한다. 유사한 방법으로 등가 직사각형 압축응력블록에 대한 R_u도 계산할 수 있다.

$$R_u = \phi \rho f_y \left(1 - \frac{\beta}{\alpha}\frac{\rho f_y}{0.85 f_{ck}}\right) \quad \text{(포물선 - 직선형의 경우)} \tag{5.55a}$$

$$R_u = \phi \rho f_y \left(1 - \frac{\rho f_y}{\eta 1.7 f_{ck}}\right) \quad \text{(등가 직사각형의 경우)} \tag{5.55b}$$

$$bd^2 = \frac{M_u}{R_u} \tag{5.56}$$

⑤ **철근비 재계산**

보의 단면적을 확정한 후에 식(5.56)을 이용하여 R_u를 다시 계산한다. 그 후 식(5.55a, b)에서 유도한 식(5.57a, b)를 이용하여 필요한 철근비(ρ)를 재계산한다.

$$\rho = \frac{\alpha}{2\beta}\frac{0.85 f_{ck}}{f_y}\left(1 - \sqrt{1 - \frac{4\beta}{\alpha}\frac{R_u}{\phi 0.85 f_{ck}}}\right) \quad \text{(포물선 - 직선형의 경우)} \tag{5.57a}$$

$$\rho = \eta \frac{0.85 f_{ck}}{f_y}\left(1 - \sqrt{1 - \frac{2}{\eta}\frac{R_u}{\phi 0.85 f_{ck}}}\right) \quad \text{(등가 직사각형의 경우)} \tag{5.57b}$$

⑥ **철근단면적($A_s = \rho bd$) 계산과 배근방법 결정**

표를 이용한 설계법

단철근 직사각형보는 다음과 같은 설계순서로 표를 이용하여 설계할 수 있다.

표 5.2 단철근 직사각형보의 휨강도, $M_u/(\phi \cdot f_{ck} \cdot b \cdot d^2)$, $f_{ck} \leq 40$ MPa인 경우

ω	.000	.001	.002	.003	.004	.005	.006	.007	.008	.009
0.00	.0000	.0010	.0020	.0030	.0040	.0050	.0060	.0070	.0080	.0090
0.01	.0099	.0109	.0119	.0129	.0139	.0149	.0159	.0168	.0178	.0188
0.02	.0197	.0207	.0217	.0226	.0236	.0246	.0256	.0266	.0278	.0285
0.03	.0295	.0304	.0314	.0324	.0333	.0343	.0352	.0362	.0372	.0381
0.04	.0391	.0400	.0410	.0420	.0429	.0438	.0448	.0457	.0467	.0476
0.05	.0485	.0495	.0504	.0513	.0523	.0532	.0541	.0551	.0560	.0569
0.06	.0579	.0588	.0597	.0607	.0616	.0625	.0634	.0643	.0653	.0662
0.07	.0671	.0680	.0689	.0699	.0708	.0717	.0726	.0735	.0744	.0753
0.08	.0762	.0771	.0780	.0789	.0798	.0807	.0816	.0825	.0834	.0843
0.09	.0852	.0861	.0870	.0879	.0888	.0897	.0906	.0915	.0923	.0932
0.10	.0941	.0950	.0959	.0967	.0976	.0985	.0994	.1002	.1011	.1020
0.11	.1029	.1037	.1046	.1055	.1063	.1072	.1081	.1099	.1098	.1106
0.12	.1115	.1124	.1133	.1141	.1149	.1158	.1166	.1175	.1183	.1192
0.13	.1200	.1209	.1217	.1226	.1234	.1243	.1251	.1259	.1268	.1276
0.14	.1284	.1293	.1301	.1309	.1318	.1326	.1334	.1342	.1351	.1359
0.15	.1367	.1375	.1384	.1392	.1400	.1408	.1416	.1425	.1433	.1441
0.16	.1449	.1457	.1465	.1473	.1481	.1489	.1497	.1506	.1514	.1522
0.17	.1529	.1537	.1545	.1553	.1561	.1569	.1577	.1585	.1593	.1601
0.18	.1609	.1617	.1624	.1632	.1640	.1648	.1656	.1664	.1671	.1679
0.19	.1687	.1695	.1703	.1710	.1718	.1726	.1733	.1741	.1749	.1756
0.20	.1764	.1772	.1779	.1787	.1794	.1802	.1810	.1817	.1825	.1832
0.21	.1840	.1847	.1855	.1862	.1870	.1877	.1885	.1892	.1900	.1907
0.22	.1914	.1922	.1929	.1937	.1944	.1951	.1959	.1966	.1937	.1981
0.23	.1988	.1995	.2002	.2010	.2017	.2024	.2031	.2039	.2046	.2053
0.24	.2060	.2067	.2075	.2082	.2089	.2096	.2103	.2110	.2117	.2124
0.25	.2131	.2138	.2145	.2152	.2159	.2166	.2173	.2180	.2187	.2194
0.26	.2201	.2208	.2215	.2222	.2229	.2236	.2243	.2249	.2256	.2263
0.27	.2270	.2277	.2284	.2290	.2297	.2304	.2311	.2317	.2324	.2331
0.28	.2337	.2344	.2351	.2357	.2364	.2371	.2377	.2384	.2391	.2397
0.29	.2404	.2410	.2417	.2423	.2430	.2437	.2443	.2450	.2456	.2463
0.30	.2469	.2475	.2482	.2488	.2495	.2501	.2508	.2514	.2520	.2527
0.31	.2533	.2539	.2546	.2552	.2558	.2565	.2571	.2577	.2583	.2590
0.32	.2596	.2602	.2608	.2614	.2621	.2627	.2633	.2639	.2645	.2651
0.33	.2657	.2664	.2670	.2676	.2682	.2688	.2694	.2700	.2706	.2712
0.34	.2718	.2724	.2730	.2736	.2742	.2748	.2754	.2760	.2766	.2771
0.35	.2777	.2783	.2789	.2795	.2801	.2807	.2812	.2818	.2824	.2830
0.36	.2835	.2841	.2847	.2853	.2858	.2864	.2870	.2875	.2881	.2887
0.37	.2892	.2898	.2904	.2909	.2915	.2920	.2926	.2931	.2937	.2943
0.38	.2948	.2954	.2959	.2965	.2970	.2975	.2981	.2986	.2992	.2997
0.39	.3003	.3008	.3013	.3019	.3024	.3029	.3035	.3040	.3045	.3051

① 계수휨모멘트(M_u) 계산

② 재료의 강도 선정

③ 보의 단면 가정

④ 표를 이용하여 철근의 양 계산

식(5.53)에서 $\omega = \rho f_y / f_{ck}$로 정의하고 $M_u \leq \phi M_n$ 관계를 이용하여 식(5.58a, b)를 유도할 수 있다.

$$M_n = \omega f_{ck}\left(1 - \frac{\beta}{\alpha}\frac{w}{0.85}\right)bd^2$$

$$\frac{M_u}{\phi f_{ck} bd^2} = \omega\left(1 - \frac{\beta}{\alpha}\frac{w}{0.85}\right) \quad \text{(포물선 - 직선형의 경우)} \tag{5.58a}$$

$$\frac{M_u}{\phi f_{ck} bd^2} = \omega\left(1 - \frac{1}{\eta}\frac{w}{1.7}\right) \quad \text{(등가 직사각형의 경우)} \tag{5.58b}$$

[표 5.2]에서 $M_u/(\phi f_{ck}bd^2)$값을 이용하여 ω를 계산하고 철근비를 결정한다. [표 5.2]는 $f_{ck} \leq 40\,\mathrm{MPa}$로 [표 4.4]에서 구한 $\alpha/\beta = 0.8/0.4 = 0.5$의 경우와 [표 4.5]에서 구한 $\eta = 1.0$의 경우에 해당하는 값이다. 만일 콘크리트의 압축강도(f_{ck})가 증가하여 α/β와 η 값이 달라지면 [표 5.2]의 값이 달라질 수 있다.

⑤ 최소 철근비와 최대 철근비를 검토

⑥ 철근단면적과 배근방법 결정

예제 5-7

고정하중에 의한 모멘트 $M_D = 200\,\mathrm{kN \cdot m}$와 활하중에 의한 모멘트 $M_L = 250\,\mathrm{kN \cdot m}$가 작용할 때 단철근 직사각형보를 설계하라. 단면의 피복두께는 40 mm이다. 전단철근은 D10(공칭지름 9.53 mm)을 사용하라.

풀이 - 수식설계법

① 계수휨모멘트(M_u) 계산

$$M_u = 1.2M_D + 1.6M_L$$
$$= 1.2 \times 200 + 1.6 \times 250 = 640.0\,\mathrm{kN \cdot m} \tag{a}$$

② 재료의 강도(f_{ck}와 f_y) 선정

콘크리트의 압축강도 $f_{ck}=24\text{ MPa}$, 인장철근의 항복강도 $f_y=400\text{ MPa}$을 결정한다.

③ 적절한 철근비(ρ) 가정

[표 5.1]을 이용하여 최소, 최대 철근비 범위 안에 있는 철근비를 가정한다. $f_{ck}=24\text{ MPa}$이며 $f_y=400\text{ MPa}$일 때의 최소 철근비($\rho_{\min}$)는 0.0026이고 최대 철근비($\rho_{\max}$)는 0.0184이므로 철근비(ρ)를 0.009로 가정한다.

④ 보의 단면적 계산

식(5.55)를 이용하여 R_u를 계산한 후에 보의 폭과 유효높이를 계산한다. 콘크리트 압축강도가 24 MPa이므로 [표 4.4]에서 α와 β는 각각 0.8과 0.4이다.

$$R_u=\phi\rho f_y\left(1-\frac{\beta}{\alpha}\frac{\rho f_y}{0.85f_{ck}}\right)$$

$$=0.85\times0.009\times400\left(1-\frac{0.4}{0.8}\frac{0.009\times400}{0.85\times24}\right)=2.79 \tag{b}$$

$$bd^2=\frac{M_u}{R_u}=\frac{640\times10^6}{2.79}=229.4\times10^6\text{ mm}^3 \tag{c}$$

식(c)에서 bd^2이 $229.39\times10^6\text{ mm}^3$이므로 단면의 폭($b$)을 450 mm로 하며 단면의 유효폭($d$)을 735 mm로 결정한다.

$$bd^2=450\times735^2=243.1\times10^6\text{ mm}^2 \tag{d}$$

⑤ 철근비 재계산

확정한 보의 단면적을 이용하여 식(b)의 R_u를 다시 계산하고, 식(5.57a)를 이용하여 필요한 철근비(ρ)를 계산한다.

$$R_u=\frac{M_u}{bd^2}=\frac{640\times10^6}{243.1\times10^6}=2.63$$

$$\rho=\frac{\alpha}{2\beta}\frac{0.85f_{ck}}{f_y}\left(1-\sqrt{1-\frac{4\beta}{\alpha}\frac{2R_u}{\phi0.85f_{ck}}}\right)$$

$$=\frac{0.8}{2\times0.4}\frac{0.85\times24}{400}\left(1-\sqrt{1-\frac{4\times0.4}{0.8}\frac{2.63}{0.85\times0.85\times24}}\right)=0.0084$$

⑥ 철근단면적($A_s=\rho bd$) 계산과 배근방법 결정

$$A_s=\rho bd=0.0084\times450\times735=2{,}778.3\text{ mm}^2$$

D25 철근 6대를 배근하면 총 단면적이 $6\times506.7=3{,}040.2\text{ mm}^2$이므로 요구 조건을 만족한다. D25 철근을 1단 배근할 경우에 철근의 순간격(d_b)은 다음과 같이 계산할 수 있다.

$$d_b=\frac{\text{단면의 폭}-\text{피복 두께}\times2-\text{전단철근의 직경}\times2-\text{철근의 전체숫자}\times\text{주철근의 직경}}{\text{철근의 전체숫자}-1}$$

$$= \frac{450 - 40 \times 2 - 9.53 \times 2 - 6 \times 25.4}{5} = 39.7\ \text{mm}$$

계산된 철근의 순간격(d_b)은 39.7 mm로 기준에서 요구하는 25 mm와 골재 지름의 4/3를 초과하므로 일단 배근이 가능하다.

보의 높이(h)는 계산된 유효높이와 피복두께를 고려하여 계산한다.

$$h = \text{단면의 유효높이} + \text{주철근의 직경}/2 + \text{전단보강철근의 직경} + \text{피복두께}$$
$$= 735 + 25.4/2 + 9.53 + 40 = 797.23\ \text{mm}$$

따라서 보단면의 높이를 800 mm로 결정한다.

풀이 - 표를 이용한 설계법

단철근 직사각형보는 다음의 설계순서로 표를 이용하여 설계할 수 있다.

① 계수휨모멘트(M_u) 계산

$$M_u = 1.2 \times 200 + 1.6 \times 250 = 640.0\ \text{kN} \cdot \text{m}$$

② 재료의 강도(f_{ck}와 f_y) 선정

콘크리트의 압축강도 $f_{ck} = 24$ MPa, 인장철근의 항복강도 $f_y = 400$ MPa을 결정한다.

③ 보의 단면 가정

보의 폭을 450 mm로, 유효높이를 735 mm로 가정한다.

④ [표 5.2]를 이용하여 철근의 양 계산

$$\frac{M_u}{\phi f_{ck} b d^2} = \frac{640 \times 10^6}{0.85 \times 24 \times 450 \times 735^2} = 0.129\text{이므로}$$

[표 5.2]에서 계산된

$$\omega = 0.141$$

따라서 철근비는

$$\rho = \omega \frac{f_{ck}}{f_y} = 0.141 \frac{24}{400} = 0.0085$$

⑤ 최소 철근비와 최대 철근비를 검토한다.

[표 5.1]의 최소, 최대 철근비와 계산된 철근비를 비교한다. [표 5.1]에서 최소 철근비(ρ_{min})는 0.0026이고, 최대 철근비(ρ_{max})는 0.0184이므로 계산된 철근비(ρ)는 최소, 최대 철근비 제한을 만족한다.

⑥ 철근단면적과 배근방법 결정

$$A_s = \rho b d = 0.0085 \times 450 \times 735 = 2{,}811.4\ \text{mm}^2$$

D25 철근 6대를 배근하면 총 단면적이 $6 \times 506.7 = 3,040.2\,\mathrm{mm}^2$이므로 요구 조건을 만족한다. 철근의 순간격(d_b)을 [수식설계법]과 동일한 방법으로 계산한다.

5.7.2 복철근 직사각형보의 설계

복철근 직사각형보에 대한 설계에서는 인장철근과 압축철근의 양을 동시에 결정해야 한다. 설계에서는 압축철근이 탄성상태에 있는 것도 허용되지만, 가능하다면 압축철근이 항복하도록 설계하는 것이 경제적이다. 복철근 직사각형보의 설계순서는 다음과 같다.

① **계수휨모멘트(M_u) 계산**

② **재료의 강도(f_{ck}와 f_y) 선정**

③ **보의 단면 가정**

④ **전체 필요 철근량을 계산하고 최대, 최소 철근량을 검토**

압축철근과 인장철근의 항복을 유도하기 위하여 복철근 직사각형보의 압축철근에 대한 적합식(5.31)을 중립축의 깊이(c)로 변환한다.

$$\varepsilon_s' = \left(1 - \frac{d'}{c}\right)\varepsilon_{cu}$$

$$c = \frac{d'}{1 - \dfrac{\varepsilon_s'}{\varepsilon_{cu}}} \tag{5.59}$$

식(5.59)에서 압축철근이 항복하기 위해서는 압축철근의 변형률(ε_s')은 항복변형률($\varepsilon_y = f_y / E_s$) 이상이 되어야 한다. 이 값을 식(5.59)에 대입하여 식(5.60)을 유도할 수 있다.

$$c \geq \frac{d'}{1 - \dfrac{f_y}{E_s \cdot \varepsilon_{cu}}} \tag{5.60}$$

식(5.60)을 힘의 평형식에 대입하여 전체 철근량을 계산할 수 있다.

$$C_c + C_s = T$$

$$\alpha(0.85 f_{ck})bc + A_s' f_s' = A_s f_s$$

$$A_s - A_s' \geq \frac{\alpha(0.85 f_{ck}) b d'}{f_y[1 - f_y/(E_s \cdot \varepsilon_{cu})]} \tag{5.61}$$

$k = A_s - A_s'$로 정함

k는 인장철근의 총 단면적에서 압축철근의 총 단면적을 제한 값으로 단철근 직사각형보와 동일한 철근량을 갖고 있다. 따라서 계산된 k의 값을 이용하여 [표 5.1]에서 최대, 최소 철근비를 검토할 수 있다.

⑤ **압축철근과 인장철근의 단면적 계산**

복철근 직사각형보의 모멘트에 대한 평형식(5.30)을 이용하여 압축철근과 인장철근의 단면적을 계산한다.

$$M_n = C_c(d - \beta c) + C_s(d - d')$$

$$M_n = \frac{M_u}{\phi} = (A_s - A_s')f_y \cdot (d - \beta c) + A_s' f_y \cdot (d - d') \tag{5.62}$$

압축철근의 단면적

$$c = \frac{(A_s - A_s')f_y}{\alpha(0.85 f_{ck}) b} = \frac{k \cdot f_y}{\alpha(0.85 f_{ck}) b}$$

$$A_s' = \frac{\left[\frac{M_u}{\phi} - k f_y \left(d - \frac{\beta}{\alpha}\frac{k f_y}{(0.85 f_{ck}) b}\right)\right]}{f_y \cdot (d - d')} \quad \text{(포물선 - 직선형의 경우)} \tag{5.63}$$

인장철근의 단면적

$$A_s = k + A_s' \tag{5.64}$$

유사한 방법으로 등가 직사각형 압축응력블록에 대하여도 계산할 수 있다.

$$\eta(0.85 f_{ck}) a b + A_s' f_s' = A_s f_s$$

$$A_s - A_s' \geq \frac{\eta \times \beta_1 (0.85 f_{ck}) b d'}{f_y[1 - f_y/(E_s \cdot \varepsilon_{cu})]} \quad \text{(등가 직사각형의 경우)}$$

$$A_s' = \frac{\left[\frac{M_u}{\phi} - k f_y \left(d - \frac{1}{\eta}\frac{k f_y}{(1.7 f_{ck}) b}\right)\right]}{f_y \cdot (d - d')} \quad \text{(등가 직사각형의 경우)}$$

⑥ **배근방법 결정**

예제 5-8

철근콘크리트 보에 고정하중에 의한 모멘트 $M_D = 700\ \mathrm{kN \cdot m}$ 와 활하중에 의한 모멘트 $M_L = 600\ \mathrm{kN \cdot m}$ 가 작용할 때 복철근 직사각형보를 설계하라. 전단철근은 D10(공칭지름 9.53 mm)을 사용하라.

풀이

① 계수휨모멘트(M_u) 계산

$$M_u = 1.2M_D + 1.6M_L$$
$$= 1.2 \times 700 + 1.6 \times 600 = 1{,}800.0\ \mathrm{kN \cdot m}$$

② 재료의 강도(f_{ck}와 f_y) 선정

콘크리트의 압축강도 $f_{ck} = 30\ \mathrm{MPa}$, 인장철근의 설계기준항복강도 $f_y = 500\ \mathrm{MPa}$로 결정한다.

③ 보의 단면 가정

보의 폭을 400 mm로, 유효높이를 685 mm로 가정한다.

④ 전체 필요 철근량을 계산하고 최대, 최소 철근량을 검토

압축철근과 인장철근이 항복하도록 설계하기 위하여 식(5.61)을 이용하여 전체 철근량을 계산한다. 콘크리트 압축강도가 30 MPa이므로 [표 4.1]과 [표 4.4]에서 ε_{cu}와 α는 각각 0.0033과 0.8이다.

$$A_s - A_s' \geq \frac{\alpha(0.85 f_{ck}) b d'}{f_y [1 - f_y / (E_s \cdot \varepsilon_{cu})]} = \frac{0.8 \times 0.85 \times 30 \times 400 \times 65}{500(1 - 500/660)} = 4{,}375.8\ \mathrm{mm}^2$$

$k = A_s - A_s'$는 인장철근의 총 단면적에서 압축철근의 총 단면적을 제한 값으로 단철근 직사각형보와 동일한 철근량을 갖고 있다. 따라서 계산된 k의 값에 대한 철근비는 [표 5.1]의 최대, 최소 철근비의 범위에 있어야 한다.

$$\rho = \frac{k}{bd} = \frac{4{,}375.8}{400 \times 685} = 0.0160$$

[표 5.1]에서 최소 철근비($\rho_{\min}$)는 0.0023이고, 최대 철근비($\rho_{\max}$)는 0.0162이므로 계산된 철근비(ρ)는 최소, 최대 철근비에 대한 제한을 만족한다.

⑤ 압축철근과 인장철근의 단면적 계산

식(5.63)과 식(5.64)를 이용하여 압축철근과 인장철근의 단면적을 계산한다. [표 4.4]에서 β는 0.4이다.

$$A_s' = \frac{\left[\dfrac{M_u}{\phi} - k f_y \left(d - \dfrac{\beta}{\alpha} \dfrac{k f_y}{(0.85 f_{ck}) b}\right)\right]}{f_y \cdot (d - d')}$$

$$= \frac{\left[\frac{1{,}800 \times 10^6}{0.85} - 4{,}375.8 \times 500\left(685 - \frac{0.4}{0.8}\frac{4{,}375.8 \times 500}{(0.85 \times 30) \times 400}\right)\right]}{500 \times (685 - 65)}$$

$$= 2{,}753.51 \text{ mm}^2$$

$$A_s = k + A_s{}' = 4{,}375.8 + 2{,}753.51 = 7{,}129.31 \text{ mm}^2$$

⑥ 배근방법 결정
인장철근 8-D35

($A_s = 7{,}652.8 \text{ mm}^2$), (2단 배근)

압축철근 5-D29

($A_s{}' = 3{,}212.0 \text{ mm}^2$)

예제 5-9

[예제 그림 5-9-1]은 복철근 직사각형보를 나타낸다. 고정하중 모멘트 $M_D = 300$ kN · m와 활하중 모멘트 $M_L = 300$ kN · m가 작용할 때 최소 철근량(인장철근+압축철근)을 계산하라.

콘크리트의 압축강도 $f_{ck} = 30$ MPa, 압축과 인장철근의 설계기준항복강도 $f_y = 400$ MPa을 사용하라.

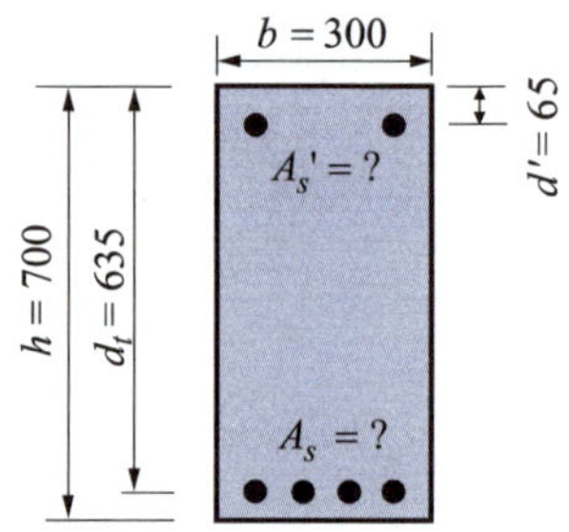

예제 그림 5-9-1 보의 단면

풀이

① 계수휨모멘트(M_u)를 계산한다.

$$M_u = 1.2M_D + 1.6M_L$$
$$= 1.2 \times 300.0 + 1.6 \times 300.0 = 840.0 \text{ kN} \cdot \text{m}$$

② 중립축의 깊이와 철근의 변형률 계산
최소 철근량을 계산해야 하므로 압축철근의 변형률은 항복변형률이 되어야 한다. 복철근 직사각형보의 압축철근에 대한 적합식(5.31)을 이용하여 중립축의 깊이(c)를 계산한다. 콘크리트 압축강도가 30 MPa이므로 [표 4.1]에서 ε_{cu}는 0.0033이다. 또한 철근의 항복강도가 $f_y = 400$ MPa이므로 항복변형률은 400/200,000 = 0.002이다.

$$\varepsilon_s{}' = \frac{c - d'}{c}\varepsilon_{cu}$$

$$c = \frac{d'}{\varepsilon_{cu} - \varepsilon_s{}'}\varepsilon_{cu} = \frac{65}{0.0033 - 0.002}0.0033 = 165.0 \text{ mm}$$

복철근 직사각형보의 인장철근에 대한 적합식(5.32)를 이용하여 인장철근의 변형률을 계산한다.

$$\varepsilon_s = \left(\frac{d}{c} - 1\right)\varepsilon_{cu} = \left(\frac{635}{165} - 1\right)0.0033 = 0.0094$$

③ 힘의 평형식(5.61)을 이용하여 전체 철근량을 계산한다.

$$A_s - A_s' \geq \frac{\alpha(0.85f_{ck})bd'}{f_y[1 - f_y/(E_s \cdot \varepsilon_{cu})]} = \frac{0.8 \times (0.85 \times 30) \times 300 \times 65}{400(1 - 0.002/0.0033)} = 2{,}524.5\ \mathrm{mm}^2$$

④ 식(5.63)과 (5.64)를 이용하여 압축철근과 인장철근의 단면적을 계산한다.

$$A_s' = \frac{\left[\frac{M_u}{\phi} - kf_y\left(d - \frac{\beta}{\alpha}\frac{kf_y}{(0.85f_{ck})b}\right)\right]}{f_y \cdot (d - d')}$$

$$= \frac{\left[\frac{840 \times 10^6}{0.85} - 2{,}524.5 \times 400\left(635 - \frac{0.4}{0.8}\frac{2{,}524.5 \times 400}{0.85 \times 30 \times 300}\right)\right]}{400 \times (635 - 65)} = 1{,}814.3\ \mathrm{mm}^2$$

$$A_s = k + A_s' = 2{,}524.5 + 1{,}814.3 = 4{,}338.8\ \mathrm{mm}^2$$

⑤ 전체 최소 철근량

$$= 1{,}814.3 + 4{,}338.8 = 6{,}153.1\ \mathrm{mm}^2$$

5.8 휨모멘트 재분배

하중의 재분배란 구조물 중에서 어느 한 곳이 재료의 한계점(소성상태)에 도달했을 때 부재가 즉시 파괴되지 않고 구조물의 다른 곳에서 외부 하중을 계속해서 지지하는 현상을 말한다.

[그림 5.12(a)]와 같이 양단이 연속인 철근콘크리트 보가 있다. 양단이 고정이며 등분포하중(w_u)이 작용할 경우에 양단부에서 발생하는 부모멘트(M_{uA})는 중앙부에서 발생하는 정모멘트(M_{uB}^+)의 2배가 된다. 따라서 외부 하중이 증가하면 양단부에서 먼저 외부 모멘트(M_{uA}^-)가 단부의 저항모멘트(M_{nA}^-)에 도달하며, 이 때 중앙부의 저항모멘트(M_{nB}^+)는 외부 모멘트(M_{uB}^+)의 2배를 유지한다.

변형이 큰 연성재료가 사용될 경우에 단부에서 $M_{uA}^- = \phi M_{nA}^-$이 된 이후에도 부재의 변형은 계속해서 증가한다. 부재의 변형이 증가한다는 것은 이 위치에서 힌지(소성힌지라 함)가 발생하여 단면의 회전능력이 커졌다는 것을 의미한다. 따라서 단부에서 $M_{uA}^- = \phi M_{nA}^-$이 된 이후에

[그림 5.12(a)]와 같이 양단이 고정단인 구조물은 양단이 힌지인 1차 부정정구조물로 바뀌게 된다. 양단이 고정단이었던 구조물이 양단이 힌지인 구조물로 바뀐 후에도 양단 힌지구조물은 여전히 안정구조물이므로 외부 하중(w_u)은 계속해서 증가한다. 이때 외부 하중은 부재의 단부가 아니라 부재의 중앙부에서 지지되며, 이와 같이 구조물에 소성힌지가 발생한 이후에 하중이 계속해서 지지되는 것을 하중의 재분배라 한다.

구조물이 하중의 재분배를 이루기 위해서는 다음의 두 가지 조건을 만족해야 한다.

① **구조물은 부정정구조물이어야 한다.**

구조물이 [그림 5.12(b)]와 같이 정정구조물인 경우에는 중앙부의 외부 모멘트(M_{uB}^{+})가 재료의 저항모멘트(ϕM_{nB}^{+})에 도달한 이후에 구조물은 불안정구조물이 되어 더 이상 외력(w_u)을 저항하지 못하고 파괴된다. 즉, [그림 5.12(b)]의 중앙부에서 M_{uB}^{+}가 ϕM_{nB}^{+}에 도달하여 소성힌지가 발생하면, 구조물은 정정구조물에서 불안정구조물로 변하게 된다.

② **재료는 충분한 연성능력을 갖고 있어야 한다.**

철근콘크리트 건물은 보와 기둥 또는 벽체에 의해서 하중을 지지하는 골조구조 또는 벽식구조로 이루어진 경우가 많으며 대부분 부정정구조물이다. 부정정구조물의 어느 한 지점([그림 5.12(a)]의 양단)이 최대 모멘트에 도달한 이후에 모멘트 재분배를 이루기 위해서는 재료가 충분한 연성능력을 갖고 있어야 한다. 재료가 연성적이지 못할 경우에는 소성힌지가 발생하지 않고 최대 모멘트에 도달한 순간에 부재가 즉각적으로 파괴되므로 다른 위치([그림 5.12(a)]의 중앙부)에서 외력을 저항할 수 없다.

구조설계에서는 이러한 특성을 고려하여 철근콘크리트 단면의 최외단 인장철근의 변형률(ε_t)이 0.0075 이상인 경우에는 구조물에 모멘트 재분배가 발생한다고 간주한다. 설계기준에서는 철근콘크리트 부재의 모멘트 재분배를 식(5.65)에 의하여 계산한다.

$$\text{모멘트 재분배} = 1{,}000 \times \varepsilon_t\,(\%) \tag{5.65}$$

다만, 식(5.65)에 의하여 계산한 모멘트 재분배는 20퍼센트를 초과하지 못한다.

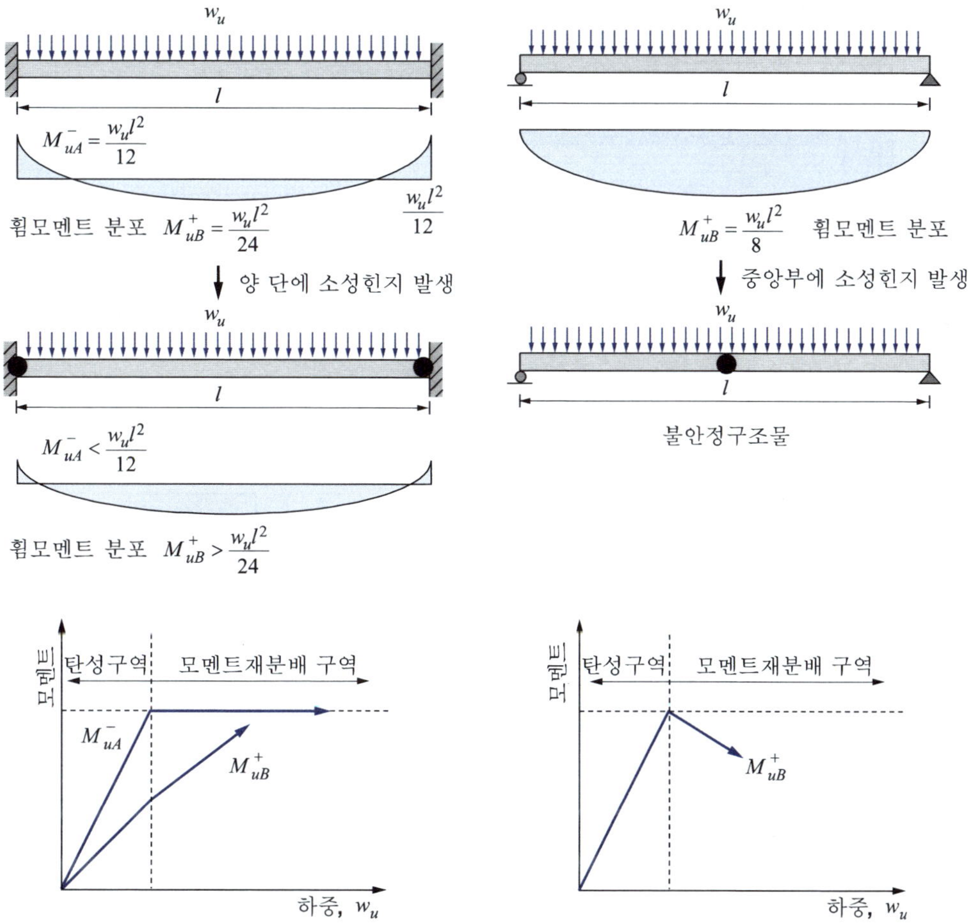

(a) 부정정구조물　　(b) 정정구조물

그림 5.12 모멘트 재분배

예제 5-10

[예제 그림 5-10-1]의 순경간 6.5 m인 보의 단부와 중앙부에 각각 450 kN · m와 250 kN · m의 계수 휨모멘트(M_u)가 작용한다. 모멘트 재분배 효과를 고려할 때, 단부와 중앙부의 휨설계가 적합한지 검도하라. $f_{ck} = 24$ MPa, $f_y = 400$ MPa, D22 철근 1개의 단면적 : 387.1 mm^2, D25 철근 1개의 단면적 : 506.7 mm^2.

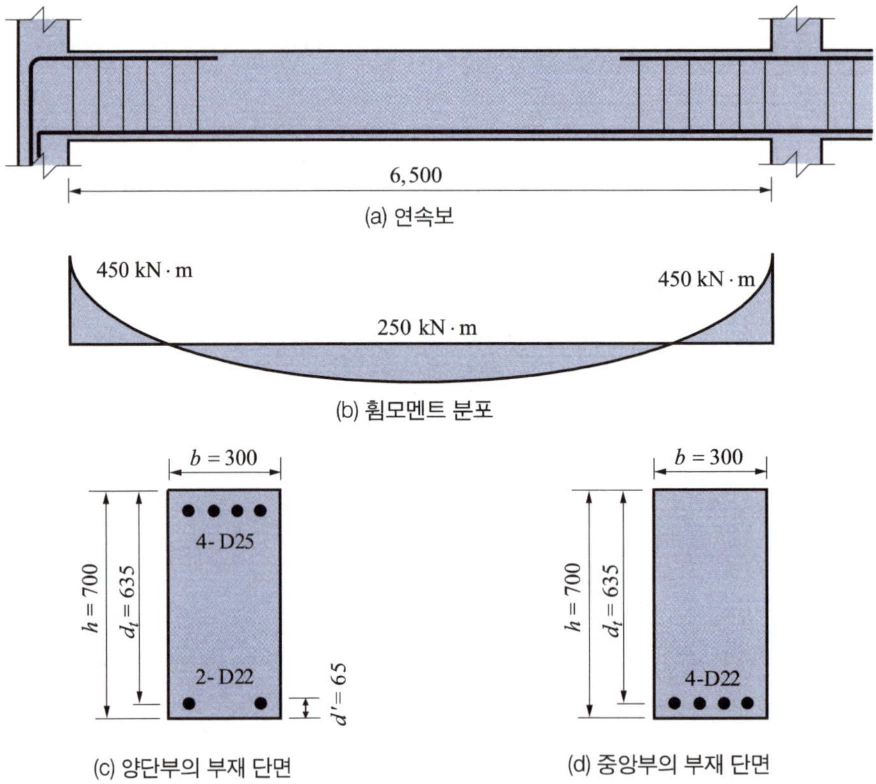

예제 그림 5-10-1 보와 보의 단면

풀이

(1) 양단부 설계휨모멘트 검토

① 부재가 인장파괴하며 압축철근이 항복한다고 가정한다.

② 중립축의 깊이(c)를 계산한다. 콘크리트 압축강도가 24 MPa이므로 [표 4.4]에서 α는 0.8이다.

$$\alpha(0.85f_{ck})bc + A_s'f_s' = A_s f_s$$

$$c = \frac{(A_s - A_s')f_y}{\alpha(0.85f_{ck})b} = \frac{(2{,}026.8 - 774.2)\times 400}{0.8(0.85\times 24)\times 300} = 102.34\ \text{mm} \tag{a}$$

③ 변형의 적합조건(식(5.31))을 이용하여 압축철근의 변형률을 계산하여 ①의 가정이 옳은지를 판단한다.

$$\varepsilon_s' = \left(1 - \frac{d'}{c}\right)\varepsilon_{cu} = \left(1 - \frac{65.0}{102.34}\right)0.0033 = 0.00120 \tag{b}$$

④-2 압축철근이 항복하지 않으므로($f_s' < f_y$) 식(5.38)을 이용하여 중립축의 깊이(c)를 계산한다.

$$(\alpha 0.85 f_{ck} b)c^2 + (A_s' E_s \varepsilon_{cu} - A_s f_y)c - (A_s' E_s d' \varepsilon_{cu}) = 0$$

$$(4{,}896)c^2 + (510{,}972 - 810{,}720)c - 33{,}213{,}180 = 0 \qquad \text{(c)}$$

그러므로 $c = 118.48\ \text{mm}$ (d)

식(5.31)과 (5.33a)에서 압축철근의 변형률(ε_s')과 응력(f_s')을 계산한다. 항복강도에 도달하지 않은 압축철근의 응력(f_s')을 식(5.39)에 대입하여 휨모멘트를 계산한다. 콘크리트 압축강도가 24 MPa이므로 [표 4.4]에서 β는 0.4이다.

$$\varepsilon_s' = \left(1 - \frac{d'}{c}\right)\varepsilon_{cu} = \left(1 - \frac{65}{118.48}\right)0.0033 = 0.00149$$

$$f_s' = E_s \cdot \varepsilon_s' = 200{,}000 \times 0.00149 = 298.0\ \text{MPa}$$

$$M_n = \alpha(0.85 f_{ck})bc \cdot (d - \beta c) + A_s' f_s' \cdot (d - d')$$

$$= 0.8(0.85 \times 24) \times 300 \times 118.48 \times (635 - 0.4 \times 118.48) + 774.2 \times 298 \times (635 - 65)$$

$$= 340.86 + 131.51 = 472.37\ \text{kN} \cdot \text{m} \qquad \text{(e)}$$

⑤ 최외단 인장철근의 변형률(ε_t)이 $\varepsilon_{a,t}(=0.005)$ 이상이 되므로 강도감소계수(ϕ)를 0.85로 하여 설계휨모멘트(ϕM_n)를 계산한다.

$$\varepsilon_t = \left(\frac{d_t}{c} - 1\right)\varepsilon_{cu} = \left(\frac{635.0}{118.48} - 1\right)0.0033 = 0.01439$$

$$\phi M_n = 0.85 \times 472.37 = 401.51\ \text{kN} \cdot \text{m} \qquad \text{(f)}$$

⑥ 철근의 변형률(ε_t)이 0.0075를 초과하므로 식(5.65)를 이용하여 가능한 최대 모멘트 재분배를 계산하고 단면의 저항모멘트와 비교하여 실제 모멘트 재분배를 계산한다.

모멘트 재분배 $= 1{,}000 \times \varepsilon_t(\%)$

가능한 최대 모멘트 재분배 : 14.39%

$450 \times 0.1439 = 64.76\ \text{kN} \cdot \text{m}$

⑦ 식(5.65)에 의하여 계산한 가능한 최대 모멘트 재분배는 64.76 kN · m 이지만 주어진 부재 조건에서 저항할 수 있는 휨모멘트는 401.51 kN · m 이므로 실제 모멘트 재분배는

$$450 - 401.51 = 48.49\ \text{kN} \cdot \text{m}$$

이다. 따라서 모멘트 재분배는 64.76 kN · m를 할 필요가 없고, 48.49 kN · m만으로 충분하다.

(2) 중앙부 설계휨모멘트 검토

① 부재가 인장파괴한다고 가정한다.

② 힘의 평형조건(식(5.19))을 이용하여 중립축의 깊이(c)를 계산한다.

$$\alpha(0.85 f_{ck})bc = A_s f_s$$

$$c = \frac{A_s f_y}{\alpha(0.85 f_{ck})b} = \frac{4 \times 387.1 \times 400}{0.8(0.85 \times 24) \times 300} = 126.50\ \mathrm{mm} \qquad \text{(a)}$$

③ 변형의 적합조건(식(5.22))을 이용하여 인장철근의 변형률을 계산하고, ①의 가정이 옳은지를 판단한다.

$$\varepsilon_s = \left(\frac{d}{c} - 1\right)\varepsilon_{cu} = \left(\frac{635.0}{126.50} - 1\right)0.0033 = 0.01327 \qquad \text{(b)}$$

계산된 변형률 0.01327은 철근의 항복변형률($\varepsilon_y = f_y / E_s = 0.002$)보다 크다.

④ 가정이 맞으므로 식(5.23b)를 이용하여 휨모멘트(M_n)를 계산한다.

$$M_n = T \cdot jd = 4 \times 387.1 \times 400 \times (635 - 0.4 \times 126.5) = 361.95\ \mathrm{kN \cdot m} \qquad \text{(c)}$$

⑤ 식(b)의 철근의 변형률 $\varepsilon_s(=0.01327)$은 $\varepsilon_{a,t}(=0.005)$보다 크므로 강도감소계수($\phi$)를 0.85로 하여 설계휨모멘트($\phi M_n$)를 계산한다.

$$\phi M_n = 0.85 \times 361.95 = 307.66\ \mathrm{kN \cdot m} \qquad \text{(d)}$$

⑥ 양단부의 모멘트 48.49 kN · m 가 모멘트 재분배에 의하여 중앙부로 이동하므로 중앙부에서 저항해야 하는 모멘트는 식(e)와 같다.

$$\text{외부 모멘트} = 250.0 + 48.49 = 298.49\ \mathrm{kN \cdot m} \qquad \text{(e)}$$

외부 모멘트(298.49 kN · m)는 내부 저항모멘트(307.66 kN · m)보다 작으므로 안전하다.

Chapter 5 연습문제

5.1 휨모멘트를 받는 철근콘크리트 부재의 파괴모드를 네 가지로 구별하고 그 특징을 설명하라.

5.2 휨모멘트를 받는 철근콘크리트 부재의 단면을 세 가지로 구별하고 그 특징을 설명하라.

5.3 [연습 그림 5.1]의 단철근 직사각형보에 대하여 해석하라. 인장철근의 설계기준항복강도 $f_y = 400$ MPa이고, D25 철근 1개의 단면적은 506.7 mm^{2}이다.

1) ① 보의 중립축의 위치(c), ② 설계휨모멘트(ϕM_n), ③ 인장연단에 가장 가까운 철근의 변형률(ε_t), ④ KDS 14 20 콘크리트 구조설계기준에 의한 설계 가능여부를 구하라.

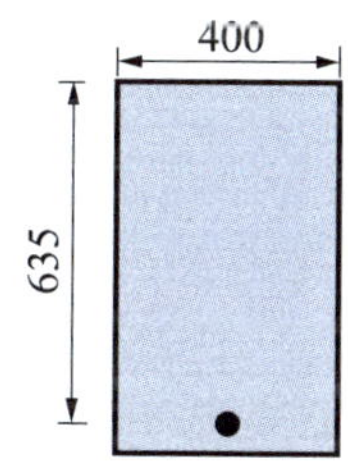

연습 그림 5.1 보의 단면 (단위 : mm)

2) 콘크리트의 압축강도(f_{ck})와 철근비(ρ)의 증가가 1)의 ①, ②, ③, ④에 미치는 영향을 비교하라.

(1) $f_{ck} = 21$ MPa, 2-D25 인장철근 사용

(2) $f_{ck} = 21$ MPa, 4-D25 인장철근 사용

(3) $f_{ck} = 21$ MPa, 8-D25 인장철근 사용

(4) $f_{ck} = 60$ MPa, 2-D25 인장철근 사용

(5) $f_{ck} = 60$ MPa, 4-D25 인장철근 사용

(6) $f_{ck} = 60$ MPa, 8-D25 인장철근 사용

5.4 [연습 그림 5.2]의 보를 강도설계법으로 해석하라.
콘크리트의 압축강도 $f_{ck} = 24\ \text{MPa}$, 철근의 항복응력 $f_y = 400\ \text{MPa}$, D25 철근 1개의 단면적은 $506.7\ \text{mm}^2$이다. 단면이 변단면이므로 등가 직사각형 압축응력블록을 이용해야 한다.

(1) 중립축의 깊이 c를 구하라.
(2) 최외단 인장철근의 변형률 ε_t를 구하라.
(3) 설계휨모멘트 ϕM_n를 구하라.

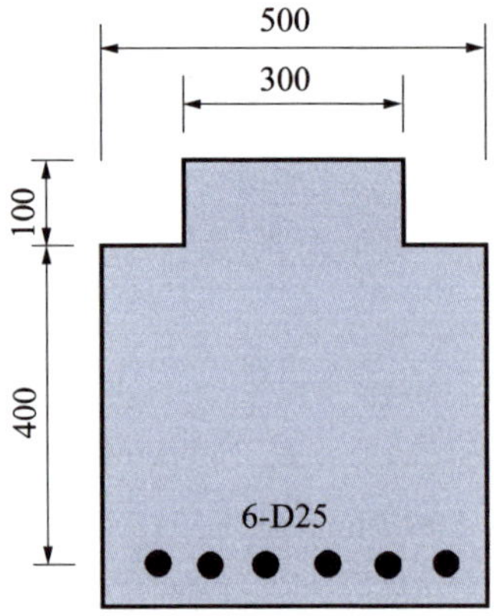

연습 그림 5.2 보의 단면(단위 : mm)

5.5 [연습 그림 5.3]의 복철근 직사각형보에 대하여 해석하라. 8-D25 인장철근을 사용하며, 인장철근의 항복강도 $f_y = 400\ \text{MPa}$이다. D25 철근 1개의 단면적은 $506.7\ \text{mm}^2$이다.

1) ① 보의 중립축의 위치(c), ② 설계휨모멘트(ϕM_n), ③ 인장연단에 가장 가까운 철근의 변형률(ε_t), ④ 압축철근의 변형률(ε_s'), ⑤ KDS 14 20 국가건설기준에 의한 설계 가능여부를 구하라.
2) 압축철근비(ρ')의 증가가 1)의 ①, ②, ③, ④, ⑤에 미치는 영향을 비교하라.

(1) $f_{ck} = 21\ \text{MPa}$, 2-D25 압축철근 사용
(2) $f_{ck} = 21\ \text{MPa}$, 4-D25 압축철근 사용
(3) $f_{ck} = 21\ \text{MPa}$, 6-D25 압축철근 사용
(4) $f_{ck} = 60\ \text{MPa}$, 2-D25 압축철근 사용
(5) $f_{ck} = 60\ \text{MPa}$, 4-D25 압축철근 사용

(6) $f_{ck} = 60\ \mathrm{MPa}$, 6-D25 압축철근 사용

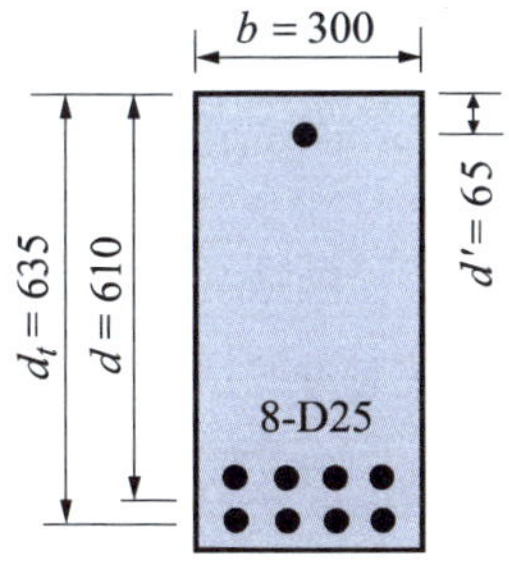

연습 그림 5.3 보의 단면(단위 : mm)

5.6 [연습 그림 5.4]는 복철근 직사각형보의 단면과 변형률의 분포를 나타낸다. 콘크리트의 압축강도 $f_{ck} = 24\ \mathrm{MPa}$, 철근의 항복응력 $f_y = 400\ \mathrm{MPa}$, D25 철근 1개의 단면적은 $506.7\ \mathrm{mm}^2$이다. 인장철근의 변형률 $\varepsilon_s = 0.008$일 때 다음을 구하라.

(1) 압축철근 단면적 $A_s{}'$을 구하라.

(2) 설계휨모멘트 ϕM_n를 구하라.

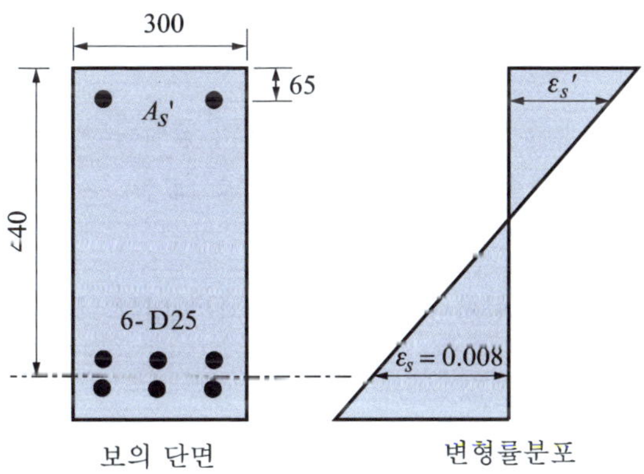

연습 그림 5.4 보의 단면과 변형률분포(단위 : mm)

5.7 [연습 그림 5.5]는 복철근 직사각형보의 단면과 변형률의 분포를 나타낸다. 콘크리트 압축강도 $f_{ck} = 24$ MPa, 철근의 항복응력 $f_y = 400$ MPa, 인장철근의 총 단면적 $A_s = 6{,}000\ \text{mm}^2$이며, 변형률 $\varepsilon_s = 0.005$일 때 다음을 구하라.

(1) 중립축깊이 c를 구하라.
(2) 압축철근 단면적 A_s'을 구하라.
(3) 설계휨모멘트 ϕM_n를 구하라.

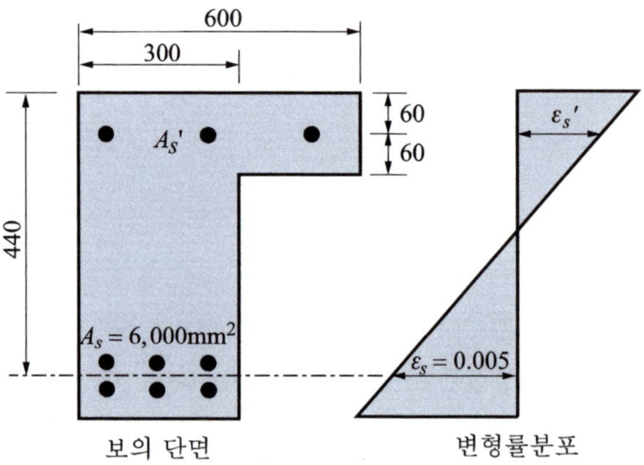

연습 그림 5.5 보의 단면과 변형률분포 (단위 : mm)

5.8 [연습 그림 5.6]의 T형보에 대하여 ① 보의 중립축의 위치(c), ② 설계휨모멘트(ϕM_n), ③ 최외단 인장철근의 변형률(ε_t), ④ KDS 14 20 국가건설기준에 의한 설계 가능여부를 구하라.
인장철근의 설계기준항복강도 $f_y = 400$ MPa이다. D25 철근 1개의 단면적은 506.7 mm^2이다.

(1) $f_{ck} = 21$ MPa, 4-D25 인장철근 사용
(2) $f_{ck} = 21$ MPa, 8-D25 인장철근 사용
(3) $f_{ck} = 21$ MPa, 12-D25 인장철근 사용

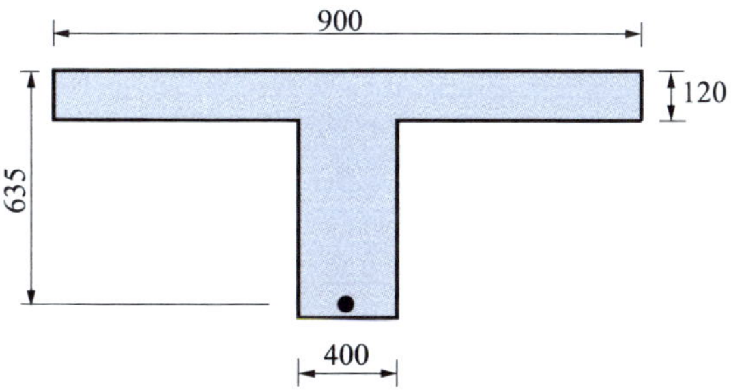

연습 그림 5.6 T형보의 단면(단위 : mm)

5.9 계수휨모멘트 $M_u = 585$ kN · m를 받는 보를 [연습 그림 5.7]과 같이 복철근 직사각형 보로 설계하고자 한다. 콘크리트의 압축강도 $f_{ck} = 21$ MPa, 인장, 압축철근의 항복응력 $f_y = 400$ MPa, 인장철근의 변형률 $\varepsilon_s = 0.006$이다.

(1) 압축철근 단면적 $A_s{}'$을 구하라.

(2) 인장철근 단면적 A_s를 구하라.

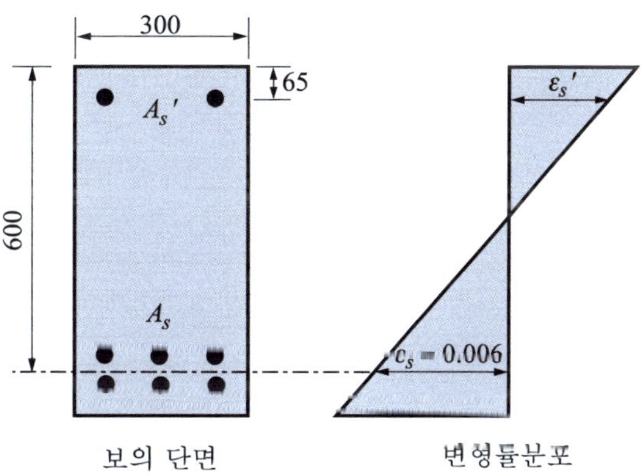

연습 그림 5.7 보의 단면과 변형률분포(단위 : mm)

Chapter

06

부재의 사용성

6.1 일반 사항
6.2 처 짐
6.3 균 열
6.4 피 로

6.1 일반 사항

한계상태설계에 기본을 두고 있는 철근콘크리트 부재의 구조설계는 강도에 대한 한계와 함께 사용성에 대한 한계를 규정하고 있다. 사용성에 대한 한계는 구조물이 붕괴나 전도 등의 위험이 없다고 할지라도 처짐, 균열, 진동, 피로 등과 같이 사용상에서 발생할 수 있는 한계를 의미한다. 사용성의 한계는 부재가 대부분 탄성 상태에 근접한 경우에 발생하므로 허용응력설계에 근거하여 설계해야 한다. 따라서 탄성범위 안에 있는 콘크리트와 철근의 응력을 이용하여 부재의 사용성을 평가해야 하며, 사용성의 문제는 주로 보, 슬래브와 같은 휨부재에서 발생한다. 6장에서는 허용응력설계법(3.3.2절)을 이용하여 평가되는 부재의 사용성에 대하여 설명한다.

6장의 전반부에서는 균열이 발생한 철근콘크리트 부재에 대한 단면환산법과 단면2차모멘트 계산법을 설명하고, 이를 이용하여 탄성해석에 의하여 유도된 처짐을 철근콘크리트 부재의 처짐 계산에 적용한다. 또한 처짐을 순간처짐과 장기처짐으로 구분하고 기준에서 규정하고 있는 처짐 제한값을 설명한다. 6장의 후반부에서는 균열의 종류와 원인 및 피로에 대하여 설명한다.

6.2 처 짐

6.2.1 탄성해석에 의한 처짐을 철근콘크리트 부재에 적용하기 위한 조건

재료가 균질하며 탄성상태인 부재의 처짐은 부재의 길이, 하중의 크기, 탄성계수, 단면2차모멘트, 지점의 종류 등에 의하여 영향을 받는다. [표 6.1]은 다양한 하중과 지점을 갖고 있는 부재의 처짐을 탄성곡선법, 모멘트면적법, 가상일의 방법 등과 같은 탄성해석을 이용하여 계산한 결과이다. 이러한 처짐값을 재료가 균질하지 않으며 균열이 발생한 철근콘크리트 부재에 적용하기 위해서는 다음과 같이 단면의 환산 및 단면2차모멘트의 재해석이 필요하다.

단면의 환산

철근콘크리트 부재의 단면은 탄성계수와 강도가 다른 인장재와 콘크리트라는 2개의 복합재료로 구성되어 있다. 서로 다른 재료로 이루어진 단면의 도심과 단면2차모멘트를 계산하기 위해서는 어느 한 재료의 단면적을 다른 재료의 단면적으로 환산하여 전체 단면을 균질한 재료로 보고 계산하는 것이 편리하다.

표 6.1 탄성해석에 의한 처짐

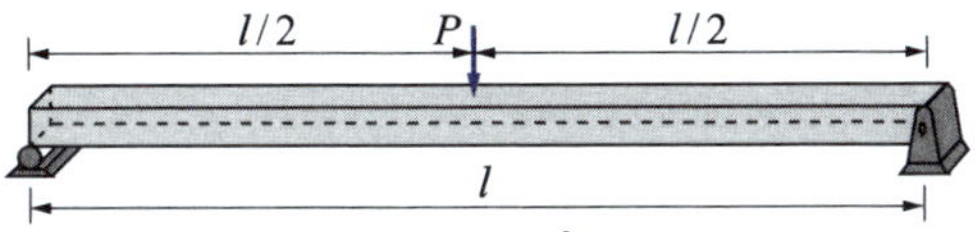 $\delta_{max} = \dfrac{P \cdot l^3}{48EI}$	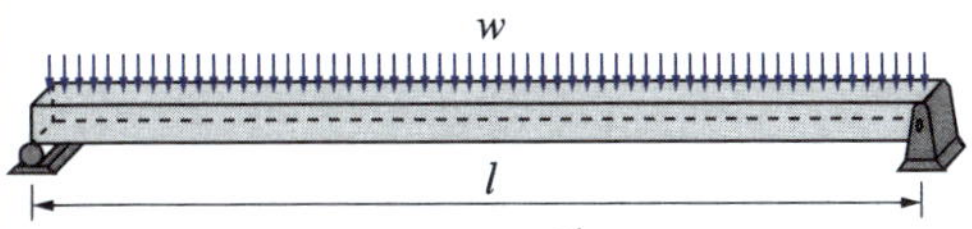 $\delta_{max} = \dfrac{5w \cdot l^4}{384EI}$
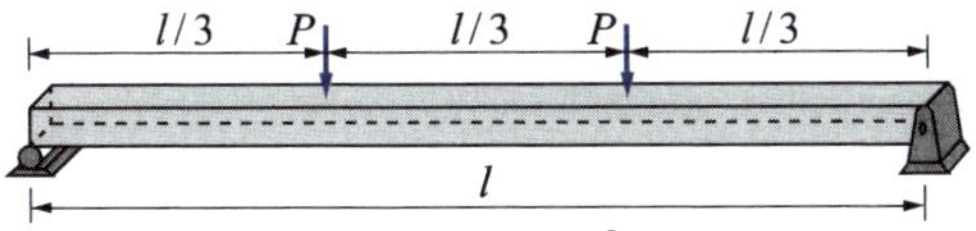 $\delta_{max} = \dfrac{23P \cdot l^3}{648EI}$	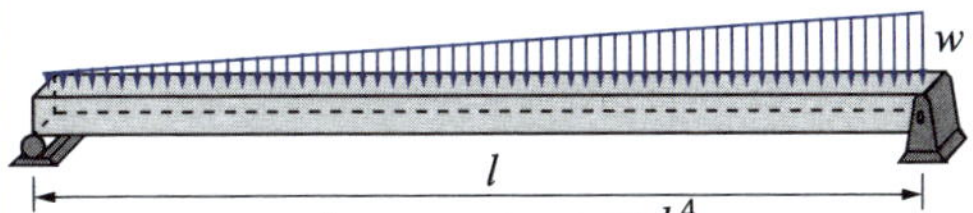 $\delta_{max} = 0.00652\ \dfrac{w \cdot l^4}{EI}$
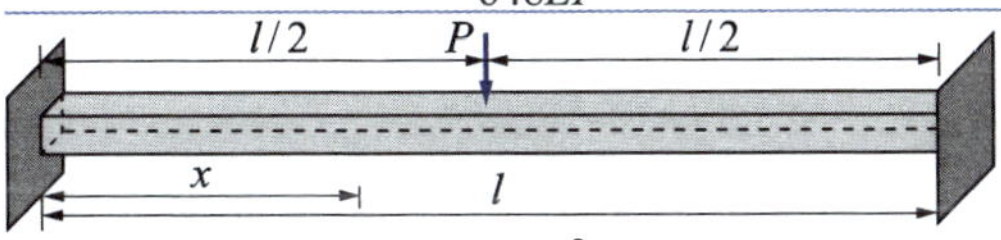 $\delta_{max} = \dfrac{P \cdot l^3}{192EI}$	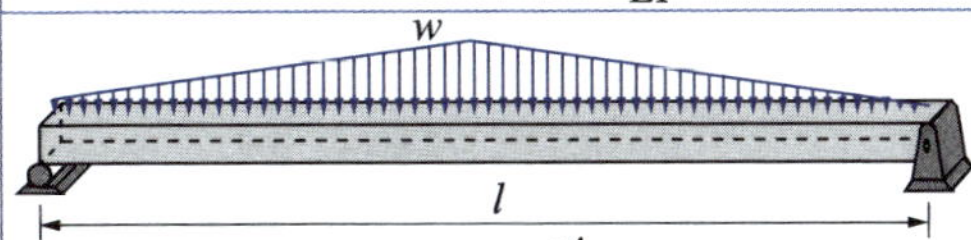 $\delta_{max} = \dfrac{w \cdot l^4}{120EI}$
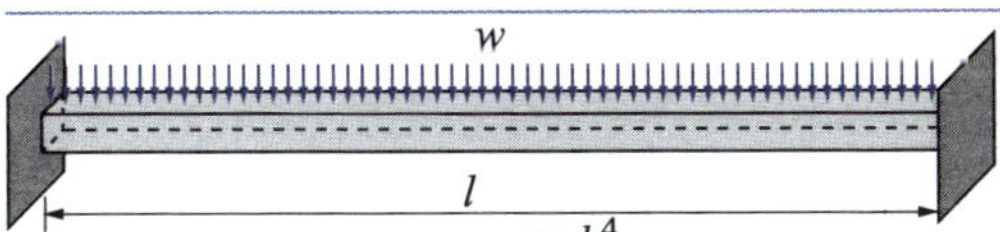 $\delta_{max} = \dfrac{w \cdot l^4}{384EI}$	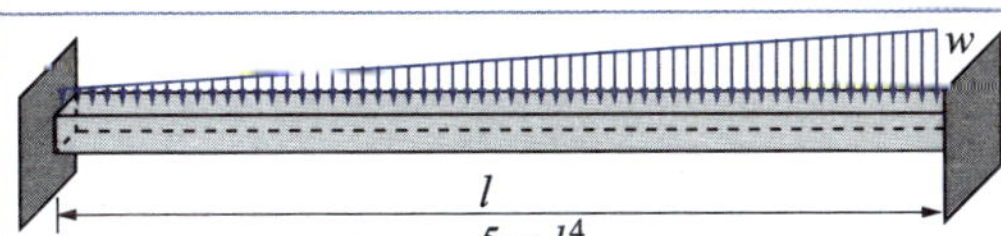 $\delta_{max} = \dfrac{5w \cdot l^4}{768EI}$

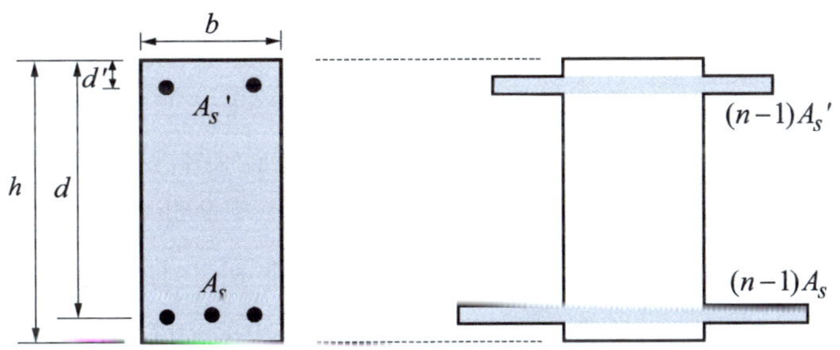

(a) 철근콘크리트 단면　　(b) 콘크리트 환산단면

그림 6.1 단면의 환산

[그림 6.1(a)]는 탄성계수가 다른 콘크리트와 철근으로 이루어진 단면을 나타내고 있다. 이 단면의 도심을 구하기 위해서는 두 가지 재료 중에 어느 한 재료의 단면을 다른 재료의 단면으로 환산해야 한다. 단면의 환산은 식(6.1)과 같이 재료의 탄성계수비(n)를 이용하며, 일반적으로 강한 재료(철근)를 약한 재료(콘크리트)로 환산한다.

$$n = \frac{E_s}{E_c} \tag{6.1}$$

여기서, E_s : 철근의 탄성계수, E_c : 콘크리트의 탄성계수이다.

힘과 변형의 관점에서 계산하면 탄성계수의 비(n)를 환산하고자 하는 단면적에 곱하여 계산한 경우와 두 가지 재료를 각각 분리하여 계산한 후에 이 값들을 합한 경우의 결과는 같다. 따라서 [그림 6.1(b)]와 같이 철근을 콘크리트로 환산하여 단면적과 단면2차모멘트를 계산할 수 있다.

휨균열모멘트

철근콘크리트 부재의 휨강성(EI)은 균열이 발생하기 이전과 균열이 발생한 이후에 달라진다. 균열이 발생하기 이전에는 탄성해석에 의하여 계산할 수 있지만, 균열이 발생한 이후에는 철근콘크리트의 재료성질을 반영한 해석법을 이용해야 한다. 따라서 설계자는 우선 휨균열모멘트(M_{cr})를 계산한 후에, 외부 모멘트와 내부 모멘트(휨균열모멘트(M_{cr}))를 비교하여 부재의 휨균열 발생 여부를 판단해야 한다.

콘크리트에 균열이 발생하기 이전에는 콘크리트를 탄성체로 보고 탄성해석에 의하여 휨응력을 식(6.2)와 같이 계산할 수 있다.

$$f = \frac{M \cdot y}{I_g} \tag{6.2}$$

여기서, M : 휨모멘트, y : 단면의 중립축으로부터 떨어진 거리, I_g : 전단면적에 대한 단면2차모멘트(이하, 전단면2차모멘트), f : y 위치에서의 휨응력이다.

콘크리트의 균열은 중립축에서 가장 멀리 떨어진 인장연단에서 발생하므로 식(6.2)의 거리 y를 단면의 중립축에서 인장연단까지의 거리(y_t)로 대체하고 휨응력(f)을 휨인장강도(f_r)로 대체하여 휨균열모멘트(M_{cr})를 계산한다. 휨균열은 휨인장력에 의하여 발생하므로 2.5절에서 설명한 두 가지 인장강도(쪼갬인장강도와 휨인장강도) 중에서 휨인장강도(f_r)를 적용하여 M_{cr}을 유도해야 한다.

$$M_{cr} = \frac{f_r \cdot I_g}{y_t} \tag{6.3}$$

여기서, y_t : 단면의 중립축에서 인장연단까지의 거리,

f_r : 보통중량콘크리트 휨인장강도($f_r = 0.63\lambda\sqrt{f_{ck}}$ (식 2.15))이다.

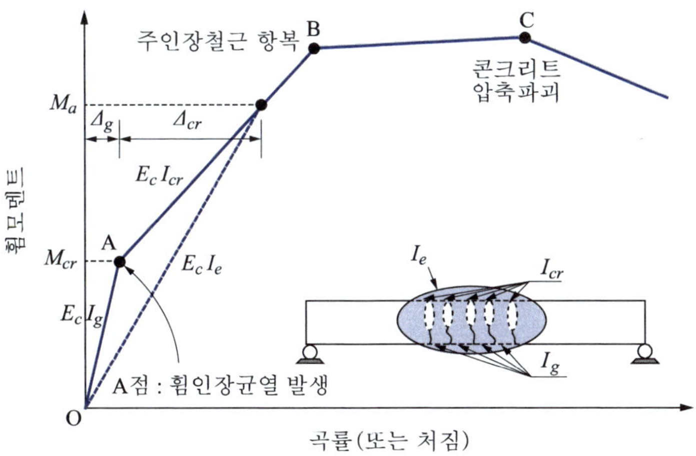

그림 6.2 휨강성의 변화

단면2차모멘트

균열이 발생하기 이전의 철근콘크리트 부재의 휨강성(E_cI_g)은 균열이 발생한 이후의 휨강성(E_cI_{cr})과 차이가 있다([그림 6.2] 참조). 이와 같은 차이는 단면2차모멘트와 밀접한 관련이 있다. 균열이 발생하기 이전에는 콘크리트의 전체 단면적을 이용하여 단면2차모멘트(I_g)를 계산하지만, 균열이 발생한 이후에는 균열면과 비균열면 단면을 모두 이용하여 단면2차모멘트(I_e)를 계산해야 한다. 따라서 단면2차모멘트는 균열이 발생하기 이전과 균열이 발생한 이후로 구분하여 계산해야 한다.

① **균열발생이전(전단면2차모멘트, $M < M_{cr}$)** : 균열이 발생하기 이전에는 콘크리트의 전체 단면적을 이용하여 단면2차모멘트를 계산한다. [그림 6.3]의 철근콘크리트 부재의 단면2차모멘트는 다음 2가지 방법에 의하여 계산한다.

[정산식]

[그림 6.3(a)]의 철근을 [그림 6.3(c)]와 같이 콘크리트로 환산하고, 탄성해석에 의하여 중립축을 계산한다.

$$\bar{y} = \frac{(b \times h)\dfrac{h}{2} + (n-1)A_s{}'(d') + (n-1)A_s d}{(b \times h - A_s{}' - A_s) + nA_s{}' + nA_s}$$

$$= \frac{(b \times h)\dfrac{h}{2} + (n-1)A_s{}'(d') + (n-1)A_s d}{(b \times h) + (n-1)A_s{}' + (n-1)A_s} \qquad (6.4)$$

위에서 계산한 중립축을 이용하여 단면2차모멘트를 계산한다. 단면2차모멘트 계산에서는 철근 자체의 단면적은 작기 때문에 철근 자체의 단면2차모멘트는 무시하고 도심과 계산축의 떨어진 거리의 영향만을 고려한다.

$$I_g = \frac{b(h)^3}{12} + bh\left(\frac{h}{2} - \bar{y}\right)^2 + (n-1)A_s{}'(\bar{y} - d')^2 + (n-1)A_s(d - \bar{y})^2 \tag{6.5}$$

[약산식]

철근의 단면적을 무시하고 모든 단면이 콘크리트로 이루어졌다고 가정하고 계산한다.

$$\bar{y} = h/2 \tag{6.6}$$

$$I_g = bh^3/12 \tag{6.7}$$

② **균열발생이후(유효단면2차모멘트, $M \geq M_{cr}$)** : 균열이 발생한 이후의 철근콘크리트 부재의 단면2차모멘트는 균열면에 대한 단면2차모멘트와 균열이 발생하지 않은 면에 대한 단면2차모멘트로 구분하여 계산한다. 부재에 균열이 발생할 경우에 균열면과 비균열면을 정확하게 구분하여 단면2차모멘트를 합하는 것은 어렵다. 따라서 설계에서는 균열이 발생한 이후의 부재의 단면2차모멘트를 균열면과 비균열면을 이용한 단면2차모멘트의 대략적인 평균값인 유효단면2차모멘트를 이용하여 계산한다.

$$I_e = \left(\frac{M_{cr}}{M_a}\right)^3 I_g + \left[1 - \left(\frac{M_{cr}}{M_a}\right)^3\right] I_{cr} \tag{6.8}$$

여기서, I_e : 유효단면2차모멘트, M_{cr} : 균열모멘트, M_a : 단면2차모멘트가 계산되는 부분에서의 최대 모멘트, I_{cr} : 균열단면2차모멘트, I_g : 인장측 철근의 단면적을 무시한 전단면 2차모멘트이다.

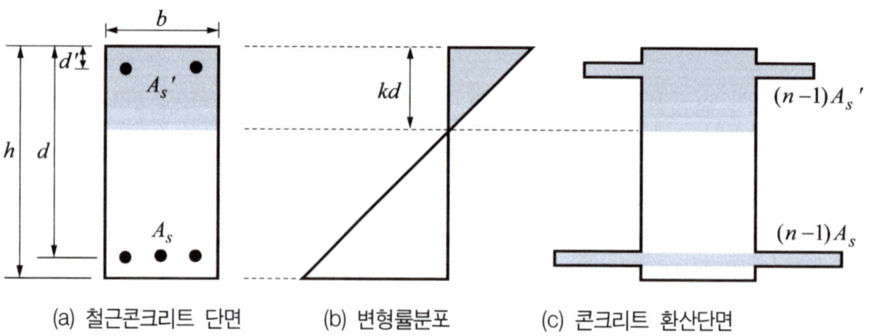

그림 6.3 단면2차모멘트 계산을 위한 단면 환산

직사각형보에 대한 균열단면2차모멘트(I_{cr})는 허용응력설계법에 의하여 계산한 중립축(kd)을 기준으로 균열이 발생하지 않은 압축측 콘크리트만을 이용하여 계산한다([그림 6.3(c)] 참조). 이 때 압축철근과 인장철근을 콘크리트 단면으로 환산해야 하며, 콘크리트의 순면적(콘크리트의 면적에서 압축철근의 면적을 제외한 면적)을 이용하여 식(6.9)에 의해 단면2차모멘트를 계산해야 한다.

$$I_{cr} = \frac{b(kd)^3}{3} + (n-1)A_s{'}(kd-d')^2 + nA_s(d-kd)^2 \tag{6.9}$$

③ **연속보의 평균 유효단면2차모멘트** : 철근콘크리트 부재는 지점의 조건에 따라서 균열이 발생하는 위치가 달라진다. 예를 들어 단순보의 경우에는 [그림 6.4(a)]에서 정모멘트가 크게 발생하는 부재의 중앙부 1곳에서만 균열이 발생하지만, 연속보의 경우는 [그림 6.4(b)]와 같이 지점주위의 부모멘트에 의하여 균열이 부재의 중간부와 중간지점 근처에서 발생한다. 식(6.8)에서 계산되는 단면2차모멘트는 부재 중간부의 한 곳에서만 균열이 발생하는 단순보에 대한 유효단면2차모멘트이다. 만일 연속보와 같이 균열이 발생하는 위치가 증가하면 유효단면2차모멘트가 식(6.8)의 값보다 작아질 수 있다. 따라서 설계에서는 지점조건에 따라 달라지는 균열발생의 특성을 반영하기 위하여 식(6.10a, b)를 사용하여 연속보의 유효단면2차모멘트를 계산한다. 식(6.10a, b)는 식(6.8)의 단면2차모멘트를 기본으로 균열발생 위치가 여러 곳인 부재의 평균 유효단면2차모멘트를 계산한 것이다. 식(6.10a, b)의 평균 유효단면2차모멘트는 균열이 발생하는 위치가 증가하면 감소한다.

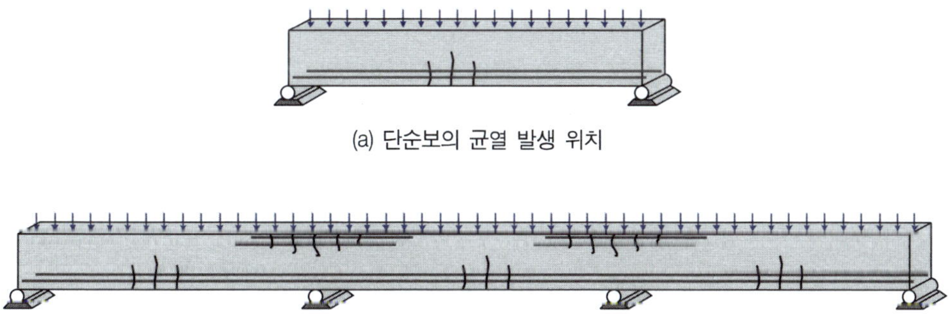

(a) 단순보의 균열 발생 위치

(b) 연속보의 균열 발생 위치

그림 6.4 지점의 종류에 따른 균열발생 위치

[양단이 연속인 보]

$$I_{e,ave} = 0.7 I_{em} + 0.15(I_{e1} + I_{e2}) \tag{6.10a}$$

[1단이 단순지지이고 다른 단이 연속인 보]

$$I_{e,ave} = 0.85 I_{em} + 0.15(I_{e,con}) \tag{6.10b}$$

여기서, I_{em} : 보의 중앙부에서의 I_e의 값, I_{e1}, I_{e2} : 보의 양단에서의 I_e의 값, $I_{e,con}$: 보의 연속되는 단부에서의 값이다.

6.2.2 순간처짐 계산방법

철근콘크리트 부재의 순간처짐은 하중이 가해지는 순간에 즉각적으로 발생하는 처짐을 말한다. 순간처짐은 탄성해석에 의하여 계산되는 처짐계산식에 콘크리트의 탄성계수(E_c)와 균열발생 여부에 따라 달라지는 단면2차모멘트를 대입하여 계산한다. 순간처짐은 다음 순서에 의하여 계산한다.

① 탄성해석에 의하여 보의 처짐평가식을 유도한다([표 6.1] 등 참조).

② 식(6.3)에 의하여 휨균열모멘트(M_{cr})를 계산하고 균열발생 여부를 검토한다. 휨균열모멘트를 계산하기 위해서는 전단면2차모멘트(I_g)와 휨인장강도(f_r)를 계산해야 한다.

③ 균열발생여부에 근거하여 각 위치(단부 또는 중앙부)의 단면2차모멘트(전단면2차모멘트(I_g) 또는 유효단면2차모멘트(I_e))를 계산한다. 유효단면2차모멘트는 식(6.8)을 이용하며, 직사각형보에 대한 균열단면2차모멘트(I_{cr})는 식(6.9)를 이용하여 계산한다.

④ 식(6.10)에 의하여 평균 유효단면2차모멘트를 계산한다.

⑤ ①에서 유도한 처짐평가식에 유효단면2차모멘트 등을 대입하여 처짐값을 계산한다.

예제 6-1

[예제 그림 6-1-1]의 연속보의 중앙점에서 발생하는 최대 순간처짐을 계산하라. 콘크리트의 압축강도 $f_{ck} = 24\ \mathrm{MPa}$, 압축철근과 인장철근의 설계기준항복강도 $f_y = 400\ \mathrm{MPa}$, D25 철근 1개의 단면적은 506.7 mm^2이다.

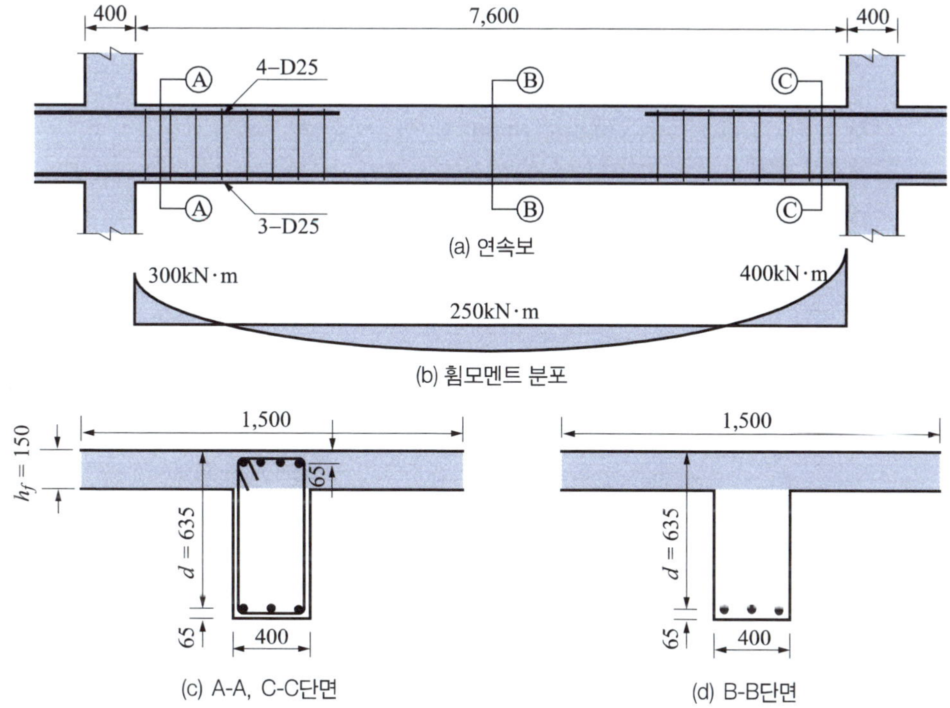

예제 그림 6-1-1 연속보와 단면의 크기(단위 : mm)

풀이

① 탄성해석에 의하여 보의 처짐평가식을 유도한다. 등분포하중을 받는 연속보의 순간처짐을 탄성해석에 의해 계산하면 다음과 같다.

$$\Delta = \frac{5l_n^2}{48EI}(M_m - 0.1M_1 - 0.1M_2) \quad \text{(a)}$$

여기서, M_m : 부재 중앙부의 휨모멘트, M_1 : 부재 단부의 휨모멘트, M_2 : 부재 단부의 휨모멘트, l_n : 보의 순간격이다.

식(a)의 콘크리트의 탄성계수를 2장의 식(2.3b)에 의하여 계산한다

$$E_c = 8{,}500\sqrt[3]{f_{cm}} = 8{,}500\sqrt[3]{24+4} = 25{,}811\ \text{MPa} \quad \text{(b)}$$

② 식(6.3)에 의하여 휨균열모멘트(M_{cr})를 계산하고 균열발생 여부를 검토한다.

$$M_{cr} = \frac{f_r \cdot I_g}{y_t} \quad \text{(c)}$$

[예제 그림 6-1-1]의 휨모멘트 분포를 보면 연속보의 단부에 부모멘트가 작용하고 중앙부에 정모멘트가 발생하는 것을 알 수 있다. 따라서 5장의 T형보에 대한 정의에서 판단하면 정모멘

트가 작용하는 중앙부만 T형보로 간주할 수 있다. 그러나 균열이 발생하기 이전에는 콘크리트를 탄성 상태로 볼 수 있고, 슬래브와 일체화된 보가 부재의 처짐에 영향을 미칠 수 있으므로 처짐 계산에서는 모멘트의 분포와 무관하게 전 부재를 T형보로 하여 단면2차모멘트를 계산한다. T형보에 대한 도심은 식(d)에 의하여 계산한다. 식(d)에 의하여 계산된 도심을 이용하여 T형보에 대한 전단면2차모멘트(I_g)를 계산한다. 또한, 보통중량콘크리트의 휨인장강도(f_r)를 2장의 식(2.15)에 의하여 계산한다.

$$\bar{y}=\frac{400\times550\times275+1{,}500\times150\times(550+75)}{400\times550+1{,}500\times150}=452.0\,\text{mm} \tag{d}$$

$$\begin{aligned}I_g&=\frac{400\times550^3}{12}+400\times550\times(452-275)^2\\&\quad+\frac{1{,}500\times150^3}{12}+1{,}500\times150\times(625-452)^2\\&=19{,}594\times10^6\,\text{mm}^4\end{aligned} \tag{e}$$

$$f_r=0.63\lambda\sqrt{f_{ck}}=0.63\times1\times\sqrt{24}=3.09\text{ MPa} \tag{f}$$

계산된 값들을 식(c)에 대입하여 휨균열모멘트(M_{cr})를 계산한다.

[A단, C단]

$$M_{cr}=\frac{f_r\cdot I_g}{y_t}=\frac{3.09\times19{,}594\times10^6}{700-452}=244.1\text{ kN}\cdot\text{m}$$

$M_A=300.0\text{ kN}\cdot\text{m}>M_{cr}$: 균열발생

$M_C=400.0\text{ kN}\cdot\text{m}>M_{cr}$: 균열발생

[B단]

$$M_{cr}=\frac{f_r\cdot I_g}{y_t}=\frac{3.09\times19{,}594\times10^6}{452}=134.0\text{ kN}\cdot\text{m}$$

$M_B=250.0\text{ kN}\cdot\text{m}>M_{cr}$: 균열발생

③ 균열발생 여부에 근거하여 각 위치의 단면2차모멘트를 계산한다.

[A단, C단]
휨균열모멘트(M_{cr})가 A단부와 B단부의 휨모멘트보다 작아 균열이 발생하므로 유효단면2차모멘트(I_e)를 계산해야 한다. 균열이 발생한 이후에는 콘크리트가 더 이상 탄성 상태가 아니므로 부모멘트를 받는 단부는 T형보로 간주할 수 없으며, 복철근 직사각형보에 대한 단면2차모멘트를 계산해야 한다. 복철근 직사각형보의 균열단면2차모멘트(I_{cr})는 식(6.9)에 의하여 계산한다. 식(6.9)에는 단면의 중립축의 깊이(kd)가 포함되어 있으며, 허용응력설계법에 의하여 계산한 복철근 직사각형보의 중립축의 깊이(kd)는 식(g)와 같다.

$$kd=n\rho\left\{\sqrt{(1+r)^2+\frac{2}{n\rho}\left(1+r\frac{d'}{d}\right)}-(1+r)\right\}d \tag{g}$$

$$= 7.75 \times 0.008\left\{\sqrt{(1+0.75)^2 + \frac{2}{7.75 \times 0.008}\left(1+0.75\frac{65}{635}\right)} - (1+0.75)\right\} \times 635$$
$$= 0.273 \times 635 = 173.4\ \mathrm{mm}$$

탄성계수의 비 $n = \frac{E_s}{E_c} = \frac{200,000}{25,811} = 7.75$

인장철근비 $\rho = \frac{A_s}{bd} = \frac{2,026.8}{400 \times 635} = 0.008$

압축 - 인장철근 비 $r = \frac{A_s'}{A_s} = 0.75$

A, C단의 균열단면2차모멘트

$$I_{cr} = \frac{b(kd)^3}{3} + (n-1)A_s'(kd-d')^2 + nA_s(d-kd)^2$$
$$= \frac{400(173.4)^3}{3} + (7.75-1)1,520.1(173.4-65)^2 + 7.75 \times 2,026.8(635-173.4)^2$$
$$= (695.16 + 120.57 + 3,346.91) \times 10^6 = 4,163 \times 10^6\ \mathrm{mm}^2$$

유효단면2차모멘트는 다음과 같다.

[A단]

$$I_e = \left(\frac{M_{cr}}{M_a}\right)^3 I_g + \left[1 - \left(\frac{M_{cr}}{M_a}\right)^3\right] I_{cr}$$
$$I_{eA} = \left(\frac{244.1 \times 10^6}{300.0 \times 10^6}\right)^3 19,594 \times 10^6 + \left[1 - \left(\frac{244.1 \times 10^6}{300.0 \times 10^6}\right)^3\right] 4,163 \times 10^6$$
$$= 12,476 \times 10^6\ \mathrm{mm}^4$$

[C단]

$$I_{eC} = \left(\frac{244.1 \times 10^6}{400.0 \times 10^6}\right)^3 10,504 \times 10^6 + \left[1 - \left(\frac{244.1 \times 10^6}{400.0 \times 10^6}\right)^3\right] 4,163 \times 10^6$$
$$= 7,670 \times 10^6\ \mathrm{mm}^4$$

[B단]

휨균열모멘트(M_{cr})가 B단부의 휨모멘트보다 작아 균열이 발생하므로 유효단면2차모멘트(I_e)를 계산해야 한다. 보의 중앙부는 정모멘트를 받으므로 허용응력설계법에 의하여 계산한 단철근 직사각형보의 중립축 깊이(kd)를 이용한다.

$$kd = n\rho\left(\sqrt{1 + \frac{2}{n\rho}} - 1\right)d \qquad \text{(h)}$$
$$= 7.75 \times 0.0016\left(\sqrt{1 + \frac{2}{7.75 \times 0.0016}} - 1\right) \times 635 = 92.4\ \mathrm{mm}$$

인장철근비 $\rho=\dfrac{A_s}{bd}=\dfrac{1{,}520.1}{1{,}500\times 635}=0.0016$

중립축의 깊이(kd)는 플랜지에 있으므로, 균열단면2차모멘트(I_{cr})와 유효단면2차모멘트를 다음과 같이 계산한다.

$$
\begin{aligned}
I_{cr} &= \frac{b(kd)^3}{3}+nA_s(d-kd)^2 \\
&= \frac{1{,}500(92.4)^3}{3}+7.75\times 1{,}520.1(635-92.4)^2=3{,}863\times 10^6\ \mathrm{mm}^4
\end{aligned}
$$

유효단면2차모멘트는 다음과 같다.

[B단]

$$
\begin{aligned}
I_{eB} &= \left(\frac{134.0\times 10^6}{250\times 10^6}\right)^3 19{,}594\times 10^6+\left[1-\left(\frac{134.0\times 10^6}{250\times 10^6}\right)^3\right]3{,}863\times 10^6 \\
&= 6{,}285\times 10^6\ \mathrm{mm}^4
\end{aligned}
$$

④ 식(6.10)에 의하여 평균 유효단면2차모멘트를 계산한다.
양단이 연속인 보의 평균 유효단면2차모멘트는 다음과 같다.

$$
\begin{aligned}
\text{평균}\ I_e &= 0.7I_{em}+0.15(I_{e1}+I_{e2}) \\
&= (0.7\times 6{,}285+0.15(12{,}476+7{,}670))\times 10^6=7{,}421\times 10^6\ \mathrm{mm}^4
\end{aligned}
$$

⑤ ①에서 유도한 처짐평가식에 계산한 탄성계수와 평균 유효단면2차모멘트를 대입하여 처짐값을 계산한다.

$$
\begin{aligned}
\Delta &= \frac{5l_n^2}{48EI}(M_m-0.1M_1-0.1M_2) \\
&= \frac{5\times 7{,}600^2}{48\times 25{,}811\times 7{,}421\times 10^6}(250-0.1\times 300-0.1\times 400)\times 10^6 \\
&= 5.65\ \mathrm{mm}
\end{aligned}
$$

6.2.3 장기처짐

철근콘크리트 부재의 처짐은 [그림 6.5(a)]와 같이 순간처짐과 장기처짐으로 구분할 수 있다. 순간처짐은 하중이 가해지는 순간에 즉각적으로 발생하는 탄성처짐이며, 장기처짐은 콘크리트의 특성에 의하여 발생하는 시간종속적 처짐(time dependent deflection)이다. 장기처짐은 콘크리트의 주요한 특성 중의 하나인 크리프와 건조수축과 밀접한 관계가 있다. [그림 6.5(b)]에는 단기

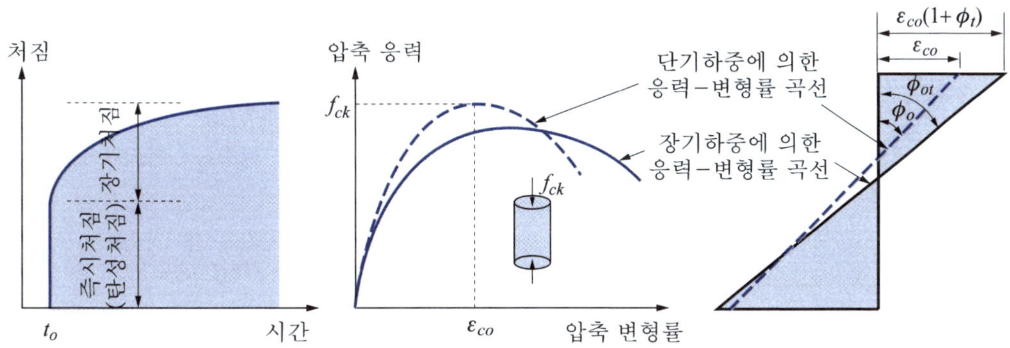

(a) 처짐 변화 (b) 응력-변형률 곡선 (c) 변형률분포 변화

그림 6.5 시간에 따른 처짐, 변형률분포, 응력-변형률 곡선

하중에 의한 콘크리트의 압축응력-변형률 곡선과 장기하중에 의한 압축응력-변형률 곡선이 비교되었다. 콘크리트 타설 이후에 장기적으로 하중이 가해질 경우에 시간이 지남에 따라서 콘크리트는 크리프나 건조수축에 의하여 압축변형이 증가하게 된다. 크리프와 건조수축에 의하여 압축변형이 증가하면 장기하중에 의한 콘크리트의 할선탄성계수가 재령 28일된 콘크리트 응력-변형률 곡선에서 계산한 단기하중에 의한 할선탄성계수보다 감소하게 된다. [표 6.1]과 같이 처짐은 탄성계수와 반비례하므로 콘크리트 탄성계수가 시간이 지남에 따라 감소하면 부재의 처짐도 점차 증가한다. 즉, 크리프와 건조수축에 의하여 단면 압축연단에 발생하는 변형률이 증가하게 되며, 압축연단의 변형률이 증가하면 곡률이 증가하여 처짐이 증가하게 된다(장기하중 → 크리프와 건조수축 변형률 증가 → 콘크리트 탄성계수 감소 → 추가 처짐 발생).

장기처짐은 식(6.11)과 같이 순간처짐에 지속하중에 의한 영향계수를 곱하여 계산한다.

$$\begin{aligned}\Delta_{LT} &= \Delta_L + \lambda_\Delta(\Delta_{sus}) \\ &= \Delta_L + \lambda_\Delta(\Delta_D + \Delta_{LS})\end{aligned} \tag{6.11}$$

여기서, Δ_{LT} : 장기처짐, Δ_L : 활하중에 의한 순간처짐, Δ_D : 고정하중에 의한 순간처짐, Δ_{sus} : 지속되는 하중에 의한 처짐($=\Delta_D+\Delta_{LS}$), Δ_{LS} : 지속되는 활하중에 의한 처짐, λ_Δ : 지속하중에 의한 계수이다.

식(6.11)에서 활하중에 의한 처짐을 전체 활하중에 의한 처짐(Δ_L)과 지속적으로 작용하는 활하중에 의한 처짐(Δ_{LS})으로 구분한 이유는 단기적으로 작용하는 하중은 크리프에 큰 영향을 주지 않고, 지속적으로 작용하는 활하중만이 콘크리트의 크리프에 영향을 주어 장기처짐을 증가시키기 때문이다. 지속하중계수(λ_Δ)는 압축철근비(ρ')와 시간경과계수를 이용하여 식(6.12)에 의하여 계산한다. λ_Δ를 계산할 때 압축철근비의 영향을 포함시키는 이유는 압축철근이 배근될 경우에 압축력의 일부를 철근이 대신 저항하여 콘크리트가 지속적으로 받는 압축력이 감소하기 때문이다. 콘크리트가 받는 압축력이 감소하면 크리프변형이 작아지게 되며, 결과적으로 크리프의 영향에 의한 콘크리트 탄성계수의 감소 비율이 작아지기 때문에 처짐 증가가 억제된다(압축철근 → 콘크리트가 받는 압축응력 감소 → 크리프 변형률 증가 비율 감소 → 콘크리트 탄성계수 감소율 감소 → 추가 처짐 증가 비율 감소).

$$\lambda_{\Delta} = \frac{\xi}{1+50\rho'} \tag{6.12}$$

여기서, ξ : 지속하중의 시간경과 계수(3개월: 1, 6개월: 1.2, 1년: 1.4, 5년: 2), ρ' : 압축철근의 비(단순보, 연속보는 보 중앙부, 캔틸레버에서는 받침부에서 구한 값)이다.

KDS 14 20 국가건설기준 콘크리트 구조설계기준에 의한 처짐 제한

처짐은 건물을 사용하는데 여러 문제를 유발할 수 있다. 예를 들어 보나 슬래브에 처짐이 발생할 경우에 칸막이벽과 같이 하중을 저항하지 않는 비내력벽에 균열이 발생하거나 문, 창문 등이 기능을 발휘할 수 없게 된다. 또한 건물의 바닥이나 지붕의 방수층이 손상될 수 있다. 따라서 설계기준에서는 다음의 세 가지 조건에 의하여 처짐을 제한한다.

① **최소 두께 규정** : 보 또는 1방향 슬래브의 최소 두께를 제한하여, 보나 슬래브의 두께가 최소 두께 이상일 경우에는 처짐을 특별히 계산하지 않는다. 최소 두께에 대한 규정은 [표 6.2]와 같다.

② **최대 허용처짐 규정** : 보 또는 1방향 슬래브의 처짐을 계산하고, 계산된 처짐값이 규정값 이하가 되도록 한다. 보 또는 1방향 슬래브의 처짐에 대한 규정은 [표 6.3]에 제시되어 있다.

표 6.2 처짐을 계산하지 않는 경우의 보 또는 1방향 슬래브의 최소 두께

부 재	최소 두께, h			
	단순 지지	1단연속	양단연속	캔틸레버
	큰 처짐에 의해 손상되기 쉬운 칸막이 벽이나 기타 구조물을 지지 또는 부착하지 않은 부재			
1방향 슬래브	$l/20$	$l/24$	$l/28$	$l/10$
보, 리브가 있는 1방향 슬래브	$l/16$	$l/18.5$	$l/21$	$l/8$

- 이 표의 값은 보통콘크리트($m_c = 2{,}300$ kg/m^3)와 항복강도 400 MPa의 철근을 사용하는 경우에 대한 값임.
- 1,500 ~ 2,000m_c 범위의 구조용 경량콘크리트에 대해서는 계산된 h값에 $(1.65 \sim 0.00031m_c)$를 곱해야 하며, 그 값이 1.09 보다 작지 않아야 함.
- f_y가 400 MPa를 초과할 때는 h값에 $(0.43+f_y/700)$를 곱해야 함.

표 6.3 최대 허용처짐

부재의 형태	고려해야 할 처짐	처짐 한계
과도한 처짐에 의해 손상되기 쉬운 비구조 요소를 지지 또는 부착하지 않은 평지붕구조	활하중 L에 의한 순간처짐	$l/180$*1
과도한 처짐에 의해 손상되기 쉬운 비구조 요소를 지지 또는 부착하지 않은 바닥구조	활하중 L에 의한 순간처짐	$l/360$
과도한 처짐에 의해 손상되기 쉬운 비구조 요소를 지지 또는 부착한 지붕 또는 바닥구조	전체 처짐 중에서 비구조 요소가 부착된 후에 발생하는 처짐 부분(모든 지속하중에 의한 장기처짐과 추가적인 활하중에 의한 순간처짐의 합)*3	$l/480$*2
과도한 처짐에 의해 손상될 염려가 없는 비구조 요소를 지지 또는 부착한 지붕 또는 바닥구조		$l/240$*4

*1 물 고임에 대한 안전성은 고려되지 않았음.
*2 지지 또는 부착한 구조요소의 피해방지를 위한 조치가 취해진 경우는 제외.
*3 부구조 요소의 부착 전에 생긴 처짐량을 감소시킬 수 있음.
*4 비구조 요소에 의한 허용치보다 더 커서는 안 된다.

③ **단변경간에 대한 장변경간의 비가 2를 초과하지 않는 2방향 슬래브에 대한 규정** : 이 책의 12.2.3항의 최소 슬래브 두께 규정을 만족해야 한다.

예제 6-2

[예제 그림 6-2-1]의 단순보의 중앙점에서 발생하는 처짐을 계산하라. 콘크리트의 압축강도 $f_{ck} = 24\,\text{MPa}$, 압축철근과 인장철근의 설계기준항복강도 $f_y = 400\,\text{MPa}$, D25 철근 1개의 단면적은 506.7 mm^2이다. 단순보에 작용하는 하중의 크기는 다음과 같다.

고정하중 : $w_D = 5\,\text{kN/m}$, 활하중 : $w_L = 8\,\text{kN/m}$, 지속적으로 작용하는 활하중은 전체 활하중의 30%이다.

(1) 과도한 처짐에 의해 손상되기 쉬운 비구조 요소를 지지 또는 부착하지 않은 바닥구조에 대한 활하중에 의한 순간처짐을 검토하라.
(2) 과도한 처짐에 의해 손상될 염려가 없는 비구조 요소를 지지 또는 부착한 지붕 또는 바닥구조에 대한 5년 후의 장기처짐을 검토하라.

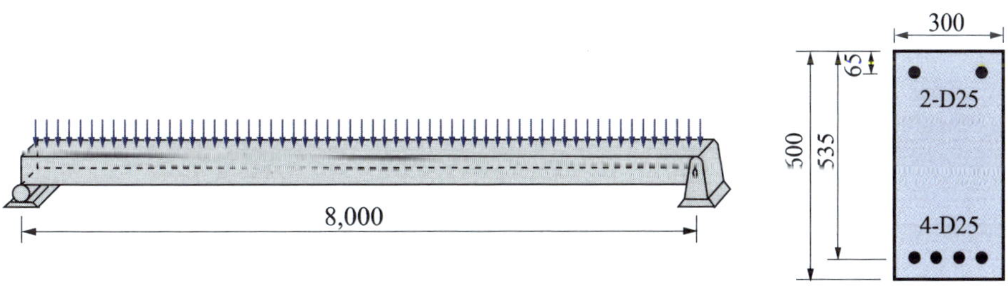

예제 그림 6-2-1 단순보와 단면(단위 : mm)

풀이-1 활하중에 의한 순간처짐에 대한 검토

① 탄성해석에 의하여 보의 처짐을 계산한다. 등분포하중을 받는 연속보의 중앙점 처짐을 탄성해석으로 계산하면 다음과 같다.

$$\Delta = \frac{5M \cdot l^2}{48EI} \tag{a}$$

② 각 하중에 의하여 발생하는 중앙부의 모멘트를 계산한다.

$$M_D = \frac{w_D l^2}{8} = \frac{5 \times 8^2}{8} = 40.0\ \text{kN} \cdot \text{m} \tag{b-1}$$

$$M_L = \frac{w_L l^2}{8} = \frac{8 \times 8^2}{8} = 64.0\ \text{kN} \cdot \text{m} \tag{b-2}$$

$$M_{D+L} = \frac{(w_D + w_L) l^2}{8} = \frac{13 \times 8^2}{8} = 104.0\ \text{kN} \cdot \text{m} \tag{b-3}$$

$$M_{SUS} = \frac{(w_D + w_{LS}) l^2}{8} = \frac{(5 + 0.3 \times 8) \times 8^2}{8} = 59.2\ \text{kN} \cdot \text{m} \tag{b-4}$$

③ 균열모멘트(M_{cr})를 계산하고 균열발생 여부를 검토한다.

$$M_{cr} = \frac{f_r I_g}{y_t} \tag{c}$$

도심과 전체단면2차모멘트(I_g)를 약산식에 의하여 계산하고, 보통중량콘크리트의 휨인장강도(f_r)를 계산한다.

$$\bar{y} = 300\ \text{mm}$$

$$I_g = \frac{300 \times 600^3}{12} = 5{,}400 \times 10^6\ \text{mm}^4$$

$$f_r = 0.63\lambda \sqrt{f_{ck}} = 0.63 \times 1 \times \sqrt{24} = 3.09\ \text{MPa}$$

그러므로 식(c)의 균열모멘트 M_{cr}은 다음과 같다.

$$M_{cr} = \frac{f_r I_g}{y_t} = \frac{3.09 \times 5{,}400 \times 10^6}{300} = 55.6\ \text{kN} \cdot \text{m}$$

각 하중에 의한 모멘트와 균열모멘트를 비교하여 균열발생 여부를 확인한다.
고정하중이 작용하는 경우

$$M_D (= 40.0\ \text{kN} \cdot \text{m}) < M_{cr} (= 55.6\ \text{kN} \cdot \text{m}) \ \text{: 균열이 발생하지 않음}$$

전체하중이 작용하는 경우

$$M_{D+L}(=104.0\ \mathrm{kN \cdot m}) > M_{cr}(=55.6\ \mathrm{kN \cdot m})$$: 균열이 발생함

④ 고정하중과 전체하중에 대한 유효단면2차모멘트(I_e)를 계산한다.

$$(I_e)_{D+L} = \left(\frac{M_{cr}}{M_{D+L}}\right)^3 I_g + \left[1 - \left(\frac{M_{cr}}{M_{D+L}}\right)^3\right] I_{cr} \tag{d}$$

식(d)의 복철근 직사각형보에 대한 균열단면 2차모멘트(I_{cr})를 계산한다.

$$I_{cr} = \frac{b(kd)^3}{3} + (n-1)A_s{}'(kd-d')^2 + nA_s(d-kd)^2 \tag{e}$$

허용응력설계법에 의한 식(e)의 중립축의 깊이(kd)는 식(f)와 같다.

$$kd = n\rho_t\left\{\sqrt{(1+r)^2 + \frac{2}{n\rho_t}\left(1 + r\frac{d'}{d}\right)} - (1+r)\right\}d \tag{f}$$

$$= 7.75 \times 0.0126\left\{\sqrt{(1+0.5)^2 + \frac{2}{7.75 \times 0.0126}\left(1 + 0.5\frac{65}{535}\right)} - (1+0.5)\right\}535$$

$$= 177.4\ \mathrm{mm}$$

탄성계수비 $n = \dfrac{E_s}{E_c} = \dfrac{200{,}000}{8{,}500\sqrt[3]{24+4}} = 7.75$

인장철근비 $\rho_t = \dfrac{4 \times 506.7}{300 \times 535} = 0.0126$

압축 - 인장철근 비 $r = \dfrac{\rho_c}{\rho_t} = \dfrac{2 \times 506.7}{4 \times 506.7} = 0.5$

계산한 중립축의 깊이(kd)를 식(e)에 대입하여 균열단면2차모멘트(I_{cr})를 계산한다.

$$I_{cr} = \frac{300(177.4)^3}{3} + (7.75-1)2 \times 506.7(177.4-65)^2 + 7.75 \times 4 \times 506.7(535-177.4)^2$$

$$= (558.29 + 86.42 + 2{,}008.67) \times 10^6 = 2{,}653 \times 10^6\ \mathrm{mm}^4$$

계산한 균열단면2차모멘트(I_{cr})를 식(d)에 대입하여 전체하중에 대한 유효단면2차모멘트(I_e)를 계산한다.

$$(I_e)_{D+L} = \left(\frac{55.6}{104.0}\right)^3 5{,}400 \times 10^6 + \left[1 - \left(\frac{55.6}{104.0}\right)^3\right] 2{,}653 \times 10^6 = 3{,}073 \times 10^6\ \mathrm{mm}^4$$

⑤ 활하중에 의한 순간처짐(Δ_L)을 계산한다.

활하중에 의한 순간처짐은 식(g)와 같이 전체하중에 의한 처짐에서 고정하중에 의한 처짐을 제한 값이다. 이는 시공순서를 고려할 때 고정하중이 먼저 작용하고 활하중이 나중에 작용하여, 활하중이 작용하는 시점에서는 이미 고정하중과 활하중이 동시에 부재에 작용하기 때문이다. 따라서 활하중만에 의한 처짐을 계산할 경우에 균열의 발생 유무가 정확하지 않아 단면2

차모멘트가 실제의 값과 달라질 수 있다. 즉, 활하중만에 의해서는 균열이 발생하지 않지만 전체하중에 의하여 부재에 균열이 발생할 수 있기 때문이다.

$$\Delta_L = \Delta_{D+L} - \Delta_D \tag{g}$$

고정하중에 의한 순간처짐(Δ_D)과 전체하중에 의한 순간처짐(Δ_{D+L})을 계산한다.

$$\Delta_D = \frac{5M_D l^2}{48EI} = \frac{5 \times 40 \times 8{,}000^2 \times 10^6}{48 \times 25{,}811 \times 5{,}400 \times 10^6} = 1.91 \text{ mm}$$

$$\Delta_{D+L} = \frac{5M_{D+L} l^2}{48EI} = \frac{5 \times 104 \times 8{,}000^2 \times 10^6}{48 \times 25{,}811 \times 3{,}073 \times 10^6} = 8.74 \text{ mm}$$

계산한 고정하중과 전체하중에 의한 순간처짐을 식(g)에 대입하여 활하중에 의한 순간처짐(Δ_L)을 계산한다.

$$\Delta_L = \Delta_{D+L} - \Delta_D = 8.74 - 1.91 = 6.83 \text{ mm}$$

⑥ 계산된 순간처짐(Δ_L)과 기준에서 요구하는 순간처짐을 검토한다.

기준에서 요구하는 "과도한 처짐에 의해 손상되기 쉬운 비구조 요소를 지지 또는 부착하지 않은 바닥구조에 대한 순간처짐"은 [표 6.3]에서 $l/360(=22.22 \text{ mm})$이다. 이 값은 계산된 6.83 mm 보다 크므로 안전하다.

풀이-2 전체하중에 의한 장기처짐에 대한 검토

① 지속적으로 작용하는 하중에 대한 유효단면2차모멘트(I_e)를 계산한다.

지속적으로 작용하는 활하중은 전체 활하중의 30%이므로 지속하중은 고정하중과 지속적으로 작용하는 활하중의 합이 된다.

$$(I_e)_{SUS} = \left(\frac{M_{cr}}{M_{SUS}}\right)^3 I_g + \left[1 - \left(\frac{M_{cr}}{M_{SUS}}\right)^3\right] I_{cr} \tag{h}$$

식(e)의 균열단면2차모멘트(I_{cr})를 식(h)에 대입하여 지속하중에 대한 유효단면2차모멘트(I_e)를 계산한다.

$$(I_e)_{SUS} = \left(\frac{55.6}{59.2}\right)^3 5{,}400 \times 10^6 + \left[1 - \left(\frac{55.6}{59.2}\right)^3\right] 2{,}653 \times 10^6 = 4{,}929 \times 10^6 \text{ mm}^4$$

② 장기하중과 관련된 지속하중에 대한 계수(λ_Δ)를 계산하고 지속하중에 대한 처짐을 계산한다. 식(6.12)를 이용하여 λ_Δ를 계산한다. 5년 이후의 지속하중의 시간경과 계수(ξ)는 2이다.

$$\lambda_\Delta = \frac{\xi}{1 + 50\rho'} = \frac{2}{1 + 50 \times \dfrac{2 \times 506.7}{300 \times 535}} = 1.52 \tag{i}$$

식(i)의 λ_Δ를 이용하여 지속하중에 대한 처짐(Δ_{SUS})을 계산한다.

$$\triangle_{SUS} = \frac{5M_{SUS}l^2}{48EI} = \frac{5 \times 59.2 \times 8{,}000^2 \times 10^6}{48 \times 25{,}811 \times 4{,}929 \times 10^6} = 3.10\,\text{mm}$$

③ 전체하중에 의한 장기처짐($\triangle_{LT}$)을 계산한다.
전체하중에 의한 장기처짐($\triangle_{LT}$)을 식(6.11)을 이용하여 계산한다.

$$\triangle_{LT} = \triangle_L + \lambda_\triangle(\triangle_D + \triangle_{LS}) = 6.83 + 1.52(3.10) = 11.54\,\text{mm}$$

④ 계산된 전체처짐($\triangle_{LT}$)과 기준에서 요구하는 전체처짐을 검토한다.
설계기준에서 요구하는 "과도한 처짐에 의해 손상될 염려가 없는 비구조 요소를 지지 또는 부착한 지붕 또는 바닥구조"에 대한 처짐은 [표 6.3]에서 $l/240(=33.33\text{ mm})$이다. 이 값은 계산된 11.54 mm 보다 크므로 안전하다.

6.3 균 열

인장강도가 약한 콘크리트 구조물에는 쉽게 균열이 발생할 수 있다. 균열은 콘크리트 구조물의 사용성과 내구성을 저하시키고 미관을 해칠 수 있으므로 지나치게 큰 균열이 발생하지 않도록 주의해야 한다.

6.3.1 균열의 종류와 발생의 원인

콘크리트 구조물이 받는 외부 하중이 콘크리트의 인장강도를 초과할 때 콘크리트 구조물에는 균열이 발생한다. 인장에 약한 콘크리트에는 타설 이후에 많은 균열이 발생하게 된다. 콘크리트의 균열은 내적인 요인에 의해 발생하는 균열과 외적인 요인에 의해 발생하는 균열로 구분할 수 있다. 내적인 요인에 의한 균열은 이동과 팽창이 주원인이 되며 외적인 요인에 의한 균열은 설계의 잘못이나 지반 침하 등과 같이 외부 하중이 주원인이 된다. 내적, 외적 균열의 발생 메커니즘은 다음의 세 가지로 구분할 수 있다.

① **이동** : 콘크리트 타설 후 콘크리트 내부의 온도변화, 콘크리트의 침하, 건조수축 등과 같이 열이나 재료의 이동에 의하여 균열 발생
② **팽창** : 철근이 부식하거나 콘크리트 내부 공극(空隙)에 채워진 여분수(시멘트와 물의 화학적 반응에 사용되고 남은 물)의 동결에 의한 체적 팽창에 의하여 균열 발생

③ **외부 조건** : 설계 오류, 지반 침하 등과 같은 외부 조건에 의하여 균열 발생

내적 요인에 의한 균열

내적 요인에 의해 발생하는 균열은 주로 이동과 팽창에 의하여 발생하며 대표적인 균열의 특성, 발생 시기, 위치를 정리하면 다음과 같다.

① **소성침하균열과 소성수축균열** : 소성균열은 단면의 높이가 큰 부재에 발생하는 소성침하균열과 슬래브에 발생하는 소성수축균열로 구분할 수 있다.
- 소성침하균열 : [그림 6.6]의 A, B, C와 같이 철근이 배근된 위치에서 철근을 따라 발생하는 균열이다. 소성침하균열은 콘크리트 타설 후 중력에 의하여 침하하는 콘크리트가 철근에 의하여 방해받을 때 더 이상 침하하지 못하고 철근을 따라 좌우로 갈라지며 발생한다.
- 소성수축균열 : 콘크리트 내의 공극에 채워진 여분수의 모세관현상에 의하여 콘크리트가 수축하며 발생하는 균열로 콘크리트 타설 후 2∼4시간 내에 발생한다. 소성수축균열은 [그림 6.6]의 D, E, F와 같이 일반적으로 슬래브에 대각선으로 발생하며, 균열의 폭은 2∼3 mm이다. 소성수축균열의 간격은 0.2∼1 m 간격으로 불규칙하게 발생한다.

② **수화열에 의한 균열** : 콘크리트의 경화 시에 발생하는 시멘트 수화열은 콘크리트의 부피가 클 경우에 쉽게 밖으로 발산되지 못하여 콘크리트 내부에 잔류하게 된다. [그림 6.6]의 G, H와 같이 콘크리트의 단면적이 큰 경우에 수화열의 발산 속도의 차이에 의해 콘크리트의 중심부와 표면에 온도차가 발생한다. 즉, 단면의 내부에서는 수화열이 쉽게 발산되지 못하여 온도가 높고 단면 바깥쪽에서는 수화열이 쉽게 발산되어 온도가 낮기 때문에 온도 차에 의하여 콘크리트의 중심부에는 압축응력이, 외부에서는 인장응력이 발생한다. 이 때, 콘크리트 내부의 잔류인장응력이 콘크리트의 인장강도보다 커지게 되면 콘크리트에 균열이 발생한다. 이러한 균열의 대부분은 부재 표면에 발생하는 균열이며, 콘크리트 내의 온도의 차이가 감소하면 균열의 폭도 감소한다.

③ **장기 건조수축균열** : 콘크리트를 제조할 때 작업을 용이하게 하기 위하여 시멘트가 화학적 반응을 일으키기 위해 필요한 양보다 많은 물을 혼합하여 콘크리트를 배합한다. 이 경우에 화학적 반응을 하고 남은 여분수가 시간이 지남에 따라서 증발하여 콘크리트의 체적이 감소한다. 여분수가 증발하면서 콘크리트의 체적이 감소할 때 콘크리트 안에 배근된 철근이나 주변 부재가 콘크리트의 수축을 방해하므로 콘크리트는 충분히 수축하지 못하고 인장응력이 발생한다. 이러한 균열을 건조수축균열이라 하며 [그림 6.6]의 I와 같이 주로 바닥판 콘크리트에 발생한다. 건조수축에 의한 균열은 콘크리트 타설 2∼3주 이후에 시작하여 계속 진전한다.

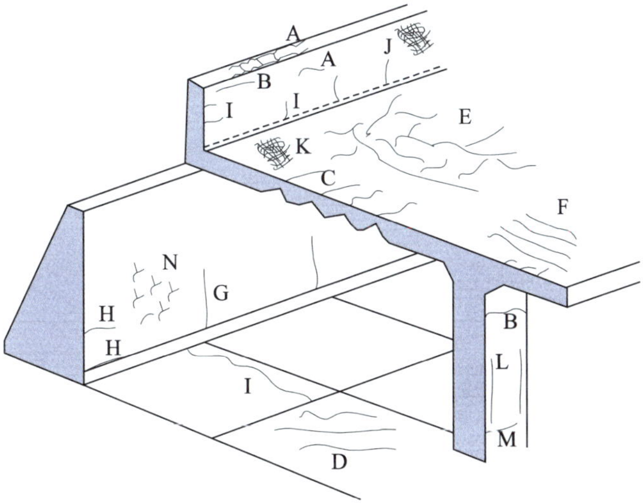

그림 6.6 내적 요인에 의한 균열의 발생 위치(Concrete Society Report, 1992)

④ **표면미세균열** : 거친 거푸집 면이나 지나친 흙손 마감에 의하여 콘크리트의 표면에 균열폭 1 mm 전후의 미세한 균열이 발생한다([그림 6.6]의 J, K).

⑤ **철근부식에 의한 균열** : 콘크리트는 강알칼리(pH 약 12)재료이지만 시간이 지남에 따라서 pH 8～9로 중성화 될 수 있다. 중성화속도는 일반적으로 약 1 mm/년으로 알려져 있다. 콘크리트에 중성화가 일어나는 이유는 초기균열 등을 통하여 침투한 탄산가스(CO_2)에 의하여 콘크리트 성분 중의 하나인 산화칼슘(CaO)과 수산화칼슘($Ca(OH)_2$)이 탄산칼슘($Ca(CO)_3$)으로 변화하며 물을 생산하기 때문이다. 이러한 과정이 반복되면 강알칼리 성분이었던 콘크리트는 pH 9 이하로 중성화하게 된다. 중성화가 발생하면 철근표면의 보호막(passivation)이 파괴되면서 철근은 녹이 슬게 된다. 녹이 슨 철근은 체적이 팽창하며 이로 인하여 콘크리트에 새로운 균열이 발생하거나, 기존 균열의 폭이 확대된다. 철근의 부식은 보통 2년 이상이 경과한 후에 발생하며 [그림 6.6]의 L, M과 같이 철근이 배근 위치에서 발생한다.

⑥ **알칼리 골재반응에 의한 균열** : 알칼리 골재반응이란 골재에 포함된 실리카(silica)가 콘크리트의 알칼리 성분에 의하여 용해되는 현상을 말하며, 이로 인하여 콘크리트 표면에는 [그림 6.6]의 N과 같이 미세한 균열이 발생하게 된다.

[그림 6.6]에는 콘크리트에 발생하는 여러 균열의 위치를 나타내고 있으며, [그림 6.7]에는 각 균열의 발생 시기를 정리하여 보여주고 있다.

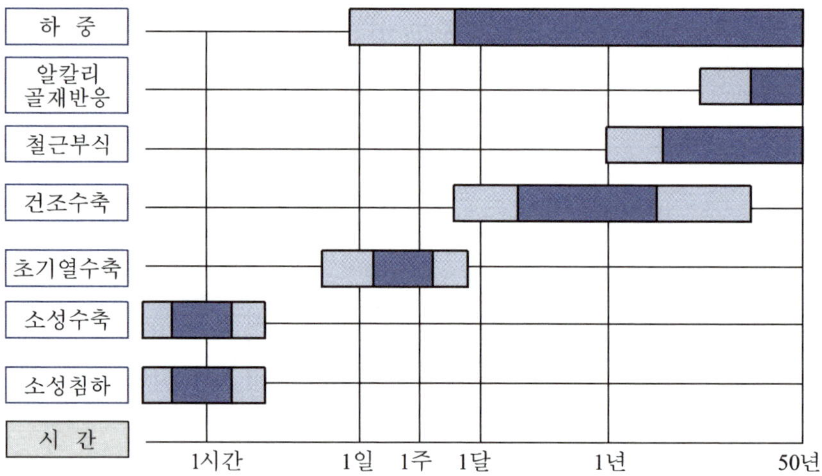

그림 6.7 균열의 발생 시기(CEB general task group 20, 1992)

외적 요인에 의한 균열

외적 요인에 의해 발생하는 균열은 내적 요인에 의해 발생하는 균열보다 단기간에 발생하며 구조물에 큰 손상을 유발할 수 있으므로 주의해야 한다. 내적 요인에 의한 균열은 주로 콘크리트나 철근의 재료적 원인에 의해 발생하지만, 외전 요인에 의한 균열은 설계, 시공, 사용적 요인에 의해 발생한다.

① **설계상의 요인** : 구조물의 종류, 형식, 기둥 간격 등의 부적절한 선택, 팽창줄눈 위치의 부적절, 구조 계산의 착오 등에 의하여 균열 발생

② **시공상의 요인** : 시공 방법이나 순서의 착오로 인한 오류, 기능공의 자질부족에 의한 품질의 미확보, 거푸집 존치 기간, 양생 방법, 형틀 사용 횟수 등 시공관리의 불량, 철근의 부적절한 가공으로 인한 응력 집중 등에 의하여 균열 발생

③ **사용상의 요인** : 설계의 변경, 과다 하중 등에 의하여 균열 발생

이와 같은 요인에 의하여 부재에는 과다한 휨모멘트, 축력, 전단력, 비틀림모멘트, 부착력 등이 작용하여 [그림 6.8]과 같은 여러 종류의 균열이 발생한다. 외적 하중에 의해 발생한 균열 양상에 대해서는 [그림 7.7]을 참조할 수 있다. 대부분의 균열방향은 주인장응력과 직각이 되는 방향, 즉, 주압축응력방향에 발생한다. 정모멘트를 받는 부재의 휨균열은 휨인장응력이 크게 발생하는 부재 중앙부 하면에서 부재축과 직각방향으로 발생한다. 전단균열은 전단응력이 최대가 되는 부재의 복부에서 대각선방향으로 발생하며, 부착균열은 철근을 따라 피복콘크리트 근처에서 발생한다. 집중하중이 작용하는 위치에서는 집중하중이 작용하는 방향으로 쪼갬균열이 발생한다.

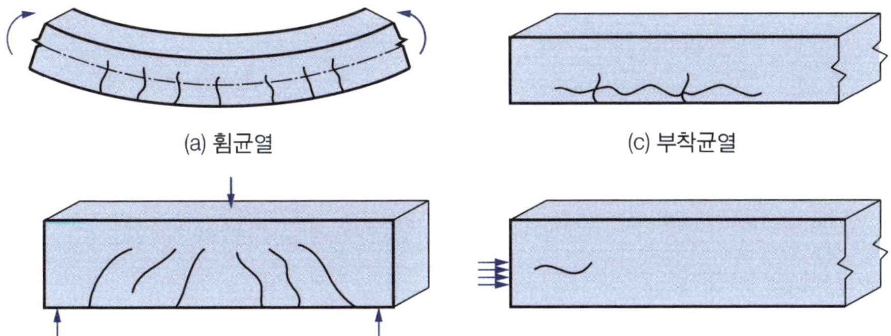

그림 6.8 외적 요인에 의한 균열

6.3.2 KDS 14 20 국가건설기준 콘크리트 구조설계기준에 의한 균열 제한

콘크리트 구조물에 다양하게 발생하는 모든 균열을 개별적으로 제한하는 것은 매우 어렵다. 따라서 구조설계기준에서는 균열폭을 직접적으로 제한하지 않고, 균열폭과 밀접한 관련이 있는 휨철근 배근 간격을 규정하여 균열폭을 간접적으로 제한하고 있다.

2012년 이전 구조설계기준에서는 사용하중에 대하여 계산된 휨균열폭을 허용균열폭과 비교하는 방법을 이용하였지만, 2012년 구조설계기준에서는 철근의 수량과 간격, 콘크리트의 구성 재료, 철근의 최소 피복두께 등을 검토하여 구조물에 발생하는 균열을 제어하고 있다. 균열은 기둥과 같은 수직부재보다는 처짐이 발생하는 보나 슬래브와 같은 수평부재에 발생하기 쉽다. 또한 균열에 의하여 철근에 부식이 발생하면 구조물의 내력이 감소하므로 철근의 간격과 연계하여 균열의 폭을 간접적으로 제한한다. 철근 부식에 대한 균열의 영향은 논란의 여지가 많지만, 이전에는 균열폭이 크면 철근의 부식이 더 빨리 진행되는 것으로 생각하였으나, 근래의 연구결과에 의하면 철근의 부식은 사용하중시의 철근응력에 의해 발생하는 표면 균열폭과 직접적인 관계가 없다고 지적되었다. 또한 노출 실험결과에 의하면 철근의 부식을 방지하는 데는 콘크리트의 품질, 적절한 다짐, 충분한 콘크리트 피복 등이 콘크리트 표면의 균열폭보다 더 큰 중요하다는 것이 지적되었다. 따라서 KDS 14 20 국가건설기준에서는 강재의 부식에 대한 노출환경조건에 대한 구분과 환경조건에 대한 허용균열폭을 사용하지 않고, 인장철근의 간격제한 규정을 사용하고 있다. 기준에서는 보의 인장 연단에 가장 가까이 배근되는 철근의 중심 간격(s)을 식 (6.13a)와 (6.13b) 중에서 작은 값 이하가 되도록 하고 있다. 식(6.13a, b)에 의하여 기준에서는 철근의 피복두께와 철근 단면적의 중심간 간격을 제한하여 균열을 제어한다.

$$s = 375\left(\frac{k_{cr}}{f_s}\right) - 2.5c_c \tag{6.13a}$$

$$s = 300\left(\frac{k_{cr}}{f_s}\right) \tag{6.13b}$$

여기서, k_{cr} : 철근 간격을 통한 균열 검증에서 철근의 노출 조건을 고려한 계수이며 건조환경에 노출된 경우에는 280이고 그 외의 환경에 노출된 경우에는 210, c_c : 인장철근과 콘크리트 표면 사이의 최소 두께, f_s : 사용 하중 상태에서 인장 연단에 가장 가까이 배근된 철근의 응력으로 $2f_y/3$값을 사용할 수 있다.

이 규정을 대신하여 좀 더 정밀하게 균열을 검토하려면, KDS 14 20 30(국가건설기준)에 정의된 노출환경에 대한 허용균열폭을 선정하고 균열폭을 계산할 수 있다.

$$w_d \leq w_a \tag{6.14}$$

여기서, w_d는 설계 균열폭으로서 지속하중이 작용할 때 계산된 균열폭이다. 균열 검증에 적용하는 지속하중은 유럽 구조설계기준을 반영한 것으로 균열이 열렸다가 닫히는 단기하중이 아니라 설계수명 동안 항상 작용하는 고정하중과 설계수명의 절반 이상의 기간 동안 지속해서 작용하는 하중들의 합이다. w_a는 내구성, 사용성(누수) 및 미관에 관련하여 허용된 균열폭이며, 노출환경에 대한 허용균열폭과 환경조건은 각각 [표 6.4]와 [표 6.5]와 같다.

표 6.4 철근콘크리트 구조물의 허용균열폭 w_a(mm)

강재의 종류	강재의 부식에 대한 환경조건			
	건조 환경	습윤 환경	부식성 환경	고부식성 환경
철근	0.4 mm와 $0.006c_c$ 중 큰 값	0.3 mm와 $0.005c_c$ 중 큰 값	0.3 mm와 $0.004c_c$ 중 큰 값	0.3 mm와 $0.0035c_c$ 중 큰 값
긴장재	0.2 mm와 $0.005c_c$ 중 큰 값	0.2 mm와 $0.004c_c$ 중 큰 값	-	-

* c_c는 최외단 주철근의 표면과 콘크리트 표면사이의 콘크리트 최소 피복두께(mm)

표 6.5 강재의 부식에 대한 환경조건의 구분

구 분	조 건
건조 환경	일반 옥내 부재, 부식의 우려가 없을 정도로 보호한 경우의 보통 주거 및 사무실 건물 내부
습윤 환경	일반 옥외의 경우, 흙 속의 경우, 옥내의 경우에 있어서 습기가 찬 곳
부식성 환경	1. 습윤환경과 비교하여 건습의 반복작용이 많은 경우, 특히 유해한 물질을 함유한 지하수위 이하의 흙 속에 있어서 강재의 부식에 해로운 영향을 주는 경우, 동결작용이 있는 경우, 동상 방지제를 사용하는 경우 2. 해양콘크리트 구조물 중 해수 중에 있거나 극심하지 않은 해양환경에 있는 경우(가스, 액체, 고체)
고부식성 환경	1. 강재의 부식에 현저하게 해로운 영향을 주는 경우 2. 해양콘크리트 구조물 중 간만조위의 영향을 받거나 비말대에 있는 경우, 극심한 해풍의 영향을 받는 경우

식(6.14)의 설계 균열폭은 식(6.15)의 철근과 콘크리트의 상대 변형률($\varepsilon_{sm} - \varepsilon_{cm}$)에 균열의 간격을 곱하여 계산한다.

$$w_d = \kappa_{st}\, w_m = \kappa_{st}\, l_s (\varepsilon_{sm} - \varepsilon_{cm}) \tag{6.15}$$

여기서, w_d : 설계 균열폭, w_m : 평균 균열폭이다. κ_{st}는 평균 균열폭 및 최대 균열폭과 관련된 균열폭 평가계수로서 다음 ③에 따른다. l_s는 평균 균열간격으로 식(6.16a) 또는 식(6.16b)에 따라 계산한다. ε_{sm} : 균열간격 내의 평균 철근변형률, ε_{cm} : 균열간격 내의 평균 콘크리트변형률이며 식(6.19)에 따라 계산한다.

① 평균 균열간격 l_s는 식(6.16a) 또는 식(6.16b)에 따라 계산한다.
(부착된 철근의 중심 간격이 $5(c_c + d_b/2)$ 이하인 경우)

$$l_s - 2\, c_c + \frac{0.25\, k_1\, k_2\, d_b}{\rho_e} \tag{6.16a}$$

(부착된 철근의 중심 간격이 $5(c_c + d_b/2)$를 초과하는 경우)

$$l_s = 0.75\,(h - x) \tag{6.16b}$$

여기서, c_c는 [그림 5.11]과 같이 최외단 인장철근이나 긴장재의 표면과 콘크리트 표면 사이의 최소피복두께이다. k_1은 부착강도에 따른 계수로 이형철근은 0.8, 원형철근이나 긴장재는 1.6을 사용한다. k_2는 부재의 하중작용에 따른 계수로 휨모멘트를 받는 부재는 0.5, 직접인장력을 받는 부재는 1.0을 사용한다. 편심을 가진 직접인장력을 받는 부재나 부재의 국부적인 부분의 균열을 검증할 때에는 $k_2 = (\varepsilon_1 + \varepsilon_2)/(2\,\varepsilon_1)$로 한다. 여기서 ε_1과 ε_2는 [그림 6.9]에 표시된 단면 표면의 인장변형률로서 둘 중의 큰 값을 ε_1으로 한다. d_b는 철근의 지름이나 다발철근의 등가지름이며, 크기가 각기 다른 철근이 조합된 경우에는 별도의 식을 사용한다. ρ_e는 [그림 6.9]의 철근 주변의 콘크리트의 유효인장면적을 기준으로 한 철근비로 식(6.17)에 의해 계산한다. 콘크리트의 유효인장면적 A_{cte}은 철근 주변의 유효면적이며 식(6.18)에 의해 계산한다. 여기서, d_{cte}는 콘크리트 유효인장깊이로서 휨모멘트를 받는 부재는 $2.5(h-d)$와 $(h-x)/3$ 중 작은 값으로 하며, 직접인장력을 받는 부재는 $2.5(h-d)$와 $h/2$ 중 작은 값으로 한다. x는 중립축까지의 거리이며 사용하중상태의 균열폭을 검증할 때는 허용응력법에 의하여 계산한다.

$$\rho_e = \frac{A_s}{A_{cte}} \tag{6.17}$$

$$A_{cte} = b\, d_{cte} \tag{6.18}$$

② 평균 변형률은 식(6.19)에 의해 계산한다.

$$\varepsilon_{sm} - \varepsilon_{cm} = \frac{f_{so}}{E_s} - 0.4\frac{f_{cte}}{E_s \rho_e}(1 + n\rho_e) \geq 0.6\frac{f_{so}}{E_s} \tag{6.19}$$

여기서, f_{so}는 균열단면의 철근응력이다. f_{cte}는 콘크리트의 유효인장강도로 일반적인 경우에는 식(6.20)의 평균인장강도 f_{ctm}을 사용하며, 재령 28일 이전의 균열을 검토할 때는 그 재령에서의 인장강도이다. n는 식(6.1)에 의하여 계산되는 콘크리트의 탄성계수에 대한 철근의 탄성계수비이다.

$$f_{ctm} = 0.30(f_{cm})^{2/3} \text{ (MPa)} \tag{6.20}$$

여기서, f_{cm}은 식(2.4)의 평균압축강도이다.

③ 균열의 폭과 간격은 모두 일정하지 않기 때문에 일정 길이 안에 발생한 균열의 폭과 간격의 평균값을 사용하여 계산하는 것이 일반적이지만, 구조물에 따라서는 최댓값을 사용하기도 한다. 균열폭 평가계수 κ_{st} 값은 구조물의 특성을 고려하여 발주자 또는 건축주가 결정할 수 있다. κ_{st}의 값은 평균 균열폭을 계산할 때에는 1.0을 적용하며, 최대 균열폭을 계산할 때에는 1.7을 적용한다.

④ 철근이 직교 2방향으로 보강된 부재에서 주응력 축과 철근방향 사이의 각이 15도보다 클 때는 식(6.21)에 의해 최대 균열간격 l_s를 산정할 수 있다.

$$l_s = \left(\frac{\cos\theta}{l_{sx}} + \frac{\sin\theta}{l_{sy}}\right)^{-1} \tag{6.21}$$

여기서, θ는 x방향 철근과 인장 주응력방향 사이각이고, l_{sx}와 l_{sy}는 x와 y방향으로 각각 계산한 균열 간격이다.

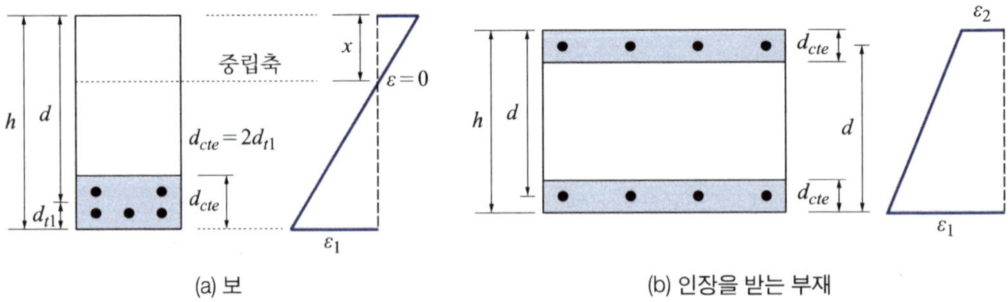

그림 6.9 유효인장면적

예제 6-3

[예제 그림 6-3-1]의 7 m 경간 단순보의 중앙점에서 발생하는 균열폭을 검토하라. 콘크리트의 압축강도 $f_{ck}=30\ \text{MPa}$, D22 철근 1개의 단면적은 387.1 mm^2이며 직경은 22.2 mm이다. 부재는 부식성 환경에 노출되어 있다. 스터럽은 D10(직경=9.53 mm)을 사용하며, 부재의 피복두께는 40 mm이다. 인장철근의 설계기준항복강도 $f_y=400\ \text{MPa}$, 4-D22인장철근을 사용했다. 보에 고정하중 $w_D=10\ \text{kN/m}$, 활하중 $w_L=8\ \text{kN/m}$ 작용하고 있으며, 지속적으로 작용하는 활하중은 전체 활하중의 30%이다. 단면의 피복두께는 40 mm이다.

(1) 철근의 중심 간격을 이용한 균열 평가
(2) 설계균열폭 계산식을 이용한 균열 평가

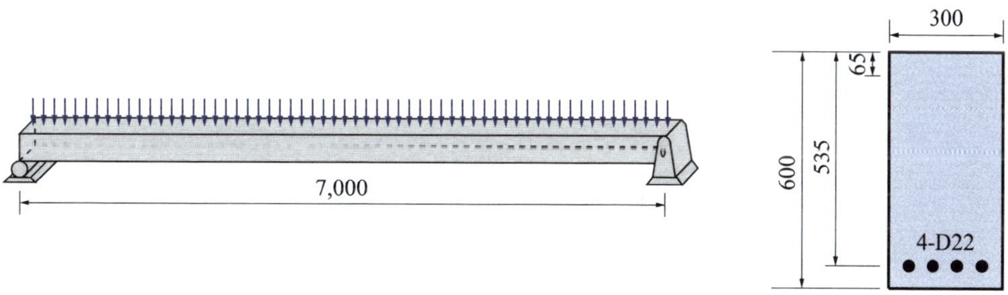

예제 그림 6-3-1 단순보와 단면(단위 : mm)

풀이-1 철근의 중심 간격을 이용한 균열 평가

철근의 중심 간격(s)을 식(6.13a)와 (6.13b) 중에서 작은 값 이하가 되도록 하고 있으며 이에 대하여 검토한다. $f_s=2f_y/3=2\times400/3=266.7\ \text{MPa}$이며, k_{cr}은 부식성 환경이므로 210이다.

$$s=375\left(\frac{k_{cr}}{f_s}\right)-2.5c_c=375\left(\frac{210}{266.7}\right)-2.5\times40=195.3\ \text{mm} \tag{a}$$

$$s=300\left(\frac{k_{cr}}{f_s}\right)=300\left(\frac{210}{266.7}\right)=236.2\ \text{mm} \tag{b}$$

철근의 중심 간격은 식(a)와 (b)의 작은 값인 195.3 mm이어야 하며 배근된 철근의 중심 간격을 계산하면 식(c)와 같이 59.6 mm이므로 설계가 적합하다.

철근의 중심간격 : $$\frac{300-(40+9.53)\times2-22.2\times4}{3}+22.2=59.6\ \text{mm} \tag{c}$$

풀이-2 설계균열폭 계산식을 이용한 균열 평가

① 지속하중에 의하여 보의 중앙에 발생하는 휨모멘트를 계산한다.

$$M_{SUS}=\frac{(w_D+w_{LS})l^2}{8}=\frac{(10+0.3\times 8)\times 7^2}{8}=76.0\ \mathrm{kN\cdot m}$$

② 균열단면의 철근응력(f_{so})을 계산한다. 이 때 허용응력설계법에 의하여 계산된 단철근 직사각형보의 중립축 깊이(kd)를 사용한다.

$$f_{so}=\frac{M_{SUS}}{A_s jd}=\frac{76\times 10^6}{4\times 387.1\times (d-kd/3)}=102.3\ \mathrm{MPa}$$

유효인장깊이 $kd=n\rho_t\left(\sqrt{1+\frac{2}{n\rho_t}}-1\right)d$

$$=7.26\times 0.0096\left(\sqrt{1+\frac{2}{7.26\times 0.0096}}-1\right)\times 535=165.9\ \mathrm{mm}$$

탄성계수비 $n=\frac{E_s}{E_c}=\frac{200{,}000}{8{,}500\sqrt[3]{30+4}}=7.26$

인장철근비 $\rho_t=\frac{4\times 387.1}{300\times 535}=0.0096$

③ 설계균열폭을 계산한다.
KDS 14 20 30(국가건설기준)의 균열폭 계산식은 식(6.14)이다.

$$w_d\le w_a \tag{d}$$

[표 6.4]에서 부식성 환경에 노출된 철근의 허용 균열폭은 다음과 같다.

$$w_a=\max.(0.3\ \mathrm{mm},\ 0.004c_c)=\max.(0.3\ \mathrm{mm},\ 0.004\times 40)=0.3\ \mathrm{mm} \tag{e}$$

설계균열폭은 식(6.15)에 의해 계산한다.

$$w_d=\kappa_{st}\,w_m=\kappa_{st}\,l_s(\varepsilon_{sm}-\varepsilon_{cm})=1\times 142.2\times 0.0003069=0.043\ \mathrm{mm}$$

균열폭 평가계수 $\kappa_{st}=1$ (평균균열폭)

평균 균열 간격 $5(c_c+d_b/2)=5(40+22/2)=255.5\ \mathrm{mm}>59.6\ \mathrm{mm}$ 이므로

$$l_s=2c_c+\frac{0.25k_1k_2d_b}{\rho_e}=2\times 40+\frac{0.25\times 0.8\times 0.5\times 22.2}{0.0357}=142.2\ \mathrm{mm}$$

계수 $k_1=0.8$ (이형철근), $k_2=0.5$ (휨 부재)

유효철근비 $\rho_e=\frac{A_s}{A_{cte}}=\frac{4\times 387.1}{43{,}410}=0.0357$

유효인장면적 $A_{cte}=b\,d_{cte}=300\times 144.7=43{,}410\ \mathrm{mm}$

유효인장깊이 $2.5(h-d)=2.5(600-535)=162.5\text{ mm}$

$(h-x)/3=(h-kd)/3=(600-165.9)/3=144.7\text{ mm}$

그러므로 작은 값인 $d_{cte}=144.7\text{ mm}$

평균 변형률

$$\varepsilon_{sm}-\varepsilon_{cm}=\frac{f_{so}}{E_s}-0.4\frac{f_{cte}}{E_s\rho_e}(1+n\rho_e)\geq\ 0.6\frac{f_{so}}{E_s}$$

$$=\frac{102.3}{200{,}000}-0.4\frac{3.15}{200{,}000\times0.0357}(1+7.26\times0.0357)=0.000289$$

$$\geq\ 0.6\frac{f_{so}}{E_s}=0.6\times\frac{102.3}{200{,}000}=0.0003069$$

그러므로 평균 변형률은 0.0003069이다.

콘크리트의 유효인상강도(f_{cte})

$$f_{cte}=0.3(f_{cm})^{(2/3)}=0.3\times(30+4)^{(2/3)}=3.15\text{ MPa}$$

식(e)의 계산된 결과에 의하면 $w_d\leq w_a$는 0.043 mm < 0.3 mm로 설계가 적합하다.

6.4 피 로

피로(fatigue)란 작은 크기의 하중이 반복해서 가해질 경우에 강재가 항복강도에 도달하기 이전에 항복강도보다 낮은 강도에서 파괴되는 현상을 말한다. 하중의 반복횟수와 반복하중의 크기는 피로하중에 중요한 영향을 미친다. [그림 6.10]에서 하중의 반복횟수가 커질수록 피로하중은 감소하며, 동일한 반복횟수가 가해질 경우에도 반복하중의 크기가 증가하면 피로하중이 감소한다. 피로하중은 주로 활하중과 관련이 있으므로 휨모멘트와 전단력이 유발하는 보와 슬래브의 피로에 대해서는 검토해야 하지만, 기둥의 피로는 검토하지 않아도 좋다. 다만 휨모멘트나 축인장력의 영향이 특히 큰 경우 보에 준하여 검토해야 한다.

피로에 대한 안전성을 검토할 경우, 충격을 포함한 사용 활하중에 의한 철근과 긴장재의 응력범위가 [표 6.6]의 응력 이내에 들면 하중이 작아 피로에 대한 영향이 크지 않으므로 피로에 대하여 검토할 필요가 없다. 그러나 반복하중에 의한 철근의 응력범위가 [표 6.6]의 값을 초과하면 피로파괴에 대하여 검토해야 한다. 피로의 검토가 필요한 구조부재는 높은 응력을 받는 부분에서 철근을 구부리지 않도록 해야 한다.

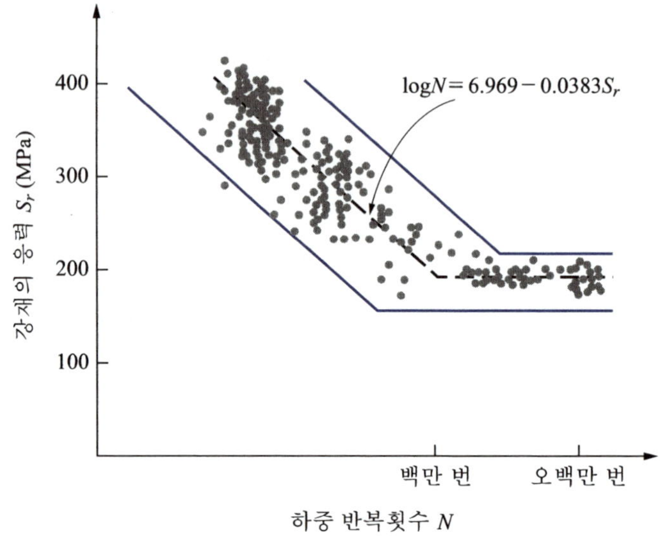

그림 6.10 강재의 응력과 하중 반복횟수의 관계(Helgason and Hanson(1974))

표 6.6 피로를 고려하지 않아도 되는 철근의 응력범위

강재의 종류	설계기준항복강도(MPa)	철근의 응력범위(MPa)
이형철근	300	130
	350	140
	400 이상	150

Chapter 6 연습문제

6.1 탄성해석에 의하여 유도된 처짐계산식을 철근콘크리트 부재에 적용하기 위하여 필요한 세 가지 요소를 적고 그 특징을 설명하라.

6.2 [연습 그림 6.1]은 복철근 직사각형보의 단면을 나타낸다. 콘크리트의 압축강도 $f_{ck} =$ 30 MPa, 철근의 설계기준항복강도 $f_y = 600$ MPa, D25 철근 1개의 단면적은 506.7 mm^2이다.

(1) 복철근 직사각형보의 단면을 콘크리트를 중심으로 환산하라.
(2) 균열이 발생하지 않았을 경우의 단면2차모멘트를 정산식으로 계산하라.
(3) 균열이 발생하지 않았을 경우의 단면2차모멘트를 약산식으로 계산하라.
(4) 균열이 발생하였을 경우에 균열단면2차모멘트(I_{cr})를 정산식으로 계산하라.

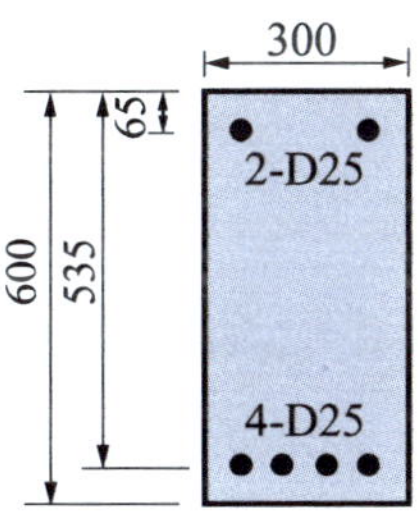

연습 그림 6.1 보의 단면(단위 : mm)

6.3 [연습 그림 6.2]는 양단이 고정된 보의 휨모멘트와 단면이다.

$$\text{순간처짐 : } \Delta = \frac{5l_n^2}{48EI}(M_m - 0.1M_1 - 0.1M_2)$$

여기서, M_m : 중앙부의 모멘트, M_1 : 단부의 모멘트, M_2 : 단부의 모멘트, l_n : 보의 순간격, D25 철근의 단면적 $506.7\,\mathrm{mm}^2$, 콘크리트의 압축강도 $f_{ck} = 21\,\mathrm{MPa}$

(1) 부재 양단부에서의 균열발생모멘트를 계산하라.

(2) 처짐을 계산하기 위한 부재 중앙부의 단면2차모멘트를 계산하라.

중앙부의 중립축깊이는 $kd = n\rho\left(\sqrt{1+\dfrac{2}{n\rho}}-1\right)d$에 의하여 계산

(3) 처짐을 계산하기 위한 양단부의 단면2차모멘트를 계산하라. 단부의 중립축깊이는

$kd = n\rho\left\{\sqrt{(1+r)^2+\dfrac{2}{n\rho}\left(1+r\dfrac{d'}{d}\right)}-(1+r)\right\}d$에 의하여 계산

(4) 주어진 모멘트를 이용하여 보의 중앙부의 순간처짐을 계산하라.

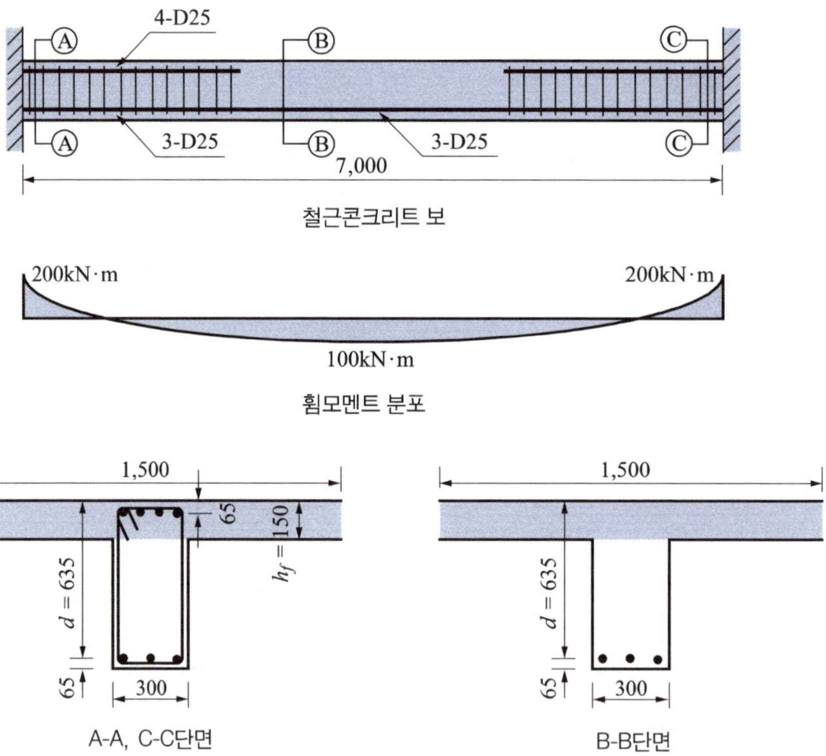

연습 그림 6.2 철근콘크리트 보와 휨모멘트 분포 (단위 : mm)

6.4 [연습 그림 6.3]은 단순보와 단면의 크기를 나타낸다. 고정하중 $w_D = 8\ \mathrm{kN/m}$, 활하중 $w_L = 6\ \mathrm{kN/m}$, 중립축의 위치 $kd = 200\ \mathrm{mm}$, 중앙부 최대 처짐 $\Delta = 5Ml^2/(48EI)$, $f_{ck} = 24\ \mathrm{MPa}$, $f_y = 400\ \mathrm{MPa}$, 압축철근의 총 단면적 $A_s{}' = 1{,}000\ \mathrm{mm}^2$, 인장철근의 총 단면적 $A_s = 2{,}000\ \mathrm{mm}^2$, 지속적으로 작용하는 활하중은 전체 활하중의 30%이다.

(1) 균열발생모멘트를 계산하라.
(2) 고정하중에 의해 발생하는 중앙부의 최대 순간처짐을 계산하라.
(3) 활하중에 의해 발생하는 중앙부의 최대 순간처짐을 계산하라.
(4) 타설 후 5년이 지난 후의 장기처짐을 계산하라.

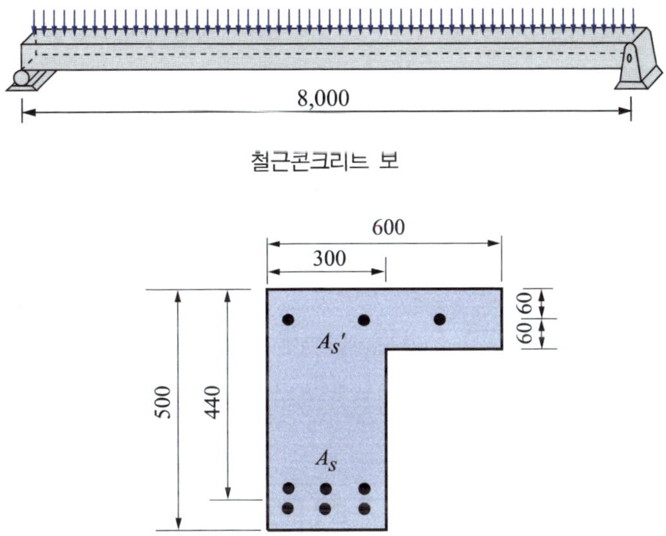

단면

연습 그림 6.3 철근콘크리트 보와 단면(단위 : mm)

6.5 균열의 내적, 외적 발생 메커니즘을 세 가지로 구분하고 설명하라.

6.6 내적 요인에 의한 균열을 5개 이상 열거하고, 각각의 균열의 주요 발생 위치, 원인, 발생 시기 등에 대하여 설명하라.

6.7 외적 요인에 의한 균열을 3개 이상 열거하고, 특징을 설명하라.

6.8 [연습 그림 6.4]는 경간 15 m 대형 단순보의 단면 크기를 나타낸다. 이 보에는 고정하중 $w_D = 32\ \mathrm{kN/m}$, 활하중 $w_L = 16\ \mathrm{kN/m}$이 작용하며, 지속적으로 작용하는 활하중은 전체 활하중의 30%이다. 중립축의 위치 $kd = 348\ \mathrm{mm}$, 콘크리트의 압축강도 $f_{ck} = 30\ \mathrm{MPa}$이다. 단면의 인장측에 12-D32, 압축측에 6-D32의 D32철근(1개 철근 단면적 794.2 $\mathrm{mm^2}$, 직경 31.8 mm)이 배근되었다. 철근의 설계기준항복강도 $f_y = 500\ \mathrm{MPa}$이다. 스터럽은 D16(직경 = 15.9 mm)을 사용하며, 부재의 피복두께는 50 mm이다. 부재가 부식성 환경에 노출되어 있을 때, 보의 중앙점에서 발생하는 균열에 대하여 검토하라.

(1) 철근의 중심 간격을 이용한 균열 평가
(2) 설계균열폭 계산식을 이용한 균열 평가

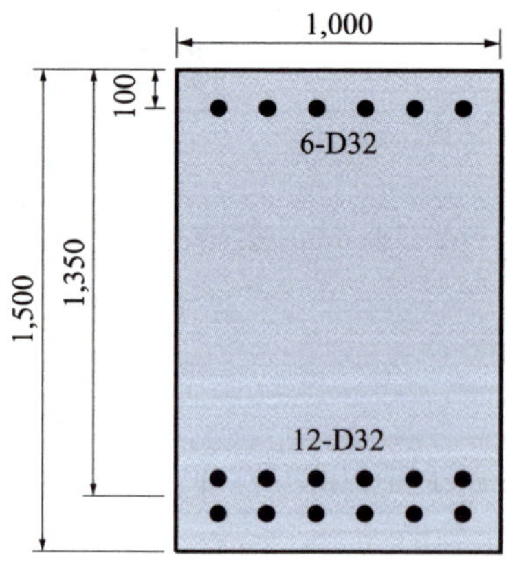

연습 그림 6.4 철근콘크리트 보의 단면(단위 : mm)

Chapter

07

전단 설계

7.1 일반 사항
7.2 전단거동과 전단파괴의 종류
7.3 탄성해석법과 전단파괴의 일반 사항
7.4 전단보강이 없는 부재의 전단저항
7.5 전단보강이 있는 부재의 전단저항
7.6 전단 설계
7.7 전단마찰 설계

7.1 일반 사항

철근콘크리트 부재의 전단파괴는 다양한 요소에 의하여 영향을 받으며 휨파괴와 달리 취성적인 파괴를 일으킨다. 철근콘크리트 부재에는 전단력만이 작용하는 경우는 드물며, 휨과 전단 또는 휨과 전단 및 축력이 동시에 작용하는 경우가 많다. 이와 같이 몇 가지 하중이 동시에 작용할 경우에 부재의 전단저항메커니즘은 복잡하게 변화하게 된다. 따라서 탄성해석에 의하여 유도된 전단설계법을 그대로 적용하여 부재의 전단내력을 계산할 수 없다. 또한 콘크리트는 압축력에는 강하지만 인장력에는 약하기 때문에, 전단내력은 콘크리트의 강도, 전단경간비, 골재의 종류, 주인장철근비 등의 다양한 요소에 의하여 영향을 받게 된다.

철근콘크리트 부재의 전단내력 평가에 대한 연구는 1960년대 이후에 많이 이루어졌지만, 휨내력 평가와 비교하면 전단내력 평가식의 예측 정도가 높지 않다. 휨내력에 대해서는 각 나라의 철근콘크리트 설계기준이 거의 동일한 계산법을 이용하지만 전단력 평가 설계법은 기준에 따라서 다양하다.

철근콘크리트 부재에 사용되는 전단철근(stirrup, 스터럽)은 [그림 7.1]과 같이 단면 전체를 감싸거나 복부콘크리트를 지나는 형태로 배근되어 전단력을 증대시킨다. 전단철근을 부재축과 직각되게 배근하는 것이 일반적이지만 경우에 따라서는 부재축과 경사지게 배근하기도 한다.

7장에서는 탄성해석법에 의하여 유도된 전단설계법 적용의 문제점에 대하여 설명하고, 전단철근이 없는 경우와, 전단철근이 있는 경우의 철근콘크리트 부재의 전단저항메커니즘에 대하여 설명한다. 또한 전단파괴의 종류, 최소 전단철근, 최대 전단철근, 트러스모델에 의한 전단철근량 계산법을 소개한다.

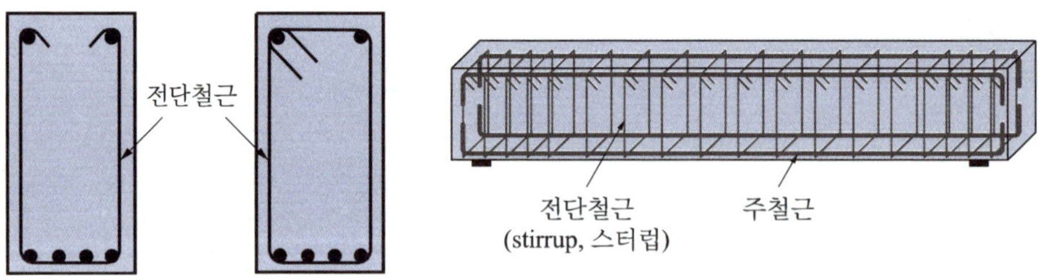

그림 7.1 보의 전단철근(stirrup, 스터럽)

7.2 전단거동과 전단파괴의 종류

7.2.1 전단거동

전단파괴하는 부재는 휨인장파괴하는 부재에 비하여 취성적으로 파괴된다. [그림 7.2]는 전단철근이 없는 철근콘크리트 보와 전단철근이 배근된 철근콘크리트 보의 파괴양상을 나타낸다. 전단철근이 없는 보는 전단균열이 발생함과 동시에 부재가 파괴되며, 전단균열의 숫자도 작음을 알 수 있다. 그러나 전단철근이 배근된 보는 전단철근이 항복한 이후에 복부콘크리트가 압축파괴하며 전단균열의 숫자도 증가함을 알 수 있다. 전단철근이 있는 경우와 없는 경우의 부재의 연성을 비교하면 [그림 7.2의 ②]와 같이 전단철근이 있는 부재의 연성이 크다. 그러나 휨인장파괴하는 부재의 연성과 비교하면 전단철근이 있는 부재의 연성은 매우 작다([그림 7.2]의 ②와 ③ 비교). 따라서 설계에서는 휨내력을 전단내력보다 작게 하여 부재가 휨인장파괴하도록 설계하는 것이 바람직하다.

[그림 7.2]는 철근콘크리트 단순보의 중앙부에 집중하중을 가했을 때 발생하는 중앙부의 하중 - 처짐 관계를 나타낸다. 설계에서 요구하는 전단철근 항복 이후에 전단파괴하는 철근콘크리트 보의 하중 - 처짐 관계를 다음과 같이 3가지 단계로 구별할 수 있다[그림 7.2의 ②].

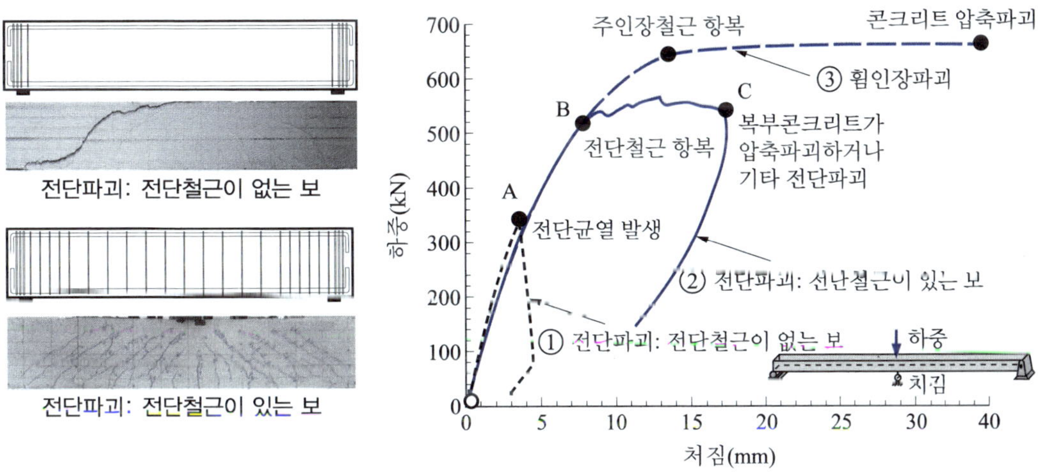

그림 7.2 전단거동

① **전단균열 발생(OA구간)** : 하중이 작아 보에 전단균열이 발생하지 않고 철근콘크리트 보의 전체 단면에서 전단력을 지지하는 구간이다. 이 구간에서는 보의 강성이 커서 다른 구간에 비하여 처짐이 작게 증가한다. 하중이 증가하면 A점에서 전단균열이 발생한다.

② **전단철근의 항복(AB구간)** : A점에서 전단균열이 발생한 이후에 하중-처짐 곡선의 기울기는 감소한다. 따라서 AB구간에서는 OA구간보다 처짐이 더 증가한다. 하중이 증가함에 따라서 전단철근의 인장변형률이 증가하여 B점에서 전단철근이 항복한다.

③ **콘크리트의 압축파괴(BC구간)** : B점에서 전단철근이 항복한 이후에 전단력은 거의 일정한 크기를 유지한다. 하중이 증가함에 따라서 복부콘크리트의 변형이 증가하며 콘크리트의 유효압축강도가 감소하여 복부에서 콘크리트가 압축파괴한다. C점 이후에 하중이 급격하게 감소하며 부재가 파괴된다.

7.2.2 전단파괴모드

휨모멘트를 받는 철근콘크리트 부재는 [그림 7.3(a)]와 같이 주인장철근과 압축력을 받는 상(하)부 콘크리트의 상대적 저항력 차이에 따라서 파괴모드가 최소철근파괴, 인장파괴, 균형파괴, 압축파괴로 구분된다([그림 5.1] 참조). 전단파괴하는 부재도 휨파괴와 유사하게 콘크리트와 철근의 상대적 세기에 의하여 네 가지 파괴모드로 구분된다. 다만, 전단파괴하는 부재는 휨파괴하는 부재와는 다르게 [그림 7.3(b)]와 같이 전단철근과 복부콘크리트의 상대적 세기에 따라서 파괴모드가 달라진다.

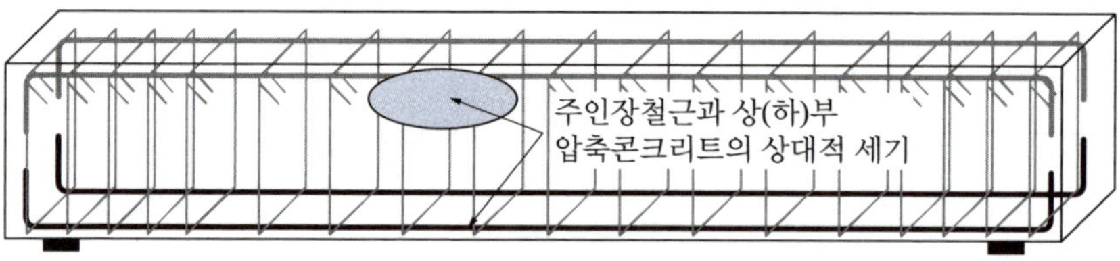

(a) 휨파괴

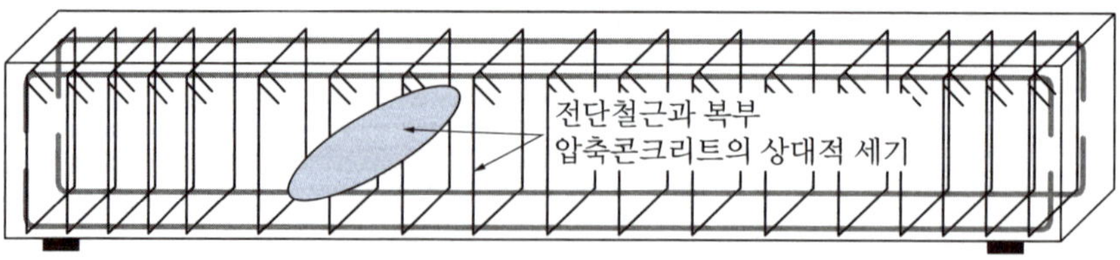

(b) 전단파괴

그림 7.3 철근과 콘크리트의 상대적 세기

① **최소전단철근파괴**(minimum shear reinforcement failure) : 전단철근량이 매우 적게 배근된 경우. 부재에 전단균열이 발생함과 동시에 파괴되는 취성적 파괴([그림 7.4]의 ① 참조). 전단균열이 발생하기 이전에는 콘크리트와 철근이 전단력을 저항하지만 전단균열이 발생한 이후에는 콘크리트의 인장내력은 급격하게 감소하고 전단철근이 외부 인장력을 저항한다. 최소전단철근파괴는 부재에 매우 적은 전단철근이 배근되어 전단균열 발생시의 외력을 전단철근이 지지하지 못하고 전단균열이 발생함과 동시에 파괴되는 취성적인 파괴이다.

② **전단인장파괴**(shear tension failure) : 전단철근이 비교적 적게 배근된 경우. 전단철근이 항복한 이후에 복부콘크리트가 압축파괴하거나 기타 전단파괴(부착 등)하는 경우로 다른 세 가지 파괴모드에 비하여 연성적이다([그림 7.4]의 ② 참조). 그러나 전단인장파괴하는 부재의 연성은 휨인장파괴하는 부재의 연성보다 작다($\varepsilon_s > \varepsilon_y$, $f_s = f_{yt}$).

③ **전단균형파괴**(shear balanced failure) : 전단철근이 항복변형률에 도달함과 동시에 복부콘크리트가 압축파괴하거나 기타 전단파괴하는 경우로 취성적으로 파괴된다([그림 7.4]의 ③ 참조)($\varepsilon_s = \varepsilon_y$, $f_s = f_{yt}$).

④ **전단압축파괴**(shear compression failure) : 전단철근이 비교적 많이 배근된 경우. 전단철근이 항복하기 이전에 복부콘크리트가 압축파괴하거나 기타 전단파괴하여 취성적으로 파괴된다([그림 7.4]의 ④ 참조)($\varepsilon_s < \varepsilon_y$, $f_s < f_{yt}$).

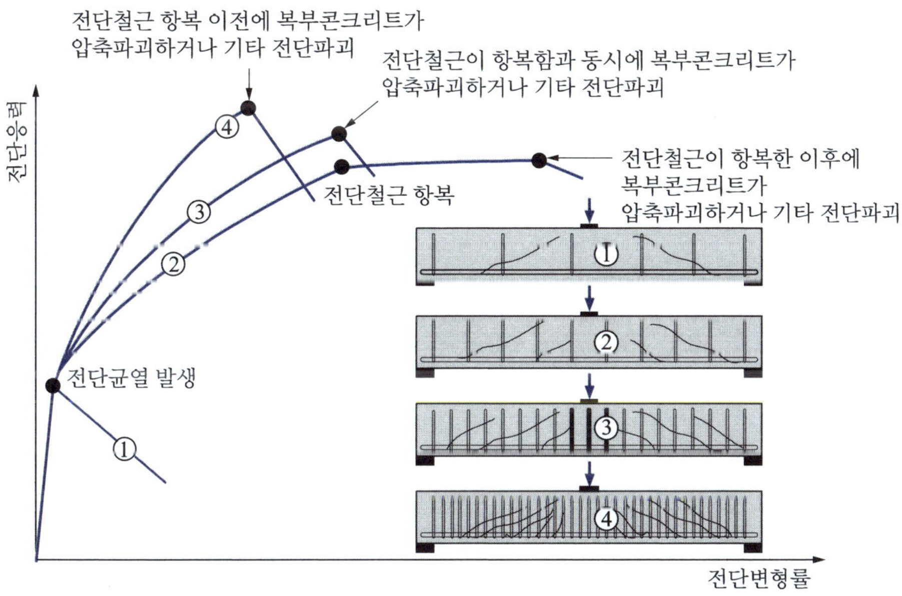

그림 7.4 전단파괴의 종류

전단파괴도 콘크리트와 전단철근의 구성 비율에 따라서 파괴종류가 달라지며 위의 네 가지 파괴 중에서 전단인장파괴는 전단철근이 먼저 항복하고 콘크리트가 압축파괴하기 때문에 부재가 다소 연성적으로 파괴하기는 하지만, 휨인장파괴하는 부재의 연성에 비하여 작다. 전단균형파괴 또는 전단압축파괴하는 부재는 전단철근이 항복하기 이전에 파괴하여 전단인장파괴하는 부재에 비하여 취성적으로 파괴된다. 설계에서는 7.6.2항에서 설명하는 최소 전단철근비와 최대 전단철근비를 제한하여 전단인장파괴를 유도하고 있다.

7.3 탄성해석법과 전단파괴의 일반 사항

재료가 균질하며 탄성상태인 부재의 전단력은 탄성해석법에 의하여 계산할 수 있다. 탄성해석법에서는 전단응력을 평균전단응력과 수평전단응력으로 구분하여 계산한다.

수평전단응력

철근콘크리트 부재에는 부재축과 수평을 이루는 면에 휨모멘트의 차이에 의하여 전단응력이 발생하며 이를 수평전단응력(horizontal shear stress)이라 한다. 탄성해석에서는 수직전단응력과 수평전단응력에 대한 힘의 평형을 이용하여 식(7.1)의 수평전단응력(v)을 유도한다.

$$v = \frac{V \cdot Q}{I \cdot b} \tag{7.1}$$

여기서, V : 전단력, Q : 단면1차모멘트, I : 단면2차모멘트, b : 단면의 폭이다.

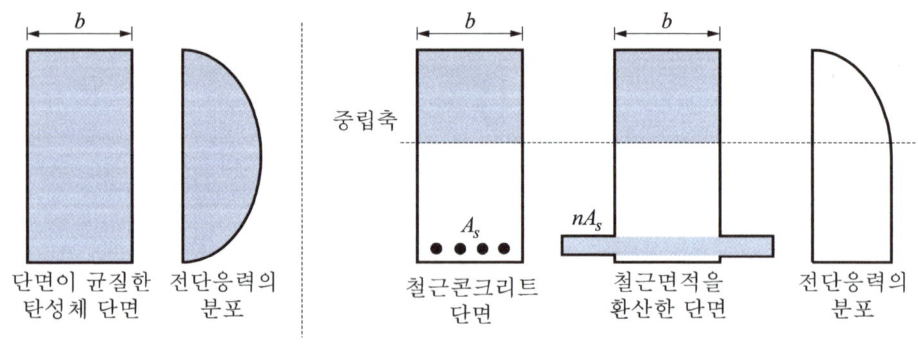

(a) 탄성체 단면 (b) 철근콘크리트 단면

그림 7.5 수평전단응력의 분포

수평전단응력(v)은 단면1차모멘트(Q)와 비례하므로 [그림 7.5(a)]의 직사각형 탄성단면에 분포하는 전단응력은 단면의 중립축에서는 최대가 되지만 압축연단이나 인장연단에서는 영(0)이 되며 포물선 형태로 변화한다.

한편, 비균질이며 복합재료인 철근콘크리트 단면에서는 균열이 발생한 이후에 휨인장력을 받는 콘크리트 단면은 무시하며, 철근의 단면적(A_s)에 탄성계수의 비(n)를 곱하여 환산한 단면만 이용한다. 철근단면을 콘크리트로 환산할 경우에 중립축 아래에서 단면1차모멘트(Q)는 일정하므로 Q에 비례하는 수평전단응력은 중립축 아래에서 [그림 7.5(b)]와 같이 일정한 분포를 나타낸다.

주응력의 분포

콘크리트 부재는 압축에는 강하지만 인장에는 약한 재료이다. 따라서 휨모멘트와 전단력이 작용하는 부재의 경우에도 휨과 전단이 아닌 인장력과 관련된 파괴메커니즘을 고려해야 한다. [그림 7.6]의 등분포하중을 받는 단순지지된 보의 주인장응력과 주압축응력을 식(7.2.a, b)에 의하여 계산할 수 있다.

$$f_1 = \frac{f_x + f_y}{2} + \sqrt{\left(\frac{f_x - f_y}{2}\right)^2 + v^2} \qquad (7.2a)$$

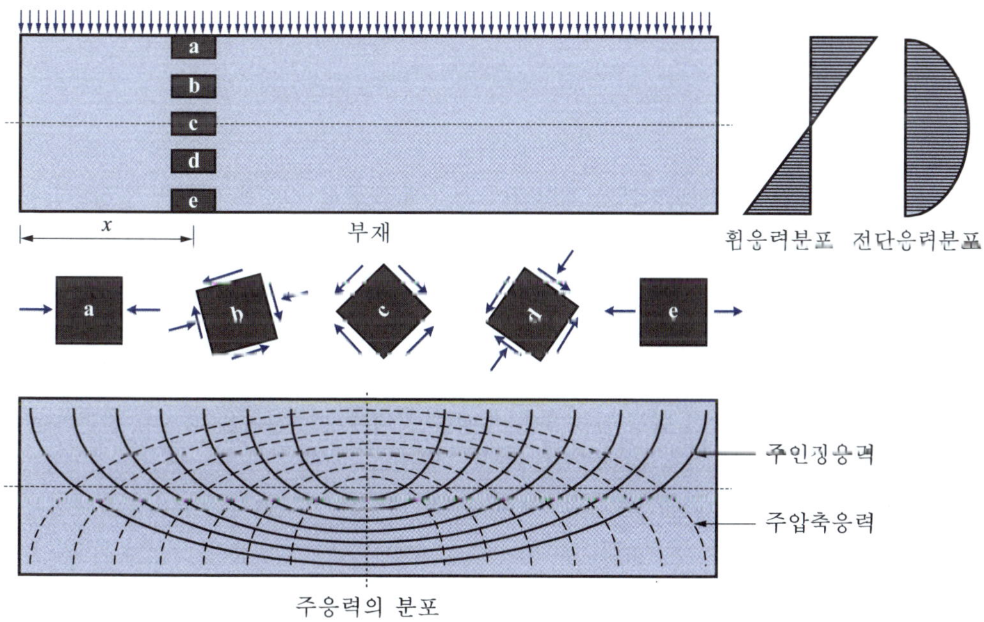

그림 7.6 탄성부재의 주응력분포

$$f_2 = \frac{f_x + f_y}{2} - \sqrt{\left(\frac{f_x - f_y}{2}\right)^2 + v^2} \tag{7.2b}$$

여기서, f_1과 f_2 : 주인장응력과 주압축응력, f_x와 f_y : 부재축방향과 부재축과 직각되는 방향 응력이며 보에서 $f_y = 0$, v : 전단응력이다.

주응력의 각도(θ)는 식(7.3)에 의하여 계산할 수 있다.

$$\tan 2\theta = \frac{2v}{f_x - f_y} \tag{7.3}$$

지점으로부터 거리 x만큼 떨어진 위치의 주응력과 각도를 식(7.2a, b)와 식(7.3)에 의하여 계산하면, [그림 7.6]의 중립축 아래쪽 요소(d, e)에서는 인장응력이 발생하지만, 중립축 위쪽 요소(a, b)에서는 압축응력이 발생한다. 주압축응력의 각도(θ)는 요소(d, e)에서는 부재축을 기준으로 45도 이하가 되지만, 중립축 위의 요소(a, b)에서는 45도 이상이 된다. 한편, 중립축 위치인 요소(c)에서는 순수전단응력이 작용하며, 주압축응력의 각도는 45도가 된다. 실험에서 관찰된 콘크리트에 발생하는 균열의 각도([그림 7.7])와 [그림 7.6]의 주압축응력의 각도를 비교하면 거의 유사함을 알 수 있다. 즉, 균열은 주인장응력과 직각되는 방향인 주압축응력방향으로 발생한다. 이와 같은 현상은 압축에는 강하지만 인장에는 약한 콘크리트의 재료성질과 밀접한 관계가 있다. 따라서 전단력이 지배하는 경우에도 콘크리트 부재의 파괴는 전단응력과 함께 인장응력과 관련된 파괴가 발생하므로 식(7.1)을 그대로 사용하여 탄성체의 수평전단응력을 계산하면 오차가 발생할 수 있다.

전단균열의 종류

인장에 약한 콘크리트에 휨모멘트와 전단력이 동시에 작용할 경우에 부재의 인장연단에서는 부재축과 수직되는 방향으로 휨균열이 발생한다. 휨균열은 외력이 증가함에 따라서 경사진 균열로 변화하게 되는데 이러한 균열을 휨전단균열(flexural shear crack)이라 하며 [그림 7.7]에 표시하였다. 한편 하중이 어느 정도 증가한 상태에서는 부재의 복부에 경사진 균열이 발생하며 이러한 균열을 사인장균열(diagonal crack) 또는 전단균열(shear crack)이라 한다. 사인장균열은 복부의 폭이 작은 단면에서 많이 발생한다. 또한 주철근 근처에서 주철근을 따라서 진전하는 균열을 전단부착균열(shear bond crack)이라 한다.

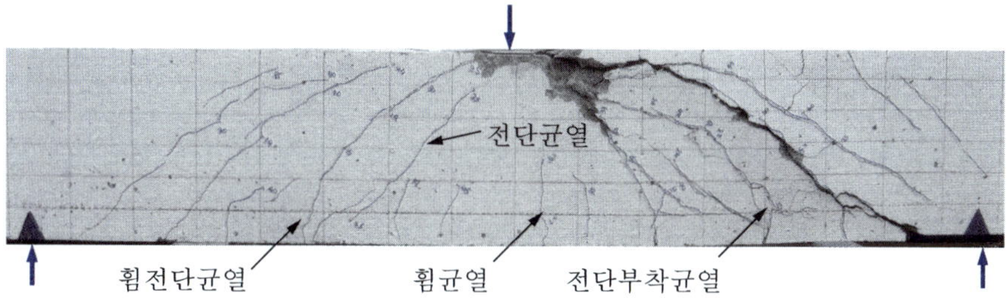

그림 7.7 균열의 종류

평균전단응력

[그림 7.8(a)]의 등분포하중을 받는 철근콘크리트 부재에 작용하는 평균전단응력을 다음과 같이 계산할 수 있다. 임의의 철근콘크리트 단면에 대한 수평전단응력은 [그림 7.8(d)]와 같이 중립축 아래 인장측에서는 일정하다. [그림 7.8(a)]에서 작은 길이 dx를 설단하여 이 구간에 대한 자유물체도를 그리면 [그림 7.8(b)]가 된다. 또한, 주인장철근에서부터 중립축까지를 절단하고 이 면적에 대한 힘의 상태를 살펴보면 [그림 7.8(c)]와 같다.

[그림 7.8(c)] 요소에 대한 x방향(부재축방향)의 평형조건에서 식(7.4)를 계산할 수 있다.

$$dT = v \cdot b \cdot dx \tag{7.4}$$

여기서, dT : 인장력의 증분, v : 전단응력이다.

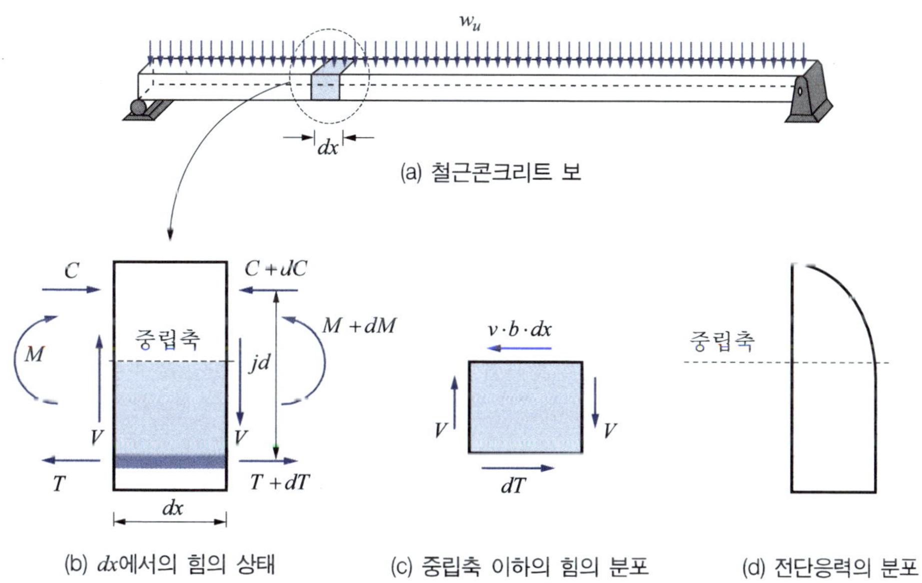

그림 7.8 평균전단응력

모멘트(M)를 일차 미분하면 전단력(V)이 되며(식(7.5)), 모멘트는 인장력에 응력중심간의 거리(jd)를 곱한 값이다(식(7.6)).

$$\frac{dM}{dx} = V \tag{7.5}$$

$$dM = dT \times jd \tag{7.6}$$

식(7.4)~식(7.6)을 정리하여 식(7.7)을 유도할 수 있다.

$$v = \frac{V}{b \times jd} \tag{7.7}$$

설계에서는 계산을 간략화하기 위하여 응력중심간의 거리(jd)를 단면의 유효깊이(d)로 대치하여 식(7.8)에 의하여 평균전단응력(v)을 계산한다.

$$v = \frac{V}{b \times d} \tag{7.8}$$

7.4 전단보강이 없는 부재의 전단저항

7.4.1 콘크리트에 의한 전단저항 요소

철근콘크리트 부재의 전단저항은 전단보강 없이 콘크리트만에 의한 저항과 전단철근에 의한 저항으로 나눌 수 있다.

전단보강되지 않은 철근콘크리트 보는 사인장균열이 발생한 직후에 바로 파괴된다. [그림 7.9]는 지점 반력이 V_c이며 사인장균열이 발생한 철근콘크리트 보의 파괴양상을 나타낸다. 전단보강되지 않은 보의 사인장균열면을 절단했을 때 발생하는 전단력 V_c에 대한 저항력을 [그림 7.9]에 표시하였다.

[그림 7.9]의 보 부재의 사인장균열면에 작용하는 저항성분은 식(7.9)와 같이 3가지 요소로 구분할 수 있다.

$$V_c = V_{cc} + V_{ay} + V_d \tag{7.9}$$

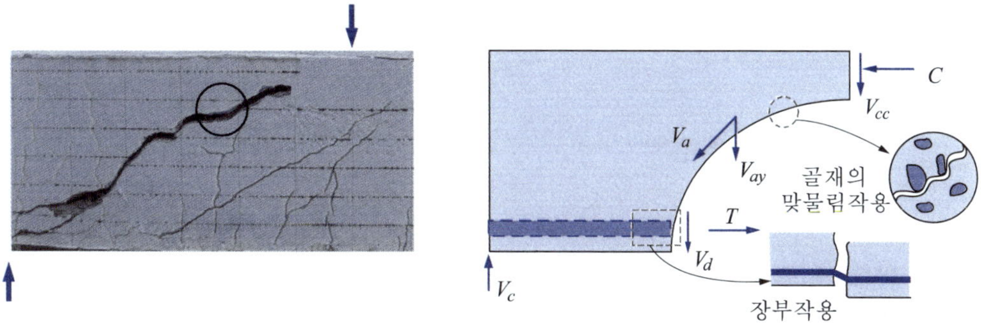

그림 7.9 전단철근이 없는 부재의 전단저항

① **균열이 발생하지 않은 콘크리트에 의한 저항력(V_{cc})** : 사인장균열이 발생하지 않은 압축영역의 콘크리트에 의한 전단저항력이다. 부재의 복부에서 가력점을 향하여 진행하는 사인장균열은 중립축을 경계로 하여 단면의 압축영역까지 진전하지 않는 경우가 많다. 이 경우에 균열이 발생하지 않은 부분의 콘크리트에 전단저항력이 발생한다. V_{cc}는 콘크리트의 인장강도와 밀접한 연관이 있다.

② **골재의 맞물림작용에 의한 전단저항력(V_{ay})** : 균열 양면에 발생하는 골재의 맞물림작용(aggregate interlock)에 의한 전단저항력이다. 균열이 발생한 콘크리트의 면은 매끄럽지 않고 [그림 7.9]와 같이 골재를 중심으로 곡선을 이루며, 면이 울퉁불퉁할 경우에 균열 양면으로 힘이 전달되어 외부 전단력에 저항한다. 골재의 맞물림작용은 콘크리트의 압축강도, 골재의 입도 및 크기 등에 의하여 영향을 받는다.

③ **장부작용에 의한 전단저항력(V_d)** : 인장철근의 장부작용(dowel action, 다월액션)에 의한 전단저항력이다. 장부작용이란 부재축과 평행하게 배근된 주인장철근이 부재축에 수직으로 작용하는 전단력을 마치 옷걸이와 같이 저항하는 것을 말한다([그림 7.9] 참조). 장부작용은 피복콘크리트의 두께가 두꺼울수록 효과가 커지며, 피복콘크리트가 없을 경우에는 발생하지 않는다. 또한 전단철근이 있을 경우에 장부작용에 의한 효과는 상승한다.

기존 연구에 의하면 전단철근이 배근되지 않은 철근콘크리트 부재의 전체 전단력 중에서 V_{cc}는 약 20~40%, V_{ay}는 33~50%, V_d는 15~25%를 차지하였다.

전단경간비

이러한 세 가지의 저항요소와 함께 전단경간비는 철근콘크리트 보의 전단저항과 밀접한 관련이 있다. 전단경간비(a/d)란 전단경간(a, 모멘트가 최대가 되는 위치에서 모멘트가 영(0)인 구간까지의 거리)과 단면유효높이(d)의 비율을 나타낸다. 전단경간이 짧을 경우에는 [그림 7.10]과

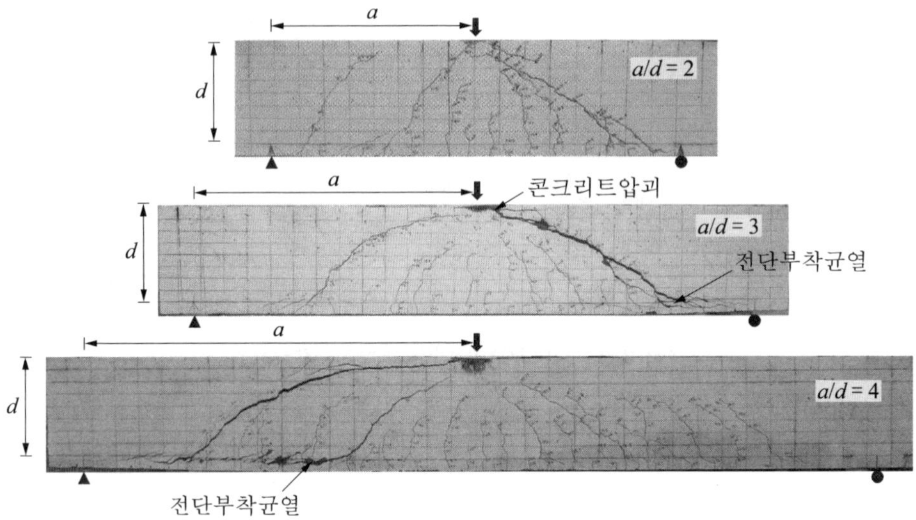

그림 7.10 전단경간비가 다른 부재의 전단저항

같이 가력점에 작용하는 하중이 지점에 직접 전달되기 때문에 콘크리트 압축대의 폭이 커지며 전단저항능력이 크지만, 전단경간이 긴 경우에는 압축대의 폭이 좁아지며 전단저항능력이 작아진다. 또한, 전단경간비가 짧은 경우에는 가력점의 하중이 지점에 직접 전달되기 때문에 가력점과 지점을 연결하는 균열이 발생하지만, 전단경간비가 길어질 경우에는 가력점에서 지점에 직접 전달되는 하중이 줄어들고 주철근 부근에 전단부착균열이 발생한다.

크기효과

콘크리트 공시체 압축강도에 대한 2.4.2항의 설명에서 공시체의 크기가 증가하면 콘크리트의 압축강도는 감소하였다. 따라서 기준에서는 직경이 100 mm인 공시체를 사용할 경우에 강도를 3퍼센트 감소시키도록 하고 있다. 전단에서도 비슷한 현상이 발생해서 전단경간비를 포함하여 부재의 조건이 동일한 경우에도 부재의 단면 크기가 증가하면 전단강도는 감소하는데 이를 전단강도의 크기효과(size effect)라 한다. [그림 7.11]은 실험체 단면 깊이가 600 mm, 900 mm, 1200 mm, 1500 mm로 변화하며 다른 조건은 거의 동일한 철근콘크리트 보의 실험 결과를 나타낸다. 그림에서 콘크리트의 전단강도는 단면의 깊이가 증가함에 따라서 급격하게 감소함을 알 수 있다. 현재 우리가 사용하고 있는 KDS 14 20 국가건설기준의 전단평가식에는 부재의 크기효과에 대한 영향이 포함되어 있지 않으므로 단면의 높이가 1 m 이상인 부재를 전단 설계할 때는 주의해야 한다. 반면에 유럽설계기준(Eurocode 2), 도로설계기준(한계상태설계법), 일본이나 캐나다 설계기준에서는 철근콘크리트 보의 크기효과에 대한 영향을 고려하고 있다.

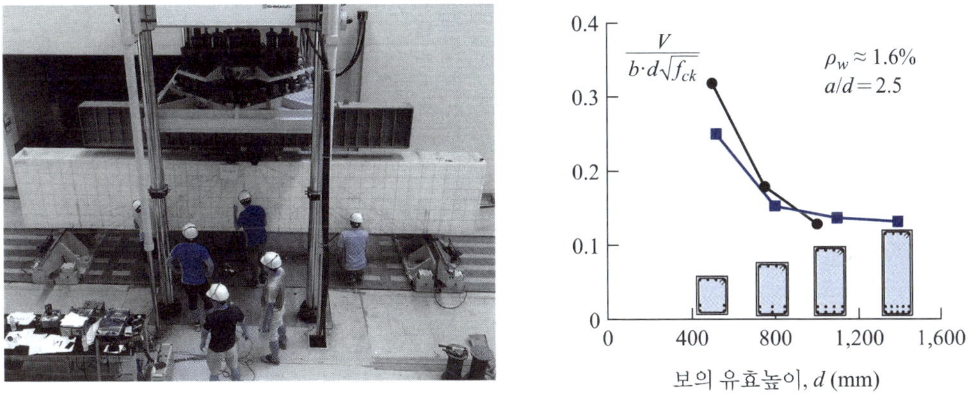

(a) 대형보 실험 전경

(b) 크기효과의 영향

그림 7.11 전단크기효과

7.4.2 보작용과 아치작용

전단보강이 없는 철근콘크리트 부재의 전단저항메커니즘을 표현하는 여러 이론이 발표되었으며, 그 중에서 대표적인 이론 중의 하나는 [그림 7.12]의 보작용(beam action)과 아치작용(arch action)에 관련한 이론이다.

보작용과 아치작용은 균열이 발생한 위치의 회전에 대한 힘의 평형에 근거한다. 즉, 사인장균열이 발생한 면의 힘의 분포 중에서 장부작용을 무시할 경우에 휨모멘트는 식(7.10)에 의해 계산할 수 있다.

$$M = jd(T) \tag{7.10}$$

모멘트를 일차 미분하면 전단력이 되므로, 식(7.10)은 전단력에 대하여 식(7.11)의 관계를 갖는다.

$$V = \frac{dM}{dx} = \frac{d}{dx}(T \cdot jd) \tag{7.11}$$

식(7.11)의 전단력을 인장력(T)과 합력간의 거리(jd)에 대하여 편미분하면 식(7.12)를 유도할 수 있다.

$$V = jd\frac{dT}{dx} + T\frac{d(jd)}{dx} \tag{7.12}$$

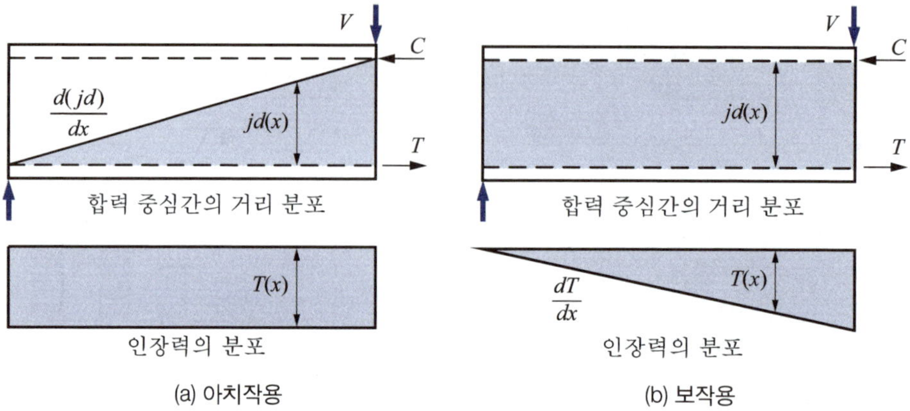

그림 7.12 아치작용과 보작용

아치작용(Arch action)

철근과 콘크리트 사이의 부착이 없어질 경우에 합력간의 거리(jd)는 부재에 따라 변화하지만, 인장력(T)은 부재 전체에 일정하게 작용하여 가력점 하중이 지점으로 직접 전달된다. 이를 아치작용이라 한다. 따라서 식(7.12)의 첫 번째 항이 영(0)이 되어 식(7.13)을 유도할 수 있다.

$$V = T\frac{d(jd)}{dx} \tag{7.13}$$

합력간의 거리(jd)가 변화함에 따라서 [그림 7.12(a)]의 외부 하중은 지점에서 가력점 사이에 형성되는 콘크리트 압축대에 의하여 지점으로 직접 전달된다. 압축대의 크기는 전단경간비(a/d)에 따라서 변화한다. 전단경간비가 작을 경우에 압축대의 폭이 크지만, 전단경간비가 커지면 압축대의 폭은 작아진다.

보작용(Beam Action)

인장력(T)은 부재에 따라 변화하지만, 합력간의 거리(jd)가 부재 전체에서 일정하다고 가정할 때, 가력점에 작용하는 하중이 콘크리트 균열면에서 저항된다. 이를 보작용이라 한다. 따라서 식(7.12)의 두 번째 항이 영(0)이 되어 식(7.14)를 유도할 수 있다. 합력간의 거리(jd)가 일정할 경우에 부재에는 일정한 간격으로 사인장균열이 발생하게 되며, [그림 7.12(b)]의 사인장균열면에는 장부작용에 의한 저항, 골재의 맞물림작용에 의한 저항, 균열이 발생하지 않은 면에서의 콘크리트 저항이 발생하게 된다.

$$V = jd\frac{dT}{dx} \tag{7.14}$$

실제 구조물에는 아치작용과 보작용이 각각 하나씩 작용하는 것이 아니라, 두 작용이 함께 작용하며, 콘크리트의 인장강도, 골재, 장부작용, 전단경간비 등의 다양한 요소에 의하여 영향을 받는다.

7.4.3 카니(Kani)의 이론

전단보강이 없는 철근콘크리트 부재의 전단저항메커니즘을 나타내는 이론 중에는 카니(Kani)에 의하여 제안된 빗살이론(comb-tooth theory)이 있다. 카니의 이론에서는 [그림 7.13]의 사인장균열이 발생한 철근콘크리트 부재의 전난서항을 균열과 균열 사이의 빗살(comb-tooth)과 균열이 진전하지 않은 아치(remaining arch)로 구분한다.

빗살이론이란 사인장균열이 발생한 이후의 두 균열면을 [그림 7.13]과 같이 캔틸레버로 모델화하여 저항모멘트를 계산하는 이론이다. 균열면 인장응력의 차이가 균열의 단부([그림 7.13] 빗살모델의 A점)에 모멘트를 발생시킨다. 균열 단부모멘트는 균열의 간격과 균열의 높이에 의하여 계산할 수 있다.

아치이론이란 아치작용과 유사하게 가력점의 하중이 지점에 직접 전달되는 경우이다. 카니는 균열이 발생하지 않은 콘크리트와 가력점과 지점에 작용하는 콘크리트의 압축대를 모델화하여 [그림 7.13]의 아치작용에 의한 전단저항력을 유도하였다.

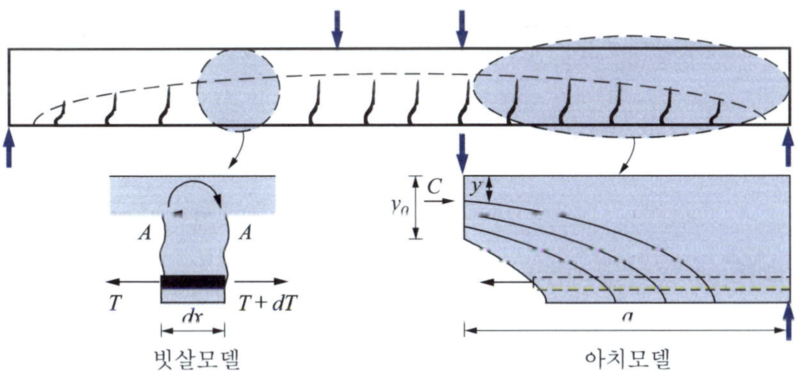

그림 7.13 카니(Kani, 1966)의 이론

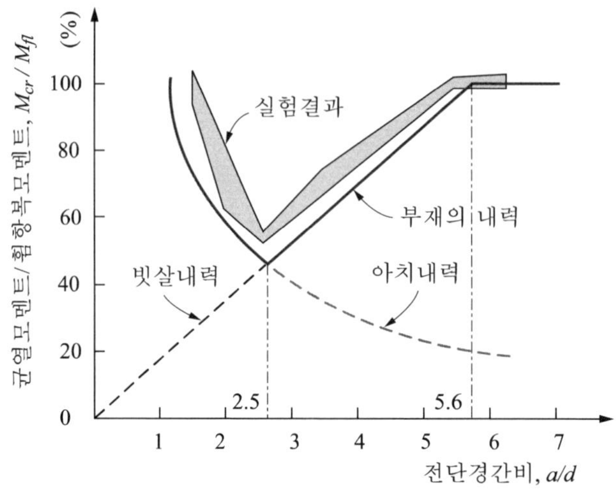

그림 7.14 전단경간비와 내력의 관계(Kani, 1966)

카니는 두 가지 파괴 메커니즘에서 유도된 부재의 내력을 전단경간비(a/d)에 따라서 [그림 7.14]와 같이 구분하였다. 그림에서 y축은 휨모멘트와 휨항복모멘트의 비를 나타내며 x축은 전단경간비(a/d)를 나타낸다. 카니의 이론에 의하면 부재의 파괴 종류와 저항력은 전단경간비에 따라서 다음 3가지로 구분할 수 있다.

① $a/d \leqq 2.5$: 빗살이론에 의한 사인장균열면의 전단저항력보다 아치작용에 의한 저항력이 큰 구간으로, 부재의 전단력은 아치작용에 의하여 지배를 받는 구간이다.

② $2.5 < a/d \leqq 5.6$: 아치작용에 의한 저항력보다 빗살이론에 의한 사인장균열면의 전단저항력이 큰 구간으로, 부재의 전단력은 빗살이론에 의한 전단력에 지배를 받는 구간이다.

③ $a/d > 5.6$: 부재가 전단파괴하지 않고 휨파괴하는 구간이다.

7.4.4 전단저항에 영향을 미치는 요소

전단보강이 없는 철근콘크리트 부재의 전단저항메커니즘은 다양한 요소에 의하여 영향을 받으며 이를 정리하면 다음과 같다.

① **콘크리트 인장강도** : 콘크리트는 압축에는 강하지만 인장에는 약하기 때문에 콘크리트 전단강도는 인장강도에 큰 영향을 받는다. 특히, 철근콘크리트 부재는 휨모멘트와 전단력을 함께 받으며, 부재의 복부콘크리트는 [그림 2.8]에서 설명한 다축응력(압축응력과 인장응력)을 받는다. 따라서 사인장균열은 [그림 7.7]과 같이 주인장응력 방향과 직각방향인 주

압축응력 방향에 발생하는 경향이 있다. 실험 결과에 의하면 콘크리트의 인장강도가 증가하면 전단강도도 증가하였다.

② **주인장철근의 양** : 주인장철근은 장부작용과 밀접한 관련이 있다. 부재축과 수직하게 작용하는 전단력을 부재축과 수평방향으로 배근된 주인장철근이 저항하게 되므로 주인장철근의 양이 많으면 장부작용에 의한 전단저항력이 증가한다. 또한 주인장철근은 복부콘크리트의 사인장균열폭을 작게 하여 주인장변형률을 작게 하고, 복부콘크리트의 전단강도를 증대시킨다. 실험 결과에 의하면 [그림 7.15(a)]에서 주인장철근비(ρ_w)가 0.8%에서 2.8%로 증가할 경우에 전단철근이 없고 전단경간비(a/d)가 3인 철근콘크리트 보의 전단내력은 약 65% 증가하였다.

③ **전단경간비(a/d)** : 전단경간비는 철근콘크리트 부재의 전단력에 큰 영향을 미친다. 전단경간비가 짧을수록 지점과 가력점 사이에 콘크리트 압축대가 크게 형성되며 전단저항력이 증가한다. 특히 전단경간비가 2.5 이하인 경우에 [그림 7.15(a)]와 같이 전단경간비가 감소하면 전단저항력이 큰 폭으로 증가한다. 전단경간비가 2.5 이상인 부재는 전단경간비가 증가함에 따라 부재의 전단저항력이 소폭 감소한다.

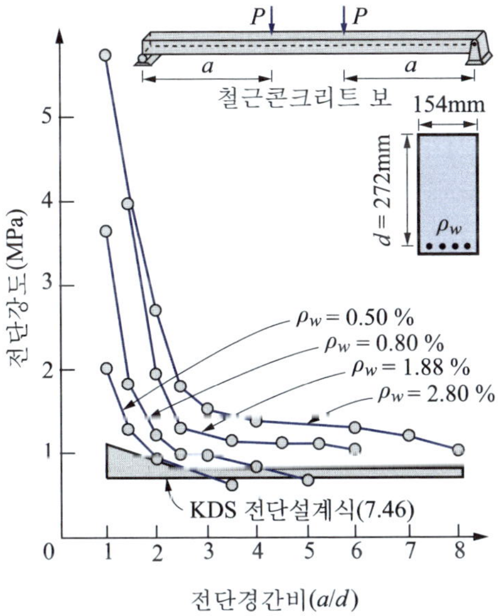

(a) 주인장철근비의 영향(Kani, 1966)

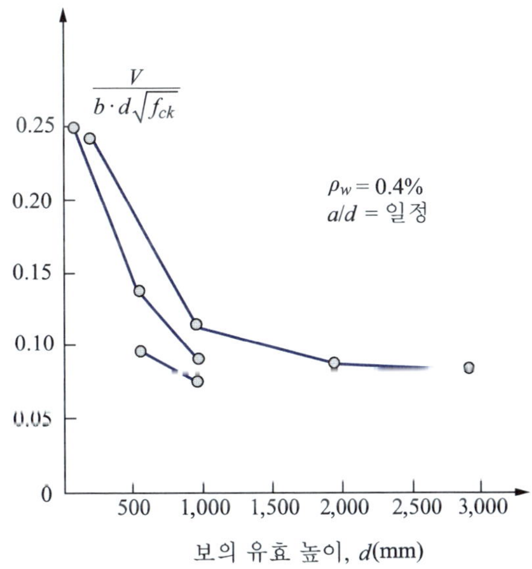

(b) 크기효과의 영향(Shioya, 1989)

그림 7.15 주인장철근비와 크기효과의 영향

④ **부재의 크기** : 전단경간비가 동일한 경우에도 부재의 단면 크기가 증가하면 전단강도는 감소한다([그림 7.15(b)] 참조). 특히, 현재 우리가 사용하고 있는 설계기준의 전단평가식에는 부재의 크기효과(size effect)에 대한 영향이 포함되어 있지 않으므로, 단면의 높이가 1 m 이상인 부재를 전단설계할 때는 주의해야 한다.

⑤ **축력** : 축압축력이 증가하면 사인장균열의 폭이 감소하며, 골재의 맞물림작용이 증가한다. 또한 가력점과 지점간에 작용하는 압축대의 크기가 증가하여 콘크리트의 전단강도가 증가한다. 그러나 축인장력이 작용하면 균열의 폭이 증가하며, 전단강도는 급격하게 감소한다. 실험 결과에 의하면 축압축력이 증가하면 전단강도가 증가하였지만, 축인장력이 증가하면 전단강도가 감소하였다([그림 7.25] 참조).

7.5 전단보강이 있는 부재의 전단저항

7.5.1 전단저항 요소

전단철근(stirrup, 스터럽)은 사인장균열이 발생한 이후에 철근콘크리트 부재의 전단저항력을 향상시킨다. 전단철근이 있는 철근콘크리트 부재의 전단력은 [그림 7.16]과 같이 콘크리트의 저항 성분에 균열을 관통하는 전단철근에 의한 저항 성분을 더하여 계산한다. 따라서 부재의 전체 저항력은 식(7.15)에 의해 계산한다.

$$V = V_{cc} + V_{ay} + V_d + V_s \tag{7.15}$$

여기서, V_s : 전단철근에 의한 전단강도이다.

철근콘크리트 부재에 배근된 전단철근의 주요 역할은 다음 4가지로 구분할 수 있다.

① **전단력의 일부를 부담** : 사인장균열이 발생한 이후에 전단철근이 전단력의 대부분을 저항한다.

② **사인장균열의 폭을 작게 함** : 전단철근이 증가하면 사인장균열의 수는 증가하지만 균열의 폭은 감소한다.

③ **골재의 맞물림작용 증대** : 전단철근은 균열의 폭을 작게 하여 골재의 맞물림작용을 증대시킨다.

④ **장부작용 증대** : 전단철근은 부재축방향으로 배근된 주인장철근을 지지하여 장부작용에 의한 전단저항을 증대시킨다.

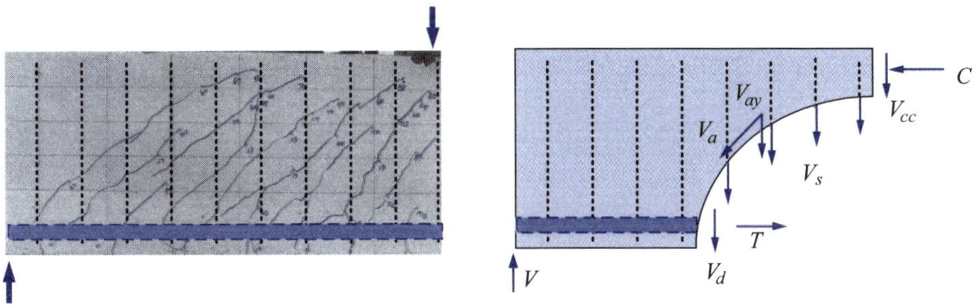

그림 7.16 전단철근이 있는 부재의 전단저항

7.5.2 45도 트러스모델

철근콘크리트는 복합재료로 이방성(異方性, non-homogeneous, anisotropy)의 특성을 갖고 있다. 이러한 부재의 전단강도를 탄성해석에 의하여 계산하면 실제 값과 많은 차이가 발생한다. 특히, 콘크리트는 인장에 약하기 때문에 복부콘크리트(web concrete)에 [그림 2.8]의 다축응력이 작용할 경우에 복잡한 전단 파괴메커니즘을 나타낸다.

20세기 초, Ritter와 Morch는 콘크리트의 대각선 압축대와 철근의 수직 및 하부 인장재로 구성된 트러스모델에 의하여 사인장균열이 발생한 철근콘크리트 부재의 힘의 흐름을 설명하였다. Ritter와 Morch의 트러스이론에서는 사인장균열각도의 값을 45도로 가정한 뒤, 간단한 힘의 평형조건을 이용하여 전단력을 계산하였다. 그러나 균열의 각도를 45도로 가정할 경우, 트러스이론에 의해 예측된 전단강도는 실제의 전단강도를 과소평가하는 경향이 있다. 따라서 보다 정확한 균열각도를 예측하기 위한 연구가 진행되었고, 그 중에서 대표적인 이론으로 소성이론에 기본을 둔 트러스이론과 변형률의 적합조건을 이용한 트러스이론이 있다.

소성이론을 이용한 트러스이론은 콘크리트 부재가 전단파괴를 일으킬 때, 전단철근과 콘크리트가 소성상태에 도달한다고 가정하여 균열각도를 계산한다. 따라서 균열각도는 재료조건인 전단철근의 양과 콘크리트의 압축강도에 따라 0도에서 45도로 변화한다. 스트럿 타이 모델도 소성이론에 근거한 트러스이론의 하나이다. 소성이론을 이용한 트러스이론은 힘의 평형조건만을 이용하여 비교적 간단히 전단강도를 구할 수 있으나, 전단파괴시에 구성재료가 소성상태에 도달한다고 가정하기 때문에 실제의 전단강도를 과대평가할 수 있다. 즉, 콘크리트와 철근의 상호작용에 의하여 외력을 저항하는 철근콘크리트 부재에 과대한 양의 전단철근이 배근될 경우, 그 부재는 전단철근이 항복하지 않고 콘크리트만이 소성상태에 도달하여 전단파괴가 발생하며, 그 반대의 경우, 전단철근만이 소성상태에 도달하여 전단파괴가 발생하기 때문이다.

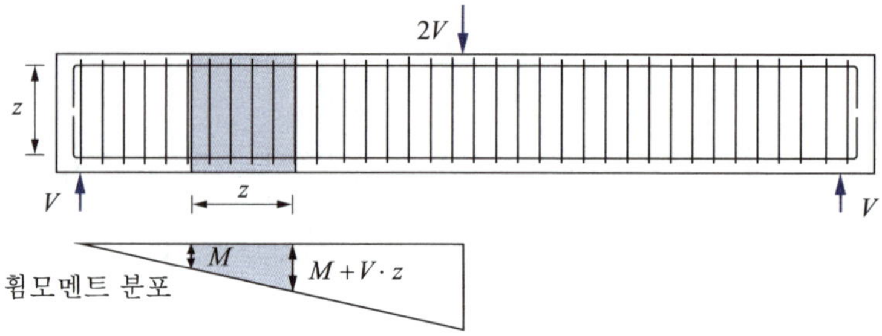

(a) 철근콘크리트 보와 휨모멘트 분포

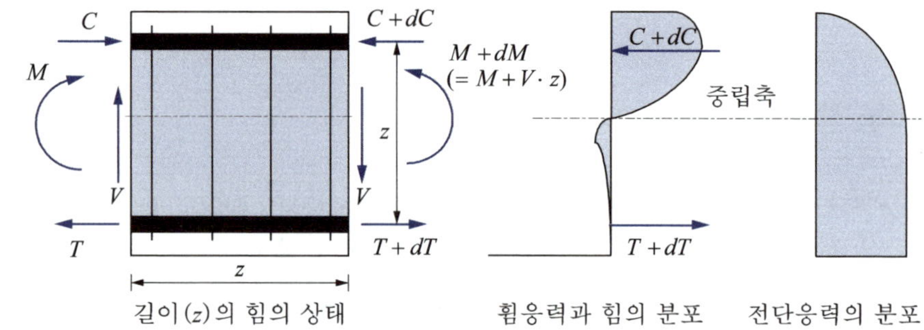

(b) 실제 휨응력과 전단응력 분포

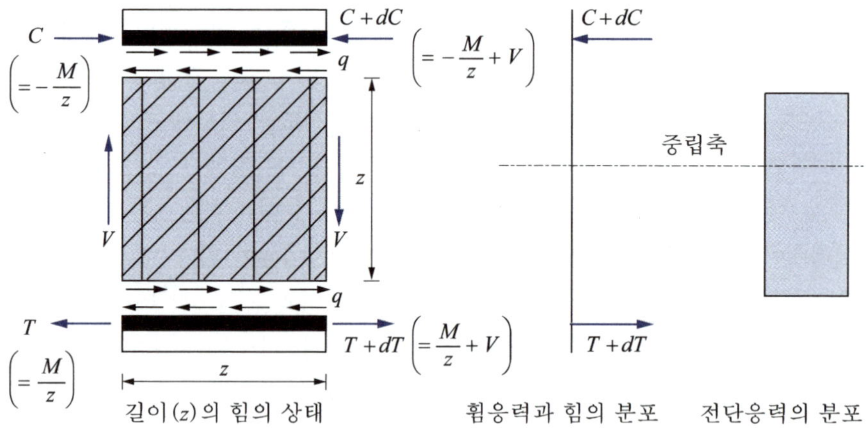

(c) 트러스모델의 휨응력과 전단응력 분포

그림 7.17 트러스모델을 위한 휨응력과 전단응력의 가정

한편, 변형률의 적합조건을 이용한 대표적인 이론은 수정압축응력장이론(modified compression field theory, Vecchio and Collins, 1986)과 회전각연화트러스이론(rotating angle softened truss model, Hsu, 1988)이 있다. 두 이론에서는 사인장균열각도와 콘크리트의 주압축응력의 각도는 동일하다고 가정된다. 따라서 균열의 각도를 구하기 위하여 힘의 평형조건뿐만 아니라, 변형률의 적합조건을 이용해야 한다. 두 이론의 계산 절차는 소성이론을 이용한 트러스이론보다 복잡하지만, 전단강도와 부재의 변형을 동시에 예측할 수 있는 장점이 있다.

트러스이론은 복잡한 전단파괴 메커니즘을 단순한 트러스로 이상화하여 전단력을 손쉽게 계산할 수 있는 방법이지만, 이를 위하여 여러 가정이 필요하다. [그림 7.17]은 집중하중을 받는 철근콘크리트 단순보를 나타낸다. [그림 7.17(a)]에는 보에 작용하는 휨모멘트 분포를 표시하였고, [그림 7.17(b)]에는 임의의 단면에 작용하는 휨응력과 전단응력 분포를 표시하였다. 임의의 단면에 작용하는 휨응력은 중립축을 중심으로 압축측과 인장측으로 구분되며, 인장력은 철근이 지지한다. 또한 균열이 발생한 철근콘크리트 단면의 경우에 전단응력은 인장측 콘크리트 저항력이 포함되지 않고, 철근의 단면적(A_s)에 탄성계수의 비(n)를 곱하여 환산한 단면만이 고려되어 계산되기 때문에 중립축 아래의 수평전단응력은 일정하다([그림 7.5]와 [그림 7.17(b)] 참조).

트러스이론에서는 [그림 7.17(b)]의 단면의 위치에 따라서 달라지는 휨응력과 전단응력의 분포를 [그림 7.17(c)]와 같이 단순화하여 전단강도 평가식을 유도한다.

① **휨응력** : 상현재(top chord, 주압축철근과 주위 콘크리트)와 하현재(bottom chord, 주인장철근과 주위 콘크리트)가 저항하며, 중립축과 가까운 복부콘크리트는 휨응력을 저항하지 않는다.

② **전단응력** : 수평전단응력은 복부콘크리트에 일정하게 분포한다.

이러한 두 가지 가정에 근거할 경우에 휨응력과 전단응력의 분포는 [그림 7.17(c)]와 같이 변화한다. 이 경우에 부재의 임의의 한 길이를 절단하고, 부재의 웨브 부분(복부콘크리트)의 자유물체도를 작성하면 [그림 7.18]과 같다. [그림 7.18]에서 f_l : 부재축방향(l방향)의 직응력, f_t : 부재축과 직각되는 방향(t방향)의 직응력, v_{lt} : $l-t$방향의 전단응력, f_2^c : 콘크리트의 주압축응력, f_1^c : 콘크리트의 주인장응력, f_{ls} : l방향에 배근된 철근의 응력(주철근의 응력), f_{ts} : t방향에 배근된 철근의 응력(전단철근의 응력), ρ_l, ρ_t : l과 t방향에 배근된 철근의 철근비, θ : 콘크리트 압축대와 부재축이 이루는 각도 또는 균열의 각도이다.

전단설계를 하기 위해서는 [그림 7.18]의 $l-t$방향의 전단응력(v_{lt})이 계산되어야 한다. 만일 콘크리트의 주응력방향의 응력(f_2^c과 f_1^c)과 균열의 각도(θ)를 알고 있다면, 힘의 변환을 이용하여 주응력방향(1과 2방향)의 응력을 부재축방향(l방향)과 부재축과 직각되는 방향(t방향)의 응력으로 변환할 수 있다.

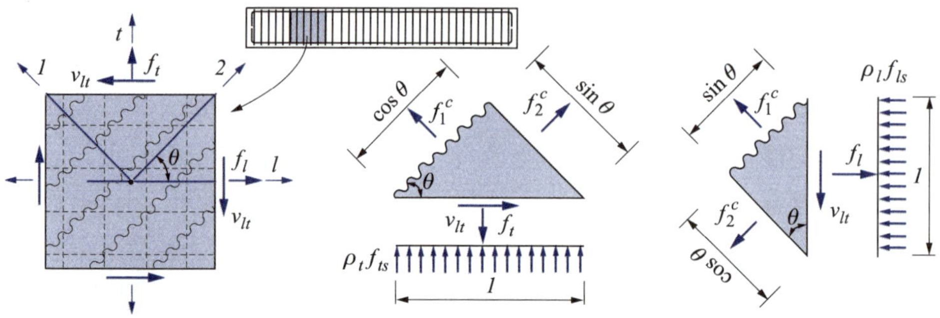

(a) 보 요소의 응력 (b) 응력의 변환

그림 7.18 트러스모델을 위한 임의 요소의 응력 상태

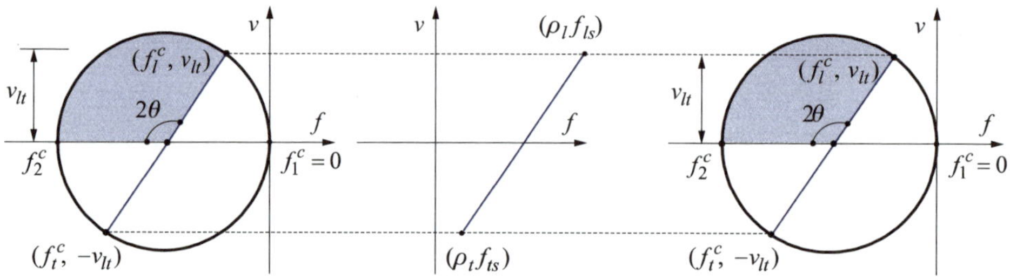

(a) 콘크리트 (b) 철근 (c) 철근콘크리트

그림 7.19 모어의 응력원

주응력방향(1, 2방향)과 철근방향(l, t방향)의 응력간의 관계를 [그림 7.19]와 같이 모어의 응력원(Mohr's stress circle)에 의하여 나타낼 수 있다. 이 때 철근에는 전단응력이 작용하지 않고 직응력만이 작용한다고 가정하며, l방향과 t방향에 작용하는 철근의 응력을 콘크리트의 응력에 더할 수 있다. 따라서 주응력방향(1, 2방향)과 철근방향(l, t방향)의 응력간의 관계는 식(7.16)~식(7.18)이 된다.

$$f_l = f_2^c \cos^2\theta + f_1^c \sin^2\theta + \rho_l f_{ls} \tag{7.16}$$

$$f_t = f_2^c \sin^2\theta + f_1^c \cos^2\theta + \rho_t f_{ts} \tag{7.17}$$

$$v_{lt} = (-f_2^c + f_1^c)\sin\theta\cos\theta \tag{7.18}$$

식(7.16)~식(7.18)의 힘의 평형식만을 이용하면 주어진 식에 비하여 미지수가 많기 때문에 전단응력(v_{lt})을 계산할 수 없다. 따라서 45도 트러스이론에서는 다음 가정을 이용한다.

① **사인장균열의 방향** : 콘크리트 주압축응력의 방향과 사인장균열의 방향이 동일하다.

② **사인장균열각도(θ)** : 사인장균열의 각도는 45도이며, 복부콘크리트에 일정하게 발생한다.

③ **균열면 콘크리트의 인장강도** : 균열면 콘크리트의 인장강도는 매우 작아 무시할 수 있다 ($f_1^c = 0$).

④ **장부작용과 골재의 맞물림작용** : 장부작용과 골재의 맞물림작용은 직접적으로 고려하지 않는다.

⑤ **전단철근의 강도** : 전단철근의 응력(f_{ts})은 항복강도(f_{yt})와 동일하다. 식(7.17)의 철근 응력(f_{ts})은 부재가 파괴할 때의 철근 응력이며, 항복강도(f_{yt})가 아니다. [그림 7.4]의 전단 파괴모드에서 설명한 것과 같이 전단파괴는 전단철근의 항복 유무에 따라서 연성능력이 달라질 수 있다. 설계에서는 전단철근 항복 이후에 콘크리트가 파괴하는 전단파괴를 유도하고 있으므로 철근 응력(f_{ts})을 항복강도(f_{yt})로 가정한다.

⑥ **주철근의 강도** : 주철근은 항복하지 않고 탄성상태를 유지한다.

가정에 근거하여 균열면 콘크리트의 인장강도를 무시하고(가정 ③), 보, 기둥, 슬래브 등의 경우에 부재축과 직각되는 방향(t방향)의 직응력(f_t)은 존재하지 않으므로 식(7.17)을 식(7.19)로 바꿀 수 있다.

$$f_2^c = -\frac{\rho_t f_{ts}}{\sin^2\theta} \tag{7.19}$$

식(7.19)를 식(7.18)에 대입하여 식(7.20)을 구한다.

$$v_{lt} = (\rho_t f_{ts})\cot\theta \tag{7.20}$$

식(7.20)에서 전단응력은 식(7.8)의 전단력과의 관계($v_{lt} = V_s/(b_w \times d)$)와 전단철근비($\rho_t = A_v/(s \times b_w)$)의 관계를 대입하여 식(7.21a)를 구할 수 있다.

(수직방향 전단철근 사용)

$$V_s = \frac{A_v f_{ts} d}{s}\cot\theta \tag{7.21a}$$

만일 전단철근의 방향이 부재축과 직각되지 않고 각도 α만큼 기울어져 배근되면 식(7.20)에서 식(7.21b)를 유도할 수 있다.

(경사 전단철근 사용)

$$V_s = \frac{A_v f_{ts} d}{s}\sin\alpha\,(\cot\alpha + \cot\theta) \tag{7.21b}$$

여기서, s : 전단철근의 간격, α : 전단철근과 부재축이 이루는 각도, A_v : 전단철근의 단면적이다.

45도 트러스모델에 대한 가정 ②와 가정 ⑤에서 균열의 각도(θ)를 45도로 가정하고, 전단철근의 강도(f_{ts})는 항복강도(f_{yt})를 사용하므로, 식(7.21)은 식(7.22)로 바뀐다.

(수직방향 전단철근 사용)

$$V_s = \frac{A_v f_{yt} d}{s} \tag{7.22a}$$

(경사 전단철근 사용)

$$V_s = \frac{A_v f_{yt} d}{s}(\sin\alpha + \cos\alpha) \tag{7.22b}$$

별해 – 45도 트러스모델

45도 트러스이론에 의하여 유도되는 식(7.22)는 다음과 같이 사인장균열을 관통하는 전단철근의 내력에 대한 평형식을 이용하여 계산할 수 있다.

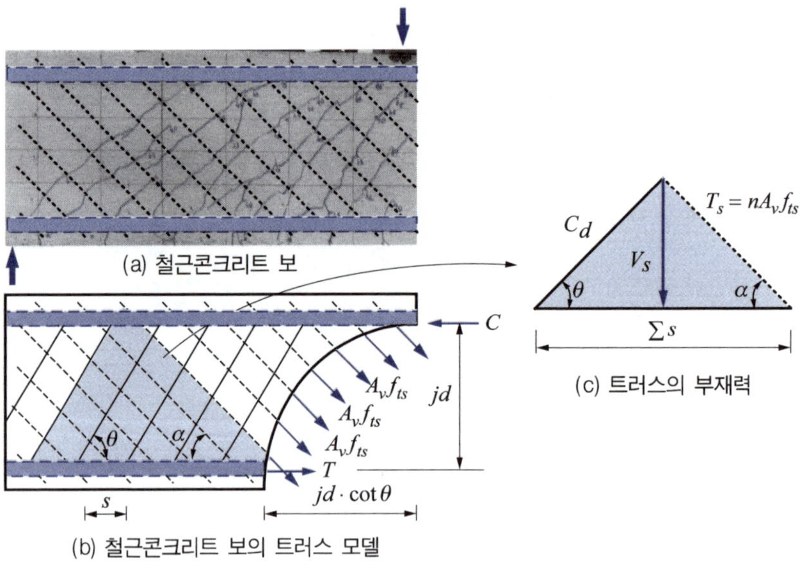

그림 7.20 균열이 발생한 철근콘크리트 보의 트러스모델에 의한 응력상태

트러스이론은 [그림 7.20(b)]와 같이 경사지게 전단철근이 배근된 부재에 일정한 각도(θ)의 균열이 발생한다고 가정한다. 복부의 대각선 방향 콘크리트 압축대의 합력과 균열면에 작용하는 전단철근의 합력 및 하부인장재로 구성된 트러스부재의 인장력을 이용하여 [그림 7.20(c)]의 트러스를 구성한다. [그림 7.20(c)]에서 부재축과 수직되는 방향에 대한 힘의 평형조건을 이용하여 식(7.23)을 유도할 수 있다.

$$V_s = C_d \sin\theta = T_s \sin\alpha \tag{7.23}$$

여기서, C_d : 콘크리트 압축대의 압축력, T_s : 사인장균열을 가로지르는 모든 전단철근의 인장 합력, V_s : 외부 전단력이다.

전단철근의 합력(T_s)은 균열면에 존재하는 전단철근의 수(n)에 의하여 계산할 수 있다.

$$T_s = n\, A_v\, f_{ts}$$

$$V_s = n\, A_v\, f_{ts} \sin\alpha \tag{7.24}$$

여기서, A_v : 진단철근의 난면적, f_{ts} : 전단철근의 응력이다.

균열과 전단철근의 수평방향의 길이의 합($\sum s$)은 식(7.25)에서 계산한다.

$$\sum s = jd(\cot\alpha + \cot\theta) \tag{7.25}$$

식(7.25)에서 $\sum s$ 에 배근된 철근의 수(n)는 전단철근의 간격(s)에 의하여 계산할 수 있다.

$$\sum s = n \cdot s$$

$$n = \frac{jd(\cot\alpha + \cot\theta)}{s} \tag{7.26}$$

식(7.26)을 식(7.24)에 대입하여 식(7.27)을 유도한다. 이때 설계의 단순화를 위해 jd는 d로 대체한다.

$$V_s = \frac{A_v f_{ts} d}{s} \sin\alpha(\cot\alpha + \cot\theta) \tag{7.27}$$

45도 트러스모델에서는 전단철근의 응력(f_{ts})이 항복강도(f_{yt})에 도달한다고 가정하며, 균열이 가도를 45도로 가정한나. 따라서 수직방향 전단철근과 경사 전단철근을 사용한 부재의 전단강도를 식(7.27)에 두 가시 사성을 대입하여 식(7.28a) 또는 식(7.28b)에 의해 계산한다.

(수직방향 전단철근 사용) - 식(7.22a)와 동일

$$V_s = \frac{A_v f_{yt} d}{s} \tag{7.28a}$$

(경사 전단철근 사용) - 식(7.22b)와 동일

$$V_s = \frac{A_v f_{yt} d}{s}(\sin\alpha + \cos\alpha) \tag{7.28b}$$

7.5.3 소성트러스모델

45도 트러스이론은 힘의 평형조건만을 이용하여 간단하게 전단력을 계산할 수 있지만, 균열의 각도를 45도로 가정하여 실제의 전단강도를 과소평가하는 경향이 있다. 균열의 각도는 재료의 조건에 따라서 달라지며, 전단철근의 양이 많아지면 균열의 각도가 커지고, 전단철근의 양이 적어지면 균열의 각도가 작아진다. 이와 같이 재료조건에 따라서 변화하는 사인장균열의 각도를 보다 정확하게 예측하고 이를 전단내력 평가식에 반영하기 위하여 소성트러스이론이 제안되었다. 소성트러스이론은 하계소성이론(lower boundary plasticity theory)과 상계소성이론(upper boundary plasticity theory)으로 구분된다. 소성트러스이론에서는 철근콘크리트 부재가 파괴에 도달했을 때에 철근과 콘크리트가 모두 소성상태, 즉 최대 응력에 도달한다고 가정한다.

식(7.18)에서 인장응력(f_1^c)을 무시하면 식(7.29)를 유도할 수 있다.

$$f_2^c = -\frac{v_{lt}}{\sin\theta\cos\theta} = -v_{lt}(\tan\theta + \cot\theta) \tag{7.29}$$

식(7.29)를 식(7.17)에 대입하여 식(7.30)을 유도할 수 있다.

$$\rho_t f_{ts} = v_{lt}\tan\theta \tag{7.30}$$

소성이론에서 철근콘크리트 부재가 파괴에 도달 했을 때에 철근과 콘크리트가 모두 최대 응력에 도달했다고 가정하므로, 식(7.29)와 식(7.30)의 콘크리트의 주압축응력(f_2^c)과 t방향 철근의 응력(f_{ts})은 식(7.31a, b)로 변경할 수 있다. 특히, 콘크리트의 응력은 2방향 응력(압축과 인장응력)을 받는 복부콘크리트의 응력이므로 [그림 2.10]에서 설명한 유효압축콘크리트강도(υf_{ck})를 이용해야 한다.

$$f_2^c = \upsilon f_{ck} \tag{7.31a}$$

$$f_{ts} = f_{yt} \tag{7.31b}$$

여기서, v는 콘크리트의 유효압축강도계수이다. 식(7.31a, b)를 식(7.29)와 식(7.30)에 대입하여 식(7.32)와 식(7.33)을 유도한다.

$$vf_{ck} = -\frac{v_{lt}}{\sin\theta \cdot \cos\theta} = -v_{lt}(\tan\theta + \cot\theta) \tag{7.32}$$

$$\cot\theta = \frac{v_{lt}}{\rho_t f_{yt}} \tag{7.33}$$

식(7.32)와 식(7.33)을 정리하고, 전단력과의 관계($v_{lt} = V_s/(b_w \times d)$)와 전단철근비($\rho_t = A_v/(s \times b_w)$)의 관계를 이용하면 식(7.34)를 구할 수 있다.

(수직방향 전단철근 사용)

$$V_s = \frac{A_v f_{yt} d}{s}\cot\theta \tag{7.34}$$

(균열의 각도)

$$\tan\theta = \sqrt{\frac{\Psi}{1-\Psi}} \tag{7.35}$$

여기서, $\Psi = \dfrac{\rho_t f_{yt}}{v f_{ck}}$

식(7.32)와 식(7.33)을 다시 정리하면 식(7.36)의 전단응력과 콘크리트 압축강도의 관계를 구할 수 있다.

$$\frac{v_{lt}}{v f_{ck}} = \sqrt{\Psi(1-\Psi)} \tag{7.36}$$

식(7.36)에서 전단응력(v_{lt})과 재료계수(Ψ)는 원의 관계가 있음을 알 수 있다. 따라서 [그림 7.21]에서는 식(7.35)와 식(7.36)의 전단내력(v_{lt})과 균열의 각도(θ) 및 재료계수(Ψ)의 관계를 원으로 표시하였다. [그림 7.21]의 원은 [표 7.1]에서 두 구간으로 나누어진다.

① **$\Psi \leq 0.5$ 구간** : 식(7.35)에 의하여 균열의 각도(θ)를 계산하고, 식(7.34)에서 전단력을 계산한다.

② **$\Psi > 0.5$ 구간** : 식(7.36)에 의하여 계산된 전단내력은 v_{lt}와 Ψ가 원의 관계이므로 재료계수(Ψ)가 증가함에 따라서 감소하지만, 실제 부재에서는 이와 같은 현상이 발생하지 않으므로 소성트러스모델에서는 $\Psi > 0.5$일 경우는 $v_{lt} = 0.5\,v f_{ck}$로 가정한다. 즉, 이 구간에서는 소성이론을 적용할 수 없다.

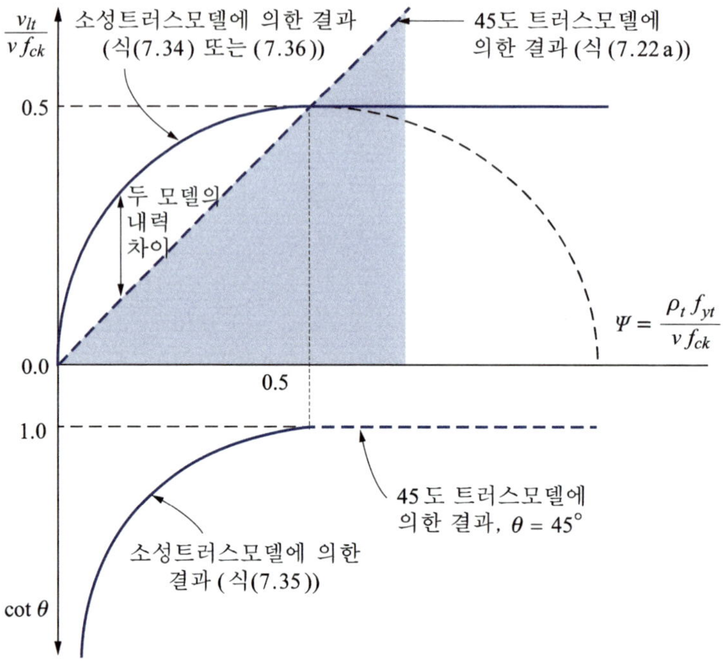

그림 7.21 소성트러스모델과 45도 트러스모델의 비교

표 7.1 소성트러스모델

Ψ	전단내력(v_{lt})	균열의 각도(θ)	
		45도 트러스모델	소성트러스모델
$\Psi \leq 0.5$	$\frac{v_{lt}}{v f_{ck}} = \sqrt{\Psi(1-\Psi)}$	45도	$\tan\theta = \sqrt{\frac{\Psi}{1-\Psi}}$
$\Psi > 0.5$	$\frac{v_{lt}}{v f_{ck}} = 0.5$	45도	45도

45도 트러스모델에 의하여 계산한 전단내력과 소성트러스모델에 의하여 계산한 전단내력을 [그림 7.21]에서 비교하고 있다. 그림에서 두 모델에 의하여 계산한 전단내력에는 상당한 차이가 있음을 알 수 있다. 이는 전단내력은 균열의 각도와 $\cot\theta$로 비례하여, 균열각도가 감소하면 전단내력은 급격하게 증가하기 때문이다. 현재 유럽설계기준과 도로교설계기준(한계상태설계법)에서는 소성트러스모델에 근거하여 전단내력을 계산하고 있다.

7.5.4 변형률 적합조건을 이용한 트러스모델

45도 트러스이론은 힘의 평형조건만을 이용하여 간단하게 전단력을 계산할 수 있지만, 균열의 각도를 45도로 가정하고, 콘크리트의 인장강도를 고려하지 않아 실제의 전단강도를 과소평가하는 경향이 있다. 변형률의 적합조건을 이용한 트러스모델에서는 재료메커니즘(힘의 평형조건, 변형의 적합조건, 재료의 응력-변형률 곡선)을 이용하여 재료 조건에 따라서 달라지는 균열각도를 계산하였다.

[그림 7.17]의 휨과 전단력이 동시에 작용하는 철근콘크리트 보에 대하여 트러스모델에서는 휨모멘트는 상·하현재가 모두 저항하며, 복부에서는 일정한 전단력만이 작용한다고 가정한다. 이러한 응력 상태에 놓여 있는 복부콘크리트를 절단하여 [그림 7.22]의 자유물체도를 표시할 수 있다. 철근콘크리트 벽체, 원통쉘, 기둥 등도 같은 방법으로 일반화할 수 있다. [그림 7.22(a)]에서 콘크리트의 주압축응력과 주인장응력의 방향을 2방향, 1방향으로 정하고, 부재축방향과 부재축방향과 직각으로 배근된 철근의 방향을 각각 l방향과 t방향으로 정한다. 콘크리트의 주압축응력과 주인장응력은 부재 실험을 통하여 계산할 수 있으므로, 주응력을 사인장균열의 각도(θ)만큼 떨어진 l방향과 t방향으로 전환하여 식(7.16), (7.17), (7.18)을 유도할 수 있다.

식(7.16)~식(7.18)에는 많은 미지수가 있어 전단력을 직접 계산할 수 없으므로 45도 트러스이론에서 설명한 여러 가정이 필요하다. 그러나 이러한 가정들은 실제의 구조 현상을 명확하게 반영할 수 없는 경우가 있으므로, 변형률의 적합조건을 활용한 트러스모델에서는 재료메커니즘을 이용하여 힘의 평형식과 함께 변형률의 적합조건 및 재료의 응력-변형률 곡선을 이용하여 전단내력을 계산한다.

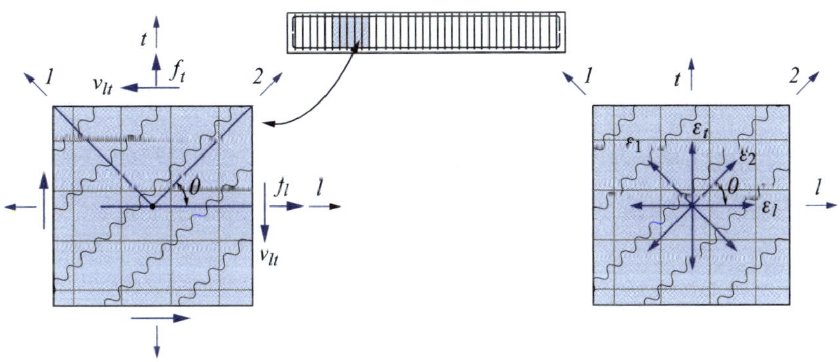

(a) 응력의 상태 (b) 변형률의 상태

그림 7.22 변형률 적합조건을 이용한 트러스모델

변형률의 적합조건을 활용한 트러스모델에서는 [그림 7.22(b)]와 같이 균열이 발생한 철근콘크리트 부재의 평균변형률(균열부위 및 균열이 발생하지 않은 부위에 발생하는 변형률의 평균값)을 이용한다. [그림 7.22(b)]의 콘크리트 주압축변형률(2방향)과 주인장변형률(1방향)은 식(7.37)~식(7.39)에서 사인장균열의 각도(θ)만큼 떨어진 l방향과 t방향의 변형률로 전환할 수 있다. 변환한 l방향과 t방향의 콘크리트의 변형률은 철근의 변형률과 동일하다.

$$\varepsilon_l = \varepsilon_2 \cos^2\theta + \varepsilon_1 \sin^2\theta \tag{7.37}$$

$$\varepsilon_t = \varepsilon_2 \sin^2\theta + \varepsilon_1 \cos^2\theta \tag{7.38}$$

$$\frac{\gamma_{lt}}{2} = (-\varepsilon_2 + \varepsilon_1)\sin\theta\cos\theta \tag{7.39}$$

여기서, ε_1, ε_2 : 콘크리트 주인장응력(제1방향)의 방향과 주압축응력의 방향(제2방향)의 평균변형률, ε_l, ε_t : l과 t방향의 철근의 평균변형률, γ_{lt} : l과 t방향의 전단변형률이다.

식(7.16)~식(7.18)과 식(7.37)~식(7.39)의 평형조건과 적합조건을 연결해 주기 위하여 재료의 구성법칙(응력-변형률 곡선)이 필요하다. 변형률 적합조건을 이용한 트러스모델에서는 평균응력과 평균변형률을 이용하므로 재료의 응력-변형률 곡선도 균열이 발생한 철근콘크리트 부재의 평균응력과 평균변형률 관계를 이용해야 한다. 이 트러스모델에서는 다음 4개의 응력-변형률 곡선을 이용한다.

① **콘크리트의 압축응력 – 압축변형률 관계($f_2^c - \varepsilon_2$)** : 2장에서 설명한 식(2.2)에 유효압축강도 감소계수(v)를 곱하여 사용한다.

$$f_2^c = v f_{ck}\left[1-\left(1-\frac{\varepsilon_c}{v\,\varepsilon_{co}}\right)^n\right] \tag{7.40}$$

여기서, v는 유효압축강도 감소계수이며 [표 2.4]를 활용할 수 있다.

② **콘크리트의 인장응력 – 인장변형률 관계($f_1^c - \varepsilon_1$)** : 콘크리트의 평균인장응력-평균인장변형률의 관계는 식(7.41a, b)를 활용할 수 있다(식(2.39a, b)와 동일).

$\varepsilon_1 \leqq \varepsilon_{cr}$의 경우

$$f_1 = E_{tc}\,\varepsilon_1 \tag{7.41a}$$

$\varepsilon_1 > \varepsilon_{cr}$의 경우

$$f_1 = f_{cr}\left(\frac{\varepsilon_{cr}}{\varepsilon_1}\right)^{0.4} \tag{7.41b}$$

여기서, E_{tc}는 콘크리트의 인장탄성계수이며, $E_{tc} = 3{,}902.4\sqrt{f_{ck}}$ (MPa)이다.

③ **l방향(부재축방향) 철근의 응력 – 변형률 관계($f_l - \varepsilon_l$)** : l방향 철근의 평균인장응력 - 평균인장변형률 관계는 식(7.42)를 활용할 수 있다(식(2.38)과 동일).

$\varepsilon_l \leq \varepsilon_{yln}$의 경우, $\varepsilon_{yln} = \left[0.91 - \dfrac{2}{\rho}\left(\dfrac{f_{cr}}{f_{yl}}\right)^{1.5}\right] f_{yl}/E_s$

$$f_l = E_s \varepsilon_l \tag{7.42a}$$

$\varepsilon_l > \varepsilon_{yln}$의 경우

$$f_l = \left[0.91 - \frac{2}{\rho}\left(\frac{f_{cr}}{f_{yl}}\right)^{1.5}\right] f_{yl} + \left[0.02 + 0.25\frac{1}{\rho}\left(\frac{f_{cr}}{f_{yl}}\right)^{1.5}\right] E_s \cdot \varepsilon_l \tag{7.42b}$$

여기서, $\varepsilon_{yln} = \left[0.93 - \dfrac{2}{\rho}\left(\dfrac{f_{cr}}{f_{yl}}\right)^{1.5}\right]\varepsilon_y$, $f_{cr} = 0.311\sqrt{f_{ck}}$ 이다.

④ **t방향(부재축방향) 철근의 응력 – 변형률 관계($f_t - \varepsilon_t$)** : t방향 철근의 평균인장응력 - 변형률 관계는 식(7.43)을 활용할 수 있다(식(2.38)과 동일).

$\varepsilon_t \leq \varepsilon_{ytn}$의 경우, $\varepsilon_{ytn} = \left[0.91 - \dfrac{2}{\rho}\left(\dfrac{f_{cr}}{f_{yt}}\right)^{1.5}\right] f_{yt}/E_s$

$$f_t = E_s \varepsilon_t \tag{7.43a}$$

$\varepsilon_t > \varepsilon_{ytn}$의 경우

$$f_t = \left[0.91 - \frac{2}{\rho}\left(\frac{f_{cr}}{f_{yt}}\right)^{1.5}\right] f_{yt} + \left[0.02 + 0.25\frac{1}{\rho}\left(\frac{f_{cr}}{f_{yt}}\right)^{1.5}\right] E_s \cdot \varepsilon_t \tag{7.43b}$$

변형률 적합조건을 이용한 트러스모델은 캐나다 콘크리트구조설계기준과 미국 도로교설계기준에 사용되고 있다. [표 7.2]에 45도, 소성, 적합조건을 이용한 트러스모델의 특징을 요약하여 정리하였다.

표 7.2 트러스모델의 특성

모 델	사인장균열의 각도	힘의 평형식	변형의 적합식	콘크리트 인장강도	적용 기준식
45° 트러스모델	$\theta = 45°$	고려	무시	무시	KDS기준, 미국건축물설계기준
소성 트러스모델	$\theta \leq 45°$ (f_{ck}와 $\rho_t f_{yt}$에 의하여 계산)	고려	무시	무시	도로교설계기준, 유럽, 일본기준
변형률적합 트러스모델	θ는 재료의 조건에 의하여 다양하게 변함, 재료메커니즘에서 계산	고려	고려	고려	캐나다 기준, 미국도로교설계기준

7.6 전단 설계

강도설계법에 의한 철근콘크리트 부재의 전단 설계는 휨설계와 동일하게 설계전단강도가 계수전단강도 이상이 되어야 한다.

$$V_u \leqq \phi V_n \tag{7.44}$$

여기서, V_u : 계수전단강도(소요전단강도), V_n : 공칭전단강도, ϕ : 강도감소계수($\phi = 0.75$)이다. 식(7.44)의 공칭전단강도(V_n)는 콘크리트와 전단철근에 의한 전단저항으로 구분할 수 있다.

$$V_n = V_c + V_s \tag{7.45}$$

여기서, V_c : 콘크리트에 의한 공칭전단강도, V_s : 전단철근에 의한 공칭전단강도이다.

7.6.1 콘크리트의 전단강도

콘크리트의 전단강도는 콘크리트의 인장강도, 주인장철근의 양, 전단경간비, 골재, 부재 크기, 축력 등의 다양한 요소에 의하여 영향을 받는다. 지금까지 콘크리트 전단강도를 예측하기 위하여 보이론, 아치이론, 카니의 이론 등 여러 이론이 제안되었지만, 복합적인 파괴메커니즘과 연계된 콘크리트 전단강도를 합리적으로 예측하지 못하고 있다. 설계에서는 콘크리트에 의한 공칭전단강도(V_c)를 실험과 경험에 근거한 식(7.46)을 이용하여 계산한다.

$$V_c = \left(0.16\lambda\sqrt{f_{ck}} + 17.6\rho_w \frac{V_u}{M_u} d\right) b_w d \ \leqq \ 0.29\lambda\sqrt{f_{ck}}\, b_w d \tag{7.46}$$

여기서, λ : 경량콘크리트 계수이며 식(2.14c)의 조건에 따름, f_{ck} : 콘크리트 압축강도, ρ_w : 주인장철근비, b_w : 단면 복부폭, V_u : 계수전단강도, M_u : 계수휨모멘트, d : 단면 유효춤이며, $(V_u d / M_u) < 1$이다.

식(7.46)에는 콘크리트의 인장강도, 주인장철근의 양, 전단경간비의 영향이 반영되었다. 또한, 설계에서는 식(7.46)을 간략화한 식(7.47)을 이용할 수 있도록 하고 있다.

$$V_c = \frac{1}{6}\lambda\sqrt{f_{ck}}\, b_w d \tag{7.47}$$

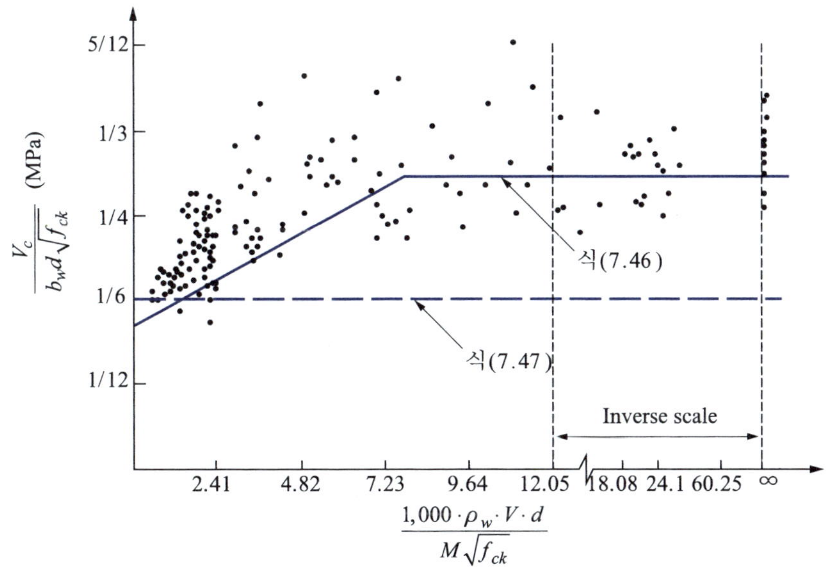

그림 7.23 전단보강되지 않은 실험체의 전단강도와 계산값의 비교(ACI-ASCE Committee 326, 1962)

[그림 7.23]은 실험 결과와 식(7.46)과 식(7.47)에 의한 계산 결과를 비교하고 있다. 그림에서 실험 결과는 주인장철근비(ρ_w), 콘크리트 압축강도(f_{ck}), 전단경간비 관련 비율(Vd/M)이 동일한 경우에도 많은 차이가 있음을 알 수 있다. $\rho_w Vd/(M\sqrt{f_{ck}})$가 약 7.5 이하인 경우에는 $\rho_w Vd/(M\sqrt{f_{ck}})$가 증가하면 콘크리트의 전단강도도 증가하지만, $\rho_w Vd/(M\sqrt{f_{ck}})$가 어느 일정 값(약 7.5) 이상인 경우에는 $\rho_w Vd/(M\sqrt{f_{ck}})$가 증가하여도 콘크리트 전단강도는 거의 일정하다. 식(7.47)에 의한 계산 결과와 실험 결과를 비교하면 $\rho_w Vd/(M\sqrt{f_{ck}})$가 증가함에 따라서 두 값의 차이가 증가한다.

한편 최근에 실험된 자료를 포함한 784개의 전단철근이 없는 철근콘크리트 보에 대한 실험결과를 식(7.46)의 결과와 비교하였다. 계산에서는 상노삼소계수를 "1"로 하였으며 $0.29\lambda\sqrt{f_{ck}}b_w d$의 제한값을 적용하였다. [그림 7.24]는 단면의 깊이(h), 주인장철근비(ρ_w), 콘크리트의 압축강도(f_{ck})에 대한 실험결과와 식(7.46)의 결과이다. 식(7.46)에서는 단면의 크기효과를 고려하지 않기 때문에 단면의 깊이가 증가할수록 전단강도를 과대평가하고 있음을 알 수 있다. 식(7.46)의 두 번째 항목($17.6\rho_w(V_u/M_u)d$)은 주인장철근비(ρ_w)에 대한 영향을 반영하고 있지만, ρ_w가 작을 경우에 전단강도를 과대평가하고 있다. 콘크리트 압축강도의 영향에 대해서는 f_{ck}가 증가하여도 전단강도 예측비의 증감은 크게 나타나지 않았다.

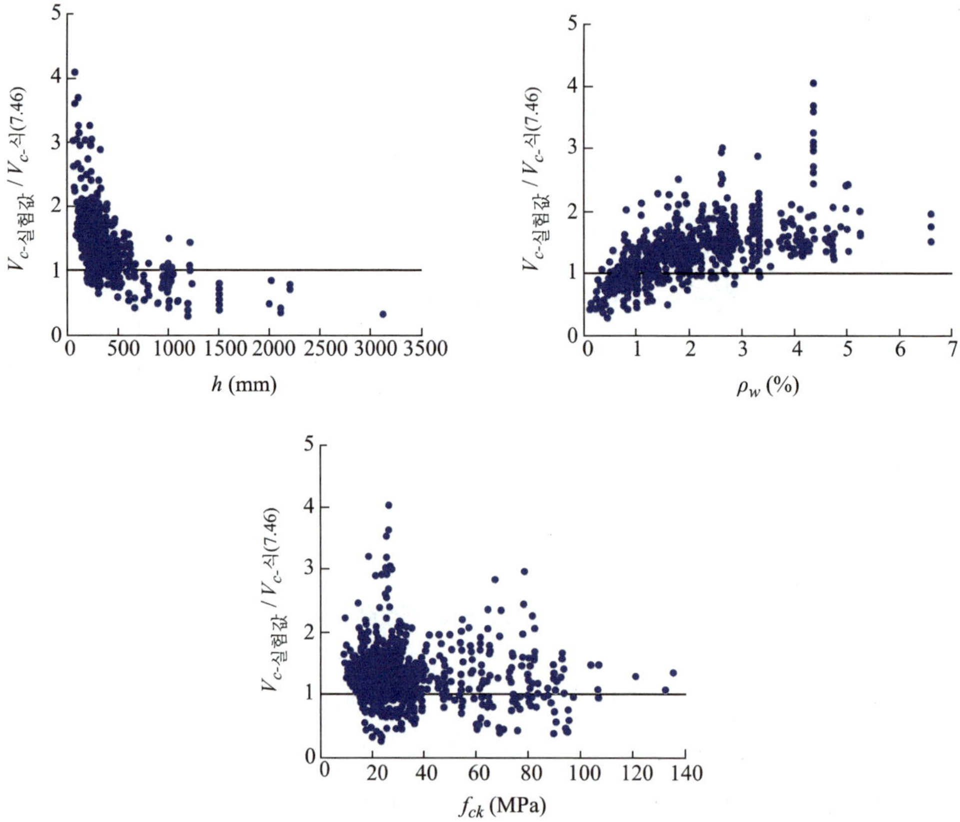

그림 7.24 전단보강되지 않은 784개 실험체의 전단강도 비교(Lee and Shin, 2018)

축력과 전단강도의 관계를 살펴보면 축압축력이 작용하면 사인장균열의 폭이 감소하고, 콘크리트 압축대의 크기가 증가하여 콘크리트의 전단강도가 커진다. 그러나 축인장력이 작용하면 사인장균열의 폭이 증가하고, 압축대가 형성되지 않아 전단강도가 급격하게 감소한다. 따라서 설계에서는 축력이 작용하는 철근콘크리트 부재의 콘크리트 전단강도를 실험과 경험적으로 제안된 식(7.48a, b)를 이용하여 계산한다.

[축압축력] $$V_c = \frac{1}{6}\left(1 + \frac{N_u}{14A_g}\right)\lambda\sqrt{f_{ck}}\,b_w d \tag{7.48a}$$

[축인장력] $$V_c = \frac{1}{6}\left(1 + \frac{N_u}{3.5A_g}\right)\lambda\sqrt{f_{ck}}\,b_w d \tag{7.48b}$$

여기서, N_u : 계수축력으로 하중계수를 고려한 축력, 축압축력에 대하여 양수(+), 축인장력에 대하여 음수(−), A_g : 부재의 전체 단면적이다.

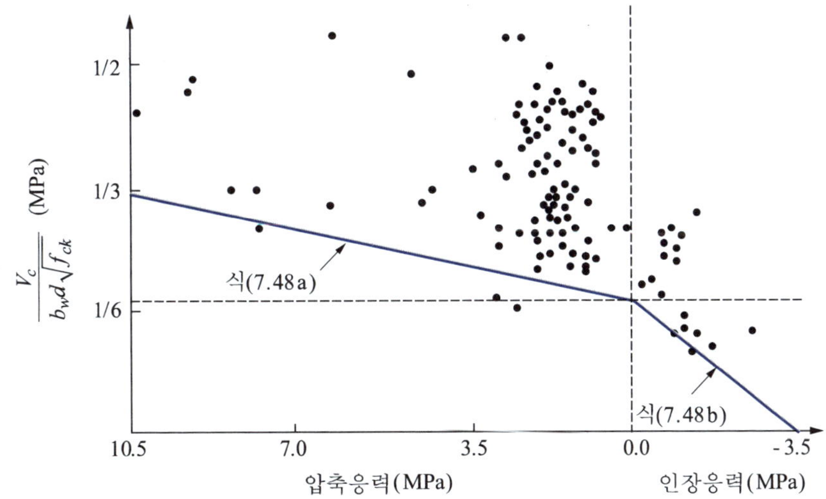

그림 7.25 전단강도와 축력의 관계에 대한 실험값과 계산값의 비교(MacGregor and Hanson, 1969)

[그림 7.25]는 식(7.48a)와 (7.48b)에 의한 계산 결과와 실험값을 비교하고 있다. 그림에서 압축응력을 받는 부재의 전단강도는 증가하지만, 인장응력을 받는 전단강도는 감소함을 알 수 있다. 또한 실험값은 동일한 축력의 경우에도 많은 편차를 나타내며, 식(7.48a)와 (7.48b)에 의하여 계산한 전당강도는 실험값의 하한치(下限値)를 예측하고 있음을 알 수 있다.

7.6.2 전단철근의 전단강도

전단보강철물의 종류

KDS 14 20 국가건설기준에서는 전단철근으로 사용할 수 있는 보강철근의 종류를 다음과 같이 규정한다.

① 부재축에 직각인 스터럽
② 부재축에 직각으로 배근된 용접철망
③ 주인장철근에 45도 이상의 각도로 배근된 스터럽
④ 주인장철근에 30도 이상의 각도로 구부러진 굽힘철근
⑤ 스터럽과 굽힘철근의 조합
⑥ 나선철근

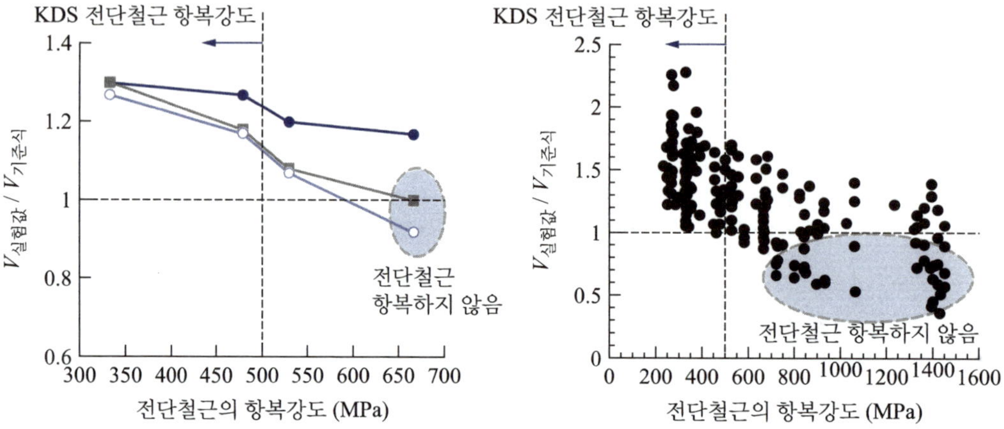

(a) 부분데이터 (b) 232개 데이터

그림 7.26 고강도 전단철근 적용성 평가(Lee 등, 2011, 2015)

전단철근의 설계기준항복강도(f_{yt})는 사인장균열 폭을 억제하고 전단인장파괴를 유도하기 위해서 500 MPa를 초과할 수 없다. 미국설계기준에서는 f_{yt}을 420 MPa로 제한하고 있지만, 최근 국내외 관련연구에 따르면 500 MPa의 고강도 전단철근의 사용 가능성이 밝혀져 KDS 14 20 국가건설기준에서는 f_{yt}를 500 MPa까지 허용하고 있다. 전단철근의 항복강도가 증가할 경우에 항복변형률도 함께 증가하여 전단철근이 항복하기 이전에 복부콘크리트가 압축파괴할 수 있다. 또한 전단철근의 저항성분이 증가하여 부재에 발생하는 사인장균열 폭이 넓어질 가능성이 높기 때문에 기준에서는 f_{yt}의 최댓값을 제한한다. [그림 7.26(a)]는 실험에서 측정된 전단철근 항복강도의 영향을 나타낸다. 4가지 종류의 고강도 전단철근을 사용한 실험체의 전단거동을 살펴보면 전단철근의 항복강도가 650 MPa을 초과했을 때는 전단철근이 항복하지 않고 부재가 파괴되는 경우가 있지만, 650 MPa 이하에서는 모든 실험체에서 전단철근이 항복하며, 전단강도 여유비(실험값/예측값)가 "1" 이상으로 안전측에 속하고 있다는 것을 알 수 있다. [그림 7.26(b)]는 실험에서 측정된 232개의 전단파괴 실험 결과이다. 전단강도 여유비는 철근의 항복강도가 증가하면 감소하였지만, 항복강도가 약 600 MPa일 때까지 "1" 이상으로 안전측에 속하였으며, 사인장균열의 폭도 과다하게 증가하지 않았다. 따라서 기준에서는 전단철근의 설계기준항복강도(f_{yt})를 500 MPa까지 허용하고 있다. 또한 벽체에 사용되고 있는 전단철근이나 용접이형철망의 설계기준항복강도는 600 MPa까지 허용하고 있다.

전단철근의 전단강도와 간격

45도 트러스모델에 의하여 경사스터럽을 전단철근으로 사용한 부재의 전단강도(V_s)는 식

(7.49)에 의하여 계산할 수 있다.

$$V_s = \frac{A_v f_{yt} d}{s}(\sin\alpha + \cos\alpha) \tag{7.49}$$

여기서, V_s는 $0.2(1-f_{ck}/250)f_{ck}b_w d$ (단위 : MPa) 이하가 되어야 한다. 식(7.49)는 철근의 항복강도(f_{yt})를 사용하고 있다. 그러나 너무 많은 양의 전단철근이 배근될 경우에 전단철근은 항복강도(f_{yt})에 도달하지 않고 탄성인 상태에서 콘크리트가 취성적으로 전단파괴하는 경우가 있다([그림 7.4] 참조). 따라서 설계에서는 사인장균열각도의 변화를 반영하고, 전단인장파괴를 유도하며, 사인장균열폭을 억제하기 위해 전단강도(V_s)의 최댓값을 제한한다. 2012년 [콘크리트구조기준]에서는 경험적으로 V_s의 최댓값을 콘크리트 전단저항(V_c)의 4배로 제한하였지만 이 값이 지나치게 안전측에 속한다는 것이 밝혀졌다. 따라서 KDS 14 20 국가건설기준-2022에서는 복부 콘크리트에 작용하는 압축력과 전단철근에 작용하는 인장력의 영향을 고려한 트러스모델의 힘의 평형조건에서 유도된 전단강도(V_s)의 최댓값을 채택하였다. 사인장균열이 발생한 트러스모델에서 최내 전단철근비($\rho_{t,\max}$)는 전단철근이 항복함과 동시에 복부콘크리트가 압축파괴에 도달하는 전단균형파괴시의 철근비를 의미한다. 따라서 식(7.17)의 콘크리트의 주압축응력(f_2^c) 대신에 콘크리트의 유효압축강도(υf_{ck})를 대입하고 전단철근의 응력(f_{ts}) 대신에 전단철근의 항복강도(f_{yt})를 대입할 수 있다. 따라서 트러스모델의 평형조건과 최대 전단철근비($\rho_{t,\max}$)의 조건을 이용하여 식(7.50)을 구할 수 있다. 보의 경우에 축력이 작용하지 않으므로 식(7.17)의 f_t는 존재하지 않는다.

$$\rho_{t,\max} = \frac{1}{f_{yt}}\left(\upsilon f_{ck}\sin^2\theta - f_1^c\cos^2\theta\right) \tag{7.50}$$

식(7.50)에서 유도된 최대 전단철근비를 구하기 위해서는 다음 세 가지 값을 알아야 한다.

① **콘크리트 강도감소계수(υ)** : 일반적으로 υ는 콘크리트의 주인장변형률(ε_1)의 영향을 반영한 식이 더 정확한 것으로 알려져 있지만 이들 식을 설계식에 반영하는 것은 매우 복잡하다. 따라서 기준에서는 [표 2.4]의 유럽설계기준과 도로교설계기준(한계상태설계법)에서 사용하는 콘크리트 강도만을 변수로 사용하는 $\upsilon = 0.6(1-f_{ck}/250)$을 선택하였다.

② **콘크리트 압축대의 각도(θ)** : 식(7.35)의 수정트러스모델과 유럽설계기준에 근거하여 38.6도로 가정하였다.

③ **콘크리트의 주인장응력(f_1^c)** : 전단균형파괴시의 콘크리트의 인장강도이므로 전단보강되지 않은 부재의 전단강도인 식(7.47)의 $\sqrt{f_{ck}}/6$를 사용한다.

식(7.50)에 v, θ, f_1^c를 대입하여 식(7.51)을 유도하고 이를 간략화하면 식(7.52)가 된다.

$$\rho_{t,\max} = \frac{1}{f_{yt}}\left[0.23\left(1-\frac{f_{ck}}{250}\right)f_{ck} - 0.1\sqrt{f_{ck}}\right] \tag{7.51}$$

$$\rho_{t,\max} = \frac{1}{f_{yt}}\left[0.2\left(1-\frac{f_{ck}}{250}\right)f_{ck}\right] \tag{7.52}$$

[그림 7.27(a)]는 식(7.51)과 식(7.52)의 차이를 나타낸다. 고강도 콘크리트에 대해서 두 식의 차이가 있지만 그 차이는 크지 않음을 알 수 있다. [그림 7.27(b)]는 283개의 철근콘크리트 보 실험체의 전단파괴모드를 식(7.52)에 의하여 예측한 결과이다. 그림에서 식(7.52)의 최대철근비를 적용할 경우에 전단철근의 항복유무에 대한 파괴모드를 거의 정확하게 예측하고 있다는 것을 알 수 있다. 따라서 구조설계기준은 식(7.52)를 전단강도로 변환하여 식(7.49)에서 계산된 V_s가 $0.2(1-f_{ck}/250)f_{ck}b_w d$ 이하가 되도록 규정하고 있다.

설계에서는 콘크리트에 의하여 저항하는 전단저항(V_c)을 먼저 계산하여, V_c가 계수전단력(V_u)보다 작을 경우에 전단철근을 배근하도록 한다. 식(7.45)를 식(7.44)에 대입하여 식(7.53)을 유도할 수 있다.

$$V_u \leq \phi(V_c + V_s) \tag{7.53}$$

따라서 V_s는 식(7.54)가 된다.

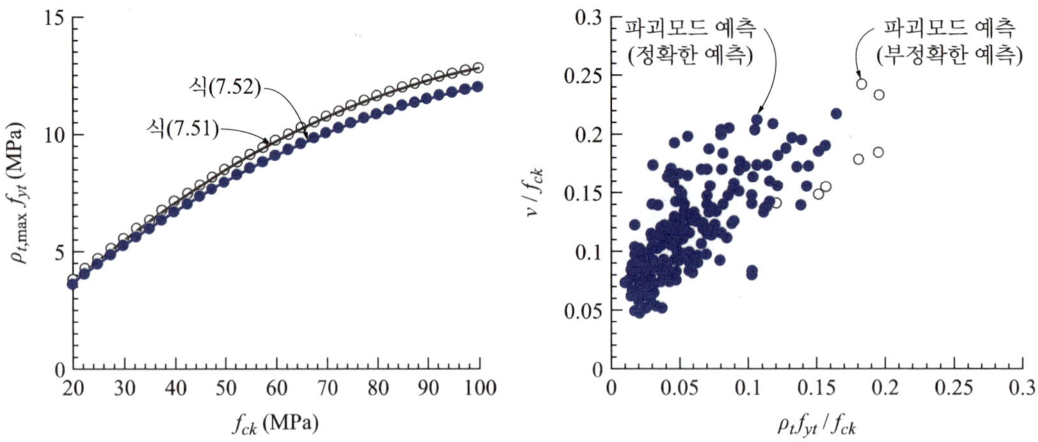

(a) 정산식과 약산식의 차이

(b) 최대철근비에 의한 파괴모드 예측

그림 7.27 최대철근비의 적용성 검토(Lee 등, 2010, 2018)

$$V_s \geq \frac{V_u}{\phi} - V_c \tag{7.54}$$

식(7.54)에 식(7.49)를 대입하여 전단철근으로 사용될 전단철근의 간격(s)을 구한다.

[수직방향 전단철근 사용]

$$s = \frac{\phi A_v f_{yt} d}{V_u - \phi V_c} \tag{7.55a}$$

[경사 전단철근 사용]

$$s = \frac{\phi A_v f_{yt} d}{V_u - \phi V_c}(\sin\alpha + \cos\alpha) \tag{7.55b}$$

최소 전단철근량

계수전단력이 콘크리트 전단강도보다 작을 때($V_u \leq \phi V_c$) 전단철근 배근은 불필요하다. 그러나 전단철근량이 매우 작거나 없을 경우에는 사인장균열이 발생함과 동시에 부재의 강도가 급격하게 감소하여 [그림 7.4]의 최소전단철근파괴가 발생한다. 따라서 최소전단철근파괴를 방지하기 위하여 $V_u \geq 1/2 \times \phi V_c$일 때 최소 전단철근량을 식(7.56) 이상으로 배근해야 한다.

[$V_u \geq \frac{1}{2}\phi V_c$인 경우]

$$A_v = 0.0625\sqrt{f_{ck}}\frac{b_w s}{f_{yt}} \geq 0.35\frac{b_w s}{f_{yt}} \tag{7.56}$$

[$V_u < \frac{1}{2}\phi V_c$인 경우]

전단철근 불필요

그러나 다음 구조물은 전단철근을 배근하는 것이 시공상 어렵기 때문에 이 규정에서 제외되며 최소 전단철근을 배근할 필요가 없다.

① 슬래브와 기초판

② 콘크리트 장선구조물([그림 12.2] 슬래브의 종류 참조)

③ 보의 전체 높이가 250 mm 이하이거나, 전체 높이가 플랜지 두께의 2.5배 또는 복부 폭의 1/2 중 큰 값 이하인 T형보나 I형보

전단철근의 최대 간격

합리적으로 전단 설계하기 위해서는 최소 전단철근량과 함께 전단철근의 최대 간격을 제한해야 한다. 전단철근 간격을 제한하는 것은 부재의 취성파괴를 방지함과 함께 [그림 7.28]과 같이 사인장균열이 최소한 1개 이상의 전단철근을 지남으로써 사인장균열의 폭이 지나치게 커짐을 방지하기 위해서다. 설계에서는 식(7.57a, b)를 규정하여 부재축과 직각으로 배근되는 전단철근의 최대 간격을 V_s값에 따라서 2가지로 제한한다.

[$V_s \leqq \frac{1}{3}\lambda\sqrt{f_{ck}}\,b_w d$ 인 경우]

$$s_{\max} = \text{식(7.56) 이용},\ s_{\max} = \frac{d}{2},\ s_{\max} = 600\ \text{mm 중 최솟값} \qquad (7.57a)$$

[$V_s > \frac{1}{3}\lambda\sqrt{f_{ck}}\,b_w d$ 인 경우]

$$s_{\max} = \text{식(7.56) 이용},\ s_{\max} = \frac{d}{4},\ s_{\max} = 300\ \text{mm 중 최솟값} \qquad (7.57b)$$

식(7.57a, b)의 첫 번째 전단철근 간격($s_{\max}$)은 식(7.56)을 이용하여 계산한다.

최대 계수전단력과 첫 번째 전단철근의 간격

철근콘크리트 부재에 발생하는 사인장균열의 각도는 집중하중이나 지지점 부근(D영역, 9장의 [그림 9.1] 참조)에서 점점 증가하여 90도에 가까워진다. 또한 집중하중이나 지지점 부근에서는 쐐기작용에 의한 2축 이상의 압축력이 작용하여 콘크리트의 전단강도가 증가한다. 특히, 지지점(받침부)에서 일정 거리 이내에 작용하는 하중은 균열을 통과하는 전단철근에 어떠한 영향을 주지 않고 콘크리트 압축대에 의하여 지지점에 직접 전달되므로, 이 부분에 작용하는 전단력은 고려하지 않아도 된다. 따라서 [그림 7.29]와 같이 받침부 반력이 부재의 단부를 압축할 경우에는

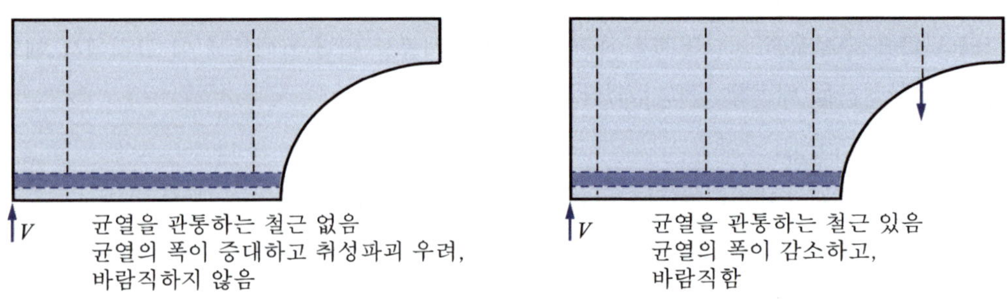

그림 7.28 전단철근의 최대 간격

받침부로부터 단면유효높이(d)만큼 떨어진 위치의 전단력을 최대 계수전단력(V_u)으로 하여 설계할 수 있다.

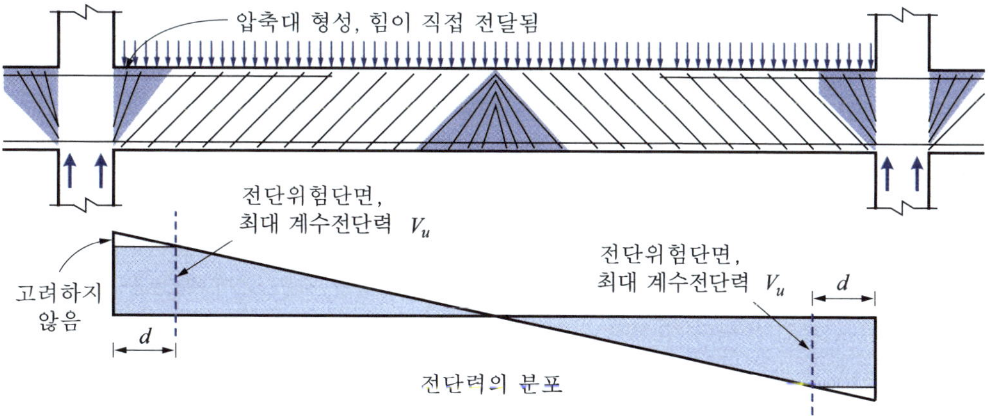

그림 7.29 설계전단력의 분포

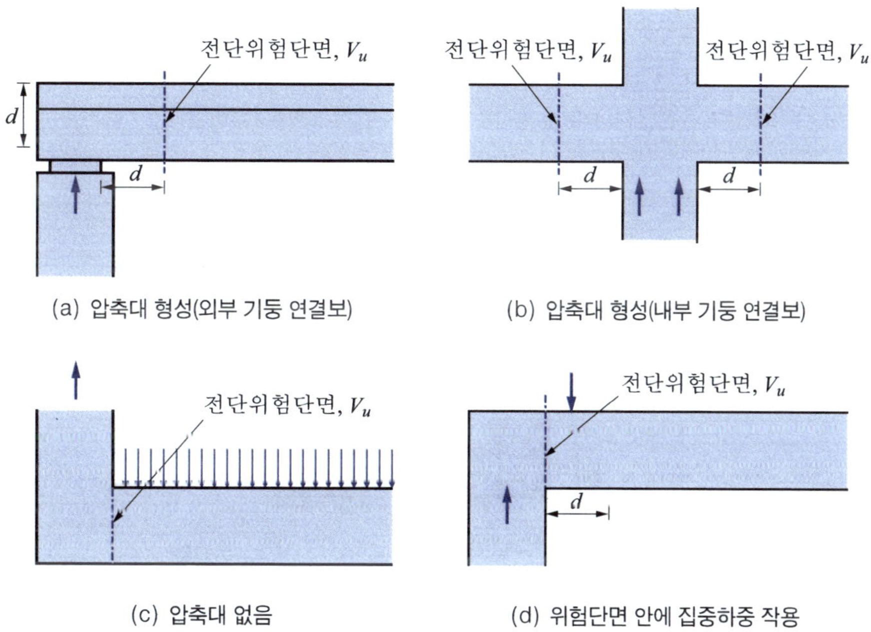

그림 7.30 부재에 따른 설계전단력

[그림 7.30]은 다양한 종류의 부재에 대한 전단위험단면을 나타낸다. [그림 7.30(a), (b)]의 경우는 지지점에 압축력이 작용하여 압축대가 형성되므로 전단위험단면은 단면유효높이(d)만큼 떨어진 위치가 된다. 그러나 [그림 7.30(c)]와 같이 외부 하중이 받침부를 압축하지 않고 인장력이 작용하는 경우, 가력점과 지지점 사이에 압축대가 형성되지 않으므로 받침부 측면에서 발생하는 전단력을 최대 계수전단력으로 계산해야 한다. 또한 [그림 7.30(d)]와 같이 지지점과 단면유효높이(d) 사이에 집중하중이 작용하여 전단력이 발생할 경우에도 전단위험단면은 지지점의 측면으로 해야 한다. 이러한 현상은 브래킷이나 집중하중이 작용하는 보의 경우에 많이 발생한다.

지점과 최대 계수전단력이 작용하는 위치 사이에 배근해야 할 첫 번째 전단철근은 지점에서부터 최대 계수전단력에 의하여 계산된 전단철근 간격의 1/2이 되는 곳에 배근해야 하며, 그 이후에는 계산된 결과에 의하여 일정한 간격으로 전단철근을 배근해야 한다.

예제 7-1

[예제 그림 7-1-1]의 철근콘크리트 단면에 계수하중 $V_u = 680\text{ kN}$이 작용할 때 필요한 전단철근의 간격(s)을 계산하라. 전단철근은 D10(단면적 $A_s = 71.3\text{ mm}^2$) 철근을 단면에 네 가닥 배근하며, 부재의 전단경간비(a/d)는 3이다. 주인장철근은 D29(단면적 $A_s = 642.4\text{ mm}^2$)을 8개 사용하였다. 콘크리트의 압축강도 $f_{ck} = 24\text{ MPa}$, 전단철근의 설계기준항복강도 $f_y = 400\text{ MPa}$이다.

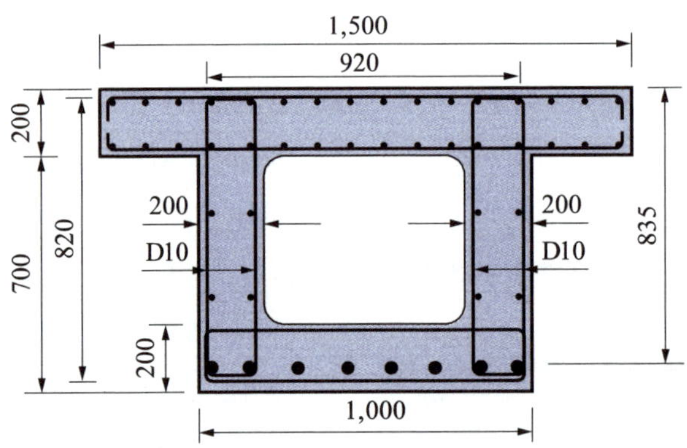

예제 그림 7-1-1 철근콘크리트 단면(단위 : mm)

풀이

① 식(7.46)을 이용하여 콘크리트에 의한 공칭전단강도(V_c)를 계산한다.

$$V_c = \left(0.16\lambda\sqrt{f_{ck}} + 17.6\rho_w \frac{V_u}{M_u} d\right) b_w d \ \leq \ 0.29\lambda\sqrt{f_{ck}}\, b_w d$$

$$V_c = (0.16 \times 1 \times \sqrt{24} + 17.6 \times 0.0062 \times 0.33) 400 \times 835 = 273.8 \text{ kN}$$

전단경간비가 3이므로 $(V_u d / M_u) = 1/3 = 0.33$이다.

또한, 주인장철근비(ρ_w)를 계산하면 다음과 같다.

$$\rho_w = \frac{A_t}{b \cdot d} = \frac{8 \times 642.4}{1{,}000 \times 835} = 0.0062$$

계산된 V_c가 최댓값 이하가 되는지 검토한다.

$$0.29 \lambda \sqrt{f_{ck}} b_w d = 0.29 \times 1 \times \sqrt{24} \times 400 \times 835 = 474.5 \text{ kN}$$

그러므로 V_c는 273.8 kN이다.

콘크리트에 의한 공칭전단강도(V_c)를 약산식(7.47)을 이용하여 계산하면 다음과 같이 정산식과 큰 차이가 없기는 하지만, 이 차이는 부재의 조건에 따라서 달라질 수 있다는 것에 주의해야 한다.

$$V_c = \frac{1}{6} \lambda \sqrt{f_{ck}} b_w d = \frac{1}{6} \times 1 \times \sqrt{24} \times 400 \times 835 = 272.7 \text{ kN}$$

② 식(7.55)를 이용하여 전단철근의 간격(s)을 계산한다.

전단철근은 부재축과 90도 각도로 4가닥이 배근되어 있으므로, 간격(s)은 다음과 같다.

$$s = \frac{\phi A_v f_{yt} d}{V_u - \phi V_c} = \frac{0.75 \times 4 \times 71.3 \times 400 \times 835}{680{,}000 - 0.75 \times 273{,}800} = 150.5 \text{ mm}$$

③ 전단철근의 최댓값과 최대 간격을 검토한다.

전단철근의 최대 간격은 전단철근에 의한 전단저항력(V_s)의 크기에 따라서 달라진다.

식(7.54)에서

$$V_s = \frac{V_u - \phi V_c}{\phi} = \frac{680.0 - 0.75 \times 273.8}{0.75} = 632.9 \text{ kN}$$

계산된 V_s값에 대한 최댓값 제한을 검토한다.

$$V_s = 0.2\left(1 - \frac{f_{ck}}{250}\right) f_{ck} b_w d = 0.2\left(1 - \frac{24}{250}\right) 24 \times 400 \times 835 = 1{,}449.3 \text{ kN}$$

최댓값은 1,449.3 kN까지 허용되므로 설계가 가능하다. 또한, 계산된 V_s값은 $(\lambda \sqrt{f_{ck}}/3) \times b_w d = (1 \times \sqrt{24}/3) \times 400 \times 835 = 545.4$ kN보다 크다. 그러므로 전단철근의 최대 간격($s_{\max}$)은 식(7.57b)의 세 가지 조건 중에서 최솟값을 이용해야 한다.

$$s_{\max} = \min\left(\text{식 (7.53) 이용}, \quad \frac{d}{4}, \quad 300 \text{ mm}\right)$$

$$= \min\left(\frac{4\times 71.3\times 400}{0.35\times 400},\quad \frac{835}{4},\quad 300\,\text{mm}\right)$$
$$= \min(814.9,\quad 208.8,\quad 300.0\,\text{mm})$$

그러므로 전단철근의 최대 간격($s_{\max}$)은 208.8 mm이다. 식(7.55)를 이용하여 계산한 전단철근의 간격(s)은 150.5 mm이므로 부재에는 150.5 mm 간격으로 전단철근을 배근한다.

7.6.3 전단 설계의 순서

분포하중을 받는 철근콘크리트 부재의 전단력은 부재의 위치에 따라서 달라지므로 부재를 몇 구간으로 구분하여 전단철근을 배근해야 한다. 전단철근의 배근 간격을 고려한 전단 설계순서는 다음과 같이 요약할 수 있다.

① 계수하중을 계산한다.

② 부재축방향에 따라서 변화하는 계수전단력($V_{u,x}$)을 계산한다.

③ 최대 계수전단력($V_{u,\max}$)을 계산한다(받침부에 압축력이 작용하면 받침부에서 단면유효높이(d)만큼 떨어진 위치).

④ 콘크리트 부담 전단내력(ϕV_c)을 계산한다(식(7.46)~식(7.48b)).

⑤ 최소 전단철근량 이상 배근해야 할 구간을 계산한다. 전단철근량이 매우 작거나 없을 경우에는 사인장균열이 발생함과 동시에 부재의 강도가 급격하게 감소하며 취성적으로 파괴한다. 따라서 취성파괴를 방지하기 위하여 $V_u \geq 1/2\times\phi V_c$가 되는 구간에 최대 간격으로 최소 전단철근을 배근한다([그림 7.31]의 x_1).

⑥ 전단철근의 최대 간격을 식(7.57a, b)에 의하여 계산한다.

⑦ 전단철근의 최대 간격보다 좁은 간격으로 배근해야 할 부재의 위치를 계산한다([그림 7.31]의 x_2). 식(7.55a, b)에 의하여 계산한 전단철근 간격은 식(7.57a, b)에서 계산한 전단철근의 최대 간격보다 넓을 수 있다. 따라서 설계에서는 식(7.55a, b)에 의하여 계산한 값과 식(7.57a, b)에서 계산한 값이 동일하게 되는 위치를 계산하고, 이곳을 벗어나는 구간에는([그림 7.31]의 x_1과 x_2의 사이) 식(7.57a, b)에서 계산한 최대 간격으로 전단철근을 배근한다.

⑧ [그림 7.31]의 지점에서부터 x_2까지의 구간을 전단력의 크기에 따라서 일정한 구간으로 구분하고, 식(7.55a, b)에 의하여 간격을 계산한다.

⑨ 각 구간에 전단철근을 배근한다.

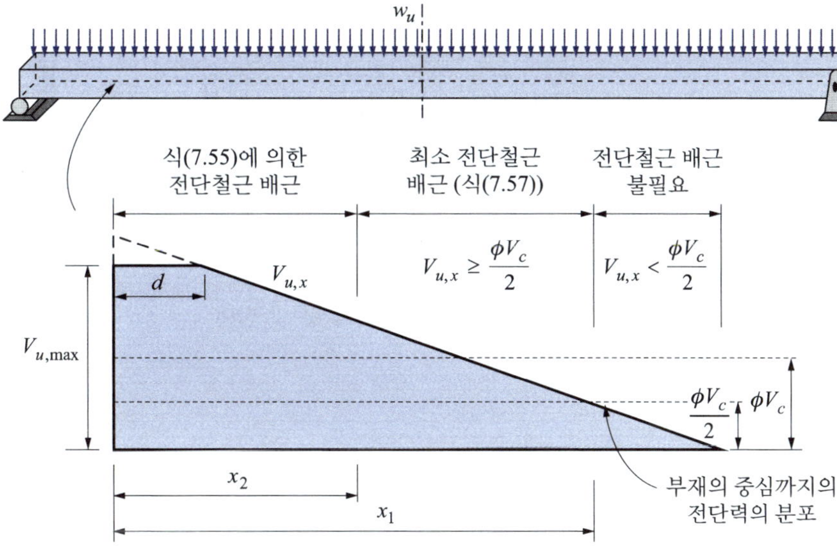

그림 7.31 전단 설계를 위한 구간 구분

이상을 정리하면 전단철근은 다음과 같이 철근콘크리트 부재를 세 구간으로 구분하여 배근해야 함을 알 수 있다([그림 7.31]).

① **최소 전단철근량 이상 배근해야 할 구간([그림 7.31]의 지점에서 x_2까지의 구간)** : 식(7.55 a, b)에 의하여 전단철근 간격 계산

② **최대 간격으로 최소 전단철근량을 배근해야 할 구간([그림 7.31]의 x_2에서 x_1까지의 구간)** : 식(7.57a, b)에 의하여 전단철근 최대 간격 계산

③ **전단철근 배근이 불필요한 구간([그림 7.31]의 x_1과 부재의 중심까지의 구간)** : 전단철근 배근이 불필요함

예제 7-2

[예제 그림 7-2-1]의 연속부를 전단 설계하라. 고정하중 $w_D = 35$ kN/m와 활하중 $w_L - 30$ kN/m이 등분포하중으로 작용한다. 전단철근은 D10(단면적 $A_s = 71.3$ mm^2)을 [예제 그림 7-2-1]과 같이 동일 단면에 두 가닥 사용하라. 콘크리트의 압축강도 $f_{ck} = 24$ MPa, 전단철근의 설계기준항복강도 $f_y =$ 400 MPa이다.

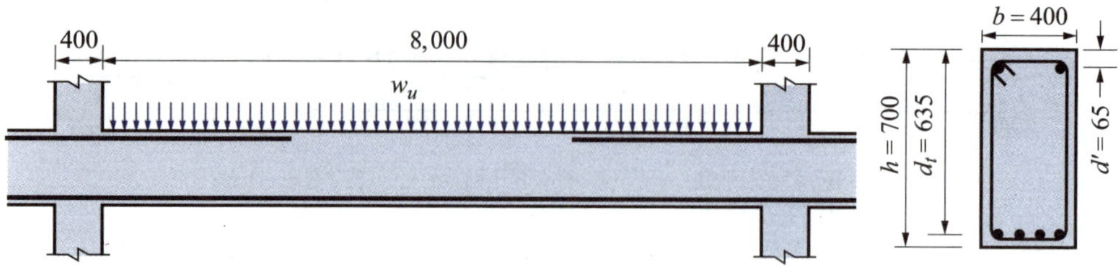

(a) 보 (b) 단면

예제 그림 7-2-1 철근콘크리트 보 및 단면

풀이

① 주어진 하중 조건에 대한 계수하중을 계산한다.

$$w_u = 1.2 \times 35 + 1.6 \times 30 = 90.0 \text{ kN/m} \tag{a}$$

② 부재축방향에 따라서 변화하는 계수전단력($V_{u,x}$)을 계산한다.
단부에서 x만큼 떨어진 위치의 계수전단력($V_{u,x}$)을 힘의 평형을 이용하여 계산한다.

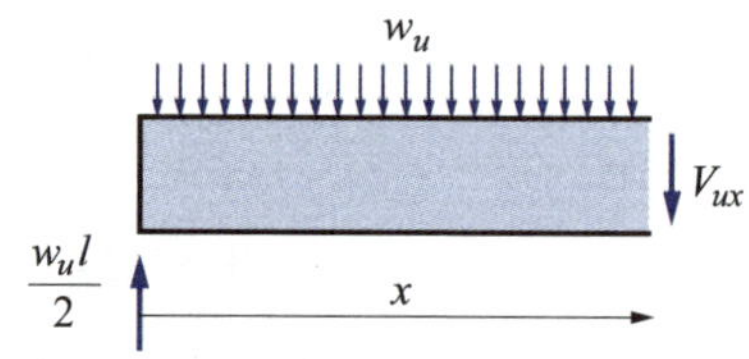

$$V_{ux} = \frac{w_u l}{2} - w_u x = \frac{90 \times 8}{2} - 90x = 360 - 90x \tag{b}$$

③ 최대 계수전단력($V_{u,\max}$)을 계산한다. 받침부에 압축력이 작용하면 받침부에서 단면유효높이(d) 만큼 떨어진 위치의 전단력이 최대 계수전단력이 된다.

$$V_{u,\max} = \frac{w_u l}{2} - w_u x = 360 - 90 \times d = 360 - 90 \times 0.635 = 302.9 \text{ kN} \tag{c}$$

④ 콘크리트 부담 전단내력(ϕV_c)을 약산식으로 계산한다(식(7.47)).

$$\phi V_c = \phi \frac{1}{6} \lambda \sqrt{f_{ck}} b_w d = 0.75 \times \frac{1}{6} \times 1 \times \sqrt{24} \times 400 \times 635$$
$$= 155.5 \text{ kN} \tag{d}$$

⑤ 최소 전단철근량 이상 배근해야 할 구간을 계산한다. 취성파괴를 방지하기 위하여 $V_u \geq 1/2 \times \phi V_c$가 되는 구간에 최소 전단철근을 배근한다([그림 7.31]의 x_1). 식(b)와 식(d)를 이용하면 다음 길이를 계산할 수 있다.

$$V_{ux} = 360 - 90x = \frac{\phi V_c}{2}$$

그러므로 $x = \dfrac{360 - \dfrac{\phi V_c}{2}}{90} = \dfrac{360 - \dfrac{155.5}{2}}{90} = 3.14\ \text{m}$ (e)

⑥ 전단철근의 최댓값 제한을 검토하고 최대 간격을 계산한다.

전단철근의 최대 간격은 전단철근에 의한 전단저항력(V_s)의 크기에 따라서 달라진다. 식(7.53)에서 V_s를 계산한다.

$$V_s = \frac{V_u - \phi V_c}{\phi} = \frac{302.9 - 155.5}{0.75} = 196.5\ \text{kN} \tag{f}$$

계산된 V_s값에 대한 최댓값 제한을 검토한다.

$$V_s = 0.2\left(1 - \frac{f_{ck}}{250}\right) f_{ck} b_w d = 0.2\left(1 - \frac{24}{250}\right) 24 \times 400 \times 635 = 1{,}102.2\ \text{kN}$$

최댓값은 1,102.2 kN까지 허용되므로 설계가 가능하다.

식(f)에서 계산된 V_s값은 $\lambda\sqrt{f_{ck}}/3 \times b_w d = 1 \times \sqrt{24}/3 \times 400 \times 635 = 414.8\ \text{kN}$보다 작다. 그러므로 전단철근의 최대 간격($s_{\max}$)은 식(7.57a)의 세 가지 조건 중에서 최솟값을 사용해야 한다.

$$\begin{aligned} s_{\max} &= \min\left(\text{식}(7.53)\ \text{이용},\quad \frac{d}{2},\quad 600\ \text{mm}\right) \\ &= \min\left(\frac{2 \times 71.3 \times 400}{0.35 \times 400},\quad \frac{635}{2},\quad 600\ \text{mm}\right) \\ &= \min(407.4,\quad 317.5,\quad 600\ \text{mm}) \end{aligned} \tag{g}$$

그러므로 전단철근의 최대 간격($s_{\max}$)은 317.5 mm이다.

⑦ 전단철근의 최대 간격보다 좁은 간격으로 배근해야 할 부재의 위치를 계산한다([그림 7.31]의 x_2).

식(7.28a)의 전단철근의 간격(s)에 식(g)에서 계산한 317.5 mm를 대입하여 최대 간격으로 전단철근을 배근할 경우의 전단저항력(V_s)을 계산하면 식(h)와 같다.

$$\phi V_s = \frac{\phi A_v f_y d}{s} = \frac{0.75 \times 2 \times 71.3 \times 400 \times 635}{317.5} = 85.6\ \text{kN} \tag{h}$$

식(d)에서 ϕV_c는 155.5 kN이므로 식(h)와 식(b)를 식(7.53)에 대입하면 전체 저항력이 계산된다.

$$V_{ux} = \phi V_s + \phi V_c = 85.6 + 155.5 = 241.1\ \text{kN} \tag{i}$$

그러므로 식(i)의 값을 식(b)에 대입하면 [그림 7.31]의 x_2의 위치를 계산할 수 있다.

$$241.1 = 360 - 90x, \qquad x = 1.32\ \text{m}$$

⑧ [그림 7.31]의 지점에서 x_2까지의 구간을 전단력의 크기에 따라서 일정한 구간으로 구분하고 식(7.55a, b)에 의하여 전단철근을 배근한다. 최대 계수전단력($V_{u,\max}$)이 작용하는 위치의 전단철근 간격은 다음과 같다.

$$s = \frac{\phi A_v f_y d}{V_{u,\max} - \phi V_c} = \frac{0.75 \times 2 \times 71.3 \times 400 \times 635}{302{,}900 - 155{,}500} = 184.3\ \mathrm{mm}$$

⑨ 각 구간에 전단철근을 배근한다.

시공의 편의성을 고려하여 최소 간격 184.3 mm는 150.0 mm 간격으로 배근하며, 317.5 mm는 300.0 mm 간격으로 배근한다. 첫 번째로 배근되는 전단철근은 최대 계수전단력이 작용하는 철근 간격의 절반인 150/2 = 75 mm로 배근한다.

처음	75 mm,	D10@75
1.425m까지	150 mm,	9-D10@150
1.425m에서 3.225m까지	300 mm,	6-D10@300

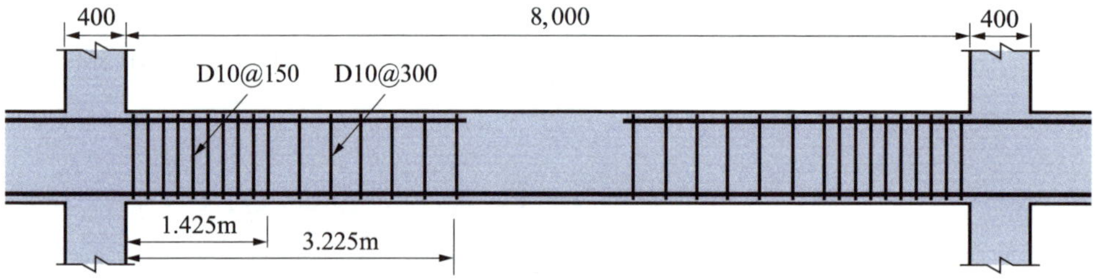

(a) 전단철근 배근

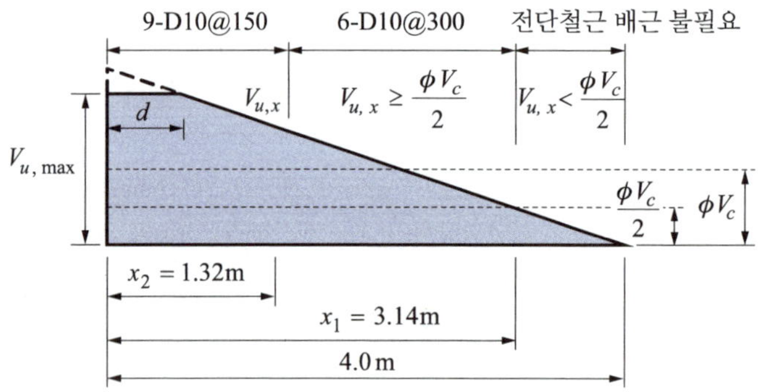

(b) 전단력의 분포

예제 그림 7-2-2 전단철근 배근과 전단력의 분포

7.7 전단마찰 설계

철근콘크리트 구조물에 존재하는 균열과 균열 사이의 경계면, 단면의 일부와 일부의 경계면, 서로 다른 시기에 타설된 콘크리트의 경계면, 콘크리트와 강재 사이의 경계면, 프리케스트 콘크리트의 경계면 등에는 직접적으로 전단력이 작용하게 되며 이러한 전단력을 직접전단력이라 한다. 직접적단력이 작용하는 콘크리트 경계면에는 7.6절에서 설명한 전단설계법을 그대로 적용할 수 없고 전단마찰개념에 의하여 설계한다.

[그림 7.32]의 프리케스트 보, 브래킷과 같이 부재와 부재가 만나는 접합부에 전단력이 작용하면 상·하 콘크리트에 전단 변위(미끄러짐)가 발생한다. 균열면에 작용하는 전단력은 콘크리트의 마찰력, 균열면 돌출부의 전단저항과 균열을 시나는 철근의 장부작용(다월(dowel)작용)에 의해 지지된다. 설계에서는 콘크리트 접촉면의 마찰계수를 철근의 장부작용에 포함하여 계산한다.

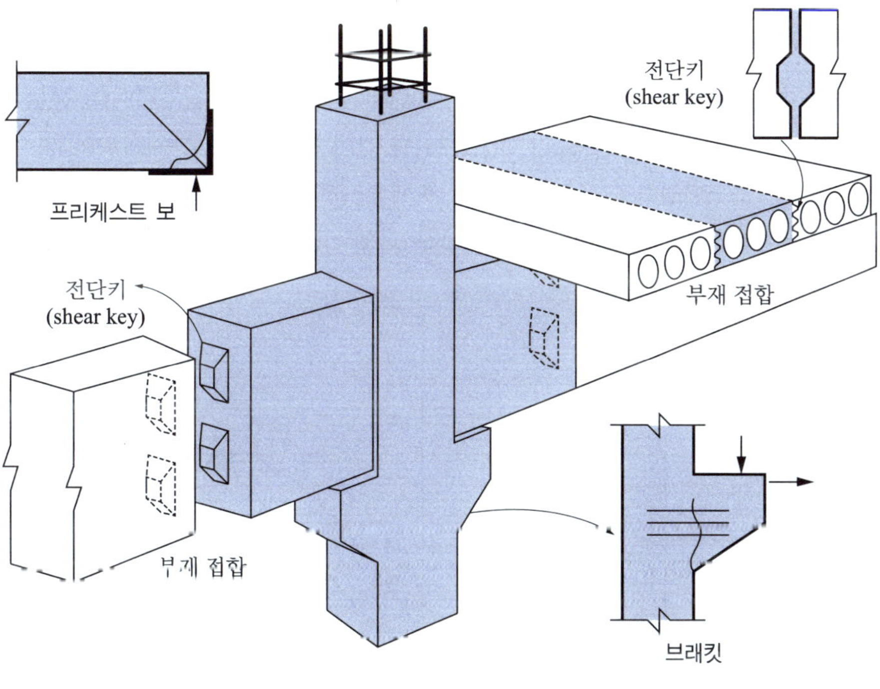

그림 7.32 전단마찰의 사례

전단마찰강도

직접전단력이 작용하는 콘크리트 균열면에는 다음의 세 가지 전단마찰저항이 발생할 수 있다.

① **콘크리트 면의 전단저항** : 접촉하는 두 콘크리트의 접촉면에서의 전단저항

② **전단마찰철근의 전단저항** : 콘크리트 접촉면에 배근된 철근의 전단저항. 접촉면과 철근의 배근 각도에 따라서 직접 저항과 수직저항으로 구분

③ **전단마찰철근의 장부작용에 의한 전단저항** : [그림 7.9]와 같이 접촉면에 수직으로 작용하는 전단력에 전단마찰철근의 장부작용(dowel action, 다월액션)에 의한 전단저항

이러한 세 가지 전단마찰저항은 다음의 재료와 하중 조건에 따라서 달라질 수 있다.

① **콘크리트 측면** : 접촉면의 상태(거칠기), 콘크리트의 압축강도

② **전단마찰철근** : 철근비, 철근의 항복강도, 접촉면과 철근이 이루는 각도

③ **하중조건** : 압축력에 의한 직접전단, 인장에 의한 직접전단, 접촉면에 지속적으로 작용하는 압축력 또는 인장력의 유무

KDS 14 20 국가건설기준에서 사용하고 있는 전단마찰설계식은 Mattock과 Hawkins(1972)의 실험결과에 근거한 것이다. 실험에서는 [그림 7.33]과 같이 압축, 인장, 경사하중의 세 가지 하중조건에서 발생하는 전단마찰력을 측정하였다. 실험체의 주요 변수는 콘크리트의 압축강도, 전단마찰철근비와 항복강도, 하중의 종류, 초기 균열 발생 여부 등이다. 실험에 의하면 Type-A

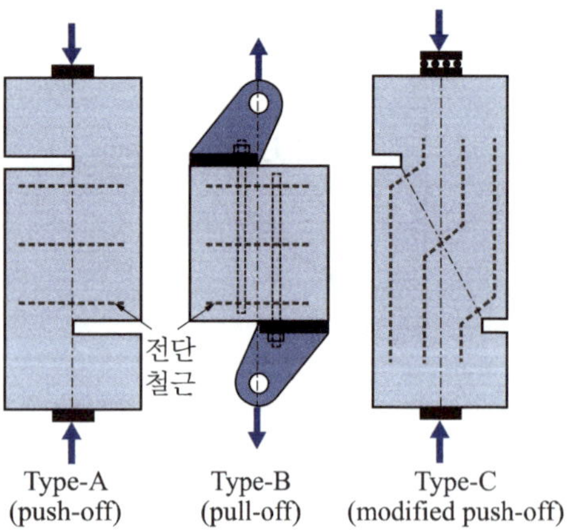

(a) 하중의 종류

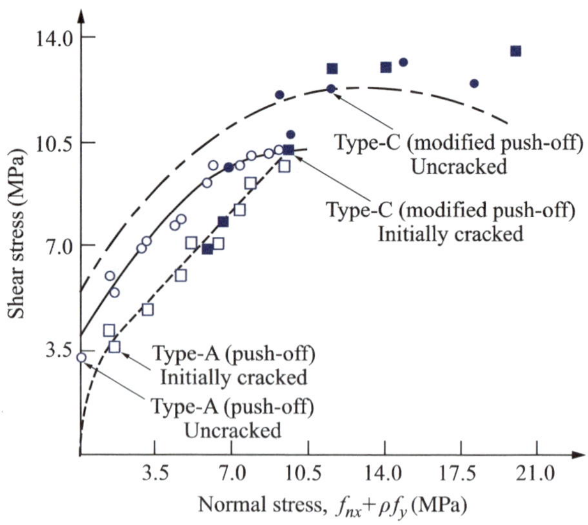

(b) 실험 결과

그림 7.33 전단마찰강도 평가 실험(Mattock and Hawkins, 1972)

(push-off)의 압축력과 Type-B(pull-off)의 인장력에 의하여 발생하는 전단마찰강도는 거의 유사하였지만, 복합하중에 의하여 지속적으로 압축력이 작용하는 Type-C(modified push-off)의 경우에는 전단마찰강도가 증가하였다. Type-A와 같이 압축(push-off)에 의해 직접전단력이 작용하는 경우에는 균열이 없는 경우의 전단마찰강도가 초기 균열이 있는 경우의 전단마찰강도 보다 높았다. 그러나 Type-B와 같이 인장(pull-off)에 의해 직접전단력이 작용하는 경우에는 균열이 없는 경우와 초기 균열이 있는 경우의 전단마찰강도는 거의 유사하였다.

전단마찰 설계식

전단마찰에 의하여 발생하는 계수전단력(V_u)은 설계전단력(ϕV_n)보다 작아야 한다.

$$V_u \leqq \phi V_n \tag{7.58}$$

여기서, V_u : 계수전단력, ϕ : 강도감소계수이며 $\phi = 0.75$이다. 공칭전단력(V_n)은 [그림 7.34 (a)]와 같이 균열면에 배근된 철근의 각도에 따라서 달라지며, 식(7.59)에 의하여 계산한다. 식(7.59)는 Mattock과 Hawkins(1972)의 실험결과에 근거한 결과이며, Type-A(push-off)와 Type-B (pull-off)의 전단마찰강도가 매우 유사하다는 결과와 초기 균열이 있을 경우에 전단마찰강도가 낮아진다는 것을 고려하여 제안된 평가식이다.

(균열과 90° 배근)의 경우

$$V_n = \mu A_{vf} f_y \tag{7.59a}$$

(균열과 경사배근)의 경우

$$V_n = A_{vf} f_y (\mu \sin\alpha_f + \cos\alpha_f) \tag{7.59b}$$

여기서, A_{vf} : 전단마찰철근의 단면적, f_y : 전단마찰철근의 항복응력, α_f : 전단마찰철근과 전단면사이의 각도이다. 설계에서 규정하는 마찰계수(μ)는 다음과 같다.

① **일체로 타설된 콘크리트** : $\mu = 1.4\lambda_f$
② **표면을 의도적으로 거칠게 한 (KDS 14 20 22(국가건설기준) 4.6.3(1)에 맞게 거칠게 함) 굳은 콘크리트에 새롭게 타설된 콘크리트** : $\mu = 1.0\lambda$
③ **표면을 일부러 거칠게 하지 않은 굳은 콘크리트에 새롭게 타설된 콘크리트** : $\mu = 0.6\lambda$
④ **전단연결재(스터드(stud))나 철근에 의하여 구조용 강재에 정착된 콘크리트** : $\mu = 0.7\lambda$

여기서, 식(2.14c)와 같이 $\lambda = 1$(일반콘크리트), $\lambda = 0.85$(모래 경량콘크리트), $\lambda = 0.75$(전 골재 경량콘크리트)이다.

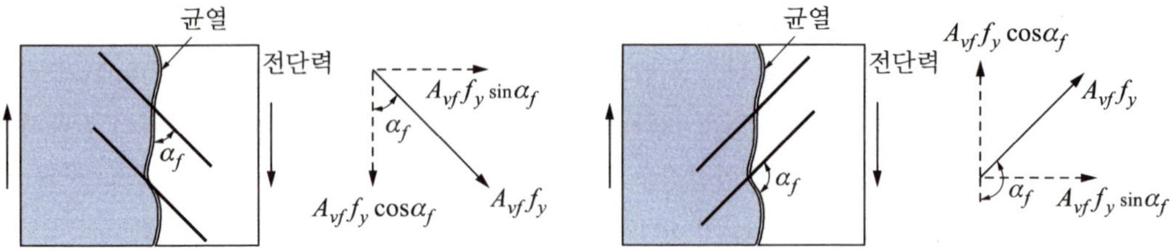

(a) 각도 α_f가 90도 이하인 경우 (b) 각도 α_f가 90도를 초과하는 경우

그림 7.34 전단마찰력

다만, [그림 7.34(b)]와 같이 α_f가 90°를 초과하게 되면 보강재에 평행한 전단분력이 압축력으로 작용하게 되므로 식(7.59b)를 사용할 수 없다. 이는 Mattock과 Hawkins 실험의 Type-C (modified push-off)의 경우에 해당하며, 외력에 의하여 접촉면에 지속적인 압축력이 작용할 경우에 전단마찰강도가 증가하기 때문이다. 이 경우에는 식(7.59b)에 의하여 계산된 전단마찰강도는 실제 전단마찰강도를 정확하게 평가하지 못한다.

설계의 제한

전단마찰 설계에 사용되는 철근의 설계기준항복강도는 500 MPa 이하가 되어야 하며, 식(7.59a, b)에 의하여 계산된 전단강도(V_n)는 보강재가 밀집되는 것을 방지하고 철근의 항복을 유도하기 위하여 $0.2f_{ck}b_wd$, $(3.3+0.08f_{ck})b_wd$ 및 $11b_wd$ 중에서 가장 작은 값을 초과해서는 안 된다. 여기서 A_c는 전단전달에 저항하는 콘크리트 단면적이다.

전단마찰면에는 온도변화, 크리프 및 건조수축 등에 의하여 순인장력이 작용할 수 있다. 순인장력(N_u)이 작용할 경우에는 이를 저항하기 위하여 식(7.60)과 같이 추가로 철근을 배근한다.

$$A_n = \frac{N_u}{\phi f_y} \tag{7.60}$$

여기서, A_n : 순인장력에 저항하기 위하여 필요한 철근량, ϕ : 강도감소계수이며 $\phi = 0.75$이다.

Chapter 7 연습문제

7.1 철근콘크리트 부재의 전단거동을 세 가지로 구분하고 그 특징을 설명하라.

7.2 전단파괴모드를 네 가지로 구분하고 그 특징을 설명하라.

7.3 철근콘크리트 보의 평균전단응력을 유도하라.

7.4 콘크리트에 의한 주요 전단저항을 세 가지 적고 그 특징을 설명하라.

7.5 보작용과 아치작용에 대하여 설명하라.

7.6 전단저항에 미치는 주요 요소를 다섯 가지 적고 그 특징을 설명하라

7.7 압축력이 작용하는 기둥의 전단내력이 보의 전단내력보다 큰 이유를 2가지 설명하라.

7.8 45도 트러스이론의 여섯 가지 가정에 대하여 설명하라.

7.9 45도 트러스모델, 소성트러스모델, 변형률 적합조건을 이용한 트러스모델의 특징을 비교하라.

7.10 [연습 그림 7.1]의 단순보를 전단 설계하라. 고정하중 $w_D = 30\ \mathrm{kN/m}$ 와 활하중 $w_L = 25\ \mathrm{kN/m}$ 가 등분포하중으로 작용한다. 전단철근은 D10(단면적 $A_s = 71.3\ \mathrm{mm}^2$)을 [연습 그림 7.1]과 같이 두 가닥 사용하라. 콘크리트의 압축강도 $f_{ck} = 24\ \mathrm{MPa}$, 전단철근의 설계기준항복강도 $f_y = 400\ \mathrm{MPa}$이다.

(1) A점에서 3.5 m 떨어진 위치의 전단철근의 필요 배근 간격은 얼마인가?
(2) A점에서 1.5 m 떨어진 위치의 전단철근의 필요 배근 간격은 얼마인가?

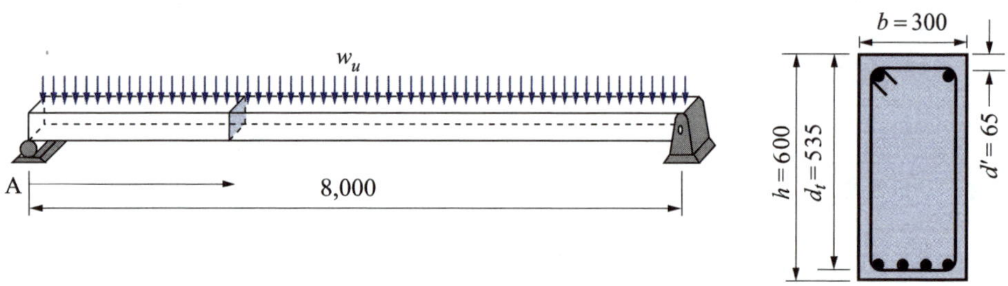

연습 그림 7.1 단순보의 철근 배근 단면의 크기(단위 : mm)

7.11 [연습 그림 7.2]는 캔틸레버 보와 철근의 배근을 나타낸다. 보의 위험단면에 필요한 전단철근의 간격을 계산하라. 전단철근 D10 사용(단면적 : $71.3\ \mathrm{mm}^2$), 설계기준항복강도 $f_y = 400\ \mathrm{MPa}$, 콘크리트의 압축강도 $f_{ck} = 24\ \mathrm{MPa}$, 고정하중 $w_D = 35\ \mathrm{kN/m}$, 활하중, $w_L = 35\ \mathrm{kN/m}$.

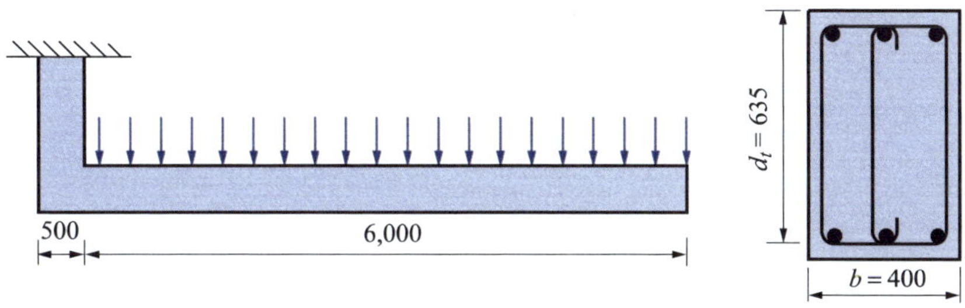

연습 그림 7.2 캔틸레버 보의 철근 배근과 단면의 크기(단위 : mm)

7.12 [연습 그림 7.3]의 경간 $l_n = 8\ \text{m}$의 단순지지 보에 등분포하중이 작용하고 있다. 고정하중 $w_D = 40\ \text{kN/m}$, 활하중 $w_L = 30\ \text{kN/m}$, 콘크리트의 압축강도 $f_{ck} = 21\ \text{MPa}$, 전단철근은 D10 철근(단면적 $A_v = 71.3\ \text{mm}^2$, 항복응력 $f_y = 400\ \text{MPa}$). 전단위험단면에서 전단철근의 최대 간격을 구하라.

(1) 균열의 각도 θ가 부재축에 45도이며, 전단철근의 배근각도 α가 부재축에 90도
(2) 균열의 각도 θ가 부재축에 45도이며, 전단철근의 배근각도 α가 부재축에 45도
(3) 균열의 각도 θ가 부재축에 40도이며, 전단철근의 배근각도 α가 부재축에 90도
(4) 균열의 각도 θ가 부재축에 40도이며, 전단철근의 배근각도 α가 부재축에 45도

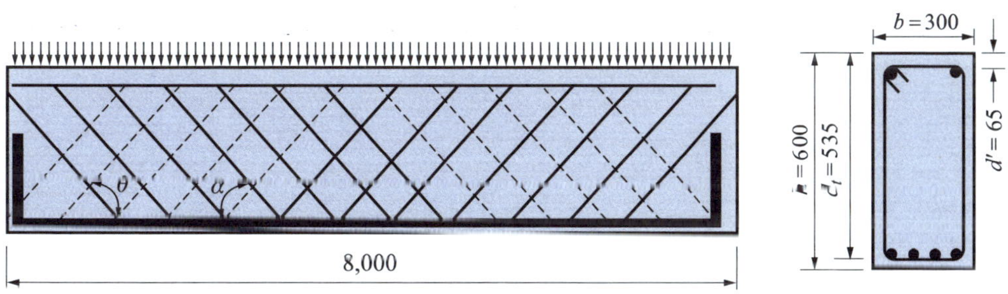

연습 그림 7.3 단순보의 철근 배근 단면의 크기(단위 : mm)

Chapter 08

비틀림모멘트 설계

8.1 일반 사항

8.2 비틀림거동과 비틀림파괴의 종류

8.3 콘크리트에 의한 비틀림내력

8.4 비틀림철근에 의한 비틀림내력

8.5 비틀림모멘트 구조설계기준

8.1 일반 사항

철근콘크리트 부재에 작용하는 비틀림모멘트는 전단파괴와 유사하게 사인장균열을 유발하며, 휨인장파괴에 비하여 취성적인 파괴를 발생시킨다. 1960년대까지 간접적으로 철근콘크리트 부재의 구조설계에 반영되었던 비틀림효과는 구조물이 대형화되고 구조형식이 다양화되면서 1970년 이후부터 [콘크리트구조기준]에 별도의 항목으로 반영되고 있다.

구조물에 작용하는 비틀림모멘트는 작용방법과 구조형식에 따라서 다음과 같이 크게 두 가지로 구분된다.

① **평형비틀림(1차 비틀림, 정정비틀림)** : [그림 8.1(a)]와 같이 구조물에 하중의 편심효과를 직접 유발하는 비틀림모멘트이다. 그림에서 프리캐스트 보(A 부재)의 하중이 지지하는 보(B 부재)의 중심축에 직접 편심효과를 유발하여 비틀림모멘트를 발생시킨다.

② **적합비틀림(2차 비틀림, 부정정비틀림)** : [그림 8.1(b)]의 부정정구조물에 발생하는 비틀림으로 비틀림강성에 의하여 비틀림모멘트의 효과가 달라진다. 그림에서 1번 부재에 작용하는 하중은 2번 부재의 중심부에 전달되어 2번 부재에 비틀림모멘트를 유발한다. 1번 부재와 2번 부재는 강절점으로 연결된 부정정구조물이므로 전달되는 하중은 부재의 강성에 따라서 달라진다. 2번 부재에 균열이 발생하기 이전에는 부재의 강성이 크기 때문에 상대적으로 큰 비틀림모멘트가 전달되지만, 하중이 증가하여 2번 부재에 비틀림균열이 발생한 후에는 2번 부재의 강성이 급격하게 감소하여, 전달되는 비틀림모멘트의 값이 작아지면서 힘의 재분배가 발생한다. 설계에서는 힘의 재분배에 의하여 전달되는 비틀림모멘트를 비틀림 균열모멘트 이하로 제한하고 있다.

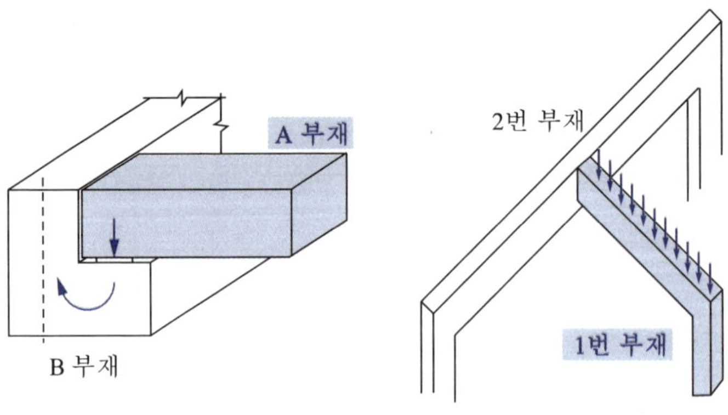

(a) 평형비틀림 부재　　(b) 적합비틀림 부재

그림 8.1 비틀림 부재

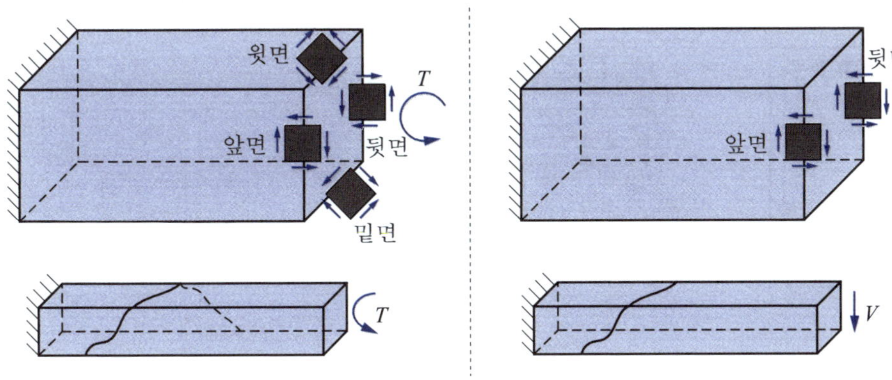

(a) 비틀림모멘트 (b) 전단력

그림 8.2 비틀림모멘트와 전단력의 비교

비틀림모멘트는 전단력과 유사한 형태로 부재를 파괴시키지만, 부재 상·하면에 작용하는 응력과 작용 방향은 다르다. [그림 8.2]는 비틀림과 전단력에 의하여 발생되는 응력이다. 전단력이 작용하는 부재는 부재축과 수직하게 전단력이 작용하여 부재의 앞·뒷면에 동일한 방향으로 사인장균열이 발생하고, 부재의 상·하면에는 사인장균열이 발생하지 않는다. 전단력이 작용하는 방향도 부재의 앞·뒷면에서 위에서 아래로 일정하다([그림 8.2(b)] 참조). 한편, 비틀림모멘트는 부재축을 중심으로 회전하는 전단응력을 유발한다. 따라서 비틀림모멘트가 작용하는 부재는 앞·뒤, 상·하면의 부재 모든 면에 일정한 각도의 나선형 사인장균열이 발생한다. [그림 8.2(a)]와 같이 반시계방향으로 비틀림모멘트가 작용할 경우에 부재 앞쪽 면에는 아래쪽 방향으로 전단력이 발생하지만, 뒤쪽 면에는 위쪽 면으로 전단력이 발생한다.

전단력이 작용하는 부재는 일반적으로 부재축과 직각되는 방향에만 전단철근([그림 7.1] 참조)을 배근하여 전단내력을 증대시키지만, 비틀림모멘트가 작용하는 부재는 회전하는 전단응력에 대응하기 위하여 부재축과 직각되는 방향(횡방향)과 함께 부재축방향(종방향)으로도 비틀림철근을 배근해야 한다. 부재축과 직각되는 방향에는 [그림 8.3]과 같이 단면 전체를 감싸는 폐쇄형 비틀림철근을 배근하며, 부재축방향에는 종방향 비틀림철근을 배근하여 비틀림내력을 증대시킨다.

철근콘크리트 부재에 비틀림모멘트만 작용하는 경우는 드물며 대부분의 경우는 휨과 전단 또는 휨과 전단 및 축력이 동시에 작용하여 복잡한 파괴메커니즘을 나타낸다. 8장의 전반부에는 콘크리트와 비틀림철근에 의한 비틀림저항을 설명하며, 후반부에서는 KDS 14 20 국가건설기준에 근거하여 부재의 비틀림모멘트를 설계한다.

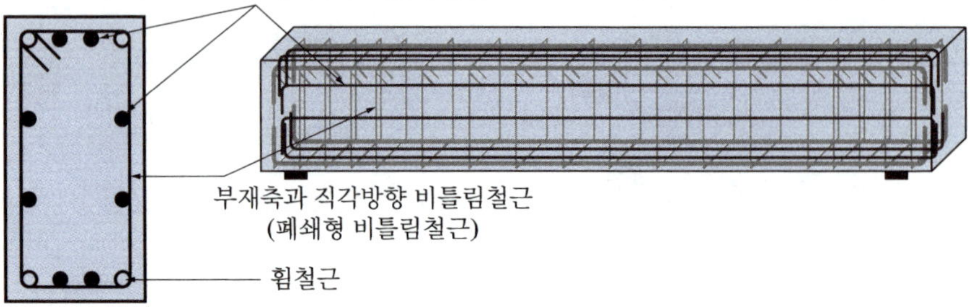

그림 8.3 비틀림철근

8.2 비틀림거동과 비틀림파괴의 종류

8.2.1 비틀림거동

비틀림파괴하는 부재도 전단파괴하는 부재와 마찬가지로 휨인장파괴하는 부재에 비하여 취성적으로 파괴한다. [그림 8.4]는 비틀림철근이 없는 철근콘크리트 보와 비틀림철근이 배근된 철근콘크리트 보의 파괴 양상을 나타낸다. 비틀림철근이 없는 보는 비틀림모멘트에 의해 사인장균열이 발생함과 동시에 부재가 파괴되며, 사인장균열의 숫자도 작음을 알 수 있다. 그러나 비틀림철근이 배근된 보는 비틀림철근이 항복한 이후에 연성이 다소 증가한 뒤에 복부콘크리트가 압축파괴되며, 사인장균열의 숫자도 증가함을 알 수 있다. 비틀림철근이 있는 경우와 없는 경우의 부재의 연성을 비교하면 비틀림철근이 있는 부재의 연성이 비틀림철근이 없는 부재의 연성보다 크다. 그러나 비틀림철근이 항복한 이후에 파괴하는 부재의 연성도 휨인장파괴하는 부재의 연성에 비하면 작다.

비틀림이 지배하는 부재의 거동도 전단이 지배하는 부재의 거동과 유사하게 크게 세 구간으로 구분할 수 있다. 사인장균열이 발생하는 [그림 8.4]의 A점까지는 보에 사인장균열이 발생하지 않고 철근콘크리트 보의 전단면에서 비틀림모멘트를 지지한다. 그러나 A점에서 사인장균열이 발생한 이후에는 부재의 변형이 급격하게 증가하며 비틀림강성도 감소한다. B점에서 비틀림철근이 항복한 이후에 하중이 증가함에 따라서 복부콘크리트의 변형이 증가하며, 콘크리트의 유효압축강도가 감소하여 C점에서 복부콘크리트가 압축파괴한다.

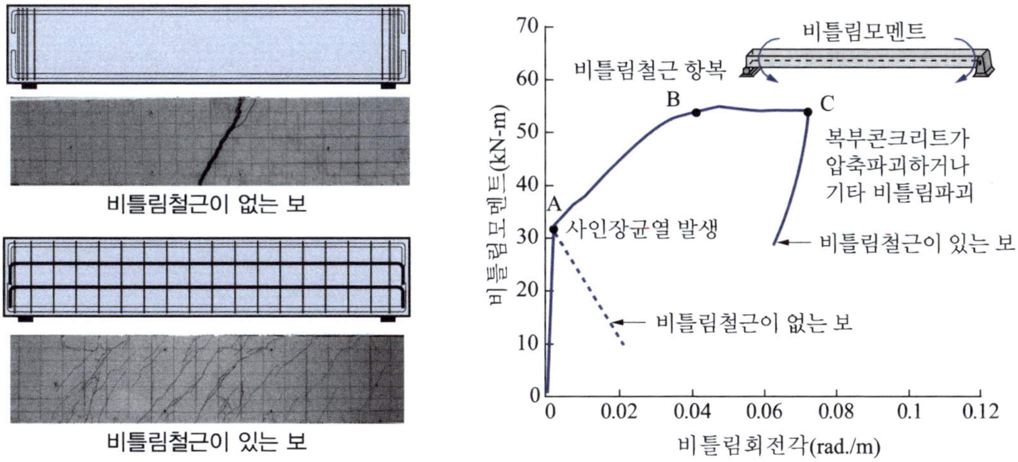

그림 8.4 비틀림거동

8.2.2 비틀림 파괴모드

4장에서 설명한 것과 같이 휨모멘트를 받는 철근콘크리트 부재는 주인장철근과 압축력을 받는 콘크리트의 상대적 저항력의 차이에 따라서 파괴모드가 구분되며([그림 8.5(a)]), 전단파괴하는 부재는 전단철근과 복부콘크리트의 상대적 세기에 따라서 전단파괴모드가 구분된다([그림 8. 5(b)]). 비틀림모멘트에 의하여 파괴되는 철근콘크리트 부재도 전단파괴되는 부재와 마찬가지로 복부콘크리트와 철근의 상대적 세기에 의하여 파괴모드가 구분된다([그림 8.5(c)]). 다만, 비틀림 부재에는 부재축방향과 부재축과 직각되는 방향에 철근이 배근되므로, 양 방향의 철근의 세기와 복부콘크리트의 상대적 세기에 의하여 파괴모드가 세분화 된다.

① **최소비틀림철근파괴**(minimum torsional reinforcement failure) : 비틀림철근량이 매우 적게 배근된 경우. 부재에 사인장균열이 발생함과 동시에 내력이 급격하게 감소하는 취성적 파괴이다.

② **비틀림인장파괴**(torsional tension failure) : 비틀림철근이 비교적 적게 배근된 경우. 비틀림철근이 항복한 이후에 복부콘크리트가 압축파괴하거나 기타 비틀림파괴하는 경우로 다른 네 가지 파괴모드에 비하여 연성적이다. 비틀림인장파괴는 부재축방향 비틀림철근과 부재축과 직각방향 비틀림철근의 양에 따라서 파괴 순서가 달라진다. 부재축방향 비틀림 철근의 양이 부재축과 직각되는 방향의 비틀림철근의 양보다 적을 경우에는 부재축방향 비틀림철근이 먼저 항복한 이후에 부재축과 직각되는 방향의 비틀림철근이 항복한다. 철근의 양이 양 방향에서 다른 경우에는 반대의 현상이 발생한다. 비틀림인장파괴의 경우도

전단인장파괴하는 부재의 연성과 마찬가지로 휨인장파괴하는 부재의 연성보다는 작다.

③ **비틀림균형파괴**(torsional balanced failure) : 양 방향의 비틀림철근이 항복변형률에 도달함과 동시에 복부콘크리트가 압축파괴하거나 기타 비틀림 파괴하는 경우로 취성적으로 파괴된다.

④ **비틀림압축파괴**(torsional compression failure) : 양 방향의 비틀림철근이 많이 배근된 경우. 비틀림철근이 항복하기 이전에 복부콘크리트가 압축파괴하거나 기타 비틀림파괴하여 취성적으로 파괴된다.

이와 같이 비틀림파괴는 콘크리트와 비틀림철근의 구성 비율에 따라서 파괴종류가 달라지며, 이 중에서 비틀림인장파괴는 비틀림철근이 먼저 항복하고 콘크리트가 압축파괴하기 때문에 부재가 연성적인 파괴를 하지만 휨인장파괴하는 부재의 연성에 비하여 작다. 설계에서는 8.5.3항에서 설명하는 최소 비틀림철근비와 최대 비틀림철근비의 비틀림철근의 양을 제한하여 비틀림인장파괴를 유도하고 있다.

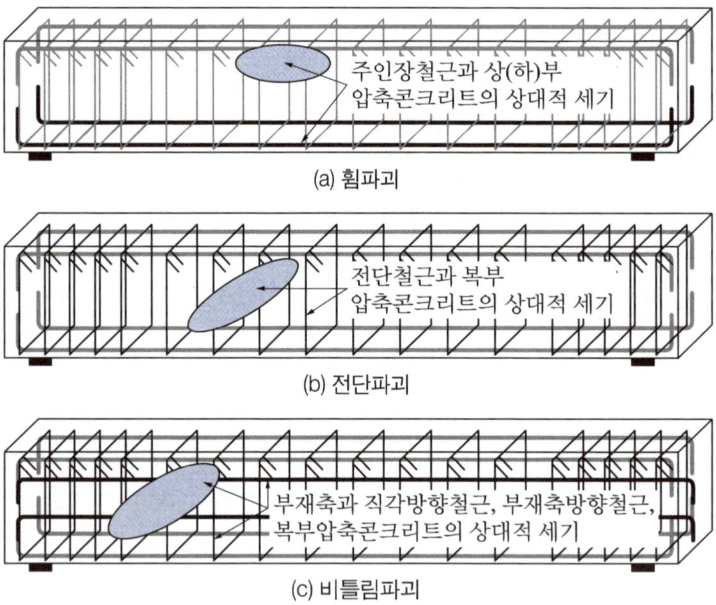

그림 8.5 철근과 콘크리트의 상대적 세기

8.3 콘크리트에 의한 비틀림내력

비틀림모멘트에 대한 연구는 18세기부터 Coulomb를 비롯한 여러 연구자들에 의하여 이루어졌다. 8.3절에서는 탄성과 소성이론에 근거하여 발전된 대표적인 비틀림모멘트 이론을 정리하였다.

8.3.1 Navier 이론

19세기 초에 Navier는 탄성상태인 원형관의 비틀림 전단응력을 다음의 두 가지 가정에 근거하여 유도하였다.

① 비틀림모멘트가 작용한 후에도 단면은 원형을 유지한다.
② 비틀림각도가 작을 경우에 단면의 직경과 임의의 단면간의 거리는 변하지 않는다.

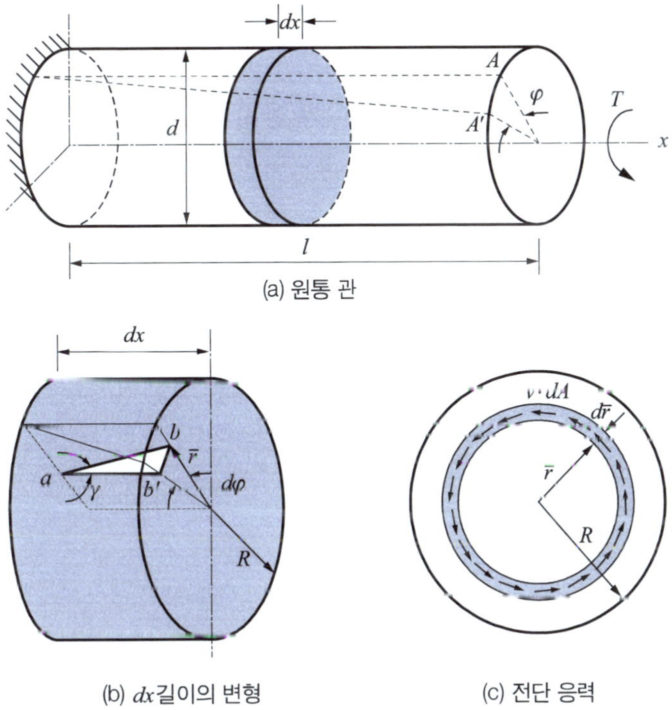

그림 8.6 비틀림모멘트가 작용하는 원형관

[그림 8.6(a)]는 한쪽 면이 고정된 원통을 나타내며, 이 원통의 다른 쪽에 비틀림모멘트(T)가 작용하고 있다. 길이 방향으로 짧은 길이 dx를 절단했을 때([그림 8.6(b)]), 전단변형률(γ)은 원통 단면의 중심에 작용하는 비틀림회전각과 식(8.1)의 관계가 있음을 알 수 있다.

$$\gamma \cdot dx = \overline{bb'}, \qquad d\varphi \cdot \bar{r} = \overline{bb'}$$

$$\gamma = \frac{\bar{r} \cdot d\varphi}{dx} \tag{8.1}$$

여기서, $\bar{r}$: 부재축에서 떨어진 거리, R : 원통의 반지름, dx : x방향의 작은 길이, φ : 비틀림 회전각, $d\varphi$: 비틀림회전각 증분이다.

식(8.1)을 단위길이에 대한 비틀림회전각(θ)으로 변환하여 식(8.2)를 유도한다.

$$\gamma = \bar{r}\theta \tag{8.2}$$

여기서, θ : 비틀림회전각 φ의 변화율, 즉, 단위길이에 대한 비틀림회전각($\theta = d\varphi/dx$)이다.

따라서 후크의 법칙(Hooke's law)을 이용하여 거리 $\bar{r}$에서의 비틀림에 의한 전단응력(v)을 유도할 수 있다.

$$v = G \cdot \gamma = G \cdot \bar{r}\theta \tag{8.3}$$

여기서, G : 전단탄성계수이다.

비틀림모멘트 T는 원형 단면에 작용하는 전단력에 떨어진 거리 $\bar{r}$를 곱하여 계산한다([그림 8.6(c)] 참조).

$$T = \int_0^R v \cdot \bar{r} \cdot dA = \int_0^R (G \cdot \bar{r} \cdot \theta)\bar{r} \cdot dA = G \cdot \theta \int_0^R \bar{r}^2 dA = G \cdot \theta \cdot I_p \tag{8.4}$$

여기서, I_p : 단면극2차모멘트이다.

식(8.4)와 $\theta(= d\varphi/dx)$를 이용하여 보의 단위길이에 대한 회전각(θ)과 길이 l인 곳의 비틀림회전각(φ)을 계산한다.

$$\theta = \frac{T}{G I_p} \tag{8.5}$$

$$\varphi = \theta \cdot l = \frac{Tl}{G I_p} \tag{8.6}$$

식(8.3)에 식(8.5)를 대입하여 부재축에서 $\bar{r}$만큼 떨어진 곳의 전단응력을 계산한다.

$$v = G \cdot \bar{r} \cdot \theta = \frac{T \cdot \bar{r}}{I_p} \tag{8.7}$$

원형 단면에 대한 단면극2차모멘트를 식(8.7)에 대입하고, 단면의 중심에서 가장 바깥쪽에 작용하는 최대 전단응력을 계산하면 식(8.8)과 같다.

$$v = \frac{T}{I_p} \cdot \frac{D}{2} = \frac{16}{\pi D^3} T \tag{8.8}$$

여기서, D : 원형 단면의 지름이다.

8.3.2 St. Venant 탄성이론과 Nadai 소성이론

Navier 이론에 의하여 계산된 비틀림 전단응력은 탄성상태인 원형관에는 적용이 가능하지만 사각형 단면에는 적용할 수 없다. 이는 원형 단면은 원의 중심에서 떨어진 거리가 일정하지만, 사각형 단면은 중심에서 떨어진 거리가 일정하지 않아 비틀림모멘트에 의한 변형과 전단흐름이 일정하지 않기 때문이다. St. Venant는 탄성상태의 사각형 단면에 작용하는 비틀림응력을 재료 메커니즘을 이용하여 유도하였다. St. Venant 탄성이론에서도 다음의 두 가지를 가정하였다.

① 비틀림모멘트가 작용한 후에도 사각형 단면은 동일한 단면 형태를 유지한다.
② 사각형 단면 부재에 발생하는 뒤틀림(warping)은 부재 전 길이에 걸쳐서 일정하다.

St. Venant 탄성이론에 의하여 유도된 비틀림 전단응력(v)은 식(8.9)와 같다.

$$v = \frac{T}{\alpha_t\, x^2 y} \tag{8.9}$$

여기서, x : 단면의 짧은 변의 길이, y : 단면의 긴 변의 길이이다.

식(8.9)의 α_t는 x/y의 비율을 나타내며, St. Venant의 탄성이론에 의하면 식(8.10a)에서 0.2 (x/y가 1일 때)로부터 0.33(x/y가 0일 때)까지 변화한다. 한편, Nadai는 St. Venant의 탄성이론과는 다르게 소성이론을 적용하여 직사각형 단면에 대하여 식(8.10b)의 α_t를 유도하였다. 식(8.10b)에 의하면 α_t 값은 0.33(x/y가 1일 때)에서 0.50(x/y가 0일 때)까지 변화한다.

(St. Venant의 탄성이론)

$$\alpha_t = \frac{1}{3 + \frac{2x}{y}} \tag{8.10a}$$

(Nadai의 소성이론)

$$\alpha_t = \frac{1 - \dfrac{x}{3y}}{2} \tag{8.10b}$$

8.3.3 Skew bending 이론

St. Venant의 탄성이론과 Nadai의 소성이론에 의하여 유도된 비틀림응력 평가식을 콘크리트 단면에 적용하면 실제값을 정확하게 예측할 수 없다. 이는 콘크리트가 탄성재료가 아니며, 또한 소성이론을 적용할 만큼 충분한 연성능력이 없기 때문이다. 따라서 콘크리트의 파괴특성을 고려한 Skew bending 이론이 제안되었다. Skew bending 이론에서는 [그림 8.7]의 부재축에 일정한 방향으로 작용하는 콘크리트의 비틀림모멘트(T_c)를 식(8.11)의 균열과 평행한 방향의 휨모멘트(T_b)와 균열과 직각되는 방향의 뒤틀림모멘트(T_t)로 분해한다.

$$T_c = T_b + T_t \tag{8.11}$$

휨모멘트(T_b)의 분력은 식(8.12)와 같다.

$$T_b = T_c \cdot \cos\theta \tag{8.12}$$

여기서, θ : 비틀림균열각도이다.

비틀림균열이 발생하기 직전에 재료는 탄성상태로 볼 수 있으므로, 탄성해석에 의하여 식(8.13)의 휨응력(f)을 계산한다.

$$f = \frac{T_b}{Z} \tag{8.13}$$

(a) 비틀림철근이 없는 보의 비틀림파괴 사진

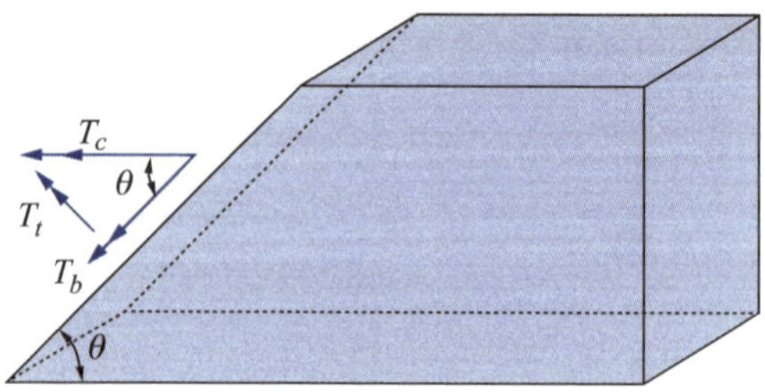

(b) 비틀림 분력

그림 8.7 Skew bending 이론에 의한 비틀림 파괴 모델

여기서, Z : 단면계수이다.

비틀림균열이 발생할 때의 휨응력(f)을 콘크리트의 휨인장강도(f_r)로 대체하고, 비틀림균열면(경사면)에 대한 단면계수($Z = x^2y/(6 \cdot \sin\theta)$)를 식(8.13)에 대입하여 휨모멘트를 계산한다.

$$T_b = \frac{x^2\,y}{6}\,\frac{1}{\sin\theta}\,f_r \tag{8.14}$$

식(8.14)의 균열각도(θ)를 45도로 가정하고, 이를 식(8.12)에 대입하여 비틀림모멘트(T_c)를 계산할 수 있다.

$$T_c = \left(\frac{x^2\,y}{3}f_r\right) \tag{8.15}$$

8.4 비틀림철근에 의한 비틀림내력

비틀림철근이 배근되지 않은 철근콘크리트 부재의 비틀림거동을 살펴보면 [그림 8.8]과 같이 비틀림균열이 발생함과 거의 동시에 부재가 취성적으로 파괴된다. 이러한 부재의 비틀림회전각은 작으며, 비틀림균열의 수도 작다. 비틀림철근이 배근될 경우에는 사인장균열이 발생한 이후에도 부재의 내력이 점진적으로 증가하며, 비틀림철근이 항복한 이후에 복부콘크리트가 압축

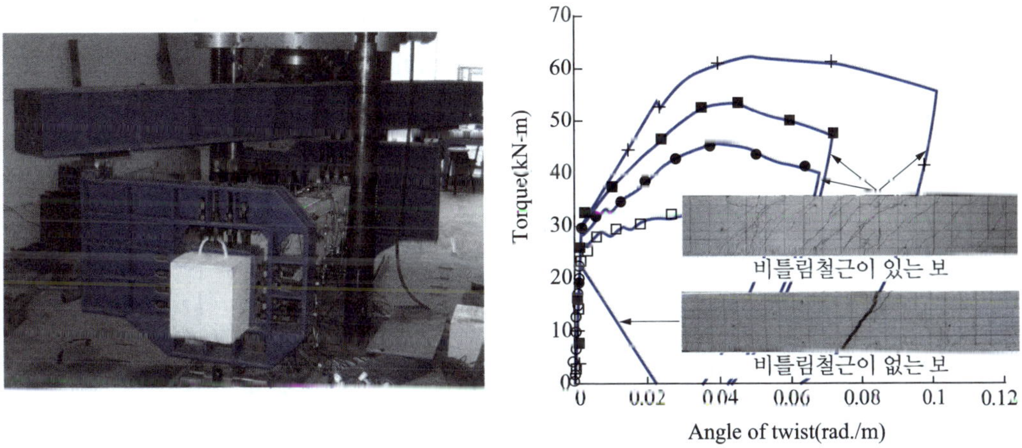

(a) 비틀림내력 실험 장치

(b) 비틀림모멘트 – 회전각 관계

그림 8.8 비틀림모멘트와 비틀림회전각의 관계

파괴하여 최대 비틀림모멘트에 도달한다. 이러한 부재의 변형은 비틀림철근이 배근되지 않은 부재의 변형보다 크며, 사인장균열의 수도 증가한다.

비틀림철근이 있는 부재의 비틀림내력을 구하기 위하여 여러 이론이 제안되었다. 설계에서는 Bredt에 의하여 제안된 박판튜브이론(thin walled tube theory)과 입체트러스모델(space truss model)에 근거하여 유도된 내력 평가식을 사용하고 있다.

8.4.1 박판튜브이론(thin walled tube theory)

[그림 8.9]의 속이 비어 있으며 두께가 얇은 부정형의 단면에 비틀림모멘트가 작용하여 전단응력이 발생하였다. 전단응력은 단면의 두께에 따라서 달라질 수 있으므로 단면 두께의 변화를 고려한 전단흐름(shear flow, 식(8.16))으로 응력을 나타낸다.

$$q = v \cdot t \tag{8.16}$$

여기서, q : 전단흐름, v : 비틀림모멘트에 의한 전단응력, t : 단면의 두께이다.

부정형 단면의 짧은 길이 ds에 작용하는 전단력에 의하여 작은 크기의 비틀림모멘트(dT)가 식(8.17)과 같이 발생한다.

$$dT = q \cdot ds \cdot r \tag{8.17}$$

여기서, r : 단면 중심에서 전단흐름까지의 거리이다.

부정형 단면 전체에 작용하는 비틀림모멘트는 식(8.17)을 적분하여 계산할 수 있다. 또한 작은 크기의 비틀림모멘트(dT)를 면적의 개념에 의하여 표시하면 [그림 8.9]의 음영부분과 동일하며, 이 면적은 길이 ds와 거리 r을 곱한 값의 절반 값이다. 따라서 $\int_s r\, ds$는 $2A_o$로 대체할 수 있다.

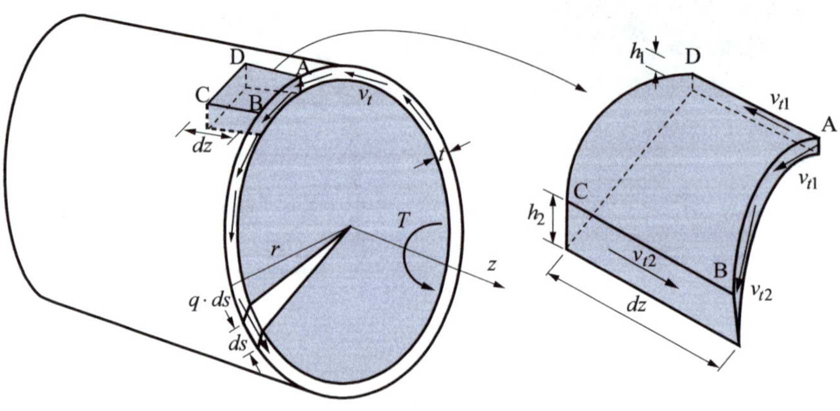

그림 8.9 박판튜브의 비틀림응력

$$T = q\int_s r\,ds$$

$$T = q \cdot (2A_o) \tag{8.18}$$

여기서, A_o : 전단흐름 안쪽의 단면적이다. 식(8.18)의 전단흐름(q)을 전단응력으로 표현하면 식(8.19)와 같다.

$$T = v \cdot t \cdot (2A_o)$$

$$v = \frac{T}{2A_o t} \tag{8.19}$$

8.4.2 입체트러스모델(space truss model)

비틀림내력은 7장의 전단내력 계산에서 설명한 트러스모델을 이용하여 사인장균열이 발생한 철근콘크리트 부재의 힘을 콘크리트의 대각선 압축대, 비틀림철근의 복부 인장재, 주철근의 인장재, 상부콘크리트의 압축재로 구분하여 계산할 수 있다. 다만, 전단력이 작용할 경우에는 부재 단면과 동일한 방향으로 전단력이 작용하므로 부재 전체에 대하여 트러스모델을 적용시키지만 ([그림 7.18] 참조), 비틀림모멘트는 부재축을 중심으로 회전하므로 작용하는 전단력의 방향이 면에 따라서 달라진다([그림 8.10] 참조). 따라서 트러스모델을 각 면에 별도로 적용시킨 후에 이를 합하여 전체 비틀림모멘트를 계산하며, 이를 입체트러스모델(space truss model)이라 한다. 입체트러스모델은 45도 트러스모델과 동일한 기본 가정을 이용한다. 다만, 균열의 각도를 45도로 가정하지 않고 소성이론에 근거한 재료조건에 의하여 계산하며 이를 박판튜브이론(thin-walled tube theory)에 적용시킨다. 입체트러스모델의 주요 특징을 요약하면 다음과 같다.

① **사인장균열각도** : 사인장균열의 각도는 소성이론에 근거하여 재료조건으로 계산한다.

② **콘크리트의 인장강도** : 콘크리트의 인장강도는 무시한다.

③ **장부작용과 골재의 맞물림작용** : 장부작용과 골재의 맞물림작용은 고려하지 않는다.

④ **비틀림철근의 강도** : 트러스모델 자체에서는 부재가 파괴할 때에 도달하는 철근의 응력을 이용할 수 있지만, 설계에서는 철근의 항복강도를 이용한다.

⑤ **비틀림 영향 면직** : 압축력에 의하여 좌굴이 발생하지 않는 범위에서 [그림 8.11]의 속이 비어 있는 단면의 비틀림내력과 속이 차 있는 단면의 비틀림내력은 동일하다고 가정한다. 따라서 비틀림모멘트에 의하여 발생하는 전단흐름(shear flow)이 단면의 주철근을 감싸고 있는 비틀림철근의 단면중심에 발생한다고 가정한다.

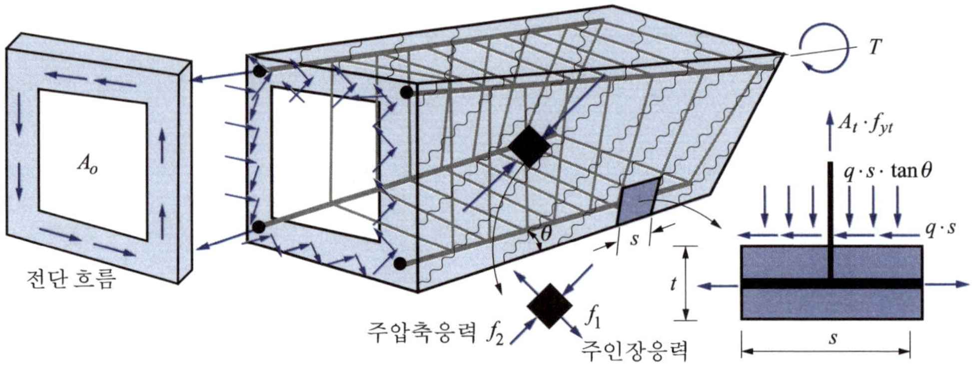

그림 8.10 입체트러스모델

[그림 8.10]에서 비틀림모멘트가 작용하는 부재의 한 면을 절단하여 입체트러스모델을 적용하여 표시하면 [그림 8.10]의 오른편 구석의 자유물체도와 같다. 박판튜브이론에 의하여 계산한 식(8.17)과 부재축과 직각방향(t 방향)에 대한 힘의 평형을 이용하여 식(8.20)을 유도한다.

$$A_t f_{yt} = q \cdot s \cdot \tan\theta \tag{8.20}$$

여기서, A_t : 폐쇄형 비틀림철근(스터럽) 한 가닥의 단면적, f_{yt} : 폐쇄형 비틀림철근의 항복강도, s : 폐쇄형 비틀림철근의 간격이다.

식(8.20)에 식(8.18)을 대입하여 폐쇄형 비틀림철근에 의하여 지지되는 비틀림모멘트(T_s)를 계산한다.

$$T_s = 2\frac{A_{oh} A_t f_{yt}}{s}\cot\theta \tag{8.21}$$

여기서, A_{oh} : 폐쇄형 비틀림철근 중심이 감싸고 있는 면적이다.

[그림 8.10]의 균열이 발생한 철근콘크리트 단면의 부재축방향(l방향)에 대한 힘의 평형을 식(8.22)에서 계산할 수 있다.

$$A_l f_{yl} = q \cdot p_h \cdot \cot\theta \tag{8.22}$$

여기서, A_l : 부재축방향 비틀림철근의 총 단면적, f_{yl} : 부재축방향 비틀림철근의 항복강도, p_h : 전단흐름의 둘레 길이($p_h = 2(x_o + y_o)$), x_o : 폐쇄형 비틀림철근의 짧은 변 중심간의 길이, y_o : 폐쇄형 비틀림철근의 긴 변 중심간의 길이이다([그림 8.12] 참조).

식(8.22)에 식(8.20)을 대입하면 부재축방향에 필요한 철근량을 계산할 수 있다.

$$A_l = \frac{A_t}{s}\, p_h \frac{f_{yt}}{f_{yl}}\cot^2\theta \tag{8.23}$$

식(8.23)을 비틀림균열각도에 의하여 정리하면 식(8.24)가 된다.

$$\cot^2\theta = \frac{s\ A_l f_{yl}}{p_h A_t f_{yt}} = \frac{\rho_l f_{yl}}{\rho_t f_{yt}} \tag{8.24}$$

여기서, 폐쇄형 비틀림철근의 철근비(ρ_t)와 길이방향 비틀림철근의 철근비(ρ_l)는 다음과 같다.

$$\rho_t = \frac{A_t \cdot p_h}{s \cdot A_g} \tag{8.25a}$$

$$\rho_l = \frac{A_l}{A_g} \tag{8.25b}$$

여기서, A_g는 부재의 전 단면적이다.

별해

지금까지 설명된 방법과는 다소 다르게 [그림 8.10]의 비틀림모멘트를 [그림 7.20]에서 설명한 전단력 계산법과 동일한 방법에 의하여 계산할 수 있다. 다만, [그림 7.20]에서는 단면의 폭 'b'에 대하여 전단력을 구하지만, [그림 8.10]에서는 단면의 폭 't'에 대하여 비틀림모멘트를 구한다. 여기서 폭 't'는 폐쇄형 비틀림철근의 단면 중심에서 바깥쪽 콘크리트까지 거리의 2배이다. 이렇게 폭이 달라지는 이유는 전단력이 작용할 경우에는 [그림 7.20]과 같이 부재 단면과 동일한 방향으로 전단력이 작용하므로 부재 전체에 대하여 트러스모델을 적용시켜야 하지만, 비틀림모멘트는 [그림 8.10]과 같이 부재축을 중심으로 전단력의 방향이 면에 따라서 달라지고, 박판튜브이론을 동시에 적용하여 폭 't'에 적용시켜야 하기 때문이다.

단면을 중심으로 폭 't'에 작용하는 트러스 부재력을 [그림 8.11]에 표시하였다. [그림 8.11]에서 각 면에 작용하는 힘의 평형은 다음과 같다.

$$V_1 = V_3 = \frac{A_t f_{yt} y_o}{s} \cot\theta \tag{a}$$

$$V_2 = V_4 = \frac{A_t f_{yt} x_o}{s} \cot\theta \tag{b}$$

[그림 8.11(a)]의 전단력이 유발하는 비틀림모멘트는 작용하는 전단력에 단면 중심까지의 거리를 곱하여 계산할 수 있다.

$$T_1 = T_3 = \frac{A_t f_{yt} y_o}{s} \cot\theta \times \frac{x_o}{2} \tag{c}$$

$$T_2 = T_4 = \frac{A_t f_{yt} x_o}{s} \cot\theta \times \frac{y_o}{2} \tag{d}$$

여기서, x_o : 폐쇄형 비틀림철근의 짧은 변 중심간의 길이, y_o : 폐쇄형 비틀림철근의 긴 변 중심간의 길이이다.

식(c)와 식(d)에 의하여 계산한 비틀림모멘트를 박판튜브이론에 근거하여 전단면에 적용시키면 전체 비틀림모멘트를 계산할 수 있다.

$$T_s = T_1 + T_2 + T_3 + T_4$$

$$T_s = 2\frac{x_o y_o A_t f_{yt}}{s} \cot\theta$$

$$T_s = 2\frac{A_{oh} A_t f_{yt}}{s} \cot\theta \tag{e}$$

부재의 한 면(t)에 대하여 부재축방향(l 방향)에 작용하는 힘(N_1)과 콘크리트 압축력에 작용하는 힘(D_1)은 부재축과 직각방향에 작용하는 힘(V_1)에 다음의 힘의 평형을 이룬다([그림 8.11(d)] 참조).

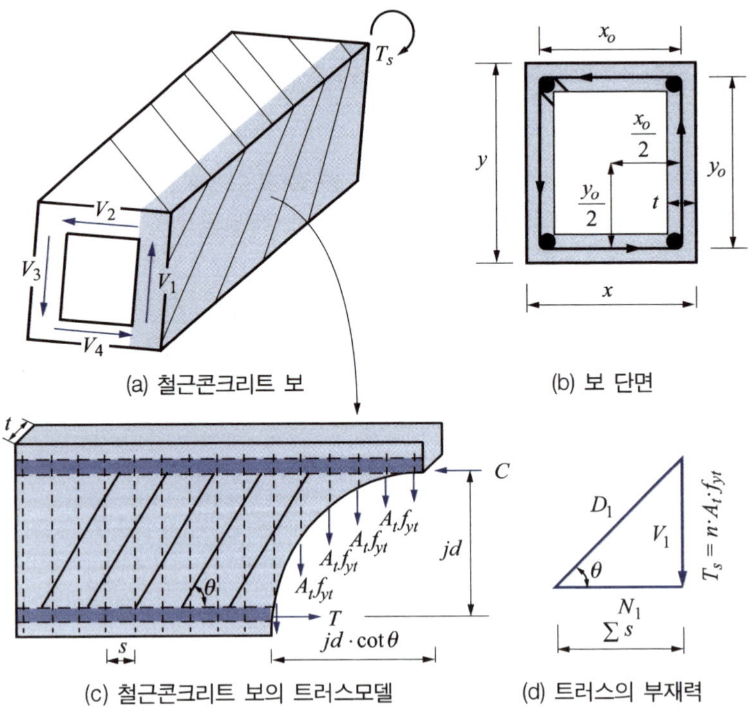

그림 8.11 합력에 의한 입체트러스모델

$$D_1 = \frac{V_1}{\sin\theta} \tag{f}$$

$$N_1 = V_1 \cot\theta \tag{g}$$

네 면에 작용하는 부재축방향 힘(N)은 식(h)에서 각 면에 작용하는 부재축방향 힘을 합한 것과 같다.

$$N = 2(N_1 + N_2) = A_l f_{yl} \quad \text{또는} \quad N = 2(N_3 + N_4) = A_l f_{yl} \tag{h}$$

식(h)에 식(g)와 식(a)를 대입하고 식(e)의 T_s 에 의하여 정리하면 식(i)를 유도할 수 있다.

$$A_l f_{yl} = \frac{T_s}{2A_{oh}} p_h \cot\theta$$

$$A_l = \frac{A_t}{s} p_h \frac{f_{yt}}{f_{yl}} \cot^2\theta \tag{i}$$

여기서, p_h : 전단흐름의 둘레 길이($= 2(x_o + y_o)$), A_{oh} : 폐쇄형스터럽에 둘러싸인 보의 단면적($= x_o \cdot y_o$)이다.

8.5 비틀림모멘트 구조설계기준

8.5.1 비틀림 설계식

비틀림평가식은 1971년에 ACI(미국빌딩코드)기준식에 채택되었다. ACI기준에서는 콘크리트에 의한 비틀림내력과 비틀림철근에 의한 비틀림내력의 합으로 비틀림모멘트를 계산하였다. 콘크리트에 의한 비틀림내력은 skew bending theory에 근거하여 유도된 식(8.15)에 2축 응력의 영향과 균열발생 후 콘크리트가 지지할 수 있는 비틀림저항을 대입하여 계산된다. 비틀림철근에 의한 비틀림내력은 입체트러스모델에 근거하여 제안된 식(8.21)을 기본식으로 하여 균열의 각도를 45도로 가정하고, 상수 '2' 대신에 미국 포틀랜드시멘트협회의 실험 결과에 근거한 변수를 이용하여 계산된다. 이러한 비틀림내력 평가식은 1995년까지 콘크리트구조설계식으로 사용되다가, 1995년 이후에 MacGregor 등의 연구 결과에 근거하여 개정되었다. 개정된 비틀림 평가식은 박판튜브이론과 힘의 평형조건만을 이용한 입체트러스이론에 근거하고 있으며, 1995년 이전의 ACI기준식과 비교하여 다음 세 가지 특징을 가지고 있다.

① 콘크리트의 비틀림저항 T_c를 배제하였다. 개정된 비틀림내력 평가식은 콘크리트에 의한 비틀림저항성분을 고려하지 않고 비틀림철근에 의한 내력(T_s)만을 고려하였다.

② 콘크리트 압축대의 경사각(θ)을 식(8.24)에 의하여 부재축방향과 부재축의 직각방향 비틀림철근의 양에 의하여 계산한다. 1995년 이전의 ACI기준식은 각도 θ를 재료 조건과 무관하게 45도로 가정하였다.

③ 전단흐름 경로로 둘러싸인 총 단면적 A_o는 해석에 의해 결정하되, 해석을 하지 않을 경우, 폐쇄형스터럽의 중심선에 의해 둘러싸인 면적(A_{oh})의 0.85배로 한다.

개정된 비틀림평가식은 식(8.26)과 식(8.27)에 의하여 비틀림 부재를 설계한다.

$$T_u \leq \phi T_n \tag{8.26}$$

$$T_n = T_s = 2\frac{A_o A_t f_{yt}}{s}\cot\theta \tag{8.27}$$

여기서, T_u : 계수비틀림모멘트(소요비틀림모멘트), T_n : 공칭비틀림모멘트, T_s : 비틀림철근에 의한 내력, ϕ : 비틀림강도감소계수($\phi = 0.75$), A_o : 폐쇄형 비틀림철근 중심이 감싸고 있는 콘크리트의 유효면적이다.

콘크리트 압축대의 경사각(θ)은 식(8.24)에 의하여 계산할 수 있지만, KDS 14 20 국가건설기준에서는 각도를 $30° \leq \theta \leq 60°$ 이내로 규정한다. 기준에서는 프리스트레스트 긴장력이 가력되지 않은 부재나 긴장응력이 주철근 인장강도의 40퍼센트 미만인 경우에는 각도를 45도로 하는 것을 권장하며, 긴장응력이 주철근 인장강도의 40퍼센트 이상인 경우는 37.5도로 하는 것을 권장하고 있다.

전단흐름 내부의 면적(A_{oh})은 [그림 8.12(a)]와 같이 전단흐름이 가장 바깥쪽에 있는 폐쇄형 비틀림철근(스터럽)의 단면적 중심을 흐른다고 가정하여 계산한다. 다만 비틀림모멘트에 의하여 파괴가 진전될 경우에 [그림 8.12(b)]와 같이 단면의 모서리 부분의 콘크리트가 탈락되는 경우가 많으므로 전단흐름 내부의 유효면적(A_o)은 폐쇄형 비틀림철근에 의하여 둘러싸인 콘크리트 면적의 85퍼센트로 하고 있다.

$$A_o = 0.85 A_{oh} \tag{8.28}$$

여기서, A_{oh} : 폐쇄형 비틀림철근에 둘러싸인 보의 단면적($A_{oh} = x_o \cdot y_o$), x_o : 폐쇄형 비틀림철근의 짧은 변 중심간의 길이, y_o : 폐쇄형 비틀림철근의 긴 변 중심간의 길이이다.

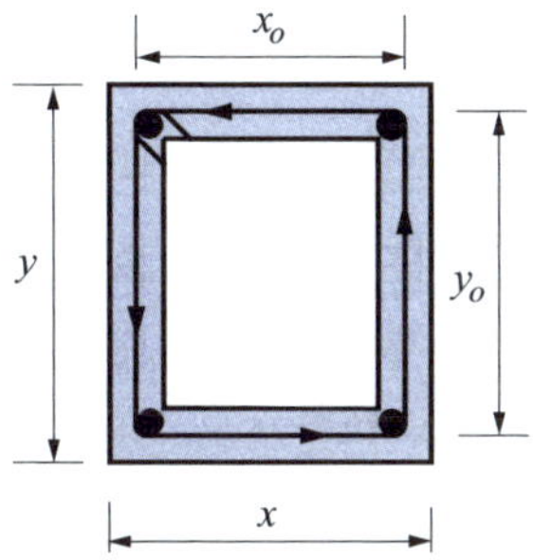

(a) 철근콘크리트 단면

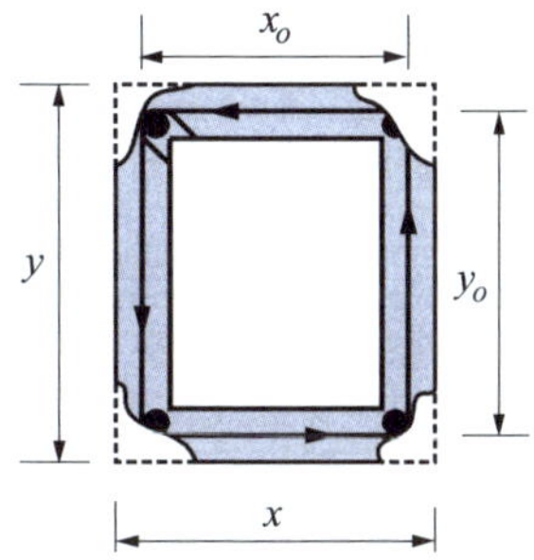

(b) 대 변형 이후의 모서리 콘크리트 탈락

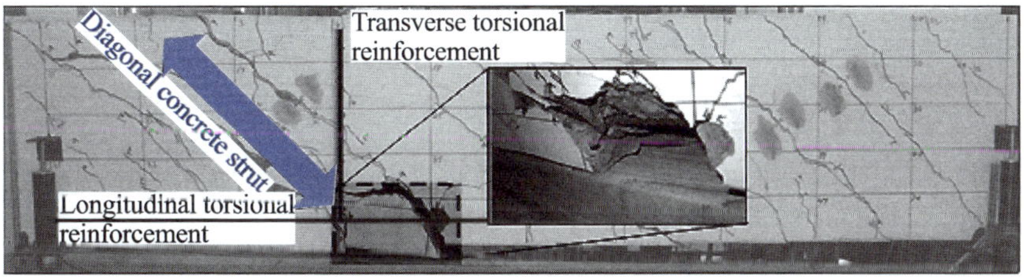

(c) 단면의 콘크리트 탈락(Lee et al, 2018)

그림 8.12 비틀림을 받는 철근콘크리트 단면

8.5.2 비틀림모멘트와 전단력이 동시에 작용하는 경우

철근콘크리트 부재에 순수한 비틀림만이 작용하는 경우는 드물다. 대부분의 부재에는 전단력, 휨모멘트 및 비틀림모멘트가 동시에 작용한다. [그림 8.13]은 스터럽이 없는 부재에 전단력과 비틀림이 동시에 작용한 경우에 대한 실험 결과이다. 그림에서 전단력과 비틀림모멘트가 동시에 작용한 경우에 부재의 내력은 식(8.29)의 원의 형태로 감소함을 알 수 있다.

$$\left(\frac{T_c}{T_{cu}}\right)^2 + \left(\frac{V_c}{V_{cu}}\right)^2 = 1 \tag{8.29}$$

여기서, T_c : 전단과 비틀림이 동시에 작용하는 경우의 비틀림내력, T_{cu} : 순수비틀림만이 작용한 경우의 비틀림내력, V_c : 전단과 비틀림이 동시에 작용하는 경우의 전단내력, V_{cu} : 순수전단만이 작용한 경우의 전단내력이다.

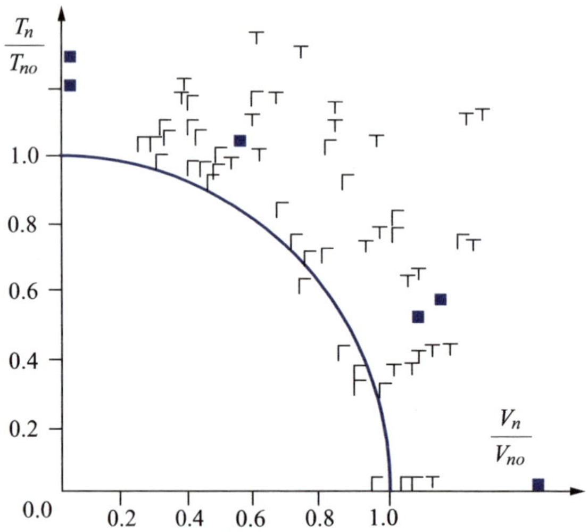

그림 8.13 비틀림과 전단력이 동시에 작용할 때의 내력(Ersoy and Ferguson, 1968)

설계에서는 콘크리트의 균열 폭이 지나치게 넓게 발생하는 것을 방지하고, 콘크리트 압축대에 의한 파괴를 방지하기 위하여 전단력과 비틀림모멘트가 동시에 작용하는 부재에 다음의 제한을 두고 있다.

① **속찬단면**(solid section) : 전단에 의한 응력은 [그림 8.14(a)]와 같이 단면 전체에 걸쳐서 발생하지만, 비틀림에 의한 응력은 부재축에 회전하는 방향으로 저항한다. 전단과 비틀림에 의한 응력은 과도한 균열 방지와 콘크리트 압축대에 의한 파괴를 방지하기 위하여 식(8.30a)의 우측변 이하가 되어야 한다.

$$\sqrt{\left(\frac{V_u}{b_w d}\right)^2 + \left(\frac{T_u p_h}{1.7A_{oh}^2}\right)^2} \leq \phi\left(\frac{V_c}{b_w d} + \frac{2}{3}\sqrt{f_{ck}}\right) \tag{8.30a}$$

② **속빈단면**(hollow section) : 전단과 비틀림에 의한 응력은 식(8.30b)를 만족해야 한다.

$$\frac{V_u}{b_w d} + \frac{T_u p_h}{1.7A_{oh}^2} \leq \phi\left(\frac{V_c}{b_w d} + \frac{2}{3}\sqrt{f_{ck}}\right) \tag{8.30b}$$

속빈단면은 벽의 두께(t)가 A_{oh}/p_h 이하가 되면 좌굴의 위험성이 있으므로, 만일 두께(t)가 A_{oh}/p_h 이하가 되면 식(8.30b)의 좌변 두 번째 항을 $T_u/(1.7A_{oh}t)$로 대체하여 계산해야 한다. 여기서, t는 응력이 계산되는 위치에서 속빈단면의 벽두께이며, 속빈단면의 벽두께가 변할 경우에는 식(8.30b)의 좌변의 값이 최대가 되는 위치에서 계산해야 한다.

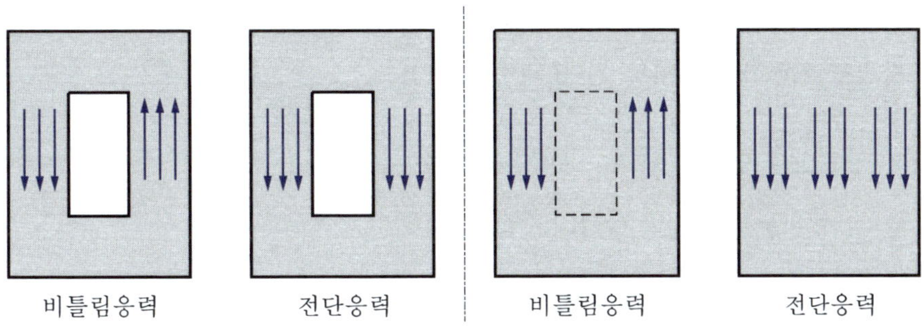

(a) 속빈단면 (b) 속찬단면

그림 8.14 비틀림응력과 전단응력의 비교

균열이 발생한 이후에 속찬단면의 벽두께(t)는 식(8.31)에 의하여 계산한다.

$$t = A_{oh}/p_h \tag{8.31}$$

8.5.3 콘크리트구조기준의 제한과 비틀림철근의 상세

KDS 14 20 국가건설기준에서는 비틀림모멘트에 대한 최소 안전성과 경제성을 확보하기 위하여 몇 가지 제한을 두고 있다. 이러한 제한을 정리하면 다음과 같다.

비틀림을 고려하지 않아도 되는 경우

계수비틀림모멘트(T_u)가 균열비틀림모멘트(T_{cr})의 1/4보다 작으면 휨과 전단강도에 큰 영향을 미치지 않으므로 이를 무시할 수 있다. 균열발생모멘트(T_{cr})는 박판튜브모델에 의하여 유도된 식(8.19)를 이용하여 콘크리트의 주인장응력이 $\lambda\sqrt{f_{ck}}/3$에 도달할 때 발생한다고 가정한다. 따라서 식(8.19)의 비틀림전단응력(v)을 $\lambda\sqrt{f_{ck}}/3$로 대치하고, T를 T_{cr}로 대치하여 식(8.32)를 유도한다.

$$T_{cr} = \frac{1}{3}\lambda\sqrt{f_{ck}}\,2A_o t \tag{8.32}$$

식(8.32)에서 균열발생 이전의 두께(t)와 A_o를 $t = 0.75A_{cp}/p_{cp}$와 $A_o = 2A_{cp}/3$로 하여 식(8.33)을 유도한다.

$$T_{cr} = \frac{1}{3}\lambda\sqrt{f_{ck}}\,\frac{A_{cp}^2}{p_{cp}} \tag{8.33}$$

따라서 계수비틀림모멘트(T_u)가 식(8.33)에 의하여 계산한 균열비틀림모멘트(T_{cr})의 1/4보다 작으면 비틀림을 고려하지 않아도 된다(식(8.34a, b)).

(철근콘크리트 부재)

$$T_u < \phi\left(\frac{\lambda\sqrt{f_{ck}}}{12}\right)\frac{A_{cp}^2}{p_{cp}} \tag{8.34a}$$

(축방향 인장력과 압축력을 받는 철근콘크리트 부재)

$$T_u < \phi\left(\lambda\frac{\sqrt{f_{ck}}}{12}\right)\frac{A_{cp}^2}{p_{cp}}\sqrt{1+\frac{N_u}{A_g\lambda\sqrt{f_{ck}}/3}} \tag{8.34b}$$

여기서, λ : 경량콘크리트 계수이며 식(2.14c)으로 계산, p_{cp} : 보의 둘레길이 $p_{cp}=2(x+y)$([그림 8.12] 참조), A_{cp} : 보의 단면적 $A_{cp}=xy$, N_u : 설계축력으로 하중계수를 고려한 축력, 축압축력에 대하여 양수(+), 축인장력에 대하여 음수(−), A_g : 부재의 전 단면적이다.

적합비틀림

8.1절의 일반 사항에서 설명한 적합비틀림은 균열이 발생한 이후에 내력의 재분배가 발생하여 비틀림모멘트가 감소하므로 계수비틀림모멘트를 식(8.35a, b)에 의해 계산하여 감소시킬 수 있다. 식(8.35a, b)는 식(8.33)에 의하여 계산한 균열비틀림모멘트(T_{cr})와 동일하며, 식(8.34a, b)의 4배이다.

(철근콘크리트 부재)

$$T_u < \phi\left(\frac{\lambda\sqrt{f_{ck}}}{3}\right)\frac{A_{cp}^2}{p_{cp}} \tag{8.35a}$$

(축방향 인장 및 압축력을 받는 철근콘크리트 부재)

$$T_u < \phi\left(\frac{\lambda\sqrt{f_{ck}}}{3}\right)\frac{A_{cp}^2}{p_{cp}}\sqrt{1+\frac{N_u}{A_g\lambda\sqrt{f_{ck}}/3}} \tag{8.35b}$$

비틀림철근의 상세, 최소 비틀림철근량과 간격

비틀림철근의 설계기준항복강도(f_{yt})는 전단설계와 동일하게 500 MPa까지이며, 비틀림철근은 종방향철근과 다음의 해당 철근으로 구성된다.

① 부재축에 수직인 폐쇄스터럽 또는 폐쇄띠철근
② 부재축에 수직인 횡방향강선으로 구성된 폐쇄용접철망
③ 철근콘크리트 보의 나선철근

비틀림철근이 부족할 경우에 사인장균열이 발생함과 동시에 부재가 취성적으로 파괴한다(8.2.2항 참조). 이러한 취성파괴를 방지하기 위하여 설계에서는 횡방향 폐쇄비틀림철근의 최소면적을 식(8.36) 이상이 되도록 규정한다. 식(8.36)에서 비틀림철근에 '2'를 곱하는 이유는 전단철근은 단면의 전체폭(b)을 이용한 트러스모델에 의하여 계산되지만, 비틀림철근은 단면의 한쪽면(t, [그림 8.11] 참조)을 이용한 박판튜브이론에 근거한 입체트러스모델에 의하여 계산되기 때문이다. 따라서 전단철근은 폭(b)에 있는 철근 두 가닥이 포함되지만, 비틀림철근은 폭의 한쪽면(t)에 있는 철근 한 가닥만이 포함된다. 전단력을 지지하기 위하여 배근한 스터럽이 3가닥 이상일 때는 보의 측면 가까이 있는 가닥만을 포함시킨다. 이것은 단면의 안쪽에 보강된 스터럽 가닥은 비틀림저항에 거의 효과가 없기 때문이다. 전단철근과 폐쇄형 비틀림철근은 부재축과 직각되는 방향에 배근되므로 두 철근 간격을 동시에 계산하는 것이 편리하다. 따라서 설계에서는 전단철근을 기준으로 한쪽 면(t)에만 배근되는 비틀림철근 단면에 "2"를 곱하여 철근 간격을 계산한다.

$$A_v + 2A_t = 0.0625\sqrt{f_{ck}}\,\frac{b_w s}{f_{yt}} \tag{8.36}$$

여기서, A_v : 전단보강스터럽의 단면적, A_t : 비틀림스터럽(폐쇄형 비틀림철근, 횡방향비틀림철근)의 단면적이다. 식(8.36)에 의한 결과는 $0.35 b_w s / f_{yt}$ 이상이 되어야 한다.

부재축방향(종방향) 비틀림철근의 최소 면적($A_{l,\min}$)은 식(8.37) 이상이 되어야 한다.

$$A_{l,\min} = \frac{0.42\sqrt{f_{ck}}\,A_{cp}}{f_{yl}} - \left(\frac{A_t}{s}\right)p_h\frac{f_{yt}}{f_{yl}} \tag{8.37}$$

식(8.37)을 이용하여 $A_{l,\min}$을 계산할 경우에 A_t/s는 $0.175 b_w / f_{yt}$ 이상이 되어야 한다.

횡방향비틀림철근의 간격은 균열발생 이후에 과도한 비틀림강성의 손실을 방지하며, 균열폭을 제어하기 위하여 식(8.38) 이하가 되어야 한다.

$$s_{\max} = \left(\frac{p_h}{8},\ 300\text{ mm}\right) \text{ 중에서 작은 값} \tag{8.38}$$

비틀림모멘트의 위험단면

비틀림모멘트의 위험단면은 전단과 유사하게 비틀림에 의하여 유발되는 전단응력 방향으로 받침부 반력이 부재의 단부를 압축할 경우에는 [그림 7.29]와 [그림 7.30]에서 설명한 받침부로부터 단면유효높이(d)만큼 떨어진 위치의 비틀림모멘트를 최대 계수비틀림모멘트로 하여 설계할 수 있다. 그러나 단면유효높이(d) 이내에 집중된 비틀림모멘트가 작용할 경우에는 받침부의 내부 측면을 위험단면으로 해야 한다.

8.5.4 비틀림 설계순서

철근콘크리트 부재에는 비틀림, 전단 및 휨모멘트가 동시에 작용하는 경우가 많다, 따라서 설계에서는 휨모멘트에 대하여 단면적의 크기와 철근량을 계산한 이후에 전단과 비틀림을 동시에 설계한다. 이는 전단과 비틀림을 동시에 설계할 경우에 스터럽 간격을 일정하게 정할 수 있어서 시공에 유리하기 때문이다. 비틀림 설계순서는 다음과 같다.

① 주어진 하중 조건에 대한 계수하중을 계산한다.

② 전단력과 비틀림모멘트의 분포를 계산하고, 위험단면에서의 최대 계수비틀림모멘트와 최대 계수전단력을 계산한다.

③ 비틀림설계를 할 필요가 있는지를 검토한다(식(8.34a, b)).

④ 평형비틀림과 적합비틀림을 구별한다. 적합비틀림일 경우에 계산한 최대 비틀림모멘트의 분포를 식(8.35a, b)에 맞추어 감소시킨다.

⑤ 단면치수 제한을 검토한다(식(8.30a, b)).

⑥ 횡방향비틀림철근(폐쇄스터럽)의 배근 간격을 결정한다. 콘크리트 압축대의 각도를 가정하고(일반적으로 45도로 가정), 식(8.27)을 이용해 식(8.39)를 유도하여 간격을 결정한다.

$$\frac{A_t}{s} = \frac{T_u}{\phi 2 A_o f_{yt}} \tan\theta \tag{8.39}$$

⑦ 폐쇄스터럽의 최소 비틀림철근의 단면적과 간격을 결정한다(식(8.36)과 식(8.38)).

⑧ 길이방향 비틀림철근의 배근 간격을 결정한다. ⑥에서 사용한 콘크리트 압축대의 각도를 식(8.23)에 대입하여 길이방향 비틀림철근의 양을 계산하고 간격을 결정한다. 또한, 식(8.37)에 의하여 종방향 비틀림철근의 최소 면적($A_{l,\min}$)을 계산하고, 계산한 값을 식(8.23)에서 계산한 값과 비교하여 큰 값을 사용한다.

⑨ 구간별 폐쇄형스터럽의 간격을 계산한다.

⑩ 철근을 배근한다.

예제 8-1

[예제 그림 7-1-1]의 철근콘크리트 단면에 계수하중 $V_u = 680$ kN과 계수비틀림모멘트 $T_u = 200$ kN · m가 동시에 작용할 때 필요한 스터럽의 간격(s)을 계산하라. 스터럽은 D10철근을 벽두께에 각각 2가닥씩 배근하며, 부재의 전단경간비(a/d)는 3이다. 주인장철근은 D29철근을 8개 사용하였다. 콘크리트의 압축강도 $f_{ck} = 24$ MPa, 스터럽의 설계기준항복강도 $f_y = 400$ MPa이다. D10철근과 D29철근의 단면적은 $A_s = 71.3\ \text{mm}^2$, $A_s = 642.4\ \text{mm}^2$이다.

풀이

① 비틀림 설계를 할 필요가 있는지를 검토한다(식(8.34a, b)).

$$T_u < \phi\left(\frac{\lambda\sqrt{f_{ck}}}{12}\right)\frac{A_{cp}^{\ 2}}{p_{cp}} \tag{a}$$

단면이 박스형이며 플랜지의 폭이 보의 폭보다 크다. 이 경우에는 플랜지의 양 쪽 날개부분의 단면을 무시하고 부재의 단면적을 계산할 수 있다. 따라서 $A_{cp} = 1{,}000 \times 900 = 900{,}000\ \text{mm}^2$, $p_{cp} = 2(1{,}000 + 900) = 3{,}800\ \text{mm}$.

식(a)에서 $\phi\left(\frac{\lambda\sqrt{f_{ck}}}{12}\right)\frac{A_{cp}^{\ 2}}{p_{cp}} = 0.75\left(\frac{1 \times \sqrt{24}}{12}\right)\frac{900{,}000^2}{3{,}800} = 65.3$ kN · m 이며 T_u는 200 kN · m이므로 비틀림 설계가 필요하다.

② 전단력과 비틀림모멘트가 동시에 작용할 때 설계가 가능한 지를 식(8.30)을 이용하여 검토한다. 예제 단면은 속빈단면이므로 식(8.30b)를 이용한다.

$$\frac{V_u}{b_w d} + \frac{T_u p_h}{1.7A_{oh}^{\ 2}} \leq \phi\left(\frac{V_c}{b_w d} + \frac{2}{3}\sqrt{f_{ck}}\right)$$

여기서, $A_{oh} = 920 \times 820 = 754{,}400\ \text{mm}^2$, $p_h = 2(920 + 820) = 3{,}480\ \text{mm}$, 콘크리트에 의한 공칭전단강도($V_c$)는 [예제 7-1]에서 $V_c = 273.8$ kN이다. 식을 계산하기에 앞서 벽의 두께가 A_{oh}/p_h 이하가 되면 좌굴의 위험성이 있으므로 이를 먼저 검토해야 한다.

$$\frac{A_{oh}}{p_h} = \frac{754{,}400}{3{,}480} = 216.8\ \text{mm}$$

벽의 두께 200 mm가 A_{oh}/p_h 이하가 되어 좌굴의 위험성 있다. 따라서 식(8.30b)의 좌변 두 번째 항을 $T_u/(1.7A_{oh}t)$로 대체하여 계산해야 한다.

$$\frac{V_u}{b_w d} + \frac{T_u}{1.7A_{oh} \cdot t} \leq \phi\left(\frac{V_c}{b_w d} + \frac{2}{3}\sqrt{f_{ck}}\right)$$

$$\frac{680{,}000}{400 \times 835} + \frac{200 \times 10^6}{1.7 \times 754{,}400 \times 200} \leq 0.75\left(\frac{273{,}800}{400 \times 835} + \frac{2}{3} \times \sqrt{24}\right)$$

$$2.82 \le 3.06$$

그러므로 설계가 가능하다.

③ 폐쇄스터럽의 배근 간격을 결정한다. 콘크리트 압축대의 각도를 기준에서는 45도로 할 것을 권장하고 있으므로 각도를 45도로 가정하고, 식(8.39)를 이용하여 간격을 결정한다.

$$\frac{A_t}{s} = \frac{T_u}{\phi 2 A_o f_{yt}} \tan\theta \tag{b}$$

식(b)에서 사인장균열의 각도를 45도로 가정한다. 이것은 부재축방향과 부재축과 직각되는 방향에 동일한 양의 비틀림철근을 배근함을 의미하며, 양 방향의 비틀림철근이 동시에 항복한 이후에 파괴되도록 설계하는 것이다. 식(b)에서 $A_o = 0.85 A_{oh}$이다.

$$\frac{A_t}{s} = \frac{200 \times 10^6}{0.75 \times 2 \times 0.85 \times 754{,}400 \times 400} = 0.520$$

전단철근 폐쇄스터럽 간격을 식(7.47)과 식(7.55)를 이용하여 결정한다. 여기서 콘크리트에 의한 공칭전단강도(V_c)는 [예제 7-1]에서 계산하였다.

$$\frac{A_v}{s} = \frac{V_u - \phi V_c}{\phi \times f_{yt} \times d} = \frac{680{,}000 - 0.75 \times 273{,}800}{0.75 \times 400 \times 835} = 1.895$$

④ 폐쇄스터럽의 최소 비틀림철근의 면적과 간격을 결정한다(식(8.36)과 식(8.38)).

$$A_v + 2A_t = 0.0625\sqrt{f_c'}\,\frac{b_w s}{f_{yt}}$$

$$\frac{A_v}{s} + \frac{2A_t}{s} = 0.0625\sqrt{24}\,\frac{400}{400}$$

$$\frac{A_v}{s} + \frac{2A_t}{s} = 0.306$$

그러므로 계산된 전단과 비틀림모멘트를 저항하기 위한 폐쇄스터럽의 양은 최소 철근량 이상이 된다. 따라서 전단과 비틀림모멘트를 저항하기 위한 폐쇄스터럽의 양을 식(c)와 같이 계산한다.

$$\frac{A_v}{s} + \frac{2A_t}{s} = 1.895 + 2 \times 0.520 = 2.935 \tag{c}$$

식(c)를 이용하면 전단과 비틀림모멘트를 저항하기 위한 폐쇄스터럽의 간격을 식(d)에 의해 계산할 수 있다(D10 철근을 사용하며 각 벽두께에 2개씩 배근).

$$s = 2 \times \frac{2 \times 71.3}{2.935} = 97.2\ \text{mm} \tag{d}$$

식(d)에 의하여 계산된 폐쇄스터럽의 간격을 식(8.38)에 의하여 검토한다.

$$s_{\max} = \left(\frac{p_h}{8},\ 300\text{ mm}\right) \text{ 중에서 작은 값} \tag{e}$$

$$= \left(\frac{3{,}480}{8}\text{ mm},\ 300\text{ mm}\right) = 300\text{ mm}$$

그러므로 전단과 비틀림 위험단면에서의 폐쇄스터럽의 간격은 97.2 mm이다. 전단에 대해서는 식(7.57a)와 (7.57b)에 의하여 검토한다.

⑤ 길이방향 비틀림철근의 배근 간격을 식(8.23)에 의하여 결정한다. 식(8.37)에 의하여 종방향 비틀림철근의 최소 면적($A_{l,\min}$)을 계산하고, 계산한 값을 식(8.23)에서 계산한 면적과 비교한다.

$$A_l = \frac{A_t}{s}\, p_h\, \frac{f_{yt}}{f_{yl}} \cot^2\theta \tag{f}$$

식(b)를 이용하여 폐쇄형 스터럽의 간격을 계산하는 과정에서 사인장균열의 각도를 45도로 가정하였다. 따라서 동일한 각도를 식(f)에 대입하여 길이방향 비틀림철근을 계산한다.

$$A_l = 0.520 \times 3{,}480 \times \frac{400}{400} \times 1 = 1{,}809.6\text{ mm}^2 \tag{g}$$

식(g)에 의하여 계산한 A_l 값을 식(8.37)의 종방향 비틀림철근의 최소 면적($A_{l,\min}$)과 비교한다.

$$A_{l,\min} = \frac{0.42\sqrt{f_{ck}}\,A_{cp}}{f_{yl}} - \left(\frac{A_t}{s}\right) p_h \frac{f_{yt}}{f_{yl}} \tag{h}$$

$$= \frac{0.42\sqrt{24} \times 900{,}000}{400} - 0.520 \times 3{,}480 \times \frac{400}{400} = 2{,}819.9\text{ mm}^2$$

식(g)에 의하여 계산한 A_l 값이 식(h)의 종방향 비틀림철근의 최소 면적($A_{l,\min}$)보다 작으므로 배근해야 할 A_l 값은 식(h)의 $2{,}819.9\text{ mm}^2$이다. 보의 상단과 하단 및 중간에 각각 5-D29(단면적 $A_s = 642.4\text{ mm}^2$)의 종방향 비틀림철근을 추가로 배근한다. 각 단의 철근 총 단면적은 $3{,}212\text{ mm}^2$이다.

예제 8-2

[예제 그림 8-2-1]의 장신구조에 연결된 1방향 슬래브의 외각보를 비틀림설계하라. 스터럽은 D10(단면적 $A_s = 71.3\text{ mm}^2$)을 [예제 그림 8-2-1]과 같이 두 가닥 사용하라. 부재축방향 비틀림철근은 D19(단면적 $A_s = 286.7\text{ mm}^2$)를 사용하라. 콘크리트의 압축강도 $f_{ck} = 24\text{ MPa}$, 전단과 비틀림철근의 설계기준항복강도 $f_y = 400\text{ MPa}$이다

보에 사용되는 철근콘크리트의 자중 : 24 kN/m^3
슬래브의 고정하중에 의하여 전달되는 분포 하중 : 30 kN/m

슬래브의 활하중에 의하여 전달되는 분포 하중 : 30 kN/m
슬래브의 고정하중에 의하여 전달되는 부모멘트 : 10 kN · m/m
슬래브의 활하중에 의하여 전달되는 부모멘트 : 10 kN · m/m

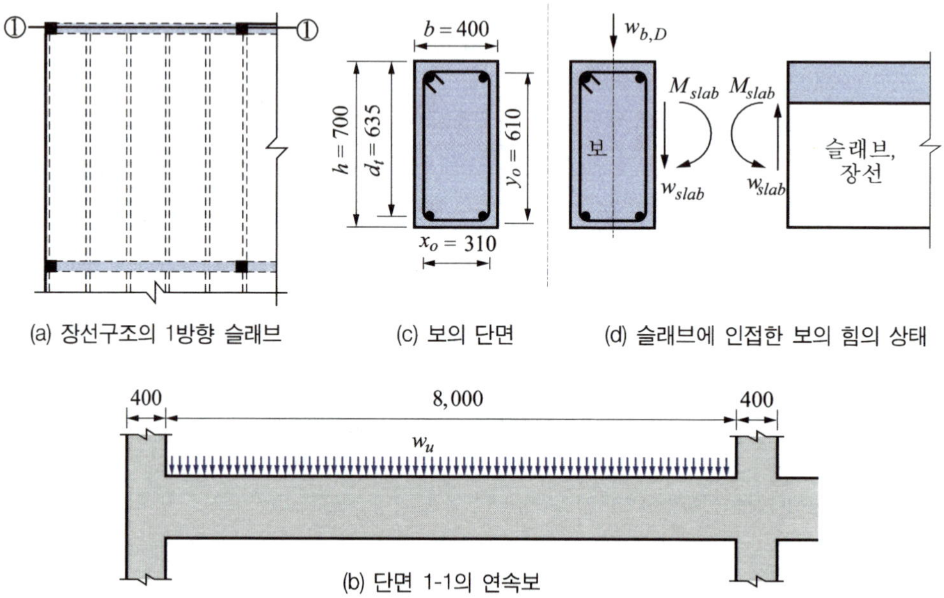

예제 그림 8-2-1 철근콘크리트 보와 단면

풀이

① 주어진 하중 조건에 대한 계수하중을 계산한다.
보에 작용하는 하중의 분포를 계산한다.

슬래브에서 전달되는 하중 $w_{slab} = 1.2 \times 30 + 1.6 \times 30 = 84.0\ \mathrm{kN/m}$

보의 자중 $w_{b,D} = 1.4 \times 24 \times 0.4 \times 0.7 = 9.4\ \mathrm{kN/m}$

$w_u = w_{slab} + w_{b,D} = 84 + 9.4 = 93.4\ \mathrm{kN/m}$

보에 작용하는 비틀림모멘트의 분포를 계산한다.

슬래브에서 전달되는 부방향 모멘트 $M_{slab} = 1.2 \times 10 + 1.6 \times 10 = 28.0\ \mathrm{kN \cdot m/m}$

슬래브의 전단력에 의하여 유발되는 비틀림모멘트 $T_{slab} = 84 \times 0.2 = 16.8\ \mathrm{kN \cdot m/m}$

전체 비틀림모멘트 분포 $t_u = 28.0 + 16.8 = 44.8\ \mathrm{kN \cdot m/m}$

② 전단력과 비틀림모멘트의 분포를 계산하고, 위험단면에서의 최대 계수비틀림모멘트와 최대 계수전단력을 계산한다.
보의 부재축방향에 따라서 변화하는 계수전단력($V_{u,x}$)을 계산한다. 단부에서 x만큼 떨어진 위치의 계수전단력을 힘의 평형을 이용하여 계산한다. 계수전단력($V_{u,x}$)의 분포는 [예제 그림

8-2-2(b)]에 표시하였다.

$$V_{ux} = \frac{w_u l}{2} - w_u x = 373.6 - 93.4x \tag{a}$$

최대 계수전단력($V_{u,\max}$)을 계산한다. 받침부에 압축력이 작용하면 $V_{u,\max}$는 받침부에서 단면 유효높이(d)만큼 떨어진 위치의 전단력이다.

$$V_{u,\max} = \frac{w_u l}{2} - w_u x = 373.6 - 93.4 \times 0.635 = 314.3\ \mathrm{kN} \tag{b}$$

보의 부재축방향에 따라서 변화하는 계수비틀림모멘트($T_{u,x}$)를 계산한다. 계수비틀림모멘트($T_{u,x}$)의 분포는 [예제 그림 8-2-2(c)]에 표시하였다.

$$T_{ux} = \frac{t_u l}{2} - t_u x = 179.2 - 44.8x \tag{c}$$

최대 계수비틀림모멘트($T_{u,\max}$)을 계산한다. 받침부에 압축력이 작용하면 $T_{u,\max}$는 받침부에서 단면유효높이(d)만큼 떨어진 위치의 비틀림모멘트이다.

$$T_{u,\max} = \frac{w_u l}{2} - w_u x = 179.2 - 44.8 \times 0.635 = 150.8\ \mathrm{kN \cdot m} \tag{d}$$

③ 비틀림 설계를 할 필요가 있는지 검토한다(식(8.34 a, b)).

$$T_u < \phi\left(\frac{\lambda\sqrt{f_{ck}}}{12}\right)\frac{A_{cp}^2}{p_{cp}} \tag{e}$$

$A_{cp} = 400 \times 700 = 280{,}000\ \mathrm{mm}^2$, $p_{cp} = 2(400+700) = 2{,}200\ \mathrm{mm}$

식(e)에서 $\phi\left(\frac{\lambda\sqrt{f_{ck}}}{12}\right)\frac{A_{cp}^2}{p_{cp}} = 0.75\left(\frac{1\times\sqrt{24}}{12}\right)\frac{280{,}000^2}{2{,}200} = 10.9\ \mathrm{kN\cdot m}$이며, $T_{u,\max}$는 150.8 kN · m이므로 비틀림 설계가 필요하다.

④ 평형비틀림과 적합비틀림을 구별한다. 적합비틀림일 경우에 계산한 최대 비틀림모멘트의 분포를 식(8.35a, b)에 맞추어 감소시킨다.

[예제 그림 8-2-1]의 장선구조 슬래브의 단부에서 발생하는 휨모멘트가 보에 비틀림모멘트를 유발한다. 보에 균열이 발생하여 비틀림강성이 감소할 경우에 슬래브에서 전달되는 비틀림모멘트가 감소하므로 이 경우는 적합비틀림으로 볼 수 있다. 따라서 최대 비틀림모멘트는 식(8.35a)에 의하여 계산해야 한다.

$$T_u < \phi\left(\frac{\lambda\sqrt{f_{ck}}}{3}\right)\frac{A_{cp}^2}{p_{cp}} \tag{f}$$

$$\phi\left(\frac{\lambda\sqrt{f_{ck}}}{3}\right)\frac{A_{cp}^2}{p_{cp}} = 0.75\left(\frac{1\times\sqrt{24}}{3}\right)\frac{280{,}000^2}{2{,}200} = 43.6\ \mathrm{kN\cdot m}$$

따라서 식(d)에서 계산한 최대 계수비틀림모멘트($T_{u,\max}$)는 43.6 kN · m가 되며, 비틀림모멘트의 분포도 150.8/43.6 = 3.46배 만큼 감소하여 식(g)와 [예제 그림 8-2-2(d)]와 같이 바뀐다.

$$T_{ux} = \frac{t_u l}{2} - t_u x = 51.8 - 12.9x \tag{g}$$

⑤ 단면치수 제한을 검토한다(식(8.30a, b)).

$$\sqrt{\left(\frac{V_u}{b_w d}\right)^2 + \left(\frac{T_u p_h}{1.7A_{oh}^2}\right)^2} \leq \phi\left(\frac{V_c}{b_w d} + \frac{2}{3}\lambda\sqrt{f_{ck}}\right) \tag{h}$$

$$V_c = \frac{1}{6}\sqrt{f_{ck}}\, b_w d = \frac{1}{6} \times \sqrt{24} \times 400 \times 635 = 207{,}390 \text{ N}$$

$$\sqrt{\left(\frac{314{,}300}{400 \times 635}\right)^2 + \left(\frac{43{,}600{,}000 \times 1{,}840}{1.7 \times 189{,}100^2}\right)^2} \leq 0.75\left(\frac{207{,}390}{400 \times 635} + \frac{2}{3} \times 1 \times \sqrt{24}\right)$$

1.81 MPa ≦ 3.06 MPa

여기서, $A_{oh} = 310 \times 610 = 189{,}100 \text{ mm}^2$, $p_h = 2(310 + 610) = 1{,}840 \text{ mm}$

$$V_c = \frac{1}{6}\sqrt{f_{ck}}\, b_w d = \frac{1}{6}\sqrt{24} \times 400 \times 635 = 207{,}390 \text{ N}$$

그러므로 단면은 충분히 크다.

⑥ 폐쇄스터럽의 배근 간격을 결정한다. 콘크리트 압축대의 각도를 45도로 가정하고, 식(8.39)를 이용하여 간격을 결정한다.

$$\frac{A_t}{s} = \frac{T_u}{\phi 2 A_o f_{yt}} \tan\theta \tag{i}$$

식(i)에서 사인장균열의 각도는 45도로 가정한다. 이것은 부재축방향과 부재축과 직각되는 방향에 동일한 양의 비틀림철근을 배근함을 의미하며, 양 방향의 비틀림철근이 동시에 항복한 이후에 파괴되도록 설계하는 것이다.

$$\frac{A_t}{s} = \frac{43{,}600{,}000}{0.75 \times 2 \times 0.85 \times 189{,}100 \times 400} = 0.452$$

콘크리트의 전단저항내력과 전단철근 폐쇄스터럽 간격을 식(7.47)과 식(7.55)를 이용하여 결정한다.

$$\phi V_c = \phi\frac{1}{6}\sqrt{f_{ck}}\, b_w d = 0.75 \times \frac{1}{6} \times \sqrt{24} \times 400 \times 635 = 155.5 \text{ kN}$$

$$\frac{A_v}{s} = \frac{V_u - \phi V_c}{\phi \times f_{yt} \times d} = \frac{314{,}300 - 155{,}500}{0.75 \times 400 \times 635} = 0.834$$

⑦ 폐쇄스터럽의 최소 비틀림철근의 양과 간격을 계산한다(식(8.36)과 식(8.38)).

$$A_v + 2A_t = 0.0625\sqrt{f_{ck}}\frac{b_w s}{f_{yt}} \tag{j}$$

$$\frac{A_v}{s} + \frac{2A_t}{s} = 0.0625\sqrt{24}\frac{400}{400}$$

$$\frac{A_v}{s} + \frac{2A_t}{s} = 0.306$$

그러므로 계산된 전단과 비틀림모멘트를 저항하기 위한 폐쇄스터럽의 양은 최소 철근량 이상이 된다. 따라서 전단과 비틀림모멘트를 저항하기 위한 폐쇄스터럽의 양을 다음 식으로 계산한다.

$$\frac{A_v}{s} + \frac{2A_t}{s} = 0.834 + 2\times 0.452 = 1.738 \tag{k}$$

식(k)를 이용하여 전단과 비틀림모멘트를 저항하기 위한 폐쇄스터럽의 간격을 식(l)에 의해 계산할 수 있다(D10 철근 사용).

$$s = \frac{2\times 71.3}{1.738} = 82.0\text{ mm} \tag{l}$$

식(l)에 의하여 계산된 폐쇄스터럽의 간격을 식(8.38)에 의하여 검토해야 한다.

$$s_{\max} = \left(\frac{p_h}{8},\ 300\text{ mm}\right) \text{ 중에서 작은 값} \tag{m}$$

$$= \left(\frac{1{,}840}{8}\text{ mm},\ 300\text{ mm}\right) = 230\text{ mm}$$

그러므로 전단과 비틀림 위험단면에서의 폐쇄스터럽의 간격은 82.0 mm가 되어야 한다. 전단에 대해서는 식(7.57a) 또는 식(7.57b)에 의하여 검토한다.

⑧ 길이방향 비틀림철근의 배근 간격을 결정한다. ⑥에서 이용한 동일한 콘크리트 압축대의 각도를 이용하여 식(8.23)에서 길이방향 비틀림철근의 양을 계산하고 간격을 결정한다. 또한, 식(8.37)에 의하여 종방향 비틀림철근의 최소 면적($A_{l,\min}$)을 계산하고, 계산한 값을 식(8.23)에서 계산한 면적과 비교한다.

$$A_l = \frac{A_t}{s} p_h \frac{f_{yt}}{f_{yl}} \cot^2\theta \tag{n}$$

식(i)를 이용하여 폐쇄형스터럽의 간격을 계산하는 과정에서 사인장균열의 각도를 45도로 가정하였나. 따라서 길이방향 비틀림철근을 계산하기 위해서도 동일한 각도를 이용하여 식(n)을 계산해야 한다.

$$A_l = 0.452\times 1{,}840\times \frac{400}{400}\times 1 = 831.7\text{ mm}^2 \tag{o}$$

식(o)에 의하여 계산한 A_l 값을 식(8.37)의 종방향 비틀림철근의 최소 면적($A_{l,\min}$)과 비교해야 한다.

$$A_{l,\min}=\frac{0.42\sqrt{f_{ck}}A_{cp}}{f_{yl}}-\left(\frac{A_t}{s}\right)p_h\frac{f_{yt}}{f_{yl}} \tag{p}$$

$$=\frac{0.42\sqrt{24}\times 280{,}000}{400}-0.452\times 1{,}840\times\frac{400}{400}=608.6\ \mathrm{mm}^2$$

식(o)에 의하여 계산한 A_l 값이 식(p)의 종방향 비틀림철근의 최소 면적($A_{l,\min}$)보다 크므로 배근해야 할 A_l 값은 831.7 mm^2이다. 보의 상단과 하단 및 중간의 3곳에 각각 3-D19(단면적 $A_s=286.7\ \mathrm{mm}^2$)의 비틀림철근을 추가로 배근한다.

$$\frac{831.7}{3}=277.2\ \mathrm{mm}^2$$

⑨ 구간별 폐쇄형스터럽의 간격을 계산한다.

[예제 그림 8-2-2]에서 전단력과 비틀림모멘트는 부재의 길이에 따라서 변화한다. 그러므로 보다 경제적인 설계를 위해서는 부재의 구간에 따라서 폐쇄형스터럽의 간격을 조절할 수 있다. 지점에서 1.5 m 위치의 스터럽의 간격을 계산하기 위해서는 식(g)에 1.5를 대입하여 비틀림모멘트를 계산해야 한다.

$$T_{ux}=\frac{t_u l}{2}-t_u x=51.8-12.9x=32.5\ \mathrm{kN\cdot m} \tag{q}$$

식(i)를 이용하여 필요한 폐쇄스터럽을 계산한다.

$$\frac{A_t}{s}=\frac{32{,}500{,}000}{0.75\times 2\times 0.85\times 189{,}100\times 400}=0.337 \tag{r}$$

식(a)에 1.5를 대입하여 전단력을 계산한다.

$$V_{u,\max}=\frac{w_u l}{2}-w_u x=373.6-93.4\times 1.5=233.5\ \mathrm{kN}$$

전단철근 폐쇄스터럽 간격을 식(7.47)과 식(7.55)를 이용하여 결정한다.

$$\frac{A_v}{s}=\frac{V_u-\phi V_c}{\phi\times f_{yt}\times d}=\frac{233{,}500-155{,}500}{0.75\times 400\times 635}=0.409$$

계산된 값은 식(j)에 의해 계산한 최소 폐쇄형스터럽의 양보다 많으므로, 식(k)와 같이 폐쇄스터럽의 간격을 계산할 수 있다(D10 철근 사용).

$$\frac{A_v}{s}+\frac{2A_t}{s}=0.409+2\times 0.337=1.083$$

$$s=\frac{2\times 71.3}{1.083}=131.7\ \mathrm{mm}$$

위에서 계산한 스터럽 간격은 식(m)에서 계산한 간격 이상이므로 이 간격으로 배근해야 한다. 전단에 대해서는 식(7.57a) 또는 (7.57b)에 의해 검토한다. 식(7.57)에서 전단력에 대한 스터럽의 최대 간격은 다음과 같다.

$$s_{\max} = \min\left(\frac{2 \times 71.3 \times 400}{0.35 \times 400},\ \frac{635}{2},\ 600\,\mathrm{mm}\right) \tag{s}$$

$$= \min(407.4,\ 317.5,\ 600\,\mathrm{mm})$$

그러므로 스터럽의 최대 간격($s_{\max}$)은 317.5 mm이며 이 값은 식(m)에서 계산한 폐쇄형 비틀림스터럽의 최대 간격 230 mm보다 크다.

⑩ 131.7 mm의 간격으로 폐쇄형스터럽을 배근한다.

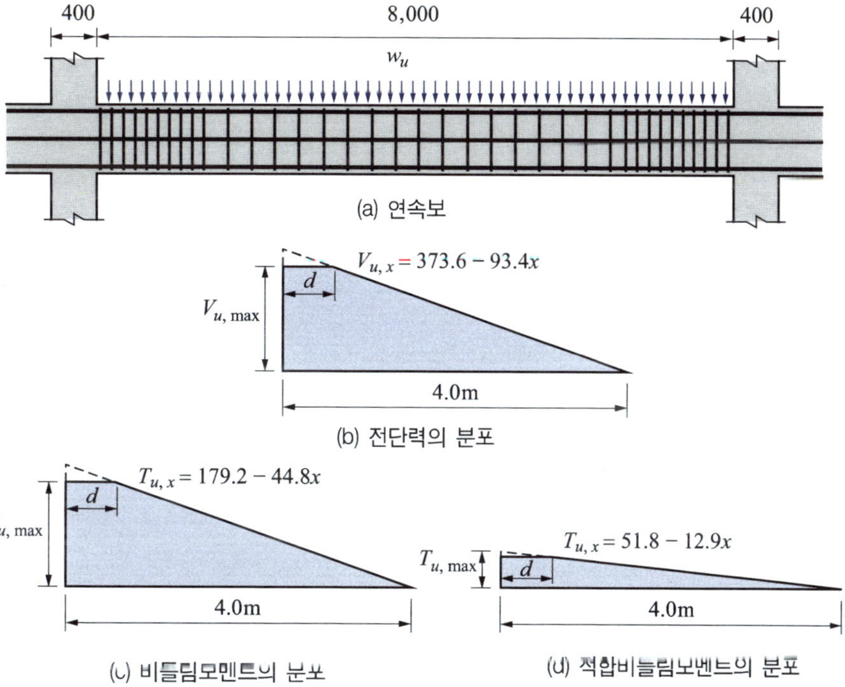

예제 그림 8-2-2 철근 배근, 전단력과 비틀림모멘트 분포

Chapter 8 연습문제

8.1 철근콘크리트 부재의 평형비틀림과 적합비틀림의 차이를 설명하라.

8.2 비틀림파괴모드를 네 가지로 구분하고 그 특징을 설명하라.

8.3 Skew bending 이론에 대하여 설명하라.

8.4 입체트러스모델에 의하여 비틀림철근에 의한 비틀림내력(T_s) 평가식을 유도하라.

8.5 전단력과 비틀림이 동시에 작용하는 경우의 철근콘크리트 부재의 내력에 대하여 설명하라.

8.6 [연습 그림 8.1]의 철근콘크리트 단면에 계수하중 $V_u = 1{,}000\ \mathrm{kN}$과 계수비틀림모멘트 $T_u = 350\ \mathrm{kN \cdot m}$가 동시에 작용할 때 필요한 스터럽의 간격($s$)을 계산하라. 스터럽은 D10철근을 벽두께에 각각 2가닥씩 배근하며, 부재의 전단경간비(a/d)는 3이다. 주인장 철근은 D29철근을 8개 사용하였다. 콘크리트의 압축강도 $f_{ck} = 24\ \mathrm{MPa}$, 스터럽의 설계기준항복강도 $f_y = 400\ \mathrm{MPa}$이다. D10철근과 D29철근의 단면적은 각각 $A_s = 71.3\ \mathrm{mm}^2$, $A_s = 642.4\ \mathrm{mm}^2$이다.

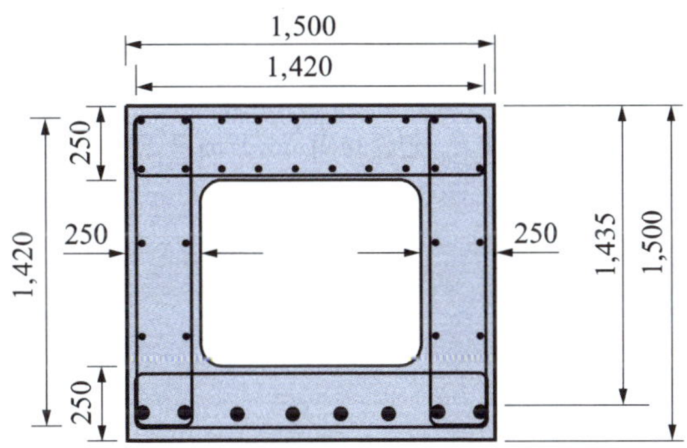

연습 그림 8.1 단면의 크기(단위 : mm)

8.7 [연습 그림 8.2]의 단순보를 비틀림 설계하라. 스터럽은 D10(단면적 $A_s = 71.3\ \mathrm{mm}^2$)을 두 가닥 사용하라. 콘크리트의 압축강도 $f_{ck} = 24\ \mathrm{MPa}$, 전단 및 비틀림철근의 설계기준항복강도 $f_y = 400\ \mathrm{MPa}$이다.

보의 고정하중에 의하여 전달되는 분포 하중, $w_D = 30\ \mathrm{kN/m}$,

보의 활하중에 의하여 전달되는 분포 하중, $w_L = 25\ \mathrm{kN/m}$

(1) 비틀림균열각도(θ)를 45도로 할 경우의 비틀림 위험단면에서의 횡방향 비틀림철근의 간격과 부재축방향 비틀림철근의 양을 정하라.

(2) 비틀림균열각도(θ)를 40도로 할 경우의 비틀림 위험단면에서의 횡방향 비틀림철근의 간격과 부재축방향 비틀림철근의 양을 정하라.

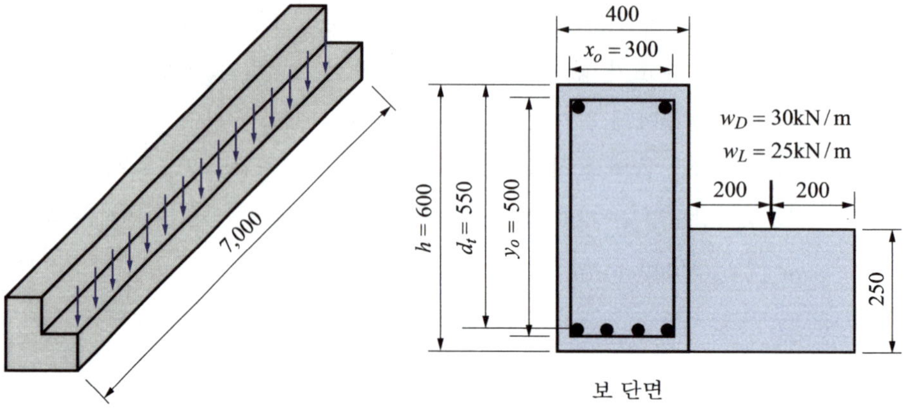

연습 그림 8.2 단순보의 철근 배근 단면의 크기(단위 : mm)

Chapter 09

응력교란영역의 설계

9.1 일반 사항

9.2 스트럿 - 타이 모델

9.3 깊은보의 설계

9.4 브래킷과 내민 받침의 설계

9.1 일반 사항

철근콘크리트 구조물은 응력과 부재의 기하학적인 형태에 따라서 평면유지의 가정을 적용할 수 있는 구간과 적용할 수 없는 구간으로 나눌 수 있다. St. Venant 원리에 의하면 집중 하중이 작용하거나 단면이 급격하게 변하는 구간에서는 평면유지의 가정이 적용되지 않는다. 이러한 구간에서 응력은 중립축에서 떨어진 거리에 비례하여 변화하지 않고 비선형적인 상태를 나타낸다. 따라서 [그림 9.1]의 구조물을 다음과 같이 응력균일영역(B영역)과 응력교란영역(D영역)으로 구분할 수 있다.

① **B영역(응력균일영역,** B region) : 휨이론의 평면유지 가정이 적용되는 부재 영역을 말한다. 이 구간에서 변형률은 중립축으로부터 떨어진 거리에 비례하여 선형적으로 변화한다.

② **D영역(응력교란영역,** D region) : 집중 하중이 작용하여 하중이 불연속적으로 작용하거나, 부재의 형태가 불연속적(discontinuity)인 영역으로 평면유지의 가정이 적용되지 않는 응력교란(disturbed)영역을 말한다. 이 구간에서 변형률은 중립축으로부터 떨어진 거리에 비례하여 변화하지 않으며 비선형적인 분포를 나타낸다. D영역에 해당하는 부재는 [그림 9.1]의 깊은보, 브래킷, 단이진 보, 집중하중 작용점 등이 있다.

철근콘크리트 구조물에는 B영역과 D영역이 혼재하며, 하중의 불연속 또는 부재의 기하학적 형태의 불연속이 발생한 지점에서 단면의 높이(h) 또는 단면의 유효높이(d)까지의 영역을 D영역으로 간주한다. 두 개의 D영역이 겹치거나 만났을 경우에는 두 개의 D영역을 한 개의 D영역으로 보고 설계할 수 있으며, D영역의 단면 높이에 대한 길이 비의 최댓값은 2이다.

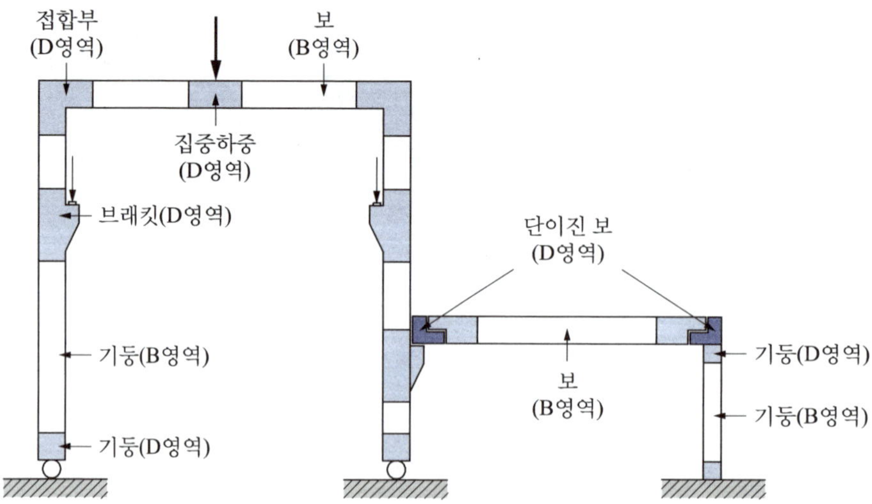

그림 9.1 B영역과 D영역(Hsu, 1993)

B영역은 5장, 7장과 8장에서 설명한 휨, 전단, 비틀림 설계를 적용할 수 있다. 그러나 이러한 설계법을 D영역에 적용할 경우에 부재의 내력을 타당하게 예측할 수 없는 경우가 많다. [그림 9.2]는 Kani의 전단경간비를 변수로 한 철근콘크리트 보의 실험 결과를 Collins 등이 7장의 변형률 접합조건을 활용한 트러스모델을 기본으로 한 전단설계법(그림의 단면해석모델)과 스트럿 - 타이 모델에 의한 예측 결과를 비교한 것이다. 그림에서 B영역 설계모델은 전단경간비가 2.5 이하인 보의 전단내력을 과소평가함을 알 수 있다. 반면, 스트럿 - 타이 모델은 전단경간비가 2.5 이하인 보의 전단내력을 비교적 정확하게 예측함으로써 응력교란영역에서 스트럿 - 타이 모델의 정확성이 더 높은 것을 알 수 있다.

KDS 14 20 국가건설기준에서는 스트럿 - 타이 모델을 부재의 응력교란영역 중에서 깊은보, 전단경간비가 2 이하인 브래킷과 내민 받침에 적용할 수 있도록 하고 있다. 이 장에서는 스트럿 - 타이 모델의 일반 개념과 설계 방법 및 이를 활용한 깊은보, 브래킷, 내민 받침에 대한 설계법을 설명한다.

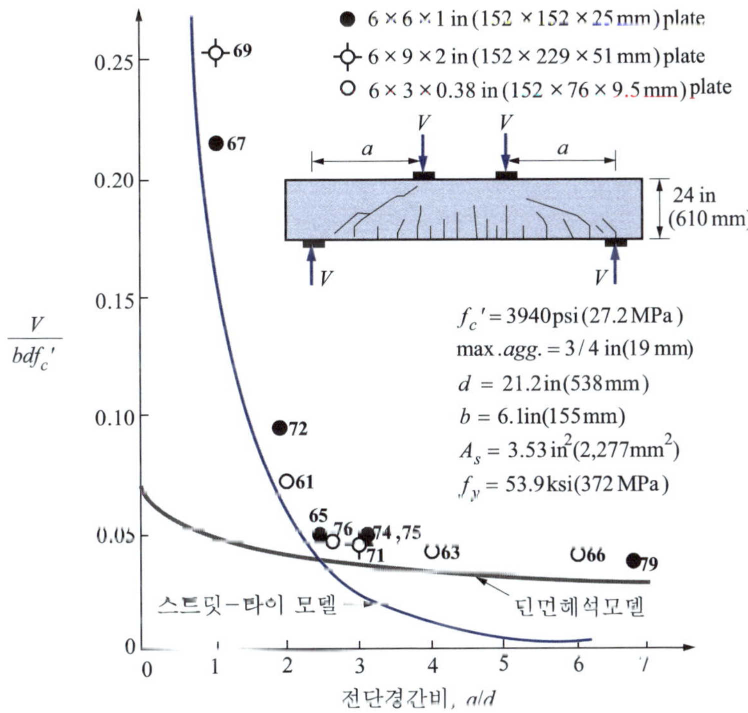

그림 9.2 철근콘크리트 보의 전단실험 결과와 스트럿 – 타이 모델 및 트러스모델에 의한 결과의 비교(Kani 등, 1979, Collin and Mitchell, 1991)

9.2 스트럿 - 타이 모델

9.2.1 스트럿 - 타이 모델의 기본 개념

Ritter와 Morch가 사인장균열이 발생한 철근콘크리트 보의 힘의 흐름을 콘크리트의 대각선 압축대와 철근의 수직 및 하부인장재로 구성된 트러스모델에 의하여 설명한 후에 트러스모델은 여러 연구자에 의하여 발전되었다. 스트럿 - 타이 모델(Strut-Tie Model, STM)은 소성이론과 힘의 평형조건을 이용한 트러스모델의 일종으로 부재의 응력교란영역의 전단설계에 효율적인 설계법이다. 스트럿 - 타이 모델은 [그림 9.3]의 스트럿, 타이, 절점 및 절점영역(스트럿과 타이의 단면력을 지점이나 부근의 B영역으로 전달시켜 주는 점과 영역) 등으로 구성되며, 콘크리트 구조부재 또는 D영역의 설계를 위한 트러스모델의 일종이다.

9.2.2 스트럿 - 타이 모델의 구성요소

스트럿 - 타이 모델은 스트럿과 타이 및 절점으로 이루어진 트러스모델로 각 구성요소의 특징을 요약하면 다음과 같다.

스트럿(strut)

스트럿은 스트럿 - 타이 모델의 압축재를 말한다. 스트럿의 형태는 힘의 분포에 의하여 프리즘(prismatic), 아치(arch), 부채모양(fan-shape), 병모양(bottle-shape)의 스트럿으로 이상화하여 설계한다. 스트럿의 양쪽 면에 접해있는 절점영역의 강도가 차이가 나거나, 양쪽 면의 지압길이가 다를 경우에는 스트럿 내부의 콘크리트 유효압축강도가 서로 다를 수 있다. 이러한 경우에는 스트럿의 폭을 일정하게 감소시켜 유효압축강도의 변화를 반영할 수 있다.

병모양 스트럿은 [그림 9.3]의 압축응력과 인장응력을 받아 스트럿 중간 부위의 폭이 옆으로 퍼진 스트럿이다. 설계의 단순화를 위하여 병모양 스트럿은 프리즘형 또는 단면이 일정하게 감소하는 테퍼드 스트럿(tapered strut)으로 변화시킬 수 있다. 병모양 스트럿에는 균열을 제어하기 위하여 균열제어철근을 배근하기도 한다. 크기가 변화하는 병모양 스트럿의 단면적은 전체 단면적 중에서 가장 작은 값을 택하여 설계한다.

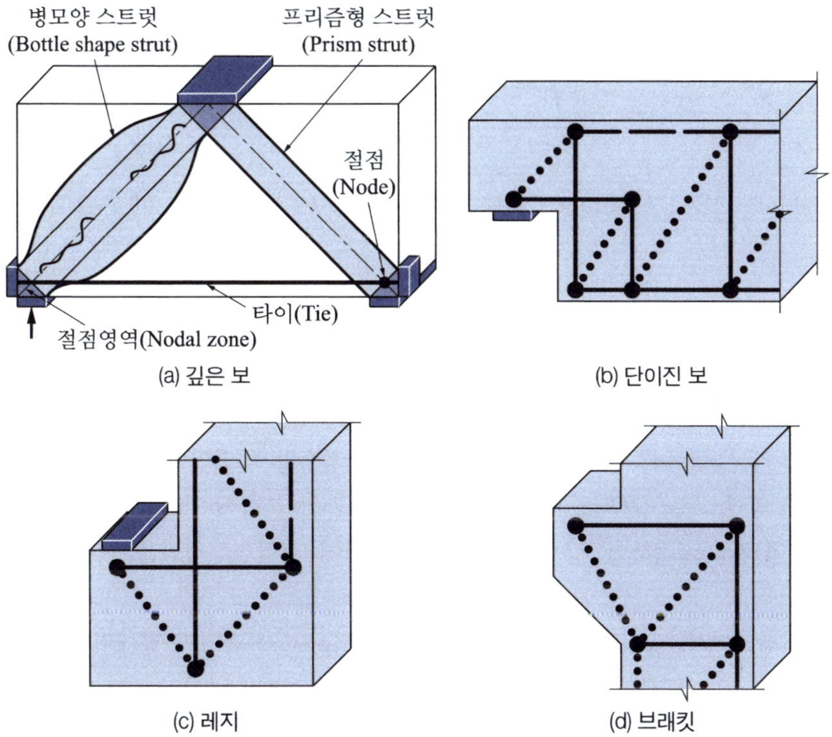

그림 9.3 다양한 부재의 스트럿-타이 모델

타이(tie)

타이는 스트럿-타이 모델의 인장재를 말한다. 타이는 철근, 긴장재(prestressing steel), 철근 주위의 콘크리트로 구성된다. 철근주변 콘크리트에는 스트럿과 타이에 작용하는 힘을 정착하기 위한 영역이 포함된다. 2.8절에서 설명한 인장경화효과에 의하여 타이주변 콘크리트가 인장력에 저항하게 되고 이로 인하여 철근의 인장변형이 감소할 수 있지만 설계에서는 인장경화효과를 직접 반영하지는 않는다.

절점(node)

절점은 스트럿-타이 모델에서 스트럿과 타이 그리고 집중하중이 작용하는 접합부의 축이 교차하는 점을 말한다. 절점에는 힘의 평형조건을 만족시키기 위하여 적어도 세 개의 힘이 작용해야 한다. 절점은 힘의 작용방향에 따라 [그림 9.4]의 세 개의 압축력이 작용하는 $C-C-C$ 절점, 두 개의 압축력과 한 개의 인장력이 작용하는 $C-C-T$절점, 한 개의 압축력과 두 개의 인장력이 작용하는 $C-T-T$절점, 세 개의 인장력이 작용하는 $T-T-T$절점으로 구별한다.

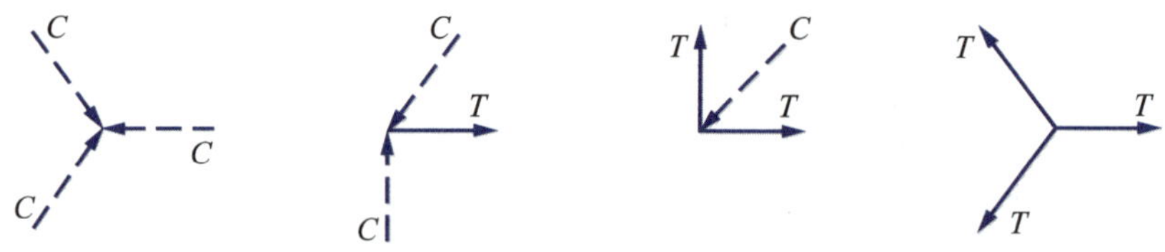

(a) *C-C-C* 절점 (b) *C-C-T* 절점 (c) *C-T-T* 절점 (d) *T-T-T* 절점

그림 9.4 절점의 종류

절점영역(nodal zone)

절점영역은 스트럿 - 타이 모델에서 하중이 전달될 수 있는 절점 주변의 콘크리트 영역을 말한다. 그 동안 세 방향에서 동일한 응력이 작용하는 정수압 절점영역(hydrostatic stress nodal zone)만이 절점영역으로 이용되었지만, 설계에서는 철근의 부착에 대한 영향, 정착길이와 방법 및 철근 배근형태를 고려하여 정수압 절점영역 대신에 확장절점영역을 이용하고 있다([그림 9.10] 참조).

정수압 절점영역에서는 스트럿과 타이의 축이 하중면, 즉, 절점영역 경계면과 직각을 이루며, 모든 하중면에서 같은 크기의 응력이 작용한다. 따라서 [그림 9.5(a)]의 $C-C-C$ 절점영역에서는 절점면에 작용하는 응력이 동일하므로 절점영역면의 폭의 비($w_{n1} : w_{n2} : w_{n3}$)와 힘의 비($C_1 : C_2 : C_3$)는 비례한다. $C-C-T$ 절점의 경우에는 두 개의 압축력과 한 개의 인장력이 작용한다. 이 중에서 인장력이 작용하는 타이는 절점을 관통하여 반대쪽에 설치된 정착판으로 연결된 것과 같이 힘이 전달된다([그림 9.5(b)] 참조). 따라서 타이의 반대편에 스트럿의 응력과 같은 크기의 지압응력이 작용한다고 볼 수 있으므로 $C-C-T$ 절점영역도 정수압 절점영역으로 간주하여 설계할 수 있다. 철근타이의 정착을 위해서는 지압판을 사용하거나 [그림 9.5(c)]의 직선 또는 갈고리철근을 사용하여 정착할 수 있다.

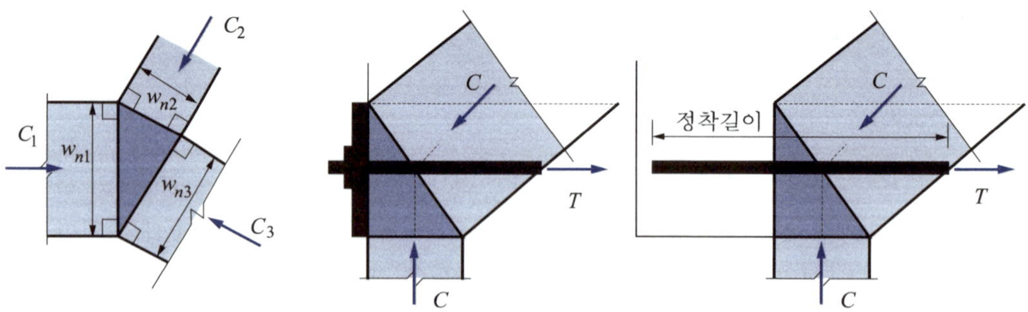

(a) 형상 (b) 정착판에 의한 정착 (c) 부착에 의한 정착

그림 9.5 정수압 절점영역

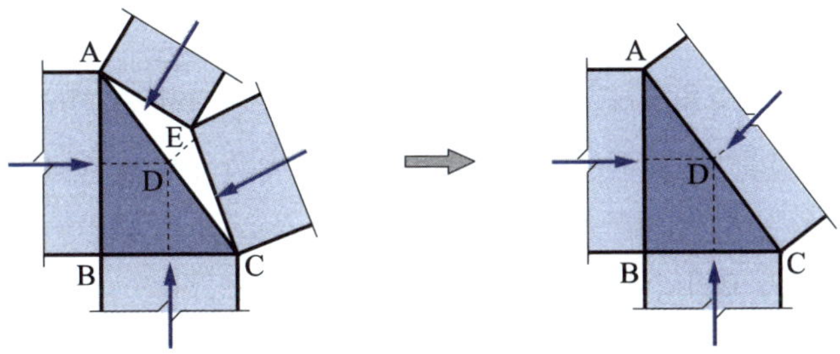

(a) 2개의 절점에 하중 작용 (b) 동일한 절점에 하중 작용

그림 9.6 절점영역의 합력

절점영역 내의 2개 이상의 절점에 하중이 작용할 경우에 두 스트럿에 작용하는 2개 이상의 힘에 대한 합력을 구한 후에 이를 이용하여 스트럿 - 타이 모델을 해석할 수 있다. [그림 9.6(a)]와 같이 세 힘 이상이 2차원 구조물의 절점영역에 작용할 경우에는 A-E와 C-E면에 작용하는 스트럿의 힘을 A-C면에 작용하는 1개의 힘으로 대치할 수 있으며, 이 힘은 절점 D를 통과한다. 또한 부재축에 수직한 방향의 지점의 폭이 부재의 폭보다 좁을 경우에는 절점면의 수직방향으로 발생하는 쪼갬균열을 억제하기 위하여 횡구속철근을 배근해야 한다.

9.2.3 스트럿 – 타이 모델의 설계과정

스트럿 - 타이 모델에 의하여 철근콘크리트 부재를 설계하기 위해서는 다음 항목을 결정해야 한다.

① 스트럿 - 타이 모델의 형태를 결정. 부재의 D영역을 결정하고, 영역 내에서 힘의 흐름에 기초하여 압축재, 인장재 및 절점을 배치
② D영역에 작용하는 하중에 근거하여 압축재와 인장재에 작용하는 축력을 계산
③ 콘크리트의 유효압축강도와 하중계수를 계산하고, 스트럿의 형태와 강도를 계산
④ 절점영역의 분포와 강도를 계산
⑤ 인장재의 형태, 강도, 필요 단면적과 정착길이를 계산
⑥ 철근을 배근

스트럿 – 타이 모델의 형상 결정

스트럿 - 타이 모델에 있어서 가장 중요한 항목은 기하학적인 형태를 정하는 것이다. 모델의 형상에 따라서 계산되는 철근의 양에 큰 차이가 있으므로 스트럿 - 타이 모델의 기하학적 형상

결정은 중요하다. 모델의 형상을 정할 때는 다음의 여러 조건을 고려해야 한다.

① 하중의 전달경로를 이용하거나 응력의 흐름 방법으로 선정할 수 있다.

(a) 하중의 전달경로를 이용하는 하중경로법은 [그림 9.7(a)]와 같이 D영역과 B영역의 경계면과 반력을 먼저 결정한 이후에 적절한 하중경로를 가정하여 스트럿-타이 모델을 정한다. D영역과 B영역에 작용하는 힘은 서로 평형상태를 이룬다. D영역의 한쪽 면에서 작용하는 하중은 B영역의 경계면에 가장 단거리로 전달되지만 D영역에 배근된(또는 배근해야 할) 철근의 위치와 균열발생 가능성 등을 고려하여 하중경로를 결정해야 한다.

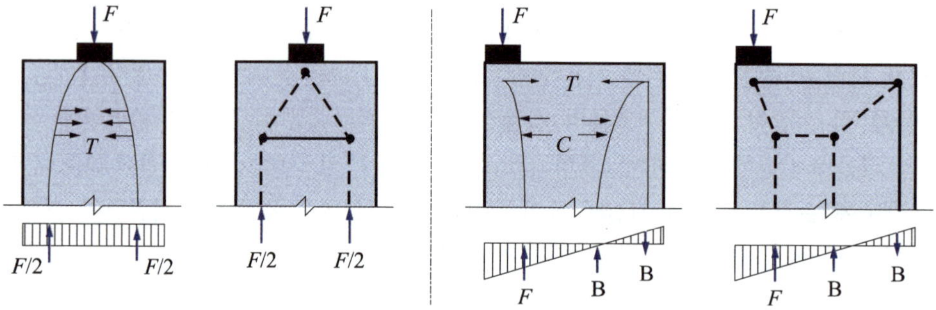

(a) 하중경로법에 의한 스트럿-타이 모델

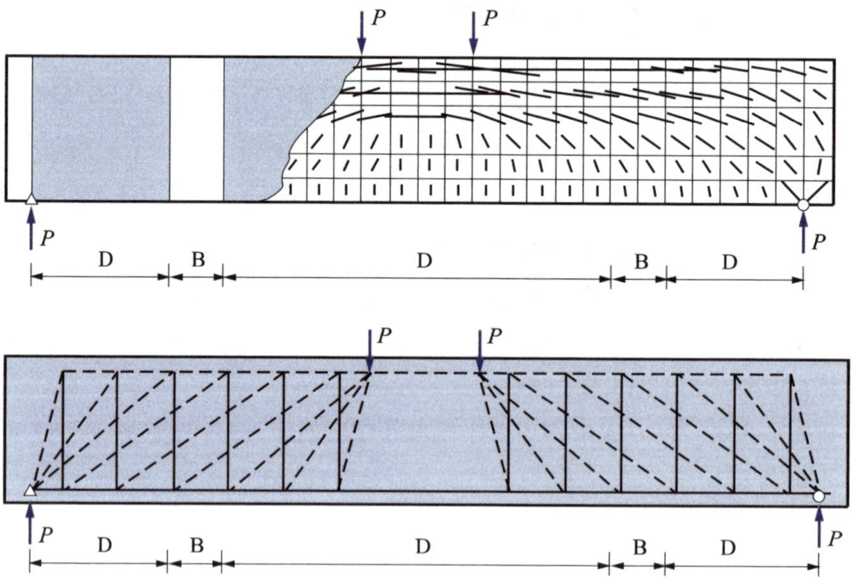

(b) 응력흐름법에 의한 스트럿-타이 모델

그림 9.7 스트럿-타이 모델 선정 예

(b) 응력의 흐름 상태를 이용하는 응력흐름법은 [그림 9.7(b)]와 같이 콘크리트 부재의 주압축응력 흐름을 먼저 결정하고, 주압축응력의 흐름방향을 근거로 콘크리트 스트럿의 방향과 위치를 결정한다. 주압축응력의 흐름방향과 콘크리트 스트럿 방향의 차이를 가급적 줄이는 것이 철근타이의 변형률 에너지가 최소가 되는 최적의 스트럿 - 타이 모델을 선정하는데 유리하다.

② 철근타이의 위치는 실제 설계시의 배근 형태를 고려하여 결정한다.

③ 절점의 위치는 하중작용 지점, 지지점, 철근의 배근 위치와 피복두께를 고려하여 선정한다.

④ 스트럿 - 타이 모델에 작용하는 하중과 반력은 정적평형을 이루며 평형조건만을 이용하여 구할 수 있다.

⑤ 타이는 스트럿 또는 다른 타이를 가로지를 수 있지만 스트럿은 서로를 통과하거나 중복될 수 없다. 스트럿은 단지 절점에서 교차하거나 겹칠 수 있으며, 스트럿이 중복될 경우에 스트럿의 응력도 중복되어야 한다.

⑥ 한 절점에서 스트럿과 타이가 이루는 각도는 25도 이하가 될 수 없다. 한 절점에서 스트럿과 타이가 이루는 각도는 균열 발생을 감소시키고, 거의 같은 방향에서 발생하는 스트럿 길이의 축소와 타이 길이의 신장(伸張)에 의한 부적합을 피하기 위하여 충분한 각도를 이루어야 한다. 따라서 기준에서는 스트럿과 타이가 이루는 각도를 최소 25도로 제한한다.

스트럿, 타이, 절점영역의 설계

스트럿과 타이 및 절점영역의 설계는 식(9.1)에 근거한다.

$$\phi F_n \geq F_u \tag{9.1}$$

여기서, F_u : 계수하중에 의하여 스트럿, 타이, 또는 절점영역의 한 면에 작용하는 힘, F_n : 스트럿, 타이, 또는 절점영역의 공칭강도(F_{ns} : 스트럿의 공칭강도, F_{nt} : 타이의 공칭강도, F_{nn} : 절점영역의 공칭강도), ϕ : 강도감소계수이다. 강도감소계수는 콘크리트 스트럿과 절점영역에 대한 설계에서는 0.75이다. 그러나 휨철근과 전단철근을 계산하기 위한 타이에 대한 설계에서는 0.85의 강도감소계수를 사용한다.

9.2.4 스트럿의 설계

압축철근이 없는 스트럿의 공칭강도(F_{ns})는 식(9.2)에 의하여 계산하며, 스트럿 양 쪽 끝의 값 중에 작은 값을 택해야 한다.

$$F_{ns} = f_{ce} A_c \tag{9.2}$$

여기서, A_c : 스트럿 축과 직각인 스트럿 양쪽 단면적의 작은 값, f_{ce} : 콘크리트 스트럿의 유효 압축강도이다.

콘크리트 스트럿의 유효압축강도

콘크리트 스트럿의 유효압축강도는 식(9.3)으로 계산한다.

$$f_{ce} = 0.85 \beta_s f_{ck} \tag{9.3}$$

여기서, 콘크리트 스트럿의 강도감소계수(β_s)는 다음과 같다.

[표 9.1]에서 λ는 식(2.14c)와 같이 일반강도 콘크리트의 경우 1.0, 모래 - 경량콘크리트의 경우 0.85, 그리고 경량콘크리트의 경우 0.75이다. 부분적으로 모래가 교체 사용되었을 경우 선형보간법에 의해 λ의 값을 보정한다. 병모양 스트럿(또는 내부스트럿(interior strut, ACI 318-19))은 [그림 9.8]에 보여지는 내부 수평퍼짐(internal lateral spread)에 의하여 스트럿 축과 평행하게 쪼개짐이 발생한다. 이러한 쪼개짐을 억제하기 위하여 철근이 배근되며, β_s값은 식(9.4)에 의하여 계산된 철근의 양에 따라서 달라진다. 병모양 스트럿에 배근된 철근은 균열폭을 억제하고, 스트럿의 축하중 저항력을 증대시키며 힘을 재분배시킨다. [그림 9.8]의 병모양 스트럿에서 경사균열이 부재축과 일정하게 발생할 경우에 β_s값은 [표 9.1]의 ②에 해당되지만, 균열이 부재축을 가로질러서 발생할 경우에는 [표 9.1]의 ④의 β_s값을 사용해야 한다.

표 9.1 콘크리트 스트럿의 강도감소계수

조 건	β_s
① [단면이 일정한 스트럿 (또는 경계스트럿(boundary strut, ACI 318-19))] 보 또는 기둥 압축영역의 직사각형 응력블록과 동일한 스트럿에 적용 [그림 9.8 참조]	1.0
② [병모양 스트럿 (또는 내부스트럿(interior strut, ACI 318-19))] 스트럿의 중간부위의 폭이 절점부위의 폭보다 큰 스트럿 [그림 9.8 참조] (a) 식(9.4)를 만족하는 철근이 있는 경우 (b) 식(9.4)를 만족하는 철근이 없는 경우	 0.75 0.60λ
③ 인장부재 또는 부재의 인장 플랜지의 스트럿 보, 박스거더, 벽 인장플랜지의 종방향 또는 횡방향철근을 설계하기 위하여 사용된 스트럿-타이 모델의 압축스트럿에 적용(인장 영역에 발생한 균열을 통하여 압축력을 전달해야 함)	0.40
④ 기타 모든 경우 ①, ②, ③을 제외한 모든 경우 평행한 경사 균열이 보의 복부를 몇 개의 경사 스트럿으로 나누는 보의 복부 압축장에서의 스트럿 균열이 스트럿 안을 가로지를 수 있는 스트럿	0.60

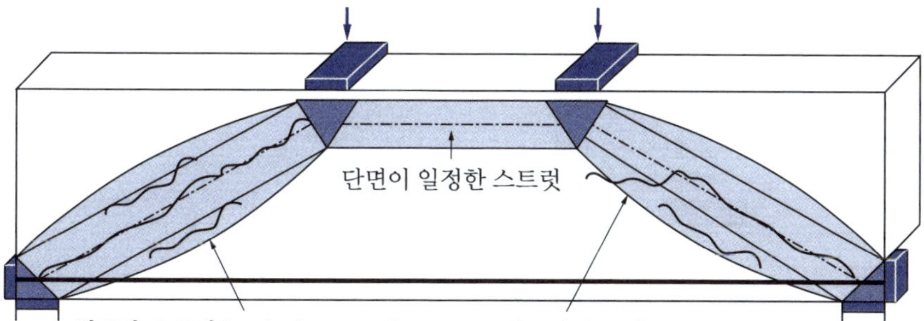

그림 9.8 스트럿의 종류

병모양 스트럿의 최소 철근

병모양 스트럿의 중간부위는 2축 응력(압축응력과 인장응력)을 받아 압축력 퍼짐(compressive force spread)현상이 발생한다. 압축력 퍼짐에 의하여 유발되는 횡방향 인장력에 저항하기 위하여 스트럿의 축을 가로질러 철근을 배근한다. 이 때 스트럿의 압축력은 스트럿의 축에 대하여 2 : 1(축방향 : 횡방향)의 비로 퍼진다고 가정한다.

콘크리트 압축강도(f_{ck})가 40 MPa 이하일 경우에 식(9.4)를 만족하는 철근을 스트럿 축에 가로질러 배근해야 한다.

$$\sum \frac{A_{si}}{b\, s_i} \sin^2 \gamma_i \geq 0.003 \tag{9.4}$$

여기서, b : 단면의 폭, A_{si} : 콘크리트 스트럿 중심선과 이루는 각 γ_i와 철근의 간격 s_i로 배치된 철근의 전체 면적이다.

식(9.4)의 철근은 [그림 9.9]와 같이 스트럿 축에 대하여 직각을 이루는 γ_1과 γ_2의 각도로 2방향으로 배근하거나 스트럿 축에 1방향으로 γ의 각도로 배근한다. 철근이 1방향으로 배근될 경우에 γ는 스트럿 축과 40도 이상 되어야 한다.

병모양 스트럿에서 식(9.4)와 같이 철근이 보강되지 않은 경우에는 $\beta_s = 0.60\lambda$을 사용하여 f_{cu}값을 계산한다([표 9.1] 참조).

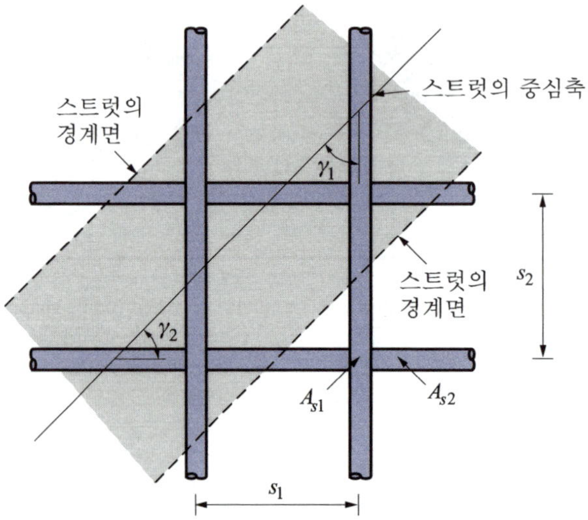

그림 9.9 스트럿을 가로지르는 구속 철근

스트럿의 압축철근

스트럿의 강도를 증가시키기 위해 압축철근을 사용할 수 있다. 콘크리트 스트럿의 중심선에 평행하게 배치된 압축철근은 적절하게 정착되어야 하며, 띠철근 또는 나선철근이 배근될 경우에 이러한 철근의 내측에 압축철근을 배근해야 한다. 이와 같이 축방향으로 보강된 스트럿의 강도는 식(9.5)에 의하여 계산한다.

$$F_{ns} = f_{ce} A_c + 1.13 A_s' f_s' \tag{9.5}$$

식(9.5)의 스트럿의 철근응력 f_s'은 스트럿이 압축파괴 할 때에 스트럿의 변형률로부터 계산할 수 있다. 다만 SD500 이하 철근의 f_s'은 철근의 설계기준항복강도(f_y)로 할 수 있다. 계수 1.13 ($\approx$ 0.85/0.75)는 식(9.5)를 식(9.1)에 대입할 때 발생하는 강도감소계수 비의 차이를 나타낸다.

스트럿의 폭

스트럿의 폭(w_s)은 [그림 9.10]과 같이 타이의 폭(w_t)과 가력점 또는 지지판의 폭(l_b)에 의하여 식(9.6)에 의하여 계산한다.

$$w_s = w_t \cos\theta + l_b \sin\theta \tag{9.6}$$

여기서, θ : 스트럿과 부재와 인장재 사이의 각도이다.

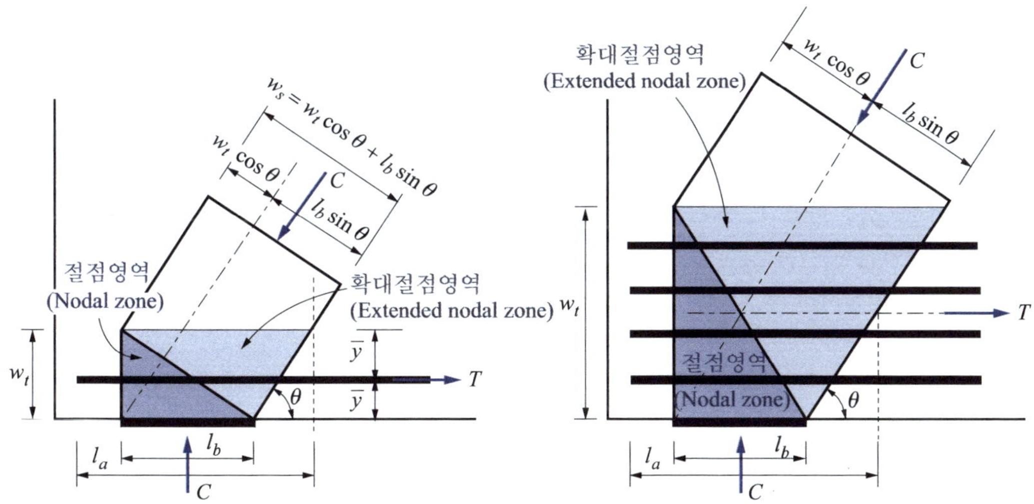

(a) 1열 철근 배근의 경우 (b) 다열 철근 배근의 경우

그림 9.10 스트럿의 폭, 타이의 유효폭 및 확장절점영역

9.2.5 타이의 설계

타이의 공칭강도(F_{nt})는 식(9.7)에 의하여 계산한다.

$$F_{nt} = A_{st} f_y + A_{ps}(f_{se} + \triangle f_p) \tag{9.7}$$

여기서, A_{st} : 타이 안에 있는 프리스트레스 되지 않은 철근의 단면적, A_{ps} : 타이 안에 있는 프리스트레스가 가해진 긴장재의 단면적, f_y : 프리스트레스 되지 않은 철근의 설계기준항복강도, f_{se} : 긴장재의 응력손실 후의 유효응력, $\triangle f_p$: 계수하중에 의한 긴장재의 응력증가이다. $(f_{se} + \triangle f_p)$는 긴장재의 설계기준항복강도(f_{py})를 넘지 않아야 한다.

식(9.7)에서 $\triangle f_p$는 부착된 긴장재에 대해서는 420 MPa, 부착되지 않은 긴장재에 대해서는 70 MPa을 사용할 수 있으며, 해석에 의해 증명된 경우 다른 $\triangle f_p$값을 사용할 수 있다.

타이의 유효폭

철근의 중심선은 타이의 중심선과 일치해야 한다. 절점영역의 크기를 계산하기 위하여 사용되는 타이의 유효폭(w_t)은 철근의 분포에 따라 다음 제한된 조건 안에서 바뀔 수 있다.

① 인장철근이 1단으로 배근된 경우에 타이의 유효폭(w_t)은 [그림 9.10(a)]의 철근 단면적 중심에서 바깥쪽 콘크리트까지 거리의 2배이다.

$$w_t = 2 \times \bar{y} \tag{9.8}$$

여기서, $\bar{y}$: 철근의 도심이다.

② 절점영역의 응력을 정수압 상태로 고려할 경우에 철근타이 유효폭의 상한값($w_{t,\max}$)은 정수압 절점영역의 폭과 동일하게 식(9.9)에 의하여 계산한다.

$$w_{t,\max} = F_{nt} / f_{cu} \tag{9.9}$$

여기서, f_{cu} : 절점영역의 콘크리트 유효압축강도이다. 만약 타이의 폭이 ①에서 계산된 값보다 클 경우에 타이의 철근은 [그림 9.10(b)]와 같이 타이의 폭과 두께에 일정한 간격으로 배근되어야 한다.

③ ①항과 ②항에서 계산한 철근타이의 유효폭(w_t)이 콘크리트 타이의 유효폭 $F_{nt}/(b \cdot f_t)$ (b : 부재의 두께, f_t : 콘크리트의 인장강도)을 초과할 경우, 콘크리트 타이의 유효폭을 철근타이 유효폭의 상한값으로 할 수 있다.

철근타이의 정착

철근타이는 기준에서 정하는 기계식정착, 포스트 텐션 정착, 표준 갈고리, 또는 정착길이를 확보한 직선철근에 의하여 정착되어야 한다.

① 절점을 기준으로 서로 맞은편에 있는 타이의 단면력에 차이가 있을 경우에 절점영역에서 타이를 정착시켜야 한다.

② 하나의 타이가 연결된 절점영역의 경우, 확장절점영역(extended nodal zone, [그림 9.10] 참조)의 경계면과 철근타이의 도심이 교차하는 지점에서 타이를 정착시켜야 한다.

③ 두 개 이상의 타이가 연결된 절점영역의 경우, 확장절점영역의 경계면과 철근타이의 도심이 교차하는 지점에서 각각의 타이를 정착시켜야 한다.

④ 횡방향철근은 KDS 14 20 국가건설기준에 근거하여 정착되어야 한다.

9.2.6 절점영역의 설계

절점영역의 공칭강도(F_{nn})는 식(9.10)에 의하여 계산된다.

$$F_{nn} = f_{cu} A_n \tag{9.10}$$

여기서, f_{cu} : 절점영역의 콘크리트의 유효압축강도, A_n : F_u의 작용선에 직각인 절점영역 경계면의 면적 또는 합력 작용선에 직각인 절점영역 경계면의 면적이다.

한 절점에 만나는 모든 스트럿의 응력이 동일할 경우에 정수압 절점영역이 사용될 수 있다. 정수압 절점영역의 면은 스트럿의 축에 수직하며 절점영역면의 폭은 스트럿에 작용하는 힘에 비례한다. 세 방향에서 응력이 다르게 작용하는 비정수압 절점영역(non-hydrostatic stress node)의 절점 응력을 계산하는 것은 다소 복잡하다. 설계에서는 비정수압 절점영역과 같이 절점면에 전단응력과 직응력이 동시에 발생하는 경우에는 스트럿에 직각을 이루고 있는 면(A_c)을 이용하여 A_n을 계산할 수 있도록 허용하고 있다.

절점영역의 유효압축강도

절점영역에 구속철근이 배근되어 있지 않고 구속효과가 실험과 해석에 의하여 제공되지 않을 경우에는 절점영역의 유효압축응력을 식(9.11)에 의하여 계산한다.

$$f_{cu} = 0.85 \beta_n f_{ck} \tag{9.11}$$

여기서, β_n : 절점영역의 콘크리트 유효압축강도에 대하여 타이의 정착이 미치는 영향을 고려한 계수로 [표 9.2]와 같다.

표 9.2 절점영역의 강도감소계수

조 건	β_n
① [$C-C-C$ 절점] 스트럿 또는 지압면적으로 둘러싸인 절점영역	1.0
② [$C-C-T$ 절점] 한 개의 타이에 의하여 정착된 절점영역	0.80
③ [$C-T-T$ 또는 $T-T-T$ 절점] 두 개 이상의 타이에 의하여 정착된 절점영역	0.60

비정수압 절점영역의 설계

정수압 절점(hydrostatic stress node, 세 방향에서 동일한 응력이 작용)의 경우, 절점면에 작용하는 응력이 모두 동일하기 때문에 절점 응력을 쉽게 계산할 수 있다. 그러나 비정수압 절점영역(non-hydrostatic stress node, 세 방향에서 응력이 다르게 작용)의 경우, 절점면에 직응력과 전단응력이 발생하여 절점 응력을 계산하는 것이 다소 복잡하다. 예를 들어 [그림 9.11]의 $C-C$

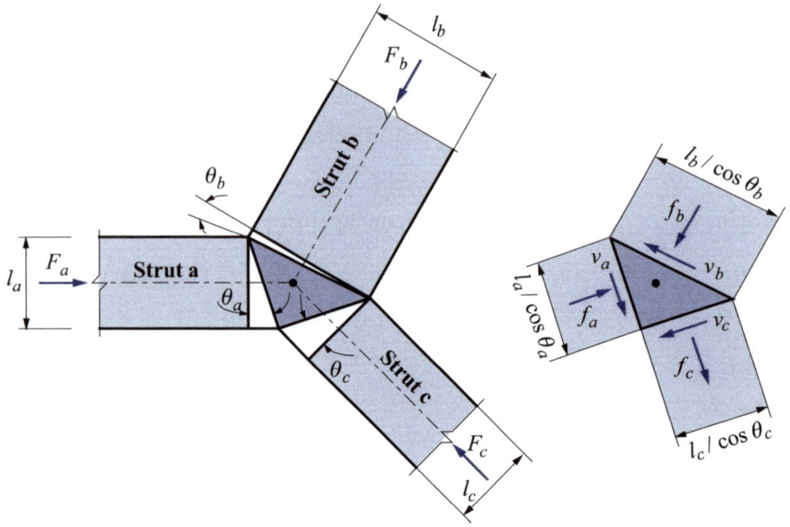

그림 9.11 비정수압 절점영역

– C 절점에 각각 F_a, F_b, F_c의 힘이 평형을 이루고 있다고 하자. 이 절점은 면과 하중이 직각을 이루지 않아 절점에는 직응력과 전단응력이 동시에 발생한다. 절점에 작용하는 응력을 계산하기 위하여 힘(F_a, F_b, F_c)과 직각을 이루는 면의 직응력을 계산하면 식(9.12a, b, c)와 같다.

$$f_{a2} = \frac{F_a}{l_a \cdot t} \tag{9.12a}$$

$$f_{b2} = \frac{F_b}{l_b \cdot t} \tag{9.12b}$$

$$f_{c2} = \frac{F_c}{l_c \cdot t} \tag{9.12c}$$

여기서, f_{a2}, f_{b2}, f_{c2} : a, b, c면에 작용하는 직응력(절점의 주압축응력), l_a, l_b, l_c : a, b, c면의 힘(F_a, F_b, F_c)과 직각을 이루는 면의 길이, t : 절점의 두께이다.

절점면과 콘크리트 스트럿은 직각을 이루지 않기 때문에 절점면에는 직응력과 전단응력이 동시에 작용한다. 절점면에 발생하는 직응력과 전단응력은 식(9.12a, b, c)를 각도(θ_a, θ_b, θ_c)만큼 변환하여 계산할 수 있다.

$$f_a = \frac{F_a \cdot \cos\theta_a{}^2}{l_a \cdot t}, \qquad v_a = \frac{F_a \cdot \cos\theta_a \cdot \sin\theta_a}{l_a \cdot t} \tag{9.13a}$$

$$f_b = \frac{F_b \cdot \cos\theta_b{}^2}{l_b \cdot t}, \qquad v_b = \frac{F_b \cdot \cos\theta_b \cdot \sin\theta_b}{l_b \cdot t} \tag{9.13b}$$

$$f_c = \frac{F_c \cdot \cos\theta_c{}^2}{l_c \cdot t}, \qquad v_c = \frac{F_c \cdot \cos\theta_c \cdot \sin\theta_c}{l_c \cdot t} \tag{9.13c}$$

여기서, f_a, f_b, f_c : 절점에 작용하는 직응력, v_a, v_b, v_c : 절점에 작용하는 전단응력이다.

이와 같이 비정수압 절점에서는 세 면에서 직응력과 전단응력이 발생하므로 각각 두 면에서 발생하는 응력을 중심으로 [그림 9.12]의 모어의 응력원(Mohr's stress circle) 등을 이용하여 제1주응력과 제2주응력을 계산해야 한다. 식(9.13a, b, c)를 사용하여 모어 응력원의 직응력 중심 (f_o)을 계산하면 식(9.14)와 같다. 식(9.14)를 이용할 때 f_a와 f_b는 세 응력 중에서 각각 최대 응력과 최소 응력이 되어야 한다.

$$f_o = \frac{1}{2}\left(\frac{(f_a{}^2 + v_a{}^2) - (f_b{}^2 + v_b{}^2)}{f_a - f_b}\right) \tag{9.14}$$

모어 응력원의 반지름(R)은 식(9.14)에서 사용한 응력 중에서 한 면의 응력을 이용하여 식(9.15)에서 계산할 수 있다.

$$R = \sqrt{(f_a - f_o)^2 + v_a^2} \tag{9.15}$$

따라서 절점에 작용하는 최대 주응력은 식(9.16)을 이용하여 계산할 수 있다. 여기서 압축응력은 양수(+)이며, 인장응력은 음수(−)이다.

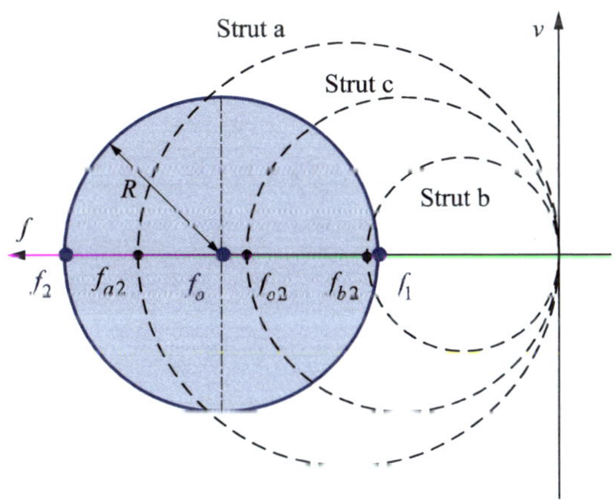

그림 9.12 모어의 응력원

$$f_{1,2} = f_o \mp R \tag{9.16}$$

설계에서는 비정수압 절점영역의 응력을 구하는 것이 번거롭기 때문에 스트럿에 직각을 이루는 면의 연직응력만을 이용하여 정수압 절점응력을 계산한다.

예제 9-1

[예제 그림 9-1-1]의 비정수압 절점의 안전성을 검토하라. 부재의 두께는 300 mm이며, 콘크리트의 압축강도 $f_{ck} = 24\ \mathrm{MPa}$이다.

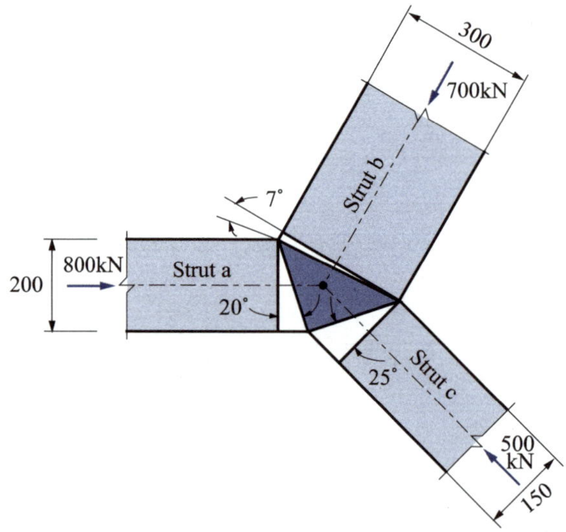

예제 그림 9-1-1 비정수압 절점영역 조건(단위 : mm)

풀이

절점의 안전성을 식(9.1), (9.10), (9.11)로 검토한다. 세 식을 이용하여 응력의 관점에서 설계 조건을 표현하면 다음과 같다.

$$f_u \leqq \phi(0.85\beta_n f_c')$$

$C-C-C$ 절점이므로 β_n는 1이며([표 9.2]), 강도감소계수 $\phi = 0.75$이다. 따라서 최대 외부 응력(f_u)은 다음 값 이하가 되어야 한다.

$$f_u \leqq 0.75(0.85 \times 1 \times 24)$$
$$f_u \leqq 15.3\,\mathrm{MPa}$$

① 비정수압 절점영역으로 설계하는 경우
식(9.12)를 이용하여 각 면의 최대 주압축응력을 계산한다.

$$f_{a2}=\frac{F_a}{l_a\cdot t}=\frac{800{,}000}{200\times 300}=13.3\text{ MPa}$$

$$f_{b2}=\frac{F_b}{l_b\cdot t}=\frac{700{,}000}{300\times 300}=7.8\text{ MPa}$$

$$f_{c2}=\frac{F_c}{l_c\cdot t}=\frac{500{,}000}{150\times 300}=11.1\text{ MPa}$$

절점면과 콘크리트 스트럿은 직각을 이루지 않기 때문에 절점면에는 직응력과 전단응력이 동시에 작용한다. 절점면에 발생하는 직응력과 전단응력은 식(9.13a, b, c)를 이용하여 계산할 수 있다.

$$f_a=\frac{F_a\cdot\cos^2\theta_a}{l_a\cdot t}=13.3\times(\cos^2 20.0^\circ)=11.7\text{ MPa}$$

$$v_a=\frac{F_a\cdot\cos\theta_a\cdot\sin\theta_a}{l_a\cdot t}=13.3\times(\cos 20.0^\circ\times\sin 20.0^\circ)=4.3\text{ MPa}$$

$$f_b=\frac{F_b\cdot\cos^2\theta_b}{l_b\cdot t}=7.8\times(\cos^2 7.0^\circ)=7.7\text{ MPa}$$

$$v_b=\frac{F_b\cdot\cos\theta_b\cdot\sin\theta_b}{l_b\cdot t}=7.8\times(\cos 7.0^\circ\times\sin 7.0^\circ)=0.9\text{ MPa}$$

$$f_c=\frac{F_c\cdot\cos^2\theta_c}{l_c\cdot t}=11.1\times(\cos^2 25.0^\circ)=9.1\text{ MPa}$$

$$v_c=\frac{F_c\cdot\cos\theta_c\cdot\sin\theta_c}{l_c\cdot t}=11.1\times(\cos 25.0^\circ\times\sin 25.0^\circ)=4.3\text{ MPa}$$

위에서 최대 응력과 최소 응력은 각각 a면과 b면에 존재하므로 식(9.14)를 이용하여 모어 응력원의 중심 응력(f_o)을 계산한다.

$$f_o=\frac{1}{2}\left(\frac{({f_a}^2+{v_a}^2)-({f_b}^2+{v_b}^2)}{f_a-f_b}\right)$$

$$=\frac{1}{2}\left(\frac{(11.7^2+4.3^2)-(7.7^2+0.9^2)}{11.7-7.7}\right)=11.9\text{ MPa}$$

모어 응력원의 반지름(R)은 식(9.14)에서 사용한 응력 중에서 한 면의 응력을 이용하여 식(9.15)을 이용하여 계산할 수 있다.

$$R=\sqrt{(f_a-f_o)^2+v_a^2}=\sqrt{(11.7-11.9)^2+4.3^2}=4.3\text{ MPa}$$

따라서 절점에 작용하는 최대 주응력은 다음과 같다(식(9.16)). 여기서 압축응력은 양수(+)이며 인장응력은 음수(−)이다.

$$f_1=f_o-R=11.9-4.3=7.6\text{ MPa}$$

$$f_2=f_o+R=11.9+4.3=16.2\text{ MPa}$$

그러므로 최대 응력($f_u = f_2$)은 16.2 MPa이며 이 값은 15.3 MPa보다 크므로 불안전하다.

② 정수압 절점영역으로 설계하는 경우

구조기준에서는 비정수압 절점영역의 응력을 구하는 것이 번거롭기 때문에 스트럿에 직각을 이루고 있는 면의 연직응력만을 이용하여 절점면의 응력을 계산한다.

식(9.12)를 이용하여 스트럿에 직각을 이루고 있는 면의 연직응력을 계산한다.

$$f_{a2} = \frac{F_a}{l_a \cdot t} = \frac{800,000}{200 \times 300} = 13.3 \text{ MPa}$$

$$f_{b2} = \frac{F_b}{l_b \cdot t} = \frac{700,000}{300 \times 300} = 7.8 \text{ MPa}$$

$$f_{c2} = \frac{F_c}{l_c \cdot t} = \frac{500,000}{150 \times 300} = 11.1 \text{ MPa}$$

계산된 최대 응력($f_u = f_{a2}$)은 13.3 MPa이며 이 값은 15.3 MPa보다 작으므로 안전하다. 이 결과는 비정수압 절점영역으로 설계한 결과와 다르다는 것을 알 수 있다. 따라서 비정수압 절점영역을 정수압 절점영역으로 변환하여 설계할 때는 주의가 요구된다.

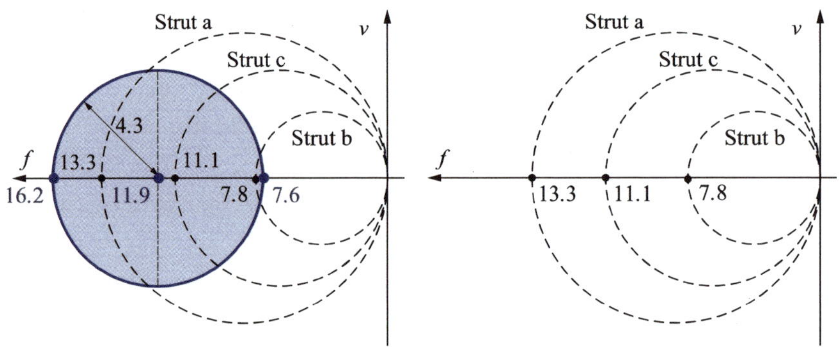

(a) 비정수압 절점영역 설계 (b) 정수압 절점영역 설계

예제 그림 9-1-2 모어의 응력원

9.3 깊은보의 설계

철근콘크리트 부재의 전단거동은 전단경간비(전단경간/단면의 유효높이)에 큰 영향을 받는다. 전단경간비가 짧을 경우에는 평면유지의 가정을 적용할 수 없어 변형률분포가 [그림 9.13]과 같이 중립축으로부터 거리에 비례하지 않고 비선형 분포를 나타낸다. 또한 부재축과 이루는 주압

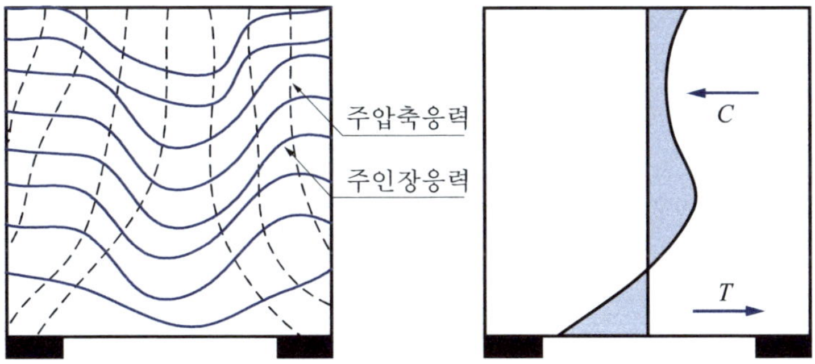

(a) 주응력의 분포 (b) 변형률의 분포

그림 9.13 깊은보의 응력분포

축응력의 각도가 평면유지의 가정이 적용되는 부재(B영역 부재)에 비하여 크다. 따라서 깊은보(deep beam)는 D영역에 해당되므로 B영역과 다른 설계법을 적용해야 한다. 설계에서는 깊은보를 보의 순경간(l_n)과 단면의 높이(h) 또는 지점하중과 반침대까지의 거리(a_v)와 단면의 높이(h)의 비율에 의하여 다음과 같이 규정한다.

(깊은보) $\dfrac{l_n}{h} \leqq 4$ 또는 $\dfrac{a_v}{h} \leqq 2$

깊은보는 상부기둥과 하부기둥의 기둥열이 바뀔 때 많이 발생하며 스트럿-타이 모델에 의하여 설계해야 한다.

깊은보는 강도설계에 의하여 식(9.17)을 만족해야 한다.

$$V_u \leqq \phi V_n \tag{9.17}$$

여기서, V_u : 계수전단강도(소요전단강도), ϕ : 강도감소계수(=0.75), V_n : 공칭전단강도이다. V_n은 $(5\lambda\sqrt{f_{ck}}/6)b_w d$ 이하가 되어야 한다.

깊은보에 발생하는 콘크리트 압축대의 각도는 일반적으로 45도 이상이며, 전단경간비가 짧아질수록 커진다. 따라서 부재축과 평행하게 배근된 전단철근도 전단력을 저항할 수 있다. 설계에서는 다음과 같이 부재축 방향과 부재축과 직각되는 방향에 최소 철근을 배근하도록 규정하고 있다.

① 휨인장철근과 직각인 수직전단철근의 최소 단면적(A_v)과 간격(s)

$$A_v \geqq 0.0025 b_w s, \quad s \leqq \frac{d}{5} \text{ 또한 } 300\text{ mm 이하}$$

② 휨인장철근과 평행한 수평전단철근의 최소 단면적(A_{vh})과 간격(s_h)

$$A_{vh} \geqq 0.0015 b_w s, \quad s_h \leqq \frac{d}{5} \text{ 또한 } 300\,\text{mm 이하}$$

깊은보에 대한 설계는 9.2.3항에서 설명한 스트럿-타이 모델의 설계과정에 따른다.

예제 9-2

[예제 그림 9-2-1]의 깊은보를 설계하라. 깊은보에는 두 개의 상부 기둥으로부터 각각 1,827.5 kN이 작용하며, 보에 50 kN/m의 계수하중이 작용하고 있다. 전단철근은 D13철근이나 D16철근을 사용하고, 주철근은 D32철근을 사용하라. 콘크리트의 압축강도 $f_{ck} = 27\,\text{MPa}$, 전단철근과 주철근의 설계기준항복강도 $f_y = 400\,\text{MPa}$이다. D13철근, D16철근, D32철근의 단면적은 각각 $A_s = 126.7\,\text{mm}^2$, $A_s = 198.6\,\text{mm}^2$, $A_s = 794.2\,\text{mm}^2$이다.

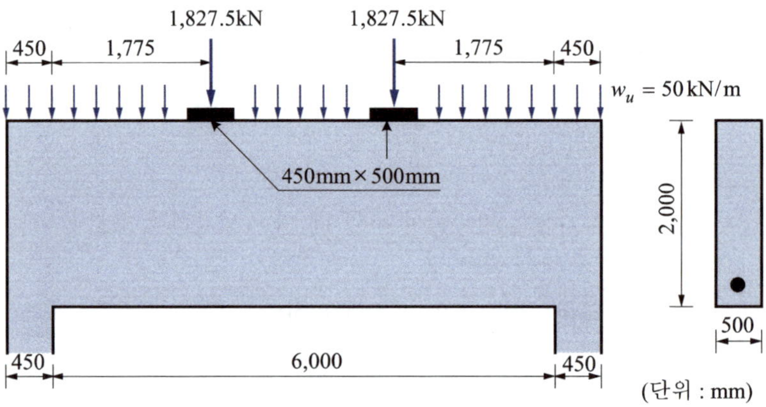

예제 그림 9-2-1 깊은보

풀이-1 STM-1에 의한 설계

스트럿-타이 모델 설계에서는 모델의 형상에 따라서 계산되는 철근의 양에 큰 차이가 발생한다. 이 예제에서는 [예제 그림 9-2-2]와 같이 두 가지 형태로 스트럿-타이 모델을 정하고, [풀이-1]에서는 [예제 그림 9-2-2]의 STM-1에 의하여 설계하고, [풀이-2]에서는 [예제 그림 9-2-2]의 STM-2에 의하여 설계하여 계산된 결과를 비교하였다.

(1) 스트럿-타이 모델의 형상 결정. 부재의 D영역을 결정하고, 영역 내의 힘의 흐름에 기초하여 압축재, 인장재 및 절점을 배치

보에 작용하는 등분포하중을 집중하중으로 변환한 후에 깊은보에 작용하는 힘의 흐름에 기초하여 [예제 그림 9-2-2]와 같이 압축재, 인장재 및 절점을 배치한다.

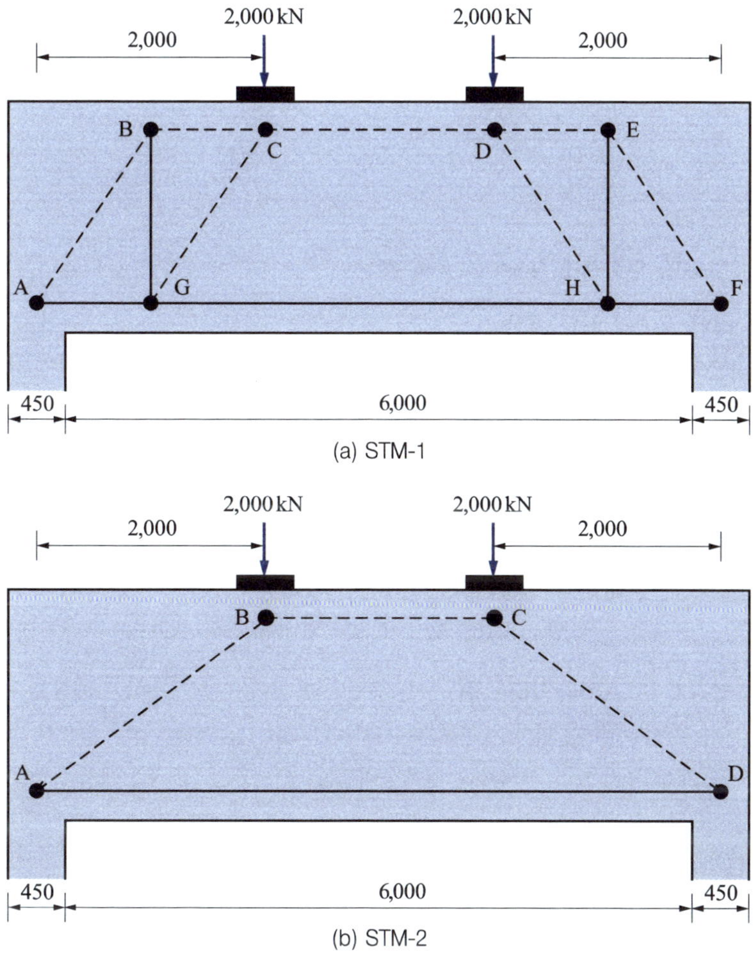

예제 그림 9-2-2 스트럿–타이 모델

$$P_u = 1,827.5\ \text{kN} + 50\ \text{kN/m} \times \frac{6.9\ \text{m}}{2} = 2,000.0\ \text{kN}$$

STM-1의 부재와 절점을 [예제 표 9-2-1]과 [예제 표 9-2-2]에 정리하였다.

예제 표 9-2-1 부재의 종류(STM–1)

부 재	종 류	비 고
AB, EF	압축재	병모양 스트럿
BC, DE	압축재	프리즘형 스트럿
CD	압축재	프리즘형 스트럿
AG, FH	인장재	
GH	인장재	
BG, EH	인장재	
CG, DH	압축재	병모양 스트럿

예제 표 9-2-2 절점의 종류(STM-1)

절 점	비 고
A, F	*CCT*
B, E	*CCT*
C, D	*CCC*
G, H	*TTT*

(2) 압축재, 인장재에 작용하는 축력 계산

① 상하 부재의 폭을 계산한다.

부재의 유효깊이(d)를 계산한다. 이 때 D29 철근을 2단으로 배근하여 d를 계산한다.

$$d = h - \text{cover} - d_s - d_b - \text{순간격}/2 = 2{,}000 - 40 - 16 - 32 - 40/2 = 1{,}892.0\ \text{mm}$$

여기서, h : 단면의 높이, d_s : 전단철근의 지름, d_b : 주철근의 지름이다.

타이 AG, GH와 FH의 폭(w_t)을 계산한다.

$$\begin{aligned} w_t &= 2(\text{cover} + d_s + d_b + \text{순간격}/2) \\ &= 2(40 + 16 + 32 + 40/2) = 216\ \text{mm} \rightarrow 250\ \text{mm} \end{aligned}$$

압축재 BC, CD와 DE의 폭(w_s)은 중립축의 깊이(c)를 사용하여 계산할 수 있다. 중립축의 깊이(c)를 계산하기 위하여 우선 계수휨모멘트(M_u)를 저항하는데 필요한 인장철근의 총 단면적을 계산한다. 등가 직사각형 압축응력블록 계수 η는 [표 4.5]에서 "1"이다.

$$M_u \leq \phi M_n$$

$$M_u = P_u \times (1.775 + 0.45/2) = 2{,}000 \times 2 = 4{,}000.0\ \text{kN} \cdot \text{m}$$

$$\phi M_n = \phi A_s f_y \left(d - \frac{a}{2} \right) = \phi A_s f_y \left(d - \frac{A_s f_y}{2 \times \eta \times (0.85 f_{ck}) b} \right)$$

$$4{,}000\ \text{kN} \cdot \text{m} \leq 0.85 \times A_s \times 400 \left(1{,}892 - \frac{A_s \times 400}{2 \times 1 \times 0.85 \times 27 \times 500} \right)$$

$$0.01743 A_s^{\,2} - 1{,}892 A_s + 11{,}764{,}706 = 0$$

그러므로 필요한 인장철근의 총 단면적은 $A_s = 6{,}622.1\ \text{mm}^2$이다. 따라서 힘의 평형식(5.20)을 이용하여 등가 압축응력블록의 깊이(a)를 계산하고, 중립축의 깊이(c)를 계산한다. 등가 직사각형 압축응력블록 계수 β_1은 [표 4.5]에서 "0.8"이다.

$$a = \frac{A_s f_y}{\eta (0.85 f_{ck}) b} = \frac{6{,}622.1 \times 400}{1 \times 0.85 \times 27 \times 500} = 230.8\ \text{mm}$$

$$c = \frac{a}{\beta_1} = \frac{230.8}{0.8} = 288.5\ \text{mm}$$

따라서 압축재 BC, CD와 DE의 폭(w_s)은 중립축의 깊이와 유사하게 300 mm로 정한다.

② 트러스의 부재력을 계산한다.

상·하 부재의 폭을 계산하였기 때문에 경사 스트럿 AB, EF, CG, DH와 부재축이 이루는 각도를 계산할 수 있다.

$$\theta = \arctan(1{,}725/1{,}000) = 59.9°$$

스트럿의 부재력은 다음과 같다.

$$F_{u,AB} = F_{u,EF} = 2{,}000.0/\sin 59.9° = 2{,}311.7\ \text{kN}$$
$$F_{u,BC} = F_{u,DE} = F_{u,AB}\cos\theta = 2{,}311.7 \times \cos 59.9° = 1{,}159.3\ \text{kN}$$
$$F_{u,CG} = F_{u,DH} = 2{,}000.0/\sin 59.9° = 2{,}311.7\ \text{kN}$$
$$F_{u,CD} = F_{u,BC} + F_{u,CG}\cos\theta = 1{,}159.3 + 2{,}311.7 \times \cos 59.9° = 2{,}318.6\ \text{kN}$$

타이의 부재력은 다음과 같다.

$$F_{u,AG} = F_{u,FH} = 2{,}000 \times \cot\theta = 2{,}000 \times \cot 59.9° = 1{,}159.3\ \text{kN}$$
$$F_{u,BG} = F_{u,EH} = F_{u,AB}\sin\theta = 2{,}311.7 \times \sin 59.9° = 2{,}000.0\ \text{kN}$$
$$F_{u,GH} = F_{u,AG} + F_{u,CG}\cos\theta = 1{,}159.3 + 2{,}311.7 \times \cos 59.9° = 2{,}318.6\ \text{kN}$$

스트럿과 타이의 부재력을 [예제 표 9-2-3]과 [예제 그림 9-2-3]에 정리하였다.

예제 표 9-2-3 부재력 계산(STM-1)

부 재	β_s	부재력(kN)	요구 부재 폭(mm)	실제 부재 폭(mm)	판 정
AB, EF	0.6	2,311.7	447.7	514.7	만족
BC, DE	1.0	1,159.3	134.7	300.0	만족
CD	1.0	2,318.6	269.4	300.0	만족
AG, FH	-	1,159.3	-	250.0	-
GH	-	2,318.6	-	250.0	-
BG, EH	-	2,000.0	-	1,000.0	-
CG, DH	0.6	2,311.7	447.7	990.5	만족

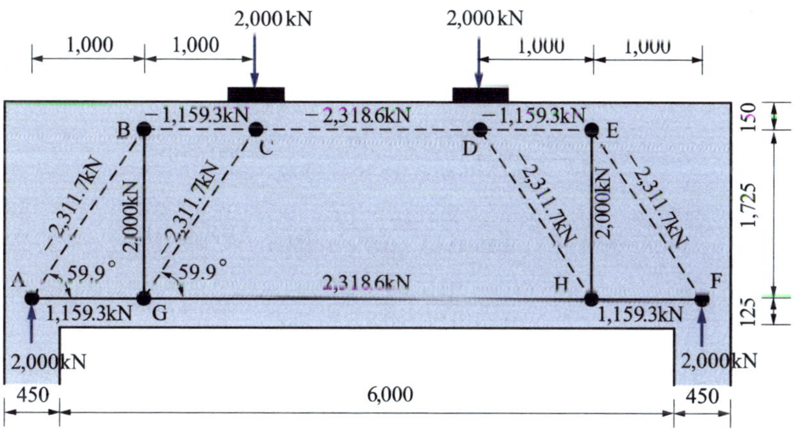

예제 그림 9-2-3 부재력의 계산(STM-1)

(3) 콘크리트의 유효압축강도와 하중계수 계산. 스트럿의 형태와 강도 계산

① 스트럿의 폭 계산

$$w_{sb} = l_b \sin\theta + w_t \cos\theta$$

$$w_{sb,AB} = w_{sb,EF} = 450\ \sin 59.9° + 250\ \cos 59.9° = 514.7\ \mathrm{mm}$$

$$w_{sb,CG} = w_{sb,DH} = 1{,}000\ \sin 59.9° + 250\ \cos 59.9° = 990.5\ \mathrm{mm}$$

$$w_{sb,BC} = w_{sb,CD} = w_{sb,DE} = 300.0\ \mathrm{mm}$$

② 스트럿의 내력 검토

식(9.1)~식(9.3), 식(9.6)을 이용하여 스트럿 부재력을 저항하는데 필요한 요구 스트럿 폭($w_{s,req}$)을 계산한다. 이 때 병모양 스트럿 AB, CG, EF, DH의 강도감소계수 β_s는 0.6으로 한다.

$$w_{s,req} = \frac{F_u}{\phi(0.85\beta_s f_{ck})b_w}$$

$$w_{s,req,AB} = \frac{2{,}311.7 \times 10^3}{0.75(0.85 \times 0.6 \times 27)500} = 447.7\ \mathrm{mm}$$

$$w_{s,req,BC} = \frac{1{,}159.3 \times 10^3}{0.75(0.85 \times 1.0 \times 27)500} = 134.7\ \mathrm{mm}$$

$$w_{s,req,CD} = \frac{2{,}318.6 \times 10^3}{0.75(0.85 \times 1.0 \times 27)500} = 269.4\ \mathrm{mm}$$

$$w_{s,req,CG} = \frac{2{,}311.7 \times 10^3}{0.75(0.85 \times 0.6 \times 27)500} = 447.7\ \mathrm{mm}$$

요구 스트럿 폭($w_{s,req}$)을 [예제 표 9-2-3]에 정리하였다.

(4) 절점영역의 분포와 강도 계산

식(9.1), 식(9.10)과 식(9.11)을 이용하여 절점영역이 요구하는 폭($w_{n,req}$)을 계산한다.

$$w_{n,req} = \frac{F_u}{\phi\,(0.85 \cdot \beta_n \cdot f_{ck}) \cdot b_w}$$

[A, F 절점]

$$w_{n,req,R} = \frac{2{,}000.0 \times 10^3}{0.75(0.85 \times 0.8 \times 27)500} = 290.5\ \mathrm{mm}$$

$$w_{n,req,AB} = \frac{2{,}311.7 \times 10^3}{0.75(0.85 \times 0.8 \times 27)500} = 335.8\ \mathrm{mm}$$

$$w_{n,req,AG} = \frac{1{,}159.3 \times 10^3}{0.75(0.85 \times 0.8 \times 27)500} = 168.4\ \mathrm{mm}$$

다른 절점도 이와 같은 방법에 의하여 요구되는 절점의 폭을 계산한다. 계산된 요구 폭과 실제 폭의 비교는 [예제 표 9-2-4]와 같다. 표에서 절점 G, H의 타이 GH에 대하여 요구되는 폭(w_{n-req})

예제 표 9-2-4 절점의 설계 검토(STM-1)

절점	절점종류	β_n	부재종류	부재력(kN)	요구된 폭(mm)	실제 폭(mm)	판정	보완
A, F	*CCT*	0.8	R	2,000.0	290.5	450.0	만족	
			AB	2,311.7	335.8	514.7	만족	
			AG	1,159.3	168.4	250.0	만족	
B, E	*CCT*	0.8	AB	2,311.7	335.8	514.7	만족	
			BC	1,159.3	168.4	300.0	만족	
			BG	2,000.0	290.5	1000.0	만족	
C, D	*CCC*	1.0	P	2,000.0	232.4	450.0	만족	
			BC	1,159.3	134.7	300.0	만족	
			CD	2,318.6	269.4	300.0	만족	
			CG	2,311.7	268.6	990.5	만족	
G, H	*CTT*	0.6	AG	1,159.3	224.5	250.0	만족	
			GH	2,318.6	449.0	250.0	불만족	철근 보완
			BG	2,000.0	387.3	1000.0	만족	
			CG	2,311.7	447.7	990.5	만족	

이 실제 폭에 비하여 크기 때문에 '불만족'이 된다. 그러나 설계에서는 이러한 '불만족'이 타이가 연결된 절점면에 발생할 경우에는 철근에 의하여 절점면을 보완할 수 있다고 판단하여 설계를 허용한다.

(5) 인장재의 형태, 강도, 필요 단면적 및 정착길이 계산

① 타이의 철근량을 계산하고 철근을 정함.

식(9.1)과 식(9.7)을 이용하여 타이에 작용하는 인장력을 저항하기 위한 철근량을 계산한다. 이 때 콘크리트 스트럿과 절점영역에 대한 강도감소계수(ϕ)는 0.75이지만, 휨철근과 전단철근을 계산하기 위한 강도감소계수(ϕ)는 0.85임에 주의해야 한다.

[휨철근]

타이 AG, FH $\qquad A_{st}=\dfrac{F_u}{\phi f_y}=\dfrac{1,159,300}{0.85\times400}=3,409.7\,\mathrm{mm}^2$

타이 GH $\qquad A_{st}=\dfrac{F_u}{\phi f_y}=\dfrac{2,318,600}{0.85\times400}=6,819.4\,\mathrm{mm}^2$

타이 GH에 요구되는 철근량을 기준으로 부재 하부의 휨철근을 2단 배열해야 하므로 10-D32 $=2\times5\times794.2=7,942.0\,\mathrm{mm}^2$을 배근한다.

[전단철근]

타이 BG, EH $\qquad A_{st}=\dfrac{F_u}{\phi f_y}=\dfrac{2,000,000}{0.85\times400}=5,882.4\,\mathrm{mm}^2$

필요한 전단철근의 수(n)와 간격(s)은 다음과 같다.

$$n=\frac{A_{st}}{2D16}=\frac{5,882.4}{2\times198.6}=14.8\text{개}\ \rightarrow\ 15\text{개}$$

$$s = \frac{2,000}{15} = 133.3\,\text{mm} \;\rightarrow\; 120.0\,\text{mm}$$

그러므로 타이 BG에 17-D16@120을 배근한다.

② 최소 철근량을 계산하고 모델에서 계산한 철근량과 비교 검토
깊은보는 다음과 같이 부재축방향과 부재축과 직각되는 방향에 최소 철근을 배근해야 한다.

[휨인장철근과 직각인 수직전단철근의 최소 단면적(A_v)과 간격(s)]

$s \leqq \dfrac{d}{5}$와 300 mm 이하 중에서 작은 값을 택해야 한다.

$s \leqq \dfrac{1,892}{5} = 378.4\,\text{mm}$이므로 수직전단철근의 최대 간격은 300 mm 이하다.

또한, 최소 철근의 양은 $A_v \geqq 0.0025 b_w s$가 되어야 한다.

$$A_v \geqq 0.0025 b_w s = 0.0025 \times 500 \times 300 = 375.0\,\text{mm}^2$$

타이 BG, EH에서 계산한 D16@120은 최소 철근량보다 많고 간격이 좁으므로, D16을 120 mm 간격으로 양면에 배근한다($2 \times 198.6 = 397.2\,\text{mm}^2$).

[휨인장철근과 평행한 수평전단철근의 최소 단면적(A_{vh})과 간격(s_h)]

$s_h \leqq \dfrac{d}{5}$와 300 mm 이하 중에서 작은 값을 택해야 한다.

$s_h \leqq \dfrac{1,892}{5} = 378.4\,\text{mm}$이므로 수평전단철근의 최대 간격은 300 mm 이하다.

또한, 최소 철근의 양은 $A_{vh} \geqq 0.0015 b_w s_h$가 되어야 한다.

$$A_{vh} \geqq 0.0015 b_w s_h = 0.0015 \times 500 \times 300 = 225.0\,\text{mm}^2$$

그러므로 D13을 300 mm 간격으로 양면에 배근한다($2 \times 126.7 = 253.4\,\text{mm}^2$).

③ 병모양 스트럿의 β_s에 필요한 최소 철근량 계산
병모양 스트럿 AB, EF, CG, DH의 β_s값([표 9.1])으로 0.75를 사용할 수 있는지 검토하기 위하여 식(9.4)의 철근비를 검토한다.

$$\sum \frac{A_{si}}{b s_i} \sin^2 \gamma_i \geqq 0.003$$

$$\sum \frac{A_{si}}{b s_i} \sin^2 \gamma_i = \frac{2 \times 198.6}{500 \times 120} \sin^2 30.1 + \frac{2 \times 126.7}{500 \times 300} \sin^2 59.9 = 0.0029$$

계산된 값이 0.003보다 작으므로 [예제 표 9-2-3]과 같이 병모양 스트럿 AB, CG, EF, DH의 강도감소계수 β_s는 0.6으로 해야 한다.

④ 철근의 정착 검토
타이 AG, FH에서 90° 갈고리를 사용할 경우에 필요한 정착길이(l_{dh})는 다음과 같다.

$$l_{hb} = \frac{0.24\beta d_b f_y}{\lambda\sqrt{f_{ck}}} \times \text{보정계수}$$
$$= \frac{0.24\times1\times31.8\times400}{1\times\sqrt{27}} \times \frac{3{,}409.7}{7{,}942.0} = 252.2\ \text{mm}$$

여기서, λ : 경량콘크리트 계수이며 보통콘크리트를 사용할 경우에 1이다. β : 에폭시도막계수이며 도막을 하지 않을 경우에 1이다. 보정계수는 실제 배근철근량과 소요 철근량의 비이다. 정착길이는 [예제 그림 9-2-4]와 같이 타이 내의 철근의 도심이 확장절점영역을 지나 부재경간으로 들어가는 점에서 시작한다. [예제 그림 9-2-4]에서 철근의 정착길이는 466.6 mm이므로 안전하다.

$$l_a = 450.0 + 72.5 - 40.0(\text{피복두께}) - 15.9(\text{전단철근 직경}) = 466.6\ \text{mm}$$

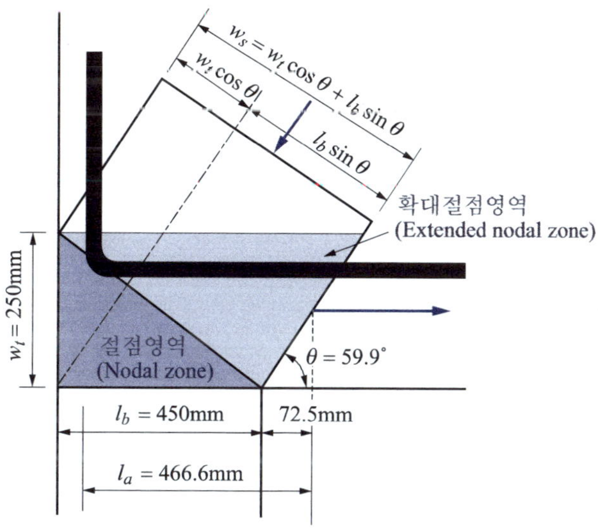

예제 그림 9-2-4 정착길이의 계산(STM-1)

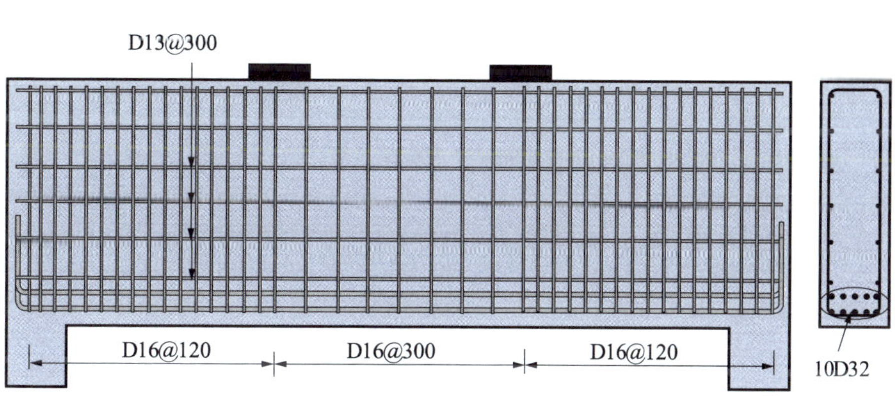

예제 그림 9-2-5 철근 배근(STM-1)

(6) 철근 배근

계산 결과에 근거하여 [예제 그림 9-2-5]와 같이 철근을 배근한다.

주철근
전단철근 :
부재축과 직각방향
양쪽 하부 기둥에서 지점까지 : D16@120을 양면 배근
중앙부 : D16@300을 양면 배근
부재축 방향 : D13@300을 양면 배근

풀이-2 STM-2에 의한 설계

(1) 스트럿 - 타이 모델의 기하학적인 형태를 [예제 그림 9-2-2(b)]의 STM-2에 의하여 설계 STM-2의 부재와 절점의 종류를 [예제 표 9-2-5, 6]에 정리하였다.

예제 표 9-2-5 부재의 종류(STM−2)

부 재	종 류	비 고
AB, CD	압축재	병모양 스트럿
BC	압축재	프리즘형 스트럿
AD	인장재	

예제 표 9-2-6 절점의 종류(STM−2)

절 점	비 고
A, D	*CCT*
B, C	*CCC*

(2) 압축재와 인장재에 작용하는 축력 계산

① 상하 부재의 폭 계산(풀이-1과 동일)
하부 타이의 폭

$$w_t = 2(\text{cover} + d_s + d_b + \text{순간격}/2) = 216\,\text{mm} \rightarrow 250\,\text{mm}$$

상부 스트럿의 폭(w_s)은 300 mm로 정한다.

② 트러스의 부재력 계산
상·하 부재의 폭을 계산하였기 때문에 경사 스트럿 AB, CD와 부재축이 이루는 각도를 계산할 수 있다.

$$\theta = \arctan(1{,}725/2{,}000) = 40.8°$$

스트럿의 부재력은 다음과 같다.

$$F_{u,AB} = F_{u,CD} = 2{,}000.0/\sin 40.8° = 3{,}060.8 \text{ kN}$$

$$F_{u,BC} = F_{u,AB}\cos\theta = 3{,}060.8 \times \cos 40.8° = 2{,}317.0 \text{ kN}$$

타이의 부재력은 다음과 같다.

$$F_{u,AD} = 2{,}000 \times \cot\theta = 2{,}000 \times \cot 40.8° = 2{,}317.0 \text{ kN}$$

스트럿과 타이의 부재력을 [예제 표 9-2-7]과 [예제 그림 9-2-6]에 정리하였다.

예제 표 9-2-7 부재력 계산 [풀이-2]

부 재	β_s	부재력(kN)	요구 부재 폭(mm)	실제 부재 폭(mm)	판 정
AB, CD	0.75	3,060.8	474.2	483.3	만족
BC	1.0	2.317.0	269.2	300.0	만족
AD	-	2.317.0	-	-	-

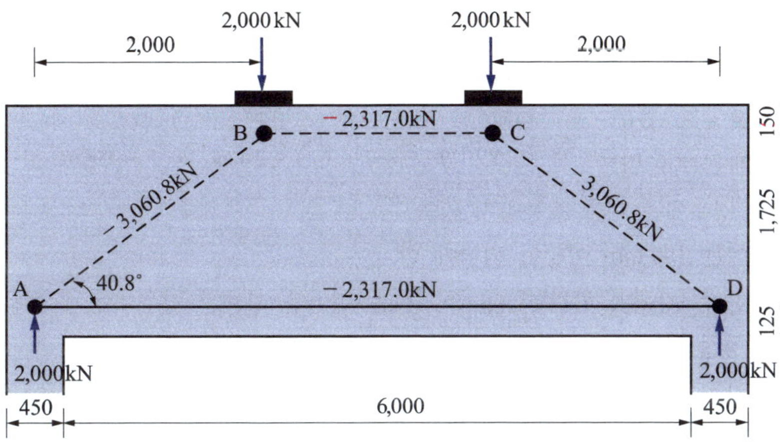

예제 그림 9-2-6 부재력의 계산(STM-2)

(3) 콘크리트의 유효압축강도와 하중계수를 계산하고 스트럿의 형태와 강도 계산

① 스트럿의 폭 계산

$$w_{sb} = l_b \sin\theta + w_t \cos\theta$$

$$w_{sb,AD} = 450\sin 40.8° + 250\cos 40.8° = 483.3 \text{ mm}$$

$$w_{sb,BC} = 300 \text{ mm}$$

② 스트럿의 내력 검토

식(9.1)~식(9.3), 식(9.6)을 이용하여 스트럿 부재력을 저항하기 위하여 필요한 요구 스트럿 폭($w_{s,req}$)을 계산한다.

$$w_{s-req} = \frac{F_u}{\phi(0.85\beta_s f_{ck})b_w}$$

요구 스트럿 폭($w_{s,req}$)을 [예제 표 9-2-8]에 정리하였다. [예제 표 9-2-8]에서 β_s 값을 0.75로 사용하기 위해서는 식(9.4)에 의한 검토가 필요하다.

(4) 절점영역의 분포와 강도 계산

식(9.1), 식(9.10)과 식(9.11)을 이용하여 절점영역이 요구하는 폭($w_{n,req}$)을 계산한다.

$$w_{n,req} = \frac{F_u}{\phi\,(0.85 \cdot \beta_n \cdot f_{ck}) \cdot b_w}$$

각 절점에서 요구하는 면적 및 실제 면적과의 비교는 [예제 표 9-2-8]과 같다. 표에서 절점 A, D의 타이 AD에 대하여 요구되는 폭($w_{n,req}$)이 실제 폭에 비하여 크기 때문에 '불만족'이지만, 철근에 의하여 절점면을 보완할 수 있다고 판단하여 설계를 허용한다.

예제 표 9-2-8 절점의 설계 검토(STM-2)

절점	절점종류	β_n	부재종류	부재력(kN)	요구된 폭(mm)	실제 폭(mm)	판정	보완
A, D	*CCT*	0.8	R	2,000.0	290.5	450.0	만족	
			AB	3,060.8	444.6	483.3	만족	
			AD	2,317.0	336.5	250.0	불만족	철근 보완
B, C	*CCC*	1.0	하중	2,000.0	232.4	250.0	만족	
			AB	3,060.8	355.7	483.3	만족	
			BC	2,317.0	269.2	300.0	만족	

(5) 인장재의 형태, 강도, 필요 단면적 및 정착길이를 계산

① 타이의 철근량을 계산하고 철근을 정함
식(9.7)을 이용하여 타이에 작용하는 부재력에 저항하기 위한 철근량을 계산한다. 휨철근과 전단철근을 계산하기 위한 타이의 강도감소계수는 0.85이다.

[휨철근]

타이 AD $$A_{st} = \frac{F_u}{\phi f_y} = \frac{2{,}317{,}000}{0.85 \times 400} = 6{,}814.7\ \mathrm{mm}^2$$

타이 AD에 요구되는 휨철근을 2단 배열(10-D32 $= 2 \times 5 \times 794.2 = 7{,}942.0\ \mathrm{mm}^2$)로 배근한다.

② 최소 철근량을 계산하고 비교 검토([풀이-1]과 동일)
깊은보는 다음과 같이 부재축방향과 부재축과 직각되는 방향에 최소 철근을 배근해야 한다.

[휨인장철근과 직각인 수직전단철근의 최소 단면적(A_v)과 간격(s)]

D16을 300 mm 간격으로 양면에 배근해야 한다. 그러나 이 값은 병모양 스트럿의 β_s에 필요한 최소 철근량을 계산한 후에 재조정이 필요하다.

[휨인장철근과 평행한 수평전단철근의 최소 단면적(A_{vh})과 간격(s_h)]

D13을 300 mm 간격으로 양면에 배근해야 한다.

③ 병모양 스트럿의 β_s에 필요한 최소 철근량 계산

병모양 스트럿 AB, CD의 β_s값을 [표 9.1]과 같이 0.75로 사용하기 위해서는 스트럿에 식(9.4) 이상의 철근이 배근되어야 한다.

$$\sum \frac{A_{si}}{bs_i}\sin^2\gamma_i \geq 0.003$$

$$\sum \frac{A_{si}}{bs_i}\sin^2\gamma_i = \frac{2\times 198.6}{500\times 300}\sin^2 49.2 + \frac{2\times 126.7}{500\times 300}\sin^2 40.8 = 0.0022$$

계산된 철근비는 0.0022로 요구되는 철근비 0.003보다 작다. 따라서 [예제 표 9-2-7]의 β_s값을 0.75를 사용할 수 없고 0.6을 사용해야 한다. 만일 β_s값이 0.6이 될 경우에 스트럿 AB, CD의 요구되는 부재 폭은 474.5 mm가 아니라 592.7 mm로 늘이니 설계부적합이 된다. 따라서 이를 방지하기 위하여 수직철근의 간격을 300 mm 이하가 되게 해야 한다. 식(9.4)의 철근비가 0.003이 되기 위해서는 수직철근의 간격을 200 mm로 해야 한다.

$$\sum \frac{A_{si}}{bs_i}\sin^2\gamma_i = \frac{2\times 198.6}{500\times 200}\sin^2 49.2 + \frac{2\times 126.7}{500\times 300}\sin^2 40.8 = 0.003$$

④ 철근의 정착 검토

타이 AD에서 90° 갈고리를 사용할 경우에 필요한 정착길이(l_{dh})는 다음과 같다.

$$l_{hb} = \frac{0.24\beta d_b f_y}{\lambda\sqrt{f_{ck}}} \times \text{보정계수}$$
$$= \frac{0.24\times 1\times 31.8\times 400}{1\times\sqrt{27}} \times \frac{6{,}814.7}{7{,}942.0} = 504.1\text{ mm}$$

[예제 그림 9-2-7]에서 철근의 정착길이는

$$l_a = 450.0 + 144.8 - 40.0(\text{피복두께}) - 15.9(\text{전단철근 직경}) = 538.9\text{ mm}$$

이므로 안전하다.

(6) 철근 배근

계산 결과에 근거하여 [예제 그림 9-2-8]과 같이 철근을 배근한다.

주철근 : 2단 배열 5-D32

전단철근 :

부재축과 직각방향

양쪽 하부 기둥에서 지점까지 : D16@200을 양면 배근

중앙부 : D16@300을 양면 배근

부재축 방향 : D13@300을 양면 배근

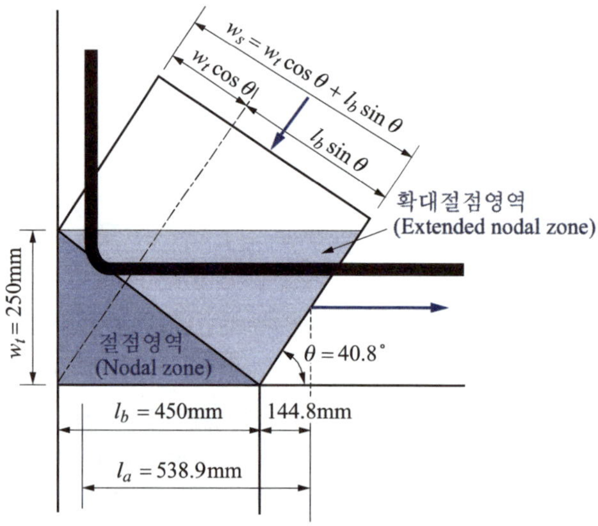

예제 그림 9-2-7 정착길이의 계산(STM-2)

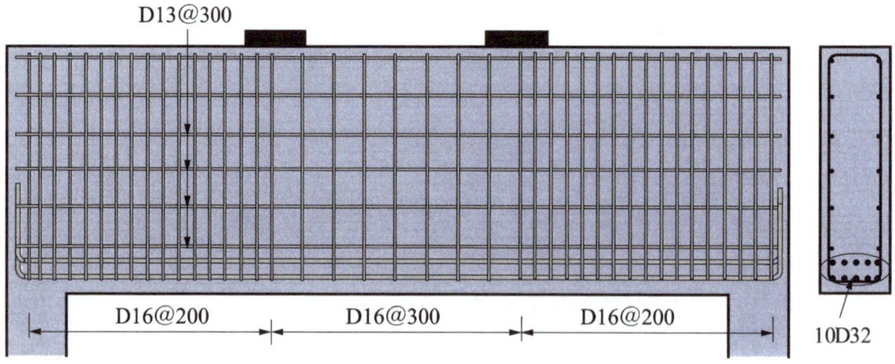

예제 그림 9-2-8 철근 배근(STM-2)

[풀이-1]과 [풀이-2]를 비교했을 때 스트럿-타이 모델의 선정에 따라서 계산되는 철근량에 차이가 있음을 알 수 있다. 설계에서는 이 두 모델을 모두 허용하고 있으므로 최적의 스트럿-타이 모델의 선정은 설계자의 역량이라 할 수 있다.

9.4 브래킷과 내민 받침의 설계

브래킷(bracket)과 내민 받침(corbel)은 [그림 9.14]와 같이 상부하중을 지지하는 기둥이나 벽체에 돌출된 경간이 짧은 캔틸레버 보이다. 기둥에서 돌출된 경우를 브래킷이라 하며, 벽체에서 돌출된 경우를 내민 받침이라 한다. 브래킷과 내민 받침은 전단경간비(a/d)가 2 이하로 평면유지의 가정이 적용되지 않는 D영역 부재이다. 이들 부재는 전단경간비에 따라서 다음의 2가지 방법으로 설계한다.

① $a/d \leq 1$**인 브래킷과 내민 받침** : 반경험적 설계식에 의하여 설계
② $a/d \leq 2$**인 브래킷과 내민 받침** : 반경험적 설계식 또는 스트럿-타이 모델에 의하여 설계

전단경간비에 따라 설계법이 달라지는 이유는 사인장균열의 경사가 전단경간비에 따라 달라지며, 특히 제안된 반경험적 설계식이 전단경간비가 1.0 이하인 부재의 실험 결과에 근거하였기 때문이다.

9.4.1 전단경간비가 1 이하인 경우의 설계

브래킷과 내민 받침의 파괴형태는 [그림 9.15]와 같이 다양하다. 이들 부재는 전단경간비가 짧기 때문에 전단력이 크게 작용하며, 크리프와 건조수축에 의한 직접 인장력과 기둥이나 벽체 근처에 휨모멘트가 작용한다. 또한 상부의 하중을 전달하는 받침부 근처에서 국부적인 파괴가 발생하는 경우가 있다. 브래킷과 내민 받침의 대표적인 파괴형태는 다음과 같다.

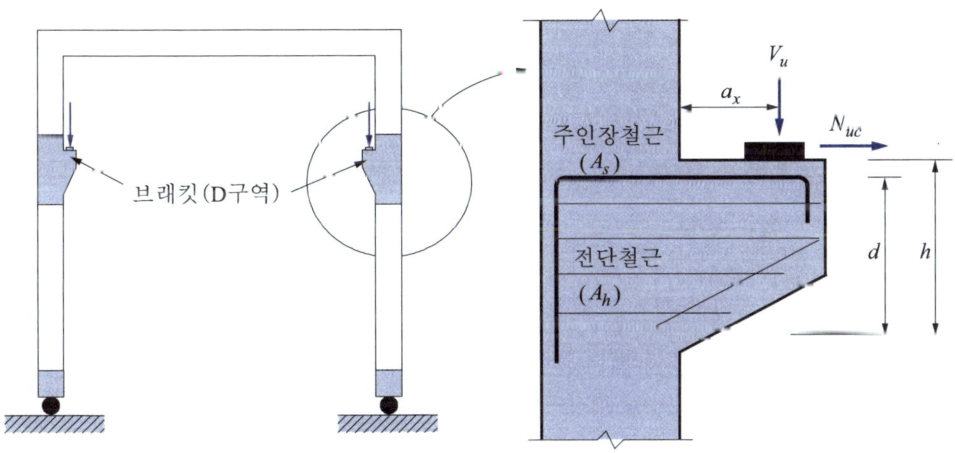

그림 9.14 브래킷

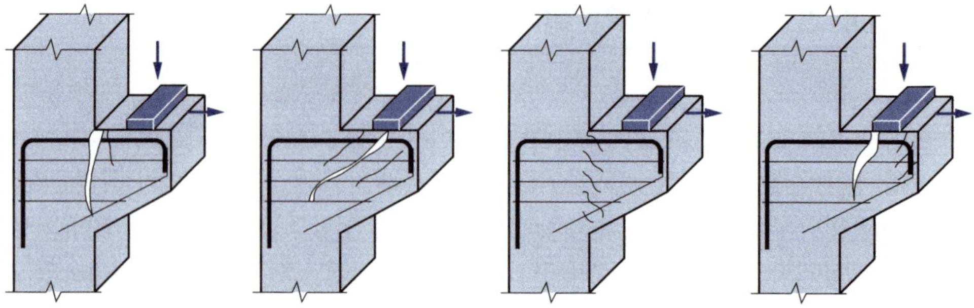

(a) 인장파괴 (b) 콘크리트의 압축파괴 (c) 뽑힘파괴 (d) 정착파괴

그림 9.15 브래킷의 파괴 종류

① 인장철근의 항복에 의한 파괴 ([그림 9.15(a)])
② 콘크리트 압축대의 전단파괴 또는 압축파괴 ([그림 9.15(b)])
③ 철근의 뽑힘 파괴 ([그림 9.15(c)])
④ 지압판 부분의 국부파괴 또는 정착파괴 ([그림 9.15(d)])

브래킷과 내민 받침에는 [그림 9.14]에 표시된 두 가지 종류의 철근(주인장철근과 전단철근)이 배근된다. 이들 철근은 브래킷과 내민 받침의 4가지 파괴모드와 3가지 힘(휨모멘트, 직접 인장력, 직접 전단력)에 저항하기 위하여 필요한 철근량에 근거하여 결정된다.

휨철근

휨설계에 대한 강도설계의 기본 개념은 식(9.18)과 같다.

$$M_u \leqq \phi M_n \tag{9.18}$$

여기서, 강도감소계수(ϕ)는 브래킷과 내민 받침이 전단에 의하여 지배받는 것을 고려하여 전단설계와 동일하게 0.75로 한다($\phi = 0.75$). 계수휨모멘트(M_u)는 계수전단력(V_u)과 인장력을 고려하여 식(9.19)에 의하여 계산한다.

$$M_u = V_u a_x + N_{uc}(h-d) \tag{9.19}$$

여기서, a_x : V_u의 작용점과 기둥 측면까지의 거리([그림 9.14] 참조), h : 브래킷 높이, d : 브래킷 단면의 유효높이, N_{uc} : 크리프, 건조수축이나 온도 변화에 의하여 발생하는 인장력이다.

공칭휨모멘트(M_n)은 식(9.20)에 의하여 계산한다. 브래킷과 내민 받침의 단면은 일반적으로 일정하지 않고 변단면이기 때문에 등가 직사각형 압축응력블록을 사용해야 한다.

$$M_n = A_f f_y \cdot jd = A_f f_y \cdot \left(d - \frac{a}{2}\right) \tag{9.20}$$

여기서, A_f : 휨철근의 단면적, f_y : 휨철근의 항복강도, jd : 응력중심간의 거리, a : 등가 압축응력블록의 깊이이다.

직접 인장철근

브래킷 또는 내민 받침에는 크리프, 건조수축이나 온도 변화에 의하여 직접적으로 인장력(N_{uc})이 발생하므로 식(9.21)에 의하여 직접 인장을 검토해야 한다.

$$N_{uc} \leqq \phi N_{nc} \tag{9.21}$$

여기서, 강도감소계수 $\phi = 0.75$이다. 브래킷 또는 내민 받침 위에 놓이는 상부 부재가 브래킷과 내민 받침의 부재축과 평행하며, 인장력을 피하도록 특별한 장치가 되어 있지 않으면 N_{uc}는 계수전단력의 20퍼센트($N_{uc} = 0.2\,V_u$) 이상으로 한다. 이때 N_{uc}는 활하중으로 간주한다.

공칭인장력(N_{nc})은 식(9.22)에 의하여 계산한다.

$$N_{nc} = A_n f_y \tag{9.22}$$

여기서, A_n : 인장철근의 단면적이다.

전단마찰철근

브래킷 또는 내민 받침과 연결 부재인 기둥이나 벽체 사이에는 직접전단력이 작용한다. 따라서 7.6절에서 설명한 전단마찰 설계에 의하여 전단철근량을 계산해야 한다.

$$V_u \leqq \phi V_n \tag{9.23}$$

여기서, V_u : 계수전단력, ϕ : 강도감소계수이며 $\phi = 0.75$. 공칭전단력(V_n)은 식(9.24a, b)에 의하여 계산한다.

(균열과 90° 배근)

$$V_n = \mu\, A_{vf}\, f_y \tag{9.24a}$$

(균열과 경사배근)

$$V_n = A_{vf}\, f_y \left(\mu \sin\alpha_f + \cos\alpha_f\right) \tag{9.24b}$$

식(9.24a, b)는 7장의 식(7.59a, b)와 동일하다. 식(9.24a, b)에 의하여 계산된 V_n은 콘크리트의 종류에 따라 달라지며, 다음 값 이하가 되어야 한다.

(일반콘크리트)

$$V_n \leqq 0.2\, f_{ck}\, b_w\, d, \quad V_n \leqq (3.3 + 0.08 f_{ck}) b_w d, \quad V_n \leqq 11 b_w d \qquad \text{(단위 : N)}$$

(경량콘크리트)

$$V_n \leqq (0.2 - 0.07 a/d)\, f_{ck}\, b_w\, d \quad \text{또한} \quad V_n \leqq (5.6 - 2.2 a/d)\, b_w\, d \qquad \text{(단위 : N)}$$

브래킷과 내민 받침에 배근되는 실제 철근

브래킷과 내민 받침에 작용하는 휨모멘트, 직접 인장력, 직접 전단력에 저항하기 위하여 필요한 철근량을 식(9.18)~식(9.24b)에서 계산하였다. 이와 같이 3가지 힘에 따라서 다르게 계산된 철근을 모두 부재에 배근할 경우에 철근이 2가지 이상의 힘을 저항할 가능성이 높다. 예를 들어 휨인장철근으로 배근된 철근은 휨모멘트, 직접 인장력과 직접 전단력을 모두 저항하며, 전단철근으로 배근된 철근도 3가지 힘을 모두 저항한다. 따라서 식(9.18)~식(9.24b)에서 계산한 철근을 모두 배근할 경우에 철근이 과다 배근될 수 있다. 설계에서는 브래킷과 내민 받침에 배근해야할 철근을 [그림 9.14]와 같이 주인장철근과 전단철근의 2가지 종류로 구분 한 후에 이들 철근이 휨모멘트, 직접 인장력, 직접 전단력의 3가지 힘에 저항할 수 있도록 한다.

① **주인장철근**

브래킷 또는 내민 받침의 받침부 아래쪽에 배근하는 주인장철근의 단면적(A_s)은 실험 결과에 근거하여 휨철근, 휨인장철근, 전단마찰철근을 적절하게 배분하여 식(9.25)에 의하여 정한다.

$$A_s = A_f + A_n \text{와 } A_s = \frac{2}{3} A_{vf} + A_n \text{ 중에서 큰 값} \tag{9.25}$$

여기서, A_s는 $(0.04 f_{ck}/f_y) bd$ 이상이 되어야 한다.

주인장철근은 같은 크기의 횡방향철근에 용접하여 정착하거나 자유단에서 수평으로 구부려 지지부재에 정착되도록 한다([그림 9.14] 참조).

② **전단철근**

브래킷과 내민 받침 복부에 배근해야 할 전단철근(폐쇄형스터럽이나 띠철근)의 단면적(A_h)은 실험 결과에 근거하여 식(9.26)에 의하여 정한다.

$$A_h \geqq 0.5(A_s - A_n) \tag{9.26}$$

식(9.26)에 의하여 계산된 A_h는 단면의 유효깊이(d)의 $2/3$내에 균일하게 배근한다.

식(9.25)와 식(9.26)에 의하여 배근되는 철근의 양은 3가지 힘을 별개로 해서 저항하도록 계산한 철근의 양(식(9.18) ~ 식(9.24b))의 합보다 작다. 이는 식(9.25)와 식(9.26)에서는 휨인장철근이나 전단철근이 각각 2가지 이상의 힘을 저항하는 것으로 하여 계산한 값이기 때문이다.

브래킷과 내민 받침 설계순서

브래킷과 내민 받침은 다음 순서로 설계할 수 있다.

① 하중계산 : 계수휨모멘트, 직접인장력, 선단력을 계산한다.
② 휨철근을 계산한다(식(9.20)).
③ 직접인장철근을 계산한다(식(9.22)).
④ 전난마찰철근을 계산한다(식(9.24a, b)).
⑤ 휨인장철근의 단면적을 결정하고 최솟값과 비교한다(식(9.25)).
⑥ 전단철근의 단면적을 결정하고 배근 간격을 정한다(식(9.26)).
⑦ 휨인장철근의 정착길이를 계산하고 정착한다.

예제 9-3

[예제 그림 9-3-1]의 브래킷을 설계하라. 브래킷에는 700 kN의 계수전단력(V_u)이 작용한다. 콘크리트의 압축강도 $f_{ck} = 24$ MPa, 철근의 설계기준항복강도 $f_y = 400$ MPa이다. 마찰계수 $\mu = 1.4$이다.

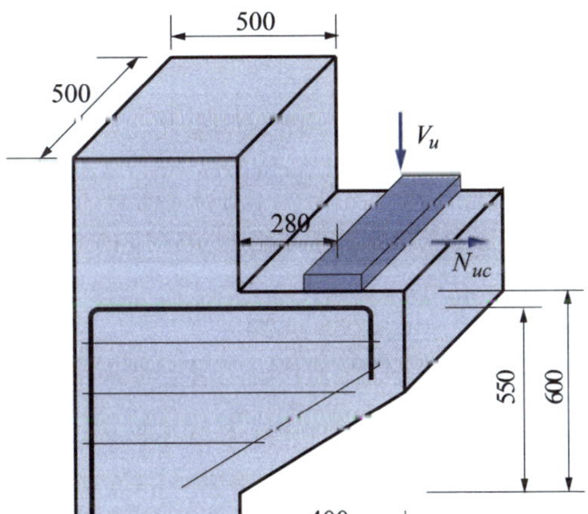

예제 그림 9-3-1 철근콘크리트 브래킷 및 단면(단위 : mm)

풀이

(1) 하중 계산 : 계수휨모멘트, 직접인장력, 전단력 계산

계수전단력 $V_u = 700.0\ \text{kN}$

직접인장력 $N_{uc} = 0.2\,V_u = 0.2 \times 700.0 = 140.0\ \text{kN}$

계수휨모멘트 $M_u = V_u a_x + N_{uc}(h-d)$

$$= 700 \times 280 + 140(600 - 550) = 203.0\ \text{kN} \cdot \text{m}$$

(2) 휨철근을 계산한다(식(9.20)).

$$A_f = \frac{M_u}{\phi \cdot f_y \cdot jd}$$

$jd = 0.9d$로 가정하고 임의의 철근량을 계산한다.

$$A_f^* = \frac{M_u}{\phi \cdot f_y \cdot jd} = \frac{203 \times 10^6}{0.75 \times 400 \times (0.9 \times 550)} = 1{,}367.0\ \text{mm}^2$$

평형조건에서 등가 압축응력블록의 깊이(a)를 계산한다. 등가 직사각형 압축응력블록 계수 η는 [표 4.5]에서 1이다.

$$A_f^* f_y = \eta(0.85 f_{ck}) ba$$

$$a = \frac{A_f^* f_y}{\eta(0.85 f_{ck}) b} = \frac{1{,}367 \times 400}{1 \times (0.85 \times 24) \times 500} = 53.6\ \text{mm}$$

그러므로

$$A_f = \frac{M_u}{\phi f_y\left(d - \dfrac{a}{2}\right)} = \frac{203 \times 10^6}{0.75 \times 400 \times \left(550 - \dfrac{53.6}{2}\right)} = 1{,}293.3\ \text{mm}^2$$

(3) 직접인장철근을 계산한다(식(9.22)).

$$A_n = \frac{N_{uc}}{\phi f_y} = \frac{140{,}000}{0.75 \times 400} = 466.7\ \text{mm}^2$$

(4) 전단마찰철근을 계산한다(식(9.24a, b)).

$$A_{vf} = \frac{V_u}{\phi f_y \mu} \qquad (90^\circ\ \text{배근})$$

$$= \frac{700{,}000}{0.75 \times 400 \times 1.4} = 1{,}666.7\ \text{mm}^2$$

(5) 휨인장철근의 단면적을 결정하고 최솟값과 비교한다(식(9.25)).

$$A_s = A_f + A_n = 1{,}293.3 + 466.7 = 1{,}760.0\ \text{mm}^2$$

$$A_s = \frac{2}{3}A_{vf} + A_n = \frac{2}{3}\times 1{,}666.7 + 466.7 = 1{,}577.8\ \text{mm}^2$$

$$A_s \geqq \left(0.04\frac{f_{ck}}{f_y}\right)bd = \left(0.04\frac{24}{400}\right)500\times 550 = 660.0\ \text{mm}^2$$

그러므로 $1{,}760.0\ \text{mm}^2$으로 결정하고, 4-D25($A_s = 2{,}026.8\ \text{mm}^2$)를 배근한다.

(6) 전단철근의 단면적을 결정하고 배근 간격을 정한다.

① 전단내력 검토

$$V_u \leqq \phi V_n$$

(일반콘크리트)

$$V_n \leqq 0.2\, f_{ck}\, b_w\, d,\quad V_n \leq (3.3 + 0.08 f_{ck}) b_w d,\quad V_n \leqq 11 b_w d$$

$$0.2 f_{ck} b_w d = 0.2\times 24\times 500\times 550 = 1{,}320.0\ \text{kN}$$

$$(3.3 + 0.08 f_{ck}) b_w d = (3.3 + 0.08\times 24)\times 500\times 550 = 1{,}435.5\ \text{kN}$$

$$11 b_w d = 11\times 500\times 550 = 3{,}025\ \text{kN}$$

그러므로 전단강도(V_n)는 1,320.0 kN이다.

$$V_u \leqq \phi V_n$$

$$700.0\text{kN} \leqq 0.75\times 1{,}320 = 990.0\ \text{kN}$$

그러므로 적합하다.

② 전단철근(폐쇄스터럽) 단면적 결정(식(9.26))

$$A_h = 0.5(A_s - A_n)$$

$$= 0.5\times(1{,}760.0 - 466.7) = 646.7\ \text{mm}^2$$

그러므로 D13철근 3개($A_h = (2\times 126.7)\times 3 = 760.2\ \text{mm}^2$)를 유효길이의 2/3내에 균일하게 배근한다.

$\frac{2d}{3} = 366.7\ \text{mm}$이므로 120 mm 간격으로 배근한다.

(7) 휨인장철근의 정착길이를 계산하고 정착한다.

갈고리가 있는 경우의 정착길이(10.3.4항 참조)

$$l_d = l_{hb} \times \text{적용보정계수}$$

기본정착길이(l_{hb})

$$l_{hb} = \frac{0.24\beta d_b f_y}{\lambda\sqrt{f_{ck}}} \times \text{보정계수} = \frac{0.24 \times 1 \times 25.4 \times 400}{1 \times \sqrt{24}} = 497.7\ \text{mm}$$

여기서, λ : 경량콘크리트 계수이며 보통콘크리트를 사용할 경우에 1이다. β : 에폭시도막계수이며 도막을 하지 않을 경우에 "1"이다.

적용보정계수 :

- 90° 갈고리를 사용하고 D35 이하의 철근을 사용하며 갈고리에 수직한 면의 피복두께 60 mm 이상이고, 갈고리에 자유단 철근의 피복두께 50 mm 이상인 경우 : 0.7
- [소요철근량 / 배근철근량]

[요구 수평정착길이]

$$l_d = l_{hb} \times \text{적용보정계수} = 497.7 \times 0.7 \times \frac{1{,}760.0}{2{,}026.8} = 302.5\ \text{mm}$$

[실제 수평정착길이]

$$500 - 60 = 440\ \text{mm}$$

그러므로 적합하다.

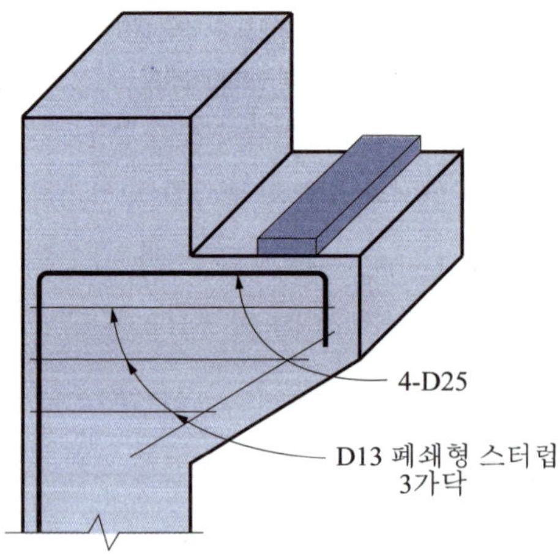

예제 그림 9-3-2 철근 배근

9.4.2 전단경간비가 2 이하인 경우의 설계(스트럿 – 타이 모델에 의한 설계)

KDS 14 20 국가건설기준에서는 브래킷과 내민 받침의 전단경간비(a/d)가 2 이하이면 반경험적 설계식 또는 스트럿 - 타이 모델에 의하여 설계하도록 하고 있다. 스트럿 - 타이 모델은 9.2절에서 설명한 방법에 근거하여 설계한다. 브래킷과 내민 받침의 경우도 다양한 형태의 스트럿 - 타이 모델이 가능하므로 설계자는 가장 합리적인 모델을 선정해야 한다.

예제 9-4

[예제 그림 9-4-1]의 브래킷을 스트럿 – 타이 모델에 의하여 설계하라. 브래킷에는 500 kN의 계수전단력(V_u)이 작용한다. 콘크리트의 압축강도 $f_{ck} = 24\ \text{MPa}$, 철근의 설계기준항복강도 $f_y = 400\ \text{MPa}$이다.

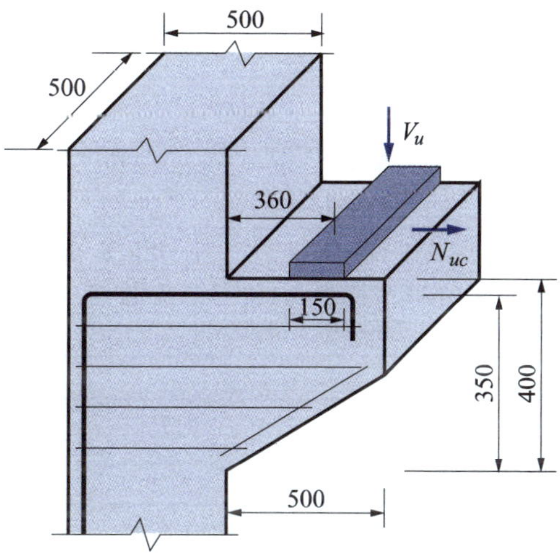

예제 그림 9-4-1 전단경간비가 큰 브래킷

이 예제에서는 반경험적 설계식과 스트럿 – 타이 모델에 의하여 계산한 결과를 비교하기 위하여 [풀이-1]에서는 스트럿 – 타이 모델에 의하여 설계하였고, [풀이-2]에서는 반경험적 설계식에 의하여 설계하였다.

풀이-1 스트럿 - 타이 모델에 의한 설계

(1) 스트럿 - 타이 모델의 기하학적인 형태를 결정

D영역을 결정하고, 영역 내부 힘의 흐름에 기초하여 압축재, 인장재 및 절점을 배치한다.
브래킷에 작용하는 힘의 흐름에 기초하여 [예제 그림 9-4-2]와 같이 압축재, 인장재 및 절점을 배치한다. STM의 부재와 절점의 종류를 [예제 표 9-4-1, 2]에 정리하였다.

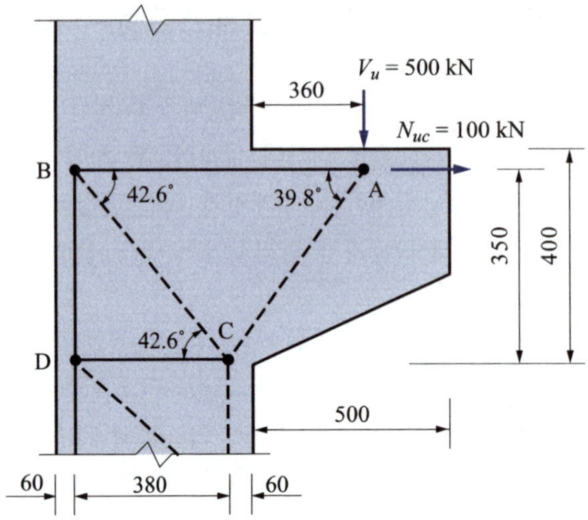

예제 그림 9-4-2 스트럿-타이 모델(단위 : mm)

예제 표 9-4-1 부재의 종류

부 재	종 류	비 고
AB	인장재	
AC	압축재	병모양 스트럿
BC	압축재	프리즘형 스트럿
BD	인장재	
CD	인장재	

예제 표 9-4-2 절점의 종류

절 점	비 고
A	*CTT*
B	*CTT*
C	*CCT*
D	*TTT*

(2) 작용하는 하중에 근거하여 압축재와 인장재에 작용하는 축력 계산

계수전단력 $V_u = 500.0\text{ kN}$

직접인장력 $N_{uc} = 0.2\,V_u = 0.2 \times 500.0 = 100.0\text{ kN}$

계수휨모멘트 $M_u = V_u a_x + N_{uc}(h-d)$

$$= 500 \times 360 + 100(400 - 350) = 185.0\text{ kN}\cdot\text{m}$$

① 상하 부재의 폭 계산

부재의 유효깊이(d)를 계산한다. D29 철근을 1단으로 배근한다고 가정하여 d를 계산한다.

$$d = h - \text{cover} - d_b/2 = 400 - 40 - 28.6/2 = 345.7\text{ mm} \rightarrow 350\text{ mm}$$

여기서, h : 단면의 높이, d_b : 주철근의 지름이다.

타이 AB의 폭(w_t)은 다음과 같이 계산한다.

$$w_t = 2(\text{cover} + d_b/2) = 2(40 + 28.6/2) = 108.6\text{ mm} \rightarrow 120\text{ mm}$$

② 트러스의 부재력 계산

경사 스트럿 AC, BC와 부재축이 이루는 각도를 계산한다.

$$\theta_{AC} = \arctan(350/420) = 39.8°$$
$$\theta_{BC} = \arctan(350/380) = 42.6°$$

스트럿의 부재력은 다음과 같다.

$$F_{u,AC} = 500.0/\sin 39.8° = 781.1\text{ kN}$$
$$F_{u,BC} = F_{u,AB}/\cos\theta = 700.1/\cos 42.6° = 951.1\text{ kN}$$

타이의 부재력은 다음과 같다.

$$F_{u,AB} = F_{u,AC} \times \cos\theta + N_{uc} = 781.1 \times \cos 39.8° + 100 = 700.1\text{ kN}$$
$$F_{u,BD} = F_{u,BC} \times \sin\theta = 951.1 \times \sin 42.6° = 643.8\text{ kN}$$
$$F_{u,CD} = F_{u,BC} \times \cos\theta - F_{u,AC} \times \cos\theta$$
$$= 951.1 \times \cos 42.6° - 781.1 \times \cos 39.8° = 100.0\text{ kN}$$

스트럿과 타이의 부재력을 [예제 표 9-4-3]과 [예제 그림 9-4-3]에 정리하였다.

(3) 콘크리트의 유효압축강도와 하중계수를 계산하고 스트럿의 형태와 강도 계산

① 스트럿의 폭 계산

$$w_{sb} = l_b \sin\theta + w_t \cos\theta$$
$$w_{sb,AC} = 150\sin 39.8° + 120\cos 39.8° = 188.2\text{ mm}$$
$$w_{sb,BC} = 250\sin 42.6° + 120\cos 42.6° = 257.6\text{ mm}$$

예제 표 9-4-3 부재력 계산

부 재	β_s	부재력(kN)	요구 부재 폭(mm)	실제 부재 폭(mm)	판 성
AC	0.60	781.1	170.2	188.2	만족
BC	0.60	951.1	207.2	257.6	만족
AB	-	700.1	-	120.0	-
CD	-	100.0	-	-	-

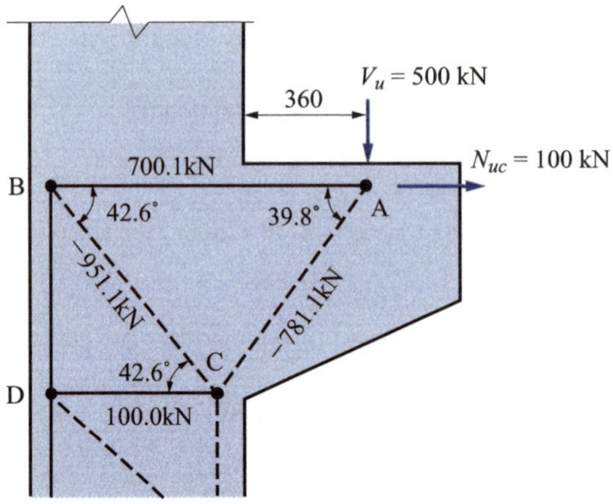

예제 그림 9-4-3 부재력의 계산

② 스트럿의 내력 검토

식(9.1)~식(9.3), 식(9.6)을 이용하여 스트럿 부재력을 저항하기 위하여 필요한 요구 스트럿 폭($w_{s,req}$)을 계산한다. 이 때 병모양 스트럿 AC, BC의 β_s는 0.6으로 가정한다.

$$w_{s,req} = \frac{F_{\nu s}}{\phi(0.85\beta_s f_{ck})b_w}$$

$$w_{s,req,AC} = \frac{781.1\times10^3}{0.75(0.85\times0.6\times24)500} = 170.2\,\mathrm{mm}$$

$$w_{s,req,BC} = \frac{951.1\times10^3}{0.75(0.85\times0.6\times24)500} = 207.2\,\mathrm{mm}$$

스트럿의 내력을 [예제 표 9-4-3]에 정리하였다.

(4) 절점영역의 분포와 강도 계산

식(9.1), 식(9.10)과 식(9.11)을 이용하여 절점영역이 요구하는 폭($w_{n,req}$)을 다음과 같이 계산한다.

$$w_{n,req} = \frac{F_u}{\phi\cdot\ 0.85\cdot\beta\cdot f_{ck}\cdot b_w}$$

[A 절점]

$$w_{n,req,V_u} = \frac{500.0\times10^3}{0.75(0.85\times0.6\times24)500} = 108.9\,\mathrm{mm}$$

$$w_{n,req,N_{uc}} = \frac{100.0\times10^3}{0.75(0.85\times0.6\times24)500} = 21.8\,\mathrm{mm}$$

$$w_{n,req,AC} = \frac{781.1\times10^3}{0.75(0.85\times0.6\times24)500} = 170.2\,\mathrm{mm}$$

예제 표 9-4-4 절점의 설계 검토

절 점	절점종류	β_n	부재종류	부재력(kN)	요구된 폭(mm)	실제 폭(mm)	판 정	보 완
A	CTT	0.6	V_u	500.0	108.9	150.0	만족	
			N_{uc}	100.0	21.8	120.0	만족	
			AC	781.1	170.2	188.2	만족	
			AB	700.1	152.5	120.0	불만족	철근 보완
C	CCT	0.8	AC	781.1	127.6	188.2	만족	
			BC	951.1	155.4	338.9	만족	
			CD	100.0	16.3	350.0	만족	

$$w_{n,req,AB} = \frac{700.1 \times 10^3}{0.75(0.85 \times 0.6 \times 24)500} = 152.5\ \mathrm{mm}$$

다른 절점도 이와 같은 방법에 의하여 요구되는 절점의 폭을 계산한다. 계산된 요구 폭과 실제 폭의 비교는 [예제 표 9-4-4]와 같다. 표에서 절점 A의 타이 AB에 대하여 요구되는 폭($w_{n,req}$)이 실제 폭에 비하여 크기 때문에 '불만족'이 된다. 그러나 설계에서는 이러한 '불만족'이 타이가 연결된 절점면에 발생할 경우에는 철근에 의하여 절점면을 보완할 수 있다고 판단하여 설계를 허용한다.

(5) 인장재의 형태, 강도, 필요 단면적 및 정착길이 계산

① 타이의 철근량을 계산하고 철근을 정함

식(9.7)을 이용하여 타이에 작용하는 부재력에 저항하기 위한 철근량을 계산한다.

[휨철근]

타이 AB $$A_{st} = \frac{F_u}{\phi f_y} = \frac{700,100}{0.85 \times 400} = 2,059.1\ \mathrm{mm}^2$$

타이 AB에 5-D25($A_s = 2,533.5\ \mathrm{mm}^2$)를 배근한다.

[전단철근]

타이 CD $$A_{st} = \frac{F_u}{\phi f_y} = \frac{100,000}{0.85 \times 400} = 294.1\ \mathrm{mm}^2$$

필요한 전단철근의 수는 다음과 같다.

$$n = \frac{A_{st}}{2\text{-D10}} = \frac{294.1}{2 \times 71.3} = 2.1\text{개} \rightarrow 3\text{개}$$

전단철근의 간격은 다음과 같다.

$$s = \frac{350}{3} = 116.7\ \mathrm{mm} \rightarrow 100\ \mathrm{mm}$$

타이 CD에 3-D10@100을 배근한다.

② 병모양 스트럿의 β_s에 필요한 최소 철근량 계산

병모양 스트럿 AC와 BC의 β_s값을 [표 9.1]과 같이 0.75로 사용하기 위해서는 스트럿에 식 (9.4) 이상의 철근이 배근되어야 하지만, 스트럿 AC와 BC에서는 β_s값으로 0.6을 사용하였으므로 최소 철근량을 검토할 필요가 없다.

(6) 철근 배근

이상의 계산 결과에 근거하여 [예제 그림 9-4-4]와 같이 철근을 배근한다.

주인장철근	: 5-D25
전단철근	: 3-D10@100

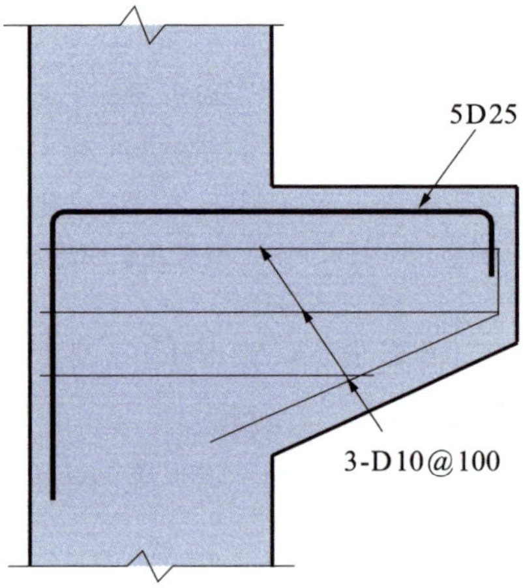

예제 그림 9-4-4 철근 배근

풀이-2 반경험적 설계법

(1) 하중 계산 : 계수휨모멘트, 직접인장력, 전단력을 계산한다.

계수전단력 $V_u = 500.0\ \text{kN}$

직접인장력 $N_{uc} = 0.2\,V_u = 0.2 \times 500.0 = 100.0\ \text{kN}$

계수휨모멘트 $M_u = V_u a_x + N_{uc}(h-d)$

$= 500 \times 360 + 100(400-350) = 185.0\ \text{kN} \cdot \text{m}$

(2) 휨철근을 계산한다(식(9.20)).

$$A_f = \frac{M_u}{\phi \cdot f_y \cdot jd}$$

$jd = 0.9d$로 가정하고 임의의 철근량을 계산한다.

$$A_f^* = \frac{M_u}{\phi \cdot f_y \cdot jd} = \frac{185 \times 10^6}{0.75 \times 400(0.9 \times 350)} = 1{,}957.7\ \mathrm{mm}^2$$

평형조건에서 등가 압축응력블록의 깊이(a)를 계산한다. 등가 직사각형 압축응력블록 계수 η는 [표 4.5]에서 "1"이다.

$$A_f^* f_y = \eta(0.85 f_{ck}) ba$$

$$a = \frac{A_f^* f_y}{\eta(0.85 f_{ck}) b} = \frac{1{,}957.7 \times 400}{1 \times 0.85 \times 24 \times 500} = 76.8\ \mathrm{mm}$$

그러므로

$$A_f = \frac{M_u}{\phi f_y \left(d - \dfrac{a}{2}\right)} = \frac{185 \times 10^6}{0.75 \times 400 \left(350 - \dfrac{76.8}{2}\right)} = 1{,}979.0\ \mathrm{mm}^2$$

(3) 직접인장철근을 계산한다(식(9.22)).

$$A_n = \frac{N_{uc}}{\phi f_y}$$

$$= \frac{100{,}000}{0.75 \times 400} = 333.3\ \mathrm{mm}^2$$

(4) 전단마찰철근을 계산한다(식(9.24a, b)).

$$A_{vf} = \frac{V_u}{\phi f_y \mu} \qquad (90^\circ\ \text{배근})$$

$$= \frac{500{,}000}{0.75 \times 400 \times 1.4} = 1{,}190.5\ \mathrm{mm}^2$$

(5) 휨인장철근의 단면적을 결정하고 최솟값과 비교한다(식(9.25)).

$$A_s = A_f + A_n = 1{,}979.0 + 333.3 = 2{,}312.3\ \mathrm{mm}^2$$

$$A_s = \frac{2}{3} A_{vf} + A_n = \frac{2}{3} \times 1{,}190.5 + 333.3 = 1{,}127.0\ \mathrm{mm}^2$$

$$A_s \geq \left(0.04 \frac{f_{ck}}{f_y}\right) bd = \left(0.04 \frac{24}{400}\right) 500 \times 350 = 420\ \mathrm{mm}^2$$

그러므로 $2{,}312.3\ \mathrm{mm}^2$로 결정하고, 5 D25($A_s = 2{,}533.5\ \mathrm{mm}^2$)를 배근한다.

(6) 전단철근의 단면적을 결정하고 배근 간격을 정한다.

① 전단내력 검토

$$V_u \leq \phi V_n$$

(일반콘크리트)

$$V_n \leqq 0.2f_{ck}b_wd \quad \text{또한} \quad V_n \leqq 5.6b_wd \qquad (\text{단위 : N})$$
$$0.2f_{ck}b_wd = 0.2 \times 24 \times 500 \times 350 = 840.0 \text{ kN}$$
$$5.6b_wd = 5.6 \times 500 \times 350 = 980.0 \text{ kN}$$

그러므로 전단강도(V_n)은 840.0 kN으로 정한다.

$$V_u \leqq \phi V_n$$
$$500.0 \text{ kN} \leqq 0.75 \times 840 = 630.0 \text{ kN}$$

그러므로 적합하다.

② 전단철근(폐쇄스터럽) 단면적 결정(식(9.25)).

$$A_h = 0.5(A_s - A_n)$$
$$= 0.5(2{,}312.3 - 333.3) = 989.5 \text{ mm}^2$$

그러므로 D13 철근 4개($A_h = (2 \times 126.7) \times 4 = 1{,}013.6 \text{ mm}^2$)를 유효길이의 2/3내에 균일하게 배근한다.

$$\frac{2d}{3} = 233.3 \text{ mm} \text{이므로 } 50 \text{ mm 간격으로 4-D13@50을 배근}$$

(7) 휨인장철근의 정착길이를 계산하고 정착한다.

갈고리가 있는 경우의 정착길이(10.3.4항 참조)

$$l_d = l_{hb} \times \text{적용보정계수}$$

기본정착길이

$$l_{hb} = \frac{0.24\beta d_b f_y}{\lambda\sqrt{f_{ck}}} \times \text{보정계수} = \frac{0.24 \times 1 \times 25.4 \times 400}{1 \times \sqrt{24}} = 497.7 \text{ mm}$$

적용보정계수 :

- 90° 갈고리를 사용하고 D35 이하의 철근을 사용하며 갈고리에 수직한 면의 피복두께 60 mm 이상이고, 갈고리에 자유단 철근의 피복두께 50 mm 이상인 경우 : 0.7
- [소요철근량 / 배근철근량]

[요구 수평정착길이]

$$l_d = l_{hb} \times \text{적용보정계수} = 497.7 \times 0.7 \times \frac{2{,}312.3}{2{,}533.5} = 318.0 \text{ mm}$$

[실제 수평정착길이]

$$500 - 60 = 440 \text{ mm}$$

그러므로 적합하다.

스트럿 - 타이 모델에 의한 결과인 [예제 그림 9-4-4]와 반경험적 설계식에 의한 결과인 [예제 그림 9-4-5]를 비교해 보면, 주인장철근의 양은 동일하지만, 반경험적 설계식에 의해 계산한 전단보강철의 양이 스트럿 - 타이 모델에 의해 계산한 전단철근의 양보다 많다는 것을 알 수 있다. 하지만 이러한 결과는 설계 조건과 스트럿 - 타이 모델 형태에 따라서 달라질 수 있다.

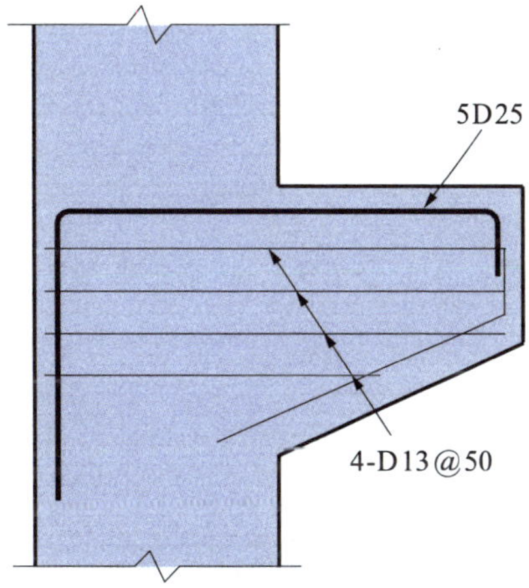

예제 그림 9-4-5 철근 배근

Chapter 9 연습문제

9.1 B영역과 D영역에 대하여 설명하라.

9.2 스트럿-타이 모델의 기본 구성요소에 대하여 설명하라.

9.3 스트럿-타이 모델의 설계 과정에 대하여 설명하라.

9.4 스트럿-타이 모델의 기하학적인 형태 결정의 주의점에 대하여 설명하라.

9.5 콘크리트 스트럿의 유효압축강도에 대하여 설명하라.

9.6 절점의 종류와 강도감소계수에 대하여 설명하라.

9.7 [연습 그림 9.1]의 개구부가 있는 깊은보의 두께를 스트럿 - 타이 모델에 의하여 정하고, 안전성을 설계하라. 콘크리트의 압축강도 $f_{ck} = 24$ MPa, 철근의 설계기준항복강도 $f_y = 400$ MPa이다.

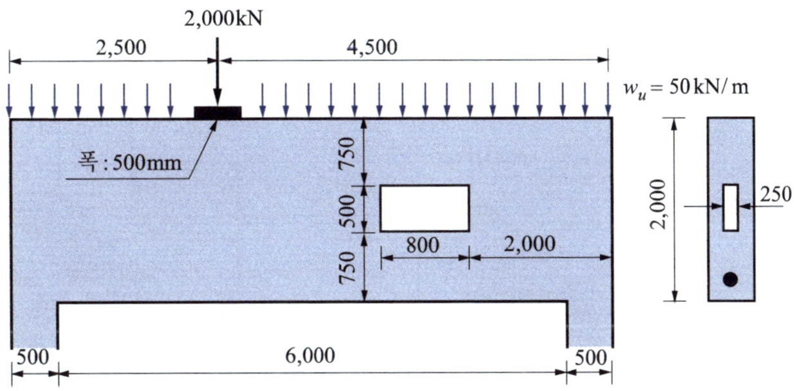

연습 그림 9.1 개구부가 있는 깊은보 (단위 : mm)

9.8 [연습 그림 9.2]의 연속보의 두께를 스트럿 - 타이 모델에 의하여 정하고, 안전성을 설계하라. 콘크리트의 압축강도 $f_{ck} = 24$ MPa, 철근의 설계기준항복강도 $f_y = 400$ MPa이다.

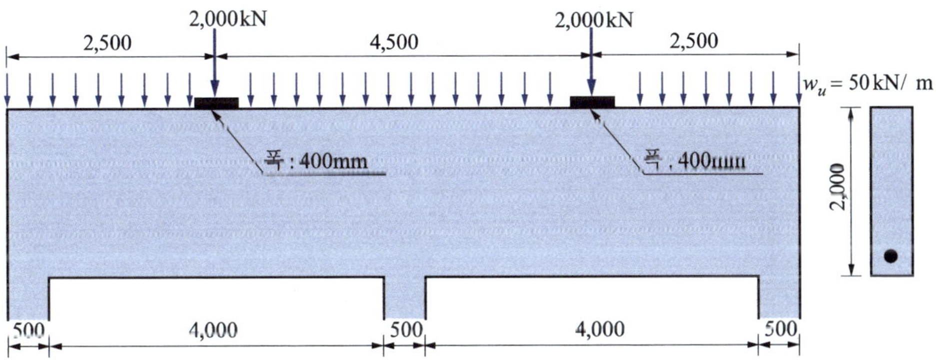

연습 그림 9.2 연속보 (단위 : mm)

9.9 [연습 그림 9.3]의 양 쪽에 브래킷이 있는 부재를 스트럿 - 타이 모델에 의하여 설계하라. 브래킷에는 600 kN의 계수전단력(V_u)이 작용한다. 콘크리트의 압축강도 $f_{ck} = 24$ MPa, 철근의 설계기준항복강도 $f_y = 400$ MPa이다.

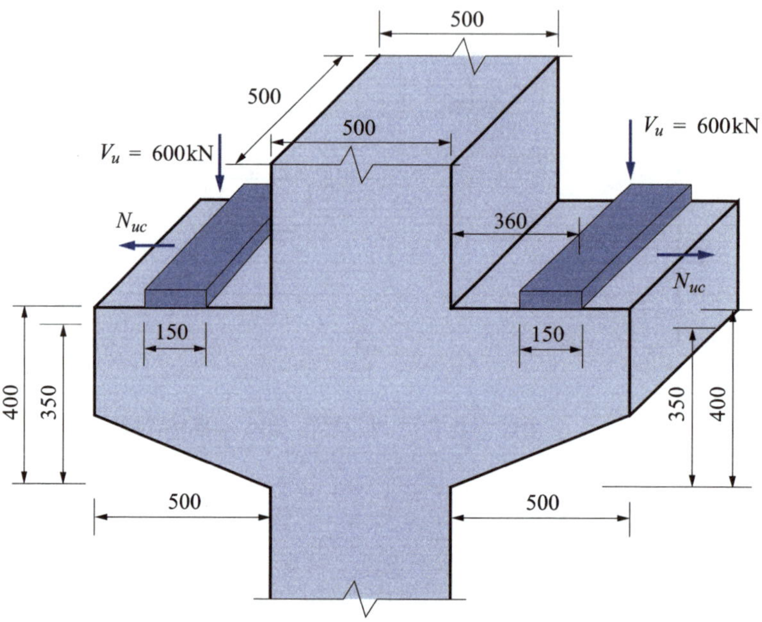

연습 그림 9.3 브래킷 (단위 : mm)

Chapter 10

정착과 이음

10.1 일반 사항
10.2 부착응력
10.3 정착길이
10.4 철근의 정착과 절단
10.5 철근의 이음

10.1 일반 사항

철근콘크리트는 철근과 콘크리트로 이루어진 복합재료이다. 두 재료가 충분한 힘으로 결합할 경우에는 각각의 재료가 최대 역량에 도달할 수 있지만, 결합력이 약할 경우에는 최대 역량에 도달하기 이전에 미끄러짐이 발생하여 철근이 뽑히고 만다. [그림 10.1]은 보의 한 부분을 절단한 자유물체도이다. 상·하부의 철근에 압축력과 인장력이 작용할 경우에 이들 힘과 반대방향으로 철근과 주위 콘크리트 사이에 전단저항력이 발생하게 되며, 이러한 힘을 부착력이라 한다. 이 때 철근의 묻힌거리가 짧을 경우에는 철근의 최대 역량인 인장강도에 도달하기 이전에 철근이 뽑히고 만다. 이와 같은 파괴를 부착파괴라 하며, 설계에서는 이를 방지하기 위하여 정착길이(development length)를 규정하여 충분한 길이 이상으로 철근이 콘크리트 속에 묻히도록 하고 있다. 정착길이가 짧을 경우에는 [그림 10.1]과 같이 철근 주변에 방사선형의 균열이 발생하여 내력이 감소하는 부착파괴가 발생한다.

부착응력은 철근의 정착길이와 함께 이음길이에도 중요한 영향을 미친다. 철근은 가공, 운반, 작업의 용이성을 고려하여 적절한 길이로 절단하여 사용한다. 절단한 철근을 이었을 경우에 부착응력에 따라서 철근이 전달하는 응력이 달라질 수 있으므로 기준에서는 철근의 이음길이를 규정하고 있다.

철근콘크리트 부재의 부착응력은 다양한 요소에 의하여 영향을 받으며 복잡한 파괴 메커니즘을 나타낸다. 10장의 전반부에서는 부착응력에 대한 기본 개념과 현재 사용하고 있는 기준에 의한 정착길이를 설명하고, 후반부에서는 이음길이를 설명한다.

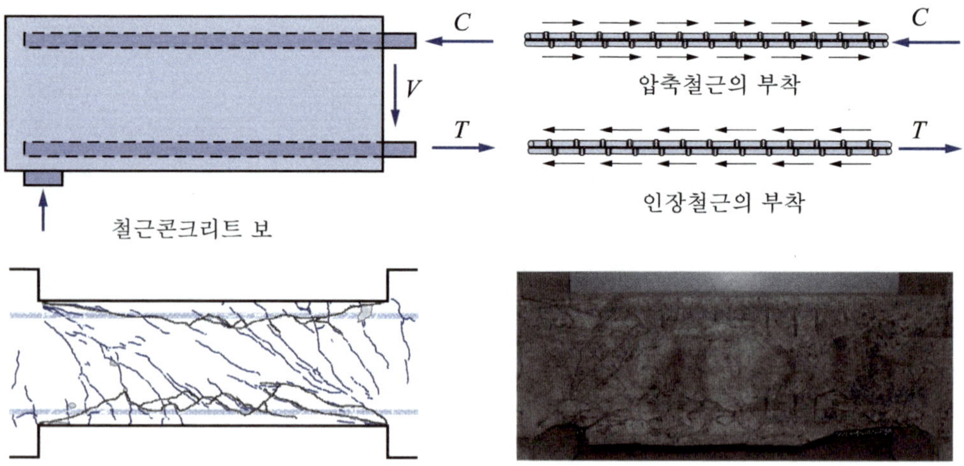

그림 10.1 철근과 콘크리트의 부착

10.2 부착응력

10.2.1 평균부착응력

[그림 10.2(a)]의 등분포하중(w_u)을 받는 철근콘크리트 보의 휨모멘트 분포는 [그림 10.2(b)]와 같다. 보의 짧은 길이(dx)를 절단하여 자유물체도를 그리면 [그림 10.2(c)]와 같이 휨모멘트(M)와 전단력(V)이 작용한다.

자유물체도의 철근 주변을 절단하여 힘의 분포를 살펴보면 [그림 10.2(d)]와 같다. 좌우 방향에 철근이 받는 인장력에 차이가 있으므로 힘의 평형을 유지하기 위하여 좌측 방향으로 철근 주위에 부착응력(u)이 발생한다. 따라서 힘의 평형조건을 이용하여 식(10.1)을 유도할 수 있다.

$$T + u(dx \cdot \sum o) = T + dT \tag{10.1}$$

여기서, T : 철근이 받는 힘, dT : 철근이 받는 힘의 증분, d_b : 철근의 지름, $\sum o$: 철근의 둘레길이, $\sum o = \pi d_b$이다.

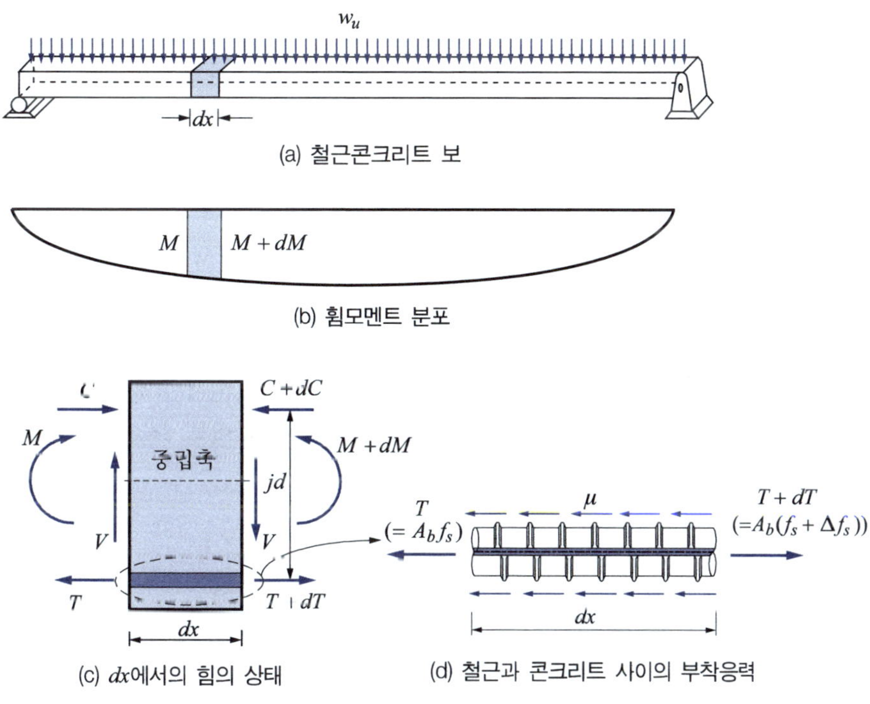

그림 10.2 철근콘크리트 보의 평균 휨부착응력

식(10.1)에서 부착응력(u)을 식(10.2)에 의해 계산한다.

$$u = \frac{dT}{dx \cdot \sum o} \tag{10.2}$$

식(10.2)의 인장력(dT)을 철근의 응력(df_s)과 면적(A_b)에 의하여 식(10.3)으로 나타낼 수 있다.

$$u = \frac{A_b \cdot df_s}{dx \cdot \sum o} \tag{10.3}$$

모멘트증분(dM)은 인장력증분(dT)에 응력중심간의 거리(jd)를 곱한 값이다.

$$dT = \frac{dM}{jd} \tag{10.4}$$

보 이론에서 $dM = V \cdot dx$이므로, 식(10.4)는 식(10.5)가 된다.

$$dT = \frac{V}{jd}dx \tag{10.5}$$

따라서 식(10.2)와 (10.5)에서 식(10.6)을 구할 수 있다.

$$u = \frac{V}{jd \cdot \sum o} \tag{10.6}$$

10.2.2 철근콘크리트 부재의 부착응력

[그림 10.3(a)]의 철근을 콘크리트에 매립하여 양 방향으로 직접 인장력을 가하면 외부 하중은 철근을 통하여 콘크리트에 전달된다. 콘크리트에 매립된 철근에 인장력이 가해져 외부 하중(P)의 값이 콘크리트 인장강도를 넘으면 균열이 발생한다. 균열이 발생한 부분에서는 철근이 외부 하중을 저항하지만, 균열 중간 부분에서는 철근과 콘크리트가 외부 하중을 저항한다(2장 식(2.37a)와 식(2.37b) 참조).

(균열 사이면) $P = A_s f_{s2} + A_c f_{t2}$

(균열면) $P = A_s f_{s1}$

따라서 콘크리트 안에 배근된 철근의 응력은 균열면에서 최대가 되며, 균열 중간에서는 최소가 된다([그림 10.3] 참조). 반면에 콘크리트 응력은 균열면에서는 영(0)이지만, 균열 사이의 중간면에서는 최대가 된다. 부착응력은 철근응력의 변화(철근응력 곡선의 기울기(df_s/dx), 식

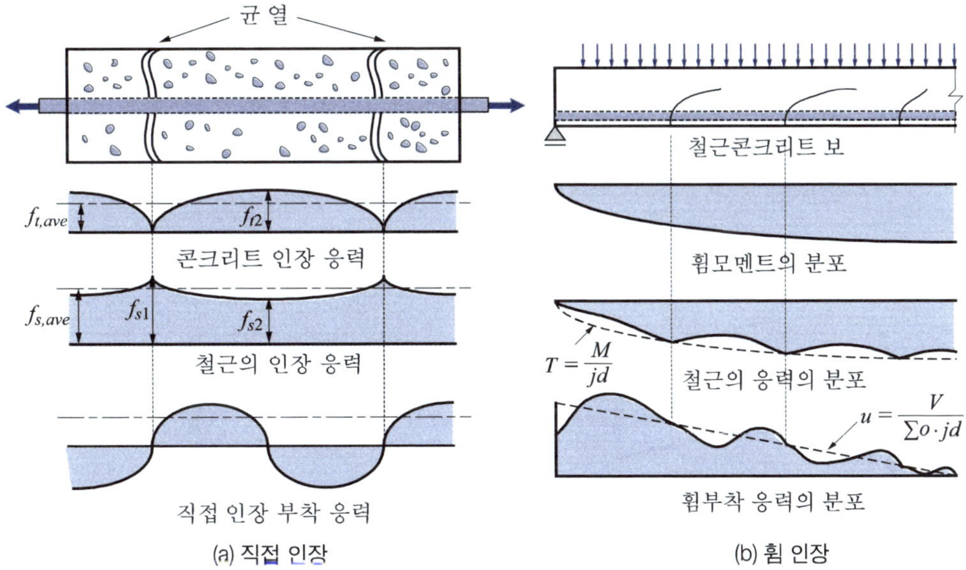

그림 10.3 직접 인장과 휨 인상에 의한 부착응력의 분포

(10.3) 참조)이므로 균열면과 균열 사이의 중앙점에서는 각각 영(0)이 되지만, 균열 사이에서는 df_s/dx에 따라서 변화한다.

[그림 10.3(b)]의 철근콘크리트 보에 등분포하중이 작용하여 휨모멘트와 하단부에 휨인장균열이 발생하였다. 휨인장력을 받는 하부 철근은 지점에서 부재의 중심부까지 응력(f_s)이 변화한다. 균열면에서는 콘크리트의 인장력이 없으므로 철근의 응력은 최대가 되며, 균열과 균열 사이에서는 콘크리트의 인장력이 존재하여 철근의 인장응력은 감소한다. 부착응력은 식(10.6)과 같이 전단력에 비례하여 증가하므로 등분포하중을 받는 철근콘크리트 보의 부착응력은 부재의 중심부로 갈수록 증가한다. 또한 부착응력은 철근응력 곡선의 기울기(df_s/dx)에 따라서 변화하므로 균열과 균열 사이에서 일정하지 않고 철근 응력에 따라 변화한다.

10.2.3 부착저항 작용

인장력이 증가하면 철근돌기와 콘크리트에 지압응력이 발생한다. 콘크리트에 경사방향으로 발생한 지압응력은 길이방향과 방사선방향의 분력으로 분해할 수 있고, 이러한 힘에 의하여 철근 주위의 콘크리트에 인장응력이 발생한다([그림 10.4(a)] 참조). 철근의 마디 높이(a)와 간격(c)은 마디 사이의 전단파괴와 지압파괴를 억제하기 위한 최적의 크기로 결정된다. 일반적으로 a/c가 크면 전단파괴의 위험성이 있으며, a/c가 작으면 지압파괴의 위험성이 있다.

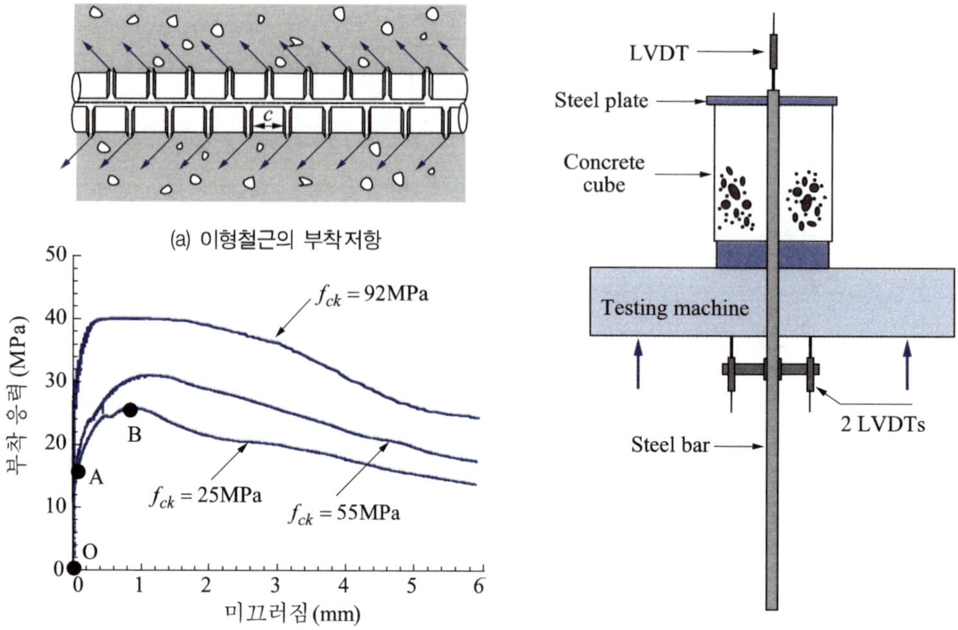

(b) 부착응력 - 미끄러짐 곡선

(c) 철근의 뽑힘파괴 실험

그림 10.4 철근의 부착저항과 부착응력 – 미끄러짐 곡선

다양한 방법의 부착실험을 통하여 철근의 부착강도를 예측할 수 있다. [그림 10.4(b)]는 일정한 크기의 콘크리트 입방체에 철근을 매립하고([그림 10.4(c)] 참조), 콘크리트 입방체를 고정한 후에 철근에 인장력을 가하여 부착강도를 측정한 결과이다. [그림 10.4(b)]에서 콘크리트의 압축강도가 증가하면 철근의 부착응력도 증가함을 알 수 있다. 부착응력은 철근과 주변 콘크리트 접착면에 발생하는 다음의 세 가지 작용에 영향을 받는다.

① **접착작용** : 콘크리트와 철근의 접착면에 발생하는 부착응력이다. 접착작용은 콘크리트와 철근사이에 상대변위가 발생하면 사라진다([그림 10.4(b)]의 OA구간).

② **마찰작용** : 콘크리트와 철근 사이에 상대변위가 발생할 때 재료간의 마찰에 의하여 발생되는 부착응력이다([그림 10.4(b)]의 OA구간).

③ **기계적 저항작용** : 이형철근의 마디나 리브에 의하여 전달되는 부착응력이다. 접착작용과 마찰작용에 의한 부착응력보다 기계적 저항작용에 의한 부착응력이 일반적으로 크다([그림 10.4(b)]의 AB구간).

10.3 정착길이

콘크리트에 묻힌 철근이 뽑히거나 미끄러지지 않고 철근의 최대 역량인 항복강도에 도달할 수 있도록 철근의 최소 묻힘길이가 필요한데, 이를 [그림 10.5]의 정착길이(development length)라 한다. 설계에서는 철근이 항복강도의 1.25배에 도달할 때까지 큰 미끄러짐이 없도록 하고 있으며 이를 정착길이로 규정하고 있다. 만일 철근의 인장강도가 설계기준항복강도 f_y의 125% 이하인 경우에는 철근이 인장강도에 도달할 때까지 큰 미끄러짐이 발생하지 않도록 하고 있다. 정착길이가 확보된 후에 철근의 인장력 또는 압축력이 충분하게 발휘될 수 있다. 정착길이는 묻힘길이, 갈고리정착, 기계적 정착 또는 이들의 조합에 의해 이루어진다.

부착응력은 [그림 10.3]에서 균열과 균열 사이에서 다양하게 변화하므로, 어느 일정 길이에 작용하는 부착응력의 평균값인 평균부착응력(u)을 이용하여 정착길이를 계산한다. 정착길이는 철근이 항복강도에 도달할 때의 길이이므로 식(10.3)에서 철근의 응력 증분(df_s)을 항복강도(f_y)로 대체하고, 짧은 길이(dx)를 기본정착길이(l_{db})로 대체하면 식(10.7a)를 구할 수 있다. 식(10.7a)의 철근 면적(A_b)을 $\pi d_b^2/4$로 하고 $\sum o = \pi d_b$로 하여 정리하면 식(10.7b)를 계산할 수 있다.

$$l_{db} = \frac{A_b \cdot f_y}{u \cdot \sum o} \tag{10.7a}$$

$$l_{db} = \frac{d_b \cdot f_y}{4\,u} \tag{10.7b}$$

식(10.7)에서 기본정착길이(l_{db})를 계산하기 위해서는 철근과 콘크리트 사이에 작용하는 부착강도(u)를 알아야 한다. 콘크리트의 부착파괴는 크게 뽑힘파괴와 쪼갬파괴로 구분할 수 있으며, 쪼갬파괴는 [그림 10.6]의 철근과 철근사이의 콘크리트에 균열이 이어져 파괴되는 경우, 모서리 부분의 콘크리트가 탈락하는 경우, 철근 주변의 콘크리트가 탈락하는 경우의 세 종류로 구분할 수 있다.

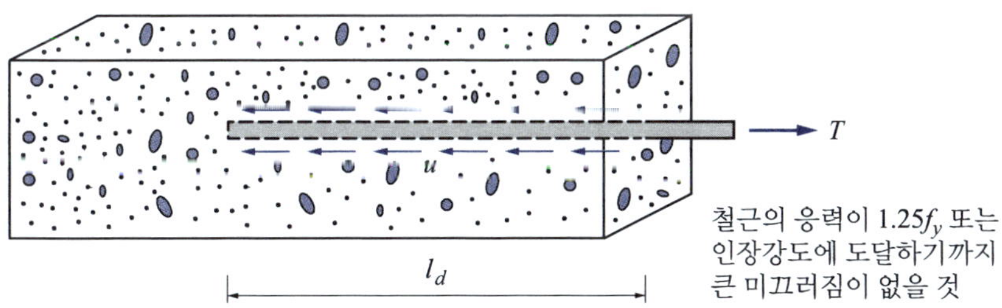

그림 10.5 철근의 정착길이

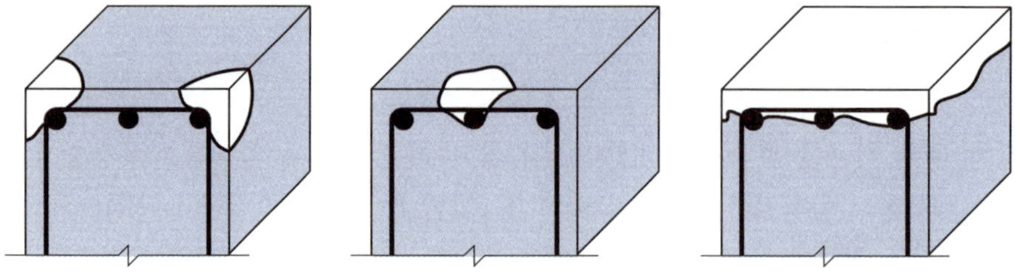

그림 10.6 쪼갬파괴의 종류

부착강도와 부착파괴에 영향을 주는 요소는 다음과 같다.

① **콘크리트의 인장강도** : 부착강도에 가장 큰 영향을 주는 요소이다. 콘크리트의 인장강도가 클수록 부착강도가 증가한다. [그림 10.4(b)]에서 콘크리트의 압축강도가 증가함으로 콘크리트의 인장강도도 증가하여, 부착강도가 커진다.

② **철근의 피복두께** : 콘크리트의 피복두께가 두꺼우면 철근에서 전달되는 인장력을 효과적으로 저항할 수 있으므로 부착강도가 증가한다.

③ **철근의 간격** : 철근의 간격이 좁으면 철근과 철근 사이의 콘크리트에 균열이 이어지면서 부착강도가 감소한다.

④ **철근의 표면 상태** : 철근의 마디, 리브, 에폭시 도막과 같은 코팅 상태 등에 의하여 부착강도가 변화한다.

⑤ **철근의 위치와 콘크리트 타설 방향** : 콘크리트 타설 방향에 수평으로 배근된 철근은 수직으로 배근된 철근보다 부착강도가 작다. 또한 거푸집 아래쪽에 배근된 하부 철근에 비하여 상부 철근의 부착강도가 작다. 이는 콘크리트를 타설한 직후에 콘크리트 안에 있는 불순물인 레이턴스(laitance)가 위로 상승하여 철근의 표면에 달라붙어 부착강도를 감소시키기 때문이다.

⑥ **횡구속력** : 띠철근과 같은 횡구속철근에 의하여 구속된 콘크리트는 강도가 증가하고 균열 발생이 억제되기 때문에 부착강도가 증가한다.

설계에서는 부착강도에 가장 큰 영향을 미치는 콘크리트 인장강도($\sqrt{f_{ck}}$), 철근의 항복강도(f_y), 직경(d_b)의 영향을 고려하여 기본정착길이(l_{db})를 계산한다. 정착길이(l_d)는 식(10.8)의 기본정착길이(l_{db})에 부착강도와 밀접한 관련이 있는 영향 요소를 고려한 "보정계수"를 곱하여 계산한다.

$$l_d = l_{db} \times \text{보정계수} \tag{10.8}$$

10.3.1 인장철근의 정착길이

인장철근에 대한 정착길이(l_d)는 식(10.8)의 기본정착길이(l_{db})와 보정계수를 고려하여 식(10.9)에 의하여 계산한다. 식(10.9)는 인장철근의 부착강도(u)를 $\sqrt{f_{ck}}/3.6$로 하고 이 값을 식(10.7b)에 대입하여 유도된 식이다.

방법 1 – 정산식

$$l_d = \frac{0.9 d_b f_y}{\lambda \sqrt{f_{ck}}} \times \frac{\alpha\beta\gamma}{\dfrac{c + K_{tr}}{d_b}} \tag{10.9}$$

여기서,

① α : 철근의 위치계수
- 정착길이나 이음부 아래 굳지 않는 콘크리트가 300 mm 이상 타설되는 수평 배근 된 상부 철근 1.3
- 기타철근 1.0

② β : 철근 도막계수
- 피복두께가 $3d_b$ 미만이거나 순간격이 $6d_b$ 미만인 에폭시 도막 혹은 아연 - 에폭시 이중 도막 철근 또는 철선 1.5
- 기타 에폭시 도막 혹은 아연 - 에폭시 이중 도막 철근 또는 철선 1.2
- 아연 도금 또는 도막되지 않은 철근 1.0

③ γ : 철근의 크기계수
- D19 이하의 철근과 이형철선 0.8
- D22 이상의 철근 1.0

④ λ : 경량콘크리트 계수
- 경량콘크리트 계수는 식(2.14c)와 동일
- f_{sp}값이 규정되어 있지 않으며, 전 경량콘크리트의 경우 0.75
- f_{sp}값이 규정되어 있지 않으며, 모래 경량콘크리트의 경우 0.85
  f_{sp}가 주어진 경량콘크리트 $\dfrac{\sqrt{f_{ck}}}{0.56 f_{sp}} \leq 1.0$
- 일반콘크리트 1.0

⑤ 철근의 위치계수(α)와 에폭시 철근 도막계수(β)를 곱한 값이 1.7을 넘지 않아야 함.

$$\alpha\beta \leq 1.7$$

⑥ c : 철근 간격 또는 피복두께에 관련된 계수
- 철근 중심으로부터 콘크리트 표면까지의 가장 가까운 거리와 정착되는 철근 중심간 거리의 1/2 중 작은 값을 사용(단위 : mm)

⑦ K_{tr} : 횡방향철근 지수 $K_{tr} = \dfrac{40A_{tr}}{sn}$
- A_{tr} = 정착된 철근을 따라서 쪼개질 가능성이 있는 면을 가로질러 배근된 간격 s 이내에 있는 횡방향철근의 전체 단면적
- s = 정착길이 l_d 구간 내에 있는 횡방향철근의 최대 중심간격
- n = 쪼개질 가능성이 있는 면을 따라 정착되거나 이어지는 철근 수, 2단 배근일 경우에는 2단 배근 전체 철근의 수
- $\dfrac{c+K_{tr}}{d_b} \leqq 2.5$ 이어야 함.
- 부착 파괴가 발생하는 동안 횡방향철근은 거의 항복하지 않는다는 실험 결과에 근거하여 횡방향철근의 항복강도를 변수로 하지 않음.

⑧ 휨부재에 배근된 철근량이 해석에 의하여 요구되는 소요철근량을 초과하는 경우에 보정계수에 $\dfrac{\text{소요철근량}}{\text{배근철근량}}$을 곱함. 그러나 철근이 항복강도($f_y$)에 도달하도록 특별한 정착을 요구하는 경우에는 이를 적용하지 않음.

⑨ 정착길이는 300 mm 이상이 되어야 함.

⑩ 설계기준항복강도가 550 MPa을 초과하는 철근을 사용할 경우
- 횡방향철근을 배치하지 않는 경우에 $c/d_b \geqq 2.5$ 이어야 함.
- 횡방향철근을 배치하는 경우에 $K_{tr}/d_b \geqq 0.25$ 와 $(c+K_{tr})/d_b \geqq 2.25$ 을 만족해야 함.

방법 2 – 약산식

식(10.9)에서 $(c+K_{tr})/d_b$를 계산하는 것은 번거롭기 때문에 식(10.10)의 약산식을 사용할 수 있다. 식(10.10)에 의하여 계산한 정착길이는 식(10.9)에 의하여 계산한 정착길이보다 길다.

$$l_d = \frac{0.6 d_b f_y}{\lambda \sqrt{f_{ck}}} \times \alpha\beta \tag{10.10}$$

다만 [표 10.1]과 같은 조건이 적용되는 부재는 [표 10.1]의 보정계수를 식(10.10)에서 계산되는 l_d에 곱하여 정착길이를 계산한다.

[방법 2]에서도 [방법 1]의 ⑧항(소요철근량 / 배근철근량)과 ⑨항(300 mm 이하)의 최소 길이 제한을 적용해야 한다.

표 10.1 약산식의 보정계수

조 건	D19 이하	D22 이상
① 정착되거나 이어지는 철근의 순간격과 피복두께가 모두 d_b 이상이고, 정착길이 전 구간에 걸쳐 설계기준에 규정된 최소 철근량 이상의 스터럽 또는 띠철근이 배근된 경우. 또는, ② 정착되거나 이어지는 철근의 순간격이 $2d_b$ 이상이고, 피복두께가 d_b 이상인 경우	0.8	1
기 타	1.2	1.5

10.3.2 압축철근의 정착길이

압축철근 주변은 인장철근 주변보다 균열이 적게 발생하며, 철근 단부에 작용하는 지압력 때문에 부착강도가 증가하므로 정착길이를 식(10.11)과 같이 짧게 할 수 있다.

$$l_d = \frac{0.25 d_b f_y}{\lambda \sqrt{f_{ck}}} \times \text{보정계수} \tag{10.11}$$

여기서, $0.25 d_b f_y / (\lambda \sqrt{f_{ck}})$는 $0.043 d_b f_y$ 이상이어야 하며, 정착길이는 200 mm 이상이 되어야 한다. 압축철근 정착길이의 보정계수는 다음과 같다.

① 배근된 철근이 소요량 이상으로 과다인 경우 $\dfrac{\text{소요철근량}}{\text{배근철근량}}$

② 지름 6 mm 이상이며 간격이 100 mm 이하인 나선철근, 또는 압축철근에 대한 KDS(국가건설기준) 14 20 50(4.4.2(3))에 따라 배근된 D13 띠철근으로 둘러싸인 이형 압축철근 0.75

10.3.3 다발철근의 정착길이

3개 또는 4개 이상의 철근이 다발로 배근된 경우에 철근과 철근 사이에서 콘크리트와 접촉하는 면적이 감소하여 부착력을 충분하게 저항하지 못하므로, 각각의 철근에 대한 정착길이를 다음과 같이 증대시켜야 한다.

① 3개로 이루어진 다발철근 : 정착길이를 20% 증대
4개로 이루어진 다발철근 : 정착길이를 33% 증대

② 다발철근의 정착길이 보정계수를 계산할 때는 한 다발 내에 있는 전체 철근단면적을 등가단면으로 환산하여 계산한 지름을 사용하여 하나의 철근으로 취급한다. 예를 들어 D16 철근(철근 1개의 공칭지름 15.9 mm, 공칭단면적 198.6 mm^2) 3개로 된 다발철근의 전체 단면적은 595.8 mm^2이다. 이 경우에 다발철근을 단면적이 595.8 mm^2인 1개의 철근으로 보고 지름을 계산한다. 따라서 D16 철근 3개로 된 다발철근의 등가 지름은 27.5 mm이다.

10.3.4 표준갈고리(hook)를 갖는 인장 이형철근의 정착길이

철근의 정착길이가 충분하지 않은 경우에 철근의 상단을 [그림 10.7]과 같이 구부려서 갈고리를 만들면 부착강도가 증가하여 정착길이를 짧게 할 수 있다. 실험에 의하면 갈고리는 인장철근의 부착강도를 증대시켜 정착길이를 감소시킬 수 있지만, 압축철근의 부착강도에는 큰 영향을 주지 않는다.

표준갈고리

갈고리철근이 부착파괴하는 주요 원인은 갈고리 면에 접해있는 콘크리트 피복이 쪼개지기 때문이며, 이러한 쪼개짐은 응력이 부분적으로 집중되는 갈고리 안쪽 면에서 발생한다. 따라서 갈고리철근의 정착은 갈고리 내면의 압축응력 크기를 좌우하는 철근의 지름(d_b)과 밀접한 관련이 있으며, 설계에서는 표준갈고리를 규정하여 갈고리의 내민길이가 일정한 길이 이상이 되도록 규정하고 있다.

① **주철근갈고리** : 90° 갈고리와 180° 갈고리로 구분함.
- 구부림 각도 180° : 자유단의 길이는 $4d_b$ 이상이며 60 mm 이상
- 구부림 각도 90° : 자유단의 길이는 $12d_b$ 이상([그림 10.7] 참조)

② **스터럽과 띠철근갈고리** : 90° 갈고리와 135° 갈고리로 구분함.
- 90° 갈고리
  D16 이하인 철근 : 자유단의 길이가 $6d_b$ 이상
  D19, D22, D25 철근 : 자유단의 길이가 $12d_b$ 이상
- 135° 갈고리
  D25 이하인 철근 : 자유단의 길이가 $6d_b$ 이상

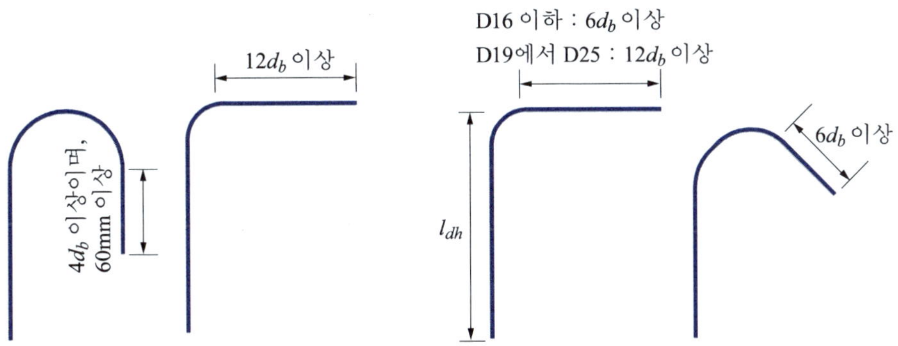

(a) 주철근

(b) 스터럽 또는 띠철근

그림 10.7 표준갈고리

갈고리철근의 정착길이

표준갈고리가 있는 갈고리철근의 정착길이(l_{dh})는 [그림 10.7]의 위험단면에서 갈고리의 외단측까지의 거리이며 식(10.12)에 의하여 계산한다.

$$l_{dh} = \frac{0.24\,\beta\,d_b\,f_y}{\lambda\sqrt{f_{ck}}} \times \text{보정계수} \tag{10.12}$$

식(10.12)에서 계산한 정착길이(l_{dh})는 $8d_b$ 이상 또한 150 mm 이상이 되어야 한다. 식(10.12)의 보정계수는 다음과 같다.

① **콘크리트 피복두께** :
D35 이하의 철근이며, 갈고리에 수직한 면의 피복두께가 70 mm 이상이고, 90° 갈고리의 경우는 갈고리를 넘어선 부분(자유단) 철근의 피복두께가 50 mm 이상인 경우 0.7

② **띠철근 또는 스터럽** :
D35 이하의 90° 갈고리철근이며, 정착길이(l_{dh})가 띠철근이나 스터럽으로 $3d_b$ 이하 간격으로 수직 또는 수평으로 둘러 싸여 있을 때 0.8

③ **띠철근 또는 스터럽** :
D35 이하의 180° 갈고리철근이며, 정착길이(l_{dh})가 띠철근이나 스터럽으로 $3d_b$ 이하 간격으로 수직으로 둘러 싸여 있을 때 0.8
(단, 설계기준항복강도가 550 MPa을 초과하는 철근을 사용할 경우 이 항을 적용하지 않음)

④ **과다 철근** $\dfrac{\text{소요철근량}}{\text{배근철근량}}$

확대머리 이형철근 및 기계적 인장정착

철근의 정착길이가 너무 길거나 접합부와 같이 좁은 공간에 갈고리철근을 배근할 경우에 공간이 협소하여 콘크리트가 충전되지 않고 철근 배근이 어렵다. 이러한 경우에는 콘크리트를 밀실하게 채워 넣고 철근의 강도도 충분하게 발휘할 수 있도록 확대머리 이형철근이나 기계적 정착이 사용된다. 기계적 정착으로는 용접을 이용한 기계적 정착법 또는 정착기구를 사용한 기계적 정착법 등이 있다. 기계적 정착을 사용하기 위해서는 철근이 항복강도(f_y)의 125% 이상에 도달할 때까지 미끌리지 않는다는 것을 증명할 수 있는 정착장치에 대한 실험 결과를 제시해야 한다. 만일 철근의 인장강도가 설계기준항복강도 f_y의 125% 이하인 경우에는 철근이 인장강도에 도달할 때까지 큰 미끄러짐이 발생하지 않도록 하고 있다.

인장력을 받는 확대머리 이형철근의 정착길이(l_{dt})는 최상층을 제외한 접합부에 정착된 경우 식(10.13)에 의하여 계산한다.

$$l_{dt} = 0.22 \frac{\beta f_y d_b}{\psi \sqrt{f_{ck}}} \tag{10.13}$$

$$\psi = 0.6 + 0.3 \frac{c_{so}}{d_b} + 0.38 \frac{K_{tr}}{d_b} \leq 1.375$$

여기서, β는 도막계수, ψ는 측면피복과 횡보강철근에 의한 영향계수, c_{so}는 철근표면에서의 측면피복두께, 확대머리 이형철근을 횡구속한 경우에 K_{tr}을 식(10.9)의 방법으로 계산하며 $1.0d_b$ 보다 큰 경우 $1.0d_b$를 대입한다. 식(10.13)은 실험에 근거하여 제한된 식으로 이 식을 적용하기 위해서는 다음 조건을 만족하여야 한다.

① 철근 순피복두께는 $1.35d_b$ 이상이어야 한다.

② 철근 순간격은 $2d_b$ 이상이어야 한다.

③ 확대머리의 뒷면이 횡보강철근 바깥 면부터 50 mm 이내에 위치해야 한다.

④ 확대머리 이형철근이 정착된 접합부는 지진력저항시스템별로 요구되는 전단강도를 가져야 한다.

⑤ $d/l_{dt} > 1.5$인 경우는 KDS 14 20 국가건설기준의 콘크리트 앵커 설계기준에 따라 설계한다. 여기서, d는 확대머리 이형철근이 주철근으로 사용된 부재의 유효높이이다.

최상층을 제외한 접합부에 정착된 경우가 아닌 경우에는 식(10.14)를 이용하여 계산한다.

$$l_{dt} = 0.24 \frac{\beta f_y d_b}{\sqrt{f_{ck}}} \tag{10.14}$$

여기서, 식(10.9)의 방법으로 계산된 K_{tr}값이 $1.2d_b$ 이상이어야 한다. 또한 식(10.14)를 적용하기 위해서는 다음의 ①과 ② 조건을 만족하여야 한다.

① 순피복두께는 $2d_b$ 이상이어야 한다.

② 철근 순간격은 $4d_b$ 이상이어야 한다.

식(10.13)과 식(10.14)에서 계산한 확대머리 철근의 정착길이(l_{dt})는 인장력을 받을 경우이며 압축력을 받을 경우에는 식(10.13)과 식(10.14)를 사용할 수 없다.

예제 10-1

[예제 그림 10-1-1]의 연속보에 대한 정착길이를 검토하라. 주철근은 D25(직경=25.4 mm, 단면적=506.7 mm^2), 스터럽은 D10(직경=9.53 mm, 단면적=71.3 mm^2, 간격=200 mm)을 사용하라. 콘크리트의 압축강도 $f_{ck}=24$ MPa, 주철근과 스터럽의 설계기준항복강도 $f_y=400$ MPa이다. 부재의 피복두께는 40 mm로 한다.

(1) 외부 기둥 주위(그림의 A위치)의 보의 상부 철근에 대한 정착길이
A위치의 소요철근량=780 mm^2

(2) 내부 기둥 주위(그림의 B위치)의 보의 상부 철근에 대한 정착길이
B위치의 소요철근량=1,750 mm^2

(3) 외부 기둥 안에 배근된 보의 상부 철근에 대한 정착길이
접합부에서 기둥의 띠철근 간격은 100 mm

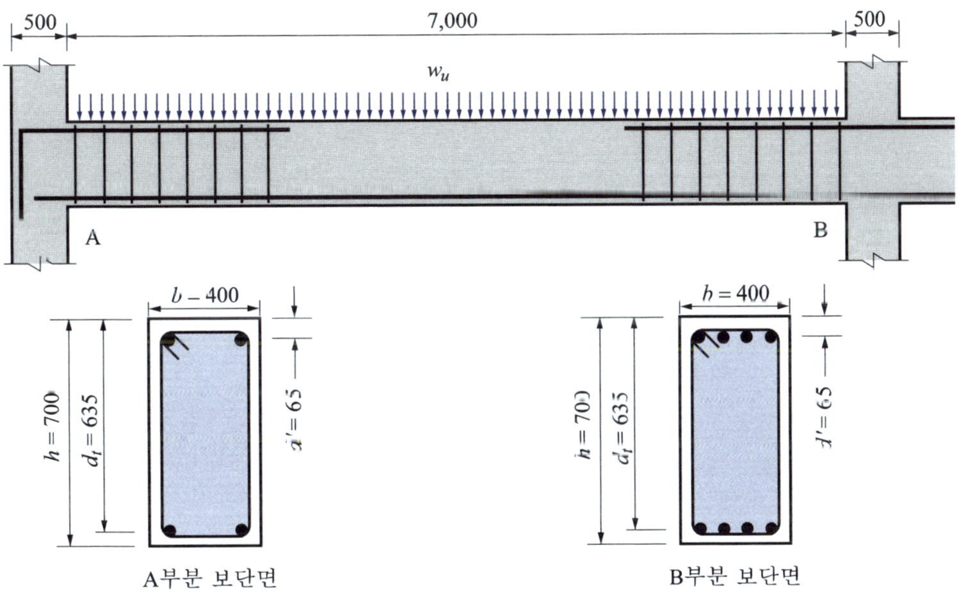

예제 그림 10-1-1 철근콘크리트 보와 단면(단위 : mm)

풀이-1 외부 기둥 주위 보의 상부 철근에 대한 정착길이(정산식)

기둥과 보가 만나는 경계면을 중심으로 보측 부분과 기둥측 부분에 대한 정착길이의 계산이 필요하다. 인장하중을 받는 철근의 정착길이를 식(10.9)에 의하여 계산한다.

$$l_d = \frac{0.9 d_b f_y}{\lambda \sqrt{f_{ck}}} \times \frac{\alpha\beta\gamma}{\dfrac{c+K_{tr}}{d_b}} \tag{a}$$

① α : 철근의 위치계수, 1.3 (정착길이나 이음부 아래 굳지 않는 콘크리트가 300 mm 이상 타설되는 수평 배근 된 상부철근이므로)

② β : 철근 도막계수, 1.0 (도막되지 않은 철근이므로)

③ γ : 철근의 크기계수, 1.0 (D22 이상의 철근이므로)

④ λ : 경량콘크리트 계수, 1.0 (일반 콘크리트이므로)

⑤ 철근의 위치계수(α)와 철근 도막계수(β)를 곱한 값은 1.3

⑥ c : 철근 간격 또는 피복두께에 관련된 계수

철근 중심으로부터 콘크리트 표면까지의 가장 가까운 거리와 정착되는 철근 중심간 거리의 1/2 중 작은 값을 사용 (단위 : mm)

철근 중심에서 표면까지의 거리 : $40 + 9.53 + \dfrac{25.4}{2} = 62.23\text{ mm}$

철근중심간 거리의 1/2 : $\dfrac{400 - (40 + 9.53) \times 2 - 25.4}{2} = 137.77\text{ mm}$

그러므로 $c = 62.23\text{ mm}$

⑦ K_{tr} : 횡방향철근 지수 $K_{tr} = \dfrac{40 A_{tr}}{sn}$

- A_{tr} = 정착된 철근을 따라서 쪼개질 가능성이 있는 면을 가로질러 배근된 간격 s 이내에 있는 횡방향철근의 전체 단면적, $A_{tr} = 71.3 \times 2 = 142.6\text{ mm}^2$
- s = 정착길이 l_d 구간 내에 있는 횡방향철근의 최대 중심간격, $s = 200\text{ mm}$
- n = 쪼개질 가능성이 있는 면을 따라 정착되거나 이어지는 철근수, $n = 2$

그러므로 $K_{tr} = \dfrac{40\,A_{tr}}{sn} = \dfrac{40 \times 142.6}{200 \times 2} = 14.26\text{ mm}$

- $\dfrac{c+K_{tr}}{d_b} \le 2.5$에 대한 검토가 필요하다.

$$\frac{c+K_{tr}}{d_b} = \frac{62.23 + 14.26}{25.4} = 3.01 > 2.5$$

그러므로 $\dfrac{c+K_{tr}}{d_b} = 2.5$

⑧ $\dfrac{\text{소요철근량}}{\text{배근철근량}} = \dfrac{780}{2 \times 506.7} = 0.77$

⑨ 그러므로

$$l_d = \frac{0.9 d_b f_y}{\lambda\sqrt{f_{ck}}} \times \frac{\alpha\beta\gamma}{\frac{c+K_{tr}}{d_b}}$$

$$= \frac{0.9\times 25.4\times 400}{1\times\sqrt{24}} \times \frac{1.3\times 1\times 1}{2.5} \times 0.77 = 747.4\,\mathrm{mm}$$

정착길이는 기준에서 요구하는 최소 길이 300 mm 이상이다.

풀이-2 외부 기둥 주위 보의 상부 철근에 대한 정착길이(약산식)

인장하중을 받는 철근의 정착길이를 약산식(10.10)에 의하여 계산한다.

$$l_d = \frac{0.6 d_b f_y}{\lambda\sqrt{f_{ck}}} \times \alpha\beta$$

$$= \frac{0.6\times 25.4\times 400}{1\times\sqrt{24}} \times 1.3\times 1 = 1{,}617.6\,\mathrm{mm} \quad \text{(b)}$$

예제의 경우는 주철근이 D22 이상이며 [표 10.1]의 조건 ①과 ②를 모두 만족하므로 보정계수는 "1"이다. 또한 식(b)에 ⑧ 소요철근량 / 배근철근량의 보정계수를 곱해야 한다.

$$l_d = 1617.6\times 0.77 = 1{,}245.6\,\mathrm{mm}$$

약산식에 의하여 계산한 정착길이(1,245.6 mm)와 정산식에 의하여 계산한 정착길이(747.4 mm)에 차이가 나는 이유는 약산식의 경우는 $c+K_{tr}/d_b = 1.5$를 사용하였지만, 정산식의 경우는 $c+K_{tr}/d_b = 2.5$를 사용하였기 때문이다.

풀이-3 내부 기둥 주위 보의 상부 철근에 대한 정착길이(정산식)

내부 기둥 주위 보의 상부 철근에 대한 정착길이는 [풀이-1 정산식]에서 계산한 외부 기둥 주위 보의 상부 철근에 대한 정착길이와 거의 유사하지만 철근의 배근이 다르기 때문에 다음의 세 가지 보정계수만을 별도로 계산해야 한다.

⑥ c : 철근 간격 또는 피복두께에 관련된 계수

철근 중심에서 표면까지의 거리 : $40 + 9.53 + \frac{25.4}{2} = 62.23\,\mathrm{mm}$

철근의 순간격 : $\frac{400 - (40+9.53)\times 2 - 25.4\times 4}{3} = 66.45\,\mathrm{mm}$

철근의 중심간 거리의 1/2 : $\frac{66.45+25.4}{2} = 45.93\,\mathrm{mm}$

그러므로 $c = 45.93\,\mathrm{mm}$

⑦ K_{tr} : 횡방향철근 지수

- $A_{tr} = 71.3\times 2 = 142.6\,\mathrm{mm}^2$
- s = 정착길이 l_d 구간 내에 있는 횡방향철근의 최대 중심간격, $s = 200\,\mathrm{mm}$

- n = 쪼개질 가능성이 있는 면을 따라 정착되거나 이어지는 철근수, $n=4$

그러므로 $$K_{tr}=\frac{40\,A_{tr}}{sn}=\frac{40\times142.6}{200\times4}=7.13\,\text{mm}$$

- $\dfrac{c+K_{tr}}{d_b}\leq 2.5$에 대한 검토가 필요하다.

$$\frac{c+K_{tr}}{d_b}=\frac{45.93+7.13}{25.4}=2.09\leq 2.5$$

그러므로 $\dfrac{c+K_{tr}}{d_b}=2.09$

⑧ $\dfrac{\text{소요철근량}}{\text{배근철근량}}=\dfrac{1{,}750}{4\times506.7}=0.86$

⑨ 그러므로

$$l_d=\frac{0.9d_bf_y}{\lambda\sqrt{f_{ck}}}\times\frac{\alpha\beta\gamma}{\dfrac{c+K_{tr}}{d_b}}$$

$$=\frac{0.9\times25.4\times400}{1\times\sqrt{24}}\times\frac{1.3\times1\times1}{2.09}\times0.86=998.4\,\text{mm}$$

정착길이는 기준에서 요구하는 최소 길이 300 mm 이상이다.

풀이-4 내부 기둥 주위 보의 상부 철근에 대한 정착길이(약산식)

내부 기둥 주위 보의 상부 철근에 대한 정착길이를 약산식(10.10)으로 계산한다. 예제의 경우는 주철근이 D22 이상이며 [표 10.1]의 조건 ①과 ②를 모두 만족하므로 보정계수는 "1"이다. 또한 식(b)에 ⑧ 소요철근량 / 배근철근량의 보정계수를 곱해야 한다.

$$l_d=\frac{0.6d_bf_y}{\lambda\sqrt{f_{ck}}}\times\alpha\beta=\frac{0.6\times25.4\times400}{1\times\sqrt{24}}\times1.3\times1=1617.6\,\text{mm}$$

$$l_d=1617.6\times0.86=1{,}391.1\,\text{mm}$$

풀이-5 외부 기둥 내부의 보의 상부 철근에 대한 정착길이

기둥과 보가 만나는 경계면을 중심으로 보측 부분과 기둥측 부분에 대한 정착길이를 검토해야 한다. 표준갈고리가 있는 갈고리철근의 정착길이(l_{dh})를 식(10.12)에 의하여 계산한다.

$$l_{dh}=\frac{0.24\,\beta\,d_b\,f_y}{\lambda\sqrt{f_{ck}}}\times\text{보정계수}\qquad\text{(c)}$$

① 콘크리트 피복두께 : D35 이하의 철근이며, 갈고리에 수직한 면의 피복두께가 70 mm 이상이고, 90° 갈고리의 경우는 갈고리를 넘어선 부분(자유단) 철근의 피복두께가 50 mm 이상인 경우에 보정계수는 "0.7"

- 철근은 D25이며, 갈고리에 수직한 면의 피복두께가 70 mm 이상이지만, 90° 갈고리의 갈고

리를 넘어선 부분(자유단) 철근의 피복두께가 40 mm이므로, 보정계수는 "1"

② 띠철근 또는 스터럽

- 철근은 D25이며, 접합부 기둥 내의 띠철근의 간격이 100 mm로 $3d_b(=76.2\text{ mm})$를 초과하므로 보정계수는 "1.0"

③ 과다 철근

$$\frac{\text{소요철근량}}{\text{배근철근량}} = \frac{780}{2\times 506.7} = 0.77$$

그러므로

$$\begin{aligned} l_{dh} &= \frac{0.24\,\beta\, d_b f_y}{\lambda\sqrt{f_{ck}}} \times \text{보정계수} \\ &= \frac{0.24\times 1\times 25.4\times 400}{1\times\sqrt{24}} \times 0.77 = 383.3\text{ mm} \end{aligned}$$

기둥의 폭이 500 mm이므로 피복두께 등을 고려한 설계가 가능하다.

10.4 철근의 정착과 절단

철근콘크리트 부재의 설계는 일반적으로 최대 계수휨모멘트에 근거하여 설계한다. 즉, 최대 계수휨모멘트에 저항할 수 있도록 부재 전체에 일정값 이상의 철근을 배근한다. 그러나 계수휨모멘트는 부재의 길이에 따라 변화하므로 변화하는 계수휨모멘트에 맞추어 철근을 절단하여 철근의 양을 조절하는 것이 경제적이다. 철근을 절단하여 사용할 경우에 설계자는 절단되는 곳에 응력집중이 발생하지 않도록 주의해야 하며, 충분한 정착(anchorage)길이를 확보해야 한다. 설계에서는 철근의 절단 위치를 외부 하중에 저항하는데 필요한 곳보다 일정 값 이상으로 연장한 후에 절단하도록 하고 있다.

휨철근의 정착과 절단

휨부재의 경간 내에서 인장철근이 끝나거나 굽혀질 경우에는 철근의 정착에 대한 안전을 검토해야 한다. 부재에 작용하는 휨모멘트는 부재 전제에 걸쳐서 일정한 크기로 작용하는 경우는 드물며, 부재의 길이에 따라서 변화한다. 따라서 최대 휨모멘트를 기준으로 하여 계산한 철근을 모멘트의 변화에 맞추어 절단하거나 굽혀서 적절하게 조절하는 것이 경제적이다. 철근을 절단할 경우에 절단한 곳에 응력이 집중되어 균열이 발생할 수 있다. 특히, 전단력이 큰 구간에서 철근이 절단되면 응력집중 현상이 생겨 사인장균열이 발생하므로 다음 조건 중 하나를 만족하지 못하면 인장구역에서 철근을 절단해서는 안 된다. 또한, 원칙적으로 한 단면에서 전체 철근량의 50% 이상을 절단해서는 안 된다.

① 절단점의 계수전단력(V_u)이 전체 전단강도의 $\phi V_n \cdot 2/3$을 초과하지 않는 경우

② 절단점에서 부재 유효길이(d)의 3/4구간에 절단된 철근이나 철선을 따라 전단과 비틀림철근이 배근되어야 하며, 배근된 스터럽의 단면적이 외력에 저항하기 위하여 필요한 스터럽의 단면적을 초과해야 한다. 초과되는 스터럽의 단면적(A_v)은 $0.42b_w s/f_y$ 이상이어야 하고, 스터럽의 간격(s)은 $d/(8\beta_b)$ 이내이어야 한다. 여기서, β_b는 전체 인장철근에 대한 절단된 철근량의 비이다.

③ D35 이하의 연속 철근이 절단점에서 휨에 필요한 철근량의 2배 이상 배근되어 있고, 계수전단력(V_u)이 전체 전단강도의 $\phi V_n \cdot 3/4$ 이하인 경우

절단한 철근의 응력집중을 완화시키고 최대 휨모멘트의 위치로부터 충분한 정착길이를 갖게 해야 한다. 휨철근은 [그림 10.8]과 같이 휨모멘트를 저항하는데 더 이상 철근을 요구하지 않는 점([그림 10.8의 A점])에서부터 부재의 유효길이(d) 또는 철근 지름(d_b)의 12배 중 큰 값 이상으로 연장해야 한다([그림 10.8의 B점]). 다만 단순경간의 받침부와 캔틸레버의 자유단에서는 이 규정이 적용되지 않는다.

$$\text{여분의 길이}(l_a) = 12d_b\text{와 } d \text{ 중의 큰 값 이상}$$

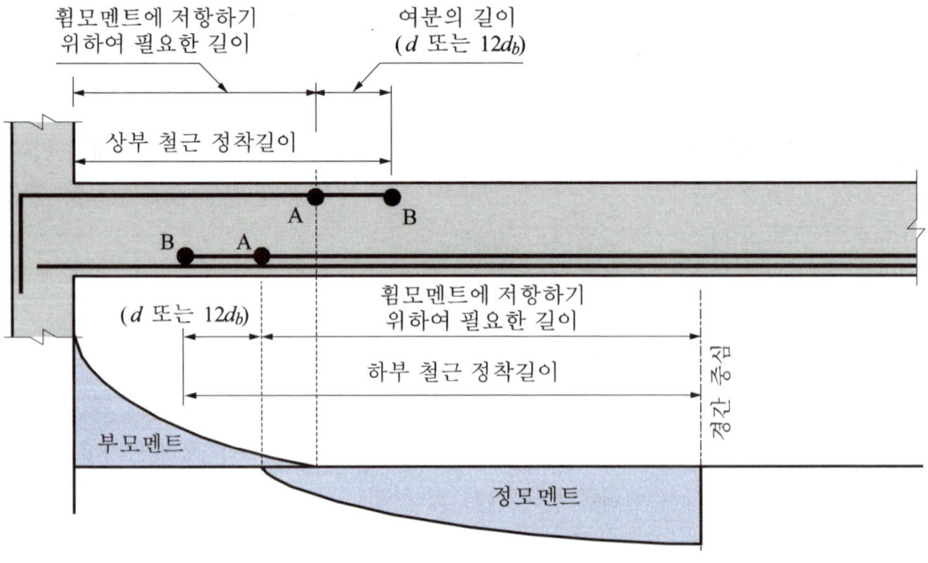

그림 10.8 연속보 휨철근의 정착

연속철근은 구부러지거나 절단된 인장철근이 휨모멘트를 저항하는데 더 이상 필요하지 않은 점에서 정착길이(l_d) 이상의 묻힘길이를 확보해야 한다.

단순받침부와 변곡점에서 정모멘트 철근의 정착

철근의 정착길이는 어느 일정한 구간에서 변화하는 철근 응력의 평균값을 기준으로 한 평균 부착응력에서 유도되었다. 그러나 철근 응력은 부재의 구간에 따라서 차이가 발생하여 평균응력을 사용하여 계산한 정착길이가 실제 필요한 정착길이보다 짧을 경우가 있다. 이러한 현상은 부착응력이 철근의 힘의 변화(식(10.3))와 함께 전단력(식(10.6))과 관계가 있기 때문이다. [그림 10.9]는 등분포하중과 집중하중을 받는 단순보의 휨모멘트, 전단력, 철근의 응력분포를 나타낸다. 그림의 단순보를 일정한 거리 A, B, C로 구분했을 때 C점에서 휨모멘트가 최대가 되며 철근이 항복강도(f_y)에 도달한다. 철근의 응력은 모멘트의 변화에 따라서 달라지므로 등분포하중을 받는 보의 B점에서의 철근의 응력은 집중하중을 받는 보의 B점에서의 철근의 응력보다 크다. 각 구간에 대한 부착응력을 철근의 힘의 변화와 관련된 식(10.3)을 사용하여 계산하면 [표 10.2]와 같다.

[표 10.2]에서 집중하중을 받는 보의 부착응력은 전 구간에서 일정하지만, 등분포하중을 받는 보의 부착응력은 받침부 근처인 AB구간에서 크고, 경간의 중심부인 BC구간에서 작다는 것을 알 수 있다. 등분포하중을 받는 보의 AB구간의 부착응력은 전체 길이 AC구간의 부착응력에 비해 1.5배 크다. 이것은 식(10.6)과 같이 부착응력이 전단력에 비례하기 때문이다. 집중하중을 받는 보의 전단력은 전 구간에서 일정하지만, 등분포하중을 받는 보의 전단력은 받침부에서 최대가 되고 중앙부에서 최소가 된다. 특히, 분포하중을 받는 부재의 단순 받침부나 변곡점 근처에서는 전단력이 크기 때문에 평균응력을 사용하여 계산한 정착길이가 실제 필요한 정착길이보다 짧을 경우가 있다.

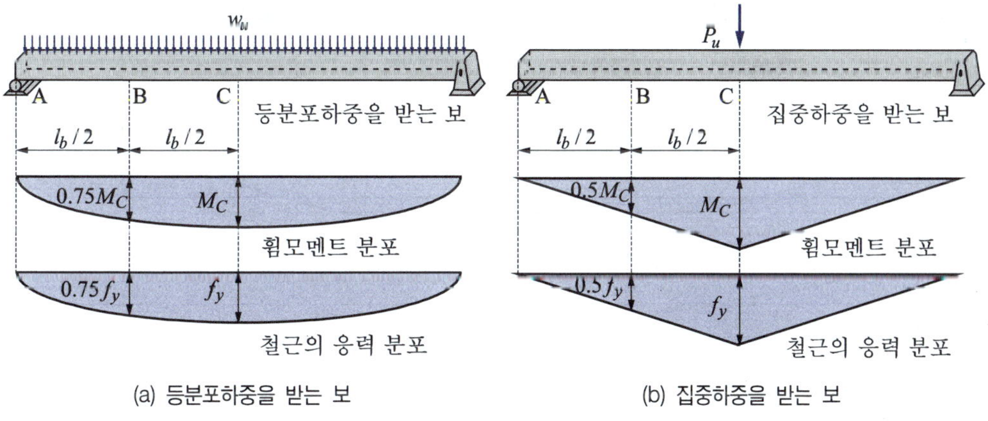

그림 10.9 하중에 따른 철근의 응력분포

표 10.2 [그림 10.9]의 각 구간 부착응력

구 간	등분포하중을 받는 경우	집중하중을 받는 경우
AB	$u=\dfrac{A_b\cdot 0.75f_y}{0.5l_b\cdot\sum o}=1.5\dfrac{A_bf_y}{l_b\cdot\sum o}$	$u=\dfrac{A_b\cdot 0.5f_y}{0.5l_b\cdot\sum o}=\dfrac{A_bf_y}{l_b\cdot\sum o}$
BC	$u=\dfrac{A_b\cdot 0.25f_y}{0.5l_b\cdot\sum o}=0.5\dfrac{A_bf_y}{l_b\cdot\sum o}$	$u=\dfrac{A_b\cdot 0.5f_y}{0.5l_b\cdot\sum o}=\dfrac{A_bf_y}{l_b\cdot\sum o}$
AC	$u=\dfrac{A_bf_y}{l_b\cdot\sum o}=\dfrac{A_bf_y}{l_b\cdot\sum o}$	$u=\dfrac{A_bf_y}{l_b\cdot\sum o}=\dfrac{A_bf_y}{l_b\cdot\sum o}$

설계에서는 기본적으로 지점(또는 반곡점)에서 최대 모멘트의 위치까지의 평균부착응력(또는 평균전단력)에 의하여 정착길이를 계산하므로, 이와 같은 계산 결과에 대하여 부분적으로 변화하는 부착응력(또는 부분전단력)을 고려하여 정착길이를 검토할 필요가 있다. 따라서 식(10.9)나 식(10.10)에서 계산한 정착길이를 분포하중이 작용하는 부재의 받침부나 변곡점의 모멘트에 대한 접선기울기를 이용한 정착길이($\triangle x$)로 검토한다([그림 10.10] 참조). 왜냐하면 [그림 10.10]의 모멘트에 대한 접선기울기는 전단력과 같기 때문이다. 따라서 모멘트에 대한 접선기울기의 연장선이 공칭휨모멘트(M_n)에 도달할 때까지의 거리를 식(10.15)와 같이 $\triangle x$로 한다. 식(10.15)의 $\triangle x$는 집중하중을 받는 부재의 전단력과 휨모멘트 관계에서 유도된 길이이다.

$$\triangle x=\frac{M_n}{V_u} \tag{10.15}$$

여기서, M_n : 공칭휨모멘트, V_u : 계수전단력(소요전단력)이다.

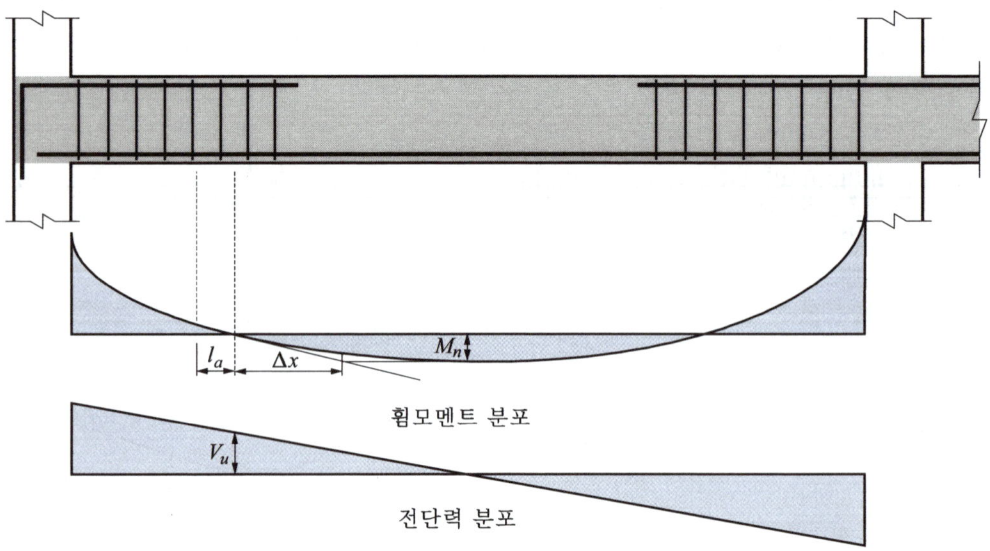

그림 10.10 정착길이의 검토

식(10.15)는 부재의 받침부나 변곡점에 발생하는 부착응력에 저항하기 위하여 필요한 요구 정착길이이다. 설계에서는 철근의 힘의 변화와 관련된 정착길이(식(10.3))와 전단과 관련된 정착길이(식(10.6))를 비교해 설계하도록 하고 있다. 10.3절의 식(10.9)나 식(10.10)에서 계산한 정착길이(l_d)는 철근의 힘의 변화와 관련하여 실험에 의하여 측정된 부착강도(u)를 식(10.7b)에 대입하여 계산한 값이다. 따라서 부착강도(u)를 이용한 휨부착강도는 식(10.7b)를 이용하여 식(10.16a)과 같이 유도할 수 있다. 한편 전단과 관련된 부착 응력은 식(10.16b)이므로, 식(10.16a)의 부착강도가 식(10.16b)의 부착응력 이상이 되어야 한다.

$$u = \frac{A_b \cdot f_y}{l_d \cdot \sum o} \quad \text{(휨부착강도, 식(10.7a)에 근거)} \tag{10.16a}$$

$$u = \frac{V}{jd \cdot \sum o} \quad \text{(휨부착응력, 식(10.6)과 동일)} \tag{10.16b}$$

식(10.16a)의 부착강도가 식(10.16b)의 부착응력 이상이 되도록 하면 식(10.17)을 유도할 수 있다.

$$\frac{A_b \cdot f_y}{l_d \cdot \sum o} \geq \frac{V}{jd \cdot \sum o}, \quad l_d \leq \frac{(A_b \cdot f_y) \cdot jd}{V}$$

$$l_d \leq \frac{M}{V} \tag{10.17}$$

따라서 식(10.9)나 식(10.10)에서 계산한 정착길이(l_d)는 식(10.15)의 Δx보다 작아야 한다. 받침부나 변곡점 근처에서 철근을 절단할 경우에 여분의 길이(l_a)가 연장되지만 설계에서는 인장응력이 인장철근의 단부에서 시작한다고 가정하여 식(10.18a, b)에 의하여 계산한다.

(변곡점)

$$l_d \leq \frac{M_n}{V_u} \tag{10.18a}$$

(단순 지지점 받침부)

$$l_d \leq \frac{1.3M_n}{V_u} \tag{10.18b}$$

단순 지지점 받침부의 콘크리트와 철근은 압축력을 받아 부착강도가 증가하므로 식(10.18b)와 같이 "1.3"을 곱하여 l_d를 계산한다.

부모멘트 철근의 정착

연속되거나 구속된 부재, 캔틸레버 부재 또는 강절점으로 연결된 골조의 부재에서 부모멘트를 저항하는 철근은 묻힘길이, 갈고리 또는 기계적 정착에 의하여 받침부 내에 정착되거나 받침부를 지나서 정착된다. 받침부에서 부모멘트에 대해 배치된 전체 철근량의 1/3 이상은 변곡점을 지나 부재의 유효길이(d), 철근 지름(d_b)의 12배, 또는 부재의 순경간(l_n)의 1/16 중 큰 값 이상의 묻힘길이를 확보해야 한다. 또한 깊은보의 내부 받침부에서 부모멘트 철근은 인접 경간의 부모멘트 철근과 연속되도록 설계해야 한다.

복부철근의 정착

복부철근은 가능한 한 부재의 압축면과 인장면 가까이에 배근해야 한다. 단일 U형 또는 다중 U형 스터럽의 단부는 다음 방법 중에서 하나를 선택하여 정착해야 한다.

① D16 이하 철근 또는 지름 16 mm 이하 철선으로 종방향철근을 둘러싸는 표준갈고리로 정착해야 한다.

② 철근의 설계기준항복강도(f_y)가 300 MPa 이상인 D19, D22, D29 스터럽은 종방향철근을 둘러싸는 표준갈고리 외에 추가로 부재의 중간 깊이에서 갈고리 단부의 바깥까지 0.17 $d_b f_y / \sqrt{f_{ck}}$ 이상의 묻힘길이를 확보하여 정착해야 한다.

③ U형 스터럽을 구성하는 용접원형철망, 이형철망, 장선구조에서는 KDS 14 20 국가건설기준에 맞게 정착해야 한다.

예제 10-2

[예제 그림 10-2-1]의 연속보 변곡점에서의 하부 철근 정착에 대한 접합성을 검토하라. 주인장철근은 5-D19(직경=19.1 mm, 단면적=286.7 mm^2), 스터럽은 D10@200(직경=9.53 mm, 단면적=71.3 mm^2)을 사용하라. 콘크리트의 압축강도 $f_{ck}=24$ MPa, 주철근과 스터럽의 설계기준항복강도 $f_y=400$ MPa이다.

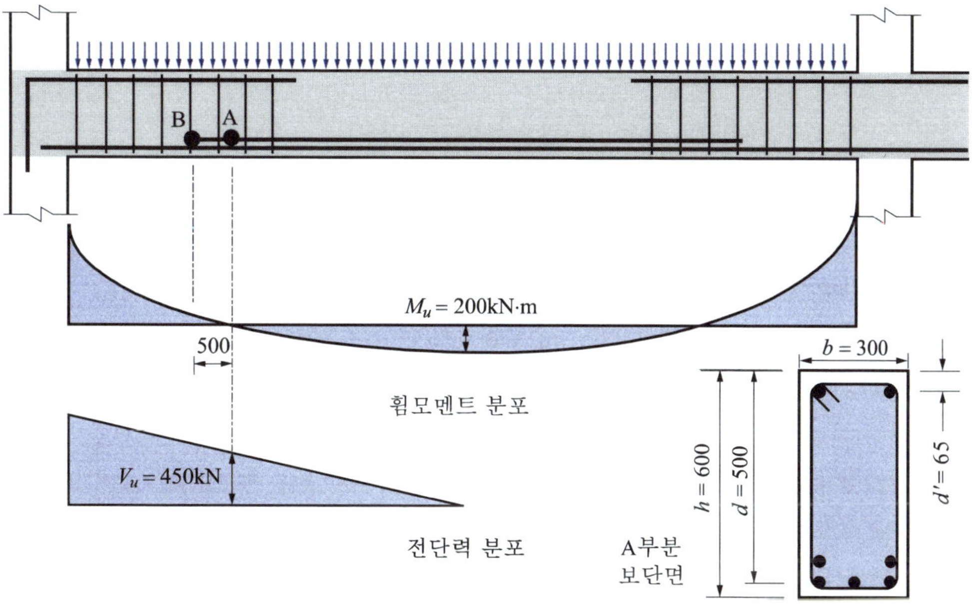

예제 그림 10-2-1 연속보의 단면, 휨모멘트와 전단력 분포

풀이

① 주어진 조건에서 복철근 직사각형 보의 압축철근은 항복하지 않으므로 식(5.38)에서 중립축의 깊이(c)를 계산하고 휨내력(M_n)을 계산한다. [표 4.4]에서 $f_{ck}=24$ MPa일 때 포물선 - 직선형 등가응력분포의 α와 β는 각각 0.8과 0.4이며, [표 4.1]에서 $\varepsilon_{cu}=0.0033$이다.

$$(\alpha 0.85 f_{ck} b)c^2 + (A_s' E_s \varepsilon_{cu} - A_s f_y)c - (A_s' E_s d' \varepsilon_{cu}) = 0$$

$$(4{,}896)c^2 + (378{,}444 - 573{,}400)c - 24{,}598{,}860 = 0$$

그러므로 $c = 93.53\ \text{mm}$

$$\varepsilon_s' = \left(1 - \frac{d'}{c}\right)\varepsilon_{cu} = \left(1 - \frac{65}{93.53}\right)0.0033 = 0.00101$$

$$f_s' = E_s\, \varepsilon_s' = 0.00101 \times 200{,}000 = 202\ \text{MPa}$$

$$\beta c = 0.4 \times 93.53 = 37.41\ \text{mm}$$

$$M_n = \alpha(0.85 f_{ck})bc \cdot (d - \beta c) + A_s' f_s' \cdot (d - d')$$

$$= 0.8(0.85 \times 24) \times 300 \times 93.53(500 - 37.41) + 2 \times 286.7 \times 202 \times (500 - 65)$$

$$= 262.2\ \text{kN} \cdot \text{m}$$

② 인장하중을 받는 하부 철근의 정착길이를 식(10.9)에 의하여 계산한다.

$$l_d = \frac{0.9 d_b f_y}{\lambda \sqrt{f_{ck}}} \times \frac{\alpha\beta\gamma}{\dfrac{c + K_{tr}}{d_b}}$$

- α : 철근의 위치계수, 1.0 (하부 철근)
- β : 철근 도막계수, 1.0 (도막되지 않은 철근이므로)
- γ : 철근의 크기계수, 0.8 (D22 이하의 철근이므로)
- λ : 경량콘크리트 계수, 1.0 (일반 콘크리트이므로)
- 철근의 위치계수(α)와 철근 도막계수(β)를 곱한 값은 1.0
- c : 철근 간격 또는 피복두께에 관련된 계수

  철근 중심으로부터 콘크리트 표면까지의 가장 가까운 거리와 정착되는 철근 중심간 거리의 1/2 중 작은 값을 사용(단위 : mm)

  철근 중심에서 표면까지의 거리 $40+9.53+\dfrac{19.1}{2}=59.08\,\text{mm}$

  철근순간격 $\dfrac{300-(40+9.53)\times 2-19.1\times 3}{2}=71.82\,\text{mm}$

  철근중심간 거리의 1/2 $\dfrac{71.82+19.1}{2}=45.46\,\text{mm}$

  그러므로 $c=45.46$

- K_{tr} : 횡방향철근 지수, $K_{tr}=\dfrac{40A_{tr}}{sn}$

  A_{tr} = 정착된 철근을 따라서 쪼개질 가능성이 있는 면을 가로질러 배근된 간격 s 이내에 있는 횡방향철근의 전체 단면적, $A_{tr}=71.3\times 2=142.6\,\text{mm}^2$

  s = 정착길이 l_d 구간 내에 있는 횡방향철근의 최대 중심간격, $s=200\,\text{mm}$

  n = 쪼개질 가능성이 있는 면을 따라 정착되거나 이어지는 철근 수, $n=5$

  그러므로 $K_{tr}=\dfrac{40A_{tr}}{sn}=\dfrac{40\times 142.6}{200\times 5}=5.70\,\text{mm}$

- $\dfrac{c+K_{tr}}{d_b}\le 2.5$에 대한 검토가 필요하다.

  $$\frac{c+K_{tr}}{d_b}=\frac{45.46+5.70}{19.1}=2.68>2.5$$

  그러므로 $\dfrac{c+K_{tr}}{d_b}=2.5$

- 휨부재에 배근된 철근량이 해석에 의하여 요구되는 소요철근량을 초과하는 경우에 철근량의 차이를 곱한다.

$$\frac{\text{소요철근량}}{\text{배근철근량}}=\frac{\text{소요휨모멘트}/\phi}{\text{공칭휨모멘트}}=\frac{200/\phi}{262.2}=0.90$$

그러므로

$$l_d=\frac{0.9d_bf_y}{\lambda\sqrt{f_{ck}}}\times\frac{\alpha\beta\gamma}{\dfrac{c+K_{tr}}{d_b}}=\frac{0.9\times 19.1\times 400}{1\times\sqrt{24}}\times\frac{1\times 1\times 0.8}{2.5}\times 0.90=404.2\,\text{mm}$$

정착길이는 기준에서 요구하는 최소 길이 300 mm 이상이다.

③ 식(10.18a)를 이용하여 변곡점 철근의 정착길이를 검토한다.

$$l_d \leq \frac{M_n}{V_u}$$

$$404.2 \leq \frac{262.2 \times 10^6}{450.0 \times 10^3} = 582.67\,\text{mm}$$

여기서 l_a는 $12d_b = 12 \times 19.1 = 229.2\,\text{mm}$와 $d = 500\,\text{mm}$ 중에서 큰 값이다. 계산 결과에 의하면 정착길이는 충분하다.

10.5 철근의 이음

철근은 제조와 운반의 편리를 위하여 일정한 단위길이로 생산된다. 생산된 철근 길이보다 더 긴 부재를 제조할 경우에는 철근과 철근을 이어야 한다. 이음 철근은 힘을 연속적으로 전달해야 하고, 응력이 한 곳에 집중되지 않아야 한다. 따라서 철근의 이음 위치는 최대 인장응력점으로부터 떨어져 철근의 응력이 작은 곳이 바람직하다.

가장 일반적인 이음 방법에는 [그림 10.11]과 같이 철근과 철근을 일정한 길이로 겹치게 하여 사용하는 겹침이음이다. 겹침이음을 할 때는 다음 규정을 따라야 한다.

① D35를 초과하는 철근은 아직 실험적 검증이 불충분하기 때문에 겹침이음을 하지 않아야 한다. 다만 기둥철근으로 사용되며 D35 이하의 철근과 압축겹침이음을 할 때는 규정에 근거하여 D35를 초과하는 철근도 겹침이음을 할 수 있다.

② 다발철근은 콘크리트와 접하는 면적이 감소하므로 겹침이음길이를 증가시켜야 한다.

③ 철근이 서로 직접 접촉되지 않고 간격이 넓게 겹쳐질 경우에는 보강이 되지 않은 무근콘크리트와 같게 되어 갈지자형의 균열이 발생할 수 있다. 따라서 겹침이음하는 철근은 횡방향으로 소요겹침이음길이의 1/5 또는 150 mm 중 작은 값 이상 떨어지지 않아야 한다.

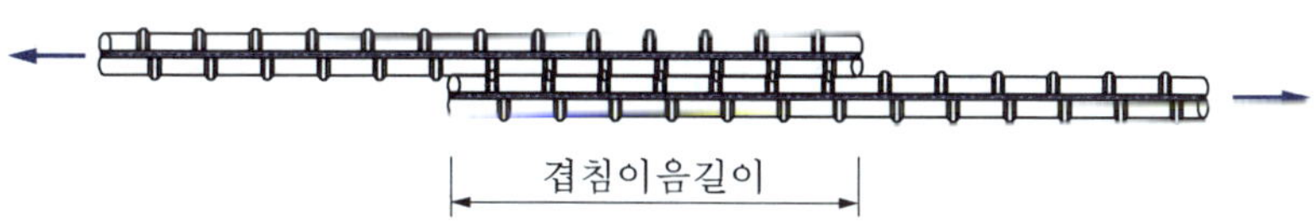

그림 10.11 겹침이음길이

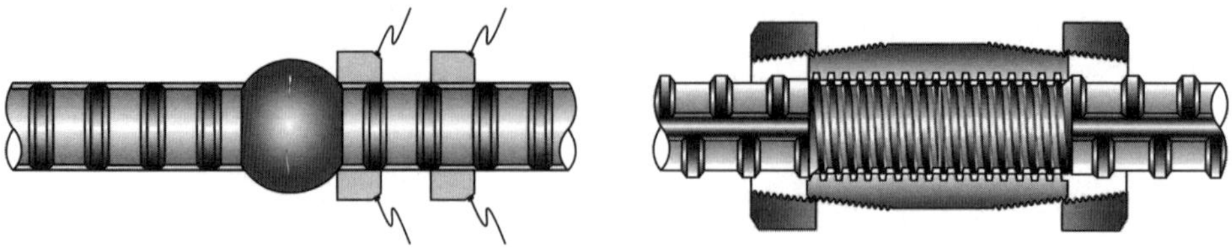

(a) 압접 (b) 커플러이음

그림 10.12 용접이음과 기계적 이음

철근을 이음하는 방법에는 겹침이음 외에도 [그림 10.12(a)]와 같이 철근을 용접이음하거나, [그림 10.12(b)]와 같이 커플러나 슬리브와 같은 기계적 이음을 사용하기도 한다. 인장이나 압축으로 사용하는 철근을 용접이음이나 기계적 이음할 때는 철근이 취성적으로 파괴되는 것을 방지하기 위하여 이어진 철근의 항복강도(f_y)가 125% 이상 되도록 해야 한다. 만일 철근의 인장강도가 설계기준항복강도 f_y의 125% 이하인 경우에는 철근이 인장강도에 도달할 때까지 큰 미끄러짐이 발생하지 않도록 하고 있다.

인장철근의 겹침이음

인장력을 받는 이형철근은 철근의 최대 인장력을 콘크리트의 부착응력으로 지지할 수 있도록 충분한 겹침길이를 확보해야 한다. 설계에서는 철근의 응력이 낮은 곳에서 이음하며, 여러 위치에서 이음할 수 있도록 겹침하는 곳의 철근의 수와 배근량에 따라서 다음과 같이 두 가지로 겹침이음을 구별하여 이음한다. 어느 경우도 이음길이는 300 mm 이상이 되어야 한다. 또한, 크기가 다른 인장철근을 겹침이음하는 경우에 이음길이는 굵은 철근의 정착길이와 가는 철근의 겹침이음길이 중 큰 값 이상이 되게 해야 한다.

① **A급 이음** : 배근철근량이 소요철근량의 2배 이상이며, 겹쳐 이어지는 철근량이 전체 철근량의 1/2 이하인 경우
A급 이음 겹침길이 : $1.0l_d$ 이상

② **B급 이음** : A급 이음에 해당되지 않는 경우
B급 이음 겹침길이 : $1.3l_d$

여기서, l_d는 보정계수를 고려한 인장정착길이이다. 다만 소요철근량/배근철근량의 보정계수는 적용하지 않는다.

압축철근의 겹침이음

압축철근은 부착력에 의하여 횡방향 인장균열이 발생하지 않으므로 인장철근의 이음보다 유리하다. 압축철근의 이음강도는 철근 단부지압에 영향을 받기 때문에 철근의 항복강도에 비례하여 이음길이가 증가하지 않는다. 따라서 압축철근의 이음길이는 식(10.19)와 같이 계산하며, 식(10.19) 계산 결과는 철근의 항복강도에 따라서 식(10.20a, b)에 의하여 제한을 받는다.

$$l_s = \left(\frac{1.4 f_y}{\lambda \sqrt{f_{ck}}} - 52\right) d_b \tag{10.19}$$

$f_y \leqq 400\,\mathrm{MPa}$일 때 식(10.19)의 결과는 식(10.20a) 값보다 길 필요가 없다.

$$l_s \leqq 0.072 f_y d_b \tag{10.20a}$$

$f_y > 400\,\mathrm{MPa}$일 때 식(10.19)에서 계산한 겹침이음길이는 식(10.20b)에서 계산한 겹침이음길이보다 길 필요가 없다.

$$l_s = (0.13 f_y - 24) d_b \tag{10.20b}$$

다만, 식(10.19)와 (10.20a, b)에서 계산된 겹침이음길이는 최소한 300 mm 이상이어야 하며 콘크리트 압축강도(f_{ck})가 21 MPa 이하인 경우에는 겹침이음길이를 1/3 증가시켜야 한다.

서로 다른 크기의 철근을 압축부에서 겹침이음하는 경우에 이음길이는 굵은 철근의 정착길이와 가는 철근의 겹침이음길이 중 큰 값 이상이 되게 해야 한다.

기둥철근의 겹침이음

횡방향 보강철근은 콘크리트를 구속하여 압축력을 증대시키므로 겹침이음길이를 다음과 같이 감소시킬 수 있다.

① 겹침이음길이 구간 내의 띠철근의 유효단면적이 $0.0015hs$ 이상이면, 겹침이음길이에 계수 0.83을 곱하여 겹침이음길이를 감소시킬 수 있다. 여기서 h는 단면 두께이며, s는 띠철근의 간격이다. 띠철근의 유효단면적은 h에 수직한 띠철근 가닥의 전체 단면적이다.

② 나선철근으로 둘러싸인 축방향철근의 겹침이음길이는 계수 0.75를 곱하여 감소시킬 수 있다. 다만, 계산된 겹침이음길이는 최소한 300 mm 이상이어야 한다

예제 10-3

[예제 그림 10-3-1]의 기둥에 D25(직경=25.4 mm, 단면적=506.7 mm^2)와 D32(직경=31.8 mm, 단면적=794.2 mm^2) 철근을 겹침이음하려고 한다. 띠철근은 D10@200(직경=9.53 mm, 단면적=71.3 mm^2)을 단면에 3가닥 배근하였다. 콘크리트의 압축강도 $f_{ck}=24$ MPa, 주철근과 스터럽의 설계기준항복강도 $f_y=400$ MPa이다. 소요철근량은 배근철근량의 0.9배이다.

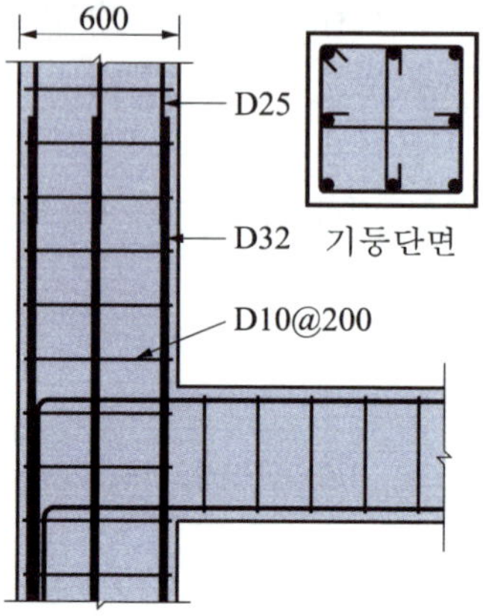

예제 그림 10-3-1 기둥철근

풀이

① 굵은 철근(D32)의 정착길이를 식(10.11)으로 계산한다.

$$l_d = \frac{0.25 d_b f_y}{\lambda\sqrt{f_{ck}}} \times \text{보정계수}$$

- 배근된 철근이 소요량 이상으로 과다인 경우 : 0.9
- 지름 6 mm 이상이며 간격이 100 mm 이하인 나선철근, 또는 압축철근에 대한 KDS(국가건설기준) 14 20 50(4.4.2(3))에 따라 배근된 D13 띠철근으로 둘러싸인 이형 압축철근 : 1.0 (조건을 충족시키지 못하므로)

그러므로

$$l_d = \frac{0.25 d_b f_y}{\lambda\sqrt{f_{ck}}} \times \text{보정계수} = \frac{0.25 \times 31.8 \times 400}{1 \times \sqrt{24}} \times 0.9 = 584.2 \text{ mm}$$

여기서, $0.25 d_b f_y / \sqrt{f_{ck}} = 649.1$ mm는 $0.043 d_b f_y = 547.0$ mm보다 크므로 적합하다.

② 가는 철근(D25)의 이음길이를 식(10.19)와 식(10.20b)로 계산한다.

$$l_s = \left(\frac{1.4 f_y}{\lambda\sqrt{f_{ck}}} - 52\right) d_b = \left(\frac{1.4 \times 400}{1 \times \sqrt{24}} - 52\right) 25.4 = 1{,}582.7 \text{ mm}$$

$f_y \leqq 400$ MPa일 때

$$l_s \leqq 0.072 f_y d_b = 0.072 \times 400 \times 25.4 = 731.5 \text{ mm}$$

그러므로 가는 철근(D25)의 이음길이는 1,582.7 mm와 731.5 mm의 작은 값인 751.5 mm이며, 필요한 이음길이는 굵은 철근의 정착길이와 가는 철근의 이음길이 중에서 큰 값인 731.5 mm이다.

③ 겹침이음길이 감소계수를 고려하여 계산한다.
겹침이음길이 구간 내의 띠철근의 유효단면적이 $0.0015hs$ 이상이면, 겹침이음길이에 계수 0.83을 곱하여 겹침이음길이를 감소시킬 수 있다.

D13 띠철근

$$유효면적 = 3 \times 71.3 = 213.9\ \mathrm{mm}^2$$
$$0.0015hs = 0.0015 \times 600 \times 200 = 180\ \mathrm{mm}^2$$

그러므로 겹침이음길이는 $731.5 \times 0.83 = 607.1\ \mathrm{mm}$이다.

Chapter 10 연습문제

10.1 평균부착응력을 유도하라.

10.2 부착저항작용 3가지에 대하여 설명하라.

10.3 부착파괴와 부착강도에 영향을 주는 요소 6가지에 대하여 설명하라.

10.4 보 철근의 절단 지점에 대하여 고려해야 할 사항을 2가지 적고 설명하라.

10.5 인장철근의 두 가지 겹침이음에 대하여 설명하라.

10.6 다음을 설명하라.

(1) 압축철근의 정착길이가 인장철근의 정착길이보다 짧은 이유는?

(2) 철근의 지름은 정착길이에 어떠한 영향을 미치고, 그 이유는 무엇 때문인가?

10.7 [연습 그림 10.1]의 연속보에 대한 정착길이를 계산하라. 주철근은 D19(직경 = 19.1 mm, 단면적 = 286.7 mm^2), 스터럽은 D10@150(직경 = 9.53 mm, 단면적 = 71.3 mm^2)을 사용하라. 콘크리트의 압축강도 f_{ck} = 24 MPa, 주철근과 스터럽의 설계기준항복강도 f_y = 500 MPa이다. 보통강도 콘크리트를 사용하고 에폭시 도막되지 않았다.

(1) 그림의 A위치의 보의 상부 철근(인장철근)에 대한 정착길이를 계산하라. A위치의 소요철근량 = 700 mm^2, 보의 콘크리트 피복두께는 50 mm이다.

(2) 그림의 A위치의 외부 기둥 안에 배근된 보의 상부 철근에 대한 정착길이를 계산하라. 소요철근량 = 700 mm^2, 접합부에서 기둥의 띠철근 간격은 50 mm, 기둥 안의 콘크리트 피복두께는 50 mm이다.

(3) 그림의 A위치의 보의 하부 철근(압축철근)에 대한 정착길이를 계산하라. 소요철근량 = 500 mm^2, 띠철근 간격은 150 mm이며 압축철근에 대한 KDS(국가건설기준) 14 20 50(4.4.2(3))에 위배된다.

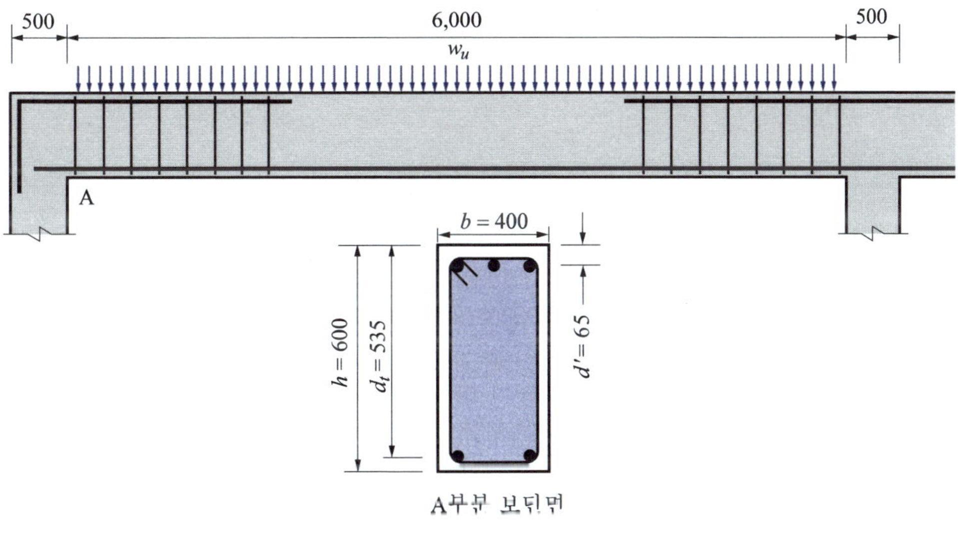

연습 그림 10.1 철근콘크리트 보와 단면 (단위 : mm)

10.8 [연습 그림 10.2]의 단순보 단부에서의 철근 정착에 대한 접합성을 검토하라. 주철근은 5-D19(직경 = 19.1 mm, 단면적 = 286.7 mm^2), 스터럽은 D10@200(직경 = 9.53 mm, 단면적 = 71.3 mm^2)을 사용하라. 콘크리트의 압축강도 $f_{ck} = 24$ MPa, 주철근과 스터럽의 설계기준항복강도 $f_y = 500$ MPa이다.

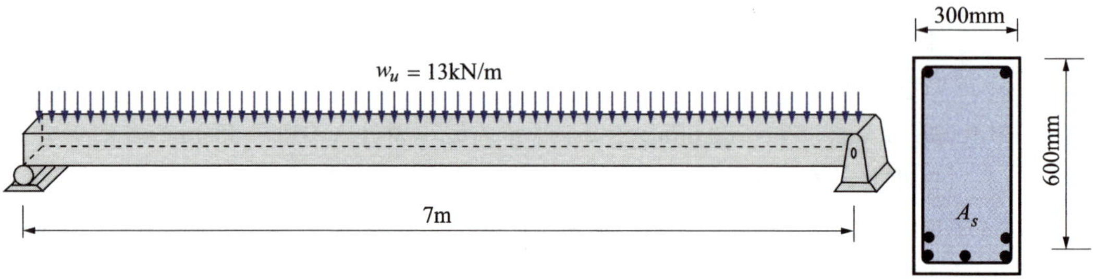

연습 그림 10.2 철근콘크리트 단순보와 단면(단위 : mm)

Chapter 11

기둥의 설계

11.1 일반 사항
11.2 기둥 해석과 설계의 기본 사항
11.3 축력과 휨에 대한 설계
11.4 원형 기둥의 설계
11.5 2축 휨응력을 받는 기둥의 설계
11.6 기둥의 좌굴
11.7 장주의 확대휨모멘트
11.8 장주의 설계

11.1 일반 사항

기둥은 지붕이나 바닥 슬래브의 하중과 상부 기둥으로부터 전달되는 하중을 하부 기둥이나 기초로 전달하는 수직부재로 축력, 휨모멘트 및 전단력을 지지한다([그림 11.1] 참조).

기둥은 단면 크기와 기둥 길이의 비에 의하여 단주(短柱, short columns)와 장주(長柱, long columns, slender columns)로 구분한다. 단주는 단면 크기와 재료 특성에 의하여 내력이 정해지나, 장주는 단주의 내력 결정요소에 좌굴(挫屈, buckling)에 의한 영향을 반영하여 설계해야 한다.

기둥은 단면의 형태에 따라서 정사각형 기둥, 직사각형 기둥, 원형 기둥 등으로 구분할 수 있으며, 횡구속철근의 종류에 따라서 띠철근기둥(tie column)과 나선철근기둥(spiral column)으로 구분한다.

기둥에 배근되는 철근은 [그림 11.1]과 같이 주철근과 횡구속철근(띠철근 또는 나선철근)으로 이루어진다. 주철근은 기둥의 축방향에 배근되어 콘크리트와 함께 압축력을 지지하며, 또한 휨에 의한 인장력을 지지한다. 띠철근이나 나선철근은 주철근의 위치를 고정시키면서 압축력에 의해 유발되는 콘크리트의 횡변형을 억제한다.

기둥의 콘크리트는 횡구속철근에 의하여 구속되어 강도와 연성이 증가하는 심부 콘크리트(core concrete)와 횡구속철근 밖에서 주철근을 감싸는 피복 콘크리트(cover concrete)로 구분된다(2.4.3항 참조).

11장의 전반부에서는 단주의 설계방법을 설명하고, 후반부에서는 좌굴의 영향을 받는 장주의 설계방법을 설명한다.

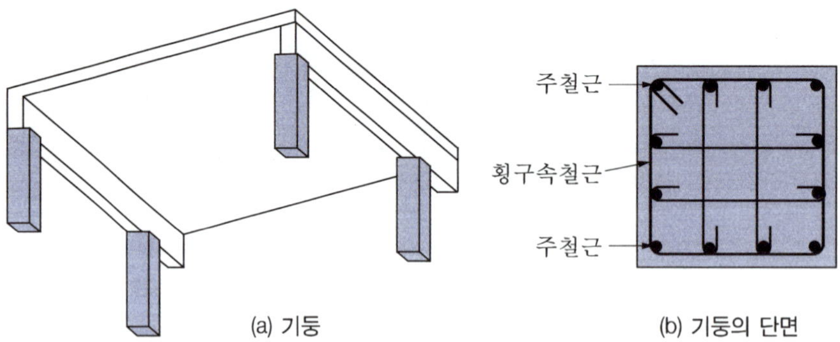

(a) 기둥 (b) 기둥의 단면

그림 11.1 철근콘크리트 기둥과 철근 배근

11.2 기둥 해석과 설계의 기본 사항

기둥은 세장비(細長比, slenderness ratio)에 의하여 단주와 장주로 구분된다. 기둥 길이에 비하여 단면의 크기가 큰 단주의 경우는 추가 모멘트가 발생하지 않으므로 단면의 크기와 재료 성질에 의하여 내력을 결정한다.

11.2.1 기둥 해석을 위한 가정과 조건

철근콘크리트 단주의 설계는 보의 휨설계와 동일하게 재료메커니즘(힘의 평형, 변형의 적합, 재료의 응력 - 변형률 곡선)에 의하여 계산한다(4.2절 참조). 또한, 단주의 설계에서도 4장에서 설명한 휨해석과 설계를 위한 6가지 가정과 조건에 근거한다.

해석을 위한 가정과 조건

① 평면유지의 가정을 적용한다.
② 철근과 콘크리트의 완전 부착(동일한 위치에서 철근과 콘크리트의 변형률은 동일)
③ 철근과 콘크리트의 응력 - 변형률 관계가 주어진다.

설계를 위한 가정과 조건

① 콘크리트의 인장강도는 무시한다.
② 휨과 압축을 동시에 받는 부재의 콘크리트 압축연단의 극한변형률(ε_{cu})은 콘크리트의 설계기준압축강도(f_{ck})가 40 MPa 이하인 경우에 0.0033으로 가정하며, 40 MPa을 초과할 경우에는 10 MPa의 강도가 증가할 때마다 0.0001씩 감소시킨다. ε_{cu}는 [표 4.1]과 식(2.8)을 이용하여 계산할 수 있다.
③ 콘크리트의 압축응력 - 변형률 관계는 직사각형, 사다리꼴 또는 포물선 등으로 변경하며 등가응력분포에 대해서는 11.2.1의 후반부에서 상세하게 설명한다.

기둥에 대한 설계는 위의 6가지 가정과 전제 조건과 함께 세 가지 규정을 추가로 적용한다.

기둥 설계를 위한 규정

① 기둥에는 압축력이 크게 작용하며 콘크리트도 압축력에 강하기 때문에 일반적인 구조해석

과는 다르게 압축응력과 압축변형률을 양수(+)로 하고, 인장응력과 인장변형률을 음수(−)로 정한다.

② 보는 휨인장파괴하도록 설계하지만, 기둥은 휨인장파괴와 함께 압축파괴도 허용한다.

③ 휨모멘트는 단면의 중심축인 단면 소성중심(plastic centroid)을 기준으로 계산한다. 소성중심은 단면이 축압축력을 받는 상태에서 콘크리트와 철근이 소성 상태에 도달할 때의 단면에 발생하는 총 합력의 중심점을 의미한다. 예들 들어 [그림 11.2]와 같이 철근이 비대칭으로 배근된 단면의 경우에 소성중심은 철근이 많은 쪽으로 치우치게 되며 소성중심의 위치는 도심을 구하는 것과 동일한 방법에 의하여 식(11.1)에 의해 계산할 수 있다.

$$d_p = \frac{(0.85 f_{ck} bh)\left(\frac{h}{2}\right) + \sum_{i=1}^{n}(A_{si} f_y)(d_i)}{(0.85 f_{ck} bh) + \sum_{i=1}^{n}(A_{si} f_y)} \tag{11.1}$$

여기서, d_p : 압축연단에서 소성중심까지의 거리, b : 기둥 단면의 폭, h : 기둥 단면의 깊이, f_y : 여러 단으로 배근된 철근의 항복강도, A_{si} : 여러 단으로 배근된 철근의 단면적이다. 철근이 대칭으로 배근된 단면의 경우에 소성중심의 위치(d_p)는 단면의 중심($h/2$)이 된다.

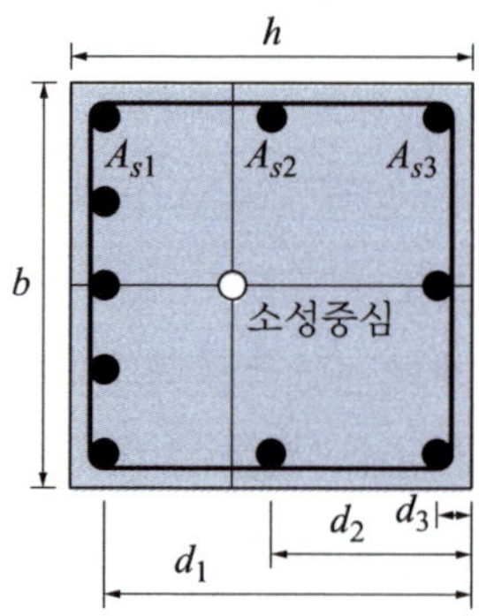

(a) 단면

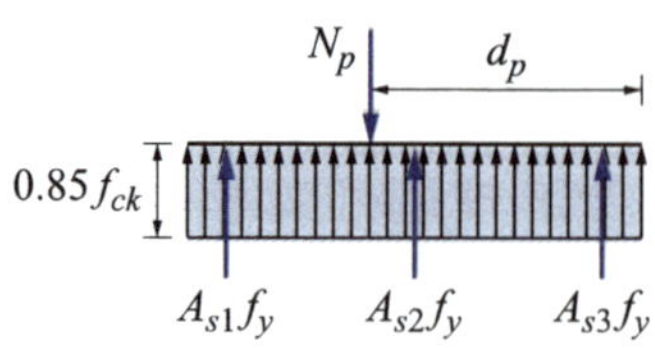

(b) 힘과 응력의 분포

그림 11.2 기둥 단면의 소성 중심

기둥의 포물선 - 직선형 등가응력분포

철근콘크리트 부재가 받는 콘크리트의 응력분포는 [그림 11.3]과 같이 3가지 종류로 구분할 수 있다.

① [그림 11.3(a)]와 같이 단면의 소성중심에 하중이 작용하여 편심이 작용하지 않고 단면 전체가 일정한 크기의 중심연직응력을 받는 경우. 중심 축하중이 작용하므로 극한변형률은 [그림 2.15]의 직접압축을 받는 콘크리트의 최대 응력시의 변형률(ε_{co})과 동일하다($\varepsilon_{co}=$ 0.002, $f_{ck} \leq 40$ MPa의 경우). ε_{co}는 휨과 압축이 동시에 작용할 때의 극한변형률 ε_{cu}(= 0.0033)보다 작다. 그러나 실제 부재는 크리프나 건조수축에 의하여 콘크리트의 장기변형률이 증가하여 파괴시의 콘크리트의 변형률은 ε_{co}보다 크며, 축압축력만 받을 경우에 강도감소계수를 추가로 적용하므로(식(11.30a, b)의 ϕ_o 참조) 실무에서는 ε_{co} 대신에 ε_{cu}를 사용하여 축하중을 계산한다. 중립축의 깊이(c)는 무한대가 되며 콘크리트의 내력을 계산할 때는 단면 전체를 이용하여 계산해야 한다.

② [그림 11.3(b)]와 같이 편심하중 또는 휨모멘트가 작용하여 편차가 있는 포물선 연직응력이 발생하며 중립축이 단면 외부에 위치하는 경우. 압축연단의 변형률($\varepsilon_{c,uls}$)은 $\varepsilon_{co}=$ 0.002에서 점점 증가한다. 중립축의 깊이(c)는 단면 외부에 있으며 압축연단의 변형률($\varepsilon_{c,uls}$)은 $\varepsilon_{co} \leq \varepsilon_{c,uls} < \varepsilon_{cu}$이다. 이 경우 포물선 - 직선형 등가응력분포의 α와 β는 [표 4.4]의 값을 사용할 수 없다. 왜냐하면 [표 4.4]의 값은 단면이 일정한 경우와 중립축이 단면 내에 있는 경우를 대상으로 정한 값이기 때문이다. 따라서 포물선 - 직선형 등가응력분포를 사용하기 위해서는 재료메커니즘을 이용해서 압축합력을 계산해야 한다. 그러나 이 경우도 [그림 11.3(a)]의 경우와 동일하게 실무에서는 $\varepsilon_{c,uls}=\varepsilon_{cu}$로 가정하고, [표 4.4]의 α와 β값을 사용하여 설계하중을 계산하며, 그 결과는 정산식을 사용한 결과와 큰 차이는 없다.

③ [그림 11.3(c)]와 같이 편심하중 또는 휨모멘트가 증가하여 중립축이 단면 맨 끝에 있는 경우. 편심거리(e)가 증가하여 중립축의 깊이(c)가 단면의 깊이(h)와 일치한다. 이 때 압축연단의 변형률($\varepsilon_{c,uls}$)은 극한변형률(ε_{cu})에 도달하여 $\varepsilon_{c,uls}-\varepsilon_{cu}$가 된다. 포물선 - 직선형 등가응력분포의 α와 β는 [표 4.4]의 값을 사용할 수 있다.

④ [그림 11.3(d)]와 같이 편심하중 또는 휨모멘트가 커져서 편차가 있는 포물선 연직응력이 발생하며 중립축이 단면 내부에 위치하는 경우. 압축연단의 변형률($\varepsilon_{c,uls}$)은 극한변형률(ε_{cu})과 동일하며, 포물선 - 직선형 등가응력분포의 α와 β는 [표 4.4]의 값을 사용할 수 있다.

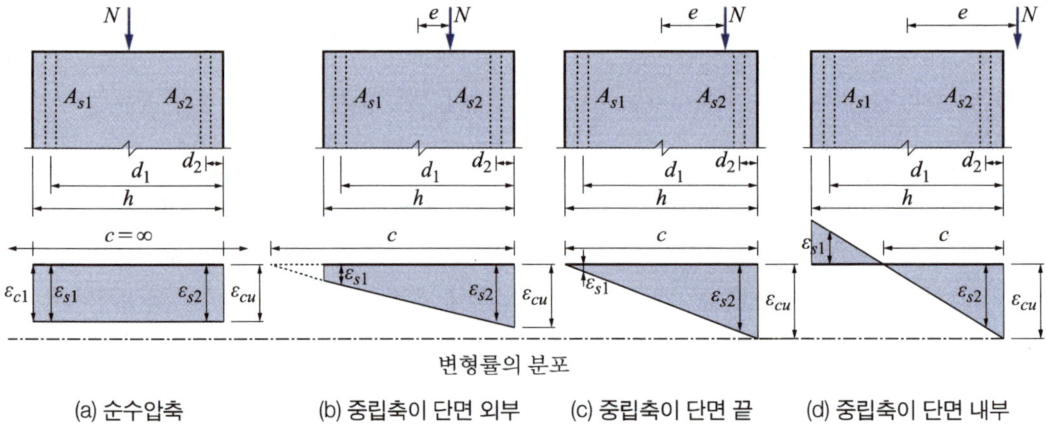

그림 11.3 중립축의 위치와 변형률 분포

위의 네 가지 응력 상태 중에서 보에서 발생하는 응력 분포는 ④의 경우이지만, 기둥에서는 편심거리와 하중 크기에 따라서 ①, ②, ③, ④의 응력 분포가 모두 발생할 수 있다. ①과 같이 중심연직하중을 받는 경우는 콘크리트 단면에 일정한 응력이 발생하므로 콘크리트의 응력에 단면적을 곱하여 내력을 계산할 수 있다. 반면 ②, ③, ④의 경우에는 [그림 2.12]의 일축 직접압축응력 - 변형률 곡선이나 휨압축응력 - 변형률 곡선 시험 결과와 동일하게 단면에 포물선 형태의 응력이 발생하게 된다. 포물선 형태의 곡선을 이용하여 콘크리트가 받는 압축력의 합을 구하는 것은 어렵기 때문에 설계에서는 합력의 크기가 동일하고 합력의 도심점이 동일하다는 조건에서 포물선의 콘크리트 응력 - 변형률 곡선을 2.4.4항에서 설명한 포물선 - 직선형 등가응력분포 또는 등가 직사각형 압축응력분포로 단순화하여 사용한다.

다만 ②의 경우와 같이 중립축이 단면 외부에 있는 경우 등가응력블록의 계수값과 함께 압축연단의 변형률($\varepsilon_{c,uls}$)을 새롭게 계산해야 한다. [그림 11.3]과 [그림 2.15]의 비교에서 알 수 있는 것과 같이 순수압축을 받는 부재([그림 11.3]의 (a))의 극한변형률은 직접압축을 받는 콘크리트의 최대 응력시의 변형률(ε_{co})과 동일하여 콘크리트의 압축강도가 40 MPa 이하일 경우에 0.002를 사용해야 한다. 그러나 [그림 11.3]의 (b)와 같이 편심거리(e)가 증가함에 따라서 압축연단의 변형률은 0.002에서 점점 증가하여 중립축의 깊이(c)가 단면의 깊이(h)와 일치할 때 극한변형률(ε_{cu}) 0.0033에 도달하게 된다. 따라서 편심거리(e)가 짧은 구간, 즉 중립축의 깊이(c)가 긴 구간에서는 압축연단의 변형률($\varepsilon_{c,uls}$)은 $\varepsilon_{co} \leq \varepsilon_{c,uls} \leq \varepsilon_{cu}$에 있게 되며, 중립축의 깊이($c$)가 단면의 깊이($h$)와 일치할 때 $\varepsilon_{c,uls} = \varepsilon_{cu}$가 된다. 따라서 중립축이 단면 외부에 있는 경우에 $\varepsilon_{c,uls}$은 변형률 분포의 닮은꼴 삼각형을 이용하여 식(11.2)에 의해 계산한다.

$$\varepsilon_{c,uls} : c = \varepsilon_{co} : c - h + h\frac{\varepsilon_{co}}{\varepsilon_{cu}} \tag{11.2}$$

$$\varepsilon_{c,uls} = \varepsilon_{co}\left(\frac{c}{c - h + h\frac{\varepsilon_{co}}{\varepsilon_{cu}}}\right) \tag{11.3}$$

[표 4.4]의 α와 β값은 단면이 일정한 경우와 중립축이 단면 내에 있는 경우를 대상으로 정한 값이기 때문에 [그림 11.3]의 ②의 경우의 α와 β값은 단면에 발생하는 변형률에 따라 각 위치에서 압축응력을 계산하고, 이렇게 계산한 압축응력분포를 이용하여 단면의 휨강도를 계산하여야 한다.

비선형 응력분포를 계산하기 편리한 등가응력분포로 전환하기 위해서는 4.5절에서 설명한 것과 같이 콘크리트의 실제 압축응력의 면적과 등가응력분포의 면적과 도심의 위치가 동일해야 한다. [그림 11.4]의 단면에서 면적을 동일하게 하여 전체 응력분포의 합력(C)을 식(11.4)에 의해 간략화 할 수 있다. 식(11.4)의 $f_c(\varepsilon_c)$는 중립축에서 x만큼 떨어진 곳의 콘크리트 응력이다.

$$C = b\int_o^c f_c(\varepsilon_c)dx = \alpha(0.85f_{ck})bc \tag{11.4}$$

닮은꼴 삼각형의 관계를 이용하면 $x : \varepsilon_c = c : \varepsilon_{cu}$이므로 $x = c \times \varepsilon_c / \varepsilon_{cu}$이다. 그러므로 식(11.4)를 변경하여 식(11.6)에서 α를 계산할 수 있다.

$$\frac{bc}{\varepsilon_{cu}}\int_0^{\varepsilon_{cu}} f_c(\varepsilon_c)\,d\varepsilon_c = \alpha(0.85f_{ck})bc \tag{11.5}$$

$$\alpha = \frac{\int_0^{\varepsilon_{cu}} f_c(\varepsilon_c)\,d\varepsilon_c}{(0.85f_{ck})\varepsilon_{cu}} \tag{11.6}$$

이 단면의 모멘트(M)는 식(11.7)에 의해 계산할 수 있다

$$M = b\int_0^c f_c(\varepsilon_c)x\,dx = \frac{bc^2}{\varepsilon_{cu}^2}\int_0^{\varepsilon_{cu}} f_c(\varepsilon_c)\varepsilon_c d\varepsilon_c \tag{11.7}$$

모멘트(M)는 식(11.5)의 우항에 거리를 곱해서 계산할 수 있으므로 도심을 동일하게 하여 식(11.8)이 구해진다.

$$\frac{bc^2}{\varepsilon_{cu}^2}\int_0^{\varepsilon_{cu}} f_c(\varepsilon_c)\varepsilon_c d\varepsilon_c = (1-\beta)c(0.85f_{ck})bc \tag{11.8}$$

식(11.8)의 우항에 비선형응력분포와 등가응력분포의 값을 넣어 식(11.10)을 유도하고 β값을 계산한다.

$$\frac{bc^2}{\varepsilon_{cu}^2}\int_0^{\varepsilon_{cu}} f_c(\varepsilon_c)\varepsilon_c d\varepsilon_c = (1-\beta)c(0.85f_{ck})bc\frac{\int_0^{\varepsilon_{cu}} f_c(\varepsilon_c)\,d\varepsilon_c}{(0.85f_{ck})\varepsilon_{cu}} \tag{11.9}$$

$$\beta = 1-\frac{\int_0^{\varepsilon_{cu}} f_c(\varepsilon_c)\varepsilon_c d\varepsilon_c}{\varepsilon_{cu}\int_0^{\varepsilon_{cu}} f_c(\varepsilon_c)\,d\varepsilon_c} \tag{11.10}$$

다만 앞서도 설명한 것과 같이 이러한 계산 과정이 번거롭기 때문에 실무에서는 중립축이 단면 외부에 있는 경우에도 중립축이 단면 내부에 있는 경우에 적용하는 [표 4.4]의 α와 β값을 사용하여 설계하중을 계산하며, 이 결과는 식(11.6)과 식(11.10)을 이용하여 계산한 결과에 큰 차이는 발생하지 않는다.

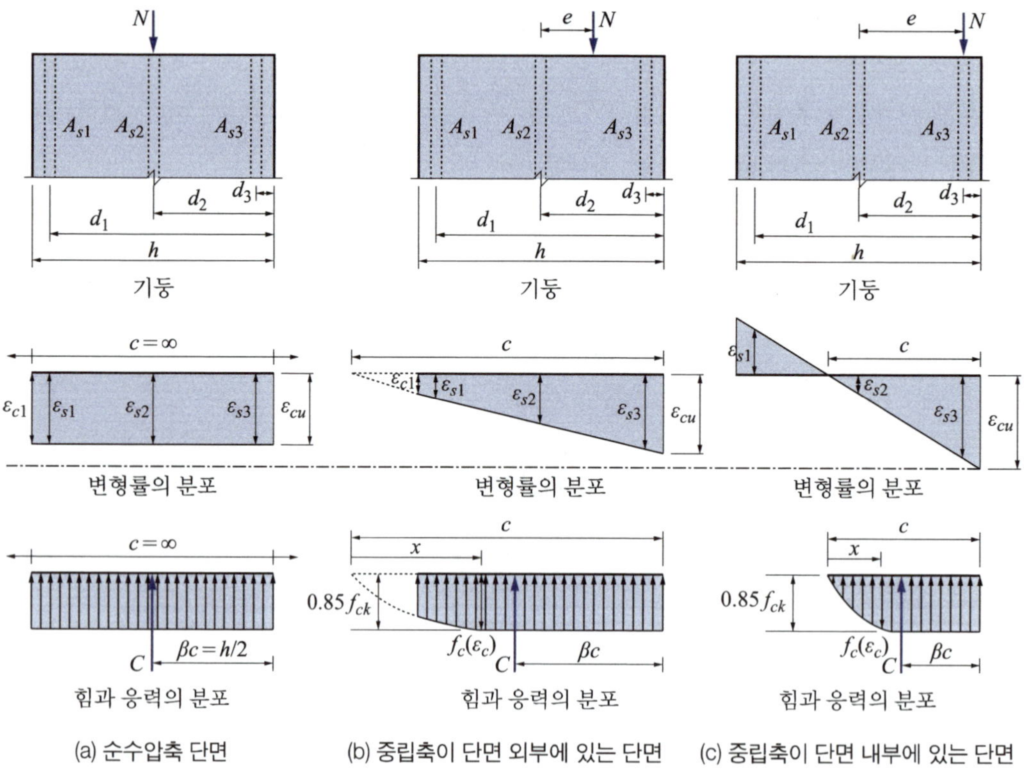

그림 11.4 중립축의 위치와 포물선 – 직선형 등가응력분포

기둥의 등가 직사각형 압축응력블록

등가 직사각형 압축응력블록은 중립축의 위치에 무관하게 유도된 등가응력분포이므로 [그림 11.3]의 순수압축을 받는 경우와 중립축이 단면의 내부 또는 외부에 있는 세 가지 경우에 대하여 [표 4.5]에 제시된 η와 β_1값을 동일하게 적용하여 기둥을 설계한다.

11.2.2 축력과 휨모멘트를 받는 기둥의 거동

축력과 휨모멘트를 받는 기둥의 거동(힘과 변형의 관계)은 보의 거동과 상이하다. 특히 축력의 고·저 및 횡구속에 따라서 기둥의 거동은 달라진다.

축력의 영향

주인장철근이 먼저 항복하고 콘크리트가 그 후에 압축파괴하는 경우를 5장에서 휨인장파괴로 정의하였다([그림 5.1] 참조). 축력이 작용하지 않는 보가 휨인장파괴할 경우에는 인장철근이 항복한 이후에 부재의 변형이 커지면서 연성적으로 파괴된다. 그러나 동일한 조건을 갖고 있는 부재에 축력이 가해질 경우에는 부재의 연성능력은 축력이 커질수록 작아진다.

[그림 11.5]는 부재의 크기와 재료 조건이 동일하지만 축력비(축력을 콘크리트의 압축강도와 부재 단면적으로 나눈 값)를 0퍼센트, 15퍼센트, 30퍼센트로 다르게 가력한 철근콘크리트 기둥의

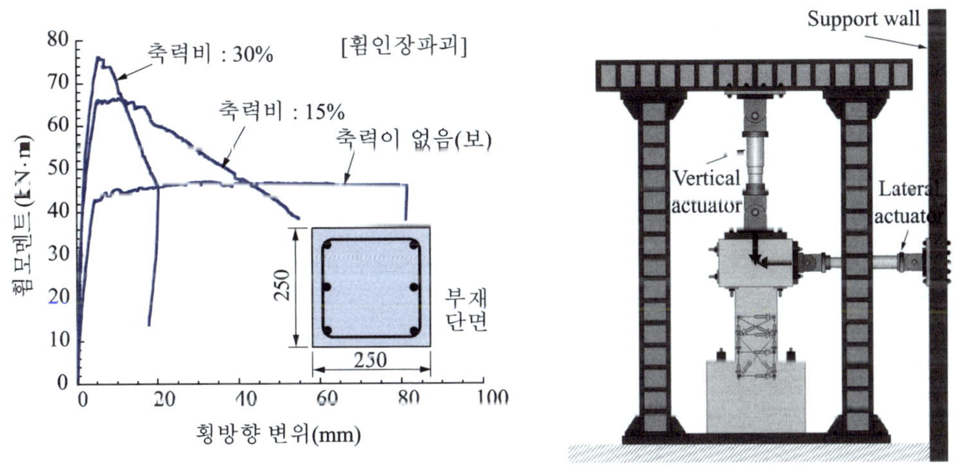

(a) 휨모멘트 – 횡방향 변위관계 (b) 부재 실험

그림 11.5 축력이 부재의 거동에 미치는 영향

실험 결과를 나타낸다. 세 가지 부재는 모두 휨인장철근이 먼저 항복하고 콘크리트가 압축파괴하여 휨인장파괴하였지만, 부재의 연성능력에는 큰 차이를 나타내었다. 그림에서 축력을 받지 않는 부재, 즉, 보의 경우에 휨모멘트는 작지만 연성이 매우 크다는 것을 알 수 있다. 그러나 축력비가 15퍼센트와 30퍼센트로 증가함에 따라서 부재의 휨모멘트는 증가하지만 연성능력이 감소함을 알 수 있다. 또한, 휨인장철근이 항복하지 않고 콘크리트가 압축파괴하는 경우에도 축력비가 증가하면 연성능력과 휨모멘트가 감소한다(11.3.4항에서 상세 설명).

횡방향구속철근의 영향

횡방향구속철근이란 축력을 받는 부재의 축과 직각되는 방향에 배근되는 철근을 말한다. 횡방향구속철근은 콘크리트가 쪼개지는 것을 억제하며 콘크리트가 3축 응력을 받도록 한다. 2.4.3항에서 3축 압축응력을 받는 콘크리트의 압축강도와 변형률은 1축 압축응력을 받는 콘크리트의 압축강도와 변형률에 비하여 크게 증가하였다.

횡방향구속철근으로는 기둥의 단면 형상에 따라서 나선철근과 띠철근이 사용된다. 나선철근은 교각과 같이 원형 단면인 기둥을 나선형으로 감싸는 철근을 말하며, 2.4.3항 [그림 2.11]과 같이 철근이 감싸고 있는 전체 단면적을 모두 구속하여 콘크리트의 압축강도와 변형률을 효과적으로 증대시킨다. 띠철근은 사각형 단면 기둥에 주로 사용되며, 2.4.3항 [그림 2.11]과 같이 철근이 감싸고 있는 콘크리트 면적을 전부 구속하지 못하고 모서리 부분을 중심으로 중앙부 콘크리트만을 구속하여 나선철근에 비하여 구속효과가 작다. [그림 2.11]의 음영 부분이 구속 면적이며 4변 부분의 콘크리트를 구속하지 못하고 있다.

횡방향구속철근은 콘크리트의 압축강도와 변형률을 증대시키므로 기둥의 연성능력도 증가하게 된다. 횡구속되지 않은 부재는 철근이 항복한 이후에 압축연단 콘크리트의 변형률이 극한변형률 0.0033($f_{ck} \leq 40$ MPa인 경우)에 도달 했을 때 파괴되지만, 횡구속된 부재는 콘크리트의 변형률이 증가하여 압축연단 콘크리트의 변형률이 극한변형률 0.0033에 도달하여도 파괴되지 않고 연성이 증가한다. [그림 11.6]은 횡구속력이 작은 기둥과 횡구속력이 큰 기둥의 하중 - 처짐 곡선을 비교하고 있다. 두 곡선을 비교해 보면 횡구속력과 무관하게 부재의 횡하중은 거의 일정하다. 그러나 연성적인 측면에서는 횡구속력이 작은 부재에 비하여 횡구속력이 큰 부재의 연성이 크다는 것을 알 수 있다. 기둥에 횡방향구속철근을 배근하는 이유는 다음과 같다.

① 콘크리트의 연성 증대
② 나선철근의 경우는 콘크리트의 압축강도 증대. 띠철근의 경우도 콘크리트의 압축강도가 증가하지만, 나선철근에 비하여 증가율은 작다.
③ 축방향철근의 좌굴 방지
④ 시공의 편의성 - 축방향철근을 고정

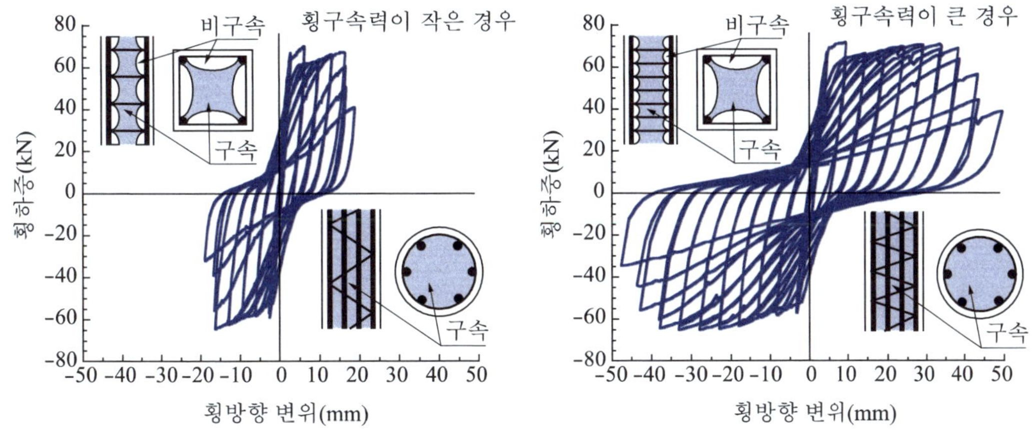

(a) 횡구속력이 작은 경우　　　(b) 횡구속력이 큰 경우

그림 11.6 횡구속력이 부재의 거동에 미치는 영향

설계에서는 횡구속된 부재에 대해서도 부재 파괴의 기준을 보와 동일하게 압축연단 콘크리트의 변형률이 극한변형률 0.0033($f_{ck} \leq 40$ MPa)에 도달할 때 최대 모멘트에 도달한다고 가정하거나, 2.4.4항에서 설명하고 있는 횡구속 콘크리트압축강도($f_{ck,c}$, 식(2.9))과 극한변형률($\varepsilon_{cu,c}$, 식(2.11))을 이용하여 최대 모멘트를 계산할 수 있다. 다만 주의해야 할 점은 횡구속효과를 고려하여 축력 또는 휨모멘트와 축력을 동시에 받는 단면의 설계강도를 계산할 때는 횡구속된 심부콘크리트의 면적만을 사용해야 하며, 횡구속되지 않은 피복콘크리트의 면적을 사용해서는 안 된다. 횡구속에 의하여 큰 변형($\varepsilon_{cu,c}$)이 발생한 시점에서는 피복콘크리트가 탈락할 수 있기 때문에 횡구속된 심부콘크리트 면적만을 이용하여 설계하중을 계산해야 한다. 실제로는 중립축 근처에서는 변형률이 작아 피복콘크리트가 탈락하지는 않지만 실무에서는 탈락하지 않은 부분의 피복콘크리트와 횡구속된 콘크리트의 면적을 합하여 계산하는 것이 번거로우므로 횡구속된 콘크리트 면적만을 사용한다. 또한 축력이 작용하는 기둥에 대해서는 일정량 이상의 횡구속철근을 배근하도록 규정하고 있다.

기둥의 휨파괴 종류

축력과 횡하중을 받는 기둥의 파괴 종류는 콘크리트와 철근의 상대적 저항력에 따라 보와 동일하게 네 가지로 구분될 수 있다. 즉, 철근이 많이 배근되어 철근의 저항력이 콘크리트의 저항력보다 큰 경우에는 철근이 항복하기 이전에 콘크리트가 압축파괴한다. 반면에 철근의 저항력이 콘크리트의 저항력보다 작은 경우에는 철근이 항복한 후에 콘크리트가 압축파괴한다. 휨모멘트를 받는 철근콘크리트 부재의 파괴모드를 네 가지로 구별하고 그 특징을 정리하면 다음과 같다.

네 가지 파괴모드는 보의 휨파괴모드와 거의 동일하다. 보에 비하여 기둥에는 여러 단에 철근이 배근되므로 콘크리트의 압축연단의 변형률(ε_c)과 비교하는 철근의 변형률(ε_s)을 최외단 인장철근의 변형률(ε_t)로 한다.

① **최소철근파괴**(minimum flexural reinforcement failure) : 주인장철근량이 매우 적게 배근된 경우. 최소철근파괴는 부재에 매우 적은 철근이 배근되어 휨균열 발생 시의 외력을 철근이 지지하지 못하고, 휨균열이 발생함과 동시에 파괴되는 취성적 파괴이다([그림 11.7]의 ① 참조).

② **인장파괴**(tension failure **또는** under reinforcement failure) : 철근비가 균형철근비보다 적은 경우. 철근이 항복한 이후에 압축연단 콘크리트의 변형률이 극한변형률(ε_{cu})에 도달하여 연성적으로 파괴된다([그림 11.7]의 ② 참조). 철근이 비교적 적게 배근되기 때문에 최외단 인장철근의 변형률은 항복변형률 이상이 되며 중립축은 짧아진다($\varepsilon_{cu} = 0.0033$ ($f_{ck} \leqq 40$ MPa인 경우), $\varepsilon_t > \varepsilon_y$, $f_s = f_y$).

③ **균형파괴**(balanced failure) : 철근비가 균형철근비와 같은 경우. 철근이 항복변형률에 도달함과 동시에 압축연단 콘크리트의 변형률이 극한변형률(ε_{cu})에 도달하여 취성적으로 파괴된다([그림 11.7]의 ③). 최외단 인장철근의 변형률은 항복변형률이므로 중립축은 인장파괴의 경우보다 길어진다($\varepsilon_{cu} = 0.0033$($f_{ck} \leqq 40$ MPa인 경우), $\varepsilon_t = \varepsilon_y$, $f_s = f_y$).

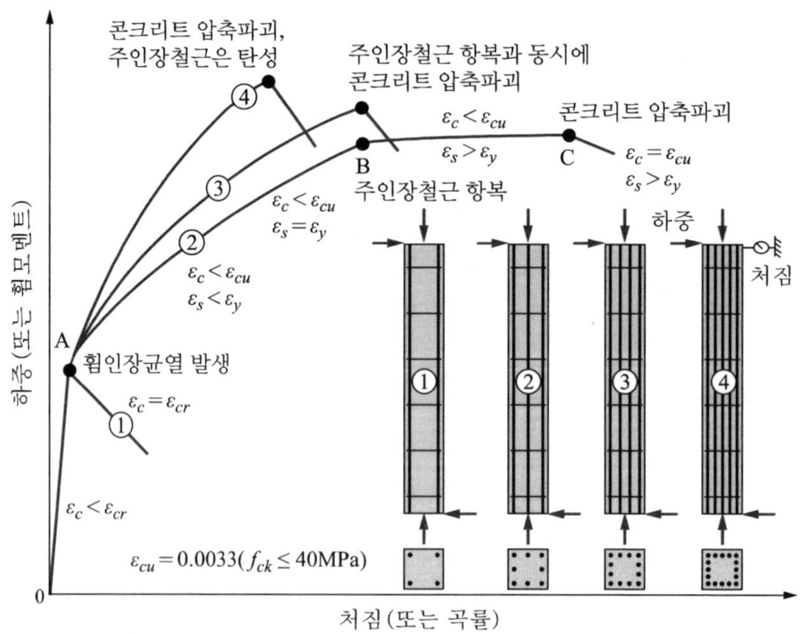

그림 11.7 기둥 휨파괴의 종류

④ **압축파괴(compression failure 또는 over reinforcement failure)** : 철근비가 균형철근비보다 많은 경우. 철근이 항복하기 이전에 압축연단 콘크리트의 변형률이 극한변형률(ε_{cu})에 도달하여 취성적으로 파괴된다([그림 11.7]의 ④ 참조). 철근이 많이 배근되기 때문에 최외단 인장철근의 변형률은 항복변형률보다 작으며 중립축은 길어진다($\varepsilon_{cu} = 0.0033$ ($f_{ck} \leqq 40$ MPa인 경우), $\varepsilon_t < \varepsilon_y$, $f_s < f_y$).

또한, 인장파괴하는 기둥의 거동은 다음의 세 구간으로 구분할 수 있다([그림 11.7 ②번 부재] 참조).

① **휨균열 발생까지(OA구간)** : 기둥에 휨균열이 발생하지 않고, 휨강성(EI)이 큰 구간
② **주인장철근의 항복까지(AB구간)** : 휨균열이 발생한 이후에 부재의 단면2차모멘트(I)가 감소하고, 단면의 맨 바깥쪽 인장철근이 항복변형률에 도달하는 구간
③ **콘크리트의 압축파괴까지(BC구간)** : B점에서 인장철근이 항복할 때 압축연단의 콘크리트 변형률은 아직 극한변형률(ε_{cu}) 0.0033($f_{ck} \leqq 40$ MPa인 경우)에 도달하지 않은 상태이다. B점에서 철근이 항복한 이후에 휨모멘트가 일정하게 유지되다가 압축연단 콘크리트 변형률이 극한변형률(ε_{cu})에 도달한 이후에 최종적으로 콘크리트가 압축파괴한다.

11.2.3 기둥의 저항력(힘의 평형조건, 변형의 적합조건, 재료의 구성법칙)

철근콘크리트 기둥의 축력과 휨에 대한 해석은 보의 경우와 동일하게 재료메커니즘에 근거한다. [그림 11.8]은 3차원과 2차원으로 표시된 축력과 휨모멘트를 받는 철근콘크리트 기둥의 내부 변형률과 응력의 분포이다. 기둥 단면의 콘크리트 응력은 콘크리트의 압축응력 - 변형률 관계에 의하여 중립축으로부터 거리가 멀어짐에 따라서 포물선 형태로 변화한다. 설계에서는 콘크리트의 압축응력 - 변형률 관계를 등가응력분포로 대체하며, 철근은 1축 응력을 받는다고 가정한다. 기둥에는 여러 단에 철근이 배근되므로 각각의 철근의 저항력을 계산해야 한다.

힘의 평형조건

3차원 단면을 2차원으로 단순화 한 경우에 힘은 x방향의 이동(부재축 방향), y방향의 이동(부재축과 상호 직각방향)과 z방향의 회전(부재축과 앞뒤 직각방향)에 대하여 평형을 이루어야 한다. 따라서 연직하중과 수평하중을 받는 철근콘크리트 기둥은 다음과 같이 세 가지 힘의 평형을 만족해야 한다.

$$\sum F_x = 0$$

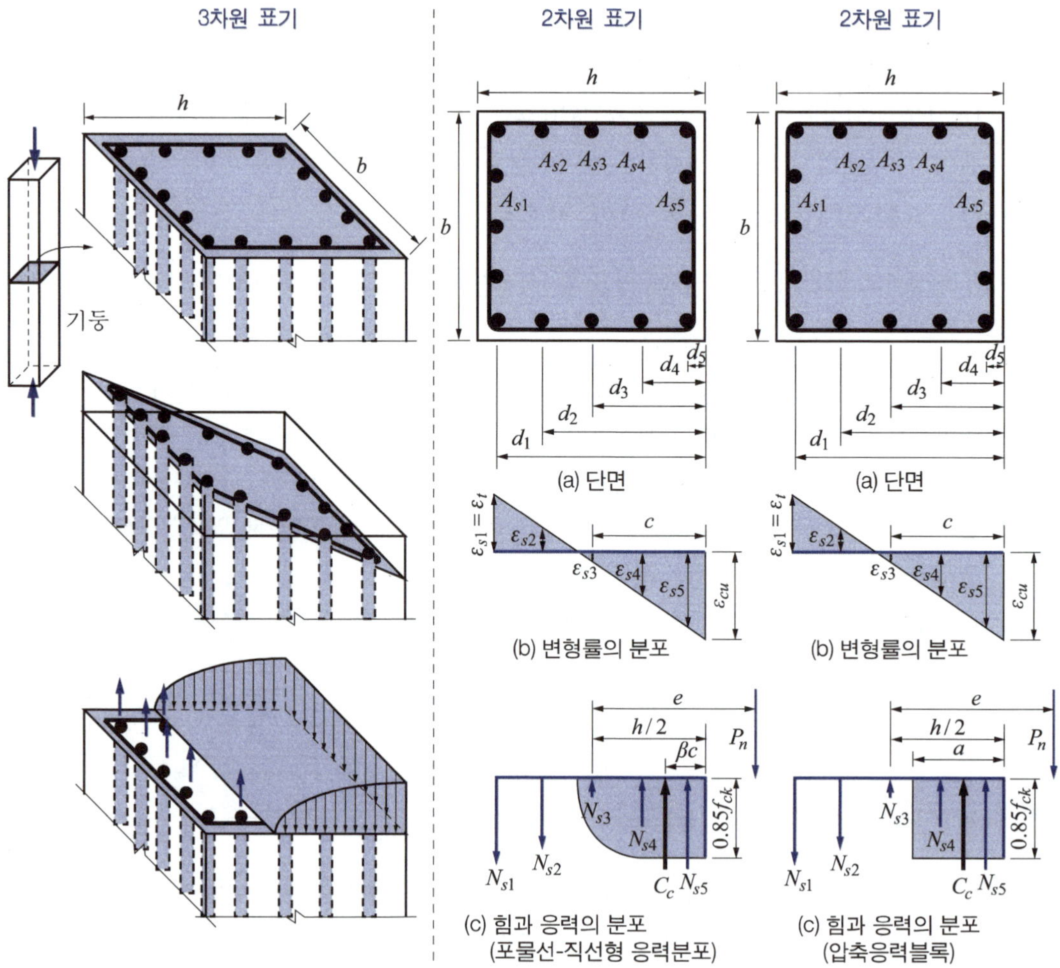

그림 11.8 기둥의 단면, 변형률의 분포, 힘과 응력의 분포

$$C + T = P_n \tag{11.11}$$

여기서, P_n는 기둥에 작용하는 축력이다. 축력(P_n)은 기둥 단면의 콘크리트 내력과는 항상 반대 방향으로 작용하므로 C와 부호가 반대가 된다. C는 콘크리트에 의한 압축력의 합으로 기둥 설계의 가정에 의하여 양수(+)로 표시하며, T는 철근에 의한 축력의 합이다. 철근의 축력(T)은 중립축의 위치에 따라서 압축철근과 인장철근으로 구분되며, 압축력에 대해서는 양수(+)로 표시하고 인장력에 대해서는 음수(−)로 표시한다.

식(11.11)에서 콘크리트에 의한 압축력의 합(C_c)을 포물선-직선형 등가응력분포나 등가 직사각형 압축응력블록을 이용하여 계산하고, 여러 단으로 배근된 철근이 받는 전체 축력을 계산하여 식(11.12a, b)를 유도할 수 있다.

(포물선 - 직선형 등가응력분포의 경우)

$$\alpha(0.85f_{ck})bc + \sum_{i=1}^{n} N_{si} = P_n \tag{11.12a}$$

(등가 직사각형 압축응력블록의 경우)

$$\eta(0.85f_{ck})ab + \sum_{i=1}^{n} N_{si} = P_n \tag{11.12b}$$

여기서, a : 직사각형 압축응력블록의 깊이, b : 기둥 단면의 폭, N_{si} : 여러 단으로 배근된 철근이 각각 받는 축력이다.

철근의 축력은 다음과 같이 인장철근과 압축철근으로 구분하여 계산한다. 여기서 압축철근은 중립축의 깊이(c) 이내에 포함된 철근이다.

(인장철근) $$N_{si} = f_{si}A_{si} \tag{11.13a}$$

(압축철근) $$N_{si} = (f_{si} - 0.85f_{ck})A_{si} \tag{11.13b}$$

여기서, f_{si} : 여러 단으로 배근된 철근이 각각 받는 축응력, A_{si} : 여러 단으로 배근된 철근의 단면적이다.

식(11.13b)에서 철근의 압축력에서 콘크리트의 영역을 빼는 이유는 식(11.12)의 콘크리트에 의한 압축력의 합(C_c)과 관련이 있다. 식(11.12)에서 압축력 C_c를 계산하기 위한 콘크리트 단면적은 식(11.14)와 같이 전체 단면적에서 압축철근의 단면적을 제한 값이 되어야 한다. 보의 경우에는 압축철근의 단면적이 넓지 않기 때문에 압축철근의 단면적을 무시하고 전단면적을 사용하여 C_c를 계산한다. 그러나 기둥에 배근되는 압축철근의 단면적은 보에 비하여 넓기 때문에 식(11.14)와 같이 전체 단면적에서 압축철근의 면적을 제한 콘크리트만의 단면적을 사용하여 압축력 C_c를 계산한다.

$$C_c = 0.85f_{ck}(ab - A_{siC}) \tag{11.14}$$

여기서, A_{siC} : 압축철근의 단면적. 설계에서는 계산의 편의를 위하여 콘크리트에 의한 압축력의 합(C_c)은 전단면적을 사용하여 계산하고($C_c = 0.85f_{ck}(ab)$), 식(11.14)의 두 번째 항인 $-0.85f_{ck}A_{siC}$를 식(11.13b)의 압축철근 내력 계산에 포함시켜 계산한다.

[그림 11.8]의 단면의 회전에 대한 평형은 계산 기준점이 변하여도 결과는 동일하지만, 편심거리(e)를 구하기 위하여 단면의 소성중심을 기준으로 등가응력분포에 따라 식(11.15a, b)와 같이 계산한다. 단면이 대칭인 경우에 소성중심은 단면의 중심($h/2$)이 된다.

$$\sum M_z = 0$$

(포물선 - 직선형 등가응력분포의 경우)

$$P_n \cdot e - \alpha(0.85 f_{ck})\, bc\left(\frac{h}{2} - \beta c\right) - N_{s1}\left(\frac{h}{2} - d_1\right) - N_{s2}\left(\frac{h}{2} - d_2\right) \cdots N_{sn}\left(\frac{h}{2} - d_n\right) = 0 \tag{11.15a}$$

(등가 직사각형 압축응력블록의 경우)

$$P_n \cdot e - \eta(0.85 f_{ck})\, ab\left(\frac{h}{2} - \frac{a}{2}\right) - N_{s1}\left(\frac{h}{2} - d_1\right) - N_{s2}\left(\frac{h}{2} - d_2\right) \cdots N_{sn}\left(\frac{h}{2} - d_n\right) = 0 \tag{11.15b}$$

여기서, e : 편심거리(기둥 단면의 소성중심에서 축력까지 떨어진 거리), $P_n \cdot e$: 축력에 의한 모멘트. $P_n \cdot e$를 모멘트 M_n으로 표기하여 정리하고 철근의 축력에 의한 모멘트를 합하여 표기하면 등가응력분포에 따라 식(11.16a, b)을 유도할 수 있다.

(포물선 - 직선형 등가응력분포의 경우)

$$M_n = P_n \cdot e = \alpha(0.85 f_{ck})\, bc\left(\frac{h}{2} - \beta c\right) + \sum_{i=1}^{n} N_{si}\left(\frac{h}{2} - d_i\right) \tag{11.16a}$$

(등가 직사각형 압축응력블록의 경우)

$$M_n = P_n \cdot e = \eta(0.85 f_{ck})\, ab\left(\frac{h}{2} - \frac{a}{2}\right) + \sum_{i=1}^{n} N_{si}\left(\frac{h}{2} - d_i\right) \tag{11.16b}$$

변형의 적합조건

기둥 해석에서 변형의 적합조건은 평면유지의 가정에 근거한다. 평면유지의 가정에 의하여 변형률은 중립축에서 멀어지면 선형적으로 증가하게 된다([그림 4.2] 참조). 그러므로 [그림 11.8 (b)]에서 각각의 위치에 배근된 철근의 변형률을 다음과 같이 계산할 수 있다.

$$c : \varepsilon_{cu} = d_i : (\varepsilon_{cu} - \varepsilon_{si}) \tag{11.17a}$$

$$\varepsilon_{si} = \left(\frac{c - d_i}{c}\right)\varepsilon_{cu} \tag{11.17b}$$

식(11.17)에서 압축변형률의 값은 양수(+)이며, 인장변형률의 값은 음수(−)이다. 설계기준에서는 압축연단 변형률이 극한변형률(ε_{cu})에 이르렀을 때 기둥이 최대 모멘트에 도달하여 파괴된다고 규정하고 있다. 따라서 식(11.17b)에 극한변형률(ε_{cu})을 대입하여 중립축의 깊이(c)를 식(11.18)에서 계산한다. [표 4.1]에서 $f_{ck} \leqq 40$ MPa인 경우 ε_{cu}는 0.0033이다.

$$c = \left(\frac{\varepsilon_{cu}}{\varepsilon_{cu} - \varepsilon_{si}}\right) d_i \tag{11.18}$$

재료의 구성법칙(constitutive laws)

힘의 평형과 변형의 적합조건을 연결할 수 있는 재료의 구성법칙(재료의 응력 - 변형률 관계)에 대해서는 2장에서 언급하였다. 콘크리트는 등가응력분포를 이용하여 $0.85f_{ck}$와 압축연단의 변형률 $\varepsilon_{cu}(=0.0033,\ f_{ck} \leq 40\text{ MPa}$인 경우)을 가정한다. 철근은 식(11.19)에서 항복변형률(ε_y)을 이용하여 탄성과 소성상태를 구분하며, 식(11.17b)에서 계산한 철근의 변형률(ε_{si})을 사용하여 응력(f_{si})을 계산한다.

$$\varepsilon_{si} < \varepsilon_y \text{일 때} \qquad f_{si} = E_s \varepsilon_{si} \tag{11.19a}$$

$$\varepsilon_{si} \geq \varepsilon_y \text{일 때} \qquad f_{si} = f_y \tag{11.19b}$$

여기서, 압축응력의 값은 양수(+)이며, 인장응력의 값은 음수(−)이다.

이상의 재료메커니즘을 정리하면 [표 11.1]과 같이 4개의 식과 4개의 미지수를 구할 수 있다. [표 11.1]은 등가 직사각형 압축응력블록을 사용하였을 때의 경우이며, 포물선 - 직선형 등가응력분포의 경우도 동일하게 4개의 식과 4개의 미지수를 이용할 수 있다. 표에서 미지수와 식이 동일하므로 구하고자 하는 휨내력과 축력을 계산할 수 있다.

표 11.1 철근콘크리트 기둥의 휨설계를 위한 재료메커니즘(등가 직사각형 압축응력블록의 경우)

힘의 평형	변형의 적합	재료의 응력 − 변형률	기 타
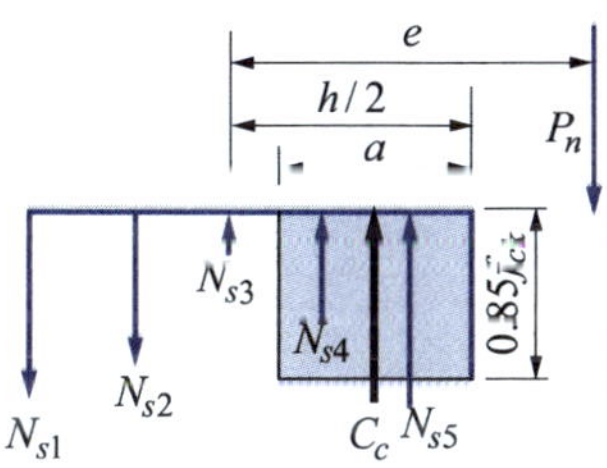	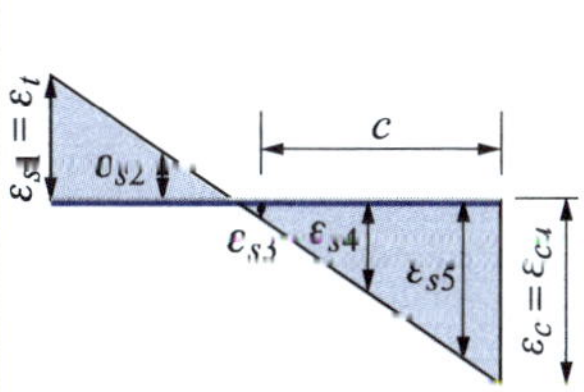	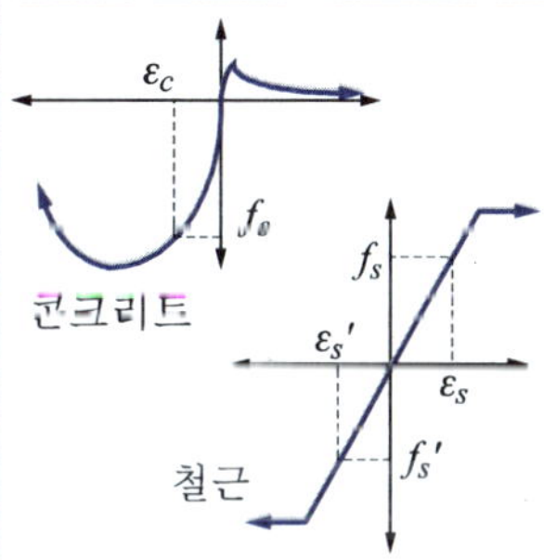	$jd = d - \frac{a}{2}$ $\varepsilon_c = \varepsilon_{cu}$ 식 (4), 미지수 (4)
$\eta(0.85f_{ck})ab + \sum_{i=1}^{n} N_i = P_n$ $M_n = \eta(0.85f_{ck})ab\left(\frac{h}{2} - \frac{a}{2}\right) + \sum_{i=1}^{n} N_{si}\left(\frac{h}{2} - d_i\right)$	$\varepsilon_{si} = \left(\frac{c - d_i}{c}\right)\varepsilon_{cu}$	$\varepsilon_{si} < \varepsilon_y \quad f_{si} = E_s \cdot \varepsilon_{si}$ $\varepsilon_{si} \geq \varepsilon_y \quad f_{si} = f_y$	

11.2.4 기둥 설계의 기본사항

기둥 단면

KDS 14 20 국가건설기준에서 규정하는 기둥의 설계치수는 다음과 같다.

① 기둥 단면의 최소 치수는 200 mm, 최소 단면적은 60,000 mm^2 이상으로 한다. 다만 창문틀 기둥에는 이 규정을 적용하지 않아도 된다.
② 나선철근기둥의 유효단면은 나선철근의 바깥지름으로 측정되는 심부 콘크리트로 한다.
③ 벽과 함께 타설되는 기둥의 유효단면은 나선철근 또는 띠철근의 외측에서 40 mm 이내의 외측 연단(extreme fiber)까지의 단면으로 한다.
④ 정방형이나 정팔각형 또는 그 외의 형상을 가진 기둥의 설계에서는 전단면적을 사용하는 대신 최소 치수의 지름을 가진 원형 단면으로 생각할 수 있다. 이때 단면적, 철근비, 설계강도 등은 원형 단면에 준하여 산정한다.
⑤ 기둥의 단면적이 외부 하중에 저항하기 위하여 필요한 단면적보다 더 큰 경우에는 전단면적의 1/2 이상 되는 범위에서 감소된 유효단면적을 최소 철근비와 설계강도 산정용으로 사용할 수 있다.

축방향철근

① 축방향철근의 단면적은 기둥 전단면적의 0.01배 이상, 0.08배 이하로 하지만, 축방향 주철근이 겹침이음되는 경우의 철근비는 0.04를 초과하지 않도록 하여야 한다.
② 기둥의 주철근 지름은 지름 12 mm 또는 D13 이상으로 한다.
③ 기둥에 배근되는 축방향철근의 최소 개수는 장방형이나 원형 띠철근기둥에 4개, 3각형 띠철근기둥에 3개, 나선철근기둥에 6개로 한다.

띠철근

① 띠철근의 크기는 주철근의 크기가 D35 미만일 때에는 D10 이상, 주철근이 D35 이상 되거나 묶음철근일 때에는 D13 이상으로 한다.
② 띠철근의 수직 간격은 주철근 지름의 16배 이하, 띠철근 지름의 48배 이하, 기둥 단면의 최소 치수 중 가장 작은 값으로 한다.

나선철근

기둥의 보강에 사용되는 나선철근은 지름 10 mm 이상의 철근을 사용해야 한다. 나선철근의 최소 요구량은 횡구속효과를 고려하여 나선철근으로 둘러싸인 기둥의 심부 콘크리트가 지지하는 내력과 횡구속효과를 고려하지 않고 계산한 전체 단면이 지지하는 하중의 크기가 같다는 조건에서 계산되며 다음과 같이 유도할 수 있다. 2장의 [그림 2.11]에서 나선철근으로 구속된 콘크리트의 단면을 절단했을 때 힘의 평형식은 다음과 같다. 여기서 절단한 철근에 의하여 발생하는 두개의 힘은 횡구속압(f_l)의 수평방향 분력과 평형을 이룬다.

$$2f_y A_{sp} = f_l\, d_c\, s \tag{11.20}$$

여기서, f_y : 나선철근의 항복강도, A_{sp} : 나선철근의 단면적, f_l : 횡구속압(응력), d_c : 나선철근의 바깥부분으로 측정되는 기둥 심부의 지름, s : 나선철근의 간격이다([그림 11.9] 참조). 나선철근의 체적비(ρ_s)는 구속하는 콘크리트의 체적과 철근의 체적의 비이며 식(11.21)에 의해 계산한다.

$$\rho_s = \frac{A_{sp} l_{sp}}{A_c s} \tag{11.21}$$

여기서, l_{sp} : 나선철근의 1회전 길이($=\pi d_c$), A_c : 심부 콘크리트의 전체 단면적($=\pi d_c^2/4$)

나선철근의 체적비(ρ_s)를 힘의 평형식에 대입하면 횡구속압(f_l)을 계산할 수 있다.

$$f_l = \frac{f_y \rho_s}{2} \tag{11.22}$$

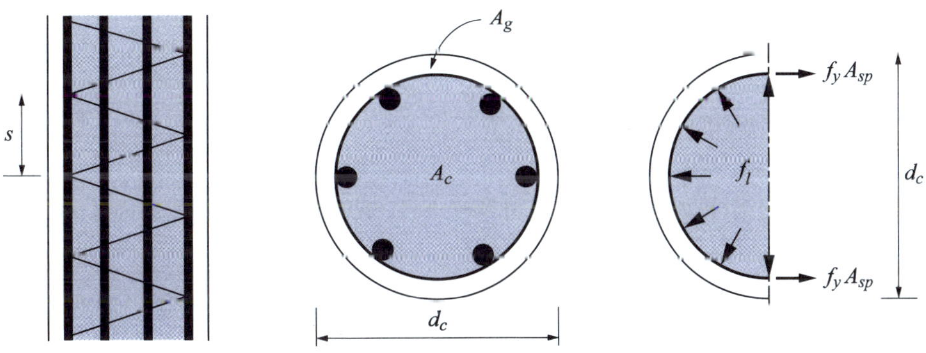

그림 11.9 나선철근의 구속효과

나선철근으로 구속되었을 때 일반적으로 사용되는 3축 압축강도 평가식은 식(2.9)이므로 식(2.9)에 횡구속압(f_l)을 대입한다.

$$f_{cc}{}' = f_{ck} + 1.85 f_y \rho_s \tag{11.23}$$

따라서 나선철근으로 구속되었을 때 콘크리트 강도는 $1.85 f_y \rho_s$만큼 증가한다. 나선철근의 최소 요구량은 나선철근의 횡구속효과에 의해 증가한 $1.85 f_y \rho_s$이 피복콘크리트의 탈락에 의하여 발생할 수 있는 강도의 손실을 보상한다는 가정에서 유도된다.

$$1.85 f_y \rho_s A_c = 0.85 f_{ck} (A_g - A_c) \tag{11.24}$$

여기서, A_g : 기둥의 전체 단면적, A_c : 심부 콘크리트의 전체 단면적, $\rho_s A_c$는 나선철근의 면적 A_{sp}이다.

그러므로 식(11.24)를 정리하여 나선철근의 체적비(ρ_s)를 식(11.25)에 의해 계산할 수 있다.

$$\rho_s = 0.46 \left(\frac{A_g}{A_c} - 1 \right) \frac{f_{ck}}{f_y} \tag{11.25}$$

KDS 14 20 국가건설기준에서는 위의 식을 단순화하여 나선기둥의 심부 콘크리트 전체 체적에 대한 나선철근의 체적비를 식(11.26)의 값 이상이 되도록 규정하고 있다.

$$\rho_s = 0.45 \left(\frac{A_g}{A_c} - 1 \right) \frac{f_{ck}}{f_y} \tag{11.26}$$

이 식에서 f_y : 횡구속철근의 설계기준항복강도이며 700 MPa 이하의 값을 사용할 수 있다. 나선철근의 순간격은 25 mm 이상이며 75 mm 이하가 되어야 한다. 나선철근의 정착을 위하여 기둥 단부에서 1.5회 여분으로 감으며, 이음은 나선철근 지름의 48배 이상 또는 300 mm 이상의 겹침이음이나 용접이음으로 한다.

피복

기둥철근은 주철근이나 띠철근 또는 나선철근 모두 방화와 부식방지를 위하여 40 mm 이상 피복되어야 한다.

11.3 축력과 휨에 대한 설계

기둥은 [그림 11.5]와 같이 축력, 휨모멘트 및 전단력이 작용하므로 각각의 외력에 의하여 발생하는 계수하중은 철근과 콘크리트의 내력에 의한 설계강도 이하가 되어야 한다.

$$\text{설계휨모멘트}(\phi M_n) \geq \text{계수휨모멘트}(M_u) \tag{11.27a}$$

$$\text{설계축력}(\phi P_n) \geq \text{계수축력}(P_u) \tag{11.27b}$$

$$\text{설계전단력}(\phi V_n) \geq \text{계수전단력}(V_u) \tag{11.27c}$$

전단력에 대한 설계는 7장에서 설명한 축력이 작용하는 경우에 대한 콘크리트 전단저항(V_c)을 식(7.48a, b)를 이용하여 계산하고, 스터럽은 45도 트러스모델에 의하여 유도된 식(7.49)를 이용하여 계산한다. 따라서 11장에서는 기둥의 전단 설계에 대해서는 설명하지 않고, 축력과 휨에 대한 설계 방법만을 설명한다.

11.3.1 강도감소계수

기둥의 축력과 휨모멘트에 대한 강도감소계수(ϕ)는 [그림 11.10]의 (5장의 [그림 5.3]과 동일) 최외단 인장철근의 변형률(ε_t)을 이용하여 구분된 세 가지 단면에 따라서 달라진다. 보와 같이 축력이 작용하지 않고 휨모멘트만 작용하는 부재는 ε_t의 값이 최소변형률($\varepsilon_{a,\min}$) 이상 되어야 하지만, 축력과 휨모멘트가 동시에 작용하는 기둥은 [그림 11.10]의 세 가지 구간 모두에서 설계가 가능하다.

① 압축지배단면($\varepsilon_t \leq \varepsilon_y$)

띠철근기둥 : $\phi = 0.65$

나선철근기둥 : $\phi = 0.70$

② 변화구간단면($\varepsilon_y < \varepsilon_t \leq \varepsilon_{a,t}$)

띠철근기둥 : $\phi = 0.65 + \dfrac{0.85 - 0.65}{0.005 - \varepsilon_y}(\varepsilon_t - \varepsilon_y)$

나선철근기둥 : $\phi = 0.70 + \dfrac{0.85 - 0.70}{0.005 - \varepsilon_y}(\varepsilon_t - \varepsilon_y)$

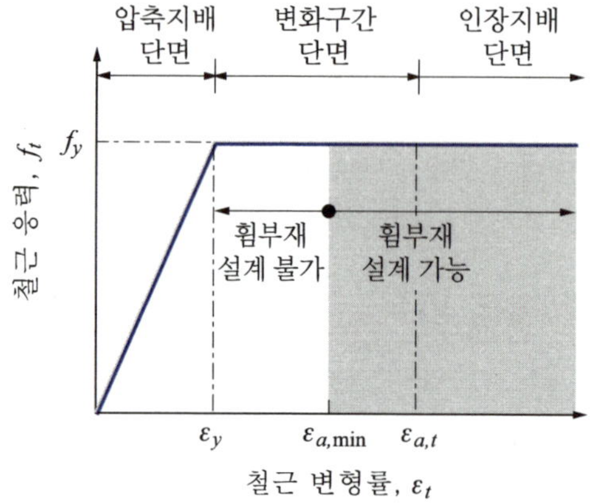

(a) 철근의 응력 – 변형률과 단면

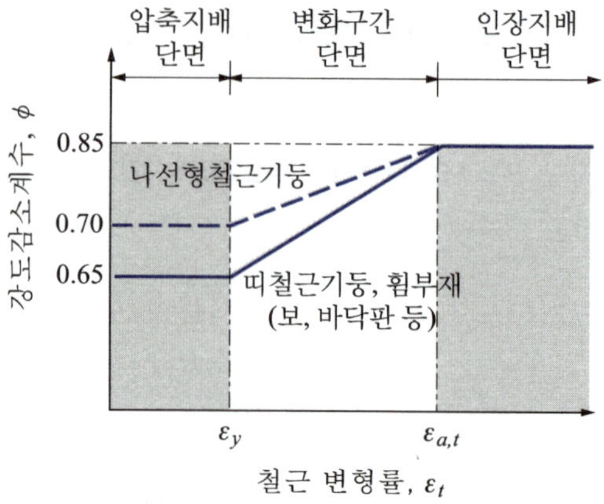

(b) 철근 변형률과 강도감소계수 관계

그림 11.10 강도감소계수([그림 5.3]과 동일)

③ **인장지배단면($\varepsilon_t > \varepsilon_{a,t}$)**

띠철근기둥	: $\phi = 0.85$
나선철근기둥	: $\phi = 0.85$

여기서, $\varepsilon_{a,t}$는 설계기준항복강도가 400 MPa인 철근을 기준으로 하여 0.005와 $2.5\varepsilon_y$ 중에서 큰 값을 사용해야 한다.

$$\varepsilon_{a,t} = \max.(0.005,\ 2.5\varepsilon_y)$$

11.3.2 축력에 대한 설계

축하중을 받는 기둥은 식(11.28)과 같이 설계축력이 계수축력 이상이 되도록 한다.

$$\phi P_n \geq P_u \tag{11.28}$$

여기서, ϕ : 강도감소계수, P_n : 공칭축력, P_u : 계수축력이다.

압축력만이 작용하는 경우의 공칭축력(P_n)은 식(11.29)로 계산한다.

$$P_n = \phi_o P_o \tag{11.29}$$

식(11.29)에서 ϕ_o는 최소 편심과 시공오차에 의한 강도감소계수이다. 기둥에는 해석에서 예측하지 못한 최소 편심이 작용할 가능성이 있다. 이러한 편심은 특히 시공오차나 주변 부재에 의해 발생하므로 설계에서는 이러한 최소 편심을 고려하여 ϕ_o를 다음과 같이 규정하고 있다.

$$\text{띠철근기둥} \qquad \phi_o = 0.80 \tag{11.30a}$$

$$\text{나선철근기둥} \qquad \phi_o = 0.85 \tag{11.30b}$$

식(11.29)에서 P_o는 순수한 축하중으로 식(11.31)에 의하여 계산한다.

$$P_o = 0.85 f_{ck}(A_g - A_{st}) + f_y A_{st} \tag{11.31}$$

여기서, f_{ck} : 콘크리트의 압축강도, A_g : 기둥의 단면적, A_{st} : 철근의 전체 단면적이다. 식(11.31)에서 콘크리트의 압축강도(f_{ck})에 0.85를 곱하는 이유는 콘크리트에 장기하중이 작용할 경우에 콘크리트 압축강도가 감소하기 때문이다(2.4.4항 참조). 압축력만을 받아 파괴하는 부재는 [그림 11.3(a)]의 압축연단 변형률로 ε_{co}을 사용해야 한다. $f_{ck} \leq 40$ MPa에서 ε_{co}는 0.002이므로 고강도철근을 사용할 경우에, 예를 들어 f_y가 600 MPa인 고강도철근의 항복변형률(ε_y)은 0.003으로 ε_{co}보다 커서 철근의 항복강도(f_y)를 사용할 수 없을 가능성도 있다. 그러나 실제 부재는 크리프나 건조수축에 의하여 콘크리트의 장기변형률이 증가하며, 식(11.30a, b)의 ϕ_o를 사용하여 설계하중을 감소시키므로 압축력만을 받는 부재의 축하중을 계산할 때 철근의 항복강도(f_y)를 사용하며 압축연단의 변형률은 ε_{cu}로 가정하여 설계한다. 또한 전단면에 일정한 압축응력이 작용하므로 [표 4.4]와 [표 4.5]의 등가응력분포계수 α나 η값을 사용할 필요가 없다.

11.3.3 휨모멘트와 축력이 동시에 작용하는 경우에 대한 설계

휨모멘트를 받는 기둥은 식(11.32)와 같이 설계휨모멘트가 계수휨모멘트 이상이 되도록 한다.

$$\phi M_n \geq M_u \tag{11.32}$$

여기서, ϕ : 강도감소계수, M_n : 공칭모멘트, M_u : 소요모멘트이다.

휨모멘트만 작용하는 보는 주인장철근을 균형파괴시의 철근보다 적게 배근하여 철근이 항복한 이후에 압축연단 콘크리트의 변형률이 극한변형률(ε_{cu})에 도달하여 연성적으로 파괴하는 인장지배단면으로 설계해야 하지만, 축력과 휨모멘트가 동시에 작용하는 기둥은 [그림 11.10]에서 설명한 압축지배 단면, 변화구간 단면 및 인장지배 단면에 대한 설계가 모두 가능하다. 기둥은 여러 열에 축방향철근이 배근되므로 재료메커니즘을 모두 이용하여 휨모멘트를 계산한다.

휨모멘트와 축력을 받는 기둥의 설계순서는 다음과 같다.

① 최외단 인장철근의 변형률($\varepsilon_t = \varepsilon_{s1}$)을 가정한다.

② 중립축까지의 거리(c)를 식(11.18)에 의하여 계산한다.

$$c = \left(\frac{\varepsilon_{cu}}{\varepsilon_{cu} - \varepsilon_{si}}\right) d_i$$

③ 중립축까지의 거리(c)를 이용하여 등가응력블록의 깊이(a)를 계산한다.

$$a = \beta_1 c \text{ (등가 직사각형 압축응력블록의 경우)}$$

등가응력블록의 깊이(a)가 부재의 깊이(h)보다 큰 경우에는 $a = h$로 한다.

④ 각 열에 배근된 철근의 변형률(ε_{si})을 식(11.17)에 의하여 계산한다.

$$\varepsilon_{si} = \left(\frac{c - d_i}{c}\right) \varepsilon_{cu}$$

여기서, 압축변형률의 값은 양수(+)이며, 인장변형률의 값은 음수(−)이다.

⑤ 재료의 구성법칙에 의하여 각 열에 배근된 철근의 응력(f_{si})을 식(11.19)에 의하여 계산한다.

$$\varepsilon_{si} < \varepsilon_y \text{일 때} \qquad f_{si} = E_s \varepsilon_{si}$$

$$\varepsilon_{si} \geqq \varepsilon_y \text{일 때} \qquad f_{si} = f_y$$

여기서, 압축응력의 값은 양수(+)이며, 인장응력의 값은 음수(−)이다.

⑥ 각 열에 배근된 철근의 내력(N_{si})을 압축 내력과 인장 내력으로 구분하여 식(11.13)에 의하여 계산한다. 여기서 압축철근은 중립축의 깊이(c) 이내에 포함된 철근이다.

$$\text{(인장철근)} \qquad N_{si} = f_{si} A_{si}$$

$$\text{(압축철근)} \qquad N_{si} = (f_{si} - 0.85 f_{ck}) A_{si}$$

⑦ 부재축방향의 힘의 평형을 이용하여 ①에서 가정한 ε_{s1}에 의하여 계산한 내력의 평형식이 만족하는지를 식(11.12a, b)에 의하여 검토한다. 옳을 경우에는 ⑧에서 모멘트를 계산하고, 옳지 않으면 ①로 돌아가 새로운 ε_{s1}를 가정한다.

$$\alpha(0.85 f_{ck}) bc + \sum_{i=1}^{n} N_{si} = P_n \quad \text{(포물선 - 직선형 등가응력분포의 경우)}$$

$$\eta(0.85 f_{ck}) ab + \sum_{i=1}^{n} N_{si} = P_n \quad \text{(등가 직사각형 압축응력블록의 경우)}$$

⑧ 휨모멘트를 단면의 중심을 기준으로 식(11.16a, b)에 의하여 계산한다.

$$M_n = P_n \cdot e = \alpha(0.85 f_{ck}) bc\left(\frac{h}{2} - \beta c\right) + \sum_{i=1}^{n} N_{si}\left(\frac{h}{2} - d_i\right) \text{ (포물선 - 직선형)}$$

$$M_n = P_n \cdot e = \eta(0.85 f_{ck}) ab\left(\frac{h}{2} - \frac{a}{2}\right) + \sum_{i=1}^{n} N_{si}\left(\frac{h}{2} - d_i\right) \text{ (등가 직사각형)}$$

⑨ 강도감소계수 ϕ를 [그림 11.10]에 의하여 계산하고 설계축력과 설계휨모멘트를 계산한다.

11.3.4 휨과 축하중을 받는 기둥의 상관곡선

휨과 축력이 작용하는 기둥의 내력을 11.3.3항의 계산 순서에 의하여 계산한 후, 휨내력과 축하중 내력의 상호 관계를 정리하면 [그림 11.11]과 같다. [그림 11.11]의 휨내력과 축하중 내력의 상호 관계를 "휨과 축력의 상관곡선"이라 한다. 상관곡선의 특징을 [그림 11.11]에 표시한 5개의 점(A, B, C, D, E)을 이용하여 설명하고자 한다.

① **A점(순수 압축하중 작용점)** : 휨모멘트가 영(0)이며 축압축력만 작용하는 점.

② **A~B구간(압축파괴 구간)** : 기둥에 배근된 철근의 인장강도가 콘크리트의 압축강도보다 상대적으로 강하여 최외단 인장철근의 변형률(ε_t)이 항복변형률(ε_y)에 도달하기 이전에 압축연단의 콘크리트 변형률(ε_c)이 극한변형률(ε_{cu})에 도달하여 압축파괴하는 구간. 인장파괴하는 부재보다 취성적인 파괴를 일으킨다([그림 11.7] 참조). 압축파괴 구간에서는 [그림 11.3(b)]와 같이 압축연단의 변형률은 ε_{cu}와 ε_{co}의 사이값이다. 즉, A점에서는 ε_{co}이지만 E점에서는 ε_{cu}값이 된다. 그러나 이렇게 변화하는 값을 반영하여 설계하기는 복잡하고 설계하중을 식(11.30a, b)의 ϕ_o를 사용하여 감소시키므로 실무에서는 A ~ B구간의 압축연단의 변형률을 ε_{cu}로 가정하여 설계한다.

③ **B점(균형파괴점)** : 최외단 인장철근의 변형률(ε_t)이 항복변형률(ε_y)에 도달하는 것과 동시에 압축연단의 콘크리트 변형률(ε_c)이 극한변형률(ε_{cu})에 도달하는 점.

④ **B~C구간(인장파괴 구간)** : 기둥에 배근된 철근의 인장강도가 콘크리트의 압축강도보다 상대적으로 약하여 최외단 인장철근의 변형률(ε_t)이 항복변형률(ε_y)에 도달한 이후에 압축연단의 콘크리트 변형률(ε_c)이 극한변형률(ε_{cu})에 도달하여 파괴되는 구간. 압축파괴하는 단면과 비교할 경우에 연성적인 파괴를 일으킨다. 그러나 인장파괴구간에서도 축력이 증가할수록 부재의 연성능력이 감소한다([그림 11.5] 참조).

⑤ **C점(순수 휨모멘트 작용점)** : 압축력이 영(0)이며 휨모멘트만 작용하는 점. 즉, 축력 없이 휨모멘트만 작용하는 보가 여기에 해당된다.

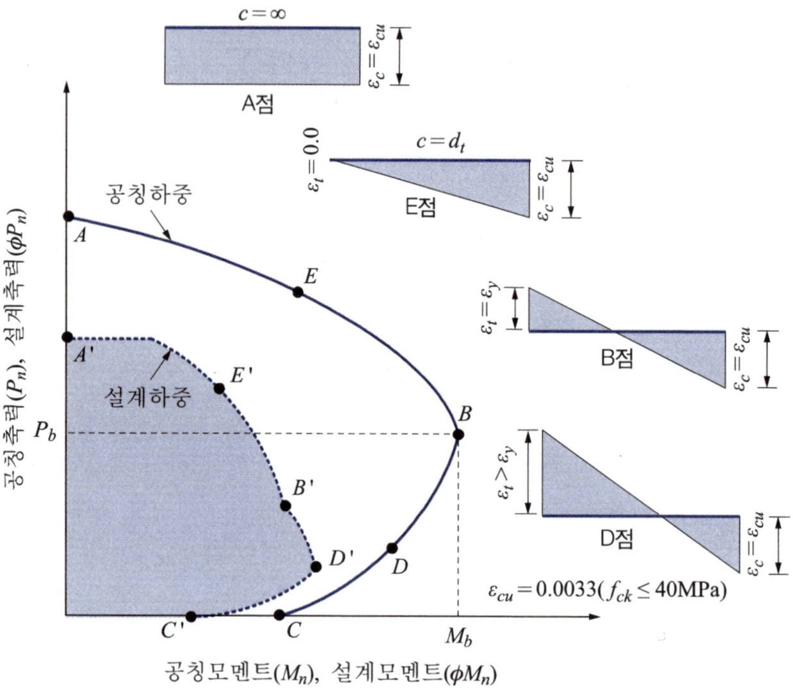

그림 11.11 축력 – 휨모멘트 상관곡선

11.3.1항에서 설명한 강도감소계수(ϕ)를 고려하여 설계휨내력과 설계축하중의 상관곡선을 표시하면 [그림 11.11]의 점선과 같다.

기둥에는 세 가지 단면에 대한 강도감소계수(ϕ)와 함께 11.3.2항에서 설명한 최소 편심과 시공오차에 의한 강도감소계수(ϕ_o)가 존재하므로 ϕ와 ϕ_o를 모두 고려하여 "축력 - 휨모멘트 상관곡선"을 표시하면 [그림 11.12]와 같다.

① **A점과 주변** : 축력만이 작용하는 A점에는 최소 편심과 시공오차 등을 고려한 강도감소계수(ϕ_o, 식(11.30))과 [그림 11.10]에서 설명한 강도감소계수(ϕ)가 동시에 사용된다.

② **AB구간** : 압축지배단면 구간(최외단 인장철근의 변형률(ε_t)이 항복변형률(ε_y)에 도달하지 않음)이므로 띠철근기둥과 나선철근기둥에 각각 0.65 또는 0.7의 강도감소계수가 사용된다.

③ **BD구간** : 변화구간단면 구간(ε_t가 $\varepsilon_{a,t}$에 도달하기까지의 구간)이므로 변화구간단면의 강도감소계수가 사용된다.

④ **DC구간** : 인장지배단면 구간(ε_t가 $\varepsilon_{a,t}$보다 큰 구간)이므로 0.85의 강도감소계수가 사용된다.

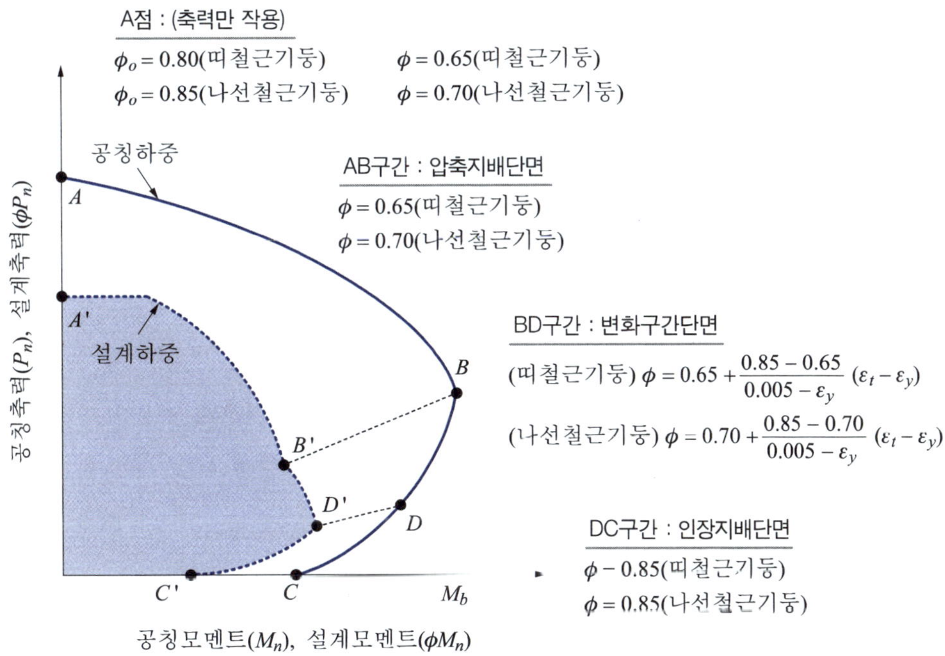

그림 11.12 축력 – 휨모멘트 상관곡선과 강도감소계수의 관계

예제 11-1

[예제 그림 11-1-1]의 단면을 갖고 있는 기둥의 축력 – 휨모멘트 상관곡선을 작성하라. 콘크리트의 압축강도 $f_{ck} = 35\ \mathrm{MPa}$, 주철근은 모두 D22 철근이며 설계기준항복강도 $f_y = 600\ \mathrm{MPa}$이다. D22 철근의 단면적은 $387.1\ \mathrm{mm}^2$이다. 포물선 – 직선형 등가응력분포를 사용하여 계산하라.

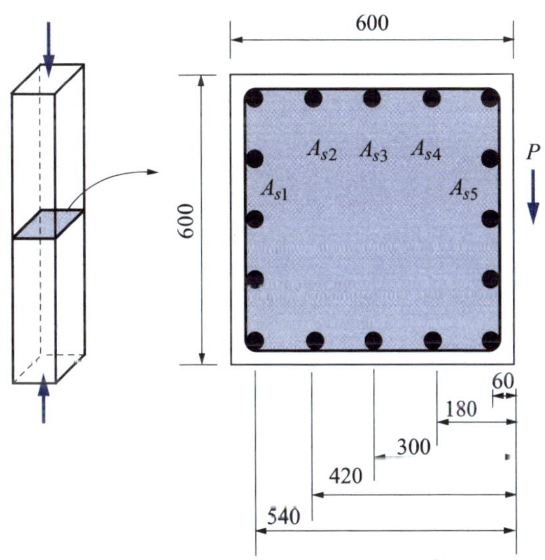

예제 그림 11-1-1 기둥 단면(단위 : mm)

풀이

이 예제에서는 중립축이 단면 안에 있는 경우를 중심으로 기둥의 내력을 계산하여 축력 - 휨모멘트 상관곡선을 작성하였다.

[그림 11.12]의 축력 - 휨모멘트 상관곡선을 작성하기 위한 준비 단계로 각 열에서의 철근 단면적을 계산한다.

$$A_{s1} = A_{s5} = 5 \times 387.1 = 1{,}935.5\ \mathrm{mm}^2$$

$$A_{s2} = A_{s3} = A_{s4} = 2 \times 387.1 = 774.2\ \mathrm{mm}^2$$

[A점 - 축력만이 작용하는 경우]

① 최외단 인장철근의 변형률($\varepsilon_t = \varepsilon_{s1}$)을 계산한다.

순수 축하중이 작용하므로 단면의 변형률분포도 순수 축방향 변형률이다([예제 그림 11-1-2] 참조). 따라서 모든 철근의 변형률은 항복변형률로 가정한다($\varepsilon_t = \varepsilon_{s1} = \varepsilon_c = \varepsilon_{cu}$).

② 중립축까지의 거리(c)를 식(11.18)에 의하여 계산한다.

순수 축하중이 작용하므로 중립축까지의 거리(c)는 무한대가 된다.

③ 부재축방향의 힘의 평형을 이용하여 식(11.31)에 의하여 축하중(P_o)을 계산한다. 철근은 모두 항복강도(f_y)를 사용한다.

$$\begin{aligned} P_o &= 0.85 f_{ck}(A_g - A_{st}) + f_y A_{st} \\ &= 0.85 \times 35(600 \times 600 - 16 \times 387.1) + 600 \times 16 \times 387.1 \\ &= 10{,}525.7 + 3{,}716.2 = 14{,}241.9\ \mathrm{kN} \end{aligned}$$

④ 강도감소계수(ϕ_o와 ϕ)를 곱하여 설계축력을 계산한다.

(띠철근기둥) $\phi_o = 0.80,\ \phi = 0.65$

$$\phi P_n = \phi \times \phi_o P_o = 0.65 \times 0.80 \times 14{,}241.9 = 7{,}405.8\ \mathrm{kN}$$

[E점 - 압축파괴하는 경우, $\varepsilon_t = \varepsilon_{s1} = 0$의 경우]

① 최외단 인장철근의 변형률($\varepsilon_t = \varepsilon_{s1}$)을 가정한다.

주어진 조건에서 최외단 인장철근의 변형률($\varepsilon_t = \varepsilon_{s1}$)은 $\varepsilon_t = \varepsilon_{s1} = 0$이다.

② 중립축까지의 거리(c)를 식(11.18)에 의하여 계산한다. 중립축이 단면 내부에 있으므로 압축연단의 극한변형률(ε_{cu})은 [표 4.1]과 같이 콘크리트 압축강도(f_{ck})가 40 MPa 이하일 때 0.0033이다.

$$c = \left(\frac{0.0033}{0.0033 - \varepsilon_{s1}}\right) d_1 = \left(\frac{0.0033}{0.0033 - 0}\right) 540 = 540.0\ \mathrm{mm}$$

③ 각 열에 배근된 철근의 변형률(ε_{si})을 식(11.17b)에 의하여 계산한다([예제 표 11-1-1] 참조).

$$\varepsilon_{si} = \left(\frac{c - d_i}{c}\right) \varepsilon_{cu}$$

④ 재료의 구성법칙에 의하여 각 열에 배근된 철근의 응력(f_{si})을 식(11.19)에 의하여 계산한다([예제 표 11-1-1] 참조).

$\varepsilon_{si} < \varepsilon_y$일 때 $\qquad f_{si} = E_s \varepsilon_{si}$

$\varepsilon_{si} \geq \varepsilon_y$일 때 $\qquad f_{si} = f_y$

예제 표 11-1-1 철근의 변형률, 응력과 내력(E점)

철근배열	위치, d_i (mm)	변형률, ε_{si}	응력, f_{si} (MPa)	단면적, A_{si} (mm^2)	내력, N_{si} (kN)	비 고
1열	540	0.0	0.0	1,935.5	−57.6	-
2열	420	0.00073	146.0	774.2	90.0	-
3열	300	0.00147	294.0	774.2	204.6	-
4열	180	0.0022	440.0	774.2	317.6	-
5열	60	0.00293	586.0	1,935.5	1,076.6	-

⑤ 각 열에 배근된 철근의 내력(N_{si})을 압축 내력과 인장 내력으로 구분하여 식(11.13)에 의하여 계산한다. 여기서 압축철근은 중립축의 깊이(c) 이내에 포함된 철근이다([예제 표 11-1-1] 참조).

(인장철근) $N_{si} = f_{si}A_{si}$

(압축철근) $N_{si} = (f_{si} - 0.85f_{ck})A_{si}$

[예제 표 11-1-1]에서 1열 철근의 내력(N_{s1})이 음수(−)인 이유는 압축철근의 응력(f_{s1})에서 $0.85f_{ck}$를 감소시켰기 때문이다.

⑥ 부재축방향의 힘의 평형을 이용하여 축하중(P_n)을 식(11.12a)에 의하여 계산한다. 이 때 α는 [표 4.4]에서 계산하며, 콘크리트 압축강도(f_{ck})가 40 MPa 이하일 때 "0.8"이다.

$$\begin{aligned} P_n &= \alpha(0.85f_{ck})bc + \sum_{i=1}^{n} N_{si} \\ &= 0.8 \times (0.85 \times 35) \times 600 \times 540 + \sum_{i=1}^{n} N_{si} \\ &= 7{,}711.2 + 1{,}631.2 = 9{,}342.4 \text{ kN} \end{aligned}$$

⑦ 휨모멘트를 단면의 중심을 기준으로 식(11.16a)에 의하여 계산한다([예제 표 11-1-2] 참조). 이 때 β는 중립축이 단면 내부에 있으므로 [표 4.4]에서 계산하며 "0.4"이다.

$$M_n = P_n \cdot e = \alpha(0.85f_{ck})bc\left(\frac{h}{2} - \beta c\right) + \sum_{i=1}^{n} N_{si}\left(\frac{h}{2} - d_i\right) = 947.2 \text{ kN} \cdot \text{m}$$

예제 표 11-1-2 공칭휨모멘트(E점)

재 료	내력, C_c 또는 N_{si} (kN)	소성중심, $h/2$ (mm)	위치, βc 또는 d_i (mm)	모멘트, M_n (kN·m)
콘크리트	7,711.2	300	0.4×540 = 216	647.7
철근 1열	−57.6	300	540	13.8
철근 2열	90.0	300	420	−10.8
철근 3열	204.6	300	300	0.0
철근 4열	317.6	300	180	38.1
철근 5열	1,076.6	300	60	258.4
				$M_n = 947.2$

⑧ 강도감소계수(ϕ)를 계산하고 설계축력과 설계휨모멘트를 계산한다.

$$\phi P_n = 0.65 \times 9{,}342.4 = 6{,}072.6 \text{ kN}$$
$$\phi M_n = 0.65 \times 947.2 = 615.7 \text{ kN} \cdot \text{m}$$

[B점 - 균형파괴하는 경우, $\varepsilon_t = \varepsilon_{s1} = \varepsilon_y$의 경우]

① 최외단 인장철근의 변형률($\varepsilon_t = \varepsilon_{s1}$)을 가정한다.
주어진 조건에서 최외단 인장철근의 변형률($\varepsilon_t = \varepsilon_{s1}$)은 $\varepsilon_t = \varepsilon_{s1} = \varepsilon_y = -f_y / E_s = -0.003$이다(인장변형률은 음수(−) 표기).

② 중립축까지의 거리(c)를 식(11.18)에 의하여 계산한다.

$$c = \left(\frac{0.0033}{0.0033 - \varepsilon_{s1}} \right) d_1 = \left(\frac{0.0033}{0.0033 - (-0.003)} \right) 540 = 282.9 \text{ mm}$$

③ 각 열에 배근된 ε_{si}, f_{si}, N_{si}을 계산한다([예제 표 11-1-3] 참조).

④ 부재축방향의 힘의 평형을 이용하여 축하중(P_n)을 식(11.12a)에 의하여 계산한다.

$$\begin{aligned} P_n &= \alpha(0.85 f_{ck}) bc + \sum_{i=1}^{n} N_{si} \\ &= 0.8 \times (0.85 \times 35) \times 600 \times 282.9 + \sum_{i=1}^{n} N_{si} \\ &= 4{,}039.8 - 328.3 = 3{,}711.5 \text{ kN} \end{aligned}$$

⑤ 휨모멘트를 식(11.16a)에 의하여 계산한다([예제 표 11-1-4] 참조).

$$M_n = P_n \cdot e = \alpha(0.85 f_{ck}) bc \left(\frac{h}{2} - \beta c \right) + \sum_{i=1}^{n} N_{si} \left(\frac{h}{2} - d_i \right) = 1{,}310.2 \text{ kN} \cdot \text{m}$$

⑥ 강도감소계수(ϕ)를 곱하여 설계축력과 설계휨모멘트를 계산한다.

$$\phi P_n = 0.65 \times 3{,}711.5 = 2{,}412.5 \text{ kN}$$
$$\phi M_n = 0.65 \times 1{,}310.2 = 851.6 \text{ kN} \cdot \text{m}$$

예제 표 11-1-3 철근의 변형률, 응력과 내력(B점)

철근배열	위치, d_i (mm)	변형률, ε_{si}	응력, f_{si} (MPa)	단면적, A_{si} (mm^2)	내력, N_{si} (kN)	비 고
1열	540	−0.003	−600.0	1,935.5	−1,161.3	철근 항복
2열	420	−0.0016	−320.0	774.2	−247.7	-
3열	300	−0.0002	−40.0	774.2	−31.0	-
4열	180	0.0012	240.0	774.2	162.8	-
5열	60	0.0026	520.0	1,935.5	948.9	-

예제 표 11-1-4 공칭휨모멘트(B점)

재 료	내력, C_c 또는 N_{si} (kN)	소성중심, $h/2$ (mm)	위치, βc 또는 d_i (mm)	모멘트, M_n (kN·m)
콘크리트	4,039.8	300	0.4×282.9=113.2	754.6
철근 1열	−1,161.3	300	540	278.7
철근 2열	−247.7	300	420	29.7
철근 3열	−31.0	300	300	0.0
철근 4열	162.8	300	180	19.5
철근 5열	948.9	300	60	227.7
				M_n=1,310.2

[D점 - 인장파괴하는 경우, $\varepsilon_t = \varepsilon_{s1} = 2\varepsilon_y$의 경우]

① 최외단 인장철근의 변형률($\varepsilon_t = \varepsilon_{s1}$)을 가정한다.
주어진 조건에서 최외단 인장철근의 변형률($\varepsilon_t = \varepsilon_{s1}$)은 $\varepsilon_t = \varepsilon_{s1} = 2\varepsilon_y = -0.006$이다.

② 중립축까지의 거리(c)를 식(11.18)에 의하여 계산한다.

$$c = \left(\frac{0.0033}{0.0033 - \varepsilon_{s1}}\right)d_1 = \left(\frac{0.0033}{0.0033-(-0.006)}\right)540 = 191.6\text{ mm}$$

③ 각 열에 배근된 ε_{si}, f_{si}, N_{si}을 계산한다([예제 표 11-1-5] 참조).

④ 축하중(P_n)을 식(11.12a)에 의하여 계산한다.

$$\begin{aligned} P_n &= \alpha(0.85f_{ck})bc + \sum_{i=1}^{n} N_{si} \\ &= 0.8\times(0.85\times35)\times600\times191.6 + \sum_{i=1}^{n} N_{si} \\ &= 2,736.1 - 1,086.4 = 1,649.7\text{ kN} \end{aligned}$$

⑤ 휨모멘트를 계산한다. [예제 표 11-1-6]과 같이 계산하여 휨모멘트를 구한다.

$$M_n = P_n \cdot e = \alpha(0.85f_{ck})bc\left(\frac{h}{2} - \beta c\right) + \sum_{i=1}^{n} N_{si}\left(\frac{h}{2} - d_i\right) = 1,143.6\text{ kN}\cdot\text{m}$$

예제 표 11-1-5 철근의 변형률, 응력, 내력(D점)

철근배열	위치, d_i (mm)	변형률, ε_{si}	응력, f_{si} (MPa)	단면적, A_{si} (mm²)	내력, N_{si} (kN)	비 고
1열	540	−0.006	−600	1,935.5	−1,161.3	철근 항복
2열	420	−0.00393	−600	774.2	−464.5	철근 항복
3열	300	−0.00187	−374	774.2	−289.6	-
4열	180	0.0002	40	774.2	7.9	-
5열	60	0.00227	454	1,935.5	821.1	-

예제 표 11-1-6 공칭휨모멘트(D점)

재 료	내력, C_c 또는 N_{si} (kN)	소성중심, $h/2$ (mm)	위치, βc 또는 d_i (mm)	모멘트, M_n (kN·m)
콘크리트	2,736.1	300	0.4×191.6=76.6	611.2
철근 1열	−1,161.3	300	540	278.7
철근 2열	−464.5	300	420	55.7
철근 3열	−289.6	300	300	0.0
철근 4열	7.9	300	180	0.9
철근 5열	821.1	300	60	197.1
				$M_n=1{,}143.6$

⑥ 철근의 변형률은 $\varepsilon_t=\varepsilon_{s1}=2\varepsilon_y=0.006$이므로 강도감소계수($\phi$)를 식(5.4a)를 이용하여 계산하고 설계축력(ϕP_n)과 설계휨모멘트(ϕM_n)를 계산한다.

$$\phi=0.65+\frac{0.85-0.65}{\varepsilon_{a,t}-\varepsilon_y}(\varepsilon_t-\varepsilon_y)$$

$$\phi=0.65+\frac{0.85-0.65}{0.0075-0.003}(0.006-0.003)=0.783$$

$$\phi P_n=0.783\times1{,}649.7=1{,}291.7\text{ kN}$$

$$\phi M_n=0.783\times1{,}143.6=895.4\text{ kN}\cdot\text{m}$$

[F점 - 인장파괴하는 경우, $\varepsilon_t=\varepsilon_{s1}=3\varepsilon_y$의 경우]

① 최외단 인장철근의 변형률($\varepsilon_t=\varepsilon_{s1}$)을 가정한다.

주어진 조건에서 최외단 인장철근의 변형률($\varepsilon_t=\varepsilon_{s1}$)은 $\varepsilon_t=\varepsilon_{s1}=3\varepsilon_y=-0.009$이다.

② 중립축까지의 거리(c)를 식(11.18)에 의하여 계산한다.

$$c=\left(\frac{0.0033}{0.0033-\varepsilon_{s1}}\right)d_1=\left(\frac{0.0033}{0.0033-(-0.009)}\right)540=144.9\text{ mm}$$

③ 각 열에 배근된 ε_{si}, f_{si}, N_{si}을 계산한다([예제 표 11-1-7] 참조).

예제 표 11-1-7 철근의 변형률, 응력, 내력(F점)

철근배열	위치, d_i (mm)	변형률, ε_{si}	응력, f_{si} (MPa)	단면적, A_{si} (mm^2)	내력, N_{si} (kN)	비 고
1열	540	−0.0009	−600	1,935.5	−1,161.3	철근 항복
2열	420	−0.00627	−600	774.2	−464.5	철근 항복
3열	300	−0.00353	−600	774.2	−464.5	철근 항복
4열	180	−0.0008	−160	774.2	−123.9	-
5열	60	0.00193	386	1,935.5	689.5	-

예제 표 11-1-8 공칭휨모멘트(F점)

재 료	내력, C_c 또는 N_{si} (kN)	소성중심, $h/2$ (mm)	위치, βc 또는 d_i (mm)	모멘트, M_n (kN·m)
콘크리트	2,069.2	300	0.4×144.9=58.0	500.7
철근 1열	−1,161.3	300	540	278.7
철근 2열	−464.5	300	420	55.7
철근 3열	−464.5	300	300	0.0
철근 4열	−123.9	300	180	−14.9
철근 5열	689.5	300	60	165.5
				$M_n=985.7$

④ 축하중(P_n)을 식(11.12a)에 의하여 계산한다.

$$\begin{aligned}P_n &= \alpha(0.85f_{ck})bc+\sum_{i=1}^{n}N_{si}\\ &=0.8\times(0.85\times35)\times600\times144.9+\sum_{i=1}^{n}N_{si}\\ &=2{,}069.2-1{,}524.7=544.5\text{ kN}\end{aligned}$$

⑤ 휨모멘트를 계산한다.

$$M_n=P_n\cdot e=\alpha(0.85f_{ck})bc\left(\frac{h}{2}-\beta c\right)+\sum_{i=1}^{n}N_{si}\left(\frac{h}{2}-d_i\right)=985.7\text{ kN}\cdot\text{m}$$

⑥ 강도감소계수를 곱하여 설계축력과 설계휨모멘트를 계산한다.

$$\phi P_n=0.85\times544.5=462.8\text{ kN}$$
$$\phi M_n=0.85\times985.7=837.8\text{ kN}\cdot\text{m}$$

계산한 5개의 축력과 휨모멘트를 연결하면 [예제 그림 11-1-2]의 축력과 휨모멘트의 상관곡선을 그릴 수 있다. 그림에서 공칭내력과 설계내력에는 큰 차이가 있음을 알 수 있다.

[예제 그림 11-1-3]은 철근의 변형률($\varepsilon_t=\varepsilon_{s1}$)에 따라서 나타나는 콘크리트와 각 열의 주철근의 공칭휨모멘트를 나타낸다. 그림에서 균형파괴 시에 콘크리트에 의한 공칭휨모멘트가 최대가 되며, 인장파괴 시에는 감소함을 알 수 있다.

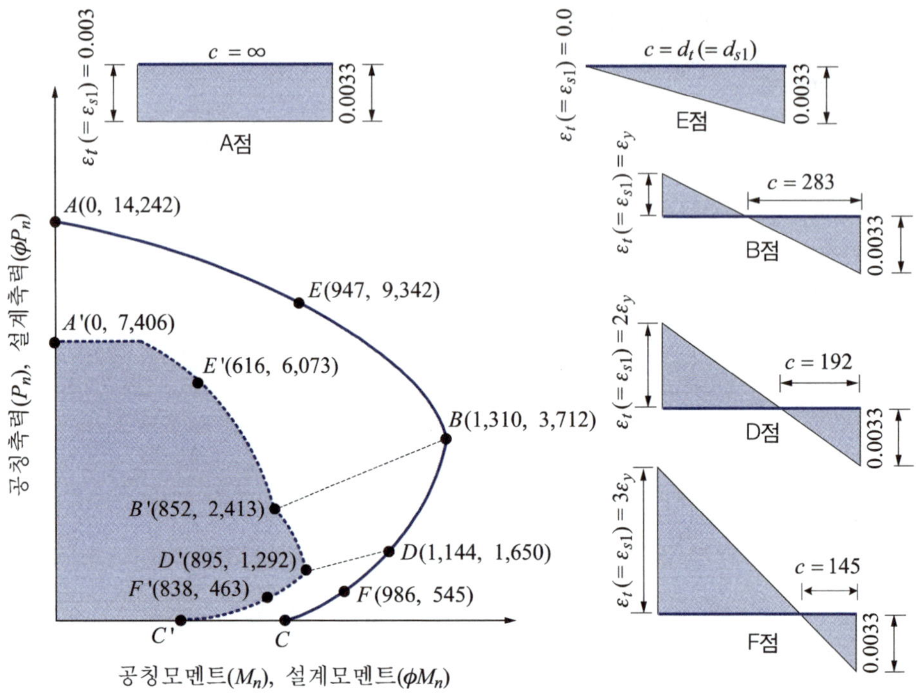

예제 그림 11-1-2 축력과 휨모멘트 상관곡선

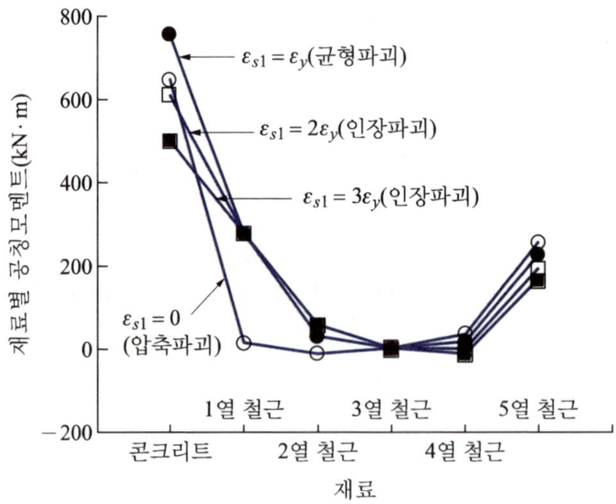

예제 그림 11-1-3 재료별 휨모멘트 저항력

예제 11-2

[예제 그림 11-1-1]과 같은 조건의 기둥의 축력 – 휨모멘트 상관곡선을 등가 직사각형 압축응력블록을 이용하여 작성하라.

풀이

[A점 - 축력만이 작용하는 경우]

[예제 11-1]과 같은 방법으로 계산한다. 순수 축하중이 작용하여 등가응력블록의 깊이(a)는 부재의 깊이(h)보다 크므로 $a=h$로 한다.

$$P_o = 0.85 f_{ck}(A_g - A_{st}) + f_y A_{st}$$
$$= 0.85 \times 35(600 \times 600 - 16 \times 387.1) + 600 \times 16 \times 387.1$$
$$= 10{,}525.7 + 3{,}716.2 = 14{,}241.9 \text{ kN}$$
$$\phi P_n = \phi \times \phi_o P_o = 0.65 \times 0.80 \times 14{,}241.9 = 7{,}405.8 \text{ kN}$$

[E점 - 압축파괴하는 경우, $\varepsilon_t = \varepsilon_{s1} = 0$의 경우]

① 최외단 인장철근의 변형률($\varepsilon_t = \varepsilon_{s1}$)을 가정한다.
주어진 조건에서 최외단 인장철근의 변형률($\varepsilon_t = \varepsilon_{s1}$)은 $\varepsilon_t = \varepsilon_{s1} = 0$이다.

② 중립축까지의 거리(c)를 식(11.18)에 의하여 계산한다.

$$c = \left(\frac{0.0033}{0.0033 - \varepsilon_{s1}}\right) d_1 = \left(\frac{0.0033}{0.0033 - 0}\right) 540 = 540.0 \text{ mm}$$

③ 등가응력블록의 깊이(a)를 계산한다. β_1은 [표 4.5]에서 "0.8"이다.

$$a = \beta_1 c = 0.8 \times 540 = 432.0 \text{ mm}$$

④ 각 열에 배근된 철근의 변형률(ε_{si})을 식(11.17b)에 의하여 계산한다([예제 표 11-2-1] 참조)

$$\varepsilon_{si} = \left(\frac{c - d_i}{c}\right) \varepsilon_{cu}$$

⑤ 각 열에 배근된 철근의 응력(f_{si})을 식(11.19)에 의하여 계산한다([예제 표 11-2-1] 참조).

$$\varepsilon_{si} < \varepsilon_y \text{일 때} \qquad f_{si} = E_s \varepsilon_{si}$$
$$\varepsilon_{si} \geq \varepsilon_y \text{일 때} \qquad f_{si} = f_y$$

⑥ 각 열에 배근된 철근의 내력(N_{si})을 압축 내력과 인장 내력으로 구분하여 식(11.13)에 의하여 계산한다([예제 표 11-2-1] 참조).

예제 표 11-2-1 철근의 변형률, 응력과 내력(E점)

철근배열	위치, d_i (mm)	변형률, ε_{si}	응력, f_{si} (MPa)	단면적, A_{si} (mm^2)	내력, N_{si} (kN)	비 고
1열	540	0.0	0.0	1,935.5	−57.6	-
2열	420	0.00073	146.0	774.2	90.0	-
3열	300	0.00147	294.0	774.2	204.6	-
4열	180	0.0022	440.0	774.2	317.6	-
5열	60	0.00293	586.0	1,935.5	1,076.6	-

⑦ 축하중(P_n)을 식(11.12b)에 의하여 계산한다. 이 때 η는 [표 4.5]에서 콘크리트 압축강도(f_{ck})가 40 MPa 이하일 때 "1.0"이다.

$$P_n = \eta(0.85 f_{ck})ab + \sum_{i=1}^{n} N_{si}$$
$$= 1.0 \times (0.85 \times 35) \times 432 \times 600 + \sum_{i=1}^{n} N_{si}$$
$$= 7{,}711.2 + 1{,}631.2 = 9{,}342.4 \text{ kN}$$

⑧ 휨모멘트를 식(11.16b)에 의하여 계산한다([예제 표 11-2-2] 참조).

$$M_n = P_n \cdot e = \eta(0.85 f_{ck})ab\left(\frac{h}{2} - \frac{a}{2}\right) + \sum_{i=1}^{n} N_{si}\left(\frac{h}{2} - d_i\right) = 947.2 \text{ kN} \cdot \text{m}$$

⑨ 강도감소계수(ϕ)를 설계축력과 설계휨모멘트를 계산한다.

$$\phi P_n = 0.65 \times 9{,}342.4 = 6{,}072.6 \text{ kN}$$
$$\phi M_n = 0.65 \times 947.2 = 615.7 \text{ kN} \cdot \text{m}$$

계산 결과에서 알 수 있는 것과 같이 중립축이 단면 내부에 있으며 콘크리트의 압축강도(f_{ck})가 40 MPa 이하인 경우에 [표 4.5]의 등가 직사각형 압축응력블록의 $\eta(=1.0)$, $\beta_1(=0.8)$을 조합한 값과 [표 4.4]의 포물선 - 직선형 등가응력분포의 $\alpha(=0.8)$, $\beta(=0.4)$을 조합한 값이 동일하여 설계축력(ϕP_n)과 설계휨모멘트(ϕM_n)는 포물선 - 직선형 등가응력분포에 의한 계산 결과와 동일하다. 따라서 B점, D점, F점에서의 ϕP_n과 ϕM_n도 포물선 - 직선형 등가응력분포를 사용한 계산 결과와 동일하다.

예제 표 11-2-2 공칭휨모멘트(E점)

재 료	내력, C_c 또는 N_{si} (kN)	소성중심, $h/2$ (mm)	위치, $a/2$ 또는 d_i (mm)	모멘트, M_n (kN·m)
콘크리트	7,711.2	300	432/2	647.7
철근 1열	−57.6	300	540	13.8
철근 2열	90.0	300	420	−10.8
철근 3열	204.6	300	300	0.0
철근 4열	317.6	300	180	38.1
철근 5열	1,076.6	300	60	258.4
				$M_n = 947.2$

[B점 - 균형파괴하는 경우, $\varepsilon_t = \varepsilon_{s1} = \varepsilon_y$의 경우]

$$\phi P_n = 0.65 \times 3{,}711.5 = 2{,}412.5\ \mathrm{kN}$$
$$\phi M_n = 0.65 \times 1{,}310.2 = 851.6\ \mathrm{kN \cdot m}$$

[D점 - 인장파괴하는 경우, $\varepsilon_t = \varepsilon_{s1} = 2\varepsilon_y$의 경우]

$$\phi P_n = 0.783 \times 1{,}649.7 = 1{,}291.7\ \mathrm{kN}$$
$$\phi M_n = 0.783 \times 1{,}143.6 = 895.4\ \mathrm{kN \cdot m}$$

[F점 - 인장파괴하는 경우, $\varepsilon_t = \varepsilon_{s1} = 3\varepsilon_y$의 경우]

$$\phi P_n = 0.85 \times 544.5 = 462.8\ \mathrm{kN}$$
$$\phi M_n = 0.85 \times 985.7 = 837.8\ \mathrm{kN \cdot m}$$

결과적으로 콘크리트 압축강도가 40 MPa 이하인 경우에 등가 직사각형 압축응력블록에 의하여 계산한 기둥의 축력-휨모멘트 상관곡선은 [예제 11-1]의 포물선-직선형 등가응력분포로 계산한 상관곡선인 [예제 그림 11-1-2]와 동일하다.

예제 11-3

[예제 그림 11-1-1]의 단면이 [예제 그림 11-3-1]과 같이 횡구속 되었을 때 균형파괴시의 설계하중을 계산하라. 재료의 조건은 [예제 11-1]과 동일하며 횡구속철근으로 D13철근이 200 mm 간격으로 배근되었다. D13철근의 설계항복강도는 $f_{yh} = 500\ \mathrm{MPa}$이다. D13철근의 단면적 $A_s = 126.7\ \mathrm{mm^2}$이며, 직경은 12.7 mm이다. 주철근 D22철근의 직경은 22.2 mm이며, 피복두께는 40 mm이다. ([예제 11-1]의 조건을 이용하여 정확히게 계산하면 피복두께가 36.2 mm이지만 이 예제에서는 간략화를 위해 피복두께를 40 mm로 하였다.)

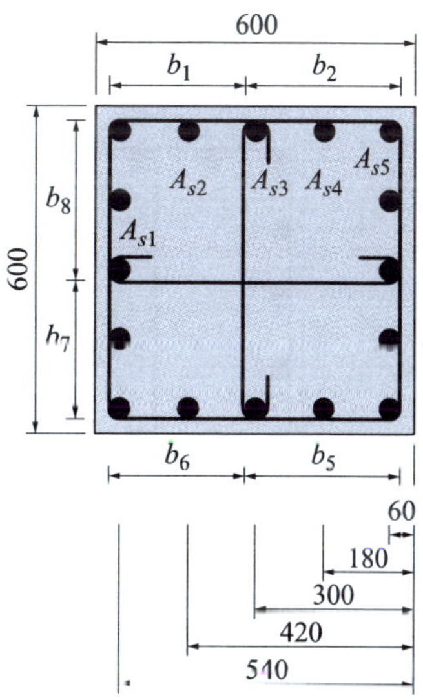

예제 그림 11-3-1 기둥 단면 (단위 : mm)

풀이

2.4.4항의 [그림 2.16]의 개념을 이용하여 횡구속효과를 계산한다.

① 식(2.12b)에 의해 사각형띠철근 기둥의 횡방향 유효 압축응력(f_{c2})을 계산한다.

$$f_{c2} = \rho_{r\min} f_{yh}\left(1 - \frac{s}{b_d}\right)\left(1 - \frac{s}{b_{cs}}\right)\left(1 - \frac{\sum b_i^2/6}{b_d b_{cs}}\right)$$

$$= 0.00375 \times 500\left(1 - \frac{200}{507.3}\right)^2\left(1 - \frac{253.7^2 \times 8}{6} \times \frac{1}{507.3^2}\right) = 0.46 \text{ MPa}$$

- 부재의 축방향으로 측정한 횡구속 철근의 간격, $s = 200$ mm
- 구속된 변의 길이(양 변 길이가 동일), $b_c = 600 - 40 \times 2 - 12.7 = 507.3$ mm
- 횡구속 띠철근의 체적비, $\rho_{rl} = \rho_{rs} = \dfrac{A_{sh}}{s \times b_s} = \dfrac{126.7 \times 3}{200 \times 507.3} = 0.00375$
- 후프띠철근의 모서리나 보강띠철근의 갈고리로 구속된 축방향 철근 사이의 중심 간격, b_i b_1과 b_2는 간격에 차이가 있지만 평균적으로 계산하면,

$$b_i = 507.3/2 = 253.7 \text{ mm}$$

② 횡구속 콘크리트 압축강도($f_{ck,c}$)를 식(2.9)에 의하여 계산한다.

$$f_{ck,c} = f_{ck} + 3.7 f_{c2} = 35 + 3.7 \times 0.46 = 36.7 \text{ MPa}$$

③ 횡구속 콘크리트 극한변형률($\varepsilon_{cu,c}$)을 식(2.11)에 의하여 계산한다.

$$\varepsilon_{cu,c} = \varepsilon_{cu} + \frac{0.2 f_{c2}}{f_{ck}} = 0.0033 + \frac{0.2 \times 0.46}{35} = 0.00593$$

위의 결과를 통하여 횡구속된 콘크리트의 압축강도는 35 MPa에서 36.7 MPa로 4.85퍼센트 증가하였지만, 극한변형률은 0.0033에서 0.00593으로 79.70퍼센트나 증가하였음을 알 수 있다. 횡구속

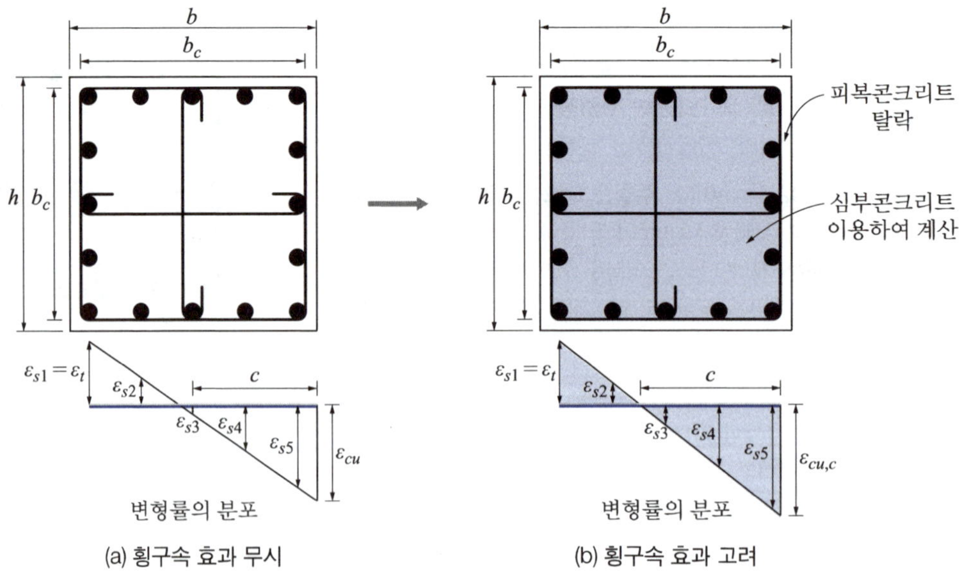

예제 그림 11-3-2 비횡구속 콘크리트와 횡구속 콘크리트의 변형률 분포

콘크리트의 압축강도와 극한변형률을 이용하여 횡구속된 콘크리트의 설계하중을 계산한다. 횡구속효과를 고려하여 설계강도를 계산할 때는 횡구속된 심부콘크리트의 면적만을 사용해야 하며, 횡구속되지 않은 피복콘크리트의 면적을 사용해서는 안 된다. 횡구속에 의하여 큰 변형($\varepsilon_{cu,c}=$ 0.00593)이 발생한 시점에서는 [예제 그림 11-3-2]와 같이 피복콘크리트가 탈락할 수 있기 때문에 횡구속된 심부콘크리트 면적만을 이용하여 설계하중을 계산해야 한다.

[균형파괴하는 경우, $\varepsilon_t=\varepsilon_{s1}=\varepsilon_y$의 경우]

① 인장철근의 변형률($\varepsilon_t=\varepsilon_{s1}$)을 가정한다. $\varepsilon_t=\varepsilon_{s1}=\varepsilon_y=-f_y/E_s=-0.003$이다.

② 중립축까지의 거리(c)를 식(11.18)에 의하여 계산한다.

$$c=\left(\frac{0.00593}{0.00593-\varepsilon_{s1}}\right)d_1=\left(\frac{0.00593}{0.00593-(-0.003)}\right)497.5=330.4\text{ mm}$$

$$d_1=540-36.2-12.7/2=497.5\text{ mm}$$

③ 철근의 변형률(ε_{si}), 철근의 응력(f_{si}), 철근의 내력(N_{si})을 계산한다([예제 표 11-3-1] 참조).

④ 축하중(P_n)을 식(11.12a)에 의하여 계산한다.

$$\begin{aligned}P_n&=\alpha(0.85f_{ck})bc+\sum_{i=1}^{n}N_{si}\\&=0.8\times(0.85\times36.7)\times514.9\times330.4+\sum_{i=1}^{n}N_{si}\\&=4{,}245.6+433.2=4{,}678.8\text{ kN}\end{aligned}$$

⑤ 휨모멘트를 식(11.16a)에 의하여 계산한다([예제 표 11-3-2] 참조).

$$M_n=P_n\cdot e=\alpha(0.85f_{ck})bc\left(\frac{h}{2}-\beta c\right)+\sum_{i=1}^{n}N_{si}\left(\frac{h}{2}-d_i\right)=1{,}142.6\text{ kN}\cdot\text{m}$$

⑥ 강도감소계수(ϕ)를 계산하고 설계축력과 설계휨모멘트를 계산한다.

$$\phi P_n=0.65\times4{,}678.8=3{,}041.2\text{ kN}$$

$$\phi M_n=0.65\times1{,}142.6=742.7\text{ kN}\cdot\text{m}$$

예제 표 11-3-1 철근의 변형률, 응력과 내력(B점)

철근배열	위치, d_i (mm)	변형률, ε_{si}	응력, f_{si} (MPa)	단면적, A_{si} (mm²)	내력, N_{si} (kN)	비 고
1열	497.5	−0.003	600.0	1,935.5	1,161.3	철근 항복
2열	377.5	−0.0008	−160.0	774.2	−123.9	-
3열	257.5	0.0013	260.0	774.2	177.1	-
4열	137.5	0.0035	600.0	774.2	440.4	철근 항복
5열	17.5	0.0056	600.0	1,935.5	1,100.9	철근 항복

예제 표 11-3-2 공칭휨모멘트

재 료	내력, C_c 또는 N_{si} (kN)	소성중심, $b_c/2$ (mm)	위치, βc 또는 d_i (mm)	모멘트, M_n (kN·m)
콘크리트	4,245.6	514.9/2	0.4×330.4	531.9
철근 1열	−1,161.3	514.9/2	497.5	278.8
철근 2열	−123.9	514.9/2	377.5	14.9
철근 3열	177.1	514.9/2	257.5	0.0
철근 4열	440.4	514.9/2	137.5	52.8
철근 5열	1,100.9	514.9/2	17.5	264.2
				$M_n = 1{,}142.6$

동일한 방법으로 각 위치에서의 축력과 모멘트를 계산하여 상관곡선을 그릴 수 있다. 횡구속효과를 고려하여 설계하중을 계산할 경우에 피복콘크리트를 무시하고 심부콘크리트만을 사용하므로 단면의 크기와 횡방향 철근에 따라서 횡구속효과를 고려한 단면의 설계하중이 횡구속효과를 고려하지 않은 단면의 설계하중보다 작을 수 있다.

11.3.5 상관곡선에 의한 직사각형 기둥의 설계

[예제 11-1] 또는 [예제 11-2]와 같이 기둥의 휨내력과 축하중의 상관곡선을 작성한 후에 이를 이용하여 기둥을 설계할 수 있다. [부록-3]에 콘크리트의 압축강도, 철근의 항복강도, 인장연단에 가까운 축방향철근의 위치를 변수로 하는 상관곡선을 작성하여 제시하였다. [부록-3]의 그래프에서 x축과 y축은 휨모멘트와 축력을 콘크리트의 단면적과 관련된 값으로 나누어 응력으로 변경한 값이다. 또한 기둥에 배근된 철근 중에서 휨내력과 축하중에 가장 크게 영향을 미칠 수 있는 인장연단에 가까운 축방향철근의 위치(r)의 영향을 식(11.33)에 의해 계산하여 반영하였다.

$$r = \frac{h - 2d'}{h} \tag{11.33}$$

여기서, d' : 인장연단에서 가장 가까운 축방향철근 중심까지의 거리이다.

[부록-3]의 축력과 휨모멘트 상관곡선은 두 가지 종류가 있다. 하나는 양쪽 끝의 철근만을 이용하여 축력과 휨모멘트를 계산한 상관곡선이며([부그림 3.1]~[부그림 3.4]), 또 다른 부그림은 단면에 배근된 모든 철근을 이용하여 축력과 휨모멘트를 계산한 상관곡선이다([부그림 3.5]~[부그림 3.8]). 사용하는 부그림의 종류에 따라서 철근 배열을 다르게 해야 한다. 상관곡선을 이용한 기둥의 설계순서는 다음과 같다.

① **계수강도 계산** : 하중계수를 고려하여 계수강도를 계산한다.

② **재료강도의 결정** : 설계자가 콘크리트와 철근의 강도를 결정한다.

③ **기둥의 크기 가정** : 기둥의 크기를 식(11.34)에 의하여 가정한다.

$$A_g \geq \frac{P_u}{0.45(f_{ck}+\rho f_y)} \tag{11.34}$$

여기서, 기둥의 철근비($\rho = A_{st}/A_g$)는 일반적으로 $0.01 \sim 0.02$의 범위이지만, 하중 조건에 따라서 다르게 할 수 있다.

④ [부록-3] 기둥의 상관곡선을 이용하여 철근비를 결정한다.
$d' = 65\,\text{mm}$로 하여 r을 계산

⑤ 철근을 배근한다.

예제 11-4

정사각형 단면의 기둥에 다음의 축하중과 휨모멘트가 작용한다.

축하중 : 고정하중 $P_D = 1{,}000\,\text{kN}$, 활하중 $P_L = 600\,\text{kN}$
휨모멘트 : 고정하중 $M_D = 40\,\text{kN}\cdot\text{m}$, 활하중 $M_L = 30\,\text{kN}\cdot\text{m}$

축력과 휨모멘트 상관곡선을 이용하여 기둥을 설계하라.

풀이

① 계수강도 계산 : 하중계수를 고려한 계수강도를 계산한다.

$$P_u = 1.2\times P_D + 1.6\times P_L = 1.2\times 1{,}000 + 1.6\times 600 = 2{,}160.0\,\text{kN}$$
$$M_u = 1.2\times M_D + 1.6\times M_L = 1.2\times 40 + 1.6\times 30 = 96.0\,\text{kN}\cdot\text{m}$$

② 재료강도의 결정 : 설계자가 콘크리트와 철근의 강도를 결정한다.

콘크리트의 압축강도 $f_{ck} = 24\,\text{MPa}$,
철근의 설계기준항복강도 $f_y = 400\,\text{MPa}$

③ 기둥의 크기 가정 : 기둥의 크기를 식(11.34)에 의하여 가정한다.
$\rho = 0.015$로 하여

$$A_g \geq \frac{P_u}{0.45(f_{ck}+\rho f_y)} = \frac{2{,}160{,}000}{0.45(24+0.015\times 400)} = 160{,}000\,\text{mm}^2$$

그러므로 기둥 단면적을 정사각형 기둥으로 하여 다음과 같이 정한다.

$$A_g = 400\ \mathrm{mm} \times 400\ \mathrm{mm} = 160{,}000\ \mathrm{mm}^2$$

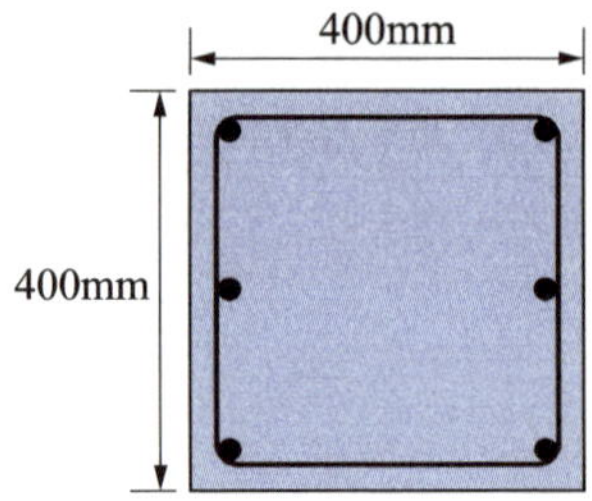

예제 그림 11-4-1 단면

④ [부록-3]의 상관곡선을 이용하여 철근비를 결정한다.
계수 r 계산

$$r = \frac{h - 2d'}{h}$$

$$d' = 40\ \mathrm{mm} + 10\ \mathrm{mm} + 12.5\ \mathrm{mm} = 62.5\ \mathrm{mm}$$

(피복두께 + 띠철근 지름 + 주철근 지름의 1/2)

$$r = \frac{400 - 2 \times 62.5}{400} = 0.688 \rightarrow 0.7$$

상관곡선에서 철근비 산정([부그림 3.1])

$$y\text{축} \quad \frac{P_u}{A_g} = \frac{2{,}160{,}000}{160{,}000} = 13.5\ \mathrm{MPa}$$

$$x\text{축} \quad \frac{M_u}{A_g \cdot h} = \frac{96{,}000{,}000}{160{,}000 \cdot 400} = 1.5\ \mathrm{MPa}$$

그러므로 $\rho \approx 0.016$

⑤ 철근 배근

$$A_{st} = 0.016 \times 160{,}000 = 2{,}560.0\ \mathrm{mm}^2$$

D25 철근을 6대 배근,

$$6 \times 506.7 = 3{,}040.2\ \mathrm{mm}^2 > 2{,}560.0\ \mathrm{mm}^2$$

11.4 원형 기둥의 설계

축력과 휨모멘트를 지지하는 원형 기둥을 사각형 기둥과 유사한 방법으로 설계할 수 있다. [그림 11.13]은 사각형 단면과 원형 단면의 변형률과 응력의 분포를 나타낸다. 그림과 같이 원형 기둥은 직사각형 기둥에 비하여 일반적으로 철근의 배열 수가 많다. 그러나 원형 단면의 경우도 사각형 단면과 동일하게 [표 11.1]의 재료메커니즘을 이용하여 부재의 축력과 휨모멘트를 계산할 수 있다. 다만 원형 단면은 중립축으로부터 떨어진 거리에 따라서 단면의 폭이 일정하지 않으므로 식(11.12)의 콘크리트 압축력 계산식과 식(11.16)의 휨모멘트 계산식을 그대로 사용할

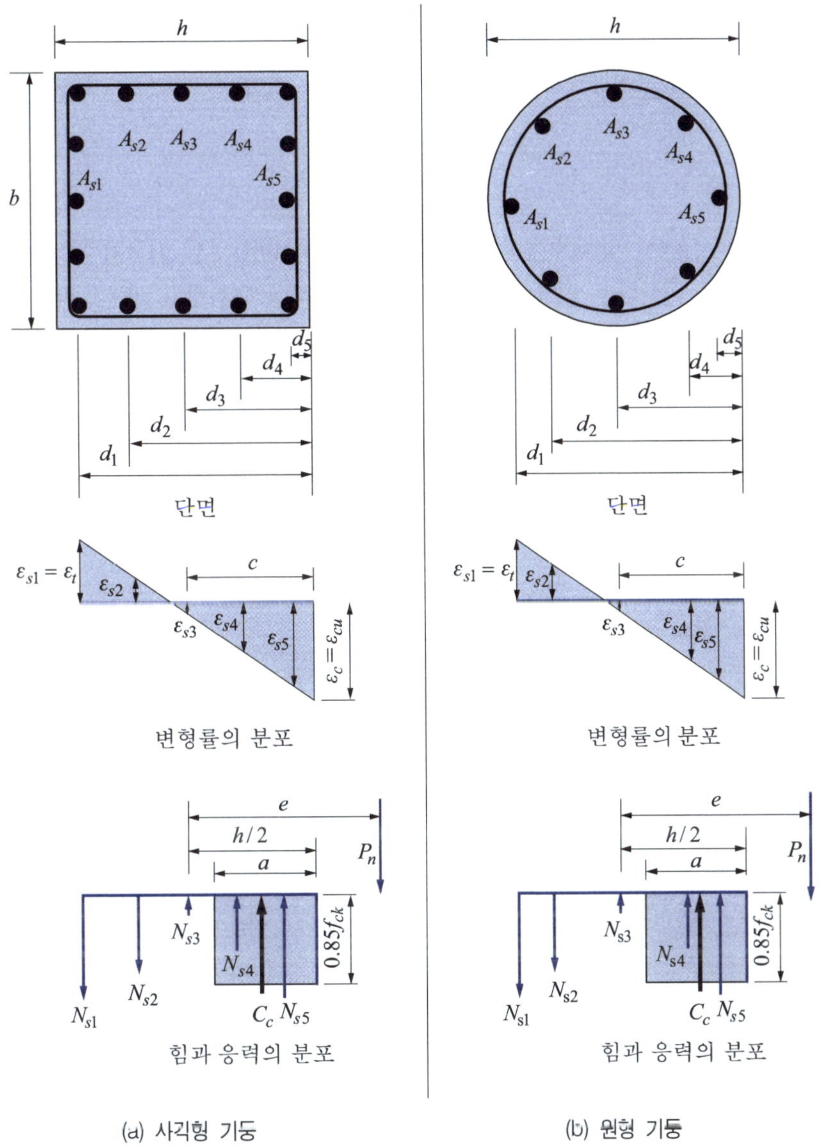

그림 11.13 사각형 기둥과 원형 기둥의 단면, 변형률분포 및 힘과 응력

수 없다. 즉, 원형 기둥 단면에 작용하는 압축력 단면의 면적과 도심의 위치를 정확하게 계산한 후에 이를 활용해야 한다. 또한, [표 4.4]의 포물선 - 직선형 등가응력분포 계수는 변단면에 사용할 수 없으므로, 모든 단면에 적용할 수 있는 [표 4.5]의 등가 직사각형 압축응력블록을 이용하여 내력을 계산해야 한다.

압축력을 받는 단면적 계산

원호에 대한 면적(A)은 식(11.35)에 의하여 계산할 수 있다.

$$A = h^2\left(\frac{\theta - \sin\theta \cdot \cos\theta}{4}\right) \tag{11.35}$$

여기서, θ : 원의 중심에서 압축을 받는 면적까지의 각도이다([그림 11.14] 참조).

식(11.35)에 의하여 계산되는 면적(A)은 각도(θ)에 따라서 변화한다. 또한, 각도(θ)는 등가응력블록의 깊이(a)에 따라서 달라진다. 즉, 등가응력블록의 깊이(a)가 원형 단면의 반지름 이하인 경우와 그 이상인 경우로 나누어 식(11.36a, b)와 같이 계산해야 한다([그림 11.14] 참조).

$a \leqq h/2$인 경우

$$\theta = \cos^{-1}\left(1 - 2\frac{a}{h}\right) \quad \text{(rad.)} \tag{11.36a}$$

$a > h/2$인 경우

$$\theta = \pi - \cos^{-1}\left(2\frac{a}{h} - 1\right) \quad \text{(rad.)} \tag{11.36b}$$

식(11.35)에 의하여 압축을 받는 원호의 면적이 계산되면 이를 식(11.12)에 대입하여 식(11.37)을 유도할 수 있다.

$$\begin{aligned} P_n &= \eta(0.85 f_{ck}) h^2\left(\frac{\theta - \sin\theta \cdot \cos\theta}{4}\right) + \sum_{i=1}^{n} N_{si} \\ &= \eta(0.85 f_{ck}) \cdot A + \sum_{i=1}^{n} N_{si} \end{aligned} \tag{11.37}$$

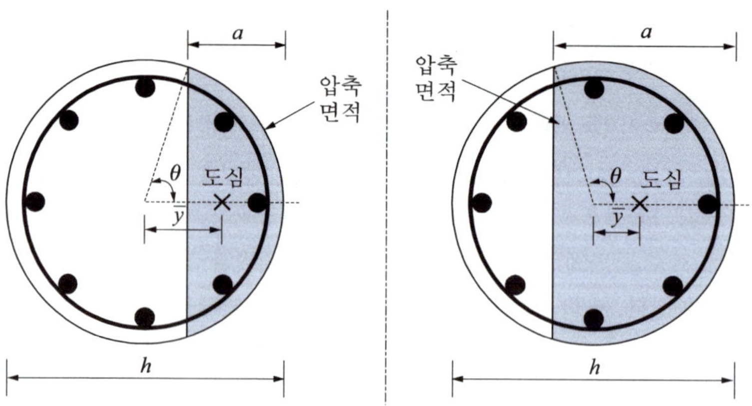

(a) $a \leqq h/2$인 경우　　(b) $a > h/2$인 경우

그림 11.14 원형 단면의 면적과 도심

압축력을 받는 단면의 도심 계산

[그림 11.14]의 압축응력을 받는 원호에 대한 도심($\bar{y}$)은 식(11.38)에 의하여 계산한다.

$$\bar{y} = \frac{(h\sin\theta)^3}{12 \cdot A} \tag{11.38}$$

식(11.38)의 원호에 대한 도심($\bar{y}$)을 식(11.16b)에 대입하여 원형 기둥의 모멘트를 식(11.39)에 의해 계산한다.

$$M_n = \eta(0.85 f_{ck}) \cdot A \cdot \bar{y} + \sum_{i=1}^{n} N_{si}\left(\frac{h}{2} - d_i\right) \tag{11.39}$$

식에 의하여 원호에 대한 면적(A)과 도심($\bar{y}$)을 계산하는 것이 번거로울 경우에는 [표 11.2]에 의하여 면적(A)과 도심($\bar{y}$)을 계산할 수 있다. [표 11.2]에 기재되지 않은 값들은 직선보간하여 계산한다.

표 11.2 원형 단면의 면적과 도심

	$\frac{a}{h}$	.00	.01	.02	.03	.04	.05	.06	.07	.08	.09
$\frac{A}{h^2}$	0.0	.0000	.0013	.0037	.0069	.0105	.0147	.0192	.0242	.0294	.0350
	0.1	.0409	.0470	.0534	.0600	.0668	.0739	.0811	.0885	.0961	.1039
	0.2	.1118	.1199	.1281	.1365	.1449	.1535	.1623	.1711	.1800	.1890
	0.3	.1982	.2074	.2167	.2260	.2355	.2450	.2546	.2642	.2739	.2836
	0.4	.2934	.3032	.3130	.3229	.3328	.3428	.3527	.3627	.3727	.3827
	0.5	.3927	.4027	.4127	.4227	.4327	.4426	.4526	.4625	.4724	.4822
	0.6	.4920	.5018	.5115	.5212	.5308	.5404	.5499	.5594	.5687	.5780
	0.7	.5872	.5963	.6054	.6143	.6231	.6319	.6405	.6489	.6573	.6655
	0.8	.6736	.6815	.6893	.6939	.7043	.7115	.7186	.7254	.7320	.7384
	0.9	.7445	.7504	.7560	.7612	.7662	.7707	.7749	.7785	.7816	.7841
$\frac{A\bar{y}}{h^3}$	0.0	.0000	.0007	.0018	.0033	.0050	.0069	.0089	.0111	.0133	.0156
	0.1	.0180	.0204	.0229	.0254	.0279	.0304	.0328	.0353	.0378	.0403
	0.2	.0427	.0450	.0474	.0497	.0519	.0541	.0563	.0583	.0603	.0623
	0.3	.0642	.0660	.0677	.0693	.0709	.0723	.0737	.0750	.0762	.0774
	0.4	.0784	.0793	.0802	.0809	.0815	.0821	.0825	.0829	.0831	.0833
	0.5	.0833	.0833	.0831	.0829	.0825	.0821	.0815	.0809	.0802	.0793
	0.6	.0784	.0774	.0762	.0750	.0737	.0723	.0709	.0693	.0677	.0660
	0.7	.0642	.0623	.0603	.0583	.0563	.0541	.0519	.0497	.0474	.0450
	0.8	.0427	.0403	.0378	.0353	.0328	.0304	.0279	.0254	.0229	.0204
	0.9	.0180	.0156	.0133	.0111	.0089	.0069	.0050	.0033	.0018	.0007

예제 11-5

[예제 그림 11-5-1]의 원형 단면 기둥의 축력 – 휨모멘트 상관곡선을 작성하라. 이 기둥은 나선철근으로 보강되어 있다. 콘크리트의 압축강도 $f_{ck} = 30\,\mathrm{MPa}$, 주철근의 설계기준항복강도 $f_y = 500\,\mathrm{MPa}$이며, D22 철근의 단면적은 $387.1\,\mathrm{mm}^2$이다.

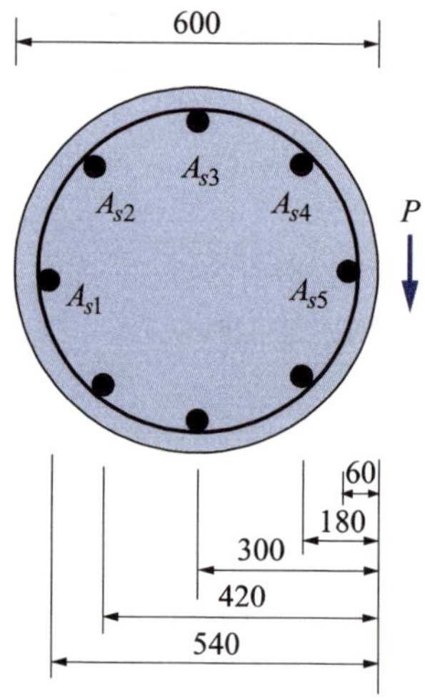

예제 그림 11-5-1 단면
(단위 : mm)

풀이

원형 단면에 대해서는 모든 단면에 적용할 수 있는 [표 4.5]의 등가 직사각형 압축응력블록을 이용하여 내력을 계산해야 한다.

[그림 11.11]의 축력 - 휨모멘트 상관곡선을 구하기 위한 준비 단계로 철근의 각 열에 대한 단면적을 계산한다.

$$A_{s1} = A_{s5} = 1 \times 387.1 = 387.1\,\mathrm{mm}^2$$

$$A_{s2} = A_{s3} = A_{s4} = 2 \times 387.1 = 774.2\,\mathrm{mm}^2$$

[A점 - 축력만이 작용하는 경우]

① 최외단 인장철근의 변형률($\varepsilon_t = \varepsilon_{s1}$)을 계산한다($\varepsilon_t = \varepsilon_{s1} = \varepsilon_c = 0.0033$).

② 중립축까지의 거리(c)를 식(11.18)에 의하여 계산한다.
순수 축하중이 작용하므로 중립축까지의 거리(c)는 무한대가 된다.

③ 등가응력블록의 깊이(a)를 계산한다.
순수 축하중이 작용하여 등가응력블록의 깊이(a)가 부재의 깊이(h)보다 크므로 $a = h$로 한다.

④ 각 열에 배근된 철근의 변형률(ε_{si})을 계산한다.
순수 축하중이 작용하므로 모든 철근의 변형률은 항복변형률 이상이 된다($\varepsilon_t = \varepsilon_{s1} = \varepsilon_c = 0.0033$). 단면의 변형률분포는 [예제 그림 11-5-2]와 같다.

⑤ 재료의 구성법칙에 의하여 각 열에 배근된 철근의 응력(f_{si})을 계산한다.
철근의 변형률이 항복변형률에 도달하므로 철근은 모두 압축 항복한다.

⑥ 부재축방향의 힘의 평형(식(11.31))을 이용하여 축하중(P_o)을 계산한다.

$$\begin{aligned} P_o &= 0.85 f_{ck}(A_g - A_{st}) + f_y A_{st} \\ &= 0.85 \times 30(\pi \times 300 \times 300 - 8 \times 387.1) + 500 \times 8 \times 387.1 \\ &= 7{,}127.3 + 1{,}548.4 = 8{,}675.7\,\mathrm{kN} \end{aligned}$$

⑦ 강도감소계수(ϕ_o와 ϕ)를 식(11.30a)와 [그림 11.10]에서 계산하고, 설계축력을 식(11.28)에 의하여 계산한다.

(나선철근기둥) $\phi_o = 0.85$, $\phi = 0.70$

$$\phi P_n = \phi \times \phi_o P_o = 0.70 \times 0.85 \times 8{,}675.7 = 5{,}162.0\,\mathrm{kN}$$

[E점 - 압축파괴하는 경우, $\varepsilon_t = \varepsilon_{s1} = 0$의 경우]

① 최외단 인장철근의 변형률($\varepsilon_t = \varepsilon_{s1}$)을 가정한다.

주어진 조건에서 최외단 인장철근의 변형률($\varepsilon_t = \varepsilon_{s1}$)은 $\varepsilon_t = \varepsilon_{s1} = 0$이다. 압축연단의 극한변형률($\varepsilon_{cu}$)은 콘크리트 압축강도($f_{ck}$)가 40 MPa 이하일 때 0.0033이다.

② 중립축까지의 거리(c)를 식(11.18)에 의하여 계산한다.

$$c = \left(\frac{0.0033}{0.0033 - \varepsilon_{s1}}\right) d_1 = \left(\frac{0.0033}{0.0033 - 0}\right) 540 = 540.0 \text{ mm}$$

③ 등가응력블록의 깊이(a)를 계산한다. β_1은 f_{ck}가 40 MPa 이하일 때 "0.8"이다.

$$a = \beta_1 c = 0.8 \times 540 = 432.0 \text{ mm}$$

④ 철근의 변형률(ε_{si})을 식(11.17)에 의하여 계산한다([예제 표 11-5-1] 참조).

$$\varepsilon_{si} = \left(\frac{c - d_i}{c}\right) \varepsilon_{cu}$$

⑤ 각 열에 배근된 철근의 응력(f_{si})을 식(11.19)에 의하여 계산한다([예제 표 11-5-1] 참조).

$\varepsilon_{si} \leq \varepsilon_y$일 때 $\quad f_{si} = E_s \varepsilon_{si}$

$\varepsilon_{si} > \varepsilon_y$일 때 $\quad f_{si} = f_y$

⑥ 각 열에 배근된 철근의 내력(N_{si})을 압축 내력과 인장 내력으로 구분하여 식(11.13)에 의하여 계산한다([예제 표 11-5-1] 참조).

(인장철근) $\quad N_{si} = f_{si} A_{si}$

(압축철근) $\quad N_{si} = (f_{si} - 0.85 f_{ck}) A_{si}$

⑦ 부재축방향의 힘의 평형(식(11.37))을 이용하여 축하중(P_o)을 계산한다.

식(11.37)의 축하중(P_n)을 계산하기 위해서는 원호의 면적(A)과 각도(θ)를 계산해야 한다. 등가응력블록이 깊이(a)가 반지름($h/2$)보다 크므로 식(11.36b)에 의하여 각도(θ)를 계산한다.

예제 표 11-5-1 철근의 변형률, 응력, 내력(E점)

철근배열	위치, d_i (mm)	변형률, ε_{si}	응력, f_{si} (MPa)	단면적, A_{si} (mm²)	내력, N_{si} (kN)	비 고
1열	540	0.0	0.0	387.1	−9.9	-
2열	420	0.00073	146.0	774.2	93.3	-
3열	300	0.00147	294.0	774.2	207.9	-
4열	180	0.0022	440.0	774.2	320.9	-
5열	60	0.00293	500.0	387.1	183.7	철근 항복

$$\theta = \pi - \cos^{-1}\left(2\frac{a}{h} - 1\right) = \pi - \cos^{-1}\left(2 \times \frac{432}{600} - 1\right) = 2.03 \quad \text{(rad.)}$$

$$\theta = 116.1°$$

계산한 각도(θ)를 식(11.35)에 대입하여 원호의 면적을 계산한다.

$$A = h^2\left(\frac{\theta - \sin\theta \cdot \cos\theta}{4}\right) = 600^2\left(\frac{2.03 - \sin 116.1° \times \cos 116.1°}{4}\right)$$

$$= 218{,}257\ \text{mm}^2$$

면적(A)을 식(11.37)에 대입하여 축력을 계산한다. 이 때 η는 [표 4.5]에서 "1.0"이다.

$$P_n = \eta(0.85 f_{ck}) \cdot A + \sum_{i=1}^{n} N_{si}$$

$$= 1 \times (0.85 \times 30) \times 218{,}257 + \sum_{i=1}^{n} N_{si} = 5{,}565.6 + 795.9 = 6{,}361.8\ \text{kN}$$

⑧ 휨모멘트는 단면의 중심을 기준으로 식(11.39)에 의하여 계산한다.

원형 단면의 휨모멘트를 계산하기 위해서는 원호에 대한 도심($\bar{y}$)을 식(11.38)에 의하여 먼저 계산해야 한다.

$$\bar{y} = \frac{(h\sin\theta)^3}{12 \cdot A} = \frac{(600 \times \sin 116.1°)^3}{12 \times 218{,}257} = 59.7\ \text{mm}$$

원호에 대한 도심($\bar{y}$)을 식(11.39)에 대입하여 [예제 표 11-5-2]의 휨모멘트를 계산한다.

$$M_n = \eta(0.85 f_{ck}) \cdot A \cdot \bar{y} + \sum_{i=1}^{n} N_{si}\left(\frac{h}{2} - d_i\right) = 406.1\ \text{kN} \cdot \text{m}$$

⑨ 강도감소계수(ϕ)를 곱하여 설계축력과 설계휨모멘트를 계산한다.

$$\phi P_n = 0.7 \times 6{,}361.8 = 4{,}453.3\ \text{kN}$$

$$\phi M_n = 0.7 \times 406.1 = 284.3\ \text{kN} \cdot \text{m}$$

예제 표 11-5-2 공칭휨모멘트(E점)

재 료	내력, C_c 또는 N_{si} (kN)	소성중심, $h/2$ (mm)	위치, $\bar{y}$ 또는 d_i (mm)	모멘트, M_n (kN·m)
콘크리트	5,565.6	-	59.7	332.3
철근 1열	−9.9	300	540	2.4
철근 2열	93.3	300	420	−11.2
철근 3열	207.9	300	300	0.0
철근 4열	320.9	300	180	38.5
철근 5열	183.7	300	60	44.1
				$M_n = 406.1$

[B점 - 균형파괴하는 경우, $\varepsilon_t = \varepsilon_{s1} = \varepsilon_y$의 경우]

① 최외단 인장철근의 변형률($\varepsilon_t = \varepsilon_{s1}$)을 가정한다. $\varepsilon_t = \varepsilon_{s1} = \varepsilon_y = -0.0025$이다.

② 중립축까지의 거리(c)를 식(11.18)에 의하여 계산한다.

$$c = \left(\frac{0.0033}{0.0033 - \varepsilon_{s1}}\right)d_1 = \left(\frac{0.0033}{0.0033-(-0.0025)}\right)540 = 307.2\ \mathrm{mm}$$

③ 등가응력블록의 깊이(a)를 계산한다.

$$a = \beta_1 c = 0.8 \times 307.2 = 245.8\ \mathrm{mm}$$

④ 철근의 변형률(ε_{si}), 응력(f_{si}), 내력(N_{si})을 계산한다([예제 표 11-5-3] 참조).

⑤ 부재축방향의 힘의 평형(식(11.37))을 이용하여 축하중(P_o)을 계산한다.
등가응력블록의 깊이(a)가 반지름($h/2$)보다 작으므로 식(11.36a)에서 θ를 계산한다.

$$\theta = \cos^{-1}\left(1 - 2\frac{a}{h}\right) = \cos^{-1}\left(1 - 2 \times \frac{245.8}{600}\right) = 79.6° = 1.39 \quad \text{(rad.)}$$

계산한 각도(θ)를 식(11.35)에 대입하여 원호의 면적을 계산한다.

$$A = h^2\left(\frac{\theta - \sin\theta \cdot \cos\theta}{4}\right) = 600^2\left(\frac{1.39 - \sin 79.6° \times \cos 79.6°}{4}\right)$$
$$= 109{,}120\ \mathrm{mm}^2$$

계산한 면적(A)을 식(11.37)에 대입하여 축력을 계산한다.

$$P_n = \eta(0.85 f_{ck}) \cdot A + \sum_{i=1}^{n} N_{si}$$
$$= 1 \times (0.85 \times 30) \times 109{,}120 + \sum_{i=1}^{n} N_{si} = 2{,}782.6 - 12.3 = 2{,}770.3\ \mathrm{kN}$$

⑥ 휨모멘트를 계산한다.

$$\bar{y} = \frac{(h\sin\theta)^3}{12 \cdot A} = \frac{(600 \times \sin 79.6°)^3}{12 \times 109{,}120} = 157.0\ \mathrm{mm}$$

예제 표 11-5-3 철근의 변형률, 응력, 내력(B점)

철근배열	위치, d_i (mm)	변형률, ε_{si}	응력, f_{si} (MPa)	단면적, A_{si} (mm^2)	내력, N_{si} (kN)	비 고
1열	540	0.0025	500	387.1	−193.6	철근 항복
2열	420	−0.00121	−242.0	774.2	−187.4	-
3열	300	0.00008	16.0	774.2	−7.4	-
4열	180	0.00137	274.0	774.2	192.4	-
5열	60	0.00266	500.0	387.1	183.7	철근 항복

예제 표 11-5-4 공칭휨모멘트(B점)

재 료	내력, C_c 또는 N_{si} (kN)	소성중심, $h/2$ (mm)	위치, $\bar{y}$ 또는 d_i (mm)	모멘트, M_n (kN·m)
콘크리트	2,782.6	-	157.0	436.9
철근 1열	−193.6	300	540	46.5
철근 2열	−187.4	300	420	22.5
철근 3열	−7.4	300	300	0.0
철근 4열	192.4	300	180	23.1
철근 5열	183.7	300	60	44.1
				$M_n = 573.1$

원호에 대한 도심($\bar{y}$)을 식(11.39)에 대입하여 [예제 표 11-5-4]의 휨모멘트를 계산한다.

$$M_n = \eta(0.85f_{ck}) \cdot A \cdot \bar{y} + \sum_{i=1}^{n} N_{si}\left(\frac{h}{2} - d_i\right) = 573.1\ \text{kN} \cdot \text{m}$$

⑦ 강도감소계수(ϕ)를 곱하여 설계축력과 설계휨모멘트를 계산한다.

$$\phi P_n = 0.7 \times 2{,}770.3 = 1{,}939.2\ \text{kN}$$

$$\phi M_n = 0.7 \times 573.1 = 401.2\ \text{kN} \cdot \text{m}$$

[D점 - 인장파괴하는 경우, $\varepsilon_t = \varepsilon_{s1} = 2\varepsilon_y$의 경우]

동일한 방법으로 계산하면 다음과 같다.

$$\phi P_n = 0.8 \times 1{,}159.8 = 927.8\ \text{kN}$$

$$\phi M_n = 0.8 \times 481.5 = 385.2\ \text{kN} \cdot \text{m}$$

[F점 - 인장파괴하는 경우, $\varepsilon_t = \varepsilon_{s1} = 3\varepsilon_y$의 경우]

① 최외단 인장철근의 변형률($\varepsilon_t = \varepsilon_{s1}$)을 가정한다. $\varepsilon_t = \varepsilon_{s1} = 3\varepsilon_y = -0.0075$이다.

② 중립축까지의 거리(c)를 계산한다.

$$c = \left(\frac{0.0033}{0.0033 - \varepsilon_{s1}}\right)d_1 = \left(\frac{0.0033}{0.0033 - (-0.0075)}\right)540 = 165.0\ \text{mm}$$

③ 등가응력블록의 깊이(a)를 계산한다.

$$a = \beta_1 c = 0.8 \times 165 = 132\ \text{mm}$$

④ 철근의 변형률(ε_{si}), 응력(f_{si}), 내력(N_{si})을 계산한다([예제 표 11-5-5] 참조).

⑤ 부재축방향의 힘의 평형(식(11.37))을 이용하여 축하중(P_o)을 계산한다.

예제 표 11-5-5 철근의 변형률, 응력, 내력(F점)

철근배열	위치, d_i (mm)	변형률, ε_{si}	응력, f_{si} (MPa)	단면적, A_{si} (mm^2)	내력, N_{si} (kN)	비 고
1열	540	−0.0075	−500	387.1	−193.6	철근 항복
2열	420	−0.0051	−500	774.2	−387.1	철근 항복
3열	300	−0.0027	−500	774.2	−387.1	철근 항복
4열	180	−0.0003	−60	774.2	−46.5	-
5열	60	0.0021	420	387.1	152.7	-

$$\theta = \cos^{-1}\left(1-2\frac{a}{h}\right) = \cos^{-1}\left(1-2\frac{132}{600}\right) = 0.98 \quad \text{(rad.)}$$

$$\theta = 55.9°$$

계산한 각도(θ)를 식(11.35)에 대입하여 원호의 면적을 계산한다.

$$A = h^2\left(\frac{\theta - \sin\theta \cdot \cos\theta}{4}\right) = 600^2\left(\frac{0.98 - \sin 55.9° \times \cos 55.9°}{4}\right)$$

$$= 46{,}418 \text{ mm}^2$$

계산한 면적(A)을 식(11.37)에 대입하여 축력을 계산한다.

$$P_n = \eta(0.85 f_{ck}) \cdot A + \sum_{i=1}^{n} N_{si}$$

$$= 1 \times (0.85 \times 30) \times 46{,}418 + \sum_{i=1}^{n} N_{si} = 1{,}183.7 - 861.6 = 322.1 \text{ kN}$$

⑥ 휨모멘트를 계산한다. 원호에 대한 도심($\bar{y}$)을 식(11.38)에 계산한다.

$$\bar{y} = \frac{(h\sin\theta)^3}{12 \cdot A} = \frac{(600 \times \sin 55.9°)^3}{12 \times 46{,}418} = 220.2 \text{ mm}$$

$\bar{y}$을 식(11.39)에 대입하여 [예제 표 11-5-6]의 휨모멘트를 계산한다.

$$M_n = \eta(0.85 f_{ck}) \cdot A \cdot \bar{y} + \sum_{i=1}^{n} N_{si}\left(\frac{h}{2} - d_i\right) = 384.7 \text{ kN} \cdot \text{m}$$

⑦ 강도감소계수(ϕ)를 곱하여 설계축력과 설계휨모멘트를 계산한다.

$$\phi P_n = 0.85 \times 322.1 = 273.8 \text{ kN}$$

$$\phi M_n = 0.85 \times 384.7 = 327.0 \text{ kN} \cdot \text{m}$$

예제 표 11-5-6 공칭휨모멘트(F점)

재 료	내력, C_c 또는 N_{si} (kN)	소성중심, $h/2$ (mm)	위치, $\bar{y}$ 또는 d_i (mm)	모멘트, M_n (kN·m)
콘크리트	1,183.7	-	220.2	260.7
철근 1열	−193.6	300	540	46.5
철근 2열	−387.1	300	420	46.5
철근 3열	−387.1	300	300	0.0
철근 4열	−46.5	300	180	−5.6
철근 5열	152.7	300	60	36.6
				$M_n = 384.7$

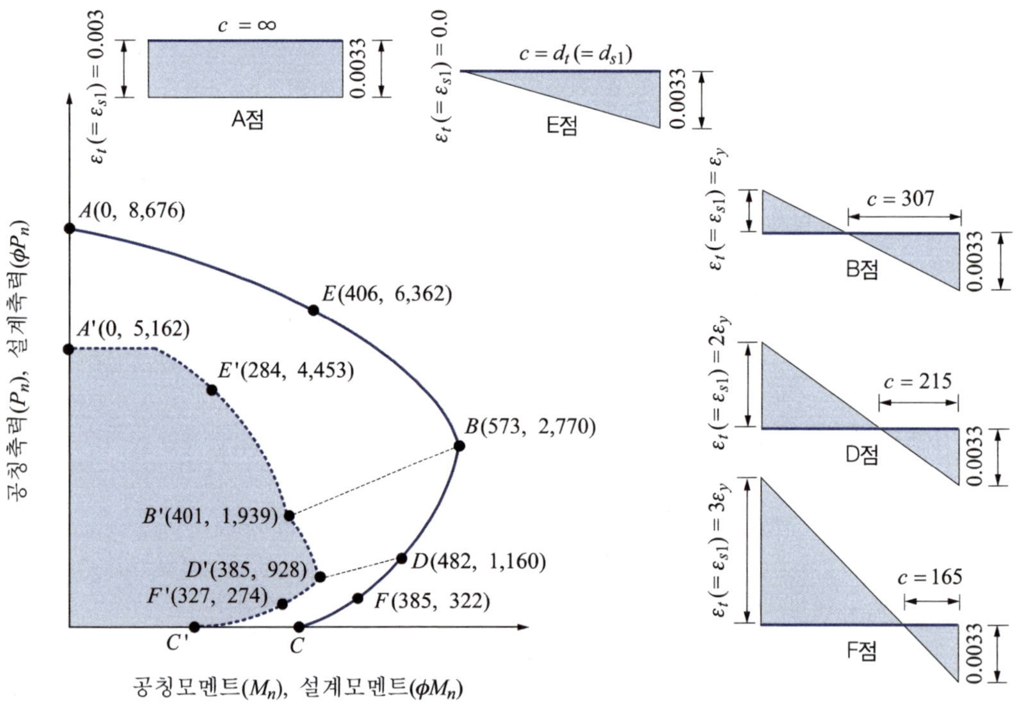

예제 그림 11-5-2 축력과 휨모멘트 상관곡선

11.5 2축 휨응력을 받는 기둥의 설계

실제 구조물의 기둥은 [그림 11.15]와 같이 2축 휨모멘트를 받는 경우가 많으며, 특히 건물 모서리에 있는 기둥은 대부분 2축 휨모멘트를 받는다. 2축 휨모멘트를 받는 기둥의 설계에서도 11.3절과 11.4절에서 설명한 재료메커니즘을 이용하여 축력과 휨모멘트를 계산한다. 다만 이러한 기둥의 중립축은 어느 한 축에 평행하지 않고 경사진 경우가 대부분이므로 이를 고려하여 축력과 휨모멘트를 계산해야 한다.

[그림 11.16]은 2축 휨을 받는 기둥의 단면 변형률과 응력의 분포를 나타낸다. 그림에서 기둥의 중립축은 y축에 대하여 θ의 각도를 이루고 있다. 중립축이 경사진 경우에는 철근과 단면을

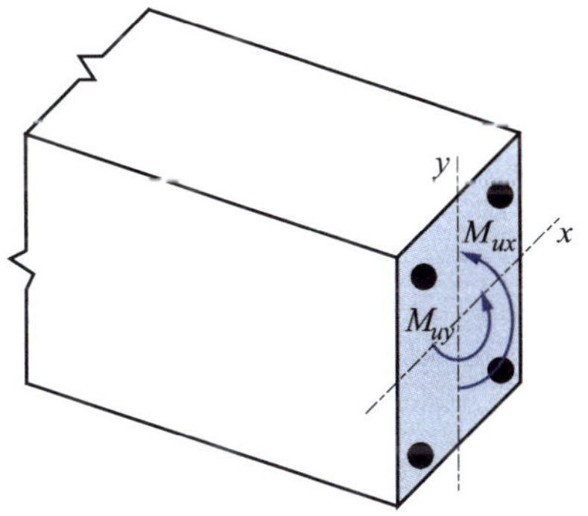

그림 11.15 2축 휨모멘트를 받는 기둥

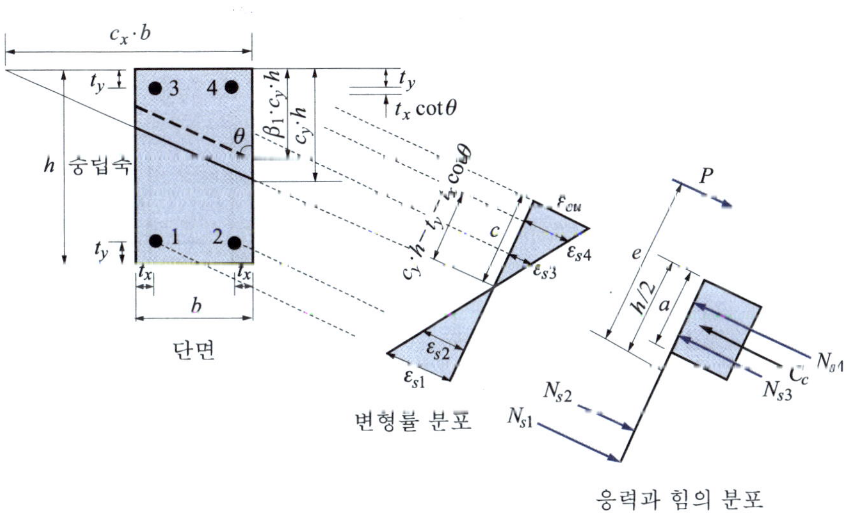

그림 11.16 2축 휨모멘트를 받는 기둥의 변형률, 응력 및 힘의 분포

중립축의 각도로 기울여 변형률과 내력을 계산해야 한다. 설계에서는 중립축의 각도를 계산한 후에 최외단 인장철근의 변형률($\varepsilon_t = \varepsilon_{s1}$)을 가정하고, 철근의 응력을 계산한다. 이와 같이 철근의 변형률을 각도 θ만큼 기울어진 변형률분포도에서 계산해야 하므로 계산과정이 번거롭다.

정산법에 의한 계산 과정이 번거로우므로 설계에서는 Bresler가 제안한 상호하중법(reciprocal load method)이나 등가 편심법을 사용한다. 축하중과 2축 휨모멘트를 받는 기둥의 상관곡선은 [그림 11.17]과 같이 1/4의 타원형 모습이 되며, 유사한 크기의 두 모멘트가 작용할 경우에는 휨 저항력이 감소한다. KDS 14 20 국가건설기준에서는 Bresler가 제안한 상호하중법에 근거한 식 (11.40)에 의하여 2축 휨을 받는 기둥의 계수축하중(P_u)을 계산한다. 상호하중법은 [그림 11.18]과 같이 양 방향에 작용하는 모멘트를 두 방향의 모멘트와 축력으로 분해한 후에 각각의 계수축하중의 역수를 합하여 전체 계수축하중(P_u)을 계산하는 방법이다.

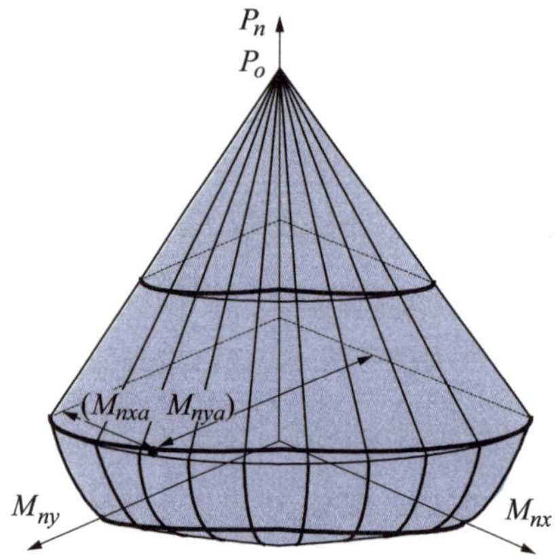

그림 11.17 2축 휨모멘트를 받는 기둥의 상관곡선

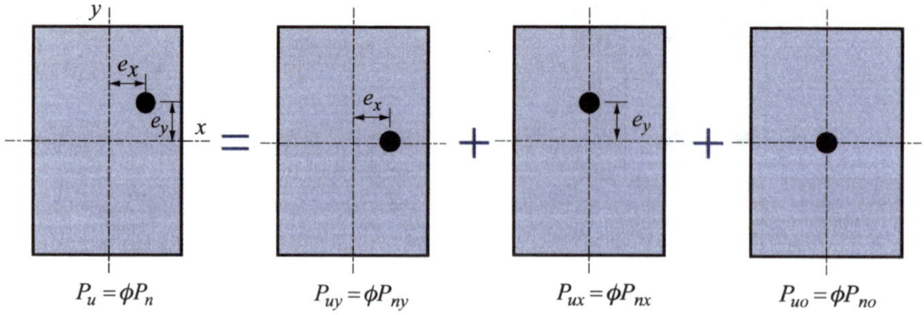

그림 11.18 2축 휨모멘트의 분력

$$\frac{1}{P_u} = \frac{1}{\phi P_{nx}} + \frac{1}{\phi P_{ny}} - \frac{1}{\phi P_{no}} \tag{11.40}$$

여기서, ϕP_{nx} : x축 방향 모멘트 $M_x(= P_{nx} \cdot e_y)$만 작용할 때의 $P-M$ 상관곡선에서의 축하중($e_y = 0$), ϕP_{ny} : y축 방향 모멘트 $M_y(= P_{ny} \cdot e_x)$만 작용할 때의 $P-M$ 상관곡선에서의 축하중($e_x = 0$), ϕP_{no} : 편심이 없을 때의 $P-M$ 상관곡선에서의 축하중($e_x = 0,\ e_y = 0$)이다.

축력비($n = P_u/(f_{ck}bh)$)가 10퍼센트 이상인 경우에는 상호하중법에 의한 계산 결과와 실험 결과가 유사하게 일치하지만, 10퍼센트 이하인 경우에는 상당한 차이가 발생하므로 설계에 주의해야 한다.

11.6 기둥의 좌굴

기둥은 세장비(slenderness ratio, 단면의 크기와 기둥 길이의 비)에 의하여 단주(短柱, short columns)와 장주(長柱, long columns, slender columns)로 구분한다. 단주의 내력은 단면 크기와 재료의 특성만으로 정할 수 있지만, 장주는 축력에 의하여 좌굴(buckling)이 발생할 수 있고, 모멘트가 추가적으로 증가하여 단주에 비하여 내력이 감소하기 때문에 이러한 영향들을 고려하여 설계해야 한다.

11.6.1 양단 단순지지 기둥

축하중을 받는 기둥은 좌굴에 의하여 내력이 감소하게 된다. 좌굴은 하중의 크기, 재료의 조건, 단면의 크기, 부재의 길이, 경계조건 등에 의하여 영향을 받는다. 양단이 단순 지지된 [그림 11.19]와 같은 기둥 단면의 중심에 축하중(P)이 작용할 경우, 부재의 횡방향(그림의 y방향)으로 처짐이 발생한다. 기둥 하부에서 x만큼 떨어진 위치에 처짐 y가 발생하며 자유물체도는 [그림 11.19]의 우측 그림과 같다. [그림 11.19]에서 외부 하중에 의하여 발생하는 모멘트(Py)에 대하여 내부 저항모멘트($-EIy''$)가 발생하게 된다. 이 부재의 자유물체도에 대한 힘의 평형조건을 구하면 식(11.41)과 같다.

$$EIy'' + Py = 0 \tag{11.41}$$

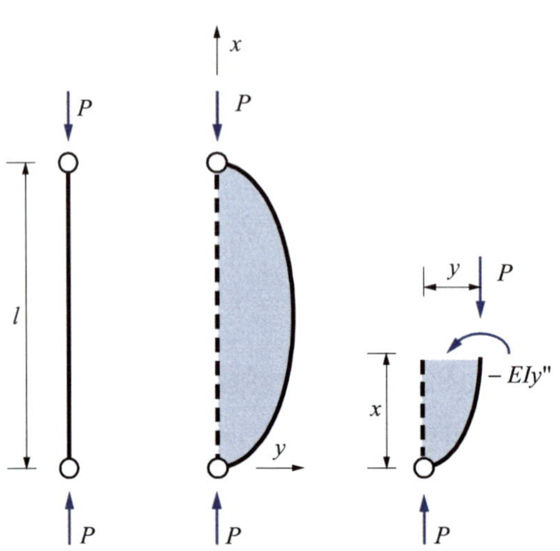

그림 11.19 양단 단순 지지된 부재의 좌굴

여기서, EIy'' : 내부 저항모멘트, Py : 외력에 의한 모멘트, E : 탄성계수, I : 단면 2차모멘트, y : x만큼 떨어진 위치의 처짐, y'' : 곡률(curvature)이다. 내부 저항모멘트 EIy''는 곡률과 모멘트의 관계($y'' = M/(EI)$)에서 계산할 수 있다.

식(11.41)의 모든 항들을 휨강성(EI)으로 나누면 식(11.42)와 같다.

$$y'' + \frac{P}{EI}y = 0 \tag{11.42}$$

식(11.42)에 대한 일반해를 식(11.43)에 의해 계산할 수 있다.

$$y = C_1 \sin\left(\sqrt{\frac{P}{EI}}x\right) + C_2 \cos\left(\sqrt{\frac{P}{EI}}x\right) \tag{11.43}$$

양단이 단순 지지된 부재에 대한 두 가지 경계조건을 이용하여 식(11.43)의 상수 C_1과 C_2를 계산한다.

경계조건 ① : $x = 0$일 때, 처짐 $y = 0$.

식(11.43)에 경계조건 ①을 대입하면 $C_2 = 0$

경계조건 ② : $x = l$일 때, 처짐 $y = 0$.

경계조건 ①의 결과와 경계조건 ②를 식(11.43)에 대입하면

$$C_1 \sin\left(\sqrt{\frac{P}{EI}}l\right) = 0 \tag{11.44}$$

식(11.44)의 처짐 곡선 y가 존재하기 위해서는 상수 C_1은 영(0)이 될 수 없으므로, sin곡선이 영(0)이 되어야 한다. 그러므로

$$\sin\left(\sqrt{\frac{P}{EI}}\,l\right)=0 \tag{11.45}$$

sin 곡선이 영(0)이 되기 위해서는

$$\sqrt{\frac{P}{EI}}\,l=n\pi \qquad (n=1,\ 2,\ 3,\ \cdots\cdots) \tag{11.46}$$

[그림 11.22]의 기둥의 처짐 파장을 고려할 때 식(11.46)의 $n=1$이 되어야 하며, $n=1$을 식(11.46)에 대입하여 양단이 단순 지지된 기둥의 좌굴하중(P_c)을 식(11.47)과 같이 계산한다.

$$P_c=\frac{n^2\pi^2EI}{(l)^2}=\frac{\pi^2EI}{(l)^2} \tag{11.47}$$

여기서, l : 기둥의 길이이다.

11.6.2 양단이 고정되고 횡구속된 기둥

[그림 11.20]의 양단이 고정된 기둥 단면의 중심에 축하중(P)과 단부모멘트(M_o)가 작용할 경우, 부재의 횡방향으로 처짐이 발생한다. 기둥 하부에서 x만큼 떨어진 위치에 처짐 y가 발생하며, 자유물체도는 [그림 11.20]의 우측 그림과 같다. 힘의 평형조건에 의하여 식(11.48)을 구할 수 있다.

$$EIy''+Py=M_o \tag{11.48}$$

식(11.48)에 내한 일반해를 식(11.49)에서 계산할 수 있다.

$$y=C_1\sin\left(\sqrt{\frac{P}{EI}}\,x\right)+C_2\cos\left(\sqrt{\frac{P}{EI}}\,x\right)+\frac{M_o}{P} \tag{11.49}$$

양단이 고정되고 횡구속된 부재에 대한 경계조건을 이용하여 식(11.49)의 상수 C_1과 C_2를 계산한다.

경계조건 ① : $x=0$일 때, 처짐 $y=0$.

식(11.49)에 경계조건 ①을 대입하면

$$C_2=-\frac{M_o}{P}$$

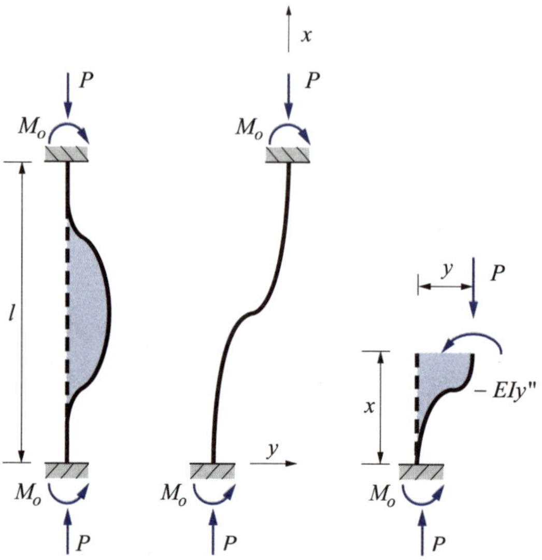

그림 11.20 양단이 고정 지지된 부재의 좌굴

경계조건 ② : $x = 0$일 때, 처짐각 $y' = 0$.

식(11.49)를 1차 미분하여 경계조건 ②를 대입하면

$$y' = C_1\sqrt{\frac{P}{EI}}\cos\left(\sqrt{\frac{P}{EI}}\,x\right) - C_2\sqrt{\frac{P}{EI}}\sin\left(\sqrt{\frac{P}{EI}}\,x\right)$$

$$C_1 = 0$$

경계조건 ①과 ②의 결과를 식(11.49)에 대입하면

$$y = \frac{M_o}{P}\left(1 - \cos\sqrt{\frac{P}{EI}}\,x\right) \tag{11.50}$$

경계조건 ③ : $x = l$일 때, 처짐 $y = 0$.

식(11.50)이 경계조건 ③을 만족하며 처짐 곡선 y가 존재하기 위해서는 식(11.50)의 M_o/P는 영(0)이 될 수 없으므로 cos곡선이 일(1)이 되어야 한다.

$$\cos\sqrt{\frac{P}{EI}}\,l = 1 \tag{11.51}$$

cos곡선이 일(1)이 되기 위해서는

$$\sqrt{\frac{P}{EI}}\,l = 2\pi \tag{11.52}$$

식(11.52)를 이용하여 양단이 고정되고 횡구속된 기둥의 좌굴하중(P_c)을 계산하면 식(11.53)과 같다.

$$P_c = \frac{4\pi^2 EI}{(l)^2} = \frac{\pi^2 EI}{(0.5l)^2} \tag{11.53}$$

11.6.3 양단이 고정되고 횡구속되지 않은 기둥

양단이 고정되고 횡구속되지 않은 부재는 식(11.49)에 다음의 경계조건을 이용하여 좌굴하중을 계산한다.

경계조건 ① : $x = 0$일 때, 처짐 $y = 0$.

식(11.49)에 경계조건 ①을 대입하면

$$C_2 = -\frac{M_o}{P}$$

경계조건 ② : $x = 0$일 때, 처짐각 $y' = 0$. 식(11.50)을 구할 수 있다.

경계조건 ③ : $x = l$일 때, 처짐각 $y' = 0$.

식(11.50)이 경계조건 ③을 만족하며 처짐 곡선 y가 존재하기 위해서는 sin곡선이 영(0)이 되어야 한다.

$$y' = \frac{M_o}{P}\sqrt{\frac{P}{EI}} \cdot \sin\sqrt{\frac{P}{EI}}\,x$$

$$\sin\left(\sqrt{\frac{P}{EI}}\,l\right) = 0$$

따라서 양단이 고정되고 횡구속되지 않은 부재의 좌굴하중은 양단이 단순 지지된 기둥의 좌굴하중과 동일하다.

$$P_c = \frac{\pi^2 EI}{(l)^2} \tag{11.54}$$

11.6.4 오일러의 좌굴하중

식(11.47), (11.53), (11.54)에서 부재 단부(member end)의 조건에 따라서 좌굴하중이 달라짐을 알 수 있다. 이는 단부의 조건에 따라서 처짐과 처짐각이 달라지며 결과적으로 좌굴길이가

표 11.3 기둥의 유효좌굴길이계수

k	0.5	0.7	1.0	2.0	1.0	2.0

좌굴형태

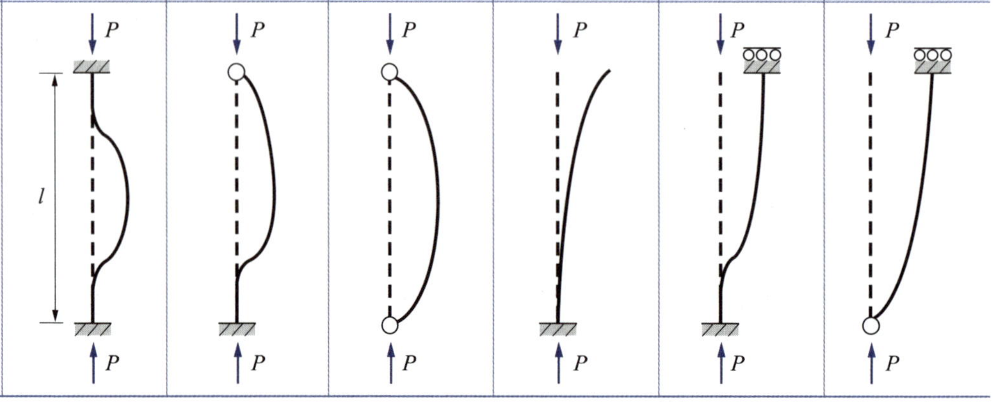

달라지기 때문이다. 오일러(Euler)는 단부의 조건에 따라서 달라지는 좌굴하중을 유효좌굴길이를 이용하여 식(11.55)와 같이 유도하였다.

$$P_c = \frac{\pi^2 EI}{(kl)^2} \tag{11.55}$$

여기서, k : 유효좌굴길이계수이며 단부의 조건에 따라서 [표 11.3]과 같이 달라진다.

식(11.55)의 좌굴하중(P_c)을 단면적(A)으로 나누면 좌굴응력(f_{cb})을 식(11.56a)에 의해 계산할 수 있다. 식(11.56a)를 단면2차반경($r = \sqrt{I/A}$)으로 정리하면 식(11.56b)와 같다.

$$f_{cb} = \frac{P_c}{A} = \frac{\pi^2 EI}{(kl)^2 A} \tag{11.56a}$$

$$f_{cb} = \frac{\pi^2 E}{(kl/r)^2} \tag{11.56b}$$

여기서, kl/r : 세장비(slenderness ratio)라 하며 이를 이용하여 장주와 단주를 구분한다.

11.6.5 기둥의 유효좌굴길이

좌굴하중을 계산하기 위하여 필요한 식(11.55)의 유효좌굴길이계수(k)는 기둥 단부의 접합상태(또는 지지상태, 경계조건)에 따라서 달라진다. 기둥의 접합상태는 기둥과 연결된 다른 부재의 상대강성의 영향을 받는다. 예를 들어 [그림 11.21(a)]의 상·하부에 단면이 매우 큰 보와 연결된 기둥의 경우, 보가 기둥의 움직임을 억제하는 구속효과가 크기 때문에 양단이 고정된 기둥과

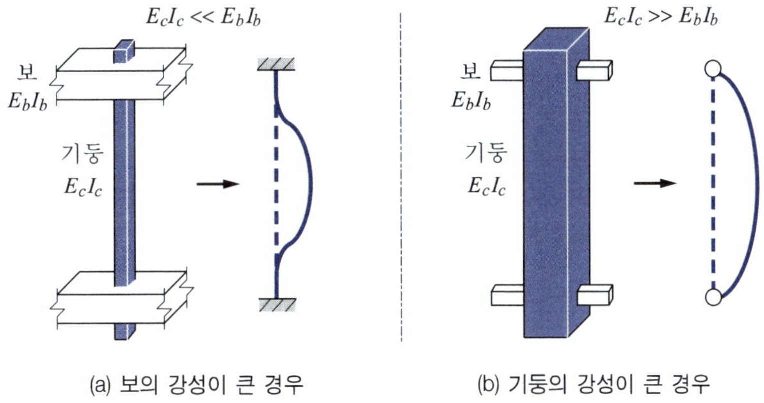

그림 11.21 기둥과 보의 상대강성

유사한 좌굴하중을 나타낸다. 한편 [그림 11.21(b)]의 상·하부에 단면이 매우 작은 보에 연결된 기둥의 경우, 보가 기둥의 움직임을 억제하는 구속효과가 작기 때문에 양단이 단순지지된 기둥과 유사한 좌굴하중을 나타낸다.

기둥과 보의 상대강성은 부재의 철근비의 변화와 균열 등에 영향을 받는다. 설계에서는 유효좌굴길이계수(k)를 기둥과 연결된 부재의 상대강성을 고려하여 도식적인 방법과 수식적인 방법에 의하여 계산한다.

도식해법

도식해법에서는 기둥 양단의 강성비(ψ_A와 ψ_B)를 식(11.57)에 의하여 계산한 후, 이를 이용하여 유효좌굴길이계수(k)를 [그림 11.22]에서 계산한다. [그림 11.22]는 횡구속골조(non-sway frame, braced frame, 횡구속된 골조, 가새골조, 가새 등이 사용되어 가로변형이 작은 골조)와 비횡구속골조(sway frame, unbraced frame, 횡구속되지 않은 골조, 비가새골조, 가로변형이 큰 골조)로 구분되어 있으며 유효좌굴길이계수(k)는 횡구속되지 않은 경우에 커진다. 식(11.57)에서 계산한 기둥 양단의 강성비(ψ_A와 ψ_B)를 [그림 11.22]에서 찾은 후에, 두 값을 서로 연결했을 때 중앙부에서 만나는 값이 유효좌굴길이계수(k)이다.

$$\psi = \frac{\sum (E_c I_c)/l_c}{\sum (E_b I_b)/l_b} \tag{11.57}$$

여기서, E_c : 기둥의 탄성계수, I_c : 기둥의 단면2차모멘트, l_c : 기둥의 접합부의 중심에서 중심까지의 길이, E_b : 보의 탄성계수, I_b : 보의 단면2차모멘트, l_b : 보의 접합부의 중심에서 중심까지의 길이이다.

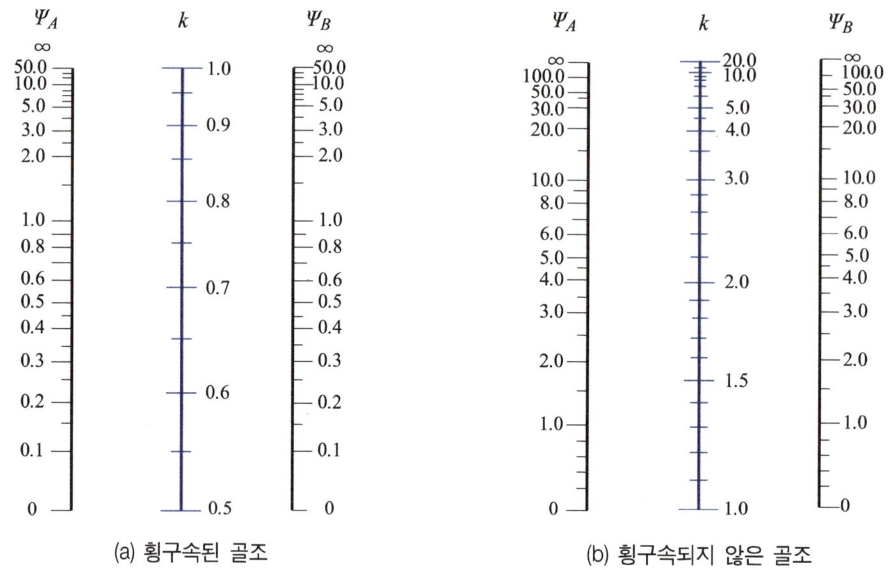

그림 11.22 유효좌굴길이계수

보의 강성이 기둥의 강성보다 현저히 클 경우에 양단이 고정인 기둥과 유사한 좌굴거동을 하므로 식(11.57)에서 계산한 기둥 양단의 강성비(ψ_A와 ψ_B)는 영(0)에 가까워진다. 이 값을 [그림 11.22]에 대입하여 횡구속된 골조의 유효좌굴길이계수(k)를 찾으면, k는 식(11.53)에서 유도한 것과 같이 0.5가 된다. 한편, 보의 강성이 기둥의 강성보다 현저하게 작을 경우에는 양단이 단순지지된 기둥과 유사한 좌굴거동을 하므로 식(11.57)에서 계산한 기둥 양단의 강성비(ψ_A와 ψ_B)는 "∞"에 가까워진다. 이 값을 [그림 11.22]에 대입하여 횡구속된 골조의 유효좌굴길이계수(k)를 찾으면, k는 식(11.47)에서 유도한 것과 같이 1.0이 된다.

수식해법

수식해법에서도 유효좌굴길이계수(k)를 식(11.57)에 의하여 계산한 기둥 양단의 강성비(ψ_A와 ψ_B)를 이용하여 계산한다. 또한 횡구속골조와 비횡구속골조로 구분하여 계산한다.

① 횡구속골조 : 식(11.58a)와 (11.58b)의 작은 값

$$k = 0.7 + 0.05(\psi_A + \psi_B) \leqq 1.0 \tag{11.58a}$$

$$k = 0.85 + 0.05\psi_{\min} \leqq 1.0 \tag{11.58b}$$

여기서, $\psi_{\min}$은 ψ_A와 ψ_B 중에서 작은 값이다.

② 비횡구속골조

②-1 양단이 구속된 압축부재

$$\psi_m < 2, \qquad k = \frac{20-\psi_m}{20}\sqrt{1+\psi_m} \tag{11.59a}$$

$$\psi_m \geqq 2, \qquad k = 0.9\sqrt{1+\psi_m} \tag{11.59b}$$

여기서, $\psi_m = (\psi_A + \psi_B)/2$이다.

②-2 1단 구속이며 타단이 힌지인 압축부재

$$k = 2.0 + 0.3\psi \tag{11.60}$$

여기서, ψ는 구속된 단부의 ψ이다.

11.7 장주의 확대휨모멘트

기둥의 세장비가 길어질 경우에 축력에 의하여 휨모멘트가 추가적으로 증가하여 기둥의 내력이 감소할 수 있다. [그림 11.23]의 기둥에 축하중과 횡하중(또는 편심하중)이 동시에 작용할 경우에 횡하중(또는 편심하중)에 의하여 휨모멘트(M_o)와 횡방향처짐(Δ)이 발생한다. 이 기둥에 축력(P)이 작용하면 축력에 의하여 $P\Delta$ 만큼 추가적인 2차모멘트가 발생하며, 이를 기둥의 "$P\Delta$ 효과"라 한다. 따라서 최종 모멘트(M_i)는 식(11.61)과 같이 횡하중(또는 편심하중)에 의하여 발생한 원래의 휨모멘트(M_o)에 $P\Delta$ 효과에 의한 추가 모멘트를 더한 값이 된다.

$$M_i = M_o + P\Delta \tag{11.61}$$

여기서, M_i : $P\Delta$ 효과를 고려한 최종 모멘트이다.

11.7.1 횡구속된 골조 기둥의 확대휨모멘트

양단이 단순 지지된 [그림 11.24]의 기둥 단면의 중심에 축하중(P)과 단부 모멘트 또는 수평하중에 의한 1차모멘트(M_o)가 동시에 작용한다. 기둥에는 축하중과 휨모멘트에 의하여 Δ_a와 Δ_o의 처짐이 발생하였다. 따라서 기둥에는 [그림 11.24]와 같이 모멘트 M_o와 $P\Delta$ 효과에 의한 추가 모멘트가 발생한다.

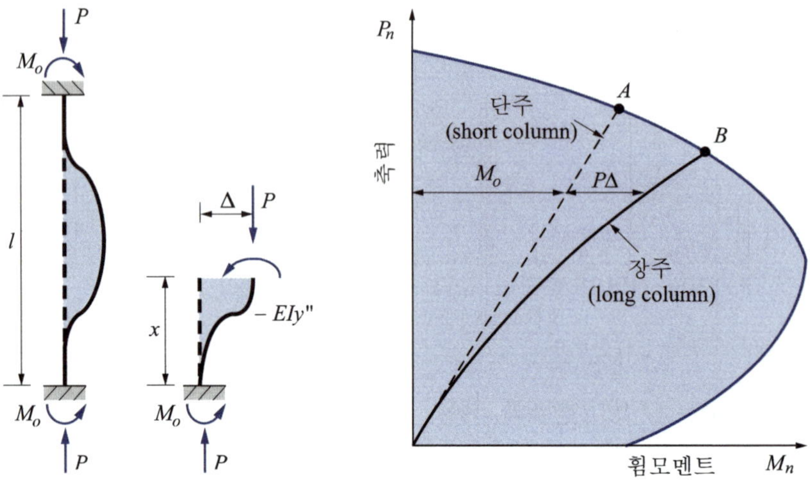

그림 11.23 장주의 휨모멘트 확대 효과

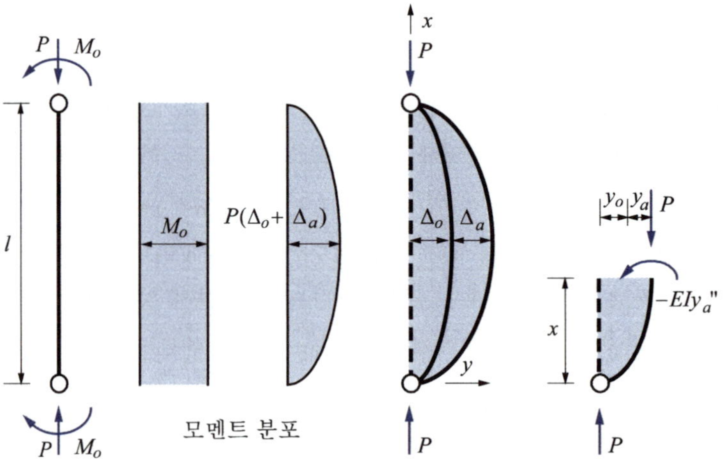

그림 11.24 단순지지 기둥의 휨모멘트 확대

양단이 단순 지지된 기둥의 처짐은 11.6.1항에서 유도한 sin파를 이루고 있으므로 기둥 하부에서 x만큼 떨어진 위치에 처짐 y를 식(11.62)와 같이 유도할 수 있다.

$$y = y_o + y_a = (\Delta_o + \Delta_a)\sin\frac{\pi x}{l} \tag{11.62}$$

여기서, y_o와 Δ_o : 원래의 하중(휨모멘트(M_o))에 의하여 발생하는 기둥의 처짐과 기둥 중앙점의 처짐, y_a와 Δ_a : 기둥의 2차 처짐과 기둥 중앙점의 2차 처짐이다.

기둥 하부에서 x만큼 떨어진 위치에 처짐 y가 발생하며 축하중(P)에 의한 자유물체도는 [그림 11.24]의 우측 그림과 같다. [그림 11.24]에서 축하중에 의한 모멘트 Py_a에 대하여 내부 저항모멘트 $-EIy_a''$가 발생한다. 따라서 힘의 평형조건에 의하여 식(11.63)을 구할 수 있다.

$$P(y_o + y_a) + EIy_a'' = 0 \tag{11.63}$$

식(11.62)를 식(11.63)에 대입하면 식(11.64)가 된다.

$$-EIy_a'' = P(\Delta_o + \Delta_a)\sin\frac{\pi x}{l} \tag{11.64}$$

식(11.64)의 좌변의 휨강성(EI)을 우변으로 이항하고, 곡률(y''), 처짐각(y'), 처짐(y)을 다음과 같이 계산한다.

$$y_a'' = -\frac{P}{EI}(\Delta_o + \Delta_a)\sin\frac{\pi x}{l} \tag{11.65a}$$

$$y_a' = \frac{P}{EI}\frac{l}{\pi}(\Delta_o + \Delta_a)\cos\frac{\pi x}{l} + C_1 \tag{11.65b}$$

$$y_a = \frac{P}{EI}\frac{l^2}{\pi^2}(\Delta_o + \Delta_a)\sin\frac{\pi x}{l} + C_1 x + C_2 \tag{11.65c}$$

양단이 단순 지지된 부재에 대한 두 가지 경계조건을 이용하여 식(11.65c)의 상수 C_1과 C_2를 계산한다.

경계조건 ① : $x = 0$일 때, 처짐 $y_a = 0$.
식(11.65c)에 경계조건 ①을 대입하면 $C_2 = 0$

경계조건 ② : $x = l$일 때, 처짐 $y_a = 0$.
경계조건 ①의 결과와 경계조건 ②를 식(11.65c)에 대입하면 $C_1 = 0$

그러므로 2차 처짐 y_a는 식(11.66)이 된다.

$$y_a = \frac{l^2 P}{\pi^2 EI}(\Delta_o + \Delta_a)\sin\frac{\pi x}{l} \tag{11.66}$$

양단이 단순 지지된 기둥의 좌굴하중은 식(11.47)에서 $P_c = (\pi^2 EI)/l^2$이며, 기둥의 중앙점($x = l/2$)에서 2차 처짐 y_a는 Δ_a가 되므로 두 조건을 식(11.66)에 대입하여 중앙점에서의 최대 2차 처짐을 계산한다.

$$\triangle_a = (\triangle_o + \triangle_a)\frac{P}{P_c} \tag{11.67a}$$

또는

$$\triangle_a = \triangle_o\left(\frac{P/P_c}{1-P/P_c}\right) \tag{11.67b}$$

[그림 11.24]에서 전체 처짐은 $\triangle = \triangle_o + \triangle_a$이므로, 식(11.68)을 계산할 수 있다.

$$\triangle = \left(\frac{1}{1-\dfrac{P}{P_c}}\right)\triangle_o \tag{11.68}$$

$P\triangle$ 효과를 고려한 전체 모멘트는 $M_c = M_o + P\triangle$ 이므로, 식(11.69)를 계산할 수 있다.

$$M_c = M_o + \frac{P\triangle_o}{1-\dfrac{P}{P_c}} \tag{11.69}$$

[그림 11.24]에 작용하는 단부모멘트(M_o)가 상단과 하단에서 동일한 크기일 경우, 기둥 중앙점에서 발생하는 최대 처짐은 $\triangle_o = M_o l^2/(8EI)$ 이므로, 식(11.69)는 식(11.70)으로 변경된다.

$$M_c = \frac{M_o\left(1+0.234\dfrac{P}{P_c}\right)}{1-\dfrac{P}{P_c}} \tag{11.70}$$

식(11.70)에서 $0.234P/P_c$의 값은 매우 작으므로 무시할 수 있으며, 식(11.70)을 식(11.71)로 간략화 할 수 있다.

$$M_c = \delta_b M_o \tag{11.71}$$

식(11.71)에서 δ_b는 횡구속된 골조의 휨모멘트 확대계수(bending moment magnifier)라 하며 식(11.72)와 같다.

$$\delta_b = \frac{1}{1-\dfrac{P}{P_c}} \tag{11.72}$$

여기서, 좌굴하중 P_c는 식(11.55)에 의하여 계산한다($P_c = \pi^2 EI/(kl)^2$).

등가균일휨모멘트 보정계수

식(11.72)에서 계산한 휨모멘트 확대계수는 단부모멘트(M_o)가 기둥의 상단과 하단에 동일한 크기로 작용하여, 최대 휨모멘트가 기둥의 중간이나 그 부근에 발생할 때 사용할 수 있다. 그러나 [그림 11.25]와 같이 기둥에 작용하는 단부모멘트(M_o)의 크기가 기둥의 상단과 하단에서 다르거나 모멘트의 방향이 서로 같으면, 최대 휨모멘트는 기둥의 중간 부근에서 발생하지 않고 기둥의 단부 부근에서 발생한다. 최대 휨모멘트가 기둥의 중앙부에서 발생하지 않을 경우에 식(11.72)에 의하여 계산한 휨모멘트 확대계수는 실제 값과 다르다.

설계에서는 최대 휨모멘트가 기둥의 중간 부근에서 발생하지 않는 기둥의 휨모멘트 확대계수에 대해서는 식(11.73)과 같이 등가균일휨모멘트 보정계수(C_m)를 식(11.72)에 곱하여 계산한다.

$$\delta_b = \frac{C_m}{1 - \dfrac{P}{P_{cr}}} \tag{11.73}$$

여기서, C_m : 등가균일휨모멘트 보정계수이며 식(11.74)에 의하여 계산한다.

$$C_m = 0.6 + 0.4\frac{M_1}{M_2} \tag{11.74}$$

받침부 사이에서 횡하중을 받고 있는 압축부재의 경우에 최대 휨모멘트는 부재 단면으로부터 먼 단면에서 발생한다. 이 경우에 등가균일휨모멘트 보정계수(C_m)는 1.0이 된다.

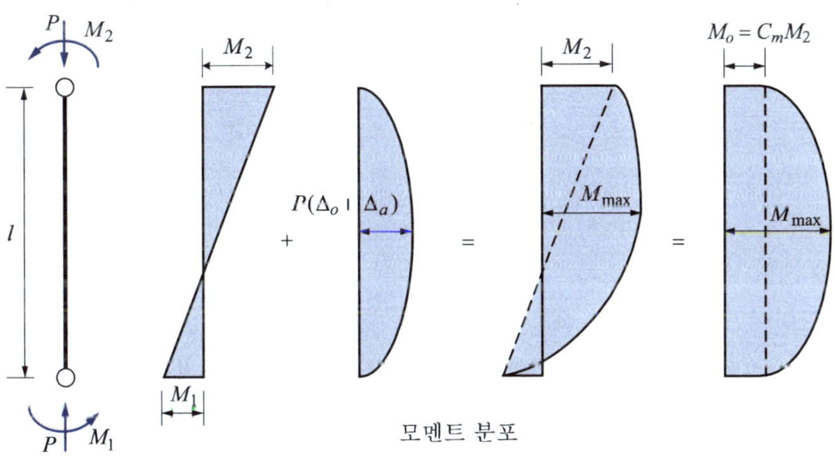

그림 11.25 상하 휨모멘트의 크기가 다른 기둥의 처짐

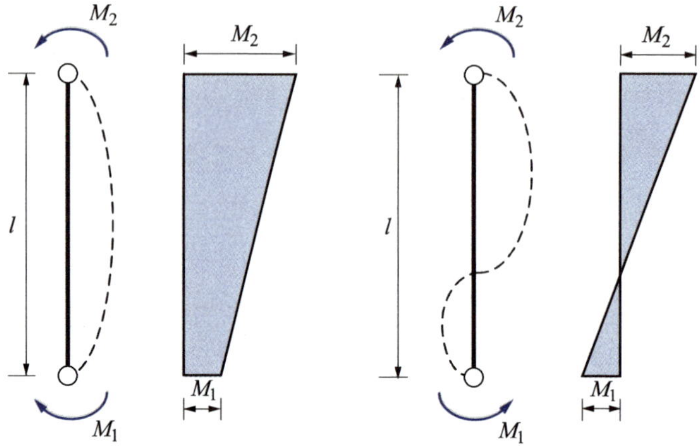

그림 11.26 단일 곡률과 이중 곡률

식(11.74)의 M_2는 기둥의 양단에 작용하는 휨모멘트 값 중에 큰 값이며, M_1은 작은 값이다. [그림 11.26]에서 기둥의 단부에 작용하는 휨모멘트의 방향이 다를 경우에 기둥의 변형이 달라지므로, 식(11.74)의 M_1과 M_2의 부호도 다음과 같이 달라진다.

① 기둥이 단일 곡률로 변형될 때(양단의 휨모멘트 방향이 다를 경우) : M_1/M_2는 양수(+)

② 기둥이 이중 곡률로 변형될 때(양단의 휨모멘트 방향이 같을 경우) : M_1/M_2는 음수(−)

11.7.2 비횡구속골조 기둥의 확대휨모멘트

비횡구속골조의 압축부재는 횡력과 축력에 의하여 횡방향으로 큰 수평 변위가 발생한다. 수평 변위는 골조를 구성하는 한 층 전체 부재의 강성과 길이에 영향을 받는다.

[그림 11.27]의 철근콘크리트 구조물에 횡력과 축력이 작용하며 이 골조가 비횡구속골조인 경우, 모멘트 확대계수는 한 개의 부재가 아니라 한 층으로 평가해야 한다. 따라서 횡구속되지 않은 철근콘크리트 구조물의 임의의 층의 기둥 길이가 l_c로 동일한 경우에 [그림 11.27(a)]와 같이 동일한 수평 변위 Δ_o가 발생한다. 수평 변위 Δ_o는 각 기둥에 동일한 크기로 발생하므로, 기둥에 작용하는 모든 축력을 합하여 한 층에 발생하는 변위와 하중을 [그림 11.27(b)]와 같이 단순화 할 수 있다. [그림 11.27(b)]에서 횡하중 V_u에 의하여 1차 횡방향처짐(Δ_o)이 식(11.75)와 같이 발생한다.

$$\Delta_o = \frac{V_u}{K_s} \tag{11.75}$$

여기서, K_s : 골조의 횡강성이다.

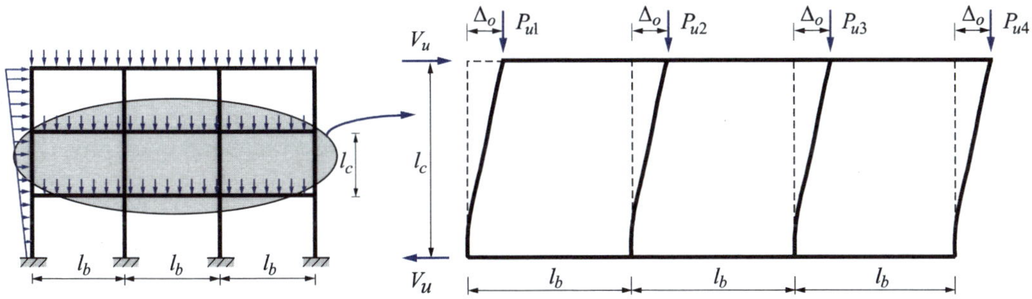

(a) 임의 층의 횡변위

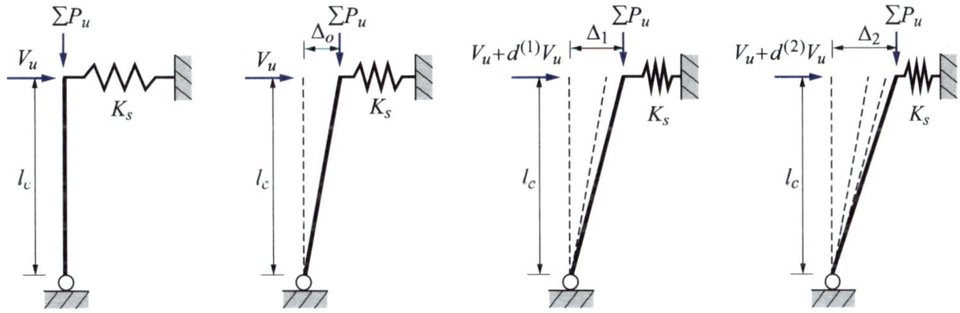

(b) 하중과 횡변위의 단순화

그림 11.27 비횡구속골조의 횡변위

1차 횡방향처짐(Δ_o)이 발생한 상태에서 연직하중($\sum P_u$)이 작용하면 $P\Delta$ 효과에 의하여 $\sum P_u \Delta_o$의 휨모멘트가 발생한다. 추가로 발생한 모멘트($\sum P_u \Delta_o$)에 대하여 힘의 평형을 이루기 위하여 식(11.76)과 같이 횡력이 증가한다.

$$d^{(1)} V_u = \frac{\sum P_u \Delta_o}{l_c} \tag{11.76}$$

횡력이 V_u에서 $V_u + d^{(1)} V_u$로 증가하면 증가한 횡력에 의하여 횡방향처짐도 식(11.77)과 같이 증가한다.

$$\Delta_1 = \frac{1}{K_s}[V_u + d^{(1)} V_u] = \Delta_o \left(1 + \frac{\sum P_u \Delta_o}{V_u l_c}\right) \tag{11.77}$$

횡방향처짐이 Δ_o에서 Δ_1으로 증가하면 $P\Delta$ 효과에 의하여 $\sum P_u \Delta_1$의 휨모멘트가 발생한다. 추가로 발생한 모멘트($\sum P_u \Delta_1$)에 힘의 평형을 이루기 위하여 횡력이 또 다시 증가한다.

$$d^{(2)}V_u = \frac{\sum P_u \triangle_1}{l_c} = \frac{\sum P_u}{l_c}\left(1+\frac{\sum P_u \triangle_o}{V_u l_c}\right)\triangle_o \tag{11.78}$$

횡력이 $V_u + d^{(1)}V_u$에서 $V_u + d^{(2)}V_u$로 증가하면 증가한 횡력에 의하여 횡방향처짐도 다시 증가한다.

$$\triangle_2 = \frac{1}{K_s}[V_u + d^{(2)}V_u] = \triangle_o\left(1+\frac{\sum P_u \triangle_o}{V_u l_c}+\left(\frac{\sum P_u \triangle_o}{V_u l_c}\right)^2\right) \tag{11.79}$$

결국 횡방향처짐은 식(11.80)과 같이 작은 값이지만 계속 증가한다.

$$\triangle = \triangle_o\left(1+\frac{\sum P_u \triangle_o}{V_u l_c}+\left(\frac{\sum P_u \triangle_o}{V_u l_c}\right)^2+\left(\frac{\sum P_u \triangle_o}{V_u l_c}\right)^3+\cdots+\right) \tag{11.80}$$

식(11.80)의 $P\triangle$ 효과를 고려한 2계 해석의 처짐은 식(11.81)에 의해 식(11.75)의 1계 해석의 처짐과 연계할 수 있다.

$$\triangle = \frac{\triangle_o}{1-Q} \tag{11.81}$$

여기서, Q : 안정성지수(stability index)로 식(11.82)와 같이 정의한다.

$$Q = \frac{\sum P_u \triangle_o}{V_u l_c} \tag{11.82}$$

식(11.81)에서 비횡구속골조의 전체 처짐과 모멘트 확대계수를 구할 수 있다.

(비횡구속골조의 전체 처짐)

$$\triangle = \delta_s \triangle_o \tag{11.83}$$

(비횡구속골조의 모멘트 확대계수)

$$\delta_s = \frac{1}{1-Q} \tag{11.84}$$

11.8 장주의 설계

단주와 장주는 세장비에 따라서 구분되며, 저항할 수 있는 내력이 다르다. 11장에서 설명된 단주와 장주의 설계 흐름을 요약하여 정리하면 [그림 11.28]과 같다.

11.8.1 횡구속골조와 비횡구속골조의 구분([그림 11.28]의 단계 1)

기둥의 내력은 횡방향 변위가 없는 골조(횡구속골조)와 횡방향 변위가 있는 골조(비횡구속골조)로 구분되므로 설계자는 이를 먼저 구분해야 한다. 횡구속된 골조와 횡구속되지 않은 골조의 구분은 한 층에 존재하는 기둥의 전체 횡변위에 대한 강성과 횡구속 부재의 강성을 비교하여 유추할 수 있다. 전단 벽체, 전단 트러스 또는 다른 형식으로 횡보강된 구속부재가 그 층의 횡변위에 영향을 줄 경우에 압축부재의 횡변위가 크지 않으며, 이러한 압축부재는 횡구속되었다고 할 수 있다.

설계에서는 식(11.85)의 안정성지수(Q)를 이용하여 횡구속골조와 비횡구속골조를 구분한다. 즉, $P\Delta$ 효과에 의하여 발생하는 추가모멘트와 횡하중에 의하여 발생하는 모멘트의 비를 이용하여 횡구속여부를 판단한다.

(횡구속골조)

$$Q = \frac{\sum P_u \Delta_o}{V_u l_c} \leq 0.05 \tag{11.85a}$$

(비횡구속골조)

$$Q = \frac{\sum P_u \Delta_o}{V_u l_c} > 0.05 \tag{11.85b}$$

설계에서는 2계 해석에 의한 기둥 단부 휨모멘트의 증가량이 1계 탄성해석에 의한 단부 휨모멘트의 5퍼센트를 초과하지 않는 경우에 이 구조물을 횡구속골조로 간주한다.

11.8.2 장주와 단주의 구분([그림 11.28]의 단계 2)

횡구속골조와 비횡구속골조는 동일한 축하중에 대한 저항능력이 다르므로 서로 다른 세장비 기준에 의하여 장주와 단주를 구분한다.

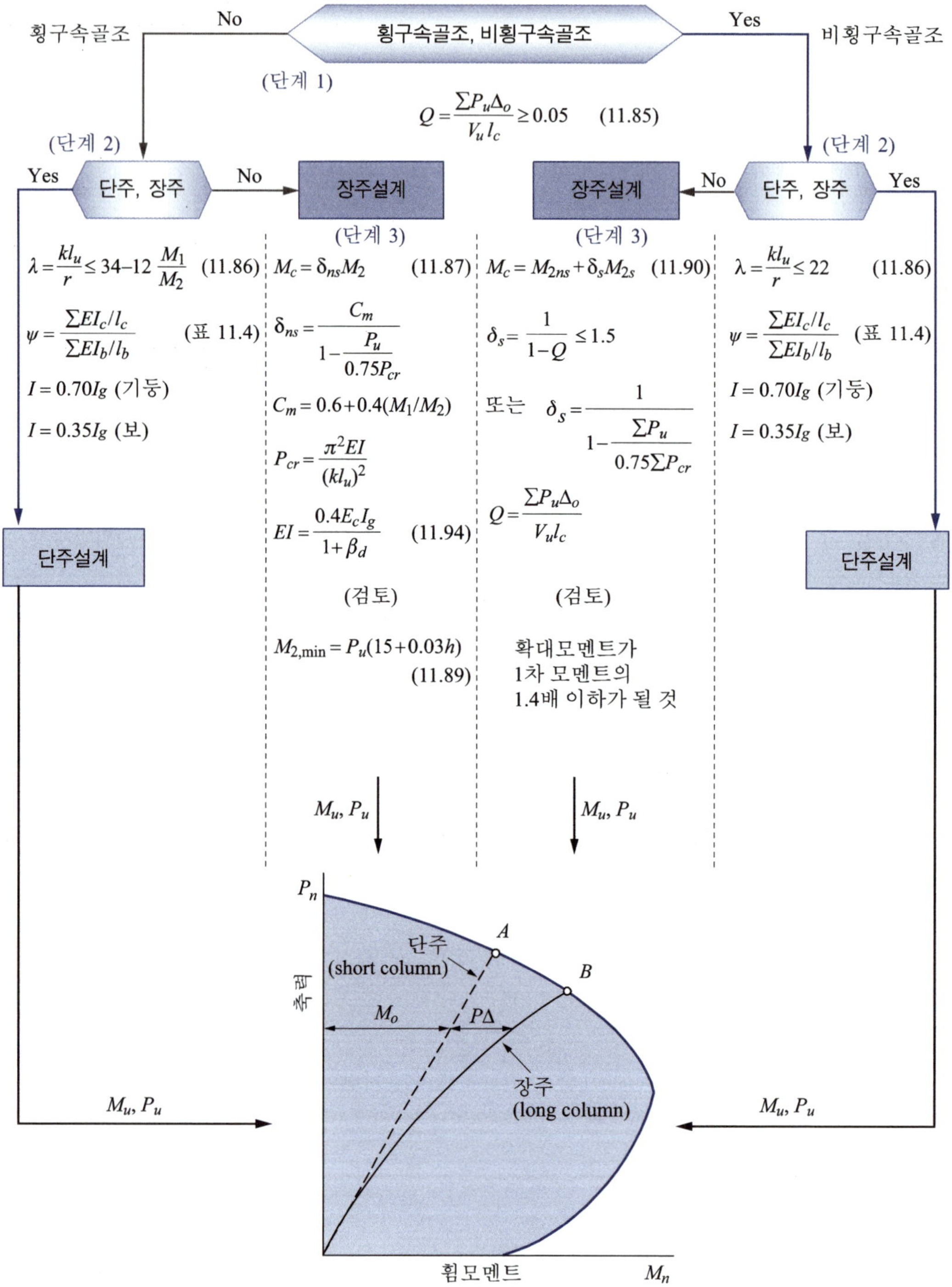

그림 11.28 기둥의 설계순서

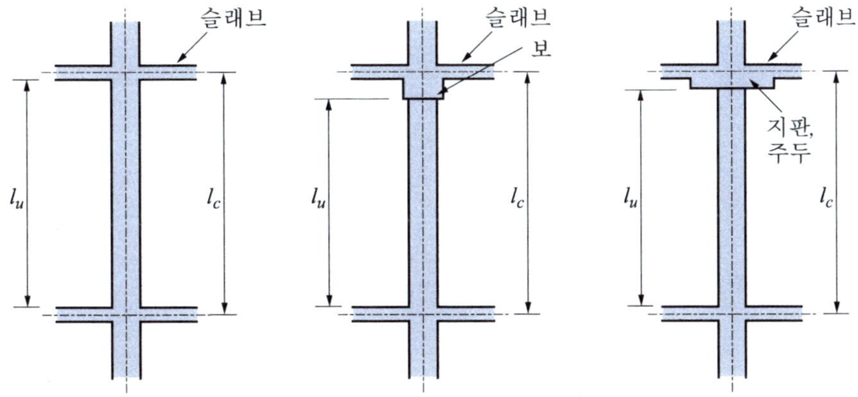

그림 11.29 기둥의 순길이

(횡구속골조의 단주와 장주의 구분)

$$\left(\frac{kl_u}{r}\right) \leq 34 - 12\frac{M_1}{M_2} \tag{11.86a}$$

(비횡구속골조의 단주와 장주의 구분)

$$\left(\frac{kl_u}{r}\right) \leq 22 \tag{11.86b}$$

여기서, k : 유효좌굴길이, l_u : 부재의 순길이이며, 기둥머리나 헌치가 있는 기둥의 순길이는 [그림 11.29]와 같이 슬래브 위에서 기둥머리나 헌치의 최하단까지의 길이이다. r은 단면2차반경($r = \sqrt{I/A}$)으로 직사각형 단면의 경우에 단면치수의 0.3배($r = 0.3h$), 원형 단면의 경우에 단면치수의 0.25배($r = 0.25h$)로 할 수 있다. 식(11.86a)의 M_1은 탄성해석에 의하여 계산된 기둥의 단부 모멘트 값 중 작은 값이며, M_2는 탄성해석에 의하여 계산된 기둥의 단부 모멘트 값 중 큰 값이다. 단일 곡률일 때 M_1/M_2는 양수(+)의 값이며 이중 곡률일 때 M_1/M_2는 음수(−)의 값이다.

단면2차모멘트

기둥의 횡변위와 식(11.86)의 유효좌굴길이(k) 등을 계산하기 위해서는 단면2차모멘트(I)가 필요하다. 철근콘크리트 부재에는 균열이 발생하므로 전단면2차모멘트(I_g)를 사용하여 횡변위를 계산할 수 없고, 유효단면2차모멘트를 사용해야 한다. 횡변위와 유효좌굴길이(k)를 계산하기 위한 유효단면2차모멘트는 6장의 식(6.8)을 사용하지 않고, 다음과 같이 간략화된 [표 11.4]를 이용하여 계산한다. [표 11.4]에서 다른 부재의 단면2차모멘트에 비하여 기둥의 단면2차모멘트가

표 11.4 유효좌굴길이 계산을 위한 부재의 단면2차모멘트

부 재	단면2차모멘트
보	$0.35I_g$
기둥	$0.70I_g$
비균열 벽체	$0.70I_g$
균열 벽체	$0.35I_g$
플랫 플레이트와 플랫 슬래브	$0.25I_g$

큰 이유는 기둥이 보나 기타 부재에 비하여 균열이 비교적 적게 발생하기 때문이다.

11.8.3 확대휨모멘트([그림 11.28]의 단계 3)

장주는 휨모멘트의 확대계수를 고려하여 횡구속된 골조의 기둥과 횡구속되지 않은 골조의 기둥으로 구분하여 설계해야 한다.

횡구속골조 기둥의 모멘트 확대

① 확대 계수휨모멘트

$$M_c = \delta_{ns} M_2 \tag{11.87}$$

② 모멘트 확대계수(δ_{ns})

식(11.73)에 근거하여 다음과 같이 계산한다.

$$\delta_{ns} = \frac{C_m}{1 - \dfrac{P_u}{0.75P_c}} \geq 1.0 \tag{11.88}$$

여기서, P_u : 계수축하중, P_c : 좌굴하중이며 식(11.55)에 의하여 계산한다. 이 때 유효좌굴길이 계수 k는 1.0을 사용할 수 있다. 식(11.87)로 계산한 M_2는 식(11.89)에 의하여 계산한 값 이상이 되어야 한다.

$$M_{2,\min} = P_u(15 + 0.03h) \tag{11.89}$$

여기서, h : 좌굴이 고려되는 방향의 기둥의 전체 폭이다(단위 : mm).

비횡구속골조 기둥의 모멘트 확대

① **확대 계수휨모멘트**

골조에 작용하는 하중을 횡변위를 유발하지 않는 중력하중과 횡변위를 유발하는 횡하중으로 구분한다. 이는 횡하중이 기둥에 유발하는 최대 모멘트 발생지점과 중력하중이 기둥에 유발하는 최대 모멘트 발생지점이 다르기 때문이다. 또한, 중력하중에 의해 유발되는 부재 단부의 확대모멘트는 일반적으로 1계 해석에 의한 단부의 모멘트보다 작기 때문에 식(11.90)과 같이 하중을 2개로 구분하여 확대모멘트를 계산한다.

$$M_1 = M_{1ns} + \delta_s M_{1s} \tag{11.90a}$$

$$M_2 = M_{2ns} + \delta_s M_{2s} \tag{11.90b}$$

여기서, M_1, M_2 : 골조에 작용하는 모멘트 중에서 작은 값과 큰 값, M_{1ns}, M_{2ns} : 계수연직하중이 작용할 때에 횡변형이 구속된 골조해석에서 구한 기둥의 단부 모멘트, M_{1s}, M_{2s} : 연직하중이 작용하지 않고 횡하중만 작용하는 상태에서의 단부 모멘트, δ_s : 횡구속 되지 않은 골조의 모멘트 확대계수이다.

② **$\delta_s M_s$ 계산**

다음 3가지 방법에 의해 계산한다.

- 2계 비선형해석으로부터 기둥의 단부 모멘트를 계산(부재의 강성은 [표 11.4]를 사용하며, 해석에서 직접 $\delta_s M_s$를 계산)
- $\delta_s \leqq 1.5$일 때 : 식(11.84)를 이용하여 식(11.91)에 의하여 $\delta_s M_s$를 계산

$$\delta_s M_s = \frac{M_s}{1-Q} \geqq M_s \tag{11.91}$$

- $\delta_s > 1.5$일 때 : 2계 비선형해석이나 식(11.92)에 의하여 $\delta_s M_s$를 계산

$$\delta_s M_s = \frac{M_s}{1-\dfrac{\sum P_u}{0.75\sum P_c}} \geqq M_s \tag{11.92}$$

여기서, $\sum P_u$: 한 층에 있는 모든 기둥에 작용하는 계수축하중의 합, $\sum P_c$: 한 층에 있는 모든 기둥의 좌굴하중 P_c의 합이다. 식(11.92)의 P_c를 계산할 때는 식(11.93)과 식(11.94)의 휨강성(EI)을 사용한다. 또한 계수축하중에 대한 β_{dns} 대신 계수전단력에 의한 β_{ds}를 사용해야 한다.

③ **조건 검토**

비횡구속골조의 확대모멘트를 압축부재 단부 사이의 모든 위치에서 검토해야 한다. 이는 식(11.90)은 최대 모멘트가 기둥 단부에 생기는 것을 전제로 하여 유도되었기 때문에 컴퓨터 프로그램을 사용하여 기둥 단부의 확대휨모멘트를 계산할 경우에 기둥 내부에서 확대되는 모멘트를 간과할 수 있기 때문이다.

④ **안정성 검토**

비횡구속골조의 기둥은 횡구속된 골조의 기둥에 비하여 연직 하중에 의한 안전성이 취약하므로 안정성에 대하여 검토해야 한다. 구조물의 중량이 크고 횡방향 강성이 작은 경우에는 $P\Delta$ 효과가 과도하게 발생할 수 있으며 구조물이 불안정한 상태가 될 수 있다.

KDS 14 20 국가건설기준에서는 $P\Delta$ 효과가 포함된 2차 해석에 의한 총 휨모멘트, 즉, 식(11.90)의 확대모멘트가 탄성 1차 해석에 의한 휨모멘트의 1.4배를 초과하지 않도록 규정하고 있다. 이는 안정성 지수 Q가 0.2 내지 0.25를 초과하는 경우에는 압축부재의 안정성에 문제가 발생하여 파괴될 가능성이 높아진다. 안정성 지수 Q가 0.2 내지 0.25인 경우는 1차 휨모멘트에 대한 2차 휨모멘트의 비율이 1.25 내지 1.33인 경우와 동등한 상태이다. 이를 반영하여 2차 효과에 의한 확대휨모멘트가 1차 해석으로 계산한 휨모멘트의 1.4배를 초과하지 않도록 제한하고 있다.

기둥의 강성

하중이 일정값 이상으로 가해지면 콘크리트 부재에 균열이 발생하며 콘크리트의 탄성계수와 단면2차모멘트가 감소할 수 있다. 따라서 식(11.55)에 의하여 좌굴하중(P_c)을 계산할 때, 식(11.93) 또는 식(11.94)를 사용하여 탄성계수와 단면2차모멘트를 계산한다.

(철근비가 크거나 정확한 해를 요구할 경우)

$$EI = \frac{0.2E_cI_g + E_sI_{se}}{1+\beta_{dns}} \tag{11.93}$$

(철근비가 적거나 간략하게 계산할 경우)

$$EI = \frac{0.4E_cI_g}{1+\beta_{dns}} \tag{11.94}$$

여기서, E_c : 콘크리트 탄성계수, E_s : 철근의 탄성계수, I_g : 콘크리트 전단면에 대한 단면2차모멘트, I_{se} : 도심에 대한 철근의 단면2차모멘트, β_{dns} : 지속하중에 의한 콘크리트의 크리프의 영향을 나타내는 계수이며, 고정하중에 의한 최대 모멘트와 전체하중에 의한 최대 모멘트에 대한 비의 절대값이다.

(횡구속골조)

$$\beta_{dns} = \frac{\text{기둥의 축방향 계수지속하중}}{\text{기둥의 최대 축방향 계수하중}} \tag{11.95}$$

(비횡구속골조)

$$\beta_{dns} = \frac{\text{해당 층의 지속하중에 의한 최대 계수전단력}}{\text{해당 층의 전체 계수전단력}} \tag{11.96}$$

예제 11-6

[예제 그림 11-6-1]의 철근콘크리트 건물 1층의 내부 기둥(C_2)에 작용하는 확대모멘트를 계산하고 이 기둥을 설계하라.

[외부 기둥 – C_1기둥]

기둥의 단면적 500×500 mm, $P_{1D} = 2{,}000$ kN, $P_{1L} = 1{,}200$ kN,
$M_{Du} = 100$ kN·m, $M_{Lu} = 240$ kN·m, $M_{Dl} = 50$ kN·m, $M_{Ld} = 120$ kN·m

[내부 기둥 – C_2기둥]

기둥의 단면적 600×600 mm, $P_{2D} = 4{,}000$ kN, $P_{2L} = 2{,}000$ kN,
$M_{Du} = 80$ kN·m, $M_{Lu} = 200$ kN·m, $M_{Dl} = 40$ kN·m, $M_{Ld} = 100$ kN·m

[1층 기둥에 연결된 모든 보]

보의 단면적 400×700 mm

(여기서, P_D : 고정하중에 의한 축하중, P_L : 활하중에 의한 축하중, M_{Du} : 기둥상부에 작용하는 고정하중에 의한 휨모멘트, M_{Dl} : 기둥하부에 작용하는 고정하중에 의한 휨모멘트, M_{Lu} : 기둥상부에 작용하는 활하중에 의한 휨모멘트, M_{Ld} : 기둥하부에 작용하는 활하중에 의한 휨모멘트)

건물에 대한 1계 탄성해석에 의하여 계산된 1층의 횡전단력 $V_w = 500$ kN이며, 1층의 횡방향처짐 $\Delta_w = 3$ mm이다. 1층 기둥의 콘크리트의 압축강도 $f_{ck} = 27$ MPa, 주철근의 설계기준항복강도 $f_y = 400$ MPa이다. 지면에 접한 기둥의 지점은 회전단으로 가정한다

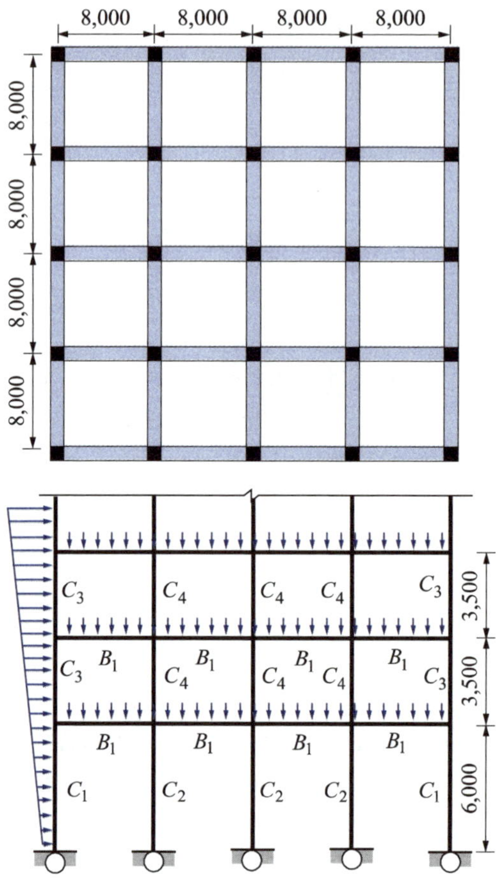

예제 그림 11-6-1 철근콘크리트 골조

풀이

(1) 횡구속골조와 비횡구속골조의 구분([그림 11.28]의 단계 1)

식(11.85)의 안정성지수(Q)를 이용하여 횡구속골조와 비횡구속골조를 구분한다.

$$Q = \frac{\sum P_u \Delta_o}{V_u l_c}$$

계수축하중의 합($\sum P_u$), 계수횡하중(V_u), 계수횡방향처짐(Δ_o)을 계산한다.

$$\sum P_u = 1.2(2{,}000 \times 2 + 4{,}000 \times 3) + 1.6(1{,}200 \times 2 + 2{,}000 \times 3)$$
$$= 32{,}640 \text{ kN}$$
$$V_u = 1.3 \times 500 = 650 \text{ kN}$$
$$\Delta_o = 1.3 \times 3 = 3.9 \text{ mm}$$

그러므로

$$Q = \frac{\sum P_u \Delta_o}{V_u l_c} = \frac{32{,}640 \times 3.9}{650 \times 6{,}000} = 0.033 < 0.05$$

안정성지수가 0.05를 초과하지 않으므로 횡구속골조로 설계해야 한다.

(2) 장주와 단주의 구분([그림 11.28]의 단계 2)

식(11.86a)의 횡구속된 골조에 대한 세장비 기준에 의하여 장주와 단주를 구분한다.

(횡구속된 골조의 단주)

$$\left(\frac{kl_u}{r}\right) \leq 34 - 12\frac{M_1}{M_2}$$

내부 기둥(C_2)의 순길이(l_u), 직사각형 단면에 대하여 단면2차반경(r), 휨모멘트를 계산한다.

$$l_u = 6{,}000 - 700/2 = 5{,}650\ \text{mm}$$
$$r = 0.3 \times h = 0.3 \times 600 = 180\ \text{mm}$$
$$M_1 = 1.2M_{Dd} + 1.6M_{Ld} = 1.2 \times 40 + 1.6 \times 100 = 208\ \text{kN} \cdot \text{m}$$
$$M_2 = 1.2M_{Du} + 1.6M_{Lu} = 1.2 \times 80 + 1.6 \times 200 = 416\ \text{kN} \cdot \text{m}$$

유효좌굴길이(k)를 [그림 11.22]를 이용하여 계산한다. [그림 11.22]를 이용하려면 내부 기둥 상·하단의 강성비(ψ_A와 ψ_B)를 식(11.57)에 의하여 먼저 계산해야 한다.

$$\psi = \frac{\sum (E_c I_c)/l_c}{\sum (E_b I_b)/l_b}$$

내부 기둥의 단면2차모멘트

$$I_g = \frac{600 \times 600^3}{12} = 10{,}800 \times 10^6\ \text{mm}^4$$
$$I_c = 0.7I_g = 7{,}560 \times 10^6\ \text{mm}^4$$

내부 기둥 상단에 연결된 보의 단면2차모멘트

$$I_g = \frac{400 \times 700^3}{12} = 11{,}433 \times 10^6\ \text{mm}^4$$
$$I_b = 0.35I_g = 4{,}002 \times 10^6\ \text{mm}^4$$

기둥과 보의 탄성계수는 동일하다.

$$\psi_A = \frac{\frac{E_c I_{C4}}{l_{C4}} + \frac{E_c I_{C2}}{l_{C2}}}{2\frac{E_b I_{B1}}{l_{B1}}} = \frac{\frac{7{,}560 \times 10^6}{3{,}500} + \frac{7{,}560 \times 10^6}{6{,}000}}{2\frac{4{,}002 \times 10^6}{8{,}000}} = 3.42$$

$$\psi_B = \frac{\frac{E_c I_{C2}}{l_{C2}}}{0} = \infty \qquad \text{(주어진 조건에서 회전단으로 가정함)}$$

[그림 11.22]를 이용하여 유효좌굴길이(k)를 계산하면 $k = 0.94$이다. 그러므로 세장비는 다음과 같다.

$$\frac{kl_u}{r} = \frac{0.94 \times 5{,}650}{180} = 29.51 > 28$$

따라서 장주로 설계해야 한다.

(3) 확대휨모멘트([그림 11.28]의 단계 3)

장주는 휨모멘트의 확대계수를 고려하여 횡구속된 기둥의 확대휨모멘트를 식(11.87)에 의하여 계산한다.

$$M_c = \delta_{ns} M_2$$

모멘트 확대계수 δ_{ns}는 식(11.88)을 사용하여 계산한다.

$$\delta_{ns} = \frac{C_m}{1 - \frac{P_u}{0.75 P_c}} \geqq 1.0$$

내부 기둥의 계수축하중(P_u)을 계산하고, 좌굴하중(P_c)을 식(11.55)에 의하여 계산한다. 이 때 휨강성(EI)은 식(11.94)에 의해 계산한다.

$$P_u = 1.2P_D + 1.6P_L = 1.2 \times 4{,}000 + 1.6 \times 2{,}000 = 8{,}000\ \text{kN}$$

휨강성(EI)은 식(11.78)에 의해 계산한다.

$$P_u = 1.2P_D + 1.6P_L = 1.2 \times 4{,}000 + 1.6 \times 2{,}000 = 8{,}000\ \text{kN}$$

$$E_c = 8{,}500\ \sqrt[3]{27+4} = 26{,}702\ \text{MPa}$$

$$\beta_{dns} = \left(\frac{1.2P_D}{P_u = (1.2P_D + 1.6P_L)} \right) = \frac{1.2 \times 4{,}000}{8{,}000} = 0.6$$

$$EI = \frac{0.4 E_c I_g}{1 + \beta_{dns}} = \frac{0.4 \times 26{,}702 \times 10{,}800 \times 10^6}{1 + 0.6} = 72.1 \times 10^{12}\ \text{N} \cdot \text{mm}^2$$

$$P_c = \frac{\pi^2 EI}{(kl_u)^2} = \frac{\pi^2 \times 72.1 \times 10^{12}}{(0.94 \times 5{,}650)^2} = 25{,}228\ \text{kN}$$

$$C_m = 0.6 + 0.4\frac{M_1}{M_2} = 0.6 + 0.4 \times \frac{208 \times 10^6}{416 \times 10^6} = 0.8$$

그러므로

$$\delta_{ns} = \frac{C_m}{1 - \dfrac{P_u}{0.75P_c}} = \frac{0.8}{1 - \dfrac{8{,}000}{0.75 \times 25{,}228}} = 1.39$$

확대휨모멘트(M_c)

$$M_c = \delta_{ns}M_2 = 1.39 \times 416 = 578.2 \text{ kN} \cdot \text{m}$$

계산된 확대휨모멘트(M_c)는 식(11.89)의 최소 모멘트($M_{2,\min}$) 이상이 되어야 한다.

$$M_{2,\min} = P_u(15 + 0.03h) = 8{,}000 \times 10^3 \times (15 + 0.03 \times 600)$$
$$= 264.0 \text{ kN} \cdot \text{m}$$

(4) 철근비를 결정한다.

축력과 휨모멘트 상관곡선에서 철근비를 계산한다.

x축 $$\frac{M_u}{A_g \cdot h} = \frac{578.2 \times 10^6}{600 \times 600 \times 600} = 2.68 \text{ MPa}$$

y축 $$\frac{P_u}{A_g} = \frac{8{,}000 \times 10^3}{600 \times 600} = 22.22 \text{ MPa}$$

계수 r 계산

$$r = \frac{h - 2d'}{h}$$

$d' = 40 \text{ mm} + 10 \text{ mm} + 12.5 \text{ mm} = 62.5 \text{ mm}$

(피복두께 + 띠철근 지름 + 주철근 지름의 1/2)

$$r = \frac{600 - 2 \times 62.5}{600} = 0.79 \rightarrow 0.8$$

[부그림 3.8]의 상관곡선을 이용하여 철근비를 결정한다.

$$\rho = 0.057$$

예제 11-7

[예제 11-6]의 철근콘크리트 건물의 2층에 작용하는 하중이 다음과 같이 바뀌었을 때 2층 내부 기둥 (C_4)에 작용하는 확대모멘트를 계산하고 이 기둥을 설계하라.

[외부 기둥 – C_3기둥]

기둥의 단면적 500×500 mm, $P_{1D} = 1{,}800$ kN, $P_{1L} = 1{,}000$ kN,

$M_{Du} = 100$ kN · m, $M_{Lu} = 240$ kN · m, $M_{Dd} = 50$ kN · m, $M_{Ld} = 120$ kN · m,

$M_{Wu} = 200$ kN · m, $M_{Wd} = 100$ kN · m

[내부 기둥 – C_4기둥]

기둥의 단면적 600×600 mm, $P_{2D} = 3{,}800$ kN, $P_{2L} = 1{,}800$ kN,

$M_{Du} = 80$ kN · m, $M_{Lu} = 200$ kN · m, $M_{Dd} = 40$ kN · m, $M_{Ld} = 100$ kN · m,

$M_{Wu} = 200$ kN · m, $M_{Wd} = 100$ kN · m

[1층 기둥에 연결된 모든 보]

보의 단면적 400×700 mm

(여기서, M_{Wu} : 횡하중에 의한 기둥 상부 휨모멘트, M_{Wd} : 횡하중에 의한 기둥 하부 휨모멘트)

건물에 대한 1계 탄성해석에 의하여 계산된 2층의 횡전단력 $V_w = 500$ kN이며, 2층의 횡방향처짐 $\Delta_w = 9$ mm이다. 기둥의 콘크리트의 압축강도 $f_{ck} = 27$ MPa, 주철근의 설계기준항복강도 $f_y = 400$ MPa이다. 지속하중에 의하여 발생하는 전단력은 없다.

풀이

(1) 횡구속골조와 비횡구속골조의 구분([그림 11.28]의 단계 1)

식(11.85)의 안정성지수(Q)를 이용하여 횡구속골조와 비횡구속골조를 구분한다.

$$Q = \frac{\sum P_u \Delta_o}{V_u l_c}$$

계수축하중의 합($\sum P_u$), 계수횡하중(V_u), 계수횡방향처짐(Δ_o)을 계산한다.

$$\sum P_u = 1.2(1{,}800 \times 2 + 3{,}800 \times 3) + 1.6(1{,}000 \times 2 + 1{,}800 \times 3)$$
$$= 29{,}840 \text{ kN}$$
$$V_u = 1.3 \times 500 = 650 \text{ kN}$$
$$\Delta_o = 1.3 \times 9 = 11.7 \text{ mm}$$

그러므로

$$Q = \frac{\sum P_u \Delta_o}{V_u l_c} = \frac{29{,}840 \times 11.7}{650 \times 3{,}500} = 0.15 > 0.05$$

안정성지수가 0.05를 초과하므로 비횡구속골조로 설계해야 한다.

(2) 장주와 단주의 구분([그림 11.28]의 단계 2)

식(11.86b)의 비횡구속골조에 대한 세장비 기준에 의하여 장주와 단주를 구분한다.

(비횡구속골조)

$$\left(\frac{kl_u}{r}\right) \leq 22$$

내부 기둥(C_4)의 순길이(l_u), 직사각형 단면에 대하여 단면2차반경(r)를 계산한다.

$$l_u = 3{,}500 - 700 = 2{,}800\ \mathrm{mm}$$

$$r = 0.3 \times h = 0.3 \times 600 = 180\ \mathrm{mm}$$

유효좌굴길이(k)를 [그림 11.22]를 이용하여 계산한다.

$$\psi = \frac{\sum (E_c I_c)/l_c}{\sum (E_b I_b)/l_b}$$

내부 기둥(C_4)의 난면2차모멘트

$$I_g = \frac{600 \times 600^3}{12} = 10{,}800 \times 10^6\ \mathrm{mm}^4$$

$$I_c = 0.7 I_g = 7{,}560 \times 10^6\ \mathrm{mm}^4$$

내부 기둥 상·하단에 연결된 보의 단면2차모멘트

$$I_g = \frac{400 \times 700^3}{12} = 11{,}433 \times 10^6\ \mathrm{mm}^4$$

$$I_b = 0.35 I_g = 4{,}002 \times 10^6\ \mathrm{mm}^4$$

기둥과 보의 탄성계수는 동일하다.

$$\psi_A = \frac{2\dfrac{E_c I_{C4}}{l_{C4}}}{2\dfrac{E_b I_{B1}}{l_{B1}}} = \frac{2\dfrac{7{,}560 \times 10^6}{3{,}500}}{2\dfrac{4{,}002 \times 10^6}{8{,}000}} = 4.32$$

$$\psi_B = \frac{\dfrac{E_c I_{C4}}{l_{C4}} + \dfrac{E_c I_{C2}}{l_{C2}}}{2\dfrac{E_b I_{B1}}{l_{B1}}} = \frac{\dfrac{7{,}560 \times 10^6}{3{,}500} + \dfrac{7{,}560 \times 10^6}{6{,}000}}{2\dfrac{4{,}002 \times 10^6}{8{,}000}} = 3.42$$

[그림 11.22]의 비횡구속골조에 대한 도표에 강성비(ψ_A와 ψ_B)를 대입하여 유효좌굴길이(k)를 계산하면 $k = 2.0$이다. 그러므로 세장비는 다음과 같다.

$$\frac{kl_u}{r} = \frac{2.0 \times 2{,}800}{180} = 31.11 > 22$$

따라서 장주로 설계해야 한다.

(3) 확대휨모멘트([그림 11.28]의 단계 3)

확대계수를 고려하여 횡구속되지 않은 기둥의 확대휨모멘트를 식(11.90)에 의하여 계산한다.

$$M_1 = M_{1ns} + \delta_s M_{1s}$$
$$M_2 = M_{2ns} + \delta_s M_{2s}$$

골조에는 고정하중, 활하중과 함께 풍하중이 작용하므로 3장에서 설명한 하중조합 중에서 가장 불리한 값(가장 큰 값)인 식(3.4d)를 이용하여 단부 모멘트를 계산한다.

$$U = 1.2D + 1.3W + 1.0L + 0.5(L_r \text{ 또는 } S \text{ 또는 } R)$$
$$M_{1ns} = 1.2 \times M_D + 1.0 \times M_L = 1.2 \times 40 + 1.0 \times 100 = 148 \text{ kN}\cdot\text{m}$$
$$M_{2ns} = 1.2 \times M_D + 1.0 \times M_L = 1.2 \times 80 + 1.0 \times 200 = 296 \text{ kN}\cdot\text{m}$$
$$M_{1s} = 1.3 \times M_W = 1.3 \times 100 = 130 \text{ kN}\cdot\text{m}$$
$$M_{2s} = 1.3 \times M_W = 1.3 \times 200 = 260 \text{ kN}\cdot\text{m}$$

모멘트 확대계수(δ_s)를 1.5 이하로 가정하고, 식(11.91)에 의하여 δ_s를 계산한다.

$$\delta_s = \frac{1}{1-Q} = \frac{1}{1-0.15} = 1.18$$

그러므로 비횡구속골조의 확대모멘트는 다음과 같다.

$$M_1 = M_{1ns} + \delta_s M_{1s} = 148 + 1.18 \times 130 = 301.4 \text{ kN}\cdot\text{m}$$
$$M_2 = M_{2ns} + \delta_s M_{2s} = 296 + 1.18 \times 260 = 602.8 \text{ kN}\cdot\text{m}$$

(4) 안정성 검토

비횡구속골조의 기둥은 횡구속된 골조의 기둥에 비하여 연직 하중에 의한 안정성이 취약하므로 안정성을 검토해야 한다. 계산한 확대모멘트 $M_2 = 602.8 \text{ kN}\cdot\text{m}$는 1차모멘트 $M_{2ns} + M_{2s} = 296 + 260 = 556.0 \text{ kN}\cdot\text{m}$의 1.08배이며 이 값은 1.4배 이하이므로 안정적이다.

(5) 철근비를 결정한다.

축력과 휨모멘트 상관곡선에서 철근비를 계산한다.

$$x\text{축} \qquad \frac{M_u}{A_g \cdot h} = \frac{602.8 \times 10^6}{600 \times 600 \times 600} = 2.79 \text{ MPa}$$

$$y\text{축} \qquad \frac{P_u}{A_g} = \frac{7{,}440 \times 10^3}{600 \times 600} = 20.67\ \text{MPa}$$

계수 r 계산

$$r = \frac{h - 2d'}{h}$$

$$d' = 40\ \text{mm} + 10\ \text{mm} + 12.5\ \text{mm} = 62.5\ \text{mm}$$

(피복두께 + 띠철근 지름 + 주철근 지름의 1/2)

$$r = \frac{600 - 2 \times 62.5}{600} = 0.79 \ \rightarrow \ 0.8$$

$$P_u = 1.2P_D + 1.6P_L = 1.2 \times 3{,}800 + 1.6 \times 1{,}800 = 7{,}440\ \text{kN}$$

[부그림 3.8]의 축력과 휨모멘트 상관곡선을 이용하여 철근비를 결정한다.

$$\rho = 0.053$$

Chapter 11 연습문제

11.1 축력이 철근콘크리트 기둥의 연성능력과 부재 거동에 어떠한 영향을 미치는지 그 특징을 설명하라.

11.2 횡방향구속철근이 철근콘크리트 기둥의 연성능력과 부재 거동에 어떠한 영향을 미치는지 그 특징을 설명하라.

11.3 축력과 휨모멘트를 받는 철근콘크리트 기둥의 파괴모드를 네 가지로 구별하고 특징을 설명하라.

11.4 [연습 그림 11.1]의 단면을 갖고 있는 기둥의 축력-휨모멘트 상관곡선을 작성하라. 주철근은 모두 D22 철근이며, 설계기준항복강도는 $f_y = 400\,\text{MPa}$이다. D22 철근의 단면적은 $387.1\,\text{mm}^2$이다.

(1) $f_{ck} = 24\,\text{MPa}$

(2) $f_{ck} = 27\,\text{MPa}$

(3) $f_{ck} = 40\,\text{MPa}$

(4) $f_{ck} = 60\,\text{MPa}$

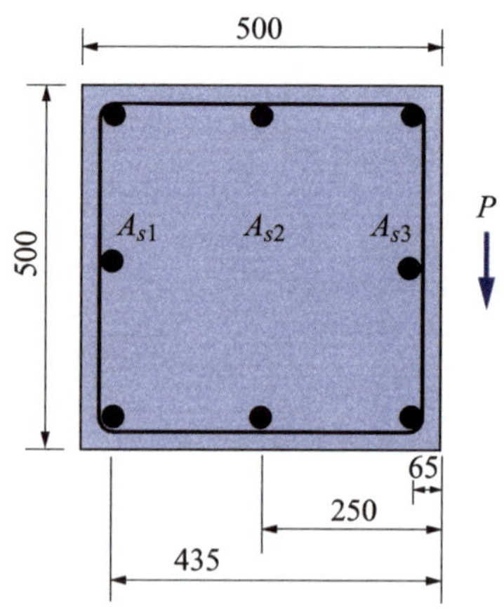

연습 그림 11.1 기둥 단면(단위 : mm)

11.5 정사각형 단면(600×600 mm)을 갖고 있는 기둥(단주)에 다음과 같은 축하중과 휨모멘트가 작용한다. $f_{ck} = 27$ MPa, $f_y = 400$ MPa

축하중 : $P_D = 1{,}000$ kN, $P_L = 600$ kN,

휨모멘트 : $M_D = 170$ kN · m, $M_L = 250$ kN · m

11.6 [연습 그림 11.2]의 고층 철근콘크리트 건물의 1층에 다음과 같이 하중이 작용한다. 1층의 외부 기둥(C_1)과 내부 기둥(C_2)에 작용하는 확대모멘트를 계산하고 이 기둥을 설계하라.

[외부 기둥 - C_1기둥]
기둥의 단면적 500×500 mm, $P_{1D} = 2{,}000$ kN, $P_{1L} = 1{,}000$ kN,
$M_{Du} = 120$ kN · m, $M_{Lu} = 240$ kN · m, $M_{Dd} = 60$ kN · m, $M_{Ld} = 120$ kN · m,
$M_{Wu} = 200$ kN · m, $M_{Wd} = 100$ kN · m

[내부 기둥 - C_2기둥]
기둥의 단면적 600×600 mm, $P_{2D} = 4{,}000$ kN, $P_{2L} = 1{,}800$ kN,
$M_{Du} = 100$ kN · m, $M_{Lu} = 200$ kN · m, $M_{Dd} = 50$ kN · m, $M_{Ld} = 100$ kN · m,
$M_{Wu} = 200$ kN · m, $M_{Wd} = 100$ kN · m

[1층 기둥에 연결된 모든 보]
보의 단면적 400×700 mm
(여기서, M_{Wu} : 횡하중에 의한 기둥 상부 휨모멘트, M_{Wd} : 횡하중에 의한 기둥 하부 휨모멘트)

건물에 대한 1계 탄성해석에 의하여 계산된 1층의 횡전단력 $V_w = 500$ kN이며, 1층의 횡방향처짐 $\Delta_w = 9$ mm이다. 1층 기둥의 콘크리트의 압축강도 $f_{ck} = 27$ MPa, 주철근의 설계기준항복강도 $f_y = 400$ MPa이다. 1층 기둥의 지점은 고정단으로 가정한다.

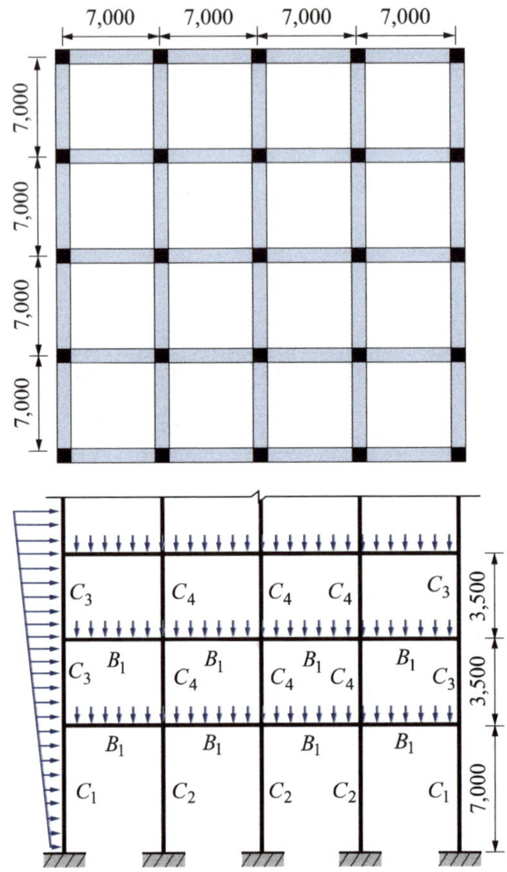

연습 그림 11.2 건물의 평면과 입면(단위 : mm)

Chapter

12

슬래브의 설계

12.1 일반 사항

12.2 슬래브 해석과 설계의 기본 사항

12.3 2방향 슬래브의 설계 - 직접설계법

12.4 2방향 슬래브의 설계 - 등가골조법

12.5 1방향 슬래브의 설계

12.6 슬래브의 전단 설계

12.1 일반 사항

슬래브는 상부에 작용하는 활하중과 자중을 인접한 보나 기둥(또는 벽체)에 전달하는 수평 부재이다([그림 12.1] 참조). 따라서 슬래브는 보와 유사하게 휨모멘트와 전단력을 지지하지만 보에 비하여 단면의 폭이 넓다. 또한 슬래브는 자체의 변형이 비교적 작기 때문에 강성이 큰 격막작용(diaphragm action)에 의하여 지진하중이나 풍하중과 같은 수평하중을 지지하며, 지하 구조물에서는 지압이나 토압을 받는 벽체를 지지하여 횡력에 저항한다.

슬래브는 보의 유·무에 따라서 구별되며 [그림 12.2]의 보가 없는 평슬래브(flat slabs)와 보가 있는 보슬래브(beam slabs)로 구별할 수 있다.

① 평슬래브(flat slabs)는 보가 없기 때문에 층고를 낮출 수 있고, 거푸집 제작이 용이하여 공기를 단축하고 시공성을 향상시킬 수 있다. 또한 배관과 배선을 설치하기 쉽고, 채광과 통풍성이 우수하여 장기 응력이 크게 작용하는 창고나 공장에 많이 사용된다. 다만, 수평하중에 대한 강성이 작고, 층간 변형이 크기 때문에 구조 계획 시에 적절한 내력벽의 배치가 필요하고, 2방향전단(two-way shear)에 의한 연쇄 붕괴에 대비하여 철근 상세와 슬래브 두께를 정해야 한다.

② 보슬래브(beam slabs)는 상부 하중이 보를 통하여 전달되는 슬래브로 평슬래브(flat slabs)와 다르게 층고가 높고 시공 효율성이 낮지만, 수평 하중에 대한 강성이 크며 2방향전단에 의한 연쇄붕괴 방지에 유리하다.

또한 슬래브는 긴 변과 짧은 변의 길이 차이에 따라 [그림 12.2]의 1방향 슬래브(one-way slabs)와 2방향 슬래브(two-way slabs)로 구별할 수 있다.

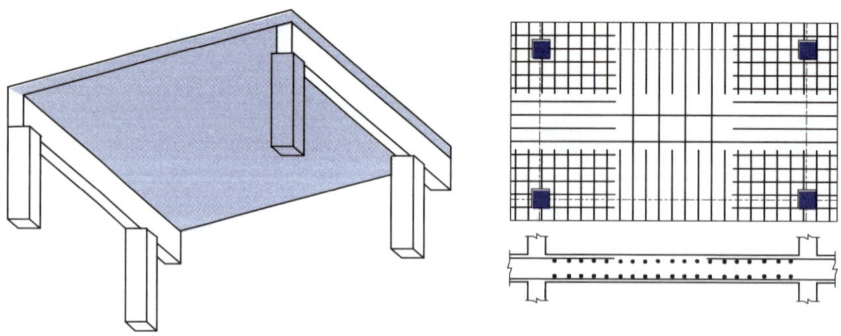

(a) 슬래브　　(b) 슬래브의 철근

그림 12.1 철근콘크리트 슬래브와 철근

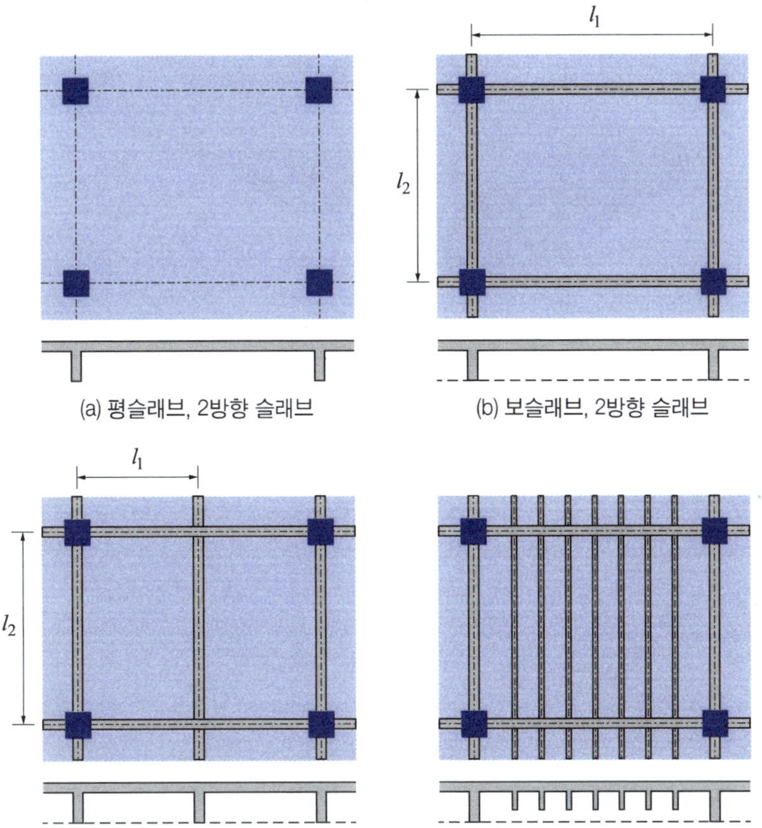

그림 12.2 철근콘크리트 슬래브의 종류

① 1방향 슬래브는 짧은 변과 긴 변의 길이 차이가 2배를 초과하는 슬래브이다. 슬래브에 작용하는 대부분의 힘이 짧은 변으로 전달된다.

② 2방향 슬래브는 짧은 변과 긴 변의 길이 차이가 2배 이하인 슬래브이다. 슬래브에 작용하는 힘이 짧은 변과 긴 변에 거의 균등하게 전달된다.

두 슬래브는 단변과 장변의 길이의 차이에 따라서 하중이 다르게 전달된다. 탄성해석에 근거하여 계산된 1방향 슬래브와 2방향 슬래브의 처짐 형상을 살펴보면, [그림 12.3]과 같이 1방향 슬래브의 처짐은 짧은 변 방향으로 발생하지만, 2방향 슬래브의 처짐은 부재의 중앙점을 중심으로 발생한다. x 방향의 슬래브 길이(l_x)가 y 방향의 슬래브 길이(l_y)보다 짧을 경우에 탄성해석에 의한 처짐 값은 식(12.1a, b)와 같다.

그림 12.3 슬래브의 변형

(x방향 중앙부 처짐)

$$\Delta_x = k\frac{w_x {l_x}^4}{EI} \tag{12.1a}$$

(y방향 중앙부 처짐)

$$\Delta_y = k\frac{w_y {l_y}^4}{EI} \tag{12.1b}$$

여기서, k : 경계조건에 의한 계수값(단순지지의 경우 5/384, 고정단의 경우 1/384), w_x : x방향의 하중, w_y : y방향의 하중, E : 탄성계수, I : 단면2차모멘트이다.

식(12.1a)와 (12.1b)의 처짐값은 슬래브의 중앙점에서 동일해야 하므로($w_x = w_y$) 두 식에서 식(12.2)를 유도할 수 있다.

$$w_x = \frac{{l_y}^4}{{l_x}^4 + {l_y}^4} w \tag{12.2}$$

여기서, w : 전체 하중($w = w_x + w_y$)이다.

따라서 1방향 슬래브처럼 짧은 변과 긴 변의 길이의 차이가 2배인 경우에 식(12.2)에 의하여 계산된 x 방향의 하중(w_x)은 $w_x = 0.94w$가 되어 짧은 변이 전체 하중의 94퍼센트를 지지하게 된다.

슬래브의 보강철근은 [그림 12.1]과 같이 주철근으로 이루어지며 7장에서 설명한 1방향전단철근을 배근할 필요가 없다. 그러나 기둥을 중심으로 발생하는 2방향전단에 저항하기 위하여 필요할 경우에 기둥을 중심으로 전단철근을 배근하기도 한다. 또한, 평슬래브의 경우에는 2방향전단에 저항하기 위하여 기둥 주변에 지판(drop panel)이나 기둥머리(주두, column capital)를 설치하기도 한다.

이 밖에도 슬래브를 설계하기 위해서는 처짐, 구조물 상·하층간의 차음 및 진동에 대하여 검토해야 한다. 12장의 전반부에서는 2방향 슬래브의 설계방법에 대하여 기술하고, 후반부에서는 1방향 슬래브의 설계 방법과 전단 설계에 대하여 기술한다.

12.2 슬래브 해석과 설계의 기본 사항

구조해석에서는 3차원 부재를 선으로 이루어진 구조모델로 만든 후에 부재의 휨모멘트, 전단력 등을 계산한다. 슬래브와 보의 구조설계도 [그림 12.4]와 같이 부재의 중심선을 연결하여 간략화 한 후에 구조 계산할 수 있다. 보와 같이 부재의 폭(b)이 비교적 작은 부재에 대해서는 선으로 간략화하여 계산한 휨모멘트, 전단력 등을 부재의 폭 전체에 일정한 값으로 적용하여도 실제 값과 큰 차이가 발생하지 않는다. 그러나 슬래브와 같이 부재의 폭(l_2)이 넓을 경우에 부재를 선형으로 간략화하여 계산한 결과를 부재의 전체 폭에 일정하게 적용하면, 실제 값과 큰 차이가 발생할 수 있다. 이는 슬래브는 면부재로 짧은 변과 긴 변의 차이, 지판의 유·무, 주변 부재(보, 기둥)의 강성의 차이 등에 의하여 응력과 처짐 등의 분포가 다르기 때문이다. 이처럼 면부재를 선형화해서 얻은 결과가 실제 응력분포와 다를 수 있지만 설계에서는 설계의 단순화를 위해 면부재를 선형 구조모델로 만든 후에 계산한 결과를 이용한다. 다만 적용한 값이 실제값과 근접할 수 있도록 다음과 같이 여러 세부 사항을 규정하고 있다.

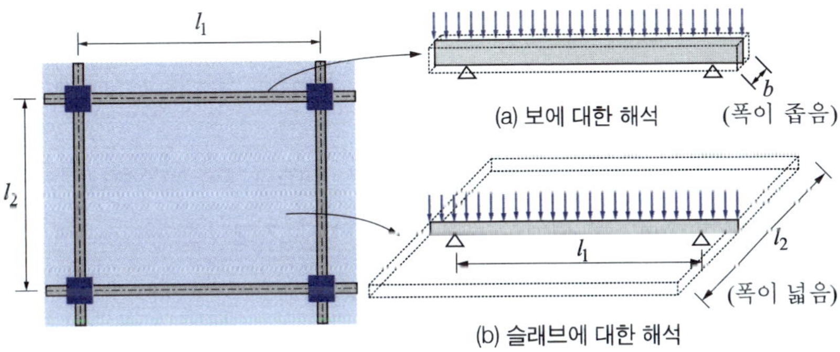

그림 12.4 보와 슬래브의 해석

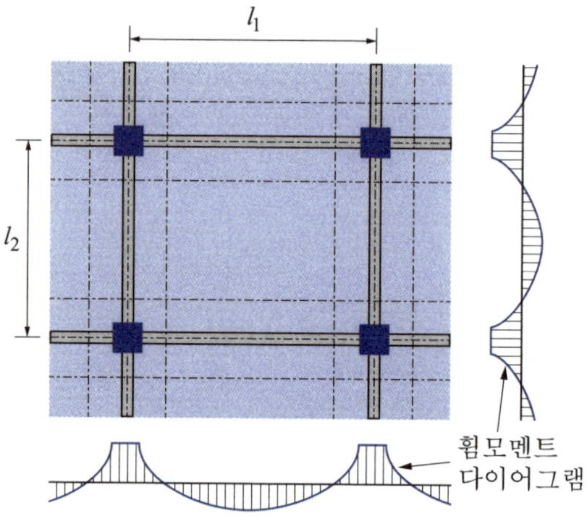

그림 12.5 슬래브의 휨모멘트 분포

12.2.1 설계대

[그림 12.5]에서 판을 이루고 있는 슬래브의 휨모멘트는 부재의 길이에 일정하게 분포하지 않고 기둥열에 가까운 슬래브에 큰 모멘트가 집중되며, 슬래브의 중앙부에 작은 모멘트가 분포한다. 따라서 설계에서는 슬래브를 다음의 두 구간으로 구분한다.

① **주열대**(column strip) : 기둥의 중심선에 가까운 슬래브 영역, 주로 부모멘트가 작용한다. 주열대의 크기는 [그림 12.6]과 같이 슬래브의 양 변 중에서 작은 쪽 변의 길이를 중심으로 한다. 예를 들어 [그림 12.6]에서 좌·우측 슬래브의 길이(l_1)가 앞·뒤측 슬래브의 길이(l_2)보다 클 경우에 주열대의 폭은 작은 쪽의 길이(l_2)를 이용하여 기둥에서 양쪽 면으로 각각 $l_2/4$만큼 떨어진 길이의 합으로 한다.

② **중간대**(middle strip) : 슬래브의 중간 영역, 주로 정모멘트가 작용한다. 중간대는 슬래브의 전체 크기에서 주열대의 영역을 제외한 영역이다.

12.2.2 보와 슬래브의 강성비

기둥, 보, 슬래브 등의 구조부재는 연결된 부재의 강성비(EI의 비율)에 따라서 전달되는 하중의 분포가 달라진다. 슬래브의 경우에도 4변에 연결된 보의 강성과 슬래브의 강성에 따라서 모멘트의 분포가 달라진다. 보의 강성이 클 경우에는 슬래브의 부모멘트가 커지지만, 보의 강성이

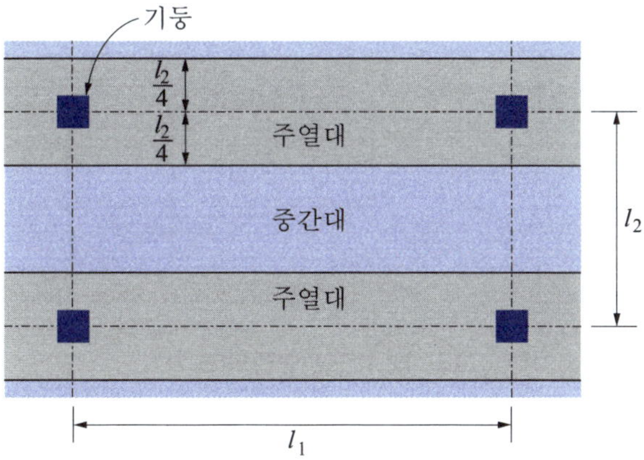

(a) $l_1 > l_2$ 의 경우

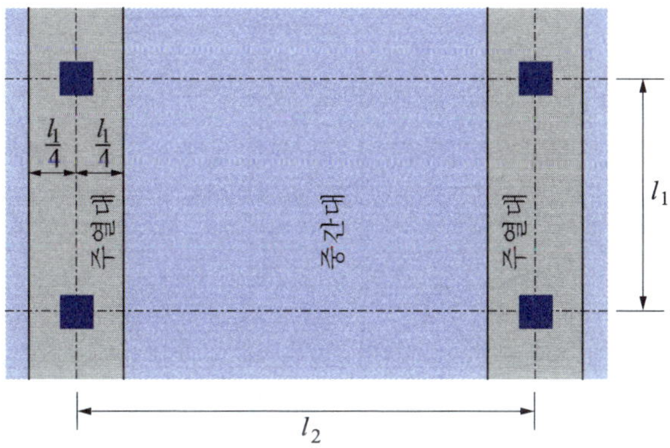

(b) $l_1 < l_2$ 의 경우

그림 12.6 주열대와 중간대의 구분

작을 경우에는 슬래브의 정모멘트가 커진다. 이러한 휨모멘트 분포를 평가하기 위해서는 식 (12.3)에 의하여 보와 슬래브의 상대강성비를 계산해야 한다.

$$\alpha = \frac{E_{cb}' I_b}{E_{cs}' I_s} \tag{12.3}$$

여기서, E_{cb} : 보의 콘크리트 탄성계수, E_{cs} : 슬래브의 콘크리트 탄성계수, I_b : 균열이 발생하기 이전의 보의 단면2차모멘트, I_s : 균열이 발생하기 이전의 슬래브의 단면2차모멘트이다.

식(12.3)의 보의 단면2차모멘트는 균열이 발생하기 이전의 값을 사용하며, 단면의 크기에 따라서 다르게 계산된다. 보와 슬래브가 일체화 되게 설계될 때 슬래브의 일부가 보와 같은 역할을 하므로 T형보와 유사한 개념에 의하여 보의 단면을 계산한다. 보의 단면은 [그림 12.7]의 한쪽 방향에만 슬래브가 연결된 경우와 양쪽 방향으로 슬래브가 연결된 경우로 구분하여 계산한다.

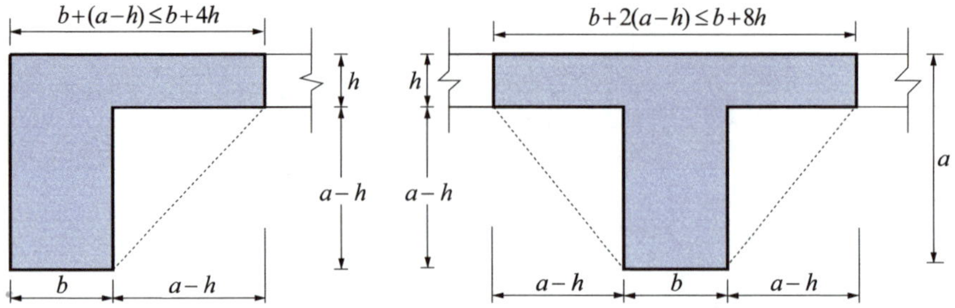

그림 12.7 보 단면의 크기

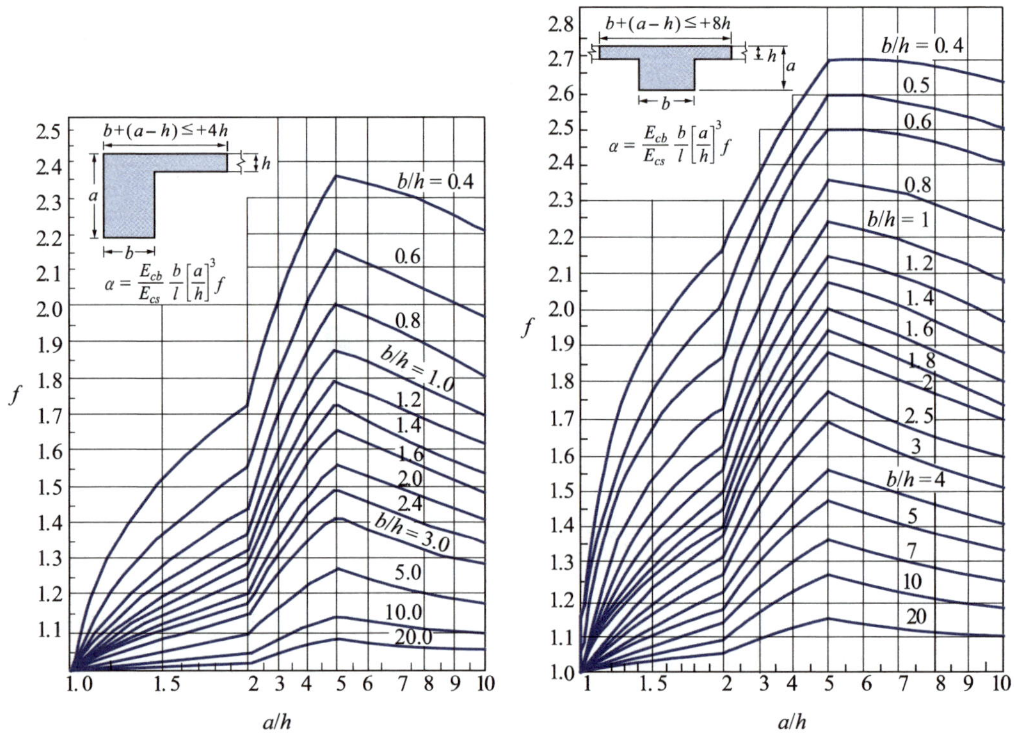

(a) 가장자리보 (b) 중간보

그림 12.8 보와 슬래브 상대강성(α) 계산용 도표

① **한쪽 방향으로만 슬래브가 연결된 경우** : 유효폭 $= b+(a-h)$, 계산된 유효폭은 $b+4h$ 보다 작아야 한다.

② **양쪽 방향으로 슬래브가 연결된 경우** : 유효폭 $= b+2(a-h)$, 계산된 유효폭은 $b+8h$ 보다 작아야 한다.

여기서, h : 슬래브의 두께, b : 보의 폭, a : 슬래브의 두께에 보의 높이를 합한 값이다. 보가 없는 평슬래브의 경우에는 식(12.3)에 의하여 계산한 강성비(α)는 영(0)이다.

내부 보와 외부 보에 대한 상대강성비(α)를 계산하기 위해서 [그림 12.8]을 이용할 수 있다. [그림 12.8]에서는 a/h 와 b/h 를 대입하여 f 값을 계산한 후에 그림 안의 식을 이용하여 상대강성비(α)를 계산한다.

12.2.3 2방향 슬래브의 최소 두께

철근콘크리트 구조물의 설계는 3장에서 언급하였듯이 강도에 대한 한계와 사용성에 대한 한계로 구분하여 설계해야 한다. 슬래브의 경우도 강도에 대한 한계와 처짐, 균열, 진동 등의 사용성에 대한 한계를 만족할 수 있도록 설계해야 한다.

슬래브의 사용성에 대한 한계는 슬래브의 두께와 밀접한 관련이 있다. 즉, 슬래브 두께가 두꺼울 경우에 슬래브의 처짐, 균열 및 진동이 작아진다. 슬래브의 사용성에 대한 한계는 보에 비하여 계산하기가 복잡하다. 따라서 구조설계를 보다 편하게 하기 위하여 실험과 탄성해석 등에 근거하여 사용성에 대한 한계를 만족할 수 있는 슬래브의 최소 두께를 계산한 후, 슬래브의 두께가 최소 두께를 초과할 경우에는 별도로 사용 한계를 검토할 필요가 없도록 하고 있다.

내부 보가 없는 슬래브

슬래브의 주위에 보가 없는 경우에 슬래브의 처짐은 커진다. 따라서 설계기준에서는 슬래브 주위에 보가 없거나, 슬래브 4변의 평균 상대강성비(α_m, 슬래브 4변의 α의 평균값)가 0.2 이하인 슬래브의 최소 두께는 [표 12.1]을 만족하면서 다음 값 이상이 되도록 규정하고 있다. 여기서 α_m을 기준으로 정하는 이유는 4변에 보가 있는 슬래브의 경우에도 보의 크기가 작으면 보가 없는 평슬래브와 유사한 거동을 하게 되므로 설계에서는 보와 슬래브의 상대강성비를 이용하여 보슬래브와 평슬래브를 구분한다.

- 지판이 없는 슬래브 : 120 mm 이상
- 지판이 있는 슬래브 : 100 mm 이상

[표 12.1]에서 슬래브의 최소 두께는 다음 요소에 의하여 영향을 받는다.

- 지판의 유·무 : 지판이 없으면 슬래브의 두께는 증가한다.
- 외부 슬래브, 내부 슬래브 : 외부 슬래브가 내부 슬래브보다 두껍다.
- 테두리보의 유·무 : 테두리보가 없으면 슬래브의 두께는 증가한다.
- 철근의 항복강도 : 철근의 항복강도가 증가하면 슬래브의 두께는 증가한다.

표 12.1 내부에 보가 없는 슬래브의 최소 두께

철근항복강도 f_y [MPa]	지판이 없는 경우			지판이 있는 경우		
	외부 슬래브		내부 슬래브	외부 슬래브		내부 슬래브
	테두리보가 없는 경우	테두리보가 있는 경우		테두리보가 없는 경우	테두리보가 있는 경우	
300	$l_n/32$	$l_n/35$	$l_n/35$	$l_n/35$	$l_n/39$	$l_n/39$
350	$l_n/31$	$l_n/34$	$l_n/34$	$l_n/34$	$l_n/37.5$	$l_n/37.5$
400	$l_n/30$	$l_n/33$	$l_n/33$	$l_n/33$	$l_n/36$	$l_n/36$
500	$l_n/28$	$l_n/31$	$l_n/31$	$l_n/31$	$l_n/33$	$l_n/33$
600	$l_n/26$	$l_n/29$	$l_n/29$	$l_n/29$	$l_n/31$	$l_n/31$

l_n : 슬래브의 순경간

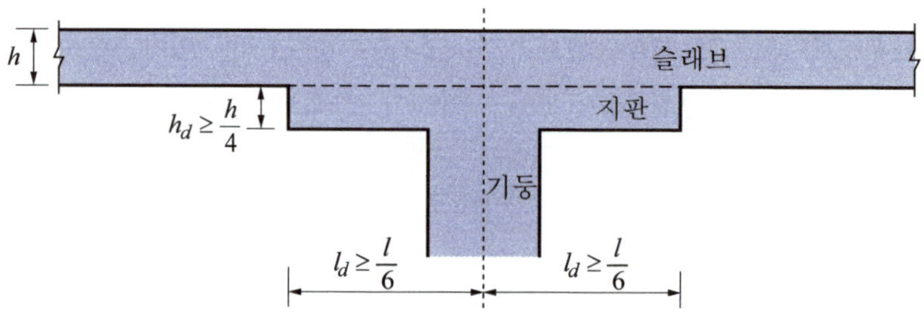

그림 12.9 지판의 크기

기둥 상부에 설치하는 지판(支板, drop plate)은 기둥 주변에 작용하는 집중 하중을 분산시키기 위하여 설치하는 판이다. 지판은 기둥 주위의 부모멘트를 증대시키고 2방향전단내력을 크게 한다. 다만 너무 작은 지판은 이러한 효과를 발휘하지 못하므로 설계기준에서는 [그림 12.9]와 같이 지판의 높이와 폭을 규정하고 있다.

- 지판의 두께 : $h_d \geqq h/4$
- 지판 중심선에서 바깥쪽으로 연결된 길이 : $l_d \geqq l/6$

여기서, h : 슬래브의 두께, l : 슬래브의 경간 길이이다.

내부 보가 있는 슬래브

슬래브의 주위에 보가 있고 슬래브 4변의 평균 상대강성비(α_m)가 0.2를 초과하는 슬래브의 최소 두께는 식(12.4)와 식(12.5)에 의하여 계산한다.

$0.2 < \alpha_m < 2.0$인 경우

$$h = \frac{l_n\left(800 + \frac{f_y}{1.4}\right)}{36,000 + 5,000\beta\left[\alpha_m - 0.2\right]} \geq 120\,\mathrm{mm} \tag{12.4}$$

$\alpha_m \geq 2.0$인 경우

$$h = \frac{l_n\left(800 + \frac{f_y}{1.4}\right)}{36,000 + 9,000\beta} \geq 90\,\mathrm{mm} \tag{12.5}$$

여기서, h : 슬래브 두께, l_n : 긴 변 순 경간, α_m : 슬래브 4변의 α의 평균값, β : 슬래브 긴 변의 순 경간/슬래브 짧은 변의 순 경간이다.

슬래브의 가장자리가 불연속인 경우에 대해서는 상대강성비가 0.8α 이상인 테두리보를 설치하거나, 식(12.4) 또는 (12.5)에 의하여 계산한 슬래브 최소 두께의 1.1배 이상을 슬래브 최소 두께로 해야 한다.

12.2.4 온도와 건조수축에 대한 보강

콘크리트의 주요한 약점 중의 하나는 인장강도가 약하여 균열이 쉽게 발생할 수 있다는 점이다. 2장에서 설명하였듯이 콘크리트는 타설된 이후에 콘크리트 내부의 여분수(여분의 물)가 증발하여 콘크리트의 체적이 감소한다. 이처럼 시간이 경과함에 따라서 여분수가 발산하여 체적이 감소하는 현상을 건조수축이라 하며, 건조수축은 시간, 물-시멘트 비, 시멘트의 종류, 상대습도 등의 다양한 요소에 의하여 영향을 받는다. 또한 슬래브는 체적이 비교적 크기 때문에 타설 시에 발생한 수화열이 슬래브 전체에서 일정하게 발산되지 않고, 슬래브의 가장자리에서는 수화열이 빨리 발산하여 체적이 수축하는 반면에 슬래브의 중앙부에서는 수화열이 늦게 발산하여 체적이 팽창하는 경향이 있다. 특히, 슬래브는 수변에 연결된 보나 기둥 및 철근에 의하여 슬래브의 변형이 구속되어 있기 때문에 건조수축과 온도의 차이가 발생할 경우에 슬래브의 변형을 방해하는 구속 요소에 의하여 슬래브 내부에 인장응력이 발생하여 균열이 발생할 수 있다(예제 2-1 참조).

설계에서는 균열이 발생한 콘크리트의 인장응력을 이형철근이나 용접철망이 대신 저항할 수 있도록 수축과 온도철근의 철근비($\rho_{\min}$)를 식(12.6)과 식(12.7)에 의하여 규정한다.

$f_y = 400\,\mathrm{MPa}$ 이하인 이형철근이나 용접철망

$$\rho_{\min} \geq 0.002 \tag{12.6}$$

$f_y > 400\,\mathrm{MPa}$인 이형철근이나 용접철망

$$\rho_{\min} = 0.002 \times \frac{400}{f_y} \tag{12.7}$$

다만, 식(12.6)과 식(12.7)에 의하여 계산한 철근 단면적($A_{s,\min}$)이 슬래브 단위 m당 1,800 mm^2보다 크게 할 필요는 없다. 식(12.6)과 식(12.7)을 이용하여 철근 단면적($A_{s,\min}$)을 계산할 때는 슬래브 콘크리트의 전체 면적을 철근비($\rho_{\min}$)에 곱하여 계산한다. 즉 $A_{s,\min} = \rho_{\min} \times (b \times h)$이며, 보와 같이 유효높이($d$)를 사용하지 않음에 주의해야 한다.

수축과 온도철근의 배근 간격은 식(12.8) 값의 작은 값을 사용해야 하며, 계산에 의하여 철근 보강이 필요하지 않는 경우에도 수축과 온도철근을 배근해야 한다.

$$s_{\max} = \min(5h,\ 450\,\mathrm{mm}) \tag{12.8}$$

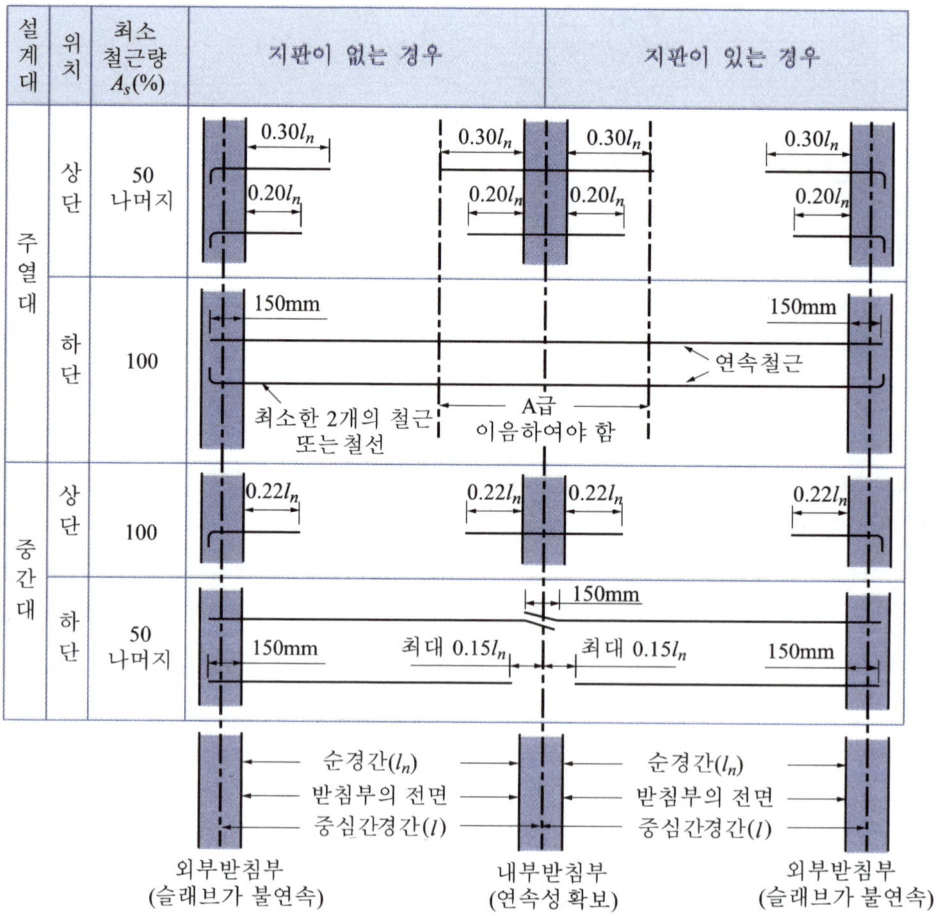

그림 12.10 보가 없는 슬래브에 배근되는 철근의 최소 정착길이

12.2.5 보가 없는 슬래브의 철근 배근

보가 없는 슬래브는 슬래브의 하중을 기둥에 직접 전달해야 하므로 보가 있는 슬래브에 비하여 2방향전단에 취약하다. 특히 2방향전단파괴에 의하여 상부 슬래브가 붕괴되어 하부 슬래브에 낙하될 경우에 건물 전체가 연쇄 붕괴할 위험이 있으므로 철근의 배근에 주의해야 한다. 설계에서는 보가 없는 슬래브 철근의 최소 정착길이를 지판이 없는 경우와 지판이 있는 경우로 구분하여 [그림 12.10]과 같이 규정하고 있다. 슬래브 철근의 최소 정착길이는 주열대와 중간대 및 상단과 하단에서 다르다.

12.3 2방향 슬래브의 설계 – 직접설계법

12장 서론에서 설명하였듯이 1방향 슬래브와 2방향 슬래브가 지지하는 힘의 분배가 다르므로 설계에서는 두 슬래브의 해석을 다르게 한다. 2방향 슬래브의 설계법은 직접설계법(direct design method)과 등가골조법(equivalent frame method)으로 나누어진다.

12.3.1 직접설계법의 적용범위

연속 슬래브에 발생하는 휨모멘트는 부재에 작용하는 하중과 연속하는 슬래브의 크기가 유사할 경우에 일정한 규칙을 갖고 변화한다. 직접설계법은 이러한 규칙성을 이용하여 특별한 구조해석 없이도 슬래브의 휨모멘트를 간략하게 구할 수 있도록 하는 방법이다. 다만, 직접설계법을 적용하기 위해서는 슬래브가 다음의 여섯 가지 조건을 만족해야 한다.

① 각 방향으로 3경간 이상 연속인 슬래브이어야 한다.

② 슬래브판은 직사각형이며, 슬래브의 긴 변과 짧은 변의 비는 2배 이하이어야 한다. 즉, 2방향 슬래브이어야 한다.

③ 각 방향으로 슬래브의 연속한 경간 길이는 긴 경간의 1/3 이상 차이가 있어서는 안 된다.

④ 기둥은 어떠한 축에서도 연속되는 기둥 중심선에서 경간 길이의 10퍼센트 이상 바깥쪽으로 벗어나면 안 된다.

⑤ 모든 하중은 등분포로 작용하는 연직 하중이어야 하며, 활하중은 고정하중의 3배 이하가 되어야 한다.

⑥ 슬래브의 모든 변에서 보가 슬래브판을 지지할 경우(즉, 보슬래브의 경우), 직교하는 두 방

향에서 보의 상대강성 $\alpha_1 l_2{}^2 / (\alpha_2 l_1{}^2)$은 0.2 이상 5.0 이하가 되어야 한다.

12.3.2 설계휨모멘트

연속 슬래브의 휨모멘트는 외부 슬래브, 내부 슬래브, 정모멘트 또는 부모멘트를 받는 슬래브, 주열대 또는 중간대의 구분에 의하여 10가지로 구분할 수 있다. 직접설계법에서는 전체 정정 계수휨모멘트를 계산한 후에, 이를 이용하여 슬래브의 모멘트를 10가지로 분배하여 설계한다.

전체 정정 계수휨모멘트

[그림 12.11]에서 일정한 크기의 등분포하중을 지지하는 부재의 전체 정정 계수휨모멘트(M_o)는 지점의 종류와 무관하게 식(12.9)에 의해 계산한다. 지지점의 경계조건이 달라질 경우에 단부와 중앙부의 부모멘트와 정모멘트의 분배 비율이 달라지지만, 식(12.9)에 의하여 계산된 M_o의 절대값은 항상 일정하다. 직접설계법에서는 전체 정정 계수휨모멘트(M_o)를 먼저 계산한 후, 이를 적정한 비율로 분배하여 슬래브 각 위치의 모멘트를 계산한다.

$$M_o = M_c + M_s = \frac{w_u l_2 l_n{}^2}{8} \tag{12.9}$$

여기서, l_n : 기둥(또는 기둥머리, 벽체)의 내면 사이의 거리이며, l_n은 $0.65 l_1$ 이상이 되어야 함 ($l_n \geq 0.65 l_1$), l_1 : 모멘트가 산정되는 방향의 기둥 중심간 거리, l_2 : 모멘트가 산정되는 방향과 수직되는 방향으로 측정한 지지부 중심간 거리, w_u : 하중계수를 적용한 단위면적(m^2)에 작용하는 하중의 분포이며, 단위는 $\mathrm{N/m^2}$이다.

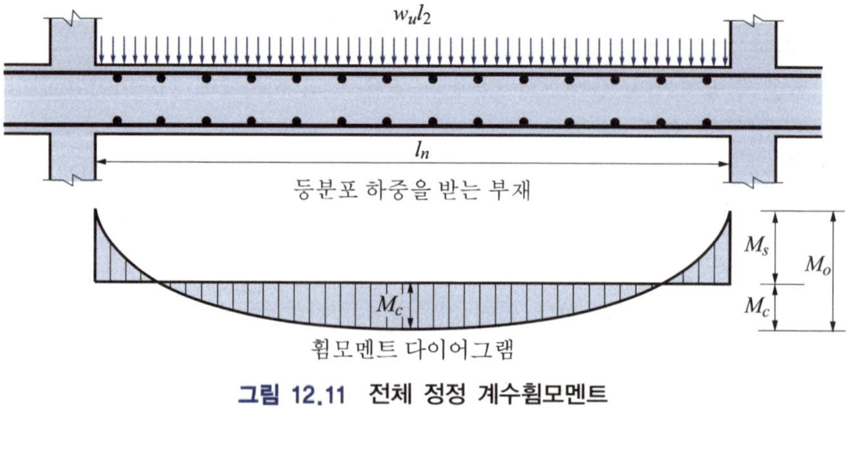

그림 12.11 전체 정정 계수휨모멘트

정모멘트와 부모멘트의 분배

[그림 12.12]는 연속 슬래브의 휨모멘트 분포를 나타낸다. 슬래브의 단부와 중앙부에는 각각 부모멘트와 정모멘트가 작용하며, 외부 슬래브와 내부 슬래브에 작용하는 휨모멘트 분포가 다르다.

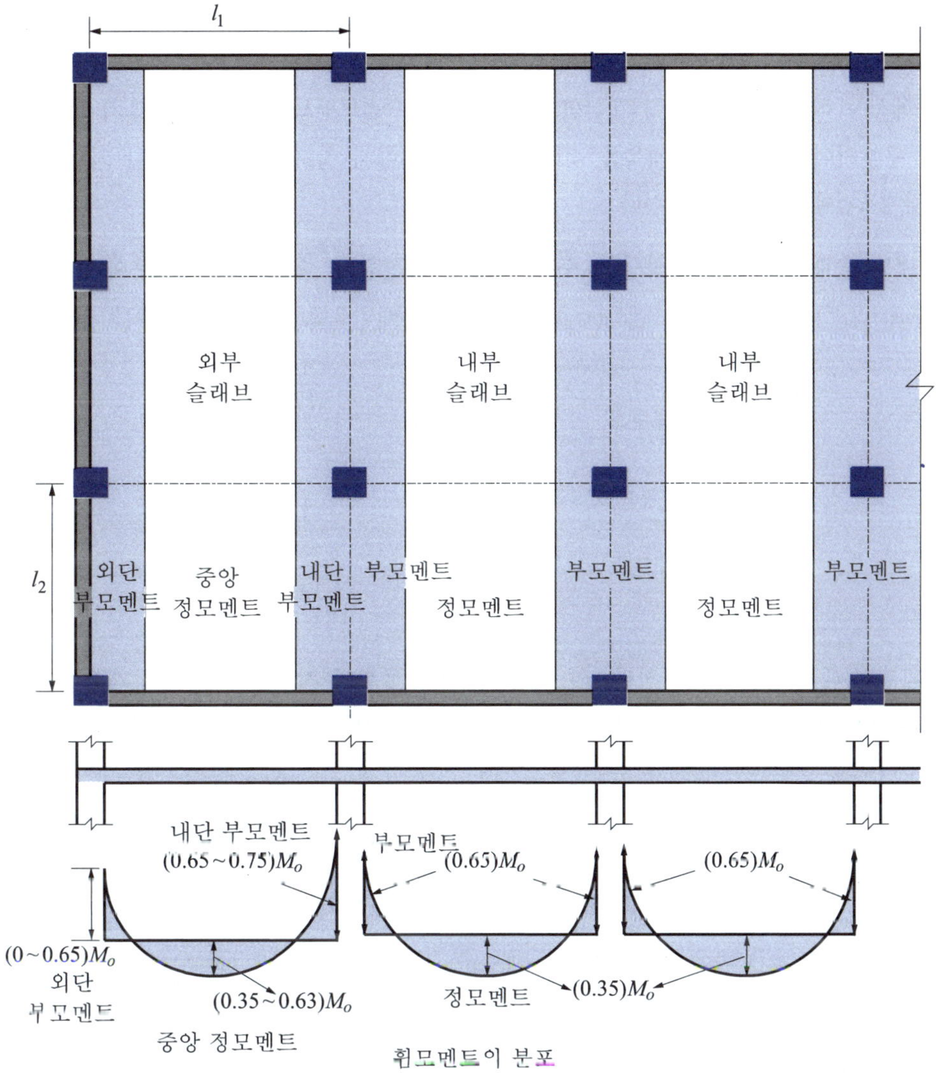

그림 12.12 슬래브의 정모멘트와 부모멘트

표 12.2 정계수휨모멘트와 부계수휨모멘트의 분배율

슬래브의 위치	구속되지 않은 외단	모든 받침부 사이에 보가 있는 슬래브	내부 받침부 사이에 보가 없는 슬래브		완전 구속된 외단
			테두리보가 없는 경우	테두리보가 있는 경우	
내단의 부계수휨모멘트	0.75	0.70	0.70	0.70	0.65
정계수휨모멘트	0.63	0.57	0.52	0.50	0.35
외단의 부계수휨모멘트	0.00	0.16	0.26	0.30	0.65

기준에서는 식(12.9)에 의하여 계산한 전체 정정 계수휨모멘트(M_o)를 [표 12.2]와 같이 5가지 종류로 구분하여 모멘트의 분배율을 정한다. [표 12.2]에서 정모멘트와 부모멘트의 분배는 지지점의 경계조건에 따라서 달라진다.

① **내부 슬래브(양단이 고정단인 부재로 보고 계산함)** : 완전 고정된 부재의 양단모멘트 $(w_u l_2 l_n^{\ 2})/12$와 중앙부모멘트$(w_u l_2 l_n^{\ 2}/24)$의 분배비율을 기준으로 계수를 정했다.

$$\text{부계수휨모멘트} : M_u^- = 0.65 M_o \approx \frac{\frac{1}{12}}{\frac{1}{12}+\frac{1}{24}} w_u l_2 l_n^{\ 2}$$

$$\text{정계수휨모멘트} : M_c^+ = 0.35 M_o \approx \frac{\frac{1}{24}}{\frac{1}{12}+\frac{1}{24}} w_u l_2 l_n^{\ 2}$$

② **외부 슬래브(내단부는 고정단, 외단부는 다양한 종류의 지지점으로 보고 계산함)** : 슬래브의 비대칭에 의해 내단부 부모멘트, 중앙부 정모멘트가 크며, 외단부 부모멘트가 작다.

$$\text{내단부 부계수휨모멘트} : M_{u,i}^- = (0.65 \sim 0.75) M_o$$

$$\text{중앙부 정계수휨모멘트} : M_u^+ = (0.35 \sim 0.63) M_o$$

$$\text{외단부 부계수휨모멘트} : M_{u,e}^- = (0 \sim 0.65) M_o$$

주열대 휨모멘트와 중간대 휨모멘트 분포

[그림 12.5]에서 설명한 폭이 넓은 슬래브에 작용하는 휨모멘트는 슬래브에 일정하게 분포하는 것이 아니라 기둥열에 가까운 슬래브에 큰 모멘트가 작용하고, 중앙부 슬래브에 작은 모멘트가 작용한다. 따라서 식(12.9)에 의하여 계산한 전체 정정 계수휨모멘트(M_o)를 주열대와 중간대에 다르게 분배해야 한다. 기준에서는 [표 12.3]을 이용하여 주열대에 작용하는 휨모멘트를 계산

한다. 주열대의 모멘트는 다음의 3가지 요소에 의하여 영향을 받는다.

① **슬래브 길이의 차이(l_2/l_1)** : 슬래브 폭(l_2)이 작으면 주열대의 모멘트 지지 부담분이 증가한다.

② **보와 슬래브의 휨강성의 비(α_1)** : 상대강성비(α_1)값이 커지면, 주열대의 모멘트 지지 부담분이 증가한다. 여기서 α_1은 휨모멘트가 계산되는 l_1방향의 상대강성비이다.

③ **가장자리 보의 비틀림 변형구속능력(β_t)** : 가장자리 보의 비틀림 변형구속능력인 비틀림강성이 작으면 주열대의 모멘트 지지 부담분이 증가한다.

중간대 슬래브는 전체 모멘트에서 [표 12.3]에서 계산한 주열대 모멘트를 제외한 나머지 모멘트를 지지한다. [표 12.3]에 표시되어 있지 않은 휨모멘트 부담률은 직선보간법을 사용하여 계산한다.

표 12.3 주열대에서의 계수휨모멘트 분배율(%)

슬래브의 위치			l_2/l_1		
			0.5	1.0	2.0
내단의 부계수휨모멘트	$(\alpha_1 l_2/l_1)=0$		75	75	75
	$(\alpha_1 l_2/l_1)\ge 1.0$		90	75	45
외단의 부계수휨모멘트	$(\alpha_1 l_2/l_1)=0$	$\beta_t=0$	100	100	100
		$\beta_t\ge 2.5$	75	75	75
	$(\alpha_1 l_2/l_1)\ge 1.0$	$\beta_t=0$	100	100	100
		$\beta_t\ge 2.5$	90	75	45
중앙부 정계수휨모멘트	$(\alpha_1 l_2/l_1)=0$		60	60	60
	$(\alpha_1 l_2/l_1)\ge 1.0$		90	75	45

표 12.4 수열대에서의 계수휨모멘트 분배율(%)

슬래브	위 치	기둥과의 관계	[그림 12.13]의 위치	분배율(%)
내부 슬래브	단 부 (부모멘트)	주열대	1-a	40~90
		중간대	1-b	10~60
	중앙부 (정모멘트)	주열대	2-a	45~90
		중간대	2-b	10~55
외부 슬래브	내단부 (부모멘트)	주열대	3-a	40~90
		중간대	3-b	10~60
	중앙부 (정모멘트)	주열대	4-a	45~90
		중간대	4-b	10~55
	외단부 (부모멘트)	주열대	5-a	45~100
		중간대	5-b	0~55

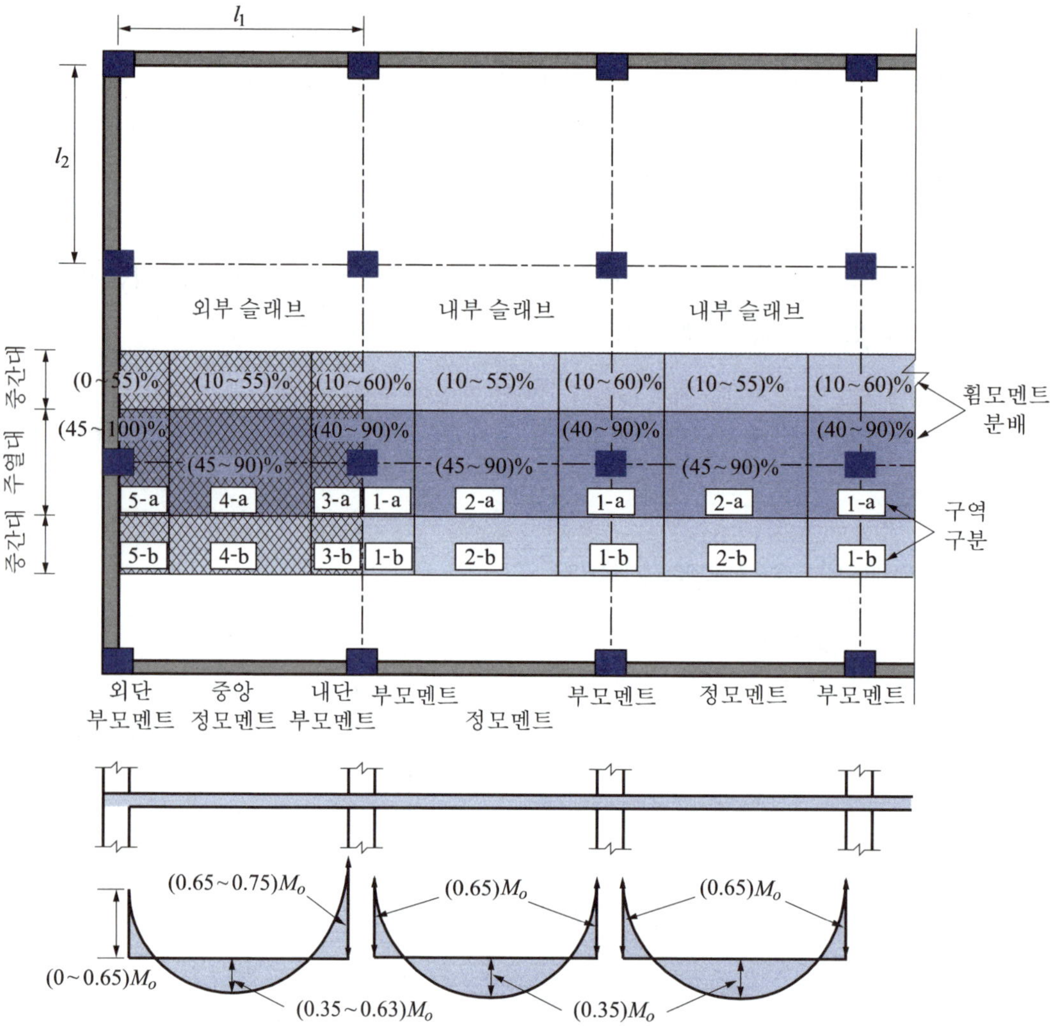

그림 12.13 슬래브의 모멘트 분포

휨모멘트 분포에 따라서 슬래브를 구분하면 [표 12.4]와 [그림 12.13]의 10개의 구간으로 구분할 수 있다. [그림 12.13]에서 슬래브는 외부와 내부 슬래브, 부모멘트 영역과 정모멘트 영역, 주열대와 중간대로 구분되며, 각각의 부위에서 저항하는 휨모멘트의 크기는 [표 12.4]의 값이다.

비틀림강성비

[표 12.3]에 표시되어 있는 가장자리 보의 비틀림 변형구속능력(β_t)에 의하여 주열대와 중간대의 모멘트 분배율이 달라진다. 비틀림 변형구속능력(β_t)이 커지면 중간대의 모멘트 지지 부담

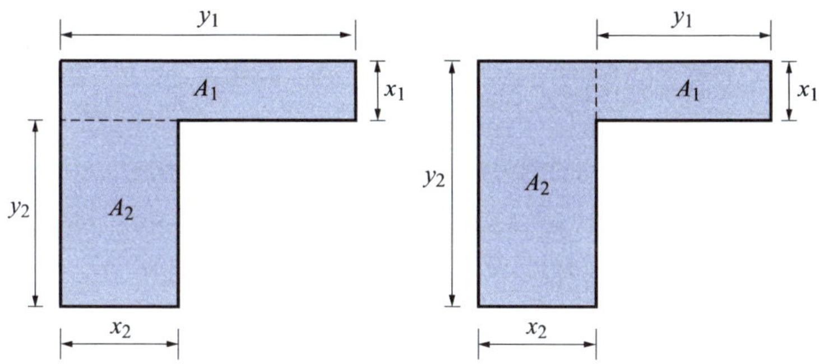

그림 12.14 비틀림상수를 계산하기 위한 단면의 분할

분이 증가하면서 주열대의 모멘트 지지율이 감소한다. 가장자리 보의 비틀림 변형구속능력(β_t)이란 슬래브와 보의 강성비의 차이이며 식(12.10)에 의하여 계산한다.

$$\beta_t = \frac{E_{cb}C}{2E_{cs}I_s} \tag{12.10}$$

여기서, E_{cb} : 보의 콘크리트 탄성계수, E_{cs} : 슬래브의 콘크리트 탄성계수, I_s : 슬래브의 단면2차모멘트, C : 보의 비틀림상수. 비틀림상수(C)는 다각형 단면에 대한 비틀림해석에 근거하여 식(12.11)에 의하여 계산한다.

$$C = \sum\left[\left(1-0.63\frac{x}{y}\right)\frac{x^3y}{3}\right] \tag{12.11}$$

여기서, x : 단면의 짧은 변의 길이, y : 단면의 긴 변의 길이이다. 가장자리 보의 크기는 보와 슬래브의 상대강성비(α)를 계산할 때와 동일하게 슬래브가 한 면에 연결된 경우와 양 면에 연결된 경우로 구분하여 슬래브의 유효폭을 계산한다([그림 12.7] 참조). 또한, 다각형 단면을 식(12.11)에 의하여 계산할 경우에는 [그림 12.14]에 제시된 단면 분할 방법으로 비틀림상수(C)를 계산하며, 계산된 값 중에서 큰 값을 사용한다.

기둥과 벽체의 휨모멘트

슬래브를 중심으로 구조해석 할 경우에 슬래브에서 기둥으로 전달되는 휨모멘트의 값을 계산해야 한다. 중력하중이 작용하고 기둥 양쪽 슬래브의 경간 길이가 동일하며 양쪽 슬래브에 작용하는 하중이 일정할 경우에 기둥에 휨모멘트가 거의 작용하지 않는다. 그러나 기둥 양쪽 슬래브 경간에 큰 차이가 있거나 계수하중의 크기가 다를 때에는 양쪽 슬래브 단부 모멘트의 차가 기둥에 전달된다. 설계에서는 식(12.12)에 의하여 불균형모멘트를 계산한다.

$$M = 0.65\left[\frac{(w_D + 0.5w_L)l_2 l_n^2}{8} - \frac{w_D' l_2'(l_n')^2}{8}\right] \tag{12.12}$$

여기서, w_D, w_L : 슬래브의 긴 경간에서의 계수고정하중과 계수활하중, w_D', l_2', l_n' : 슬래브의 짧은 경간에서의 계수고정하중, 슬래브의 폭, 슬래브의 순 경간이다. 식(12.12)를 통하여 불균형모멘트는 기둥을 중심으로 배치된 양 쪽 슬래브의 길이의 차이가 크고, 활하중과 고정하중의 차이가 크면 증가함을 알 수 있다.

식(12.12)의 0.65를 8로 나누면 0.081이 되지만 불균형모멘트의 일부를 슬래브가 저항하고, 나머지를 기둥이 지지하므로 기준에서는 기둥이 지지하는 설계휨모멘트를 감소시켜 식(12.13)을 이용하여 계산한다.

$$M = 0.07\left[(w_D + 0.5w_L)l_2 l_n{}^2 - w_D' l_2'(l_n')^2\right] \tag{12.13}$$

12.3.3 직접설계법의 설계순서

철근콘크리트 슬래브의 직접설계법 설계순서는 다음과 같다.

① 슬래브의 두께를 결정한다([표 12.1] 또는 식(12.4), (12.5)).
② 직접설계법이 가능한지 검토한다.
③ 전체 정정 계수휨모멘트(M_o)를 계산한다(식(12.9)).
④ 슬래브의 정·부계수휨모멘트를 계산한다(내부 슬래브, 외부 슬래브 - [표 12.2]).
⑤ 슬래브의 주열대·중간대 계수휨모멘트를 계산한다([표 12.3]).
⑥ 기둥과 벽체의 불균형 계수휨모멘트를 계산한다(식(12.12)).
⑦ 철근을 배근한다.

예제 12-1

[예제 그림 12-1-1]의 고층 철근콘크리트 건물의 10층 슬래브를 직접설계법으로 계산하라. 기둥의 크기 $= 400 \times 400\ \mathrm{mm}$, 기둥의 높이 $= 3\ \mathrm{m}$, 고정하중 $w_D = 6\ \mathrm{kN/m^2}$, 활하중 $w_L = 4\ \mathrm{kN/m^2}$이다. 슬래브 콘크리트의 압축강도 $f_{ck} = 24\ \mathrm{MPa}$, 철근의 설계기준항복강도 $f_y = 400\ \mathrm{MPa}$이다.

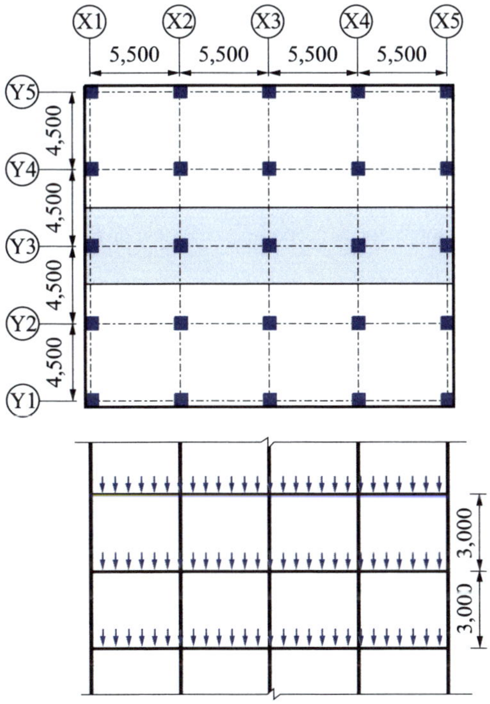

예제 그림 12-1-1 평슬래브(단위 : mm)

풀이

(1) 슬래브의 두께를 계산한다([표 12.1] 또는 식(12.4), (12.5)).

내부에 보가 없으므로 [표 12.1]를 사용하여 슬래브의 최소 두께를 계산한다. 슬래브는 보가 없는 플랫슬래브이며 $f_y = 400\text{MPa}$이므로, 외부 슬래브를 기준으로 계산하면 최소 두께는 다음과 같다.

$$h = \frac{l_n}{30} = \frac{5,100}{30} = 170\text{ mm} \rightarrow 180\text{ mm}$$

슬래브의 장방향의 순경간의 길이(l_n)는 슬래브 중심간 거리에서 기둥의 폭을 뺀 값으로 $5,500 - 400 = 5,100\text{ mm}$이다.

(2) 직접설계법이 가능한지 검토한다.

주어진 조건에서 직접설계법이 가능하다.

(3) 전체 정정 계수휨모멘트(M_o)를 계산한다(식(12.9)).

식(12.9)를 이용하여 전체 정정 계수휨모멘트(M_o)를 계산한다.

$$M_o = M_c + M_s = \frac{w_u l_2 {l_n}^2}{8}$$

계수하중, 순 경간, 슬래브의 폭을 계산한다.

$$w_u = 1.2w_D + 1.6w_L = 1.2 \times 6 + 1.6 \times 4 = 13.6 \text{ kN/m}^2$$

$$l_n = 5{,}500 - 400 = 5{,}100 \text{ mm} \quad \rightarrow \quad 0.65\,l_1 = 3{,}575 \text{ mm}$$

$$l_2 = 4{,}500 \text{ mm}$$

그러므로

$$M_o = \frac{w_u l_2 l_n^2}{8} = \frac{13.6 \times 4.5 \times 5.1^2}{8} = 199.0 \text{ kN} \cdot \text{m}$$

(4) 슬래브의 정계수휨모멘트 · 부계수휨모멘트를 계산한다(내부 슬래브, 외부 슬래브 - [표 12.2]).

내부 슬래브의 정계수휨모멘트와 부계수휨모멘트를 각각 65퍼센트와 35퍼센트로 계산한다. 주어진 조건에 의하면 외부 슬래브는 내부 받침부 사이에 보가 없으며 테두리 보도 없는 슬래브이므로 [표 12.2]를 이용하여 정계수휨모멘트와 부계수휨모멘트 분배를 계산한다.

[내부 슬래브]

- 양단부 부계수휨모멘트 $M_u^- = 0.65M_o = 0.65 \times 199.0 = 129.4 \text{ kN} \cdot \text{m}$
- 중앙부 정계수휨모멘트 $M_u^+ = 0.35M_o = 0.35 \times 199.0 = 69.7 \text{ kN} \cdot \text{m}$

[외부 슬래브]

- 내단부 부계수휨모멘트 $M_{u,i}^- = 0.7M_o = 0.7 \times 199.0 = 139.3 \text{ kN} \cdot \text{m}$
- 중앙부 정계수휨모멘트 $M_u^+ = 0.52M_o = 0.52 \times 199.0 = 103.5 \text{ kN} \cdot \text{m}$
- 외단부 부계수휨모멘트 $M_{u,e}^- = 0.26M_o = 0.26 \times 199.0 = 51.7 \text{ kN} \cdot \text{m}$

(5) 슬래브의 주열대 휨모멘트와 중간대 휨모멘트를 계산한다([표 12.3]).

주열대의 휨모멘트 분배를 [표 12.3]을 이용하여 계산한다.

[내부 슬래브]

- 경간 길이의 비 $\dfrac{l_2}{l_1} = \dfrac{4.5}{5.5} = 0.82$
- 슬래브의 단면2차모멘트 $I_s = \dfrac{bh^3}{12} = \dfrac{4{,}500 \times 180^3}{12} = 2{,}187 \times 10^6 \text{ mm}^4$
- 보와 슬래브의 휨강성의 비 $\alpha_1 = \dfrac{EI_b}{EI_s} = \dfrac{0}{2{,}187 \times 10^6} = 0$
- [표 12.3]에서 내단의 부계수휨모멘트 75퍼센트, 중앙부 정계수휨모멘트 60퍼센트
  ①-a : 양단부 주열대 부계수휨모멘트 $M_u^- = 0.75 \times 129.4 \text{ kN} \cdot \text{m} = 97.1 \text{ kN} \cdot \text{m}$

①-b : 양단부 중간대 부계수휨모멘트 $M_u^- = 0.25 \times 129.4\,\text{kN}\cdot\text{m} = 32.4\,\text{kN}\cdot\text{m}$

②-a : 중앙부 주열대 정계수휨모멘트 $M_u^+ = 0.60 \times 69.7\,\text{kN}\cdot\text{m} = 41.8\,\text{kN}\cdot\text{m}$

②-b : 중앙부 중간대 정계수휨모멘트 $M_u^+ = 0.40 \times 69.7\,\text{kN}\cdot\text{m} = 27.9\,\text{kN}\cdot\text{m}$

[외부 슬래브]

- 경간 길이의 비 $\dfrac{l_2}{l_1} = \dfrac{4.5}{5.5} = 0.82$
- 슬래브의 단면2차모멘트 $I_s = \dfrac{bh^3}{12} = \dfrac{4{,}500 \times 180^3}{12} = 2{,}187 \times 10^6\,\text{mm}^4$
- 보와 슬래브의 휨강성의 비 $\alpha_1 = \dfrac{EI_b}{EI_s} = \dfrac{0}{2{,}187 \times 10^6} = 0$
- 비틀림상수 : 보가 없으므로 기둥에 접하는 슬래브 면적만으로 계산할 수 있지만 그 값이 크지 않기 때문에 직접설계법에서는 이 값을 "0"으로 간주한다.

$$C = 0$$

- 비틀림강성비 $\beta_t = \dfrac{E_{cb}C}{2E_{cs}I_s} = \dfrac{E_{cb} \times 0}{2 \times 2{,}187 \times 10^6} = 0$
- [표 12.3]에서 내단의 부계수휨모멘트 75%, 중앙부 정계수휨모멘트 60%, 외단의 부계수휨모멘트는 100%

③-a : 내단부 주열대 부계수휨모멘트 $M_u^- = 0.75 \times 139.3\,\text{kN}\cdot\text{m} = 104.5\,\text{kN}\cdot\text{m}$

③-b : 내단부 중간대 부계수휨모멘트 $M_u^- = 0.25 \times 139.3\,\text{kN}\cdot\text{m} = 34.8\,\text{kN}\cdot\text{m}$

④-a : 중앙부 주열대 정계수휨모멘트 $M_u^+ = 0.60 \times 103.5\,\text{kN}\cdot\text{m} = 62.1\,\text{kN}\cdot\text{m}$

④-b : 중앙부 중간대 정계수휨모멘트 $M_u^+ = 0.40 \times 103.5\,\text{kN}\cdot\text{m} = 41.4\,\text{kN}\cdot\text{m}$

⑤-a : 외단부 주열대 부계수휨모멘트 $M_u^- = 1.0 \times 51.7\,\text{kN}\cdot\text{m} = 51.7\,\text{kN}\cdot\text{m}$

⑤-b : 외단부 중간대 부계수휨모멘트 $M_u^- = 0.0 \times 51.7\,\text{kN}\cdot\text{m} = 0.0\,\text{kN}\cdot\text{m}$

이상의 계수휨모멘트를 정리하면 [예제 표 12-1-1]과 같다.

예제 표 12-1-1 슬래브 구간의 계수휨모멘트

위치		정·부계수휨모멘트 구분	정·부계수휨모멘트 분단률	정·부계수휨모멘트 (kN·m)	주열대·중간대 분단률	계수휨모멘트 (kN·m)
내부경간	주열대	부계수휨모멘트	0.65	129.4	0.75	**97.1**
		정계수휨모멘트	0.35	69.7	0.60	**41.8**
	중간대	부계수휨모멘트	0.65	129.4	0.25	**32.4**
		정계수휨모멘트	0.35	69.7	0.40	**27.9**
외부경간	주열대	내단부 부계수휨모멘트	0.70	139.3	0.75	**104.5**
		중앙부 정계수휨모멘트	0.52	103.5	0.60	**62.1**
		외단부 부계수휨모멘트	0.26	51.7	1.0	**51.7**
	중간대	내단부 부계수휨모멘트	0.70	139.3	0.25	**34.8**
		중앙부 정계수휨모멘트	0.52	103.5	0.40	**41.4**
		외단부 부계수휨모멘트	0.26	51.7	0.0	**0.0**

(6) 기둥과 벽체의 불균형 계수휨모멘트를 계산한다(식(12.12)).

기둥의 불균형 계수휨모멘트를 식(12.12)에 의하여 계산한다. 주어진 조건에서 기둥 좌우 슬래브의 하중과 크기 조건이 동일하다($w_D = w_D{}'$, $w_L = w_L{}'$, $l_2 = l_2{}'$, $l_n = l_n{}'$).

$$\begin{aligned} M &= 0.07\left[(w_D + 0.5w_L)l_2 l_n{}^2 - w_D{}' l_2{}'(l_n{}')^2\right] \\ &= 0.07\left[(1.2\times 6.0 + 0.5\times 1.6\times 4.0)4.5\times 5.1^2 - 1.2\times 6.0\times 4.5\times 5.1^2\right] \\ &= 26.2\ \text{kN}\cdot\text{m} \end{aligned}$$

계산된 26.2 kN · m는 슬래브 상·하부 기둥에 전달되며, 주어진 조건에서 슬래브 상·하부 기둥의 길이와 단면적이 동일하므로, 한 기둥이 받는 계수휨모멘트는 계산된 26.2 kN · m의 절반 값이다.

$$M_c = \frac{26.2}{2} = 13.1\ \text{kN}\cdot\text{m}$$

(7) 슬래브의 철근을 배근한다.

[예제 표 12-1-1]에 계산된 계수휨모멘트에 대하여 슬래브에 철근을 배근한다. 슬래브에 철근을 배근하는 방법은 두 가지 방법이 있다.

[방법-1]
5장에서 설명한 단철근 직사각형보의 힘의 평형식(5.20)과 (5.23b)(포물선 직선형 등가응력분포의 경우) 또는 (5.25)와 (5.27b)(등가 직사각형 압축응력블록의 경우)를 이용하여 필요한 철근량을 계산한다. $M_n = M_u/\phi$를 이용하면 식(a)와 식(b)를 유도할 수 있다. 이 때 인장철근은 항복한다고 가정한다.

$$M_u = \phi(A_s\cdot f_y)\left(d - \frac{A_s\cdot f_y}{\alpha(0.85f_{ck})b}\cdot\beta\right)\quad \text{(포물선 직선형 등가응력분포)} \qquad \text{(a)}$$

$$M_u = \phi(A_s\cdot f_y)\left(d - \frac{A_s\cdot f_y}{\eta(0.85f_{ck})b}\cdot\frac{1}{2}\right)\quad \text{(등가 직사각형 압축응력블록)} \qquad \text{(b)}$$

식(a)와 식(b)에 [예제 표 12-1-1]에 계산된 계수휨모멘트를 대입하여 필요한 철근량(A_s)을 계산한다. $f_{ck} \leq 40$ MPa일 때 [표 4.4]와 [표 4.5]에서 $\alpha = 0.8$, $\beta = 0.4$, $\eta = 1.0$이므로 식(a)와 식(b)의 계산 결과는 동일하다.

[방법-2]
식(a)와 식(b)의 철근량(A_s)에 대한 2차식이므로 철근량을 구하기 위해서는 근의 해가 필요하다. 근의 해를 계산하는 것이 복잡하므로 다음과 같이 합력 중심간의 거리(jd)를 가정하여 필요 철근량을 계산한다.

- 합력 중심간의 거리를 $jd = 0.925d$로 가정한다.
- 회전에 대한 평형식(c)를 이용하여 임시 철근량(A_s^*)을 계산한다.

$$A_s^* = \frac{M_u}{\phi f_y \cdot jd} = \frac{M_u}{\phi f_y \cdot 0.925d} \tag{c}$$

- 식(c)에서 구한 임시 철근량(A_s^*)을 힘의 평형식에 대입하여 중립축의 깊이(c) 또는 등가 직사각형 압축응력블록의 깊이(a)를 계산한다.

$$c = \frac{A_s^* \cdot f_y}{\alpha(0.85 f_{ck})b} \quad \text{(포물선 직선형 등가응력분포의 경우)} \tag{d}$$

$$a = \frac{A_s^* \cdot f_y}{\eta(0.85 f_{ck})b} \quad \text{(등가 직사각형 압축응력블록의 경우)} \tag{e}$$

- 식(d)와 식(e)에서 구한 등가응력블록의 깊이(a)를 다시 회전에 대한 평형식(f)와 (g)에 각각 대입하여 철근량(A_s)을 계산한다.

$$A_s = \frac{M_u}{\phi f_y \cdot jd} = \frac{M_u}{\phi f_y \cdot (d - \beta c)} \quad \text{(포물선 직선형 등가응력분포)} \tag{f}$$

$$A_s = \frac{M_u}{\phi f_y \cdot jd} = \frac{M_u}{\phi f_y \cdot (d - a/2)} \quad \text{(등가 직사각형 압축응력블록)} \tag{g}$$

식(c)와 식(f) 또는 식(g)에서 계산한 A_s^*와 A_s에 큰 차이가 없으면 가정한 $jd = 0.925d$가 옳다. 슬래브에서는 일반적으로 $jd = 0.925d$로 가정해도 무방하다.

예) 외부 슬래브 주열대 내단 부모멘트 계산 (등가 직사각형 압축응력블록의 경우)

- 회전에 대한 평형식(c)를 이용하여 임시 철근량(A_s^*)을 계산한다.

$$A_s^* = \frac{M_u}{\phi f_y \cdot 0.925d} = \frac{104.5 \times 10^6}{0.85 \times 400 \times 0.925 \times 150} = 2{,}215\ \text{mm}^2$$

- 임시 철근량(A_s^*)을 대입하여 등가응력블록의 깊이(a)를 계산한다.

$$a = \frac{A_s^* \cdot f_y}{\eta(0.85 f_{ck})b} = \frac{2{,}215 \times 400}{1 \times (0.85 \times 24) \times 4{,}500/2} = 19.3\ \text{mm} \tag{h}$$

등가응력블록의 깊이(a)를 다시 회전에 대한 평형식(g)에 대입하여 철근량(A_s)을 계산한다.

$$A_s = \frac{M_u}{\phi f_y \cdot (d - a/2)} = \frac{104.5 \times 10^6}{0.85 \times 400 \times (150 - 19.3/2)} = 2{,}190\ \text{mm}^2$$

계산한 A_s^*와 A_s에 큰 차이가 없으므로, 필요 철근량을 $A_s = 2{,}190\ \text{mm}^2$으로 정한다. 또한 계산한 철근량은 식(12.6)의 건조수축과 온도철근비 이상이 되어야 한다.

$$\rho_{\min} = \frac{A_s}{b \times h} \geq 0.002$$

$$A_{s,\min} = 0.002 \times b \times h = 0.002 \times \frac{4500}{2} \times 180 = 810\ \text{mm}^2$$

계산한 철근량 2,190 mm^2은 최소 철근량 810 mm^2보다 크므로 2,190 mm^2을 배근한다. 슬래브에 D13(철근 1개의 단면적 $A_s = 126.7\ \text{mm}^2$) 철근을 배근할 경우에 각 부분에 배근되어야 할 철근의 수(n)와 간격(s)은 다음과 같다.

$$n = 2{,}190/126.7 = 17.3 \Rightarrow 18\text{개}$$

$$s = \frac{4{,}500/2}{n} = \frac{2{,}250}{18} = 125\ \text{mm}$$

이와 같은 방법으로 슬래브의 10개 구간에 대한 철근량과 철근의 수(n)를 계산하면 [예제 표 12-1-2]와 같다. [예제 그림 12-1-2]에서는 주열대와 중간대의 철근의 배근 간격을 표시하였다.

예제 표 12-1-2 슬래브 구간의 필요 철근량

위치		정·부계수휨모멘트 구분	계수휨모멘트 (kN·m)	필요 철근량 (mm^2)	필요 철근의 수 (D13)
내부 경간	주열대	부계수휨모멘트	97.1	2,023	**18@125**
		정계수휨모멘트	41.8	841	**8@300**
	중간대	부계수휨모멘트	32.4	810*	**8@300**
		정계수휨모멘트	27.9	810*	**8@300**
외부 경간	주열대	내단부 부계수휨모멘트	104.5	2,190	**18@125**
		중앙부 정계수휨모멘트	62.1	1,266	**8@300**
		외단부 부계수휨모멘트	51.7	1,047	**12@200**
	중간대	내단부 부계수휨모멘트	34.8	810*	**8@300**
		중앙부 정계수휨모멘트	41.4	833	**9@250**
		외단부 부계수휨모멘트	0.0	810*	**8@300**

* 계산한 철근량이 건조수축과 온도철근비에 의하여 계산된 식(12.6)의 철근량보다 작으므로 최소 철근량을 배근한다. $A_{s,\min} = 0.002 \times$ 전체 단면적

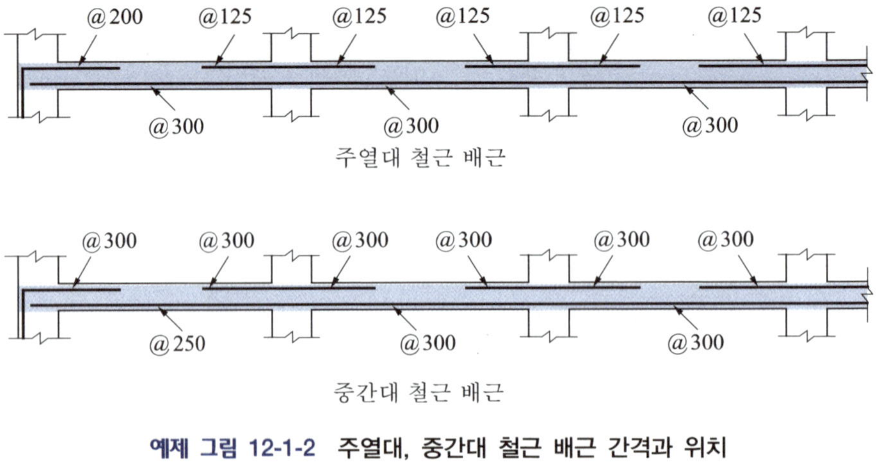

예제 그림 12-1-2 주열대, 중간대 철근 배근 간격과 위치

예제 12-2

[예제 그림 12-2-1]의 철근콘크리트 건물의 10층 슬래브의 설계휨모멘트를 직접설계법으로 계산하라. 기둥의 크기 = $400 \times 400\ \mathrm{mm}$, 기둥의 높이 = $3.5\ \mathrm{m}$, 테두리 보의 크기 = $350 \times 650\ \mathrm{mm}$, 내부 보의 크기 = $300 \times 600\ \mathrm{mm}$, 고정하중 $w_D = 4.5\ \mathrm{kN/m^2}$, 활하중 $w_L = 3\ \mathrm{kN/m^2}$이다. 슬래브, 보, 및 기둥의 콘크리트의 압축강도 $f_{ck} = 24\ \mathrm{MPa}$, 슬래브 주철근의 설계기준항복강도 $f_y = 400\ \mathrm{MPa}$이다.

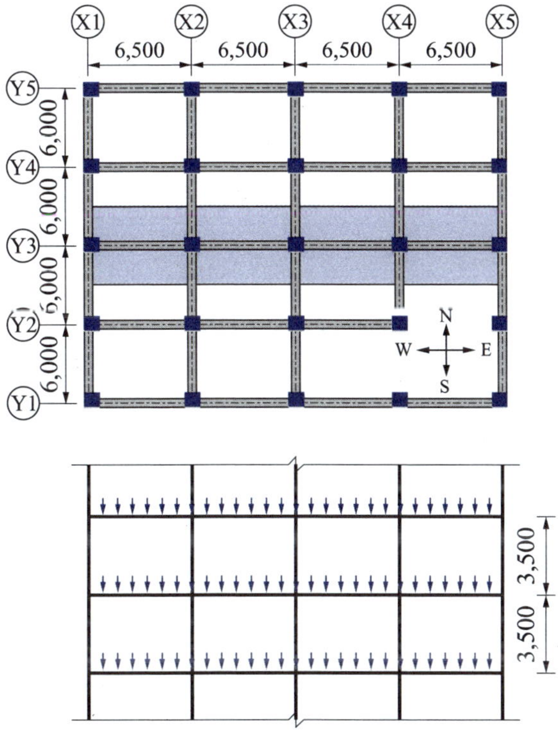

예제 그림 12-2-1 보슬래브(단위 : mm)

풀이

(1) 슬래브의 두께를 계산한다([표 12.1] 또는 식(12.4), (12.5)).

내부에 보가 있는 슬래브의 최소 두께에 대한 식(12.4) 또는 식(12.5)를 사용하거나 [그림 12.8]을 사용하여 계산할 수 있다. 이 예제에서는 두 가지 방법을 이용하여 슬래브의 최소 두께를 계산하였다.

[방법-1] 식(12.4) 또는 식(12.5)를 사용
슬래브의 두께를 150 mm로 가정한다.
① [EW방향 외부 슬래브(X1과 X5 주변) 강성비(α)] - [예제 그림 12-2-2]

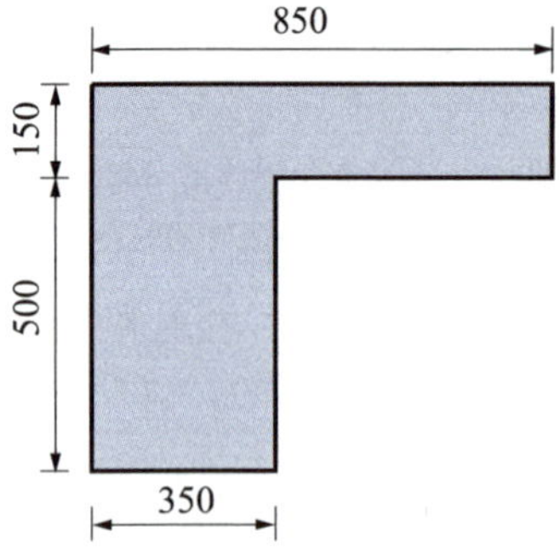

(a) 테두리 보(Y1, Y5, X1, X5)

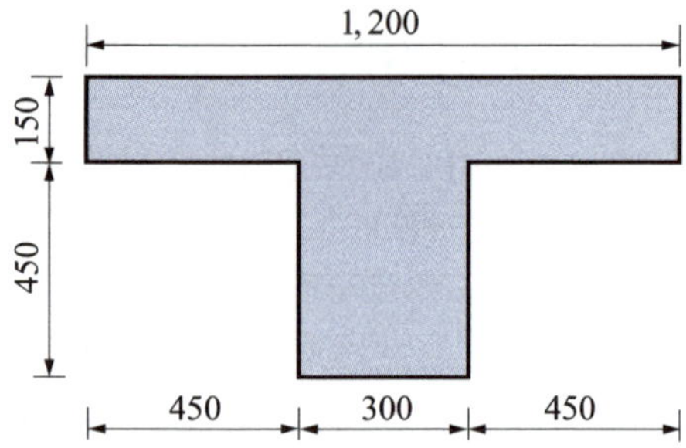

(b) 내부 보(Y2, Y3, Y4, X2, X3, X4)

예제 그림 12-2-2 보의 유효면적(단위 : mm)

[예제 그림 12-2-1]의 테두리 보의 도심과 단면2차모멘트를 계산한다.

$$\bar{y} = \frac{(350\times650)\times650/2+(150\times500)\times(650-150/2)}{(350\times650)+(150\times500)} = 387\,\mathrm{mm}$$

$$I_b = \frac{350\times650^3}{12}+(350\times650)(650/2-387)^2 + \frac{500\times150^3}{12}+(500\times150)(650-150/2-387)^2$$

$$= (8{,}009.90+874.51+140.63+2{,}650.8)\times10^6 = 11{,}676\times10^6\,\mathrm{mm}^4$$

외부 슬래브의 폭, 단면2차모멘트, 상대강성비를 계산한다. 여기서 슬래브와 보의 콘크리트 탄성계수는 동일하다.

$$l_2 = \frac{6{,}500}{2}+\frac{400}{2} = 3{,}450\,\mathrm{mm}$$

$$I_s = \frac{3{,}450\times150^3}{12} = 970\times10^6\,\mathrm{mm}^4$$

$$\alpha_1 = \frac{E_{cb}I_b}{E_{cs}I_s} = \frac{11{,}676\times10^6}{970\times10^6} = 12.04$$

② [EW방향 내부 슬래브(X2, X3, X4 주변) 강성비(α)]

[예제 그림 12-2-1]의 내부 보의 도심과 단면2차모멘트를 계산한다.

$$\bar{y} = \frac{(300\times600)\times600/2+(900\times150)\times(600-150/2)}{(300\times600)+(900\times150)} = 396\,\mathrm{mm}$$

$$I_b = \frac{300\times600^3}{12}+(300\times600)(600/2-396)^2 + \frac{900\times150^3}{12}+(900\times150)(600-150/2-396)^2$$

$$= (5{,}400.0+1{,}658.88+253.13+2{,}246.54)\times10^6 = 9{,}559\times10^6\,\mathrm{mm}^4$$

내부 슬래브의 폭, 단면2차모멘트, 상대강성비를 계산한다. 여기서 슬래브와 보의 콘크리트 탄성계수는 동일하다.

$$l_2 = 6{,}500\ \mathrm{mm}$$

$$I_s = \frac{6{,}500 \times 150^3}{12} = 1{,}828 \times 10^6\ \mathrm{mm}^4$$

$$\alpha_2 = \frac{E_{cb} I_b}{E_{cs} I_s} = \frac{9{,}559 \times 10^6}{1{,}828 \times 10^6} = 5.23$$

③ [NS방향 외부 슬래브(Y1과 Y5 주변) 강성비(α)]
[예제 그림 12-2-1]의 테두리 보의 도심과 단면2차모멘트를 계산한다.

$$I_b = 11{,}676 \times 10^6\ \mathrm{mm}^4 \quad \text{(EW방향 외부 슬래브와 동일)}$$

외부 슬래브의 폭, 단면2차모멘트, 상대강성비를 계산한다. 여기서 슬래브와 보의 콘크리트 탄성계수는 동일하다.

$$l_2 = \frac{6{,}000}{2} + \frac{400}{2} = 3{,}200\ \mathrm{mm}$$

$$I_s = \frac{3{,}200 \times 150^3}{12} = 900 \times 10^6\ \mathrm{mm}^4$$

$$\alpha_3 = \frac{E_{cb} I_b}{E_{cs} I_s} = \frac{11{,}676 \times 10^6}{900 \times 10^6} = 12.97$$

④ [NS방향 내부 슬래브(Y2, Y3, Y4 주변) 강성비(α)]
[예제 그림 12-2-1]의 내부 보의 도심과 단면2차모멘트를 계산한다.

$$I_b = 9{,}559 \times 10^6\ \mathrm{mm}^4 \quad \text{(EW방향 내부 슬래브와 동일)}$$

내부 슬래브의 폭, 단면2차모멘트, 상대강성비를 계산한다.

$$l_2 = 6{,}000\ \mathrm{mm}$$

$$I_s = \frac{6{,}000 \times 150^3}{12} = 1{,}688 \times 10^6\ \mathrm{mm}^4$$

$$\alpha_4 = \frac{E_{cb} I_b}{E_{cs} I_s} = \frac{9{,}559 \times 10^6}{1{,}688 \times 10^6} = 5.66$$

그러므로 외부 슬래브(X1-X2-Y2-Y3, X1-X2-Y3-Y4)와 내부 슬래브(X2-X3-Y2-Y3, X2-X3-Y3-Y4)의 평균 상대강성비(α_m)는 다음과 같다.

외부 슬래브 $$\alpha_m = \frac{\alpha_1 + \alpha_2 + 2\alpha_4}{4} = \frac{12.04 + 5.23 + 2 \times 5.66}{4} = 7.15$$

내부 슬래브 $$\alpha_m = \frac{2 \times \alpha_2 + 2 \times \alpha_4}{4} = \frac{2 \times 5.23 + 2 \times 5.66}{4} = 5.45$$

여기서 맨 바깥쪽에 위치한 슬래브 X1-X2-Y1-Y2 또는 X3-X4-Y1-Y2를 설계할 경우에 상대강성비(α_m)는 다음과 같이 계산할 수 있다.

$$\text{X1-X2-Y1-Y2} \quad \alpha_m = \frac{\alpha_1+\alpha_2+\alpha_3+\alpha_4}{4} = \frac{12.04+5.23+12.97+5.66}{4} = 8.98$$

$$\text{X3-X4-Y1-Y2} \quad \alpha_m = \frac{2\alpha_2+\alpha_3+\alpha_4}{4} = \frac{2\times 5.23+12.97+5.66}{4} = 7.27$$

[방법-2] [그림 12.8]을 이용
식(12.4) 또는 식(12.5)를 이용하여 강성비(α)의 평균값(α_m)을 계산하는 것이 번거로운 경우에 [그림 12.8]을 이용하여 최소 두께를 계산할 수 있다.
슬래브의 두께를 150 mm로 가정한다.

① [EW방향 외부 슬래브 강성비(α)]

$a/h = 650/150 = 4.33$ $\qquad$ $b/h = 350/150 = 2.33$

$f = 1.46$([그림 12.8] 이용)

$l = 6{,}500/2 + 400/2 = 3{,}450$

$$\alpha_1 = \left(\frac{b}{l}\right)\left(\frac{a}{h}\right)^3 f = \left(\frac{350}{3{,}450}\right)\left(\frac{650}{150}\right)^3 1.46 = 12.05$$

② [EW방향 내부 슬래브 강성비(α)]

$a/h = 600/150 = 4.0$ $\qquad$ $b/h = 300/150 = 2.0$

$f = 1.77$([그림 12.8] 이용)

$l = 6{,}500$

$$\alpha_2 = \left(\frac{b}{l}\right)\left(\frac{a}{h}\right)^3 f = \left(\frac{300}{6{,}500}\right)\left(\frac{600}{150}\right)^3 1.77 = 5.23$$

③ [NS방향 내부 슬래브 강성비(α)]

$a/h = 600/150 = 4.0$ $\qquad$ $b/h = 300/150 = 2.0$

$f = 1.77$([그림 12.8] 이용)

$l = 6{,}000$

$$\alpha_4 = \left(\frac{b}{l}\right)\left(\frac{a}{h}\right)^3 f = \left(\frac{300}{6{,}000}\right)\left(\frac{600}{150}\right)^3 1.77 = 5.66$$

그러므로 외부 슬래브(X1-X2-Y2-Y3, X1-X2-Y3-Y4)와 내부 슬래브(X2-X3-Y2-Y3, X2-X3-Y3-Y4)의 평균 상대강성비(α_m)는 다음과 같다.

$$\text{외부 슬래브} \quad \alpha_m = \frac{\alpha_1+\alpha_2+2\times\alpha_4}{4} = \frac{12.05+5.23+2\times 5.66}{4} = 7.15$$

$$\text{내부 슬래브} \quad \alpha_m = \frac{2\times\alpha_2+2\times\alpha_4}{4} = \frac{2\times 5.23+2\times 5.66}{4} = 5.45$$

외부 슬래브와 내부 슬래브의 강성비의 평균값(α_m)은 2.0을 초과하므로 식(12.5)를 이용하여 슬래브 두께를 계산한다.

$$l_n = 6{,}500 - 400 = 6{,}100\ \mathrm{mm}$$

$$\beta = \frac{l_1 - c_1}{l_2 - c_2} = \frac{6{,}500 - 400}{6{,}000 - 400} = 1.09$$

$$h = \frac{l_n\left(800 + \dfrac{f_y}{1.4}\right)}{36{,}000 + 9{,}000\beta} = \frac{6{,}100\left(800 + \dfrac{400}{1.4}\right)}{36{,}000 + 9{,}000 \times 1.09} = 145\ \mathrm{mm} \rightarrow 150\ \mathrm{mm}$$

(2) 직접설계법이 가능한지 검토한다.

주어진 조건에서 직접설계법이 가능하다.

(3) 전체 정정 계수휨모멘트(M_o)를 계산한다(식(12.9)).

식(12.9)를 이용하여 전체 정정 계수휨모멘트(M_o)를 계산한다.

$$M_o = M_c + M_s = \frac{w_u l_2 l_n^2}{8}$$

계수하중, 순 경간, 슬래브의 폭을 계산한다.

$$w_u = 1.2w_D + 1.6w_L = 1.2 \times 4.5 + 1.6 \times 3 = 10.2\ \mathrm{kN/m^2}$$

$$l_n = 6{,}500 - 400 = 6{,}100\ \mathrm{mm} \quad > \quad 0.65 l_1 = 4{,}225\ \mathrm{mm}$$

$$l_2 = 6{,}000\ \mathrm{mm}$$

그러므로

$$M_o = \frac{w_u l_2 l_n^2}{8} = \frac{10.2 \times 6.0 \times 6.1^2}{8} = 284.7\ \mathrm{kN \cdot m}$$

(4) 슬래브의 정계수휨모멘트와 부계수휨모멘트를 계산한다([표 12.2] 이용).

내부 슬래브의 정계수휨모멘트와 부계수휨모멘트를 각각 65퍼센트와 35퍼센트로 계산한다. 주어진 조건에서 외부 슬래브는 모든 받침부 사이에 보가 있는 슬래브이므로 [표 12.2]를 이용하여 정계수휨모멘트와 부계수휨모멘트 분배를 계산한다.

[내부 슬래브]

- 양단부 부계수휨모멘트 $M_u^- = 0.65 M_o = 0.65 \times 284.7 = 185.1\ \mathrm{kN \cdot m}$
- 중앙부 정계수휨모멘트 $M_u^+ = 0.35 M_o = 0.35 \times 284.7 = 99.6\ \mathrm{kN \cdot m}$

[외부 슬래브]

- 내단부 부계수휨모멘트 $M_{u,i}^- = 0.7 M_o = 0.7 \times 284.7 = 199.3\ \mathrm{kN \cdot m}$

- 중앙부 정계수휨모멘트 $M_u^+ = 0.57M_o = 0.57 \times 284.7 = 162.3\ \text{kN} \cdot \text{m}$
- 외단부 부계수휨모멘트 $M_{u,e}^- = 0.16M_o = 0.16 \times 284.7 = 45.6\ \text{kN} \cdot \text{m}$

(5) 슬래브의 주열대 모멘트와 중간대 모멘트를 계산한다([표 12.3] 이용).

주열대의 모멘트 분배를 [표 12.3]을 이용하여 계산한다.

[내부 슬래브]

- 경간 길이의 비 $\dfrac{l_2}{l_1} = \dfrac{6.0}{6.5} = 0.92$
- 보와 슬래브의 휨강성의 비 $\alpha_1 = \dfrac{EI_b}{EI_s} = 5.23$
- [표 12.3]에서 내단의 부모멘트와 중앙부 정모멘트 분배율

$$90 + \frac{75-90}{1.0-0.5}(0.92-0.5) = 77\%$$

①-a : 양단부 주열대 부계수휨모멘트 $M_u^- = 0.77 \times 185.1\ \text{kN} \cdot \text{m} = 142.5\ \text{kN} \cdot \text{m}$

①-b : 양단부 중간대 부계수휨모멘트 $M_u^- = 0.23 \times 185.1\ \text{kN} \cdot \text{m} = 42.6\ \text{kN} \cdot \text{m}$

②-a : 중앙부 주열대 정계수휨모멘트 $M_u^+ = 0.77 \times 99.6\ \text{kN} \cdot \text{m} = 76.7\ \text{kN} \cdot \text{m}$

②-b : 중앙부 중간대 정계수휨모멘트 $M_u^+ = 0.23 \times 99.6\ \text{kN} \cdot \text{m} = 22.9\ \text{kN} \cdot \text{m}$

[외부 슬래브]

- 경간 길이의 비 $\dfrac{l_2}{l_1} = \dfrac{6.0}{6.5} = 0.92$
- 보와 슬래브의 휨강성의 비 $\alpha_1 = \dfrac{EI_b}{EI_s} = 12.04$
- 슬래브의 단면2차모멘트 $I_s = \dfrac{bh^3}{12} = \dfrac{6{,}000 \times 150^3}{12} = 1{,}688 \times 10^6\ \text{mm}^4$
- 비틀림상수

  분할 1 [예제 그림 12-2-3]

$$C_1 = \left(1 - 0.63\frac{150}{850}\right)\frac{150^3 \times 850}{3} + \left(1 - 0.63\frac{350}{500}\right)\frac{350^3 \times 500}{3} = 4{,}844 \times 10^6\ \text{mm}^4$$

  분할 2 [예제 그림 12-2-3]

$$C_2 = \left(1 - 0.63\frac{150}{500}\right)\frac{150^3 \times 500}{3} + \left(1 - 0.63\frac{350}{650}\right)\frac{350^3 \times 650}{3} = 6{,}594 \times 10^6\ \text{mm}^4$$

  두 값 중에서 큰 값을 사용하므로 $C = 6{,}594 \times 10^6\ \text{mm}^4$

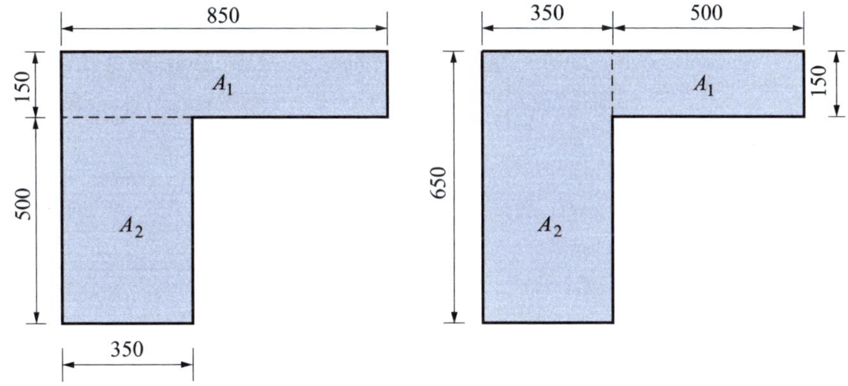

예제 그림 12-2-3 외부 슬래브의 비틀림상수 계산(단위 : mm)

- 비틀림강성비 $\beta_t = \dfrac{E_{cb}C}{2E_{cs}I_s} = \dfrac{6{,}594 \times 10^6}{2 \times 1{,}688 \times 10^6} = 1.95$
- [표 12.3]에서 내단의 부계수휨모멘트와 중앙부 정계수휨모멘트 분배율

$$90 + \frac{75-90}{1.0-0.5}(0.92-0.5) = 77\%$$

외단의 부계수휨모멘트 분배율

$$100 + \frac{77-100}{2.5-0}1.95 = 82\%$$

③-a : 내단부 주열대 부계수휨모멘트 $M_u^- = 0.77 \times 199.3\ \text{kN}\cdot\text{m} = 153.5\ \text{kN}\cdot\text{m}$

③-b : 내단부 중간대 부계수휨모멘트 $M_u^- = 0.23 \times 199.3\ \text{kN}\cdot\text{m} = 45.8\ \text{kN}\cdot\text{m}$

④-a : 중앙부 주열대 정계수휨모멘트 $M_u^+ = 0.77 \times 162.3\ \text{kN}\cdot\text{m} = 125.0\ \text{kN}\cdot\text{m}$

④-b : 중앙부 중간대 정계수휨모멘트 $M_u^+ = 0.23 \times 162.3\ \text{kN}\cdot\text{m} = 37.3\ \text{kN}\cdot\text{m}$

⑤-a : 외단부 주열대 부계수휨모멘트 $M_u^- = 0.82 \times 45.6\ \text{kN}\cdot\text{m} = 37.4\ \text{kN}\cdot\text{m}$

⑤-b : 외단부 중간대 부계수휨모멘트 $M_u^- = 0.18 \times 45.6\ \text{kN}\cdot\text{m} = 8.2\ \text{kN}\cdot\text{m}$

이상의 계수휨모멘트를 정리하면 [예제 표 12-2-1]과 같다.

예제 표 12-2-1 슬래브 구간의 계수휨모멘트

위치		정·부계수휨모멘트 구분	정·부계수휨모멘트 분담률	정·부계수휨모멘트 (kN·m)	주열대, 중간대 분담률	계수휨모멘트 (kN·m)
내부경간	주열대	부계수휨모멘트	0.65	185.1	0.77	**142.5**
		정계수휨모멘트	0.35	99.6	0.77	**76.7**
	중간대	부계수휨모멘트	0.65	185.1	0.23	**42.6**
		정계수휨모멘트	0.35	99.6	0.23	**22.9**
외부경간	주열대	내단부 부계수휨모멘트	0.70	199.3	0.77	**153.5**
		중앙부 정계수휨모멘트	0.57	162.3	0.77	**125.0**
		외단부 부계수휨모멘트	0.16	45.6	0.82	**37.4**
	중간대	내단부 부계수휨모멘트	0.70	199.3	0.23	**45.8**
		중앙부 정계수휨모멘트	0.57	162.3	0.23	**37.3**
		외단부 부계수휨모멘트	0.16	45.6	0.18	**8.2**

(6) 기둥과 벽체의 불균형 계수휨모멘트를 계산한다(식(12.12)).

기둥의 불균형 계수휨모멘트를 식(12.12)으로 계산한다. 주어진 조건에서 기둥 좌우 슬래브의 하중과 크기 조건이 동일하다($w_D = w_D'$, $w_L = w_L'$, $l_2 = l_2'$, $l_n = l_n'$). 여기서 $w_D(= 1.2 \times 4.5 = 5.4\ \mathrm{kN/m^2})$와 $w_L(= 1.6 \times 3 = 4.8\ \mathrm{kN/m^2})$은 계수하중을 사용해야 한다.

$$M = 0.07\left[(w_D + 0.5w_L)l_2 l_n{}^2 - w_D' l_2' (l_n')^2\right]$$
$$= 0.07\left[(5.4 + 0.5 \times 4.8)6.0 \times 6.1^2 - 5.4 \times 6.0 \times 6.1^2\right] = 37.5\ \mathrm{kN \cdot m}$$

계산된 37.5 kN·m는 슬래브 상하부 기둥에 전달되며, 슬래브 상하부 기둥의 길이와 단면적이 동일하므로 한 기둥이 받는 계수휨모멘트는 계산된 37.5 kN·m의 절반 값이다.

$$M_c = \frac{37.5}{2} = 18.8\ \mathrm{kN \cdot m}$$

(7) 슬래브의 철근을 배근한다.

[예제 표 12-2-1]에 계산된 계수휨모멘트에 저항하기 위한 슬래브 철근을 배근한다. 슬래브에 철근을 배근하는 방법은 [예제 12-1]과 동일하다. 슬래브에 D13 철근(철근 1개의 단면적 $A_s = 126.7\ \mathrm{mm^2}$)을 사용할 경우, 슬래브의 10개 구간에 필요한 철근량과 철근의 수(n)를 계산하면 [예제 표 12-2-2]와 [예제 그림 12-2-4]에 표시하였다.

예제 표 12-2-2 슬래브 구간의 필요 철근량

위치		정·부계수휨모멘트 구분	계수휨모멘트 (kN·m)	필요 철근량 (mm^2)	필요 철근의 수 (D13)
내부 경간	주열대	부계수휨모멘트	142.5	**3,893**	**38@80**
		정계수휨모멘트	76.7	**1,990**	**17@180**
	중간대	부계수휨모멘트	42.6	**1,077**	**10@300**
		성계수휨모멘트	22.9	**900***	**9@350**
외부 경간	주열대	내단부 부계수휨모멘트	153.5	**4,230**	**38@80**
		중앙부 정계수휨모멘트	125.0	**3,367**	**30@100**
		외단부 부계수휨모멘트	37.4	**942**	**9@350**
	중간대	내단부 부계수휨모멘트	45.8	**1,161**	**10@300**
		중앙부 정계수휨모멘트	37.3	**940**	**9@350**
		외단부 부계수휨모멘트	8.2	**900***	**9@350**

* 계산한 철근량이 건조수축과 온도철근비에 의하여 계산된 식(12.6)의 철근량보다 작으므로 최소 철근량을 배근한다. $A_{s,\min} = 0.002 \times$ 전체 단면적

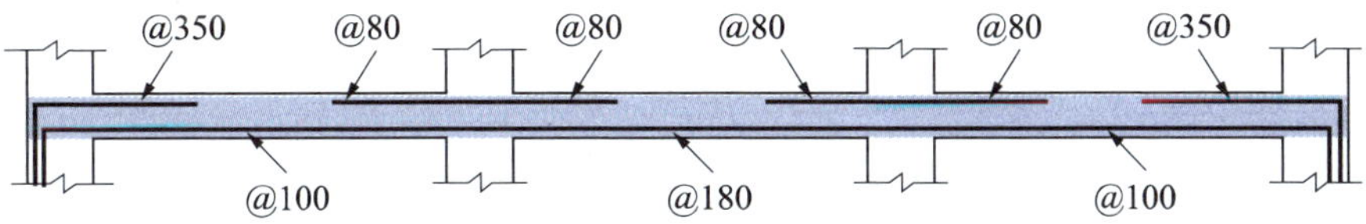

주열대 철근 배근

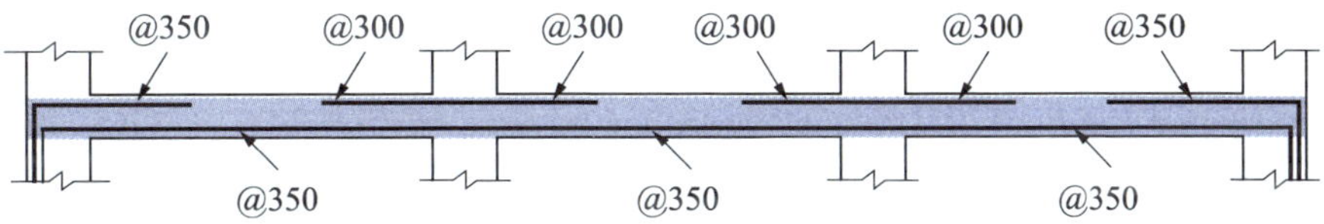

중간대 철근 배근

예제 그림 12-2-4 주열대와 중간대 철근 배근 간격과 위치

12.4 2방향 슬래브의 설계 – 등가골조법

철근콘크리트 슬래브를 12.3절에서 설명한 직접설계법을 이용하여 설계하기 위해서는 슬래브의 하중과 형상 조건이 12.3.1항의 여섯 가지 적용 범위에 포함되어야 한다. 이 적용 범위를 벗어날 경우에 정정 계수휨모멘트(M_o)를 [표 12-2]에 의하여 정모멘트와 부모멘트로 분배할 수

없으며, 만일 [표 12-2]에 의하여 분배할 경우에 실제와 다른 모멘트 분배가 될 수 있다. 직접설계법으로 해석할 수 없는 슬래브의 휨모멘트는 부정정구조물의 해석 방법으로 직접 계산해야 한다. 다만, 탄성체의 해석에 적용하는 부정정구조물의 해석 방법을 철근콘크리트 슬래브에 적용하기 위해서는 다음의 두 가지 문제를 해결해야 한다.

① 슬래브와 같이 폭이 넓은 구조물을 선형화 하여 해석할 때, 해석에서 계산된 모멘트분포와 실제 모멘트분포에 차이가 발생할 수 있다.

② 3차원 구조물을 선형화 하였을 때 기하학적 단순화에 의해 단면2차모멘트와 위험단면 등이 실제와 다를 수 있다.

12.4절에서는 부정정구조물의 해석 방법 중의 하나인 모멘트분배법(moment distribution method)을 이용하여 철근콘크리트 휨모멘트를 계산할 경우, 위의 두 가지 문제를 철근콘크리트 슬래브에 어떻게 반영해야 하는지 설명하고자 한다. 이 절에서 설명된 단면2차모멘트, 강성비, 위험단면 등은 모멘트분배법뿐만 아니라 기타 다른 탄성해석법을 사용하여 철근콘크리트 슬래브를 해석할 경우에도 적용된다.

12.4.1 모멘트분배법의 개요

부정정구조물의 해석 방법 중의 하나인 모멘트분배법을 이용하여 슬래브의 정모멘트와 부모멘트를 계산할 경우, 탄성체에 적용하는 모멘트분배법을 철근콘크리트 슬래브에 맞게 변환해야 한다. 모멘트분배법은 처짐각법(slope-deflection method)에 기본을 두고 있다. 처짐각법에서는 [그림 12.15]에 제시된 임의의 하중을 받고 있는 골조의 한 부재를 절단한 후에, 이 부재에 발생할 가능성이 있는 모든 변형을 [그림 12.15]와 같이 일반화한다. [그림 12.15]에서 부재에 가능한 변형은 ① i점의 처짐각(θ_i), ② j점의 처짐각(θ_j), ③ ij지점간의 부재 회전각(R_{ij}), ④ ij 지점간에 작용하는 하중에 의한 부재의 변형이다. 이러한 4가지 변형을 유발하기 위해서는 i점의 단부모멘트(M_{ij}), j점의 단부모멘트(M_{ji}), 고정단모멘트(C_{ij})가 필요하며 이들 값을 합하여 식(12.14)와 식(12.15)를 유도할 수 있다.

$$M_{ij} = 2E\frac{I}{l}(2\theta_i + \theta_j - 3R_{ij}) + C_{ij} \tag{12.14}$$

$$M_{ji} = 2E\frac{I}{l}(\theta_i + 2\theta_j - 3R_{ij}) + C_{ji} \tag{12.15}$$

여기서, M_{ij}, M_{ji} : 부재 단부 i, j점의 휨모멘트, E : 탄성계수, I : 단면2차모멘트, l : 부재의 길이, θ_i, θ_j : 부재 단부 i, j점의 회전각, R_{ij} : 부재 회전각, C_{ij}, C_{ji} : 고정단모멘트이다.

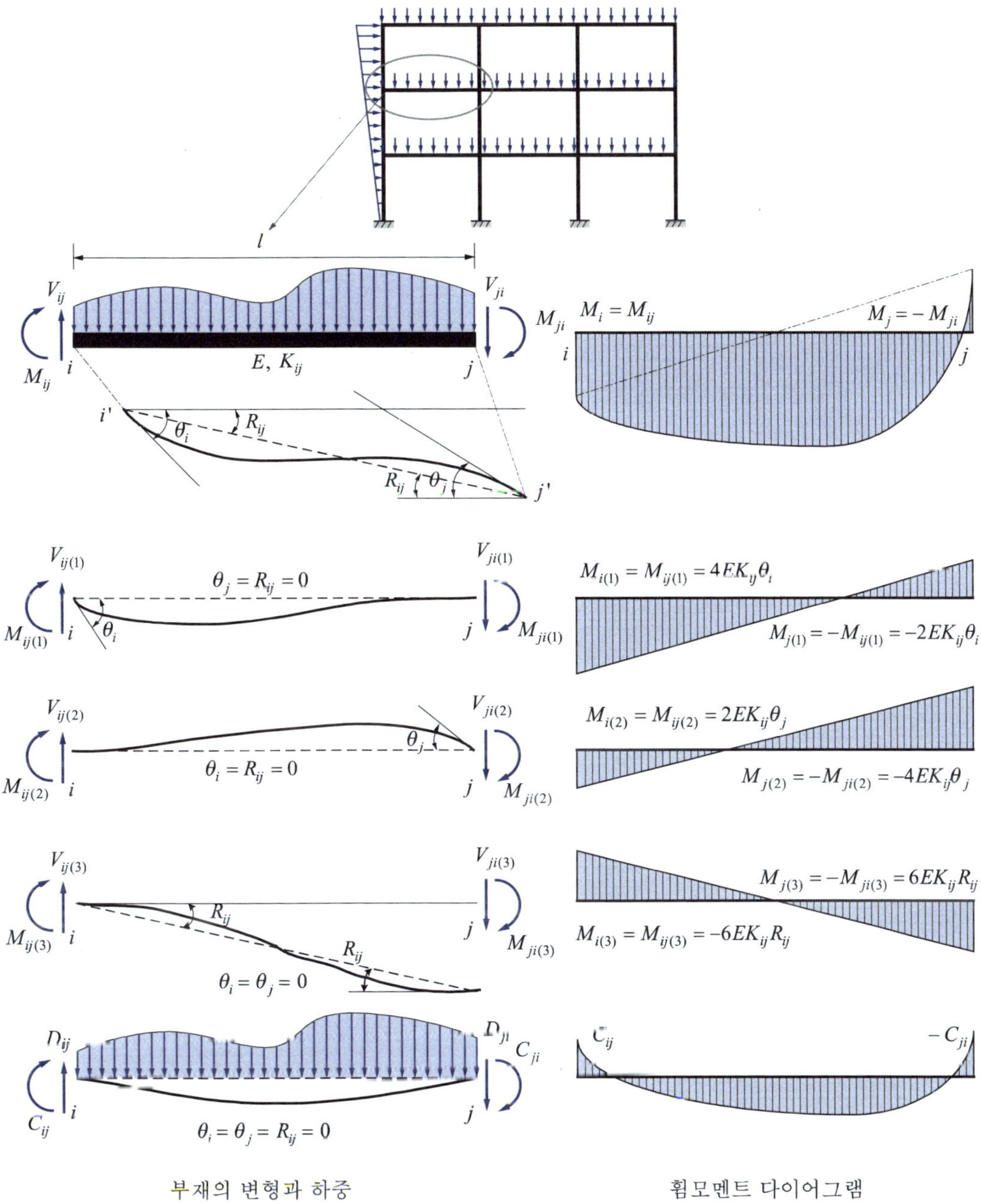

그림 12.15 부재의 변형(처짐각법)

[그림 12.16(a)]의 등분포하중을 받는 골조를 다음과 같이 모멘트분배법으로 해석할 수 있다.

① B점에서 발생하는 회전각을 영(0)으로 하고, 하중에 의하여 발생하는 고정단모멘트(FEM, fixed end moment)를 계산한다([그림 12.16(b)]).

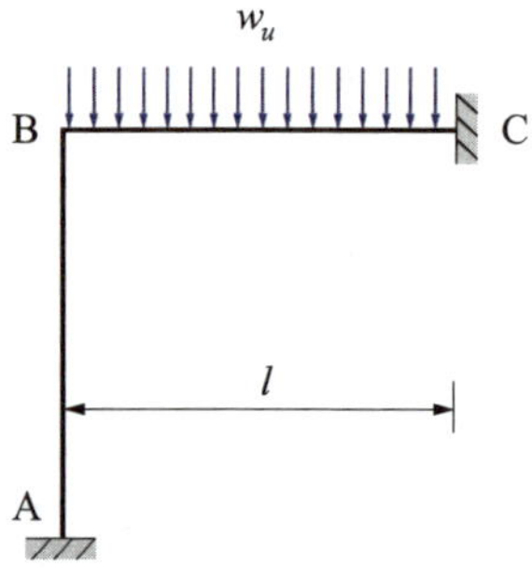

(a) 등분포하중이 작용하는 골조

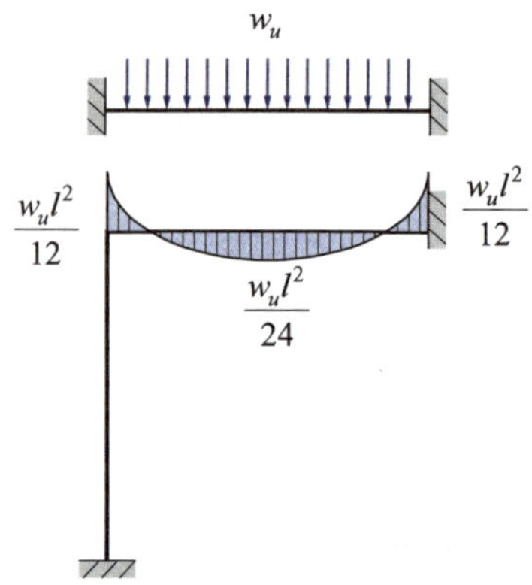

(b) 구속모멘트(locking moment)

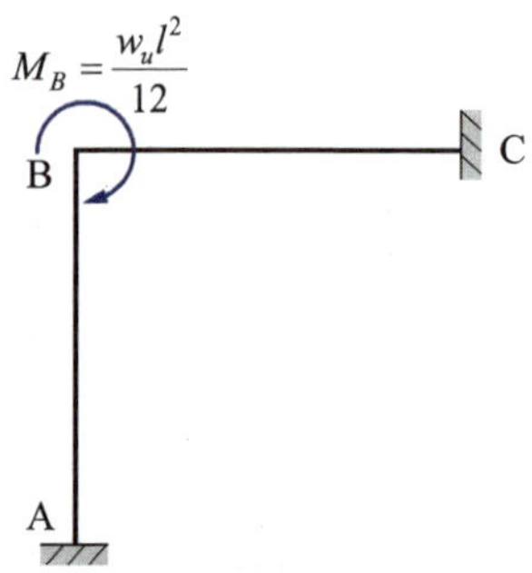

(c) 이완모멘트(balancing moment)

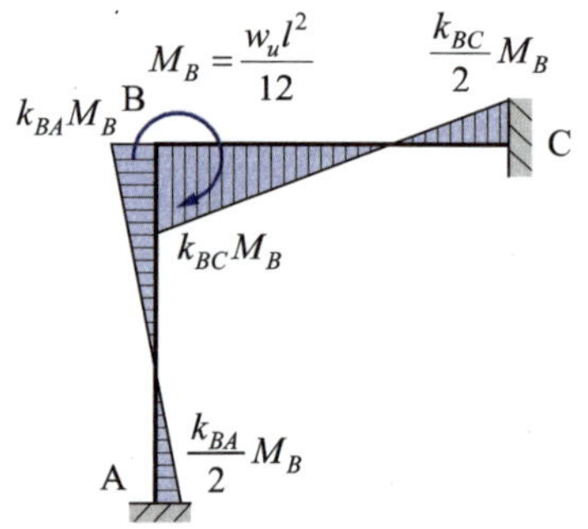

(d) 휨모멘트 분포(balancing moment diagram)

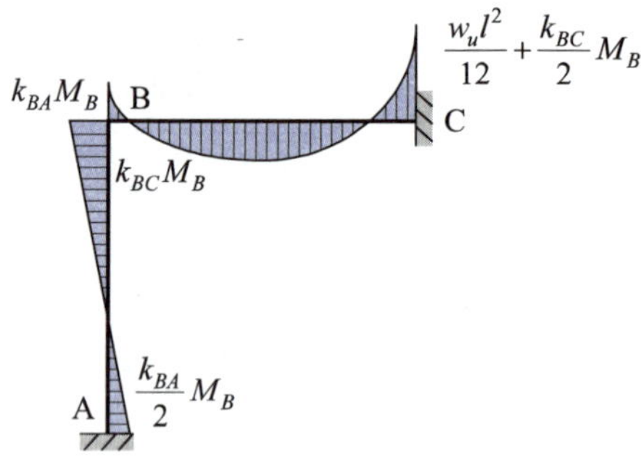

(e) 실제 휨모멘트 분포

그림 12.16 모멘트분배법

② 실제 구조물에서는 B점에 회전각이 발생하므로 ①에 의하여 계산한 고정단모멘트의 역방향으로 모멘트(이완모멘트 [그림 12.16(c)])를 가하여 [그림 12.16(d)]의 모멘트를 계산한다.

③ [그림 12.16(d)]에서 B점의 이완모멘트(M_B)는 B점에 연결된 부재(AB, BC)의 강비(剛比)에 비례하여 분배되며 이와 같은 모멘트를 분배모멘트(distributed moment)라 하며, 모멘트가 분배되는 비율을 분배율(distribution factor)이라 한다.

④ [그림 12.16(d)]에서 B점의 분배모멘트의 절반(1/2)이 부재의 반대측의 절점 A, C의 단부에 전달되는데, 이를 전달모멘트(carry-over moment)라 하며, 이 비율을 전달률(carry-over factor)이라 한다.

⑤ 모멘트분배법은 각 부재의 절점을 구속한 후에 계산한 고정단모멘트를 분배하고 이를 타단에 전달하여 각 절점의 모멘트의 합이 영(0)에 가까운 값에 도달할 때까지 분배와 전달을 반복한다. 각 절점의 모멘트의 합이 영(0)에 가까운 값에 도달했을 때 절점의 모멘트 합을 그 부재의 단부모멘트로 간주한다.

12.4.2 철근콘크리트 슬래브, 보 및 기둥의 단면2차모멘트

부정정구조물의 해석 방법의 하나인 모멘트분배법을 계산하여 골조를 해석하기 위해서는 다음의 세 가지 기본 정보가 필요하다.

① **고정단모멘트(FEM)** : 모멘트분배법에서는 모든 부재의 변형을 구속하고 지점을 고정단으로 간주하여 모멘트를 계산하며, 이를 고정단모멘트라 한다. 계산하는 방향의 길이가 "l_1"이며 폭이 "l_2"인 슬래브가 등분포하중 "w_u"를 받을 때의 고정단모멘트는 식(12.16)에 의해 계산할 수 있다.

$$M_u = M \cdot w_u \cdot l_2 \cdot {l_1}^2 \tag{12.16}$$

식(12.16)에서 M은 부재의 단면이 일정한 경우에 $1/12 = 0.083$이 되지만, 부재의 단면이 일정하지 않으면 달라진다.

② **분배율** : 고정단모멘트와 반대 방향으로 이완모멘트가 작용하며, 이완모멘트는 식(12.17)에서 부재의 강비에 비례하여 분배된다. 이를 분배율이라 한다.

$$D_{BA} = \frac{K_{BA}}{\sum K} = \frac{K_{BA}}{K_{BA} + K_{BC}} \tag{12.17}$$

식(12.17)에서 K는 식(12.14)와 (12.15)에서 유도된 휨강성이며, 식(12.18)에 의하여 계산한다.

$$K = \frac{k \cdot E \cdot I}{l} \tag{12.18}$$

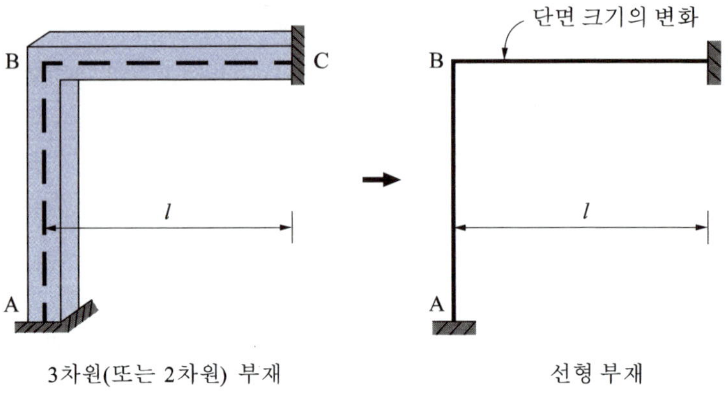

그림 12.17 해석 모델의 단순화

식(12.18)에서 k는 부재의 단면이 일정한 경우에 "4"지만, 부재의 단면이 일정하지 않으면 달라진다. 특히, 슬래브 단면은 인접한 기둥, 보, 지판의 유·무에 따라 크기가 일정하지 않은 경우가 많기 때문에 k의 값은 "4"와 차이가 있다.

③ **전달률** : 단부모멘트는 부재의 반대 측의 절점으로 전달되며, 전달되는 모멘트의 비율을 전달률이라 한다. 전달률은 부재의 단면이 일정한 경우에 "0.5"지만, 부재의 단면이 일정하지 않으면 달라진다.

부정정구조물의 해석 방법은 [그림 12.17]과 같이 3차원 부재의 도심과 도심을 연결하여 부재를 선으로 단순화한 후에 부재의 하중을 계산한다. 그러나 실제 부재를 이와 같이 선 부재로 단순화하여 계산할 경우에 부정정구조물의 해석 방법에 의한 계산 결과와 부재의 실제 하중에 차이가 발생할 수 있다. 특히, 고정단모멘트, 분배율, 전달률은 부재의 단면이 일정한 경우와 일정하지 않을 경우에 서로 다르다. 따라서 부정정구조물의 해석을 철근콘크리트 구조물에 적용하기 위해서는 다음과 같이 단면의 크기에 대한 고려가 필요하다.

슬래브, 보

슬래브는 기둥이나 보에 연결되고, 기둥에 지판이 설치될 경우가 있으므로 해석에 사용되는 슬래브 단면은 크기가 일정하지 않고 길이에 따라 변한다. 따라서 기준에서는 다음 사항을 고려하여 슬래브 또는 보의 단면2차모멘트를 계산한다([그림 12.18] 참조).

① 접합부나 기둥머리 바깥쪽에 있는 슬래브-보의 단면2차모멘트는 콘크리트의 전체 면적을 기준으로 계산한다.

② 골조 해석을 할 때 슬래브-보의 축에 따라 변화하는 단면2차모멘트를 고려하여 계산한다.

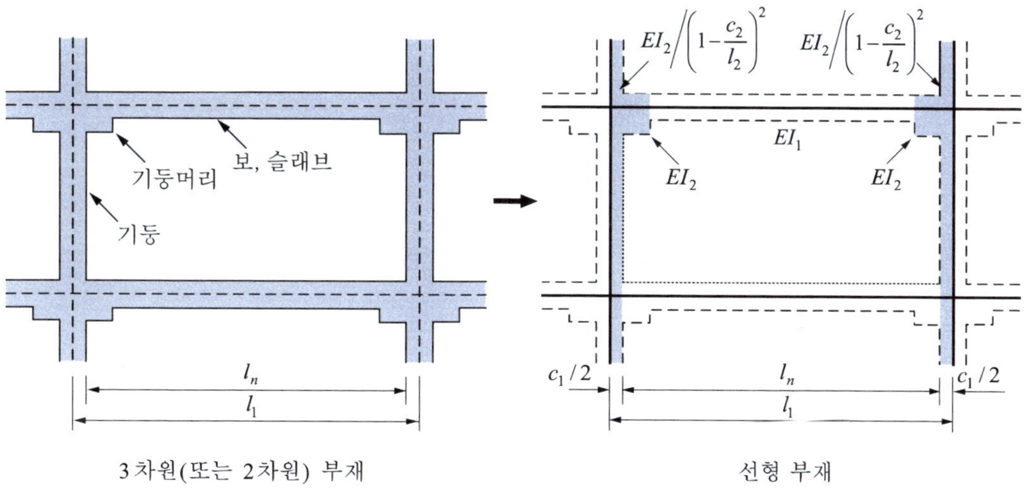

그림 12.18 슬래브, 보의 단면2차모멘트

③ 기둥 중심에서 기둥, 기둥머리, 브래킷까지의 슬래브 - 보의 단면2차모멘트는 기둥, 기둥머리, 브래킷에서의 슬래브 - 보의 단면2차모멘트를 $(1-c_2/l_2)^2$으로 나눈 값과 같다고 가정한다. 여기서, c_2 : 휨모멘트를 결정하는 경간에 직각방향으로 측정한 기둥의 폭(기둥머리나 브래킷이 있을 경우에는 기둥머리 또는 브래킷의 폭), l_2 : 휨모멘트를 결정하는 경간에 직각방향으로 측정한 슬래브의 길이이다.

이와 같이 슬래브, 보의 단면2차모멘트를 고려하여 계산한 식(12.16)의 고정단모멘트계수(M), 식(12.18)의 강성계수(k), 전달률은 [부표 4.1]~[부표 4.3]에서 구할 수 있다. [부표 4.1]~[부표 4.3]의 M, k와 전달률은 c_2와 l_2에 따라서 변화하는 것을 알 수 있다.

기둥

기둥의 단면2차모멘트도 슬래브나 보와 유사하게 주변 부재와 지판의 유·무에 따라서 해석에 사용되는 단면의 크기가 일정하지 않고 변화한다. 따라서 기준에서는 다음 사항을 고려하여 기둥의 단면2차모멘트를 계산한다([그림 12.19] 참조).

① 접합부나 기둥머리 바깥쪽에 있는 기둥의 단면2차모멘트는 콘크리트의 전체 면적을 기준으로 해야 한다.

② 기둥의 축에 따라서 변화하는 단면2차모멘트는 골조 해석을 할 때 고려해야 한다.

③ 접합부에서 슬래브 - 보의 윗면과 아랫면 사이에 있는 기둥의 단면2차모멘트는 무한대로 가정해야 한다.

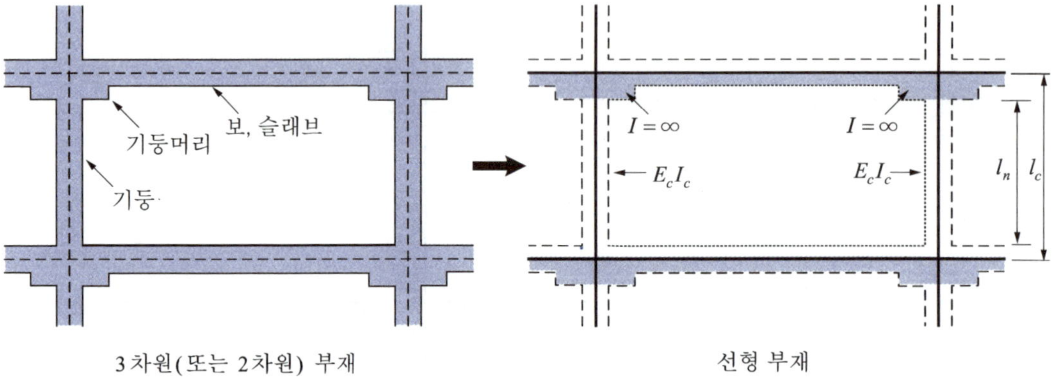

그림 12.19 기둥의 단면2차모멘트

이와 같이 기둥의 단면2차모멘트를 고려하여 계산한 식(12.18)의 강성계수(k)와 전달률을 [부표 4.4]에서 구할 수 있다. [부표 4.4]에서 k와 전달률은 슬래브의 두께, 기둥의 높이 등에 영향을 받는 것을 알 수 있다.

12.4.3 등가 기둥과 부모멘트에 대한 위험단면

등가 기둥

수직 부재와 수평 부재가 강절점(rigid joint)으로 접합된 골조(frame)에 작용하는 하중은 각 부재의 휨강성(EI)의 비에 비례하여 모멘트가 분배된다. 기둥과 보로 이루어진 골조는 기둥의 폭과 보의 폭이 거의 유사하므로 보와 기둥의 휨강성의 비에 의하여 휨모멘트가 분배된다. 그러나 기둥 - 슬래브 구조에서는 기둥의 폭에 비하여 슬래브 폭이 넓기 때문에 슬래브에 작용하는 하중은 각 부재의 휨강성의 비에 비례하여 모멘트가 분배되지 않는다.

해석에 의하면 [그림 12.20]의 기둥 폭에 인접한 슬래브의 모멘트는 기둥에 직접 전달되지만, 기둥 폭을 벗어난 곳의 슬래브 모멘트는 기둥 양 측면에 존재하는 비틀림 팔(torsion arm)에 의하여 기둥에 전달된다. 따라서 설계에서는 비틀림 팔과 더불어 거동하는 슬래브의 상·하 기둥을 등가 기둥(equilibrium column)으로 정의하며, 등가 기둥에서는 기둥의 휨강성만을 사용하지 않고 비틀림의 강성을 함께 고려한 유효휨강성을 사용한다.

등가 기둥의 유효휨강성은 슬래브를 중심으로 절단한 상·하 기둥의 휨강성과 기둥에 인접한 슬래브 또는 보의 비틀림강성을 고려하여 식(12.19)에 의하여 계산한다.

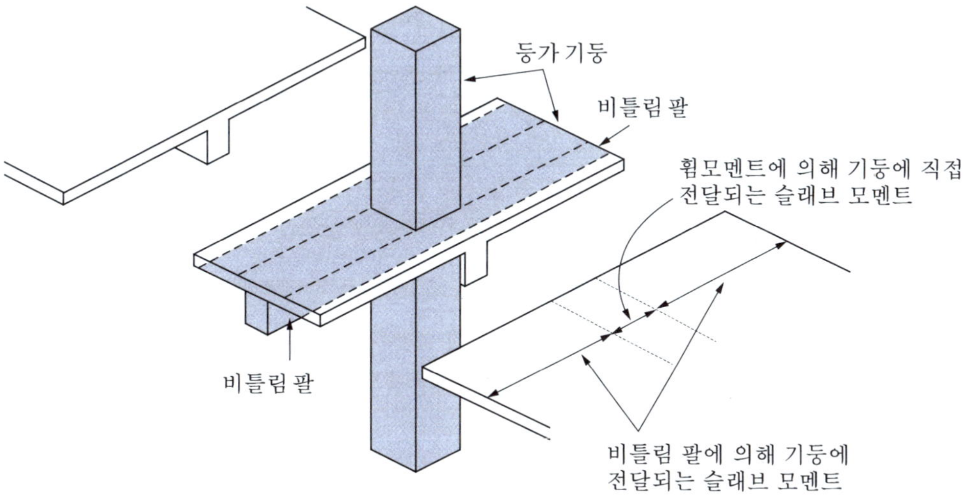

그림 12.20 등가 기둥

$$\frac{1}{K_{ec}} = \frac{1}{\sum K_c} + \frac{1}{K_t} \tag{12.19}$$

여기서, K_{ec} : 등가기둥의 유효휨강성, $\sum K_c$: 슬래브 상·하 기둥의 절대 휨강성의 합, K_t : 기둥 양옆에 붙은 보 또는 슬래브의 비틀림강성의 합이다.

식(12.19)의 상하 기둥의 절대 휨강성의 합($\sum K_c$)은 식(12.20)으로 계산한다.

$$\sum K_c = \frac{k_c E_c I_c}{l_c} \tag{12.20}$$

여기서, k_c : 기둥의 휨강성 계수이며 [부표 4.4]에서 계산(단면이 일정한 경우 $k_c = 4$), I_c : 기둥의 단면2차모멘트, l_c : 기둥의 길이(슬래브의 중심간 거리)이다.

식(12.19)의 비틀림강성(K_t)은 식(12.21)에 의하여 계산한다.

$$K_t = \sum \frac{9 E_{cs} C}{l_2 \left(1 - \frac{c_2}{l_2}\right)^3} \tag{12.21}$$

여기서, E_{cs} : 슬래브의 콘크리트 탄성계수, C : 비틀림상수이며 디각형 딘면에 대한 비틀림 해석에 근거하여 식(12.11)에 의하여 계산한다.

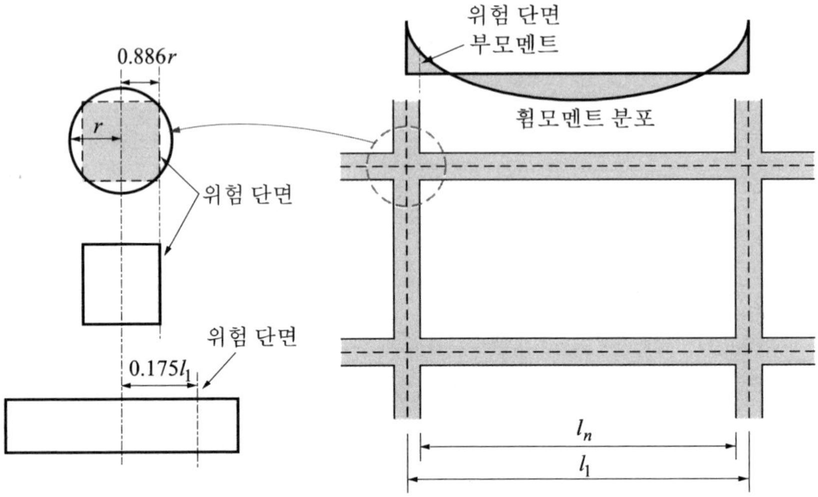

그림 12.21 설계 위험단면

부모멘트에 대한 위험단면

등가골조법에 의하여 계산한 부모멘트는 실제 부재의 위험단면의 부모멘트와 다를 수 있다. 이는 [그림 12.17]에서 설명한 것과 같이 3차원 부재를 부재의 도심을 연결하여 선으로 단순화하여 모멘트를 계산할 경우에 해석에 의하여 계산한 부모멘트는 기둥과 보(또는 슬래브)의 도심이 만나는 점에서 최대가 되지만 실제 구조물의 위험단면은 기둥과 인접한 면에서 최대가 되기 때문이다. 따라서 설계에서는 [그림 12.21]과 같이 등가골조법에 의하여 계산한 결과의 최대 부모멘트가 아닌, 위험단면의 부모멘트를 이용하여 철근량을 계산한다. 위험단면은 기둥의 종류에 따라서 다음과 같이 구별한다.

① **사각형 단면** : 기둥 측면
② **원형 단면** : 기둥 중심에서 $0.886r$만큼 떨어진 곳 (r : 원형기둥 반지름)
③ **벽체와 같은 긴 장방형 단면** : 기둥 중심에서 $0.175l_1$만큼 떨어진 곳

12.4.4 등가골조법의 설계순서

등가골조법에 의한 슬래브의 설계순서는 다음과 같다.

① 슬래브의 두께를 결정한다([표 12.1] 또는 식(12.4), (12.5)).
② 계수하중을 계산한다.
③ 슬래브의 정계수휨모멘트와 부계수휨모멘트를 부정정구조물 해법에 의하여 계산한다.

[모멘트분배법을 사용하는 경우]

③-1 강성 분배율(DF)을 계산한다(식(12.17)).

③-2 고정단모멘트(FEM)를 계산한다(식(12.16)).

③-3 전달계수(CF)를 계산한다.

③-4 모멘트분배법을 사용하여 슬래브의 부계수휨모멘트를 계산한다.

③-5 계산된 부계수휨모멘트를 이용하여 슬래브의 정계수휨모멘트를 계산한다.

③-6 위험단면에서의 최대 부계수휨모멘트를 계산한다.

④ 슬래브의 주열대 계수휨모멘트와 중간대 계수휨모멘트를 계산한다([표 12.3]).

⑤ 철근을 배근한다.

예제 12-3

[예제 그림 12-2-1]의 슬래브를 등가골조법으로 설계하라. 슬래브, 보, 및 기둥의 콘크리트의 압축강도 $f_{ck} = 24\ \mathrm{MPa}$, 슬래브 주철근의 설계기준항복강도 $f_y = 400\ \mathrm{MPa}$이다.

- 모든 기둥의 단면적 : $400 \times 400\ \mathrm{mm}$, 기둥의 높이$= 3.5\ \mathrm{m}$
- 테두리 보의 크기$= 350 \times 650\ \mathrm{mm}$, 내부 보의 크기$= 300 \times 600\ \mathrm{mm}$
- 슬래브의 고정하중 $w_D = 4.5\ \mathrm{kN/m^2}$
- 슬래브의 활하중 $w_L = 3\ \mathrm{kN/m^2}$

풀이

(1) 슬래브의 두께를 계산한다([표 12.1] 또는 식(12.4), (12.5)).

식(12.4) 또는 식(12.5)를 사용하거나 [그림 12.8]을 사용하여 슬래브의 두께를 계산한다. [예제 12-2]에서 계산한 슬래브의 두께는 150 mm이다.

(2) 계수하중을 계산한다.

슬래브에 작용하는 계수하중을 계산한다.

$$w_u = 1.2w_D + 1.6w_L = 1.2 \times 4.5 + 1.6 \times 3 = 10.2\ \mathrm{kN/m^2}$$

(3) 슬래브의 정계수휨모멘트와 부계수휨모멘트를 부정정구조물 해법에 의하여 계산한다.

(3)-1 강성 분배율을 계산한다(식(12.17)).

$$D_{BA} = \frac{K_{BA}}{\sum K} = \frac{K_{BA}}{K_{BA} + K_{BC}}$$

① 등가기둥의 유효휨강성(K_{ec})을 식(12.19)에 의하여 계산한다.

$$\frac{1}{K_{ec}} = \frac{1}{\sum K_c} + \frac{1}{K_t}$$

①-1 : 상하 기둥의 절대 휨강성의 합($\sum K_c$)을 식(12.20)으로 계산한다.

기둥의 길이(l_c)는 지판이 없으므로 슬래브의 중심간 거리가 된다. 기둥의 휨강성 계수(k_c)는 [부표 4.4]에서 계산한다. 지판이나 기둥머리가 없으므로 $t_a/t_b = 1$이 되며, $l_c/l_u = 3.5/(3.5-0.15) = 1.04$이다.

$$l_c = 3{,}500\,\mathrm{mm}$$

$$I_c = \frac{bh^3}{12} = \frac{400 \times 400^3}{12} = 2{,}133 \times 10^6\,\mathrm{mm}^4$$

$$k = 4.0 + \frac{4.52-4}{1.05-1.0}(1.04-1.0) = 4.42$$

$$C = 0.5 + \frac{0.54-0.5}{1.05-1.0}(1.04-1.0) = 0.53$$

그러므로

$$\sum K_c = \frac{k_c E I_c}{l_c} = 2 \times \frac{4.42 \times E \times 2{,}133 \times 10^6}{3{,}500} = 5.39 \times 10^6 E$$

①-2 : 비틀림강성(K_t)을 식(12.21)에 의하여 계산한다.

[외부 슬래브의 비틀림강성]

$$C = 6{,}594 \times 10^6\,\mathrm{mm}\,(\text{[예제 12-2]에서 계산})$$

$$K_t = \sum \frac{9E_{cs}C}{l_2\left(1-\dfrac{c_2}{l_2}\right)^3} = 2 \times \frac{9E_{cs} \times 6{,}594 \times 10^6}{6{,}000\left(1-\dfrac{400}{6{,}000}\right)^3} = 24.33 \times 10^6 E$$

[내부 슬래브의 비틀림강성]

분할 1 [예제 그림 12-3-1]

$$C_1 = \left(1-0.63\frac{300}{600}\right)\frac{300^3 \times 600}{3} + \left(1-0.63\frac{150}{900}\right)\frac{150^3 \times 900}{3} = 4{,}605 \times 10^6\,\mathrm{mm}$$

분할 2 [예제 그림 12-3-1]

$$C_2 = \left(1-0.63\frac{300}{450}\right)\frac{300^3 \times 450}{3} + \left(1-0.63\frac{150}{1{,}200}\right)\frac{150^3 \times 1{,}200}{3} = 3{,}593 \times 10^6\,\mathrm{mm}$$

두 값 중에서 큰 값을 사용하므로 $C = 4{,}605 \times 10^6\,\mathrm{mm}$

$$K_t = \sum \frac{9E_{cs}C}{l_2\left(1-\dfrac{c_2}{l_2}\right)^3} = 2 \times \frac{9E_{cs} \times 4{,}605 \times 10^6}{6{,}000\left(1-\dfrac{400}{6{,}000}\right)^3} = 16.99 \times 10^6 E$$

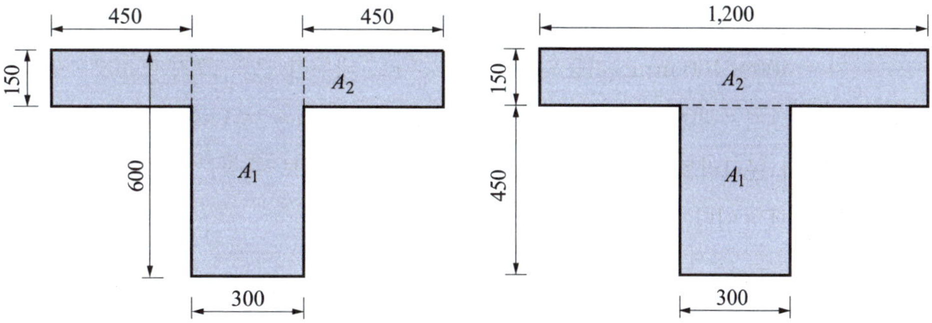

예제 그림 12-3-1 내부 슬래브의 비틀림상수 계산(단위 : mm)

①-3 : 기둥의 유효휨강성 계산

[외부 기둥의 유효휨강성]

$$\frac{1}{K_{ec}} = \frac{1}{\sum K_c} + \frac{1}{K_t} = \frac{1}{5.39 \times 10^6 E} + \frac{1}{24.33 \times 10^6 E}$$

$$K_{ec} = 4.41 \times 10^6 E \qquad \text{(a)}$$

[내부 기둥의 유효휨강성]

$$\frac{1}{K_{ec}} = \frac{1}{\sum K_c} + \frac{1}{K_t} = \frac{1}{5.39 \times 10^6 E} + \frac{1}{16.99 \times 10^6 E}$$

$$K_{ec} = 4.09 \times 10^6 E \qquad \text{(b)}$$

② 슬래브의 휨강성(K_s)을 계산한다.

슬래브의 단면2차모멘트(I_s)를 계산한다. 또한, 휨강성 계수(k)는 [부표 4.1]에서 계산할 수 있다. 지판이나 기둥머리가 없으므로 $c_1/l_1 = 400/6{,}500 = 0.062$가 되며, $c_2/l_2 = 400/6{,}000 = 0.067$이다.

강성계수 : c_1/l_1보간, $4.047 + \frac{4.091 - 4.047}{0.1 - 0.05}(0.062 - 0.05) = 4.058$

$4.182 + \frac{4.182 - 4.093}{0.1 - 0.05}(0.062 - 0.05) = 4.203$

c_2/l_2보간, $4.058 + \frac{4.203 - 4.058}{0.1 - 0.05}(0.067 - 0.05) = 4.107$

그러므로 $k = 4.107$

$$I_s = \frac{bh^3}{12} = \frac{6{,}000 \times 150^3}{12} = 1{,}688 \times 10^6 \text{ mm}^4$$

그러므로

$$K_s = \frac{kEI_s}{l_1} = \frac{4.107E \times 1{,}688 \times 10^6}{6{,}500} = 1.07 \times 10^6 E \qquad \text{(c)}$$

③ 계산한 (a), (b), (c)를 식(12.17)에 대입하여 강성분배율(DF)을 계산한다.

$$D_{BA} = \frac{K_{BA}}{\sum K} = \frac{K_{BA}}{K_{BA}+K_{BC}}$$

[외부 슬래브]

기둥 $\frac{K_{ec}}{\sum K} = \frac{K_{ec}}{K_{ec}+K_s} = \frac{4.41E}{4.41E+1.07E} = 0.80$

슬래브 - 오른편 $\frac{K_s}{\sum K} = \frac{K_s}{K_{ec}+K_s} = \frac{1.07E}{4.41E+1.07E} = 0.20$

[내부 슬래브]

기둥 $\frac{K_{ec}}{\sum K} = \frac{K_{ec}}{K_{ec}+2K_s} = \frac{4.09E}{4.09E+2\times 1.07E} = 0.66$

슬래브 - 왼편 $\frac{K_{ec}}{\sum K} = \frac{K_{ec}}{K_{ec}+2K_s} = \frac{1.07E}{4.09E+2\times 1.07E} = 0.17$

슬래브 - 오른편 $\frac{K_{ec}}{\sum K} = \frac{K_{ec}}{K_{ec}+2K_s} = \frac{1.07E}{4.09E+2\times 1.07E} = 0.17$

여기서, 기둥의 분배율은 상·하 기둥의 합이다.

(3)-2 고정단모멘트(FEM)를 계산한다(식(12.16)).

[부표 4.1]에서 모멘트계수(M)을 계산한다.

고정단모멘트 : c_1/l_1보간, $0.084+\frac{0.085-0.084}{0.1-0.05}(0.062-0.05) = 0.0842$

c_2/l_2보간, $0.084+\frac{0.0842-0.084}{0.1-0.05}(0.067-0.05) = 0.0841$

그러므로 $M = 0.0841$

$$M_u = M\cdot w_u \cdot l_2 \cdot l_1^2 = 0.0841\times 10.2\times 6\times 6.5^2 = 217.5\ \text{kN}\cdot\text{m}$$

(3)-3 전달계수(CF)를 계산한다.

[부표 4.1]에서 전달계수를 계산한다.

전달계수 : c_1/l_1보간, $0.503+\frac{0.506-0.503}{0.1-0.05}(0.062-0.05) = 0.504$

$0.507+\frac{0.513-0.507}{0.1-0.05}(0.062-0.05) = 0.508$

c_2/l_2보간, $0.504+\frac{0.508-0.504}{0.1-0.05}(0.067-0.05) = 0.505$

그러므로 $COF = 0.505$

(3)-4 모멘트분배법을 사용하여 슬래브의 부계수휨모멘트를 계산한다.

슬래브의 상·하단의 기둥을 고정단으로 하여 10층 슬래브를 [예제 그림 12-3-2]로 모델화하고, 슬래브와 상·하단의 기둥을 모멘트분배법에 의하여 계산하여 [예제 그림 12-3-3]에 표시하였다.

(3)-5 계산된 부계수휨모멘트를 이용하여 슬래브의 정계수휨모멘트를 계산한다.

[예제 그림 12-3-3]에서 부재의 단부에 작용하는 슬래브의 부계수휨모멘트 값을 계산하였다. 슬래브의 정계수휨모멘트는 [예제 그림 12-3-3]에서 계산한 부계수휨모멘트를 이용하여 계산할 수 있다. 외부 슬래브(ab)와 내부 슬래브(bb')에는 [예제 그림 12-3-4]와 같이 단부모멘트와 등분포하중이 작용한다. 단부모멘트 값이 주어져 있으므로 힘의 평형을 이용하여 부재의 반력, 전단력의 분포, 휨모멘트의 분포를 계산할 수 있다.

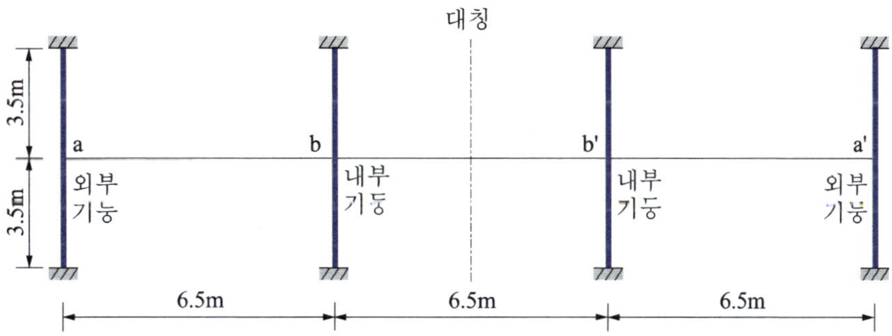

예제 그림 12-3-2 슬래브의 모델화

절점 부재	외부 기둥	슬래브 a	슬래브 b	내부 기둥	슬래브 b	슬래브 b'	내부 기둥	슬래브 b'
COF		0.505	0.505		0.505	0.505		0.505
DF	0.80	0.20	0.17	0.66	0.17	0.17	0.66	0.17
FEM		−217.5	217.5		−217.5	217.5		217.5
분배	174.0	43.5	0.0	0.0	0.0	0.0	0.0	0.0
전달		0.0	22.0		0.0	0.0		22.0
분배	0.0	0.0	−3.7	−14.5	−3.7	3.7	14.5	−3.7
전달		−1.9	0.0		1.9	−1.9		0.0
분배	1.52	0.38	−0.3	−1.3	−0.3	0.3	1.3	−0.3
전달		−0.15	0.19		0.15	−0.15		0.19
모멘트	**175.5**	**−175.7**	**235.7**	**−15.8**	**−219.5**	**219.5**	**15.8**	**235.7**

예제 그림 12-3-3 모멘트분배법에 의한 휨모멘트 계산

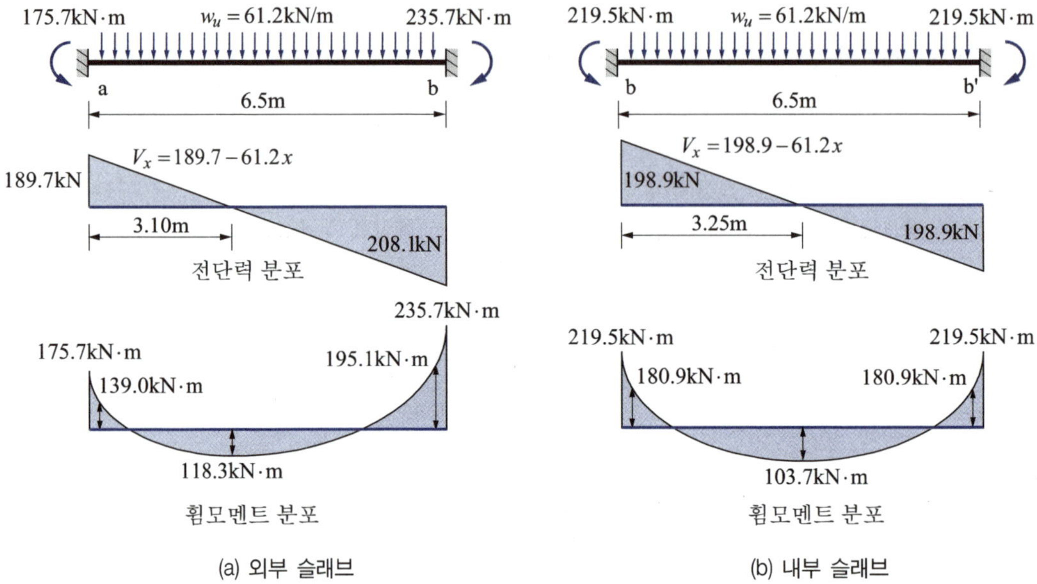

예제 그림 12-3-4 전단력과 휨모멘트 분포

[외부 슬래브(ab)]

$$\sum M_a = 0 \qquad 175.7 - 235.7 - w_u \times 6.5 \times \frac{6.5}{2} + R_b \times 6.5 = 0$$

$$175.7 - 235.7 - (10.2 \times 6) \times 6.5 \times \frac{6.5}{2} + R_b \times 6.5 = 0$$

$$R_b = 208.1 \text{ kN}$$

$$\sum F_y = 0 \qquad R_a + R_b - w_u \times 6.5 = 0, \qquad R_a + 208.1 - 61.2 \times 6.5 = 0$$

$$R_a = 189.7 \text{ kN}$$

전단력의 분포

$$V_x = R_a - w_u \times x, \qquad V_x = 189.7 - 61.2 \times x$$

전단력이 영(0)인 위치

$$0 = 189.7 - 61.2 \times x, \qquad x = 3.10 \text{ m}$$

휨모멘트의 분포

$$M_x = -175.7 + R_a \times x - w_u \times \frac{x^2}{2}$$

$$M_x = -175.7 + 189.7x - 61.2 \times \frac{x^2}{2}$$

최대 정모멘트(전단력이 영(0)인 위치)

$$M_u^+ = -175.7 + 189.7 \times 3.1 - 61.2 \times \frac{3.1^2}{2} = 118.3\ \text{kN} \cdot \text{m}$$

[내부 슬래브(bb')]

$$\sum M_a = 0 \qquad 219.5 - 219.5 - w_u \times 6.5 \times \frac{6.5}{2} + R_{b'} \times 6.5 = 0$$

$$R_{b'} = 198.9\ \text{kN}$$

$$\sum F_y = 0 \qquad R_b + R_{b'} - w_u \times 6.5 = 0, \qquad R_b = 198.9\ \text{kN}$$

전단력의 분포

$$V_x = R_b - w_u \times x, \qquad V_x = 198.9 - 61.2 \times x$$

전단력이 영(0)인 위치

$$0 = 198.9 - 61.2 \times x, \qquad x = 3.25\ \text{m}$$

휨모멘트의 분포

$$M_x = -219.5 + R_b \times x - w_u \times \frac{x^2}{2}$$

$$M_x = -219.5 + 198.9x - 61.2 \times \frac{x^2}{2}$$

최대 정모멘트(전단력이 영(0)인 위치)

$$M_u^+ = -219.5 + 198.9 \times 3.25 - 61.2 \times \frac{3.25^2}{2} = 103.7\ \text{kN} \cdot \text{m}$$

(3)-6 위험단면에서의 최대 부모멘트를 계산한다.

[그림 12.20]에서 설명하였듯이 모멘트면적법으로 계산한 결과의 최대 부모멘트를 이용하여 위험단면에서의 부모멘트를 계산해야 한다. 계산된 모멘트를 정리하면 [예제 그림 12-3-4]와 같다.

[외부 슬래브(ab)]

$$M_x = -175.7 + R_a \times x - w_u \times \frac{x^2}{2}$$

$$M_u^- = -175.7 + 189.7 \times 0.2 - 61.2 \times \frac{0.2^2}{2} = -139.0\ \text{kN} \cdot \text{m}$$

$$M_u^- = -175.7 + 189.7 \times 6.3 - 61.2 \times \frac{6.3^2}{2} = -195.1\ \text{kN} \cdot \text{m}$$

[내부 슬래브(bb')]

$$M_x = -219.5 + R_b \times x - w_u \times \frac{x^2}{2}$$

$$M_u^- = -219.5 + 198.9 \times 0.2 - 61.2 \times \frac{0.2^2}{2} = -180.9 \text{ kN} \cdot \text{m}$$

$$M_u^- = -219.5 + 198.9 \times 6.3 - 61.2 \times \frac{6.3^2}{2} = -180.9 \text{ kN} \cdot \text{m}$$

(4) 슬래브의 주열대 계수휨모멘트와 중간대 계수휨모멘트를 계산한다([표 12.3]).

계산 순서(3)에서 모멘트분배법을 이용하여 계산한 정계수휨모멘트와 부계수휨모멘트를 [표 12.3]의 조건을 활용하여 주열대·중간대 계수휨모멘트로 분배해야 한다. [예제 12-3]의 건물 조건은 [예제 12-2]와 동일하므로 [예제 12-2]의 계산 결과를 활용하여 [예제 표 12-3-1]과 같이 주열대·중간대 계수휨모멘트를 계산할 수 있다.

(5) 슬래브의 철근을 배근한다.

[예제 표 12-3-1]에 계산된 계수휨모멘트에 대하여 슬래브에 철근을 배근한다. 슬래브에 철근을 배근하는 방법은 [예제 12-1]과 [예제 12-2]와 동일하다.

슬래브에 D13철근(철근 1개의 단면적 $A_s = 126.7 \text{ mm}^2$)을 사용할 경우, 슬래브의 10개 구간에 대한 철근량과 철근의 수(n)를 계산하여 [예제 표 12-3-2]와 [예제 그림 12-3-5]에 정리하였다.

예제 표 12-3-1 슬래브 구간의 계수휨모멘트

위 치		정·부계수휨모멘트 구분	정·부계수휨모멘트 (kN·m)	주열대·중간대 분담률	계수휨모멘트 (kN·m)
내부 경간	주열대	부계수휨모멘트	180.9	0.77	**139.3**
		정계수휨모멘트	103.7	0.77	**79.8**
	중간대	부계수휨모멘트	180.9	0.23	**41.6**
		정계수휨모멘트	103.7	0.23	**23.9**
외부 경간	주열대	내단부 부계수휨모멘트	195.1	0.77	**150.2**
		중앙부 정계수휨모멘트	118.3	0.77	**91.1**
		외단부 부계수휨모멘트	139.0	0.82	**114.0**
	중간대	내단부 부계수휨모멘트	195.1	0.23	**44.9**
		중앙부 정계수휨모멘트	118.3	0.23	**27.2**
		외단부 부계수휨모멘트	139.0	0.18	**25.0**

예제 표 12-3-2 슬래브 구간의 필요 철근량

위치		정·부계수휨모멘트 구분	계수휨모멘트 (kN·m)	필요 철근량 (mm^2)	필요 철근의 수 (D13)
내부 경간	주열대	부계수휨모멘트	139.3	**3,796**	**34@90**
		정계수휨모멘트	79.8	**2,077**	**20@150**
	중간대	부계수휨모멘트	41.6	**1,051**	**10@300**
		정계수휨모멘트	23.9	**900***	**9@350**
외부 경간	주열대	내단부 부계수휨모멘트	150.2	**4,130**	**34@90**
		중앙부 정계수휨모멘트	91.1	**2,390**	**20@150**
		외단부 부계수휨모멘트	114.0	**3,044**	**24@125**
	중간대	내단부 부계수휨모멘트	44.9	**1,137**	**10@300**
		중앙부 정계수휨모멘트	27.2	**900***	**9@350**
		외단부 부계수휨모멘트	25.0	**900***	**9@350**

* 계산한 철근량이 건조수축과 온도철근비에 의하여 계산된 식(12.6)의 철근량보다 작으므로 최소 철근량을 배근한다. $A_{s,\min} = 0.002 \times$ 전체 단면적

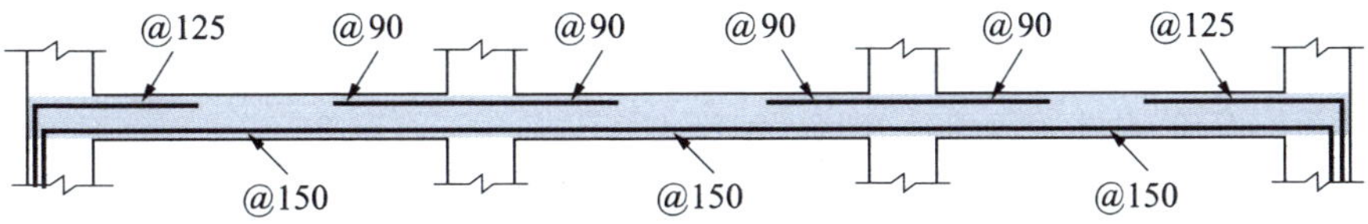

주열대 철근 배근

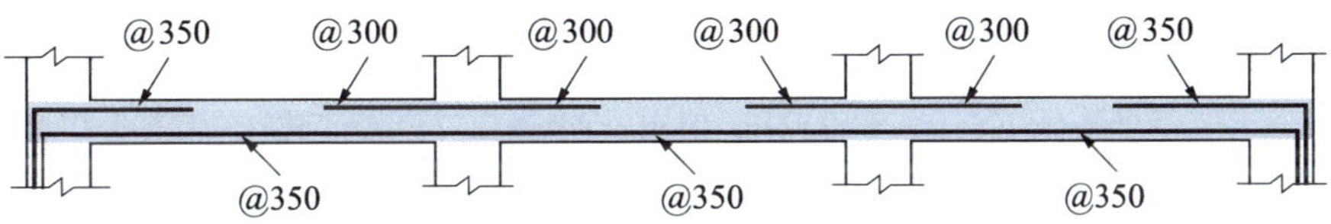

중간대 철근 배근

예제 그림 12-3-5 주열대와 중간대 철근 배근 간격과 위치

12.5 1방향 슬래브의 설계

1방향 슬래브는 12장의 서론에서 설명한 짧은 변과 긴 변의 길이 차이가 2배를 초과하는 슬래브이다. 1방향 슬래브는 큰 보(기둥과 기둥을 연결, girder) 사이에 작은 보(보와 보를 연결, beam)를 설치하여 한 변을 길게 하거나, 장선 구조와 같이 장선을 슬래브에 좁은 간격으로 설치

하여 슬래브의 강성을 증대시키며 슬래브의 두께를 줄이는 슬래브이다([그림 12.2] 참조). 1방향 슬래브는 처짐이 짧은 변 방향으로 발생하므로 식(12.2)에 의하면 짧은 변 방향의 슬래브가 전체 하중의 94퍼센트 이상을 지지하며 긴 변 방향의 슬래브가 그 나머지를 지지한다. 따라서 1방향 슬래브는 하중이 집중되는 짧은 변 방향에 대해 설계해야 하며, 1방향 슬래브를 설계하기 위해서는 모멘트계수법이나 탄성해석법을 이해해야 한다.

12.5.1 1방향 슬래브의 최소 두께

구조설계기준에서는 큰 처짐에 의하여 손상되기 쉬운 칸막이벽이나 기타 구조물을 지지하지 않는 1방향 슬래브의 최소 두께는 [표 12.5]에서 정한 값 이상이 되도록 하고 있다. 1방향 슬래브 두께가 [표 12.5]의 최소 두께 이상일 경우에 6장에서 설명한 처짐 계산에 의한 [표 6.3]의 규정을 적용할 필요가 없다.

[표 12.5]의 값은 단위질량이 $m_c = 2{,}300\ \mathrm{kg/m^3}$인 보통콘크리트와 설계기준항복강도($f_y$)가 400 MPa인 철근을 사용한 부재에 대한 값이다. 다른 조건의 부재를 사용할 경우에는 [표 12.5]의 값을 다음과 같이 보정해야 한다.

① $m_c = 1{,}500 \sim 2{,}000\ \mathrm{kg/m^3}$ 범위의 단위질량을 갖는 구조용 경량콘크리트를 사용할 경우, 계산된 h값에 $1.65 - 0.00031m_c$를 곱해야 한다. 여기서, $1.65 - 0.00031m_c$는 1.09 이상이 되어야 한다.

② 설계기준항복강도(f_y)가 400 MPa 이외의 철근을 사용한 경우, h값에 $0.43 + f_y/700$를 곱해야 한다.

[표 12.5]의 슬래브 두께는 일반적인 철근비를 사용하며 f_y가 300 MPa에서 600 MPa 사이의 철근을 사용하는 슬래브의 최소 두께를 안전측으로 평가한 값이다. [표 12.5]로 계산되는 슬래브 두께가 지나치게 두껍다고 생각될 경우에는 6장에서 설명한 처짐 계산법을 이용하여 슬래브 두께를 계산해야 한다.

표 12.5 처짐을 계산하지 않는 경우의 보 또는 1방향 슬래브의 최소 두께

부 재	최소 두께, h			
	단순 지지	1단 연속	양단 연속	캔틸레버
- 1방향 슬래브	$l/20$	$l/24$	$l/28$	$l/10$
- 보 - 리브가 있는 1방향 슬래브	$l/16$	$l/18.5$	$l/21$	$l/8$

12.5.2 모멘트계수법

일정한 형식으로 이루어진 전형적인 구조물에 대해서는 구조해석을 정확하게 하는 대신에 계수를 이용한 근사해법을 적용할 수 있다. 연속보 또는 1방향 슬래브가 다음 조건을 모두 만족할 경우에는 [그림 12.22]의 계수를 이용하여 슬래브의 모멘트계수를 계산할 수 있다.

[조건]

① 2경간 이상인 경우

② 인접한 2개의 슬래브의 경간의 차이가 짧은 경간의 20퍼센트 이하인 경우

③ 등분포하중이 작용하는 경우

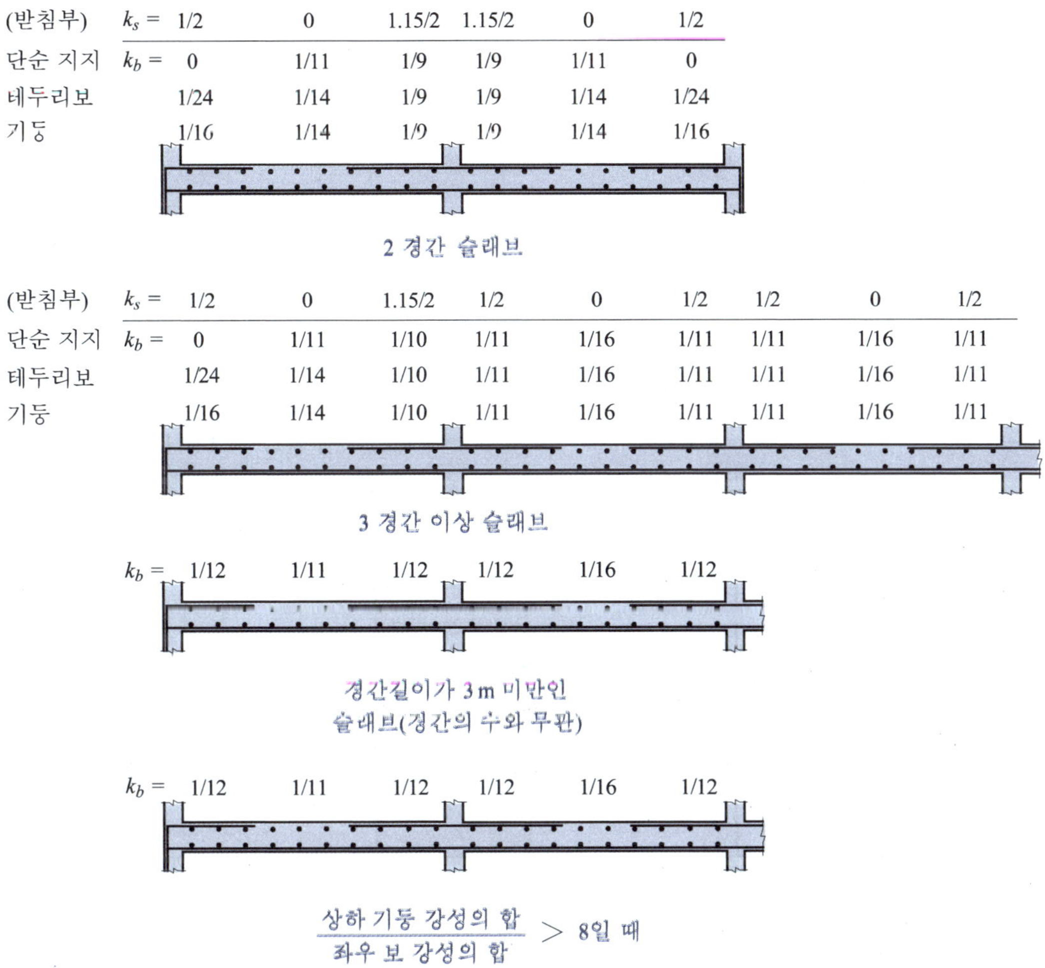

그림 12.22 모멘트와 전단력 계수

④ 활하중이 고정하중의 3배를 초과하지 않는 경우
⑤ 부재의 단면 크기가 일정한 경우

위의 조건을 만족할 경우에 [그림 12.22]의 계수 k_b를 식(12.22)에 대입하여 슬래브의 모멘트를 계산한다.

$$M_-^+ = k_b \cdot w_u \cdot l_n^2 \tag{12.22}$$

여기서, l_n : 기둥(또는 기둥머리, 벽체)의 내면 사이의 거리, w_u : 하중계수를 적용한 단위면적(m^2)에 작용하는 하중의 분포이며 단위는 $\mathrm{N/m^2}$이다.

모멘트계수법 사용이 가능한 슬래브의 전단력은 [그림 12.22]의 계수 k_s를 식(12.23)에 대입하여 계산한다.

$$V = k_s \cdot w_u \cdot l_n \tag{12.23}$$

여기서, 전단력계수 k_s를 다음과 같이 규정한다.

① **첫 번째 내부 받침부 외측면** : $k_s = 1.15/2$
② **그 외의 받침부면** : $k_s = 1/2$

모멘트계수법에 의한 1방향 슬래브의 설계순서는 다음과 같다.

① 슬래브의 두께를 결정한다([표 12.5]).
② 계수하중을 계산한다.
③ 짧은 변의 슬래브의 정계수휨모멘트와 부계수휨모멘트를 계산한다(식(12.22)와 [그림 12.22]).
④ 짧은 변의 철근을 배근한다.
⑤ 긴 변에 온도철근을 배근한다.

예제 12-4

[예제 그림 12-4-1]의 3경간 연속인 1방향 슬래브를 모멘트계수법으로 설계하라. 슬래브, 보, 기둥의 콘크리트 압축강도 $f_{ck} = 24\,\mathrm{MPa}$, 슬래브 주철근의 설계기준항복강도 $f_y = 400\,\mathrm{MPa}$이다.

모든 보의 크기 $= 300 \times 600\,\mathrm{mm}$
슬래브의 고정하중 $w_D = 7.0\,\mathrm{kN/m^2}$, 슬래브의 활하중 $w_L = 5.0\,\mathrm{kN/m^2}$

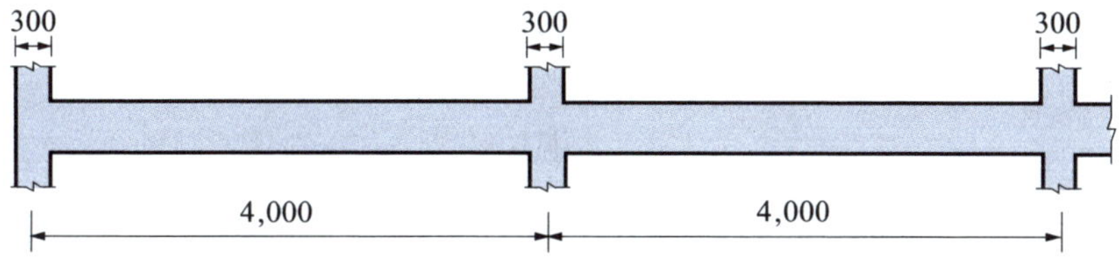

예제 그림 12-4-1 1방향 슬래브 크기(단위 : mm)

풀이

(1) 슬래브의 두께를 계산한다([표 12.5]).

1방향 슬래브의 최소 두께를 [표 12.5]를 이용하여 계산한다. 슬래브의 길이가 4 m이며, 가장 불리한 슬래브는 외단 슬래브 1단 연속슬래브이다.

$$h=\frac{l}{24}=\frac{4,000}{24}=166.7\,\mathrm{mm}$$

그러므로 슬래브의 두께는 시공성을 고려하여 $h=180.0\,\mathrm{mm}$로 한다. 슬래브의 유효높이(d)는 피복두께 등을 제외하고 $d=150.0\,\mathrm{mm}$가 된다.

(2) 계수하중을 계산한다.

슬래브에 작용하는 계수하중을 계산한다.

$$w_u=1.2w_D+1.6w_L=1.2\times7.0+1.6\times5.0=16.4\,\mathrm{kN/m^2}$$

(3) 슬래브의 정계수휨모멘트와 부계수휨모멘트를 계산한다(식(12.22)와 [그림 12.21]).

식(12.22)에 사용되는 모멘트계수(k_b)를 [그림 12.22]에서 구한다. 주어진 조건의 슬래브는 3경간 이상의 슬래브이며, 받침부가 테두리 보로 되어 있는 슬래브이므로 슬래브의 정·부계수휨모멘트는 다음과 같다.

[외부 슬래브]

- 외단부 부계수휨모멘트 : $M_{u,e}^-=k_b\cdot w_u\cdot l_n^2=\frac{1}{24}\times16.4\times3.7^2=9.4\,\mathrm{kN\cdot m/m}$
- 중앙부 정계수휨모멘트 : $M_u^+=k_b\cdot w_u\cdot l_n^2=\frac{1}{14}\times16.4\times3.7^2=16.0\,\mathrm{kN\cdot m/m}$
- 내단부 부계수휨모멘트 : $M_{u,i}^-=k_b\cdot w_u\cdot l_n^2=\frac{1}{10}\times16.4\times3.7^2=22.5\,\mathrm{kN\cdot m/m}$

[내부 슬래브]

- 양단부 부계수휨모멘트 : $M_u^-=k_b\cdot w_u\cdot l_n^2=\frac{1}{11}\times16.4\times3.7^2=20.4\,\mathrm{kN\cdot m/m}$

예제 표 12-4-1 계수휨모멘트와 필요 철근량

위 치	정·부계수휨모멘트 구분	계수휨모멘트 (kN·m/m)	필요 철근량 (mm^2)	필요 철근의 수 (D13)
내부 경간	부계수휨모멘트	20.4	424	4@250
	정계수휨모멘트	14.0	360*	3@300
외부 경간	내단부 부계수휨모멘트	22.5	471	4@250
	중앙부 정계수휨모멘트	16.0	360*	3@300
	외단부 부계수휨모멘트	9.4	360*	3@300

* 계산한 철근량이 건조수축과 온도철근비에 의하여 계산된 식(12.6)의 철근량보다 작으므로 최소 철근량을 배근한다. $A_{s,\min} = 0.002 \times (1{,}000 \times h)$

– 중앙부 정계수휨모멘트 : $M_u^+ = k_b \cdot w_u \cdot l_n^2 = \dfrac{1}{16} \times 16.4 \times 3.7^2 = 14.0\,\text{kN} \cdot \text{m/m}$

계산된 정계수휨모멘트와 부계수휨모멘트를 [예제 표 12-4-1]에 정리하였다.

(4) 슬래브의 철근을 배근한다.

계산된 계수휨모멘트에 대하여 슬래브에 철근을 배근한다. 슬래브에 철근을 배근하는 방법은 [예제 12-1]과 동일하다. 슬래브에 D13철근(철근 1개의 단면적 $A_s = 126.7\,\text{mm}^2$)을 배근할 경우, 계산한 철근량과 철근의 수(n)를 [예제 표 12-4-1]에 정리하였다.

12.6 슬래브의 전단 설계

슬래브에 작용하는 전단력은 다음 두 가지 종류가 있다.

① **1방향전단(one way shear)** : 1방향전단은 7장에서 설명한 부재축에 따라 발생하는 전단력이다. 슬래브처럼 폭이 넓은 부재에 전단철근을 배근하는 것은 어렵기 때문에 외부 전단력은 콘크리트만에 의하여 지지된다. 따라서 1방향전단 설계는 식(12.24)에 의하여 슬래브에 작용하는 전단력에 대하여 충분하게 저항할 수 있는지 검토해야 한다.

$$V_u \leq \phi V_c \tag{12.24}$$

여기서, 강도감소계수 $\phi = 0.75$이다. 식(12.24)에서 전단내력은 콘크리트만에 의한 전단저항을 사용하며 식(12.25)에 의하여 계산한다.

$$V_c = \frac{1}{6}\lambda\sqrt{f_{ck}}\,b_w d \tag{12.25}$$

② **2방향전단(two way shear, 또는 punching shear(뚫림 전단))** : 2방향전단은 기둥을 중심으로 슬래브 양방향의 하중이 집중되어 발생하는 취성적인 전단파괴다. 2방향전단은 주로 플랫 슬래브나 기초판과 같이 보 없이 상부의 집중하중이 직접 기둥에 전달되는 구조에서 발생한다. 파괴는 [그림 12.23]과 같이 하부 슬래브로부터 약 20∼45°로 경사지게 균열이 발생하여 기둥 주변의 콘크리트가 뚫리는 듯한 파괴가 발생한다. 2방향전단 설계는 식(12.26a)에서 외부 전단력(V_u)을 콘크리트만에 의한 전단저항(V_c)으로 충분한지 불충분한지를 비교하고, 불충분할 경우에는 별도의 보강재를 이용하여 전단내력을 증대시켜야 한다(식(12.26b)).

콘크리트 저항만으로 충분한 경우

$$V_u \leq \phi(V_c) \tag{12.26a}$$

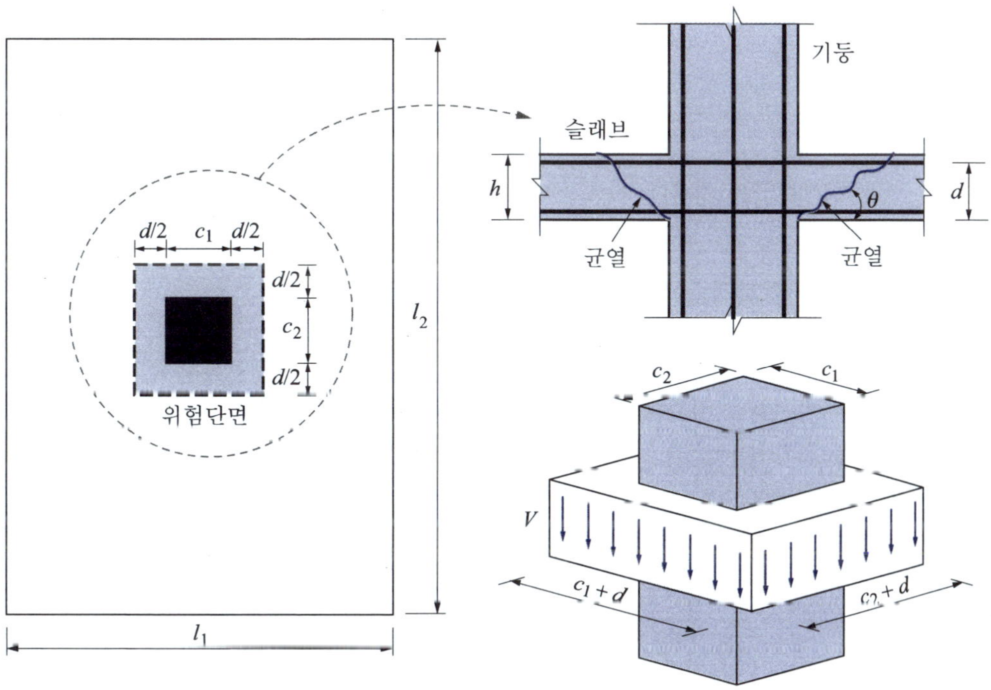

(a) 슬래브 평면 (b) 기둥 주변 입면

그림 12.23 2방향전단

콘크리트 저항만으로 불충분한 경우

$$V_u \leq \phi(V_c + V_s) \tag{12.26b}$$

여기서, 강도감소계수 $\phi = 0.75$이다.

12.6.1 전단보강되지 않은 2방향 슬래브의 설계

2방향전단은 기둥에서 직접 슬래브에 큰 집중하중이 작용하여 기둥 주변이 뚫리는 전단파괴이다. 이러한 2방향전단력은 슬래브의 두께와 기둥 주변의 콘크리트에 의하여 지지된다. 슬래브에 작용하는 2방향전단력은 [그림 12.23(a)]의 기둥 측면에서 단면의 유효깊이의 절반($d/2$)만큼 떨어진 위험단면에서의 전단력이며, 식(12.27)에 의하여 계산할 수 있다.

$$V_u = w_u \times \text{위험단면 바깥부분의 단면적} \tag{12.27}$$

$$V_u = w_u(l_1 \times l_2 - (c_1 + d)(c_2 + d))$$

([그림 12.23(a)]의 내부 슬래브의 경우이며 외부나 측면 슬래브에서는 달라진다.)

여기서, V_u : 계수2방향전단력, w_u : 계수하중, c_1 : 슬래브 l_1방향의 기둥의 폭, c_2 : 슬래브 l_2방향의 기둥의 폭, d : 슬래브의 유효높이이다.

특별한 전단보강이 없는 경우에 기초판의 2방향전단은 다음과 같이 계산할 수 있다.

KDS 14 20 국가건설기준-2022 콘크리트구조기준

KDS 14 20 국가건설기준-2022에서는 경험적 설계식을 대신하여 2방향전단파괴면에 작용하는 전단과 휨의 복합거동을 이용한 식을 사용하고 있다. 기둥과 슬래브 근처에서 균열이 발생한 경우에 [그림 12.24]의 슬래브의 하부면(압축력 작용 구간)에 압축응력과 전단응력이 발생하여 식(12.28a)과 식(12.28b)(식(7.2a), 식(7.2b)와 동일)의 주응력이 발생한다.

$$f_1 = \frac{f_x + f_y}{2} + \sqrt{\left(\frac{f_x - f_y}{2}\right)^2 + v^2} \quad \text{(식 7.2a)와 동일} \tag{12.28a}$$

$$f_2 = \frac{f_x + f_y}{2} - \sqrt{\left(\frac{f_x - f_y}{2}\right)^2 + v^2} \quad \text{(식 7.2b)와 동일} \tag{12.28b}$$

여기서, f_1과 f_2 : 주인장응력과 주압축응력, f_x와 f_y : 부재축방향과 부재축과 직각되는 방향응력이며 보에서 $f_y = 0$, v : 전단응력이다. 식(12.28)에서 부재축과 직각되는 방향 응력(f_y)은

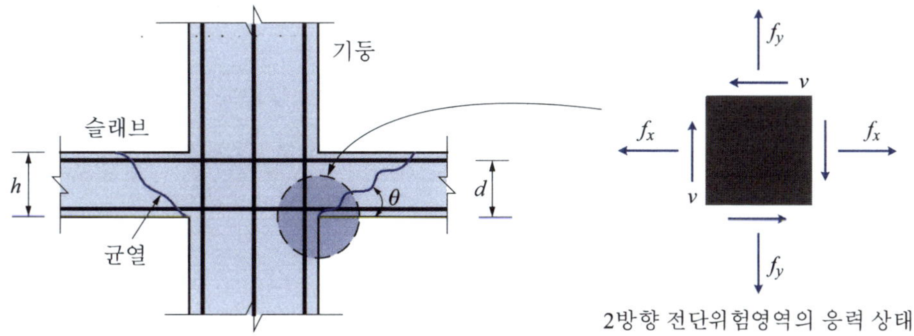

그림 12.24 2방향전단 위험영역의 응력 상태

영(0)이 되며 두 식을 전단응력(v)으로 정리할 수 있다. 다만, 두 식 중에서 2방향전단파괴는 주압축응력(f_2)보다는 일반적으로 주인장응력(f_1)에 의하여 발생하게 되므로 식(12.28a)를 전단응력(v)으로 정리히면 식(12.29)가 된다.

$$v = \sqrt{f_1(f_1 - f_x)} \tag{12.29}$$

KDS 14 20 국가건설기준에서는 식(12.29)에 대하여 다음의 가정과 조건에 근거하여 2방향전단내력을 평가하였다(Park and Choi 2011).

① 전단내력은 콘크리트 압축연화(compression softening)가 발생하지 않는 중립축의 깊이(c_u) 안쪽 면적인 압축대에서만 저항한다.

② 부재축방향의 응력(f_x)을 압축대에서 발생하는 콘크리트 평균응력(f_{cc})으로 대체하며, 압축대의 콘크리트 응력분포를 삼각형분포로 가정하여 평균응력(f_{cc}) $(2/3)f_{ck}$을 사용한다. 압축대의 깊이(중립축의 깊이, c_u)는 압축대의 영향을 무시하고 계산한다.

③ 주인장응력(f_1)은 압축응력의 영향을 고려한 인장응력(f_{te})으로 대체하며, f_{te}의 파괴시의 값을 $(1/3)f_t = 0.2\sqrt{f_{ck}}$로 가정한다.

④ 2방향전단파괴시의 압축연단의 변형률은 0.002로 가정한다.

⑤ 크기효과(size effect)영향을 반영하기 위하여 영국기준(BS code)에서 사용되고 있는 크기효과 계수(k_s)를 식(12.29)에 곱한다.

⑥ 2방향전단 위험단면의 형상비 영향을 고려하기 위하여 Manterola의 실험 결과에 근거하여 제안된 형상비 계수(k_{bo})를 식(12.29)에 곱한다.

이와 같은 가정과 조건을 식(12.29)에 대입하면 콘크리트만이 저항하는 2방향전단내력을 식(12.30)과 같이 유도할 수 있다.

$$V_c = v_c\, b_o\, d \tag{12.30}$$

$$v_c = \lambda\, k_s k_{bo} \sqrt{f_{te}(f_{te}+f_{cc})}\ \frac{c_u}{d}$$

즉,
$$v_c = \lambda\ k_s k_{bo} f_{te} \cot\psi\, \frac{c_u}{d}$$

여기서, λ : 경량콘크리트계수(식(2.14c)의 값과 동일)

k_s : 슬래브의 크기효과계수(두께계수), $k_s = (300/d)^{0.25} \le 1.1$, d의 단위는 mm이며 k_s의 하한값으로 0.75를 사용할 수 있다.

k_{bo} : 형상비계수(위험단면의 둘레길이), $k_{bo} = 4/\sqrt{\alpha_s(b_o/d)} \le 1.25$, α_s는 내부기둥에 대하여 1.0, 외부기둥 (모서리 기둥 제외)에 대하여 1.33, 모서리 기둥에 대하여 2.0

f_{te} : 압축대 콘크리트의 인장강도, $f_{te} = 0.2\sqrt{f_{ck}}$

ψ : 슬래브 휨 압축대의 균열각도, $\cot\psi = \sqrt{f_{te}(f_{te}+f_{cc})}/f_{te}$, $f_{cc} = (2/3)f_{ck}$

c_u : 압축철근의 영향을 무시하고 계산된 접합부 주위 슬래브 압축대 깊이의 평균값 $c_u = d[25\sqrt{\rho/f_{ck}} - 300(\rho/f_{ck})]$, $\rho \le 0.03$의 범위에서 사용할 수 있으며 ρ가 0.005 이하인 경우 0.005를 사용할 수 있으며 이 때 인장주철근은 설계위험단면에서 최소 $(h+l_d)$만큼 연장하여 슬래브에 정착해야 한다. 여기서, l_d는 인장철근의 정착길이이다.

b_o : 슬래브의 주변 길이이며 내부 기둥의 경우는 $b_o = 2(c_1+d)+2(c_2+d)$로 계산하지만([그림 12.23(b) 참조]), 개구부가 있거나 자유단에 접해있는 슬래브의 경우는 [그림 12.25(b)]와 같이 개구부와 자유단을 제외한 길이를 사용한다.

참고 - ACI 318-19기준

미국콘크리트학회 기준식(ACI 318-19 Code)에서는 콘크리트에 의한 2방향전단내력을 식(12.31a, b, c) 중에서 가장 작은 값으로 계산한다(이 식은 2012년 이전 우리나라 기준식(KCI-07기준식)과 동일하다).

$$V_c = \frac{1}{6}\left(1+\frac{2}{\beta_c}\right)\sqrt{f_{ck}}\, b_o d \tag{12.31a}$$

$$V_c = \frac{1}{6}\left(\frac{\alpha_{sa} d}{2b_o}+1\right)\sqrt{f_{ck}}\, b_o d \tag{12.31b}$$

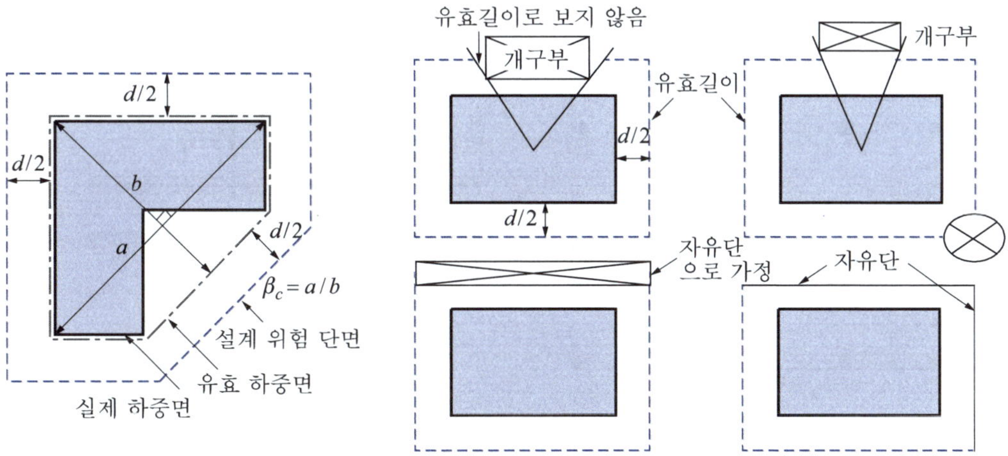

(a) 불규칙한 하중면

(b) 개구부와 자유단이 있는 슬래브

그림 12.25 슬래브의 위험단면

$$V_c = \frac{1}{3}\sqrt{f_{ck}}\,b_o d \tag{12.31c}$$

여기서, α_{sa} : 기둥위치계수($\alpha_{sa} = 40$(내부 기둥), $\alpha_{sa} = 30$(단부 기둥), $\alpha_{sa} = 20$(모서리 기둥)), β_c : 기둥의 단변에 대한 기둥 장변의 비이며 불규칙한 단면에 대해서는 [그림 12.25(a)]와 같이 가상 하중면을 고려하여 계산함, b_o : 슬래브의 주변 길이이며 내부 기둥의 경우는 $b_o = 2(c_1 + d) + 2(c_2 + d)$로 계산하지만([그림 12.23(b) 참조]), 개구부가 있거나 자유단에 접해있는 슬래브의 경우는 [그림 12.25(b)]와 같이 개구부와 자유단을 제외한 길이를 사용한다.

예제 12-5

[예제 그림 12-5-1]의 철근콘크리트 건물 슬래브의 내부 기둥(A기둥), 측면 기둥(B기둥), 모서리 기둥(C기둥)의 2방향전단을 검토하라. 슬래브의 하중은 $w_D = 6\text{ kN/m}^2$, $w_L = 4\text{ kN/m}^2$이며, 콘크리트 압축강도 $f_{ck} = 24\text{ MPa}$이다. 기둥의 크기는 $400\text{ mm} \times 400\text{ mm}$이다. 슬래브에는 D13(단면적 126.7 mm^2)의 주철근이 양방향에 200 mm의 간격으로 배근되어 있다.

(1) KDS 14 20 국가건설기준-2022에 의하여 2방향전단을 검토하라.
(2) 미국 콘크리트구조기순(ACI 318-19기준)에 의하여 2방향전단을 검토하라.

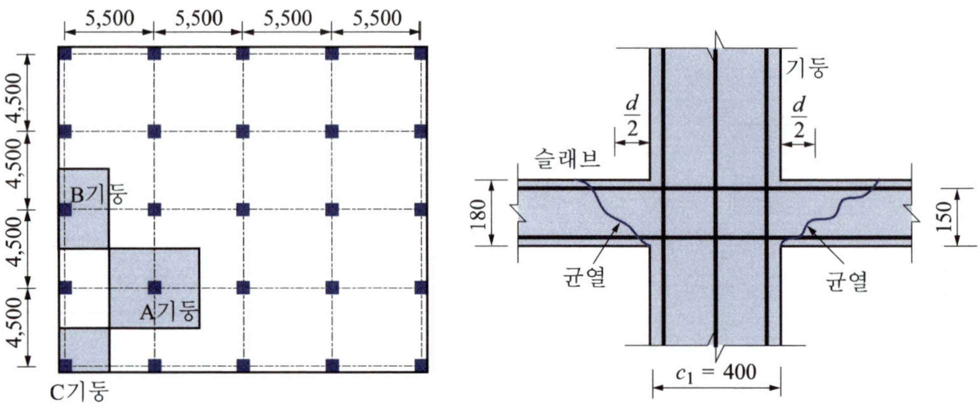

예제 그림 12-5-1 슬래브 평면과 슬래브의 위험단면

풀이-1 KDS 14 20 국가건설기준-2022

(1) 계수하중과 슬래브의 두께를 계산한다.

주어진 고정하중과 활하중에 대한 계수하중을 계산한다.

$$w_u = 1.2w_D + 1.6w_L = 1.2 \times 6 + 1.6 \times 4 = 13.6\ \text{kN/m}^2$$

슬래브의 두께는 [예제 12-1]에서 180 mm로 결정하였으며, 유효깊이(d)는 150 mm이다.

(2) 계수전단력을 계산한다([예제 그림 12-5-1] 참조).

기둥의 측면에서 단면의 유효깊이의 절반($d/2$)만큼 떨어진 위험단면에서의 전단력을 식(12.27)에 의하여 계산한다.

[내부 기둥]

$$V_u = w_u[l_1 \times l_2 - (c_1 + d)(c_2 + d)]$$
$$= 13.6[5.5 \times 4.5 - (0.4 + 0.15)(0.4 + 0.15)] = 332.5\ \text{kN}$$

[측면 기둥]

$$V_u = w_u\left[\frac{l_1}{2} \times l_2 - \left(c_1 + \frac{d}{2}\right)(c_2 + d)\right]$$
$$= 13.6\left[\frac{5.5}{2} \times 4.5 - \left(0.4 + \frac{0.15}{2}\right)(0.4 + 0.15)\right] = 164.7\ \text{kN}$$

[모서리 기둥]

$$V_u = w_u\left[\frac{l_1}{2} \times \frac{l_2}{2} - \left(c_1 + \frac{d}{2}\right)\left(c_2 + \frac{d}{2}\right)\right]$$
$$= 13.6\left[\frac{5.5}{2} \times \frac{4.5}{2} - \left(0.4 + \frac{0.15}{2}\right)\left(0.4 + \frac{0.15}{2}\right)\right] = 81.1\ \text{kN}$$

(3) 콘크리트에 의한 2방향전단내력을 계산한다.

콘크리트만이 저항하는 식(12.30)에 의하여 계산한다.

[내부 기둥]

$$V_c = v_c b_o d$$

$$V_c = 1.39 \times 2{,}200 \times 150 = 458.7\ \text{kN}$$

여기서, $v_c = \lambda\, k_s k_{bo} f_{te} \cot\psi \dfrac{c_u}{d}$

$$= 1.0 \times 1.1 \times 1.04 \times 0.98 \times 4.16 \times \frac{44.8}{150} = 1.39\ \text{MPa}$$

$\lambda = 1.0$

$k_s = (300/d)^{0.25} = (300/150)^{0.25} = 1.19 > 1.1$, 그러므로 $k_s = 1.1$

$$k_{bo} = \frac{4}{\sqrt{\alpha_s (b_o/d)}} = \frac{4}{\sqrt{1 \times (2{,}200/150)}} = 1.04 < 1.25,$$

그러므로 $k_{bo} = 1.04$

$$f_{te} = 0.2\sqrt{f_{ck}} = 0.2\sqrt{24} = 0.98\ \text{MPa}$$

$$f_{cc} = (2/3) f_{ck} = \frac{2}{3} \times 24 = 16\ \text{MPa}$$

$$\cot\psi = \frac{\sqrt{f_{te}(f_{te} + f_{cc})}}{f_{te}} = \frac{\sqrt{0.98(0.98+16)}}{0.98} = 4.16$$

$\rho = \dfrac{126.7 \times (1{,}000/200)}{1{,}000 \times 150} = 0.0042$, ρ가 0.005 이하이므로 $\rho = 0.005$

$$c_u = \left[25\sqrt{\frac{\rho}{f_{ck}}} - 300\left(\frac{\rho}{f_{ck}}\right)\right] d = \left[25\sqrt{\frac{0.005}{24}} - 300\left(\frac{0.005}{24}\right)\right] 150 = 44.8\ \text{mm}$$

$$b_o = (c_1 + d) \times 2 + (c_2 + d) \times 2$$

$$= (400 + 150) \times 2 + (400 + 150) \times 2 = 2{,}200\ \text{mm}$$

식(12.26a)로 안전성을 검토한다.

$$V_u \leqq \phi(V_c)$$

$$332.5\ \text{kN} > 0.75 \times 458.7 = 344.0\ \text{kN}$$

그러므로 직합하나.

[측면 기둥]

$$V_c = v_c b_o d$$

$$V_c = 1.47 \times 1{,}500 \times 150 = 330.8\ \text{kN}$$

여기서, $v_c = \lambda\, k_s k_{bo} f_{te} \cot\psi \dfrac{c_u}{d}$

$$= 1.0 \times 1.1 \times 1.1 \times 0.98 \times 4.16 \times \frac{44.8}{150} = 1.47\ \text{MPa}$$

$$k_{bo} = \frac{4}{\sqrt{\alpha_s(b_o/d)}} = \frac{4}{\sqrt{1.33 \times (1{,}500/150)}} = 1.10 < 1.25,$$

그러므로 $k_{bo} = 1.10$

$$b_o = \left(c_1 + \frac{d}{2}\right) \times 2 + (c_2 + d) = \left(400 + \frac{150}{2}\right) \times 2 + (400 + 150) = 1{,}500\ \text{mm}$$

식(12.26a)로 안전성을 검토한다.

$$V_u \leqq \phi(V_c)$$

$$164.7\ \text{kN} < 0.75 \times 330.8 = 248.1\ \text{kN}$$

그러므로 적합하다.

[모서리 기둥]

$$V_c = v_c b_o d$$

$$V_c = 1.50 \times 950 \times 150 = 213.8\ \text{kN}$$

여기서, $v_c = \lambda\, k_s k_{bo} f_{te} \cot\psi \dfrac{c_u}{d}$

$$= 1.0 \times 1.1 \times 1.12 \times 0.98 \times 4.16 \times \frac{44.8}{150} = 1.50\ \text{MPa}$$

$$k_{bo} = \frac{4}{\sqrt{\alpha_s(b_o/d)}} = \frac{4}{\sqrt{2 \times (950/150)}} = 1.12 < 1.25,$$

그러므로 $k_{bo} = 1.12$

$$b_o = \left(c_1 + \frac{d}{2}\right) + \left(c_2 + \frac{d}{2}\right) = \left(400 + \frac{150}{2}\right) + \left(400 + \frac{150}{2}\right) = 950\ \text{mm}$$

식(12.26a)로 안전성을 검토한다.

$$V_u \leqq \phi(V_c)$$

$$81.1\ \text{kN} < 0.75 \times 213.8 = 160.4\ \text{kN}$$

그러므로 적합하다.

풀이-2 미국 콘크리트구조기준(ACI 318-19기준)

콘크리트만이 저항하는 식(12.31a, b, c) 중에서 가장 작은 값으로 계산한다.

[내부 기둥]

$$V_c = \frac{1}{6}\left(1 + \frac{2}{\beta_c}\right)\sqrt{f_{ck}}\, b_o d = \frac{1}{6}\left(1 + \frac{2}{1}\right)\sqrt{24} \times 2{,}200 \times 150 = 808.3\ \text{kN}$$

$$V_c = \frac{1}{6}\left(\frac{\alpha_{sa} d}{2b_o} + 1\right)\sqrt{f_{ck}}\, b_o d$$

$$= \frac{1}{6}\left(\frac{40 \times 150}{2 \times 2{,}200} + 1\right)\sqrt{24} \times 2{,}200 \times 150 = 636.9\ \text{kN}$$

$$V_c = \frac{1}{3}\sqrt{f_{ck}}\,b_o d = \frac{1}{3}\sqrt{24} \times 2{,}200 \times 150 = 538.9\ \mathrm{kN}$$

여기서, 슬래브의 주변 길이(b_o), β_c, α_{sa}는 다음과 같다.

$$b_o = (c_1 + d) \times 2 + (c_2 + d) \times 2 = (400 + 150) \times 2 + (400 + 150) \times 2 = 2{,}200\ \mathrm{mm}$$

$$\beta_c = 1.0$$

$\alpha_{sa} = 40$(내부 기둥)

식(12.31a, b, c) 중에서 가장 작은 값은 538.9 kN이다. 식(12.26a)로 안전성을 검토한다.

$$V_u \leqq \phi(V_c)$$

$$332.5\ \mathrm{kN} < 0.75 \times 538.9 = 404.2\ \mathrm{kN}$$

그러므로 적합하다.

[측면 기둥]

$$V_c = \frac{1}{6}\left(1 + \frac{2}{\beta_c}\right)\sqrt{f_{ck}}\,b_o d = \frac{1}{6}\left(1 + \frac{2}{1}\right)\sqrt{24} \times 1{,}500 \times 150 = 551.1\ \mathrm{kN}$$

$$V_c = \frac{1}{6}\left(\frac{\alpha_{sa} d}{2b_o} + 1\right)\sqrt{f_{ck}}\,b_o d$$

$$= \frac{1}{6}\left(\frac{30 \times 150}{2 \times 1{,}500} + 1\right)\sqrt{24} \times 1{,}500 \times 150 = 459.3\ \mathrm{kN}$$

$$V_c = \frac{1}{3}\sqrt{f_{ck}}\,b_o d = \frac{1}{3}\sqrt{24} \times 1{,}500 \times 150 = 367.4\ \mathrm{kN}$$

여기서, 슬래브의 주변 길이(b_o), β_c, α_{sa}는 다음과 같다.

$$b_o = \left(c_1 + \frac{d}{2}\right) \times 2 + (c_2 + d) = \left(400 + \frac{150}{2}\right) \times 2 + (400 + 150) = 1{,}500\ \mathrm{mm}$$

$$\beta_c = 1.0$$

$\alpha_{sa} = 30$(측면 기둥)

식(12.31a, b, c) 중에서 가장 작은 값은 367.4 kN이다. 식(12.26a)로 안전성을 검토한다.

$$V_u \leqq \phi(V_c)$$

$$164.7\ \mathrm{kN} < 0.75 \times 367.4 = 275.6\ \mathrm{kN}$$

그러므로 적합하다.

[모서리 기둥]

$$V_c = \frac{1}{6}\left(1 + \frac{2}{\beta_c}\right)\sqrt{f_{ck}}\,b_o d = \frac{1}{6}\left(1 + \frac{2}{1}\right)\sqrt{24} \times 950 \times 150 = 349.1\ \mathrm{kN}$$

$$V_c = \frac{1}{6}\left(\frac{\alpha_{sa} d}{2b_o} + 1\right)\sqrt{f_{ck}}\,b_o d$$

$$= \frac{1}{6}\left(\frac{20 \times 150}{2 \times 950} + 1\right)\sqrt{24} \times 950 \times 150 = 300.1 \text{ kN}$$

$$V_c = \frac{1}{3}\sqrt{f_{ck}}\, b_o d = \frac{1}{3}\sqrt{24} \times 950 \times 150 = 232.7 \text{ kN}$$

여기서, 슬래브의 주변 길이(b_o), β_c, α_{sa}는 다음과 같다.

$$b_o = \left(c_1 + \frac{d}{2}\right) + \left(c_2 + \frac{d}{2}\right) = \left(400 + \frac{150}{2}\right) + \left(400 + \frac{150}{2}\right) = 950 \text{ mm}$$

$$\beta_c = 1.0$$

$$\alpha_{sa} = 20(\text{모서리 기둥})$$

식(12.31a, b, c) 중에서 가장 작은 값은 232.7 kN이다. 식(12.26a)로 안전성을 검토한다.

$$V_u \leq \phi(V_c)$$

$$81.1 \text{ kN} < 0.75 \times 232.7 = 174.5 \text{ kN}$$

그러므로 적합하다.

12.6.2 전단보강된 2방향 슬래브의 설계

기둥 주변의 콘크리트만에 의하여 전단력을 저항할 수 없는 경우에 철근 등을 이용하여 2방향전단내력을 증대시킬 수 있다. 기존 연구에 의하면 철근과 철선, 단일다리 스터럽, 다중다리 스터럽, 폐쇄스터럽 등의 전단철근을 이용하여 슬래브의 2방향전단 저항능력을 향상시킬 수 있다. 전단철근은 [그림 12.26]과 같이 기둥주변에 배치되어 슬래브의 상·하부 휨철근을 구속시키는 역할을 한다. 그러나 두께가 250 mm 이하인 슬래브에 전단철근을 정착하는 것은 어렵기 때문에 수직철근이 철근의 항복강도를 발현할 수 있는 플레이트나 전단머리에 기계적으로 정착된 전단철근을 사용하는 것이 유용하다.

휨모멘트 전달이 크지 않은 슬래브 - 기둥 접합부의 전단철근은 위험단면의 중심을 기준으로 대칭으로 배근 되어야 한다. 또한, 철근이나 철선으로 구성되는 전단철근과 한 가닥 또는 여러 가닥의 스터럽은 다음 규정을 만족해야 한다.

① 전단철근이나 스터럽은 슬래브의 유효깊이(d)가 150 mm 이상이고, 전단철근 지름의 16배 이상인 슬래브와 기초판에 적용될 수 있다.

② 기둥면과 기둥 주위를 감싸는 첫 번째 열 스터럽 사이의 간격은 $d/2$ 이하로 한다. 첫 번째 열에서 기둥면의 평행방향의 스터럽 다리 사이의 간격은 $2d$ 이하로 한다. 스터럽 열 사이의 간격은 기둥면에 직각방향으로 $d/2$ 이하로 한다.

KDS 14 20 국가건설기준-2022

KDS 14 20 국가건설기준-2022에서는 변경된 2방향전단강도 평가식에 근거하여 공칭전단강도(V_n)는 식(12.26b)로 계산해야 하며, 콘크리트에 의한 공칭전단강도(V_c)는 식(12.30)으로 계산한다. 또한, 전단철근에 의한 공칭전단강도(V_s)는 식(12.32)로 계산하며, 공칭전단강도(V_n)는 $0.58 f_{ck} b_o c_u$ 이하로 한다. 여기서, b_o는 [그림 12.26]에서 정의된 위험단변의 둘레길이이다.

$$V_u = \phi V_n = \phi(V_c + V_s) < \phi 0.58 f_{ck} b_o c_u$$

$$V_s = \frac{0.5 A_v f_{yt} d}{s} \tag{12.32}$$

여기서, 공칭전단강도(V_c)는 식(12.30)으로 계산한다. A_v는 전단위험단면에 따라 배치된 모든 전단철근의 단면적이다. f_{yt}는 400 MPa를 초과할 수 없다.

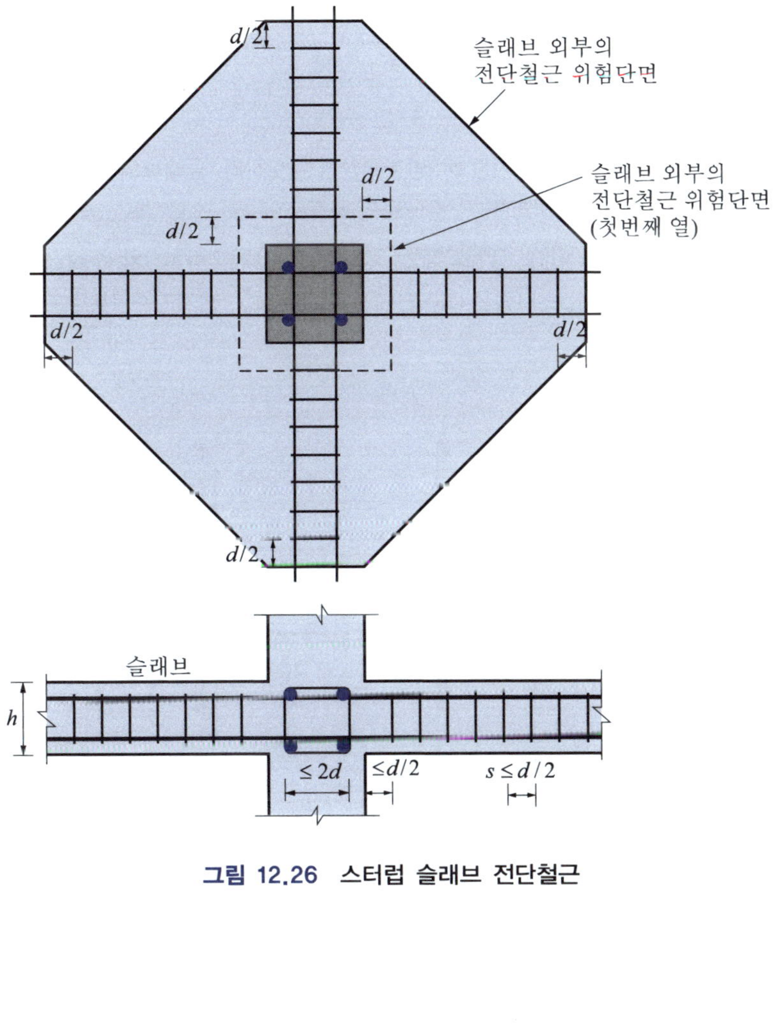

그림 12.26 스터럽 슬래브 전단철근

참고 - ACI 318-19기준

미국콘크리트학회 기준식(ACI 318-19 Code)에서는 공칭전단강도(V_n)는 식(12.26b)로 계산해야 하며, 콘크리트에 의한 공칭전단강도(V_c)는 $1/6 \times \sqrt{f_{ck}} \times b_o d$ 이하로 한다. 전단철근에 의한 공칭전단강도(V_s)는 7.5절의 식(7.22)로 계산한다. 식(7.22)에서 A_v는 전단위험단면에 배치된 모든 전단철근의 단면적이다. 또한, 공칭전단강도(V_n)는 $0.5 \times \sqrt{f_{ck}} \times b_o d$ 이하로 한다. 여기서, b_o는 [그림 12.26]에서 정의된 위험단변의 둘레길이이다.

$$V_u = \phi V_n = \phi(V_c + V_s) < \phi 0.5 \sqrt{f_{ck}} b_o d$$

여기서, $V_c = \dfrac{1}{6}\sqrt{f_{ck}} b_o d$, $V_s = \dfrac{A_v f_{yt} d}{s}$

단일 또는 다중가닥 스터럽 보강 이외에도 H형강, I형강, C형강 등을 사용하여 슬래브의 2방향전단내력을 증가시킬 수 있다.

예제 12-6

[예제 그림 12-6-1]의 평슬래브 내부 기둥의 2방향전단을 검토하라. 슬래브의 두께는 250 mm 이며, 기둥의 단면 크기는 400 mm × 400 mm 이다. 슬래브의 하중은 $w_D = 12$ kN/m^2, $w_L = 8$ kN/m^{2}이며, 콘크리트 압축강도 $f_{ck} = 24$ MPa 이다. 슬래브에는 D13(단면적 126.7 mm^2)의 주철근이 양방향에 200 mm 의 간격으로 배근되어 있다. 스터럽은 D10(단면적 71.3 mm^2), 설계기준항복강도 $f_y = 400$ MPa을 사용하라.

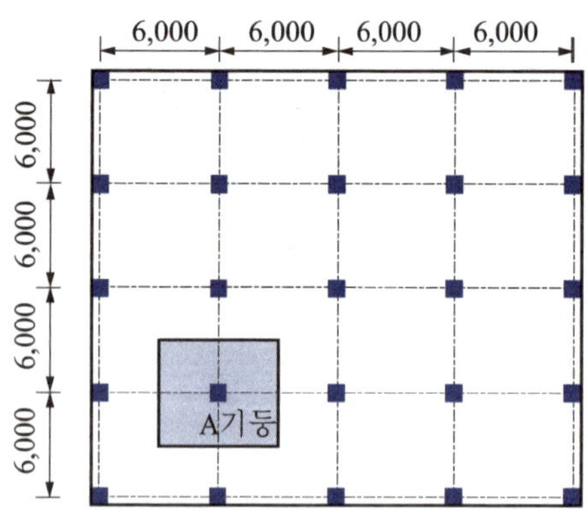

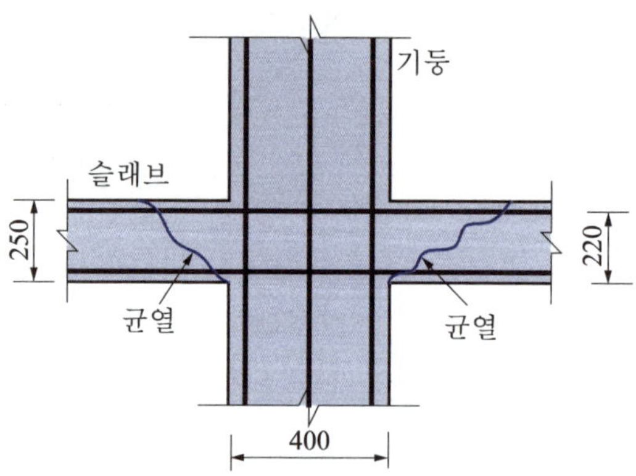

예제 그림 12-6-1 슬래브 평면과 슬래브의 위험단면(단위 : mm)

풀이

(1) 계수하중과 슬래브의 유효깊이를 계산한다.

고정하중과 활하중에 대한 계수하중을 계산한다.

$$w_u = 1.2w_D + 1.6w_L = 1.2 \times 12 + 1.6 \times 8 = 27.2 \text{ kN/m}^2$$

슬래브의 유효깊이(d)는 220 mm이다.

(2) 계수전단력을 계산한다.

내부 기둥의 측면에서 단면의 유효깊이의 절반($d/2$)만큼 떨어진 위험단면에서의 전단력을 식(12.27)에 의하여 계산할 수 있다.

[내부 기둥]

$$V_u = w_u[l_1 \times l_2 - (c_1 + d)(c_2 + d)]$$
$$= 27.2[6.0 \times 6.0 - (0.4 + 0.22)(0.4 + 0.22)] = 968.7 \text{ kN}$$

(3) 콘크리트에 의한 2방향전단내력을 계산한다.

콘크리트에 의한 전단저항력을 식(12.30)에 의하여 계산한다.

$$V_c = v_c b_o d$$
$$V_c = 1.56 \times 2{,}480 \times 220 = 851.1 \text{ kN}$$

여기서, $v_c = \lambda\, k_s k_{bo} f_{te} \cot\psi \dfrac{c_u}{d}$

$$= 1.0 \times 1.08 \times 1.19 \times 0.98 \times 4.16 \times \frac{65.6}{220} = 1.56 \text{ MPa}$$

$\lambda = 1.0$

$k_s = (300/d)^{0.25} = (300/220)^{0.25} = 1.08 > 1.1$, 그러므로 $k_s = 1.08$

$k_{bo} = \dfrac{4}{\sqrt{\alpha_s(b_o/d)}} = \dfrac{4}{\sqrt{1 \times (2{,}480/220)}} = 1.19 < 1.25$,

그러므로 $k_{bo} = 1.19$

$f_{te} = 0.2\sqrt{f_{ck}} = 0.2\sqrt{24} = 0.98 \text{ MPa}$

$f_{cc} = (2/3)f_{ck} = \dfrac{2}{3} \times 24 = 16 \text{ MPa}$

$\cot\psi = \dfrac{\sqrt{f_{te}(f_{te} + f_{cc})}}{f_{te}} = \dfrac{\sqrt{0.98(0.98 + 16)}}{0.98} = 4.16$

$\rho = \dfrac{126.7 \times (1{,}000/200)}{1{,}000 \times 220} = 0.0029$, ρ가 0.005 이하이므로 $\rho = 0.005$

$$c_u = \left[25\sqrt{\frac{\rho}{f_{ck}}} - 300\left(\frac{\rho}{f_{ck}}\right)\right]d = \left[25\sqrt{\frac{0.005}{24}} - 300\left(\frac{0.005}{24}\right)\right]220 = 65.6\ \mathrm{mm}$$

$$b_o = (c_1 + d) \times 2 + (c_2 + d) \times 2$$
$$= (400 + 220) \times 2 + (400 + 220) \times 2 = 2{,}480\ \mathrm{mm}$$

식(12.26a)로 안전성을 검토하면 콘크리트만으로 2방향전단을 저항할 수 없음을 알 수 있다.

$$V_u \leq \phi(V_c)$$
$$968.7\ \mathrm{kN} > 0.75 \times 851.1 = 638.3\ \mathrm{kN}$$

(4) 스터럽으로 전단력을 보강한다.

식(12.32)를 이용하여 최대 전단력을 검토한다.

$$V_u = \phi V_n = \phi(V_c + V_s) < \phi\, 0.58\, f_{ck} b_o c_u$$
$$\phi \times 0.58 f_{ck} b_o d = 0.75 \times 0.58 \times 24 \times 2{,}480 \times 220 = 5{,}696.1\ \mathrm{kN}$$

계산한 5,696.1 kN은 $V_u = 968.7\ \mathrm{kN}$보다 크므로 스터럽에 의한 전단설계가 가능하다.
스터럽이 저항해야 할 전단력은 다음과 같다.

$$V_s = \frac{V_u}{\phi} - V_c = \frac{968.7}{0.75} - 851.1 = 440.5\ \mathrm{kN}$$

전단철근의 간격은 7장의 식(7.55a)에 의하여 계산한다. 이 때 스터럽은 [예제 그림 12-6-2]와 같이 D10 철근(단면적 71.3 mm^2)을 기둥을 중심으로 4면에 2가닥씩 배근한다.

$$s = \frac{\phi A_v f_{yt} d}{2(V_u - \phi V_c)} = \frac{0.75 \times 8 \times 71.3 \times 400 \times 220}{2(968{,}700 - 0.75 \times 851{,}100)} = 57.0\ \mathrm{mm}$$

계산된 스터럽의 간격 57.0 mm는 $d/2 = 110\ \mathrm{mm}$보다 작으므로 57.0 mm 간격으로 스터럽을 배근한다. 또한, 전단철근을 배근해야 할 면적은 식(12.32)에 의하여 다음과 같이 계산한다.

$$\phi V_c = \phi \times v_c b_o d = 0.75 \times \frac{5.25}{\sqrt{1 \times (b_o/220)}} \times b_o \times 220 = 968{,}700\ \mathrm{N}$$

여기서, $v_c = \lambda\, k_s k_{bo} f_{te} \cot\psi \dfrac{c_u}{d}$

$$= 1.0 \times 1.08 \times \frac{4}{\sqrt{1 \times (b_o/220)}} \times 0.98 \times 4.16 \times \frac{65.6}{220}$$
$$= \frac{5.25}{\sqrt{1 \times (b_o/220)}}\ \mathrm{MPa}$$

$$k_{bo} = \frac{4}{\sqrt{\alpha_s (b_o/d)}} = \frac{4}{\sqrt{1 \times (b_o/220)}} \leq 1.25$$

그러므로 $b_o = 5{,}684.2\ \mathrm{mm}$의 범위에 스터럽을 배근한다([예제 그림 12-6-2] 참조). 철근이 배근된 이후에 계수전단력(V_u)을 계산하면 철근을 배근하기 전의 $V_u = 968.7\,\text{kN}$보다 감소한다. 그 이유는 철근을 배근함으로써 강체로 가정되는 콘크리트의 파괴 영역이 [예제 그림 12-6-2]와 같이 넓어지기 때문이다. 그림의 대각 길이(x)는 $b_o = 5{,}684.2\,\text{mm}$에 대하여 $(400 + \sqrt{2}\,x) \times 4 = 5684.2\,\text{mm}$이므로 $x = 722\,\text{mm}$이다. 그러므로 철근 배근 후의 V_u는 다음과 같다.

$$V_u = w_u\left[l_1 \times l_2 - (c_1 + 2x)(c_2 + 2x) + 2 \times x^2\right]$$
$$= 27.2\left[6 \times 6 - (0.4 + 2 \times 0.722)(0.4 + 2 \times 0.722) + 2 \times 0.722^2\right] = 915.1\,\text{kN}$$

계산된 $b_o = 5{,}684.2\,\text{mm}$는 $V_u = 968.7\,\text{kN}$에 대한 것이므로 실제 $V_u = 915.1\,\text{kN}$에 대하여 더 안전하다.

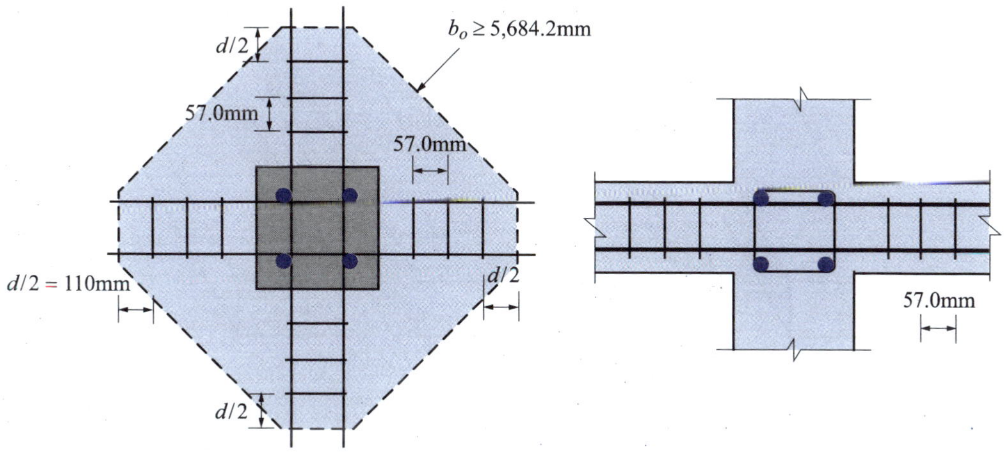

예제 그림 12-6-2 슬래브의 스터럽 배근

12.6.3 슬래브-기둥 접합부의 휨모멘트 전달

지금까지의 2방향전단에 대한 설계는 기둥 주위의 슬래브에 일정한 휨모멘트가 작용한다는 가정에서 이루어졌지만, 기둥 양 방향 슬래브에 작용하는 휨모멘트는 하중 조건과 슬래브의 기하학적 형상에 따라서 일정하지 않고 불균형모멘트(unbalanced moment)가 발생할 수 있다. [그림 12.27(a)]에서 연직하중, 풍하중, 지진하중 또는 기타 횡하중으로 인하여 기둥 좌우 슬래브에 휨모멘트 M_1과 M_2가 작용할 경우에 슬래브와 기둥 사이에는 두 모멘트의 차이인 불균형모멘트(M_u)가 발생한다. 설계에서는 계수불균형모멘트가 공칭불균형모멘트 이하가 되도록 하고 있다.

$$M_u \leqq \phi M_n \tag{12.33}$$

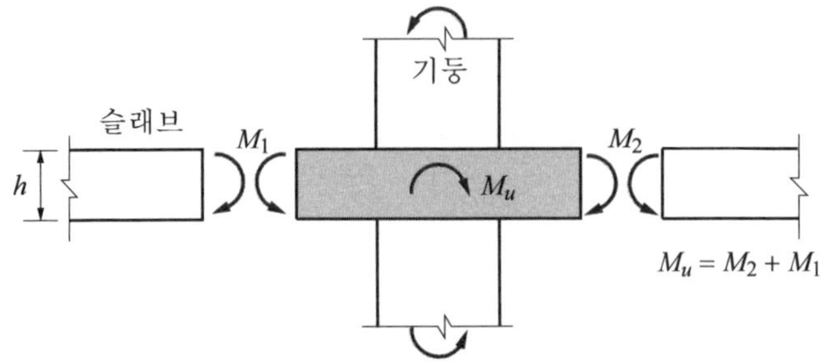

(a) 슬래브 - 기둥 접합부의 불균형모멘트

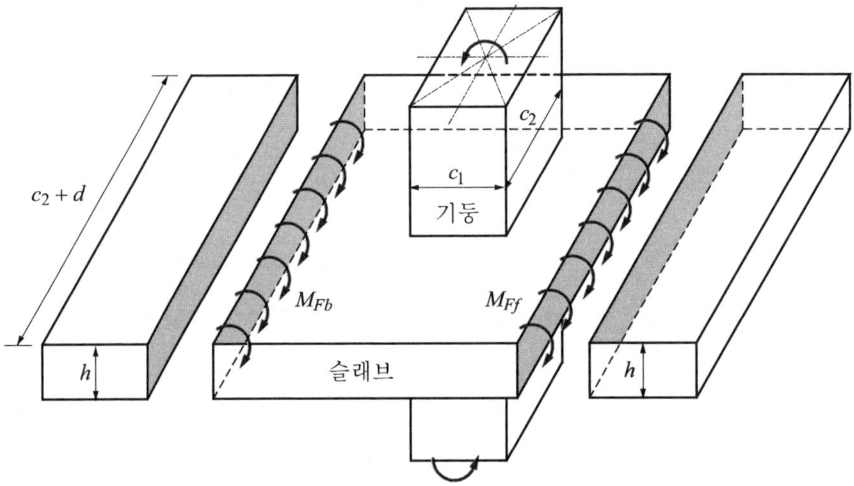

(b) 슬래브 휨모멘트에 의한 불균형모멘트

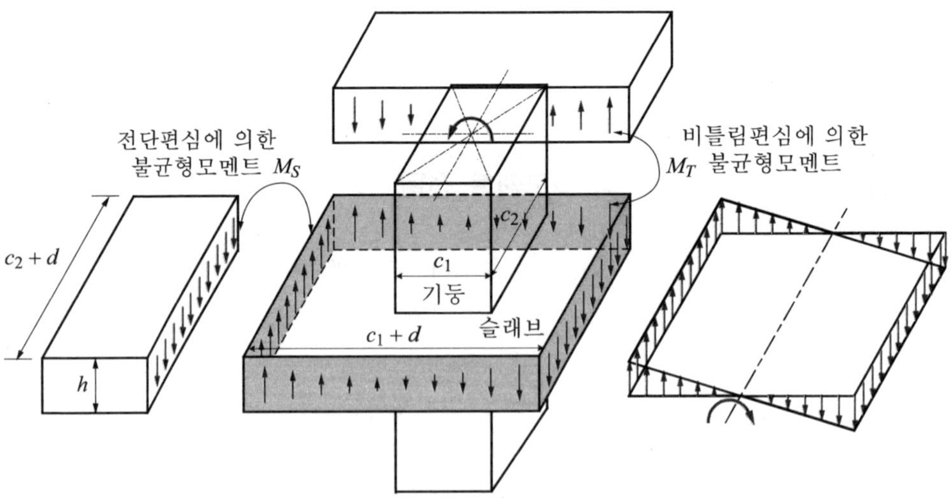

(c) 전단과 비틀림편심에 의한 불균형모멘트

그림 12.27 불균형모멘트

여기서, M_u : 계수불균형모멘트이며 [그림 12.27(a)]의 경우에 $M_u = M_1 + M_2$, M_n : 공칭불균형모멘트이다.

KDS 14 20 국가건설기준에서는 휨과 전단 및 비틀림에 의하여 발생하는 저항력을 사용하여 불균형모멘트를 계산한다.

$$\phi M_n = \phi_f M_F + \phi_v M_S + \phi_v M_T \tag{12.34}$$

여기서, ϕ_f : 순수 휨모멘트에 대한 강도감소계수이며 0.85, ϕ_v : 전단과 비틀림에 의한 강도감소계수이며 0.75, M_F, M_S, M_T는 다음과 같이 계산한다.

① **슬래브 전면, 후면 휨모멘트에 의한 불균형모멘트(M_F)** : 슬래브의 전면과 후면의 주철근에 의하여 저항하는 불균형모멘트이다. 설계에서는 기둥 주위 슬래브의 전면과 후면의 주철근의 항복을 가정하여 식(12.35a)에 의하여 M_F를 계산한다. 불균형모멘트는 주로 횡하중에 의하여 유발되며 기둥과 연결된 보에 작용하는 모멘트의 방향이 동일하므로, M_{Ff}와 M_{Fb}는 위험 단면 이내에서 전면의 상부 주철근과 후면의 하부 주철근으로 계산한다.

$$M_F = M_{Ff} + M_{Fb} = (A_{sf} + A_{sb}) f_y jd \tag{12.35a}$$

여기서, A_{sf}와 A_{sb} : 위험단면([그림 12.27(b)]의 경우 $c_2 + d$ 길이)에 있는 전면 슬래브의 상부 주철근과 후면 슬래브의 하부 주철근의 전체 단면적, f_y : 주인장철근의 항복강도, jd : 합력 중심간의 거리이며 $jd = 0.925d$로 가정한다.

② **슬래브 전면, 후면 전단력에 의한 불균형모멘트(M_S)** : 슬래브의 전면과 후면의 전단력에 의하여 저항하는 불균형모멘트이다. 설계에서는 위험단면에서 전단력이 일정하게 작용한다고 가정하며 식(12.35b)에 의하여 M_S를 계산한다.

$$M_S = V_{nS} \times l_{dS} \tag{12.35b}$$

$$V_{nS} = (v_n - v_g)(c_2 + d)d \qquad \text{([그림 12.27(c)]의 경우)}$$

$$l_{dS} = c_1 + d \qquad \text{([그림 12.27(c)]의 경우)}$$

여기서, V_{nS} : 위험단면의 전면 또는 후면의 편심전단력, l_{dS} : 위험단면의 전면과 후면 사이의 거리, v_n과 v_g : 각각 위험단면의 전면 또는 후면의 편심전단강도와 중력하중에 의하여 발생하는 직접전단강도이다. V_{nS}을 계산할 때 v_n에서 v_g를 빼는 이유는 v_g는 슬래브의 전면과 후면에 거의 균등하게 작용하여 불균형모멘트를 거의 발생시키지 않기 때문이다. v_g는 $v_g = V_g/(b_o d)$로 계산하며, v_n은 다음 식에 의해 계산한다.

$$v_n = v_c + v_p + 0.4v_s \leqq 0.58 f_{ck} \frac{c_u}{d}$$

여기서, v_c : 위험단면의 전면과 후면에 작용하는 콘크리트의 편심전단강도이며 식(12.30)과 동일, v_p : 위험단면의 전면과 후면에 작용하는 유효 프리스트레스트력의 수직 성분에 의하여 발생하는 평균 응력, v_s : 위험단면의 전면과 후면에 배치된 전단보강재에 의한 편심전단강도이며 식(7.49)에서 계산한 스터럽에 의한 전단강도(V_s)를 이용하여 $v_s = V_s/(b_o d)$로 계산할 수 있다. 단, 전단보강재의 항복강도는 400 MPa을 초과할 수 없다.

③ **슬래브 앞면, 뒷면 비틀림모멘트에 의한 불균형모멘트(M_T)** : 슬래브의 측면 비틀림모멘트에 의하여 저항하는 불균형모멘트이다. 설계에서는 위험단면에서 비틀림모멘트의 평균값을 이용하며 식(12.35c)에 의하여 M_T를 계산한다.

$$M_T = V_{dT} \times l_{dT} \tag{12.35c}$$

$$V_{nT} = (v_{nT} - v_g)\left(\frac{c_1 + d}{2} \times d\right) \quad \text{([그림 12.27(c)]의 경우)}$$

$$l_{dT} = \frac{4}{3}\left(\frac{c_1 + d}{2}\right) \quad \text{([그림 12.27(c)]의 경우)}$$

여기서, V_{nT} : 위험단면의 측면의 편심전단력, l_{dT} : 위험단면의 측면 거리, v_{nT} : 위험단면의 측면 편심전단강도이며, 다음 식에 의해 계산한다.

$$v_{nT} = 0.63\lambda\sqrt{f_{ck}} + v_p + v_s \leqq 0.25 f_{ck}$$

여기서, v_p : 위험단면의 측면에 작용하는 유효 프리스트레스트력의 수직 성분에 의하여 발생하는 평균 응력, v_s : 위험단면의 측면에 배치된 전단보강재에 의한 편심전단강도이며 식(7.49)에서 계산한 스터럽에 의한 전단강도(V_s)를 이용하여 $v_s = V_s/(b_o d)$로 계산할 수 있다. 단, 전단보강재의 항복강도는 400 MPa을 초과할 수 없다.

슬래브와 기초판 또는 슬래브와 기둥 사이에 양방향으로 불균형모멘트가 작용하는 경우에는 각 방향의 편심전단강도를 식(12.36)과 같이 상호작용을 고려하여 감소시켜야 한다.

$$\left(\frac{M_{u1} - \phi_f M_{F1}}{\phi_v M_{v1}}\right) + \left(\frac{M_{u2} - \phi_f M_{F2}}{\phi_v M_{v2}}\right) \leqq 1 \tag{12.36}$$

여기서, $M_{v1} = M_{S1} + M_{T1}$, $M_{v2} = M_{S2} + M_{T2}$이며, 아래첨자 1, 2는 두 개의 직교방향을 가리킨다.

예제 12-7

[예제 12-5]의 평슬래브 내부 기둥에 $M_u = 50\ \text{kN} \cdot \text{m}$ 의 불균형모멘트가 추가로 발생했을 때 전단응력을 검토하라. 불균형모멘트를 제외한 다른 조건은 [예제 12-5]와 동일하다. 전단보강재는 사용하지 않는다.

풀이

(1) 2방향전단내력을 [예제 12-5]에서 계산한 결과를 사용한다.

$$V_u = w_u[l_1 \times l_2 - (c_1+d)(c_2+d)] = 332.5\ \text{kN}$$

슬래브의 두께는 [예제 12-1]에서 180 mm로 결정하였으며, 유효깊이(d)는 150 mm이다.

(2) 위험단면의 공칭불균형모멘트강도를 계산한다.

식(12.34)를 이용하여 공칭불균형모멘트강도를 계산

$$\begin{aligned}\phi M_n &= \phi_f M_F + \phi_v M_S + \phi_v M_T \\ &= 0.85 \times 38.7 + 0.75 \times 17.7 + 0.75 \times 11.9 = 55.1\ \text{kN} \cdot \text{m}\end{aligned} \quad \text{(a)}$$

① 슬래브 전면, 후면 휨모멘트에 의한 불균형모멘트(M_F) - 식(12.35a) 이용

$$\begin{aligned}M_F &= M_{Ff} + M_{Fb} = (A_{sf} + A_{sb}) f_y jd = 2A_s f_y jd \\ &= 2 \times 348.43 \times 400 \times 138.75 = 38.7\ \text{kN} \cdot \text{m}\end{aligned}$$

여기서, 전면 슬래브의 상부 주철근과 후면 슬래브의 하부 주철근의 전체 단면적은 동일

$$A_s = 126.7 \times \frac{c_2+d}{200} = 126.7 \times \frac{400+150}{200} = 348.43\ \text{mm}^2$$

$$jd = 0.925d = 0.925 \times 150 = 138.75\ \text{mm}$$

② 슬래브 전면, 후면 전단력에 의한 불균형모멘트(M_S) - 식(12.35b) 이용

$$M_S = V_{nS} \times l_{dS} = 32{,}175 \times 550 = 17.7\ \text{kN} \cdot \text{m}$$

여기서, $v_n = v_c + v_p + 0.4v_s = 1.39 + 0 + 0 = 1.39\ \text{MPa}$

[예제 12-5]에서 $v_c = 1.39\ \text{MPa}$, $c_u = 44.8\ \text{mm}$

$$v_n = 1.39\ \text{MPa} < 0.58 f_{ck} \frac{c_u}{d} = 0.58 \times 24 \times \frac{44.8}{150} = 4.16\ \text{MPa}$$

그러므로 $v_n = 1.39\ \text{MPa}$

$v_g = V_g/(b_o d) = 332{,}500/(2{,}200 \times 150) = 1\ \text{MPa}$

$V_{nS} = (v_n - v_g)(c_2+d)d = 0.39 \times (400+150) \times 150 = 32{,}175\ \text{N}$

$l_{dS} = c_1 + d = 400 + 150 = 550\ \text{mm}$

③ 슬래브 앞면, 뒷면 비틀림모멘트에 의한 불균형모멘트(M_T) - 식(12.35c) 이용

$$M_T = V_{dT} \times l_{dT} = 32{,}587.5 \times 366.7 = 11.9\ \mathrm{kN \cdot m}$$

여기서, $v_{nT} = 0.63\lambda\sqrt{f_{ck}} + v_p + v_s = 0.63 \times 1 \times \sqrt{24} + 0 + 0 = 3.09\ \mathrm{MPa}$

$$v_{nT} = 3.09\ \mathrm{MPa} > 0.25 f_{ck}\frac{c_u}{d} = 0.25 \times 24 \times \frac{44.8}{150} = 1.79\ \mathrm{MPa}$$

그러므로 $v_{nT} = 1.79\ \mathrm{MPa}$

$$V_{nT} = (v_{nT} - v_g)\left(\frac{c_1 + d}{2} \times d\right) = 0.79 \times \left(\frac{400 + 150}{2} \times 150\right) = 32{,}587.5\ \mathrm{N}$$

$$l_{dT} = \frac{4}{3}\left(\frac{c_1 + d}{2}\right) = 366.7\ \mathrm{mm}$$

식(a)에서 계산한 공칭불균형모멘트강도(ϕM_n)의 값은 55.1 kN · m으로 안전하다.

Chapter 12 연습문제

12.1 평슬래브와 보슬래브의 특징을 설명하고 장점과 단점을 비교하라.

12.2 1방향 슬래브와 2방향 슬래브의 특징을 설명하라.

12.3 직접설계법의 적용 범위에 대하여 설명하라.

12.4 [연습 그림 12.1]의 철근콘크리트 건물의 슬래브를 직접설계법으로 설계하라. 기둥의 크기 = 400 × 400 mm, 기둥의 높이 = 3 m, $w_D = 5\ \text{kN/m}^2$, $w_L = 3\ \text{kN/m}^2$이다. 슬래브 콘크리트의 압축강도 $f_{ck} = 24\ \text{MPa}$, 철근의 설계기준항복강도 $f_y = 400\ \text{MPa}$이다.

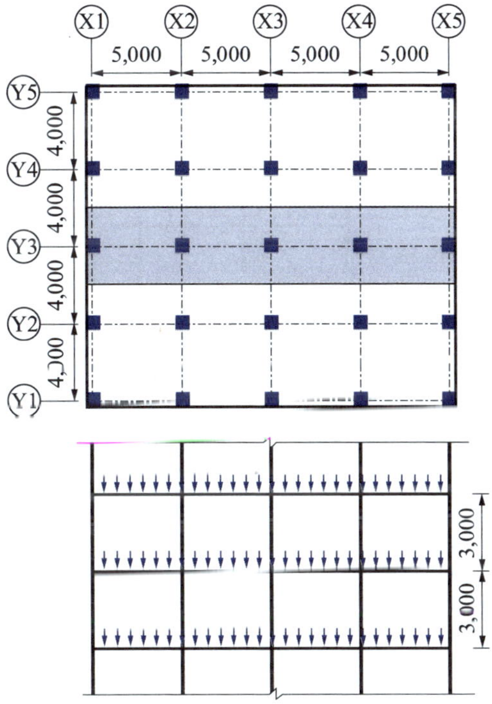

연습 그림 12.1 평슬래브(단위 : mm)

12.5 [연습 그림 12.2]의 철근콘크리트 건물의 슬래브를 직접설계법으로 설계하라. 기둥의 크기 $= 400 \times 400$ mm, 기둥의 높이 $= 3.5$ m, 테두리 보의 크기 $= 300 \times 600$ mm, 내부 보의 크기 $= 300 \times 600$ mm, $w_D = 4.0\ \mathrm{kN/m^2}$, $w_L = 3\ \mathrm{kN/m^2}$ 이다. 슬래브, 보, 및 기둥의 콘크리트의 압축강도 $f_{ck} = 24$ MPa, 슬래브 주철근의 설계기준항복강도 $f_y =$ 400 MPa 이다.

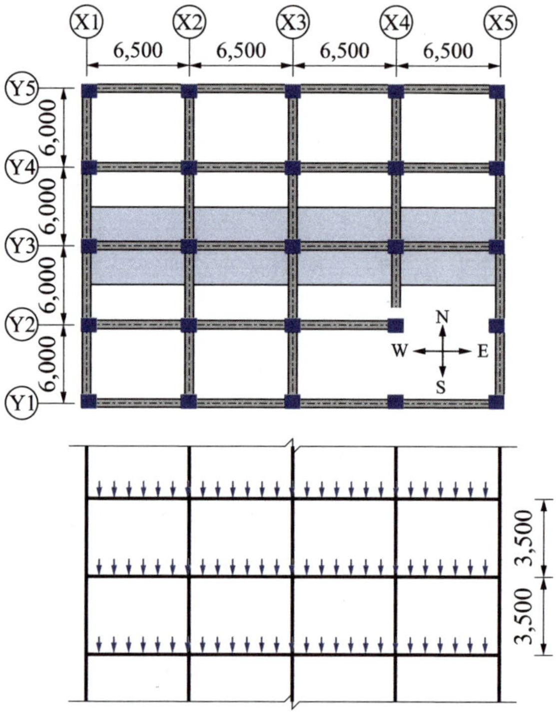

연습 그림 12.2 보슬래브 (단위 : mm)

12.6 [연습 12.4]의 철근콘크리트 건물의 슬래브를 등가골조법으로 설계하라.

12.7 [연습 12.5]의 철근콘크리트 건물의 슬래브를 등가골조법으로 설계하라.

Chapter

13

기초의 설계

13.1 일반 사항

13.2 기초 설계의 기본 사항

13.3 독립기초의 설계

13.4 연속기초의 설계

13.5 복합기초의 설계

13.6 말뚝기초의 설계

13.1 일반 사항

기초는 기둥이나 벽체를 통하여 전달되는 상부 하중을 지지하고 이 하중을 지면에 전달하는 부재로, 구조물의 가중 중요한 부재의 하나이다. 기초 설계에서는 상부 구조물에서 전달되는 하중을 지면에 안전하게 전달하기 위하여 기초판 크기에 대한 설계가 필요하며, 또한 지면에서 작용하는 토압이 유발하는 부재력을 저항하기 위한 기초판 설계가 필요하다. 기초판 설계가 잘못된 경우에는 지반에서 침하가 발생하여 구조체에 심각한 문제를 발생시킬 수 있으므로 침하량을 최소화할 수 있도록 기초판을 설치해야 한다.

기초는 슬래브와 유사한 판구조로 판에 전달되는 축하중, 휨모멘트, 1방향전단력, 2방향전단력에 안전해야 한다. 또한 바닥면에 접해있는 지면의 종류에 따라서 저항하는 지지 능력이 달라지므로 지면의 종류에 맞추어 기초를 설계해야 한다. 기초는 건물의 상부 구조와 지반 상태를 고려하여 다음 다섯 종류로 구분하여 설계한다.

① **독립기초**(isolated footing, **확대기초**) : 상부 기둥의 하중을 정사각형 또는 직사각형의 독립된 각각의 기초판으로 전달하는 기초. 지반이 비교적 견고하거나 상부 하중이 작을 경우에 많이 사용함.

② **연속기초**(wall footing) : 내력벽 또는 조적벽과 같이 길게 작용하는 상부 하중을 저항하는데 적합한 기초로 벽체의 길이에 맞추어 길게 연결된 기초.

③ **복합기초**(combined footing) : 2개 이상의 기둥을 연결한 직사각형의 기초. 기둥들의 간격이 좁거나 외부 기둥이 대지경계선 가까이 있을 때 적합한 기초.

④ **온통기초**(**전면기초**, mat foundation, floating foundation) : 건물의 전면에 두꺼운 슬래브를 설치하여 상부 하중을 지지하는 기초. 상부 하중이 매우 클 때, 지반의 지내력(地耐力)이 약하거나 독립기초나 연속기초의 사용이 어려운 경우에 사용하는 기초.

⑤ **말뚝기초**(pile foundation) : 지반이 약할 경우에 말뚝을 사용하여 기초판의 하중을 견고한 지반까지 전달하는 기초.

지반이 견고하고 지내력이 충분할 경우, 기초의 형상은 상부 수직 부재와 유사한 형상으로 설계된다. 그러나 지반이 약하고 지내력이 충분하지 않을 경우, 상부의 하중을 지반에 넓게 전달하기 위하여 온통기초나 연속기초로 설계하는 경우가 많다. 13장에서는 이러한 여러 종류의 기초 설계가 설명된다.

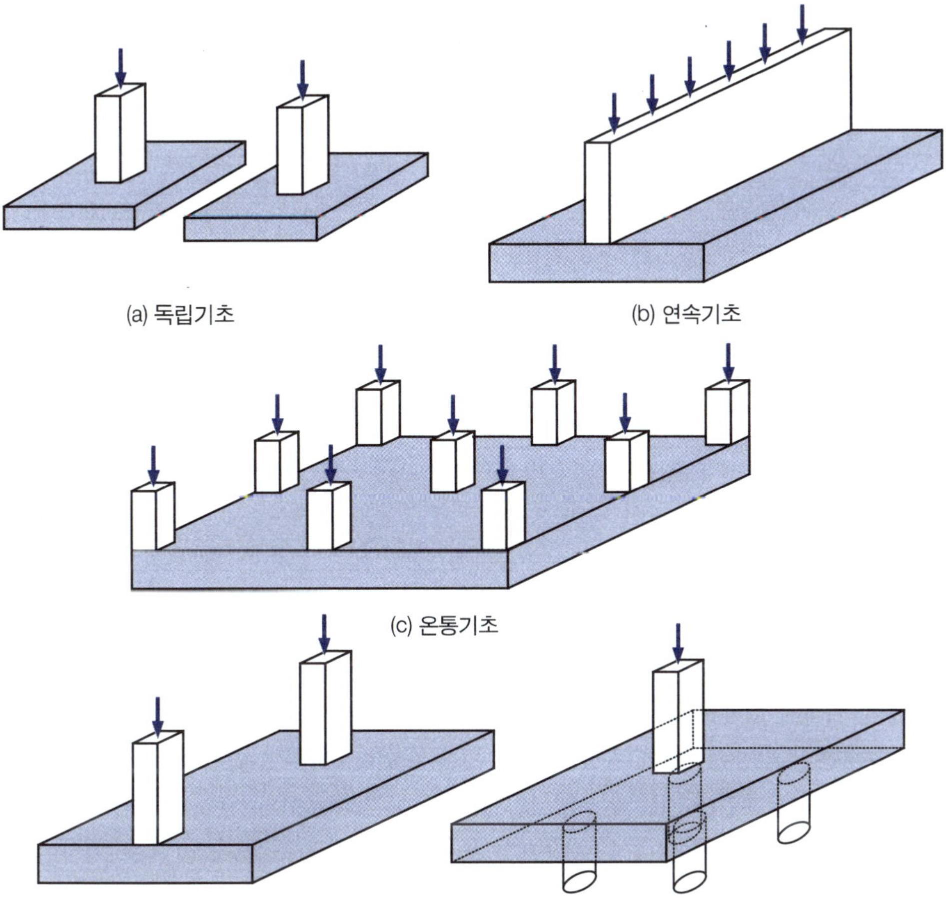

그림 13.1 기초의 종류

13.2 기초 설계의 기본 사항

허용지내력

상부구조와 지면사이에 있는 기초판은 상부하중을 안전하게 지면에 전달해야 한다. 이 때 중요한 요소 중의 하나는 지면의 토압이다. 토압은 기초를 떠받치고 있는 지반의 압력을 말하며, 지반의 상태와 기초의 지반에 대한 상대강성에 따라서 불균일하게 분포한다.

표 13.1 허용지내력

지 반		허용응력(kN/m²)
경암반	화강암, 석록암, 편마암, 안산암 등의 화성암 및 굳은 연암 등의 암반	4,000
연암반	판암, 편암 등의 수성암의 암반	2,000
	혈암, 토단반 등의 암반	1,000
자갈		300
자갈과 모래의 혼합물		200
모래 섞인 점토 또는 로옴		150
모래 섞인 점토		100

① **사질토** : 기초 주변의 흙이 기초의 바깥쪽으로 이동하기 때문에 기초 중심에서 토압이 크고, 기초 주변에서는 토압이 작다.

② **점 토** : 강한 점착력 때문에 흙이 이동하지 않고, 기초 주변에 평균토압과 전단저항력이 형성되어 기초 중심에서 토압이 작고, 기초 주변에서는 토압이 크다.

토압은 기초판에 일정하게 분포하지 않지만, 불균일한 토압의 분포가 기초 설계에 큰 영향을 미치지 않기 때문에 설계에서는 기초판에 일정한 토압이 작용한다고 가정하고 설계한다.

기초에 작용하는 토압을 정확하게 계산하는 것은 어렵다. 이는 토압이 건물에 일정하게 작용하지 않고, 건물에 접해있는 지면의 토질 분포가 다양하기 때문이다. 구조설계에서는 극한 토압(q_{ult})을 안전율로 나눈 후에 이 값을 허용토압 또는 허용지내력(地耐力, q_a)으로 정하여 설계에 사용한다. 허용지내력에 사용되는 안전율은 침하를 허용한계 이내로 유지하기 위한 계수며 2.5~3의 값이다. 기초 지반의 종류에 대한 허용지내력을 [표 13.1]에 표시하였다.

기초의 크기

기초에는 상부의 하중에 기초판의 자중이 더해진다. 기초판의 크기(A)는 허용지내력(q_a)을 이용하여 식(13.1a) 또는 식(13.1b)로 계산한다.

$$A = \frac{D + D_b + D_s + L}{q_a} \tag{13.1a}$$

또는

$$A = 0.75\frac{D + D_b + D_s + L + W}{q_a} \tag{13.1b}$$

여기서, D :고정하중, D_b : 기초의 자중(自重), D_s : 상재하중(기초판 위에 얹히는 하중), L : 활하중, W : 풍하중이다.

식(13.1)에 하중계수를 적용하지 않는 이유는 허용지내력(q_a)을 계산하면서 안전율(2.5~3)을 이미 적용했기 때문이다. 식(13.1b)의 0.75는 단기하중에 대한 계수이다. 식(13.1)의 기초에 작용하는 하중 중에서 기둥 또는 벽체에서 전달되는 상부하중에 의한 지내력을 유효허용지내력(q_e)으로 정의하고, 이를 이용하여 기초판의 크기를 계산할 수 있다.

$$q_e = q_a - \frac{D_b + D_s}{A} \tag{13.2a}$$

또는

$$A = \frac{0.75(D + L + W)}{q_e} \tag{13.2b}$$

기초설계용 토압

기초에 작용하는 하중과 압력은 [그림 13.2]에 표시된 것과 같이 집중하중과 분포하중으로 구분할 수 있다. 그림에서 고정하중(D), 활하중(L), 풍하중(W)은 상부기둥이나 벽체를 통하여 기초에 전달되는 집중하중이다. 그러나 기초판의 자중(D_b)과 상재하중(D_s) 및 기초판의 아래쪽에서 작용하는 토압은 기초판에 일정하게 분포된 등분포하중이다.

설계자는 식(13.1)이나 식(13.2)를 이용하여 지반 침하 등이 없이 안전하게 상부하중을 지면에 전달하기 위하여 기초판의 크기를 결정한다. 또한, 기초판에 작용하는 휨모멘트, 1방향전단력, 2방향전단력 등의 외부 하중을 저항하기 위하여 기초의 두께와 철근량을 정해야 한다. 기초판에 작용하는 외부 하중 중에서 등분포하중으로 작용하는 기초판의 자중(D_b)과 상재하중(D_s)은 기초판 아래에서 등분포하중으로 작용하는 지면의 토압과 상쇄(相殺)된다. 즉, D_b와 D_s의 작용 방향과 토압의 작용 방향이 반대이다. 따라서 기초판에는 기둥을 통하여 전달되는 집중하중만이 외부 하중으로 남게 된다. [그림 13.2(a)]의 기초는 [그림 13.2(b)]와 같이 뒤집힌 캔틸레버와 같은 변형을 하며, 지점에 집중하중 $P(= D + L + W)$가 반력으로 남게 된다. 설계에서는 기둥을 통하여 전달되는 집중하중(P)을 기초판의 면적으로 나눈 값을 "기초설계용 토압"이라 하며, 이를 이용하여 기초판에 작용하는 휨모멘트, 1방향전단력, 2방향전단력 등의 안전성을 검토한다. 기초설계용 토압(q_u)은 식(13.3a) 또는 식(13.3b)의 값 중에서 큰 값을 사용한다. 기초설계용 토압(q_u)은 하중계수를 곱하여 계산하는 계수하중이다.

$$q_u = \frac{1.2D + 1.6L}{A} \tag{13.3a}$$

또는

$$q_u = \frac{1.2D + 1.0L + 1.3W}{A} \tag{13.3b}$$

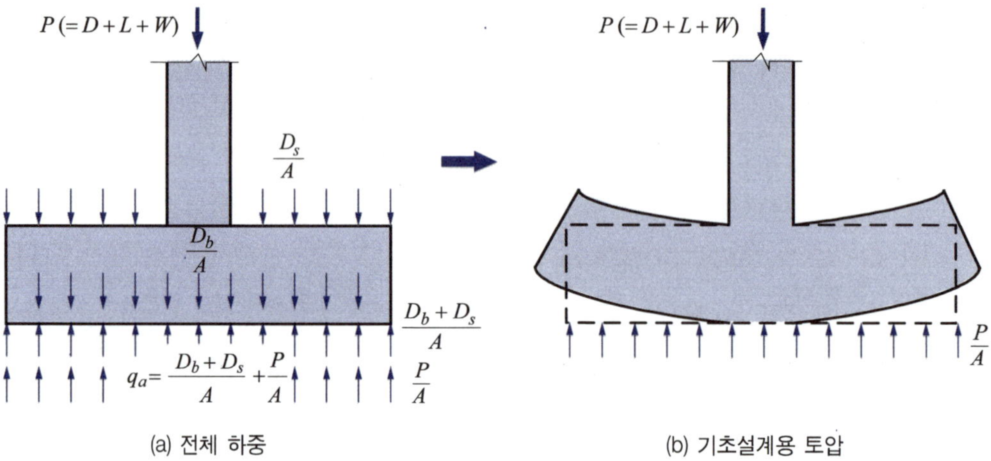

그림 13.2 기초의 하중

기초판의 최소 두께와 피복두께

기초판이 너무 얇을 경우에 휨, 전단, 지압 등에 저항하기 어렵다. 따라서 기초판은 다음 최소 두께 이상이 되어야 한다. 최소 두께는 기초판의 맨 윗부분인 상연(上椽)에서부터 하부 철근까지의 깊이를 말한다.

① **흙에 놓이는 기초** : 150 mm 이상
② **말뚝기초** : 300 mm 이상

또한 기초면에는 수분이 많아 철근이 쉽게 부식할 수 있으므로 피복두께를 75 mm 이상으로 해야 한다.

13.3 독립기초의 설계

독립기초는 상부 하중이 비교적 작거나 지반이 견고한 지역에 주로 사용된다. 독립기초는 각각의 기둥에서 전달되는 하중을 분리된 기초가 지지하여 지면으로 전달한다. 독립기초를 설계하기 위해서는 휨모멘트, 1방향전단, 2방향전단, 철근의 정착, 기둥과 접하는 면의 지압력에 대하여 검토해야 한다.

휨모멘트에 대한 설계

기초의 휨모멘트 설계에 대한 기본 개념은 보나 기둥과 동일하게 외부 휨모멘트(M_u, 계수휨모멘트)가 내부 저항휨모멘트(ϕM_n, 설계휨모멘트)보다 작아야 한다.

$$M_u \leq \phi M_n \tag{13.4}$$

기초에 작용하는 계수휨모멘트(M_u)는 [그림 13.3]과 같이 기둥면에서 최대가 된다. 기둥이 기초의 정중앙에 위치하고, 기초와 기둥이 정사각형 단면일 때에는 기둥 4면에 작용하는 최대 휨모멘트가 동일하다. 그러나 기둥의 중심과 기초의 중심이 일치하지 않거나, 기둥과 기초가 직사각형일 경우에는 기둥 4면에 작용하는 휨모멘트가 동일하지 않으므로 기둥의 각 면에 작용하는 휨모멘트를 계산해야 한다. 휨모멘트가 최대가 되는 기초의 위험단면은 다음과 같다.

① **콘크리트 기둥, 받침대 또는 벽체를 지지하는 기초** : 기둥과 받침대 또는 벽체의 외측 면
② **조적조 벽체를 지지하는 기초** : 벽체 중심과 벽체면의 중간
③ **강재 베이스플레이트를 갖는 기둥을 지지하는 기초** : 기둥 외측 면과 강재 베이스플레이트 단부와의 중앙

[그림 13.3]의 사각형 기초판의 기둥 양면에 작용하는 휨모멘트는 식(13.5)에 의하여 계산한다.

가로방향 : A-A면

$$(M_u)_{A-A} = \frac{q_u l_2}{2}\left(\frac{l_1 - c_1}{2}\right)^2 \tag{13.5a}$$

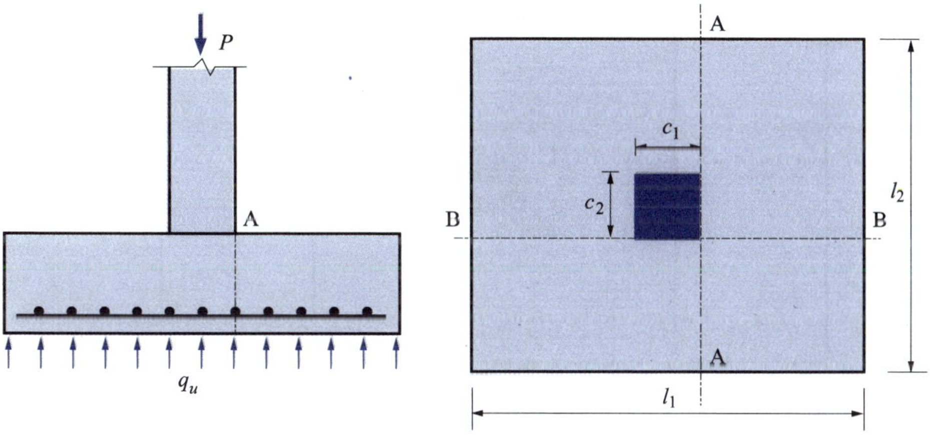

그림 13.3 기초의 휨모멘트

세로방향 : B-B면

$$(M_u)_{B-B} = \frac{q_u l_1}{2}\left(\frac{l_2 - c_2}{2}\right)^2 \tag{13.5b}$$

여기서, l_1, l_2 : 기초의 가로방향과 세로방향의 길이, c_1, c_2 : 기둥 단면의 가로방향과 세로방향의 길이, q_u : 기초설계용 토압이다.

설계휨모멘트(ϕM_n)는 주인장철근의 항복강도(f_y)를 이용하여 계산한다. 이 때 압축력과 인장력의 중심간의 거리(jd)는 $0.9d$로 가정한다. 따라서 식(13.6)을 이용하여 필요한 휨철근량을 계산할 수 있다.

$$M_u = \phi A_s f_y jd$$
$$A_s = \frac{M_u}{\phi f_y jd} \tag{13.6}$$

여기서, $jd = 0.9d$이다.

1방향 기초판 또는 2방향 정사각형 기초판에서는 식(13.6)을 이용하여 계산한 휨철근을 기초판 전체 폭에 균등하게 배치시킨다. 그러나 2방향 직사각형 기초판의 경우에는 짧은 변 방향에서 기둥의 외측면에 가까울수록 휨모멘트가 급격하게 증가하므로 이를 대처하기 위하여 다음과 같이 철근을 배근해야 한다.

① 기초판의 장변 방향([그림 13.4]의 l)에는 철근을 폭 전체에 균등하게 배치시킨다.

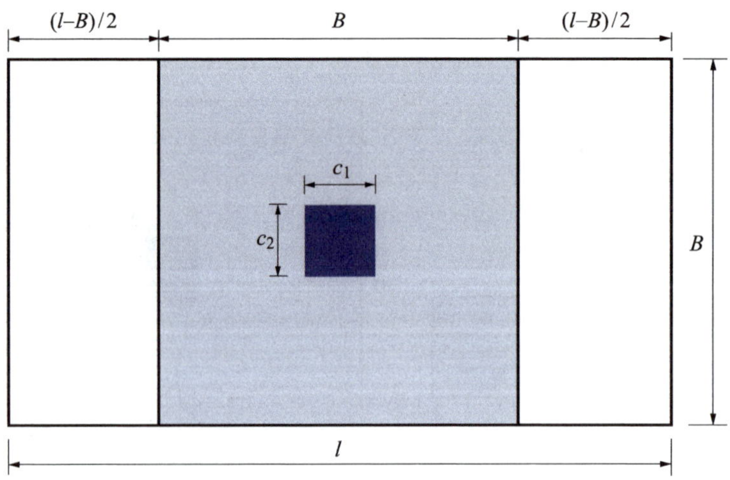

그림 13.4 직사각형 독립기초의 철근 배근

② 기초판의 단변 방향([그림 13.4]의 B)에는 [그림 13.4]와 같이 기초판을 3개 구간으로 나눈 후에 식(13.6)에서 산출한 철근량을 유효폭(B) 내에 균등하게 배치하고, 나머지 철근량을 이 유효폭 이외의 부분에 균등하게 배치한다.

유효폭은 [그림 13.4]의 단변 방향의 길이로 정하며, 유효폭의 중심과 기둥이나 받침대의 중심선이 일치하도록 한다. 또한, 각 구간의 철근량을 식(13.7)에 의하여 분배한다.

$$\frac{\text{유효폭 내부에서 배근되는 철근량}}{\text{단변(짧은 변) 방향의 전체 철근량}} = \frac{2}{\beta+1} \quad \text{(비율)} \tag{13.7}$$

여기서, β : 기초판 짧은 변에 대한 긴 변의 비이다.

식(13.6)에 의하여 계산된 휨철근을 최소 철근에 대한 제한 조건으로 검토해야 한다. 기준에서는 다음 ①의 값과 식(13.6)에 의하여 계산된 철근값을 비교하여 계산된 값이 작을 경우에 최소 철근을 사용한다. 다만, 이 때 최소 철근은 ①과 ②의 작은 값을 택한다. ①은 5.3.1항 식(5.11)의 최소철근파괴를 방지하기 위한 값이다. ②의 규정은 부재의 모든 단면에서 해석에 의해 필요한 철근량보다 1/3 이상 인장철근이 더 배치되는 경우는 ①의 규정을 적용하지 않을 수 있다는 KDS 14 20 국가건설기준 규정이다.

① $A_{s,\min} = 1.2\dfrac{f_r I_g}{\phi f_y j d y_t}$

② $A_{s,\min} = \dfrac{4}{3}A_s$

1방향전단에 대한 설계

기초의 전단 설계는 1방향전단설계와 2방향전단설계로 나눌 수 있다. 1방향전단설계는 보나 기둥의 전단 설계와 유사하게 기초의 위험단면에 작용하는 전단력에 대하여 기초가 충분하게 저항할 수 있는지 검토하는 설계이다.

$$V_u \le \phi V_c \tag{13.8}$$

여기서, 강도감소계수 $\phi = 0.75$이다. 식(13.8)에서 외부 전단력(V_u)은 [그림 13.5(a)]의 기둥 측면에서 단면의 유효깊이(d)만큼 떨어진 위험단면에서의 전단력이며, 식(13.9)에 의하여 계산할 수 있다.

$$V_u = q_u \times \text{위험단면까지의 면적} \tag{13.9}$$

$$V_u = q_u\left(\frac{l_1 - c_1}{2} - d\right) \times l_2 \qquad \text{([그림 13.5(a)]의 경우)}$$

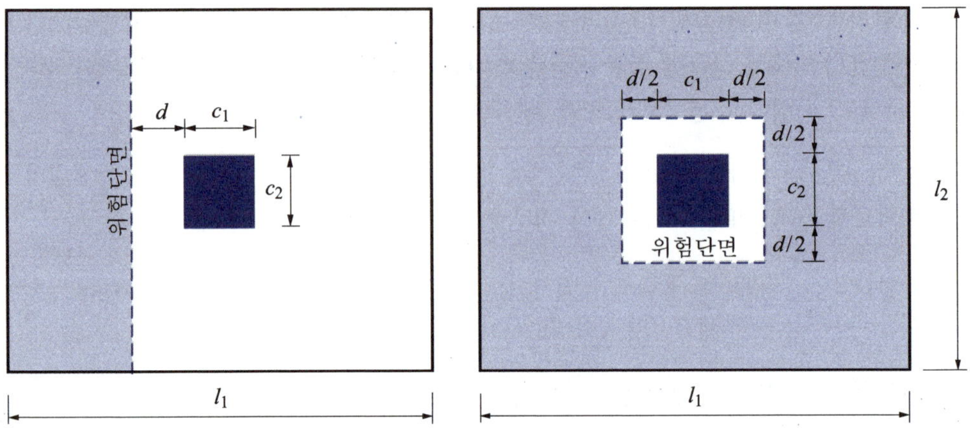

(a) 1방향전단　　(b) 2방향전단

그림 13.5 전단 위험단면

기초판과 같이 폭이 넓은 부재에는 스터럽과 같은 전단철근을 배근하기가 어렵기 때문에 콘크리트에 의한 전단저항만을 사용하며, 식(13.10)으로 계산한다.

$$V_c = \frac{1}{6}\lambda\sqrt{f_{ck}}\,b_w d \tag{13.10}$$

식(13.10)에서 폭(b_w)은 l_2이다. λ는 경량콘크리트계수이며 보통중량 콘크리트의 경우 "1"이다.

2방향전단에 대한 설계

기초판은 슬래브와 유사하게 기둥에서 직접 기초판에 큰 집중하중이 작용하여 기둥 주변 4면이 뚫리는 2방향전단파괴가 발생할 수 있다. 2방향전단파괴를 방지하기 위하여 기초판의 두께를 검토해야 한다. 기초에 작용하는 2방향전단력은 [그림 13.5(b)]와 같이 기둥의 측면에서 단면의 유효깊이의 절반($d/2$)만큼 떨어진 위험단면에서 계산된 전단력이며, 식(13.11)에 의하여 계산한다.

$$V_u = q_u \times \text{위험단면 바깥부분의 단면적} \tag{13.11}$$

$$V_u = q_u\left[l_1 \times l_2 - (c_1 + d)(c_2 + d)\right] \quad \text{([그림 13.5(b)]의 경우)}$$

특별한 전단보강이 없는 경우에 기초판의 2방향전단은 콘크리트만이 저항하며 식(13.12)로 계산한다. 2방향전단은 12.6.1항에서 설명하였듯이 KDS 14 20 국가건설기준-2022와 미국콘크리트학회 설계기준식이 다르다. 식(13.12)는 12장의 식(12.30)과 동일하다.

$$V_c = v_c\, b_o\, d \tag{13.12}$$

$$v_c = \lambda\, k_s k_{bo} f_{te} \cot\psi \frac{c_u}{d}$$

여기서, b_o : 슬래브의 주변 길이(내부 기둥의 경우 $b_o = 2(c_1 + d) + 2(c_2 + d)$)

λ : 경량콘크리트계수(식(2.14c)의 값과 동일)

k_s : 슬래브의 크기효과계수(두께계수), $k_s = (300/d)^{0.25} \le 1.1$, d의 단위는 mm이며 k_s의 하한값으로 0.75를 사용할 수 있다.

k_{bo} : 형상비계수(위험단면의 둘레길이), $k_{bo} = 4/\sqrt{\alpha_s (b_o/d)} \le 1.25$, α_s는 내부기둥에 대하여 1.0, 외부기둥(모서리 기둥 제외)에 대하여 1.33, 모서리 기둥에 대하여 2.0

f_{te} : 압축대 콘크리트의 인장강도, $f_{te} = 0.2\sqrt{f_{ck}}$

ψ : 슬래브 휨 압축대의 균열각도, $\cot\psi = \sqrt{f_{te}(f_{te} + f_{cc})}/f_{te}$, $f_{cc} = (2/3)f_{ck}$

c_u : 압축철근의 영향을 무시하고 계산된 접합부 주위 슬래브 압축대 깊이의 평균값 $c_u = d[25\sqrt{\rho/f_{ck}} - 300(\rho/f_{ck})]$, $\rho \le 0.03$의 범위에서 사용할 수 있으며 ρ가 0.005 이하인 경우 0.005를 사용할 수 있음

b_o : 슬래브의 주변 길이이며 내부 기둥의 경우는 $b_o = 2(c_1 + d) + 2(c_2 + d)$로 계산하지만([그림 12.23(b) 참조]), 개구부가 있거나 자유단에 접해있는 슬래브의 경우는 [그림 12.25(b)]와 같이 개구부와 자유단을 제외한 길이를 사용한다.

기둥 밑면에서의 힘의 전달

기초의 기둥 또는 벽체 밑면에 작용하는 축하중과 휨모멘트는 콘크리트의 지압과 기둥철근, 장부철근(기둥과 기초 접합부를 관통하는 철근) 및 기계적 이음장치에 의해 기초판에 전달된다. 이와 같이 여러 경로에 의하여 기둥 또는 벽체의 하중이 기초에 전달되지만, 다음의 몇 가지 이유에 의하여 힘이 원활하게 전달되지 않을 가능성이 있다.

① **기둥 콘크리트와 기초 콘크리트의 강도 차이** : 일반적으로 기둥의 콘크리트 강도가 기초의 콘크리트 강도보다 높다.

② **기둥의 주철근이 전부 기초 콘크리트에 연장되지 않는 경우**

③ **시공상 일체로 타설되지 않는 경우** : 시공의 편의상 기둥과 기초가 분리 타설되는 경우가 많으며 특히, 프리스트레스트 콘크리트 또는 철골 기둥 등을 사용하는 경우에는 이질의 재료가 사용되어 기초와 기둥이 분리 시공된다.

기둥의 압축력은 콘크리트 지압에 의해 받침 부재인 주각 또는 기초판에 전달되므로 기둥 하부와 기초판 상부에 작용하는 지압응력을 검토해야 한다. 또한 장부철근이 있거나 기둥철근이 기초까지 연장되어 있지 않는 경우, 철근의 힘이 기둥 하부 아래의 일정구간까지 발휘하지 못하므로 기둥 하부의 지압강도를 검토해야 한다. 기초에 작용하는 계수지압력(P_u)은 설계지압력(ϕP_n)보다 작아야 하며(식(13.13)), 설계지압력(ϕP_n)은 식(13.14)에 의하여 계산한다.

$$P_u \leqq \phi P_n \tag{13.13}$$

$$\phi P_n = 0.85\phi f_{ck} A_1 \sqrt{\frac{A_2}{A_1}} \leqq 0.85\phi f_{ck}(2A_1) \tag{13.14}$$

여기서, ϕ : 강도감소계수($\phi = 0.65$), A_1 : 하중을 받는 기초판 위의 기둥 또는 벽체 면적, A_2 : [그림 13.6]에서 상부면적을 A_1으로 하여 측면경사 1 : 2로 내릴 경우, 어느 한 면이 경계에 닿았을 때 측정된 면적이다.

기둥의 하부 또는 기초판 상부에서 허용지압응력을 초과하는 압축력은 장부철근 또는 연장된 기둥 주철근에 의해 전달되어야 한다. 이 때 배근되는 장부철근의 최소 철근비는 기둥 단면적의 0.5퍼센트 이상이 되어야 하며, 기초에서의 묻힘길이는 압축철근의 정착길이 이상이 되어야 한다.

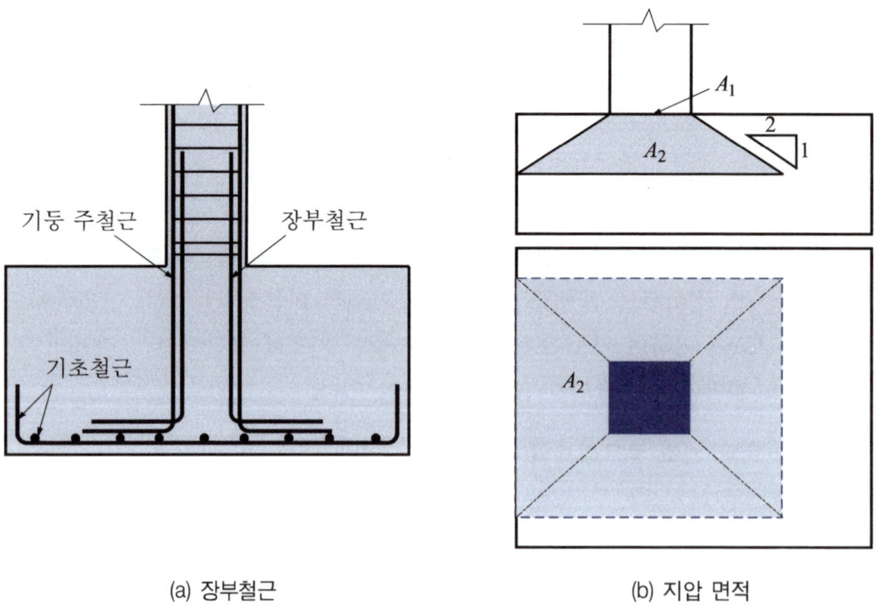

그림 13.6 장부철근과 지압 면적

기초 철근의 정착

최대 휨모멘트가 발생하는 기둥면에서 단부로 뻗은 철근의 길이가 인장철근의 정착길이 이상이 되어야 한다.

예제 13-1

상부기둥의 단면이 정사각형 400×400 mm 이며, 기둥의 고정하중 $D = 1{,}000$ kN, 활하중 $L = 700$ kN 이 작용할 때, 정사각형의 독립기초를 설계하라. 기초의 자중과 상재하중의 크기는 고정하중과 활하중의 10퍼센트로 한다. 기초의 콘크리트 압축강도 $f_{ck} = 24$ MPa, 철근의 설계기준항복강도 $f_y = 400$ MPa, 기초 밑면의 허용지내력 $q_a = 300\ \mathrm{kN/m^2}$ 이다.

풀이

(1) 기초판의 크기와 기초설계용 토압 결정

① 식(13.1a)에 의하여 기초판의 크기를 정한다.

$$A = \frac{D + D_b + D_s + L}{q_a} = \frac{1{,}000 + 700 + 1{,}700 \times 0.1}{300} = 6.23\ \mathrm{m^2}$$

따라서 기초의 크기는 $2.5\ \mathrm{m} \times 2.5\ \mathrm{m} = 6.25\ \mathrm{m^2}$로 정한다.

② 식(13.3a)에 의하여 기초판의 크기를 정한다.

$$q_u = \frac{1.2D + 1.6L}{A} = \frac{1.2 \times 1{,}000 + 1.6 \times 700}{6.25} = 371.2\ \mathrm{kN/m^2}$$

(2) 1방향전단력에 대하여 검토

1방향전단에 대하여 식(13.8)에서 식(13.10)을 이용하여 검토한다.
[예제 그림 13-1-1]에서 기둥의 도심점과 기초판의 도심점이 일치하므로, 식(13.9)에 의하여 계수전단력(V_u)을 계산한다. 계수전단력(V_u)은 기둥의 측면에서 단면의 유효깊이(d)만큼 떨어진 위험단면에서의 전단력이다. 기초판의 유효깊이(d)를 550 mm로 가정한다. 기초판의 유효깊이(d)가 550 mm이면 기초의 피복두께 75 mm와 주근의 지름을 약 25 mm로 가정할 때 기초판의 전체 깊이는 650 mm가 된다.

$$V_u = q_u\left(\frac{l_1 - c_1}{2} - d\right) \times l_2 = 371.2\left(\frac{2.5 - 0.4}{2} - 0.55\right) \times 2.5 = 464.0\ \mathrm{kN}$$

설계전단력(ϕV_c)은 식(13.10)에 의해 계산한다.

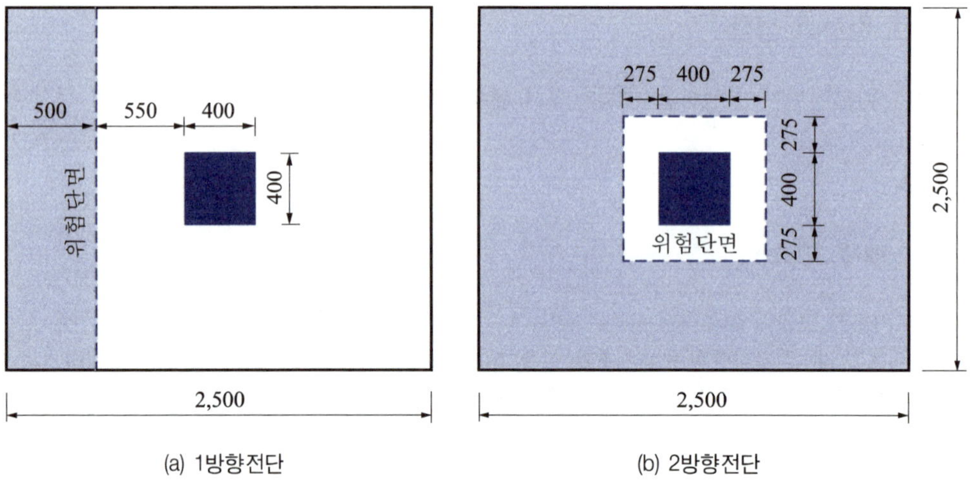

예제 그림 13-1-1 전단 위험단면(단위 : mm)

$$\phi V_c = \phi \frac{1}{6} \lambda \sqrt{f_{ck}} b_w d = 0.75 \times \frac{1}{6} \times 1 \times \sqrt{24} \times 2{,}500 \times 550 = 842.0\ \text{kN}$$

설계전단력(ϕV_c)이 계수전단력(V_u)보다 크므로 적합하다.

(3) 휨모멘트에 대한 철근량 계산

기초 밑면에 작용하는 지내력(q_u)에 의하여 기둥 측면에 발생하는 최대 휨모멘트를 식(13.5)으로 계산한다. [예제 그림 13-1-1]에서 기둥의 도심점과 기초판의 도심점이 일치하므로, 기둥의 가로 측면과 세로 측면의 휨모멘트는 동일하다.

$$(M_u)_{A-A} = \frac{q_u l_2}{2}\left(\frac{l_1 - c_1}{2}\right)^2 = \frac{371.2 \times 2.5}{2}\left(\frac{2.5 - 0.4}{2}\right)^2 = 511.6\ \text{kN} \cdot \text{m}$$

필요한 철근량은 철근의 인장파괴를 가정하고 압축 합력과 인장 합력의 중심간의 거리(jd)를 $jd = 0.9d$로 가정하여 계산한다.

$$A_s = \frac{M_u}{\phi f_y jd} = \frac{511.6 \times 10^6}{0.85 \times 400 \times 0.9 \times 550} = 3{,}039.8\ \text{mm}^2$$

계산된 철근량이 최소 철근량 이상이 되는지 검토한다.

① $$A_{s,\min} = 1.2\frac{f_r I_g}{\phi f_y jd\, y_t} = 1.2\frac{(0.63\sqrt{24}) \times (2500 \times 650^3/12)}{0.85(400)(0.9 \times 550)(650/2)} = 3{,}874.0\ \text{mm}^2$$

② $$A_{s,\min} = \frac{4}{3}A_s = \frac{4}{3} \times 3{,}039.8 = 4{,}053.1\ \text{mm}^2$$

계산된 철근량($3,039.8\ mm^2$)은 최소 철근량 ①의 값($A_s = 3,874.0\ mm^2$)보다 작다. 따라서 필요한 철근량은 ①과 ②의 작은 값인 $A_s = 3,874.0\ mm^2$이다.

D25 철근(단면적 $= 506.7\ mm^2$)을 8개 배근(총 단면적 $= 4,053.6\ mm^2$)한다.

(4) 2방향전단에 대하여 식(13.11)과 식(13.12)를 이용하여 검토한다.

2방향계수전단력(V_u)은 [예제 그림 13-1-1]과 같이 기둥의 측면에서 단면의 유효깊이의 절반($d/2$)만큼 떨어진 위험단면에서의 전단력이다. 식(13.11)에 의하여 V_u를 계산한다.

$$\begin{aligned} V_u &= q_u[l_1 \times l_2 - (c_1+d)(c_2+d)] \\ &= 371.2[2.5 \times 2.5 - (0.4+0.55)(0.4+0.55)] = 1,985.0\ \text{kN} \end{aligned}$$

기초판의 2방향전단내력을 식(13.12)로 계산한다.

$$\begin{aligned} \phi V_c &= \phi v_c b_o d \\ &= 0.75 \times 1.31 \times 3,800 \times 550 = 2,053.4\ \text{kN} \end{aligned}$$

여기서, $v_c = \lambda k_s k_{bo} f_{te} \cot\psi \dfrac{c_u}{d}$

$$= 1.0 \times 0.86 \times 1.25 \times 0.98 \times 4.16 \times \frac{164.1}{550} = 1.31\ \text{MPa}$$

$$\lambda = 1.0$$

$k_s = (300/d)^{0.25} = (300/550)^{0.25} = 0.86 < 1.1$, 그러므로 $k_s = 0.86$

$k_{bo} = \dfrac{4}{\sqrt{\alpha_s(b_o/d)}} = \dfrac{4}{\sqrt{1 \times (3,800/550)}} = 1.52 > 1.25$, 그러므로 $k_{bo} = 1.25$

$$f_{te} = 0.2\sqrt{f_{ck}} = 0.2\sqrt{24} = 0.98\ \text{MPa}$$

$$f_{cc} = (2/3)f_{ck} = \frac{2}{3} \times 24 = 16\ \text{MPa}$$

$$\cot\psi = \frac{\sqrt{f_{te}(f_{te}+f_{cc})}}{f_{te}} = \frac{\sqrt{0.98(0.98+16)}}{0.98} = 4.16$$

$\rho = \dfrac{4,053.6}{2,500 \times 550} = 0.0029$, ρ가 0.005 이하이므로 $\rho = 0.005$

$$c_u = \left[25\sqrt{\frac{\rho}{f_{ck}}} - 300\left(\frac{\rho}{f_{ck}}\right)\right]d = \left[25\sqrt{\frac{0.005}{24}} - 300\left(\frac{0.005}{24}\right)\right]550 = 164.1\ \text{mm}$$

$$b_o = 2(c_1+d) + 2(c_2+d) = 2(400+550) + 2(400+550) = 3,800\ \text{mm}$$

설계전단력(ϕV_c)이 계수전단력(V_u)보다 크므로 적합하다.

(5) 지압력에 대한 검토

기둥의 압축력이 하부 기초에 원활하게 전달되며 국부적으로 파괴할 위험성이 없는지를 식(13.13)과 (13.14)에 의하여 검토해야 한다. 기초에 작용하는 계수지압력(P_u)은 다음과 같다.

$$P_u = 1.2D + 1.6L = 1.2 \times 1{,}000 + 1.6 \times 700 = 2{,}320.0 \text{ kN}$$

기초는 깊이 650 mm이며, 폭이 2,500 mm인 정사각형 기초이다. 상부 하중이 기초판에 1 : 2의 비율로 전달될 경우에([그림 13.6(b) 참조) 상부 하중을 지지하는 기초판의 면적은 전체 면적이 된다. 따라서 설계지압력(ϕP_n)은 다음과 같이 계산한다.

$$\phi P_n = 0.85\phi f_{ck} A_1 \sqrt{\frac{A_2}{A_1}} \leq 0.85\phi f_{ck}(2A_1)$$
$$= 0.85 \times 0.65 \times 24 \times (400 \times 400)\sqrt{\frac{2{,}500 \times 2{,}500}{400 \times 400}} = 13{,}260.0 \text{ kN}$$

계산된 값은 $0.85\phi f_{ck}(2A_1) = 4{,}243.2$ kN보다 작아야 한다. 13,260.0 kN이 4,243.2 kN보다 크므로 설계지압력은 작은 값인 4,243.2 kN이 된다. 설계지압력 4,243.2 kN이 계수지압력 2,320.0 kN보다 크므로 지압에 안전하다.

참고

[예제 13-1]에 대하여 2방향전단을 [ACI 318-19]기준에 근거하여 계산하여 현행 KDS 14 20 국가건설기준과 비교하였다.

(1) 기초판의 크기와 기초설계용 토압 결정

(2) 전단력에 대하여 검토

① 1방향전단에 대하여 식(13.8)에서 식(13.10)을 이용하여 검토한다.
이 때 기초판의 유효깊이(d)를 500 mm로 가정한다.

$$V_u = q_u\left(\frac{l_1 - c_1}{2} - d\right) \times l_2 = 371.2\left(\frac{2.5 - 0.4}{2} - 0.5\right) \times 2.5 = 510.4 \text{ kN}$$

설계전단력(ϕV_c)은 식(13.10)에 계산한다.

$$\phi V_c = \phi \frac{1}{6} \lambda \sqrt{f_{ck}}\, b_w d = 0.75 \times \frac{1}{6} \times 1 \times \sqrt{24} \times 2{,}500 \times 500 = 765.5 \text{ kN}$$

설계전단력(ϕV_c)이 계수전단력(V_u)보다 크므로 적합하다.

② 2방향전단에 대하여 식(13.11)과 식(12.31)을 이용하여 검토한다.
식(13.11)에 의하여 2방향계수전단력(V_u)를 계산한다.

$$V_u = q_u[l_1 \times l_2 - (c_1 + d)(c_2 + d)]$$
$$= 371.2[2.5 \times 2.5 - (0.4 + 0.5)(0.4 + 0.5)] = 2{,}019.3 \text{ kN}$$

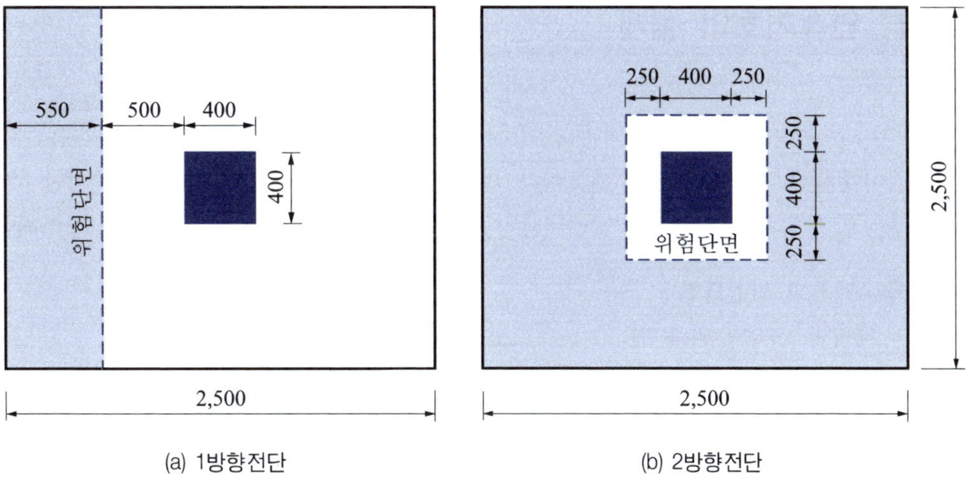

예제 그림 13-1-2 전단 위험단면(단위 : mm)

기초판의 2방향전단내력은 식(12.31a, b, c)중에서 가장 작은 값으로 한다

$$\phi V_c = \phi \frac{1}{6}\left(1+\frac{2}{\beta_c}\right)\sqrt{f_{ck}}\, b_o d$$

$$= 0.75 \times \frac{1}{6}\left(1+\frac{2}{1}\right)\sqrt{24} \times 3{,}600 \times 500 = 3{,}306.8 \text{ kN}$$

$$\phi V_c = \phi \frac{1}{6}\left(\frac{\alpha_{sa} d}{2b_o}+1\right)\sqrt{f_{ck}}\, b_o d$$

$$= 0.75 \times \frac{1}{6}\left(\frac{40 \times 500}{2 \times 3{,}600}+1\right)\sqrt{24} \times 3{,}600 \times 500 = 4{,}164.1 \text{ kN}$$

$$\phi V_c = \phi \frac{1}{3}\sqrt{f_{ck}}\, b_o d = 0.75 \times \frac{1}{3} \times \sqrt{24} \times 3{,}600 \times 500 = 2{,}204.5 \text{ kN}$$

여기서, 기둥의 단변에 대한 기둥 장변과의 비(β_c)는 1이며, 기둥위치계수(α_{sa})는 내부 기둥이므로 40이다. 또한 슬래브의 주변 길이(b_o)는 다음과 같다.

$$b_o = 2(c_1+d)+2(c_2+d) = 2(400+500)+2(400+500) = 3{,}600 \text{ mm}$$

계산한 전단내력 중에서 가장 작은 값는 $\phi V_c = 2{,}204.5$ kN이다. 설계전단력(ϕV_c)이 계수전단력(V_u)보다 크므로 적합하다.

그러므로 2방향전단을 [ACI 318-19]기준에 근거하여 계산하면 2방향전단내력이 증가하여 기초판의 두께가 감소함을 알 수 있다.

13.4 연속기초의 설계

연속기초는 내력벽 또는 조적벽과 같이 상부 하중이 길게 작용할 경우에 사용하는 기초로 벽체의 길이에 맞추어 길게 연결된 기초이다. 연속기초의 설계는 독립기초와 유사하지만 하중이 벽체를 중심으로 양쪽 기초판에 캔틸레버와 같이 작용하므로 다음의 하중 특성을 고려해야 한다.

① **휨모멘트의 위험단면**
- 내력벽 : 벽의 외측 면
- 조적벽 : 벽체 중심과 벽체면의 중간

② **1방향전단 위험단면** : 벽의 외측 면에서 기초의 유효깊이(d)만큼 떨어진 곳

③ **2방향전단** : 기초가 벽체의 길이에 맞추어 길게 연결되므로 설계할 필요가 없음

연속기초는 벽체의 길이에 맞추어 길게 연결되므로 단위길이 1 m에 대하여 설계한다.

예제 13-2

고정하중 $D=400\ \mathrm{kN/m}$, 활하중 $L=200\ \mathrm{kN/m}$이 작용하는 폭이 200 mm인 벽체를 지지할 수 있는 연속기초를 설계하라. 기초의 윗면에는 800 mm의 흙이 쌓여 있으며 흙의 무게는 $18\ \mathrm{kN/m^3}$이다. 기초의 콘크리트 압축강도 $f_{ck}=24\ \mathrm{MPa}$, 철근의 설계기준항복강도 $f_y=400\ \mathrm{MPa}$, 기초 밑면의 허용지내력 $q_a=300\ \mathrm{kN/m^2}$이다. 기초의 높이는 500 mm로 하고 철근콘크리트의 무게는 $24\ \mathrm{kN/m^3}$이다.

풀이

(1) 기초판의 크기와 기초설계용 토압 결정

① 식(13.1a)에 의하여 기초판의 크기를 정한다. 이 때 기초의 크기는 단위길이 1 m에 대한 폭으로 계산한다.

$$A=\frac{D+D_b+D_s+L}{q_a}$$

$$D_b+D_s=24\times 0.5+18\times 0.8=26.4\ \mathrm{kN/m^2}$$

$$1\times b(\text{폭})=\frac{400\ \mathrm{kN/m}+200\ \mathrm{kN/m}+(26.4\times b(\text{폭}))\ \mathrm{kN/m}}{300}$$

$$b(\text{폭})=\frac{400\ \mathrm{kN/m}+200\ \mathrm{kN/m}}{300-26.4}=2.19\ \mathrm{m}$$

따라서 단위길이 1 m에 대한 기초의 폭은 2.2 m로 한다.

② 식(13.3a)에 의하여 기초설계용 토압을 정한다.

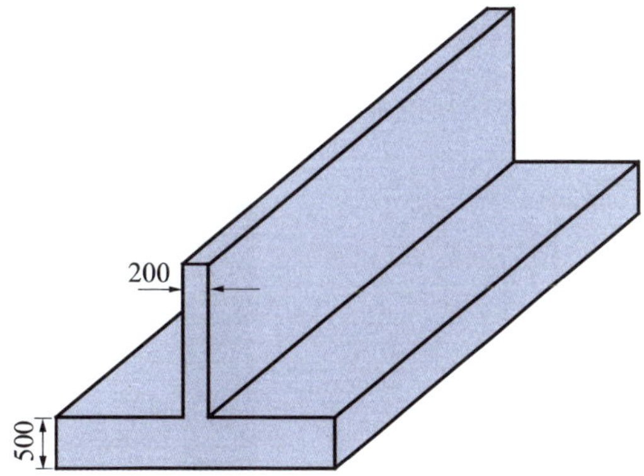

예제 그림 13-2-1 연속기초(단위 : mm)

$$q_u = \frac{1.2D + 1.6L}{A} = \frac{1.2 \times 400 + 1.6 \times 200}{1 \times 2.2} = 363.6 \text{ kN/m}^2$$

(2) 전단력 검토

1방향전단에 대하여 식(13.8)과 식(13.10)을 이용하여 검토한다.
계수전단력(V_u)은 [예제 그림 13-2-2]와 같이 벽체의 측면에서 단면의 유효깊이(d)만큼 떨어진 곳의 전단력이다. 기초판의 전체 깊이가 500 mm이므로 기초의 피복두께 75 mm, 주근의 지름을 약 25 mm로 가정할 때, 유효깊이(d)는 400 mm가 된다.

$$V_u = q_u\left(\frac{l_1 - c_1}{2} - d\right) \times l_2 = 363.6\left(\frac{2.2 - 0.2}{2} - 0.4\right) \times 1.0 = 218.2 \text{ kN}$$

설계전단력(ϕV_c)은 식(13.10)에 의하여 계산한다.

$$\phi V_c = \phi \frac{1}{6} \lambda \sqrt{f_{ck}}\, b_w d = 0.75 \times \frac{1}{6} \times 1 \times \sqrt{24} \times 1{,}000 \times 400 = 244.9 \text{ kN}$$

설계전단력(ϕV_c)이 계수전단력(V_u)보다 크므로 적합하다.

(3) 휨모멘트에 대한 철근량 계산

기초 밑면에 작용하는 지내력(q_u)에 의하여 기둥 측면에 발생하는 최대 휨모멘트를 식(13.5)를 이용하여 계산한다. 휨모멘트의 위험단면은 벽체 측면이다.

$$(M_u)_{A-A} = \frac{q_u l_2}{2}\left(\frac{l_1 - c_1}{2}\right)^2 = \frac{363.6 \times 1.0}{2}\left(\frac{2.2 - 0.2}{2}\right)^2 = 181.8 \text{ kN} \cdot \text{m}$$

필요한 철근량은 철근의 인장파괴를 가정하고 압축 합력과 인장 합력의 중심간의 거리(jd)를 $jd = 0.9d$로 가정하여 계산한다.

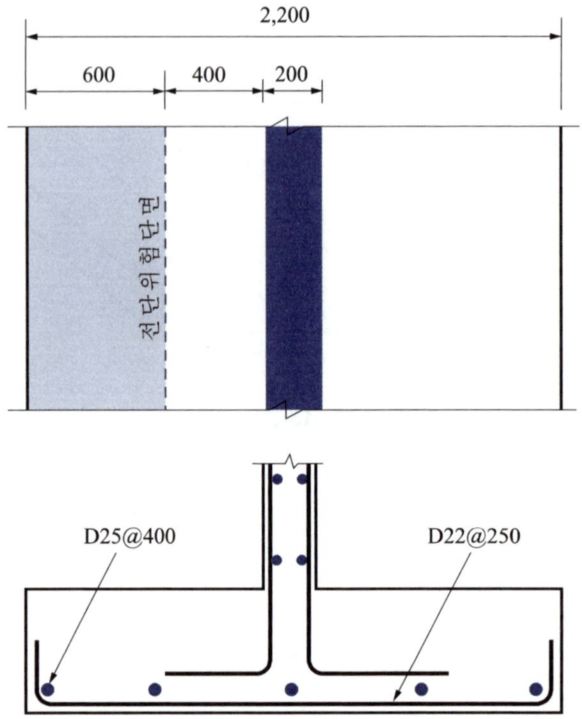

철근 배근

예제 그림 13-2-2 전단 위험단면과 철근 배근(단위 : mm)

$$A_s = \frac{M_u}{\phi f_y jd} = \frac{181.8 \times 10^6}{0.85 \times 400 \times 0.9 \times 400} = 1{,}485.3\ \text{mm}^2$$

계산된 철근량이 최소 철근량 이상이 되는지 검토한다.

$$① \quad A_{s,\min} = 1.2 \frac{f_r I_g}{\phi f_y jd\, y_t} = 1.2 \frac{(0.63\sqrt{24}) \times (1000 \times 500^3/12)}{0.85(400)(0.9 \times 400)(500/2)}$$

$$= 1{,}260.8\ \text{mm}^2$$

$$② \quad A_{s,\min} = \frac{4}{3} A_s = \frac{4}{3} \times 1{,}485.3 = 1{,}980.4\ \text{mm}^2$$

계산된 철근량($1{,}485.3\ \text{mm}^2$)은 최소 철근량 ①의 값($1{,}260.8\ \text{mm}^2$)보다 크므로 철근량은 $A_s = 1{,}485.3\ \text{mm}^2$이다. 기초의 길이 1 m당 D22 철근(단면적 $= 387.1\ \text{mm}^2$)을 4개 배근(총 단면적 $= 1{,}548.4\ \text{mm}^2$)한다. 철근의 배근 간격은 250 mm로 4-D22@250이다.

기초의 길이방향에는 온도철근을 배근한다. $f_y = 400$ MPa의 경우 온도철근량은 0.002이며 철근 간격은 슬래브 두께의 5배 또는 400 mm 중에서 작은 값 이상으로 해야 한다.

온도철근량 $\quad A_s = 0.002 \times 2{,}200 \times 500 = 2{,}200\ \text{mm}^2$

철근의 간격 $5h = 5 \times 500 = 2{,}500\ \text{mm}$와 400 mm의 작은 값 → 400 mm

기초의 길이방향으로 D25 철근(단면적$= 506.7\ \text{mm}^2$)을 5개 배근(총 단면적$= 2{,}533.5\ \text{mm}^2$)한다 (5-D25@400).

13.5 복합기초의 설계

복합기초는 몇 개의 기둥이나 벽체를 하나의 기초판으로 지지하는 기초이다. 특히 그림 13.7 (a)와 같이 두 개 이상의 기둥이나 벽체가 인접해 있을 경우에 각각의 상부 구조물을 별개의 독립기초나 연속기초로 지지하면 기초면이 서로 연결되는 경우가 있다. 또한 그림 13.7(b)의 ① 기초와 같이 외부 기둥이 대지 경계선에 가까이 있을 경우에 축하중의 가력 지점이 기초판이 코어(core)부분을 벗어나 기초판이 인장응력을 받을 경우가 있다. 이 경우에 인접한 두 개 이상의 기초를 그림 13.7(b)의 ②와 같이 연결하여 상부 구조의 하중의 중심점과 기초판 면적의 도심을 일치시켜 기초 전체가 압축응력을 받도록 하는 복합기초를 만들 수 있다.

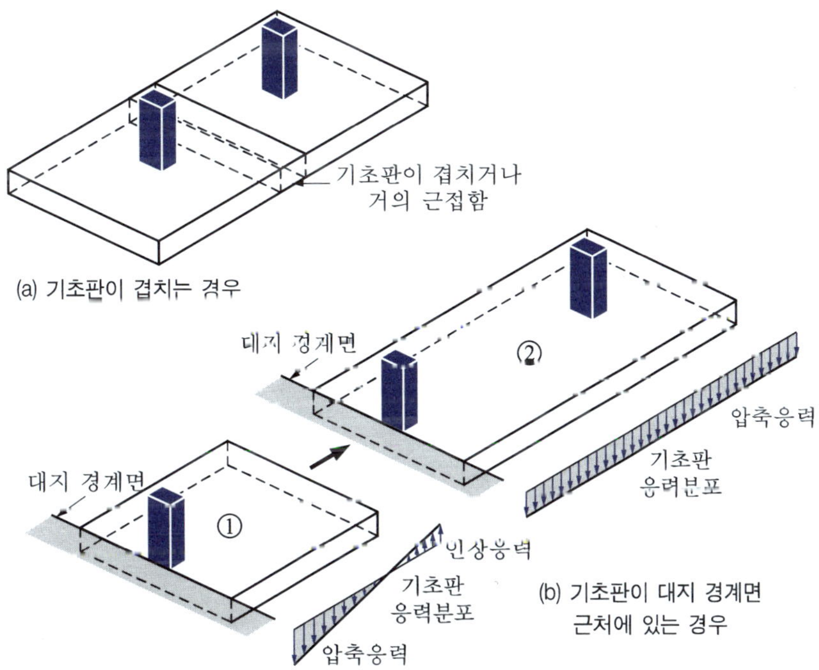

그림 13.7 복합기초

복합기초는 기초판의 형태에 따라서 다음의 두 가지 종류로 구분된다.

직사각형 복합기초

직사각형 복합기초는 두 개 이상의 기초판을 연결하여 하나의 기초판으로 설계하는 기초이다. 직사각형 기초를 설계하기 위해서는 상부에서 작용하는 합력의 중심점과 기초판의 도심을 일치시켜 기초판 전체에 압축응력이 작용하도록 해야 한다. 따라서 기초판의 길이는 작용하는 하중 합력의 작용점에 따라서 달라진다.

기초판은 [그림 13.8]과 같이 토압(q_u)을 균등하게 받는 단순보를 거꾸로 한 형태에서 휨모멘트와 전단력을 계산하여 설계한다. 일반적으로 기초의 길이방향에는 기둥과 기둥 사이에 부모멘트가 작용하므로 인장철근을 상부에 배근해야 한다.

직사각형 복합기초의 설계는 다음의 하중 특성을 고려하여 설계해야 한다.

① **휨모멘트의 위험단면(길이 방향)** : 기둥의 외측 면에 최대 휨모멘트가 발생하며, 정모멘트와 부모멘트를 구별하여 설계해야 한다. 일반적으로 정모멘트는 내부 기둥 근처에 발생하며, 부모멘트는 기둥과 기둥 사이에 발생한다.

② **휨모멘트의 위험단면(폭 방향)** : 기둥의 횡방향에 대해서는 기둥의 하중이 수평과 수직으로 1 : 2의 비율로 확산되는 것으로 가정하여 횡방향 기둥치수에 기둥 양면으로 $d/2$만큼 더한 넓이에 철근을 보강해야 한다([그림 13.8] 참조).

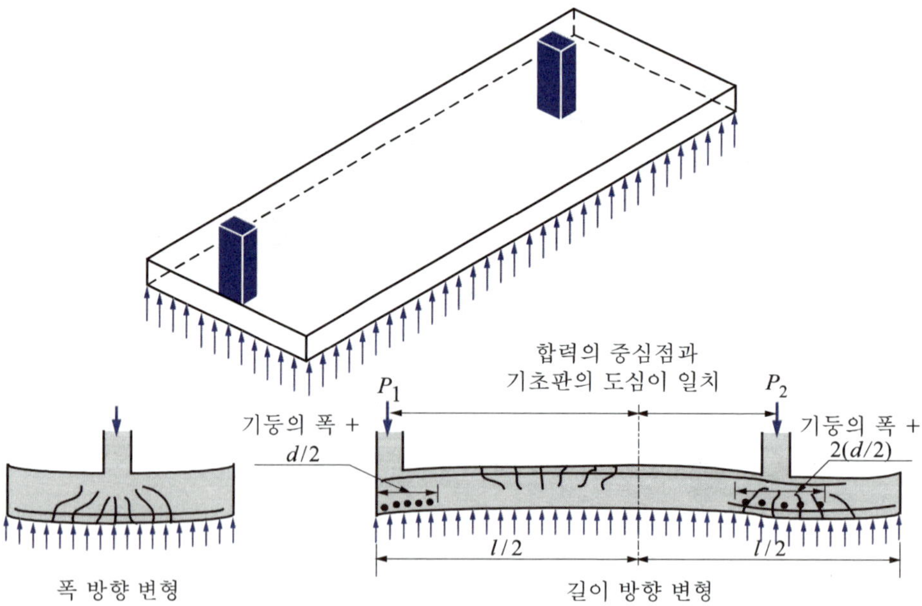

그림 13.8 직사각형 복합기초의 변형

③ **1방향전단 위험단면** : 기둥의 외측 면에서 기초의 유효깊이(d)만큼 떨어진 곳이다.

④ **2방향전단** : 외부 기둥과 내부 기둥에 대하여 검토한다. 일반적으로 외부 기둥의 2방향전단이 취약하다. 위험단면은 기둥의 외측 면에서 기초의 유효깊이의 절반($d/2$)만큼 떨어진 곳이다.

캔틸레버형 복합기초

캔틸레버형 복합기초는 두 개 이상의 기초판을 보로 연결하는 기초이다. 직사각형 복합기초는 인접한 두 기둥을 동일한 폭의 기초판으로 연결하여 기둥 사이의 간격이 멀 경우에 과다한 모멘트가 발생하여 비경제적인 설계가 되기 쉽다. 그러나 [그림 13.9]와 같이 기둥을 독립기초로 하고 기초판을 보로 연결하면 두 기둥 사이에서 발생할 수 있는 모멘트의 크기가 감소하여 부재 단면의 크기를 줄일 수 있다.

[그림 13.9]에서 기초판 A의 지점 반력(R_A)은 힘의 평형을 이용하여 식(13.15)에서 유도할 수 있다.

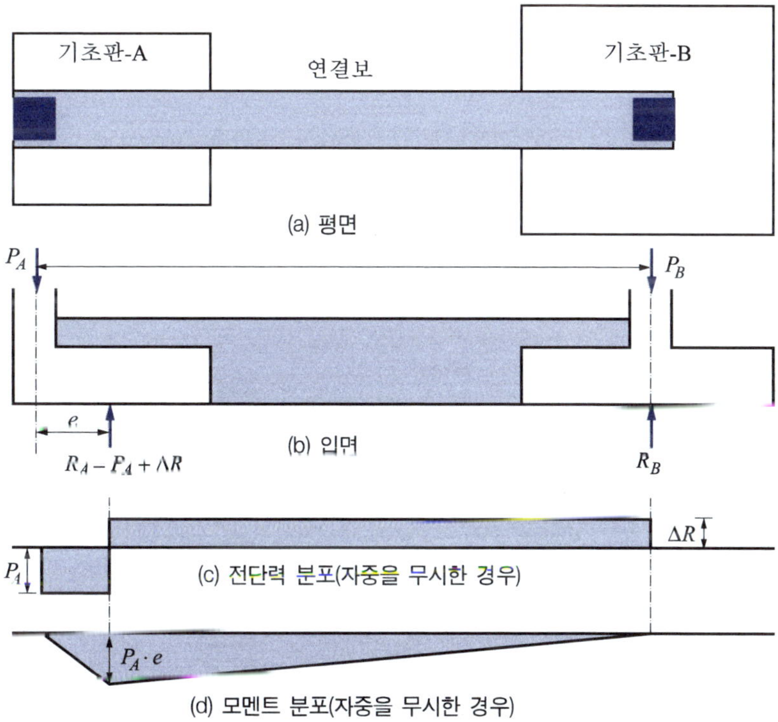

그림 13.9 캔틸레버형 복합기초

$$R_A = P_A + P_B - R_B = P_A + \Delta R \tag{13.15}$$

여기서, P_A, P_B : 상부 하중, R_A, R_B : 기초판 A, B의 반력이다.

또한, 회전에 대한 평형을 이용하여 ΔR을 계산한다.

$$P_A \times e - \Delta R(l - e) = 0$$

$$\Delta R = \frac{P_A \cdot e}{l - e} \tag{13.16}$$

캔틸레버형 복합기초는 다음 세 가지 부재로 분리하여 설계한다.

① **외부 기둥** : R_A를 사용하중으로 하여 독립기초와 같은 방법으로 설계

② **내부 기둥** : R_B 또는 P_B를 사용하중으로 하여 독립기초와 같은 방법으로 설계

③ **연결보** : 일반보와 동일하게 전단력과 모멘트에 대하여 설계. 보에 작용하는 전단력과 모멘트의 분포는 [그림 13.9(c), (d)]와 같다.

예제 13-3

[예제 그림 13-3-1]의 기초를 직사각형 복합기초로 설계하라.

외부 기둥 : 단면 400×400 mm, 고정하중 $D = 800$ kN, 활하중 $L = 600$ kN
내부 기둥 : 단면 600×600 mm, 고정하중 $D = 1{,}400$ kN, 활하중 $L = 1{,}000$ kN

기초의 콘크리트 압축강도 $f_{ck} = 24$ MPa, 철근의 설계기준항복강도 $f_y = 400$ MPa, 기초 밑면의 허용지내력 $q_a = 300\ \mathrm{kN/m^2}$이며, 기초의 자중과 상재하중의 무게는 $40\ \mathrm{kN/m^2}$이다.

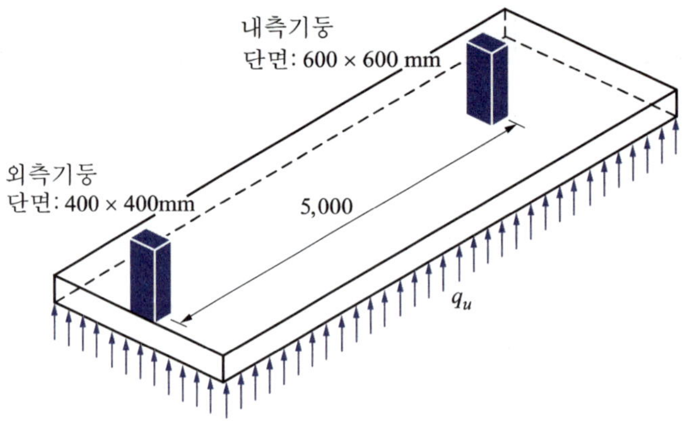

예제 그림 13-3-1 직사각형 복합기초

풀이

(1) 기초판의 크기와 기초설계용 토압 결정

식(13.2b)에 의하여 기초판의 크기를 정한다.

중심하중을 받는 기초의 크기

$$q_e = q_a - \frac{D_b + D_s}{A} = 300 - 40 = 260.0 \text{ kN/m}^2$$

기초의 면적

$$A = \frac{D+L}{q_e} = \frac{(800+600)+(1{,}400+1{,}000)}{260} = 14.6 \text{ m}^2$$

$$\text{외부 기둥의 계수하중} = 1.2 \times 800 + 1.6 \times 600 = 1{,}920.0 \text{ kN}$$

$$\text{내부 기둥의 계수하중} = 1.2 \times 1{,}400 + 1.6 \times 1{,}000 = 3{,}280.0 \text{ kN}$$

합력의 작용점을 외부 기둥의 중심을 기준으로 계산한다.

$$\text{합력의 중심점} = \frac{1{,}920 \times 0 + 3{,}280 \times 5.0}{1{,}920 + 3{,}280} = 3.15 \text{ m}$$

$$\text{기초의 길이} \quad l = 2\left(3.15 + \frac{0.4}{2}\right) = 6.7 \text{ m}$$

$$\text{기초의 폭} \quad B = \frac{A}{l} = \frac{14.6}{6.7} = 2.2 \text{ m}$$

식(13.3a)를 이용하여 설계용 토압을 단위길이 1 m에 대하여 계산한다.

$$q_u = \frac{1.2D + 1.6L}{A} = \frac{1.2(800+1{,}400)+1.6(600+1{,}000)}{6.7} = 776.1 \text{ kN/m}$$

(2) 1방향전단력에 대하여 검토

1방향전단에 대하여 식(13.8)과 식(13.10)을 이용하여 검토한다
기초판에 작용하는 하중에 대한 전단력의 분포를 [예제 그림 13-3-2]에 표시하였다. 이 때 기둥에 작용하는 하중은 기둥 단면에 일정하게 작용한다고 가정한다. 그림에서 전단력은 외부 기둥의 면과 내부 기둥의 면에서 크게 작용하고 있음을 알 수 있다.

$$\text{외부 기둥의 오른쪽 면} \;:\; V_u = -1{,}920 + 776.1 \times 0.4 = -1{,}609.6 \text{ kN}$$

$$\text{내부 기둥의 왼쪽 면} \;:\; V_u = 776.1 \times \left(5 + 0.2 - \frac{0.6}{2}\right) - 1{,}920 = 1{,}882.9 \text{ kN}$$

두 개의 외력 중에서 내부 기둥의 왼쪽 면에 작용하는 전단력이 크므로 외부 전단력은 1,882.9 kN이다. 1방향전단에 대한 위험단면은 기둥의 측면에서 단면의 유효깊이(d)만큼 떨어진 곳이다. 기초판의 유효깊이(d)를 900 mm로 가정할 때, 계수전단력(V_u)은 다음과 같다.

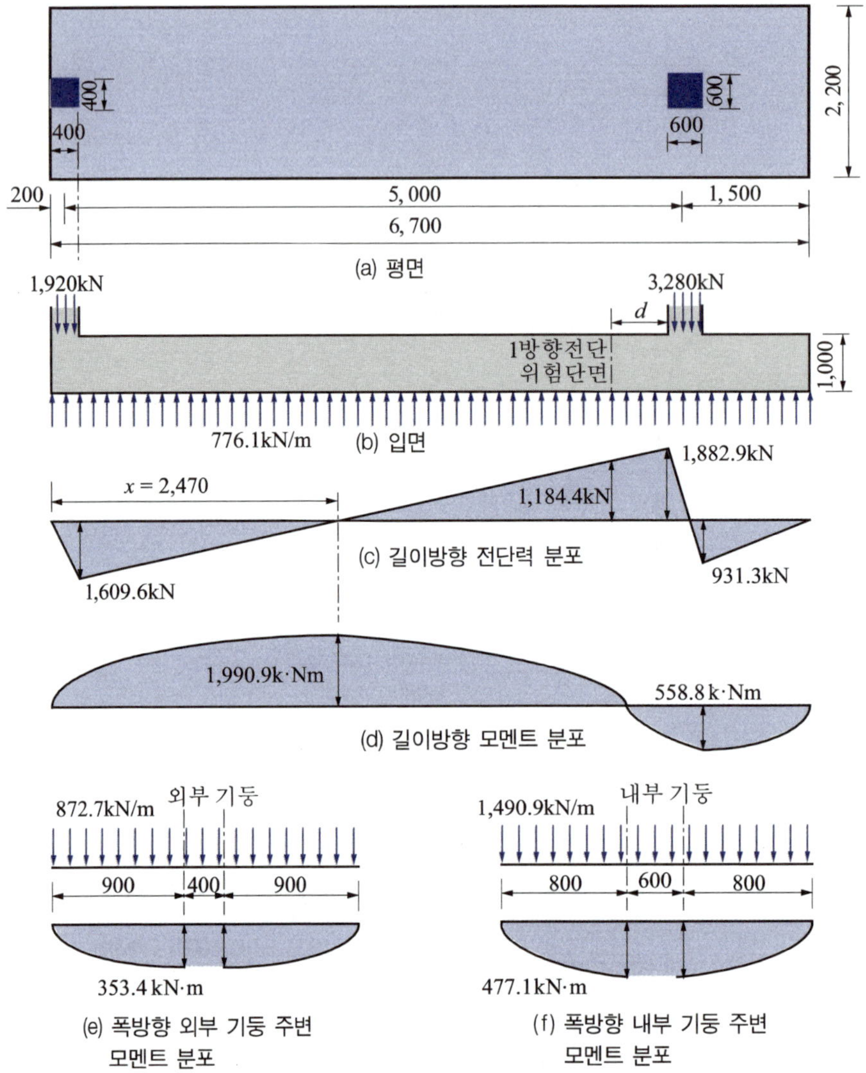

예제 그림 13-3-2 하중의 분포

$$V_u = 1{,}882.9 - 776.1 \times (0.9) = 1{,}184.4\text{ kN}$$

설계전단력(ϕV_c)은 식(13.10)으로 계산한다.

$$\phi V_c = \phi \frac{1}{6} \lambda \sqrt{f_{ck}}\, b_w d = 0.75 \times \frac{1}{6} \times 1 \times \sqrt{24} \times 2{,}200 \times 900 = 1{,}212.5\text{ kN}$$

설계전단력(ϕV_c)이 계수전단력(V_u)보다 크므로 적합하다.

(3) 길이방향 휨모멘트에 대한 철근량 계산

① 길이방향 최대 부모멘트에 대하여 필요한 철근량 계산

기초 밑면에 작용하는 지내력(q_u)에 의하여 기초판 길이방향의 최대 부모멘트를 계산한다. [예제 그림 13-3-2]에서 최대 휨모멘트는 전단력이 영(0)인 점에서 발생하므로 전단력이 영(0)인 위치를 먼저 계산해야 한다.

$$\text{전단력이 영(0)인 위치} \ : -1{,}920+776.1x, \qquad x=2.47\text{ m}$$

최대 계수휨모멘트(부모멘트)

$$M_u^- = 776.1\times 2.47\times\frac{2.47}{2}-1{,}920\times(2.47-0.2) = -1{,}990.9\text{ kN}\cdot\text{m}$$

필요한 철근량은 철근의 인장파괴를 가정하고 압축 합력과 인장 합력의 중심간의 거리(jd)를 $jd=0.9d$로 가정하여 계산한다.

$$A_s=\frac{M_u}{\phi f_y jd}=\frac{1{,}990.9\times10^6}{0.85\times400\times0.9\times900}=7{,}229.1\text{ mm}^2$$

계산된 철근량이 최소 철근량 이상이 되는지 검토한다. 기초의 피복두께 75 mm, 주근의 지름을 약 25 mm로 가정하므로 기초의 두께는 1,000 mm이다.

$$① \ A_{s,\min}=1.2\frac{f_r I_g}{\phi\, f_y\, jd\, y_t}=1.2\frac{(0.63\sqrt{24})\times(2{,}200\times1{,}000^3/12)}{0.85(400)(0.9\times900)(1{,}000/2)}$$

$$=4{,}931.0\text{ mm}^2$$

$$② \ A_{s,\min}=\frac{4}{3}A_s=\frac{4}{3}\times7{,}229.1=9{,}638.8\text{ mm}^2$$

계산된 철근량($7{,}229.1\text{ mm}^2$)은 최소 철근량 ①의 값($4{,}931.0\text{ mm}^2$)보다 크므로 철근량은 $A_s=7{,}229.1\text{ mm}^2$이다. 따라서 D29 철근(단면적 $=642.4\text{ mm}^2$)을 12개 배근(총 단면적 $=7{,}708.8\text{ mm}^2$)한다. 철근의 배근 간격은 180 mm로 12-D29@180이다.

② 길이방향 최대 정모멘트에 대하여 필요한 철근량 계산

기초 밑면에 작용하는 지내력(q_u)에 의하여 기초판 길이방향의 최대 정모멘트를 계산한다. [예제 그림 13-3-2]에서 최대 정모멘트는 내부 기둥의 오른쪽 단부에서 발생함을 알 수 있다.

최대 계수휨모멘트(정모멘트)

$$M_u^+=776.1\times1.2\times\frac{1.2}{2}=558.8\text{ kN}\cdot\text{m}$$

필요한 철근량은 철근의 인장파괴를 가정하고, 압축 합력과 인장 합력의 중심간의 거리(jd)를 $jd=0.9d$로 가정하여 계산한다.

$$A_s=\frac{M_u}{\phi f_y jd}=\frac{558.8\times10^6}{0.85\times400\times0.9\times900}=2{,}029.0\text{ mm}^2$$

계산된 철근량이 최소 철근량 이상이 되는지 검토한다.

$$① \ A_{s,\min} = 1.2\frac{f_r I_g}{\phi f_y jd\, y_t} = 1.2\frac{(0.63\sqrt{24})\times(2{,}200\times1{,}000^3/12)}{0.85(400)(0.9\times900)(1{,}000/2)}$$
$$= 4{,}931.0\ \mathrm{mm}^2$$

$$② \ A_{s,\min} = \frac{4}{3}A_s = \frac{4}{3}\times 2{,}029.0 = 2{,}705.3\ \mathrm{mm}^2$$

계산된 철근량(2,029.0 mm^2)은 최소 철근량 ①보다 작다. ①과 ② 중에서 ②의 값이 작으므로 필요한 철근량은 $A_s = 2{,}705.3\ \mathrm{mm}^2$이다. 따라서 D22 철근(단면적 = 387.1 mm^2)을 7개 배근(총 단면적 = 2,709.7 mm^2)한다. 철근의 배근 간격은 300 mm로 7-D22@300이다.

(4) 폭방향 휨모멘트에 대한 철근량 계산

기초의 폭방향에 대해서는 기둥의 하중이 수평과 수직으로 1 : 2의 비율로 확산되는 것으로 가정하여 횡방향 기둥치수에 기둥 양면으로 $d/2$만큼 더한 넓이에 철근을 보강해야 한다.

[외부 기둥]

외부 기둥에 작용하는 하중의 분포를 계산한다.

$$\frac{1{,}920}{2.2} = 872.7\ \mathrm{kN/m}$$

계산된 하중 분포에 대한 휨모멘트를 계산한다. 이 때 휨모멘트의 위험단면은 [예제 그림 13-3-2]와 같이 단부에서 0.9 m 떨어진 기둥의 측면이다.

$$M_u = 872.7\times0.9\times\frac{0.9}{2} = 353.4\ \mathrm{kN\cdot m}$$

필요한 철근량은 철근의 인장파괴를 가정하고 압축 합력과 인장 합력의 중심간의 거리(jd)를 $jd = 0.9d$로 가정하여 계산한다.

$$A_s = \frac{M_u}{\phi f_y jd} = \frac{353.4\times10^6}{0.85\times400\times0.9\times900} = 1{,}283.2\ \mathrm{mm}^2$$

외부 기둥 하중에서 유발되는 휨모멘트에 대하여 배근해야 할 기초의 폭은 기둥 폭에 양면으로 $d/2$를 더한 값이다.

철근 배근 폭 $\quad 0.4+0.9/2 = 0.85\ \mathrm{m}$

계산된 철근량이 최소 철근량 이상이 되는지 검토한다.

$$① \ A_{s,\min} = 1.2\frac{f_r I_g}{\phi f_y jd y_t} = 1.2\frac{(0.63\sqrt{24})\times(850\times1{,}000^3/12)}{0.85(400)(0.9\times900)(1{,}000/2)}$$
$$= 1{,}905.2\ \mathrm{mm}^2$$

$$② \ A_{s,\min} = \frac{4}{3}A_s = \frac{4}{3} \times 1,283.2 = 1,710.9 \text{ mm}^2$$

계산된 철근량(1,283.2 mm^2)은 최소 철근량 ①의 값(1,905.2 mm^2)보다 작다. ①과 ② 중에서 ②의 값이 작으므로 필요한 철근량은 $A_s = 1,710.9 \text{ mm}^2$이다. 따라서 D22 철근(단면적= 387.1 mm^2)을 폭 0.85 m에 5개 배근(총 단면적 = 1,935.5 mm^2)한다. 철근의 배근 간격은 170 mm로 5-D22@170이다.

[내부 기둥]

내부 기둥에 작용하는 하중의 분포를 계산한다.

$$\frac{3,280}{2.2} = 1,490.9 \text{ kN/m}$$

계산된 하중 분포에 대한 휨모멘트를 계산한다. 이 때 휨모멘트의 위험단면은 [예제 그림 13-3-2]와 같이 단부에서 0.8 m 떨어진 기둥의 측면이다.

$$M_u = 1,490.9 \times 0.8 \times \frac{0.8}{2} = 477.1 \text{ kN} \cdot \text{m}$$

필요한 철근량은 철근의 인장파괴를 가정하고 압축 합력과 인장 합력의 중심간의 거리(jd)를 $jd = 0.9d$로 가정하여 계산한다.

$$A_s = \frac{M_u}{\phi f_y jd} = \frac{477.1 \times 10^6}{0.85 \times 400 \times 0.9 \times 900} = 1,732.4 \text{ mm}^2$$

내부 기둥 하중에서 유발되는 휨모멘트에 대하여 배근해야 할 기초의 폭은 기둥 폭에 양면으로 $d/2$를 더한 값이다.

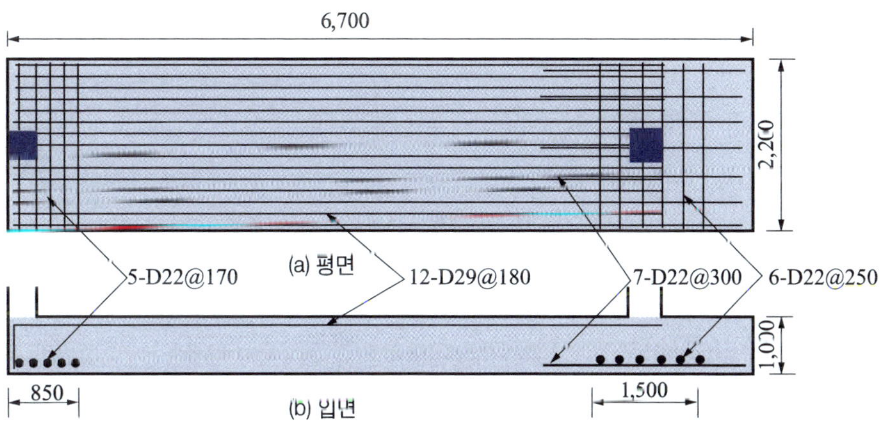

예제 그림 13-3-3 철근 배근

철근 배근 폭 $0.6+0.9/2+0.9/2=1.5\text{ m}$

계산된 철근량이 최소 철근량 이상이 되는지 검토한다.

$$① \ A_{s,\min}=1.2\frac{f_r I_g}{\phi f_y j d y_t}=1.2\frac{(0.63\sqrt{24})\times(1{,}500\times1{,}000^3/12)}{0.85(400)(0.9\times900)(1{,}000/2)}$$

$$=3{,}362.0\text{ mm}^2$$

$$② \ A_{s,\min}=\frac{4}{3}A_s=\frac{4}{3}\times1{,}732.4=2{,}309.9\text{ mm}^2$$

계산된 철근량($1{,}732.4\text{ mm}^2$)은 최소 철근량 ①의 값($3{,}362.0\text{ mm}^2$)보다 작다. ①과 ② 중에서 ②의 값이 작으므로 필요한 철근량은 $A_s=2{,}309.9\text{ mm}^2$이다. 따라서 D22 철근(단면적=$387.1\text{ mm}^2$)을 폭 1.5 m에 6개 배근(총 단면적 $=2{,}322.6\text{ mm}^2$)한다. 철근의 배근 간격은 250 mm로 6-D22@250이다.

(5) 2방향전단에 대하여 식(13.11)과 식(13.12)를 이용하여 검토한다.

2방향전단을 외부 기둥과 내부 기둥에 대하여 검토해야 한다. 내부 기둥은 4면에서 하중을 지지하지만, 외부 기둥은 3면이나 2면에서 하중을 지지하므로 일반적으로 외부 기둥이 2방향전단에 대하여 더 위험하다. 그러나 이것은 각 기둥에 작용하는 하중의 크기에 따라서 달라질 수 있으므로 예제에서는 2개의 기둥에 대한 2방향전단을 모두 검토하였다.

[외부 기둥]

외부 기둥의 계수전단력(V_u)은 [예제 그림 13-3-4]와 같이 기둥의 측면에서 단면의 유효깊이의 절반($d/2$)만큼 떨어진 곳의 전단력으로 계수하중에서 위험단면 둘레 내부의 토압을 뺀 값이다.

$$V_u=1{,}920-\frac{776.1}{2.2}\times\{(0.4+0.9/2+0.9/2)(0.4+0.9/2)\}$$

$$=1{,}530.2\text{ kN}$$

기초판의 2방향전단내력은 식(13.12)에서 계산한다.

$$\phi V_c=\phi v_c b_o d$$

$$=0.75\times1.16\times3{,}000\times900=2{,}349.0\text{ kN}$$

여기서, $v_c=\lambda\, k_s k_{bo} f_{te}\cot\psi\dfrac{c_u}{d}$

$$=1.0\times0.76\times1.25\times0.98\times4.16\times\frac{268.5}{900}=1.16\text{ MPa}$$

$\lambda=1.0$

$k_s=(300/d)^{0.25}=(300/900)^{0.25}=0.76<1.1$, 그러므로 $k_s=0.76$

$$k_{bo}=\frac{4}{\sqrt{\alpha_s(b_o/d)}}=\frac{4}{\sqrt{1.33\times(3{,}000/900)}}=1.90>1.25,\ \text{그러므로 } k_{bo}=1.25$$

$$f_{te} = 0.2\sqrt{f_{ck}} = 0.2\sqrt{24} = 0.98 \text{ MPa}$$

$$f_{cc} = (2/3)f_{ck} = \frac{2}{3} \times 24 = 16 \text{ MPa}$$

$$\cot\psi = \frac{\sqrt{f_{te}(f_{te}+f_{cc})}}{f_{te}} = \frac{\sqrt{0.98(0.98+16)}}{0.98} = 4.16$$

$$\rho = \frac{7,708.8}{2,200 \times 900} = 0.0039,\ \rho\text{가 } 0.005 \text{ 이하이므로 } \rho = 0.005$$

$$c_u = \left[25\sqrt{\frac{\rho}{f_{ck}}} - 300\left(\frac{\rho}{f_{ck}}\right)\right]d = \left[25\sqrt{\frac{0.005}{24}} - 300\left(\frac{0.005}{24}\right)\right]900 = 268.5 \text{ mm}$$

$$b_o = 2(c_1 + d/2) + (c_2 + d) = 2(400 + 450) + (400 + 900) = 3,000 \text{ mm}$$

설계전단력(ϕV_c)이 계수전단력(V_u)보다 크므로 적합하다.

[내부 기둥]

내부 기둥의 계수전단력(V_u)은 [예제 그림 13-3-4]와 같이 기둥의 측면에서 단면의 유효깊이의 절반($d/2$)만큼 떨어진 곳의 전단력이다.

$$V_u = 3,280 - \frac{776.1}{2.2} \times \{(0.6 + 0.9/2 + 0.9/2)(0.6 + 0.9/2 + 0.9/2)\}$$
$$= 2,486.3 \text{ kN}$$

기초판의 2방향전단내력은 식(13.12)에서 계산한다.

$$\phi V_c = \phi v_c b_o d$$
$$= 0.75 \times 1.16 \times 6,000 \times 900 = 4,698.0 \text{ kN}$$

여기서, v_c는 외부 기둥과 동일하게 1.16 MPa이다.

$$b_o = 2(c_1 + d) + 2(c_2 + d) = 2(600 + 900) + 2(600 + 900) = 6,000 \text{ mm}$$

설계전단력(ϕV_c)이 계수전단력(V_u)보다 크므로 적합하다.

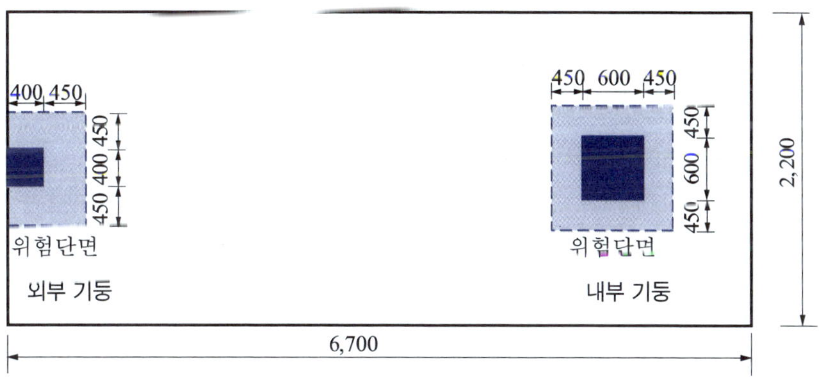

예제 그림 13-3-4 2방향전단 위험단면 (단위 : mm)

예제 13-4

[예제 그림 13-4-1]의 기초를 캔틸레버형 복합기초로 설계하라.

외부 기둥 : 단면 400 × 500 mm, 고정하중 $D = 800$ kN, 활하중 $L = 600$ kN
내부 기둥 : 단면 500 × 500 mm, 고정하중 $D = 1{,}400$ kN, 활하중 $L = 1{,}000$ kN

기초의 콘크리트 압축강도 $f_{ck} = 24$ MPa, 철근의 설계기준항복강도 $f_y = 400$ MPa, 기초 밑면의 유효허용지내력 $q_a = 250$ kN/m^{2}이며, 상재하중의 무게는 5 kN/m^{2}이다. 캔틸레버 보와 상부하중을 포함한 외부 기초의 무게는 50 kN, 내부 기초의 무게는 80 kN이다. 철근콘크리트의 무게는 24 kN/m^{3}이다.

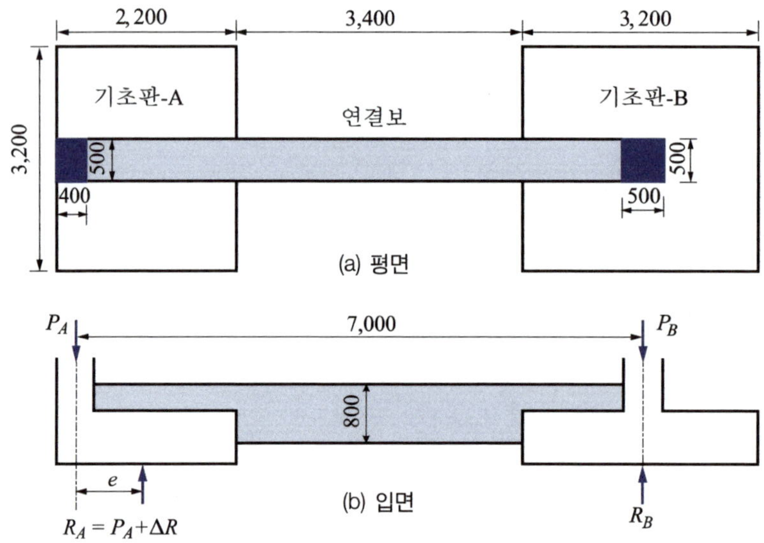

예제 그림 13-4-1 캔틸레버형 복합기초 (단위 : mm)

풀이

(1) 보의 크기를 정하고 하중을 계산한다.

캔틸레버형 보의 크기 가정 : 500 × 800 mm
외부 기둥 기초와 내부 기둥 기초 사이의 거리를 [예제 그림 13-4-1]에서 3.4 m로 가정하고, 캔틸레버 보와 보에 작용하는 상재하중의 무게를 계산한다.

$$W_b = (24 \times 0.5 \times 0.8 + 5 \times 0.5) \times 3.4 = 41.1 \text{ kN}$$

(2) 두 기초의 하중을 계산한다.

캔틸레버 보와 상재하중의 무게를 각각의 기초에 추가하여 계산한다. 캔틸레버 보와 보에 작용하는 상재하중의 무게는 외부 기초와 내부 기초에 각각 절반씩 분배된다.

[외부 기초] $P_A = 800 + 600 + 50 + 41.1/2 = 1{,}470.6\ \mathrm{kN}$

[내부 기초] $P_B = 1{,}400 + 1{,}000 + 80 + 41.1/2 = 2{,}500.6\ \mathrm{kN}$

(3) 두 기초의 크기를 정한다.

[외부 기초]

외부 기초의 길이를 [예제 그림 13-4-1]에서 2.2 m로 가정하고 식(13.15)와 식(13.16)에 의하여 $\triangle R$을 계산한다.

$$R_A = \frac{P_A \cdot l}{l - e} = \frac{1{,}470.6 \times 7.0}{7.0 - 0.9} = 1{,}687.6\ \mathrm{kN}$$

여기서, 편심거리 $e = 2.2/2 - 0.4/2 = 0.9\ \mathrm{m}$ 이다.

식(13.2a)에 의하여 외부 기초판의 크기를 정한다.

$$A_A = \frac{R_A}{q_e} = \frac{1{,}687.6}{250} = 6.75\ \mathrm{m}^2$$

그러므로 외부 기초의 폭을 3.2 m로 정하면 면적은 $2.2 \times 3.2 = 7.04\ \mathrm{m}^2$이 된다.

[내부 기초]

식(13.2a)에 의하여 내부 기초판의 크기를 정한다.

$$A_B = \frac{P_B}{q_e} = \frac{2{,}500.6}{250} = 10.0\ \mathrm{m}^2$$

그러므로 내부 기초의 면적을 $3.2\ \mathrm{m} \times 3.2\ \mathrm{m} = 10.24\ \mathrm{m}^2$으로 한다.

(4) 두 기초를 설계한다.

[외부 기초]

캔틸레버가 기초 전체 위에 있으므로 연속기초로 설계한다.

[내부 기초]

일반적으로 독립기초로 설계한다.

13.6 말뚝기초의 설계

말뚝기초는 기초면 아래의 지반이 연약하여 상부의 하중을 직접 저항할 수 없고, 온통기초로 하기에는 건물의 규모가 적당하지 않을 경우에 주로 사용된다. 특히, 말뚝기초는 기초면 아래에 연약한 지반이 적당한 깊이만큼 존재하고, 지반의 아래에 암반이 있는 경우에 주로 사용된다. 말뚝기초는 기둥의 하중을 기초판을 통하여 분산시킨 후, 그 하중을 말뚝을 통하여 암반에 직접 전달한다. 따라서 말뚝기초는 기초판이 말뚝에 발생하는 반력에 의한 전단력과 모멘트를 저항할 수 있도록 설계해야 한다.

말뚝의 허용지내력(R_a)은 식(13.17)과 같이 재하시험이나 지지력 산정식에서 계산된 극한 지내력을 안전율로 나눈 값이다. 안전율은 일반적으로 "3"이 사용된다.

$$R_a = \frac{\text{극한 지내력}}{3} \tag{13.17}$$

말뚝의 수(n)는 기초판의 크기를 계산하는 식(13.1a)와 (13.1b)와 유사하게 하중을 말뚝의 허용지내력(R_a)으로 나눈 값을 사용한다. 말뚝의 수(n)는 식(13.18a)와 (13.18b)값 중에서 큰 값을 사용한다.

$$n = \frac{D + D_b + D_s + L}{R_a} \tag{13.18a}$$

또는

$$n = 0.75 \times \frac{D + D_b + D_s + L + W}{R_a} \tag{13.18b}$$

기초판에 배근되는 말뚝의 수(n)는 기초판의 안정을 위하여 최소 3개 이상이 되어야 하며, 휨모멘트와 전단력이 최소가 되도록 배치해야 한다. 말뚝을 설치할 때 말뚝간에 상호 간섭이 발생하지 않도록 말뚝의 최소 중심 간격은 다음 값 이상이 되어야 한다.

① **기성콘크리트 말뚝** : 말뚝머리 지름의 2.5배 이상 또는 750 mm 이상
② **제자리 콘크리트 말뚝** : 말뚝머리 지름의 2.5배 이상 또는 900 mm 이상
③ **강재 말뚝** : 말뚝머리 지름의 2.5배 이상 또는 900 mm 이상

다만 기초 단부에서 주변 말뚝의 중심까지의 거리는 위의 간격의 1/2 이상으로 한다. 말뚝기초의 면적은 말뚝공사의 시공성과 말뚝의 반력에 의하여 발생하는 1방향전단, 2방향전단, 휨모멘트에 대한 안전성을 검토해 결정한다. 기초판의 설계를 위한 말뚝의 반력(R_u)은 식(13.19a)와 (13.19b)값 중에서 큰 값을 사용한다.

$$R_u = \frac{1.2D + 1.6L}{n} \tag{13.19a}$$

또는
$$R_u = \frac{1.2D + 1.0L + 1.3W(\text{또는 } 1.0E)}{n} \tag{13.19b}$$

말뚝기초의 설계는 독립기초와 유사하지만 말뚝의 반력에 의하여 하중이 작용하므로 다음의 하중 특성을 고려하여 설계해야 한다.

① **휨모멘트의 위험단면** : 기둥의 외측 면

② **1방향전단 위험단면** : 기둥의 외측 면에서 기초의 유효깊이(d)만큼 떨어진 곳. 위험단면이 말뚝 위에 있을 경우에는 적용되는 말뚝 면적과 비례하여 말뚝의 반력(R_u)의 일부를 사용함.

③ **2방향전단 위험단면** : 기둥과 말뚝에 대하여 검토함. 위험단면은 기둥과 말뚝의 외측 면에서 기초의 유효깊이의 절반($d/2$)만큼 떨어진 곳.

예제 13-5

연약 지반 위에 놓인 기초를 말뚝기초로 설계하라.

기둥 : 단면 500×500 mm, 고정하중 $D = 1{,}400$ kN, 활하중 $L = 1{,}000$ kN
말뚝 : 지름 300 mm, 허용지내력 $R_a = 400$ kN

기초의 콘크리트 압축강도 $f_{ck} = 27$ MPa, 철근의 설계기준항복강도 $f_y = 400$ MPa, 기초의 자중과 상재하중의 무게는 300 kN이다.

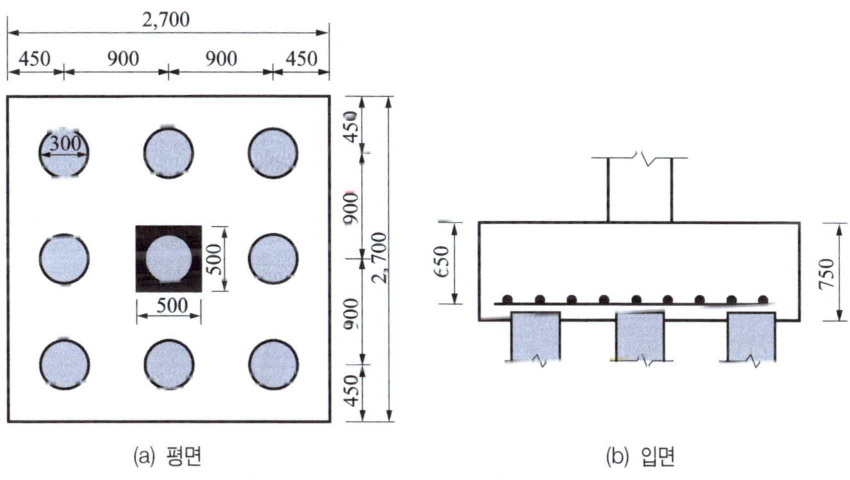

예제 그림 13-5-1 말뚝기초 (단위 : mm)

풀이

(1) 말뚝의 개수, 기초판의 크기, 기초설계용 토압 결정

식(13.18a)에 의하여 말뚝의 개수를 정한다.

$$n = \frac{D + D_b + D_s + L}{R_a} = \frac{1{,}400 + 1{,}000 + 300}{400} = 6.75 \rightarrow 9\text{개}$$

말뚝의 중심 간격을 900 mm로 하여 기초판의 크기를 정하면 [예제 그림 13-5-1]과 같이 2,700 mm의 정사각형 기초판을 정할 수 있다.
식(13.19a)에 의하여 말뚝의 설계용 반력을 정한다.

$$R_u = \frac{1.2D + 1.6L}{n} = \frac{1.2 \times 1{,}400 + 1.6 \times 1{,}000}{9} = 364.4 \text{ kN}$$

(2) 1방향전단력에 대하여 검토

1방향전단에 대하여 식(13.8)과 식(13.10)을 이용하여 검토한다.
기초판의 유효깊이(d)를 650 mm로 가정했을 때, 전단위험단면은 [예제 그림 13-5-2]의 기둥에서 기초판의 유효깊이(d)만큼 떨어진 곳이다. [예제 그림 13-5-2]에서 전단위험단면은 기초판 중심에서 900 mm 떨어진 곳으로 3개의 말뚝 단면의 중심점에 놓여 있다. 따라서 계수전단력(V_u)은 3개 말뚝의 설계용 반력(R_u)의 1/2이 된다.

$$V_u = 364.4 \text{ kN} \times 3 \times \frac{1}{2} = 546.6 \text{ kN}$$

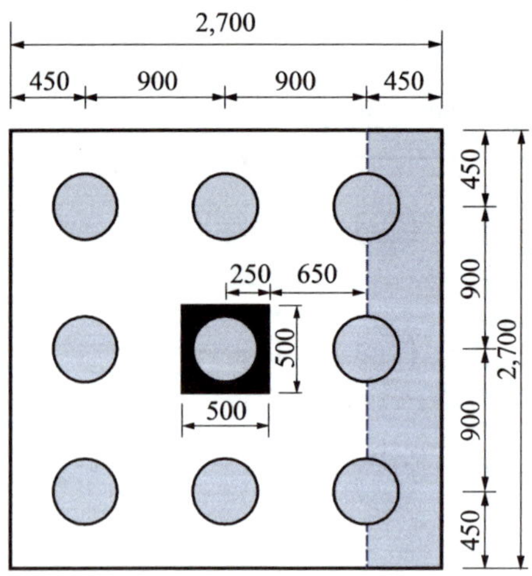

예제 그림 13-5-2 1방향전단 위험단면(단위 : mm)

설계전단력(ϕV_c)은 식(13.10)에 의하여 계산한다.

$$\phi V_c = \phi \frac{1}{6} \lambda \sqrt{f_{ck}} b_w d = 0.75 \times \frac{1}{6} \times 1 \times \sqrt{27} \times 2{,}700 \times 650 = 1{,}139.9\ \mathrm{kN}$$

설계전단력(ϕV_c)이 계수전단력(V_u)보다 크므로 적합하다.

(3) 휨모멘트에 대한 철근량 계산

기초 밑면에 작용하는 말뚝의 설계용 반력(R_u)에 의하여 기둥 측면에 최대 휨모멘트가 발생한다. [예제 그림 13-5-3]에서 기둥의 도심점과 기초판의 도심점이 일치하므로, 기둥의 가로 측면과 세로 측면의 휨모멘트는 동일하다. 기둥 위험단면 밖에는 3개의 말뚝기초가 있으며, 말뚝의 설계용 반력(R_u)에 의하여 유발되는 휨모멘트는 다음과 같다.

$$M_u = 3 \times 364.4\ \mathrm{kN} \times (0.9 - 0.25)\ \mathrm{m} = 710.6\ \mathrm{kN \cdot m}$$

필요한 철근량은 철근의 인장파괴를 가정하고, 압축 합력과 인장 합력의 중심간의 거리(jd)를 $jd = 0.9d$로 가정하여 계산한다.

$$A_s = \frac{M_u}{\phi f_y jd} = \frac{710.6 \times 10^6}{0.85 \times 400 \times 0.9 \times 650} = 3{,}572.7\ \mathrm{mm}^2$$

계산된 철근량이 최소 철근량 이상이 되는지 검토한다. 기초의 피복두께 75 mm, 주근의 지름을 약 25 mm로 가정하므로 기초의 두께는 750 mm이다.

$$① \quad A_{s,\min} = 1.2 \frac{f_r I_g}{\phi f_y j d y_t} = 1.2 \frac{(0.63\sqrt{27}) \times (2{,}700 \times 750^3/12)}{0.85(400)(0.9 \times 650)(750/2)}$$
$$= 4{,}999.2\ \mathrm{mm}^2$$

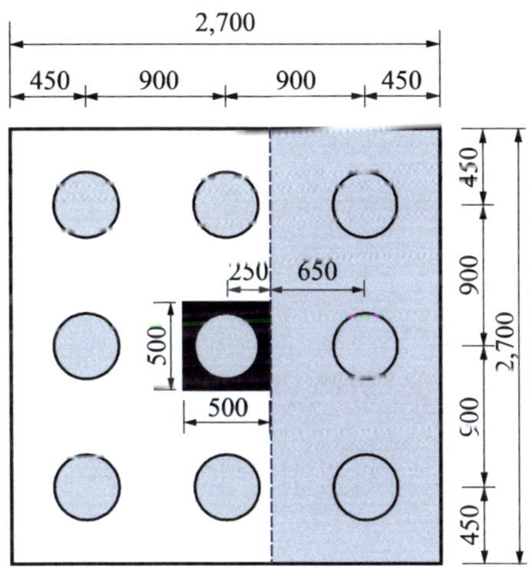

예제 그림 13-5-3 휨모멘트 위험단면(단위 : mm)

$$② \ A_{s,\min} = \frac{4}{3} A_s = \frac{4}{3} \times 3{,}572.7 = 4{,}763.6 \text{ mm}^2$$

계산된 철근량($3{,}572.7 \text{ mm}^2$)은 최소 철근량 ①의 값($4{,}999.2 \text{ mm}^2$)보다 작다. 따라서 철근량은 ①과 ②중에서 작은 값인 $A_s = 4{,}763.6 \text{ mm}^2$이다. D25 철근(단면적 $= 506.7 \text{ mm}^2$)을 10개 배근(총 단면적 $= 5{,}067 \text{ mm}^2$)한다.

(4) 2방향전단에 대하여 식(13.11)과 식(13.12)를 이용하여 검토한다.

2방향전단에 대하여 기둥과 말뚝에 대하여 검토한다.

[기둥]

2방향계수전단력(V_u)은 [예제 그림 13-5-4(a)]와 같이 기둥의 측면에서 단면의 유효깊이의 절반($d/2$)만큼 떨어진 위험단면에서의 전단력이다. [예제 그림 13-5-4(a)]에서 위험단면의 밖에 8개의 말뚝이 있으며, 이들 말뚝의 설계용 반력(R_u)이 2방향계수전단력(V_u)에 영향을 주고 있음을 알 수 있다.

$$V_u = 364.4 \times 8 = 2{,}915.2 \text{ kN}$$

기초판의 2방향전단내력은 식(13.12)에서 계산한다.

$$\begin{aligned}\phi V_c &= \phi v_c b_o d \\ &= 0.75 \times 1.30 \times 4{,}600 \times 650 = 2{,}915.3 \text{ kN}\end{aligned}$$

여기서, $v_c = \lambda\, k_s k_{bo} f_{te} \cot\psi \dfrac{c_u}{d}$

$$= 1.0 \times 0.82 \times 1.25 \times 1.04 \times 4.28 \times \frac{185}{650} = 1.30 \text{ MPa}$$

$\lambda = 1.0$

$k_s = (300/d)^{0.25} = (300/650)^{0.25} = 0.82 < 1.1$, 그러므로 $k_s = 0.82$

$k_{bo} = \dfrac{4}{\sqrt{\alpha_s (b_o/d)}} = \dfrac{4}{\sqrt{1 \times (4{,}600/650)}} = 1.50 > 1.25$, 그러므로 $k_{bo} = 1.25$

$$f_{te} = 0.2\sqrt{f_{ck}} = 0.2\sqrt{27} = 1.04 \text{ MPa}$$

$$f_{cc} = (2/3) f_{ck} = \frac{2}{3} \times 27 = 18 \text{ MPa}$$

$$\cot\psi = \frac{\sqrt{f_{te}(f_{te} + f_{cc})}}{f_{te}} = \frac{\sqrt{1.04(1.04 + 18)}}{1.04} = 4.28$$

$\rho = \dfrac{5{,}067}{2{,}700 \times 650} = 0.0029$, ρ가 0.005 이하이므로 $\rho = 0.005$

$$c_u = \left[25\sqrt{\frac{\rho}{f_{ck}}} - 300\left(\frac{\rho}{f_{ck}}\right)\right] d = \left[25\sqrt{\frac{0.005}{27}} - 300\left(\frac{0.005}{27}\right)\right] 650 = 185.0 \text{ mm}$$

$$b_o = 2(c_1 + d) + (c_2 + d) = 2(500 + 650) + 2(500 + 650) = 4{,}600 \text{ mm}$$

설계전단력(ϕV_c)이 계수전단력(V_u)보다 크므로 적합하다.

[말뚝]

말뚝 주변에서도 2방향전단에 의하여 파괴될 수 있으므로 말뚝에 대한 2방향전단을 검토해야 한다. 말뚝의 2방향계수전단력(V_u)은 [예제 그림 13-5-4(b)]와 같이 말뚝의 측면에서 단면의 유효깊이의 절반($d/2$)만큼 떨어진 곳의 전단력이다. 말뚝 1개에 대한 외부 2방향전단력(V_u)은 말뚝의 설계용 반력(R_u)과 동일하다.

$$V_u = 364.4 \times 1 = 364.4 \text{ kN}$$

기초판의 2방향전단내력은 식(13.12)에서 계산한다.

$$\begin{aligned}\phi V_c &= \phi v_c b_o d \\ &= 0.75 \times 1.30 \times 2{,}827.4 \times 650 = 1{,}791.9 \text{ kN}\end{aligned}$$

여기서, $v_c = \lambda\, k_s k_{bo} f_{te} \cot\psi \dfrac{c_u}{d}$

$$= 1.0 \times 0.82 \times 1.25 \times 1.04 \times 4.28 \times \frac{185}{650} = 1.30 \text{ MPa}$$

$$k_{bo} = \frac{4}{\sqrt{\alpha_s (b_o/d)}} = \frac{4}{\sqrt{1 \times (2{,}827.4/650)}} = 1.92 > 1.25, \text{ 그러므로 } k_{bo} = 1.25$$

$$b_o = \pi(300 + 600) = 2{,}827.4 \text{ mm}$$

측면 말뚝은 기초 경계면과 접해있으므로 내측 위험단면 325 mm와 외측 위험단면 300 mm 중에서 작은 값 300 mm를 사용하여 b_o를 계산한다.

설계전단력(ϕV_c)이 계수전단력(V_u)보다 크므로 적합하다.

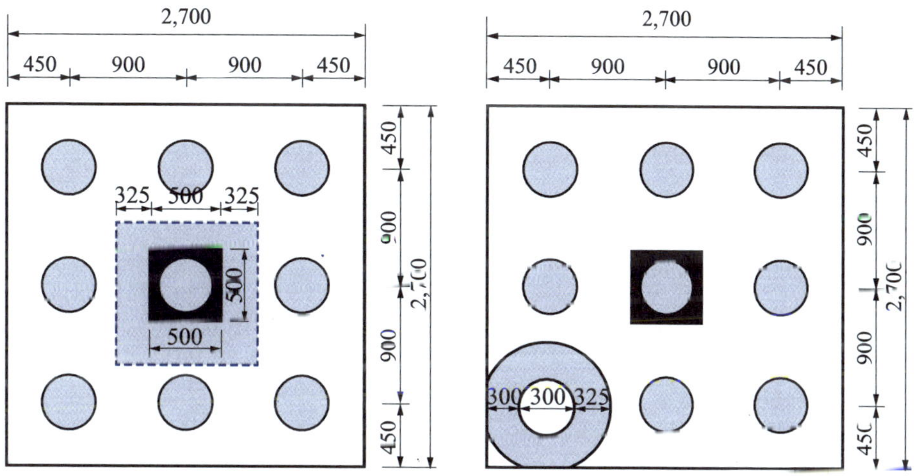

(a) 기둥 (b) 말뚝

예제 그림 13-5-4 2방향전단 위험단면 (단위 : mm)

Chapter 13 연습문제

13.1 기초의 종류를 구별하고, 각 기초의 특징을 비교하여 설명하라.

13.2 기둥에서 기초에 힘이 원활하게 전달되지 않는 이유에 대하여 설명하라.

13.3 기초설계의 허용지내력(q_a), 유효허용지내력(q_e), 기초설계용 토압(q_u)의 차이점에 대하여 기술하라.

13.4 상부 기둥의 단면이 정사각형 500×500 mm이며, 기둥의 고정하중 $D = 1,500$ kN, 활하중 $L = 1,000$ kN이 작용할 때 정사각형의 독립기초를 설계하라. 기초의 자중과 상재하중의 크기는 고정하중과 활하중의 12퍼센트로 산정한다. 기초의 콘크리트 압축강도 $f_{ck} = 24$ MPa, 철근의 설계기준항복강도 $f_y = 400$ MPa, 기초 밑면의 허용지내력 $q_a = 300$ kN/m^{2}이다.

13.5 고정하중 $D = 500$ kN/m, 활하중 $L = 300$ kN/m이 작용하는 폭이 200 mm인 벽체를 지지할 수 있는 연속기초를 설계하라. 기초의 윗면에는 1,000 mm의 흙이 쌓여 있으며 흙의 무게는 18 kN/m^{3}이다. 기초의 콘크리트 압축강도 $f_{ck} = 24$ MPa, 철근의 설계기준항복강도 $f_y = 400$ MPa, 기초 밑면의 허용지내력 $q_a = 300$ kN/m^{2}이다. 철근콘크리트의 무게는 24 kN/m^{3}이다.

13.6 [연습 그림 13.1]의 직사각형 복합기초를 설계하라.

외부 기둥 : 단면 400×400 mm, 고정하중 $D = 600$ kN, 활하중 $L = 400$ kN
내부 기둥 : 단면 600×600 mm, 고정하중 $D = 1{,}000$ kN, 활하중 $L = 600$ kN

기초의 콘크리트 압축강도 $f_{ck} = 24$ MPa, 철근의 설계기준항복강도 $f_y = 400$ MPa, 기초 밑면의 허용지내력 $q_a = 250$ kN/m^{2}이며 기초의 자중과 상재하중의 무게는 60 kN/m^{2}이다.

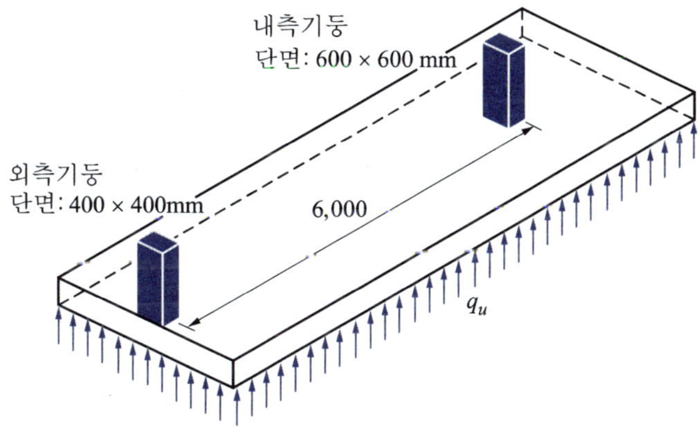

연습 그림 13.1 직사각형 복합기초 (단위 : mm)

13.7 연약 지반 위에 놓인 기초를 말뚝기초로 설계하라.

기둥 : 단면 800×800 mm, 고정하중 $D = 3{,}000$ kN, 활하중 $L = 2{,}400$ kN
말뚝 : 지름 300 mm, 허용지내력 $R_a = 500$ kN

기초의 콘크리트 압축강도 $f_{ck} = 24$ MPa, 철근의 설계기준항복강도 $f_y = 400$ MPa, 기초의 자중과 상재하중의 무게는 500 kN이다.

Chapter

14

벽체의 설계

14.1 일반 사항

14.2 벽체 해석과 설계의 기본 사항

14.3 수직하중을 저항하는 벽체 설계법

14.4 수평하중을 저항하는 벽체 설계법

14.1 일반 사항

벽체는 기둥과 유사하게 지붕이나 바닥 슬래브의 하중과 상부 벽체 또는 기둥으로부터 전달되는 하중을 하부 벽체 또는 하부 기둥이나 기초로 전달하는 수직부재로 축력, 휨모멘트 및 전단력을 지지한다. 다만 벽체는 기둥과는 다르게 단면이 커서 상부 하중이 벽체 단면에 고르게 분산된다. 벽체는 단면적이 크기 때문에 강성이 크며, 건물의 코어(core)부분에 해당되는 계단실이나 엘리베이터박스 등에 주로 사용된다.

벽체의 주요 역할은 상부의 수직하중(중력하중)을 저항하는 것과 지진력이나 바람과 같은 수평하중을 저항하는 것이다. 구조물의 설계에서는 수직하중을 지지하는 부재와 수평하중을 지지하는 부재를 구별하여 설계하며, 벽체도 종류에 따라서 수직하중을 주로 지지하는 벽체와 수평하중을 주로 지지하는 벽체로 구분된다. 또한 용도에 따라 외부 하중을 직접 저항하는 벽체와 공간만을 구분하는 벽체로 구분된다.

① **내력벽**(bearing wall) **또는 전단벽**(shear wall) : 내력벽 또는 전단벽은 외부의 수직하중과 수평하중을 직접 저항하는 벽체를 말한다. 벽체는 높이와 길이의 비에 따라서 휨하중이 크게 작용하는 벽체와 전단하중이 크게 작용하는 벽체로 구분된다. 벽체의 길이에 비하여 높이가 낮아 전단경간비가 작은 경우에는 전단력이 크게 작용하며, 이와 같은 벽체를 높이가 낮은 전단 벽체(low rise shear wall)라 한다. 최근에 우리나라에서 건설되는 대부분의 벽체는 길이에 비하여 높이가 상대적으로 커서 전단력보다는 휨모멘트에 의하여 파괴되는 경우가 많기 때문에 벽체의 구분을 내력벽 또는 전단벽으로 혼용하여 사용하는 경향이 있다. 따라서 이 장에서는 벽체를 다음의 두 종류로 구분하였다.

- 수직하중을 주로 지지하는 벽체 : 기둥과 같이 축압축력과 휨모멘트를 주로 지지하는 벽체
- 수평하중을 주로 지지하는 벽체 : 지진이나 풍하중과 같이 수평하중을 주로 지지하는 벽체

② **비내력벽**(non-bearing wall) **또는 칸막이벽**(partition wall) : 비내력벽은 외부의 하중을 직접 저항하지 않고 주로 공간을 구분하기 위하여 사용되는 벽체이다. 이러한 벽체는 구조 계산 시에 구조부재로 포함하지 않으며, 최소 철근과 최소 벽두께 조건만을 고려하여 설계한다.

14장의 전반부에서는 수직하중을 주로 지지하는 벽체 설계를 설명하고, 후반부에서는 수평하중을 주로 지지하는 벽체에 대해 설명한다.

14.2 벽체 해석과 설계의 기본 사항

KDS 14 20 국가건설기준에서는 실용적인 구조설계를 위하여 다음과 같이 벽체 설계 조건을 제한하고 있다.

축력과 연성

벽체의 연성을 확보하기 위하여 벽체가 받는 계수수직축하중은 $0.4A_g f_{ck}$ 이하가 되어야 한다. 이는 축하중이 증가할수록 부재의 연성능력이 감소하므로 이를 고려하여 KDS 14 20 국가건설기준에서는 벽체가 지지하는 축하중을 제한하고 있다.

벽체의 최소 철근비 – 최소 수직철근비

벽체의 최소 철근비는 수직 방향과 수평 방향으로 구분된다.
벽체의 전체 단면적에 대한 최소 수직철근비는 다음 값 이상이 되어야 한다.

① 설계기준항복강도 400 MPa 이상이며, D16 이하의 이형철근 0.0012
② 기타 이형철근 0.0015
③ 지름 16 mm 이하의 용접철망 0.0012

벽체의 최소 철근비 – 최소 수평철근비

벽체의 전체 단면적에 대한 최소 수평철근비는 다음 값 이상이 되어야 한다.

① 설계기준항복강도 400 MPa 이상이며, D16 이하의 이형철근 $0.002 \times 400/f_y$
다만 여기서 f_y는 500 MPa을 초과할 수 없다.
② 기타 이형철근 0.0025
③ 지름 16 mm 이하의 용접철망 0.0020

수직과 수평 철근의 간격은 벽두께의 3배 이하, 또한 450 mm 이하로 해야 한다. 벽체의 두께가 250 mm 이상인 경우는 수직과 수평 철근을 벽면에 평행하게 양면으로 배치해야 한다. 다만, 지하실 벽체와 같이 두께가 두꺼운 경우는 수축과 온도의 영향이 작기 때문에 이 규정을 적용하지 않는다.

벽체의 최소 두께

벽체의 최소 두께는 내력벽과 비내력벽으로 구분된다.

① **내력벽** : 내력벽의 수직 또는 수평 받침점 간 거리 중에서 작은 값의 1/25 이상이어야 하며, 최소 벽두께는 100 mm 이상이어야 한다. 지하실 외벽과 기초 벽두께는 200 mm 이상으로 해야 한다.

② **비내력벽** : 100 mm 이상이어야 하고, 또한 이를 횡방향으로 지지하고 있는 부재 간 최소 거리의 1/30 이상이 되어야 한다.

14.3 수직하중을 저항하는 벽체 설계법

벽체에는 일반적으로 압축력, 휨모멘트, 전단력이 작용한다. 각각의 하중에 대해서는 이미 앞장에서 설명한 방법에 의하여 설계할 수 있다. 예를 들어 압축력에 대해서는 11장의 기둥에 대한 설계법, 휨모멘트에 대해서는 5장과 11장의 설계법, 전단력에 대해서는 7장의 설계법에 따라 설계할 수 있다. 그러나 벽체가 일정한 조건을 만족할 경우에는 계산의 간략화를 위하여 실용적인 설계법을 사용할 수 있다.

14.3.1 실용 설계법

실용 설계법을 적용하기 위해서는 벽체에 작용하는 계수하중의 합력점이 벽두께의 중앙 1/3 이내에 있어야 한다. [그림 14.1(a)]에서 벽체에 작용하는 합력의 중심점이 단면의 중앙 1/3 이내(core 면적 안)에 있기 때문에 벽체 단면 전체가 압축력을 받으며, 벽체의 어느 부분도 인장력이 작용하지 않는다. 따라서 이러한 벽체는 실용 설계법을 적용하여 벽체의 설계를 간략화 할 수 있다. 벽체 전체가 압축력을 받기 때문에 압축력에 대한 설계만을 하며, 휨모멘트에 대해서는 최소 철근만을 배근한다.

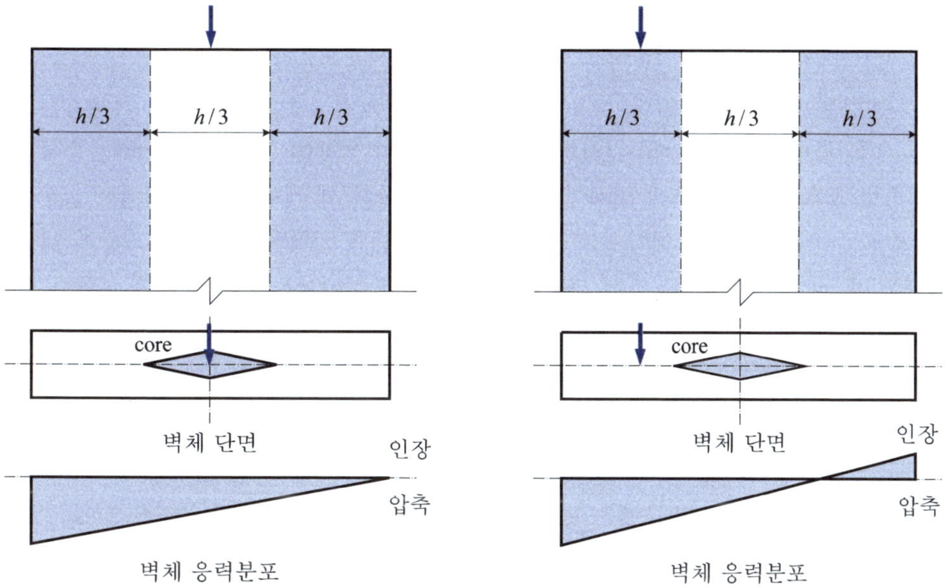

(a) 실용 설계법 적용 (b) 압축 설계법 적용

그림 14.1 벽체의 응력분포

벽체의 압축력은 식(14.1)에 의하여 계산한다.

$$\phi P_{nw} = 0.55\phi f_{ck} A_g \left[1 - \left(\frac{kl_c}{32h}\right)^2\right] \tag{14.1}$$

여기서, ϕP_{nw} : 설계축하중 강도, ϕ : 강도감소계수($\phi = 0.65$), f_{ck} : 콘크리트의 압축강도, l_c : 지지점간의 수직 길이, h : 벽두께이다. 식(14.1)에서 A_g는 유효단면적이며, 벽체의 유효수평 길이(b_e)를 계산하는 식(14.2)를 이용하여 계산한다.

$$b_e = b + 4h \text{ 또는 하중 중심간 거리 중의 작은 값} \tag{14.2}$$

식(14.1)의 계수 0.55는 최소 편심과 시공오차에 의한 강도감소계수(식(11.30a) 참조) 0.8에 편심 거리 $h/6$를 고려하여 계산한 값이다. 또한 식(14.1)의 $1-(kl_c/(32h))^2$는 세장비를 고려한 함수이다. 좌굴에 대한 유효길이계수(k)는 다음 값을 사용할 수 있다.

① **벽체의 상·하단이 횡구속되어 수평이동이 구속된 경우**
- 벽체의 상·하 양단 중 한쪽 또는 양쪽의 회전이 구속될 때 : 0.8
- 벽체의 상·하 양단의 회전이 모두 구속되지 않을 때 : 1.0

② **벽체의 상·하단이 횡구속되지 않아 수평이동이 구속되지 않을 때** : 2.0

14.3.2 압축 설계법

압축 설계법은 계수하중의 합력이 벽두께의 중앙 부분에서 1/3 지점의 밖에 작용하는 경우에 적용하는 설계법이다. 이 경우에는 [그림 14.1(b)]와 같이 벽체에 작용하는 합력의 중심점이 단면의 코어 밖에 위치하기 때문에 벽체에 인장력이 작용한다. 따라서 이러한 벽체는 실용 설계법으로 설계할 수 없고, 압축 설계법으로 설계해야 한다. 압축 설계법은 11장의 기둥에 대한 설계법과 동일하게 설계할 수 있다. 또한 세장비가 큰 기둥에 대해서는 좌굴에 의한 모멘트 증대 효과를 고려하여 설계해야 한다. 다만 최소 철근비와 벽두께에 대해서는 14.2절에 설명된 규정에 따라서 설계해야 한다.

벽체가 압축 부재로 사용되는 경우에는 띠철근을 배근해야 하지만 폭이 넓은 벽체에 횡구속철근을 배근하기가 어렵다. 따라서 기준에서는 수직철근비가 0.01 이하이거나 수직철근이 압축철근으로 산정된 것이 아닌 경우에는 횡구속철근을 배근하지 않아도 된다고 규정하고 있다. 실제 설계에서는 벽체의 수직철근비를 0.01 이하로 하거나, 수직철근의 압축력지지 성능을 고려하지 않고 벽체를 설계한다.

예제 14-1

[예제 그림 14-1-1]의 벽체를 실용 설계법으로 설계하라. 벽체는 상·하단의 양쪽이 횡구속되어 수평이동이 구속되었다. 벽체 상부 두 지점에 고정하중 $P_D = 300\ \mathrm{kN}$과 활하중 $P_L = 250\ \mathrm{kN}$이 작용하고 있다. 콘크리트의 압축강도 $f_{ck} = 24\ \mathrm{MPa}$이다. 수직철근과 수평철근은 D10 철근을 사용($A_s = 71.3\ \mathrm{mm}^2$)하며, 설계기준항복강도 $f_y = 400\ \mathrm{MPa}$이다.

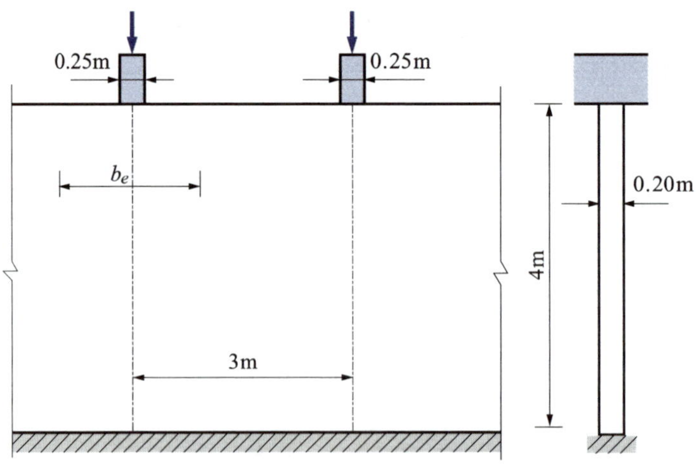

예제 그림 14-1-1 철근콘크리트 벽체

풀이

① 주어진 하중 조건에 대한 계수하중을 계산한다.

$$P_u = 1.2 \times 300 + 1.6 \times 250 = 760.0\ \text{kN} \tag{a}$$

② 내력을 계산한다.

$$P_u \leq \phi P_{nw} = 0.55\phi f_{ck} A_g \left[1 - \left(\frac{kl_c}{32h}\right)^2\right] \tag{b}$$

- 강도감소계수 $\phi = 0.65$
- 벽체의 최소 두께(h) : 수직 또는 수평 지점간의 거리 중에서 작은 값의 1/25 이상 또는 100 mm 이상(지하실 외벽이나 기초벽체는 200 mm 이상)

$$h = \frac{l}{25} = \frac{4{,}000}{25} = 160\ \text{mm} \ \rightarrow\ 200\ \text{mm}$$

- 벽체의 유효수평 길이(b_e)

$$b_e = b + 4h = 250 + 4 \times 200 = 1{,}050\ \text{mm}$$

- 전 단면적(A_g)

$$A_g = h \times b_e = 200 \times 1{,}050 = 210{,}000\ \text{mm}^2$$

- 좌굴에 대한 유효길이계수(k) : 벽체의 양단의 회전이 구속되어 있으므로, $k = 0.8$

그러므로

$$\begin{aligned}\phi P_{nw} &= 0.55 \times 0.65 \times 24 \times 210{,}000 \left[1 - \left(\frac{0.8 \times 4{,}000}{32 \times 200}\right)^2\right] \\ &= 1{,}351.4\ \text{kN}\end{aligned} \tag{c}$$

식(c)에서 계산된 ϕP_{nw}값이 식(a)에서 계산된 P_u보다 크므로 설계가 가능하다.

③ 철근을 배근한다.

수직철근량(A_v)과 수평철근량(A_{vh})을 14.2절의 최소 철근비를 기준으로 산정한다. 벽체 두께가 200 mm인 것을 고려하여 철근을 2단으로 양면 배근한다.

[수직철근]

$$A_{vl} = 0.0012 \times 1000 \times 200 = 240\ \text{mm}^2/\text{m} \tag{d}$$

철근의 배근 간격은 다음과 같다(D10 철근을 사용($A_s = 71.3\ \text{mm}^2$)).

수직철근 수 $\quad n_v = \dfrac{240}{2 \times 71.3} = 1.68$개/m

수직철근 간격 $s_v = \dfrac{1{,}000}{1.68} = 595\ \mathrm{mm}$

철근의 최대 간격은 $s_{\max} = \min(3h,\ 450\ \mathrm{mm})$이므로 $s_v = 450\ \mathrm{mm}$이다.

[수평철근]

설계기준항복강도 $f_y = 400\ \mathrm{MPa}$이므로

$$A_{vh} = 0.002 \times 1000 \times 200 = 400\ \mathrm{mm}^2/\mathrm{m} \qquad \text{(e)}$$

수평철근 수 $n_{vh} = \dfrac{400}{2 \times 71.3} = 2.81$개/m

수평철근 간격 $s_h = \dfrac{1{,}000}{2.81} = 356\ \mathrm{mm} \rightarrow 350\ \mathrm{mm}$

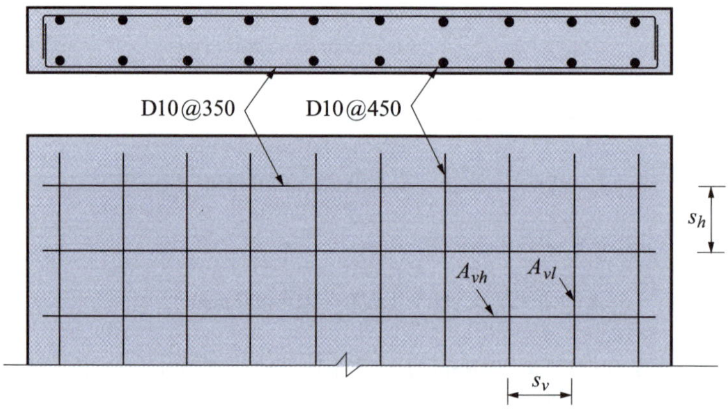

예제 그림 14-1-2 철근 배근

14.4 수평하중을 저항하는 벽체 설계법

지진력 및 풍하중과 같이 건물의 수평방향으로 작용하는 하중을 저항하기 위해서는 수평방향으로 저항하는 강성이 큰 부재가 필요하다. 기둥은 수직하중에 대하여 효율적으로 저항할 수 있지만, 수평하중을 저항하기에는 강성이 충분하지 않은 경우가 많다. 이 경우에 벽체를 이용하면 벽체의 큰 강성을 이용하여 효율적으로 수평하중을 저항할 수 있다. 벽체는 [그림 14.2]와 같이 다양한 방법으로 구조물에 배치된다. [그림 14.2(a)]는 기둥과 보로 수평하중과 수직하중을 저항하는 구조시스템이다. [그림 14.2(b)]는 벽체만으로 수평하중을 저항하는 구조시스템이며, [그림

14.2(c)와 (d)]는 수평하중의 일부를 기둥과 보가 저항하고, 나머지 수평하중은 벽체가 저항하는 구조시스템이다. 건물의 구조시스템을 결정할 때는 벽체의 강성의 중심과 질량의 중심을 일치시켜 건물에 발생하는 비틀림하중을 최소화하는 것이 좋다.

기둥과 보에 의하여 하중을 저항하는 건물의 경우에도 건물의 코어 부분(엘리베이터, 계단실)에는 벽체를 배치하여 수평하중에 저항하도록 하는 것이 일반적이다. 이러한 벽체는 [그림 14.3]

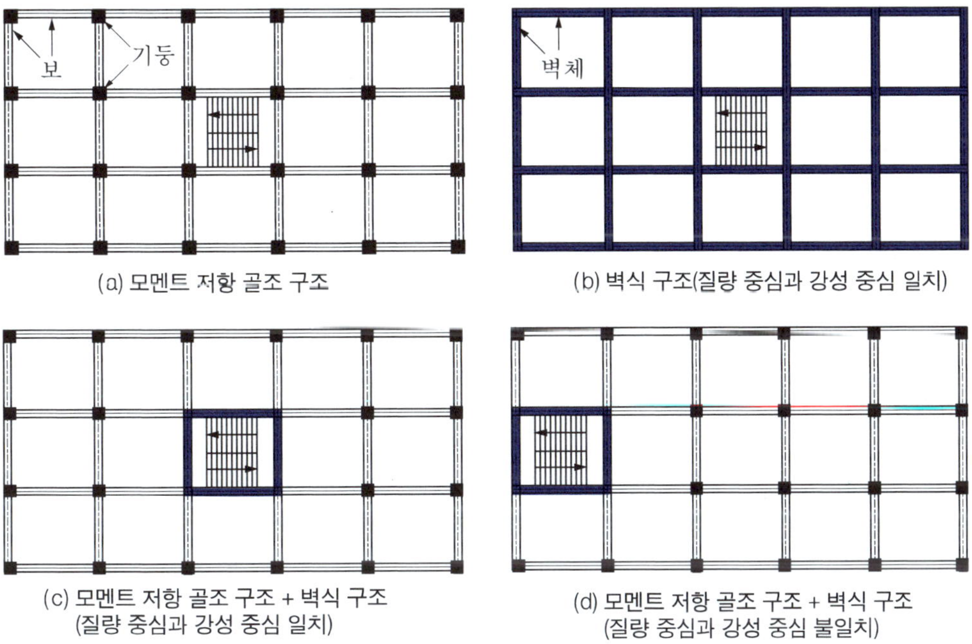

(a) 모멘트 저항 골조 구조
(b) 벽식 구조(질량 중심과 강성 중심 일치)
(c) 모멘트 저항 골조 구조 + 벽식 구조 (질량 중심과 강성 중심 일치)
(d) 모멘트 저항 골조 구조 + 벽식 구조 (질량 중심과 강성 중심 불일치)

그림 14.2 다양한 구조시스템

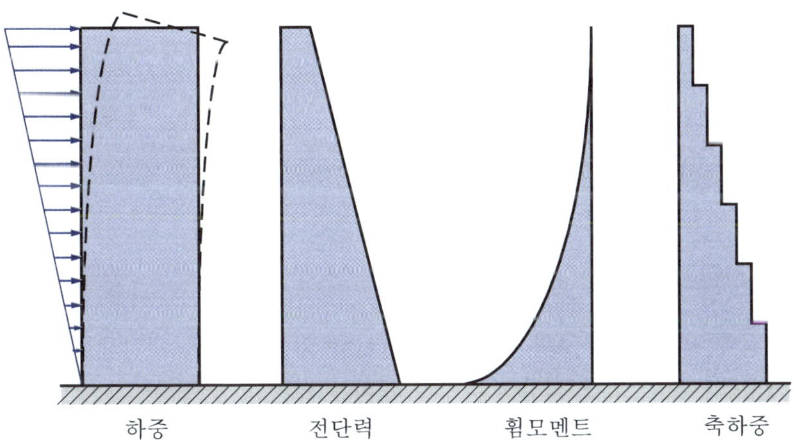

그림 14.3 벽체의 하중 분포

과 같이 상부에서 작용하는 수평하중을 캔틸레버 구조로 저항한다. 따라서 벽체에 작용하는 전단력, 휨모멘트, 축하중은 하부 부분에 가까워질수록 크게 작용하며, 이에 대한 설계가 필요하다.

14.4.1 전단 설계법

벽체의 전단 설계는 벽체의 기하학적 특성과 하중의 특성을 반영하여 설계해야 한다. 기본적인 설계 개념은 7장에서 설명한 보나 기둥의 전단 설계와 유사하다. 특히 길이에 대한 높이의 비가 작은 벽체에는 전단력이 크게 작용하므로 전단 설계에 대한 주의가 필요하다. 벽체의 길이에 대한 높이의 비가 큰 벽체는 휨모멘트의 영향이 크므로 휨설계와 병행하여 전단 설계해야 한다.

강도설계법에 의한 철근콘크리트 벽체의 전단 설계는 7장의 식(7.44)에 의해 설계전단강도가 계수전단강도 이상이 되어야 한다.

$$V_u \leqq \phi V_n \tag{14.3}$$

여기서, V_u : 계수전단강도, V_n : 공칭전단강도, ϕ : 강도감소계수($\phi = 0.75$)이다. 식(14.3)의 공칭전단강도(V_n)는 콘크리트와 전단철근에 의한 전단저항으로 구분할 수 있다.

$$V_n = V_c + V_s \tag{14.4}$$

여기서, V_c : 콘크리트에 의한 공칭전단강도, V_s : 전단철근에 의한 공칭전단강도이다. 기준에서는 스터럽 항복 이전에 콘크리트가 압축파괴하는 것을 방지하기 위하여 식(14.4)의 공칭전단강도(V_n)가 식(14.5)보다 작도록 규정하고 있다.

$$V_n = \frac{5}{6}\lambda\sqrt{f_{ck}}\,hd \tag{14.5}$$

여기서, h : 전단벽의 두께, d : 전단벽의 유효깊이($d = 0.8l_w$), l_w : 전단벽의 수평 길이, λ : 식(2.14c)에서 계산되는 경량콘크리트계수이며 보통중량 콘크리트의 경우 "1"이다.

콘크리트의 전단강도

벽체의 콘크리트 전단강도는 보와 유사하게 콘크리트의 인장강도, 주인장철근의 양, 전단경간비, 골재, 부재 크기, 축력 등에 의하여 다양한 영향을 받는다. 콘크리트가 부담하는 벽체의 전단강도는 다음의 세 가지로 구분하여 계산한다.

벽체에 압축력이 작용할 때

$$V_c = \frac{1}{6}\lambda\sqrt{f_{ck}} \cdot h \cdot d \tag{14.6}$$

벽체에 인장력이 작용할 때

$$V_c = \frac{1}{6}\left(1 + \frac{P_u}{3.5A_g}\right)\lambda\sqrt{f_{ck}} \cdot h \cdot d \tag{14.7}$$

식(14.6)과 (14.7) 대신에 식(14.8a)와 (14.8b)의 작은 값을 사용할 수 있다.

$$V_c = 0.28\lambda\sqrt{f_{ck}}\,hd + \frac{P_u d}{4l_w} \tag{14.8a}$$

$$V_c = \left(0.05\lambda\sqrt{f_{ck}} + \frac{l_w\left\{0.1\lambda\sqrt{f_{ck}} + 0.2\left(\frac{P_u}{l_w h}\right)\right\}}{\frac{M_u}{V_u} - \frac{l_w}{2}}\right) \tag{14.8b}$$

여기서, A_g : 벽체의 전단면적, 계수축력(P_u)은 인장력일 경우에 음수(−)이며, 압축력일 경우에 양수(+)이다. 또한, 식(14.8b)의 $(M_u / V_u - l_w/2)$의 값이 음수(−)가 되면 이 식을 사용하지 못한다. 식(14.8a)는 벽체의 단면 중심에서 약 $(1/3)\sqrt{f_{ck}}$ 의 주인장응력이 발생할 때의 값이며, 식(14.8b)는 벽체 밑면에서 $l_w/2$ 만큼 떨어진 단면에서 약 $0.5\sqrt{f_{ck}}$ 의 휨인장응력이 발생할 때의 값이다.

철근의 전단강도

철근 전단강도는 45도 트러스모델에 의하여 90도 스터럽을 전단철근으로 사용한 부재의 전단강도(V_s)를 식(14.9)에 의하여 계산할 수 있으며, 식(14.9)는 7장에서 유도한 식(7.49)와 동일하다. 구조설계기준에서는 벽체에 배근된 수평방향 철근과 수직방향 철근의 역할을 구분하여 실세하도록 하고 있다. 수평하중은 벽체에 주로 전단력을 유발하므로 수평방향 철근은 전단철근의 역할을 하며, 수직하중과 수평하중은 벽체의 수직방향으로 휨모멘트를 유발하므로 수직방향 철근은 휨철근의 역할을 하는 것으로 분리하여 필요 철근량을 계산한다.

$$V_s = \frac{A_{vh} f_y d}{s_h} \tag{14.9}$$

여기서, A_{vh} : 수평 전단철근의 단면적, s_h : 수평철근의 수직 간격이다([예제 그림 14-1-2] 참조).

식(14.3)에 식(14.4)와 (14.9)를 대입하여 전단철근(벽체의 수평철근)의 양(A_v)을 구할 수 있다.

$$A_{vh} = \frac{(V_u - \phi V_c)s_h}{\phi f_y d} \tag{14.10}$$

벽체 전단 설계의 기본사항

① **벽체의 위험단면** : 벽체 밑면에서 $l_w/2$ 또는 $h_w/2$ 중에 더 가까이 있는 단면. [그림 7.30]에서 설명하였듯이 콘크리트 압축대의 영향을 고려하여 벽체 최하부에서 일정 거리 떨어진 곳을 전단위험단면으로 한다.

여기서, l_w : 전단벽의 수평 길이, h_w : 전단벽의 수직 길이이다.

② **최소 수평철근비(ρ_h)와 최대 간격(s_h)**

최대 간격 : $s_h \leq (l_w/5,\ 3h,\ 450\,\text{mm})$ 중 최솟값

다만, 벽체의 단부 또는 접합부에서 수평전단철근을 후크정착 또는 기계적 정착을 사용하여 정착하는 경우, $s_h \leq (l_w/3,\ 3h,\ 450\,\text{mm})$ 중 최솟값이며, 어떤 경우에도 s_h는 h보다 작을 필요는 없다.

최소 철근비 : $V_u \leq \dfrac{\phi V_c}{2}$일 때, $\rho_h \geq 0.0025$ 또는 14.2절의 최소 수평철근비 이상

$V_u > \dfrac{\phi V_c}{2}$일 때, $\rho_h \geq 0.0025\ (f_{yt} \leq 400\,\text{MPa})$

$\rho_h \geq 0.0025 \times 400/f_{yt}\ (f_{yt} > 400\,\text{MPa})$

다만, f_{yt}는 500 MPa를 초과할 수 없다.

③ **최소 수직철근비(ρ_l)와 최대 간격(s_v)**

최대 간격 : $s_v \leq (l_w/3,\ 3h,\ 450\,\text{mm})$ 중 최솟값

최소 철근비 : $V_u \leq \dfrac{\phi V_c}{2}$일 때, $\rho_l \geq 0.0025$ 또는 14.2절의 최소 수직철근비 이상

$V_u > \dfrac{\phi V_c}{2}$일 때, $\rho_l \geq \rho_{h,\min} + 0.5\left(2.5 - \dfrac{h_w}{l_w}\right)(\rho_h - \rho_{h,\min})$

여기서, $f_{yt} \leq 400\,\text{MPa}$일 때 $\rho_{h,\min} \geq 0.0025$이며

$f_{yt} > 400\,\text{MPa}$일 때 $\rho_{h,\min} \geq 0.0025 \times 400/f_{yt}$이다.

다만, f_{yt}는 500 MPa를 초과할 수 없다.

또한, $\rho_l \geq \rho_{h,\min}$이며, 소요 수평전단철근량보다 클 필요는 없다.

14.4.2 휨 설계법

벽체에 전달되는 하중은 [그림 14.3]과 같이 기둥의 밑면에서 최대가 된다. 벽체에 축하중과 휨모멘트가 작용할 경우에 기둥과 동일한 방법으로 재료메커니즘을 이용하여 설계할 수 있다. 또한 축력과 휨모멘트의 상관곡선을 이용하여 필요한 철근량을 계산할 수 있다. 그러나 벽체를 기둥과 동일한 방법으로 설계할 경우에 벽체에 배근되는 철근이 많기 때문에 계산이 복잡해지며, 더 많은 시간과 수고가 요구된다. 따라서 벽체의 휨설계는 재료메커니즘을 이용하기는 하지만 철근의 응력을 간략화하여 계산한다.

[그림 14.4]의 축력 P_u가 작용하며, 철근이 일정한 간격으로 배근된 벽체를 휨 설계할 경우에 우선 힘의 평형조건을 검토해야 한다. 여기서는 등가 직사각형 압축응력분포를 이용하여 계산하였다.

$$C_c + C_s = T_s + P_u \tag{14.11}$$

식(14.11)에서 콘크리트의 압축합력(C_c)은 식(14.12)에 의하여 계산한다.

$$C_c = \eta(0.85f_{ck})ab = \eta(0.85f_{ck})(\beta_1 c)h \tag{14.12}$$

철근의 압축합력(C_s)과 인장합력(T_s)은 각각 식(14.13)과 식(14.14)에 의하여 계산한다.

$$C_s = \sum_{i=1}^{n} A_{si} f_{si} \tag{14.13}$$

$$T_s = \sum_{i=1}^{n} A_{si} f_{si} \tag{14.14}$$

식(14.13)과 식(14.14)의 C_s와 T_s를 계산하기 위해서는 모든 철근의 응력(f_{si})을 계산해야 하고, f_{si}를 계산하기 위해서는 모든 철근의 변형률(ε_{si})을 계산해야 한다. 철근의 배열의 수가 많을 경우에는 이러한 계산 과정이 복잡하므로 벽체 설계에서는 철근비를 이용하여 철근의 합력을 계산한다. 즉, 철근의 변형률(ε_{si})이 항복변형률(ε_y)보다 클 경우에 철근의 응력분포는 [그림 14.4(d)]와 같이 항복응력(f_y) 이하에서 일정한 비율로 분포한다. [그림 14.4(d)]에서 중립축에서부터 삼각형 부분의 끝까지의 거리(β)는 $\beta = \varepsilon_y / \varepsilon_u$의 비율에 의하여 계산할 수 있다.

식(14.13)과 식(14.14)의 철근의 전체 면적(A_{si})을 철근비($\rho_n = A_{si}/(l_w \times h)$)로 표현하여 정리하면 식(14.15)와 식(14.16)과 같다.

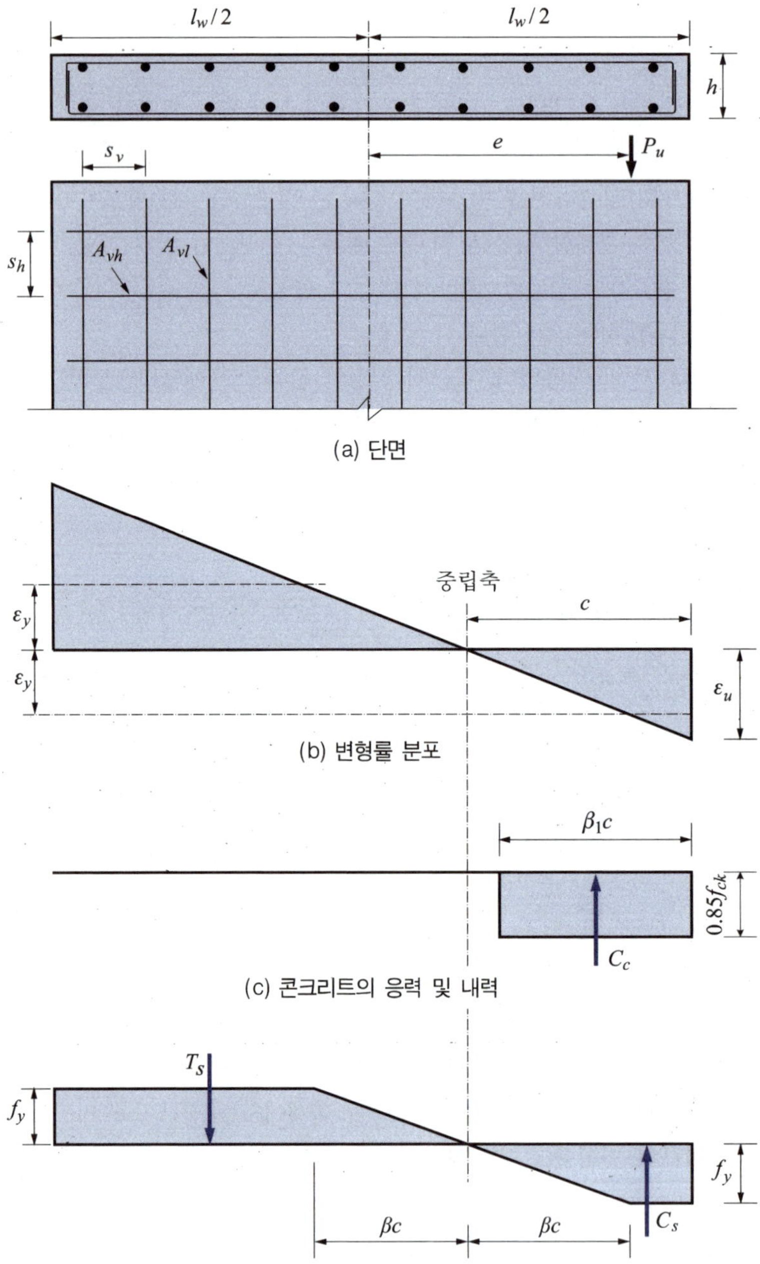

(a) 단면

(b) 변형률 분포

(c) 콘크리트의 응력 및 내력

(d) 철근의 응력 및 내력

그림 14.4 벽체의 변형률과 응력분포

$$C_s = \sum_{i=1}^{n} A_{si} \times (\text{철근의 응력분포}) = \sum_{i=1}^{n} A_{si} \left(\frac{c - \dfrac{\beta c}{2}}{l_w} f_y \right)$$

$$C_s = \rho_n h \left(c - \frac{\beta c}{2} \right) f_y \tag{14.15}$$

$$T_s = \rho_n h \left(l_w - c - \frac{\beta c}{2} \right) f_y \tag{14.16}$$

식(14.12), 식(14.15), 식(14.16)을 식(14.11)에 대입하여 정리하면 식(14.17)을 구할 수 있다.

$$\frac{c}{l_w} = \frac{A_s f_y + P_u}{2 A_s f_y + \eta 0.85 \beta_1 l_w h f_{ck}} \tag{14.17}$$

식(14.17)에서 축력(P_u)은 압축력일 때 양수(+)이다.

축력(P_u)과 식(14.12), 식(14.15), 식(14.16)에 의하여 계산되는 콘크리트의 압축합력(C_c), 철근의 압축합력(C_s)과 인장합력(T_s)이 중립축에 미치는 모멘트를 정리하면 식(14.18)과 같다. 이때 모멘트는 반시계방향을 양수(+)로 하여 계산한다.

$$M_1 = P_u \left\{ \left(\frac{l_w}{2} - e \right) - c \right\} \tag{14.18a}$$

$$M_2 = \eta (0.85 f_{ck}) \beta_1 c \times h \left(c - \frac{\beta_1 c}{2} \right) \tag{14.18b}$$

$$M_3 = \left\{ \frac{(\beta c)^2}{3} + (c - \beta c) \left(\frac{c + \beta c}{2} \right) \right\} \rho_n h f_y \tag{14.18c}$$

$$M_4 = \left\{ \frac{(\beta c)^2}{3} + (l_w - c - \beta c) \left(\frac{l_w - c + \beta c}{2} \right) \right\} \rho_n h f_y \tag{14.18d}$$

따라서 중립축에서 모멘트에 대한 평형을 이용하여 식(14.19)를 유도할 수 있다. 여기서 η는 "1"로 간주한다.

$$M_1 + M_2 + M_3 + M_4 = 0$$

$$M_n = A_s f_y l_w \left\{ \frac{1}{2} \left(1 + \frac{P_u}{A_s f_y} \right) \left(1 - \frac{\beta_1 c}{l_w} \right) - \frac{c^2}{l_w^2} \left(1 + \frac{1}{3} \beta^2 - \beta_1 \right) \right\} \tag{14.19}$$

벽체에 작용하는 편심이 큰 경우에는 식(14.19)의 중립축깊이(c)이 값이 자아지므로 $(c/l_w)^2 = 0$으로 할 수 있다. 또한 중립축깊이(c)가 작아져서 $\beta_1 = 1$이 된다. 따라서 식(14.19)의 설계 휨모멘트(ϕM_n)를 식(14.20)과 같이 간략화 할 수 있다.

$$\phi M_n = \phi\left[0.5(A_s f_y + P_u)(l_w - c)\right] \tag{14.20}$$

식(14.20)에 의하여 계산되는 설계휨모멘트는 벽체의 내부에 일정한 간격으로 배근된 철근에 의하여 저항되는 값이다. 만일 식(14.20)에 의하여 계산된 설계휨모멘트(ϕM_n)가 계수휨모멘트(M_u)보다 작을 때는 추가적으로 철근을 배근해야 한다. 추가로 배근되는 철근은 벽체의 좌우 끝 부분에 배근하는 것이 중립축에서부터 거리가 멀어져서 유리하다. 좌우 끝 부분에 배근해야 할 철근의 양은 식(14.21)에 의하여 계산한다.

$$A_s{}^* = \frac{M_u - \phi M_n}{\phi f_y z} \tag{14.21}$$

여기서, z는 추가로 배근되는 벽체철근의 중심간의 거리이다.

예제 14-2

[예제 그림 14-2-1]의 벽체를 전단과 휨모멘트에 대하여 설계하라. 벽체 상단에 계수전단하중과 계수축하중이 작용하고 있다. 벽체의 두께는 $300\ \mathrm{mm}$이다. 콘크리트의 압축강도는 $f_{ck} = 24\ \mathrm{MPa}$이다. 수직철근과 수평철근은 D16 철근($A_s = 198.6\ \mathrm{mm}^2$)과 D32 철근($A_s = 794.2\ \mathrm{mm}^2$)을 사용하며, 철근의 설계기준항복강도는 $f_y = 400\ \mathrm{MPa}$이다.

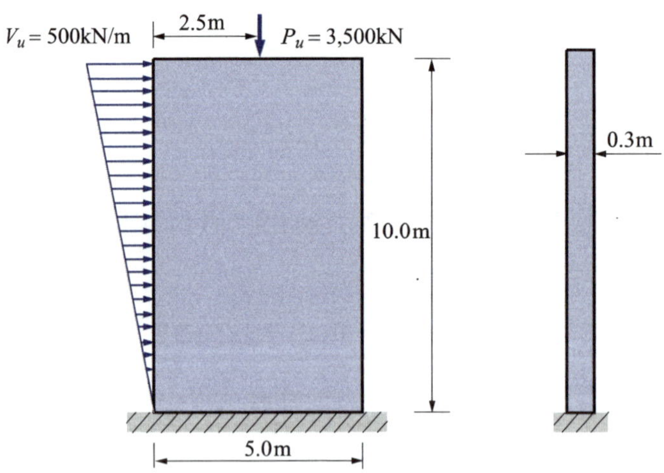

예제 그림 14-2-1 벽체

풀이

(1) 전단 설계

① 전단위험단면의 계수전단력을 계산하고 단면의 최대 전단강도를 검토한다.

전단위험단면은 벽체 밑면에서 $l_w/2$ 또는 $h_w/2$ 중에 더 가까이 있는 단면이다. 따라서 전단위험단면은 벽체 밑면에서 $l_w/2 = 2.5\text{ m}$ 떨어진 곳이 되며, 최대 계수전단력($V_{u-\max}$)은 다음과 같다.

$$V_{u-\max} = \frac{500+125}{2} \times (10-2.5) = 2{,}343.8\text{ kN} \tag{a}$$

식(a)에 의하여 계산된 $V_{u-\max}$는 설계전단력 이하가 되어야 한다. 설계전단력을 계산할 때 단면의 유효높이(d)는 전단벽의 유효깊이의 80퍼센트로 한다($d = 0.8l_w$).

$$\begin{aligned}\phi V_n &= \phi \frac{5}{6} \lambda \sqrt{f_{ck}} \cdot h \cdot d \\ &= 0.75 \times \frac{5}{6} \times 1 \times \sqrt{24} \times 300 \times (0.8 \times 5{,}000) = 3{,}674.2\text{ kN}\end{aligned}$$

계산된 $\phi V_n(=3{,}674.2\text{ kN}) > V_{u-\max}(=2{,}343.8\text{ kN})$이므로 설계가 가능하다.

② 콘크리트의 전단내력을 계산한다.

$$\begin{aligned}\phi V_c &= \phi \frac{1}{6} \lambda \sqrt{f_{ck}} \cdot h \cdot d \\ &= 0.75 \times \frac{1}{6} \times 1 \times \sqrt{24} \times 300 \times (0.8 \times 5{,}000) = 734.8\text{ kN}\end{aligned}$$

③ 필요 전단철근량을 계산한다.

$$A_{vh} = \frac{(V_u - \phi V_c) s_h}{\phi f_y d}$$

$$\frac{A_{vh}}{s_h} = \frac{(2{,}343.8 - 734.8) \times 10^3}{0.75 \times 400 \times 4{,}000} = 1.34 \tag{b}$$

D16 철근을 양면으로 배근하면,

$$s_h = \frac{A_{vh}}{1.34} = \frac{2 \times 198.6}{1.34} = 296.42\text{ mm} \rightarrow 250\text{ mm}$$

④ 최소 수평철근량과 최대 간격을 검토한다.

계산된 결과에 의하면 $V_u > \phi V_c/2$이며 $f_{yt} \leqq 400\text{ MPa}$이므로, $\rho_h \geqq 0.0025$가 되어야 한다. 단위길이 1 m에 대한 철근비를 계산하면 다음과 같다.

$$\rho_h = \frac{A_{vh}}{b \times s} = \frac{2 \times 198.6 \times 1{,}000/250}{1{,}000 \times 250} = 0.0064 \text{이므로 안전}$$

$$s_h \leq \min(l_w/5,\ 3h,\ 450\,\text{mm}) = \min(1{,}000,\ 900,\ 450) = 450\,\text{mm}$$

계산된 $s_h = 250\,\text{mm}$ 이므로 안전

그러므로 수평철근으로 D16@250을 양면으로 배근한다.

⑤ 최소 수직철근량과 최대 간격을 계산한다.

계산된 결과에 의하면 $V_u > \phi V_c/2$이며 $f_{yt} \leq 400\,\text{MPa}$이므로, 단위길이 1 m에 대한 수평철근비를 계산하면 다음과 같다.

$$\rho_l \geq \rho_{h,\min} + 0.5\left(2.5 - \frac{h_w}{l_w}\right)(\rho_h - \rho_{h,\min})$$

$$\rho_{h,\min} \geq 0.0025 \ \ (f_{yt} \leq 400\,\text{MPa})$$

$$\rho_l = 0.0025 + 0.5\left(2.5 - \frac{10{,}000}{5{,}000}\right)(0.0064 - 0.0025) = 0.0035$$

따라서 필요한 수직철근량(A_{vl})을 계산할 수 있다.

$$A_{vl} = \rho_l \times l_w \times h = 0.0035 \times 5{,}000 \times 300 = 5{,}250.0\,\text{mm}^2$$

D16 철근을 양면으로 배근하면,

$$\text{철근수} = \frac{A_{vl}}{2 \times A_s} = \frac{5{,}250}{2 \times 198.6} = 13.22\text{개}$$

$$s_v = \frac{l_w}{\text{철근수}} = \frac{5{,}000}{13.22} = 378.2\,\text{mm} \ \rightarrow \ 350\,\text{mm}$$

$$s_v \leq \min(l_w/3,\ 3h,\ 450\,\text{mm}) = \min(1{,}667,\ 900,\ 450) = 450\,\text{mm}$$

계산된 $s_v = 350\,\text{mm}$ 이므로 안전

따라서 양면으로 D16@350의 수직철근을 배근하며, 총 수직철근량(A_{vl})은 다음과 같다.

$$A_{vl} = 2 \times A_s \times \frac{l_w}{s_v} = 2 \times 198.6 \times \frac{5{,}000}{350} = 5{,}674.3\,\text{mm}^2$$

(2) 휨설계

① 식(14.17)을 이용하여 벽체의 중립축 깊이(c)를 계산한다.

$$c = \frac{A_s f_y + P_u}{2A_s f_y + 0.85\beta_1 l_w h f_{ck}}\, l_w$$

$$= \frac{5{,}674.3 \times 400 + 3{,}500 \times 10^3}{2 \times 5{,}674.3 \times 400 + 1 \times 0.85 \times 0.8 \times 5{,}000 \times 300 \times 24} \times 5{,}000$$

$= 944.1 \text{ mm}$

② 식(14.20)을 이용하여 벽체의 설계휨모멘트(ϕM_n)를 계산한다.

$$\phi M_n = \phi\left[0.5(A_s f_y + P_u)(l_w - c)\right]$$
$$= 0.85\left[0.5(5{,}674.3 \times 400 + 3{,}500 \times 10^3)(5{,}000 - 944.1)\right]$$
$$= 9{,}945.1 \text{ kN} \cdot \text{m}$$

③ 식(14.21)을 이용하여 추가로 배근되는 철근량(A_s*)을 계산한다.
계수휨모멘트(M_u)를 계산하면 다음과 같다.

$$M_u = \frac{1}{2} \times (500 \text{ kN/m} \times 10 \text{ m}) \times \left(10 \text{ m} \times \frac{2}{3}\right) = 16{,}666.7 \text{ kN} \cdot \text{m}$$

계산된 계수휨모멘트(M_u)가 설계휨모멘트(ϕM_n)보다 크므로 추가적으로 철근을 벽체의 좌우 끝 부분에 배근해야 한다. 추가 철근의 양은 식(14.21)에 의하여 계산한다.

$$A_s{}^* = \frac{M_u - \phi M_n}{\phi f_y z} = \frac{(16{,}666.7 - 9{,}945.1) \times 10^6}{0.85 \times 400 \times (5{,}000 - 500)} = 4{,}393.2 \text{ mm}^2$$

그러므로 6-D32($A_s = 4{,}765.2 \text{ mm}^2$)을 [예제 그림 14-2-2]와 같이 전단벽의 양단에 대칭으로 배근한다.

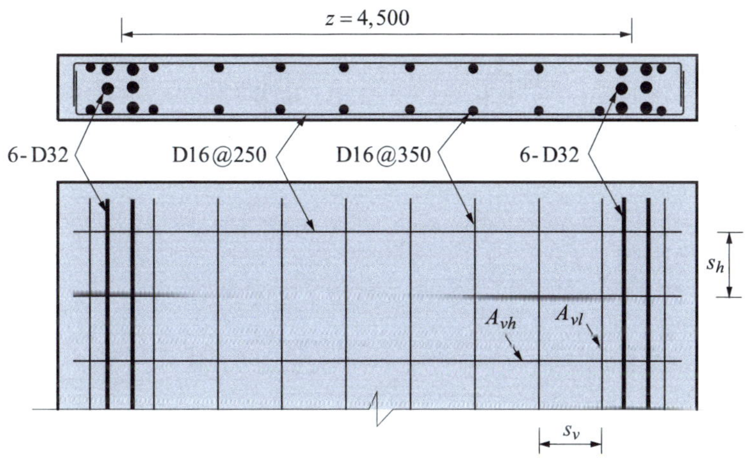

예제 그림 14-2-2 벽체의 배근

Chapter 14 연습문제

14.1 벽체의 종류를 하중의 관점에서 구별하고, 각 벽체의 특징을 비교하여 설명하라.

14.2 실용 설계법과 압축 설계법의 차이를 설명하라.

14.3 [연습 그림 14.1]의 벽체를 실용 설계법에 의하여 설계하라. 벽체는 상·하단의 양쪽이 횡구속되어 수평이동이 구속되었다. 벽체 상부 두 지점에 고정하중 $P_D = 500$ kN과 활하중 $P_L = 350$ kN이 작용하고 있다. 콘크리트의 압축강도 $f_{ck} = 24$ MPa, 철근의 설계기준항복강도 $f_y = 400$ MPa이다.

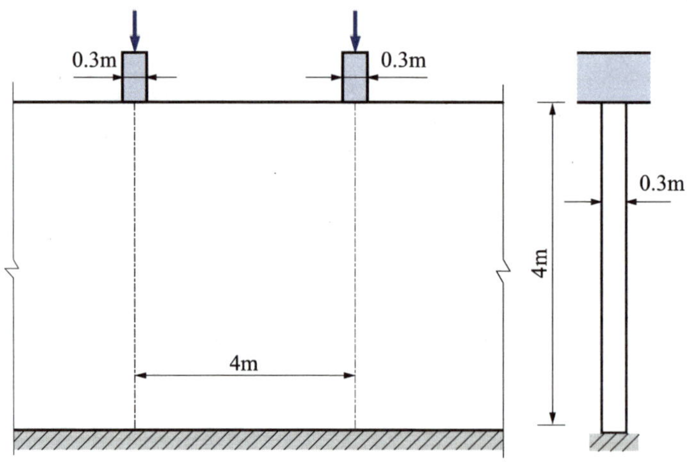

연습 그림 14.1 철근콘크리트 벽체

14.4 [연습 그림 14.2]의 벽체를 전단과 휨모멘트에 대하여 설계하라. 벽체 상단에 계수전단하중과 계수축하중이 작용하고 있다. 벽체의 두께는 300 mm이다. 콘크리트의 압축강도 $f_{ck} = 24$ MPa, 철근의 설계기준항복강도 $f_y = 400$ MPa이다.

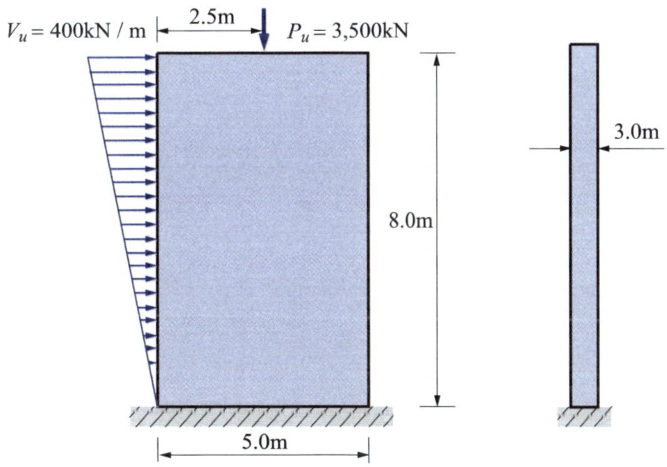

연습 그림 14.2 수평하중을 지지하는 벽체

Chapter 15

옹벽의 설계

15.1 일반 사항
15.2 옹벽에 작용하는 토압
15.3 옹벽 안정성의 검토
15.4 옹벽 부재의 설계

15.1 일반 사항

옹벽(擁壁, retaining walls)은 토압에 저항하며 토압에 의한 붕괴를 방지하도록 설치되는 구조물이다. 옹벽은 굴토, 절토 또는 흙의 채움 등에 의하여 지반의 경사면에 변화가 생겼을 때 토압에 저항하여 흙의 붕괴를 막고 안전성을 유지하기 위하여 설치한다. 즉, 땅을 깎거나 흙을 쌓아 생기는 비탈이 흙의 압력으로 무너져 내리지 않도록 만든 벽이다. 옹벽의 형상은 벽체와 유사하지만, 벽체에 비하여 축력이 작고 횡력이 크게 작용한다. 옹벽은 도로, 철도 공사의 깎기와 쌓기, 사면의 흙막이벽, 하천, 항만, 운하, 매립지 등의 호안(湖岸)이나 방조제 그리고 흙채움을 지지해야 하는 교량의 교대와 기초벽에도 이용된다.

옹벽에 작용하는 하중은 옹벽의 자중, 흙의 중량, 상재하중 등이 있으며 옹벽의 뒷면으로 지하수가 흐를 때에는 수압, 양압력(揚壓力, 물체를 위로 밀어 올리는 힘), 침투압 등이 고려되어야 한다. 옹벽은 옹벽 자체의 자중 또는 기초판 위에 있는 흙의 중량으로 토압에 저항하고 지표면의 고저차를 유지시켜 구조물의 안정을 도모한다.

옹벽은 토압의 크기, 옹벽의 높이, 하중 저항 방식, 시공성 및 경제성에 따라서 다음 세 가지 종류로 구분하여 적용한다.

① **중력식 옹벽**(gravity retaining walls) : 토압이 비교적 작은 경우에 사용되는 옹벽으로 옹벽 자체의 무게에 의하여 토압을 저항한다. 옹벽 높이가 비교적 낮으며 무근콘크리트, 또는 조적조 등을 사용하기도 한다. 옹벽의 높이는 일반적으로 3 m 이하이다.

② **캔틸레버식 옹벽**(cantilever retaining walls) : 토압이 크게 작용하는 경우에 사용되는 옹벽이다, 캔틸레버식 옹벽은 기초와 수직벽으로 구성되어 있으며 옹벽의 무게와 바닥판 위의 흙의 중량에 의하여 토압을 저항한다. 옹벽의 높이는 일반적으로 3~6 m이다.

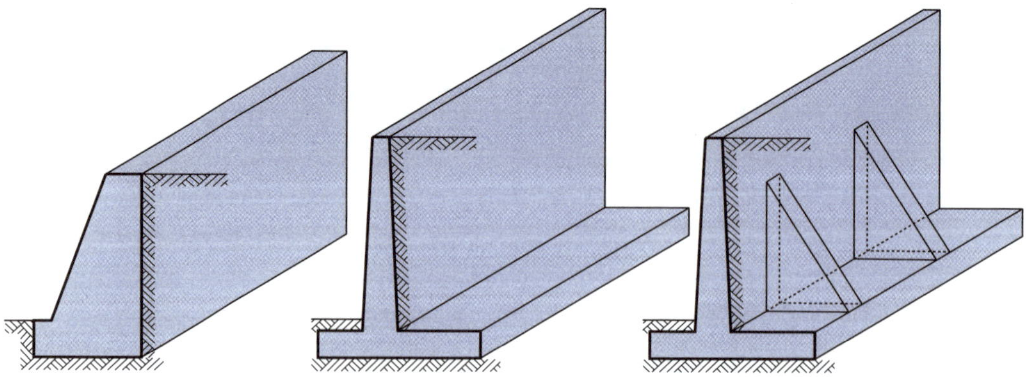

(a) 중력식 옹벽 (b) 캔틸레버식 옹벽 (c) 부벽식 옹벽

그림 15.1 옹벽의 종류

③ **부벽식(扶壁式, buttress) 옹벽**(counterfort retaining walls) : 토압이 크게 작용하며 벽체의 길이가 긴 경우에 사용되는 옹벽이다. 캔틸레버식 옹벽에 부벽이 추가되어 기초, 수직벽, 부벽으로 구성되어 있으며, 옹벽의 무게, 바닥판 위의 흙의 중량, 부벽에 의하여 토압을 저항한다. 옹벽의 높이는 일반적으로 8 m 이상이다.

옹벽을 설계하기 위해서는 옹벽의 안정성(전도, 침하, 미끄러짐)을 검토하고, 옹벽을 구성하는 벽체와 기초판에 대하여 설계해야 한다. 15장의 전반부에서는 옹벽 설계의 기본이 되는 토압과 옹벽의 안정성에 대하여 설명하고, 후반부에서는 벽체와 기초판의 설계에 대하여 설명한다.

15.2 옹벽에 작용하는 토압

옹벽에 작용하는 흙의 횡방향 하중인 토압은 안식각, 흙의 파괴 종류, 주동토압, 수동토압 등과 밀접한 관련이 있다.

안식각, 내부 마찰각

옹벽에 작용하는 측압(횡하중)은 흙의 안식각(angle of repose)과 밀접한 관계가 있다. 안식각이란 굳지 않은 퇴적물이 경사면 위에 쌓일 때 흘러내리지 않고 쌓일 수 있는 최대의 경사각으로 흙의 내부 마찰각(angle of internal friction)과 같다. 즉, 자연 상태의 흙을 외력을 가하지 않고 쌓아 올렸을 때 접착력이 상실되어 자연 붕괴가 되어 최종적으로 어느 안정된 사면을 형성하게 된다. 이 때 사면과 수평면이 이루는 각도를 안식각이라 하고 이 구배(勾配, grade)를 자연구배 또는 자연 경사라 한다. 안식각은 구성입자의 입도가 크고, 모난 것일수록 커진다. 따라서 돌과 같이 안식각이 큰 경우에는 옹벽에 작용하는 측압이 거의 없지만, 사질토와 같이 안식각이 작은 경우에는 옹벽에 작용하는 측압이 크다.

옹벽에 작용하는 토압

옹벽에 작용하는 토압은 흙의 높이, 내부 마찰각(ϕ)에 따라서 달라진다. [그림 15.2]이 높이 H_o인 옹벽에 토압이 작용할 경우에 지면에서의 깊이가 깊어질수록 토압이 커진다. 토압은 옹벽에 삼각형 분포로 작용하며, 내부 마찰각이 작을수록 커진다.

토질역학에서는 내부 마찰각에 의하여 발생하는 토압의 크기(P)를 토압계수(K)로 나타낸다. [그림 15.2]의 옹벽에 유발되는 토압의 크기는 식(15.1)과 같다.

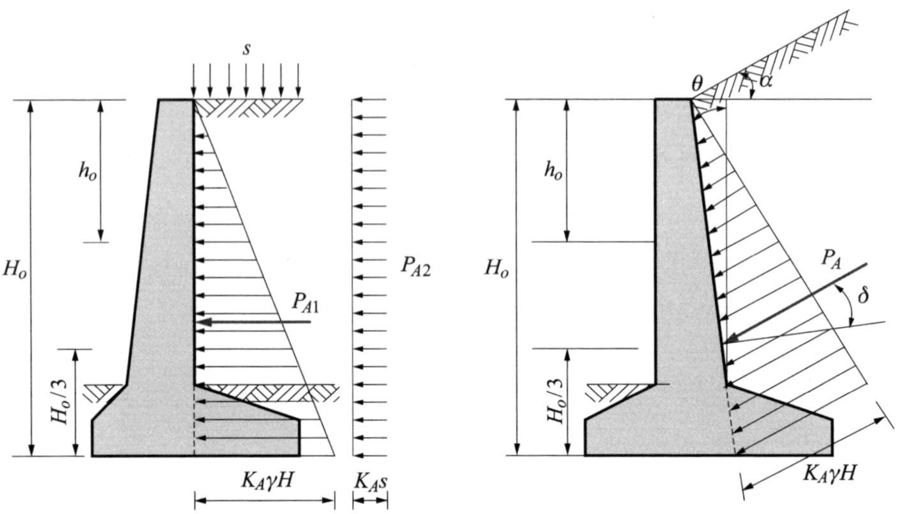

(a) 토압 작용 방향과 수직인 벽체

(b) 토압 작용 방향과 경사진 벽체

그림 15.2 옹벽에 작용하는 하중

$$P = \frac{1}{2} K \cdot \gamma \cdot H^2 \tag{15.1}$$

식(15.1)에서 수직으로 작용하는 흙의 무게(γ)가 옹벽에 수평방향 하중으로 미치는 영향은 내부 마찰각과 관련된 토압계수(K)에 따라서 달라진다. 즉, 흙의 무게가 크다고 할지라도 내부 마찰각이 크면 흙이 흘러내리지 않고 구조물에 작용하는 토압이 작아진다. 흙의 깊이가 깊어지면 토압의 크기도 비례적으로 증가하여 삼각형 분포의 맨 아래쪽 토압 크기는 $K \cdot \gamma \cdot H$가 된다. 한편 흙 위에 화단이나 주차장과 같이 상재하중(s)이 작용할 경우에 식(15.2)와 같이 상재하중에 의한 횡하중이 추가된다.

$$P = \frac{1}{2} K \cdot \gamma \cdot H^2 + K \cdot s \cdot H \tag{15.2}$$

여기서, P : 토압, K : 토압계수, H : 옹벽의 유효높이, γ : 흙의 무게, s : 상중하중이다.

상재하중은 수직하중이지만 흙의 내부 마찰각의 영향으로 옹벽에 횡하중으로 작용하며, 내부 마찰각과 관련된 토압계수(K)에 따라서 달라진다. 다만, 상재하중은 흙의 표면에 일정하게 작용하는 하중이므로 흙의 깊이와 무관하게 등분포횡하중으로 작용한다.

식(15.1)과 식(15.2)에서 토압이 영향을 미치는 옹벽의 높이는 실제 높이(H_o)가 아니라 식(15.3)과 같이 실제 높이(H_o)에서 흙의 점착력(c)의 영향을 제외한 유효높이(H)이다.

$$H = H_o - \frac{2c}{\gamma}\tan\left(45° + \frac{\phi}{2}\right) \tag{15.3}$$

$$h = h_o - \frac{2c}{\gamma}\tan\left(45° + \frac{\phi}{2}\right) \tag{15.4}$$

여기서, H : 옹벽의 수직 높이, H_o : 실제 옹벽의 수직 높이, c : 흙의 점착력, h : 지면으로부터의 유효깊이, h_o : 지면으로부터의 임의의 길이이다.

횡방향 토압계수

식(15.1)과 식(15.2)의 토압을 구하기 위해서는 토압계수(K)를 구해야 하고, 토압계수를 구하기 위해서는 먼저 흙의 파괴기준을 이해해야 한다.

축력, 전단력, 휨모멘트, 비틀림모멘트와 같은 기본 하중은 재료에 직응력과 전단응력을 유발한다. 다양한 응력을 받는 재료는 성질에 따라서 전단응력에 좀 더 취약하기도 하고, 직응력에 취약하기도 한다. 또한 두 가지 응력이 동시에 작용할 때 응력의 조합에 따라서 파괴 강도가 달라진다. 직응력과 전단응력이 동시에 작용하는 경우의 파괴 기준(failure criteria)으로 여러 가지 모델이 있으며 그 중에서 흙의 내력과 관련된 파괴 기준으로 모어-쿨롱(Mohr-Coulomb) 파괴 기준이 널리 적용되고 있다. 모어-쿨롱의 기준에 의하면 [그림 15.3]에서 어떤 재료가 파괴되는 전단파괴응력은 모어(Mohr)의 응력원과 식(15.5)의 관계를 갖고 있다.

$$v = c + f_n \tan\phi \tag{15.5}$$

여기서, v : 흙의 전단강도, c : 점착력, f_n : 흙의 직응력(직압력), ϕ : 흙의 내부 마찰각.

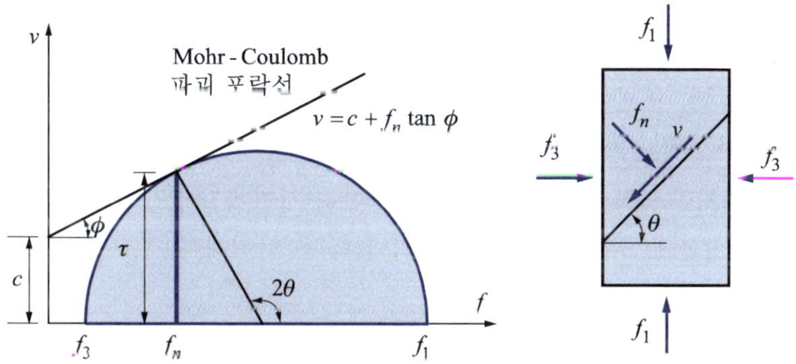

그림 15.3 모어-쿨롱 파괴 포락선

모어 - 쿨롱(Mohr-Coulomb)의 방정식은 토질역학과 암반역학에서 토압계수를 산정하는데 사용된다. [그림 15.3]에서 전단파괴의 경계면(식(15.5)의 전단응력(v)과 모어의 응력원이 접하는 면에 작용하는 전단응력(v)과 직응력(σ_n)의 관계는 식(15.6)과 같다.

$$v = \frac{f_1 - f_3}{2}\sin 2\theta \tag{15.6}$$

$$f_n = \frac{f_1 + f_3}{2} + \frac{f_1 - f_3}{2}\cos 2\theta \tag{15.7}$$

여기서, θ는 흙의 전단파괴면과 주응력면 사이의 각도이며, 내부 마찰각(ϕ)과는 식(15.8)의 관계를 갖는다.

$$\theta = 45° + \frac{\phi}{2} \tag{15.8}$$

따라서 식(15.5)에 식(15.7)을 대입하여, 흙의 전단파괴시의 주응력(f_1, f_2)을 계산할 수 있다.

$$f_1 = f_3 \cdot \tan^2\left(45° + \frac{\phi}{2}\right) + 2c \cdot \tan\left(45° + \frac{\phi}{2}\right) \tag{15.9}$$

$$f_3 = f_1 \cdot \tan^2\left(45° - \frac{\phi}{2}\right) - 2c \cdot \tan\left(45° - \frac{\phi}{2}\right) \tag{15.10}$$

흙이 횡방향으로 밀어 내는 토압계수는 주동토압(主動土壓)과 수동토압(受動土壓)으로 구분한다.

① **주동토압(active pressure)** : 팽창이 가능한 상태에서 옹벽을 밀어내는 압력을 주동토압이라 한다. 일반적으로 옹벽의 벽체와 배면토(背面土) 사이에는 상대적인 움직임 때문에 전단력이 발생한다. 주동토압 상태의 경우 [그림 15.4(a)]에서 옹벽이 바깥쪽으로 이동함에 따라 흙은 벽체에 상대적 하향거동을 하게 되며, 하향의 전단력이 발생한다. 이때 벽체에 작용하는 하향 전단력을 주동토압 상태의 양(+)의 벽마찰력이라 한다. 주동토압계수(K_A)는 식(15.9)와 식(15.10)의 수직압력(f_1)에 대한 수평압력(f_3)의 비율이다. 따라서 [그림 15.2(a)]처럼 벽체 뒷면이 수직하며 벽과 흙 사이에 마찰각이 없을 경우에 식(15.11)에 의하여 계산한다. 식(15.11)에서 수직압력(f_1)은 단위체적중량(γ)과 흙의 무게로 환산한 높이(h)의 곱과 같다.

$$K_A = \frac{f_3}{f_1} = \tan^2\left(45° - \frac{\phi}{2}\right) - \frac{2c}{\gamma h}\tan\left(45° - \frac{\phi}{2}\right) \tag{15.11}$$

점착력이 없는 흙($c = 0$)의 경우는 식(15.12)에 의해 계산한다.

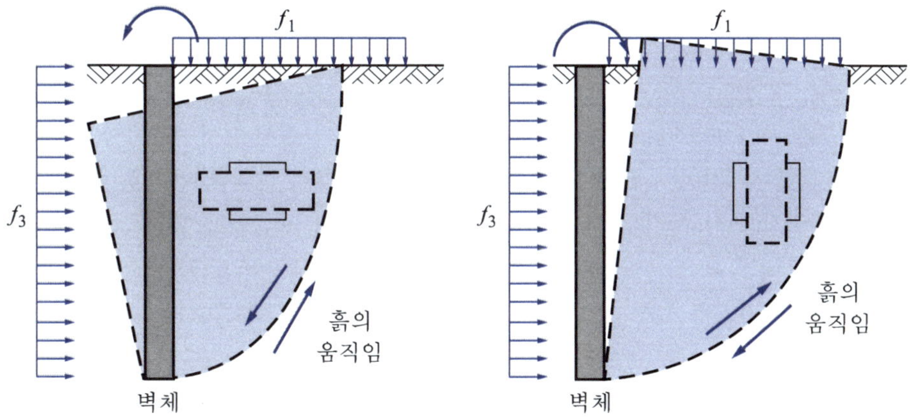

그림 15.4 흙의 토압

$$K_A = \tan^2\left(45° - \frac{\phi}{2}\right) \tag{15.12}$$

그러나 [그림 15.2(b)]처럼 벽체 뒷면이 수직면에 θ의 각도를 이루고 있고, 벽면과 흙 사이에 마찰각(δ)이 생기는 경우는 식(15.13)에 의하여 계산해야 한다.

$$K_A = \frac{\cos^2(\phi - \theta)}{\cos^2\theta \cdot \cos(\theta + \delta)\left\{1 + \sqrt{\dfrac{\sin(\delta+\theta)\cdot\sin(\phi-\alpha)}{\cos(\delta+\theta)\cdot\cos(\theta-\alpha)}}\right\}^2} \tag{15.13}$$

여기서, δ : 벽면과 흙 사이의 마찰각, θ : 벽체 뒷면의 각, α : 지표면의 수평면에 대한 각, ϕ : 내부 마찰각이다.

② **수동토압(passive pressure)** : 흙이 횡압에 의해 수축되어 위로 떠밀려 올라갈 때, 이때의 토압을 수동토압이라 한다($f_0 > f_1$). 수동토압 상태에서는 [그림 15.4(b)]처럼 수평압력이 흙의 상향팽창을 유발해 벽체에 상향의 전단력을 유발한다. 이때의 전단력은 수동토압 상태에서의 부(−)의 마찰력이라 한다. 흙이 벽구조물을 밀 때의 압력을 주동토압이라 하면, 반대로 벽구조물을 배면의 흙쪽으로 밀 때 그 반발력으로서 벽구조물에 가해지는 압력을 수동토압이라 한다. 따라서 수동토압계수(K_P)는 식(15.9)와 식(15.10)의 수평압력(f_3)에 대한 수직압력(f_1)의 비율이다. [그림 15.2(a)]처럼 벽체 뒷면이 수직하며 벽과 흙 사이에 마찰각이 없는 경우에 식(15.14)에 의하여 계산한다.

$$K_P = \frac{f_1}{f_3} = \tan^2\left(45° + \frac{\phi}{2}\right) + \frac{2c}{\gamma h}\tan\left(45° + \frac{\phi}{2}\right) \tag{15.14}$$

점착력이 없는 흙($c=0$)의 경우는 식(15.15)에 의해 계산한다.

$$K_P = \tan^2\left(45° + \frac{\phi}{2}\right) \tag{15.15}$$

그러나 [그림 15.2(b)]와 같이 벽체 뒷면이 수직면에 θ의 각도를 이루고 있고, 벽면과 흙 사이에 마찰각(δ)이 생기는 경우는 식(15.16)에 의하여 계산해야 한다.

$$K_P = \frac{\cos^2(\phi+\theta)}{\cos^2\theta\cos(\theta+\delta)\left\{1-\sqrt{\dfrac{\sin(\delta-\theta)\cdot\sin(\phi+\alpha)}{\cos(\delta+\theta)\cdot\cos(\theta-\alpha)}}\right\}^2} \tag{15.16}$$

식(15.12)와 식(15.15)를 비교해 보면 점착력이 없는 흙($c=0$)의 경우에 주동토압과 수동토압은 역수(逆數) 관계가 있음을 알 수 있다.

$$K_P = \frac{1}{K_A} \tag{15.17}$$

다양한 종류의 흙에 대한 내부 마찰각과 주동토압계수, 벽 배면이 수직일 때의 주동토압계수, 벽 배면토의 설계 계수, 기초판 밑면과 지지반과의 마찰계수의 상한값, 콘크리트에 대한 마찰계수를 [표 15.1]에서 [표 15.5]에 정리하였다.

표 15.1 내부 마찰각과 주동토압계수(K_A)

토질 종류	내부 마찰각(ϕ)	주동토압계수(K_A)
연질롬	2° ~ 4°	0.95 ~ 0.9
경질롬	6° ~ 12°	0.8 ~ 0.65
실 트(습한 것)	10°	0.7
모 래(소량의 롬을 포함한 것)	30°	0.33
모 래(건조한 것)	34°	0.28
고정된 모래 또는 자갈	34°	0.28

표 15.2 벽 배면 수직일 때 주동토압계수(K_A)

내부 마찰각(ϕ)		20°			30°		
지표 경사각(α)		0°	10°	20°	0°	10°	20°
벽 배면 마찰각(δ)	0°	0.49	0.57	0.88	0.33	0.37	0.43
	10°	0.45	0.53	0.90	0.31	0.35	0.42
	20°	0.43	0.51	0.93	0.30	0.34	0.40

표 15.3 벽 배면토의 설계 계수

벽 배면토의 종류	내부 마찰각(ϕ) [°]	점착력(c) [kN/m^2]	단위체적중량(γ) [kg/m^3]
1. 정한 모래 및 자갈	35	-	1,800
2. 실트 또는 점토를 포함한 투수성 사질토	30	-	1,800
3. 점토를 다량 포함한 사질토	24	-	1,750
4. 연질의 유기질 실트 또는 실트질 점토	0	-	1,600
5. 사질점토	0	12.0	1,700

표 15.4 기초판 밑면과 지지반과의 마찰계수(μ)의 상한값

실트 또는 점토를 포함하지 않는 조립토	0.55($\phi \approx 29°$)
실트를 포함한 조립토	0.45($\phi \approx 24°$)
실트 또는 점토 (기초관 밑에 두께 약 100 mm의 흙을 굵은 모래 또는 자갈층으로 바꾼 것)	0.35($\phi \approx 19°$)

표 15.5 콘크리트에 대한 마찰계수(μ)값

	점 토	모 래	자 갈	콘크리트
습한 상태	0.20	0.20~0.30	0.50	0.65
건조 상태	0.50	0.50		

15.3 옹벽 안정성의 검토

옹벽 설계에서는 [그림 15.5]의 전도(overturning), 침하(settlement), 미끄러짐(sliding)에 대한 옹벽의 안정성을 우선 검토하고, 그 이후에 옹벽을 구성하는 벽체와 기초판에 대하여 설계한다.

옹벽은 외부에서 작용하는 하중에 대하여 다음 세 가지 평형에 안정해야 한다.

$$\sum F_x = 0 \quad \rightarrow \quad \text{미끄러짐에 대한 안정}$$

$$\sum F_y = 0 \quad \rightarrow \quad \text{침하에 대한 안정}$$

$$\sum M = 0 \quad \rightarrow \quad \text{전도에 대한 안정}$$

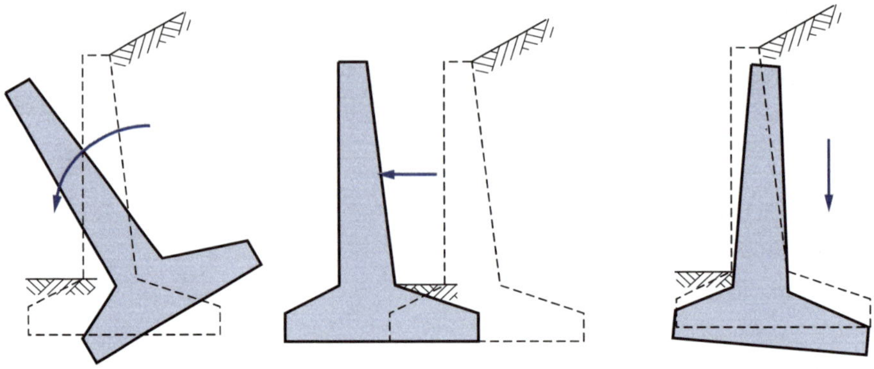

그림 15.5 옹벽의 안정성

[그림 15.5]의 캔틸레버형 옹벽에 두 가지 원인에 의한 토압이 작용하게 된다. 흙의 무게(γ)에 의해 발생하는 토압은 지면으로부터의 깊이에 따라 삼각형 분포로 옹벽에 작용하게 되며, 옹벽 지상부에 있는 상재하중(s)에 의해 발생하는 토압은 등분포하중으로 옹벽에 작용한다. 이 때 토압의 크기는 토압계수(K)에 따라서 달라진다. 계산의 편의를 위하여 옹벽에 작용하는 하중의 분포를 다음과 같이 구분한다.

W_1, l_1 : 벽체의 자중과 A점에서부터 W_1 무게 중심까지 떨어진 거리

W_2, l_2 : 기초판의 자중과 A점에서부터 W_2 무게 중심까지 떨어진 거리

W_3, l_3 : 흙의 무게와 A점에서부터 W_3 무게 중심까지 떨어진 거리

P_{A1}, l_{A1} : 주동토압에 의한 횡방향 토압과 A점에서부터 P_{A1} 무게 중심까지 떨어진 거리

P_{A2}, l_{A2} : 상재하중에 의한 횡방향 토압과 A점에서부터 P_{A2} 무게 중심까지 떨어진 거리

P_v, l_v : 수동토압에 의한 횡방향 토압과 A점에서부터 P_v 무게 중심까지 떨어진 거리

전도모멘트에 대한 검토

옹벽은 회전에 대하여 평형을 이루어야 하며, 전도에 대한 검토가 필요하다. [그림 15.5(a)]의 벽체에 토압이 작용할 경우에 옹벽은 전도할 위험이 있다. 이를 방지하기 위해서는 기초판의 길이를 길게 하거나, 벽체의 높이를 낮추어야 한다. [그림 15.6]의 캔틸레버형 옹벽의 앞굽판 A점에서의 회전에 대한 평형은 식(15.18)과 같다.

$$\sum M_A = 0, \qquad M_r - M_o = 0 \tag{15.18}$$

여기서, M_r : 저항모멘트(안정모멘트), M_o : 토압에 의한 전도모멘트이다.

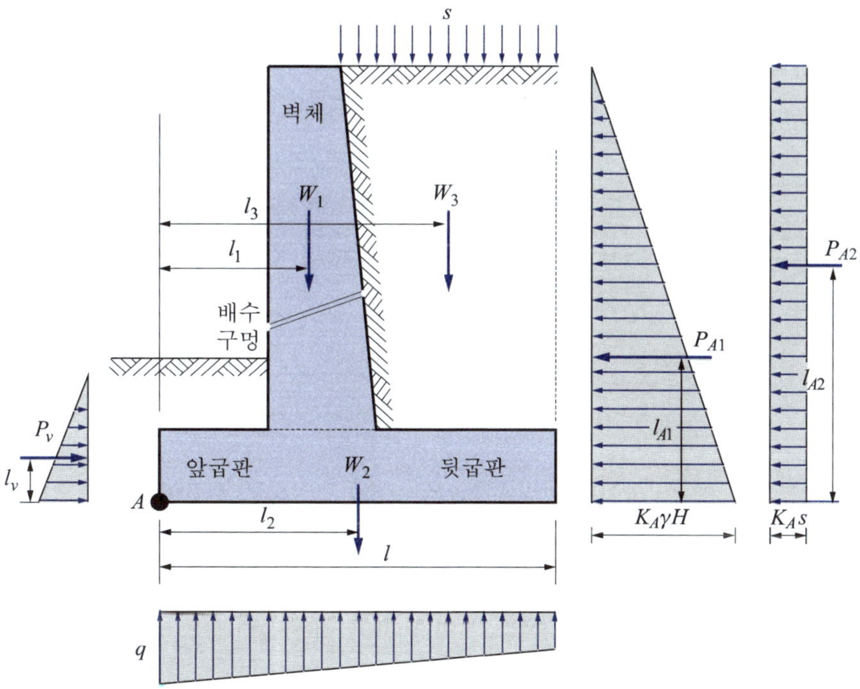

그림 15.6 옹벽의 설계

토압에 의한 전도모멘트(M_o)와 흙의 무게 및 기초판의 자중이 유발하는 저항모멘트(M_r)는 각각 식(15.19)와 식(15.20)으로 계산한다. 저항모멘트(M_r)를 계산할 때 앞굽판 위의 흙의 일부가 소실될 수 있으므로 설계에서는 안전성을 고려하여 수동토압에 의한 저항모멘트는 무시한다.

$$M_o = P_{A1} \cdot l_{A1} + P_{A2} \cdot l_{A2} \tag{15.19}$$

$$M_r = \sum W_i \cdot l_i \tag{15.20}$$

설계에서는 전도에 대한 안전율을 2배로 하여 식(15.21)에 의하여 옹벽의 전도에 대한 안정성을 확보한다.

$$M_r \geq 2.0 M_o \tag{15.21}$$

미끄러짐(활동)에 대한 검토

옹벽이 주동토압에 의하여 횡방향으로 밀리는 현상을 방지하기 위하여 횡방향 이동에 대한 검토가 필요하다. [그림 15.5(b)]의 벽체에 토압이 작용할 경우에 옹벽은 앞굽판 쪽으로 밀릴 위험이 있다. 이를 방지하기 위해서는 기초판의 길이를 길게 하여 옹벽기초판 콘크리트와 흙 사이의 마찰저항을 크게 해야 한다. [그림 15.6]의 캔틸레버형 옹벽의 좌우 방향 이동에 대한 평형은 식(15.22)와 같다.

$$\sum F_x = 0, \qquad P_{hr} - P_{ho} = 0 \tag{15.22}$$

여기서, P_{hr} : 미끄러짐에 대한 저항력, P_{ho} : 토압에 의한 미끄러짐 하중이다.

토압에 의한 미끄러짐 하중(H_o)과 흙의 무게와 기초판의 자중이 유발하는 저항력(P_{hr})은 각각 식(15.23)과 식(15.24)으로 계산한다.

$$P_{ho} = P_{A1} + P_{A2} \tag{15.23}$$

$$P_{hr} = \sum W_i \cdot \mu + P_v \tag{15.24}$$

여기서, μ : 콘크리트와 흙 사이의 마찰계수, P_v : 수동토압으로 시간이 지남에 따라서 지표면의 흙이 유실되는 것을 고려하여 지표면에서 300 mm에서 500 mm의 흙은 계산에 포함하지 않는다.

설계에서는 미끄러짐에 대한 안전율을 1.5배로 하여 식(15.25)에 의하여 옹벽의 미끄러짐에 대한 안정성을 확보한다.

$$P_{hr} \geq 1.5 P_{ho} \tag{15.25}$$

옹벽의 높이가 높아지면 마찰에 의한 미끄러짐 저항만으로는 미끄러짐에 대한 안정을 기대하기 어렵게 되며, 안전율 1.5를 만족하지 못하는 경우가 있다. 이 경우에는 기초의 밑바닥에 [그림 15.7]과 같이 기초 폭의 0.1～0.15배 높이의 미끄러짐 방지벽을 설치하거나, 횡방향으로 앵커 등을 설치하여 미끄러짐 저항력을 증대시킨다.

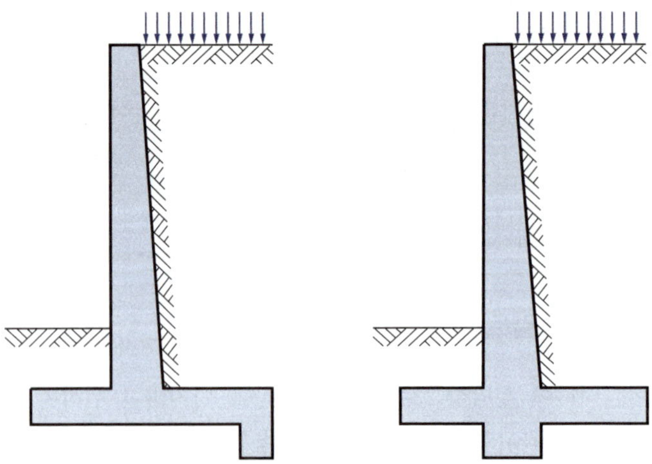

그림 15.7 옹벽 미끄러짐 방지

침하에 대한 검토

옹벽을 지지하는 지반이 연약할 경우에 옹벽이 침하할 수 있으므로 침하에 대한 검토가 필요하다. [그림 15.5(c)]의 캔틸레버형 옹벽의 상하 방향 이동에 대한 평형은 식(15.26)과 같다.

$$\sum F_y = 0, \qquad q_r - q_o = 0 \tag{15.26}$$

여기서, q_r : 침하에 대한 저항력(허용지내력 q_a와 동일), q_o : 토압, 흙의 무게, 기초판의 자중에 의한 침하응력으로 최대 접지압 또는 최소 접지압이다.

토압, 흙의 무게, 기초판의 자중은 기초에 식(15.27a)의 침하응력을 유발한다. 식(15.27a)는 축하중과 모멘트가 유발하는 연직응력이다.

$$q_o = q_1, \qquad q_2 = \frac{\sum W_i}{A} \pm \frac{M_{cen}}{I}\left(\frac{l}{2}\right) \tag{15.27a}$$

여기서, q_1 : 최대 접지압, q_2 : 최소 접지압, $\sum W_i$: 옹벽과 옹벽에 실린 흙과 상재하중에 의한 수직하중, A : 기초판의 면적, I : 기초판의 단면2차모멘트이다. 침하에 대한 검토는 기초판의 길이 1 m 폭에 대하여 검토하므로 식(15.27a)의 기초판 면적(A)과 단면2차모멘트(I)는 각각 $A = 1 \times l$과 $I = 1 \times l^3/12$ 이 되어 식(15.27a)를 식(15.27b)로 변경할 수 있다.

$$q_o = q_1 = \frac{\sum W_i}{l} + \frac{6M_{cen}}{l^2} \tag{15.27b}$$

또한 M_{cen}은 옹벽 기초판의 중심에 대한 수직하중과 수평하중에 의한 휨모멘트로 식(15.28)에 의하여 계산한다.

$$M_{cen} = M_o - \sum W_i\left(l_i - \frac{l}{2}\right) = M_o - M_r + \sum W_i\left(\frac{l}{2}\right) \tag{15.28}$$

실제에서는 식(15.26)의 침하에 대한 저항력(q_r)으로 안전율이 포함된 허용지내력(q_a)을 사용하여 침하에 대한 안정성을 확보한다.

$$q_a \geq q_1 \tag{15.29}$$

예제 15-1

[예제 그림 15-1-1]의 옹벽에 대한 안정성을 검토하라. 벽의 배면토는 정한 모래 및 자갈로 이루어져 있다. 콘크리트의 중량 $24\ \mathrm{kN/m^3}$, 기초판의 마찰계수 $\mu = 0.5$이다. 상재 하중 $s = 12\ \mathrm{kN/m^2}$, 기초 밑면의 허용지내력 $q_a = 300\ \mathrm{kN/m^2}$이며, 앞굽판의 흙의 손실은 $500\ \mathrm{mm}$이다.

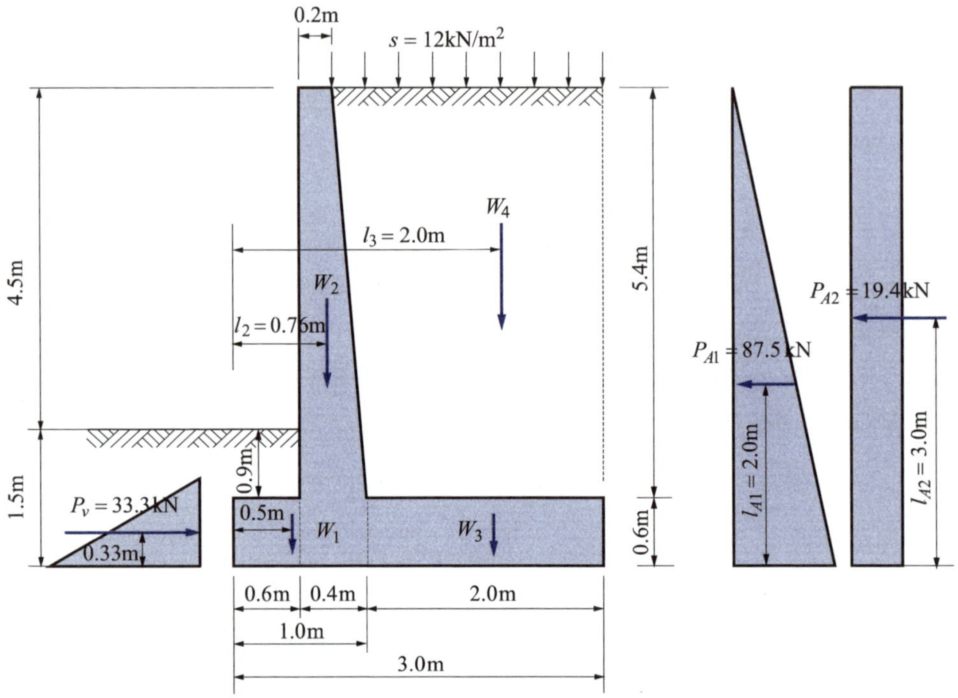

예제 그림 15-1-1 캔틸레버식 옹벽

풀이

벽의 배면토가 정한 모래 및 자갈로 이루어져 있으므로 [표 15.3]에서 흙의 단위중량 $\gamma = 18$ kN/m^3, 흙의 내부 마찰각 $\phi = 35°$, 흙의 점착력 $c = 0$이다.

(1) 주동토압의 합력을 계산한다.

식(15.2)에 의하여 주동토압의 합력을 계산한다.

$$P = \frac{1}{2}K_A \cdot \gamma \cdot H^2 + K_A \cdot s \cdot H$$

점착력이 없는 토질($c = 0$)이므로 식(15.12)에 의하여 주동토압계수(K_A)를 계산한다.

$$K_A = \tan^2\left(45° - \frac{\phi}{2}\right) = \tan^2\left(45° - \frac{35}{2}\right) = 0.27$$

점착력이 없는 토질($c = 0$)이므로 식(15.3)에서 흙의 유효높이(H)는 흙의 높이(H_o)와 동일하다.

$$H = H_o - \frac{2c}{\gamma}\tan\left(45° + \frac{\phi}{2}\right) = 6{,}000\text{ mm}$$

그러므로 흙과 상재하중에 의한 주동토압은 다음과 같다.

$$P_{A1}=\frac{1}{2}K_A\gamma H^2=\frac{1}{2}\times 0.27\times 18\times 6.0^2=87.5\text{ kN}$$

$$P_{A2}=K_A s\,H=0.27\times 12\times 6=19.4\text{ kN}$$

$$P_A=\frac{1}{2}K\gamma H+Ks\,H=87.5+19.4=106.9\text{ kN}$$

(2) 수동토압의 합력을 계산한다.

식(15.1)에 의하여 수동토압의 합력을 계산한다.

$$P=\frac{1}{2}K_P\cdot\gamma\cdot H^2$$

점착력이 없는 토질($c=0$)이므로 식(15.17)에서 수동토압계수(K_P)는 주동토압계수(K_A)의 역수이다.

$$K_P=\frac{1}{K_A}=\frac{1}{0.27}=3.70$$

그러므로 흙에 의한 수동토압은 다음과 같다.

$$P_v=\frac{1}{2}K_P\cdot\gamma\cdot h^2=\frac{1}{2}\times 3.7\times 18\times(1.5-0.5)^2=33.3\text{ kN}$$

여기서, 앞굽판의 흙의 손실이 500 mm이므로 흙의 유효높이는 (1.5 − 0.5) = 1.0 m이다.

(3) 미끄러짐에 대한 안정성 검토(뒷굽판 길이의 결정)

식(15.25)에 의하여 미끄러짐에 대한 안정성을 검토하고, 옹벽 뒷굽판의 길이를 정한다.

$$P_{hr}\geqq 1.5P_{ho} \tag{a}$$

토압에 의한 미끄러짐 하중(P_{ho})을 식(15.23)에 의하여 계산한다.

$$P_{ho}=P_{A1}+P_{A2}=87.5+19.4=106.9\text{ kN} \tag{b}$$

흙의 무세와 기초판의 자중이 유발하는 저항력(P_{hr})을 식(15.24)에 의하여 계산한다. 이 때 앞굽판의 길이를 1.0 m로 가정하고 단위폭 1 m에 대한 흙과 기초판의 무게를 [예제 그림 15-1-1]과 같이 4곳으로 분리하여 계산한다.

$$P_{hr}=\sum W_i\cdot\mu+P_v=(53.3+123.6x)\times 0.5+33.3 \tag{c}$$

식(b)의 P_{ho}와 식(c)의 P_{hr}을 식(a)에 대입하여 뒷굽판의 길이를 계산한다.

$$60.0+61.8x\geqq 1.5\times 106.9$$
$$x=1.62\text{ m}\quad\rightarrow\quad 2.0\text{ m}$$

설계에서는 뒷굽판의 길이를 2.0 m로 한다.

예제 표 15-1-1 중량 계산

부분 중량		W_i (kN)
W_1	$W_1 = 0.6 \times 1.0 \times 24$	14.4
W_2	$W_2 = (6-0.6) \times (0.2+0.4)/2 \times 24$	38.9
W_3	$W_3 = 0.6 \times x \times 24$	$14.4x$
W_4	$W_4 = (6-0.6) \times x \times 18 + 12x$	$109.2x$
$\sum W_i$		$53.3 + 123.6x$

* 중량 계산에서 벽체와 채움 흙이 만나는 경사부분(W_2와 W_4 경계부분)의 흙의 중량은 무시한다.

(4) 전도모멘트에 대한 안정성 검토(앞굽판 길이의 결정)

식(15.25)에 의하여 미끄러짐에 대한 안정성을 검토한 후에, 식(15.21)의 전도모멘트에 대한 안정성을 이용하여 1 m로 가정한 옹벽 앞굽판의 길이가 적합한지 검토한다.

$$M_r \geqq 2.0 M_o \tag{d}$$

토압에 의한 전도모멘트(M_o)를 식(15.19)에서 계산한다.

$$M_o = P_{A1} \cdot l_{A1} + P_{A2} \cdot l_{A2} = 87.5 \times \frac{6}{3} + 19.4 \times \frac{6}{2} = 233.2 \text{ kN} \cdot \text{m} \tag{e}$$

흙의 무게와 기초판의 자중이 유발하는 저항모멘트(M_r)를 식(15.20)에서 계산한다. 저항모멘트(M_r)를 계산할 때 수동토압에 의한 저항모멘트는 무시한다.

$$M_r = \sum W_i \cdot l_i = 531.2 \text{ kN} \cdot \text{m} \tag{f}$$

식(e)의 M_o와 식(f)의 M_r을 식(d)에 대입하여 전도모멘트를 검토한다.

$$531.2 > 2 \times 233.2 = 466.4$$

그러므로 이 옹벽은 전도모멘트에 대하여 안전하며 앞굽판의 길이를 1.0 m로 한다.

예제 표 15-1-2 모멘트 계산

구 분	W_i (kN)	l_i (m)	M_i (kN·m)
	$W_1 = 14.4$	$l_1 = 1/2 = 0.5$	$M_1 = 7.2$
	$W_2 = 38.9$	$l_2 = 0.76$ (하단 참조)	$M_2 = 29.6$
	$W_3 = 28.8$	$l_3 = 1 + 2/1 = 2.0$	$M_3 = 57.6$
	$W_4 = 218.4$	$l_4 = 1 + 2/1 = 2.0$	$M_4 = 436.8$
$\sum$	$\sum W_i = 300.5$		$M_r = 531.2$

* 중량 계산에서 벽체와 채움 흙이 만나는 경사부분(W_2와 W_4 경계 부분)의 흙의 중량은 무시한다.

** $l_2 = 0.6 + \dfrac{0.2 \times 0.1 + 0.2/2 \times (0.2 + 0.2/3)}{0.2 + 0.2/2} = 0.76$

(5) 침하에 대한 안정성 검토

식(15.29)에 의하여 침하에 대한 안정성을 검토한다.

$$q_a \geq q_1 \tag{g}$$

폭 1 m에 대하여 최대 접지압(q_1)을 식(15.27b)에서 계산한다.

$$q_1 = \frac{\sum W_i}{l} + \frac{6M_{cen}}{l^2} = \frac{300.5}{1 \times 3.0} + \frac{6 \times 152.8}{1 \times 3.0^2} = 202.0\ \text{kN/m}^2$$

$$M_{cen} = M_o - M_r + \sum W_i\left(\frac{l}{2}\right) = 233.2 - 531.2 + 300.5 \times \frac{3}{2} = 152.8\ \text{kN}$$

허용지내력 $q_a = 300\ \text{kN/m}^2$은 최대 접지압 $q_1 = 202.0\ \text{kN/m}^2$보다 크므로 침하에 안전하다.

15.4 옹벽 부재의 설계

옹벽은 앞굽판, 뒷굽판, 벽체의 세 가지 요소로 구성된다. 설계에서는 각 부재 요소의 특성을 반영하여 식(15.30)과 식(15.31) 중의 하나를 이용하여 계수강도를 정해야 한다.

$$U = 1.2D + 1.6(L + \alpha_H H_v + H_h) \tag{15.30}$$

$$U = 0.9D + 1.6(\alpha_H H_v + H_h) \tag{15.31}$$

여기서, D : 고정하중, L : 활하중, H_v : 흙, 지하수 또는 기타 재료의 자중에 의한 연직방향 하중, H_h : 흙, 지하수 또는 기타 재료의 횡압력에 의한 수평방향 하중, α_H : 토피의 두께에 따른 연직방향 하중 H_v에 대한 보정계수로 식(15.32a, b)에 의하여 계산한다(3장의 식(3.5a, b)와 동일).

$$h \leq 2\ \text{m}에\ 대하여 \quad \alpha_H = 1.0 \tag{15.32a}$$

$$h > 2\ \text{m}에\ 대하여 \quad \alpha_H = 1.05 - 0.025h \geq 0.875 \tag{15.32b}$$

여기서, h : 부재의 선체 두께이다.

앞굽판

① **계수강도** : 앞굽판은 옹벽의 앞부분으로 앞굽판 위를 누르는 수직하중이 벽체 뒷면에서 작용하는 모멘트를 감소시키는 효과가 있다. 옹벽 사용 중에 앞굽판 위의 흙의 일부가 소실될 수 있으므로 설계에서는 안전성을 고려하여 옹벽 설치 후에 흙이 소실된다고 가정하고 기초판의 자중만에 의하여 계수강도를 계산한다. 계수강도는 식(15.31)에서 고정하중과 토압에 각각 0.9와 1.6의 하중계수를 곱하여 계산한다.

② **위험단면** : 앞굽판은 [그림 15.8]과 같이 상부에서 작용하는 상재하중이나 자중의 영향이 지내력에 의한 영향보다 작아서 지면의 윗 방향으로 변형한다. 따라서 앞굽판과 연결된 벽체에 압축력이 작용하기 때문에 앞굽판의 휨모멘트 위험단면은 벽체에 닿는 면이 되며, 전단력에 대한 위험단면은 [그림 7.30]의 콘크리트 압축대의 영향을 고려하여 벽체면에서 유효깊이(d)만큼 떨어진 위치가 된다.

뒷굽판

① **계수강도** : 뒷굽판은 옹벽의 뒷부분으로 채움 흙의 무게와 기초판의 자중이 토압에 의해 옹벽에 작용하는 전도모멘트를 감소시킨다. 설계에서는 뒷굽판 위에 채워진 흙의 무게와 기초판의 자중을 고려하여 계수강도를 계산한다. 계수강도는 식(15.30)의 고정하중과 토압에 각각 1.2와 1.6의 하중계수를 곱하여 계산한다.

② **위험단면** : 뒷굽판은 [그림 15.8]과 같이 상부에서 작용하는 하중의 영향이 지내력에 의한 영향보다 커서 뒷굽판과 접해있는 지면의 아랫방향으로 변형한다. 따라서 뒷굽판과 연결된 벽체에 인장력이 작용하기 때문에 뒷굽판의 휨모멘트 위험단면은 벽체 인장철근의 단면 중심이 되며, 전단력에 대한 위험단면은 벽체면이 된다. 즉, [그림 7.30(c)]에서 외부 하중이 받침부를 압축하지 않고 잡아당길 경우, 가력점과 지지점 사이에 압축대가 형성되지 않으므로 받침부 측면에서 발생하는 전단력을 최대 계수전단력으로 해야 한다.

벽체

① **계수강도** : 벽체는 주동토압에 의해 유발되는 휨모멘트를 저항해야 하며 기초판에 연결된 캔틸레버와 같이 거동하게 된다([그림 15.8]). 따라서 벽체에 작용하는 휨모멘트의 크기는 지표면에 가까울수록 작아지므로 경제적인 설계를 위하여 몇 구간으로 벽체를 분리하여 휨모멘트에 대하여 설계한다.

② **철근 배근** : 벽체에 배근되는 수직철근과 수평철근의 간격은 벽두께의 3배와 400 mm 중에서 작은 값 이하로 해야 한다. 또한 철근의 피복두께는 벽의 노출된 면에서는 30 mm 이상, 흙에 접하는 면에서는 50 mm 이상으로 해야 한다.

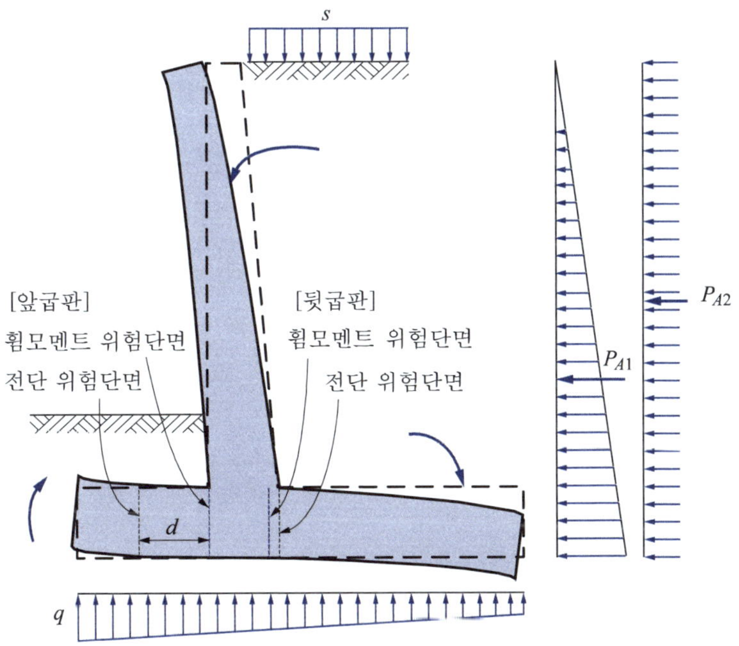

그림 15.8 옹벽의 변형

예제 15-2

[예제 그림 15-1-1]의 옹벽을 설계하라. 벽의 배면토는 정한 모래 및 자갈로 이루어져 있다. 콘크리트 압축강도 $f_{ck} = 24\text{ MPa}$, 철근의 설계기준항복강도 $f_y = 400\text{ MPa}$이다.

풀이

[예제 그림 15-1-1]에서 계산한 주동토압과 수동토압을 이용하며, 안정성 검토를 통하여 앞굽판과 뒷굽판의 길이를 정한다.

(1) 뒷굽판 설계

뒷굽판의 누께를 600 mm로 가정했으므로 유효깊이(d)는 피복두께(80 mm)와 철근 직경의 1/2의 값(10 mm)을 뺀 값인 510 mm이다.

① 뒷굽판에 작용하는 계수강도를 단위길이 폭 1 m을 기준으로 식(15.30)에 의해 계산한다.

$$U = 1.2D + 1.6(L + \alpha_H H_v + H_h)$$

흙	$1.2 \times 18 \times (6.0 - 0.6) = 116.6\text{ kN/m}^2$
기초판 자중	$1.2 \times 24 \times 0.6 = 17.3\text{ kN/m}^2$
상재하중	$1.6 \times 12 = 19.2\text{ kN/m}^2$

계수하중 $w_u = 116.6 + 17.3 + 19.2 = 153.1\ \text{kN/m}^2$

또는 단위길이 폭 1 m을 기준으로 계수하중을 직접 계산한다.

$$w_u = 1.2(18 \times 5.4 + 24 \times 0.6) + 1.6(12) = 153.1\ \text{kN/m}$$

② 단위길이 폭 1 m을 기준으로 전단력을 검토한다.
뒷굽판은 [그림 15.8]과 같이 상부에서 작용하는 상재하중이나 자중의 영향이 지내력에 의한 영향보다 커서 뒷굽판과 접해있는 지면의 아래 방향으로 변형하므로 전단 위험단면은 벽체면이 된다. 계수전단력(V_u)과 설계전단력(ϕV_c)을 계산하여 안정성을 검토한다.

$$V_u = w_u l_u = 153.1 \times 2.0 = 306.2\ \text{kN}$$

$$\phi V_c = 0.75 \times \frac{1}{6}\lambda\sqrt{f_{ck}}bd = 0.75 \times \frac{1}{6} \times 1 \times \sqrt{24} \times 1{,}000 \times 510 = 312.3\ \text{kN}$$

그러므로 적합하다.

③ 단위길이 폭 1 m을 기준으로 휨모멘트를 계산하고 철근량을 계산한다.
벽체면이 아래 방향으로 변형하는 뒷굽판의 휨모멘트 위험단면은 벽체의 철근 중심이다.

$$\begin{aligned}\text{휨모멘트 위험단면} &= \text{뒷굽판길이} + \text{벽체 피복두께} + \text{철근직경의 } 1/2 \\ &= 2.0\ \text{m} + 0.07\ \text{m} + 0.01\ \text{m} = 2.08\ \text{m}\end{aligned}$$

계수휨모멘트(M_u)를 계산하고, 필요한 철근량을 산정한다. 이 때 합력 중심간의 거리(jd)는 $0.9d$로 가정한다.

$$M_u = \frac{w_u l_u^2}{2} = \frac{153.1 \times 2.08^2}{2} = 331.2\ \text{kN} \cdot \text{m}$$

$$A_s = \frac{M_u}{\phi f_y jd} = \frac{331.2 \times 10^6}{0.85 \times 400 \times 0.9 \times 510} = 2{,}122.3\ \text{mm}^2$$

계산된 철근량이 최소 철근량 이상이 되는지 식(5.11)을 사용하여 검토한다.

① $A_{s,\min} = 1.2\dfrac{f_r I_g}{\phi f_y j d y_t} = 1.2\dfrac{0.63\sqrt{24} \times (1{,}000 \times 600^3)/12}{0.85 \times 400 \times (0.9 \times 510) \times (600/2)}$

$= 1{,}423.9\ \text{mm}^2$

② $A_{s,\min} = \dfrac{4}{3}A_s = \dfrac{4}{3} \times 2{,}122.3 = 2{,}829.7\ \text{mm}^2$

계산된 철근량($2{,}122.3\ \text{mm}^2$)은 최소 철근량 ①의 값($A_s = 1{,}423.9\ \text{mm}^2$)보다 크다. 따라서 철근량은 $A_s = 2{,}122.3\ \text{mm}^2$이다.

D22 철근(단면적 $= 387.1\ \text{mm}^2$)을 6개 배근(총 단면적 $= 2{,}322.6\ \text{mm}^2$)한다. 철근의 배근 간격은 6-D22@180으로 한다.

④ 뒷굽판의 횡방향철근을 계산한다.

횡방향으로는 온도와 건조수축철근을 배근해야 한다. 온도와 건조수축철근에 대한 최소 철근비는 $\rho_{\min} = 0.002$ 이상이다. 철근량을 계산할 때 콘크리트의 면적은 슬래브와 동일하게 전단면적($b \times h$)을 사용해야 한다.

$$A_s = \rho \times (b \times h) = 0.002 \times (600 \times 1000) = 1{,}200.0\,\mathrm{mm}^2$$

D13 철근(단면적 $= 126.7\,\mathrm{mm}^2$)을 2단으로 배근(5개 배근, 총 단면적 $= 1{,}267\,\mathrm{mm}^2$)한다. 철근의 배근 간격은 5-D13@200으로 한다.

(2) 앞굽판의 설계

앞굽판의 두께를 600 mm로 가정했으므로 유효깊이(d)는 피복두께(80 mm)와 철근 직경의 1/2의 값(10 mm)를 뺀 값인 510 mm이다.

① 단위길이 폭 1 m을 기준으로 전단력을 검토한다.
앞굽판에 작용하는 계수강도를 계산하기 위하여 지면의 토압을 식(15.27a)에 의하여 계산한다.

$$q = \frac{W}{A} + \frac{M_{cen}}{I}(x) - \frac{300.5}{1 \times 3.0} \pm \frac{152.8}{\dfrac{1 \times 3.0^3}{12}}(x) = 100.2 \pm 67.9x\ \mathrm{kN/m^2}$$

따라서 기초면에 작용하는 토압의 분포는 [예제 그림 15-2-1]과 같이 분포하게 된다.
앞굽판은 [그림 15.8]에서 상부에서 작용하는 하중의 영향이 지내력에 의한 영향보다 작아서 지면의 위쪽 방향으로 변형하므로 전단 위험단면은 벽체면에서 단면 유효높이(d)만큼 떨어진 곳이 된다([예제 그림 15-2-1] 참조). 단위길이 폭 1 m을 기준으로 식(15.31)에 의하여 계수전단력(V_u)을 계산한다. 이 때 기초판의 자중은 토압에 의한 전단력을 감소시킨다.

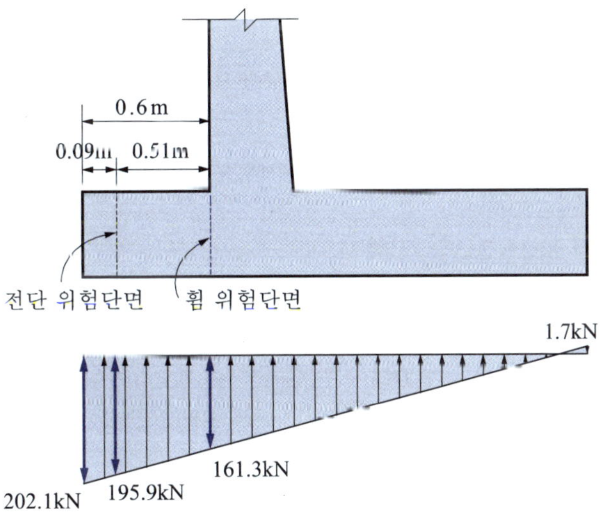

예제 그림 15-2-1 하중의 분포

$$V_u = -0.9\times 24\times 0.6\times 0.09 + 1.6\times \frac{202.1+195.9}{2}\times 0.09 = 27.5\ \text{kN}$$

$$\phi V_c = 0.75\times \frac{1}{6}\lambda\sqrt{f_{ck}}\,bd = 0.75\times \frac{1}{6}\times 1\times \sqrt{24}\times 1000\times 510 = 312.3\ \text{kN}$$

그러므로 전단력에 대하여 적합하다.

② 단위길이 폭 1 m을 기준으로 휨모멘트를 계산하고, 철근량을 계산한다.
기초면이 윗 방향으로 변형하는 뒷굽판의 휨모멘트 위험단면은 앞굽판과 벽체가 만나는 지점이다.

$$\text{휨모멘트 위험단면} = \text{앞굽판길이} - \text{벽체 두께} = 1.0\ \text{m} - 0.4\ \text{m} = 0.6\ \text{m}$$

계수휨모멘트(M_u)을 계산하고 필요한 철근량을 산정한다. 이 때 합력 중심간의 거리(jd)는 $0.9d$로 가정한다.

$$M_u = 1.6\times\left(\frac{161.3\times 0.6^2}{2} + \frac{(202.1-161.3)}{2}\times 0.6^2\frac{2}{3}\right) - 0.9\times 24\times 0.6\times \frac{0.6^2}{2}$$
$$= 52.0\ \text{kN}\cdot\text{m}$$

$$A_s = \frac{M_u}{\phi f_y jd} = \frac{52.0\times 10^6}{0.85\times 400\times 0.9\times 510} = 333.2\ \text{mm}^2$$

계산된 철근량이 최소 철근량 이상이 되는지 검토한다.

① $$A_{s,\min} = 1.2\frac{f_r I_g}{\phi f_y jd y_t} = 1.2\frac{0.63\sqrt{24}\times(1{,}000\times 600^3)/12}{0.85\times 400\times(0.9\times 510)\times(600/2)}$$
$$= 1{,}423.9\ \text{mm}^2$$

② $$A_{s,\min} = \frac{4}{3}A_s = \frac{4}{3}\times 333.2 = 444.3\ \text{mm}^2$$

계산된 철근량($333.2\ \text{mm}^2$)은 최소 철근량 ①의 값($A_s = 1{,}423.9\ \text{mm}^2$)보다 작다. 따라서 철근량은 $A_s = 444.3\ \text{mm}^2$이다.

D13 철근(단면적 $= 126.7\ \text{mm}^2$)을 4개 배근(총 단면적 $= 506.8\ \text{mm}^2$)한다. 철근의 배근 간격은 4-D13@250이다.

③ 앞굽판의 횡방향철근을 계산한다.
횡방향으로는 온도와 건조수축철근을 배근해야 한다. 온도와 건조수축철근에 대한 최소 철근비는 $\rho_{\min} = 0.002$ 이상이며, 필요한 철근량은 뒷굽판과 동일하게 $A_s = 1{,}200\ \text{mm}^2$이다. 따라서 뒷굽판과 동일하게 D13 철근(단면적 $= 126.7\ \text{mm}^2$)을 2단으로 배근(5개 배근, 총 단면적 $= 1{,}267\ \text{mm}^2$)한다. 철근의 배근 간격은 5-D13@200이다.

(3) 벽체의 설계

벽체는 기초판을 지점으로 하며 캔틸레버와 같이 변형한다. 횡하중(주동토압)에 의하여 벽체에 발생하는 휨모멘트의 크기는 벽체의 높이에 따라서 달라진다. 따라서 벽체의 휨모멘트 설계는 벽체를 몇 구간으로 구분하여 설계하는 것이 합리적이다. 지표면에서 y깊이만큼 떨어진 주동토압에 의한 휨모멘트는 다음과 같다.

$$M_u = \left(\frac{1}{2}K_A \cdot r \cdot y^2 \cdot \frac{y}{3} + K_A \cdot s \cdot \frac{y^2}{2}\right) \times 1.6$$

$y = 5.4$ m

$$M_u = \left(\frac{1}{2} \times 0.27 \times 18 \times 5.4^2 \times \frac{5.4}{3} + 0.27 \times 12 \times \frac{5.4^2}{2}\right) \times 1.6 = 279.7 \text{ kN} \cdot \text{m}$$

$$A_s = \frac{M_u}{\phi f_y jd} = \frac{279.7 \times 10^6}{0.85 \times 400 \times 0.9 \times (400 - 80)} = 2{,}856.4 \text{ mm}^2$$

$y = 4.0$ m

$$M_u = \left(\frac{1}{2} \times 0.27 \times 18 \times 4.0^2 \times \frac{4.0}{3} + 0.27 \times 12 \times \frac{4.0^2}{2}\right) \times 1.6 = 124.4 \text{ kN} \cdot \text{m}$$

$$A_s = \frac{M_u}{\phi f_y jd} = \frac{124.4 \times 10^6}{0.85 \times 400 \times 0.9 \times (348.1 - 80)} = 1{,}516.4 \text{ mm}^2$$

$y = 2.5$ m

$$M_u = \left(\frac{1}{2} \times 0.27 \times 18 \times 2.5^2 \times \frac{2.5}{3} + 0.27 \times 12 \times \frac{2.5^2}{2}\right) \times 1.6 = 36.5 \text{ kN} \cdot \text{m}$$

$$A_s = \frac{M_u}{\phi f_y jd} = \frac{36.5 \times 10^6}{0.85 \times 400 \times 0.9 \times (292.6 - 80)} = 561.1 \text{ mm}^2$$

벽체 단면의 유효깊이(d)는 전체 벽두께(t)에서 벽체 피복두께(70 mm)와 철근직경의 1/2(10 mm)를 제한 값이다. 높이에 따라서 달라지는 휨모멘트와 철근량은 [표 15-2-1]과 같다. 벽체에 배근되는 수직철근과 수평철근의 최대 간격은 벽두께의 3배와 400 mm 중에서 작은 값 이하로 해야 한다. 이 예제의 벽체는 상부와 하부의 벽두께가 다르므로 평균값인 300 mm를 기준으로 이에 대한 최대 간격을 계산하였다.
벽체 평균 두께 300 mm에 대하여 최소 수평철근량($\rho \geq 0.002$)을 다음과 같이 계산할 수 있다.

$$\text{필요 철근량 } A_{sh} = 0.002 \times 1000 \times 300 = 600 \text{ mm}^2/1 \text{ m 폭}$$

D13 철근(단면적 $= 126.7 \text{ mm}^2$)을 2단으로 400간격으로 배근하였다.

$$\text{배근철근량 } A_{sh} = 2 \times 126.7 \times 1{,}000/400 = 633.5 \text{ mm}^2$$

계산된 철근 배근은 [예제 그림 15-2-2]와 같다.

예제 표 15-2-1 벽체 모멘트, 두께, 철근량과 배근 간격

y(m)	M_u(kN·m)	t(m)	A_s(mm^2)	배 근
5.4	279.7	400.0	2,856.4	D19@100
4.0	124.4	348.1	1,516.4	D19@150
2.5	36.5	292.6	561.1	D19@400*

* 벽체의 최대 철근 간격을 사용함.

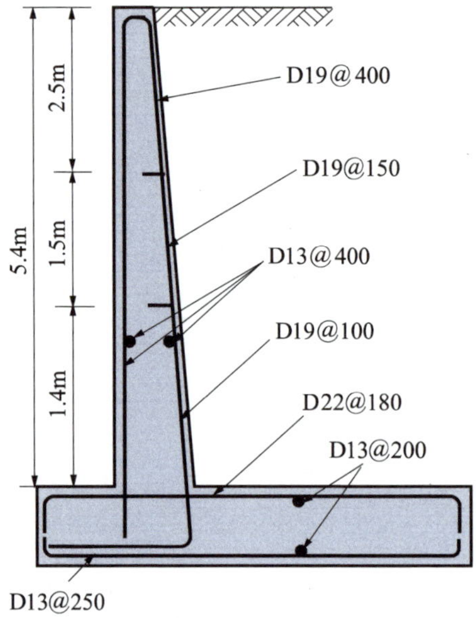

예제 그림 15-2-2 철근 배근

Chapter 15 연습문제

15.1 옹벽의 종류를 구별하고 각 옹벽의 특징을 설명하라.

15.2 안식각에 대하여 설명하라.

15.3 주동토압과 수동토압에 대하여 설명하라.

15.4 [연습 그림 15.1]의 중력식 옹벽의 안정성을 검토하라. 설계 불합격이 발생할 수 있는지 검토하라.

흙의 단위중량 $\gamma = 16\ \mathrm{kN/m^3}$,
흙의 내부 마찰각 $\phi = 30°$,
기초판의 마찰계수 $\mu = 0.6$,
점착력 $c = 0$,
허용지내력 $q_a = 250\ \mathrm{kN/m^2}$,
콘크리트의 중량 $24\ \mathrm{kN/m^3}$,
상재 하중 $s = 12\ \mathrm{kN/m^2}$,
앞굽판의 흙의 손실 300 mm,
$f_{ck} = 24\ \mathrm{MPa}$, $f_y = 400\ \mathrm{MPa}$

(1) 전도모멘트에 대하여 검토하라.
(2) 미끄러짐 변형에 대하여 검토하라.
(3) 접지압에 대하여 검토하라.

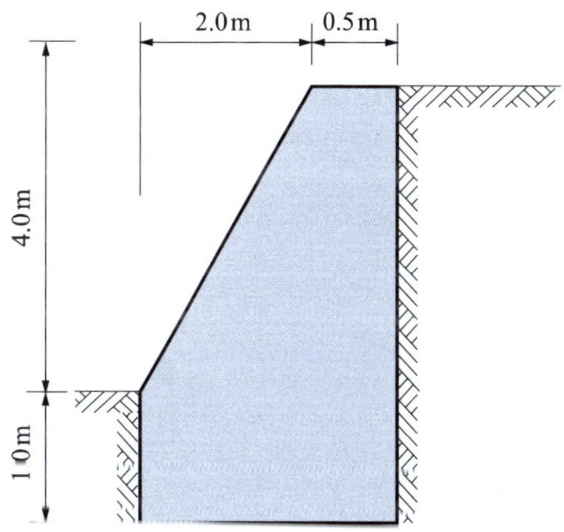

연습 그림 15.1 중력식 옹벽

15.5 [연습 그림 15.2]의 캔틸레버식 옹벽의 앞굽판과 뒷굽판을 설계하라.

흙의 단위중량 $\gamma = 16\ \mathrm{kN/m^3}$, 콘크리트의 중량 $24\ \mathrm{kN/m^3}$, 상재 하중 $s = 10\ \mathrm{kN/m^2}$, $f_{ck} = 24\ \mathrm{MPa}$, $f_y = 400\ \mathrm{MPa}$, 기초판의 마찰계수 $\mu = 0.5$, 기초 밑면의 허용지내력 $q_a = 300\ \mathrm{kN/m^2}$, 앞굽판의 흙의 손실은 $500\ \mathrm{mm}$이다.

(1) 뒷굽판의 전단력을 검토하라.
(2) 뒷굽판에 필요한 휨철근량을 계산하라.
(3) 앞굽판의 전단력을 검토하라.
(4) 앞굽판에 필요한 휨철근량을 계산하라.
(5) 벽체를 2구간으로 구분하고 철근을 배근하라.

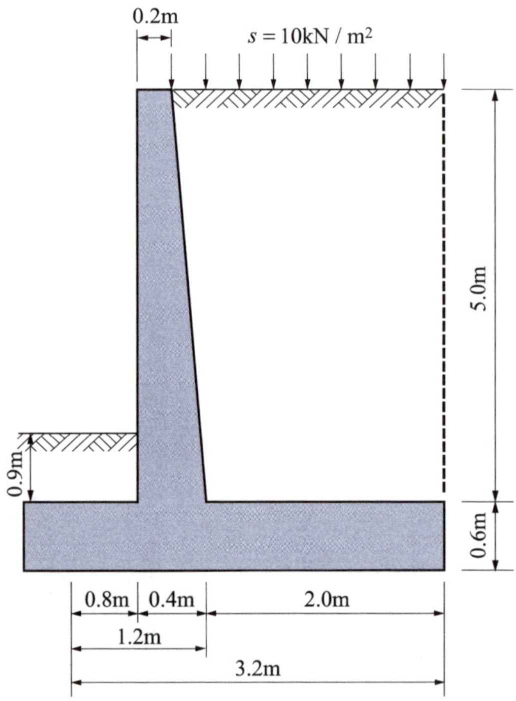

연습 그림 15.2 캔틸레버식 옹벽

Chapter

16

내진설계

16.1 일반 사항
16.2 등가정적해석법의 적용
16.3 철근콘크리트 구조물의 내진 상세

16.1 일반 사항

지진에 대한 역사적 기록을 살펴보면 우리나라에서는 지진의 발생 빈도가 낮았으며 발생할 경우에도 규모가 크지 않았다. 이러한 이유로 1978년까지 우리나라에서 건설되는 구조물에는 내진설계가 적용되지 않았다. 그러나 지진은 규모와 빈도의 차이가 있을지라도 언제나 발생할 가능성이 있는 자연 현상이다. 우리나라에서 1970년부터 지진에 대한 관측을 시작한 이래 1978년 규모 5.2의 속리산지진, 같은 해 규모 5.0의 홍성지진, 1996년 규모 4.5의 영월지진 등이 꾸준하게 관측되고 있으며 2016년과 2017년에는 경주와 포항에서 지진관측이래 가장 큰 규모인 각각 5.8과 5.4의 지진이 발생하여 구조물에 피해를 유발하였다. 특히 최근에는 지진발생빈도도 해마다 증가하고 있으며 구조물이 고층화되고 대형화되어 일정 규모 이상의 지진이 발생할 경우에 피해가 커질 우려가 있다.

1978년에 발생한 홍성지진이후 우리나라에서는 미국의 UBC(Uniform Building Code)기준을 기본으로 내진설계기준이 제정되었으며, 1988년 처음으로 건축구조물에 대한 내진설계기준이 시행되었다(AIK-88). 1988년에 시행된 내진설계기준은 2000년에 소폭 개정되었으며(AIK-2000), 2005년에 지반설계스펙트럼, 내진설계의 범위, 하중 조합 등이 전면적으로 개정되었다(KBC-05). [콘크리트구조기준]에서는 2003년, 2007년, 2012년에 내진설계기준이 개정되어 철근콘크리트 구조물을 특수모멘트저항골조, 중간모멘트저항골조, 특수철근콘크리트 구조벽체 등으로 구분하여 내진설계를 하고 있다. 이들 구조시스템은 서로 다른 반응수정계수를 갖고 있어 충분한 연성능력에 도달하기 위하여 비내진설계 구조물보다 복잡한 철근상세가 요구된다. 각 구조시스템의 철근상세는 휨부재, 휨과 축력을 받는 부재, 접합부, 경계요소, 연결보 등에 따라서 달라진다. 2019년 건축설계기준에서는 내진설계 책임구조기술자의 역할을 명시하고 성능수준, 성능목표, 유효지반가속도, 설계응답스펙트럼가속도 등을 변경하였다. 특히 경주, 포항 지진의 피해 특성을 반영하여 필로티 건물의 내진설계, 지반의 액상화에 따른 피해, 비구조 요소, 지하구조물에 대한 내진설계를 변경하였다. 또한, 건축구조물의 경우에 건축법시행령에 의하여 내진설계 의무대상 구조물을 다음과 같이 지속적으로 확대하고 있다.

① 1988년 : 6층 이상 또는 100,000 m^2 이상 구조물
② 1995년 : 6층 이상 또는 10,000 m^2 이상 구조물
③ 2005년 : 3층 이상 또는 1,000 m^2 이상 구조물
④ 2015년 : 3층 이상 또는 500 m^2 이상 구조물
⑤ 2017년 : 2층 이상 또는 500 m^2 이상 구조물
⑥ 2018년 : 2층 이상 또는 200 m^2 이상 모든 주택

콘크리트 구조물의 내진설계란 지진이 발생할 경우에 예상되는 콘크리트 구조물의 거동을 예

측하고 지진의 피해를 최소화하기 위한 구조설계를 의미한다. 따라서 합리적으로 내진설계를 수행하기 위해서는 구조동역학에 기본을 둔 지진해석을 이해하고 지진하중이 가해질 때 구조물에 발생하는 변위, 속도, 가속도, 밑면전단력, 전도모멘트 등을 시간이력해석(time history analysis), 응답스펙트럼(response spectrum), 등가정적해석법(equivalent lateral force procedure) 등을 이용하여 예측해야 한다. 이와 같은 내용을 모두 소개하는 것은 이 책의 범위를 벗어나므로 16장의 전반부에서는 내진설계의 기본이 되며 동적해석법의 이론을 단순화한 등가정적해석법을 소개한다. 16장의 후반부에서는 지진해석법을 바탕으로 콘크리트 구조물의 내진특성과 내진 상세에 대하여 설명한다. 내진 상세는 특수모멘트저항골조, 중간모멘트저항골조, 특수철근콘크리트 구조벽체 등의 세 가지 구조시스템의 철근 상세에 대하여 설명한다.

16.2 등가정적해석법의 적용

등가정적해석법(等價靜的解釋法, equivalent static analysis)이란 3.5.5항에서 설명하였듯이 지진의 영향을 등가의 정적하중으로 환산한 후에 이를 이용하여 정적해석을 수행함으로써 구조물의 지진에 의한 거동을 예측하는 방법이며 계산하기 번거로운 동적해석법의 이론을 단순화하여 유도되었다. 등가정적해석법은 다음 가정에 근거하여 유도되었다.

① 구조물은 정형이거나 정형에 가깝다.
② 구조물의 거동은 기본진동모드에 지배적인 영향을 받고, 고차진동모드의 영향이 크지 않아 기본진동모드에 의한 영향을 일부 수정하여 구조물의 거동을 파악할 수 있다.
③ 구조물의 거동은 탄성범위 안에서 일어난다.
④ 구조물은 지반에 고정되어 있으며 지반과의 상호작용은 무시한다.

등가정적해석을 이용하면 지진하중 산정이 간편하며 정적해석법을 사용하기 때문에 계산이 편리하다. 그러나 첫 번째 진동모드 이외의 고차진동모드를 고려하기 어렵고, 구조물의 동적 특성을 정확하게 예측할 수 없다. 따라서 등가정적해석을 비정형구조물이나 고차진동모드의 영향이 커지는 고층 구조물 등의 내진설계를 적용하면 해석의 정확성이 떨어진다.

등가정적해석법에서는 지진하중을 계산하기 위하여 식(16.1)과 같은 밑면전단력(V)을 사용한다. 여기서 밑면전단력이란 구조체가 지면과 직접 접하는 지표면에 작용하는 설계용 총 전단력을 의미한다.

$$V = C_s W \tag{16.1}$$

여기서, C_s : 지진응답계수, W : 구조물의 전체 유효무게이다. 지진응답계수는 식(16.2)에 의하여 계산할 수 있다.

$$C_s = \frac{S_{DS}}{(R/I_E)} \tag{16.2}$$

식(16.2)에 따라 산정한 지진응답계수 C_s는 식(16.3a, b)에서 계산한 값을 초과하지 않아도 된다.

$$(T \le T_L \text{일 때}) \qquad C_s = \frac{S_{D1}}{(R/I_E)T} \tag{16.3a}$$

$$(T > T_L \text{일 때}) \qquad C_s = \frac{S_{D1}T_L}{(R/I_E)T^2} \tag{16.3b}$$

여기서, S_{DS} : 단주기 설계스펙트럼가속도, S_{D1} : 주기 1초에서의 설계스펙트럼가속도, I_E : 구조물의 중요도계수, R : 반응수정계수, T : 건물의 고유주기(단위 : 초), $T_L = 5$초이다. 그러나 식(16.2), 식(16.3a, b)에서 계산한 지진응답계수는 $C_s = 0.044 S_{DS} I_E \ge 0.01$ 이상이어야 한다.

식(16.2)의 밑면전단력에 영향을 미치는 요인을 간략하게 살펴보면 다음의 특성을 갖고 있다.

16.2.1 지진응답계수의 영향 요소

지진응답계수(C_s)는 등가정적해석법에서 밑면전단력을 결정하는 중요한 계수이며 구조물의 특성과 지진의 특성을 반영한 계수이다. 지진응답계수의 영향요소는 설계스펙트럼가속도, 중요도계수, 반응수정계수, 고유주기가 포함된다. 16.2.1항에서는 네 가지 요소 중에서 반응수정계수를 제외한 세 가지 요소의 특성과 계산 방법을 설명한다.

설계스펙트럼가속도(S_D)

내진설계를 수행하기 위해서는 건물이 위치한 지역에서 발생할 수 있는 지진의 크기와 빈도를 파악해야 하고 발생한 지진이 건물에 어느 정도 영향을 미치는지를 알아야 한다. 즉 그 건물이 위치한 지역의 특수한 조건에 의하여 지진이 발생했을 때 건물이 어떠한 반응(response, 응답, 변위, 속도, 가속도, 밑면전단력, 전도모멘트 등)을 나타내는지를 알아야 한다. 구조물에 발생하는 지진하중의 본질은 구조물의 질량과 가속도에 의하여 발생하는 관성력이므로 내진설계에서는 설계스펙트럼가속도(design spectrum acceleration)를 이용하여 건물의 반응을 산정한다.

설계스펙트럼가속도를 이해하기 위해서는 응답스펙트럼(response spectrum)을 이해해야 한다. 지진이 발생하는 동안 일정한 시간 동안 지진의 파장이 변화하고 이에 따라서 구조물의 응답이 달라진다. 따라서 구조물의 응답을 정확하게 파악하기 위해서는 시간이력해석을 이용해서 지진 발생 시간에 따라서 변화하는 구조물의 응답을 모두 추적해야 되겠지만 이러한 방법은 번거롭다. 특히, 설계에서는 구조물의 최대 응답만을 기준으로 필요한 응답을 결정하므로 시간 변화에 따라서 달라지는 구조물의 시간이력거동을 모두 필요로 하지는 않는다. 따라서 내진설계에서는 구조물의 최대 지진응답만을 기준으로 구조물의 응답을 작성하는 응답스펙트럼을 이용한다. 구조물의 응답은 건물이 갖고 있는 고유진동주기와 감쇠비에 따라서 달라지므로(감쇠비가 증가할수록 변위가 감소함) 일정한 감쇠비를 가진 단자유도 구조물에 대하여 진동주기를 변화시켜 구조물의 최대 응답을 구한 후에 진동주기와 구조물의 최대 응답과의 관계를 구한다. 응답스펙트럼은 구조물의 최대 응답에 따라서 다양한 스펙트럼을 작성할 수 있지만, 변위응답스펙트럼에 근거하여 유사속도(pseudo velocity)스펙트럼과 유사가속도(pseudo acceleration)스펙트럼을 함께 작성하는 경우가 많다. 응답스펙트럼에는 탄성 응답스펙트럼과 비탄성 응답스펙트럼이 있으며 내진설계에서는 비탄성 응답스펙트럼을 사용하는 것이 일반적이다.

응답스펙트럼은 진동주기에 따라서 일정하지 않고 기복이 있으며 지반 운동에 따라서 달라진다. 설계스펙트럼은 기복이 있는 응답스펙트럼을 계산하기 용이하게 단순화시킨 것이라고 할 수 있다. 우리나라의 건축구조기준에서는 재현주기 2,400년(50년 동안에 발생할 확률이 2%를 초과하는 지진)을 기준으로 [그림 16.1]의 설계스펙트럼가속도를 사용하고 있다. [그림 16.1]의 스펙트럼가속도(S_a)는 구조물의 고유주기(T)에 따라서 달라지며 식(16.4)에 의해 계산한다.

$$(T \leqq T_o \text{일 때}) \qquad S_a = 0.6\frac{S_{DS}}{T_o}T + 0.4S_{DS} \tag{16.4a}$$

$$(T_o \leqq T \leqq T_s \text{일 때}) \qquad S_a = S_{DS} \tag{16.4b}$$

$$(T_s < T \leqq T_L \text{일 때}) \qquad S_a = \frac{S_{D1}}{T} \tag{16.4c}$$

$$(T > T_L \text{일 때}) \qquad S_a = \frac{S_{D1}T_L}{T^2} \tag{16.4d}$$

식(16.4)에서 $T_o = 0.2S_{D1}/S_{DS}$, $T_s = S_{D1}/S_{DS}$, $T_L = 5$초이다. 스펙트럼가속도(S_a)를 계산하기 위하여 사용되는 S_{DS}와 S_{D1}은 각각 단주기 설계스펙트럼가속도와 주기 1초의 설계스펙트럼가속도를 의미하며 이 값은 지반계수에 따라서 달라진다.

$$S_{DS} = S \times 2.5 \times F_a \times \frac{2}{3} \tag{16.5}$$

$$S_{D1} = S \times F_v \times \frac{2}{3} \tag{16.6}$$

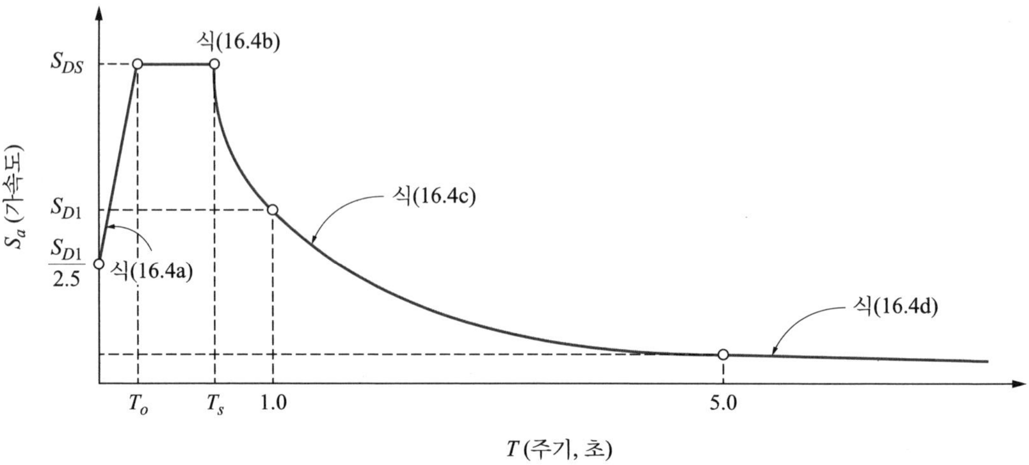

그림 16.1 설계스펙트럼가속도

식(16.5)와 식(16.6)의 S는 유효수평지반가속도이며 [부표 2.10]의 지진구역계수(Z)에 [부표 2.11]의 2400년 재현주기에 해당하는 위험도계수(I) 2.0을 곱한 값으로 하거나 국가지진위험지도로부터 구할 수 있다. [부표 2.10]에서 우리나라 지진구역은 두 곳으로 분리되며 지진구역계수 I과 II에서는 각각 0.11 g와 0.07 g의 계수를 사용하고 있다. [부표 2.11]의 유효수평지반가속도는 재현주기를 2400년으로 할 경우에 지진구역계수에 "2"를 곱한 값이므로 지진구역I과 II에서 S는 각각 0.22 g와 0.14 g이다. 유효수평지반가속도는 각 지역의 최대지반가속도(peak ground acceleration)에 의한 값이 아니라 단주기 구조물의 가속도 응답을 2.5로 나누어 계산된 유효최대지반가속도(effective peak ground acceleration)에 근거한 값이다. 이는 각 지역에서 발생한 최대지반가속도는 직접 건물에 전달되지 않고 발생지로부터 건물까지의 거리, 지반의 상태 등에 따라서 감소하기 때문이다. 따라서 유효최대지반가속도는 구조물에 도달하여 실제로 건물에 영향을 미치는 지진파의 가속도라 할 수 있다. 식(16.5)와 식(16.6)의 2/3는 최대 예상지진에 대한 스펙트럼가속도를 설계스펙트럼가속도로 변환하기 위한 계수이다.

지진이 발생할 경우에 구조물이 위치한 지반의 성질에 따라서 구조물의 거동은 상당한 차이를 나타낸다. 지반의 종류에 따른 가속도스펙트럼을 살펴보면 연약한 지반 위에 건설된 장주기 구조물의 응답은 단단한 지반 위에 건설된 장주기 구조물의 응답보다 크다. 일반적으로 구조물을 건설할 대지에는 암반 위에 어느 정도의 표토층이 덮여 있는 경우가 많다. 구조물이 연약지반 위에 건설될 경우에는 암반 위에 건설되는 경우에 비하여 진동이 증폭되는 경향이 있다. 식(16.5)와 식(16.6)의 F_a와 F_v는 이러한 지반증폭계수를 나타내며 [부표 2.13]과 [부표 2.14]를 이용하여 계산한다. [부표 2.13]과 [부표 2.14]는 5개의 지반([부표 2.12])에 대한 지반증폭계수이다.

식(16.2)와 [그림 16.1]의 구조물의 고유주기(초)는 식(16.7a, b, c)에 의하여 계산한다.

$$T_o = 0.2\,\frac{S_{D1}}{S_{DS}} \tag{16.7a}$$

$$T_s = \frac{S_{D1}}{S_{DS}} \tag{16.7b}$$

$$T_L = 5\text{초} \tag{16.7c}$$

Newmark 등의 연구에 따르면 고유진동주기가 작은 영역에서는 진동주기에 관계없이 구조물의 스펙트럼가속도가 일정하게 나오고, 고유진동주기가 좀 더 큰 영역에서는 진동주기에 관계없이 구조물의 속도가 일정하게 나타나며, 고유진동주기가 매우 큰 영역에서는 진동주기에 관계없이 구조물의 변위가 일정하게 나타난다. [그림 16.2]의 $T_o \leq T \leq T_s$은 가속도가 일정한 구간을 나타내며, $T > T_s$은 속도가 일정한 구간의 스펙트럼가속도를 나타낸다. 또한 개정된 KDS 내진설계기준에서는 주기가 5초 이상인 T_L에서의 스펙트럼가속도를 새롭게 반영하였다.

위에서 설명한 내용을 종합하였을 때 설계스펙트럼가속도는 다음 네 가지 요소의 영향을 반영한다.

① S : 지역계수. 지진구역을 2개로 나누어 계산한다. 응답스펙트럼이 지진의 크기와는 거의 무관하게 작성되므로 이를 고려하기 위한 계수이며 재현주기 약 2,400년을 기준으로 한다. 유효최대지반가속도를 사용한다[부표 2.10].

② F_a와 F_v : 지반증폭계수. 구조물이 위치한 지반의 성질에 따라서 구조물의 거동이 달라지므로 이를 고려한 계수이다. 연약한 지반 위에 건설된 장주기 구조물의 응답이 커진다.

③ T : 구조물의 고유주기. 구조물의 고유주기에 따라서 구조물의 스펙트럼가속도, 속도, 변위가 달라지므로 이를 고려한 계수이다.

④ S_a : 설계스펙트럼가속도. 구조물이 위치한 지역에서 발생할 수 있는 지진의 크기와 빈도의 영향을 고려한다. 구조물의 진동주기에 따라서 변화하는 구조물의 가속도를 설계하기 쉽게 표현한 가속도이다.

구조물의 중요도계수(I_E)

구조설계는 안전성, 사용성, 경제성의 관점에서 이루어진다. 내진설계의 경우도 발생할 수 있는 지진의 규모와 빈도를 고려하여 안전성, 사용성, 경제성을 조화롭게 반영하여야 한다. 내진설계의 기본 개념은 지진의 크기와 건물의 피해관계를 연계하여 안전성과 경제성을 확보한다. 즉, 보통 크기 지진에 대해서는 피해 수준을 작게 하지만, 큰 규모의 지진에 대해서는 피해가 많이 발생할지라도 인명 피해를 최소화하는 관점에서 이루어진다. 이러한 피해의 정도는 구조물의 중요도에 따라서 달라질 수 있다. 예를 들면, 학교나 병원과 같이 많은 사람이 이용하고 또한 재해가 발생했을 때 피해자나 부상자의 수용 장소가 될 가능성이 있는 구조물의 경우에는 대형 지진이나 태풍에 대해서도 충분히 견딜 수 있도록 큰 구조안전성을 갖도록 설계해야 하므로 구조물의 중요도가 높다고 할 수 있다. 한편, 창고와 같이 거주자가 거의 없는 구조물의 경우에는 구조안전성이 낮으므로 경제성을 고려하여 발생빈도가 극히 적은 대지진에 대해서까지 견딜 수 있도록 구조물을 설계할 필요는 없다. 내진설계에서는 [부표 2.15]를 기본으로 하며 [부표 2.16]에서 중요도에 따라서 구조물의 종류를 세 종류로 구분한다. 중요도는 1.0(보통 건물)을 기준으로 하여 더 강화된 내진설계가 요구되는 건물에 대해서는 1.2와 1.5를 적용한다.

내진설계범주

구조물의 중요도계수와 유사한 개념으로 KDS(국가건설기준)에서는 내진설계범주에 따라서 지진해석법을 다르게 사용하도록 하고 있다. 16장의 초반부에서 설명하였듯이 등가정적해석법은 1차 진동모드에 의하여 영향을 받는 정형이나 정형에 가까운 구조물에는 적용이 가능하지만 고차모드에 영향을 받거나 중요도가 높은 구조물은 보다 정밀한 지진해석법이 필요하다. 따라서 KDS(국가건설기준)에서는 [부표 2.17]과 [부표 2.18]의 내진등급과 설계스펙트럼가속도에 따라서 구조물을 A, B, C, D의 네 가지 등급으로 구분한 후에 지진해석법을 다르게 적용하도록 하고 있다. 일반적으로 단주기(또는 주기 1초에서) 설계스펙트럼가속도의 값이 작고 중요도가 낮은 경우에는 내진등급 A, B 등급에 속하며 이러한 구조물은 등가정적해석법으로 해석이 가능하다. 그러나 설계스펙트럼가속도의 값이 크고 중요도가 높으며 비정형이거나 구조물의 높이가 높은 경우에는 내진등급 C, D에 속하게 되며 이러한 구조물은 응답스펙트럼해석법, 선형시간이력해석법, 비선형시간이력해석법과 같은 동적해석법을 수행해야 한다.

구조물의 고유주기(T)

구조물의 고유주기(T)는 식(16.8)과 같이 구조물의 진동수(f_n)에 반비례한다. 진동수의 관계를 이용하면 고유주기(T)는 강성(k)이 커지면 감소하지만, 질량(m)이 커지면 증가한다. 구조물의 강성은 캔틸레버 기둥이 경우에 $k = 3EI/h^3$으로 건물의 높이(h)의 세제곱에 비례함을 알 수 있다. 따라서 구조물의 고유주기(T)는 건물의 높이(h)가 증가하면 크게 증가한다.

$$T = \frac{1}{f_n} = 2\pi\sqrt{\frac{m}{k}} \tag{16.8}$$

구조물의 고유주기는 해석모델을 사용하여 수치적으로 정확한 값을 구하거나 식(16.9)와 식(16.10)의 약산식을 이용하여 구할 수 있다. 또한 저항요소의 변형 특성과 구조적 특성을 고려한 기타 적절한 방법으로 계산할 수 있다. 다만 기타 적절한 방법을 이용하여 계산한 고유주기는 약산식에 의하여 계산한 고유주기(T_a)에 [부표 2.24]의 주기상한계수(C_u)를 곱한 값을 초과할 수 없다. 이는 수치 모델에서는 실제 건축물에 사용되는 비구조재의 강성이 반영되지 않아 실제의 진동주기보다 크게 평가할 수 있기 때문이다. 진동주기가 크면 지진응답계수(C_s)가 작아지며 결과적으로 밑면전단력(V)이 과소평가될 수 있으므로 KDS(국가건설기준)에서는 [부표 2.23]의 주기상한계수(C_u)를 이용하여 기타 방법으로 계산한 고유주기를 제한하고 있다.

약산식에 의하여 고유주기(T_a)를 식(16.9)를 이용하여 계산한다.

$$T_a = C_t (h_n)^x \tag{16.9}$$

여기서, C_t : 구조물의 재료계수

$C_t = 0.0466$, $x = 0.9$: 철근콘크리트 모멘트골조

$C_t = 0.0724$, $x = 0.8$: 철골 모멘트골조

$C_t = 0.0731$, $x = 0.75$: 철골 편심가새골조 및 철골 좌굴방지가새골조

$C_t = 0.0488$, $x = 0.75$: 콘크리트전단벽구조, 기타골조

h_n : 건물 밑면에서 최상층까지의 건물의 높이(단위 : m).

다만, 철근콘크리트와 철골모멘트 골조에서 건물의 높이가 12층 이하이고 층의 최소 높이가 3 m 이상일 경우에는 기본진동주기를 식(16.10)에 의하여 계산할 수 있다.

$$T_a = 0.1 \times \text{층수} \tag{16.10}$$

콘크리트 전단벽구조일 경우에는 기타골조의 주기식을 적용한다.

지진력의 연직 분포(C_{vx})

설계에서는 식(16.1)에서 계산한 밑면전단력을 이용하여 층별 횡하중(F_x)을 계산한다. 등가정적해석법은 1차모드를 기본으로 하기 때문에 각 층의 변위가 구조물의 높이에 선형적으로 비례한다고 가정하고 식(16.11)에서 x층의 횡하중(F_x)을 계산한다. 횡하중(F_x)은 건물의 중량과 높이에 따라 달라진다.

$$F_x = C_{vx} \cdot V \tag{16.11}$$

여기서, C_{vx} : 수직분포계수이며 식(16.12)에서 계산한다.

$$C_{vx} = \frac{w_x \cdot h_x^k}{\sum_{i=1}^{n} w_i \cdot h_i^k} \tag{16.12}$$

여기서, w_x, w_i : 각각 x층과 i층에서의 건축물 중량, h_x, h_i : 건물의 밑면에서 각각 x층과 i층까지의 높이, k : 건물주기에 따른 분포계수로 식(16.13)과 같이 기본진동주기에 따라서 달라진다.

$$k = \begin{cases} 1.0 \\ 2.0 \end{cases} \qquad \begin{cases} T \leq 0.5 \\ T > 2.5 \end{cases} \tag{16.13}$$

건물주기에 따른 분포계수(k)는 고차모드의 영향을 반영하고 있다. 등가정적해석법은 1차모드의 영향을 기본으로 하며 고차모드의 영향을 반영하지 못한다. 따라서 설계에서는 고차모드의 영향을 분포계수(k)를 통하여 간접적으로 반영한다. KDS(국가건설기준)의 내진설계에서는 식(16.13)과 같이 ATC-06기준을 이용하여 건물주기가 0.5초 이하일 경우에는 $k=1.0$을 사용한다. 따라서 건물의 지진하중의 분포가 층의 높이와 비례하며 이는 1차모드의 영향만을 반영하고 고차모드의 영향을 반영하지 않은 것이다. 그러나 건물주기가 2.5초를 초과할 경우에는 $k=2.0$을 사용하여 층지진하중의 분포가 2차 곡선이 되어 상층부의 층전단력을 높이는 효과가 있다. 건물주기가 0.5초와 2.5초일 경우에는 식(16.13)의 1.0과 2.0에 대한 직선보간을 이용하여 계산한다.

층전단력(V_x), 수평비틀림모멘트, 전도모멘트(M_x)

설계에서는 x층의 층전단력(V_x)을 식(16.11)의 계산 결과를 반영한 식(16.14)에 의하여 계산한다.

$$V_x = \sum_{i=x}^{n} F_i \tag{16.14}$$

여기서, F_i : i층 바닥에 작용하는 지진력이다.

격막이 유연하지 않을 경우에는 설계시 수평비틀림모멘트를 고려해야 한다. 지진하중에 의한 수평비틀림모멘트는 건물의 중심(重心, center of mass)과 강심(剛心, center of rigidity)간의 편심거리에 의한 비틀림모멘트(중심과 강심의 편심거리에 층전단력을 곱하여 계산)와 우발 비틀림모멘트(해석방향의 직각방향 평면치수의 5퍼센트에 해당하는 우발편심에 층전단력을 곱하여 계산)의 합으로 한다.

비틀림비정형(유형 H-1) 건물이 내진설계범주 'C' 또는 'D'로 분류되는 경우에는 식(16.15)에 의한 비틀림증폭계수 A_x를 각 층에서 우발비틀림모멘트 M_{ta}에 곱하여야 한다.

$$A_x = \left[\frac{\delta_{\max}}{1.2\delta_{avg}} \right]^2 \tag{16.15}$$

여기서, $\delta_{\max}$: x층 바닥에서의 최대변위, δ_{avg} : x층 바닥에서 건물 각 모서리 변위의 평균이다. 단, 비틀림증폭계수 A_x가 3.0을 초과할 필요는 없다.

또한 구조물의 전도를 방지하기 위하여 x층의 전도모멘트(M_x)를 식(16.16)에 의하여 계산한다.

$$M_x = \tau_m \sum_{i=x}^{n} F_i (h_i - h_x) \tag{16.16}$$

여기서, F_i : i층 바닥에 작용하는 지진력, h_x, h_i : 건물의 밑면에서 각각 x층과 i층까지의 높이, τ_m: 전도모멘트 감소계수이며 최상층에서 10번째층까지는 1.0, 최상층에서 20번째층 이하는 2.0, 최상층에서 10번째층과 20번째층 사이는 1.0과 2.0의 직선보간을 사용한다.

층간변위

지진하중에 의하여 인접한 건물의 수평변위가 증가하여 두 건물이 서로 부딪쳐 파괴할 수 있으므로 설계에서는 인접한 두 건물의 간격(δ_T)을 식(16.17)에 의하여 제한하고 있다.

$$\delta_T = \sqrt{{\delta_1}^2 + {\delta_2}^2} \tag{16.17}$$

여기서, δ_1과 δ_2 : 두 건물의 수평변위이며 수평변위는 식(16.17)의 층간변위, 즉, 임의의 층에서 기둥의 상부와 하부의 수평변위량의 차이를 이용하여 계산한다.

식(16.18)은 x층의 수평변위(δ_x)를 계산하는 식이다.

$$\delta_x = \frac{C_d \, \delta_{xe}}{I_E} \tag{16.18}$$

여기서, C_d : 변위증폭계수이며 [부표 2.24]를 이용하여 정한다. δ_{xe} : 탄성해석에 의하여 계산한 x층의 수평변위, I_E : 건물의 중요도계수이다.

식(16.18)의 수평변위(δ_{xe})는 16.2.2항에서 설명하는 반응수정계수에 의하여 감소된 일반지진하중에 대한 탄성해석 결과로 항복변위의 근사값을 사용한 결과이며 부재의 파괴시에 도달하는 비탄성변형에 대한 값이 아니다. 따라서 설계에서는 변위증폭계수(C_d)를 곱하여 비탄성변형의 영향을 반영한다. 또한 반응수정계수가 클 경우에 구조물의 비탄성변형이 증가하고 이로 인하여 $P\Delta$ 효과가 크게 발생하여 모멘트가 증가할 수 있다. 따라서 설계층간변위(Δ)를 $P\Delta$ 효과에 의한 증폭계수를 곱하여 식(16.19)에 의하여 계산한다. 식(16.19)에서 계산된 두 건물의 설계층간변위(Δ)는 [부표 2.22]의 세 가지 종류의 내진 등급에 대하여 규정하고 있는 값 이하가 되도록 해야 한다.

$$\Delta = \delta_T \frac{1}{1-\theta} \tag{16.19}$$

식(16.19)에서 $P\Delta$ 효과에 대한 안정계수(θ)는 식(16.20)에 의하여 계산한다. 식(16.20)의 안정계수(θ)는 식(11.82)의 안정성지수(stability index)와 유사한 개념에서 산출된 식이다.

$$\theta = \frac{P_x \Delta}{V_x h_{sx} C_d} \tag{16.20}$$

여기서, P_x : x층 및 그 상부층의 수직하중의 합, V_x : x층과 $x-1$층 사이의 지진하중에 의한 전단력, h_{sx} : x층 아래층의 높이, C_d : 변위증폭계수이며 [부표 2.24]를 이용하여 정한다. 식(16.20)에서 계산한 안정계수(θ)는 $\theta_{\max}$를 초과할 경우에는 구조물이 불안정할 수 있으므로 재설계해야 한다.

$$\theta_{\max} = \frac{0.5}{\beta\, C_d} \leq 0.25 \tag{16.21}$$

여기서, β : x층과 $x-1$층 사이의 설계전단강도에 대한 계수전단강도의 비이다.

16.2.2 반응수정계수

건물의 밑면전단력은 지진응답계수(C_s)에 의하여 영향을 받으며 지진응답계수를 결정하는 중요한 요소의 하나는 반응수정계수(R)이다. 반응수정계수를 이해하기 위해서는 내진설계의 기본 개념 및 구조물의 초과강도와 연성요구도를 이해해야 한다. 내진설계의 기본 개념은 다음의 두 가지 개념에서 이루어진다.

① **힘기본설계(force based design)** : 지진력을 받는 구조물은 특성에 따라서 다양한 하중과 변형의 응답을 나타나게 된다. 힘기본설계는 구조물의 탄성거동에 근거하여 [그림 16.2]와 같이 건물의 내력(항복강도)이 지진력에 의한 외력보다 크게 하는 설계 개념이다. 이 경우에는 지진을 경험한 이후에도 건물은 원래의 성능을 회복하여 탄성 상태를 유지하게 되어 보수비용이 적게 든다. 그러나 초기에 높은 항복강도를 확보해야 하므로 초기 공사비가 증가한다.

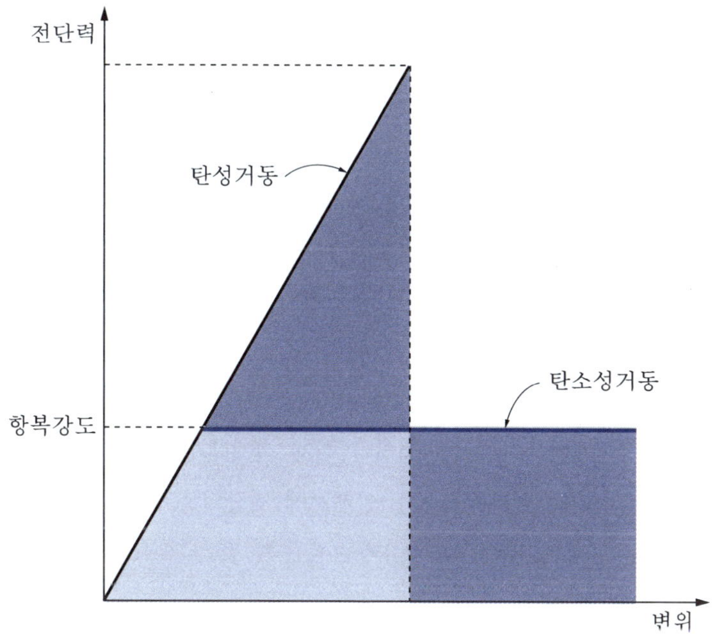

그림 16.2 건물의 응답

② **변위기본설계**(displacement based design) : [그림 16.2]에서 건물의 항복강도를 낮게 하면 지진하중도 항복강도만큼 낮아진다. 다만 항복 후에 건물은 비탄성거동을 하게 되어 건물의 변형이 증가하고 지진을 경험한 이후에도 건물에 발생한 변형이 원래의 상태로 회복되지 않고 일정한 크기의 잔류 변형이 남게 된다. 특히 건물이 비탄성거동을 할 경우에는 건물의 유효 고유주기가 길어지고 이력감쇠작용으로 에너지를 소산한다. 변위기본설계의 경우에는 항복강도가 낮기 때문에 초기 공사비를 절감할 수 있지만 대규모의 지진에 견딜 수 있도록 건물의 연성능력을 확보해야 하며 지진 후에 보수비용이 증가한다.

두 가지 설계 개념 중에서 힘기본설계의 경우에는 구조물의 항복강도가 높아서 경제적인 부담이 크므로 일반적으로 변위기본설계에 의하여 내진설계를 수행한다. 변위기본설계를 수행하기 위해서는 구조물이 항복한 이후에도 건물의 내력이 감소하지 않고 유지하며 일정한 값까지 연성적인 거동을 나타내야 한다. 따라서 변위기본설계에 근거하여 내진설계할 경우에 건물의 연성을 확보하기 위하여 식(16.22)의 반응수정계수(R)을 사용한다. 반응수정계수(R)는 [그림 16.3]에 표시된 탄성설계전단력(V_E)을 설계전단력(V_d)으로 나눈 값으로, 탄성 설계와 실제 설계의 여유치를 표현한 값으로 정의할 수 있다.

$$R = R_\mu \times R_\Omega \tag{16.22}$$

여기서, R_μ : 항복강도계수이며 식(16.23a)에 의하여 계산, R_Ω : 초과강도계수이며 식(16.23b)

에 의하여 계산한다.

$$R_\mu = V_E \, / \, V_y \tag{16.23a}$$

$$R_\Omega = V_y \, / \, V_d \tag{16.23b}$$

여기서, V_E : [그림 16.3]에 표시된 탄성설계전단력, V_y : [그림 16.3]에 표시된 항복설계전단력, V_d : [그림 16.3]에 표시된 설계전단력. [그림 16.3]과 같이 설계전단력(V_d)은 탄성설계전단력(V_E)을 반응수정계수(R)로 나눈 값이며, 부재의 파괴시에 도달하는 비탄성변형은 변위증폭계수(C_d)를 곱한 값을 사용하고 있다.

식(16.22)에서 엄밀한 의미의 반응수정계수는 탄성설계전단력(V_E)과 항복설계전단력(V_y)의 차이인 $R = R_\mu$에 의하여 계산해야 한다. 그러나 실제 설계에서는 초과강도계수(R_Ω)를 곱하여 반응수정계수를 계산한다. 이는 설계자가 구조설계시에 계산되는 항복설계전단력(V_y)과 하중을 받아 구조물이 도달하는 실제 설계전단력(V_d)에는 다음과 같은 구조물의 초과강도의 영향에 의하여 차이가 발생하기 때문이다.

구조물의 초과강도

구조물은 여러 가지의 안전율과 간략화된 설계 및 재료 특성을 이용하여 설계한다. 이 경우에 구조 설계에 포함된 안전율과 간략화된 설계 및 재료 특성은 구조물의 실제강도와 설계강도의 차이를 유발하게 된다. 실제강도와 설계강도의 차이는 구조물의 실제거동을 예측한 결과와 다르게 나타낼 수 있으므로 설계에 이러한 영향을 포함해야 한다. 구조물의 초과강도는 설계 방법과 주어진 조건에 의하여 다음 세 가지로 구분할 수 있다.

① 설계 초과강도(design over strength)

구조물을 설계할 경우에 안전성을 고려하여 설계밑면전단력보다 공칭전단력을 크게 산정한다. 즉, 설계에서는 철근의 항복강도(f_y)를 기준으로 부재의 내력과 철근의 양을 산정하지만 실제 배근되는 철근의 양은 계산된 철근의 양보다 일반적으로 많으며 결과적으로 실제 하중에 의하여 도달하는 철근의 응력(f_d)은 계산에 사용된 철근의 항복강도(f_y)보다 낮다. 설계 초과강도는 철근의 실제 도달 응력(f_d)과 계산에 사용된 철근의 항복강도(f_y)의 차이를 의미한다. [그림 16.3]은 구조물의 전단력과 변위 관계를 나타낸다. 그림에서 V_1은 철근이 항복강도에 도달했을 때의 구조물 전단력이며, V_d는 배근된 초과 재료에 의하여 계산된 전단력으로 설계지진하중이라 할 수 있다. 따라서 설계 초과강도는 전단력의 관점에서는 V_1 / V_d이다.

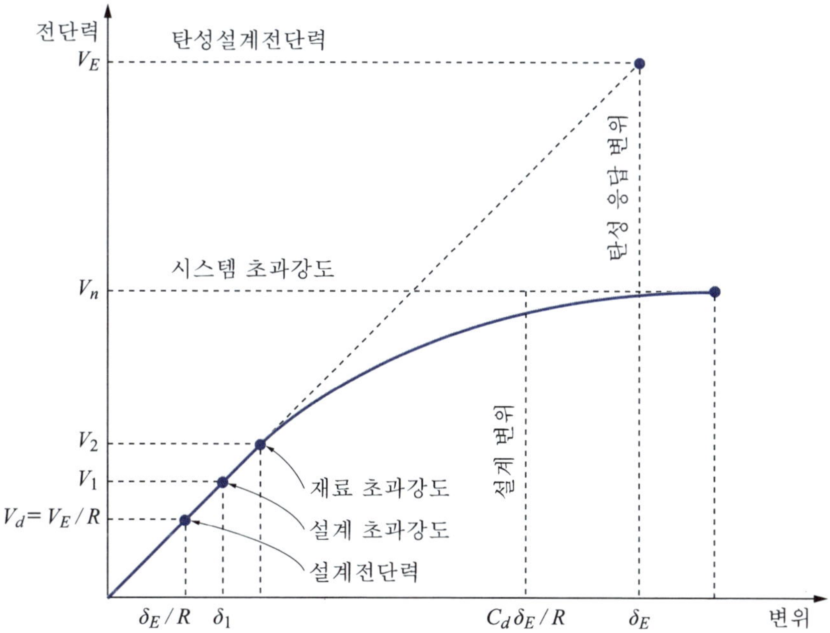

그림 16.3 설계전단력

② **재료 초과강도**(material over strength)

재료 초과강도는 예상강도(실제강도, provable strength)와 초과강도(over strength)의 두 가지로 구분할 수 있다. 예상강도(실제강도)는 공장에서 실제로 생산되는 제품의 강도를 의미한다. 설계자는 모든 제품의 강도를 개별적으로 계측한 후에 설계하지 않고 기준에서 규정하는 공칭강도에 근거하여 설계한다. 예를 들어 설계자가 400 MPa의 항복강도에 근거하여 구조 설계를 한 후에 공장에 SD400 S(공칭항복강도 400 MPa) 철근을 주문했을 경우에 실제 공장에서 생산되는 철근의 강도는 일반적으로 항복강도 400 MPa을 초과하여 거의 500 MPa에 가깝다. 이는 모든 철근을 정확하게 400 MPa로 제작할 수 없고 편차가 발생하므로 공장에서는 공칭항복강도를 초과하는 철근을 생산하기 때문이다. 콘크리트의 압축강도의 경우에도 레미콘 회사에 특정 강도의 콘크리트를 주문하면 현장에 도달하는 콘크리트의 압축강도는 일반적으로 주문한 강도보다 높은 강도의 콘크리트가 배송된다. 이와 같이 주문한 제품 강도보다 높게 공장에서 생산되는 제품의 강도를 예상강도(provable strength)라 한다. KDS(국가건설기준)에서는 강재를 제작한 공장에서 계측한 실제 항복강도가 공칭항복강도를 120 MPa 이상 초과하지 않아야 한다고 규정하고 있다. 이는 예상강도와 설계강도의 지나친 차이에 의하여 파괴모드가 변하여 의도하지 않은 부재가 파괴되는 것을 방지하기 위해서다.

두 번째는 초과강도이다. 철근의 응력과 변형률 관계는 2.7.1항의 [그림 2.24]와 같이 세 가지 구간으로 구분되며, 철근이 파단되는 인장강도(tensile strength)는 항복강도(yield strength)보다 크다. 철근의 인장강도가 항복강도보다 크지만 설계에서는 항복강도를 기준으로 설계한다. 그러나 부재의 변형이 증가하여 철근이 변형률경화구간에 도달할 때 철근은 항복강도보다 높은 인장강도에서 파단한다. 이와 같이 항복강도보다 큰 인장강도를 초과강도(over strength)라 한다. KDS(국가건설기준)에서는 실제 항복강도에 대한 실제 극한 인장강도의 비가 1.25 이상이 되도록 규정하고 있다. 이 규정은 구조 부재의 비탄성 회전 능력은 부재의 축을 따라 발생하는 소성힌지영역 길이의 함수라는 가정에 근거를 둔다. 실험 결과를 분석해 보면 소성힌지영역 길이는 항복휨모멘트에 대한 극한휨모멘트의 비가 크면 클수록 길어지게 되어 파괴가 분산되며 철근의 변형률도 작아진다. 따라서 KS D 3504의 철근에 대한 규정에서도 내진철근의 경우에는 인장강도가 항복강도의 1.25배 이상이 되도록 규정하고 있다. 이와 같이 공칭항복강도와 철근의 인장강도에 차이가 있으므로 부재의 내력을 정확하게 산정하기 위해서는 초과강도를 고려해서 설계해야 한다.

③ **시스템 초과강도**(design over strength)

하중의 재분배와 관련하여 5.8절에서 설명한 것과 같이 구조물이 부정정구조물이며 연성인 경우에는 어느 한 지점([그림 5.12(a)]의 양단)이 최대 모멘트에 도달하여 소성힌지를 형성한 이후에 구조물의 다른 부분이 계속하여 외부 하중을 저항하게 된다. 설계에서는 소성힌지가 처음으로 발생하는 부위의 부재 내력을 기준으로 설계하지만 실제 구조물이 파괴될 때는 이보다 높은 저항력을 나타내게 되며 이를 시스템 초과강도(design over strength)라 한다.

구조시스템

힘기본설계와 변위기본설계의 관점에서 이루어지는 내진설계에서 요구연성도는 밑면전단력을 결정하는 중요한 요소의 하나이다. 구조물의 연성도는 설계, 재료, 철근의 상세, 내력의 여유도, 구조시스템 등에 따라서 달라지며 내진설계에서는 연성도를 반영하여 반응수정계수(R)를 결정한다. 건축구조기준에서는 반응수정계수를 [부표 2.24]와 같이 건물의 구조시스템과 사용 재료의 관점에서 다르게 구분하고 있다. 이와 같이 구조시스템에 따라서 반응수정계수가 달라지는 이유는 각 구조시스템을 이루고 있는 부재의 강성과 연성 능력이 다르기 때문이다. 횡력을 저항하는 구조시스템의 특성을 간략하게 정리하면 다음과 같다.

① **모멘트골조시스템**(rigid frame system)

모멘트골조시스템이란 각 부재가 접합부에서 일체가 되도록 견고하게 접합한 구조를 말하며 라멘(Rahmen) 구조라고도 한다. 모멘트골조시스템은 근대 건축물 구조형식의 기본 구조 형식 중의 하나이며, 모든 외력은 [그림 16.4(a)]와 같이 보·기둥을 통하여 기초에서 지반으로 전달한다.

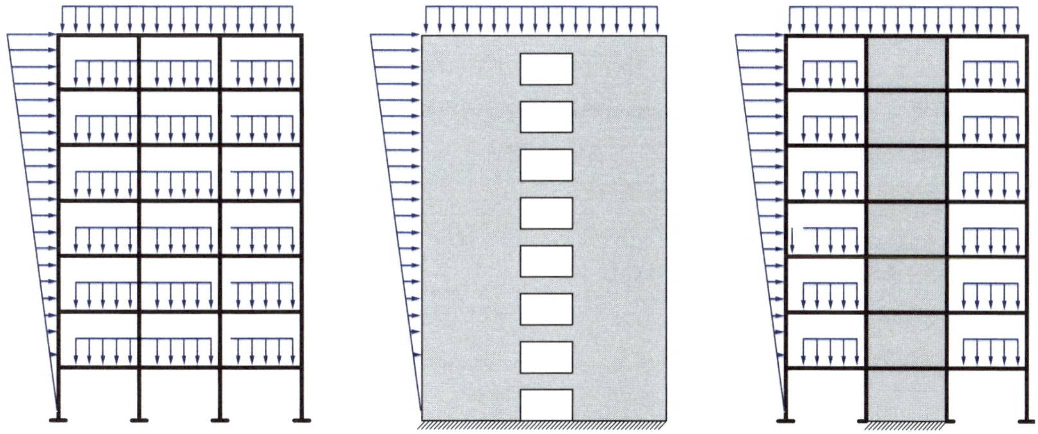

(a) 모멘트골조시스템 (b) 내력벽시스템 (c) 이중골조시스템

그림 16.4 골조시스템

모멘트골조시스템에서는 벽체 대신 기둥을 사용하며 다른 구조 형식에 비하여 평면계획상 사유스러운 배치가 가능하고, 넓은 개구부 및 공간을 얻을 수 있어 근대 고층건축에 널리 채택되고 있다. 내진설계에서는 보통모멘트골조, 중간모멘트골조, 특수모멘트골조로 구분하며 각 골조의 반응수정계수를 각각 3, 5, 8로 하고 있다. 이와 같이 구조시스템은 동일하지만 반응수정계수가 다른 이유는 각 골조의 연성능력이 다르기 때문이다. 즉, 반응수정계수가 가장 큰 특수모멘트골조의 경우에는 철근 상세 등을 다르게 하여 보통모멘트골조나 중간모멘트골조에 비하여 연성능력을 크게 한다.

② **내력벽시스템**(bearing wall system)

내력벽시스템이란 수평 및 수직하중을 수직부재인 벽을 통하여 기초로 전달하는 건물 구조를 말한다. 따라서 벽식 구조에는 일반적으로 기둥, 보 등과 같은 부재가 없으며 슬래브, 벽, 기초로 이루어진다. 벽식 구조는 모멘트골조시스템에 비하여 구조물 전체의 자중이 크며 연성능력이 작다. 따라서 [부표 2.24]와 같이 철근콘크리트 특수모멘트골조의 반응수정계수는 8이지만 철근콘크리트 특수전단벽의 반응수정계수는 5이다. 벽체의 주요한 역할 중의 하나는 상부의 수직하중을 저항하는 것과 지진력이나 바람과 같은 수평하중을 저항하는 것이다. 일반적으로 건물의 설계는 수직하중을 지지하는 부재와 수평하중을 지지하는 부재로 구분되는데 벽체도 종류에 따라서 수직하중을 주로 지지하는 벽체와 수평하중을 주로 지지하는 벽체로 구분된다. 건물에 작용하는 수평력은 다이아프램으로 작용하는 바닥판 구조에 의해 전단벽으로 전달되며, 높은 강성을 가지고 있는 전단벽은 전단력과 전도모멘트를 저항한다. 수평력에 대한 전단벽의 거동은 평면 형태, 즉 그 평면에 생기는 휨으로 인한 관성에 의해 결정된다. 전단벽에 있는 개구부는 전단벽의 강성을 약화시키며, 개구부의 수, 크기와 위치는 벽체의 구조 거동에 영향을 준다. 특히,

[그림 16.4(b)]와 같이 두 개 또는 그 이상의 전단벽체가 연결보(커플링보, coupling beams)로 연결되어 있을 경우에 양단 접합부 휨강성의 차이에 따라 벽체에 미치는 연결보의 영향이 달라지므로 주의가 필요하다. KDS 14 20 국가건설기준에서는 전단벽을 보통전단벽과 특수전단벽으로 구별하며, 특수전단벽의 경우에는 연결보와 경계요소의 철근 상세를 엄격하게 하여 연성능력을 높인다.

③ **이중골조시스템**(dual frame system)

이중골조시스템이란 [그림 16.4(c)]와 같이 골조와 전단벽이 함께 하중을 지지하는 구조시스템을 말한다. 두 개의 구조시스템으로 이루어진 이중골조시스템은 중력하중과 횡하중을 각각 분리하여 다음 가정에 의해 하중을 부담한다.

- 중력하중은 주로 골조시스템이 지지한다.
- 모든 하중은 강성비에 따라 구조 요소가 분담하여 지지하지만, 모멘트골조가 지진력의 최소 25% 이상을 저항해야 한다.
- 구조시스템의 연성을 확보하기 위하여 상세규정을 지켜야 한다.

이중골조시스템은 특수모멘트골조를 가진 이중골조시스템과 중간모멘트골조를 가진 이중골조시스템으로 구분되며 [부표 2.24]의 특수모멘트골조를 가진 이중골조시스템의 반응수정계수가 중간모멘트골조를 가진 이중골조시스템의 반응수정계수보다 크다. 횡하중이 이중골조시스템에 작용할 때, 전단벽체는 캔틸레버보와 같은 휨거동을 하지만 골조는 전단거동을 하여 골조와 벽체는 서로 다른 거동을 나타낸다. KDS 14 20 국가건설기준에서는 모멘트골조와 전단벽에 특별한 철근 상세를 요구하고 있다.

16.3 철근콘크리트 구조물의 내진 상세

KDS 14 20 국가건설기준에서는 지진 위험이 낮은 지역에 위치한 구조물과 지진 위험이 높은 지역에 위치한 구조물을 분리하여 별도의 설계 기준을 규정하고 있다. 지진 위험이 낮은 지역에 위치한 구조물과 부재(구조용과 비구조용)는 일반 규정에 근거하여 설계하지만, 지진 위험이 높은 지역에 위치한 구조물과 부재는 내진설계규정에 근거해 설계해야 한다. 따라서 KDS 14 20 국가건설기준의 내진설계 방법과 상세를 만족하는 구조물은 예상 지진하중에 대하여 충분한 내력과 연성을 가지고 저항할 수 있다고 간주할 수 있다. 내진설계는 [표 16.1]과 같이 약진지역, 중진지역, 강진지역에 대한 설계로 구분된다. 우리나라는 강진지역으로 분류되지는 않으나,

표 16.1 지진위험도와 구조시스템

지진위험도	구조시스템
약진지역에 속하거나 낮은 지진위험도가 요구되는 구조물	일반 구조설계기준에 맞게 설계함. 중간 또는 특수 콘크리트구조시스템을 사용하는 경우에는 내진설계기준에 맞게 설계함.
중진지역에 속하거나 중간 지진위험도가 요구되는 구조물	중간 또는 특수모멘트골조 및 보통, 중간, 특수철근콘크리트 구조벽이 지진력에 저항하도록 설계해야 함. 특수 콘크리트구조시스템을 사용하는 경우 특수 구조시스템에 대한 내진설계기준에 맞게 설계해야 함.
강진지역에 속하거나 높은 지진위험도가 요구되는 구조물	특수모멘트골조, 특수구조벽 그리고 격막구조 및 트러스구조 등이 지진력에 저항하도록 설계해야 함. 지진력에 저항하지 않는 구조 부재에 대하여도 내진설계의 요구 사항을 만족하도록 설계해야 함.

2010년부터 우리나라 콘크리트설계기준이 ISO TC71 인증을 받음으로써 해외 건설시장에서도 우리기준을 사용할 수 있도록 강진지역이나 높은 지진위험도가 요구되는 지진력 저항시스템에 대한 설계가 고려되었다.

16.3절에서는 내진설계에 적용되는 구조시스템을 특수모멘트골조, 중간모멘트골조, 특수모멘트 구조벽체로 구분하고, 각 구조시스템에 요구되는 상세 설계를 설명한다. 모멘트골조의 기본 설계원칙은 [표 16.1]에 요약되어 있다. 중간모멘트골조와 특수모멘트골조의 경우 보에 소성힌지가 발생하도록 하고 전단파괴와 같은 취성파괴를 억제하고 휨파괴를 유도하고 있다.

16.3.1 특수모멘트골조

모멘트골조시스템은 보통모멘트골조, 중간모멘트골조, 특수모멘트골조로 구분되며, 특수모멘트골조는 보통이나 중간모멘트골조보다 연성능력이 크기 때문에 반응수정계수도 크다. 특수모멘트골조가 큰 연성능력을 확보하기 위해서는 보통모멘트골조나 중간모멘트골조보다 엄격한 철근 상세규준을 준수해야 하며 설계 기본 원칙은 다음과 같다.

① 성능설계에 기본을 두어 보와 기둥에 소성힌지가 발생하고, 소성힌지의 예상강도는 철근의 초과강도 $1.25f_y$를 이용하여 계산한다.

② 전단과 같은 취성파괴를 방지하고 휨파괴가 먼저 발생하도록 한다.

③ 약보 - 강기둥 설계로 파괴는 보에서 발생하며 기둥 파괴를 억제한다.

④ 접합부 파괴를 방지하고 정착과 이음 성능을 확보한다.

특수모멘트골조는 휨부재, 휨과 압축을 받는 부재, 접합부, 전단강도로 구분하여 철근 상세를 규정하고 있다.

휨부재

계수축력이 $(A_g f_{ck}/10)$을 초과하지 않는 부재를 휨부재라 하며, 특수모멘트골조의 휨부재는 [표 16.2]의 규정에 따라서 설계해야 한다.

[표 16.2]에서 축력비가 10% 이하인 부재를 휨부재로 하고 있으며, 10%를 초과하는 축력을 받는 부재를 휨압축부재로 간주한다. 또한 부재의 순경간(l_n)이 단면 유효깊이(d)의 4배 이상이 되도록 규정하고 있다. 이와 같이 l_n/d의 비를 제한하는 것은 l_n/d의 비가 작을 경우에 부재는 휨거동을 하지 않고 전단거동을 하기 때문이다. 7.4.3항 [그림 7.14]의 Kani의 실험 결과와 같이 부재는 l_n/d의 비가 짧을수록 전단 거동을 하며 길면 휨거동을 하기 때문에 내진설계에서는 휨부재에 대하여 l_n/d의 비를 제한한다.

축방향철근에 대해서는 철근비(ρ)를 0.025 이하로 하여 철근이 단면에 너무 밀집되게 배근되지 않도록 하고 있다. 또한 접합면에서 휨부재의 정모멘트 강도가 부모멘트 강도의 1/2 이상이 되게 하여 반복하중에 의하여 유발될 수 있는 휨모멘트의 변환에 대처한다. 지진하중을 받을 때 철근의 겹침이음은 신뢰할 수 없으므로 휨 항복이 예상되는 소성힌지영역에서는 겹침이음을 할 수 없다. 또한 어떠한 단면에서도 겹침이음을 하는 곳에는 횡방향철근을 배근하여 콘크리트 피복이 쉽게 탈락되지 않도록 하고 있다.

[표 16.2]의 횡방향철근 상세를 도식적으로 그리면 [그림 16.5]와 같다. 상시하중이 전체 설계하중의 큰 부분을 차지하는 경간이나 부재, 혹은 축방향을 따라 강도가 변하는 부재, 비탄성 회전의 집중이 예상되는 부위, 횡방향철근의 항복이 예상되는 부위에는 반드시 횡방향철근을 설치해야 한다. 또한 강진 때에는 콘크리트의 박리(剝離)가 예상되므로 모든 스터럽이나 띠철근을 설계기준의 규정에 따라서 배근해야 한다.

지진하중을 받는 골조의 휨모멘트 분포는 중력하중을 받는 골조의 휨모멘트와 다르다. 예를 들어 [그림 16.6]과 같이 연직하중과 지진하중이 작용하는 골조의 전단력과 휨모멘트 분포는 연직하중만 작용하는 골조의 전단력과 휨모멘트 분포와 다르며, 부재가 받는 전단력이 증가한다. 연직하중을 받는 골조의 보의 전단력 분포(V_x)는 식(16.24)에 의해 계산하며, 연직하중과 지진하중을 받는 골조의 보의 전단력 분포는 식(16.25)에 의해 계산한다. 식(16.25)의 두 번째 항에 ±가 붙는 것은 단부의 모멘트 방향이 바뀌기 때문이다.

$$V_x = \frac{M_{pl} - M_{pr}}{l_n} + \frac{w_u l_n}{2} - w_u x \qquad \text{(연직하중 골조)} \qquad (16.24)$$

$$V_x = \frac{M_{pl} + M_{pr}}{l_n} \pm \frac{w_u l_n}{2} - w_u x \qquad \text{(연직하중+지진하중 골조)} \qquad (16.25)$$

여기서, M_{pl}, M_{pr} : 보의 좌우 단면 예상휨모멘트(휨강도)이며 철근의 초과강도 $1.25f_y$를 이용하여 계산, l_n : 보의 순경간, w_u : 등분포하중이다.

표 16.2 특수모멘트골조 휨부재의 적용 범위와 상세

내용	휨부재
적용 범위	① 부재의 계수축력은 $(A_g f_{ck}/10)$을 초과하지 않아야 한다. ② 부재의 순경간이 유효깊이의 4배 이상이어야 한다. ③ 깊이에 대한 폭의 비가 0.3 이상이어야 한다. ④ 부재의 폭은 250 mm 이상이어야 한다. ⑤ 부재의 폭은 휨부재 축방향과 직각으로 측정한 지지부재의 폭에 받침부 양 측면으로 휨부재 깊이의 3/4을 더한 값보다 작아야 한다.
축방향 철근	① 휨부재의 어떤 단면에서나 상부철근 및 하부철근의 철근량은 식(5.11)의 값 이상이어야 하고, 또한 $1.4b_w d/f_y$ 이상이어야 한다. 철근비 ρ는 0.025 이하이어야 한다. ② 접합면에서 정모멘트에 대한 강도는 부모멘트에 대한 강도의 1/2 이상이어야 한다. 또 부재의 어느 위치에서나 정 또는 부모멘트에 대한 강도는 부재 양단 접합면의 최대 휨강도의 1/4 이상이어야 한다. ③ 휨철근의 겹침이음은 이음길이 부분에 후프철근이나 나선철근이 배치되어 있는 경우에만 사용할 수 있다. 겹침이음 철근을 둘러싸는 횡방향철근의 간격은 $d/4$ 이하, 또한 100 mm 이하이어야 한다.
횡방향 철근	(1) 골조부재의 다음 부분에는 후프철근을 배치하여야 한다. ① 휨부재 양단의 받침부 면에서 경간의 중앙방향으로 측정한 휨부재 깊이의 2배 구간 ② 골조의 비탄성 횡변위로 인한 휨 항복이 일어날 수 있는 단면 좌우로 부재 깊이의 2배 이상의 거리 구간 (2) 첫 번째 후프철근은 지지부재의 면부터 50 mm 이내에 위치. 후프철근의 최대 간격은 $d/4$, 축방향철근의 최소 지름의 8배, 후프철근지름의 24배, 300 mm 중 가장 작은 값을 초과하지 않아야 한다([그림 16.5] 참조). (3) 후프철근으로 감싸인 축방향철근은 135도 이하로 구부린 띠철근에 의해 횡방향으로 지지되어야 하며, 축방향철근의 간격이 150 mm 이상 벌어지면 추가 띠철근이 필요하다. (4) 후프철근이 필요하지 않은 곳에서는 부재의 전 길이에 걸쳐서 $d/2$ 이내의 간격으로 양단 내진갈고리를 갖춘 스터럽을 배치하여야 한다. (5) 전단저항에 요구되는 스터럽이나 띠철근은 규정된 부재의 길이에 걸쳐 후프철근을 사용하여야 한다. (6) 휨부재의 후프철근은 2개의 철근으로 구성할 수 있다. 즉 양단에 내진갈고리를 갖는 스터럽과 연결철근으로 구성되는 폐쇄형 후프철근을 사용할 수 있다. 동일한 축방향철근과 접속되는 연속 연결철근은 휨부재의 반대측 면에 번갈아 가며 90° 갈고리를 두어야 한다. 연결철근으로 고정되는 축방향철근이 휨부재의 한쪽 면에서만 슬래브로 구속되어 있으면 연결철근의 90° 갈고리는 그 슬래브가 있는 곳에 위치시켜야 한다.

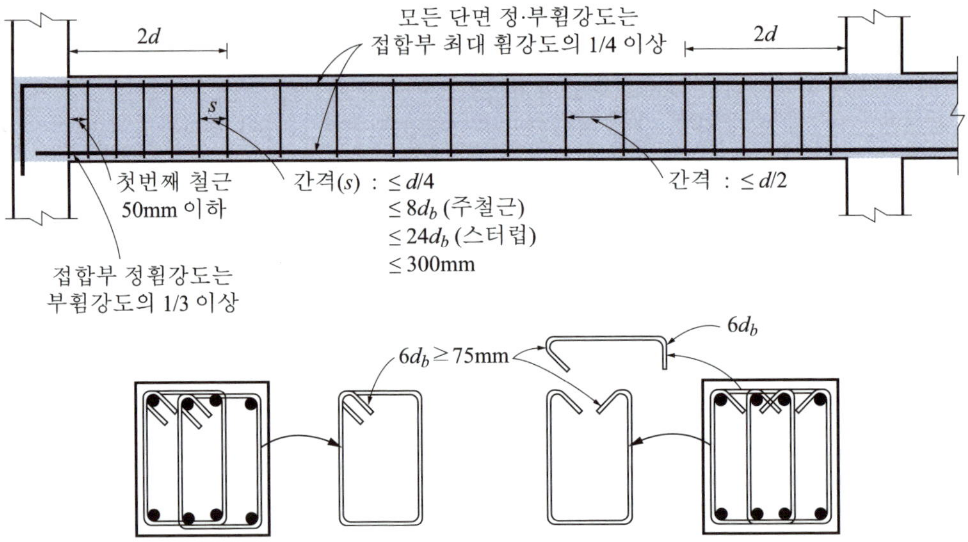

그림 16.5 휨부재의 철근 상세

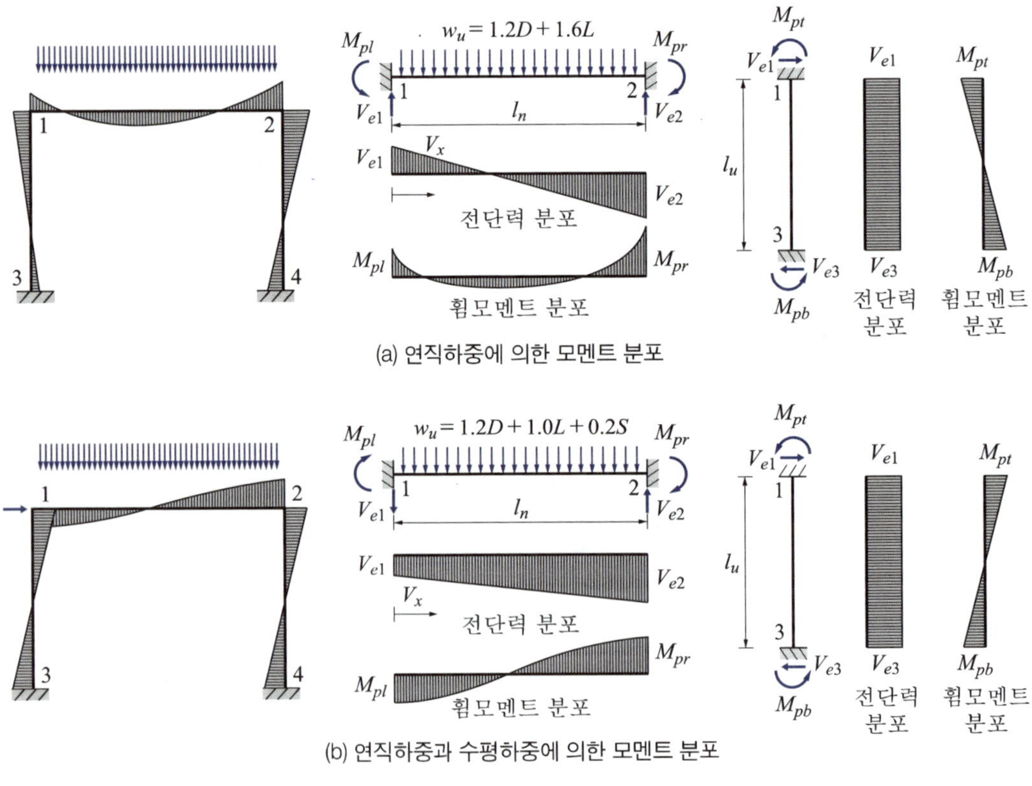

그림 16.6 골조의 휨모멘트와 전단력 분포

식(16.24)와 식(16.25)를 비교하면 연직하중의 경우에는 M_{pl}과 M_{pr}의 방향이 반대이지만, 연직하중과 지진하중이 작용할 때는 M_{pl}과 M_{pr}의 방향이 동일하여 전단력이 커진다는 것을 알 수 있다. 따라서 내진설계에서는 전단력 설계에 주의해야 하며 다음과 같이 내진 특성을 반영하여 설계해야 한다.

① 성능설계에 기반을 두는 특수모멘트골조 설계에서는 지진하중을 받는 부재의 설계전단력(V_e)을 부재 단부에 작용하는 예상 휨강도 M_{pl}과 M_{pr}의 정 또는 부의 값과 경간을 따라 재하되는 계수중력하중을 이용하여 계산한다. 성능기반 내진설계는 취성적인 전단파괴를 방지하고 연성적인 휨파괴를 유도한다. 따라서 부재의 양단부에는 휨항복에 의하여 소성힌지가 먼저 발생하고, V_e는 소성힌지 영역의 M_{pl}과 M_{pr}을 기준으로 계산해야 한다. 예상 휨강도(M_{pl}과 M_{pr})는 소성힌지가 발생하여 철근이 초과강도에 도달했을 때의 강도이므로 철근의 응력을 $1.25f_y$로 하여 계산한다. 기둥에 발생하는 M_{pt}와 M_{pb}의 값은 그 기둥이 접합되어 있는 보들의 M_{pl}과 M_{pr} 값에 의해 계산되는 값을 초과할 필요는 없다. 또한, V_e는 구조물 해석에 의해 계산된 값보다 작을 수 없다.

② 지진하중에 의한 전단력이 최대 계수전단강도의 1/2 이상이며, 계수축력이 $A_g f_{ck}/20$ 이하일 때는 콘크리트의 전단기여분(V_c)을 무시한다. 즉, 7.6절의 식(7.45)의 콘크리트에 의한 공칭전단강도를 영(0)으로 한다($V_c = 0$). 이는 지진과 같이 반복하중이 작용할 경우에 콘크리트에는 양방향으로 균열이 발생하여 단조하중(monotonic load)을 받아 한 방향으로만 균열이 발생하는 경우보다 콘크리트의 전단기여분이 감소하기 때문이다.

휨과 압축을 받는 부재

KDS 14 20 국가건설기준에서는 휨모멘트와 함께 $(A_g f_{ck}/10)$을 초과하는 계수축력을 받는 부재를 휨압축부재로 규정하고 있다. 특수모멘트골조에 적용되는 성능기반 내진설계의 기본 개념은 보에 소성힌지를 발생시켜 외부 에너지를 소산하고, 기둥은 탄성상태를 유지하도록 하는 것이다. 이는 보에 비하여 기둥이 상대적으로 중요한 부재이며 기둥이 파괴될 경우에 층 전체가 붕괴되어 인명피해가 커질 수 있기 때문이다. 또한 축하중을 받는 기둥은 보에 비하여 에너지소산 능력이 떨어져 횡보강철근만으로는 쉽게 외부 에너지를 소산시킬 수 없기 때문에 보에 소성힌지를 발생시키고 기둥은 탄성거동을 하도록 설계한다. 만약 기둥의 강도가 접합부에 인접해 있는 보의 강도보다 작을 경우에는 비탄성 거동으로 발전할 우려가 있으며, 최악의 경우에는 해당 층에 있는 모든 기둥의 양단부에서 휨 항복이 발생하여 그로 인해 기둥이 파괴되어 건물의 전체 붕괴를 초래하기도 한다. 따라서 내진설계에서는 기둥의 내력(M_c)이 접합부에 연결된 보의 내력(M_g)보다 크도록 설계한다. 이 때 보의 내력은 1.2(=6/5)의 계수를 곱하여 식(16.26)에 의해 계산한다.

$$\Sigma M_c \geq \frac{6}{5}\Sigma M_g \tag{16.26}$$

여기서, ΣM_c는 접합부의 접합면에 연결된 기둥들의 설계휨강도의 합, ΣM_g는 접합부의 접합면에 연결된 보의 설계휨강도의 합이다.

식(16.26)에서 보의 강도에 1.2(=6/5)를 곱하는 것은 재료의 초과강도(over strength) 때문이다. 보의 경우에는 [그림 16.7(a)]와 같이 양 단부에 소성힌지가 발생한다. 소성힌지가 발생할 경우에 보의 변형이 증가하여 휨철근은 변형률경화구간에 도달하여 초과강도에 도달할 수 있다. 기둥의 파괴를 방지하기 위하여 보의 휨강도를 계산할 때는 보의 휨강도에 유리하게 작용할 수 있는 모든 경우를 고려하여 계산해야 한다. 따라서 보의 휨강도에 예상강도계수(실제강도계수, provable strength factor, ϕ_p)와 초과강도계수(over strength factor, ϕ_o)를 곱하여 계산한다. 또한 보와 기둥에는 각각 보의 휨강도감소계수(ϕ_{nb})와 기둥의 휨강도감소계수(ϕ_{nc})를 곱하여 휨강도를 계산한다. 결과적으로 식(16.26)의 1.2(=6/5)는 기둥과 보의 강도감소계수와 초과강도계수의 차이에 의하여 정해진 값이다.

$$\frac{\phi_{nb}\phi_p\phi_o}{\phi_{nc}} \approx \frac{6}{5} \tag{16.27}$$

여기서, ϕ_{nb}와 ϕ_{nc} : 보와 기둥의 휨강도감소계수, ϕ_p : 예상강도계수(provable strength factor), ϕ_o : 초과강도계수(over strength factor)이다.

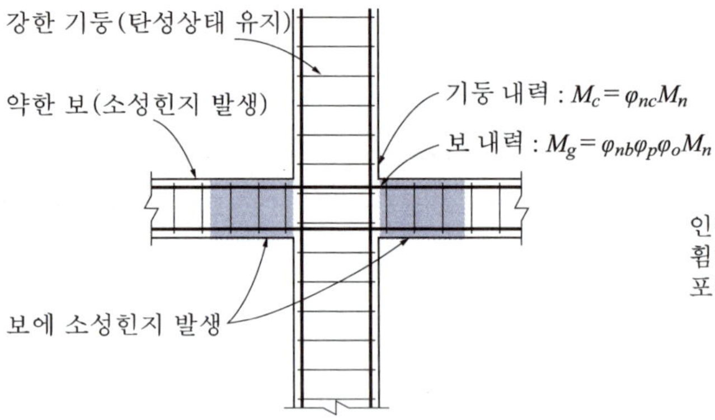

(a) 약한 보-강한 기둥

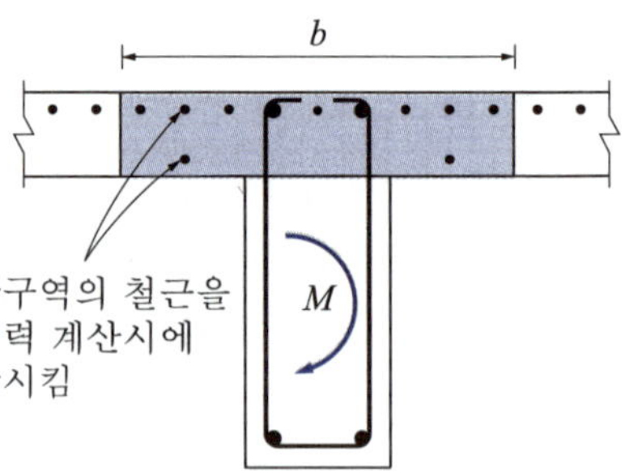

(b) T형보의 슬래브 철근의 역할

그림 16.7 약한 보-강한 기둥의 휨강도

T형보의 휨강도를 계산할 때는 슬래브 유효폭(5.6.2항 참조) 내에 있는 슬래브 철근을 고려하여 계산하여야 한다. 5.6절에서 설명한 것과 같이 T형보의 슬래브가 정모멘트를 받을 경우에 슬래브의 콘크리트가 압축콘크리트의 역할을 한다. 그러나 T형보가 부모멘트를 받을 경우에는 슬래브 유효폭에 있는 슬래브 철근의 역할은 무시하고 T형보의 휨강도를 계산하였다. 그러나 성능기반 내진설계에서는 부재 파괴모드를 정확하게 평가해야 하므로 부모멘트를 받는 T형보 유효폭 안에 있는 슬래브 철근을 전부 포함하여 T형보의 휨내력을 계산한다.

KDS 14 20 국가건설기준에서는 계수축력이 $(A_g f_{ck}/10)$을 초과하며 휨과 압축을 받는 부재에 대하여 [표 16.3]의 규정을 요구한다. 휨모멘트뿐만 아니라 축력을 받는 부재의 축방향철근비에 대한 하한값은 콘크리트의 장기변형의 영향에 대한 고려와 균열휨모멘트와 항복휨모멘트 사이에 상당히 큰 여유를 확보하기 위함이다. 철근비 상한값은 철근의 밀집, 저층 구조물의 기둥에 대한 슬래브와 보에 의한 하중 전달, 큰 전단응력의 발생 등에 대한 우려를 반영하고 있다.

횡방향구속철근으로는 나선철근과 띠철근(사각형 후프)이 사용된다. 나선철근과 띠철근이 기둥의 강도 및 연성에 기여하는 효과에 대해서는 11.2절에서 설명하였다. 횡방향철근이 기둥의 강도 및 연성 능력에 어떠한 영향을 미치는지에 대한 해석적인 방법은 존재하지만, 지진하중이 작용할 때 필요로 하는 축력 및 변형능력과 내진설계를 위한 설계식으로서 횡방향철근량과의 관계는 정확하게 규명되어 있지 않다. 주철근이 항복한 이후에 변형이 증가하면 횡구속철근이 바깥쪽으로 변형하면서 피복콘크리트가 떨어져 나가는데 이를 콘크리트의 박리(剝離)라 한다. 박리 현상이 발생하면 기둥의 저항 축력이 감소한다. 횡방향철근의 양은 콘크리트의 박리와 연계하여 박리에 의하여 저항 축력이 감소하지 않도록 횡방향철근비를 한정하며 이에 대해서는 11.2.4항에서 설명하였다. 나선철근비(ρ_s)는 식(16.28)과 식(11.26)에서 계산한 값 이상이 되어야 하며, 띠철근의 단면적(A_{sh})은 식(16.29a)와 식(16.29b)의 큰 값 이상이 되어야 한다.

(나선철근)

$$\rho_s = 0.12\,\frac{f_{ck}}{f_{yh}} \tag{16.28}$$

(띠철근)

$$A_{sh} = 0.3\left(\frac{s \cdot h_c \cdot f_{ck}}{f_{yh}}\right)\left(\frac{A_g}{A_{ch}} - 1\right) \tag{16.29a}$$

$$A_{sh} = 0.09\left(\frac{s \cdot h_c \cdot f_{ck}}{f_{yh}}\right) \tag{16.29b}$$

여기서, ρ_s : 나선철근비, f_{ck} : 콘크리트의 압축강도, f_{yh} : 횡방향철근의 항복강도, A_{sh} : 띠철근의 단면적, s : 띠철근의 간격, h_c : 구속보강철근 중심간의 거리로 측정한 기둥 내부의 단면치수, A_{ch} : 횡방향철근의 외곽으로 측정한 구조 부재의 단면적이다.

표 16.3 특수모멘트골조의 휨과 압축을 받는 부재의 적용 범위와 상세

내용	휨과 압축을 받는 부재
적용 범위	① 부재의 계수축력이 $(A_g f_{ck}/10)$을 초과하며 축력을 받는 부재에 적용한다. ② 도심을 지나는 직선상에서 측정한 최소 단면치수는 300 mm 이상이어야 한다. ③ 최소 단면치수의 직각방향 치수에 대한 길이 비는 0.4 이상이어야 한다.
축방향 철근	① 철근비 ρ_g는 0.01 이상이고 0.06 이하이어야 한다. ② 기계적이음과 용접이음은 내진설계기준에 따라야 한다. 겹침이음은 부재의 중앙부에서 부재 길이의 1/2 구역 내에서만 할 수 있고 인장이음으로 설계해야 하며, 또한 겹침이음구간은 내진설계기준에 따라 횡방향철근으로 둘러싸야 한다.
횡방향 철근	(1) 횡보강철근은 다음의 ①에서 ⑤까지 규정을 따라야 한다. ① 나선 또는 원형후프철근의 용적철근비 ρ_s는 식(16.28)의 값 이상으로 해야 하며, 이 값은 식(11.26)으로 계산된 값 이상이 되어야 한다. ② 사각형 후프철근의 전체 단면적은 식(16.29a)과 식(16.29b)로 계산되는 값 이상으로 해야 한다. ③ 횡방향철근은 단일후프철근 또는 겹침후프철근으로 이루어져야 한다. ④ 부재 심부의 설계강도가 지진력을 포함하는 설계하중의 조합으로 계산되는 강도 이상이면 식(16.29a)와 식(11.26)에 따르지 않을 수 있다. ⑤ 횡방향철근의 외부에 위치하여 구속되지 않은 콘크리트의 두께가 100 mm를 초과하면, 횡방향철근을 추가적으로 배치해야 한다. (2) 횡방향철근 간격은 부재의 최소 단면치수의 1/4, 축방향철근 지름의 6배, 또한 식(16.30)에 규정한 s_x 중 가장 작은 값 이하로 하여야 한다. (3) 연결철근이나 겹침후프철근은 부재의 단면 내에서 중심 간격이 350 mm 이내가 되도록 배치하여야 한다. (4) 골조의 각 접합면부터 l_o 길이의 구간에 (1)에서 (3)까지 규정에 따르는 양의 횡방향철근을 배치하여야 한다. 또 골조의 비탄성 횡변위에 의한 휨 항복이 일어날 가능성이 있는 단면 좌우 양쪽에도 이와 같이 한다. l_o는 부재 접합면 또는 휨 항복이 일어날 가능성이 있는 단면의 깊이, 부재 순경간의 1/6, 450 mm 중 가장 큰 값 이상이어야 한다. (5) 기둥이 벽체와 같이 불연속적으로 강성이 큰 부재의 반력을 지지하게 되는 경우 다음의 규정을 만족시켜야 한다. ① 지진력에 의한 부재의 계수축력이 $(A_g f_{ck}/10)$를 초과하는 경우, 불연속이 되는 곳까지 전 높이에 걸쳐서 위 (1), (2), (3)의 규정에 따라 횡보강하여야 한다. ② 횡보강철근은 최소한 가장 굵은 축방향철근의 정착길이만큼 불연속 부재의 내부로 배치되어야 한다. (6) (1), (2), (3)에 따라 결정되는 횡방향철근이 기둥의 전 길이에 걸쳐 배치되어 있지 않은 경우, 횡방향철근이 배치되어 있지 않은 구간은 중심 간격이 축방향철근 지름의 6배 이하, 또한 150 mm 이하인 나선철근이나 후프철근으로 보강되어야 한다.

횡방향철근 간격은 부재의 최소 단면치수의 1/4, 축방향철근 지름의 6배, 또한 식(16.30)에 규정한 s_x 중 가장 작은 값 이하로 하여야 한다.

$$s_x = 100 + [(350 - h_x)/3] \tag{16.30}$$

여기서, s_x값은 150 mm 이하이어야 하며, 100 mm 이상일 필요는 없다. h_x는 후프철근이나 기둥 띠철근의 최대 수평간격이다.

기둥의 전단설계는 보의 전단설계와 유사하게 부재 각 단부의 접합부 면에서 발생 가능한 최대 전단력으로 결정되며, 이러한 접합면의 힘은 부재의 계수축력을 고려한 예상 최대 휨강도 M_{pr}을 사용하여 결정한다.

접합부

철근콘크리트 모멘트골조 구조물에서 보와 기둥이 만나는 부분을 접합부라 한다. 접합부는 상부 기둥에 작용하는 하중을 하부 기둥에 전달하고 보의 주철근을 정착하며 보와 기둥의 강성에 따라서 힘을 분배시키는 중요한 부재이다. 접합부가 피해를 입는 것은 기둥이 피해를 입는 것으로 층 전체의 붕괴를 초래할 수 있으며 층간변위(story drift)를 크게 하여 구조물의 안정을 위협할 수 있다. 따라서 철근콘크리트 부재의 내진설계에서는 접합부는 탄성상태를 유지할 수 있도록 하고, 소성힌지가 보의 양단부에 선행 발생하여 보·기둥 접합부 및 기둥은 보의 변형 능력이 설계변형 능력에 도달할 때까지 내력이 감소되지 않도록 하고 있다.

1960년대 이전에 발생한 지진피해에서는 철근콘크리트 구조물의 보·기둥 접합부 파괴는 드물었고 대부분의 파괴는 기둥이나 보 및 벽체에 집중되었다. 그러나 1960년 이후에 발생한 지진피해에서는 철근콘크리트 구조물의 보·기둥 접합부 파괴가 빈번하게 발생하였다. 이러한 현상은 1960년대의 보·기둥 접합부설계법이 우수했기 때문에 피해가 발생하지 않은 것이 아니라 기둥이나 보의 설계법과 시공기술이 1960년 이후에 발달하여 상대적으로 약한 보·기둥 접합부에 지진 피해가 집중한 것이다. 접합부에 지진에 의한 피해가 많이 발생하는 이유는 지진하중을 받는 접합부의 전단력과 부착력은 중력하중을 받는 접합부의 전단력과 부착력보다 크기 때문이다. [그림 16.8]은 연직하중을 받는 접합부와 수평하중을 받는 접합부에 발생하는 힘의 상태를 나타낸다. 접합부에 발생하는 전단력은 좌·우 보에 발생하는 모멘트의 차이를 기둥의 폭으로 나눈 값이다. 중력하중과 같이 연직하중을 받는 접합부의 경우에는 접합부 좌·우 보에 부모멘트가 발생하며, 두 모멘트의 방향이 서로 반대이다. 따라서 접합부에 발생하는 전단력은 식(16.31a)와 같이 좌·우 보의 인장력의 차이가 되므로 값이 크지 않다. 한편, 지진하중과 같이 수평하중을 받는 접합부에는 좌·우 보에 동일한 방향으로 모멘트가 발생한다. 따라서 좌·우 보에 발생하는 모멘트의 차가 접합부의 전단력이 되므로 수평하중을 받는 접합부의 전단력은 식(16.31b)와 같이 좌·우 보에 발생하는 인장력과 압축력의 합이 되며, 그 값은 연직하중을 받는 접합부의 전단력보다 크다.

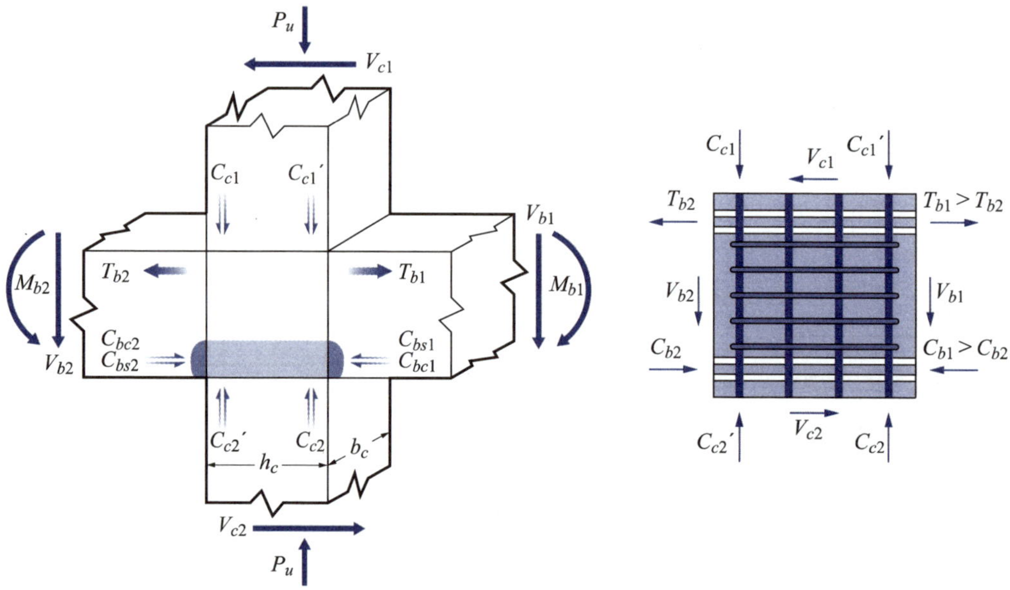

(a) 연직하중에 의해 발생하는 휨모멘트 분포

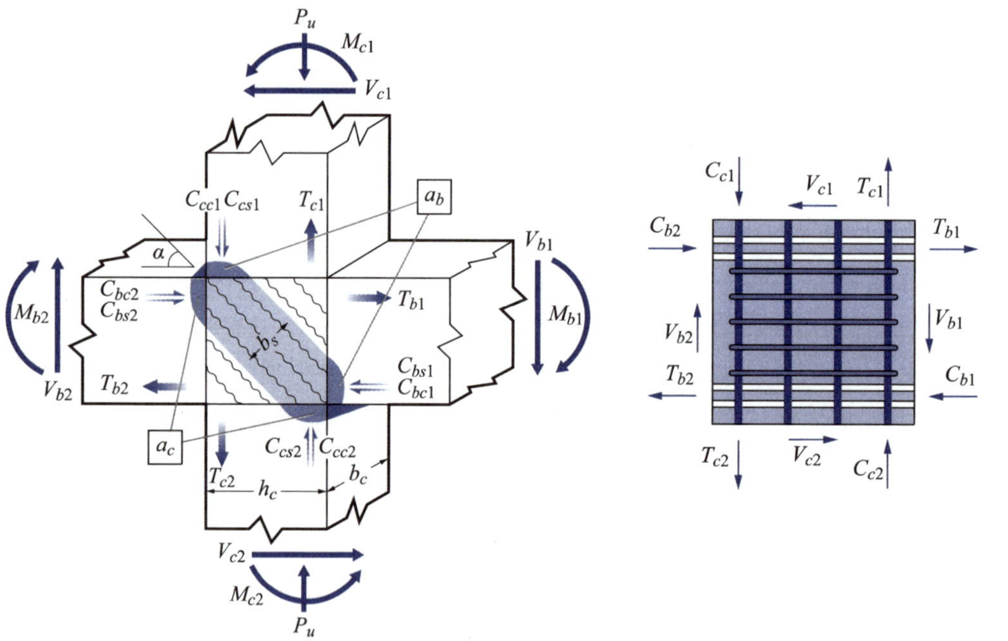

(b) 수평하중에 의해 발생하는 휨모멘트 분포

그림 16.8 접합부의 힘의 상태

$$V_j = T_{b1} - T_{b2} - V_{c1} \quad \text{(연직하중을 받는 내부접합부)} \tag{16.31a}$$

$$V_j = T_{b1} + C_{cc2} + C_{cs2} - V_{c1} \quad \text{(수평하중을 받는 내부접합부)} \tag{16.31b}$$

여기서, V_j : 접합부의 전단력, T_{b1}, T_{b2} : 보의 철근 인장력, C_{cc1}, C_{cc2} : 보의 콘크리트 압축력, C_{cs1}, C_{cs2} : 보의 철근 압축력, V_{c1} : 기둥의 전단력이다.

[그림 16.9]는 접합부를 중심으로 반곡점이 발생한 기둥의 일부를 절단한 후의 힘의 상태와 모멘트와 전단력의 분포이다. 그림에서 알 수 있는 것과 같이 휨모멘트는 접합부 상·하측에서 반시계방향으로 발생하며, 접합부를 전후로 하여 모멘트의 기울기가 급하게 바뀌게 된다. 전단력은 모멘트의 기울기이므로 전단력이 접합부에서 크게 증가하게 된다. 힘의 평형을 이용하면 [그림 16.9]의 기둥에 발생하는 전단력(V_c)은 식(16.32)에 의해 계산할 수 있다.

$$V_c = \frac{2T_b z_b + V_b h_c}{l_c} \tag{16.32}$$

여기서, V_c : 기둥의 전단력, V_b : 보의 전단력, T_b : 보의 철근 인장력, z_b : 보의 상·하 주철근의 단면중심간의 거리, h_c : 기둥 단면의 높이, l_c : 기둥의 높이이다.

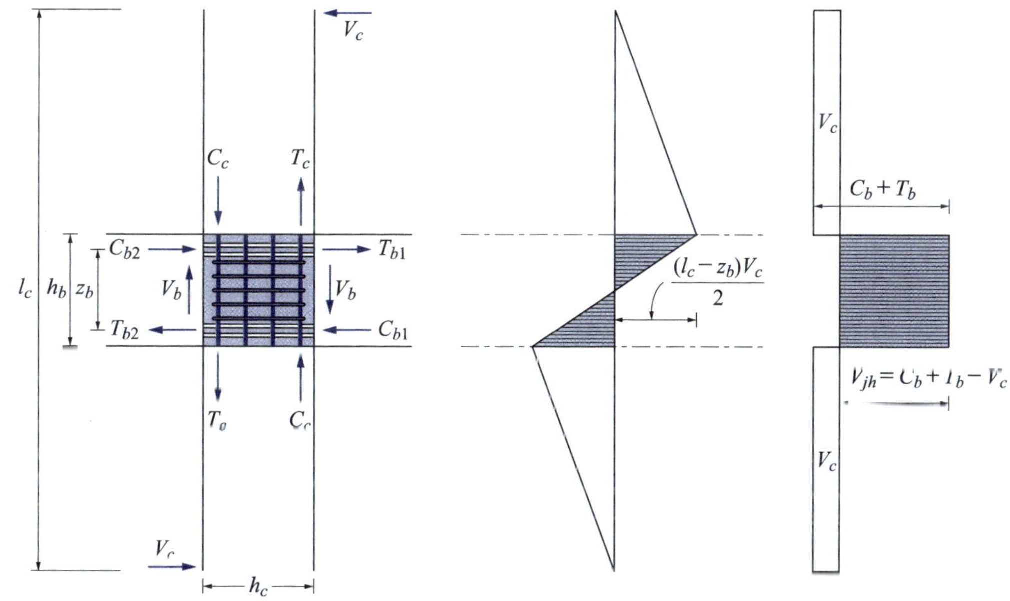

(a) 접합부의 힘의 상태 (b) 휨모멘트 분포 (c) 전단력의 분포

그림 16.9 접합부의 힘의 분포(Paulay and Priestley, 1992)

접합부의 수평전단력(V_{jh})은 상부 철근의 인장력(T_b)과 압축력(C_b)에서 기둥의 전단력(V_c)을 뺀 값인 식(16.33)에서 계산할 수 있다.

$$V_{jh} = C_b + T_b - V_c \tag{16.33}$$

식(16.32)를 식(16.33)에 대입하면 식(16.34)가 된다.

$$V_{jh} = \left(\frac{l_c}{z_b} - 1\right)V_c - \frac{h_c}{z_b}V_b \tag{16.34}$$

기둥의 전단력(V_c)과 보의 전단력(V_b)이 회전을 유발하므로 회전에 대한 평형을 고려하여 식(16.35)을 유도할 수 있다.

$$V_c = \frac{l_b}{l_c}V_b \tag{16.35}$$

여기서, l_b : 보의 길이, l_c : 보의 길이이다.

식(16.35)를 식(16.34)에 대입하여 보의 주인장철근이 항복할 때의 V_{jh}를 식(16.36)에서 계산할 수 있다.

$$V_{jh} = \left(\frac{l_c}{z_b} - 1\right)V_{by}\frac{l_b}{l_c} - \frac{h_c}{z_b}V_{by} \tag{16.36}$$

철근콘크리트 보·기둥 접합부 거동평가는 1970년 이후에 여러 연구자들에 의하여 실험 및 이론적으로 수행되었다. 특히 미국, 일본, 뉴질랜드의 3개국 공동 연구에서는 다양한 종류의 접합부에 대한 연구가 수행되었다. 지금까지의 연구결과에 의하면 전단력이 작용하는 접합부는 내부접합부와 외부접합부로 구분되며 각 접합부에 작용하는 외력 및 내부 응력을 [그림 16.10]의 아치메커니즘과 트러스메커니즘으로 구분할 수 있다. 아치메커니즘이란 기둥과 보의 압축영역의 힘이 접합부에 콘크리트 압축대를 형성하고 이 압축대에 의해 힘이 전달되는 메커니즘이다. 트러스메커니즘이란 접합부에 배근된 철근을 중심으로 좌우철근, 상하철근, 콘크리트압축대가 트러스를 형성하며 이 트러스를 통하여 힘이 전달되는 메커니즘이다.

이러한 다양한 연구에도 불구하고 현재 미국, 일본 및 뉴질랜드의 전단평가식은 접합부 전단메커니즘과 접합부 강도에 영향을 주는 기본 요소에 대하여 서로 엇갈린 견해를 보이고 있다. 미국콘크리트학회 기준과 일본건축학회 기준식에서는 접합부의 강도를 콘크리트 아치메커니즘을 기본으로 평가하지만, 뉴질랜드 기준식에서는 접합부의 강도를 콘크리트의 아치메커니즘과 함께 트러스메커니즘을 이용하여 평가한다. 또한, 3개국 기준식에서는 접합부 강도에 가장 큰 영향을 미치는 요소로 콘크리트의 압축강도와 접합부 면적을 꼽고 있지만, 접합부에 존재하는 철근비와 축력비의 영향에 대해서는 서로 엇갈린 견해를 나타내고 있다. 미국콘크리트학회 기준과

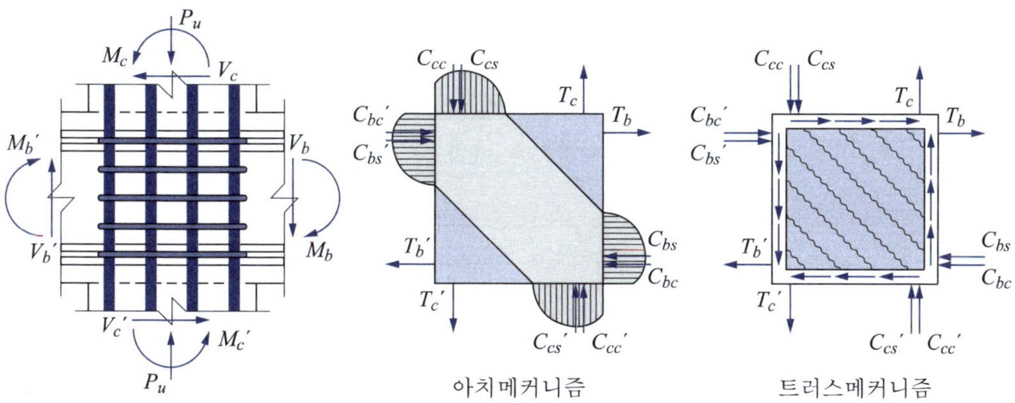

(a) 내부접합부

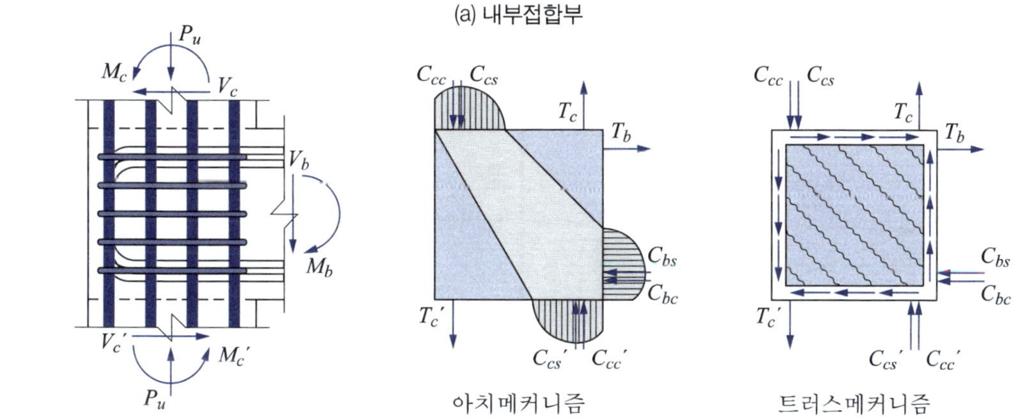

(b) 외부접합부

그림 16.10 접합부의 힘전달 메커니즘

일본건축학회 기준식에서는 철근비와 축력비에 의한 영향을 직접 반영하고 있는 반면에 뉴질랜드 기준식에서는 두 요소에 의한 영향을 트러스메커니즘을 이용하여 반영한다.

접합부는 기둥 부재의 일부로써 파괴될 경우에 건물에 치명적인 피해를 줄 수 있다. 따라서 설계자는 보·기둥 접합부가 설계연성요구량에 도달하는 동안 접합부 내력이 보의 소성힌지 내력 이하가 되지 않도록 설계해야 한다. 접합부는 보의 내력과 접합부 내력의 차이에 의하여 [그림 16.11]과 같이 3가지 파괴모드로 구분할 수 있다. [그림 16.11]은 실험에서 관찰된 3가지 보·기둥 접합부의 균열형상을 나타내고 있다.

① **J파괴** : 보가 휨 항복하기 전에 접합부 내력이 작아져, 보가 탄성상태를 유지한 상태에서 접합부가 먼저 파괴되는 경우

② **BJ파괴** : 보의 주인장철근이 항복하고 보에 소성힌지가 발생 된 이후에 접합부가 파괴되는 경우

③ **B파괴** : 보의 휨항복강도보다 접합부의 강도가 매우 커서 접합부에 큰 변형이나 손상이 발생하지 않은 상태에서 보의 소성힌지가 파괴되는 경우

설계에서는 3가지 파괴모드 중에서 취성적으로 파괴되는 J파괴 접합부는 허용하지 않고 있으며, 연성적으로 파괴하는 BJ나 B파괴접합부만 허용한다. 미국콘크리트학회의 접합부 설계지침에 의하면 J파괴, BJ파괴, B파괴를 내진설계와 관련지어 다음과 같이 Type-1과 Type-2의 두 가지 접합부로 구분하여 설계한다.

① **Type-1접합부** : 지진의 규모가 작거나 발생빈도가 낮은 지역에 건설되는 구조물의 접합부

② **Type-2접합부** : 지진의 규모가 크며 발생빈도가 높은 지역에 건설되는 구조물의 접합부

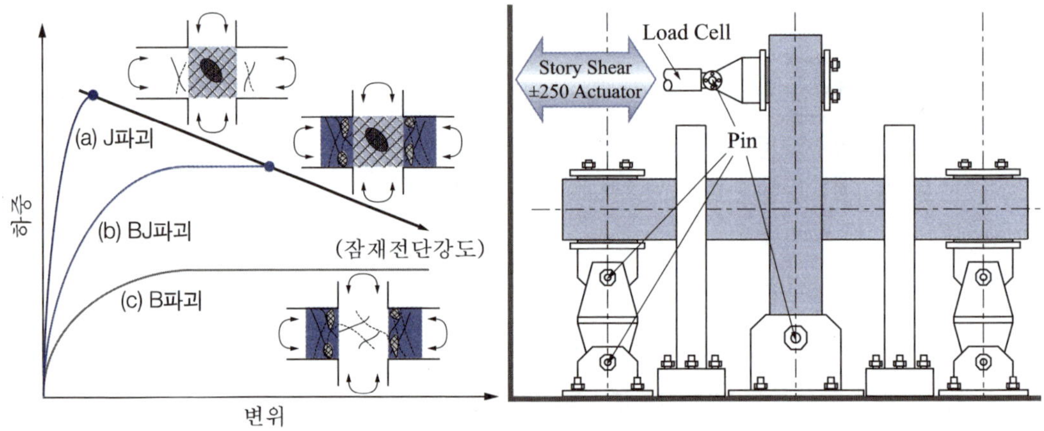

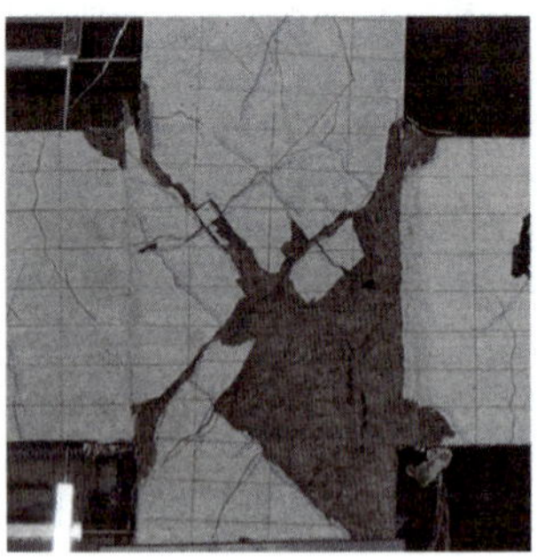
(a) J파괴

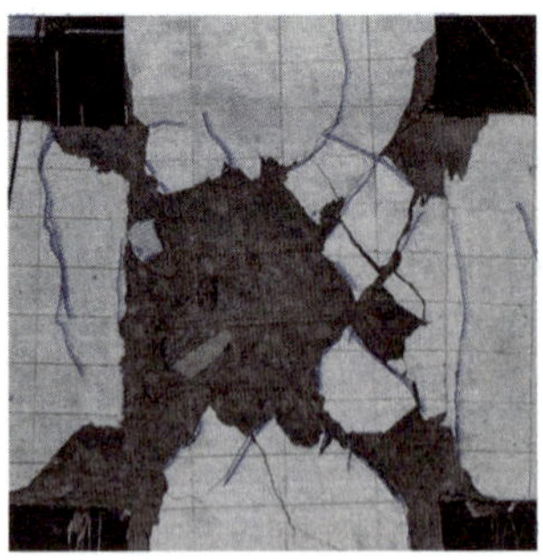
(b) BJ파괴

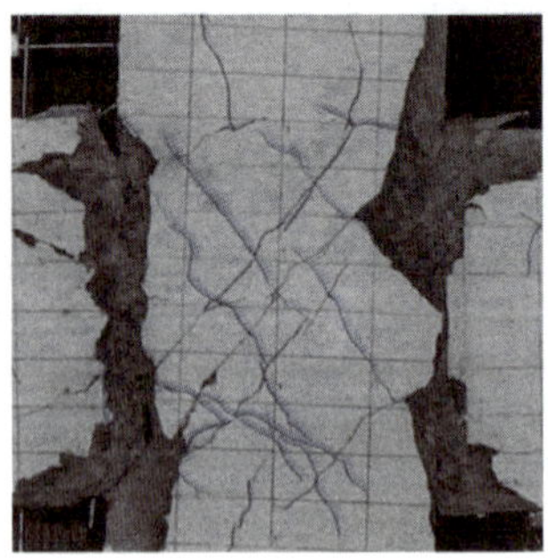
(c) B파괴

그림 16.11 접합부의 파괴모드(Lee 등, 2009)

지진의 규모가 큰 지역에서는 Type-2의 접합부 내력을 작게 하여 간접적으로 부재의 연성을 확보한다. KDS 14 20 국가건설기준에서는 미국콘크리트학회의 접합부 설계지침에 근거하여 식(16.37)과 같이 접합부내력을 평가한다.

$$V_{ju} \leqq \phi V_{jn} \tag{16.37}$$

$$V_{jn} = \lambda_j \sqrt{f_{ck}} A_j \tag{16.38}$$

여기서, V_{ju} : 접합부 설계전단강도, ϕ : 강도감수계수이며 0.75, V_{jn} : 접합부 공칭전단강도, λ_j : 접합부구속계수, A_j : 유효접합부면적이다. 경량콘크리트에서 접합부의 공칭전단강도는 식(16.38)에 규정된 값의 3/4을 초과할 수 없다.

접합부구속계수(λ_j)는 [그림 16.12]에서 접합면에 둘러싸인 보의 수에 따라서 달라진다. 이는 보가 접합부에 접해 있을 경우에 접합부 콘크리트를 구속하여 접합부 전단강도를 증대시키기 때문이다.

① 4면이 구속된 접합부의 경우 1.7
② 3면 또는 서로 반대 방향의 2면이 구속된 경우 1.25
③ 기타의 경우 1.0

각 접합면의 3/4이 인입(引入)되는 부재와 접합되어 있으면 그 면은 구속되어 있다고 보며, 이러한 부재가 접합부의 모든 면으로 인입될 때 그 접합부는 구속되어 있다고 본다.

식(16.28)의 유효접합부면적(A_j)은 [그림 16.13]에 표시된 접합면의 수평방향의 면적이다. 기둥에 연결된 보의 폭은 기둥의 폭보다 작은 경우가 있으므로 이 경우는 식(16.39)에 의해 계산한다.

$$A_j = b_j \times h \tag{16.39}$$

여기서, b_j : 유효접합부폭, 보의 단면폭(b)이 기둥의 단면폭(b_c)보다 클 경우에는 $b_e = b_c$, 보의 단면폭(b)이 기둥의 단면폭(b_c)보다 작은 경우에는 $b_e = (b + b_c)/2$이다.

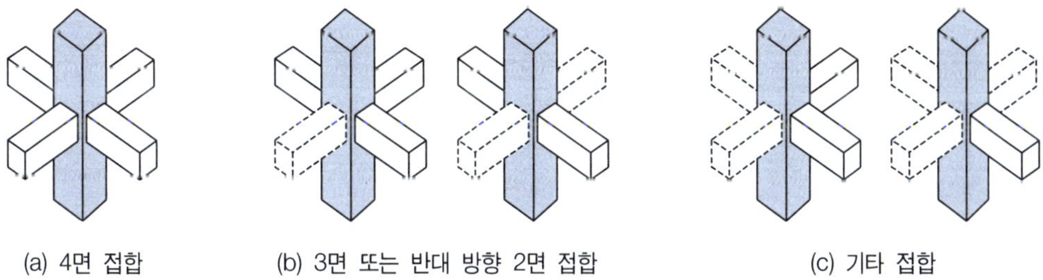

그림 16.12 접합부의 구속

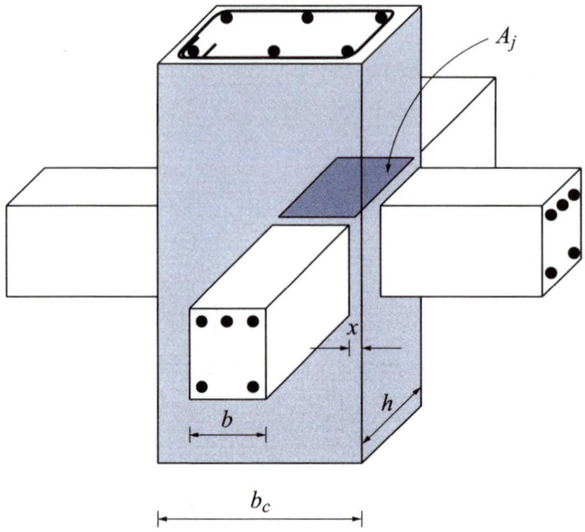

그림 16.13 접합부의 유효단면적

접합면에서 보의 종방향철근의 작용력은 휨인장철근의 응력을 $1.25f_y$라고 가정하여 결정하여야 한다. 이는 식(16.26)에서 보의 강도에 1.2(=6/5)를 곱하는 것과 동일하게 재료의 초과강도와 관련이 있다. 보의 양 단부에 소성힌지가 발생할 경우에 보의 변형이 증가하여 휨철근은 변형률경화구간에 도달하여 초과강도에 도달할 수 있다. 기둥의 한 부분인 접합부의 파괴를 방지하기 위하여 보의 휨강도를 계산할 때는 보의 휨강도에 유리하게 작용할 수 있는 모든 경우를 고려하여 계산해야 한다. 따라서 보의 휨강도에 예상강도계수(provable strength factor, ϕ_p)와 초과강도계수(over strength factor, ϕ_o)를 곱하여 계산한다. 따라서 접합부 설계에서 보의 종방향철근의 작용력을 계산할 때는 휨인장철근의 응력을 $1.25f_y$라고 가정하여 계산한다. 보의 종방향철근이 보·기둥 접합부를 통과하여 연장되는 경우에 보의 종방향철근에 평행한 기둥 변의 길이 h는 보통중량콘크리트인 경우 식(16.40)을 만족해야 한다. 이는 보의 인장철근이 충분한 정착길이를 확보할 수 있게 하기 위함이다.

$$\frac{h}{d_b} \geq 20 \qquad (f_y \leq 400\text{MPa}\text{인 경우}) \tag{16.40a}$$

$$\frac{h}{d_b} \geq 25 \qquad (f_y > 400\text{MPa}\text{인 경우}) \tag{16.40b}$$

경량콘크리트인 경우에 h는 식 (16.41)을 만족해야 한다.

$$\frac{h}{d_b} \geq 26\frac{f_y}{400} \geq 26 \tag{16.41}$$

표 16.4 특수모멘트골조 접합부의 철근상세

내용	접합부
횡방향 철근	(1) (2)에서 규정된 바와 같이 접합부가 구조 부재로 구속되어 있지 않으면, 기준에서 규정하는 횡방향 후프철근을 접합부 내에 두어야 한다. (2) 기둥의 접합부 4면에 보부재가 연결되어 각 부재 폭이 기둥폭의 3/4 이상일 때, 가장 깊이가 작은 부재의 깊이만큼 구간 내에서는 기준에서 규정된 철근량의 1/2 이상의 횡방향철근만을 배치할 수 있다. 이들 위치에서는 기준에서 규정된 횡방향철근의 간격을 150 mm까지 증가시킬 수 있다. (3) 기둥 심부 외측에 있는 보의 종방향철근이 그 접합부에 인입되는 다른 보에 의해 구속되어 있지 않을 때는 기준에 따라 필요한 횡방향철근을 접합부 내에 배치하여야 한다.
인장 철근의 정착 길이	(1) 보통중량콘크리트에서 90°표준갈고리가 있는 철근의 정착길이 l_{dh}는 D6에서 D35까지 철근의 경우 $8d$ 이상, 150 mm 이상, 또한 식(16.42)에서 규정된 길이 이상이어야 한다. 경량콘크리트에서 90°표준갈고리를 갖는 철근의 정착길이는 $10d_b$ 이상, 190 mm 이상 또한 식(16.42)에서 규정된 값의 1.25배 이상이어야 한다. 90°갈고리는 기둥이나 경계부재의 횡구속된 콘크리트 내까지 연장해야 한다. (2) D6에서 D35까지 철근에서 직선철근의 정착길이 l_d는 철근 하부에 한 번에 친 콘크리트의 깊이가 300 mm를 초과하지 않을 경우에는 (1)에 규정된 길이의 2.5배 이상, 철근 하부에 한 번에 친 콘크리트의 깊이가 300 mm를 초과할 경우에는 (1)에 규정된 길이의 3.5배 이상으로 하여야 한다. (3) 접합부에서 끝나는 직선철근은 기둥이나 경계부재의 횡구속된 심부를 완전히 가로질러야 한다. 횡구속된 심부에 걸쳐 있지 않은 부분의 매입정착길이는 1.6배 만큼 증가시켜야 한다. (4) 에폭시 도막 철근이 사용된 경우, (1)에서 (3)까지 기술된 정착길이는 이 책 10.3.1항에 규정된 계수값을 곱해야 한다.

접합부에 배근되는 보의 인장철근의 정착길이(l_{dh})는 식(16.42)의 값 이상이 되어야 한다.

$$l_{dh} = f_y d_b / \left(5.4\sqrt{f_{ck}}\right) \tag{16.42}$$

여기서, d_b : 인장철근의 지름이다.

16.3.2 중간모멘트골조

중간모멘트골조의 설계 기본 원칙은 다음과 같다.

① 보에 소성힌지를 형성하고, 예상강도는 철근의 항복강도 f_y를 이용하여 계산한다.

② 전단과 같은 취성파괴를 방지하고 휨파괴가 먼저 발생하도록 한다.

③ 파괴는 보에서 발생하며 기둥 파괴를 억제한다.

KDS 14 20 국가건설기준에서는 중간모멘트골조에 대하여 [표 16.5]의 규정을 요구한다.

표 16.5 중간모멘트골조의 적용 범위와 상세

내용	휨과 압축을 받는 부재
부재 분류	① 골조부재의 철근배치상세는 부재계수축력(P_u)이 $A_g f_{ck}/10$ 이하면 보 설계기준에 따름. ② 계수축력이 $A_g f_{ck}/10$ 보다 큰 경우, 식(11.26)에서 계산한 나선철근이 부재에 배근되어 있지 않으면, 철근 배치상세는 중간모멘트골조 상세에 따라야 한다. ③ 보가 없는 2방향 슬래브가 지진하중(E)에 저항하는 골조의 일부로 취급될 경우에 철근 배치상세는 어느 경간 위치에서나 중간모멘트골조 상세를 따라야 한다.
전단 강도	① 지진에 저항하는 보, 기둥 및 2방향 슬래브의 설계전단강도는 순경간의 각 고정단에서 부재 공칭휨강도 값에 따라 계산된 전단력과 계수 연직 하중에 의한 전단력의 합 이상이어야 한다. 또한, 내진설계기준의 설계용 하중조합에서 지진하중을 2배로 하여 계산한 최대 전단력 이상이어야 한다.
보	① 접합면에서 정 휨강도는 부 휨강도의 1/3 이상이 되어야 한다. 또한 부재의 어느 위치에서나 정 또는 부 휨강도는 양측 접합부의 접합면의 최대 휨강도의 1/5 이상이 되어야 한다. ② 보부재의 양단에서 지지부재의 내측 면부터 경간 중앙으로 향하여 보 깊이의 2배 길이 구간에는 후프철근을 배치하여야 한다. 첫 번째 후프철근은 지지 부재 면부터 50 mm 이내의 구간에 배치하여야 한다. 후프철근의 최대 간격은 $d/4$, 감싸고 있는 종방향 철근의 최소 지름의 8배, 후프철근 지름의 24배, 300 mm 중 가장 작은 값 이하이어야 한다. ③ 스터럽의 간격은 부재 전 길이에 걸쳐서 $d/2$ 이하이어야 한다.
기둥	① 기둥은 식(11.26)에 따라 나선철근을 배치하거나, 다음 ②, ③, ④의 규정도 따라야 한다. ② 부재의 양단부에는 후프철근을 접합면부터 길이 l_o 구간에 걸쳐서 s_o 이내의 간격으로 배치하여야 한다. 간격 s_o는 후프철근이 감싸게 될 종방향 철근의 최소 지름의 8배, 띠철근 지름의 24배, 골조 부재 단면의 최소 치수의 1/2, 300 mm 중에서 가장 작은 값 이하이다. 길이 l_o는 부재의 순경간의 1/6, 부재 단면의 최대 치수, 450 mm 중 가장 큰 값 이상이다. ③ 첫 번째 후프철근은 접합면부터 거리 $s_o/2$ 이내에 있어야 한다. ④ 길이 l_o 이외의 구간에서 횡보강철근의 간격은 이 책 11.2.4의 철근 간격을 따라야 한다.
보가 없는 2방향 슬래브	① 슬래브 받침부에서 지진에 의한 계수휨모멘트는 3장의 식(3.4e)와 식(3.4h)을 따른다. ② 외단부의 접합부와 모서리 접합부에서 슬래브 유효폭은 기둥 표면에서 슬래브 경간에 수직한 방향으로 c_t보다 더 연장될 수 없다. 여기서 c_t는 기둥의 내측 면에서 c_1과 평행한 방향으로 측정된 슬래브 단부까지 거리이며 c_1을 초과할 수 없다. ③ 받침부에서 주열대 내의 철근 중 1/2 이상은 기둥을 중심으로 슬래브의 유효폭(c_2+h) 내에 배치하여야 한다. ④ 주열대 내 받침부의 상부철근 중 1/4 이상은 전체 경간에 걸쳐서 연속되어야 한다. ⑤ 주열대 내 하부 연속철근은 주열대 내 받침부의 상부철근의 1/3 이상이어야 한다. ⑥ 경간 중앙부의 모든 중간대 하부철근과 주열대 하부철근 중 1/2 이상이 연속되어야 하고, 설계기준에 규정된 받침면에서 설계기준항복강도에 도달할 수 있도록 하여야 한다. ⑦ 슬래브의 불연속단의 받침부에서 상부 및 하부철근은 충분히 정착되어야 한다.

중간모멘트골조의 전단력은 소성힌지 구역의 철근의 항복강도를 이용하여 식(16.43)을 이용하여 계산하거나 내진설계기준의 설계용 하중조합에서 지진하중을 2배로 하여 계산한 최대 전단력 이상이어야 한다.

$$V_x = \frac{M_{nl} + M_{nr}}{l_n} \pm \frac{w_u l_n}{2} - w_u x \quad \text{(연직하중+지진하중 골조)} \tag{16.43}$$

여기서, M_{nl}, M_{nr} : 보의 좌우 단면 항복휨모멘트이며 철근의 항복강도 f_y를 이용하여 계산, l_n : 보의 순경간, w_u : 등분포하중이다.

16.3.3 특수철근콘크리트 구조벽체와 연결보

KDS 14 20 국가건설기준에서는 특수철근콘크리트 구조벽체에 대하여 [표 16.6]의 규정을 요구한다. 구조벽체의 전단강도는 식(16.44)에 의하여 계산한다.

$$V_n = A_{cv}(\alpha_c \sqrt{f_{ck}} + \rho_n f_y) \tag{16.44}$$

여기서, A_{cv} : 전단력을 고려하는 방향의 단면 길이와 복부 두께로 이루어지는 콘크리트의 순단면적이며, 개구부가 없는 직사각형 단면에 대해서는 A_{cv}항은 폭과 유효깊이를 곱한 값이 아니며 단면의 전체 면적을 뜻한다. 계수 α_c의 값은 $h_w/l_w \le 1.5$일 때 1/4, $h_w/l_w \ge 2.0$일 때 1/6이고, $1.5 \le h_w/l_w \le 2.0$일 때는 1/4와 1/6을 선형보간하여 결정해야 한다. ρ_n은 A_{cv}면에 평행하게 분포된 철근 면적이 그 철근에 수직인 단면에 대한 철근비이다.

특수철근콘크리트 구조벽체의 전단과 휨에 대한 설계 상세는 [표 16.6]의 규정에 근거하여 설계하고 경계요소와 연결보는 다음과 같이 설계한다.

경계요소

경계요소란 벽체의 좌·우측면에서 기둥이나 다른 부재에 접합되는 부위를 말한다. 이러한 부분은 지진하중을 받을 경우에 하중이 집중되어 쉽게 파괴되므로 특별한 철근 상세가 요구된다. KDS 14 20 국가건설기준에서는 벽체의 경계요소를 일반 경계요소와 특수 경계요소를 구분하여 설계한다.

① 일반 경계요소

- 벽체 경계 부분에서 종방향철근비가 $2.8/f_y$보다 크다면, 경계 부분의 횡방향철근은 다음의 세 조건을 만족해야 한다. 경계 부분에서 횡방향철근의 길이방향 간격은 200 mm 이내이어야 한다.

표 16.6 특수벽체의 철근, 전단강도, 휨과 압축의 적용 범위와 상세

내용	휨과 압축을 받는 부재
철근	① 구조벽체의 철근비 ρ_v와 ρ_h는 0.0025 이상이어야 한다. 다만 설계전단력이 $(\sqrt{f_{ck}}/12)A_{cv}$ 이하이면, 구조벽체의 최소 철근은 기준에 따라 감소될 수 있다. 구조벽체 각 방향의 철근 간격은 450 mm 이하이며, 전단보강을 위한 철근은 전단벽에 연속적으로 분산 배치한다. ② 벽체에 작용하는 면내 계수전단력이 $(\sqrt{f_{ck}}/6)A_{cv}$를 초과하면 철근은 적어도 2단 배근으로 배치하여야 한다. ③ 구조벽체의 모든 연속철근의 이음과 정착은 내진설계에서 요구하는 몇 사항을 제외하고, 인장을 받는 철근에 대한 규정을 따라야 한다.
전단강도	① 구조벽체의 공칭전단강도는 식(16.44)의 값 이하이어야 한다. ② ①에서 부분벽 또는 부분격막의 V_n을 결정하기 위해 사용되는 h_w/l_w의 값으로 전체 벽체의 값과 고려하는 부분벽의 값 중 더 큰 값을 사용하여야 한다. ③ 벽체는 면내 전단저항력을 갖기 위하여 전단철근을 2방향으로 배치하여야 한다. h_w/l_w비가 2.0을 초과하지 않으면, 철근비 ρ_v는 ρ_n 이상이어야 한다. ④ 한 횡방향력을 같이 부담하는 모든 벽기둥의 전단강도는 $(2\sqrt{f_{ck}}/3)A_{cv}$를 초과할 수 없다. 이때, A_{cv}는 전체 단면적이다. 개개의 벽체기둥의 공칭전단강도는 $(5\sqrt{f_{ck}}/6)A_{cp}$ 이하이어야 한다. 여기서, A_{cp}는 고려하는 벽기둥의 단면적을 나타낸다. ⑤ 수평부분벽(수직으로 나란히 배치된 개구부 사이에 있는 벽단면)과 연결보의 공칭전단강도는 $(5\sqrt{f_{ck}}/6)A_{cp}$를 초과할 수 없다. 여기서, A_{cp}는 수평부분벽 또는 연결보의 단면적을 나타낸다.
휨 모멘트와 축력	① 축력과 휨모멘트의 지배를 받는 구조벽체와 부분벽은 이 책 11.2.1항의 기둥에 대한 휨 해석과 가정을 적용하여 설계하여야 한다. 유효플랜지폭 내의 종방향 철근과 콘크리트, 경계요소, 그리고 벽체 복부는 유효한 것으로 간주하고, 개구부의 효과도 고려하여야 한다. ② 더 정밀한 해석을 수행하지 않을 경우에는 플랜지를 갖는 단면의 유효플랜지는 복부 면부터 인접 벽체 복부까지 거리의 1/2과 벽 전체 높이의 1/4 중 작은 값으로 하여야 한다.

㈀ 조건 1 : 횡방향철근은 단일후프철근 또는 겹침후프철근으로 이루어져야 한다. 이때 후프철근과 같은 굵기와 간격으로 된 연결철근을 사용할 수 있다. 연결철근의 끝은 외곽의 축방향철근에 고정되어야 하고, 연속 연결철근은 축방향철근을 따라 끝이 교대로 배치되어야 한다.

㈁ 조건 2 : 연결철근이나 겹침후프철근은 부재의 단면 내에서 중심 간격이 350 mm 이내가 되도록 배치하여야 한다.

㈂ 조건 3 : 경계요소의 범위는 압축단부에서 $c-0.1l_w$와 $c/2$ 중 큰 값 이상이어야 한다.

- 벽체의 면내 계수전단력 V_u가 $(\sqrt{f_{ck}}/12)A_{cu}$보다 작을 때를 제외하고, 경계요소가 없는 구조벽체의 연단에서는 수직연단철근을 수평철근의 표준갈고리를 사용하여 감싸주거나, 수평철근과 같은 지름과 간격으로 된 U형 스터럽으로 이어 감싸주어야 한다.

② **특수 경계요소**

- 특수 경계요소는 다음의 조건을 만족시키지 못하는 벽체이다.

$$c \geq \frac{l_w}{600(\delta_u/h_w)} \tag{16.45}$$

여기서, c : 중립축의 깊이, l_w : 벽체의 폭, δ_u : 설계 변위, h_w : 전체 벽 또는 고려되는 부분 벽의 높이, δ_u/h_w값은 0.007 이상이어야 한다.

- 특수경계요소 보강은 위험단면부터 적어도 l_w 또는 $M_u/(4V_u)$보다 큰 거리까지 도달하여야 한다. 이는 소성힌지길이의 상한값에 근거하며 콘크리트의 박리가 일어날 가능성이 있는 영역이다.
- 벽체의 경계 부위 혹은 개구부 연단에 $0.2f_{ck}$ 이상의 응력이 발생하면 그 부위에 특수경계요소를 두어야 하고, 압축응력이 $0.15f_{ck}$보다 작아지는 위치에서 이 특수경계요소를 끝낼 수 있다. 이 경우 응력은 선형탄성 모델 및 비균열단면에 대해 계수하중을 적용하여 계산할 수 있다. 이때 플랜지가 있는 벽체의 경우 유효플랜지폭은 복부면부터 인접 벽체의 복부까지 거리의 1/2 또는 벽체 높이의 1/4 중 작은 값을 취하여야 한다.
- 특수 경계요소는 다음의 요구 사항을 만족시켜야 한다.
  - (ㄱ) 사항 1 : 경계요소의 범위는 압축단부에서 $c-0.1l_w$와 $c/2$ 중 큰 값 이상이어야 한다.
  - (ㄴ) 사항 2 : 플랜지를 가진 벽체의 경우 경계요소는 압축을 받는 유효플랜지 부분뿐만 아니라 복부 쪽으로 적어도 300 mm 이상 포함해야 한다.
  - (ㄷ) 사항 3 : 횡방향철근은 특수모멘트골조의 기둥의 횡방향철근의 요구 사항을 만족시켜야 한다. 다만 식(16.29a)은 만족시킬 필요가 없고, 식(16.30)에 따른 횡방향철근 간격은 부재의 최소 단면치수의 1/3을 사용한다.
  - (ㄹ) 사항 4 : 경계요소에 있는 가장 큰 주철근의 인장 정착길이만큼 횡방향철근이 받침부 내부로 배치되어야 한다. 다만 특수경계요소가 기초판 또는 전면기초와 만날 때는 그 안쪽으로 적어도 300 mm 정착시켜야 한다.
  - (ㅁ) 사항 5 : 벽체 복부의 수평철근은 경계요소의 심부 안에서 설계기준항복강도 f_y까지 도달할 수 있도록 정착시켜야 한다.
  - (ㅂ) 사항 6 : 경계요소의 종방향철근의 기계적 이음과 용접이음은 내진설계기준에 따라야 한다.

연결보

연결보(coupling beams)란 [그림 16.14]의 개구부가 있는 전단벽체의 벽체와 벽체를 연결해 주는 짧은 경간의 보이다. 연결보는 기하학적 제약에 의해 순경간 길이에 비해 단면 깊이가 커서 휨보다는 전단에 의해 지배를 받으며, 지진하중이 가해질 때 강도와 강성 저하를 일으킬 수 있다. 설계에서는 벽체보다는 상대적으로 강성이 작은 연결보에 소성힌지를 발생하도록 하여 강성과 에너지를 소산시킨다. 에너지소산은 전단경간비와 철근의 배근각도와 밀접한 관련이 있다. [그림 16.14a]와 같이 전단경간비가 길거나 대각철근을 배근한 부재의 경우에는 에너지소산이 크다. 그러나 [그림 16.14b]와 같이 전단경간비가 짧으며 90° 스터럽을 사용한 부재의 경우에는 에너지소산이 작다. 따라서 설계에서는 연결보에 대각철근을 넣는 경우와 넣지 않는 경우로 구분하여 설계한다.

① 대각철근을 넣지 않는 경우

- 세장비 $l_n/h \geq 4$인 연결보는 전단에 대한 영향이 작으므로 대각철근을 배근할 필요가 없고 특수모멘트골조의 휨부재와 같이 설계한다.

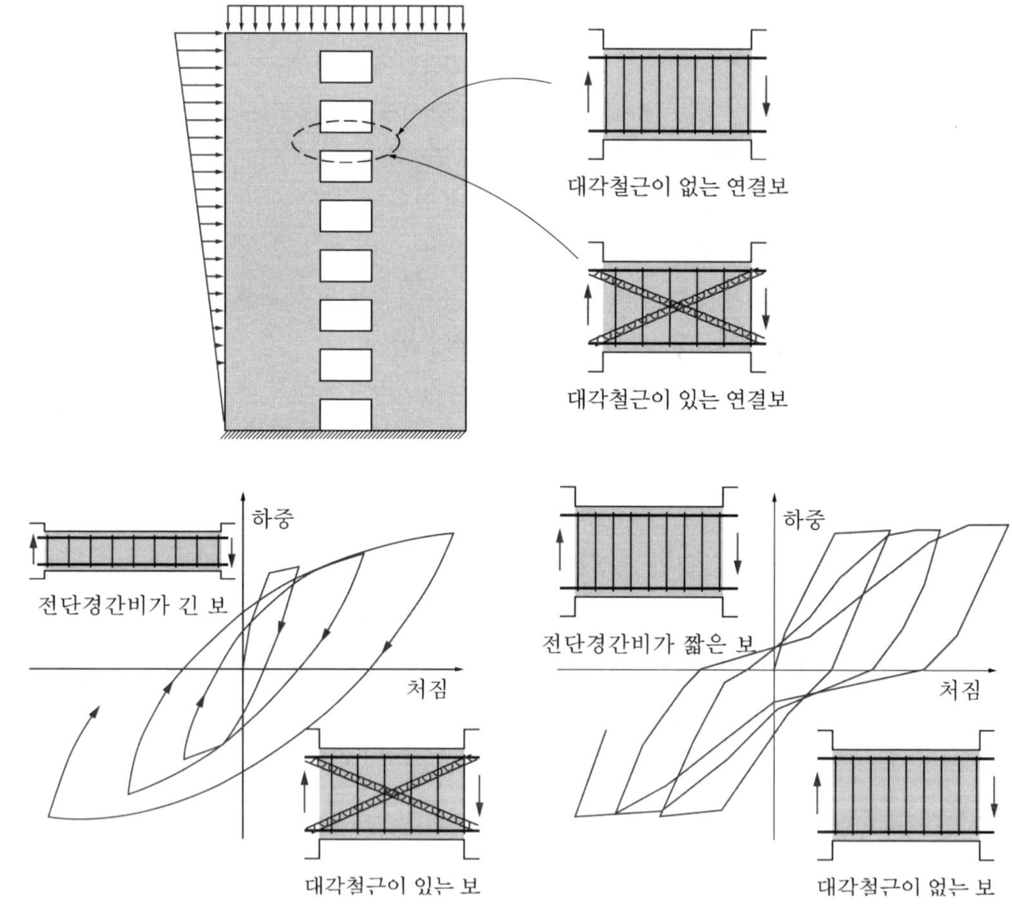

(a) 에너지소산이 큰 경우 (b) 에너지소산이 작은 경우

그림 16.14 연결보의 형상 및 하중-처짐 관계

② **대각철근을 넣는 경우**

- 세장비 $l_n/h < 4$인 연결보는 경간 중앙에 대각 다발철근을 대칭으로 보강할 수 있다.
- 연결보의 강성 또는 강도의 감소로 인해 구조물의 수직하중 전달 능력, 구조물에서 거주자의 탈출, 구조물에 대한 비구조요소와 그 접합부의 일체성 등이 저해되지 않는다는 사실을 입증할 수 없으면, 세장비가 $l_n/h < 2$이고 계수전단력이 $V_u > (\sqrt{f_{ck}}/3)A_{cp}$인 연결보는 경간 중앙에 대각 다발철근을 대칭으로 보강해야 한다.
- 경간 중앙에 대칭으로 배근되는 대각철근은 다음 ㈀과 ㈁을 만족하고 ㈂ 또는 ㈃ 중 하나를 만족해야 한다.

㈀ 대각 다발철근은 최소한 4개의 철근으로 이루어져야 하며, 각 대각철근은 벽체 안으로 인장에 대해 정착해야 한다. 다만, 이 대각 다발철근의 정착길이는 철근 항복강도의 1.25배 이상의 값을 사용하여 계산해야 한다.

㈁ 공칭전단강도 V_n은 식(16.46)으로 계산해야 한다.

$$V_n = 2A_{vd}f_y \sin\alpha \le (5\sqrt{f_{ck}}/6)A_{cp} \tag{16.46}$$

여기서, A_{vd} : 대각선으로 보강된 연결보에서 대각철근의 각 무리별 전체 단면적, α : 대각철근과 부재축이 이루는 각도, A_{cp} : 전단에 저항하는 독립 지주나 수평벽 부분의 콘크리트 단면적이다.

㈂ 대각철근은 내진설계에서 요구하는 횡철근으로 감싸주어야 한다. 또한, 횡철근 간격은 철근 지름의 6배를 초과할 수 없다. 대각철근을 감싸는 횡철근의 외단에서 외단까지 거리는 b_w에 평행한 방향으로 $b_w/2$ 이상이어야 하고, 보 면내에서는 대각철근에 대한 수직방향으로 $b_w/5$ 이상이어야 한다. 연결보의 종방향에 대한 횡방향 또는 평행 철근은 각 방향으로 철근의 면적이 $0.002b_ws$ 이상이어야 하고, 간격은 300 mm 이하이어야 한다.

㈃ 보 단면에 대하여 횡방향 철근 간격은 150 mm와 대각철근 직경의 6배 중 작은 값 이하이어야 하며, 수직 및 수평방향으로 각각 200 mm를 초과하지 않도록 연결철근을 배치하여야 한다. 각 연결철근과 횡방향 철근의 갈고리는 동등 이상의 직경인 축방향 철근에 연결하여야 하며 기계적 정착철근을 연결철근으로 사용할 수 있다.

16.3.4 재료에 대한 규정

내진설계를 수행하기 위해서는 재료에 대한 규정을 따라야 한다. 특수모멘트골조와 특수철근콘크리트 구조벽체에 대해서는 다음 두 가지 조건에 맞는 콘크리트를 사용해야 한다.

① 콘크리트의 설계기준압축강도 f_{ck}는 21 MPa 이상이어야 한다.

② 경량콘크리트의 설계기준압축강도는 35 MPa을 초과할 수 없다.

특수모멘트골조, 중간모멘트골조, 특수철근콘크리트 구조벽체에 대해서는 다음 세 가지 조건에 맞는 강재를 사용해야 한다.

① 지진력에 의한 휨모멘트 및 축력을 받는 골조나 구조벽의 경계요소에 사용하는 보강철근(KS D 3504)은 설계기준항복강도 f_y가 주철근과 전단철근에 각각 600 MPa, 500 MPa까지 허용되며, 다음 ②와 ③을 만족하여야 한다. 다만 벽체 전단철근의 설계기준항복강도 f_y는 600 MPa까지 허용된다. 골조나 구조벽의 경계요소 및 연결보에 사용하는 주철근은 KS D 3504의 특수내진용 S등급 철근을 사용하여야 한다. 2016년에 KS D 3688이 KS D 3504와 통합되면서 실제 항복강도에 대한 실제 인장강도의 비가 1.25 이상이어야 한다는 특수내진용 철근의 성능조건은 유지되었으나, 일반구조용 철근과 용접용 철근의 실제 항복강도에 대한 실제 인장강도의 비가 1.08 이상 또는 1.15로 개정됨으로서, 일반구조용 철근이나 용접용 철근을 성능검증 없이 내진구조물에 적용하여서는 안 되는 상황이 되었다. 따라서 지진력에 의한 휨모멘트 및 축력을 받는 중간모멘트골조, 특수모멘트골조, 특수철근콘크리트 구조벽체의 경계요소와 연결보에 사용하는 보강철근은 KS D 3504의 특수내진용 S등급 철근을 사용하거나 성능검증을 통하여 이와 동등한 성능을 가졌다는 것이 확인된 철근을 사용해야 한다.

② 강재를 제작한 공장에서 계측한 실제 항복강도가 공칭항복강도를 120 MPa 이상 초과하지 않아야 한다. 이는 [그림 16.3]의 재료 초과강도 중에서 예상강도와 관련된 항목으로 공칭항복강도와 공장에서 생산되는 철근의 실제 항복강도에 너무 큰 차이가 발생하면 성능기초설계에서 각 부재의 내력을 정확하게 산정할 수가 없게 되며, 이에 따라 부재의 파괴모드가 달라지는 것을 방지하기 위하여 실제 항복강도와 공칭 항복강도를 제한하는 것이다.

③ 실제 항복강도에 대한 실제 극한 인장강도의 비가 1.25 이상이어야 한다. 이는 소성힌지영역 길이는 항복휨모멘트에 대한 극한휨모멘트의 비가 크면 클수록 소성힌지영역의 길이가 길어지게 되어 파괴영역이 분산되므로(철근의 변형률 집중이 분산) 실제 항복강도에 대한 실제 인장강도의 비가 1.25 이상이 되어야 한다.

예제 16-1

[예제 그림 16-1-1]과 같은 18층 철근콘크리트 건물을 내진설계하라.

지역 : 서울특별시, 지반 : 얕고 단단한 지반, 건물의 중요도 : 연면적이 $1{,}000\ \mathrm{m}^2$ 이상인 관공서, 구조시스템 : 특수모멘트골조를 가진 이중골조시스템(특수모멘트골조와 보통전단벽)

예제의 간략화를 위하여 자중을 제외한 모든 층의 마감 등에 의한 고정하중은 $1.2\,\mathrm{kN/m^2}$으로 가정하며 계단층과 계단참의 하중은 고려하지 않는다.

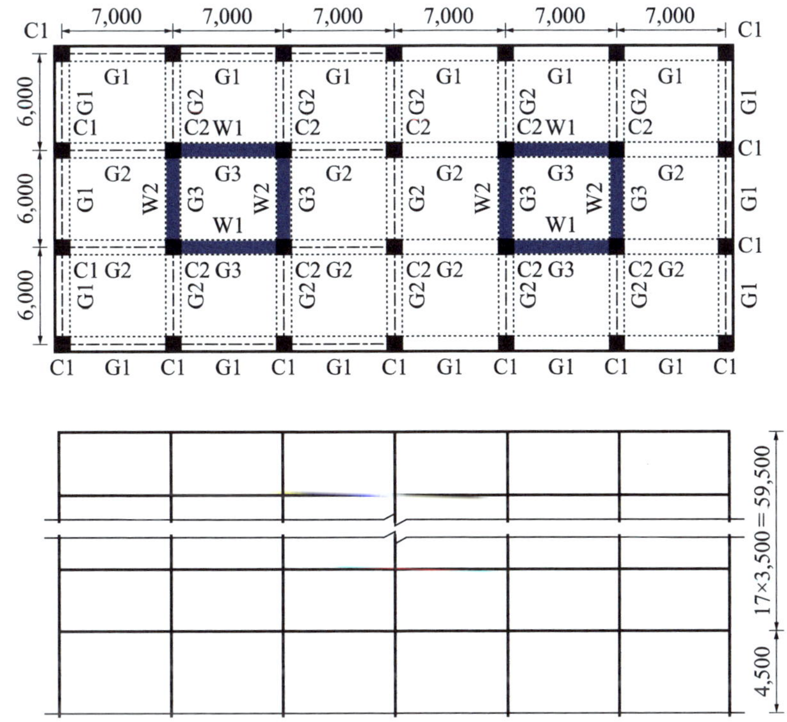

예제 그림 16-1-1 철근콘크리트 구조물

부재	해당층	부재 부호	단면 크기 또는 두께
슬래브	전 층	S1	t = 250 mm
보	전 층	G1, G2	600×800 mm
		G3	500×800 mm
기 둥	전 층	C1	600×600 mm
		C2	800×800 mm
벽 체	전 층	W1, W2	t = 250 mm

예제의 간략화를 위하여 자중을 제외한 모든 층의 마감 등에 의한 고정하중은 1.2 kN/m^{2}으로 가정하며, 계단과 계단참의 고정하중은 무시.

풀이

1) 지진하중을 계산한다.

(1) 내진설계를 위한 건물의 기본조건을 계산한다.
내진설계를 하기 위하여 필요한 기본조건을 [부표]를 통하여 정한다.

① [부표 2.10]과 [부표 2.11]에서 지역계수(S)를 정한다.
서울지역이므로 지역계수는 I이며 유효수평지반가속도는 지진구역계수에 [부표 2.11]의 위험도계수 "2"를 곱한 값이므로 0.22이다.

② [부표 2.12]에서 지반종류를 정한다.
얇고 단단한 지반이므로 지반은 S_2에 속한다.

③ [부표 2.15]와 [부표 2.16]에서 건축물의 중요도, 내진등급, 중요도계수(I_E)를 정한다.
[부표 2.15]에서 연면적이 1,000m^2 이상인 관공서 건물이므로 건물의 중요도는 (특)이다.
[부표 2.16]에서 내진등급도 (특)에 속하며 중요도계수(I_E)는 1.5이다.

④ [부표 2.13]에서 단주기 지반증폭계수(F_a)를 정한다. 표에서 S의 중간값에 대해서는 직선보간한다.

$$F_a = 1.4 - \frac{1.4-1.3}{0.3-0.2}(0.22-0.2) = 1.38 \tag{a}$$

⑤ [부표 2.14]에서 1초 주기 지반증폭계수(F_v)를 정한다. 표에서 S의 중간값에 대해서는 직선보간한다.

$$F_v = 1.4 - \frac{1.4-1.3}{0.3-0.2}(0.22-0.20) = 1.38 \tag{b}$$

(2) 내진설계범주를 정한다.

① 식(16.5)에서 단주기 설계스펙트럼가속도(S_{DS})를 계산한 후에 [부표 2.17]에서 단주기 설계스펙트럼가속도에 따른 내진설계범주를 정한다.

$$S_{DS} = S \times 2.5 \times F_a \times \frac{2}{3} = 0.22 \times 2.5 \times 1.38 \times \frac{2}{3} = 0.506 \tag{c}$$

S_{DS}가 0.506이므로 [부표 2.17]에서 내진설계범주는 "D"임을 알 수 있다.

② 식(16.6)에서 주기 1초의 설계스펙트럼가속도(S_{D1})를 계산한 후에 [부표 2.18]에서 주기 1초의 설계스펙트럼가속도에 따른 내진설계범주를 정한다.

$$S_{D1} = S \times F_v \times \frac{2}{3} = 0.22 \times 1.38 \times \frac{2}{3} = 0.202 \tag{d}$$

S_{D1}이 0.202이므로 [부표 2.18]에서 내진설계범주는 "D"임을 알 수 있다.
설계스펙트럼가속도를 작성하기 위한 주기와 관계식을 식(16.4)와 식(16.7)에 의하여 계산한다.

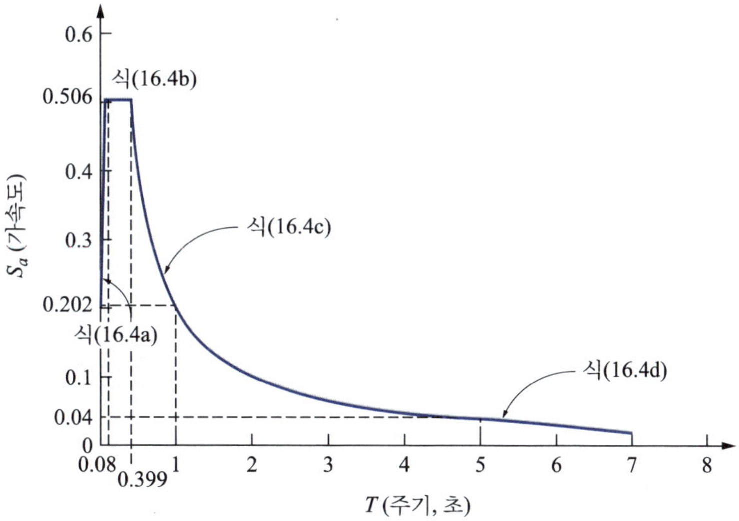

예제 그림 16-1-2 설계스펙트럼가속도

$$T_o = 0.2\,\frac{S_{D1}}{S_{DS}} = 0.2 \times \frac{0.202}{0.506} = 0.080 \qquad \text{(e)}$$

$$T_s = \frac{S_{D1}}{S_{DS}} = \frac{0.202}{0.506} = 0.399 \qquad \text{(f)}$$

계산한 값을 이용하여 설계스펙트럼가속도를 작성하면 [예제 그림 16-1-2]와 같다.

(3) 내진설계조건에 따른 해석방법을 정한다.

① [부표 2.19]와 [부표 2.20]에서 건물의 비정형성을 판단한다. [예제 그림 16-1-1]과 같이 건물은 평면과 수직으로 정형한 구조물이다.

② [부표 2.21]에서 내진설계범주 "D"에 대한 해석법을 정한다. 조건①에서 건물은 정형구조물이며 건물의 전체 높이가 70 m 미만이므로 등가정적해석법 또는 동적해석법으로 설계할 수 있다. 이 예제에서는 설계의 간략화를 위하여 등가정적해석법만을 수행하였다.

(4) 지진응답계수(C_s)를 계산한다.

등가정적해석법에 의한 밑면전단력(V)을 계산하기 위해서는 주어진 건물의 조건에 맞는 지진응답계수(C_s)를 식(16.2)에 의하여 먼저 계산해야 한다.

$$C_s = \frac{S_{DS}}{\dfrac{R}{I_E}} = \frac{0.506}{\dfrac{6}{1.5}} = 0.127 \qquad \text{(g)}$$

식(16.2)에 따라 산정한 지진응답계수 C_s는 식(16.3a, b)에서 계산한 값을 초과하지 않아도 된다.

$$C_s = \frac{S_{D1}}{\dfrac{R}{I_E}\cdot T} = \frac{0.202}{\dfrac{6}{1.5}\times 1.1} = 0.046 \qquad \text{(h)}$$

또한 식(16.2), 식(16.3a, b)에서 계산 지진응답계수 C_s는 $C_s = 0.044 S_{DS} I_E \geq 0.01$ 이상이어야 한다.

$$C_s = 0.044 S_{DS} I_E = 0.044 \times 0.506 \times 1.5 = 0.033 \quad \text{(i)}$$

그러므로 지진응답계수 C_s는 0.046이다.

① 단주기 설계스펙트럼가속도(S_{DS})를 식(16.5)에 의하여 계산하였으며 S_{DS}은 0.506이다. 또한, 주기 1초에서의 설계스펙트럼가속도(S_{DS})를 식(16.6)에 의하여 계산하였으며 S_{D1}은 0.202이다.

② 건물의 반응수정계수(R)를 [부표 2.24]에서 정한다. 주어진 조건에서 건물의 구조시스템은 특수모멘트골조와 보통전단벽으로 이루어진 이중골조시스템이므로 R은 6이다.

③ [부표 2.16]에서 내진등급은 (특)에 속하며 중요도계수(I_E)는 1.5이다.

④ 식(16.9)의 약산식에 의하여 고유주기(T_a)를 계산한다.

구조물을 기타골조로 하면 재료계수(C_t)는 0.0488이며 건물의 높이(h_n)는 [예제 그림 16-1-1]과 같이 64.0 m이다.

$$T_a = C_t (h_n)^x = 0.0488 \times (64)^{0.75} = 1.10$$

약산식에 의하여 계산하였으므로 [부표 2.23]의 주기상한계수(C_u)를 곱할 필요가 없다.

(5) 층 중량을 계산한다.

식(16.1)을 이용하여 밑면전단력을 계산하기 위해서는 각 층의 중량이 필요하다. 유효 중량은 부재의 자중과 고정하중의 합에 의하여 계산하므로 자중의 중량과 함께 마감재와 같은 고정하중의 중량이 필요하다. 주어진 조건에서 예제의 간략화를 위하여 자중을 제외한 모든 층의 마감 등에 의한 고정하중은 1.2 kN/m^{2}으로 가정하였다. 기준층의 중량을 [예제 표 16-1-2]와 같이 계산할 수 있다.

예제 표 16-1-1 기준층(지붕층 ~ 3층) 평면의 중량

부 재	부재 부호	체적(m^3)	중량(kN)
슬래브	S1	$0.25 \times 18 \times 42 = 189$	189×24 kN/m^3 = 4,536.0
보	G1, G2	$0.6 \times 0.8 \times (20 \times 7) = 67.2$ $0.6 \times 0.8 \times (17 \times 6) = 48.96$	116.16×24 kN/m^3 = 2,787.84
	G3	$0.5 \times 0.8 \times (4 \times 7) = 11.2$ $0.5 \times 0.8 \times (4 \times 6) = 9.6$	20.8×24 kN/m^3 = 499.2
기 둥	C1	$0.6 \times 0.6 \times (18 \times 3.5) = 22.68$	22.68×24 kN/m^3 = 544.32
	C2	$0.8 \times 0.8 \times (10 \times 3.5) = 22.4$	22.4×24 kN/m^3 = 537.6
벽 체	W1, W2	$0.25 \times (4 \times 7 + 4 \times 6) \times 3.5 = 45.5$	45.5×24 kN/m^3 = 1,092.0
마 감			$18 \times 42 \times 1.2$ kN/m^2 = 907.2
			Σ = 10,904.2

예제 표 16-1-2 2층 평면의 중량

부 재	부재 부호	체적(m^3)	중량(kN)
슬래브	S1	$0.25\times18\times42=189$	189×24 kN/m^3 $=4,536.0$
보	G1, G2	$0.6\times0.8\times(20\times7)=67.2$ $0.6\times0.8\times(17\times6)=48.96$	116.16×24 kN/m^3 $=2,787.84$
	G3	$0.5\times0.8\times(4\times7)=11.2$ $0.5\times0.8\times(4\times6)=9.6$	20.8×24 kN/m^3 $=499.2$
기 둥	C1	$0.6\times0.6\times(18\times4.5)=29.16$	29.16×24 kN/m^3 $=699.84$
	C2	$0.8\times0.8\times(10\times4.5)=28.8$	28.8×24 kN/m^3 $=691.2$
벽 체	W1, W2	$0.25\times(4\times7+4\times6)\times4.5=58.5$	58.5×24 kN/m^3 $=1,404$
마 감			$18\times42\times1.2$ kN/m^2 $=907.2$
			$\Sigma=11,525.3$

예제 표 16-1-3 지진하중의 분포

층	층 중량 w_x(kN)	층 높이 h_x(m)	$w_x\cdot h_x^k$	분포계수 C_{vx}	층 지진하중 F_x(kN)	층 전단력 V_x(kN)
R	10,904.2	64.0	2,430,120	0.1185	1,073.3	-
18	10,904.2	60.5	2,258,790	0.1101	997.2	1,073.3
17	10,904.2	57.0	2,090,408	0.1019	922.9	2,070.5
16	10,904.2	53.5	1,925,102	0.0938	849.6	2,993.4
15	10,904.2	50.0	1,763,010	0.0859	778.0	3,843.0
14	10,904.2	46.5	1,604,289	0.0781	707.4	4,621.0
13	10,904.2	43.0	1,449,115	0.0705	638.5	5,328.4
12	10,904.2	39.5	1,297,687	0.0631	571.5	5,966.9
11	10,904.2	36.0	1,150,236	0.0559	506.3	6,538.4
10	10,904.2	32.5	1,007,029	0.0490	443.8	7,044.7
9	10,904.2	29.0	868,383	0.0422	382.2	7,488.5
8	10,904.2	25.5	734,676	0.0357	323.3	7,870.7
7	10,904.2	22.0	606,378	0.0294	266.3	8,194.0
6	10,904.2	18.5	484,080	0.0235	212.8	8,460.3
5	10,904.2	15.0	368,564	0.0178	161.2	8,673.1
4	10,904.2	11.5	260,916	0.0126	114.1	8,834.4
3	10,904.2	8.0	162,784	0.0079	71.6	8,948.5
2	11,525.3	4.5	81,438	0.0039	35.3	9,020.1
Σ	196,896.7		20,543,006	1.0	9,057.2	9,055.4

2층의 경우에는 1층의 층고가 4.5 m이므로 기둥 C1의 체적은 $0.6\times0.6\times(18\times4.5)=29.16$ m^3이며, 기둥 C2는 $0.8\times0.8\times(10\times4.5)=28.8$ m^3, 벽체 W1과 W2의 체적은 $0.25\times(4\times7+4\times6)\times4.5=58.5$ m^3이다. 2층의 중량을 정리하여 [예제 표 16-1-3]에 표시하였다.

밑면전단력(V)을 식(16.1)에 의하여 계산한다. 중량(W)는 [예제 표 16-1-3]의 두번째 열과 같이 각 층의 중량을 더한 값이다.

$$V = C_s W = 0.046 \times 196{,}896.7 = 9{,}057.2\ \text{kN} \tag{j}$$

(6) 지진력의 연직분포를 계산한다.
식(16.11)을 이용하여 지진력의 연직분포를 계산한다. 연직분포를 계산하기 위해서는 건물주기에 따른 분포계수(k)가 필요하며, k는 기본진동주기에 따라서 달라지므로 직선보간법을 이용하여 식(16.13)에서 계산한다.

$$k = 2.0 - \frac{2.0 - 1.0}{2.5 - 0.5}(2.5 - 1.1) = 1.3 \tag{k}$$

계산한 분포계수(k)를 식(16.12)에 대입하여 각 층의 수직분포계수(C_{vx})를 계산하여 [예제 16-1-3]에 표시하였다. 층전단력(F_x)은 수직분포계수에 밑면전단력을 곱하여 [예제 16-1-3]과 같이 계산한다. 예를 들어 5층의 밑면전단력과 층 전단력을 계산하면 다음과 같다.

$$w_x \cdot h_x^k = 10{,}904.2 \times 15^{1.3} = 368{,}564\ \text{kN} \cdot \text{m} \tag{l}$$

$$C_{vx} = \frac{w_x \cdot h_x^k}{\sum_{i=1}^{n} w_i \cdot h_i^k} = \frac{368{,}564}{20{,}543{,}006} = 0.0179 \tag{m}$$

$$F_x = C_{vx} \cdot V = 0.0179 \times 9{,}057.2 = 162.1\ \text{kN} \tag{n}$$

$$V_{x-5층} = V_{x-6층\ 이상} + F_{x-6층} = 8{,}460.3 + 212.8 = 8{,}673.1\ \text{kN} \tag{o}$$

2) 구조해석을 수행한다.

(1) 구조물을 모델링한다.
대상 건물의 부재력을 계산하기 위하여 구조물을 모델링해야한다. 이 때 슬래브는 격막작용(rigid diaphragm)을 하는 부재로 간주하여 모델링한다.

(2) $P\Delta$ 효과를 계산한다.
구조물을 해석할 때는 축하중에 의하여 발생하는 $P\Delta$ 효과를 고려하여 층간변위를 계산한다.

(3) 층간변위를 검토한다.
구조해석에 의하여 건물의 탄성해석에 의한 층변위(δ_{xe})를 계산하여 [예제 표 16-1-4]에 표시하였다. δ_{xe}를 계산한 후에 각 층의 층변위(δ_x)는 식(16.18)에 의하여 계산한다. 각 층의 층변위는 [부표 2.22]의 허용층변위(Δ_a)를 초과해서는 안 된다. 예를 들어 5층의 층변위를 계산하고 이를 허용층변위와 다음과 같이 비교할 수 있다.

$$C_d = 5 \qquad \text{([부표 2.24])}$$

$$\delta_x = \frac{C_d\, \delta_{xe}}{I_E} = \frac{5 \times 8.31}{1.5} = 27.7\ \text{mm}$$

예제 표 16-1-4 횡변위, 층간변위, 허용한계변위

층	탄성해석 변위 δ_{xe}(mm)	횡변위 δ_x(mm)	층간변위 $\triangle$(mm)	층간허용변위 $\triangle_a$(mm)	비 고
18	42.89	142.98	7.78	35	가능
17	40.56	135.20	8.09	35	가능
16	38.13	127.10	8.38	35	가능
15	35.62	118.72	8.68	35	가능
14	33.01	110.05	8.96	35	가능
13	30.33	101.09	9.20	35	가능
12	27.57	91.89	9.39	35	가능
11	24.75	82.50	9.50	35	가능
10	21.90	73.01	9.51	35	가능
9	19.05	63.49	9.42	35	가능
8	16.22	54.07	9.20	35	가능
7	13.46	44.87	8.84	35	가능
6	10.81	36.03	8.33	35	가능
5	8.31	27.70	7.64	35	가능
4	6.02	20.06	6.76	35	가능
3	3.99	13.30	5.68	35	가능
2	2.29	7.62	4.35	35	가능
1	0.98	3.27	3.27	45	가능

$$\triangle = 27.70 - 20.06 = 7.64\,\text{mm}$$

$$\triangle_a = 0.010 h_{sx} = 0.01 \times 3{,}500 = 35\,\text{mm}$$ ([부표 2.22])

(4) 하중을 조합한다.

하중을 식(3.4)의 기본 강도설계하중에 근거하여 조합한다.

① $U = 1.4(D+F)$

② $U = 1.2(D+F+T) + 1.6(L+\alpha_H H_v + H_h) + 0.5(L_r \text{ 또는 } S \text{ 또는 } R)$

③ $U = 1.2D + 1.6(L_r \text{ 또는 } S \text{ 또는 } R) + (1.0L \text{ 또는 } 0.65W)$

④ $U = 1.2D + 1.3W + 1.0L + 0.5(L_r \text{ 또는 } S \text{ 또는 } R)$

⑤ $U = 1.2(D+H_v) + 1.0E + 1.0L + 0.2S + (1.0H_h \text{ 또는 } 0.5H_h)$

⑥ $U = 1.2(D+R+T) + 1.6(L+\alpha_H H_v) + 0.8H_h + 0.5(L_r \text{ 또는 } S \text{ 또는 } R)$

⑦ $U = 0.9(D+H_v) + 1.3W + (1.6H_h \text{ 또는 } 0.8H_h)$

⑧ $U = 0.9(D+H_v) + 1.0E + (1.0H_h \text{ 또는 } 0.5H_h)$

3) 부재를 설계한다.

부재 설계에 대해서는 [예제 16-2]를 이용하여 설명한다.

예제 16-2

[예제 그림 16-1-1]의 특수모멘트골조로 된 18층 철근콘크리트 건물의 내부 접합부가 [예제 그림 16-2-1]과 같다. 보에는 고정하중 $w_D = 20\ \mathrm{kN/m}$ 와 활하중 $w_L = 15\ \mathrm{kN/m}$ 의 등분포하중이 작용한다. 기둥에는 계수축력 $P_u = 3{,}011.2\ \mathrm{kN}$ 이 작용한다.

(1) 접합부의 NS방향을 설계하라.
(2) 인접한 보를 설계하라.
(3) 인접한 기둥을 설계하라.

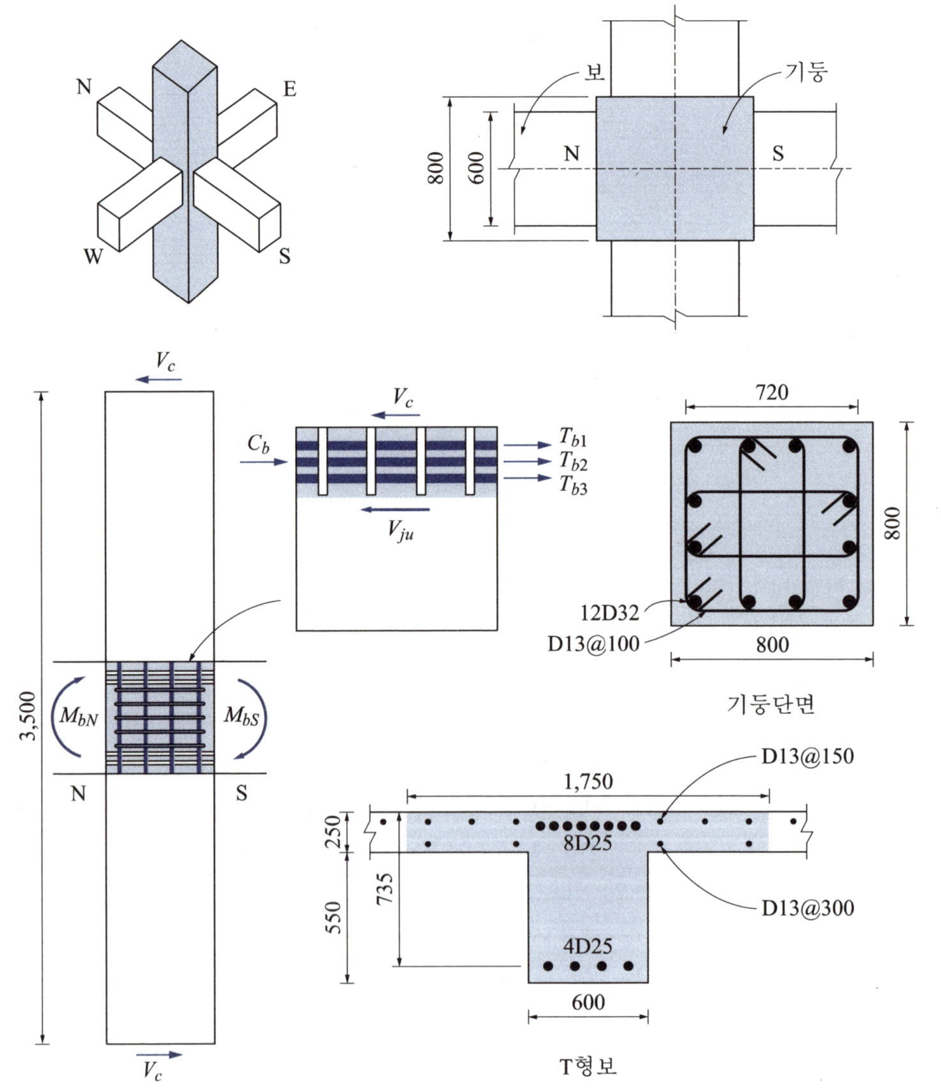

예제 그림 16-2-1 철근콘크리트 구조물의 접합부

풀이-1 접합부의 N-S방향을 설계하라.

접합부를 설계하기 위해서 필요한 부재의 크기와 재료 조건을 [예제 표 16-2-1]에 표시하였다. 접합부를 설계하기 위해서는 우선 T형보의 유효폭을 계산해야 한다. 보의 양쪽에 슬래브가 있는 경우에 T형보의 유효폭은 다음 3가지 값 중에서 최솟값을 선택한다. [예제 그림 16-1-1]에서 보 경간과 슬래브의 중심 거리를 계산한다.

- 보 경간의 1/4 　　7,000/4 = 1,750 mm
- 슬래브 두께의 16배(h_f)+보의 웨브 폭(b_w) 　　16×250+600 = 4,600 mm
- 양쪽 슬래브와 슬래브의 중심 거리 　　6,000/2+6,000/2 = 6,000 mm

그러므로 T형보의 유효폭은 1,750 mm이다.

1) 접합부의 전단내력을 검토한다.

식(16.37)에서 접합부에 작용하는 계수전단력(V_{ju})은 설계전단력(ϕV_{jn})보다 작아야 한다.

$$V_{ju} \leqq \phi V_{jn} \tag{a}$$

여기서, ϕ : 강도감수계수이며 0.75이다.

(1) 접합부에 작용하는 계수전단력(V_{ju})을 계산한다.

계수전단력은 [예제 그림 16-2-1]과 식(16.33)과 같이 접합부 주변의 수평방향의 힘의 평형을 이용하여 식(b)에서 계산한다.

$$V_{jh} = C_b + T_b - V_c = 1{,}013.4 + 2{,}660.3 - 684.8 = 2{,}988.9 \text{ kN} \tag{b}$$

① 압축력(C_b)를 계산한다.

북쪽에서 정모멘트(M_{bN})가 작용하며, 압축력(C)은 힘의 평형에 의하여 인장력(T)과 동일하므로 하부 인장철근의 인장력을 이용하여 계산한다. 이 때 보의 철근에는 초과강도계수 1.25를 곱해야 한다.

예제 표 16-2-1 부재의 크기와 사용 재료

부재	단면(mm)	f_{ck}(MPa)	f_y(MPa)	주철근	횡방향철근	기 타
슬래브	250×6,000	24	400	상부철근 D13@150	-	두께 : 250 mm
				하부철근 D13@300		폭 : 6,000 mm
보	600×800	24	400	상부철근 8-D25	4-D10@120	보 길이 : 7,000 mm
				하부철근 4-D25		
기둥	800×800	27	400	12-D32	4-D13@100	기둥 높이 : 3,500 mm

D32 철근(d_b = 31.8 mm, A_s = 794.2 mm^2), D25 철근(d_b = 25.4 mm, A_s = 506.7 mm^2), D13 철근(d_b = 12.7 mm, A_s = 126.7 mm^2), D10 철근(d_b = 9.53 mm, A_s = 71.3 mm^2)

$$C = T$$

$$C_b = A_s(1.25f_y) = 4 \times 506.7 \times (1.25 \times 400) = 1{,}013.4 \text{ kN} \tag{c}$$

② 인장력(T_b)을 계산한다.

남쪽에서 부모멘트(M_{bS})가 작용한다. 이 때 보는 T형보로 하며 인장력(T_b)을 계산할 때 슬래브의 인장철근을 포함해야 한다. 5장에서 설명한 것과 같이 보의 휨설계에서는 정모멘트를 받는 보의 경우에만 T형보로 간주한다. 그러나 내진설계 구조물의 접합부 설계에서는 정확한 내력을 평가하기 위하여 부모멘트를 받는 보의 경우에도 T형보로 간주하며 슬래브의 유효폭 내에 배근된 슬래브 철근을 포함하여 인장력을 계산한다. 이 때 보의 철근에는 초과강도계수 1.25를 곱해야 한다.

$$T_b = A_s(1.25f_y) = (8 \times 506.7 + 6 \times 126.7 + 4 \times 126.7) \times (1.25 \times 400)$$
$$= 2{,}660.3 \text{ kN} \tag{d}$$

③ 기둥의 전단력(V_c)을 계산한다.

기둥의 전단력은 [예제 그림 16-2-1]의 접합부 주변의 회전에 대한 평형을 이용하여 식(e)에서 계산한다.

$$V_c = \frac{M_{bN} + M_{bS}}{l_c} \tag{e}$$

보의 북쪽 방향의 정모멘트(M_{bN})를 계산한다. 보는 T형보를 사용하며, 철근에는 초과강도계수 1.25를 곱해야 한다. 여기서 등가 직사각형 압축응력블록을 이용하여 등가응력블록의 깊이(a)를 계산하며, 설계의 단순화를 위하여 압축철근의 영향은 고려하지 않는다. 계수 η는 [표 4.5]에서 1.0이다.

$$a = \frac{A_s(1.25 \times f_y)}{\eta 0.85 f_{ck} b} = \frac{4 \times 506.7 \times (1.25 \times 400)}{1 \times 0.85 \times 24 \times 1{,}750} = 28.4 \text{ mm}$$

$$M_{bN} = A_s(1.25f_y)jd = 4 \times 506.7 \times (1.25 \times 400) \times (735 - 28.4/2)$$
$$= 730.5 \text{ kN} \cdot \text{m} \tag{f}$$

보의 남쪽 방향의 부모멘트(M_{bS})를 계산한다. 보는 T형보를 사용하며 슬래브 철근의 영향을 반영한다. 또한, 철근에는 초과강도계수 1.25를 곱해야 한다. 이 경우에도 압축철근의 영향은 고려하지 않고 a를 계산한다.

$$a = \frac{A_s(1.25 \times f_y)}{\eta 0.85 f_{ck} b}$$
$$= \frac{(8 \times 506.7 + 6 \times 126.7 + 4 \times 126.7) \times (1.25 \times 400)}{1 \times 0.85 \times 24 \times 600} = 217.3 \text{ mm}$$

$$M_{bS} = A_s(1.25f_y)jd$$
$$= (8 \times 506.7 + 6 \times 126.7 + 4 \times 126.7) \times (1.25 \times 400) \times (735 - 217.3/2)$$

$$= 1{,}666.3\ \mathrm{kN \cdot m} \tag{g}$$

그러므로 기둥의 전단력(V_c)은 다음과 같다.

$$V_c = \frac{M_{bN} + M_{bS}}{l_c} = \frac{730.5 + 1{,}666.3}{3.5} = 684.8\ \mathrm{kN}$$

(2) 접합부에 작용하는 설계전단력(ϕV_{jn})을 계산한다.

접합부의 전단력을 식(16.38)을 이용하여 계산한다.

$$\phi V_{jn} = \phi \lambda_j \sqrt{f_{ck}} A_j = 0.75 \times 1.7 \times \sqrt{27} \times (700 \times 800) = 3{,}710.1\ \mathrm{kN}$$

- λ_j : 4면이 구속된 접합부의 경우, $\lambda_j = 1.7$
- A_j : 유효접합부면적, $A_j = b_j \times h = \dfrac{800 + 600}{2} \times 800 = 560{,}000\ \mathrm{mm}^2$

지금까지의 계산에서 접합부에 작용하는 설계전단력(ϕV_{jn})은 3,701.1 kN이며, 이 값은 계수전단력(V_{ju})인 2,988.9 kN보다 크므로 설계가 안전하다.

2) 접합부의 횡방향철근을 배근한다.

접합부는 기둥의 일부분이므로 특수모멘트골조의 휨과 압축을 받는 부재의 횡방향철근 기준에 근거하여 철근을 배근해야 한다.

(1) 횡방향철근의 간격은 [표 16.3]의 규정과 식(16.30)을 이용하여 세 값 중에서 최솟값을 택한다.

- 부재의 최소 단면치수의 1/4 　　　$800/4 = 200\ \mathrm{mm}$
- 축방향철근 지름의 6배 　　　$6 \times 31.8 = 190.8\ \mathrm{mm}$
- 식(16.30)에 규정한 s_x 　　　$s_x = 100 + [(350 - h_x)/3]$

$$= 100 + [(350 - 180)/3] = 156.7\ \mathrm{mm}$$

여기서, h_x는 기둥 단면에 띠철근이 네 가닥 배근되어 있으므로 $720/4 = 180$ mm이다. s_x값은 150 mm 이하이어야 하며, 100 mm 이상일 필요는 없다. 따라서 횡방향철근의 간격을 150 mm로 한다.

(2) 띠철근의 단면적(A_{sh})은 식(16.29a)와 식(16.29b)의 큰 값 이상이 되어야 한다.

$$A_{sh} = 0.3\left(\frac{s \cdot h_c \cdot f_{ck}}{f_{yh}}\right)\left(\frac{A_g}{A_{ch}} - 1\right)$$

$$= 0.3\left(\frac{150 \times 707.3 \times 27}{400}\right)\left(\frac{800 \times 800}{518{,}400} - 1\right) = 504.0\ \mathrm{mm}^2$$

$$A_{sh} = 0.09\left(\frac{s \cdot h_c \cdot f_{ck}}{f_{yh}}\right) = 0.09\left(\frac{150 \times 707.3 \times 27}{400}\right) = 644.5\ \mathrm{mm}^2$$

여기서, $h_c = 800 - 40 \times 2 - 12.7 = 707.3\ \mathrm{mm}$,

$$A_{ch} = (800 - 40 \times 2)^2 = 720^2 = 518,400 \text{ mm}^2$$

그러므로 필요한 횡방향철근의 양은 644.5 mm^2이다. 한편 접합부의 횡방향철근의 양에 대한 규정에 의하면 기둥의 접합부 4면에 보부재가 연결되어 각 부재 폭이 기둥폭의 3/4 이상일 때, 가장 깊이가 작은 부재의 깊이만큼 구간 내에서는 기준에서 규정된 철근량의 1/2 이상의 횡방향철근만을 배치할 수 있다. 또한, 이들 위치에서는 기준에서 규정된 횡방향철근의 간격을 150 mm까지 증가시킬 수 있다. [예제 그림 16-2-1]의 조건에 의하면 보부재의 폭 600 mm은 기둥폭의 3/4인 600 mm 이상이므로 규정된 횡방향철근량을 1/2까지 감소시킬 수 있다. 따라서 배근해야할 철근의 양은 644.5 mm^2의 절반인 322.3 mm^2이다.

(3) D13의 띠철근을 2가닥 배치한다.

$$A_{sh} = 2 \times 126.7 = 253.4 \text{ mm}^2$$

배치된 철근의 양 253.4 mm^2이 요구되는 철근의 양 322.3 mm^2보다 작다. 이 경우에는 횡방향철근의 간격을 조절한다. 즉 150 mm를 110 mm로 좁힐 경우에 요구되는 철근의 양은 다음과 같이 바뀌게 된다.

$$322.3 \times \frac{110}{150} = 236.4 \text{ mm}^2$$

그러므로 설계가 적합하다.

3) 접합부의 부착을 검토한다.

접합부에 부착파괴가 발생하지 않게 하기 위하여 식(16.40)을 검토해야 한다.

$$\frac{h}{d_b} \geq 20, \qquad (f_y \leq 400 \text{ MPa인 경우})$$

$$\frac{h}{d_b} = \frac{800}{25.4} = 31.5$$

그러므로 접합부는 부착파괴에 안전하다. 예제에 사용된 접합부는 내부 접합부이므로 정착길이에 대한 검토는 필요하지 않다. 외부 접합부의 경우에는 철근의 정착길이를 검토해야 한다.

풀이-2 인접한 보를 설계하라.

계수축력이 $(A_g f_{ck}/10)$을 초과하지 않는 부재에 대하여 [표 16.2]의 규정에 맞게 설계해야 한다.

1) 설계 적용 범위를 검토한다.

부재의 순경간이 유효깊이의 4배 이상이어야 한다.

$$\frac{l_n}{d} = \frac{(7,000) - 600}{735} = 8.71 > 4$$

깊이에 대한 폭의 비가 0.3 이상이어야 한다.

$$\frac{b}{h} = \frac{600}{800} = 0.75 > 0.3$$

부재의 폭은 250 mm 이상이어야 한다. 또한, 부재의 폭은 휨부재 축방향과 직각으로 측정한 지지부재의 폭에 받침부 양 측면으로 휨부재 깊이의 3/4을 더한 값보다 작아야 한다.

$$b(=600) > 250\ \mathrm{mm}$$
$$b < \text{기둥의 너비} + 0.75 \times \text{보의 깊이}$$
$$b(=600) < 800 + 0.75 \times 800 = 1{,}400\ \mathrm{mm}$$

2) 휨철근량을 계산한다.

이 예제에서는 필요한 휨철근량이 주어져 있지만 실제 설계에서는 계수휨모멘트(M_u)에 저항할 수 있는 철근량을 5장의 보의 휨설계에 의하여 계산해야 한다.

① 휨부재의 어떤 단면에서나 상부철근 및 하부철근의 철근량은 식(5.11)의 값 이상이어야 하고, 또한 최소철근비 이상이어야 한다. 철근비 ρ는 0.025 이하이어야 한다.

$$\text{(상부철근비)} \quad \rho = \frac{A_s}{bd} = \frac{8 \times 506.7}{600 \times 735} = 0.0092$$

$$\text{(하부철근비)} \quad \rho = \frac{A_s}{bd} = \frac{4 \times 506.7}{600 \times 735} = 0.0046$$

② 접합면에서 정모멘트에 대한 강도는 부모멘트에 대한 강도의 1/2 이상이어야 한다. 또 부재의 어느 위치에서나 정 또는 부모멘트에 대한 강도는 부재 양단 접합면의 최대 휨강도의 1/4 이상이어야 한다. 상부철근에는 8-D25, 하부철근에는 4-D25철근이 배근되어 접합면의 휨내력 조건에 만족한다.

③ 휨철근의 겹침이음은 이음길이 부분에 후프철근이나 나선철근이 배치되어 있는 경우에만 사용할 수 있다. 겹침이음 철근을 둘러싸는 횡방향철근의 간격은 $d/4$ 이하, 또한 100 mm 이하이어야 한다.

3) 전단철근량을 계산한다.

① 주어진 하중 조건에 대한 계수하중을 계산한다.

$$w_u = 1.2w_D + 1.6w_L = 1.2 \times 20 + 1.6 \times 15 = 48\ \mathrm{kN/m}$$

② 부재축방향에 따라서 변화하는 계수전단력($V_{u,x}$)을 계산한다.
단부에서 x만큼 떨어진 위치의 계수전단력($V_{u,x}$)을 식(16.25)에 의하여 계산한다.

$$V_{ux} = \frac{M_{pl} + M_{pr}}{l_n} + \frac{w_u l_n}{2} - w_u x \tag{h}$$

$$= \frac{(730.5 + 1{,}666.3)}{6.4} + \frac{48 \times 6.4}{2} - 48x = 528.1 - 48x$$

여기서 $l_u = 7{,}000 - 600 = 6{,}400\ \mathrm{mm}$이다. 식(h)에서 양 단부의 저항 휨모멘트는 보에 소성힌지가 발생한 이후의 강도이므로 철근의 인장응력이 $1.25f_y$에 도달했을 때의 강도를 사용한다. M_{pl}과 M_{pr}값은 식(f)와 식(g)에서 계산한 값이다.

③ 최대 계수전단력($V_{u,\max}$)을 계산한다. 받침부에 압축력이 작용하면 받침부에서 단면유효높이(d) 만큼 떨어진 위치의 전단력이 최대 계수전단력이 된다.

$$V_{u,\max} = 528.1 - 48x = 528.1 - 48 \times 0.735 = 492.8\ \mathrm{kN}$$

④ 계수축력이 $A_g f_{ck}/20$ 이하이므로 콘크리트의 전단기여분(V_c)은 영(0)이다.

$$V_c = 0$$

⑤ 스터럽의 전단기여분(V_s)의 최댓값을 검토한다.
KDS 14 20 국가건설기준에서는 전단철근의 양을 제한하기 위하여 스터럽의 전단기여분(V_s)이 $0.2(1 - f_{ck}/250)f_{ck}b_w d$ 이하가 되도록 규정하고 있다. 식(7.54)를 이용하여 다음과 같이 적합성을 검토한다.

$$\phi V_s = V_u - \phi V_c$$

$$V_s = \frac{V_u}{\phi} - V_c = \frac{492.8}{0.75} - 0 = 657.1\ \mathrm{kN}$$

$$(V_s)_{\max} = 0.2\left(1 - \frac{f_{ck}}{250}\right)f_{ck}b_w d = 0.2\left(1 - \frac{24}{250}\right)24 \times 600 \times 735 = 1{,}913.6\ \mathrm{kN}$$

그러므로 설계가 적합하다.

⑥ 최대 계수전단력($V_{u,\max}$)이 작용하는 위치의 스터럽 간격은 다음과 같다. 스터럽은 D10철근($A_s = 71.3\ \mathrm{mm}^2$)을 네 가닥 사용한다.

$$s = \frac{\phi A_v f_y d}{V_{u,\max} - \phi V_c} = \frac{0.75 \times 4 \times 71.3 \times 400 \times 735}{492{,}800 - 0} = 127.6\ \mathrm{mm}$$

⑦ 스터럽의 최대 간격을 계산한다.
스터럽의 최대 간격은 스터럽에 의한 전단저항력(V_s)의 크기에 따라서 달라진다. 식(7.53)에서 계산한 V_s는 657.1 kN이다.
이 값은 $\lambda\sqrt{f_{ck}}/3 \times b_w d = 1 \times \sqrt{24}/3 \times 600 \times 735 = 720.1\ \mathrm{kN}$ 보다 작으므로 스터럽의 최대 간격($s_{\max}$)은 식(7.57a)의 세 가지 조건 중에서 최솟값을 사용해야 한다.

$$s_{\max} = \min\left(\text{식}(7.53)\ \text{이용},\ \ \frac{d}{2},\ \ 600\ \mathrm{mm}\right)$$

$$= \min\left(\frac{4 \times 71.3 \times 400}{0.35 \times 400},\ \ \frac{735}{2},\ \ 600\ \mathrm{mm}\right)$$

$$= \min(814.9, \quad 367.5, \quad 600\,\text{mm}) \tag{i}$$

그러므로 스터럽의 최대 간격($s_{\max}$)은 367.5 mm이다. 최대 계수전단력($V_{u,\max}$)이 작용하는 위치의 스터럽 간격 127.6 mm는 367.5 mm보다 작으므로 127.6 mm를 기준으로 배근한다.

⑧ 최소 스터럽량 이상 배근해야 할 구간을 계산한다. 취성파괴를 방지하기 위하여 $V_u \geq 1/2 \times \phi V_c$가 되는 구간에 최소 스터럽을 배근한다.

$$V_{ux} = 528.1 - 48x = \frac{\phi V_c}{2}$$

$$\text{그러므로 } x = \frac{528.1 - \dfrac{\phi V_c}{2}}{48} = \frac{528.1 - \dfrac{0}{2}}{48} = 11.0\,\text{m}$$

⑨ 스터럽의 최대 간격보다 좁은 간격으로 배근해야 할 부재의 위치(x_2)를 계산한다.
최대 간격이 367.5 mm이므로 스터럽을 배근할 경우의 전단저항력(V_s)을 계산하면 다음과 같다.

$$\phi V_s = \frac{\phi A_v f_y d}{s} = \frac{0.75 \times 4 \times 71.3 \times 400 \times 735}{367.5} = 171.1\,\text{kN}$$

ϕV_c는 0 kN이므로 전체 저항력은 171.1 kN이다.

$$V_{ux} = \phi V_s + \phi V_c = 171.1 + 0 = 171.1\,\text{kN}$$

따라서 x_2의 위치는 다음과 같다.

$$171.1 = 528.1 - 48x, \qquad x = 7.4\,\text{m}$$

⑩ 보의 구간을 구분하여 스터럽을 배근한다.
시공의 편의성을 고려하여 최소 간격 127.6 mm는 120.0 mm 간격으로 배근한다. 첫 번째 스터럽은 기둥 접합면에서 60 mm부터 배근한다.

처음	60 mm,	D10@60
3.0 m까지	120 mm,	D10@120

4) 횡방향철근 규정에 대해 검토한다.

[표 16.2]의 규정에 의하면 첫 번째 후프철근은 지지부재의 면부터 50 mm 이내에 위치. 후프철근의 최대 간격은 $d/4$, 축방향철근의 최소 지름의 8배, 후프철근 지름의 24배, 300 mm 중 가장 작은 값을 초과하지 않아야 한다([그림 16.5] 참조).

- $d/4$	735/4 = 183.8 mm
- 축방향철근 지름의 8배	8×25.4 = 203.2 mm
- 후프철근 지름의 24배	24×9.53 = 228.7 mm
- 300 mm	300 mm

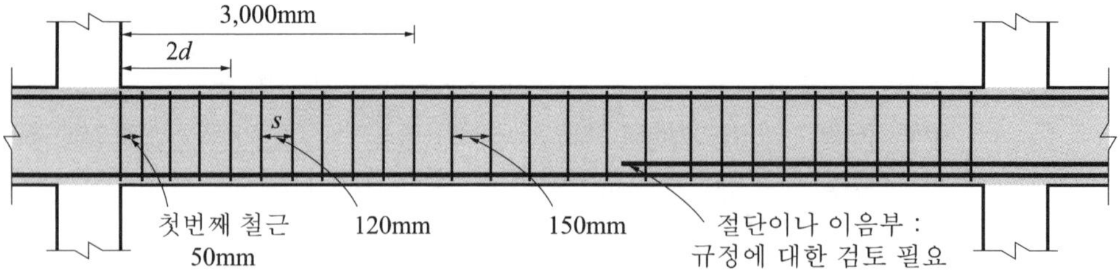

예제 그림 16-2-2 특수모멘트 철근콘크리트 구조물의 보

횡방향철근 규정에 맞추어 전단설계에서 계산한 스터럽의 간격을 재조정한다.

처음	50 mm,	D10@50
3.0 m까지	120 mm,	D10@120

5) 반곡점 위치에서 철근 절단 및 이음

정모멘트와 부모멘트가 부재에 따라서 변화하므로 철근의 절단점과 이음점을 정한 후에 정착길이와 전단에 대한 위험 요소를 검토하여 결정한다.

풀이-3 인접한 기둥을 설계하라.

계수축력이 $(A_g f_{ck}/10)$을 초과하는 휨과 압축을 받는 부재에 대하여 [표 16.3]의 규정에 맞게 설계해야 한다. 기둥에는 계수축력 $P_u = 3{,}011.2\ \mathrm{kN}$이 작용한다.

$$\frac{P_u}{A_g f_{ck}} = \frac{3{,}011{,}200}{800 \times 800 \times 27} = 17.4\%$$

1) 설계 적용 범위를 검토한다.

도심을 지나는 직선상에서 측정한 최소 단면치수는 300 mm 이상이어야 한다. 기둥의 단면은 800 mm로 적합하다. 또한 최소 단면치수의 직각방향 치수에 대한 길이 비는 0.4 이상이어야 한다. 기둥은 800 mm×800 mm의 정사각형 기둥이며 비율이 1.0으로 적합하다.

2) 부재축방향 철근량을 계산한다.

이 예제에서는 필요한 부재축방향 철근량이 주어져 있지만 실제 설계에서는 계수축력(P_u)과 계수휨모멘트(M_u)에 저항할 수 있는 철근량을 11장의 기둥의 설계에 의해 계산해야 한다. 철근비 ρ_g는 0.01 이상이고 0.06 이하이어야 한다.

$$\rho_g = \frac{12 \times 794.2}{800 \times 800} = 0.015$$

그러므로 적합하다.

3) 기둥의 설계휨강도와 보의 설계휨강도를 비교한다.

내진설계에서는 기둥의 내력(M_c)이 접합부에 연결된 보의 내력(M_g)보다 크도록 설계한다. 이는 보에 비하여 기둥이 상대적으로 중요한 부재이며 기둥이 파괴될 경우에 층 전체가 붕괴되어 인명 피해가 커질 수 있기 때문이다. 따라서 식(16.26)을 이용하여 기둥의 설계휨강도($\sum M_c$)와 보의 설계휨강도($\sum M_g$)를 비교한다.

$$\sum M_c \ge \frac{6}{5}\sum M_g$$

(1) SN방향

① 보의 설계휨강도($\sum M_g$)는 식(f)와 식(g)에서 계산한 설계휨강도를 사용한다. 다만 이들 값은 1.25의 초과강도계수를 곱하여 계산한 값이므로 다시 1.25를 나누어 계산한다.

- 보의 북쪽 방향의 정모멘트(M_{bN})를 계산한다.

$$a = \frac{28.4}{1.25} = 22.7\text{ mm}$$

$$M_{bN} = A_s(f_y)jd = 4\times 506.7\times 400\times(735-22.7/2) = 586.7\text{ kN}\cdot\text{m}$$

- 보의 남쪽 방향의 정모멘트(M_{bS})를 계산한다.

$$a = \frac{217.3}{1.25} = 173.8\text{ mm}$$

$$\begin{aligned} M_{bS} &= A_s(1.25f_y)jd \\ &= (8\times 506.7+6\times 126.7+4\times 126.7)\times 400\times(735-173.8/2) \\ &= 1{,}379.3\text{ kN}\cdot\text{m} \end{aligned}$$

그러므로

$$\sum M_g = 586.7+1{,}379.3 = 1{,}966.0\text{ kN}\cdot\text{m}$$

② 기둥의 설계휨강도는 11장의 기둥 해석에 근거하여 계산한다. 중립축을 알 수 없으므로 시산법(試算法, trial calculation mothod)을 이용하여 계산한다. 시산법이란 임의의 값을 가정한 후에 이를 이용하여 전체 결과를 계산하고 정해와 가정한 임의의 값에 차이가 있을 경우에 다른 값을 가정하여 두 값이 차이가 작아질 때까지 반복적으로 계산하는 방법이다. 시산법에 의하면 사용된 기둥의 최외단 인장철근의 변형률($\varepsilon_t = \varepsilon_{s1}$)은 0.005이다.

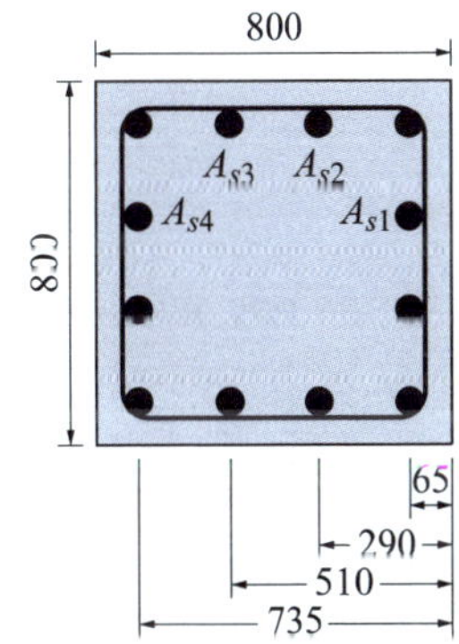

(단위 : mm)

- 최외단 인장철근의 변형률($\varepsilon_t = \varepsilon_{s1}$)은 $\varepsilon_t = -0.005$이다.
- 중립축까지의 거리(c)를 식(11.18)에 의하여 계산한다.

$$c = \left(\frac{0.0033}{0.0033-\varepsilon_{s1}}\right)d_1 = \left(\frac{0.0033}{0.0033-(-0.005)}\right)735 = 292.2\text{ mm}$$

- 등가응력블록의 깊이(a)를 계산한다.

$$a = \beta_1 c = 0.8 \times 292.2 = 233.8\ \mathrm{mm}$$

- 각 열에 배근된 철근의 변형률(ε_{si}), 철근의 응력(f_{si}), 철근의 내력(N_{si})을 계산한다([예제 표 16-2-2] 참조).

$$\varepsilon_{si} = \left(\frac{c - d_i}{c}\right)\varepsilon_c$$

- 부재축방향의 힘의 평형을 이용하여 축하중(P_n)을 식(11.12)에 의하여 계산한다.

$$P_n = \eta(0.85 f_{ck})ab + \sum_{i=1}^{n} N_{si} = 1 \times 0.85 \times 27 \times 233.8 \times 800 + \sum_{i=1}^{n} N_{si}$$
$$= 4{,}292.6 - 714.7 = 3{,}577.9\ \mathrm{kN}$$
$$P_u = \phi P_n = 0.85 \times 3{,}577.9 = 3{,}041.2\ \mathrm{kN}$$

- 휨모멘트를 단면의 중심을 기준으로 식(11.16)에 의하여 계산한다([예제 표 16-2-3]).

$$M_n = P_n \cdot e = 0.85 f_{ck} ab\left(\frac{h}{2} - \frac{a}{2}\right) + \sum_{i=1}^{n} N_{si}\left(\frac{h}{2} - d_i\right) = 2{,}111.4\ \mathrm{kN \cdot m}$$

- 상·하 기둥의 조건이 동일하다고 할 경우에 전체 기둥의 설계휨강도(ΣM_c)는 다음과 같다.

$$\Sigma M_c = 2 \times 2{,}111.4 = 4{,}222.8\ \mathrm{kN \cdot m}$$

예제 표 16-2-2 철근의 변형률, 응력과 내력

철근배열	위치, d_i (mm)	변형률, ε_{si}	응력, f_{si} (MPa)	단면적, A_{si} (mm²)	내력, N_{si} (kN)	비 고
1열	735	− 0.005	− 400.0	3,176.8	− 1,270.7	철근 항복
2열	510	− 0.00246	− 400.0	1,588.4	− 635.4	철근 항복
3열	290	− 0.00002	− 4.0	1,588.4	− 6.4	-
4열	65	0.00257	400.0	3,176.8	1,197.8	철근 항복

예제 표 16-2-3 공칭휨모멘트

재 료	내력, C_c 또는 N_{si} (kN)	단면중심, $h/2$ (mm)	위치, $a/2$ 또는 d_i (mm)	모멘트, M_n (kN·m)
콘크리트	4,292.6	400	233.8/2	1,215.2
철근 1열	− 1,270.7	400	735	425.7
철근 2열	− 635.4	400	510	69.9
철근 3열	− 6.4	400	290	− 0.7
철근 4열	1,197.8	400	65	401.3
				$M_n = 2{,}111.4$

③ 식(16.26)을 이용하여 기둥의 설계휨강도(ΣM_c)와 보의 설계휨강도(ΣM_g)를 비교한다.

$$\Sigma M_c \geq \frac{6}{5}\Sigma M_g$$

$$4,222.8 > \frac{6}{5}\times 1,966.0 = 2,359.2$$

그러므로 적합하다.

(2) EW방향
동일한 방법으로 계산하여 검토한다.

4) 부재횡방향 구속철근량을 계산한다.

부재횡방향 구속철근량을 [표 16.3]의 규정에 맞게 설계해야 한다. 기둥 끝에서부터 l_0의 거리만큼 구속을 위한 횡철근이 필요하다. l_0는 단면의 깊이, 부재 순경간의 1/6, 450 mm 중 가장 큰 값 이상이어야 한다.

- 단면의 깊이	800 mm
- 부재 순경간의 1/6	(3,500 − 800)/6 = 450 mm
- 450 mm	450 mm

그러므로 l_0는 800 mm이다. 접합부의 횡방향철근을 배근하기 위한 계산에서 횡방향철근의 간격을 150 mm로 할 경우에 필요한 띠철근의 단면적(A_{sh})은 식(16.29a)와 식(16.29b)의 큰 값인 647.4 mm^{2}이다. D13철근을 4가닥 사용할 경우에 띠철근의 단면적은 4×126.7 mm^2 = 506.8 mm^{2}이다. 따라서 간격을 다음과 같이 100 mm로 한다.

$$506.8\times\frac{150}{100} = 760.2\ \mathrm{mm}^2$$

5) 전단철근량을 계산한다.

기둥의 설계전단력(V_e)은 구조물 해석에 의하여 구한 계수전단력에 근거하지 않고 휨부재의 전단력 설계와 같이 최대 휨강도(M_{pr})를 사용하여 결정한다. 최대 휨강도는 부재 각 단부의 접합부면에서 발생 가능한 휨강도를 사용한다. 이는 보나 기둥에서 소성힌지가 발생할 때의 부재 힘내력에 근거한 값으로 휨강도는 강도감소계수 1.0을 사용한 값으로 하고 또한 철근의 응력은 최소 $1.25f_y$로 하여야 한다.

- 기둥의 휨 강도는 4)에서 계산한 기둥의 휨강도에 1.25를 곱하여 계산한다.

$$M_{prc} = 1.25\times M_n = 1.25\times 2,108.0 = 2,635.0\ \mathrm{kN\cdot m}$$

- 접합면 상하 기둥의 내력이 동일할 경우에는 2를 곱하여 계산한다.

$$2\times 2,635.0 = 5,270.0\ \mathrm{kN\cdot m}$$

- 접합면 상하부의 기둥의 휨강도는 보의 휨강도보다 클 필요는 없다. 이는 기둥의 휨강도가 클 경우에 소성힌지가 보에서 먼저 발생하기 때문이다. 식(f)와 식(g)에서 계산한 보의 설계휨강도의 합은 다음과 같다.

$$M_{prb} = 730.5 + 1{,}666.3 = 2{,}396.8\ \text{kN} \cdot \text{m}$$

- 접합면 상하부의 기둥의 휨강도의 합과 접합부 좌우면의 보의 휨강도의 합을 비교해 보면 보의 휨강도가 작으므로 전단설계에는 $M_{prb} = 2{,}396.8\ \text{kN} \cdot \text{m}$를 사용한다.

① 부재축방향에 따라서 변화하는 계수전단력($V_{u,x}$)을 계산한다.
단부에서 x만큼 떨어진 위치의 계수전단력($V_{u,x}$)을 식(16.25)에 의하여 계산한다.

$$V_{ux} = -\frac{M_{pt} + M_{pb}}{l_n} + \frac{w_u l_n}{2} - w_u x$$
$$= \frac{2{,}396.8}{2.7} = 887.7\ \text{kN}$$

여기서 $l_u = 3{,}500 - 800 = 2{,}700\ \text{mm}$이며, $w_u = 0$이다.

② 최대 계수전단력($V_{u,\max}$)을 계산한다. 받침부에 압축력이 작용하면 받침부에서 단면유효높이(d)만큼 떨어진 위치의 전단력이 최대 계수전단력이 된다. 등분포하중(w_u)이 없으므로 $V_{u,\max}$는 887.7 kN이다.

③ 계수축력비가 17.4퍼센트로 $A_g f_{ck}/20$ 이하이므로 콘크리트의 전단기여분(V_c)은 영(0)이 된다.

$$V_c = 0$$

④ 스터럽의 전단기여분(V_s)의 최댓값을 검토한다.
KDS 14 20 국가건설기준에서는 전단철근의 양을 제한하기 위하여 스터럽의 전단기여분(V_s)이 $0.2(1 - f_{ck}/250) f_{ck} b_w d$ 이하가 되도록 규정하고 있다. 식(7.54)를 이용하여 V_s를 다음과 같이 계산한다.

$$\phi V_s = V_u - \phi V_c$$
$$V_s = \frac{V_u}{\phi} - V_c = \frac{887.7}{0.75} - 0 = 1{,}183.6\ \text{kN}$$
$$(V_s)_{\max} = 0.2\left(1 - \frac{f_{ck}}{250}\right) f_{ck} b_w d = 0.2\left(1 - \frac{27}{250}\right) 27 \times 800 \times 735 = 2{,}832.3\ \text{kN}$$

그러므로 설계가 적합하다.

⑤ 최대 계수전단력($V_{u,\max}$)이 작용하는 위치의 스터럽 간격은 다음과 같다. 스터럽은 D13철근($A_s = 126.7\ \text{mm}^2$)을 네 가닥 사용한다.

$$s = \frac{\phi A_v f_y d}{V_{u,\max} - \phi V_c} = \frac{0.75 \times 4 \times 126.7 \times 400 \times 735}{887{,}700 - 0} = 125.9\ \text{mm}$$

⑥ 스터럽의 최대 간격을 계산한다.

스터럽의 최대 간격은 스터럽에 의한 전단저항력(V_s)의 크기에 따라서 달라진다. ④의 식(7.53)에서 계산한 V_s는 1,183.6 kN이다.

이 값은 $\lambda\sqrt{f_{ck}}/3\times b_w d = 1\times\sqrt{27}/3\times 800\times 735 = 1{,}018.4$ kN보다 크므로 스터럽의 최대 간격($s_{\max}$)은 식(7.57b)의 세 가지 조건 중에서 최솟값을 사용해야 한다.

$$\begin{aligned} s_{\max} &= \min\left(\text{식}(7.53)\ \text{이용},\quad \frac{d}{4},\quad 300\,\text{mm}\right) \\ &= \min\left(\frac{4\times 126.7\times 400}{0.35\times 400},\quad \frac{735}{4},\quad 300\,\text{mm}\right) \\ &= \min(1{,}448,\quad 183.8,\quad 300\,\text{mm}) \end{aligned}$$

그러므로 스터럽의 최대 간격($s_{\max}$)은 183.8 mm이다. 최대 계수전단력($V_{u,\max}$)이 작용하는 위치의 스터럽 간격 125.9 mm는 183.8 mm보다 작으므로 125.9 mm를 기준으로 배근한다.

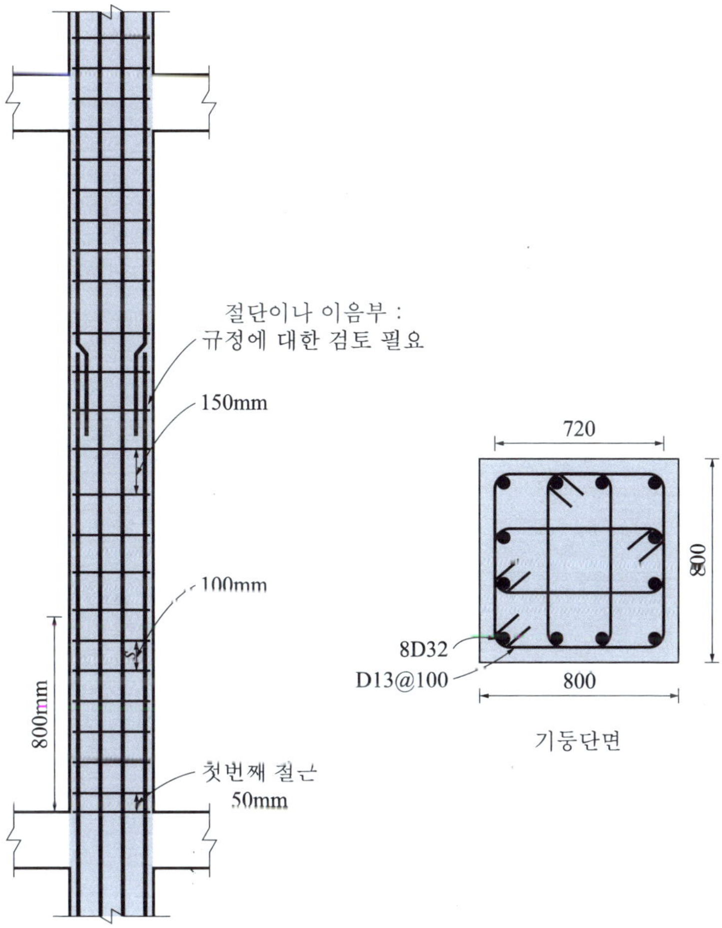

예제 그림 16-2-3 특수모멘트 철근콘크리트 구조물의 기둥

따라서 구속을 위해 기둥의 단부에서 $l_0 = 800$ mm의 길이에 필요한 횡철근의 간격은 전단에 대해서도 충분하다. 기둥 길이의 나머지 부분은 중심간격으로 기둥 주철근의 직경의 6배 또는 150 mm를 초과하지 않는 후프철근을 가져야 한다. 기둥의 끝으로부터 800 mm의 길이까지 D13 후프철근을 100 mm 간격으로 배근하고 나머지 기둥에 대해서는 D13 후프철근을 150 mm 간격으로 배근한다.

6) 반곡점 위치에서 철근 절단 및 이음

정모멘트와 부모멘트가 부재에 따라서 변화하므로 철근의 절단점과 이음점을 정한 후에 정착길이와 전단에 대한 위험 요소를 검토하여 결정한다.

Chapter 16 연습문제

16.1 등가정적해석법의 특징에 대해 설명하라.

16.2 세 가지 초과강도에 대하여 설명하라.

16.3 특수모멘트골조에 대한 설계에서 부재의 순경간이 유효깊이의 4배 이상이 되도록 규정하는 이유에 대하여 설명하라.

16.4 연직하중을 받는 골조의 전단력분포와 횡하중을 받는 골조의 전단력분포의 차이점에 대하여 설명하라.

16.5 특수모멘트골조의 기둥 설계휨강도의 합이 인접한 보의 설계휨강도의 합보다 1.2배 이상 되도록 하는 이유에 대해 설명하라.

16.6 내진설계에서 보의 휨내력을 계산할 때 1.25를 곱하는 이유에 대해 설명하라.

16.7 지진하중을 받는 접합부가 전단력과 부착에 취약한 이유에 대해 설명하라.

16.8 접합부의 J파괴, BJ파괴, B파괴에 대해 설명하라.

16.9 특수모멘트골조로 된 30층 철근콘크리트 건물의 외부 접합부가 [연습 그림 16.1]과 같다. 접합부의 NS방향을 설계하라. 보는 슬래브와 무관하게 복철근 직사각형보로 설계하라.

연습 표 16.1 부재의 크기와 사용 재료

부재	단면(mm)	f_{ck}(MPa)	f_y(MPa)	주철근	기타
보	400×600	24	400	상부철근 5-D25	보 길이 : 6,000 mm
				하부철근 3-D25	
기둥	600×600	27	400	12-D25	기둥 높이 : 2,800 mm

D25 철근($d_b = 25.4$ mm, $A_s = 506.7$ mm^2)

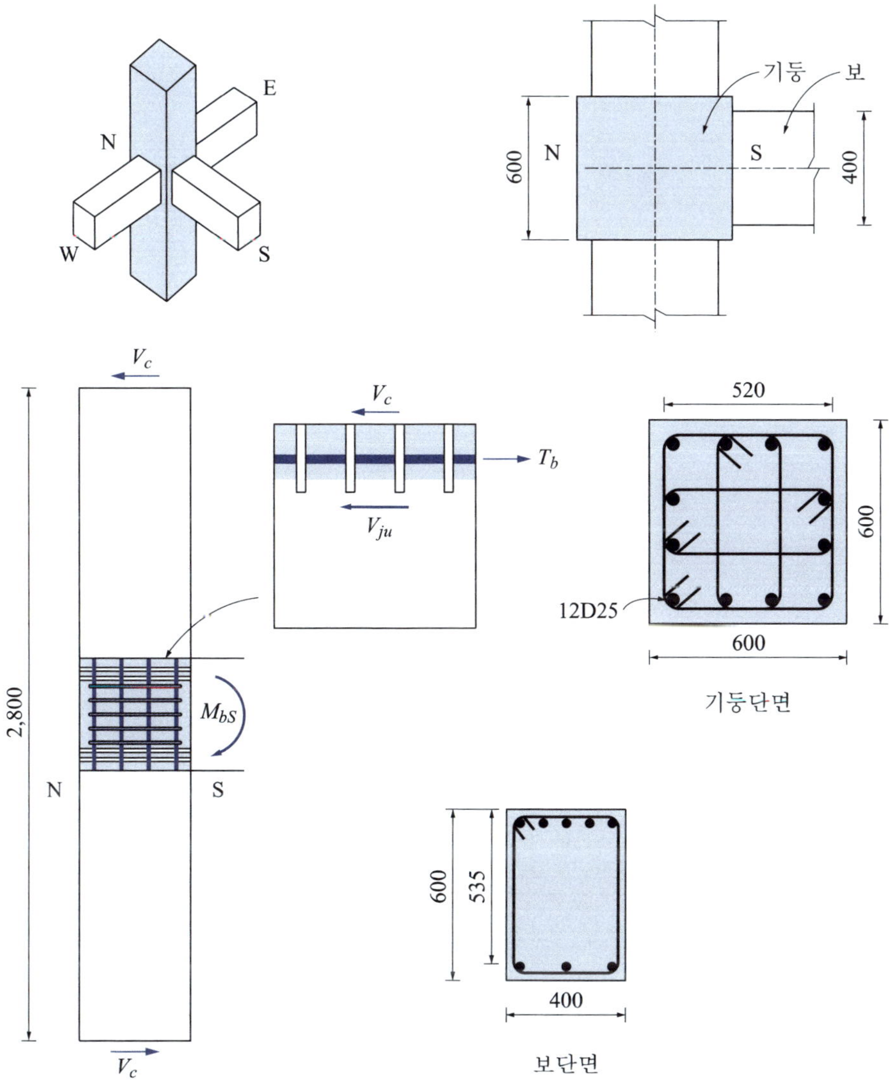

연습 그림 16.1 외부 접합부

Chapter 17

부 록

부록 1 단위 환산표
부록 2 설계하중
부록 3 기둥의 설계
부록 4 슬래브의 설계

부록 1 단위 환산표

부표 1.1 길이 환산

m	in	ft	yd	치	척	간
1.0	39.3701	3.28084	1.09361	33.0	3.3	0.55
0.02540	1.0	0.08333	0.02778	0.8382	0.08382	0.01397
0.30480	12.0	1.0	0.3333	10.0584	1.00584	0.16764
0.91440	36.0	3.0	1.0	30.1752	3.01752	0.50292
0.03030	1.19303	0.09942	0.03314	1.0	0.1	0.01667
0.30303	11.9303	0.99419	0.33140	10.0	1.0	0.1667
1.81818	71.5820	5.96516	1.98839	60.0	6.0	1.0

부표 1.2 면적 환산

m^2	in^2	ft^2	yd^2	평방치	입방척	평
1.0	1,550.0	10.7639	1.19599	1,089.0	10.89	0.3025
0.000645	1.0	0.00694	0.000772	0.70258	0.00703	0.000195
0.09290	144.0	1.0	0.11111	101.171	1.01171	0.02810
0.83613	1,296.0	9.0	1.0	910.543	9.10543	0.25293
0.000918	1.42333	0.00988	0.00110	1.0	0.01	0.000278
0.09183	142.333	0.98842	0.10983	100.0	1.0	0.02778
3.30579	5,123.98	35.5832	3.95369	3,600.0	36.0	1.0

부표 1.3 체적 환산

m^3	L	ft^3	yd^3	갈론	입방척	되
1.0	1,000.0	35.3147	1.30795	219.98	36.937	554.35
0.001	1.0	0.035315	0.001308	0.21998	0.03594	0.55435
0.02832	28.3168	1.0	0.03704	6.22902	1.01762	15.6975
0.76455	764.55	27.0	1.0	168.183	27.4758	423.833
0.004546	4.54596	0.16054	0.005946	1.0	0.16337	2.52006
0.02783	27.8265	0.98268	0.03640	6.12114	1.0	15.4257
0.001804	1.80391	0.06370	0.002359	0.396814	0.06482	1.0

부표 1.4 단위면적당 힘의 환산

N/m^2(Pa)	kgf/cm^2	ton/m^2	lb/in^2(psi)	lb/ft^2
1.0	0.0000102	0.000102	0.000145	0.020885
98,066.5	1.0	10.0	14.2230	2,048.1
9,806.65	0.1	1.0	1.42230	204.81
6,894.86	0.070308	0.70308	1.0	144.0
47.8800	0.000488	0.00488	0.006944	1.0

부표 1.5 단위체적당 힘의 환산

N/m^3	gf/cm^3	kgf/cm^3	ton/m^3	lb/in^3	lb/ft^3
1.0	0.0000102	0.10197	0.000102	3.684×10^{-6}	$6,365.9\times10^{-6}$
9,806.65	1.0	1,000.0	1.0	0.03613	62.427
9.80665	0.001	1.0	0.001	0.000036	0.06243
9,806.65	1.0	1,000.0	1.0	0.03613	62.427
271,445.9	27.680	27,680.0	27.680	1.0	1728.0
157.087	0.016019	16.0187	0.01602	0.000579	1.0

부표 1.6 모멘트 환산

N·m	kgf·m	ton·m	lb·in	lb·ft
1.0	10.1972	0.0001020	8.850627	0.737552
0.098067	1.0	0.00001	0.86795	0.072329
9.80665	100.0	0.001	86.795	7.2329
9,806.65	105	1.0	86,795	7,232.9
0.112987	0.011521	0.0000115	1.0	0.08333
1.35584	0.13826	0.000138	12.0	1.0

부록 2 설계하중

부록 2.1 고정하중

부표 2.1 건축용 재료의 밀도 (단위 : ton/m³)

	재료명	밀 도	비 고
시멘트	보통 포틀랜드 시멘트	3.2	
	고로 시멘트	3.0~3.1	
목 재	오동나무	0.3	기건상태
	삼목, 가문비나무, 노송나무	0.4	
	소나무, 낙엽송, 나왕	0.5	
	해송, 밤나무, 느티나무	0.6	
	단풍나무, 벚나무, 티크, 마호가니	0.7	
	흑단, 자단	1.0~1.1	
금 속	알루미늄	2.7	
	아 연	7.1	
	주철, 주석	7.3	
	철	7.9	
	동, 니켈	8.9	
	은	10.5	
	납	11.3	
	금	19.3	
석 재	사 암	2.2~2.4	
	화강암, 대리석	2.6~2.9	
	안산암	2.3	
	점판암	2.7	
유 리	보통유리	2.5	

부표 2.2 건축용 재료의 단위체적 중량 (단위 : ton/m^3)

	재료명	밀 도	비 고
골 재	모래, 자갈(건조)	1.7	
	모래, 자갈(포수)	2.0~2.1	
	모래 혼합 자갈(건조)	2.0	
	모래 혼합 자갈(포수)	2.3	
콘크리트	경량콘크리트 1종	1.85~1.9	
	경량콘크리트 2종	1.55~1.6	
	보통 콘크리트	2.3	
	철근 콘크리트	2.4	
	보통 모르타르	2.0	
벽돌타일	경량 벽돌	1.1	
	보통 벽돌	1.9	
	타 일	2.2~2.4	
기 타	흙(건조)	1.3	
	흙(보통)	1.6	
	흙(포수)	1.8	

부표 2.3 마감 재료의 단위면적 중량

	재료명	단위면적 중량	비 고
벽재료	도기 타일	18 $kg/m^2/cm$	
	자기 타일	23 $kg/m^2/cm$	
	석고 플라스터	20 $kg/m^2/cm$	
	얇은 마감 도장재	2 kg/m^2	
	복층 마감 도장재	3 kg/m^2	
	두터운 마감 도장재	6 kg/m^2	
천상재료	점토 기와	48 kg/m^2	
	슬레이트	17 kg/m^2	
	아스팔트 펠트	2 kg/m^2	
	사진염하 비닐판	14 $kg/m^2/mm$	
바닥재료	인슐린 파이버 보트 바닥	16 kg/m^2	
	플라스틱계 타일	2 $kg/m^2/mm$	
	코르크 타일	5 $kg/m^2/mm$	
	방음 목질 바닥새	6 $kg/m^2/mm$	

부록 2.2 활하중

부표 2.4 등분포활하중 (단위 : kN/m^2)

용 도			건축물의 부분	활하중
(1)	주 택		주거용 건축물의 거실, 공용실, 복도 공동주택의 발코니	2.0 3.0
(2)	병 원		병실과 해당 복도 수술실, 공용실과 해당 복도	2.0 3.0
(3)	숙박시설		객실과 해당 복도 공용실과 해당 복도	2.0 5.0
(4)	사무실		일반 사무실과 해당 복도 로비 특수용도 사무실과 해당 복도, 문서보관실	2.5 4.0 5.0
(5)	학 교		교실과 해당복도, 일반 실험실 로비 중량물 실험실	3.0 4.0 5.0
(6)	판매장		상점, 백화점(1층 부분) 사점, 백화점(2층 이상 부분) 창고형 매장	5.0 4.0 6.0
(7)	집회 및 유흥장		로비, 복도, 식당 무대, 주방(영업용) 극장 및 집회장(고정식) 집회장(이동식), 연회장, 무도장	5.0 7.0 4.0 5.0
(8)	체육시설		체육관 바닥, 옥외경기장, 스탠드(이동식) 스탠드(고정식)	5.0 4.0
(9)	도서관		열람실과 해당 복도 서고	3.0 7.5
(10)	주차장	옥내주차구역	승용차 전용 경량트럭 및 빈 버스 용도 총중량 18톤 이하 트럭, 중량차량 용도	4.0 8.0 12.0
		옥내 차로와 경사로	승용차 전용 경량트럭 및 빈 버스 용도 총중량 18톤 이하 트럭, 중량차량 용도	6.0 10.0 16.0
		옥 외	승용차, 경량트럭 및 빈 버스 용도 총중량 18톤 이하 트럭용도	12.0 16.0
(11)	창고 및 공장		경량품 저장창고, 경공업 공장 중량품 저장창고, 중공업 공장	6.0 12.0
(12)	지 붕		접근이 곤란한 지붕 적재물이 거의 없는 지붕 정원 및 집회 용도, 헬리포트(대형 제외)	1.0 2.0 5.0
(13)	기계실		공조실, 전기실, 기계실 등	5.0
(14)	광 장		옥외광장	12.0

부표 2.5 기본집중활하중

<table>
<tr><th colspan="2">용 도</th><th colspan="2">구조물의 부분</th><th>집중하중
(kN)</th><th>하중접촉면
(m×m)</th></tr>
<tr><td>1</td><td>병 원</td><td colspan="2">가. 병실과 해당 복도
나. 수술실, 공용실과 해당 복도</td><td>10.0</td><td>0.75×0.75</td></tr>
<tr><td>2</td><td>사무실</td><td colspan="2">가. 일반 사무실과 해당 복도
나. 로비
다. 특수용도사무실과 해당 복도
라. 문서보관실</td><td>10.0</td><td>0.75×0.75</td></tr>
<tr><td>3</td><td>학 교</td><td colspan="2">가. 교실과 해당 복도
나. 로비
다. 일반 실험실
라. 중량물 실험실</td><td>5.0</td><td>0.75×0.75</td></tr>
<tr><td>4</td><td>판매장</td><td colspan="2">가. 상점, 백화점 (1층 부분)
나. 상점, 백화점 (2층 이상 부분)
다. 창고형 매장</td><td>5.0</td><td>0.75×0.75</td></tr>
<tr><td>5</td><td>도서관</td><td colspan="2">가. 열람실과 해당 복도
나. 서고</td><td>15.0</td><td>0.75×0.75</td></tr>
<tr><td rowspan="2">6</td><td rowspan="2">주차장</td><td colspan="2">가. 승용차 전용</td><td>15.0</td><td>0.11×0.11</td></tr>
<tr><td colspan="2">나. 트럭 및 버스</td><td>최대 바퀴하중</td><td>0.11×0.11</td></tr>
<tr><td rowspan="2">7</td><td rowspan="2">공 장</td><td colspan="2">가. 경공업 공장</td><td>10.0</td><td>0.75×0.75</td></tr>
<tr><td colspan="2">나. 중공업 공장</td><td>15.0</td><td>0.75×0.75</td></tr>
<tr><td rowspan="5">8</td><td rowspan="5">지 붕</td><td colspan="2">가. 유지·보수 작업자의 하중을 받는 모든 지붕</td><td>1.5</td><td>0.75×0.75</td></tr>
<tr><td rowspan="2">나. 헬리콥터 이착륙장</td><td>최대허용이륙하중 20 kN 이하</td><td>28.0</td><td>0.20×0.20</td></tr>
<tr><td>최대허용이륙하중 60 kN 이하</td><td>84.0</td><td>0.30×0.30</td></tr>
<tr><td rowspan="2">다. 작업장 상부에 노출된 지붕의 주요 구조재 및 트러스 하현재 절점</td><td>공장, 창고 및 자동차 정비소 등의 용도의 상부 지붕</td><td>10.0</td><td>-</td></tr>
<tr><td>기타 용도의 상부 지붕</td><td>1.5</td><td>-</td></tr>
<tr><td>9</td><td colspan="3">계단 디딤판</td><td>1.35</td><td>0.05×0.05</td></tr>
</table>

부록 2.3 적설하중

부표 2.6 기본 지상 적설하중 (단위 : kN/m²)

지 역	지상 적설하중
서울, 춘천, 서산, 청주, 대전, 추풍령, 포항, 군산, 대구, 전주, 울산, 광주, 부산, 통영, 목포, 제주, 서귀포, 진주, 울진, 이천	0.5
인 천	0.8
속 초	2.0
강 릉	3.0
울릉도, 대관령	7.0

부표 2.7 노출계수

	주변 환경	C_e
(1)	지형, 높은 구조물, 나무 등 주변 환경에 의해 모든 면이 바람막이가 없이 노출된 지붕이 있는 거센 바람 부는 지역	0.8
(2)	약간의 바람막이가 있는 거센 바람 부는 지역	0.9
(3)	바람에 의한 눈의 제거가 지형, 높은 구조물, 또는 근처의 몇몇 나무들 때문에 지붕하중의 감소를 기대할 수 없는 위치	1.0
(4)	바람의 영향이 많지 않은 지역 및 지형과 높은 구조물 또는 몇몇 나무들에 의하여 지붕에 바람막이가 있는 지역	1.1
(5)	바람의 영향이 거의 없는 조밀한 숲 지역으로서, 촘촘한 침엽수 사이에 위치한 지붕	1.2

부표 2.8 중요도계수

중요도	건축물의 용도 및 규모	중요도계수(I_s)
(특)	• 연면적 1,000 m^2 이상인 위험물 저장 및 처리시설, 병원, 방송국, 전신전화국, 발전소, 소방서, 공공업무시설 및 노약자시설 • 15층 이상 아파트	1.2
(1)	• 연면적 5,000 m^2 이상인 관람집회시설, 운동시설, 운수시설, 전시시설 및 판매시설 • 5층 이상인 숙박시설, 오피스텔, 기숙사 및 아파트	1.1
(2)	• 중요도(특), (1) 및 (3)에 해당하지 않는 건축물	1.0
(3)	• 가설 건축물, 농가 건축물 및 소규모 창고	0.8

부록 2.4 풍하중

부표 2.9 100년 재현기간에 대한 지역별 기본풍속(V_o)

지 역		V_o (m/sec)
서울특별시 인천광역시 경기도	**서울**, **인천**, **강화**, 옹진, 김포, 구리, **수원**, 군포, 오산, 화성, 안산, 시흥, 의왕, 부천, 고양, 평택, 안성, 안양, 과천, 광명	30
	의정부, **동두천**, 양주, 파주, 연천, 포천, 남양주, 가평, 하남, 성남, 광주, **양평**, 여주, **이천**, 용인	25
강원도	**속초**, 양양, **강릉**	40
	고성, 동해, **삼척**	35
	양구, 철원, 화천, **춘천**, **홍천**, 횡성, 원주, 평창, 정선, 영월, **인제**, 태백	25
대전광역시 충청남북도	서천, 보령, 홍성, 예산, **서산**, 태안, 아산, 천안, 연기, **청주**, 청원	35
	대전, 세룡, 진천, 증평, 당진	30
	청양, 공주, **부여**, 논산, 금산, 음성, **충주**, **제천**, 단양, 괴산, **보은**, 영동, 옥천	25
부산광역시 대구광역시 울산광역시 경상남북도	**포항**, **울릉(독도)**	45
	부산, 기장	40
	경주, **영덕**, **울진**, 양산, 김해, 진해, 창원, **마산**, **통영**, **거제**, 고성, **남해**, 사천, **울산**, 울주	35
	함안	30
	봉화, **영주**, 예천, 문경, 상주, **추풍령**, 안동, 영양, 청송, **의성**, 군위, **구미**, 칠곡, 김천, 성주, 고령, **대구**, 달성, 경산, **영천**, 청도, 창녕, 의령, **진주**, **거창**, **산청**, **밀양**, **합천**, 함양, 하동	25
광주광역시 전라남북도	**군산**	40
	익산, **완도**, **해남**, **진도**, **목포**, **여수**, **고흥**, 신안	35
	김제, **순천**, 영광, **함평**, **광주**, 화순, 나주, 무안, 영암, 강진, **장흥**, 보성, 광양	30
	완주, 무주, **전주**, 진안, 장수, **임실**, **정읍**, 고창, 순창, **남원**, 장성, 담양, 곡성, 구례, **부안**	25
제주도	**서귀포**, **제주**, **성산포**	40

주 1) 지역명칭은 통계청의 2008년 1월 1일 기준 "한국행정구역분류"에 의거하여 시 및 군을 최소단위로 작성하였다.
2) 표에 나타낸 지역명칭은 기상관청이 있는 지역(굵은 글씨)은 기상관청이 위치한 곳, 기상관청이 없는 지역은 시청 및 군청 소재지가 위치한 곳이다.
3) 건설지역이 표에 명기되어 있지 않은 시청 및 군청 소재지 이외에 위치하거나 도시의 범위가 넓어 시청 및 군청 소재지와 멀리 떨어져 있는 경우에는 이 표를 적용할 수 없고, 건설지점에 해당하는 기본풍속을 직접 선택하여 사용하여야 한다.

부록 2.5 지진하중

부표 2.10 지진구역 구분 및 지역계수

지진구역	행정구역		지진구역계수(Z)
I	시	서울, 인천, 대전, 부산, 대구, 울산, 광주, 세종	0.11g
	도	경기, 충북, 충남, 경북, 경남, 전북, 전남, 강원 남부*	
II	강원 북부**, 제주도		0.07g

* 강원 남부 : 영월, 정선, 삼척, 강릉, 동해, 원주, 태백

** 강원 북부 : 홍천, 철원, 화천, 횡성, 평창, 양구, 인제, 고성, 양양, 춘천, 속초

부표 2.11 재현주기에 따른 위험도계수

재현주기	50년	100년	200년	500년	1000년	2400년	4800년
위험도계수(I)	0.4	0.57	0.73	1.0	1.4	2.0	2.6

부표 2.12 지반의 분류

지반 종류	지반 종류의 호칭	분류 기준	
		기반암 깊이, H(m)	토층 평균 전단파 속도, $V_{S,Soil}$ (m/s)
S_1	암반 지반	3 미만	-
S_2	얕고 단단한 지반	3~20 이하	260 이상
S_3	얕고 연약한 지반	3~20 이하	120 초과 260 미만
S_4	깊고 단단한 지반	20 초과 50 미만	180 이상
S_5	깊고 연약한 지반	20 초과 50 미만	120 초과 180 미만
	매우 연약한 지반	3 이상	120 이하
S_6	부지 고유의 특성 평가 및 지반응답해석이 요구되는 지반		

부표 2.13 단주기 지반증폭계수(F_a)

지반 종류	지진지역		
	$S \leq 0.1$	$S = 0.2$	$S = 0.3$
S_1	1.12	1.12	1.12
S_2	1.4	1.4	1.3
S_3	1.7	1.5	1.3
S_4	1.6	1.4	1.2
S_5	1.8	1.3	1.3

S는 설계스펙트럼가속도 산정식(16.4a)에 적용된 값이다. 표에서 S의 중간값에 대해서는 직선보간한다.

부표 2.14 1초 주기 지반증폭계수(F_v)

지반 종류	지진지역		
	$S \leq 0.1$	$S = 0.2$	$S = 0.3$
S_1	0.84	0.84	0.84
S_2	1.5	1.4	1.3
S_3	1.7	1.6	1.5
S_4	2.2	2.0	1.8
S_5	3.0	2.7	2.4

S는 설계스펙트럼가속도 산정식(16.4a)에 적용된 값이다. 표에서 S의 중간값에 대해서는 직선보간한다.

부표 2.15 건축물의 중요도 분류

중요도 구분	건축물의 용도 및 규모
(특)	• 연면적이 1,000 m^2 이상인 위험물 저장 및 처리시설 • 연면적이 1,000 m^2 이상인 국가 또는 지방자치단체의 청사, 외국공관, 소방서, 발전소, 방송국, 전신전화국 • 종합병원, 수술시설이나 응급시설이 있는 병원
(1)	• 연면적이 5,000 m^2 이상인 관람집회시설, 운동시설, 순수시설, 전시시설 및 판매시설 • 5층 이상인 숙박시설, 오피스텔, 기숙사 및 아파트 • 연면적 1,000 m^2 미만인 위험물 저장 및 처리시설 • 연면적 1,000 m^2 미만인 국가 또는 지방자치단체의 청사, 외국공관, 소방서, 발전소, 방송국, 전신전화국 • 연면적 5,000 m^2 이상인 공연장, 집회장, 관람장, 전시장, 운동시설, 판매시설, 운수시설, 화물터미널과 집배송 시설은 제외함 • 아동관련시설, 노인복지시설, 사회복지시설, 근로복지시설 • 5층 이상인 숙박시설, 오피스텔, 기숙사, 아파트 • 학교 • 수술시설과 응급시설 모두 없는 병원, 기타 연면적 1,000 m^2 이상인 의료시설로서 중요도(특)에 해당하지 않는 건축물
(2)	• 중요도 구분 (특), (1), (3)에 해당하지 않는 건축물
(3)	• 농업시설물, 소규모창고 • 가설시설물

부표 2.16 내진등급과 중요도계수(I_E)

건축물의 중요도	내진등급	중요도계수(I_E)
중요도 (특)	특	1.5
중요도 (1)	I	1.2
중요도 (2), (3)	II	1.0

부표 2.17 단주기 설계스펙트럼가속도에 따른 내진설계범주

S_{DS}의 값	내진등급		
	특	I	II
$0.50 \le S_{DS}$	D	D	D
$0.33 \le S_{DS} < 0.50$	D	C	C
$0.17 \le S_{DS} < 0.33$	C	B	B
$S_{DS} < 0.17$	A	A	A

부표 2.18 주기 1초에서 설계스펙트럼가속도에 따른 내진설계범주(S_{D1})

S_{D1}의 값	내진등급		
	특	I	II
$0.20 \le S_{D1}$	D	D	D
$0.14 \le S_{D1} < 0.20$	D	C	C
$0.07 \le S_{D1} < 0.14$	C	B	B
$S_{D1} < 0.07$	A	A	A

부표 2.19 평면비정형의 유형과 정의

<table>
<tr><th>유형 번호</th><th>유 형</th><th>정 의</th><th>관련 내용</th><th>내진설계범주</th></tr>
<tr><td rowspan="3">H-1</td><td rowspan="3">비틀림비정형</td><td rowspan="3">격막이 유연하지 않을 때 고려함. 어떤 축에 직교하는 구조물의 한 단부에서 우발편심을 고려한 최대 층변위가 그 구조물 양단부 층변위평균값의 1.2배보다 클 때 비틀림비정형인 것으로 간주한다.</td><td>KDS 41 17 00 7.2.6.4</td><td>C, D</td></tr>
<tr><td>[부표 2.21]</td><td>D</td></tr>
<tr><td>KDS 41 17 00 7.2.8.1</td><td>C, D</td></tr>
<tr><td>H-2</td><td>요철형평면</td><td>돌출한 부분의 치수가 해당하는 평면치수의 15%를 초과하면 요철형평면을 갖는 것으로 간주한다.</td><td>-</td><td>-</td></tr>
</table>

유형 번호	유 형	정 의	관련 내용	내진설계범주
H-3	격막의 불연속	격막에서 잘려나간 부분이나 뚫린 부분이 격막 면적의 50%를 초과하거나 인접한 층간 격막강성의 변화가 50%를 초과하는 급격한 불연속이나 강성의 변화가 있는 격막	-	-
H-4	면외 어긋남	수직부재의 면외 어긋남 등과 같이 횡력전달경로에 있어서 불연속성	KDS 41 17 00 8.3.3	B, C, D
H-5	비평형시스템	횡력저항요소가 전체 횡력저항성에 직교하는 주축에 평행하지 않거나 대칭이 아닌 경우	KDS 41 17 00 8.1.3.2	C
			KDS 41 17 00 8.1.3.3	D

부표 2.20 수직비정형의 유형과 정의

유형 번호	유 형	정 의	관련 내용	내진설계범주
V-1	강성비정형 - 연층	어떤 층의 횡강성이 인접한 상부층 횡강성의 70% 미만이거나 상부 3개층 평균강성의 80% 미만인 연층이 존재하는 경우에는 강성분포의 비정형이 있는 것으로 간주한다.	[부표 2.21]	D
V-2	중량비정형	어떤 층의 유효 중량이 인접한 유효 중량의 150%를 초과할 때 중량분포의 비정형인 것으로 간주한다. 단 지붕층이 하부층보다 가벼운 경우는 이를 적용하지 않는다.	[부표 2.21]	D
V-3	기하학적 비선형	횡력저항시스템의 수평치수가 인접층치수의 130%를 초과할 경우에는 기하학적 비정형이 존재하는 것으로 간주한다.	[부표 2.21]	D
V-4	횡력저항 수직요소의 비정형	횡력저항요소의 면내 어긋남이 그 요소의 길이보다 크거나 인접한 하부층 저항요소에 간성감소가 일어나는 경우에는 수직저항요소의 면내불연속에 의한 비정형이 있는 것으로 간주한다.	KDS 41 17 00 8.3.3	B, C, D
V-5	강도의 불연속 - 약층	임의 층의 횡강도가 직상층 횡강도의 80% 미만인 약층이 존재하는 경우에도 강도의 불연속에 의한 비정형이 존재하는 것으로 간주한다. 각층의 횡강도는 층전단력을 부담하는 내진요소들의 저항방향 강도의 합을 말한다.	KDS 41 17 00 8.3.1	B, C, D

부표 2.21 내진설계범주 "D"에 대한 해석법

구조물의 형태	내진설계를 위한 해석 방법
1. 3층 이하인 경량골조구조와 각 층에서 유연한 격막을 갖는 2층 이하인 기타 구조로서 내진등급 II의 구조물	등가정적해석법 또는 동적해석법
2. 상기 1항 이외의 높이 70 m 미만인 정형 구조물	등가정적해석법 또는 동적해석법
3. [부표 2.20]에서 유형 1, 2 혹은 3의 수직비정형성을 가지거나 [부표 2.19]의 유형 1의 비정형성을 가지면서 높이가 5층 또는 20 m를 초과하는 구조물 또는 70 m를 초과하는 정형 구조물	동적해석법
4. 평면 및 수직비정형을 가지는 기타 구조물	동적해석법

부표 2.22 허용층간변위(Δ_a)

	내진 등급		
	특	I	II
허용층간변위(Δ_a)	$0.010h_{sx}$	$0.015h_{sx}$	$0.020h_{sx}$

h_{sx}는 x층의 층고

부표 2.23 주기상한계수(C_u)

주기 1초의 설계스펙트럼 가속도(S_{D1})	주기상한계수(C_u)
0.4 이상	1.4
0.3	1.4
0.2	1.5
0.15	1.6
0.1 이하	1.7

부표 2.24 지진저항력시스템에 대한 설계계수

기본 지진저항시스템	설계계수			시스템의 제한과 높이(m) 제한		
	반응수정계수 R	시스템 초과강도계수 Ω_o	변위증폭계수 C_d	내진설계 범주		
				A, B	C	D
1. 내력벽 시스템						
1-a. 철근콘크리트 특수전단벽	5	2.5	5	-	-	-
1-b. 철근콘크리트 보통전단벽	4	2.5	4	-	-	60
1-c. 철근보강 조적 전단벽	2.5	2.5	1.5	-	60	불가
1-d. 무보강 조적 전단벽	1.5	2.5	1.5	-	불가	불가

기본 지진저항시스템	설계계수			시스템의 제한과 높이(m) 제한		
	반응수정계수 R	시스템 초과강도계수 Ω_o	변위증폭계수 C_d	내진설계 범주		
				A, B	C	D
1-e. 구조용 목재패널을 덧댄 경골목구조 전단벽	6	3	4	-	20	20
1-f. 구조용 목재패널 또는 강판시트를 덧댄 경량철골조 전단벽	6	3	4	-	20	20
2. 건물골조 시스템						
2-a. 철골 편심가새골조 (링크 타단 모멘트 저항 접합)	8	2	4	-	-	-
2-b. 철골 편심가새골조 (링크 타단 비모멘트 저항 접합)	7	2	4	-	-	-
2-c. 철골 특수중심가새골조	6	2	5	-	-	-
2-d. 철골 보통중심가새골조	3.25	2	3.25	-	-	-
2-e. 합성 편심가새골조	8	2	4	-	-	-
2-f. 합성 특수중심가새골조	5	2	4.5	-	-	-
2-g. 합성 보통중심가새골조	3	2	3	-	-	-
2-h. 합성 강판전단벽	6.5	2.5	5.5	-	-	-
2-i. 합성 특수전단벽	6	2.5	5	-	-	-
2-j. 합성 보통전단벽	5	2.5	4.5	-	-	60
2-k. 철골 특수강판전단벽	7	2	6	-	-	-
2-l. 철골, 좌굴방지가새골조 (모멘트 저항 접합)	8	2.5	5	-	-	-
2-m. 철골, 좌굴방지가새골조 (비모멘트 저항 접합)	7	2	5.5	-	-	-
2-n. 철근콘크리트 특수전단벽	6	2.5	5	-	-	-
2-o. 철근콘크리트 보통전단벽	5	2.5	4.5	-	-	60
2-p. 철근보강 조적 전단벽	3	2.5	2	-	60	불가
2-q. 무보강 조적 전단벽	1.5	2.5	1.5	-	불가	불가
2-r. 구조용 목조패널을 덧댄 경골목구조 전단벽	6.5	2.5	4.5	-	20	20
2-s. 구조용 목재패널 또는 강판시트를 덧댄 경량철골조 전단벽	6.5	2.5	4.5	-	20	20
3. 모멘트 - 저항골조 시스템						
3-a. 철골 특수모멘트골조	8	3	5.5	-	-	-
3-b. 철골 중간모멘트골조	4.5	3	4	-	-	-
3-c. 철골 보통모멘트골조	3.5	3	3	-	-	-
3-d. 합성 특수모멘트골조	8	3	5.5	-	-	-
3-e. 합성 중간모멘트골조	5	3	4.5	-	-	-
3-f. 합성 보통모멘트골조	3	3	2.5	-	-	-
3-g. 합성 반강접모멘트골조	6	3	5.5	-	-	-
3-h. 철근콘크리트 특수모멘트골조	8	3	5.5	-	-	-

기본 지진저항시스템	설계계수			시스템의 제한과 높이(m) 제한		
	반응수정계수 R	시스템 초과강도계수 Ω_o	변위증폭계수 C_d	내진설계 범주		
				A, B	C	D
3-i. 철근콘크리트 중간모멘트골조	5	3	4.5	-	-	-
3-j. 철근콘크리트 보통모멘트골조	3	3	2.5	-	-	30
4. 특수모멘트골조를 가진 이중골조 시스템						
4-a. 철골 편심가새골조	8	2.5	4	-	-	-
4-b. 철골 특수중심가새골조	7	2.5	5.5	-	-	-
4-c. 합성 편심가새골조	8	2.5	4	-	-	-
4-d. 합성 특수중심가새골조	6	2.5	5	-	-	-
4-e. 합성 강판전단벽	7.5	2.5	6	-	-	-
4-f. 합성 특수전단벽	7	2.5	6	-	-	-
4-g. 합성 보통전단벽	6	2.5	5	-	-	-
4-h. 철골 좌굴방지가새골조	8	2.5	5	-	-	-
4-i. 철골 특수강판전단벽	8	2.5	6.5	-	-	-
4-j. 철근콘크리트 특수전단벽	7	2.5	5.5	-	-	-
4-k. 철근콘크리트 보통전단벽	6	2.5	5	-	-	-
5. 중간모멘트골조를 가진 이중골조 시스템						
5-a. 철골 특수중심가새골조	6	2.5	5	-	-	-
5-b. 철근콘크리트 특수전단벽	6.5	2.5	5	-	-	-
5-c. 철근콘크리트 보통전단벽	5.5	2.5	4.5	-	-	60
5-d. 합성 특수중심가새골조	5.5	2.5	4.5	-	-	-
5-e. 합성 보통중심가새골조	3.5	2.5	3	-	-	-
5-f. 합성 보통전단벽	5	3	4.5	-	-	60
5-g. 철근보강 조적 전단벽	3	3	2.5	-	60	불가
6. 역추형 시스템						
6-a. 철골 특수모멘트골조	2.5	2.0	2.5	-	-	10
6-b. 철골 중간모멘트골조	2.5	2.0	2.5	-	-	-
6-c. 철골 보통모멘트골조	1.25	2.0	2.5	-	-	불가
6-d. 합성 특수모멘트골조	2.5	2.0	1.25	-	-	-
7. 철근콘크리트 보통 전단벽 - 골조 상호작용 시스템	4.5	2.25	4	-	-	60
8. 6의 역추형 시스템에 속하지 않으면서 강구조 설계기준의 일반규정만을 만족하는 철골 구조시스템	3	3	3	-	-	60
9. 6의 역추형 시스템에 속하지 않으면서 철근콘크리트구조기준의 일반규정만을 만족하는 철근콘크리트구조 시스템	3	3	3	-	-	30
10. 지하외벽으로 둘러싸인 지하구조	3	3	2.5			

부록 3 기둥의 설계

[부그림 3.1] 사각형 기둥의 강도 상관 곡선(양면 배근)
($f_{ck}=24\text{MPa}$, $f_y=400\text{MPa}$, $r=0.7$)

[부그림 3.2] 사각형 기둥의 강도 상관 곡선(양면 배근)
($f_{ck}=24\text{MPa}$, $f_y=400\text{MPa}$, $r=0.8$)

[부그림 3.3] 사각형 기둥의 강도 상관 곡선(양면 배근)
($f_{ck}=27\text{MPa}$, $f_y=400\text{MPa}$, $r=0.7$)

[부그림 3.4] 사각형 기둥의 강도 상관 곡선(양면 배근)
($f_{ck}=27\text{MPa}$, $f_y=400\text{MPa}$, $r=0.8$)

[부그림 3.5] 사각형 기둥의 강도 상관 곡선(4면 배근)
($f_{ck}=24\text{MPa}$, $f_y=400\text{MPa}$, $r=0.7$)

[부그림 3.6] 사각형 기둥의 강도 상관 곡선(4면 배근)
($f_{ck}=24\text{MPa}$, $f_y=400\text{MPa}$, $r=0.8$)

[부그림 3.7] 사각형 기둥의 강도 상관 곡선(4면 배근)
($f_{ck}=27\text{MPa}$, $f_y=400\text{MPa}$, $r=0.7$)

[부그림 3.8] 사각형 기둥의 강도 상관 곡선(4면 배근)
($f_{ck}=27\text{MPa}$, $f_y=400\text{MPa}$, $r=0.8$)

[부그림 3.9] 원형 기둥의 강도 상관 곡선
($f_{ck}=24\text{MPa}$, $f_y=400\text{MPa}$, $r=0.7$)

[부그림 3.10] 원형 기둥의 강도 상관 곡선
($f_{ck}=24\text{MPa}$, $f_y=400\text{MPa}$, $r=0.8$)

[부그림 3.11] 원형 기둥의 강도 상관 곡선
($f_{ck}=27\text{MPa}$, $f_y=400\text{MPa}$, $r=0.7$)

[부그림 3.12] 원형 기둥의 강도 상관 곡선
($f_{ck}=27\text{MPa}$, $f_y=400\text{MPa}$, $r=0.8$)

* [부그림 3.1] ~ [부그림 3.12]의 자료는 성균관대학교 건축공학과 졸업생인 김기찬, 전우식, 양병혁, 최성희에 의하여 제공되었음.

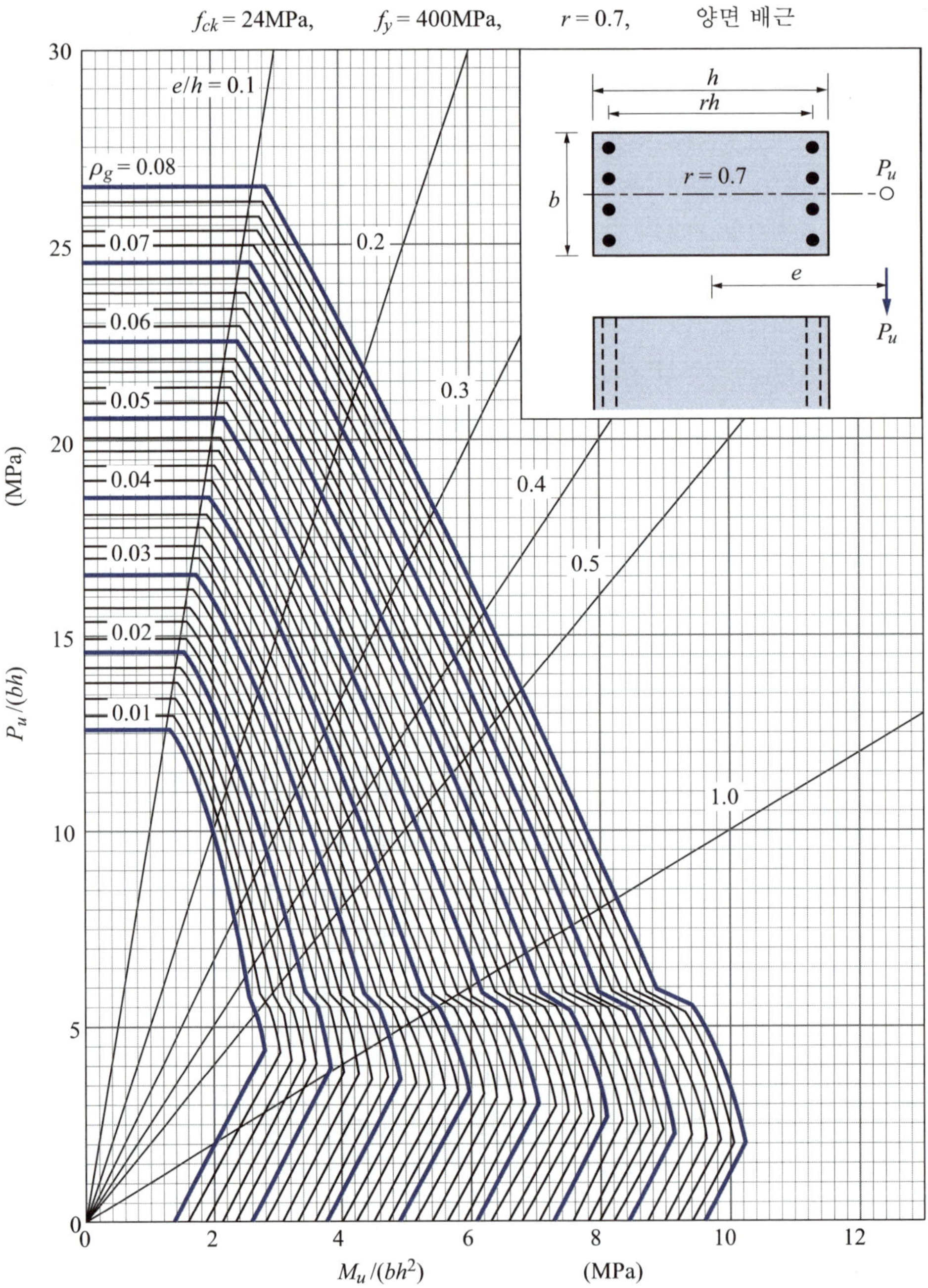

부그림 3.1 사각형 기둥의 강도 상관 곡선(양면 배근)
(f_{ck} = 24MPa, f_y = 400MPa, r = 0.7)

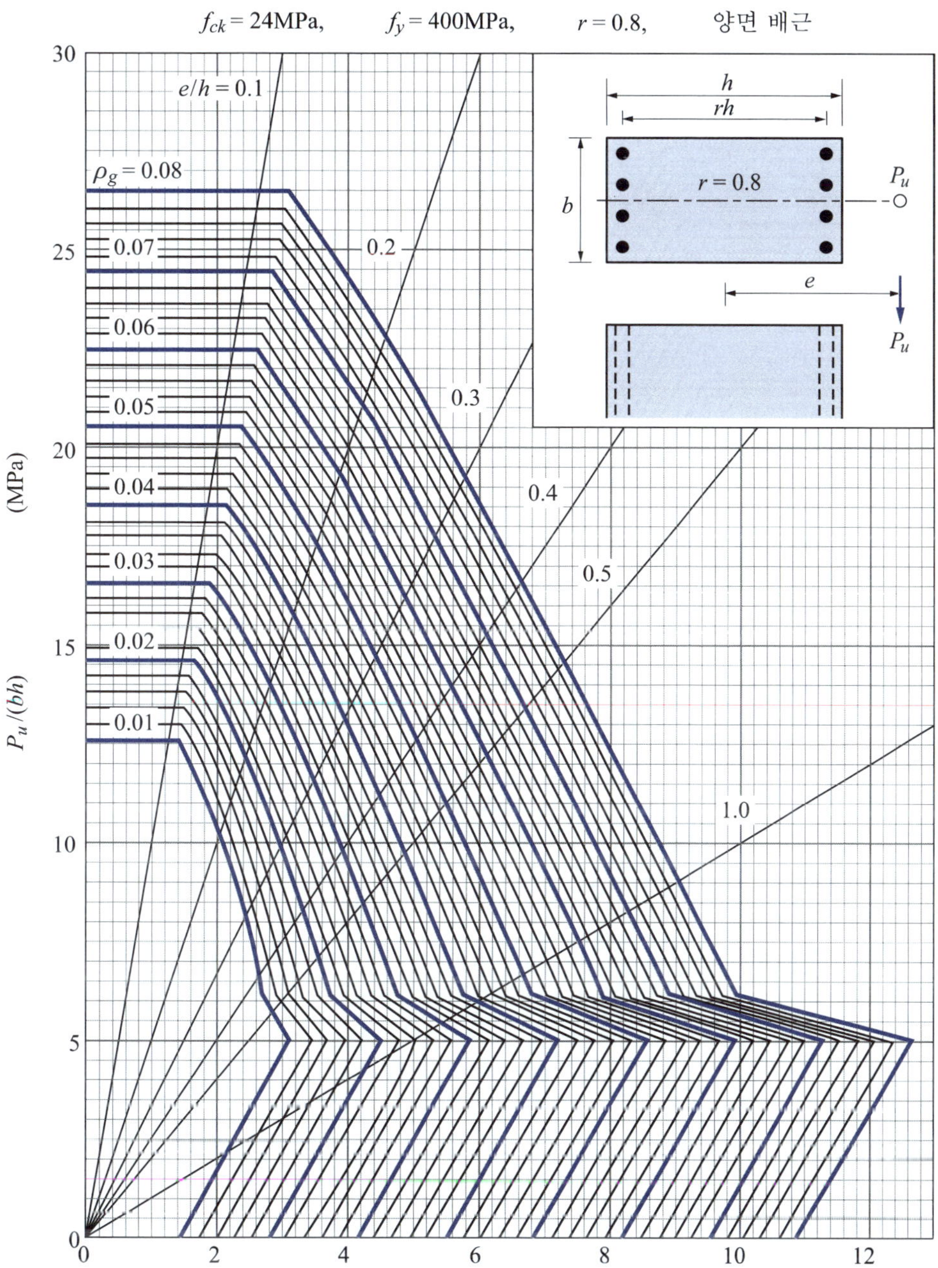

부그림 3.2 사각형 기둥의 강도 상관 곡선(양면 배근)
(f_{ck} = 24MPa, f_y = 400MPa, r = 0.8)

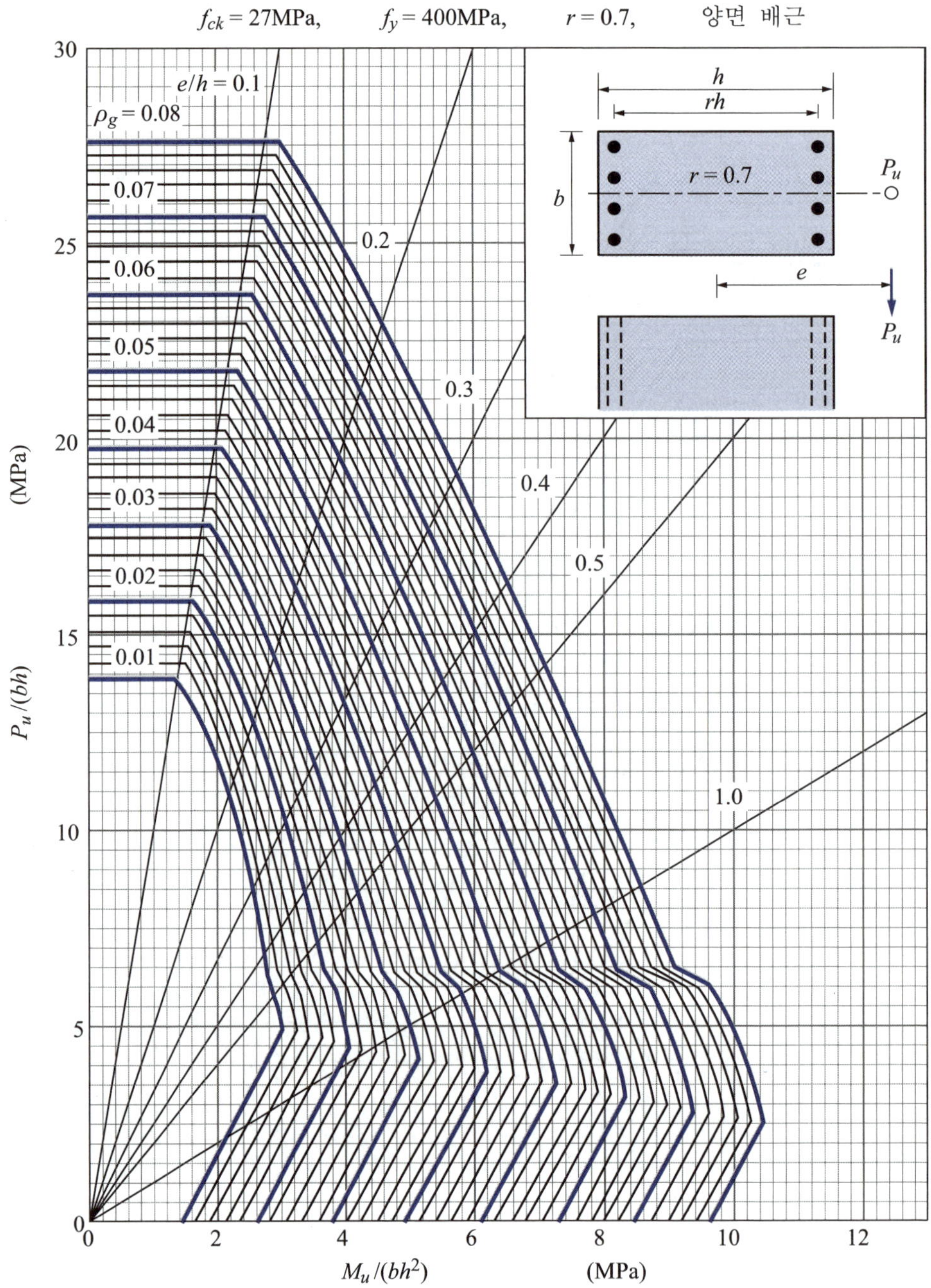

부그림 3.3 사각형 기둥의 강도 상관 곡선(양면 배근)
(f_{ck} = 27MPa, f_y = 400MPa, r = 0.7)

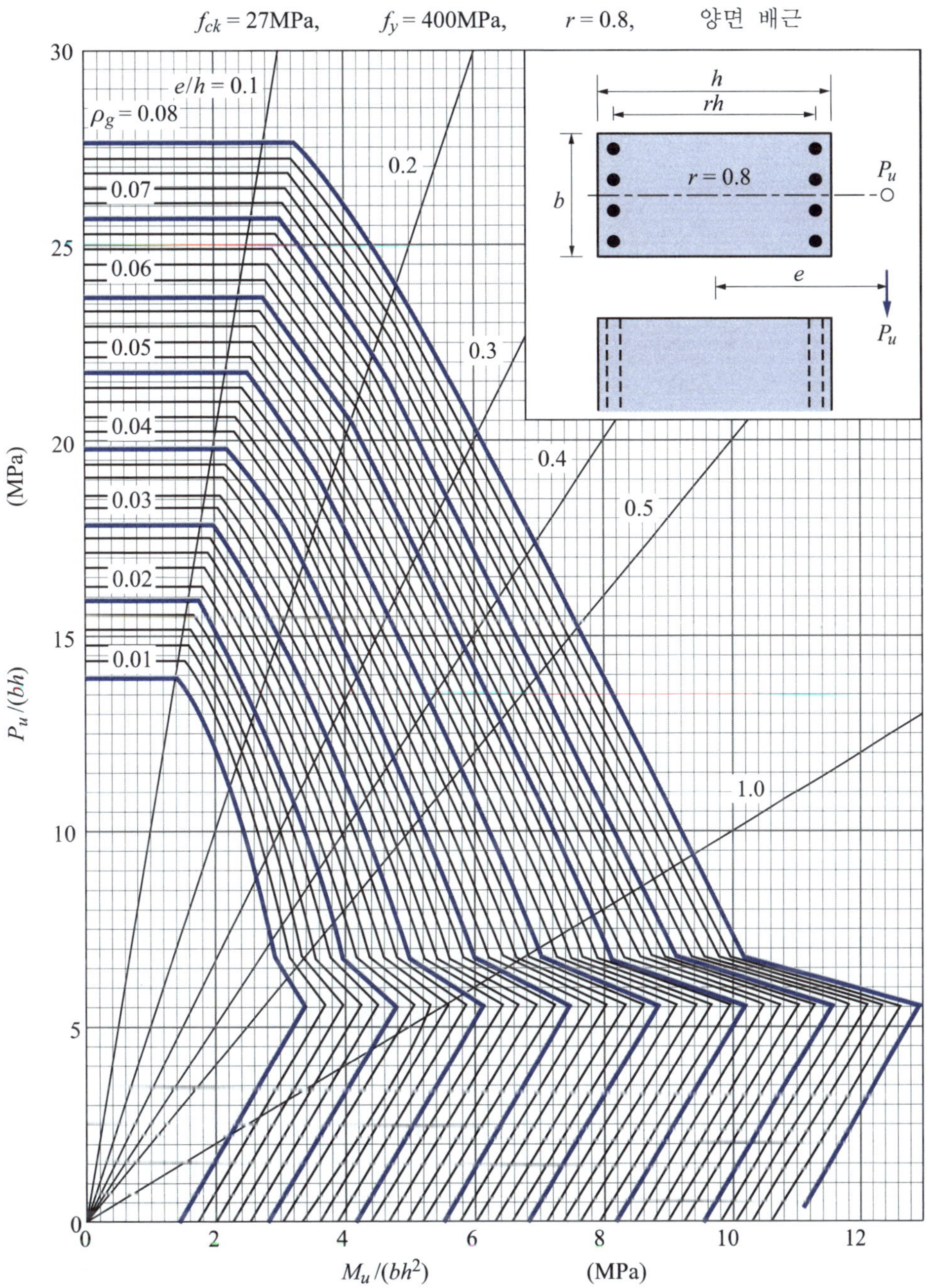

부그림 3.4 사각형 기둥의 강도 상관 곡선(양면 배근)
(f_{ck} = 27MPa, f_y = 400MPa, r = 0.8)

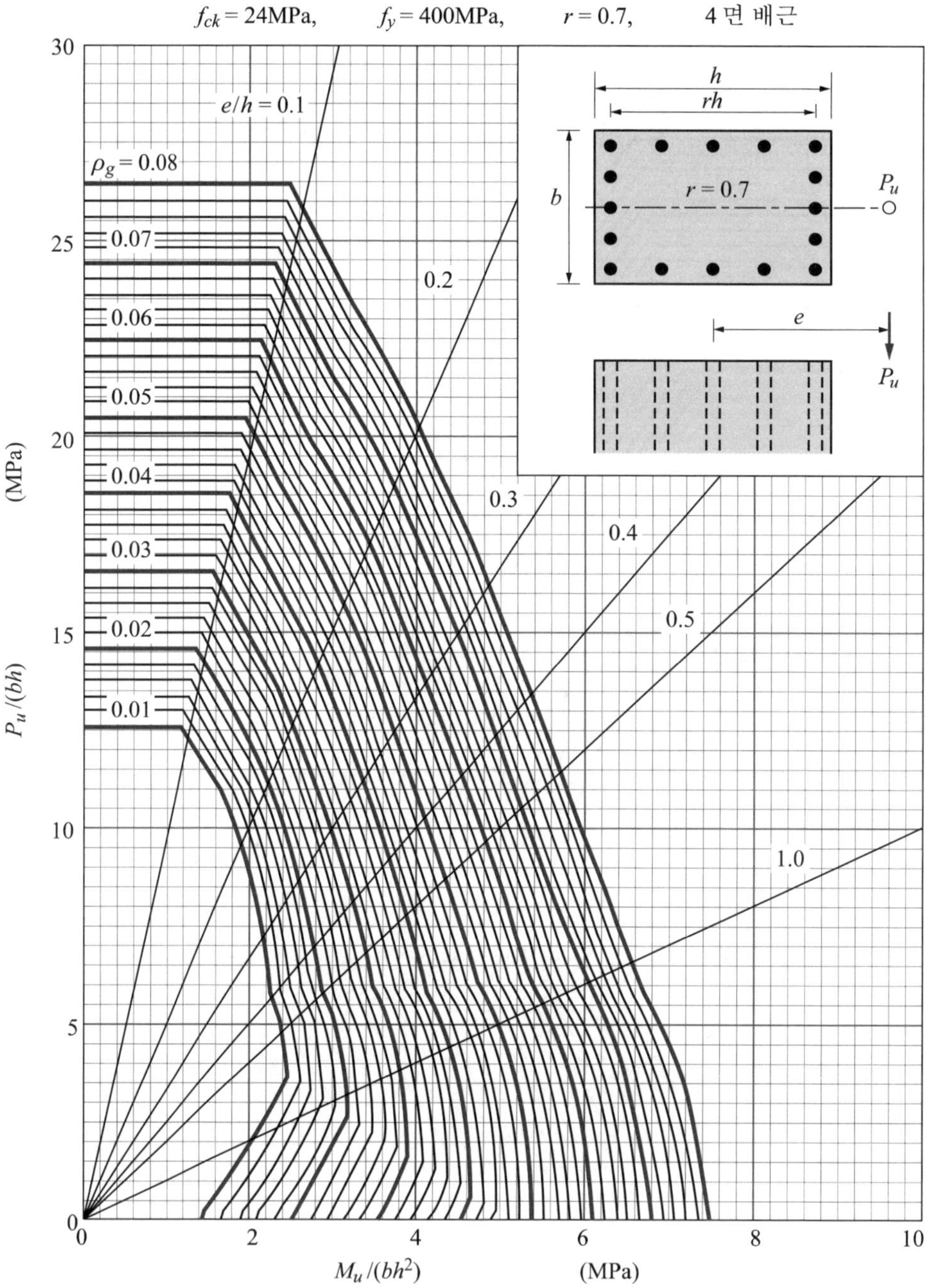

부그림 3.5 사각형 기둥의 강도 상관 곡선(4면 배근)
(f_{ck} = 24MPa, f_y = 400MPa, r = 0.7)

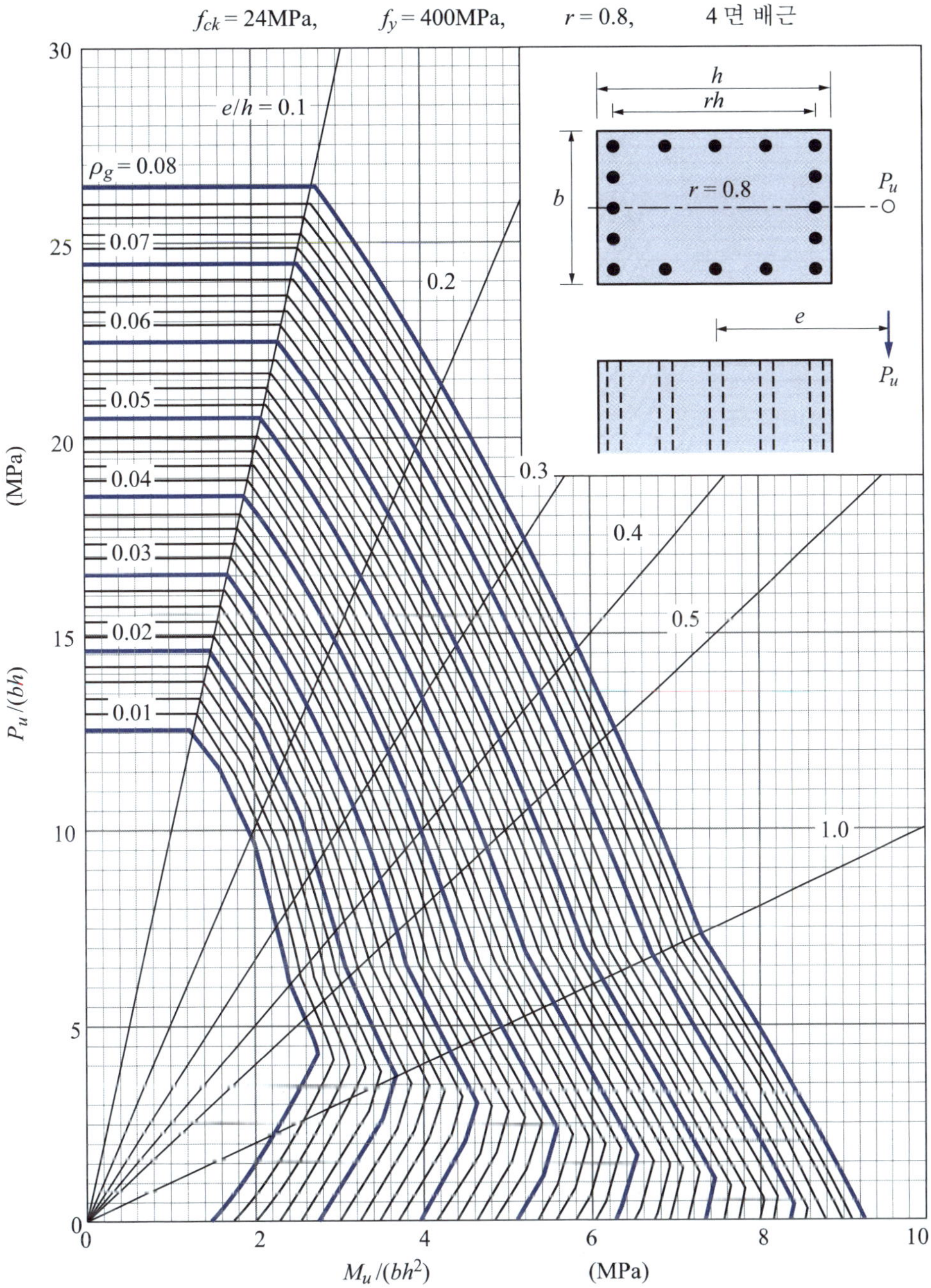

부그림 3.6 사각형 기둥의 강도 상관 곡선(4면 배근)
(f_{ck} = 24MPa, f_y = 400MPa, r = 0.8)

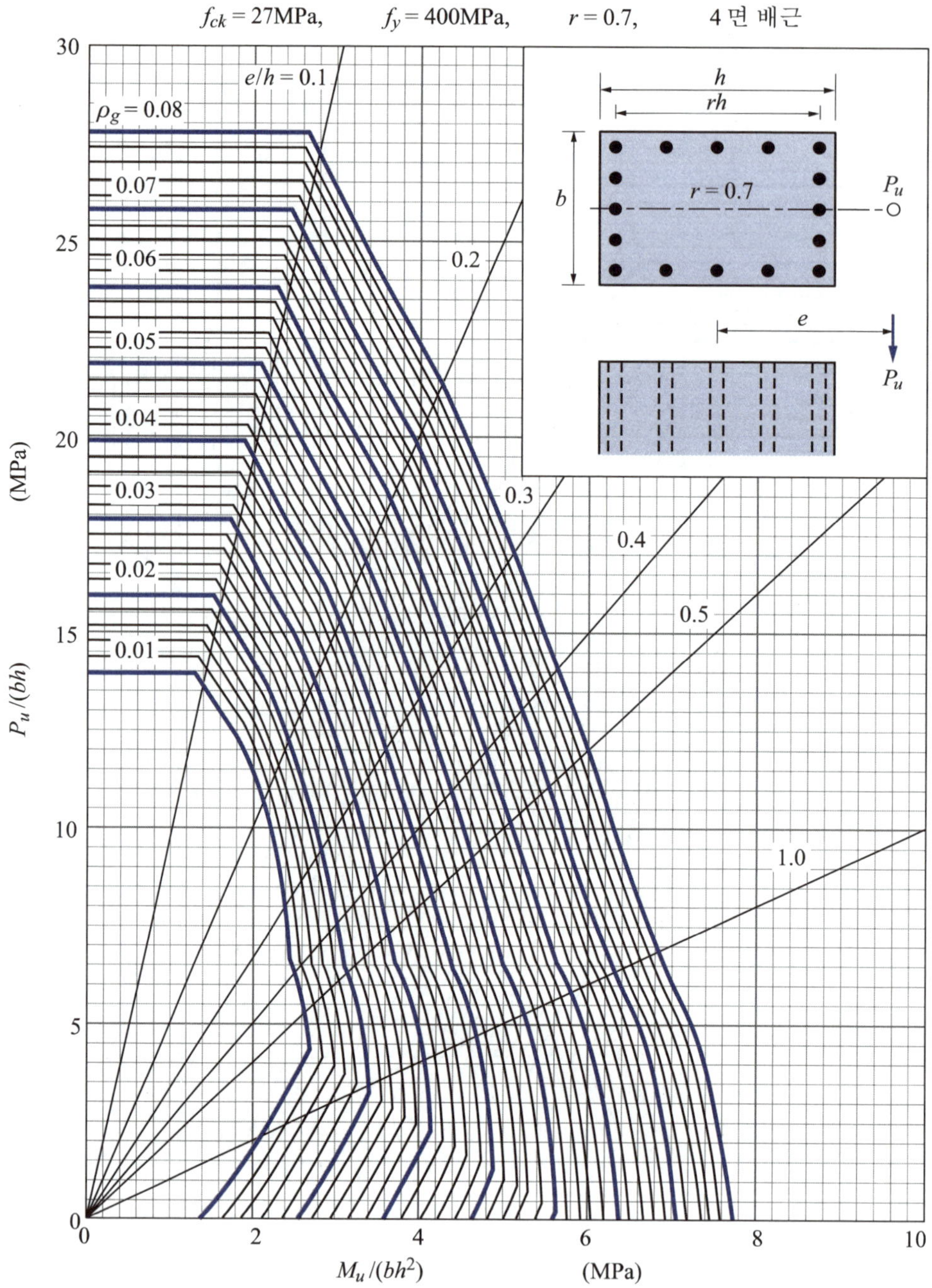

부그림 3.7 사각형 기둥의 강도 상관 곡선(4면 배근)
(f_{ck} = 27MPa, f_y = 400MPa, r = 0.7)

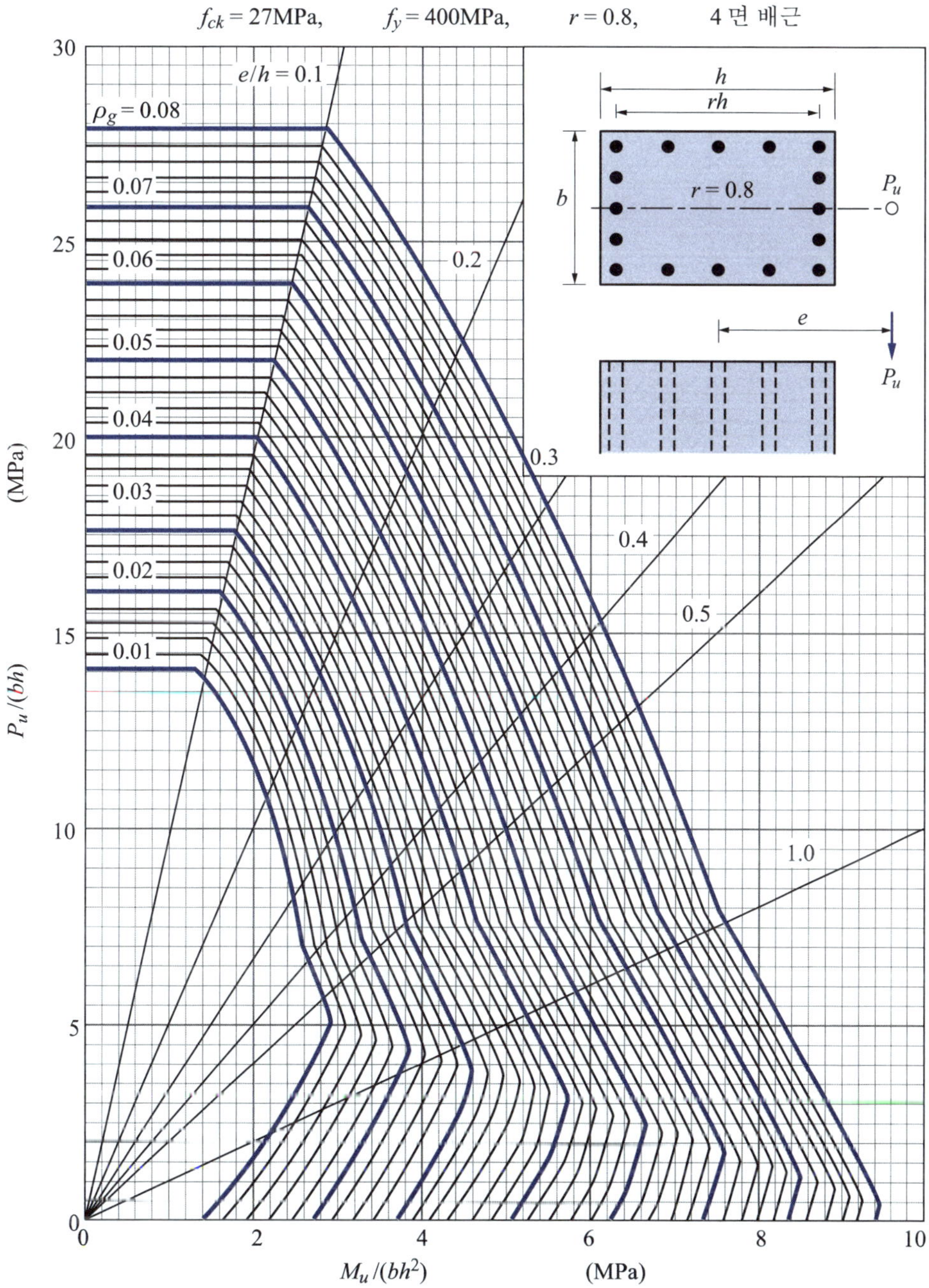

부그림 3.8 사각형 기둥의 강도 상관 곡선(4면 배근)
(f_{ck} = 27MPa, f_y = 400MPa, r = 0.8)

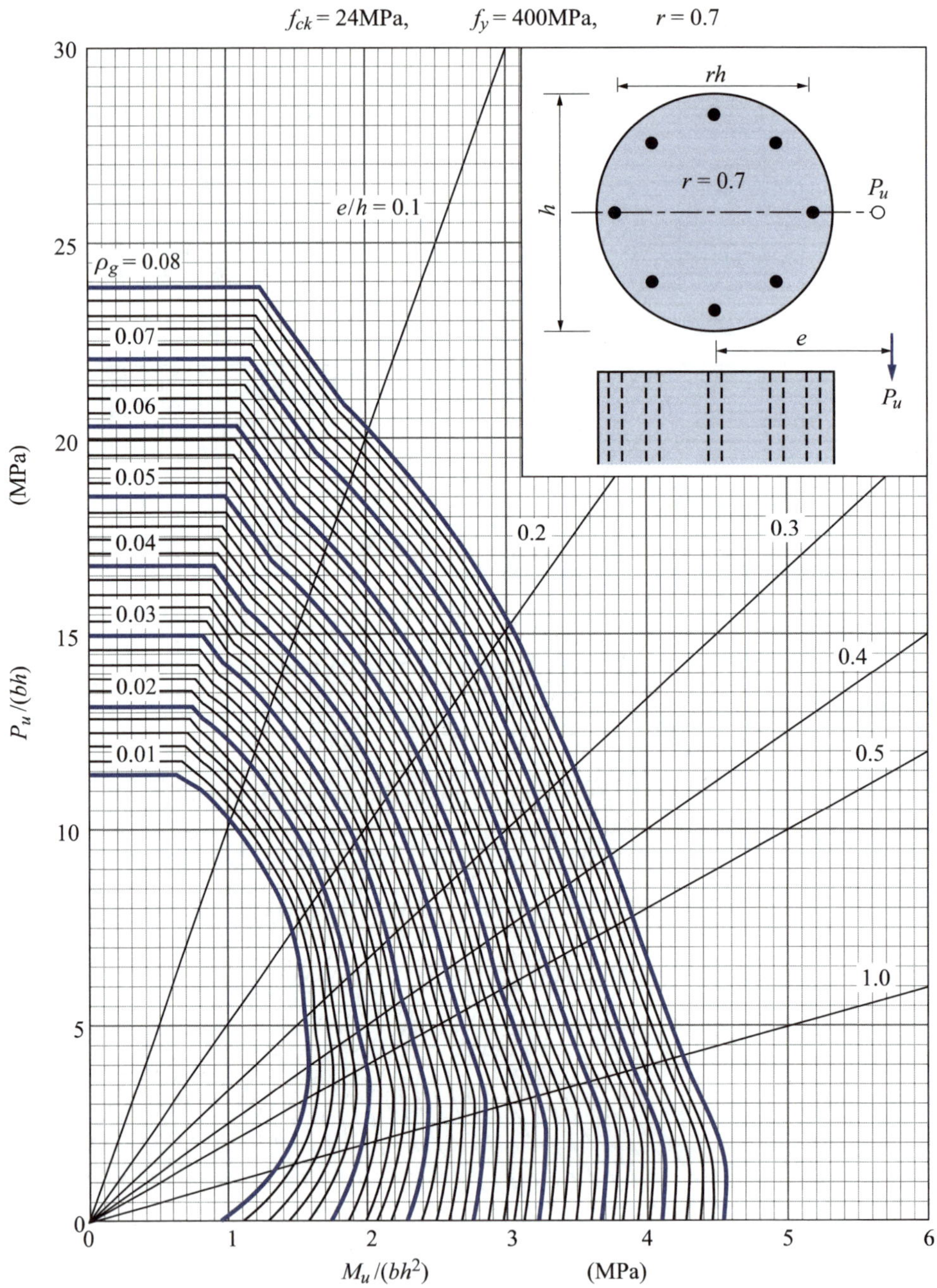

부그림 3.9 원형 기둥의 강도 상관 곡선
(f_{ck} = 24MPa, f_y = 400MPa, r = 0.7)

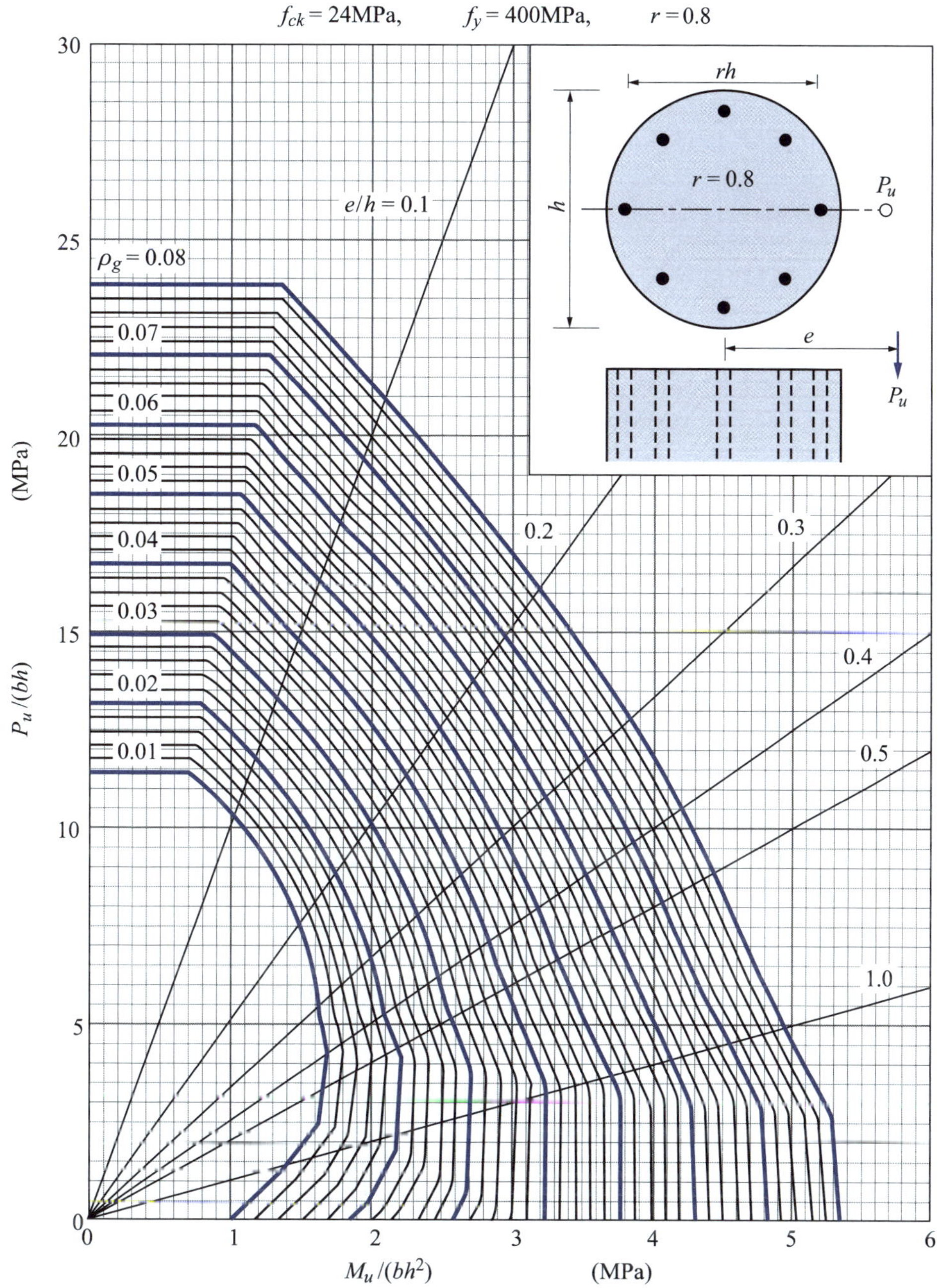

부그림 3.10 원형 기둥의 강도 상관 곡선
(f_{ck} = 24MPa, f_y = 400MPa, r = 0.8)

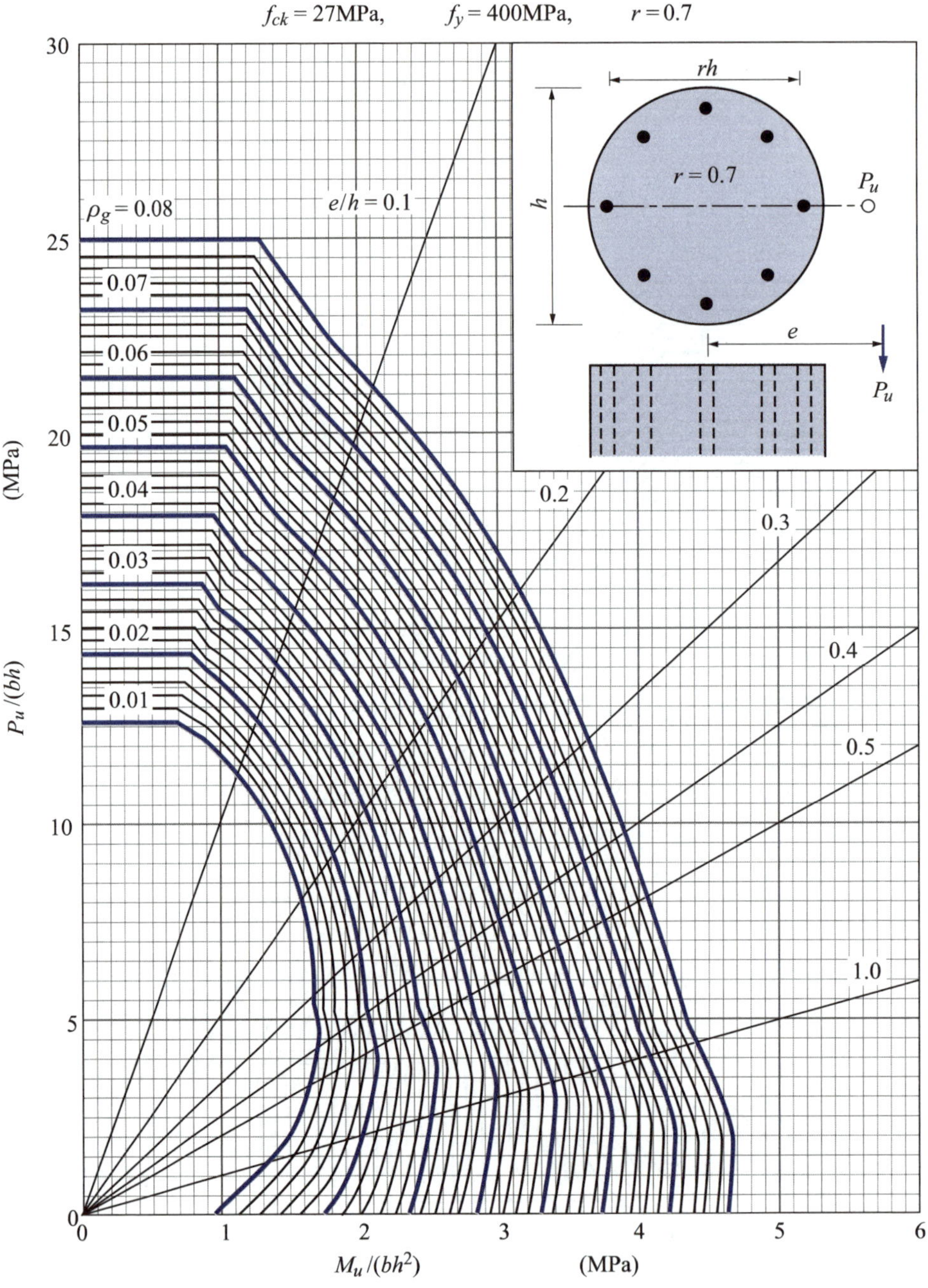

부그림 3.11 원형 기둥의 강도 상관 곡선
($f_{ck} = 27$MPa, $f_y = 400$MPa, $r = 0.7$)

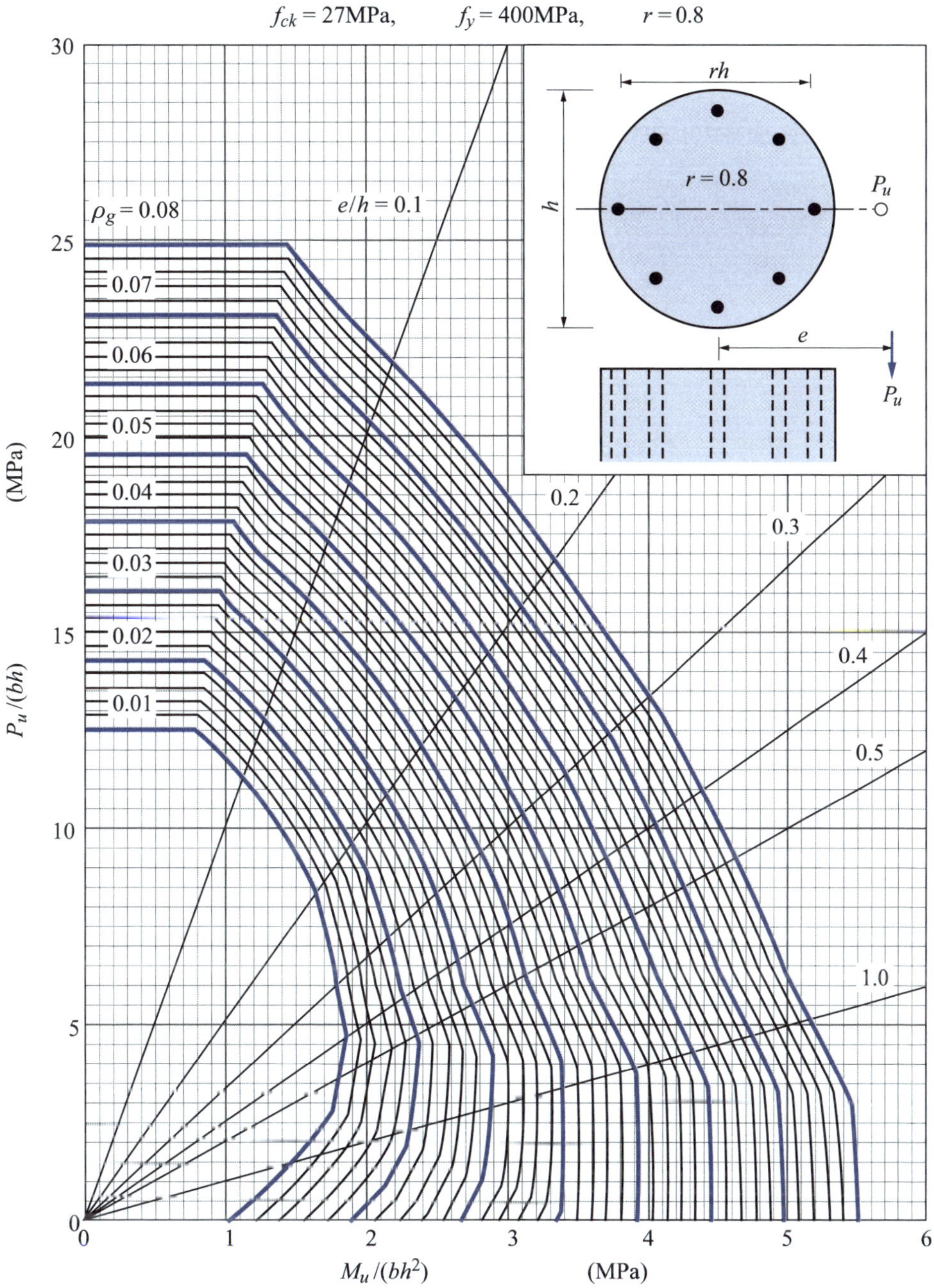

부그림 3.12 원형 기둥의 강도 상관 곡선
($f_{ck} = 27$MPa, $f_y = 400$MPa, $r = 0.8$)

부록 4 슬래브의 설계

부표 4.1 지판 없는 슬래브의 모멘트 분포

C_1/l_1	모멘트 강 성 전달률	C_2/l_2 0.00	0.05	0.10	0.15	0.20	0.25
0.00	M	0.083	0.083	0.083	0.083	0.083	0.083
	k	4.000	4.000	4.000	4.000	4.000	4.000
	COF	0.500	0.500	0.500	0.500	0.500	0.500
0.05	M	0.083	0.084	0.084	0.084	0.084	0.085
	k	4.000	4.047	4.093	4.138	4.181	4.222
	COF	0.500	0.503	0.507	0.510	0.513	0.516
0.10	M	0.083	0.084	0.085	0.085	0.086	0.087
	k	4.000	4.091	4.182	4.272	4.362	4.449
	COF	0.500	0.506	0.513	0.519	0.524	0.531
0.15	M	0.083	0.084	0.085	0.085	0.086	0.087
	k	4.000	4.132	4.267	4.403	4.541	4.680
	COF	0.500	0.509	0.517	0.526	0.534	0.543
0.20	M	0.083	0.085	0.086	0.087	0.088	0.089
	k	4.000	4.170	4.346	4.529	4.717	4.910
	COF	0.500	0.511	0.522	0.532	0.543	0.554
0.25	M	0.083	0.085	0.086	0.087	0.089	0.090
	k	4.000	4.204	4.420	4.648	4.887	5.138
	COF	0.500	0.512	0.525	0.538	0.550	0.563
$x=(1-C_2/l_2)^3$		1.000	0.856	0.729	0.614	0.512	0.422

1) 고정단 모멘트 $FEM = wl_2 l_1^2 M$, 강성 $K=(kEI_2 t^3)/(12l_1)$, COF=전달률

부표 4.2 지판 있는 슬래브의 모멘트 분포($h_1 = 1.25h$)

C_1/l_1	모멘트 강 성 전달률	C_2/l_2						
		0.00	0.05	0.10	0.15	0.20	0.25	0.30
0.00	M	0.088	0.088	0.088	0.088	0.088	0.088	0.088
	k	4.795	4.795	4.795	4.795	4.795	4.795	4.795
	COF	0.542	0.542	0.542	0.542	0.542	0.542	0.542
0.05	M	0.088	0.088	0.089	0.089	0.089	0.089	0.090
	k	4.795	4.846	4.896	4.944	4.990	5.035	5.077
	COF	0.542	0.545	0.548	0.551	0.553	0.556	0.558
0.10	M	0.088	0.088	0.089	0.090	0.090	0.091	0.091
	k	4.795	4.938	5.085	5.228	5.374	5.520	5.665
	COF	0.542	0.548	0.553	0.559	0.567	0.569	0.573
0.15	M	0.088	0.089	0.090	0.090	0.091	0.092	0.092
	k	4.795	4.938	5.082	5.228	5.374	5.520	5.665
	COF	0.542	0.550	0.558	0.565	0.573	0.580	0.587
0.20	M	0.088	0.089	0.090	0.091	0.092	0.093	0.094
	k	4.795	4.978	5.167	5.361	5.558	5.760	5.962
	COF	0.542	0.552	0.562	0.571	0.581	0.590	0.590
0.25	M	0.088	0.089	0.090	0.091	0.092	0.094	0.095
	k	4.795	5.015	5.245	5.485	5.792	5.994	6.261
	COF	0.542	0.553	0.565	0.576	0.587	0.598	0.600
0.30	M	0.088	0.089	0.090	0.092	0.093	0.094	0.095
	k	4.795	5.048	5.317	5.601	5.902	6.219	6.550
	COF	0.542	0.554	0.567	0.580	0.593	0.605	0.618

1) 고정단 모멘트 $FEM = wl_2 l_1^2 M$, 강성 $K = (kEl_2 t^3)/(12l_1)$, COF = 전달률

2) h = 슬래브 두께, h_1 = 지판을 포함한 전체 슬래브 두께

부표 4.3 지판 있는 슬래브의 모멘트 분포($h_1 = 1.5h$)

C_1/l_1	모멘트 강 성 전달률	C_2/l_2					
		0.00	0.05	0.10	0.15	0.20	0.25
0.00	M	0.093	0.093	0.093	0.093	0.093	0.093
	k	5.837	5.837	5.837	5.837	5.837	5.837
	COF	0.589	0.589	0.589	0.589	0.589	0.589
0.05	M	0.093	0.093	0.093	0.094	0.093	0.094
	k	5.837	5.890	5.942	5.993	6.041	6.087
	COF	0.589	0.591	0.594	0.596	0.598	0.600
0.10	M	0.093	0.093	0.094	0.094	0.094	0.095
	k	5.837	5.940	60.42	6.142	6.240	6.335
	COF	0.589	0.593	0.598	0.602	0.607	0.611
0.15	M	0.093	0.093	0.094	0.095	0.095	0.096
	k	5.837	5.986	6.135	6.248	6.432	6.579
	COF	0.589	0.595	0.602	0.608	0.614	0.620
0.20	M	0.093	0.093	0.094	0.095	0.096	0.096
	k	5.837	6.027	6.221	6.418	6.616	6.816
	COF	0.589	0.597	0.605	0.613	0.612	0.628
0.25	M	0.093	0.094	0.094	0.095	0.096	0.097
	k	5.837	6.065	6.300	6.543	6.790	7.043
	COF	0.589	0.598	0.608	0.617	0.626	0.635

1) 고정단 모멘트 $FEM = wl_2 l_1^2 M$, 강성 $K = (kEl_2 t^3)/(12l_1)$, COF=전달률

2) h=슬래브 두께, h_1 =지판을 포함한 전체 슬래브 두께

부표 4.4 기둥의 강성과 전달률

t_a/t_b	강 성 전달률	l_c/l_u								
		1.05	1.10	1.15	1.20	1.25	1.30	1.35	1.40	1.45
0.0	k_{AB}	4.20	4.40	4.60	4.80	5.00	5.20	5.40	5.60	5.80
	C_{AB}	0.57	0.65	0.73	0.80	0.87	0.95	1.03	1.10	1.17
0.2	k_{AB}	4.31	4.62	4.95	5.30	5.65	6.02	6.40	6.79	7.20
	C_{AB}	0.56	0.62	0.68	0.74	0.80	0.85	0.91	0.96	1.01
0.4	k_{AB}	4.38	4.79	5.22	5.67	6.15	6.65	7.18	7.74	8.32
	C_{AB}	0.55	0.60	0.65	0.70	0.74	0.79	0.83	0.87	0.91
0.6	k_{AB}	4.44	4.91	5.42	5.96	6.54	7.15	7.81	8.50	9.23
	C_{AB}	0.55	0.59	0.63	0.67	0.70	0.74	0.77	0.80	0.83
0.8	k_{AB}	4.49	5.01	5.58	6.19	6.85	7.56	8.31	9.12	9.98
	C_{AB}	0.54	0.58	0.61	0.64	0.67	0.70	0.72	0.75	0.77
1.0	k_{AB}	4.52	5.09	5.71	6.38	7.11	7.89	8.73	9.63	10.60
	C_{AB}	0.54	0.57	0.60	0.62	0.65	0.67	0.69	0.71	0.73
1.2	k_{AB}	4.55	5.16	5.82	6.54	7.32	8.17	9.08	10.07	11.12
	C_{AB}	0.53	0.56	0.59	0.67	0.63	0.65	0.66	0.68	0.69
1.4	k_{AB}	4.58	5.21	5.91	6.68	7.51	8.41	9.38	10.43	11.57
	C_{AB}	0.53	0.55	0.58	0.60	0.61	0.63	0.64	0.65	0.66
1.6	k_{AB}	4.60	5.26	5.99	6.79	7.66	8.61	9.64	10.75	11.95
	C_{AB}	0.53	0.55	0.57	0.59	0.60	0.61	0.62	0.63	0.64
1.8	k_{AB}	4.62	5.30	6.06	6.89	7.80	8.78	9.87	11.03	12.29
	C_{AB}	0.52	0.55	0.56	0.58	0.59	0.60	0.61	0.61	0.62
2.0	k_{AB}	4.63	5.34	6.12	6.98	7.92	8.94	10.06	11.27	12.59
	C_{AB}	0.52	0.54	0.56	0.57	0.58	0.59	0.59	0.60	0.60
2.2	k_{AB}	4.65	5.37	6.17	7.05	8.02	9.08	10.24	11.49	12.85
	C_{AB}	0.52	0.54	0.55	0.56	0.57	0.58	0.58	0.59	0.59
2.4	k_{AB}	4.66	5.40	6.22	7.12	8.11	9.20	10.39	11.68	13.08
	C_{AB}	0.52	0.53	0.55	0.56	0.56	0.57	0.57	0.58	0.58
2.6	k_{AB}	4.67	05.42	6.26	7.18	8.20	9.31	10.53	11.86	13.29
	C_{AB}	0.52	0.53	0.54	0.55	0.56	0.56	0.56	0.57	0.57
2.8	k_{AB}	4.68	5.44	6.29	7.23	8.27	9.41	10.66	12.01	13.48
	C_{AB}	0.52	0.53	0.54	0.55	0.55	0.55	0.56	0.56	0.56
3.0	k_{AB}	4.69	5.46	6.33	7.28	8.34	9.50	10.77	12.15	13.65
	C_{AB}	0.52	0.53	0.54	0.54	0.55	0.55	0.55	0.55	0.55
3.5	k_{AB}	4.71	5.50	6.40	7.39	8.48	9.69	11.01	12.46	14.02
	C_{AB}	0.51	0.52	0.53	0.53	0.54	0.54	0.54	0.53	0.53
4.0	k_{AB}	4.72	5.51	6.45	7.47	8.60	9.84	11.21	12.70	14.32
	C_{AB}	0.51	0.52	0.52	0.53	0.53	0.52	0.52	0.52	0.52

t_a : 기둥상부의 슬래브 중심에서 상부 슬래브 밑면, 지판 밑면 또는 주두 밑면까지의 거리

t_b : 기둥하부의 슬래브 중심에서 하부 슬래브 윗면까지의 거리

l_c : 상하부 슬래브 중심간 기둥의 높이

l_u : 하부 슬래브면과 상부 슬래브, 지판 또는 주두면 사이의 기둥의 높이

참고문헌

1. 일반 사항

1.1 김상식, "철근콘크리트 구조설계," 4판, 문운당, 2008, 593pp.

1.2 Collins, M.P. and Mitchell, D., "Prestressed concrete structures," Prentice Hall, 1991, 766pp.

1.3 MacGregor, J.G. and White, J.K., "Reinforced concrete mechanics and design," 4th Edition, Prentice Hall, 2005, 1132pp.

2. 콘크리트와 보강재의 재료적 특성

2.1 신현묵, "프리스트레스 콘크리트," 6판, 동명사, 2001, 458pp.

2.2 이재훈, "프리스트레스트 콘크리트, 강도설계법과 한계상태설계법," 동명사, 2015, 858pp.

2.3 한국콘크리트학회, "최신철근콘크리트 공학," 기문당, 1999, 689pp.

2.4 한국콘크리트학회, "콘크리트구조학회기준," 기문당, 2018, 637pp.

2.5 ACI Committee 209, "Prediction of Creep, Shrinkage and Temperature Effects in Concrete Structures," Design for Creep and Shrinkage in Concrete Structures, ACI Publication SP-76, American Concrete Institute, Detroit, 1982.

2.6 ACI Committee 363, "State-of-the-Art Report on High-Strength Concrete," ACI Manual of Concrete Practice, American Concrete Institute, Detroit, 1993.

2.7 Aoyama, H., "Design of Modern Highrise Reinforced Concrete Structures," Imperial College Press, 2001, 442pp.

2.8 Belarbi, A. and Hsu, T.T.C., "Constitutive Laws of Concrete in Tension and Reinforcing Bars Stiffened by Concrete," ACI Structural Journal, Vol.91, No.4, 1994, pp.465-474.

2.9 Collins, M.P. and Mitchell, D., "Prestressed concrete structures," Prentice Hall, 1991, 766pp.

2.10 Comete European de Normalisation(CEN), "Eurocode 2: Design of Concrete Structures. Part 1-General Rules and Rules for Buildings," prEN 1992-1, 2002, 211pp.

2.11 Gonnerman, H.F. and Lerch, W., "Changes in Characteristics of Portland Cement as Exhibits by Laboratory Tests over the Period 1904 and 1950," ASTM Special Publication 127, American Society for Testing and Materials, Philadelphia, 1951.

2.12 Hsu, T.T.C., "Softened Truss Model Theory for Shear and Torsion," ACI Structural Journal, Vol.85, No.6, 1988, pp.624-635.

2.13 Hsu, T.T.C., "Unified theory of reinforced concrete," CRC Press, 1993, 313pp.

2.14 Kupfer, H., Hilsdorf, H.K., and Rusch, H., "Behavior of concrete under biaxial stress," ACI Journal, Proceedings, Vol.66, No.8, 1969, pp.656-666.

2.15 Lee, J.-Y., Yi, C., and Cheong, Y.-G., "Experimental study on the FRP-concrete bond behavior under repeated loadings," Mechanic of Composite Materials, Vol.45. No.6, 2009, pp.609-618.

2.16 Lee, J.-Y., Kim, T.-Y., Kim, T.-J., Yi, C.-K., Park, J.-S. You, Y.-C., and Park, Y.-H., "Interfacial bond strength of glass fiber reinforced polymer bars in high strength concrete," Composites Part 2 : engineering, Vol.39, 2008, pp.258-270.

2.17 MacGregor, J.G. and White, J.K., "Reinforced concrete mechanics and design," 4th Edition, Prentice Hall, 2005, 1132pp.

2.18 Maekawa, K., Pimanmas, A., and Okamura, H, "Nonlinear Mechanics of Reinforced Concrete," SponPress, 2002, 721pp.

2.19 Mansour, M.Y., Lee, J.-Y., and Hsu, T.T.C., "Cyclic Stress-Strain Curves of Concrete and Steel Bars in Membrane Elements," Journal of Structural Engineering, ASCE, Vol.127. No.12, 2001, pp.1402-1411.

2.20 Park, R. and Paulay, T., "Reinforced Concrete Structures," John Wiley & Sons, 1975, 769pp.

2.21 Richart, F.E., Brandtzaeg, A., and Brown, R.L., "A Study of the Failure of Concrete Under Combined Compressive Stresses," University of Illinois Engineering Experimental Station, Bulletin No.185, 1928, 104pp.

2.22 Rusch, H., "Researches Toward a General Flexural Theory for Structural Concrete," ACI Journal, Proceedings, Vol.57, 1960, pp.1-28.

2.23 Shima, H., Chou, L., and Okamura, H., "Micro and Macro Models for Bond in RC," Journal of The Faculty of Engineering, The University of Tokyo(B), Vol.39, No.2, 1987, pp.133-194.

3. 구조설계법과 하중

3.1 김상식, "철근콘크리트 구조설계," 4판, 문운당, 2008, 593pp.

3.2 대한건축학회, "건축구조기준 및 해설," 기문당, 2009, 1,039pp.

3.3 대한건축학회, "건축물 하중기준 및 해설," 태림문화사, 2000, 345pp.

3.4 대한건축학회, "구조계획," 기문당, 2002, 398pp.

3.5 이재훈, 최창식, 최석환, 박홍근, "콘크리트구조 학회기준의 개정 배경 및 개요," 콘크리트학회지, 제30권 제6호, 2018, pp.29-33.

3.6 한국콘크리트학회, "최신철근콘크리트 공학," 기문당, 1999, 689pp.

3.7 MacGregor, J.G., "Safety and Limit States Design for Reinforced Concrete," Canadian Journal of Civil Engineering, Vol.3, 1976, pp.484-513.

3.8 Park, R. and Paulay, T., "Reinforced Concrete Structures," John Wiley & Sons, 1975, 769pp.

4. 보의 휨파괴와 기본 설계 사항

4.1 ACI Committee 318-08, "Building Code Requirements for Reinforced Concrete and Commentary(ACI 318-08/ACI 318R-08)," American Concrete Institute, Detroit, 2008, 465pp.

4.2 CSA Committee A23.3-04, "Design of Concrete Structures for Buildings CAV3-A23.3-04," Canadian Standards Association, Canada, 2004, 232pp.

4.3 Comete European de Normalisation(CEN), "Eurocode 2: Design of Concrete Structures. Part 1 - General Rules and Rules for Buildings," prEN 1992-1, 2002, 211pp.

4.4 Hsu, T.T.C., "Unified Theory of Reinforced Concrete," CRC, 1993, 313pp.

4.5 MacGregor, J.G. and White, J.K., "Reinforced concrete mechanics and design," 4th Edition, Prentice Hall, 2005, 1132pp.

4.6 New Zealand Standard(NZS), "The Design of Concrete Structures," New Zealand Standard, 1995.

4.7 Park, R. and Paulay, T., "Reinforced Concrete Structures," John Wiley & Sons, 1975, 769pp.

5. 보의 휨해석과 설계

5.1 김상식, "철근콘크리트 구조설계," 4판, 문운당, 2008, 593pp.

5.2 한국콘크리트학회, "콘크리트구조학회기준," 기문당, 2018, 637pp.

5.3 MacGregor, J.G. and White, J.K. "Reinforced concrete mechanics and design," 4th Edition, Prentice Hall, 2005, 1132pp.

5.4 Park, R. and Paulay, T., "Reinforced Concrete Structures," John Wiley & Sons, 1975, 769pp.

5.5 Razapur, A.G. and Ghali, A., "Design of Transverse Reinforcement in Franges of T-Beams," ACI Journal, Proceedings, Vol.83. No.4, 1986, pp.680-689.

6. 부재의 사용성

6.1 김상식, "철근콘크리트 구조설계," 4판, 문운당, 2008, 593pp.

6.2 대한건축학회 철근콘크리트 분과위원회, "콘크리트 구조물의 보수 보강," 일신문화사, 1997, 181pp.

6.3 한국콘크리트학회, "콘크리트구조학회기준," 기문당, 2018, 637pp.

6.4 ACI Committee 224, "Control of Cracking in Concrete Structures," (ACI 224R-90), American Concrete Institute, Detroit, 1991.

6.5 ACI Committee 435, "Deflection of Reinforced Concrete Flexural Members," ACI Journal, Proceedings, Vol.63, No.6, 1966, pp.637-674.

6.6 ACI Committee 435, "Allowable Deflections," ACI Journal, Proceedings, Vol.65. No.6, 1968, pp.433-444.

6.7 CEB general task group 20, "Durable concrete structures," Thomas Telford Services Ltd, 1992.

6.8 Concrete Society Report, "Non-structural Cracks in Concrete," Concrete Society Technical Report, No. 22, 3rd Edition, 1992, 48pp.

6.9 Helgason, T. and Hanson, J.M., "Investigation of Design Factors Affecting Fatigue Strength of Reinforcing Bars-Statical Analysis," Abeles Symposium on Fatigue of Concrete, ACI Publication SP-41, American Concrete Institute, Detroit, 1974, pp.107-137.

7. 전단 설계

7.1 한국콘크리트학회, "콘크리트구조학회기준," 기문당, 2018, 637pp.

7.2 이정윤, "트러스모델에 근거한 철근콘크리트 보의 최대 전단철근비 평가," 콘크리트학회 논문집, Vol.30, No.2, 2018, pp.217-227.

7.3 이정윤, 신동익, "재료계수를 적용한 철근콘크리트 보의 설계전단강도 평가," 콘크리트학회 논문집, Vol.30, No.6, 2019, pp.573-582.

7.4 ACI-ASCE Committee 326, "Shear and Diagonal Tension," ACI Journal, Vol.59, 1962, pp.1-30, 277-334, 352-396.

7.5 ACI-ASCE Committee 426, "The Shear Strength of Reinforced Concrete Members- Chapters 1 to 14," Proceedings ASCE, Journal of the Structural Division, Vol.99, No.ST6, 1973, pp.1091-1187.

7.6 Collins, M.P. and Huchma, D., "How Safe are our Large, Lightly Reinforced Concrete Beams, Slabs, and Footings?," ACI Structural Journal, Vol.96, No.4, 1999, pp.482-490.

7.7 Hsu, T.T.C., "Softened Truss Model Theory for Shear and Torsion," ACI Structural Journal, Vol.85, No.6, 1988, pp.624-635.

7.8 Kani, G.N.J., "Basic Facts Concerning Shear Failure," ACI Journal, Proceedings, Vol.63, 1966, pp.675-692.

7.9 Lee, J.-Y. and Hwang, H.-B., "Maximum Shear Reinforcement of Reinforced Concrete Beams," ACI Structural Journal, Vol.107. No.5, 2010, pp.580-588.

7.10 Lee, J.-Y. and Kim, U.-Y., "Effect of Longitudinal Tensile Reinforcement Ratio and Shear Span-to-Depth Ratio on Minimum Shear Reinforcement in Beams," ACI Structural Journal, Vol.105, No.2, 2008, pp.134-144.

7.11 Lee, J.-Y. and Mansour, M.Y., "New algorithm for fixed-angle softened-truss model," Structures and Buildings, Vol.159, No.6, 2006, pp.349-359.

7.12 Lee, J.-Y. and Watanabe, F., "Shear Deterioration of Reinforced Concrete Beams Subjected to Reversed Cyclic Loading," ACI Structural Journal, Vol.100, No.4, 2003, pp.480-489.

7.13 Lee, J.-Y. and Watanabe, F., "Shear Design of Reinforced Concrete Beams with Shear Reinforcement Considering Failure Modes," ACI Structural Journal, Vol.97, No.3, 2000, pp.477-484.

7.14 Lee, J.-Y., Kim, S.-W., and Mansour, M.Y., "Nonlinear Analysis of Shear Critical Reinforced Concrete Beams Using Fixed Angle Theory," Journal of Structural Engineering, ASCE, Vol.137, No.10, 2011, pp.1017-1029.

7.15 Lee, J.-Y., Choi, I.-J., and Kim, S.-W., "Shear Behavior of Reinforced Concrete Beams with High Strength Stirrups," ACI Structural Journal, Vol.108, No.5, 2011, pp.620-629.

7.16 Lee, J.-Y., Lee, D.H., Lee, J.-E., and Choi, S.-H.,, "Shear Behavior and Diagonal Crack Width for RC Beams with High Strength Shear Reinforcement," ACI Structural Journal, Vol.112, No.3, 2015, pp.323-333.

7.17 Lee, J.-Y., Lee, J.-H., Lee, D.H., Hong, S.-J., and Kim, H.-Y., "Practicability of Large-Scale Reinforced Concrete Beams Using Grade 80 Stirrups," ACI Structural Journal, Vol.115, No.1, 2018, pp.269-280.

7.18 MacGregor, J.G. and Hanson, J.M. "Proposed Changes in Shear Provisions for Reinforced and Prestressed Concrete Beams," ACI Journal Proceedings, Vol.66, 2069, pp.276-288.

7.19 MacGregor, J.G. and White, J.K. "Reinforced concrete mechanics and design," 4th Edition, Prentice Hall, 2005, pp.1132.

7.20 Mansour, M.Y., Lee, J.-Y., and Hindi, R., "Analytical Prediction of the Pinching Mechanism of RC Elements under Cyclic Shear using a Rotation-Angle Softened Truss Model," Engineering Structures, Vol.27, 2005, pp.1138-1150.

7.21 Mansour, M.Y., Micleli, M., Lee, J.-Y., and Zhang, J., "Predicting the shear strength of reinforced concrete beams using artificial neural networks," Engineering Structures, Vol.26, No.6, 2004, pp.781-799.

7.22 Mansour, M.Y., Hsu, T.T.C., and Lee, J.-Y., "Pinching effect in hysteretic loops of R/C shear elements," ACI SP 205: Deterioration Analysis of RC Structures under Cyclic Loading, Edited by K. Willam and A. Tanabe, American Concrete Institute, MI, 2001, pp.293-321.

7.23 Mattock, A.H. and Hawkins, N.W., "Shear Transfer in Reinforced Concrete – Recent Research," PCI Journal, 1972, pp.55-75.

7.24 Morsch, E., "Der Eisenbetonbau, Seine Anwendung und Theorie," 1th Edition, Im Selbstverlag der Firma, Neustadt, 1902, 118pp.

7.25 Park, R. and Paulay, T., "Reinforced Concrete Structures," John Wiley & Sons, 1975, 769pp.

7.26 Ritter, W., "Die bauweise hennebique, Schweizerische Bauzeitung," Vol.33, No.7, 1899, pp.59-61.

7.27 Shioya, T., "Shear Properties of Large Reinforced Concrete Member," Special Report of Institute of Technology, Shimizu Corporation, Np.25, 1989, 198pp.

7.28 Taylor, H.P.J., "Shear strength of large beams," Proceeding of ASCE, ST11, 1972, pp.2473-2490.

7.29 Vecchio, F.J. and Collins, M.P., "The Modified Compression-Field Theory for Reinforced Concrete Elements Subjected to Shear," ACI Structural Journal, Vol.83, No.2, 1986, pp.219-231.

7.30 Watanabe, F. and Lee, J.-Y., "Theoretical Prediction of Shear Strength and Failure Mode of Reinforced Concrete Beams," ACI Structural Journal, Vol.95, No.6, 1998, pp.749-757.

7.31 Zhu, R.H., Hsu, T.T.C., and Lee, J.-Y., "Rational Shear Modulus for Smeared-Crack Analysis of Reinforced Concrete," ACI Structural Journal, Vol.98, No.4, 2001, pp.443-450.

8. 비틀림모멘트 설계

8.1 한국콘크리트학회, "콘크리트구조학회기준," 기문당, 2018, 637pp.

8.2 Bredt, R., "Kritische Bemerkungen zur Drehungselastizitat," Zeitschrift des Vereines Deutscher Ingenieure, Band 40, No.28, 1896, pp.785-790; No.29, 1896, pp.813-817.

8.3 Collins, M. P. and Mitchell, D., "Shear and Torsion Design of Prestressed and Nonprestressed Concrete Beams," PCI Journal, Vol.25, No.5, 1980, pp.32-100.

8.4 Coulomb, C.A., "Researches theoriques et experimentales sur la force et surl'elasticite des fils de metal," Histoire de l'Academic Royale des Sciences, Paris, 1787, pp.229-269.

8.5 Ersoy, U. and Ferguson, P.M., "Concrete Beams subjected to Combined Torsion and Shear-Experimental Trends," pp.441-460 of "Torsion of Structural Concrete," by ACI SP 18, 1968, 505pp.

8.6 Foster, S.J., Kilpatrick, A.E., and Warner, R.F., "Reinforced Concrete Basics : Analysis and Design of Reinforced Concrete Structures," Pearson, 2010, 549pp.

8.7 Hsu, T.T.C., "Torsion of Structural Concrete Plane Concrete Rectangular Members," Torsion of Structural Concrete, SP-18, American Concrete Institute, Detroit, 1968, pp.203-238.

8.8 Hsu, T.T.C., "Torsion of Structural Concrete-Behavior of Reinforced Concrete Rectangular Members," Torsion of Structural Concrete, SP-18, American Concrete Institute, Detroit, 1968, pp.261-306.

8.9 Hsu, T.T.C., "Torsion of Reinforced Concrete," Van Nostrand Reinhold Co., New York, 1984, 515pp.

8.10 Lee, J.-Y. and Kim, S.-W., "Torsional Strength of RC Beams Considering Tension Stiffening Effect," Journal of Structural Engineering, ASCE, Vol.136, No.11, 2010, pp.1367-1378.

8.11 Lee, J.-Y., Kim, K.-H., Lee, S.H., Kim, C., and Kim, M.-H., "Maximum Torsional Reinforcement of Reinforced Concrete Beams Subjected to Pure Torsion," ACI Structural Journal, Vol.115, No.3, 2018, pp.749-760.

8.12 MacGregor, J.G. and Ghoneim, M.G., "Design for Torsion," ACI Structural Journal, Vol.92, No.2, 1995, pp.211-218.

8.13 Mansour, M.Y., Lee, J.-Y., and Hsu, T.T.C., "Cyclic Stress-Strain Curves of Concrete and Steel Bars in Membrane Elements," Journal of Structural Engineering, ASCE, Vol.127, No.12, 2001, pp.1402-1411.

8.14 Nadai, A., "Theory of Flow and Fracture of Solids,"Vol.1, McGraw-Hill Book, New York, 1950.

8.15 Navier. C.L., "Resume des lecons donnees a l'ecole des ponts et chaussees sur l'application de la mecanique a l'establissement des constructions et des machines," Premiere partie, Paris, 1826, pp.71-76.

8.16 Rausch, E., "Design of Reinforced Concrete in Torsion," PhD. thesis, Technische Hochschule, Berlin, 1928, 53pp.

8.17 Timonshenko, S.P. and Goodier, J.N., "Theory of Elasticity," McGraw-Hill, New York, 1951.

9. 응력교란영역의 설계

9.1 한국콘크리트학회, "콘크리트구조학회기준," 기문당, 2018, 637pp.

9.2 한국콘크리트학회 전단 - 비틀림 전문위원회, "콘크리트 구조부재의 스트럿 - 타이 모델 설계 예제집," KCI-M-06-001, 기문당, 2007, 220pp.

9.3 ACI Committee 318-02, "Building Code Requirements for Reinforced Concrete and Com-mentary(ACT 318-02/ACI 318R-02)," American Concrete Institute, Detroit, 2002, 443pp.

9.4 ACI Subcommittee 445, "Examples for the Design of Structural Concrete with Strut-and-Tie Models," ACI SP-208, 2002, 242pp.

9.5 Collins, M.P. and Mitchell, D., "Prestressed concrete structures," Prentice-Hall, Englewood Cliffs, N.J., 1991.

9.6 Foster, S.J., Kilpatrick, A.E., and Warner, R.F., "Reinforced Concrete Basics : Analysis and Design of Reinforced Concrete Structures," Pearson, 2010, 549pp.

9.7 Hsu, T.T C., "Unified theory of reinforced concrete," CRC Press, 1993, 313pp.

9.8 Kani, M.W., Huggins, M.W., and Wittkopp, R.R., "Kani on shear in reinforced concrete," Department of Civil Engineering, University of Toronto, Canada, 1979.

9.9 Morsch, E., "Der Eisenbetonbau, Seine Anwendung und Theorie," 1th Edition, Im Selbstverlag der Firma, Neustadt, 1902, 118pp.

9.10 Ritter, W., "Die bauweise hennebique, Schweizerische Bauzeitung," Vol.33, No.7, 1899, pp.59-61.

9.11 Schlaich, J., Schafer, I., and Jennewein, M., "Towards a consistent design of structural concrete," Journal of Prestressed Concrete Institute, Vol.32, No.3, 1987, pp.74-150,

9.12 Yun, Y.M., "Non-linear Strut-Tie Model Approach for Structural Concrete," ACI Structural Journal, Vol.97, No.4, 2000, pp.581-590.

9.13 Yun, Y.M. and Ramirez, J.A., "Strength of Struts and Nodes in Strut-Tie Model," Journal of Structural Engineering, ASCE, Vol.122, No.1, 1996, pp.20-29.

10. 정착과 이음

10.1 ACI Committee 408, "Bond Stress-The State of the Art," ACI Journal, Vol.63, No.11, 1966, pp.1161-1190.

10.2 ACI Committee 439, "Mechanical Connections of Reinforced Concrete Bars," Concrete International : Design and Construction, Vol.5, No.1, 1983, pp.24-35.

10.3 Ciampi et al., "Analytical model for deformed-bar bond under generalized excitations," Trans. IABSE Colloquium on Advanced Mechanics of Reinforced Concrete, Delft, Netherlands, 1981.

10.4 Ciampi et al., "Analytical model for concrete anchorages of reinforcing bars under generalized excitations," Report No. UCB/EERC 82-83, Univ. of California, Berkeley, 1982, 111pp.

10.5 Eligehausen, R., Popov, E.P., Bertero, V.V., "Load Bond Stress-Slip Relationships of Deformed Bars Under Generalized Excitations," Report No. UCB/EERC82-83, Earthquake Engineering Research Center, University of California, Berkeley, California, 1983.

10.6 Filippou et al., "Effect of bond deterioration on hysteretic behavior of reinforced concrete joints," Report No. UCB/EERC 83-19, Univ. of California, Berkeley, 1983.

10.7 Filippou et al., "Modeling of reinforced concrete joints under cyclic excitations," Journal of Structural Engineering, ASCE, Vol.109, No.11, 1983, pp.2666-2684.

10.8 Filippou et al, "A simple model for reinforcing-bar anchorages under cyclic excitations," Journal of Structural Engineering, ASCE, Vol.112, No.7, 1986, pp.1639-1659.

10.9 Goto, Y., "Crack formed in concrete around deformed tension bars," ACI Journal, Proceedings, Vol.68, No.4, 1971, pp.244-251.

10.10 Kim, K.-H., Kim, J.-M., and Kim, S.-W., "Bond Action Effect of Longitudinal Cut-Off Bars on Shear Transfer Mechanism of RC Beams," Journal of Asian Architecture and Building Engineering, Vol.8, No.2, 2009, pp.477-484.

10.11 Lee, J.-Y., Yi, C., and Cheong, Y.-G., "Experimental study on the FRP-concrete bond behavior under repeated loadings," Mechanic of Composite Materials, Vol.45. No.6, 2009, pp.609-618.

10.12 Lee, J.-Y., Kim, T.-Y., Kim, T.-J., Yi, C.-K., Park, J.-S. You, Y.-C., and Park, Y.-H., "Interfacial bond strength of glass fiber reinforced polymer bars in high strength concrete," Composites Part 2 : engineering, Vol.39, 2008, pp.258-270.

10.13 Lee, J.-Y., Yi, C., Cheong, Y.-G., and Kim, B.-I., "Bond stress-slip behaviors of two of the common GFRP rebar types with pullout failure," Magazine of Concrete Research, Vol.64, No. 7, 2012. pp.575-591.

10.14 Maekawa, K., Pimanmas, A., and Okamura, H., "Nonlinear mechanics of reinforced concrete," E & FN Spon, London, 2002, 719pp.

10.15 Morita, S. and Kaku, T., "Slippage of Beam Longitudinal Reinforcement in Joint of RC Beam-and-Column Sub-assemblages," Summaries of Technical Paper of Annual Meeting, AIJ, 1972, pp.1099-1100.

10.16 Task Group Bond Models(former CEB Task Group 2.5), "Bond of reinforcement in concrete," CEB-FIP, 2000, 427pp.

11. 기둥의 설계

11.1 김상식, "철근콘크리트 구조설계," 4판, 문운당, 2008, 593pp.

11.2 김상식, “구조안정해석,” 문운당, 1998, 344pp.

11.3 한국콘크리트학회, “콘크리트구조학회기준,” 기문당, 2018, 637pp.

11.4 ACI Committee 105, “Reinforced Concrete Column Investigation,” ACI Journal, Proceedings, Vol.26, 1930, pp.601-612; Vol.27, 1931, pp.675-676; Vol.28, 1931, pp.157-578; Vol.29, 1932, pp.53-56; Vol.30, 1933, pp.78-90, pp.153-156.

11.5 ACI-ASCE Committee 327, “Report on Ultimate Strength Design,” ACI Journal, Proceedings, Vol.2, No.7, 1956, pp.505-524.

11.6 Bresler, B., “Design Criteria for Reinforced Concrete Columns under Axial Load and Biaxial Bending,” ACI Journal, Proceedings, Vol.57, No.5, 1960, pp.481-490.

11.7 Lee, J.-Y., Yi, C., and Oh, Y., “Strengthening of Concrete with Mixed Confinement Materials-Steel Hoops and FRP Composites,” Science and Engineering of Composites, Vol.15, 2008, pp.1-19.

11.8 MacGregor, J.G., Breen, J.E., and Pfrang, E.O., “Design of Slender Concrete Columns,” ACI Journal, Proceedings, Vol.67, No.1, 1970, pp.6-28.

11.9 Watanabe, F., Lee, J.-Y., and Nishiyama, M., “Structural Performance of Reinforced Concrete Columns with Different Grade Longitudinal Bars,” ACI Structural Journal, Vol.92, No.4, 1995, pp.412-418.

12. 슬래브의 설계

12.1 Notes on ACI318-XX, “Building Code Requirements for Reinforced Concrete with Design Applications,” Portland Cement Association, Skokie, I11, 860pp.

12.2 ACI Committee 421, “Shear Reinforcement for Slabs,” (ACI 421.1R) ACI Structural Journal, Vol.89, No.5, 1992, pp.587-589.

12.3 ACI-ASCE Committee 426, “The Shear Strength of Reinforced Concrete Members,” Journal of the Structural Engineering, ASCE, Vol.100, No.ST8, 1974, pp.1543-1591.

12.4 Corley, W.G. and Jirsa, J.O., “Equivalent Frame Analysis for Slab Design,” ACI Journal, Proceedings, Vol.67, No.1, 1970, pp.875-884.

12.5 MacGregor, J.G. and White, J.K., “Reinforced concrete mechanics and design,” 4th Edition, Prentice Hall, 2005, 1132pp.

12.6 Park, H.-G., Choi, K.-K., and Chung, L., “Strain-based strength model for direct punching shear of interior slab-column connections,” Engineering Structures, 33(3), March 2011, 0162-1073.

12.7 Simmonds, S.H. and Misic, J., “Design Factors for the Equivalent Frame Design,” ACI Journal, Proceedings, Vol.68, No.11, 1971, pp.825-831.

13. 기초의 설계

13.1 김상식, “철근콘크리트 구조설계,” 4판, 문운당, 2008, 593pp.

13.2 한국콘크리트학회, “콘크리트구조학회기준,” 기문당, 2018, 637pp.

13.3 ACI-ASCE Committee 326, “Shear and Diagonal Tension : Part 3, Slabs and Footings,” ACI Journal, Proceedings, Vol.59, No.3, 1962, pp.353-396.

13.4 ACI Committee 336, “Suggested Analysis and Design Procedures for Combined Footings and Mats,” (ACI336.2R-88) ACI Manual of Concrete Practice, American Concrete Institute, Detroit,

1989.

13.5 Richart, F.E., “Reinforced Concrete Wall and Column Footings,” ACI Journal, Proceedings, Vol.45, 1948, pp.97-128.

14. 벽체의 설계

14.1 김상식, “철근콘크리트 구조설계,” 4판, 문운당, 2008, 593pp.

14.2 한국콘크리트학회, “콘크리트구조학회기준,” 기문당, 2018, 637pp.

14.3 Mansour, M.Y., Micleli, M., and Lee, J.-Y., “Nonlinear Analysis of R/C Low Rise Shear Walls,” Advances in Structural Engineering, Vol.7, No.2, 2004, pp.145-161.

14.4 Paulay, T. and Priestley, M.J.N., “Seismic design of reinforced concrete and masonry buildings,” John Wiley and Sons, New York, 1992, 744pp.

15. 옹벽의 설계

15.1 한국콘크리트학회, “콘크리트구조학회기준,” 기문당, 2018, 637pp.

15.2 Foster, S.J., Kilpatrick, A.E., and Warner, R.F., “Reinforced Concrete Basics : Analysis and Design of Reinforced Concrete Structures,” Pearson, 2010, 549pp.

16. 내진설계

16.1 이기학, “중저층 철근콘크리트 특수모멘트 골조시스템의 내진설계,” 한국콘크리트학회 가을 학술 발표회, 2005, pp.68-77.

16.2 이동근, “건축물의 내진설계를 위한 구조동력학,” 건축구조, 13권 2호, 2006, pp.37-47.

16.3 한국건축구조기술사회, “내진설계예제집,” 구미서관, 2010.

16.4 한국콘크리트학회, “콘크리트구조학회기준,” 기문당, 2018, 637pp.

16.5 Lee, J.-Y., Mansour, M.Y., and Park, J., “Structural behavior of RC membranes having inclined steel bars," Engineering Structures, Vol. 41, 2012, pp.146-156.

16.6 Lee, J.-Y., Kim, J.-Y., and Oh, G.-J., “Strength deterioration of reinforced concrete beam-column joints subjected to cyclic loading,”Engineering Structures, Vol. 31. No. 9, 2009, pp.2070-2085.

16.7 Mansour, M.Y., Lee, J.-Y., and Hindi, R., “Analytical Prediction of the Pinching Mechanism of RC Elements under Cyclic Shear using a Rotation-Angle Softened Truss Model,” Engineering Structures, Vol.27, 2005, pp.1138-1150.

16.8 Mansour, M.Y., Micleli, M., and Lee, J.-Y., “Nonlinear Analysis of R/C Low Rise Shear Walls,” Advances in Structural Engineering, Vol.7, No.2, 2004, pp.145-161.

16.9 Mansour, M.Y., Lee, J.-Y., and Hsu, T.T.C., “Cyclic Stress-Strain Curves of Concrete and Steel Bars in Membrane Elements,” Journal of Structural Engineering, ASCE, Vol.127, No.12, 2001, pp.1402-1411.

16.10 Paulay, T and Priestley, M.J.N., “Seismic design of reinforced concrete and masonry buildings,” John Wiley & Sons, 1992, 744pp.

연습문제 풀이

제1장 일반 사항

1.1 [본문] 표 1.1

1.2 [본문] 25-26p., 강도(强度), 열팽창계수, 부착성, 내구성

제2장 콘크리트와 보강재의 재료적 특성

2.1 고로시멘트, 백색포틀랜드시멘트, 알루미나시멘트(aluminate cement)

2.2 직경 150 mm인 표준공시체의 압축강도로 환산한 후 3회 평균한 압축강도(f_{cm})가 $f_{ck}=24$ MPa 이상이며, 15개의 개별적인 표준공시체 시험값이 20.5 MPa 이상이므로 적합

2.3 [본문] 44-45p., 고강도 콘크리트 : 탄성계수의 증가, 압축강도에 상응(相應)하는 변형률의 증가, 압축응력 변형률 곡선의 변화, 취성적(脆性, brittle) 파괴
[본문] 80p., 고강도 철근 : 탄성계수 E_s가 일정, 항복단구간이 감소, 항복점이 뚜렷하지 않음

2.4 [본문] 60-61p.

2.5 [본문] 84-85p.

2.6 $A_s = 3{,}062\ \mathrm{mm}^2,\ f_s = 156.76\ \mathrm{MPa}$

2.7 $\varepsilon_{c\sigma}(t, t') = 0.001208$

2.8 $\varepsilon_{sh}(t, t_s) = -0.00016$

제3장 구조설계법과 하중

3.1 [본문] 90-91p., 안전성, 사용성, 경제성

3.2 [본문] 92p., 구조계획, 구조해석, 구조도면

3.3 [본문] 94-99p.

3.4 [본문] 99p.

3.5 [본문] 100p.

3.6 [본문] 101p.

3.7 [본문] 104p., 약 1/100,000

3.8 [본문] 105-111p., 고정하중, 활하중, 적설하중, 풍하중, 지진하중

제4장 보의 휨파괴와 기본 설계 사항

4.1 [본문] 115-116p., 평면유지의 가정, 콘크리트와 철근의 완전부착, 재료물성

4.2 [본문] 116-118p., 콘크리트의 인장강도, 콘크리트 극한변형률, 등가응력분포

4.3 [본문] 120-121p., 균열발생 전, 균열발생 이후, 압축강도 도달, 최대 모멘트 도달

4.4 [본문] 121-122p., 휨균열 발생, 주인장철근의 항복, 콘크리트의 압축파괴

4.5 [본문] 123-125p., 힘의 평형조건, 변형의 적합조건, 재료의 구성법칙

4.6 [본문] 126p., 비선형인 콘크리트의 응력 - 변형률 곡선을 단순화

4.7 [본문] 126p., 동일한 면적, 동일한 합력의 도심점

4.8 [본문] 127p., α : 압축합력의 크기(면적)와 관련된 계수, β : 압축합력의 작용위치(도심점)와 관련된 계수, 중립축의 깊이에 대한 압축합력의 작용위치의 비

제5장 보의 휨해석과 설계

5.1 [본문] 136-137p., 최소철근파괴, 인장파괴, 균형파괴, 압축파괴

5.2 [본문] 139p., 압축지배단면, 변환구간단면, 인장지배단면

5.3 1)

연습 표 5.1 포물선 직선형과 등가 직사각형 응력분포 계산 결과

문제	a* (mm)	c (mm)	ε_t	파괴모드	M_n (kN·m)	β_1	ϕM_n (kN·m)	설계가능
(1)	56.77	70.97	0.0262	인장파괴	245.9	0.85	209.0	가능
(2)	113.55	141.93	0.0115	인장파괴	468.8	0.85	398.5	가능
(3)	227.09	283.87	0.0041	인장파괴	845.5	0.79	666.9	가능
(4)	20.92	27.52	0.0684	인장파괴	253.2	0.85	215.2	가능
(5)	41.83	55.04	0.0327	인장파괴	497.8	0.85	423.2	가능
(6)	83.66	110.09	0.0148	인장파괴	961.6	0.85	817.4	가능

* 포물선 직선형 등가응력분포를 사용할 경우 a는 불필요

2) ① f_{ck}가 증가하면 c는 감소하지만, ρ가 증가하면 c는 증가한다.

② f_{ck}가 증가하면 ϕM_n는 증가하지만 증가의 폭은 크지 않다. ρ가 증가하면 ϕM_n는 거의 비례적으로 증가한다.

③ f_{ck}가 증가하면 ε_t는 증가하지만, ρ가 증가하면 ε_t는 감소한다.

④ f_{ck}가 증가하면 인장파괴하기 쉽고, ρ가 증가하면 압축파괴하기 쉽다.

5.4 $c = 199.0\,\text{mm}$, $\varepsilon_t = 0.005$, $\phi M_n = 424.3\,\text{kN}\cdot\text{m}$

5.5 1)

연습 표 5.2 포물선 직선형과 등가 직사각형 응력분포 계산 결과

문제	a* (mm)	c (mm)	ε_t	ε_s'	압축철근 항복여부	M_n (kN·m)	ϕ	ϕM_n (kN·m)	설계가능
(1)	227.1	283.9	0.00408	0.0025	항복	824.6	0.788	650.5	가능
(2)	151.4	189.2	0.00777	0.0022	항복	875.0	0.85	743.8	가능
(3)	108.2	135.2	0.0122	0.0017	비항복	890.0	0.85	756.5	가능
(4)	91.6	120.7	0.0132	0.0014	비항복	909.1	0.85	772.7	가능
(5)	79.1	104.1	0.0158	0.0012	비항복	912.8	0.85	775.9	가능
(6)	71.5	94.1	0.0178	0.0010	비항복	914.0	0.85	776.9	가능

* 포물선 직선형 등가응력분포를 사용할 경우 a는 불필요

2) ① ρ'가 증가하면 c는 감소한다.

② ρ'가 증가하면 ϕM_n는 증가하지만, 일정 값 이상이 되어 압축철근이 항복하지 않는 경우에

는 ϕM_n의 증가 폭은 매우 작다.

③ ρ'가 증가하면 ε_t는 증가한다.

④ ρ'가 증가하면 ε_s'는 감소한다.

⑤ ρ'가 증가하면 ε_t가 증가하여 인장파괴하기 쉽다. 다만 c와 ε_s'가 감소하여 ϕM_n의 증가 폭은 매우 작다.

5.6 $A_s' = 1{,}799.3\ \mathrm{mm}^2$, $\phi M_n = 394.9\ \mathrm{kN \cdot m}$

5.7 $c = 174.9\ \mathrm{mm}$, $A_s' = 2{,}023.5\ \mathrm{mm}^2$, $\phi M_n = 767.9\ \mathrm{kN \cdot m}$

5.8

연습 표 5.3 계산 결과

문제	a (mm)	c (mm)	ε_t	중립축 위치	M_n (kN·m)	β_1	ϕM_n (kN·m)	설계가능
(1)	50.5	63.1	0.0291	플랜지	494.7	0.85	420.5	가능
(2)	100.9	126.2	0.0133	플랜지	947.8	0.85	805.6	가능
(3)	190.6	238.3	0.0055	웨브	1,350.4	0.85	1,147.8	가능

5.9 $A_s' = 1{,}452.2\ \mathrm{mm}^2$, $A_s = 3{,}219.4\ \mathrm{mm}^2$

제6장 부재의 사용성

6.1 [본문] 202-208p., 단면의 환산, 휨균열모멘트, 단면2차모멘트

6.2 (1) $\bar{y} = 308\ \mathrm{mm}$, (2) $I_g = 6{,}520.5 \times 10^6\ \mathrm{mm}^4$,

(3) $I_g = 5{,}400 \times 10^6\ \mathrm{mm}^4$, (4) $I_{cr} = 2{,}653.3 \times 10^6\ \mathrm{mm}^4$

6.3 (1) $M_{cr} = 210.4\ \mathrm{kN \cdot m}$, (2) $I_{eB} = 15{,}664 \times 10^6\ \mathrm{mm}^4$,

(3) $I_{cr} = 3{,}997 \times 10^6\ \mathrm{mm}^4$, (4) $\Delta = 0.78\ \mathrm{mm}$

6.4 (1) $M_{cr} = 45.4\ \mathrm{kN \cdot m}$, (2) $\Delta_D = 5.24\ \mathrm{mm}$, (3) $\Delta_L = 5.55\ \mathrm{mm}$, (4) $\Delta_{LT} = 17.33\ \mathrm{mm}$

6.5 [본문] 219-220p., 이동, 팽창, 외부 조건

6.6 [본문] 220-221p., 소성침하균열과 소성수축균열, 수화열에 의한 균열, 장기 건조수축균열, 표면미세균열, 철근부식에 의한 균열, 알칼리 골재반응에 의한 균열

6.7 [본문] 222p., 설계상의 요인, 시공상의 요인, 사용상의 요인

6.8 (1) 111.3 mm, (2) $w_d \le w_a$, $w_d = 0.059\ \mathrm{mm}$, $w_a = 0.3\ \mathrm{mm}$

제7장 전단 설계

7.1 [본문] 238p., 전단균열 발생, 스터럽의 항복, 콘크리트의 압축파괴

7.2 [본문] 239p., 최소전단철근파괴, 전단인장파괴, 전단균형파괴, 전단압축파괴

7.3 [본문] 243-244p.

7.4 [본문] 245p., V_{cc}, V_{ay}, V_d

7.5 [본문] 247-248p.

7.6 [본문] 250-252p., 콘크리트 인장강도, 주인장철근의 양, 전단경간비(a/d), 부재의 크기, 축력

7.7 [본문] 252p.

7.8 [본문] 256-257p., 사인장균열의 방향, 사인장균열각도(θ), 균열면 콘크리트의 인장강도, 장부작용과 골재의 맞물림작용, 스터럽의 강도, 주철근의 강도

7.9 [본문] [표 7.2]

7.10 (1) 267.5 mm, 249.6 mm

7.11 317.5 mm

7.12 (1) 95.1 mm, (2) 133.8 mm, (3) 113.3 mm, (4) 133.8 mm

제8장 비틀림모멘트 설계

8.1 [본문] 292p.

8.2 [본문] 295-296p., 최소비틀림철근파괴, 비틀림인장파괴, 비틀림균형파괴, 비틀림압축파괴

8.3 [본문] 300-301p.

8.4 [본문] 304-307p.

8.5 [본문] 309-310p.

8.6 횡방향 비틀림보강철근의 간격 = 142.2 mm, $A_l = 9{,}642.6\ \mathrm{mm}^2$

8.7 단면이 작아 설계가 적합하지 않음. 부재의 단면을 키워야 함. 보의 단면을 폭 400 mm, 높이 700 mm, 유효높이 650 mm, 스터럽 중심간의 거리 600 mm로 확대 후 설계 가능.

(1) 횡방향 비틀림보강철근의 간격(D10 철근 사용) = 61.5 mm, $A_l = 1{,}697.4\ \mathrm{mm}^2$,

(2) 횡방향 비틀림보강철근의 간격(D10 철근 사용) = 73.3 mm, $A_l = 2{,}024.7\ \mathrm{mm}^2$

제9장 응력교란영역의 설계

9.1 [본문] 328p.

9.2 [본문] 330-333p.

9.3 [본문] 333p.

9.4 [본문] 334-335p.

9.5 [본문] [표 2.4], [표 9.1]

9.6 [본문] 341p., [표 9.2]

9.7 [개정 콘크리트구조부재의 스트럿-타이 모델 설계예제집] 한국콘크리트학회, 2013, 참조

9.8 [개정 콘크리트구조부재의 스트럿-타이 모델 설계예제집] 한국콘크리트학회, 2013, 참조

9.9 [개정 콘크리트구조부재의 스트럿-타이 모델 설계예제집] 한국콘크리트학회, 2013, 참조

제10장 정착과 이음

10.1 [본문] 383-384p.

10.2 [본문] 386p., 접착작용, 마찰작용, 기계적 저항작용

10.3 [본문] 388p., 콘크리트의 인장강도, 철근의 피복두께, 철근의 간격, 철근의 표면 상태, 철근의 위치와 콘크리트 타설 방향, 횡구속력

10.4 [본문] 400p.

10.5 [본문] 408p., A급 이음, B급 이음

10.6 [본문] 389p., 391p.

(1) 압축철근 주변은 인장철근 주변보다 균열이 적게 발생하며, 철근 단부에 작용하는 지압력 때문

에 부착강도가 증가하므로 정착길이를 짧게 할 수 있다.

(2) 동일한 단면적일 경우에 굵은 철근 1가닥의 둘레길이에 비하여 가는 철근 여러 가닥의 둘레길이가 길기 때문에 정착길이를 짧게 할 수 있다.

10.7 보의 상부 철근에 대한 정착길이(정산식) : 591.2 mm,
보의 상부 철근에 대한 정착길이(약산식) : 985.3 mm,
외부 기둥 내부의 보의 상부 철근에 대한 정착길이 : 212.2 mm,
외부 기둥 주위 보의 하부 철근에 대한 정착길이(정산식) : 424.0 mm

10.8 $l_d \leq M_n / V_u$, $300.0 \leq 8{,}279.1\ \text{mm}$, 정착길이는 충분하다.

제11장 기둥의 설계

11.1 [본문] 423-424p., 축력이 작용하지 않는 보가 휨인장파괴할 경우에는 인장철근이 항복한 이후에 부재의 변형이 커지면서 연성적으로 파괴된다. 그러나 동일한 조건을 갖고 있는 부재에 축력이 가해질 경우에는 부재의 연성능력은 축력이 커질수록 작아진다.

11.2 [본문] 424-425p., 콘크리트의 연성 증대, 콘크리트의 압축강도 증대, 축방향철근의 좌굴 방지, 시공의 편의성 - 축방향철근을 고정

11.3 [본문] 425-427p., 취소철근파괴, 인장파괴, 균형파괴, 압축파괴

11.4 (1) $\phi P_n = 1{,}436.4\ \text{kN}$, $\phi M_n = 312.4\ \text{kN}\cdot\text{m}$, (2) $\phi P_n = 1{,}612.9\ \text{kN}$, $\phi M_n = 337.5\ \text{kN}\cdot\text{m}$,
(3) $\phi P_n = 2{,}377.1\ \text{kN}$, $\phi M_n = 446.2\ \text{kN}\cdot\text{m}$, (4) $\phi P_n = 3{,}117.1\ \text{kN}$, $\phi M_n = 577.7\ \text{kN}\cdot\text{m}$

11.5 y축 $P_u / A_g = 6.0\ \text{MPa}$, x축 $M_u / (A_g \cdot h) = 2.80\ \text{MPa}$, $\rho \approx 0.014$

11.6 y축 $P_u / A_g = 21.33\ \text{MPa}$, x축 $M_u / (A_g \cdot h) = 2.79\ \text{MPa}$, $\rho = 0.054$

제12장 슬래브의 설계

12.1 [본문] 504p.

12.2 [본문] 505p.

12.3 [본문] 515p.

12.4

연습 표 12.1 슬래브 구간의 계수휨모멘트

위치		정·부계수휨모멘트 구분	정·부계수휨모멘트 분담률	정·부계수휨모멘트 (kN·m)	주열대·중간대 분담률	계수휨모멘트 (kN·m)
내부경간	주열대	부계수휨모멘트	0.65	74.3	0.75	**55.7**
		정계수휨모멘트	0.35	40.0	0.60	**24.0**
	중간대	부계수휨모멘트	0.65	74.3	0.25	**18.6**
		정계수휨모멘트	0.35	40.0	0.40	**16.0**
외부경간	주열대	내단부 부계수휨모멘트	0.70	80.0	0.75	**60.0**
		중앙부 정계수휨모멘트	0.52	59.4	0.60	**35.6**
		외단부 부계수휨모멘트	0.26	29.7	1.0	**29.7**
	중간대	내단부 부계수휨모멘트	0.70	80.0	0.25	**20.0**
		중앙부 정계수휨모멘트	0.52	59.4	0.40	**23.8**
		외단부 부계수휨모멘트	0.26	29.7	0.0	**0.0**

12.5

연습 표 12.2 슬래브 구간의 계수휨모멘트

위치		정·부계수휨모멘트 구분	정·부계수휨모멘트 분담률	정·부계수휨모멘트 (kN·m)	주열대·중간대 분담률	계수휨모멘트 (kN·m)
내부경간	주열대	부계수휨모멘트	0.65	174.1	0.77	**134.1**
		정계수휨모멘트	0.35	93.8	0.77	**72.2**
	중간대	부계수휨모멘트	0.65	174.1	0.23	**40.0**
		정계수휨모멘트	0.35	93.8	0.23	**21.6**
외부경간	주열대	내단부 부계수휨모멘트	0.70	187.5	0.77	**144.4**
		중앙부 정계수휨모멘트	0.57	152.7	0.77	**117.6**
		외단부 부계수휨모멘트	0.16	42.9	0.89	**38.2**
	중간대	내단부 부계수휨모멘트	0.70	187.5	0.23	**43.1**
		중앙부 정계수휨모멘트	0.57	152.7	0.23	**35.1**
		외단부 부계수휨모멘트	0.16	42.9	0.11	**4.7**

12.6

연습 표 12.3 슬래브 구간의 계수휨모멘트

위치		정·부계수휨모멘트 구분	정·부계수휨모멘트 (kN·m)	주열대·중간대 분담률	계수휨모멘트 (kN·m)
내부경간	주열대	부계수휨모멘트	73.9	0.75	**55.4**
		정계수휨모멘트	40.4	0.60	**24.2**
	중간대	부계수휨모멘트	73.9	0.25	**18.5**
		정계수휨모멘트	40.4	0.40	**16.2**
외부경간	주열대	내단부 부계수휨모멘트	82.4	0.75	**61.8**
		중앙부 정계수휨모멘트	56.1	0.60	**33.7**
		외단부 부계수휨모멘트	36.4	1.0	**36.4**
	중간대	내단부 부계수휨모멘트	82.4	0.25	**20.6**
		중앙부 정계수휨모멘트	56.1	0.40	**22.4**
		외단부 부계수휨모멘트	36.4	0.0	**0.0**

12.7

연습 표 12.4 슬래브 구간의 계수휨모멘트

위치		정·부계수휨모멘트 구분	정·부계수휨모멘트 (kN·m)	주열대·중간대 분담률	계수휨모멘트 (kN·m)
내부 경간	주열대	부계수휨모멘트	170.3	0.77	**131.1**
		정계수휨모멘트	97.6	0.77	**75.2**
	중간대	부계수휨모멘트	170.3	0.23	**39.2**
		정계수휨모멘트	97.6	0.23	**22.4**
외부 경간	주열대	내단부 부계수휨모멘트	184.4	0.77	**142.0**
		중앙부 정계수휨모멘트	111.9	0.77	**86.2**
		외단부 부계수휨모멘트	128.9	0.89	**114.7**
	중간대	내단부 부계수휨모멘트	184.4	0.23	**42.4**
		중앙부 정계수휨모멘트	111.9	0.23	**25.7**
		외단부 부계수휨모멘트	128.9	0.11	**14.2**

제13장 기초의 설계

13.1 [본문] 584p.

13.2 [본문] 593p.

13.3 [본문] 587p.

① 허용지내력(q_a) : 극한 토압(q_{ult})을 2.5~3의 안전율로 나눈 지내력

② 유효허용지내력(q_e) : 기초에 작용하는 하중 중에서 기둥 또는 벽체에서 전달되는 상부하중에 의한 지내력

③ 기초설계용 토압(q_u) : 기둥을 통하여 전달되는 집중하중(P)을 기초판의 면적으로 나눈 값

13.4 기초의 크기 : $3.2\ \text{m} \times 3.2\ \text{m} = 10.24\ \text{m}^2$, 1방향 전단력 : $V_u = 711.8$ kN, $\phi V_c = 1{,}332.5$ kN, 휨모멘트 철근량 : $A_s = 5{,}775.4\ \text{mm}^2$, 2방향 전단 : $V_u = 2{,}937.4$ kN, $\phi V_c = 2{,}960.9$ kN, 지압력 : $P_u = 3{,}400.0$ kN, $\phi P_n = 21{,}216.0$ kN

13.5 기초의 폭 : 3.0 m, 전단력 : $V_u = 316.8$ kN, $\phi V_c = 318.4$ kN,
휨모멘트 철근량 : $A_s = 2{,}217.2\ \text{mm}^2$

13.6 기초의 길이 : 7.8 m, 기초의 폭 : 1.8 m, 1방향 전단력 $V_u = 896.5$ kN, $\phi V_c = 992.0$ kN, 길이방향 휨모멘트 철근량 : $A_s = 6{,}453.2\ \text{mm}^2$, 길이방향 최내 상모멘트 철근량 : 내부 기둥 휨모멘트 철근량 : $A_s = 1{,}045.7\ \text{mm}^2$, 2방향 전단(외부 기둥) : $V_u = 1{,}083.0$ kN, $\phi V_c = 2{,}349.0$ kN, 2방향 전단(내부 기둥) : $V_u = 1{,}595.9$ kN, $\phi V_c = 4{,}698.0$ kN

13.7 말뚝의 개수 : 12개, 기초판의 크기 : $2{,}700\ \text{mm} \times 3{,}600\ \text{mm}$, 1방향 전단력 : $V_u = 1{,}860$ kN, 정확한 계수전단력 $V_u = 1{,}656$ kN, $\phi V_c = 1{,}653.4$ kN, 휨모멘트 철근량(가로 방향) : $A_s = 6{,}590.3\ \text{mm}^2$, 휨모멘트 철근량(세로 방향) : $A_s = 5{,}403.1\ \text{mm}^2$, 2방향 전단(기둥) : $V_u = 4{,}960$ kN, $\phi V_c = 6{,}048.0$ kN, 2방향 전단(말뚝) : $V_u = 620$ kN, $\phi V_c = 3{,}430.6$ kN

제14장 벽체의 설계

14.1 [본문] 626p.

14.2 [본문] 628p., 630p.

14.3 $P_u = 1{,}160.0$ kN, $\phi P_{nw} = 3{,}432.0$ kN,
수직철근량 : $A_{vl} = 360\ \text{mm}^2/\text{m}$, 수평철근량 : $A_{vh} = 600\ \text{mm}^2/\text{m}$

14.4 전단 설계 : $V_{u-\max} = 721.9$ kN, $\phi V_n = 3{,}674.2$ kN, $\phi V_c = 734.8$ kN, 최소 수평철근량과 최대 간격 : $\rho_h = 0.0032$, $s_h = 350$ mm, 최소 수직철근량과 최대 간격 : $A_{vl} = 4{,}200.0\ \text{mm}^2$, $s_v = 450$ mm, 휨설계 : $\phi M_n = 9{,}085.5$ kN · m

제15장 옹벽의 설계

15.1 [본문] 648-649p.

15.2 [본문] 649p.

15.3 [본문] 652-654p.

15.4 (1) 전도모멘트 : $M_r = 311.0$ kN · m, $M_o = 161.0$ kN · m

(2) 미끄러짐 변형 : $P_{hr} = 134.2$ kN, $P_{ho} = 1.5 \times 86.6 = 129.9$ kN

(3) 접지압 : $q_a = 250\ \text{kN/m}^2$, $q_1 = 182.4\ \text{kN/m}^2$

15.5 (1) 뒷굽판의 전단력 : $V_u = 258.6$ kN, $\phi V_c = 312.3$ kN

(2) 뒷굽판 휨철근량 : $A_s = 1{,}792.3\ \text{mm}^2$

(3) 앞굽판의 전단력 : $V_u = 55.0$ kN, $\phi V_c = 312.3$ kN

(4) 앞굽판 휨철근량 : $A_s = 501.5\ \text{mm}^2$

(5) 벽체를 2구간으로 구분하고 철근을 배근하라.

연습 표 15.1 벽체 모멘트, 두께, 철근량과 배근 간격

y (m)	M_u (kN·m)	t (m)	A_s (mm^2)	배근
5.0	198.0	400.0	2,022.1	D19@140
2.5	31.5	300.0	467.9	D19@400*

* 벽체의 최대 철근 간격을 사용함.

제16장 내진설계

16.1 [본문] 675p.

16.2 [본문] 686-688p., 설계 초과강도, 재료 초과강도, 시스템 초과강도

16.3 [본문] 692p.

16.4 [본문] 692-695p.

16.5 [본문] 695p.

16.6 [본문] 695-696p.

16.7 [본문] 699p.

16.8 [본문] 703-704p.

16.9 접합부의 전단내력 : $V_{jh} = 1{,}059.9$ kN, $\phi V_{jn} = 1{,}461.4$ kN, 접합부의 횡방향철근 : $510.6\ \text{mm}^2$, 접합부의 부착 : $h/d_b = 23.6$, 접합부의 정착길이 : $l_{dh} = 362$ mm

찾아보기

ㄱ

가스트영향계수 108
갈고리철근의 정착길이 393
감수제 33
강도감소계수 100
강도설계법 97
강심 111, 682
강재 말뚝 616
개방형 구조물 108
건물의 중심 111, 682
건조수축 68
겹침이음 407
경량 골재 33
경량콘크리트 계수 389
경사스터럽 270
경사지붕적설하중 107
경제성 91
계수강도 99
계수비틀림모멘트 308
계수전단강도 266
계수휨모멘트 118
고강도 철근 80
고강도 콘크리트 43
고유주기 680
고정단모멘트 541
고정하중 105
고차진동모드 109, 675
골재 32
골재의 맞물림작용 245
공시체 38
공칭강도 99
공칭비틀림모멘트 308
공칭전단강도 266
공칭축력 436
구조계획 92
구조도면 93
구조물의 전체 유효무게 110
구조설계 90
구조해석 92
굵은 골재 33
굽힘시험 79
균열 219
균열단면2차모멘트 207
균열발생 변형률 119
균열파급 39
균열폭 223
균형파괴 137
극한한계상태 98
기계적 이음 408
기계적 인장정착 394
기계적 저항작용 386
기둥 단면 432
기둥철근의 겹침이음 409
기본정착길이 387
기성콘크리트 말뚝 616
기초설계용 토압 587
깊은보 346

ㄴ

나선철근 51, 424
내력벽 626
내민 받침 361

내부 마찰각 649
내부 수평퍼짐 336
누계영향면적 106

ㄷ

다발철근의 정착길이 392
다축 응력 47
단면의 환산 202
단철근 직사각형보 145
독립기초 584
동적해석법 109
뒷굽판 664
등가 기둥 544
등가골조법 546
등가균일휨모멘트 보정계수 481
등가응력분포 126
등가정적해석법 109, 675
등분포활하중 106
띠철근 51, 424

ㄹ

리브 79

ㅁ

마디 79
마찰계수 285
마찰작용 386
말뚝기초 584
모르타르균열 39
모멘트 재분배 190
모멘트 확대계수 488
모멘트계수법 557
모멘트분배법 538
물 35
미끄러짐 658
밀폐형 구조물 108
밑면전단력 109, 675, 717

ㅂ

박판튜브이론 302
반응수정계수 110, 684
배합 35
변위증폭계수 111, 683, 684
변형률경화구간 80
변형률의 적합조건을 이용한 트러스모델 263
변화구간단면 139
병모양 스트럿 330
보슬래브 504
보의 설계 177
보작용 247
보통 골재 33
복부철근의 정착 404
복철근 직사각형보 152
복합기초 584
부모멘트 철근의 정착 404
부벽식 옹벽 649
부분전단력 402
부정정비틀림 292
부착응력 383
부착저항 385
부하면적 106
분배율 541
불균형모멘트 521, 575
브래킷 361
비내력벽 626
비정수압 절점 341
비틀림 변형구속능력 520
비틀림강도감소계수 308
비틀림균열각도 305
비틀림균형파괴 296
비틀림모멘트의 위험단면 314
비틀림상수 521
비틀림압축파괴 296
비틀림인장파괴 295
비틀림증폭계수 682
비틀림철근 312

비틀림철근의 최소 면적 313
비틀림평가식 307
비횡구속골조 485
빗살이론 249
뽑힘파괴 387

ㅅ

사용성 91
사용한계상태 98
사인장균열 242
사질토 586
상계소성이론 260
상호하중법 468
선형탄성구간 79
설계 초과강도 686
설계스펙트럼가속도 17, 110, 676
설계지압력 594
설계축력 436
설계하중 99
설계휨모멘트 118
세장비 474
소성수축균열 220
소성침하균열 220
소성트러스이론 260
속빈단면 310
속찬단면 310
수동토압 653
수식설계법 179
수평전단응력 240
수화열에 의한 균열 220
순간처짐 208
스터럽과 띠철근갈고리 392
스트럿 330
스트럿 - 타이 모델 330
스트럿의 공칭강도 335
스트럿의 압축철근 338
스트럿의 폭 338
슬래브의 최소 두께 511
슬럼프 값 35
슬럼프콘 35
시간종속적 처짐 212
시멘트 31
시스템 초과강도 688
실용 설계법 628

ㅇ

아치이론 249
아치작용 247
안식각 649
안전성 90
안전지수 102
안정성지수 484, 684
알칼리 골재반응에 의한 균열 221
압축 설계법 630
압축연단 117
압축응력 - 변형률 곡선 39
압축지배단면 139
압축철근 정착길이 391
압축철근의 겹침이음 409
압축파괴 137
앞굽판 664
양생 46
연결보 711
연속기초 584
열팽창계수 26
영향면적 106
온통기초 584
용접철망 82
워커빌리티 35
원형 기둥 456
원형철근 78
유효단면2차모멘트 206
유효압축강도 49
유효좌굴길이계수 474
응력교란영역 328
응력균일영역 328

이형철근 79
인공 골재 33
인장경화효과 84
인장시험 79
인장지배단면 139
인장철근에 대한 정착길이 389
인장철근의 겹침이음 408
인장파괴 137
입체트러스모델 303

ㅈ

자중 105
잔 골재 33
잔류변형률 80
장기 건조수축균열 220
장기처짐 212
장부작용 245
재료 초과강도 687
재생 골재 33
재하(在荷)속도 46
적설하중 107
적합비틀림 292
전단거동 237
전단경간 245
전단경간비 245
전단균열 242
전단균형파괴 239
전단마찰 285
전단마찰철근 363
전단면2차모멘트 205
전단벽 626
전단보강철물 269
전단부착균열 242
전단압축파괴 239
전단위험단면 276
전단응력 243
전단인장파괴 239
전단철근의 최대 간격 274
전단파괴모드 238
전단흐름 내부의 면적 308
전단흐름의 둘레 길이 304
전달률 542
전도모멘트 656
전면기초 584
전체 정정 계수휨모멘트 516
절단 399
절단점 400
절점 331
절점영역 332
절점영역의 공칭강도 340
절점영역의 유효압축강도 341
점토 586
접착작용 386
정수압 절점 341
정수압 절점영역 332
정정비틀림 292
정착길이 382, 387
제자리 콘크리트 말뚝 616
좌굴 469
좌굴응력 474
좌굴하중 471
주동토압 652
주압축응력 242, 562
주열대 508
주응력 241
주응력의 각도 242
주인장응력 242, 562
주철근갈고리 392
중간대 508
중간모멘트골조 707
중량 골재 33
중력식 옹벽 648
중요도계수 15, 110, 679
지붕경사도계수 107
지상적설하중 107
지속하중의 시간경과 계수 214
지압강도 594

지연제 33
지진응답계수 110, 676
지진하중 109
직사각형 복합기초 604
직접설계법 515
진동모드 109, 675
집중활하중 106
쪼갬인장강도 60
쪼갬파괴 387

ㅊ

처짐 제한 214
처짐각법 538
천연 골재 33
철근 78
철근 도막계수 389
철근부식에 의한 균열 221
철근비 141
철근의 변형률 80
철근의 연신율 81
철근의 위치계수 389
철근의 응력 80
철근의 이음 407
철근의 인장응력-변형률 곡선 79
철근의 크기계수 389
철근의 탄성계수 80
철근의 항복강도 80
철근의 항복변형률 80
철근콘크리트 구조의 장·단점 23
철근타이의 정착 340
초기균열 39
촉진제 33
최대 계수전단력 275
최대 접지압 659
최대 철근비 144
최소 전단철근량 273
최소 접지압 659
최소 철근비 141
최소비틀림철근파괴 295
최소전단철근파괴 239
최소철근파괴 136
축력비 423
축방향철근 432
층간변위 683
침하 659

ㅋ

카니의 이론 249
칸막이벽 626
캔틸레버식 옹벽 648
캔틸레버형 복합기초 605
커버콘크리트 178
콘크리트 설계기준압축강도 41
콘크리트 스트럿의 유효압축강도 336
콘크리트의 변형률 41
콘크리트의 압축강도 45
콘크리트의 응력 41
콘크리트의 인장강도 60
콘크리트의 인장탄성계수 86
콘크리트의 전단강도 266
콘크리트의 탄성계수 42
콘크리트의 평균압축강도 42
콘크리트의 푸아송비 42
크리프 62
크리프변형 62
크리프회복 63

ㅌ

타이 331
타이의 공칭강도 339
타이의 유효폭 339
탄성변형 62
탄성회복 63
테퍼드 스트럿 330
토압계수 650
특수 경계요소 711

특수모멘트골조 691
특수철근콘크리트 구조벽체 709
특수한계상태 98

ㅍ

파괴가능성 103
편심법 468
평균 유효단면2차모멘트 207
평균변형률 85
평균응력 85
평균인장변형률 85
평균인장응력 85
평균전단응력 243
평면유지의 가정 115
평슬래브 504
평지붕적설하중 107
평형비틀림 292
폐쇄형 비틀림철근의 철근비 305
표를 이용한 설계법 181
표면미세균열 221
표준갈고리 392
풍하중 108
피복두께 178
피복콘크리트 178

ㅎ

하계소성이론 260
하중계수 101
하중의 재분배 189
하중효과 99
한계상태설계법 98
할선탄성계수 42
항복강도 81
항복단구간 80
허용응력 96
허용응력설계법 94
혼화재 33
혼화제 33
확대기초 584
확대머리 이형철근 394
활하중 105
횡구속골조 485
횡방향구속철근 424
횡방향비틀림철근의 간격 313
횡방향철근 지수 390
후크의 법칙 96
휨과 축력의 상관곡선 439
휨균열모멘트 204
휨모멘트 설계 116
휨모멘트 확대계수 480
휨모멘트 - 곡률 관계 121
휨설계 136
휨인장강도 61
휨전단균열 242
휨해석 136
흐름도 실험 35

영문

AE제 33
B영역 328
D영역 328
Nadai의 소성이론 300
Navier 이론 297
$P\Delta$ 효과 477
Skew bending 이론 300
St. Venant 탄성이론 299
T형보 164
T형보의 유효폭 165

기타

1방향 슬래브 505
1방향전단 560
1종 보통시멘트 31
1차 비틀림 292
1차 횡방향처짐 482

2방향 슬래브 505
2방향전단 561
2종 중용열시멘트 31
2차 비틀림 292
2축 변형률 48
2축 응력 48
2축 휨모멘트 467
3종 조강시멘트 32
3축 압축응력 50
45도 트러스모델 253
4종 저열시멘트 31

저자 : **이 정 윤**
성균관대학교 건설환경공학부

저서 : 《프리스트레스트 콘크리트 구조》, 《철근콘크리트 전단과 비틀림》, 《스트럿-타이 모델 예제집(공저)》, 《콘크리트 건축물 구조설계 예제집(공저)》

KDS 14 20 국가건설기준
철근콘크리트구조 정가 35,000원

발 행 2025년 9월 10일 3판 4쇄
저 자 이정윤
발행인 정우용
발행처 도서출판 **동 화 기 술**
경기도 파주시 광인사길 201(문발동, 파주출판도시)
Tel (031)955-4211~6 donghwapub@nate.com
Fax (031)955-4217 www.donghwapub.co.kr
(등록) 1977년 12월 19일/9-16호

Printed in Korea
ISBN 978-89-425-9264-7